U0341291

DANGDAI ZHONGGUO
KEJISHI

当代中国科技史

杨新年　陈宏愚　等◎著

知识产权出版社
全国百佳图书出版单位

内容提要

　　本书共 6 篇计 49 章，从新中国成立之前的科技状况、新中国成立之初的向苏联学习引进技术、
"文化大革命"时期中国科学技术的遭难，到粉碎"四人帮"以后科学的春天，再到改革开放以来
"科教兴国"战略的实施以及创新型国家的建设，对中国当代科学技术发展的脉络进行了勾勒，对当代
中国科学技术发展的重要节点事件、里程碑事件进行了挖掘论证。

责任编辑：江宜玲　　　　　　　　　　　　责任出版：刘译文

图书在版编目（CIP）数据

　　当代中国科技史/杨新年，陈宏愚等著，—北京：知识产权出版社，2013.8
　　ISBN 978 – 7 – 5130 – 2247 – 7

　　Ⅰ.①当… Ⅱ.①杨…②陈… Ⅲ.①自然科学史—中国—现代—高等学校—教材
Ⅳ.①N092

　　中国版本图书馆 CIP 数据核字（2013）第 208088 号

当代中国科技史

杨新年　　陈宏愚　　等著

出版发行：	知识产权出版社	网　　址：	http://www.ipph.cn
社　　址：	北京市海淀区马甸南村 1 号	邮　　编：	100088
发行电话：	010-82000860 转 8101/8102	传　　真：	010-82000507/82000893
责编电话：	010-82000860 转 8339	责编邮箱：	jiangyiling@cnipr.com
印　　刷：	北京中献拓方科技发展有限公司	经　　销：	新华书店及相关销售网点
开　　本：	720mm×960mm 1/16	印　　张：	53
版　　次：	2014 年 1 月第 1 版	印　　次：	2014 年 1 月第 1 次印刷
字　　数：	894 千字	定　　价：	180.00 元

ISBN 978 – 7 – 5130 – 2247 – 7

目　录

第三篇　科学的春天，思想的转变（1977～1985）

第四篇　制度创新，全面发展（1986～1995）

第五篇　面向未来，持续发展（1996~2005）

第六篇 提高核心竞争力，建设创新型国家（2006～2011）

第一篇

艰难的奠基，曲折的进军
（1936～1965）

　　客观理性地回望 20 世纪中叶（1936～1965）的人类社会，我们会发现那是一个交织着理想和狂想、雄心和野心、战争和暴力、建设和破坏、辉煌和灾难、民主和专制、前进和挫折、成就和失误、愚民和民愚、造神和做鬼的世界。其特征是：两种战争（第二次世界大战及战后"冷战"）的接续，两大阵营（以苏联为首的社会主义阵营和以美国为首的资本主义阵营）的对垒，两大革命（民族独立解放革命和科学技术革命）的并行。这个时期的关键词是争斗。在这段五光十色、腥风血雨的时代画卷中，较之过去的历史，人类社会的各个领域、各个层面都不同程度地凸显出一个重要元素——科学技术。

第1章　20世纪中叶——科技影响世界

第1节　科学理论继续全面创新

以18世纪后期蒸汽机广泛使用为标志，人类逐步摆脱手工作坊式生产而进入机械化时代，并带动了机器制造、钢铁工业和交通运输业的发展，这次技术革命被称作第一次技术革命。从19世纪70年代到20世纪初，以电能的开发与应用为主要标志（包括内燃机的发明和应用等）的电力技术革命，推动人类社会迈入电气化时代，这是第二次技术革命。这两次技术革命都极大地解放和发展了生产力，改变了人们的思想方式、生产方式、生活方式乃至战争方式，使人类文明由农业文明升华到工业文明，并为现代自然科学的发展提供了雄厚的物质基础和强大的推动力（刘大椿，1998）。

20世纪初始，出现了史称"现代科学革命"的一系列重大理论突破，并促进了一批高新技术的诞生。在物理学领域，由一批科学家尤其是青年科学家如德国普朗克、爱因斯坦、海森堡、玻恩相继研究，最后由英国人狄拉克完成并建立的量子论、量子力学与后来的量子场论的发展，不仅使物质科学研究有了深入的发展，而且也孕育了核技术、微电子和光电子技术。1905年6月，爱因斯坦发表了狭义相对论的奠基之作——《论动体的电动力学》，颠覆了传统的时空观，并对建立在传统时空观基础上的牛顿力学进行了改造。1915年，爱因斯坦基于等效原理，把相对性原理进一步推广到非惯性系，提出了广义相对论。狭义相对论和广义相对论的创立，揭示了空间、时间、物质和运动之间的内在联系，实现了人类科学思想的巨大飞跃，被称为20世纪最伟大的科学革命（路甬祥，2001）。

在分子生物学领域：1900年，由奥地利孟德尔最先总结出来的生物遗传基本规律得到公认；1908 年，美国科学家摩尔根通过对果蝇的研究，将遗传学建立在染色体的基础上，创立了著名的基因学说，并由此获得 1933 年诺贝尔奖医学或生理学奖；1953 年，英国生物学家沃森和美国物理学家克里克提出了 DNA 双螺旋模型，此后众多科学家对遗传密码的破译，使生命科学深入到分子层次，引发了生物技术的革命，在生物学、医学和农学领域取得了显著的成就（路甬祥，2001）。

1948 年，美国电话电报公司贝尔实验室的应用数学家申农发表了《通信的数学原理》，奠定了现代信息论的基础。同年，美国科学家维纳出版了《控制论》，提出了著名的黑箱方法、反馈方法等。其思想和方法很快被科学界接受，并得到广泛应用，催生了经济控制论、社会控制论、人口控制论等分支学科。我国著名科学家钱学森于 1954 年出版了《工程控制论》，对现代工程和实验的控制理论作出了突出贡献。1948 年，奥地利生物学家贝塔朗菲出版了《生命问题》，宣告了新兴学科系统论的诞生。1957 年，美国的古德和麦克霍尔合作出版了《系统工程论》，将线性规则、排队论、决策论等纳入其中，为系统科学与工程完善了数学方法基础。信息论、控制论和系统论的兴起，标志着现代科学已开始触及复杂性问题，为通信技术、计算机和智能机器、公共工程乃至现代经济和社会学研究提供了崭新的理论武器和方法论体系，对于现代科学思想的发展和科学方法的完善，推动科学、技术、工程、经济和社会发展具有重大的革命性意义（路甬祥，2001）。

在地球科学领域：1912 年，德国气象学家魏格纳发表了《大陆的生成》，创造性地提出了大陆漂移学说；1928 年，英国地质学家霍姆斯提出了地幔对流学说，支持大陆漂移理论；20 世纪 60 年代初，赫斯和迪茨提出了海底扩张学说；1967 年，法国人勒皮雄、美国人摩根和英国人麦肯齐在上述三大理论的基础上，建立了地球板块构造理论，对地震学、矿床学、古生物地质学、古气候学等具有重要指导作用，被认为是 20 世纪地球科学最伟大的成就。

1917 年，爱因斯坦发表《根据广义相对论对宇宙学所作的观察》一文，标志着现代宇宙学的诞生。1948 年，美国物理学家伽莫夫提出了大爆炸理论，标志着人类认知的触角已上升至宇观层次（路甬祥，2001）。

在基本粒子物理学领域：基于电子和元素放射性的发现，人们在 1930 年时认识到原子由电子、质子、中子和光子四种基本粒子组成，随着实验手段的不断提高，科学家们逐步认识到新粒子的无限可分性，研究其性质和运动转化规律成为现代物理学的重大问题。从 20 世纪 40 年代起，基本粒子物理学逐渐发展为独立学科。在这个领域的研究中，1956 年，美籍华裔物理学家李政道和杨振宁提出了宇称不守恒定律，1957 年，该定律被美籍华裔实验物理学家吴健雄所证实，李政道和杨振宁由此获得了 1957 年诺贝尔物理学奖。1959 年，我国物理学家王淦昌等人发现了反西格马负超子（刘大椿，何立松，1998）。

在数学科学领域：由于科学的数学化和数学的普适化，一方面理论数学有了很大的发展，另一方面数学向自然科学乃至社会科学的所有领域全面渗透，形成了众多的应用数学分支，使数学科学成为一个庞大的体系，在推动科技进步和经济社会发展中发挥出越来越大的作用，并且自身也不断得到丰富和提升。在 20 世纪初，数学领域发生了两个重大事件。一是在 1900 年 8 月 6 日于巴黎召开的国际数学家大会上，德国数学家希尔伯特提出了著名的 23 个问题，成为 20 世纪数学家潜心求解的目标。在此基础上，奥地利数学家哥德尔于1931 年发现了不完备定理，将代表科学理性最抽象形式的数学和逻辑中的矛盾予以深刻的揭露，被认为是有史以来人类所认识到的最深邃的真理。二是英国哲学家、数学家罗素于 1901 年提出，所有不属于其自身的集合的集合，是属于该集合还是不属于该集合，都会导致矛盾。这一关于集合论的"悖论"思想引发了数学界几十年的争论，被称为"数学危机"。如同"物理学危机"一样，这种危机促进了对新知的开拓，发展了数学学科。如 1933 年，苏联著名数学家柯尔莫哥洛夫在集合论基础上建立了概率的公理化系统，使得源于17 世纪中叶的概率论成为严谨完整的数学分支学科，并衍生了数理统计学，使其成为现代数学中应用最广泛的学科之一。1933 年，由一批法国青年数学家组成的布尔巴基学派出版了《数学原本》，基于结构的观念整合理论数学，带动了代数拓扑学、群论、泛函分析等学科的发展，并开拓了许多新的领域（刘大椿，何立松，1998）。

令人瞩目的是，环境科学从 20 世纪 50 年代以来应运而生。1935 年，英国植物生态学家坦斯莱首次提出了生态系统的概念，把生物及其环境统一起来；同时，德国水生生物学家蒂内曼指出生态系统由生产者（产生光合作用的植物系统）、消费者（草食和肉食动物系统）和分解者（微生物系统）三部分组成，推断出大自然存在物质循环。20 世纪 40 年代初，美国生态学家林德曼强调生态系统是在任一时空单位中，由物理—化学—生物过程组成的能量流动系统。20 世纪 50 年代，生态系统的概念已被科学界和社会认同。20 世纪中叶，微量分析化学的快速进展，紫外和红外分光光度计在三四十年代开始得到应用，50 年代又出现了原子吸收分光光度计，气相色谱层析法、质谱仪、能谱仪。这些都助推了环境科学的建立和发展。美国在 1954 年成立了环境科学学会，创办了《环境科学》杂志。20 世纪 50 年代，美国海洋生物学家卡逊用 4 年时间对全美农药导致的危害进行调查后，写成了划时代的名著《寂静的青天》，拉开了人类对 18 世纪大规模工业化以来所致环境污染进行反思的帷幕。科学技术对人类社会的"双刃剑"效应受到重视（刘大椿，何立松，1998）。

综上所述，科学理论演变路径如图 1-1 所示。

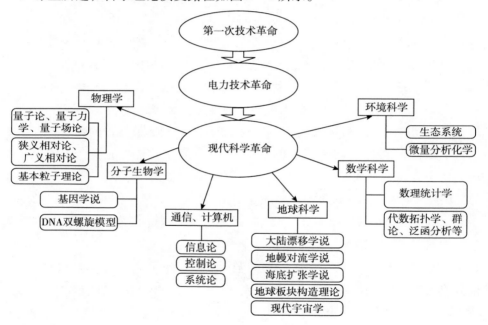

图 1-1 科学理论演变路径

可见，在 20 世纪中叶，人类对自然界以及人类与自然界的关系认识，无论从广度、高度和深度都有了很大的进步，在自然科学理论方面继续全面创新，丰富了科学思想的宝库，反映了人类科学精神和科学方法新的提高。这时期的科学理论成果主要由欧美科学家完成，除科学界外，其科学思想、科学精神和科学方法的传播对世界的影响仍是有限的。以德国为例，美国科学社会学家贝尔纳指出："德国科学史上最光辉的一页出现在（第一次）世界大战后。"

"战争刚结束，爱因斯坦的相对论就得到了确凿的证明。这一成就使德国科学在战时遭到协约国诽谤之后，又彻底恢复了原来的声望，可是作出这项贡献的人后来竟被赶出德国并被剥夺国籍，这不能不说是历史的恶作剧之一。"（贝尔纳，2003）

第 2 节 高新技术积极酝酿突破

在科学理论创新的推动和两次世界大战的强力拉动下，20 世纪中叶涌现出一批高新技术，被史学家称为"人类历史上"的第三次技术革命，人类从此进入信息化时代。实际上，仅用信息化很难将方方面面的高新技术整合概括。应当说，一场空前壮阔深刻的、以高新技术群涌现为特征的新技术革命（图 1−2），在 20 世纪中叶正式拉开了帷幕。

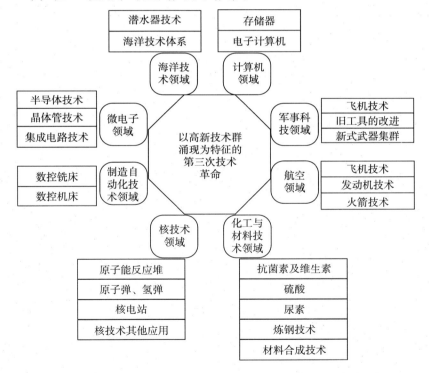

图 1−2 第三次技术革命对各领域的推动

在核技术领域，人类继使用蒸汽机和电力以后实现了第三次飞跃——核能利用。1942 年 12 月，美国建成了世界上第一座原子能反应堆，开创了和平利用核能的新纪元。1945 年，美国成功研制原子弹，投向日本的广岛和长崎，成为结束第二次世界大战的标志性事件。1952 年，美国又成功研制氢弹。1954 年，世界上第一座 5 000 千瓦联网送电的核电站在苏联诞生。核技术还向农业、医疗、材料、考古和环保领域转移，得到了广泛的应用。1947 年，美国人利比发明了 C14 测定年代的方法。1951 年开始使用 Co60 等放射性元素，治疗食管癌、子宫癌和喉癌等（路甬祥，2001）。

在航空领域，自 1903 年 12 月 17 日美国莱特兄弟使用四缸活塞发动机首次实现动力载人飞行后，有了快速的发展。第一次世界大战期间，交战双方就生产了 183 877 架飞机和 235 000 台活塞发动机。第二次世界大战（1939 ~ 1945）更成为航空工业规模扩张和升级换代的推进器。全世界仅 1944 年一年所生产的飞机数量几乎与第一次世界大战期间的生产总数相等，而且逐步实现了由螺旋桨飞机向喷气式飞机的换代。英国人惠特尔于 1931 年研制成功涡轮喷气式发动机，而德国亨克尔公司生产的 He178 喷气式飞机于 1939 年 8 月 27 日率先试飞成功。1941 年 5 月 15 日，由英国格罗斯特研制的 E28/29 喷气式飞机试飞成功。航空工业促进了材料技术、电子技术、无线电技术、雷达技术的发展，把人类利用自然的能力提升到了一个新的高度（姜振寰，2010）。

作为航天活动基础的火箭技术在这一时期有了良好的开端。在苏联科学家齐奥尔科夫斯基、美国的戈达德以及德国的奥纳特三位火箭科学家的推动下，以冯·布劳恩为首的德国科学家，于 1942 年 10 月 3 日成功发射了 V - 2 飞弹，实现了火箭技术实用化，为各国火箭发展树立了样板，并带动了相关技术（如燃料化工、控制制导、跟踪遥测等）的发展（路甬祥，2001）。

在制造自动化技术领域，由于微电子技术、电子计算机和维纳控制论的推动，迈出了革命性的步伐。1952 年，世界上第一台数控铣床在美国诞生。1959 年，被誉为加工中心的第一台综合性数控机床也在美国问世。制造自动化技术所蕴藏的巨大商机和发展前景备受关注，日本、联邦德国也加紧了这方面的研发工作，它们共同引领了制造业自动化的技术革命（路甬祥，2001）。

20 世纪中叶，人类最伟大的发明之一当属电子计算机。世界上第一台电子计算机 ENIAC（电子数学积分计算机）由美国宾夕法尼亚大学莫尔学院的莫希利提出，莫希利和工程师埃克特共同牵头领导的科研团队应美军的要求，于 1945 年年底研制完成，1946 年 2 月 15 日试运行成功。该机占地 167 平方米，重 30 吨，功率为 150 千瓦，由 18 000 只电子管、1 500 个继电器、70 000 只电阻、6 000 多个开关以及其他电气元件组成。这个庞然大物的运算速度比当时已有的计算机提高了 1 000 倍。1946～1959 年，是第一代电子管计算机时代。存储器是计算机的关键硬件，1950 年美籍华裔物理学家王安提出了利用磁性材料制造存储器的科学设想，并为实践所证实。计算机产业迅速在美国崛起，涌现了十几家电子计算机公司。20 世纪 50 年代末期，1955 年研发成功的 IBM 650 计算机销售了几万台，对推动科技进步和经济社会发展起到了巨大的促进作用，为信息社会的到来奠定了基础（路甬祥，2001）。

微电子技术是 20 世纪发展最为迅速、技术创新频率最快、对人类生产生活方式影响最为广泛的领域，以至一些学者认为它是第三次技术革命的重要突破口。它以固体能带理论催生的半导体技术为基础，遵循电子管—晶体管—集成电路的技术路线，繁衍出光电子技术、机电一体化技术、存储技术、传感技术等高新技术大家族，扩散到电报、电话、广播、电视、雷达、家用电器、医疗和办公设备等领域，使人类社会的面貌和人们的生活焕然一新。在 1936～1956 年，值得圈点的重要技术成就如下。①1941 年，美国开始了调频广播（FM），此前（1930 年）无线电广播已在世界各国普及。②1936 年，英国广播公司正式播放全电子式电视节目；1939 年，美国开始黑白电视广播；1949 年，开始彩色电视广播。1953 年，正交调制式标准（NTSC）被美国批准。在此基础上，法国和德国进行了改进，分别开发出 SECAM 和 PAL 制式，并列为世界彩色电视系统的三大制式。③在 1923 年兹沃里金发明了光电摄像管后，利用光电摄像管的摄像机在 20 世纪 30 年代问世，但摄像质量不高；1943 年，美国无线电公司研制出灵敏度高的超正析摄像管，虽提高了图像质量，但仍过于笨重，使用不便；1946 年，美国的 Amper 公司成功研制出磁带录像机；1959 年，日本东芝公司制成螺旋扫描方式的录像机；1947 年，美国的兰德发明了一步成像的相机"波拉洛伊德"；20 世纪 30 年代，美国的德·福列斯特发明了有声电影录音法，使电影由无声电影进入有声电影时代；20 世纪 40 年代，出现了在黑白胶片上人工描色的彩色电影；20 世纪 50 年代，彩色拷贝的发明使彩色电影成为人们青睐的新享受（路甬祥，2001）。

地球上的海洋孕育了人类的生命，保障了人类的生存环境，为人类的未来储备了巨大的资源。面对占地球表面积 71% 的蓝色宝库，1872 年英国科学考察船"挑战者号"环球航行，拉开了人类科学考察海洋的帷幕；20 世纪初，美国、德国也先后开展了一系列科学考察。在两次世界大战期间，服务于潜艇活动的海洋考察有增无减。尽管海洋技术体系是从 20 世纪 60 年代才发展起来的，但在 1936～1956 年仍取得了一些引人注目的重大成果。如 1934 年，可载人下潜 906 米的第一个载人潜水器由美国研制成功。1960 年 1 月 23 日，法国制造的"特里斯特号"载人潜水器，创造了下潜 10 916 米的最深世界纪录。1941 年，世界上第一座海水提镁工厂在美国成功投产，它的发展使美国"二战"后对初级金属镁的需求可从海水中得到满足（路甬祥，2001）。

在军事科技领域，第一次世界大战中已广泛使用的飞机、坦克、潜艇、鱼雷、马克沁重机枪、毒气又有了新的改进。无坐力炮、反坦克火箭炮、火焰喷射器、枪榴弹以及"二战"后期登场的弹道导弹、火箭、喷气式飞机、雷达、罗兰导航、原子弹等新式武器集群登场，从根本上改变了作战方式，使第二次世界大战成为一场陆海空一体的机械化战争（姜振寰，2010）。

在化工与材料技术领域，也产生了许多令人眼花缭乱的成果。造福众生的抗生素及维生素相继合成成功，如青霉素（1929）、链霉素（1944）、氯霉素（1947）、全霉素（1948）、土霉素（1950）、四环素（1952）、红霉素（1952）、卡那霉素（1958）。被称为工业之母的硫酸，从 1900～1949 年，全世界的产量由 405 万吨增加到 2 130 万吨；1952 年，居世界第一的美国的硫酸产量是位居第二的苏联的三四倍。1935 年，尿素作为肥料被大量使用。"二战"以后，炼钢技术向着设备大型化、连续化、高速化发展，氧吹转炉的发明和推广，计算机的应用使钢铁工业技术突飞猛进。各种高分子合成材料（以合成橡胶、合成塑料、合成纤维为主）成为工业和民生广为应用的新材料（路甬祥，2001）。

以上只是简要介绍了 20 世纪中叶诞生于欧美国家的若干"奇技淫巧"，但也足以说明列宁所说的"共产主义就是苏维埃政权加全国电气化"已落后于科技革命发展的实际，而以后广泛流传于我国民间并被津津乐道的社会主义理想图景——"楼上楼下，电灯电话"是多么幼稚和滞后（欧美国家的电气化从 19 世纪中叶开始，到 20 世纪初即已完成）。

在即将结束本段略显枯燥的描述时，下面用两个史实说明对技术创新的无知、漠视甚至封闭和抵制会带来什么后果。

第一个史实发生在 1841 年丧权辱国的鸦片战争中。时人梁廷枏所撰《夷氛闻记》记载，1841 年 3 月，清军主将杨芳看到"夷舰"上的大炮总能击中我，但我却不能击中"夷"；我方炮台还是在陆地固定不动，而"夷炮"却处在"风波摇荡中"的舰船上，我主"夷"客，种种条件都大大有利于我而不利于"夷"，但"夷炮"威力远在我炮之上，认定"必有邪教善术者伏其内"，于是广贴告示，"传令甲保遍收附近妇女溺器"作为制胜法宝。他将这些马桶平放在一排排木筏上，命令一位副将在木筏上掌控，以马桶口面对敌舰冲击，以破邪术。此事《粤东纪事》也有记载，杨芳初到广州，"惟知购买马桶御炮，纸扎草人，建道场，祷鬼神"。3 月 18 日，英军进犯，杨芳的这些招数自然无用，筏上副将仓皇而逃，英舰长驱直入，杨芳急将部队撤回广州内城，匆忙与英军"休战"（雷颐，2011）。在 60 年后的义和团运动，类似的招数仍被采用。

第二个史实发生在 1939 年苏联和德国合办的"喀山坦克学校"。当着"伟大的无产阶级革命家、军事家"伏罗希洛夫之面，德军将领古德里安演练后来成为法西斯德国杀手锏的"步坦协同与闪电战战术"。伏罗希洛夫对这种科技含量较高的现代作战方式不屑一顾，毫不警觉。他的思维仍处于曾经有效的"炮兵射击，骑兵冲锋，步兵占领"的红军陆战模式中。结果，在苏德战争爆发后吃了大亏。❶

第 3 节　科技成为竞争要素

真正的马克思主义者从来就坚持历史唯物主义，认为生产力才是人类社会发展的最终决定力量。《政治经济学批判（1857～1858）》一书在总结第一次技术革命和 19 世纪生产力的发展时就已旗帜鲜明地指出："生产力当然包括科学在内。"1983 年 3 月 17 日，恩格斯在马克思墓前作了著名的演讲。他指出：在马克思看来，科学是一种在历史上起推动作用的、革命的力量。任何一门理论科学中的每一个新发现，即使它的实际应用还无法预见，都使马克思感到衷心喜悦。例如，他曾经密切注意电学方面各种发现的发展情况，他还注意到马赛尔·德普勒对电力的发现（1882 年在慕尼黑电气展览会上，法国物理学家马赛尔·德普勒展出了他在来斯巴赫至慕尼黑之间架设的一条实验性输电线路）。对这一显示电力技术革命曙光的成果，马克思、恩格斯以革命家的激情

---

❶　http://www.people.com.cn/.

和智慧进行了激烈的讨论,认为它将使十分巨大的、一向白白浪费的水力立即得到利用(马克思,恩格斯,列宁,1971)。他们还预见到,它将"使工业几乎彻底摆脱地方条件所规定的一切界限","如果在最初它只是对城市有利,那么到最后它将成为消除城乡对立的最强有力的杠杆"(熊彼特,1979)。

在1848年发表的《共产党宣言》中,马克思指出:"资产阶级在它不到一百年的阶级统治中所创造的生产力,比过去一切世代创造的全部生产力还要多、还要大。自然力的征服、机器的采用、化学在工业和农业中的应用、轮船的行驶、铁路的通行、电报的使用、整个大陆的开垦、河川的通航,仿佛用法术从地下呼唤出来的大量人口——过去哪一个世纪能够料想到有这样的生产力潜伏在社会劳动里呢?"(马克思,恩格斯,列宁,1971)。当时马克思所说的法术主要是指资产阶级的生产关系和交换关系。1912年,美籍奥地利经济学家熊彼特在《经济发展理论》中首次提出了创新(innovation)这一里程碑式的概念,他认为:"不同的使用方法(即创新)而不是储蓄和可用劳动数量的增加,在过去50年中已经改变了经济世界的面貌。"他充分肯定了企业家在创新中的作用。1957年,索洛在《技术进步与总量生产函数》一文中分析认为,在1909~1947年,美国的非农业生产部门的劳动生产率之所以能翻一番,87.5%归功于技术进步,只有12.5%来源于每单位劳动的资本量的提高(熊彼特,1979)。尽管对他的分析存在争议,但科学技术已成为经济发展和国家竞争的重要因素,却成为不争的事实。

1936~1956年,全世界经历了1939~1945年第二次世界大战和1950~1953年的朝鲜战争。中国人民的抗日民族解放战争从1931年"九一八"事变开始至1945年9月3日以连续14年血战和2000万人的牺牲赢得了最后的胜利。抗战之际,日本无论是在工业总产值还是主要工业产品指标上超过中国数倍乃至数十倍,尽管国力孱弱,内战不止,中国人民从1931~1942年,独立抗击日本侵略者近11年之久。在来之不易的胜利中,中国人民也深刻地体验到科学技术落后的代价。以1937年8月13日至11月11日淞沪会战为例,当时中国投入兵力75万人以上,约占当时全国兵力的1/3。日本投入兵力25万人左右。由于中国军队战略不当,在付出33万多人的巨大损失后,被迫匆忙撤退,直接导致了南京会战的失利。此战日军凭借优良的武器装备,以少胜多,伤亡5万余人。曾参加淞沪会战的劳声寰老人回忆说:"我们的空军有250架飞机,对方是3000多架。在上海的黄浦江上、长江口,日军有4艘航空母舰、100 多条军舰。"日方在海空上占了绝对优势。中国军队参战的第 26 师副连长何聘儒说，当时他们所在的师里，一个步兵连只有 3 架机枪，50 多支汉阳造步枪，而且枪支时有残缺不全。中国军队全凭血肉之躯，常常整连整营战死（蔡伟，李青，2005）。

　　长达三年零一个月的朝鲜战争（1950 年 6 月~1953 年 7 月），是新中国成立后"不受中国控制的因素强加给中国的战争"。当时的中国百废待兴：1950 年，中国工农业总产值仅为 100 亿美元，而美国是 2 800 亿美元。在军事装备方面，美国拥有包括原子弹在内的大量先进武器和现代化的后勤保障，而我军基本处于"小米加步枪"的水平。但中国人民志愿军广大指战员不畏强敌，不怕牺牲，敢于斗争，敢于胜利，打出了新中国的国威、军威，取得了抗美援朝战争的胜利；同时，这场战争也使得党和国家领导人深感加快国家工业化和国防现代化建设的紧迫性（中共中央党史研究室，2001）。据《波罗行动——基辛格访华秘闻录》披露，朝鲜战争中志愿军投入兵力 135 万，美军为 45 万，兵力比为 3∶1，而阵亡志愿军人数为 18 万，美军为 3 万，为 6∶1。可见，尽管正义的人民是不可战胜的，但没有强大的科学技术作为支撑的国家工业化和国防现代化，在强敌面前难免会付出沉重的代价。

　　第二次世界大战以后，无论是战胜国英国和美国，还是战败国日本和联邦德国，均凭借其雄厚的科技和教育基础，迅速地恢复和发展。以工业生产指数为例，1970 年与 1950 年相比，英国增长了 224%，平均年增长 4.1%；美国增长了 179%，平均年增长 3.0%，日本增长了 1 607%，平均年增长 14.1%；联邦德国增长了 425%，平均年增长 7.5%（刘胜俊，1987）。1945 年，仅美国就占世界国民生产总值（GNP）的 50%，任何人要买飞机、计算机、汽车、电视机、冰箱，甚至一个灯泡，都会发现它们几乎无一例外地来自美国，甚至本地牌子的主要部件也来自美国（布朗，1999）。

　　在这段时期，东方大国苏联处于战后恢复期，中国在"二战"以后，又进行了三年解放战争和三年抗美援朝战争，消耗了大量的国力，第三世界许多国家还在完成民族独立的历史使命。因此，除苏联在军工科技雄踞世界前列外，在总体科学技术发展方面，东西南北差距进一步扩大。诸多科学技术成就绝大部分由欧美国家所创造。

　　科学技术在广度上的拓展、深度上的开掘和高度上的攀登，以及科学事业在规模和结构上的变化，都说明人类社会开启了大科学时代。美国科学史家普赖斯采用统计方法，发现了科学发展速度的指数规律，得出了以往"小科学"已发展成"大科学"的结论。他在1963年研究得出，在美国每百万人口中的科学家人数，1903年为50人，1921年为90人，1933年为175人，1955年为440人，大约每17年翻一番；而科技论文、科技文摘和科技投入均按指数增长（刘珺珺，2009）。面对在社会、经济、军事乃至政治领域日益发挥巨大作用的"大科学"，从科学自身发展的冲动和社会管理规制两方面，都要求加强科学技术体制化，政府管理科技被提上议事日程。

一般而言，科学有四个层面：一是器物技术层面，它是科学技术的物质载体，表现为产品、工程、服务；二是认识层面，即对自然规律的认识，它是科学的内在核心；三是制度层面，包括科学的社会建制，它是科学技术的外化标志；四是文化层面，包括科学思想、科学方法和科学精神，它是科学技术的价值理性（赫尔曼，2005）。近代以来，从意大利人科西莫德·梅迪契于1438年在佛罗伦萨创办第一所现代科学院开始（贝尔纳，2003），科学技术活动逐步由自发到自觉，由分散到集中，由民间到政府，科学技术工作者逐步由业余到职业化、专门化；从事科学技术工作的动力由个人兴趣为主转向以社会需求为主。尤其是1905年现代科学诞生以来，在战争和贸易的推动下，科学在欧美国家率先成为一种全方位的社会体制。英国著名人类学家马林诺夫斯基在《关于文化的科学理论》一书中认为，正是人类为了实现某种程序结构上的有组织的活动产生了社会体制。这里的社会体制即指人们在共同目标的支配下，组织起来形成一定的社会结构，运用适当的物质手段进行特定的活动以实现某种社会功能。他认为，从体制的角度认识人类的文化是唯一科学的方法，因为迄今为止所有的进化或者扩散过程都采取了体制变化的形式（刘珺珺，2009）。这一方法同样适用于描述科学技术的社会体制形态的历史嬗变。

在15～19世纪，科学在民间研究院、学会、大学中蹒跚前行，第一次世界大战催生了现代科学的社会体制。贝尔纳指出："第一次世界大战爆发不久，在德国境外可以看出，各国科学的发展，特别是训练有素的科学家的人数完全不足以应付军事形势的需要。德国人的自然资源少得多，在战争的大部分时间，他们却能够在技术上和军事上掌握主动权。德国和协约国士兵阵亡的比例为1:2。德国人每丧失一架飞机就要打下6架对方的飞机。这一点是意味深长的。因此，战争，只有战争才能使各国政府痛感科学研究在现代经济中的重要性。"英国终于在1917年成立了科学和工业研究部，而美国则于1916年成立了国家研究委员会。人们认识到"不能让科学处于完全无组织状态，也不能让科学依赖旧有的基金和偶尔的施舍"。"一个现代工业国的存在本身就有赖于有组织的科学活动。探索自然资源和探索最有效地加以利用的方法却要依靠，而且也只能依靠科学。"（刘珺珺，2009）

在科学技术社会体制化潮流的推动下，1928 年 6 月 9 日，我国"国民"政府成立了"中央"研究院统筹全国科学研究工作。1939 年，共产党在陕甘宁边区成立了自然科学研究院，1940 年 2 月成立了延安自然科学研究会。

科学技术全方位社会体制建立的突出标志是政府角色重要性的极大增强。1999 年，美国国家科学技术委员会撰写的《技术与国家利益》报告中描述了美国在"'二战'期间的科学技术政策"和"不断扩大的政府作用"。

第二次世界大战期间，美国求助于科学和技术以取得战场上的优势。在研究和发展方面的大量经济投入带来了技术上的突破，这些突破使得盟国在欧洲和太平洋战场上取得了决定性的胜利。

没有哪一次战争中的努力比"曼哈顿计划"更能够刻画现代技术的力量和挑战了。在研制世界上第一个原子武器的过程中，美国科学家和工程师们面对着令人望而生畏的技术挑战，这种挑战跨越了从基础物理到制造业的广泛学科范围，而且还有紧迫的时间要求。这个计划导致位于新墨西哥州的洛斯阿拉莫斯和田纳西州的橡树岭国家实验室的建立。

第二次世界大战的结束标志着一个新时代的开始，在这个新时代中，政府在科学和技术中的作用急剧扩大。作为"二战"的超级大国，不论是美国还是苏联，都认识到在科学和技术前沿领先的能力对于国家的军事和经济力量是必不可少的。结果，两国在"冷战"期间进行了白热化的技术竞赛。

美国大规模扩充了对军事—工业联合体的投资，而且为国防技术建立了史无前例的研究和发展基地，扩建美国国家实验室系统，现在这个系统已成为世界上独一无二的科学和技术资产。

"二战"以后，美国政府采取双管齐下的战略，支持基础科学的研究而且实施联邦各部门的科学技术议程，由此显著地扩充了世界的科学技术基础。1960 年之后，联邦政府在民用技术上的开支急剧增加，因为伴随着在基础研究和国防方面的努力，国家承担了一系列新的民用任务。

科学技术全方位社会体制建立的根本标志是植根于企业的 R&D 机构的建立、发展和普及。它是创新型社会必需的战略工程。早在 1882 年，发明家兼企业家沃纳·冯·西门子（1812～1892）就讲过："一个国家的工业，如果不同时处于科学进步的前列，将永远不能取得统治地位。先进的科学是先进工业发展最有效的手段。"在美国，除了爱迪生电气公司的实验室外，首批工业R&D实验室分别于1867年、1875年在坎布里丘铁公司和宾夕法尼亚铁路公司建立，但企业R&D活动的普遍化、系统化出现在第二次世界大战前后，尤其在美国和德国发展最为迅猛；甚至在苏联，布尔什维克也不再厌恶"资产阶级知识分子"（科学家们被归为"资产阶级知识分子"），并且"热情致力于促进科学技术的发展"。列宁认识到："科学家和技术人员在国家未来的发展中，起着举足轻重的作用。1918年4月在莫斯科，他说我们需要他们（资产阶级专家们——原作者注）的知识，他们的技术以及他们的劳动。党遵循着列宁的教导'尽管大多数情况下，他们（科学家们——原作者注）不可避免地表露出被渗透了资产阶级思想和习惯'。"

在美国，1929年的经济大萧条导致1933年全国制造业中的就业劳动力总数比1927年降低了26%，而同期制造业中的科学家和工程师人数却上升了72.9%；在经济增长的1933～1940年，工业总就业率上升了35%，而参与R&D活动的人数则猛增到154%。1921年，美国工业中每1 000名雇员中仅有不到0.6人从事科学工作，而1946年则有4人；根据美国国家研究理事会与国家资源计划理事会1940年向美国国会提交的一份报告，总共有70 033人受雇于2 350家工业公司从事工业技术研究。其中大部分人受过培训，当年美国工业企业对R&D的投入是2.95亿美元，比1930年翻了一番还多（按不变价计算）（布朗，1999）。

在此期间，在科学社会学研究领域，英国物理化学家波兰尼率先提出了"科学共同体"的概念。这是他在20世纪40年代与美国以贝尔纳为代表的左派科学家论战的产物。他于1951年在《科学的自治》一文中指出："今天的科学家不能孤立地实践他的使命，他必须在各种体制的结构中占据一个确定的位置。一个化学家成为研究化学的专门职业的一个成员。一个动物学家、一个数学家或者一个心理学家，每一个人都属于一个专门化了的科学家的特定集合。科学家的这些不同的集团共同组成了科学共同体。这个共同体的意见，对于每一个科学家个人的研究过程产生很深刻的影响。"20世纪70年代，社会学家希尔斯和科学史家库恩延伸了这一研究，反映了在科学技术全方位社会体制化的历史大潮中，科学家们保持独立话语权、维护科学家自治的呼吁（贝尔纳，2003）。

第 4 节　科技负面效应暴露

20 世纪中叶，科学技术在给人类带来巨大福利的同时，暴露出来的"双刃"特点引发了人们的深思。在"二战"期间，掌握了先进科学技术的德国法西斯，对弱小的被侵略国家进行了疯狂的掠夺和残酷的屠杀：通过飞机大炮狂轰滥炸，继而机械化部队闪电突袭，占领后烧杀抢掠，使波兰等国工业设施的 60% 左右、科研设施的 80% 以上以及大批的学校遭到破坏。在欧洲大地上，上千座城市及其工业、科研和生活设施等被法西斯炸毁，无数的粮食、原料、机器、工业装备和科学技术设备被掠夺运往德国。据德国官方的一份秘密报告透露，1944 年 7 月止，从西欧运往德国的文物装了 157 辆车皮，计 4 170 箱 21 903 件。到 1944 年，德国著名的西门子公司 20 多万雇员中超过 15 万是集中营在押犯人。

有"历史上最大的人类屠夫"之称的德国法西斯头子希特勒，在奥斯威辛集中营对犹太人实行了灭绝人性的种族大屠杀。他使用的正是科学家发明的毒气。在我国抗日战争和朝鲜战场上，日美侵略者都采用了细菌战。臭名昭著的日本"731"部队就是研发和实施细菌战的元凶。正如美国学者瓦托夫斯基所言，"一方面，我们知道科学是理性和人类文化的最高成就；另一方面，我们同时又害怕科学业已变成一种发展得超出人类控制的不道德和无人性的工具，一架吞噬着它面前的一切的、没有灵魂的凶残机器"。在 20 世纪中叶，以现代科学技术为支撑的工业化，对环境的污染、对资源的消耗、对大自然的破坏，使人类开始产生新的困惑。罗马俱乐部前主席贝切伊把人类困境的形成归因于科学技术的进步，认为科技是"人类的罪恶"（韩孝成，2005）。

面对现代科学技术赋予战争的巨大破坏力，科学家们开始思索科学家在战争形势面前应负的责任。1936 年，来自 13 个国家的科学家在布鲁塞尔（由国际和平运动科学委员会组织）进行了有关讨论，有的认为国家利益至上，科学家没有必要过问自己的工作后果，有的主张在任何情况下都拒绝为战争和战备服务，有的则认为要看战争的具体情况而定（韩孝成，2005）。

德国法兰克福学派从"二战"至 20 世纪 60 年代末，认为科学和技术在现代工业社会中是一种"统治"和"意识形态"，它通过支配自然界而实现对人的支配、同化。他们把反对实证主义发展到断言现代科学技术是一切剥削、压迫和奴役的根源。此时期的代表人物马尔库塞认为："技术的进步扩展到整个统治和协调制度、创造出种种生活（即权力）形式，这些生活形式似乎调和着反对这一制度的各种势力，并击败和拒斥以摆脱劳役和统治、获得自由的历史前景和名义而提出的所有抗议。"（马尔库塞，1989）

近代科学的诞生得益于欧洲的文艺复兴运动，使科学与人从神学的桎梏中得以解放。然而，现代科技的发展也造成了人文精神的丧失。面对现实中科学与人文分裂的状况，出生于比利时而成就于美国的萨顿开始探索通过科学史的研究，促进科技与人文的统一，他被后人尊称为"科学史之父"。在他看来，科学史研究的是科学及其发展，目标却是使科学人性化，使科学成为文化中一个最基础的部分，在科学和人道主义之间建起一座桥梁。萨顿把科学史定义为"客观真理发现的历史，人的心智逐步征服自然的历史；它描述漫长而无止境的为思想自由，为思想免于暴力、专横、错误和迷信而斗争的历史"。其思想核心是强调科学在人类精神方面的巨大作用，强调科学的统一性显示了人类的统一性，强调科学和人文主义结合的必要性和可能性。他认为科学是实现他的理想最好的甚至是唯一的方法。萨顿说："在我们所能认识的范围内，人类的主要目的是要创造像真、善、美那样一些无形的价值，使科学工作人性化的唯一方法是在科学工作中注入一些历史的精神，注入对过去的敬仰——对作为一切时代的善的见证的敬仰。"（萨顿，2007）显然，善良的萨顿先生把科学史宗教、神圣化，把科学与人文的结合看得简单化、线性化了。R. A. 布雷迪在研究纳粹为什么能够很容易地迫使德国科学家就范时认为："答案在于，在牵涉科学知识的社会应用的时候，在问题超出他的狭窄工作范围的时候，典型的科学家，不论是由于他所受的训练的缘故也好，还是由于他的职业的缘故也好，并不比普通最无知的'门外汉'更愿意坚持科学法则和科学分析方法。而且在任何资本主义国家中，随时准备把'老百姓'和有组织的劳工的利益看做自己利益的科学家和学者寥寥无几。""科学家本身也许是现代社会中所有受过特别训练的人们当中最容易受人利用和最容易与人'协调'的人。""所以，纳粹比较容易使一些学者和科学家与他们相'协调'，其结果，从表面上看，他们就好像能够动员大部分德国知识分子的舆论和拥护，来支持他们自己精心设计的宣传。"

1959 年，英国著名学者斯诺在剑桥大学发表了《两种文化与科学革命》的著名演讲。他指出，"文化（指科学文化和人文文化）的分裂会使受过教育的人，再也无法在同一个水平上就任何重大社会问题展开认真的讨论。由于大多数知识分子都只了解一种文化，因而会使我们对现代社会作出错误的解释。对过去进行不适当的描述，对未来作出错误的估计"。他希望通过改革创新教育制度和教育方法来解决科学与人文分裂的问题，并提出了至少应该有三种文化的主张。他认为，"二"这个数字是一个危险的数字，辩证法是一种危险的方法。这种两极化的分析方法只会给人民、社会造成损失，同时也是实践的、智力的和创造性的损失（斯诺，1994）。

　　20 世纪中叶对科学与人文之间分裂、碰撞的察知和推动科学与人文统一的探索，既是当时科技发展的一个重要特点，也为后来的深入研究，促进科技、经济、社会协调发展开启了帷幕。

第2章 新中国成立前
——战乱中的民族科技

毛泽东指出："中国过去两千年来的社会是封建社会……自从 1840 年的鸦片战争以后，中国一步一步地变成了一个半殖民地半封建的社会。自从 1931年'九一八'事变日本帝国主义武装侵略中国以后，中国又变成了一个半殖民地和半封建的社会。"（斯诺，1994）新中国成立前旧中国的科技活动分布在四个区域：一是国统区；二是陕甘宁边区等根据地；三是东北沦陷区；四是中国科学家在国外的工作。

第1节 国民党统治区的科学技术活动

这一时期，中国大地战火不绝。继 1900 年八国联军入侵，各种历史事件接踵而至：1911 年辛亥革命、1914 年日俄战争、军阀混战、北伐战争、国内革命战争（国共内战）、抗日战争和解放战争。据统计，抗战期间，国民党政权在正面战场上进行了 22 次大型会战、1 117 次中型战役、38 932 次小型战争。在国民党政权统治下，面临内乱外侮、山河破碎，一些爱国的科技人员和实业家，怀抱科学救国、实业救国的理想，以民族兴亡大局为重，艰苦奋斗，筚路蓝缕，为现代科学技术在神州生根发芽，做了力所能及的工作，有的甚至献出了自己的生命。

在此期间，国民党统治区的科学技术活动大致有以下四个方面。

一、组建政府科研机构，加强科技体制建设

中国现代第一个政府创办的科研机构，当属 1913 年丁文江在北洋政府统治下于北京成立的工商部地质研究所。

丁文江（1887~1936），出生于江苏省泰兴县黄桥镇的一个士绅家族，他天资聪颖，少时被誉为神童。14岁被推荐赴日留学，17岁转赴美国留学，曾考入剑桥大学，1907年进入格拉斯哥大学学习动物学和地质学。1911年学成归国，1913年应北洋政府工商部矿政司司长张轶欧之邀，赴京任该司地质科科长。他以章鸿钊的地质讲习所的设想为蓝图，倡议创办地质调查所。从提出方案、培训人才到延聘教授，终于在1913年9月成立了地质研究所。诚如翁文灏所言："以中国之人，入中国之校，从中国之师，以研究中国之地质者，实自兹始。"（陈冠任，2010）11月，他辞去所任职务，潜心于地质调查事业，1935年年底赴湖南衡阳深入矿洞调查，染病不治，于1936年1月5日逝世，终年48岁。其遗作由黄汲清❶负责整理并于抗战中出版（章鸿钊，1916）。

建立国家最高科研机构的设想，最早是由马相伯（1898）、孙中山（1925）提出的。在说到由国民政府于1928年6月9日在南京成立的中央研究院这个中国有史以来最早的国家级政府科研机构以前，不能不提到中国科学社。

中国科学社是近代中国科技体制化的重要开拓者和主要推手。它是中国历史上第一个民办、民有、民选、民营的综合性民间学术团体，是20世纪初一批志士仁人尝试科学救国的伟大实践。1914~1915年，由留学美国康奈尔大学的中国学生任鸿隽、赵元任、杨杏佛等9人发起，依照美国科学促进会（AAAS）及其创办《科学》杂志的模式，以股份制形式创办了中国的《科学》杂志社。1915年1月，在上海出版《科学》创刊号，在发刊词中将"科学"与"民权"并列，申明"以传播世界最新科学知识为标志"。1915年10月25日，在美国成立了以"联络同志，研究学术，共图中国科学之发达"为宗旨，以"提倡科学，鼓吹实业，审定名词，传播知识"为任务的中国科学社，第一届董事长为任鸿隽，赵元任为书记，杨杏佛为编辑部部长。竺可桢、丁文江、秉志、张謇、蔡元培均担任过董事。1918年迁回国内，先后在上海大同学院和南京东南大学设立办事处。中国科学社内分设农林、生物、化学、机械工程、电机工程、土木工程、采矿冶金、物理数学及普通9股。中国科学社在中国现代科学发展史上居功至伟。一是其创办的《科学》杂志，尤其是创办的《科学画报》和建立的图书馆、博物馆，加快了科技的传播和交流。二是

---

❶　黄汲清：中国科学院院士，大庆油田主要发现者之一。

为科学社搭建国内外学术交流的平台。1916～1936年，一共召开了26届学术年会，并邀请了英国哲学家罗素来华演讲《爱因斯坦引力新论》，邀请意大利无线电发明家马拉尼演讲无线电科学发展，同时派竺可桢等科学家出国参加国际学术活动。三是促进了科学研究，集聚培养了人才。其于1922年在南京成立的中国科学社生物研究所影响最大，开创了中国现代有组织、有系统的生物学研究，使中国生物学走上了独立发展的道路，培养了一批杰出人才。四是积极反对帝国主义经济和文化侵略。1924年2月12日，演示了方子卫等人研制的我国首部无线电电话，意在打破外国对我国电信的垄断，与以日本帝国主义为后台的"东方文化事业委员会"展开公开的斗争。五是组织审定科学名词，破解阻碍科学发展的瓶颈。《科学》的创刊号"例言"中说："评述之争，定名为难，而在科学，新名尤多，名词不定，则科学无所依持而立。"由此，科学社将科学名词审查和编订列入重要议事日程并付诸实施。六是引领并推动了中国科技体制化的进程。在中国科学社的带动下，各专门学会如中国地质学会、中国气象学会、中国生理学会、中国物理学会、中国化学会、中国地理学会、中国数学会等纷纷成立。除中国生理学会外，其他学会的发起人或领导者都是中国科学社成员。这些为中央研究院的成立做好了人才准备。

中央研究院是民国时期的最高学术研究机构。它的成立，标志着中国政府加强科技体制化建设的努力，在历史上第一次将科学技术工作全面纳入政府议事日程。1927年4月27日，在南京召开的国民政府中央政治会议第七十四次会议上，李石曾提出"中央研究院案"，推举蔡元培等为筹备委员；同年11月，《中央研究院组织法》公布，确定中央研究院直属于国民政府，设立物理、化学、工程、地质、天文、气象、历史、语言、国文学、考古学、心理学、教育、社会学、动物、植物15个研究所，集自然科学、工程科学、社会科学为一体。在中央研究院4位总干事中，有3位是中国科学社成员，而15位所长中有13位是中国科学社成员。11月20日，决定先筹建理化实业研究院、地质调查所、社会科学研究所、观象台4个研究机构。

1928年4月，颁布《修正国立中央研究院组织条例》（简称《条例》），规定其为"中华民国最高科学研究机关"，宗旨是"实行科学研究，并指导、联络、奖励全国研究事业，以谋科学之进步、人类之光明"。研究范围为数学、天文学与气象学、物理学、化学、地质与地理学、生物科学、人类学与考古学、社会科学、工程学、农林学、医学11组科学。《条例》还对组织、基金、名誉会员等作了规定。4月20日聘任蔡元培为院长，6月9日第一次院务会议在上海东五酒楼举行，宣告中央研究院正式成立。中央研究院成立后，认可了中国科学社在国际学术交流上作为中国科学界官方代表的地位。

1929年，北伐军攻入北平，又成立了国立北平研究院，隶属中央研究院。在几经周折之后，通过对全国科学家的层层选拔，由中央研究院评议会从初选的450人名单中审定了150人作为候选人，通过选举有81人当选为第一批中国院士。这是中国第一代和第二代现代科学家中的精英。其中，数理组（含数学、物理、化学、天文、地学、技术科学）28人、生物组（含生物学、农学、医学、药学、人类学、心理学）25人、人文组（社会科学）28人。此时国民党政权已摇摇欲坠，所以，1948年9月23日，在南京北极阁召开第一次院士大会时，到会者仅有48人。1949年后，中央研究院随国民党迁往台湾地区（张建伟，邓琼琼，1996）。

1931年，面对日本日益暴露的侵华野心和紧张的国际局势，时任国民政府教育部常务次长的留英科学家钱昌照向蒋介石建议成立一个"国防设计委员会"，此意见被蒋采纳，要求国防设计委员会："拟定全国国防的具体方案；计划以国防为中心的建设事项；筹划关于国防之临时处置。"它是一个秘密的、松散的、咨询性的机构。委员长由蒋介石担任，负责重大人事或重要决策拍板。日常工作由秘书厅负责，秘书厅设秘书长、副秘书长各一名。秘书长由翁文灏挂名，实际工作由副秘书长钱昌照负责。受聘的国防设计委员共39人，除少数属国民政府有关部门要员外，绝大多数都是知名学者、技术专家和实业家。它开创了中国现代科学家咨政建言的正式体制管道。尽管蒋介石可能只是做做样子，但认真的科学家们还是做了一些对民族有益的工作，如开展了中国20世纪以来第一次比较系统和大规模的国情普查等，对取得抗战的胜利作出了一定的贡献。

国防设计委员会1935年4月更名为资源委员会，隶属于军事委员会（王卫星，1994）。

二、克服种种困难，进行科技"垦荒"

20世纪初的中国，是一片广袤的现代科技"处女地"。在内忧外患频仍、政权腐败无能、资金人才匮乏等种种困难面前，中国的科学家和工程技术人员不畏艰险，救亡图存，努力进行科技"垦荒"，做了许多开拓性、基础性的工作，在一些领域取得了国际瞩目的里程碑式的成就。例如，在中国古人类研究方面，1929 年，裴文中在北京周口店发现一块距今 50 万年的完整的北京猿人头盖骨化石；1933 年，又在周口店山顶洞穴中发现了距今 5 万年的"山顶洞人"头盖骨化石 3 具；特别是在 1936 年一年中，贾兰坡连续发现了 3 块完整的"北京人"头盖骨，震惊世界，被认为"是达尔文发表人类进化论以来，第一次得到的最完整可靠的支持及证实他的证据"（李济，1952）。同时还出土了大量的古脊椎动物化石，分别由安特生、魏敦瑞、杨钟健、裴文中、贾兰坡、卞美年等进行研究。裴文中还发现了"北京人"用火的遗迹和一批有制作痕迹的各式古石器，说明"北京人"已是相当进步的人类。周口店古人类遗迹发掘是美国洛克菲勒基金会资助的国际合作项目，由当时地质调查所新生代研究室承担。在协议合作、引进人才、组织领导方面，时任地质调查所所长的翁文灏院士不遗余力，中国科学院院士黄汲清说："从某种意义上说，他的功劳并不在步达生、杨钟健、裴文中之下。"（黄汲清，1989）

1926 年 10 月，翁文灏在日本东京召开的第 3 次太平洋科学大会上宣读了论文《中国东部的地壳运动》，提出了燕山运动学说，它是关于燕山运动及与之相关联的岩浆活动和金属矿床形成的理论，是对中国地质学的重大贡献，产生了深远的影响（姜振寰，2010）。1934 年 2 月 16 日，翁文灏亲自去浙江长兴调查石油，在武康县因车祸遇险，震惊全国。此前，一代天才赵亚曾 32 岁被土匪夺去生命。1936 年，丁文江殉职（章鸿钊，1916）。1938 年冬，水利学家黄万里在四川考察水利时，于新津落水，死里逃生。他的三个同事曾在川江丧命，其中一人为从美国康奈尔大学毕业的李凤灏硕士（赵诚，2004）。由此可见，当年科技工作的艰险。1989 年 9 月 15 日，民革中央举行了"翁文灏先生诞辰 100 周年纪念座谈会"。中共中央统战部、全国政协、民革中央、国家科委、中国科学院、地质矿产部、国家地震局的领导和代表，翁文灏先生的好友、旧部、亲属聚集一堂，缅怀他对祖国地质科学和社会主义建设作出的贡献，向他表达深切怀念和崇高敬意。中共中央统战部代表称赞这位著名的爱国人士从 20 世纪 20～40 年代为地质科学研究、资源开发和经济建设作出了显著成绩，还特别强调"在抗日战争期间，翁文灏先生团结广大工作人员，为建立大后方工业基地、发展战时生产、支持抗战作出了很大努力"。在全国解放以前，他对我国资源进行广泛的调查，并组织力量开发石油、煤炭、金属等资源，为我国能源建设和原材料生产打下了初步的基础（章鸿钊，1916）。

从英国留学回国的地质学家李四光，1930～1931 年三上庐山考察，得出
中国第四纪冰川生态主要是山谷冰川，庐山是"中国第四纪冰川的典型地区"
的科学结论。从 1929 年起，李四光发表多篇用力学方法研究东亚大地构造的
论文，提出东亚的构造形式，后来创立了地质力学（张建伟，邓琼琼，
1996）。1945 年，黄汲清提出了多旋回构造说，并由此推演出"多旋回成矿
论"，在各种资源普查中具有重要意义。在考古学方面，董作宾等人发现了安
阳殷墟甲骨文；在气象学领域，竺可桢于 1926 年提出了中国气候的脉动说，
1927 年在南京北极阁建成了当时最现代化的气象台，1930 年开展了天气预报
业务，实现了气象业务的一体化和标准化，并培养了涂长望、吕桐、赵九章、
叶笃正、顾震潮等一批院士。在工程科技领域，茅以升于 1933 年主持建造了
钱塘江大桥（姜振寰，2010）。

三、勇与"洋货"抗争，努力技术开发

鸦片战争以后，面对帝国主义列强政治上欺凌压迫、经济上掠夺剥削、文
化上全面渗透的屈辱，中华民族的一些志士仁人选择了实业救国的道路。趁第
一次世界大战帝国主义内斗之际，中国民族工商业冲破重重桎梏，有了较大的
发展。他们在外侮内乱中艰难前行，勇与"洋货"抗争，大力延揽人才，努
力技术开发，在中国现代科技史上，为民族自强、民生改善和技术进步写下了
不应忘却的一页。

卢作孚（1893～1952），重庆市合川人，民生公司的创始人，中国航运业
的先驱，是著名的爱国实业家、教育家和社会活动家。他出身贫寒，天资聪
颖，被称为"身无分文的大亨"和"小学毕业的教授"。1910 年，他在成都
参加同盟会，从事反清保路运动；1919 年，他积极投身"五四运动"，参加李
大钊等组织的少年中国学会，主张"教育救国"。1925 年，他基于交通运输业
"各业之母"的理念，创办了民生实业公司，设想以办轮船航运业为基础，兼
办其他实业，把实业与教育结合起来促进社会改革以达到振兴中华的目的。到
1949 年，民生公司拥有 148 艘江海轮船（吨位 72 000 吨），职工9 000余人，
成为中国最大的和最有影响的民营企业集团之一。他在蔡元培、黄炎培、翁文
灏等人的大力支持下，于 1930 年 9 月底创办了中国西部科学院。他亲任院长，
设立了地质、生物、理化和农林等研究所。他一手抓技术引进，引进先进船
舶；一手抓科学管理和优质服务，树立"一切为了顾客"的经营理念。凭借

其高尚的人格团结广大职工，在广大人民群众的支持下，他于 1935 年击败了美、英、日的捷江、太古、伯和、日清等公司，使川江上飘舞的万国旗一统为中国旗，当上了"中国船王"。1938 年，抗战期间，在日寇狂轰滥炸和川江水浅不利航运的恶劣情况下，卢作孚沉着机智，集中全部船只和大部分业务人员，经过 40 天奋战，将撤退到宜昌河滩上的 10 万吨机器、3 万多人全数运走，挽救了中国工业和兵工业的命脉，为抗战胜利作出了重大的贡献，也付出了巨大的牺牲。这便是中外瞩目的中国版的"敦刻尔克"大撤退。中华人民共和国成立后，他应周恩来的邀请，以金蝉脱壳之计骗过国民党特务，从香港回到内地，并带回了公司的全部海轮。1952 年"五反"运动中，他被指为"不法资本家"，遭无情斗争；民生公司副经理及大船船长以上骨干几乎全部入狱"审查"，其中两人被处决。卢作孚不甘受辱，于 1952 年 2 月 8 日自尽，终年 59 岁。1980 年，中共四川省委为卢作孚作出政治结论，"卢作孚为人民做过许多好事，党和人民是不会忘记的"。2011 年 5 月 1 日，在其故乡重庆市合川区，高 5.9 米、重约 10 吨、总投资 300 万元的卢作孚雕塑及生平浮雕在卢作孚广场揭幕。历史终于还了卢作孚以公道（张鲁，张湛昀，2010）。

范旭东（1883~1945），湖南湘阴县人。他是中国化工实业家、中国重化学工业的奠基人，被誉为"中国民族化学工业之父"。范旭东幼年丧父，家境贫寒，靠慈善机构供养度日。他曾与蔡锷同时在梁启超主办的时务学堂求学，因学习刻苦，深得梁启超赏识。后受其兄资助东渡日本。1910 年，他以优异成绩毕业于日本京都帝国大学理科化学系。1911 年回国后在北洋政府北京铸币厂负责化验分析，目睹官场腐败，深恶痛绝，辞职后赴西欧考察英、法、德、比等国的制盐及制碱工业，开阔了眼界，增强了实业救国的信念和决心。1914 年，他在天津塘沽创办久大精盐公司。1917 年，他开始创建永利碱厂，1937 年 2 月 5 日生产出我国第一批硫酸铵产品。1938 年 7 月，他在四川自流井开办了久大自流井盐厂，并在四川犍为县五通桥开办永利川厂。在那个时代，国内碳酸钠市场主要由英商卜内门公司垄断，被称为"洋碱"。"一战"期间，洋碱来源受阻，外商遂疯狂提价达七八倍之多，严重影响了我国纺织印染、玻璃、锑矿冶炼等多个行业。范旭东从 1922 年邀请侯德榜来厂全面领导技术工作，开发国产碳酸钠。在此期间，他克服了资金不足、外商刁难、财政部门变卦、内部股东分歧以及技术和工艺设备上的种种困难，终于在 1926 年6 月 29 日成功生产出纯净洁白的碳酸钠产品。范旭东将其命名为纯碱，以区别于洋碱。同年 8 月，红三角牌永利纯碱在美国费城举行的万国博览会上获得"中国工业进步的象征"的评语，荣膺大会金质奖章，为民族争得了荣誉。他对侯德榜二十年如一日的不懈支持使侯德榜终于在 1941 年研究出融合察安法和氨碱法两种方法、制碱流程与合成氨流程两种流程于一体的联产纯碱与氯化铵化肥的新工艺，并于 1943 年完成了半工业装置试验。永利公司为尊重和表彰侯德榜的贡献，将该法命名为侯氏制碱法，并致贺电云："积二十年深邃学理之研究与献身苦干之结果，设计适合华西环境之新法制碱，为世界制碱技术辟一新纪元。"范旭东在创办实业之时，十分重视发展科学。早在 1922 年，他就创办了黄海化学工业研究社，以此作为久大、永利两公司的"神经中枢"，并聘请了获美国哈佛大学化学博士学位的孙学悟主持社务。黄海化学工业研究社是我国第一家志在振兴化学工业、培养造就化工科技人才的化工行业科研机构，它开创了我国无机应用化学、有机应用化学及细菌化学研究的先河，取得了大量科技成果。抗战期间，范旭东还创办了中国工业服务社，以"协助有志兴办工业的团体或私人，为其提出的工业生产项目，共同进行调查研究，如资源、厂址、技术工艺、设备要求和投资计划及市场需要等"为宗旨，开我国化工科技咨询服务之先河。他对学术活动和教育事业情有独钟，曾担任中国科学社理事达 30 余年，曾受国民政府中央研究院的聘请担任评议员达十余年，曾被推选为中华化学工业会副会长、中国化学会副理事长。他还继兄长范源濂之后担任过中华书局董事。他又是天津南开大学和湖南私立隐储女校的校董，向南开大学化学系和经济研究所捐赠过奖学金，以资助优秀学子成才。1945年 10 月 2 日，范旭东因积劳成疾溘然辞世。正在参加重庆和谈的蒋介石和毛泽东立即中止会谈，一同前往范府吊唁，毛泽东亲笔书写了"工业先导，功在中华"的挽联。中华人民共和国成立后，范旭东被批为"反动资本家"，淡出历史视野，以致大多数人在谈到侯氏制碱法时，只知侯德榜，不提范旭东。❶ 殊不知，熊彼特早就认定，企业家才是创新的第一推手。今天，当历史的迷雾阴云散去，对于创造新生产力的企业家，应给予公允的评价。正如毛泽东所言，对他"万古不可忘记"。

侯德榜（1890～1974），福建闽侯县人，自幼半耕半读，勤奋好学。因家庭经济困难，受姑母资助入学。少年时代他耳闻目睹帝国主义者对中国人民的

---

❶　http://baike.baidu.com/.

凌辱与剥削，树立了强烈的爱国之心，曾积极参加反帝爱国的罢课示威，并立志要掌握科学技术，依靠科学和实业救国。1913 年，他毕业于北京清华留美预备学堂，以 10 门功课 1 000 分的成绩被保送入美国麻省理工学院化工科学习。1921 年，他以《铁盐鞣革》的论文获美国哥伦比亚大学博士学位。同年回国，被范旭东聘为塘沽碱厂总工程师，兼任北洋大学教授，后任永利化学工业公司总工程师兼塘沽碱厂厂长，南京铔厂总工程师，永利川厂厂长、总工程师及公司总经理等职。他是自觉将先进科学技术研究与产业发展实践紧密结合的先驱。他在我国化工行业科技进步上有三大里程碑式的贡献。第一，揭开了苏尔维法制碱的秘密。其所著《纯碱制造》1933 年在纽约列入美国化学会丛书出版。在书中，他详细剖析了苏尔维法制碱的诀窍，被国际化工界公认为制碱工业的权威专著。《纯碱制造》后被译成多种文字出版，美国的威尔逊教授评价该书是"中国化学家对世界文明所作的重大贡献"。第二，自主创立了中国人的制碱工艺——侯氏制碱法。在他晚年所著《制碱工学》中，他将侯氏制碱法和从事 40 年制碱工业的宝贵经验毫无保留地奉献给世界，得到国内外学术界的高度赞誉。第三，新中国成立后，作为首席发明人，他倡议用碳化法制取碳酸氢铵，促进了新中国小化肥工业的大发展，对我国农业生产作出了十分巨大的贡献。1957 年，他加入中国共产党，1958 年任化学工业部副部长，曾当选中国科学技术协会副主席。他是国民政府中央研究院院士、新中国科学院技术科学部学部委员。1974 年，他病逝于北京。

刘鸿生（1888～1956），祖籍浙江定海，1888 年 6 月 14 日生于上海，早年在上海圣约翰大学肄业。第一次世界大战期间，刘鸿生以经营开滦煤炭起家。1919 年，"五四运动"提倡国货，抵制洋货的声浪，推动了一批实业家发展民族工业。1920 年 1 月，他在苏州与人合伙创办鸿生火柴公司，生产"宝塔"牌火柴。当时中国火柴市场为瑞典进口的"凤凰"牌垄断，火柴俗称为"洋火"。刘鸿生高薪聘请留学归国的专家，潜心研究，攻克了一个又一个技术难关，终于使他经营的大中华火柴公司所生产的"宝塔"牌火柴享誉全国，主销量占国内市场的 22%，大长了中国人民的志气。抗战期间，他在大后方重庆、兰州、贵阳、昆明、海口等地兴办实业，曾被称为"煤炭大王"、"中国火柴大王"和"毛纺业大王"。抗战胜利时，其实业的大部分股份被官僚资本侵吞殆尽，只拥有 20%。中华人民共和国成立后，刘鸿生曾任上海市人民政府委员、华东军政委员会委员、中国人民政治协商会议全国委员会委员、全国人民代表大会代表、全国工商业联合会常务委员、中国民主建国会中央常委等职（孙骏毅，2009）。

综观以上科技企业家的代表人物，我们可以发现，由于生活在民族危难时代，他们自幼便树立了救亡图存、实业报国的理念，都具有强烈的爱国思想和社会责任感。面对帝国主义的特权欺凌和技术垄断，他们在十分困难的条件下，重用技术人才，致力于技术开发，为我国弱小的民族工业作出了难能可贵的历史贡献。他们重视科学、重视教育、重视人才、重视地方经济振兴，敢于克难奋进，敢于承担社会责任的优秀品德应当为今天的民营企业家所传承。

四、推行新式教育，培养科技人才

教育是科学的基础，人才是科学的关键。辛亥革命前，中国沿袭了上千年的科举制度，曾被西方历史学家称为选拔人才制度的一项伟大发明。但在近代科技革命面前，它遭到了时代的淘汰。中国近代教育的奠基人，非蔡元培先生（1868～1940）莫属。这位被毛泽东誉为"学界泰斗，人世楷模"的资产阶级革命家、教育家、政治家的教育思想和业绩非常丰富。从科学教育的角度考察，蔡元培先生在以下三个方面的主张，时至今日，仍"如大海潮声，振聋发聩"（岳南，2010）。

（1）他提倡大学应该成为"研究高尚学问之地"，力主建设研究型大学。蔡元培1917年主政北京大学时，认为教师不热心学问，学生把大学当成做官发财的阶梯，这种"官本位"、"财本位"的观念是北大腐败的总因。因此，他改革北京大学的第一步是明确大学的宗旨，并为师生创造研究高深学问的条件和氛围。他还提出，大学不能只是从事教学，还必须开展科学研究。为了使大学能承担起教学、科研双重任务，他极力主张"凡大学必有各种科学的研究所"，并列举了三点理由：一是"大学无研究院，则教员易陷入抄发讲义不求进步之陋习"；二是设立研究所，可为大学毕业生深造创造条件；三是使大学高年级学生得以在导师指导下，有从事科学研究的机会。

（2）他提倡"囊括大典、网罗众家、思想自由、兼容并包"的治学方针。"正是凭着这种果敢坚强的精神，蔡元培把故宫脚下日渐沉沦腐败的京师大学堂，逐渐改造成为一块'精神的圣地'。北大从此不再是成批生产封建体制内候补官僚的冰冷机器，而是成为具有'独立之精神，自由之思想'，散发着人性光辉和科学理念的人才成长的摇篮。"（岳南，2010）他在北京大学首倡旁听生制度，使毛泽东、瞿秋白、曹靖华、沈从文、丁玲等一代名人享受到大学教育的机会。他与李石曾共同发起的留法勤工俭学，使周恩来、邓小平、恽代英等一批共产党人接受了近代工业文明的熏陶，提高了科学素养。

（3）他提倡沟通文理，废科设系。蔡元培认为传统文、理分科的做法已不适应近代科学相互联系、相互渗透的发展趋势。"文科的哲学，必植根于自然科学，而理科学者的最后假定，亦往往牵涉哲学。"为了避免文理科学生相互隔绝，互不沟通，"专己守残"，"局守一门"，蔡元培果断清除人为的科际障碍，废科设系。他于1919年将北大文理两科撤销，改为14个系，取消学长职衔而改设系主任。其影响延续至今，北大之所以大师辈出，与蔡元培先生的深谋远虑、科学筹划是分不开的。

蔡元培先生还于1918年11月16日发表了题为《劳工神圣》的演讲，鲜明地提出要"认识劳工的价值"，并喊出了"劳工神圣"的口号。1920年2月，蔡元培下令允许王兰、奚浈、查晓园3位女生入北大文科旁听，当年秋季即正式招收女生，开我国公立大学招收女生之先例。❶

但当时的中国贫穷落后，文盲占总人口的90%以上，能入大学者凤毛麟角。蔡元培先生专注于大学教育、精英教育，"希望中国有几十个或更多的知识分子专心致志从事窄而深的学问，等一二十年之后，逐渐形成社会的重心，以转移社会学风，政府与学术机构因势利导，中国便可以在知识上得以大幅度提高，甚至可与西方学术界角逐争胜"（岳南，2010）。黄炎培先生（1878~1965）作为蔡元培的学生（黄炎培1901年入南洋公学时，曾受教于当时任南洋公学中文总教习的蔡元培），着眼于广大劳动群众素质的提高，为改革脱离社会生活和生产的传统教育，开创了中国近代职业教育，为夯实科技发展的社会基础，作出了重要贡献。他指出，职业教育的目的是为"提高劳动者文化、业务水平"，为"造就新型知识分子"服务；职业教育的作用是"谋个性之发展"，"为个人谋生之准备"，"为个人服务社会之准备"，"为国家及世界增进生产力之准备"。职业教育的方针：一是社会化，强调职业教育须适应社会需要；二是科学化，即用科学来解决职业教育问题。而职业教育的教学原则是"手脑并用"、"做学合一"、"理论与实际并行"、"知识与技能并重"。1917年5月6日，他在上海发起成立中华职业教育社，以推广改良职业教育，改良普

---

❶ http://baike.baidu.com/.

通教育，力求做到"学校无不用之成才，社会无不学之执业，国无不教之民，民无不乐之生"。1918 年，创办中华职业学校，以"劳工神圣，敬业乐群"为校训。他全身心投入中国职业教育事业和民主运动，1921 年被委任为教育总长却拒官不就。1946 年，他在上海创办比乐中学，探索兼顾升学和就业双重准备的普通中学职校，1949 年前又先后创办重庆中华职校、上海和重庆中华工商专校、南京女子职业传习所、镇江女子职校、四川灌县都仁实用职校等。他还于 1917 年 10 月 25 日创办了《教育与职业》杂志。黄炎培还是著名的爱国主义者和社会活动家。1941 年，他与张澜等人发起组织中国民主政治同盟，一度任主席。1945 年，他又与胡厥文等人发起成立中国民主建国会。新中国成立后，黄炎培历任中央人民政府委员、政务院副总理兼轻工业部部长、全国人大常委会副委员长、全国政协副主席、中国民主建国会中央委员会主任委员等职。1965 年 12 月 21 日，他病逝于北京。❶

中国是一个农业大国。农民的命运直接关系中国的命运，与黄炎培异曲同工的是，陶行知先生（1891～1946）特别重视农村的教育，认为在 3 亿多农民中普及教育至关重要。他认为中国教育改造的根本问题在农村，主张"到民间去"，还立下宏愿，要筹措 100 万元基金，征集 100 万位同志，提倡开设 100 万所学校，改造 100 万个乡村。1914 年，他留学美国伊利诺大学，获政治硕士学位，后入哥伦比亚大学研究教育，是著名实用主义哲学家杜威的学生。他将西方教育思想与中国国情结合起来，提出了"生活即教育"、"社会即学校"、"教学做合一"等教育理论。1921 年年底，他与蔡元培等发起成立中华教育改进社，主张反对帝国主义文化侵略，收回教育权利，推动教育改造。1923 年，他与晏阳初等人发起成立中华平民教育促进会总会，后赴各地开办平民识字读书处和平民学校，推动平民教育运动。为了实践理想，他以"捧着一颗心来，不带半根草去"的高尚人格，脱去西装，穿上草鞋，和师生一起开荒，一起建茅屋，在南京市郊创办了驰名中外的乡村师范学校晓庄学校，他还创办了第一所乡村幼稚园燕子矶幼稚园。抗战期间，陶行知于 1939 年 7 月在四川重庆附近的合川县古圣寺创办了主要招收难童入学的育才学校。他还倡导学习"南泥湾精神"，带领师生开荒 30 亩，建立了育才农场。20 世纪 40 年代中期，他发表了《民主教育之普及》等文章，

---

❶ http://baike.baidu.com/.

揭露和抨击国民党推行的法西斯教育，提出了生活教育的四大方针——民主的、科学的、大众的、创造的教育。这与毛泽东提出的新民主主义文化完全吻合。1946 年 7 月 25 日，陶行知先生因积劳成疾，突患脑溢血逝世，享年 55 岁。他去世次日上午，上海万国殡仪馆挤满了前来悼祭的群众。中共代表团的挽联是："中国人民教育旗手、民主运动巨星。" 8 月 11 日，延安各界在中央大礼堂举行陶行知追悼会，毛泽东送挽词："痛悼伟大的人民教育家。"

黄炎培、陶行知的平民教育思想和实践在黑暗的旧中国，只是微弱的星星之火，在三座大山的旧制度没有被推翻之前，不仅他们教育救国的理想很难实现，就是他们本人的安全都得不到保障。1930 年春，因晓庄师范师生抗议英商殴打中国工人举行游行示威，蒋介石下令关闭学校并通缉校长，陶行知被迫流亡日本。1946 年 7 月，陶行知在上海听说李公朴、闻一多被国民党暗杀的消息后，到处演讲谴责。当周恩来派秘书陈家康去报警，要他提防特务的无声手枪时，他当即回答："我等着第三枪！"他还给育才师生留下一封信，发出"为民主死一个就要加紧感召一万个人来顶补"的浩然之言。周恩来称他是"一个无保留追随党的党外布尔什维克"。❶

说到这个时期科技人才的培养，不能不重点回顾国立西南联合大学。1937 年卢沟桥事变后，全面抗日战争爆发。在日本帝国主义的疯狂侵略下，为国家存文脉，为民族护人才，华北及沿海大城市的高等学校纷纷迁向云贵川大后方。1937 年 11 月 1 日，北京大学、清华大学、南开大学在岳麓山下组成了长沙临时大学。1938 年 2 月搬迁入滇，同年 4 月，改名西南联合大学，但仍将此日订为西南联大校庆。1938 年 7 月，在昆明市西北角 124 亩荒地上修建新校舍；于 1939 年 4 月落成，有学生宿舍 36 栋，全是土墙茅草顶结构；教室、办公室、实验室 56 栋，为土墙铁皮顶结构；食堂 2 栋、图书馆 1 栋，为砖木结构。西南联大虽无大楼，却有大师。该校著名教师有：叶企孙、陈寅恪、吴有训、梁思成、金岳霖、陈省身、王力、朱自清、冯友兰、王竹溪、沈从文、陈岱孙、闻一多、钱穆、钱钟书、吴大猷、周培源、费孝通、华罗庚、朱光潜、赵九章、李楷文、林徽因、吴晗、吴宓、潘光旦、冯至、卞之琳、李宪之、梅贻琦、张伯苓、蒋梦麟、杨武之、冯景兰、袁复礼等，他们都是各个学科、专

❶ http://baike.baidu.com/.

业的泰斗及专家。当时的西南联大虽资金有限，却有无价的校风——民主自由、严谨求实、活泼创新、团结实干。

从 1937 年 11 月到 1946 年 5 月，清华大学、北京大学、南开大学迁回原址的 8 年间，西南联大学生有 8 000 人，其中从军 834 人（包括校长梅贻琦之子梅祖彦），毕业生 3 343 人。其中培养出了一些佼佼者，如联大师生中担任民国中央研究院首届（1949 年）院士的有两人；担任新中国中国科学院院士 154 人（学生 80 人），中国工程院院士 12 人（全为学生）；2 位诺贝尔奖获得者——杨振宁、李政道；4 位国家最高科技奖获得者：董昆、刘东生、叶笃正、吴征镒；6 位"两弹一星"功勋奖章获得者：郭永怀、陈芳允、屠守锷、朱光亚、邓稼先、王希季；另外，宋平、彭珮云、王汉斌等人成为党和国家领导人。在科学、教育、新闻、出版、工程技术、文学艺术等各个领域都有许多西南联大校友成为业务和政治骨干。在中国台湾地区和海外，有重大成就的联大校友，也比比皆是。

西南联大不仅在教学和科研上被誉为学术重镇、人才摇篮；而且是当时"倒孔（祥熙）"运动和"一二·一"运动的发起者，在爱国民主运动中被称为"民主堡垒"。美国弗吉尼亚大学历史学教授 John Israel 说："西南联大是中国历史上最有意思的一所大学，在最艰苦的条件下，保存了最完好的教育方式，培养出了最优秀的人才，最值得人们研究。"❶

我们也不能不提到被英国著名史学家李约瑟称为"东方剑桥"的浙江大学，它的校长、著名科学家竺可桢先生在我国最早提出了科学精神的内涵。他于 1941 年在《科学的方法与精神》一文中，通过对近代科学的先驱哥白尼、布鲁诺、伽利略、开普勒、牛顿和波义耳的研究，总结文艺复兴后欧洲近代科学精神有三个特点。一是不盲从，不附和，一切以理智为依归。如遇横逆之境，则不屈不挠，只是向是非，不畏强暴，不计利害。二是虚怀若谷，不武断，不专横。三是专心一致，实事求是。后来，他在浙江大学的一次演讲中，又把这三点归纳成两个字，即"求是"。他认为求是精神，就是追求真理，不盲从，不附和，不武断，不专横。而求是的途径则在儒家经典《中庸》中已说得很明白，"博学之，审问之，慎思之，明辨之，笃行之。"即单靠教书和做实验是不够的，必须多审查研究，多提疑问，深思熟虑，明

---

❶　http：//baike.baidu.com/.

辨是非，把是非弄清楚了，认为是的就尽力实行，不计个人得失，不达目的不罢休。他把现代科学精神和传统文化精华有机地联系起来（席泽宗，2008）。

时隔60多年后，地理学家、海岸科学家、中国科学院院士任美锷先生在他90岁高龄的时候，饱含深情地以"古庙青灯建大学，博学鸿才聚陋室，勤学苦研求真知，东方剑桥美名扬"为题，回忆了当年浙江大学（时迁遵义）和竺可桢校长："即使在生活十分艰苦的条件下，遵义浙大仍聚集了许多全国一流的科学家，可谓'名师如林'。他们当中有数学家苏步青、陈建功，生物学家贝时璋、谈家桢，物理学家王淦昌、束星北等，此外还有十几位教授后来都当选为中国科学院院士。我认为这主要应归功于当时浙大校长竺可桢的英明领导和决策。因为，第一，竺可桢认为必须有第一流的教授，才能办成第一流的大学。当时国民党教育部常把一些不学无术的'党棍子'送到大学里来当教授。竺可桢就向国民党教育部提出：如果委派他当浙大校长，浙大请谁当教授，应由他一人决定，国民党教育部不得干预。第二，竺可桢坚决主张学校迁移，其他东西都可以丢，但仪器图书一点都不能丢。第三，竺可桢倡议实事求是精神为浙大校训。在求是精神的熏陶下，浙大学风一贯实事求是，不流于浮夸。这也是浙大在教学和科研上取得重要成绩的主要原因之一。"（裴维藩，2006）

其他值得一提的还有迁往四川乐山的武汉大学，坚守西北的兰州大学等。

在那个多难兴邦的年代，新式教育的推行为中华民族的复兴培养了一批杰出的科技人才。

第2节　陕甘宁边区等革命根据地的科学技术活动

1927年4月12日，蒋介石在上海发动反革命政变。7月15日，以汪精卫为首的武汉国民政府正式作出"分共"决定，对共产党员和革命群众进行清洗和屠杀。第一次国共合作全面破裂，大革命失败。8月1日，以周恩来为书记的中共前敌委员会组织领导了南昌起义，打响了武装反抗国民党反动派的第一枪，标志着中国共产党独立领导革命战争、创建人民军队和武装斗争的开始。8月7日，中共中央在汉口召开紧急会议，确立实行土地革命和武装起义的方针。1934 年 10 月中旬，由于第五次反围剿失败等原因，中央红军开始进行战略转移即长征。1935 年 1 月，中共中央政治局在遵义召开扩大会议，实际确立了毛泽东在中共中央和红军的领导地位。1935 年 10 月 19 日，中央红军主力抵达陕北吴起镇，胜利结束长征。12 月，中共中央政治局在瓦窑堡召开会议，确定抗日民族统一战线的策略方针。1937 年 1 月 13 日，中共中央机关由陕北保安迁驻延安。5 月 2 ~ 14 日，由苏区、白区和红军代表参加的中国共产党全国代表会议（时称苏区党代表会议）在延安举行，提出巩固和平、争取民主和实现抗战统一体的任务。9 月 22 日，蒋介石发表谈话承认了中国共产党的合法地位。国共两党实现第二次合作，以国共合作为主体的抗日民族统一战线正式形成。9 月，原陕甘宁革命根据地的苏维埃政府（即中华苏维埃人民共和国临时中央政府西北办事处），正式改称陕甘宁边区政府（11 月至翌年 1 月曾称陕甘宁特区政府）。陕甘宁边区是中共中央所在地，是人民抗日战争的政治指导中心，是八路军、新四军和其他人民抗日武装的战略总后方。延安成为中国革命的"圣地"。此外，中国共产党领导人民群众先后创建了晋察冀区、晋冀豫区、冀晋豫区、晋绥区、山东区、冀热辽区、苏北区、苏中区、苏浙皖区、淮北区、淮南区、皖江区、浙东区、河南区、鄂豫皖区、湘鄂区、东江区、琼崖区共 19 块根据地，至抗日战争结束时，总面积近 100 万平方千米，人口近 1 亿。

在全国抗战中，八路军、新四军和华南人民抗日游击队对敌作战 12.5 万余次，消灭日伪军 171.4 万人，其中日军 52.7 万余人，缴获各种枪支 69.4 万余支、各种炮 1 800 余门。抗战胜利时，中共党员发展到 120 多万人，人民军队发展到 132 万人，民兵发展到 260 万人。

1946 年 6 月 26 日，由于国民党撕毁停战协定和政协协议，以约 30 万军队大举围攻中原解放区，新的内战全面爆发，全国解放战争正式开始。1948 年 9 月到 1949 年 1 月，解放军与国民党军主力进行了辽沈、淮海、平津三大战略决战并取得了胜利，共歼敌 154 万余人；基本消灭了蒋介石的主要军事力量，迎来了新中国的诞生（中共中央党史研究室，2011）。

在十分残酷的战争环境中和非常艰苦的生活条件下，陕甘宁边区等革命根据地为了自身的生存和发展，为了抗日和革命斗争的胜利，尽最大努力，积极依靠和发展科学技术，创造了卓越的成就，在中国科技史上书写了光辉的一页。

一、创办延安自然科学院，大量吸收科技人才

马克思主义的经典作家将 18 世纪以来自然科学的系列成就，如牛顿力学、哥白尼天体力学和达尔文的进化论作为马克思主义的三个重要来源。作为马克思主义政党，中国共产党在其理论血缘上与自然科学有着天然的亲和性。党的创始人李大钊、陈独秀等人都是科学和民主的倡导者。在抗日战争极其艰苦的条件下，为了粉碎国民党的全面经济封锁，边区建立了独立自主的财经体系，培养和集揽科学技术人才，为未来的新中国培养了一批科学技术干部。1939年 5 月，中共中央决定创办延安自然科学研究院。1940 年 9 月初，延安自然科学院成立。毛泽东作为发起人之一，在成立大会上发表了讲话。他说："自然科学是人类争取自由的一种武装"，"人类为着要在自然中得到自由，就要用自然科学来了解自然、克服自然和改造自然。"（龚育之，1986）延安自然科学院是中国共产党领导的第一所理工科高等学校，设有大学部和中学部。大学部设有物理、化学、地矿和生物四个系，后改为机械工程系、化学工程系（地矿系并入）和农业系三个系；中学部分为预科和补习班两个部分，由李富春、徐特立、陈康白、李强先后任院长。在党中央的关怀与努力下，该院几乎集合了边区的科技精英（如屈伯川、陈康白均为留德归来的化学博士）。第二任院长徐特立是德高望重的著名教育家，他于 1941 年 10 月提出了科学教育机关、科学研究机关和经济建设机关三位一体是促使科学健康发展的园地的思想，认为要把理论与实际真正联系起来，应由军工局建设厅等机关所属的工厂、农场负责人共同组成"学校管理委员会"，按工厂、农场的需要培养人才。1940～1945 年，全校师生员工约 300 人，他们一边教学，一边生产，一边研究探索，师生们因陋就简，勤俭节约，自力更生，艰苦奋斗，为边区的巩固、建设和发展作出了巨大贡献，也为新中国培养储备了大批人才。1943 年秋后，延安自然科学院与鲁迅艺术学院等校合并，成立延安大学。抗日战争胜利后，延安自然科学院先后迁至张家口、建屏、井陉，改名为晋察冀边区工业学校。1952 年改建为北京工业学院，1988 年易名为北京理工大学。历史学家认为，延安自然科学院的成立，开启了中国共产党重视和发展自然科学的序幕（刘卫平，2005）。

基于旧中国"一穷二白"的国情以及革命队伍中知识分子的缺乏，为了抗日战争和革命斗争的需要，1939 年 12 月 1 日，毛泽东为中共中央起草了

《大量吸收知识分子》的决定。毛泽东指出："在长期的和残酷的民族解放战争中，在建立新中国的伟大斗争中，共产党必须善于吸收知识分子，才能组织伟大的抗战力量，组织千百万农民群众，发展革命的文化运动和发展革命的统一战线。没有知识分子的参加，革命的胜利是不可能的。"在这篇文献中，他提出"使工农干部的知识分子化和知识分子的工农群众化，同时实现起来"。他强调"全党同志必须认识，对于知识分子的正确政策，是革命胜利的重要条件之一。我们党在土地革命时期，许多地方许多军队对于知识分子的不正确态度，今后绝不应该重复，而无产阶级自己的知识分子的造成，也绝不能离开利用社会原有知识分子的帮助。中央盼望各级党委和全党同志，密切地注意这个问题"。在这一重大方针的指引下，无论是在陕甘宁边区还是国统区，只要有共产党组织存在的地方，采取一切方式争取、吸引、吸收、团结、使用、教育和培养科技人员，成为一项重要的科学技术工作。

1941年5月2日，中共中央作出关于党员参加经济和技术工作的决定（中共中央书记处，1981）。内容如下：①向党员解释各种经济工作和技术工作是革命工作中不可缺少的部分，是具体的革命工作。应纠正某些党的组织和党员对革命工作抽象的狭隘的了解，以致轻视经济工作和技术工作，认为这些工作没有严重政治意义上的错误观点；②纠正某些党员不愿参加经济和技术工作，及分配工作时讨价还价的现象；③一切在经济和技术部门中服务的党员，必须向党的和非党的专家学习。他们的责任是诚心诚意地学习和熟练自己的技术，使各部门建设工作获得发展，同时使每个党员获得在社会上独立生活所必需的技能；④党必须加强对经济和技术部门工作中党员与非党员的领导，照顾他们的政治进步，并在各方面帮助他们。

1941年4月23日，中央军委关于军队中吸收和对待专家的政策指示，充分反映了当时共产党对专家求贤若渴、依靠信任、优待尊重、团结包容的态度。其内容摘录如下："①一个军队没有大量的专家（军事家、工程师、技师、医生等）参加，是不可能成为一个有力量的组织的。中央去年12月25日的指示已强调指出应该大量吸收同情分子参加我军工作。②对于上述专门人才一律以他们的专业学识为标准，给予充分的负责工作，如工厂厂长、医院院长等，而不是以他们的政治认识为标准。对他们应有充分的信任。……随便怀疑这些专家是错误的。③对上述各项人才一律依照中央指示，物质上给予特别优待。物质优待的标准依照其能力学识的程度规定之。要使他们及其家属无生活顾虑，安心工作。对于特殊的人才，不惜重金延聘。要尽可能购置他们所需要的科学设备，在战时要尽力保护他们的安全。对他们的工作条件，漠不关心和狭隘克扣是不应当的。④对于非党的专门人才，只要求他们服从我军纪律与各种规章条例，不强迫他们做政治学习，不强迫他们过政治生活，不强迫他们上政治课、参加政治集会及测验等。对于政治学习和政治生活，他们可以自由参加或不参加。履历表只填他们的学历及工作历史，不填政治历史（包括社会出身、经济地位等），不应对他们的一些生活习惯干涉。⑤如政治委员不懂技术或者技术学识较低，则规定其无权干涉该专家的工作，也不对上级负保证该专家工作之责任，而由当地最高首长或其他高级首长负直接责任。⑥非党专门人才要求入党时，我们应乐于吸收他们入党，对他们作苛刻的限制是不适宜的。⑦对于我军中老专家（自己培养的）及新来的专家的关系，必须有正确的政策。应以知识能力为标准，而不应以新旧资格为标准来分配他们的工作。老干部应向新干部学习专门知识与技术。⑧为切实执行中央指示，要坚决反对狭隘，反对不科学及反科学的落后现象，反对脱离社会的孤芳自赏。只有我军尊重科学，并与科学结合起来，才能更进一步提高我军的军事建设。"

在共产党的感召下，许多科技人员、能工巧匠纷纷奔赴抗日民主圣地延安。时任上海利用小五金工厂经理兼工程师的沈鸿（1906～1998），曾在上海以生产的弹子锁打败了洋货。因上海沦陷，他带着 7 名青工、10 部机床随逃难人群入川。沿途他深感国民政府无能，在途经武汉时，听到了八路军平型关大捷的喜讯，遂毅然决定转道西安奔赴延安。到延安后，他被任命为延安"茶坊兵工厂"总工程师。在 1938～1945 年的 8 年中，他设计制造了供子弹厂、迫击炮厂、枪厂、火药厂和前方游动机械厂用的成套机器设备（134 种型号）数百台套，还为民用工业，包括制药、医疗器械、造纸、印刷、造币、化工、炼铁、炼焦、玻璃、石油等工厂设计制造了成套机器设备、单机和重要部件 400 多台件。他三次被评为陕甘宁边区劳动模范和特等劳动模范。1942年，沈鸿获特等劳动模范称号，奖状上有毛泽东主席亲笔题写的"无限忠诚"四个大字。沈鸿被誉为"边区工业之父"。他于 1947 年入党，新中国成立后又屡立奇功，成为国内外知名的机械工程专家、中国科学院院士。

由于敌我斗争的复杂性以及革命队伍中存在"宁左毋右"的偏激性，部分工农干部对知识分子缺乏信任的狭隘性，进入抗日根据地的知识分子中发生了令人痛心的"熊大缜"冤案。1937 年年底，脱离国民党接受共产党领导的吕正操将军出任八路军第三纵队司令员兼冀中军区司令员，创建了中国共产党领导的第一块平原根据地。当时的冀中军区急需武器弹药，特别是无线电收发设备，遂派地下党员张珍赴平津组织一批科技人员到根据地，从事制造烈性炸药和收发报机的装配工作，时为北大物理系著名教授叶企孙得意门生的熊大缜（1913～1939）是一名爱国热血青年，即接受共产党邀请，奔赴冀中参加抗日。他很快被任命为冀中军区供给部部长，并着手筹建技术研究室，开展烈性炸药、地雷、雷管的研制工作，取得了令美国军事观察团称奇的成绩。该团的外交官雷蒙德·保罗·陆登在报告中说："冀中形形色色的地雷和美国的火箭差不多，美国的技术在晋察冀都有了。"正因有了先进科技的支撑，冀中军区抗日斗争取得重大胜利，令日寇胆寒。1939 年 9 月，晋察冀军区锄奸部怀疑熊大缜等知识分子是天津国民党特务机关派到冀中军区的特务和汉奸，在未经过晋察冀军区司令员聂荣臻批准的情况下，就通过冀中军区锄奸部擅自将熊大缜及 180 余名来自清华大学、北京大学等高校的青年知识分子秘密逮捕，全部手铐脚镣，刑讯逼供，残酷折磨。其中，燕大化学系毕业生张方受刑最惨，四肢全断，熊大缜则被锄奸部一负责人在转移途中用石头活活砸死，年仅 26 岁。在新中国反映冀中抗日战争的"三大名片"——《地雷战》、《地道战》和《平原作战》中均无革命知识分子之身影，被美军称奇的高爆地雷也被篡改为农民的发明（岳南，2010）。熊大缜等 180 名爱国知识分子的生命悲剧进一步演化为全民族无视知识分子、无视科学技术的文化悲剧。

当时，在陕甘宁边区，党中央还创办了中国人民抗日军政大学、陕北公学、鲁迅文艺学院、中国女子大学、延安大学等干部学校。它们除对现有的党、政、军干部进行培训外，还招收革命知识分子和青年学生。仅中国人民抗日军政大学 1938～1939 年第 4、第 5 两期就各有学员 5 000 人，其中知识青年占 80%以上，为革命和建设培养、储备了大批人才。

二、依靠科技人才，发展自给经济

1941 年和 1942 年是抗日战争期间陕甘宁边区等革命根据地最困难的时期，由于日寇的野蛮进攻和国民党的包围封锁，陕甘宁边区等财政发生了极大的困难。毛泽东说："我们曾经弄到几乎没有衣穿，没有油吃，没有菜，战士没有鞋袜，工作人员冬天没有被盖。国民党用停发经费和经济封锁来对待我们，企图把我们困死，我们的困难真是大极了。但是我们度过了困难。这不但是由于边区人民给了我们粮食吃，尤其是由于我们下决心建立了自己的公营经济。边区政府办了许多的自给工业；军队进行了大规模的生产运动，发展了以自给为目标的农工商业；几万机关学校人员也发展了同样的自给经济。军队和机关学校所发展的这种自给经济是目前这种特殊条件下的特殊产物，它在其他历史条件下是不合理的和不可理解的，但在目前却是完全合理并且完全必要的。"（毛泽东，1966）此时的毛泽东是十分注重实事求是的。据沈鸿回忆，1942年冬的一天，毛泽东约见他，在谈到边区经济现状时说："我们现在只能发展自给经济，以保障供给，支持抗日战争。看起来这种特殊的经济似乎不合理，但它是符合现实要求的唯一办法。有人建议在这里搞重工业，搞大军工计划、大盐业计划；这是办不到的，那将是多少年以后的事。"这使沈鸿想起他在军工局看到的一份关于搞重工业、大军工、大盐业计划的建议，内有"若使飞机蔽天，坦克塞野，战而不胜者未探有也"之语（张建伟，邓琼琼，1996）。

延安自然科学院和边区的科技人员，为边区建立独立经济体系作出了重大贡献。如名满中外的南泥湾开发，世人只知359旅和王震将军，却不知"陕北江南"的诞生源于延安自然科学院乐天宇、郝笑天、曹达、林山等6人组织的森林考察团对边区15个县历时46天的考察成果。他们在考察中发现南泥湾的荒山荒地非常适宜于农业种植，于是向党中央呈送了开发南泥湾的建议方案，引起了中央领导的高度重视，毛泽东亲自找乐天宇探讨南泥湾的开发问题，并派王首道赴南泥湾实地考察。至秋天，朱德又与乐天宇及生物系同学去南泥湾作进一步考察。不久，南泥湾垦殖处成立，359旅开进南泥湾开荒屯田。

延安地矿学会在会长武衡的带领下，与汪鹏、英汉组成考察团，于1941年11月28日由延安出发，前往关中一带进行历时70天的考察，行程2 000公里，撰写了题为《关中分区的地质及矿产》的考察报告，在衣食村一带，探明可采煤2亿吨及储量较丰的赤铁矿、褐铁矿和岩灰石。此前1940年冬，汪鹏赴延安进行油井的勘察与选位，确定了七里村五口井位。在油厂厂长陈振夏领导下，于1943年7月和1944年1月打出了两口喷井，满足了边区对石油的需要。

三边盐池地处毛乌素沙漠，开采历史悠久，可上溯至唐朝，但工艺落后，产量很低，无法满足边区军民的需要。根据中央的指示和要求，延安自然科学院副院长陈康白博士率领陈宝诚、华寿俊深入盐池生产现场，将"海眼"开发成盐田，生产出洁白的精盐，极大地鼓舞了盐民的生产积极性。中央闻讯后，立即调集近卫军 300 余人开赴盐池帮助生产，边区政府迅速成立了盐场。由于采用了科学的工艺，沙漠变成了盐田，一年采两次盐变为全年生产，使关系边区民生和财政的盐业得到了振兴。科技人员居功至伟。

又如华寿俊研制出了马兰草造纸新工艺，与刘福学、陈树铭、刘安治、杨双成等一批优秀技术工人不断改进，使牛羊不吃的马兰草成为宝贵资源，解决了边区的用纸困难，为《解放日报》和整风文件及七大会议的文件印刷提供了充足的纸张。1942 年，朱德巡视南泥湾时作诗赞云"农场牛羊肥，马兰造纸俏"。继马兰纸后，以华寿俊为首的团队又成功研制钞票纸，使边区独立自主经济体系的建立得到了基本的安全保障。

延安自然科学院兴办的机械实习工厂服务边区生产建设和军事斗争需要，自力更生，因陋就简，土法上马，生产了大量的日用品，如肥皂、火柴、砂糖、玻璃、面盆、煤油灯头、止血钳、手术刀、各种型号的镊子、铜机、机械配件、各种模具和证章以及军用品黄色炸药、甘油等，为边区建立较完整的工业经济体系起到了巨大的推动作用（刘卫平，2005）。

三、坚持自力更生，开创兵工事业

在长期艰苦的武装斗争中，我军虽主要靠缴获敌人的武器，所谓"没有枪，没有炮，敌人给我们造"，但各种炸药及部分枪械的生产仍要靠自力更生，开创自主的兵工事业。1939 年春，八路军总部军工部技师刘贵福研制出我军首支步枪，在延安第一届"五一"工业展览会上，这支荣获甲等产品奖的马步枪让毛泽东异常兴奋："我们自己也能造枪了！这个枪使用方便，造得好，很漂亮啊！要创造条件多生产，支援前线。"发明人刘贵福获"特等劳动英雄"称号。1940 年 8 月 1 日，这种"无名氏马步枪"被正式命名为"八一式马步枪"。此后到 1945 年，生产了近 9 000 支"八一式马步枪"装备八路军抗日部队。❶

被誉为我国兵工事业开拓者的吴运铎（1917～1991），是湖北武汉人，出生于武汉市汉阳县（现蔡甸区）的一个农民家庭。1938 年到皖南根据地参加了新四军，1939 年入党。在革命队伍中，他读完了中学课程并自修了机械制造专业理论，先后在新四军二师军械制造厂和新四军兵工厂担任技术员、副厂

---

❶ "我军 1939 年造出首支步枪曾让毛主席异常兴奋"，载《解放军报》，2011 年 8 月 8 日。

长和厂长。在一无资料、二无材料的困难条件下，他用简陋的设备研制出杀伤力很强的枪榴弹和发射架，还设计制造了专门攻坚用的简易平射炮。在抗日战场上发挥了消灭敌人的作用。他用土办法和代用品，带领 7 个学徒，每年生产 60 万发子弹供前线使用。他为研制武器弹药曾三次负重伤，失去了左眼、左手，右腿致残，经过 20 余次手术，留下伤口 100 余处，身上还留有几十处弹片没有取出，一次次与死神擦肩而过。1953 年，他以伤残之躯写下了自传体小说《把一切献给党》，发行达 500 余万册，并被翻译成俄、英、日等多种文字，被称为中国的保尔·柯察金。1951 年 10 月，中央人民政府政务院和全国总工会授予他"特邀全国劳动模范"称号。2009 年 9 月 14 日，他被评为 100 位为新中国成立作出突出贡献的英雄模范之一。❶

从沈鸿、吴运铎、刘贵福等人身上，我们可以感受到勤劳智慧的中华民族，蕴藏着发展科学技术的巨大潜力。

四、利用一切力量，建设人民空军

在敌强我弱形势下发展壮大的我军，饱受敌人空军的欺凌。建设人民空军，是我党我军"科技强军"的最早实践。空军是科技含量很高的技术军种，为了建设人民空军，我党我军千万百计，不遗余力，终于取得成功。

1937 年 5 月，中共中央政治局委员、第一任驻新疆代表陈云，利用当时的新疆边防督办公署盛世才实行"反帝、亲苏、民主、清廉、和平、建设"六大政策所建立的统战关系，从西路军中挑选了 30 名年纪轻、身体好、有一定文化素质的干部准备送进盛世才属下的航空队学习。1937 年 11 月 27 日，陈云飞抵延安向毛泽东汇报获准。1938 年 3 月 3 日，我军学员 41 人（西路军 25 人，延安派遣 16 人）进入飞行训练班学习。党中央毛主席和周恩来同志对他们关怀备至。1940 年后，新疆地区经济恶化，物价飞涨，导致学员营养不良，体质下降。经中共中央批准，又从新疆的共产党组织历年节余的党费里，每月拿出 120 元作为他们的伙食补贴。盛世才叛变后，这批被关押了 3 年 9 个月的中国共产党人经张治中将军协助营救，于 1946 年 6 月 10 日才得到释放，回到延安。

1940 年 4 月，在苏联学习了航空技术辗转回到延安的王弼、常乾坤向党

---

❶ http://baike.baidu.com/.

中央提出了在延安建立航空学校的建议，毛主席接见了他们，并给予肯定和鼓励。1941 年 1 月，中央军委决定成立第 18 集团军工程学校，培养航空机械工程人才。1944 年 5 月，中央军委决定在第 18 集团军总参谋部成立航空组。1945 年 9 月，成立了晋察冀军区航空站，王弼任站长。同年，受中共中央委派到达东北的王弼、刘风、魏坚、常乾坤等我党航空技术骨干，跑遍了东北三省的 30 多个城市，勘察了 50 多个机场，从 1945 年 10 月到 1946 年 6 月，共搜集到各种日式飞机 120 多架，发动机 200 多台，油料 2 000 多桶，航空仪表数百箱及多种机床等航空军用设备。同时还接收了由林弥一郎（后改名林保毅）率领的由 300 多人组成的日本航空大队的归降，他们为我国人民空军建设发挥了很大的作用。1945 年 11 月，中共东北局和东总❶成立了以伍修权为主任委员，黄乃一为秘书长，刘凡、蔡云翔、林保毅等为委员的航空委员会，以加强对东北地区航空工作的领导。1946 年 3 月 1 日，东北民主联军航空学校在通化宣告成立。这是共产党领导下、人民军队创办的第一所航校，常乾坤任校长，航空总队政委吴溉之兼任政治委员。全校共有 631 人，各型飞机 100 多架，其中 30~40 架经过修理后可以使用。此后因战争原因航校几经转移，直至 1948 年 11 月辽沈战役结束，东北全境解放。1949 年 3 月又迁到长春，5 月改名为中国人民解放军航空学校。至 10 月，航校共培养出各种航空技术干部 560 名，其中飞行员 126 名，机械员 322 名，领航员 24 名，场站、气象、通信、仪表、参谋人员 88 名，他们大都成为我空军建设的骨干。1949 年 8 月 15 日，中国人民解放军第一支飞行队在北平南苑组建。1949 年 10 月 1 日开国大典上，第一飞行中队的 17 架飞机组成 6 个分队，在空中接受了党中央、毛主席的检阅。1949 年 10 月 25 日，中国人民解放军空军成立，成为我军最早建成的现代化军种（吴纯光，1997）。

东北航校后由东总后方司令部朱瑞司令员兼校长，林保毅任校参议兼主任教官，国民党起义人员刘善本任副校长。东北航校被认为是新中国航空事业和人民空军的摇篮。其中既有共产党通过各种途径培养的航空人才，也有国民党空军起义人员，还有侵华日军投降后的留用人员。大家团结奋斗，艰苦创业，在东北零下 30 多摄氏度的严寒中，空勤人员吃不上细粮蔬菜，仅吃高粱米窝窝头和咸菜疙瘩。但就是这所航校培养出来的飞行员，在朝鲜战争中取得击落

---

❶ 东总：东北野战军总司令部的简称。

敌机330架，击伤95架的辉煌成绩（我军被击落231架，击伤151架，116名空勤人员牺牲）（李树山，1997）。

中国人民解放军空军建设的成功，也是中国共产党对科技人员团结教育、尊重信任、关心爱护、放手使用、以诚相待政策的胜利。

五、迎接新中国诞生，争取高层次人才

在中国现代史上，国共两党争夺人才的斗争，尤其是争夺高层次人才的斗争从来没有停止过。国民党蒋介石对此可说是费尽了心机。一是他表现出"礼贤下士"的态度。当翁文灏遭遇车祸、丁文江身染重病时，他派出自己的专机抢救（章鸿钊，1916）。在中央研究院于1948年召开成立大会时，他不仅亲自出席大会，亲手给院士们颁发"院士证书"，而且为了表示对院士们的尊重，不坐主席台而坐台下。二是他能采纳科学家们的一些建议。如教育部常务次长留英科学家钱昌照建立"国防设计委员会"（后更名为资源委员会）的建议及名单，他完全接受。对竺可桢提出担任浙江大学校长的三个条件（即校长有用人全权，不受国民党干预；保证按时供给经费；只当半年），蒋介石答应了前两条。当竺可桢辞去浙大校长时，蒋介石一再挽留。三是他以高官厚禄网罗了一批科学家"入仕"，如清华大学的历史学教授蒋廷黻担任了行政院政务处处长，中国物理学会第一任会长李书华当上了教育部副部长，还有物理学家李耀邦、植物学家李顺清、化学家徐佩璜、经济学家何廉等，均在政府中任职。据统计，至1935年，中国政府中央机关12 671名公务员中，学理工农医的科学家和技术人员有1 315名，超过了10%的比例。但由于国民党制度的腐败和政府的无能，尤其是抗战胜利后挑起内战，坚持"一个党，一个领袖，一个主义"的专制独裁，压制民主，经济崩溃，使蒋介石失去了人心，当然也失去了多数知识分子尤其是科学家的拥护，国学大师章太炎说蒋介石执行的三民主义是"卖国主义、党治主义与民不聊生主义"（张建伟，邓琼琼，1996）。

而中国共产党则与国民党反动派针锋相对，反其道而行之。首先，中国共产党顺应历史潮流和人心所向，提出"建设一个中华民族的新社会和新国家"的政治主张。毛泽东于1940年1月发表的《新民主主义论》指出："我们不但要把一个政治上受压迫、经济上受剥削的中国变为一个政治上自由和经济上繁荣的中国，而且要把一个被旧文化统治因而愚昧落后的中国，变为一个被新

文化统治因而文明先进的中国。"他在 1945 年 4 月 24 日发表的《论联合政府》中又提出了"废止国民党一党专政，建立民主的联合政府"和"人民的自由"等十大问题，并且强调"人民的言论、出版、集会、结社、思想、信仰和身体这几项自由，是最重要的自由"(毛泽东，1966)。1946 年，爱国民主人士黄炎培与毛泽东在延安的"窑洞对"使广大知识分子认为共产党是民主的天使。毛泽东旗帜鲜明地认为，要走出历代王朝"其兴也勃焉，其亡也忽焉"的周期怪圈，解决途径就是民主，让人民做主，让人民监督，唯此，则执政者不敢懈怠。这"窑洞对"博得了一片喝彩，得到了人民的拥护，在历史上留下深刻的印记！这是共产党能在人才争夺战中取胜的政治前提。

其次，共产党严密的组织工作和卓越的执行力，是争夺人才的关键。早在 1941 年 12 月至 1942 年春，在中共中央和南方局领导下，香港、广东党组织和抗日游击队秘密营救日军占领香港时被困的爱国民主人士和文化界知名人士 300 多人（包括何香凝、柳亚子、邹韬奋、茅盾、胡绳、夏衍、梁漱溟等）及其他人士共 800 余人（中共中央党史研究室，2011），在知识界产生了轰动效应和连锁效应。共产党还通过白区公开和地下工作的各种管道和机会，宣传共产党的政策主张。汤佩松院士回忆从 1948 年 10 月开始，就不断有从解放区来的朋友看望他。清华大学那时已在"解放区"，虽然名义上它尚未明确解放。1948 年 12 月中旬，他回忆在清华大学全体教授会议上，他率先打破沉默，情绪激昂地说："清华（大学）是全中国国民的血汗建成的。现在到了把它还给国民手里的时候了！"话音刚落，全体到会人员长时间响亮地鼓掌表示赞同（汤佩松，2003）。真空电子技术专家吴祖恺院士回忆说："1949 年 1 月 21 日，蒋介石宣布下野、由李宗仁任代总统。当时与中国共产党地下党联系后，5 个厂（南京电照厂、南京无线电厂、南京有线电厂、南京电瓷厂和马鞍山机器厂）决定停止迁出。我们将在下关的设备全部运到迈皋桥，又拆箱安装准备开工生产。"（汤佩松，2003）

水利水电专家张光斗院士回忆道："1947 年年底，在资委会水电总处工作的总工程师柯登期满回美国，临行前多次到我的住处劝我去美国工作，都被我婉拒。1948 年解放前夕，台湾的同学、朋友邀我去台湾，并为我找好工作，我也辞谢了。因为过去没有参加革命，现在决心欢迎解放军，不愿再跟国民党政府走了。美国友人要帮助我全家去美国，而我是中国人，有责任在中国工作，也辞谢了。此时，资委会通知全国水力发电工程总处，把档案和水电资料装箱送资委会，转运台湾。我主管水电资料，考虑到这些资料将来解放军要用，便在地下党组织帮助下，把假资料装箱送出，把真资料转入地下，解放后交给解放军。"（裴维藩，2006）

最后，共产党群众路线的作用和清正廉洁的形象是争夺人才的保证。在国民党几乎无官不贪、无吏不腐的恶浊政治环境下呻吟的中国人民，深深地为当时共产党人关心群众、爱护群众、与群众打成一片的优良作风和清正廉洁的美好形象所深深折服，他们愿意跟着共产党走。热能动力工程专家陈学俊院士回忆道："1948年11月到1949年年初，上海形势大变，物价飞涨，金圆券大大贬值……1949年上海刚解放时，我亲眼看到人民解放军纪律严明，秋毫无犯，上海解放那一天早晨看到解放军都睡在街上而不惊动居民，令人敬佩，接触到的老干部勤俭朴素，认真负责，使我深受感动。新中国成立后不久，上海社会秩序安宁，物价迅速稳定，坏人坏事都得到了揭发和整治，四马路娼妓绝迹，社会政治面貌焕然一新，这真是上海历史上的奇迹，我对共产党衷心敬佩。"（汤佩松，2003）

1949年1月31日，毛泽东率领中共中央机关的领导人，分乘20多辆汽车，从西柏坡出发，驶往北平。临上车前，他意味深长地对周恩来说："走，进京赶考去！"忽然，他又想起了那些在国统区的科学家们："恩来，你说，国统区的科学家会留下来，跟我们走吗？"周恩来说："放心吧，他们会跟着共产党走的。"（张建伟，邓琼琼，1996）

第3节　日占区的科学技术活动

一、建立日占区科研体制，加强对占领区的掠夺

1895年5月，我国台湾、澎湖依据丧权辱国的《马关条约》，成为被日本攫取的第一个海外殖民地。1931年"九一八"事变后，东北全境沦陷，1932年3月，在日本帝国主义者一手炮制下，"满洲帝国"傀儡政权出笼，同其他帝国主义国家一样，日本在第一次世界大战期间就建立了科学技术的国家体制。进入20世纪20年代后期，随着帝国主义侵略扩张政策的实施，"殖民地科学"纳入日本的科学技术体制之中，并日益成为所谓"新潮流的代表"，依靠科学技术的力量，加强对占领区的掠夺，为侵略战争服务。

据东北大学科学技术哲学研究中心不完全统计，到"二战"末期，日本在我国沦陷区内设立的殖民科研机构，当在百所以上，研究人员总数也超过万人。着眼于长期占领，日本的殖民科研体制由科学技术研究机构、科学技术普及机构和科学技术团体三部分构成。其科学技术研究机构包括 10 种类型：一、综合试验研究机构；二、"国立大学"试验研究机构；三、"国立"农业试验研究机构；四、关东州所属试验研究机构；五、满铁系统试验研究机构；六、矿业关系试验研究机构；七、钢铁及机械试验研究机构；八、化学工业试验研究机构；九、陶瓷水泥试验研究机构；十、其他试验研究机构，如在各地区设置的 59 个保健科、医院、卫生试验所和防疫所等。其科学技术普及机构包括较大规模、县级以上的图书馆、教育馆和资源馆等 27 所。其科学技术团体有伪满洲国的"满洲帝国科学技术联合部会"、"满洲国调查机构联合会"、"满洲发明协会"、"日满农政研究会"和"满洲效率协会"5 所。在 90 所科研机构中，研究人员总数达到 4 237 人，其中超过 100 人的有 11 所，占 12%，除大陆科学院外，均为殖民企业的技术开发机构，分布在资源开采、运输和加工行业。以下按设立时间先后，对规模较大的 4 所代表性机构作简要剖析。

（1）台湾总督府研究所。成立于 1909 年 4 月的台湾总督府研究所前身是 1896 年 5 月设立的台湾总督府制药所检查课，它隶属台湾总督管理，负责有关殖产及卫生方面的研究调查及试验事项。1921 年 8 月，已有化学、卫生、酿造、动物 4 个学部，还设置农业、林业、工业等部，并改称台湾总督府中央研究所。1939 年解体，演变为工业研究所、热带医学研究所、农业试验所和林业试验所等独立的研究机构。日本在台湾地区还建有台湾总督府天然瓦斯研究所、台湾总督府糖业试验所、台湾总督府水产试验场以及台北帝国大学（成立于 1928 年）所属的南方人文研究所、南方资源科学研究所等。

（2）满铁"中央"试验所。成立于 1907 年 10 月 12 日的满铁"中央"试验所被认为是当时亚洲地区最大的自然科学研究机构之一，是东亚一流的化学科研基地。到 1945 年，"中央"试验所约有人员 1 000 人(其中高级研究人员 200 人)，承担 150 个研究项目，投入约 1 000 万日元，与东京理化学研究所相当。从 1907 ~ 1945 年，"中央"试验所共发表研究报告约 1 000 份，获专利 140 项，其中 20% 为国外专利。其研究领域立足于东北资源，着眼于高强度掠取，以服务于日本帝国主义的侵略扩张，主要涵盖以下几个方面：一是大豆及农产品加工，如大豆油的汽油提取工艺研究等，明显为战争服务。二是镁、铝等矿产资源开发及产业化。三是页岩油的提取、煤液化及其他化学合成，这主要是针对抚顺矿产资源的掠夺。四是陶瓷材料研究，包括耐火材料、玻璃和陶瓷器的研究开发。

（3）上海自然科学研究所。20 世纪 20 年代初期，迫于美英等国退还庚子赔款资助中国文化教育事业的压力，并对垒欧美诸国对中国的文化渗透，1923年日本外务省先后设立了中国文化事务局和中国文化事业调查会，与中国政府以"和平协商"的方式，于 1931 年 4 月 1 日在上海法租界成立了中日合作的上海自然科学研究所。其标榜以中国为中心进行各种自然科学研究，也曾安排了一些"重力及地磁测定"、"天然无机化去物的相律研究"等基础研究课题，并组织国际学术交流。1937 年 5 月 22 日，诺贝尔奖获得者、丹麦著名物理学家尼尔斯·玻尔到该所访问交流，还出版日文版和中文版《上海自然科学研究所汇报》及英文版 *The Journal of the Shanghai Science Institute*。1942 年，该所共有科研人员 70 名，其中中国人 16 名。1937 年 8 月 13 日淞沪战争爆发后，该所即公开变身为替日本军方服务的军事科研情报机构。抗战胜利后，该所被国民党中央研究院接收，新中国成立后划归中国科学院（原址现为中科院上海生命科学研究院）。

（4）"大陆科学院"。1932 年 3 月，在日本帝国主义者一手导演下，伪满洲国出笼。1935 年 3 月 22 日，根据伪政权第 18 号敕令，在新京（长春）设立了由日本人控制的，清一色由日本人组成的"大陆科学院"。至 1942 年，它已拥有 17 个研究室、4 个实验室、4 个试验场、1 个分院和 4 个直属研究所（处），在册职工 808 人，建筑面积达 62 627 平方米；其主要任务是从事资源开发和工艺本土化研究。该院还辖哈尔滨分院和马疫处、畜疫研究所、卫生技术厂和地质调查所 4 个下属研究机构。1945 年日本投降后，大陆科学院由国民党中央研究院接收。新中国成立后，改编为"东北科学研究所"（原址现为中国科学院长春应用化学研究所）。

二、转变思想观念，为新中国服务

日方科技人员在我国建立的殖民地科研机构中所从事的科学技术活动，无疑是为侵略战争和殖民统治服务的。但是，科学技术工作者与政治家、军人毕竟是不同的。正如英国科学社会学家戈德史密斯和马凯 1985 年在《科学的科学——技术时代的社会》中所指出的那样："几百年来，正当欧洲的科学家、工程师和能工巧匠们要征服自然的时候，欧洲的兵士、传教士、商人和政府官员们则在征服世界。"曾担任两届满铁中央试验所所长至日本投降的日本科学家丸泽常哉，由从事殖民科学研究到自愿支持新中国建设，是颇具代表性的案例。

　　丸泽常哉（1883～1962）出生于日本新潟县高田市的一个书香门第。1907年7月，他以优异成绩毕业于东京帝国大学工学院应用化学科，1911年赴德国柏林工业大学留学，1914年回国后担任九州帝国大学教授。1937年4月，丸泽常哉以满铁理事和最高顾问的身份就任满铁中央试验所所长，在其任内取得了关于铝的研究和煤液化研究两项重要成果，也曾与关东军发生多次冲突。1945年9月，当苏联红军全面接管满铁及所属的中央试验所时，丸泽常哉指示全体所员："中央试验所作为超越意识形态的人类共同财产"，应该将"包括研究成果在内的一切财产全部交还"。1949年9月，66岁的丸泽常哉先后两次放弃了回国的机会，自愿支持新中国建设。他担任了由中国共产党领导的"东北科学研究所"的顾问，协助所长制订研究计划，选择研究课题；还为中央政府重工业部撰写了《关于东北的工业资源和利用以及科学研究所的任务》的长篇报告。1953年12月，丸泽常哉又被派往四川省长寿县化工厂担任技术顾问。1955年2月，72岁高龄的丸泽常哉返回日本。丸泽常哉曾说："因为我对政治经济无知，所以成为侵略中国的帮凶。"作为日本人，他感到应该承担战争的责任，要为新中国做些有益的事。据统计，1945年日本投降后有两三万日本人留在了东北解放区，投身于中国人民的解放事业，为百废待兴的新中国重建贡献了自己的力量（谭秀英，2000）。[1] 1972年中日建交后，以原满铁人员为主，于1980年7月组建了中日友好民间团体"东方科学技术协会"，提出"为中国现代化再流一把汗"的口号，积极推动中日多方面的合作。

第4节　海外中国科学家的科学技术活动

　　由于我国与世界发达国家在科学技术水平上的巨大差距，派遣留学生便成为提高我国科学技术水平的必由之途。这些中华民族的优秀学子不孚众望，大多在国外取得了优秀的成绩，有些更取得了卓越的成就。如钱三强于1937年来到法国巴黎大学居里实验室，师从居里夫人的女儿、女婿约里奥·居里夫

---

　　[1]　谭秀英. 黄河之畔樱花开［N］. 光明日报，2000－11－17.

妇，专攻原子核物理并作出了显著的成绩。1947 年，钱三强、何泽慧夫妇宣布，他们发现了铀核的三分裂和四分裂，这是战后物理学上很有意义的一项成就，受到许多西方报刊的赞誉，荣获当年法国科学院颁发的亨利·德巴维奖。1948 年，他决定回国时，约里奥·居里夫妇怀着依依不舍的心情在得意门生的鉴定书上写道："我们可以毫不夸张地说，近 10 年来在我们指导下的这一代科研人员中，钱三强是最优秀的！"此外，吴有训证实康普顿效应，赵忠尧发现电子对湮没现象均在世界上产生了重大影响。

1933 年，时年 28 岁的汪德昭作为著名物理学家保尔·郎之万的助手，承担了"大气电学中关于空气中大小离子平衡的研究"课题。1945 年，被称为"郎之万—汪德昭—布里加理论"的研究成果，荣获当年法国科学院颁发的"虞格（Hughes）奖"。第二次世界大战期间，为对抗德国潜艇，法国海军部要求郎之万实验室尽快解决加大主动声呐功率的问题。利用声呐发现和跟踪潜艇是郎之万的发明，但其圆盘状声呐虽然灵敏，功率却不大，作用距离也有限。汪德昭采用新工艺提高了声呐的性能，为国际反法西斯作出了贡献，成为战时留在法国国防科研机构中唯一的外籍科学家，并在法国科学界享有很高的声誉。战后他担任了法国国家科学研究中心的研究指导主任，并兼任法国原子能委员会顾问和法国石英公司顾问（张建伟，邓琮琮，1996）。

1930 年，清华大学物理系助教王淦昌到德国柏林大学师从梅特涅深造。梅特涅参与发现铀原子核裂变反应实验，并对此作出了正确的解释，从而奠定了原子弹开发的理论基础。王淦昌曾两次向梅特涅提出做"那种不带电的很强的射线"的实验，均被导师否定。1932 年传来查德威克发现中子的消息后，梅特涅后悔不迭地对王淦昌说："王，这是运气问题……"他因此错失了获诺贝尔奖的机会。王淦昌后来在苏联杜布纳原子核研究所任高级研究员、副所长。1959 年 3 月 9 日，他从 4 万张照片中发现了一个十分完整的"反超子"，轰动了世界（张建伟，邓琮琮，1996）。

1941 年，著名的西南联大教授张文裕的夫人王承书，争取到"巴尔博"奖学金，到美国密执安州立大学师从国际物理学权威乌伦贝克教授，在共同研究稀薄气体中声音的传播和气体中的输送现象时，发现了某部力学名著中的错误，并予以纠正，导出了对高空物理学和气体动力学极有价值的"王承书—乌伦贝克方程"，该方程至今仍被沿用。乌伦贝克在美国流体力学年鉴上撰文对她给予高度的评价，认为她是一个不可多得的人才（张建伟，邓琮琮，

1996）。

1936 年，25 岁的钱学森来到美国加州理工学院著名的古根海姆空气动力学实验室，师从美国空气动力学泰斗冯·卡门教授，1939 年 6 月，钱学森取得航空、数学博士。他的博士论文以崭新的近似方程式，解决了飞机高速飞行时壳体会发生变形的数学计算难题。这就是著名的"卡门—钱近似公式"，被广泛地应用于飞机翼型的设计。1940 年后，他成为冯·卡门的助手，帮助冯·卡门指导研究生。1944 年，他在美国政府投资列为军方机密的喷气推进实验室担任推进部门负责人，并参与共同管理弹道部门。1950 年，他被美国当局视为"有共产党嫌疑"而被软禁 5 年，这期间钱学森完成了享誉中外、影响巨大的著作《工程控制论》。《工程控制论》为导弹与航天器的制导理论提供了基础（中央电视台，2010）。❶ 该书于 1954 年在美国出版，被科学界认为是维纳控制论之后的又一辉煌成就。

1949 年，张文裕在美国普林斯顿大学工作期间，发现了 μ 介子——原子，并产生电辐射。随后，一些科学家又发现了其他介子和超子也会形成奇异原子。这些发现催生了"介子物理学"。张文裕成为我国宇宙线研究和高能实验物理的开创人之一（邓楠，2009）。

1950 年，毕业于美国麻省理工学院，在美国航空咨询委员会下属发动机研究所工作的吴仲华，在 3 年研究的基础上，创立了叶轮机械三元流动理论。依据该理论设计出来的叶片形状为不规则曲面形状，叶轮叶片结构可适应流体的真实状态，能够控制内部全部流体质点的速度分布。世界上最大的宽机身民航机波音 747 和三星号飞机，就是根据吴仲华的理论制造的（邓楠，2009）。

因此，新中国成立前无论是在国统区还是在解放区，无论是入侵中国者还是留学海外者，现代科学技术活动已然在古老的国土上萌动，一批优秀的中华民族子孙在海内外作出了令人瞩目的成绩，为新中国科学技术的发展开启了前进之路，打下了一定的基础。

---

❶ 中央电视台，北京科学教育电影制片厂《钱学森》摄制组. 钱学森［M］. 上海：上海交通大学出版社，2010.

第 3 章　新中国成立初期
——科技队伍与科技机构建设

　　新中国成立初期（1949 年 9 月~1956 年 9 月）是中华人民共和国成立和向社会主义过渡的实现时期。中国共产党对内完成巩固新生政权，建立国有经济和新的经济秩序，实行反封建的土地改革和各项民主改革，发展农业互助合作事业，进行教育和文化事业改革，开展"三反"、"五反"和"审干肃反"运动，实施过渡时期总路线和发展国民经济的第一个五年计划，全面实行并基本完成社会主义改造，建立人民代表大会制度，加强军队和国防现代化建设，使社会主义制度在中国建立等历史任务；对外完成抗美援朝战争，积极争取有利于建设的国际和平环境等时代使命。在这百废待兴、万事待举的共和国奠基时期，中国共产党始终把发展科学技术摆在国家战略的重要位置，予以高度的重视，在科技队伍建设、科技机构设置、先进技术引进、科学规划制定、科技方针引领、科技管理体制、科技成果研发等方面，都取得了历史性的成就，为新中国的建设和发展打下了良好的基础。

第 1 节　科技队伍建设

　　新中国诞生时，全国科技人员不超过 5 万人，约占全国总人口的 1/9 000，其中专门从事科研工作的人员仅 600 余人，这远远不能满足新中国建设的迫切需要。中国共产党从实际出发，采取了立足革命和建设需要，将留用旧人员、召唤侨居者和培养新队伍有机结合起来，使新中国的科技队伍迅速扩大，到1953 年年底，已达 40 余万人，成为建设新中国的一支生力军。

一、"包下"留用人员

　　中国共产党认为，对于旧政权的军政公教人员，采取"包下来"的政策，在政治上是十分必要的，虽然在财政上会带来很大困难，但也是可以解决的（中共中央党史研究室，2001）。实践证明，这一政策是完全正确的。如我国雷达与信息处理技术专家张直中，1940～1949 年任重庆国民政府联勤总部重庆电信修造厂工程师。他回忆当时的情境："1945 年抗日胜利，岂料内战又起，国民党贪污腐败，民不聊生。重庆解放前夕，电信厂上级主管通讯署黄署长要我随他去台湾。我虽对共产党一无所知，但思量共产党能以小胜大，以弱胜强，必有其内在优点，且共产党统一中国后，必将发展科学技术和工业，新中国正是我投身发力之处，故坚决不去台湾。"（周济，汪继祥，陈宏愚，2001）

张直中在 1945 年曾被派往英国伦敦莱斯特大学和通信兵学院学习雷达和超高频技术，是我国接触雷达技术最早的技术人员之一；1946～1947 年，他再次去英国电声公司无线电制造厂学习收音机和黑白电视机制造技术。由于他有一技之长，新中国成立后不仅继续留任重庆电信修造厂工程师，还因抗美援朝战争需要受到重用。1951 年，他被调往南京任军委通信部第一电信技术研究所工程师，先后任设计室主任、设计科科长、副总工程师、总工程师、科技顾问等职。后任中国电子科技集团第 14 研究所（原军委通信部第一电信技术研究所）研究员，北京理工大学、（成都）电子科技大学、西安电子科技大学兼职教授。张直中是我国雷达技术主要先驱者之一，是发展我国动目标显示雷达、单脉冲精密跟踪雷达、相控阵预警雷达等工程的倡导人；是发展我国脉冲压缩雷达技术、脉冲多普勒雷达技术、微波成像雷达技术等的学术带头人，为发展我国雷达事业作出了重要贡献。1994 年，他当选为中国工程院院士。

当时留用的科技人员（包括原中央研究院的知名院士，各大学的著名教授），在各个层面、领域和地区为新中国建设所作的贡献是十分巨大的。

二、召唤海外学子归国

根据有关部门统计，截至 1950 年 8 月 30 日，侨居国外的中国科学家和留学生有 5 541 人，相当于国内研究人员的 9 倍。这是一笔十分宝贵的资源，其中理工农医学科的占 70％。在侨居国别上，留学美国的有 3 500 人，留学日本的有 1 200 人，留学英国的有 443 人。许多人学有所成，是有关学科的知名专家（中华人民共和国科学技术部，2001）。

中国共产党对海外科技人才资源高度重视。早在 20 世纪 40 年代后期，即通过中国科学工作者协会向海外学子做宣传动员组织工作，先后成立了留美科协（全称为"留美中国学生科学技术协会"）、留英科协、留法科协等进步组织，为他们大规模回归祖国做准备。1949 年夏，周恩来明确指示，以动员在美知识分子特别是高级科技专家归国参与国家建设作为旅美进步团体的中心任务。新中国成立后，政务院文化教育委员会即于 1949 年 12 月专门成立了由 17 个单位联合组成的办理留学生回国事务委员会，进行了卓有成效的宣传鼓动工作和周密细致的组织安排工作。

1950 年 1 月 27 日，中国科学工作者协会向海外科学家和留学生发出号召："新中国诞生后各种建设已逐步展开，各方面都迫切需要人才，诸学友学有专长，思想进步，政府方面急盼能火速回国，参加工作。"1950 年 3 月 11 日，新华社播发了著名数学家华罗庚于 1950 年 2 月由美赴港归国途中发表的《致中国全体留美学生的公开信》，在这封 2 000 多字、"充满着真挚的感情，一字一句都是由衷吐出来的"长信中，华罗庚自问自答地说："谁给我们的特殊学习机会，而使得我们大学毕业？谁给我们必需的外汇，因之可以出国学习？还不是我们胼手胝足的同胞吗？还不是我们千辛万苦的父母吗？受了同胞们的血汗栽培，成为人才之后，不为他们服务，这如何可谓之公平？如何可谓之合理！"他深情呼吁："朋友们，我们不能过河拆桥，我们应当认清：我们既然得到了优越的权利，我们就应当尽我们应尽的义务，尤其是聪明能干的朋友们，我们应当负担起中华人民共和国空前巨大的人民的任务！""朋友们！'梁园虽好，非久居之乡'，归去来兮！"他在信的末尾号召说："总之，为了抉择真理，我们应当回去；为了国家民族，我们应当回去；为了为人民服务，我们也应当回去；就是为了个人出路，也应当早日回去，建立我们工作的基础，为我们伟大祖国的建设和发展而奋斗！"华罗庚的公开信，反映了一代爱国科技人员的心声，在当时激起了很大的反响。

由于新中国执行向苏联"一边倒"的外交政策，在社会主义和资本主义两大阵营对峙以及朝鲜战争爆发的背景下，西方国家和"台湾当局"对我党争取海外学子归国的工作千方百计予以破坏和阻挠，对留学生采取软硬兼施的策略，甚至粗暴践踏人道主义原则，对他们采取监视、传讯、问话、拘捕、搜查、扣留等非法迫害行为，制造了"钱学森事件"和"赵忠尧事件"。但在党和政府的关怀支持下，在世界友好和进步力量的支援下，大批海外学子历尽艰辛，终于回到了祖国母亲的怀抱。据 2011 年 7 月 21 日《人民日报》载中共中央党史研究室所编《中国共产党历史大事记（1921 年 7 月～2011 年 6 月）》，从 1949 年 8 月至 1955 年 11 月，共有 1 536 名高级知识分子从海外回国参加建设。而据国家科技部所述，1950～1953 年，约有 2 000 名海外科学家和留学生回到祖国，1953 年以后，又陆续有近 1 000 名科学家和留学生回国。到 1957 年，归国科技专家已达 3 000 人左右，占新中国成立前留学海外学者总数的一半以上。

在他们中间，有地质学家李四光，物理学家赵忠尧、杨澄中、程开甲、黄昆、谢希德、葛庭燧、邓稼先，化学家傅鹰、唐敖庆、徐光宪、涂光炽、严东生，生物学家曹天钦、鲍文奎、邱式邦、浦蛰龙，数学家吴文俊，化工专家侯祥麟，冶金专家李熏、叶渚沛、张沛霖、柯俊，工程热物理专家史绍熙，气象学家叶笃正，铁路电气化专家曹建猷等。1953 年以后归国的著名科学家有神经生理学家张香桐，力学家钱学森、郭永怀、林同骥，核物理学家张文裕，林学家吴中伦，加速器专家谢家麟，半导体专家林兰英，生物学家王德宝、钮经义，材料专家师昌绪，泥沙运动与河床演变专家钱宁，爆炸力学专家郑哲敏等。

这一串串响亮的名字，犹如缀在中国科技天空上的灿烂繁星，更是新中国科技大厦的顶梁之柱。他们的归来，是新中国成立后中国共产党在科技战线上所取得的历史性的胜利。他们带回来世界科技前沿的高新技术和基础理论，成为许多新兴学科的开拓者和带头人。在他们的言传身教下，一大批青年才俊茁壮成长，为新中国培养了科技新星和学术骨干，对新中国的建设和发展产生了难以估量的巨大影响！他们的爱国主义精神永远值得后人敬重和怀念！

在共和国历史上的很长一段时期，我们的对手似乎比我们队伍中的许多同志更能理解和认识这批科学家的价值。如美国负责喷气工程项目的海军次长金贝尔就曾说过："钱学森抵得上 5 个师的兵力！"

三、培养新型科技人才

1939 年 12 月，毛泽东在《中国革命和中国共产党》一文中，对于知识分子和青年学生，"从他们的家庭出身看，从他们的生活条件看，从他们的政治立场看"，把他们归入小资产阶级范畴，认为他们是无产阶级可靠的同盟者，将他们列为革命的劲力之一。他一方面强调，"革命力量的组织和革命事业的建设，离开革命的知识分子的参加，是不能成功的"；另一方面，他也指出，"知识分子在其未和群众的革命斗争打成一片，在其未下决心为群众利益服务并与群众相结合的时候，往往带有主观主义和个人主义的倾向，他们的思想往往是空虚的，他们的行动往往是动摇的。"在同时期为中共中央起草的《大量吸收知识分子》的决定中，毛泽东更明确地提出了"使工农干部的知识分子化和知识分子的工农群众化同时实现起来"的方针。新中国成立后，为适应向社会主义过渡以及社会主义革命和建设的需要，从以下三个方面大力培养新型科技人才。

（1）贯彻向工农开门的方针，培养工人出身的专家和工业领导骨干。如开办"工农速成中学"，开展群众性的大规模的扫盲活动，组织大批军转干部学文化、学技术，抽调中共优秀党员和在职干部进入高等学校学习。这批"调干生"成为新中国高等学校的一个亮点。

（2）向苏联学习，进行大规模院系调整。在一切向苏联"一边倒"的政治氛围和经济建设急需实用型人才的时代背景下，全盘照搬苏联教育模式。中共中央决定在"以培养工业建设人才和师资为重点，发展专门学院，整顿和加强综合性大学"的方针指导下，对全国高等学校及所属院系进行大规模调整。1951年11月，将北京大学工学院、燕京大学工科各系并入清华大学，清华大学的文、理、法三个学院和燕京大学的文、理、法各系并入北京大学，撤销燕京大学；将北洋大学与河北工学院合并并成立燕京大学，将之江大学的土木、机械两系并入浙江大学等。1953年，周恩来总理亲自指导在北京建立了"八大学院"，即北京航空学院、北京钢铁学院、北京矿业学院、北京石油学院、北京地质学院、北京农业机械学院、北京林学院、北京医学院以及中央财政金融学院、北京政法学院。为了改变教育资源分布不均，过于集中在沿海大城市的状况，1955年经国务院批准，将沿海地区一些高等院校的专业或系迁至内地组建新校，如西安交通大学；甚至将少数学校全部或部分迁至内地学校，重新构建了新中国比较完整的高等教育体系。1949年，我国共有高等院校205所，在校生11.7万人，并且以文科为主，每年高等学校招生仅为1.6万人左右，中等专业学校学生仅有22.9万人。到了1956年，全国高等学校发展到227所，在校学生增加到40.3万人。普通教育也得到了很大发展，各类中等学校在校学生由1952年的314.5万人增加到600.9万人；小学在校学生由1952年的5 110多万人增加到6 346.6万人，成人教育、职工教育和工农群众的业余文化教育蓬勃发展，提升了广大人民群众的文化、科学素质。军事院校也有很大发展，到1959年，全军院校调整为129所，总人数约有25.3万人。

（3）对旧知识分子进行思想改造。为了适应社会主义革命和建设的新形势，完成由新民主主义革命向社会主义革命的转变，中国共产党对从旧社会过来的知识分子采取"团结、教育、改造"的方针。帮助广大知识分子，包括科技人员，走与工农相结合的道路。邓力群认为，"我们党在争取，团结一切愿意为我国革命和建设服务的知识分子方面积累了丰富的经验，这些经验集中到一点，就是在爱国主义旗帜下，团结一切可以团结的知识分子，并通过爱国主义将广大知识分子提高到革命民主主义，进而提高到社会主义的境界。"（邓力群，2004）著名植物生理学家、生物化学家汤佩松院士在回忆 1951 年冬到 1952 年年初轰轰烈烈的思想改造运动时，认为：一是改变了从国外带回的生活方式；二是由于多次写检讨提高了中文写作能力；三是通过对辩证唯物主义哲学，特别是对《矛盾论》的学习，影响了对自然科学现象的思考方法（汤佩松，2003）。由于在运动中有全盘否定的缺点，存在着把思想问题和学术问题当做政治斗争并加以尖锐化的倾向（中共中央党史研究室，2001），给一些老科学家造成了伤害，以致汤佩松老先生在 50 多年后仍调侃地说："过去在思想改造时曾声色俱厉，甚至咬牙切齿地批判我'崇美、亲美'的'先驱者'们中，有一些人在这几年来托我为他们自己，更多的是为他们'高贵的'子弟们介绍留美和留西欧的路子。"但总体而言，思想改造运动的收获是积极的。为"两弹一星"作出突出贡献的 23 位科技专家中，有 20 位成为共产党员，就是有力的例证。

第 2 节　科技机构建设

新中国刚诞生时，专门科学研究机构仅有 30 多个，且科研基础设施严重不足，水平落后。因此，大力发展科技机构，建立科技体系便成为新中国科技工作的当务之急。在党中央和政务院的重视和支持下，到 1955 年年底，全国专业科研机构超过 800 个，初步形成了由中国科学院、高等院校、产业部门、地方科研机构、国防科研机构组成的科学技术体系，在建设新的工业基地，消化吸收从苏联引进的先进技术设备、国土及自然资源普查和培养锻炼新生科技力量方面做了大量富有成效的工作，为国民经济的恢复和发展作出了重要的贡献，也为我国科技事业的长远发展奠定了较好的基础。

一、建立中国科学院

建立中国科学院是新中国成立后科技战线的第一件大事，它标志着在当时中国科技事业有了自己的中心阵地。中国科学院建院和发展初期表现出以下 6 个方面的特点。

（1）未雨绸缪。早在 1949 年 3 月下旬，百万雄师尚未过大江之时，中共中央即已考虑在新中国成立后建立中国科学院，并于 6 月中旬决定由中共中央宣传部部长陆定一负责筹建。9 月 13 日，在中华全国自然科学工作者代表会议筹备会议上，周恩来号召科学工作者参与筹划，并为此进行了组织准备和引聚人才工作。

（2）程序严谨。作为新中国的最高科学机构，中国科学院的建立和发展遵循了严谨的行政程序。第一，由中华全国自然科学工作者代表大会筹委会在多次讨论的基础上起草，并向全国政协递交了建议设立国家科学院的提案。第二，1949 年 9 月 21 日在北京召开的中国人民政治协商会议通过的《共同纲领》和《中华人民共和国中央人民政府组织法》均列入相应条款，规定在政务院之下设立科学院。第三，1949 年 10 月 19 日，中央人民政府委员会第三次会议任命郭沫若为院长，10 月 25 日召开政务院第二次会议决定科学院的正式名称为中国科学院。

（3）职能重大。根据《中央人民政府组织法》，科学院被赋予了管理全国科学研究事业，包括自然科学和社会科学一切事务的行政管理职能。1949 年 11 月 5 日，中国科学院接收了原国民政府北平研究院在北京的原子学、物理学、化学、动物学、植物学和史学 6 个研究所，以及中央研究院在北京的历史语言研究所国书史料整理处。1950 年春，又陆续成立中国科学院华东办事处和中国科学院华东办事处南京分处，将原中央研究院及北平研究院下属 24 个研究所全部接收，并进行改组整顿，设立了 15 个研究所、1 个天文台和 1 个工业实验馆以及 4 个筹建研究所，共有职工 575 人，其中科研人员 316 人，包括高级研究人员 122 人，中级研究人员 112 人。

1950 年 6 月 14 日，中央人民政府政务院文化教育委员会发布了《关于中国科学院基本任务的指示》，为中国科学院制定了"发挥科学的功能，使之成为思想改革的武器，培养健全的科学人才与国家建设人才，使学术研究与实际需要密切配合，真正能服务于国家的工业、农业、保健、国防建设和人民的文化生活"的工作总方针，明确中国科学院的三项基本任务为确立科学研究的方向，培养与合理分配科学研究人才，调整与充实科学研究机构。

1955 年 6 月，中国科学院在学部成立大会上，制订了第一个五年计划的 10 项重点任务：原子能和平利用研究；配合新钢铁基地建设的研究；液体燃料问题研究；重要工业地区地震问题研究；配合流域规划与开发的调查研究；华南热带植物资源调查研究；中国自然区划和经济区划研究；抗生素研究；中国过渡时期国家建设中各种基本理论问题研究；中国近代、现代史和近代、现代思想史研究。同时需加强若干空白、薄弱学科的研究并建立相应机构，改变研究机构地区分布不合理的状况等。此外，还提出了制定我国科学事业发展长远规划的建议。从此，学部在制定国家科学技术发展规划、组织全国性学术交流、评定和实施自然科学奖励以及领导中国科学院各研究所科研工作等方面，都承担并发挥着重要职能作用。

（4）学习苏联。中国科学院的组织架构和管理机制基本上是效仿苏联的模式。1953 年 3 月，以中国科学院近代物理研究所所长钱三强为团长（真正负责人是公开身份为历史学家的代表团成员张稼夫，他当时担任中国科学院副院长兼党组书记），以武衡为秘书长，由 26 个全国各地科学代表组成的中国科学代表团，对苏联进行了 3 个月的考察。他们访问了 98 个各种类型的研究机构、11 所大学，还有工矿、农庄及博物馆等许多单位，听取了苏联科学院主席团为代表团组织的 7 场综合性报告，了解了苏联培养科学干部的状况和方法、科学研究计划制订的程序及效果、苏联科学院各研究机构的分工与配合、研究所和大学及产业部门的关联等，取得了巨大的收获。最大的收获是了解到苏联科学院最重要的核心机构是学术秘书处，它是联共党领导科学院的"桥梁"，是向联共党呈送文件的权力机构。张稼夫回忆说："我参加了这个代表团，主要任务是了解苏联党是如何领导科学的，苏联人一开始并不知道我的真正身份，后来发现我是总负责人，于是他们特意跟我谈了很多问题……后来的事实证明，在科学院设立学术秘书处是这次访苏的重大成果。它解决了科学院由国务院下属的一个政府机构向最高科学决策机构过渡时，党对科学院如何实施领导的问题。由于种种原因，没有照搬苏联科学院的'院士制'，而是以设立'学部委员'的形式，代替原'中央研究院'的'院士'。"

（5）及时改革。为使我国科学研究工作及时跟上过渡时期总路线的要求，服务国家建设和发展的需要，1953 年 9 月和 11 月，中共中国科学院党组先后就科学院访苏代表团工作、科学院工作的基本情况和今后工作任务向中央提交报告，反映了科学工作基础和力量薄弱，团结老科学家和培养新生力量不足，在贯彻理论联系实际方针上急于求成，有片面强调联系实际的趋向等情况，并就认真学习苏联经验、积极支援国家建设提出了建议。党中央对该报告十分重视，于 1954 年 3 月 8 日批准了《中国科学院党组关于目前科学院工作的基本情况和今后工作任务给中央的报告》，并作了长篇批示。中央在批示中指出："科学院是全国科学研究的中心"，不再是政府的一个行政机构，是国务院领导下的国家最高学术机关。鉴于当时设立国际通行的院士制度的条件还不成熟，中央认为中国科学院分学科成立学部，聘任有成就的科学家为学部委员，将有助于更好地团结全国科学家，领导并推进科学事业的发展；同时，也为向院士制过渡打下基础。为此，由中华全国自然科学专门学会联合会（简称"全国科联"）对全国科学家（包括在海外的全部华裔科学家）进行了全面的摸底调查。在此基础上，以院长郭沫若的名义给中国科学院、高等院校以及产业部门有代表性的自然科学家发出了 454 封信，请他们在自己的专业范围内推荐学部委员。经过一年多的积极筹备，按照政治标准和学术标准（以学术标准为主），经过国务院批准，中科院聘任了 233 位学部委员（未去台湾而留在内地或由国外回到内地的前中央研究院院士基本上都得到聘任），分别建立 4 个学部，即数理化学部、生物学地学部、技术科学部、哲学社会科学部，分别由吴有训、竺可桢、严济慈和郭沫若担任主任。到 1955 年，中国科学院共有科研机构 44 个、职工 7 998 人，其中科研人员 2 977 人（高、中级研究人员 1 024 人），分别比 1949 年建院初期增长 1 倍、14 倍和 9 倍；经费支出（含科学事业费和基本建设投资）3 742.5 万元，比 1950 年增长了 12 倍。

（6）民主管理。集中了全国一流科学家的中国科学院，使党历史上第一次面临如何管理科学家、为他们服务的问题。在接管和调整原有的研究机构时，党充分听取了科学家们的意见，聘请德高望重的学科带头人担任相应职务，尽可能创造良好的工作条件，生活上给予优惠照顾，使科学家们安心工作，充分发挥自己的聪明才智。秉承为人民服务的宗旨，坚持紧密联系群众，充分发扬民生，一切从实际出发的优良作风，建院初期的三任党组书记都得到了科学家们的好评，至今仍被大家深深地怀念。

第一任党组书记恽子强是革命先烈恽代英之弟，抗战前在大学担任化学教师，1944 年左右到延安，任延安自然科学院副院长。他朴实憨厚，待人和蔼，生活俭朴，律己甚廉，没有一点儿官架子，有忠厚长者之风。竺可桢日记中描写他"一身之外无长物"，"可称共产党之代表人物矣"！

第二任党组书记秦力生，是从地方上调入中国科学院的高级领导干部。他从不不懂装懂，指手画脚。他常说："我们到科学院是来侍候人的，我们不懂科学，我们的任务就是帮助科学家，使他们工作得更好。"1953 年，他因病离岗。

接替秦力生的第三任党组书记张稼夫是一位历史学者，他对院长郭沫若十分尊重，常常主动到郭老家中请示汇报工作，甚至把几次重要的党组会议都挪到郭老家中召开。他经常对科学院的工作人员讲："共产党员在科学院工作，就是要关心和帮助科学家做好科学研究工作，为他们创造顺利的工作环境和条件，并且解决他们的生活困难问题。'士为知己者死'，只要我们真诚地帮助他们，他们就能更好地为国家、为人民贡献才智。"他对一位后调入科学院的党组成员的四点提示，至今仍被传为佳话：一、要尊重科学、尊重科学家、爱护科学家，为科学研究工作创造有利条件；二、科学无止境，科学家是能人，自己不懂的事不要装懂，无把握的事不要瞎指挥；三、在科学院做党的工作，切忌"以党代政"、"党政不分"，要注意多听取科学家的意见；四、做到谦逊、诚恳待人，能关心人，能帮助人，能团结人。

钱三强等一批知名科学家在他们的感召和介绍下，加入了中国共产党。

二、发展各种科研机构

在建立中国科学院的同时，各地党政部门从本地实际情况出发，对旧中国留下的科研试验机构实行接管、恢复和调整，将其改建为新中国的科研机构。如东北地区将伪满时期建立并遗留下来的大陆科学院、大连满铁中央试验所和公主岭试验场等整合组建为东北科学研究所，继而又将其和大连大学科学研究所和东北地质调查所等单位统一合并为东北科学研究院。各省、直辖市、自治区多从自身科研基础、自然资源和发展需求来综合考虑，积极恢复重建科研机构，如浙江省先后成立了省农科所、黄岩柑橘试验场、省海洋水产试验所和省淡水水产研究所等科研机构。截至 1956 年年底，全国已建立地方科研机构 239个、研究人员 4 000 余人，分别占全国总数的 58% 和 21%，为地方经济的振兴和发展发挥了很大的作用。

我国大学历来有开展科学研究的传统，高校师生是科研队伍中的重要力量。经中国科学院和教育部协调商定，在若干专业基础较好的重点大学设立了科学研究室，以作为全国科研体系的有机组成部分。如在清华大学建立动力研究室，由北京大学和北京农业大学合作建立北京植物生理研究室，在南开大学建立化学研究室。在复旦大学建立数学研究室，在南京大学建立心理研究所，在武汉测绘学院设立大地测量及重力研究室，由武汉大学和华中农学院合作建立微生物研究室，在东北地质学院建立长春地质研究室，在西南农学院建立重庆土壤研究室，在云南大学建立昆明生物研究所等。这些研究室（所）既有自己的特色，又在一定程度上反映了国家的科技水平，同时，又提高了教育质量，培养了人才。截至1955年年底，全国共有98所高等学校、1万多名教师参与了科学研究工作，完成科研项目近万项。

此外，在国防科技战绩和若干产业部门也建立了自己的科研机构。新中国的科研工作，开始呈现出蓬勃向上、欣欣向荣的大好局面。

三、建设群众科学社团

群众科学社团是国家科技体制的重要基础和充满活力的支撑力量。享有盛誉的中国科学社和陕甘宁边区自然科学研究会，晋察冀边区自然科学界协会在我国科技史上都留下了自己的足印。新中国成立时，全国已有各类自然科学学术团体近40个，包括中国科学社、中华学艺社、中华自然科学社、中国科学工作者协会等综合性社团，以及中国工程所学会、中华医学会、中国药学会、中国地质学会、中国数学会、中国物理学会和中国化学会等专业性社团。其中，中国科学社有会员3 776人，中华自然科学社2 648人，中华科学工作者协会近千人，东北自然科学研究会近百人。以他们为主，早在1945年5月就联合发起在北京召开了全国自然科学工作者代表会议筹备会的促进会。经促进会努力，于1949年7月13日在北京召开了筹备会。经过一年多筹备，中国科学界的空前盛会，也是中国科技工作者第一次盛大的集会——中华全国自然科学工作者代表会议于1950年8月18日至24日，在北京清华大学召开。中央人民政府所属科学机构，中国人民解放军有关科学机构、各地区各民族和筹委会常委会的代表，共469人出席了会议。他们当中既有科学界的泰斗和大师，也有后起之秀和青年才俊，还有科技界的领导干部和管理工作者。中央人民政府副主席朱德、李济深，政务院总理周恩来，副总理黄炎培等先后作了报告。

周恩来在题为《建设与团结》的报告中，号召全国科学工作者在《共同纲领》的基础上团结起来，从新民主主义的建设开步走，与全国人民一道为建设繁荣富强的新中国努力奋斗（陈建新，赵玉林，关前，1994）。

这次会议里程碑式的重大成就是实现了共产党领导下的全中国科学工作者的大团结，成立了"中华全国自然科学专门学会联合会"（简称"全国科联"）和"中华全国科学普及协会"（简称"全国科普"），选举产生了"两会"的第一届全国委员会，推举吴玉章为"两会"名誉主席。李四光任全国科联主席，侯德榜、曾昭抡、吴有训、陈康白为副主席，其宗旨是团结号召全国科技工作者从事自然科学研究，以促进国家经济文化建设。全国科普协会由梁希任主席，其宗旨是普及自然科学知识，提高人民群众科技水平。这两个组织是新中国成立后在共产党领导下的新型群众科技团体。在党和政府的领导和支持下，科技界空前活跃，积极性十分高涨。在"全国科联"的组织推动下，短短几年内共召开全国性学术会议 100 多次，创办各种学术刊物 70 多种。尤其是充分发挥了群众团体的窗口优势，积极与世界 40 多个国家和地区的科技团体开展科技交流与协作，安排科学家出国访问，参加世界科协执行理事会和科学大会，并于 1956 年 4 月在北京承办了世界科协执行理事会扩大会议和世界科协成立 10 周年纪念大会。这些对打破以美国为首的西方国家对我国的文化封锁，开阔视野，获取信息，均起到了积极作用。全国科普协会根据党中央指示精神，采取"结合生产、结合实际、小型多样、力求广泛"的工作方针，使科普工作焕然一新。截至 1958 年年底，全国已有公共图书馆 922 个，各种博物馆 360 个，建立了一批科普出版社，出版了大量科普图书，出版全国性科普刊物 6 种，地方性科普刊物 32 种，举办科普演讲 700 多万次。

全国科联的组织规模从 1950 年的 19 个学会、3 个科联分会、1.7 万名学会会员，发展到 1957 年年底的 42 个学会、35 个科联分会、758 个学会分会、9.25 万名学会会员。至 1956 年年底，全国科普协会已在全国建立了 4.6 万个基层组织，发展会员 102 万人，为发展新中国科学技术事业作出了重大贡献。1958 年，这两个学会团体合并为中国科学技术协会。

第4章　新中国成立初期
——向苏联学习与引进技术

20 世纪以来，科学技术日益成为国际上政治、经济和军事斗争中不可或缺的重要手段，在两大阵营激烈对峙的国际环境下，新中国"一边倒"的外交方针及朝鲜战争的爆发，进一步加剧了以美国为首的西方国家对新中国全方位的遏制与封锁。要改变中国科学技术落后的面貌，向以苏联为首的社会主义阵营中的东欧国家寻求科技支持是唯一的选择。

当时，我国的产业技术状况正如毛泽东所言："现在我们能造什么？能造桌子椅子，能造茶碗茶壶，能种粮食，还能磨成面粉，还能造纸，但是，一辆汽车，一架飞机，一辆坦克，一辆拖拉机都不能造。"因此，大规模的技术引进势在必行。由于新中国初建，财政困难，所以，这种技术引进与资金借贷往往是同步进行的。

所谓全面向苏联引进，就是说不仅引进硬技术，也引进软技术；不仅引进技术，更引进装备和人才。这时，苏方对于中国大规模的援助，对于新中国建立自己的民用工业体系、国防工业体系、科学研究体系和高等教育体系，具有十分重要的意义，主流是积极和正面的（张柏春，姚芳，张久春等，2004）。

第 1 节　引进苏联科研管理和规划制定技术

1953 年 3 月，中国科学家代表团访苏后基本照搬了苏联科学院的管理体制和机制。1954 年 10 月 11 日，中苏两国政府签订了《中华人民共和国和苏维埃社会主义共和国联盟科学技术合作协定》，其有效期为 5 年。从该协定签订到 20 世纪 50 年代末，中苏双方参与合作的科研机构达 800 多个，合作内容几乎涉及所有重要的科技领域。根据合作协定规定，为合作方便，中苏两国政府设立专门管理和协调两国科技合作事务的"中苏科学技术合作委员会",委员会下设中国组和苏联组,各有 7 名成员。

1954 年,国家计委决定制订国民经济十五年计划(1953～1967)。5 月 29 日,中国科学院决定予以协助。1955 年 1 月,中国科学院院长顾问柯夫达(В. А. Ковда)草拟了《关于规划和组织中华人民共和国全国性科学研究工作的一些办法》,提出了关于优先重点学科发展、优化科研机构布局、加强不同部门之间科研合作等多方面的建议,强调科学研究为资源开发和产业发展服务的有益建议,并介绍了苏联的经验。4 月 22 日,中共中央政治局讨论时,刘少奇充分肯定了柯夫达的建议。1956 年 2 月,吸收时任中国科学院院长顾问拉扎连柯的建议,国务院通过苏联政府,特邀苏联专家来华帮助制定十二年科技发展规划,并介绍世界科学技术的发展状况和趋势。3 月 29 日,苏联政府派出 18 位科学家来华,其中有约 1/2 的专家从事无线电、电子学、自动化、半导体和计算技术,与我国远景规划中的"四项紧急措施"十分对口。在整个规划制定工作中,有百名苏联专家应邀参与工作。他们在远景规划的目标设想、指导思想、实施步骤等方面,都借鉴了苏联的经验。为了解决规划中的疑难问题,中方还派团赴苏考察。如 1956 年 12 月,严济慈就率 38 位专家学者赴苏联考察钛合金、半导体、电子学、电工学、机械和动力等重要技术学科。

1956 年 12 月,国务院副总理李富春请苏联科学院和国家代表对中国的科学规划提出意见,得到了苏联政府的支持,提出了许多书面意见和建议,并应中方请求,承诺协助设计计算技术、半导体、电力和热工等 7 个研究所及供应有关主要设备。1957 年 11 月 1 日,由郭沫若率领的中国科学技术代表团 120 人赴苏访问,进一步就十二年科学技术远景规划及其实施征求苏联科学家的意见,与苏联政府商讨在我国第二个五年计划期间两国全面科技合作事宜。代表团在苏联期间按照 57 项任务派出有关科学家对口访问苏联相应的研究机构,并谈判合作课题,落实留学生和访问学者派遣计划,继续邀请苏方有关专家协助中方有针对性地解决规划落实中的科技瓶颈。

第 2 节　以 "156 项工程" 为载体,引进成套机器设备、工艺和产品设计

对于在"一穷二白"基础上起家的新中国而言,以重大工业建设项目为

载体，无疑是使先进技术向我国转移的捷径。薄一波在回忆当时与苏联谈判协商苏联援建项目时说："老实说，在编制'一五'计划之初，我们对工业建设应当先搞什么、后搞什么、怎么做到各部门之间的相互配合，还不大明白。因此，苏联援建的项目，有的是我方提出的，有的是苏方提出的，经过多次商谈才确定下来。大致是分五次商定的：第一次，1950 年商定 50 项；第二次，1953 年商定增加 91 项；第三次，1954 年商定再增加 15 项，达到 156 项；第四次，1955 年商定再增加 16 项；第五次，口头商定再增加 2 项。五次商谈共商定项目 174 项。经过反复核查调整后，有的项目取消，有的项目推迟建设，有的项目合并，有的项目一分为几，有的不列入限额以上项目，最后确定为154 项。因为公布 156 项在先，所以仍称'156 项工程'。这'156 项工程'，实际进行施工的约为 150 项，其中在'一五'期间施工的有 146 项……苏联援建的这些项目，主要是帮助我国建立比较完整的基础工业体系和国防工业体系的骨架，起到了奠定我国工业化初步基础的重大作用。"（薄一波，1991）

在实际施工的 150 个项目中，能源工业 52 项（其中煤炭工业 25 项、电力工业 25 项、石油工业 2 项）、冶金工业 20 项（其中有色金属工业 13 项、钢铁工业 7 项）、化学工业 7 项、机械工业 24 项、军事工业 44 项（其中兵器工业16 项、航空工业 12 项、电子工业 10 项、船舶工业 4 项、航天工业 2 项）、轻工业和医药工业 3 项，共 6 大类。据费正清《剑桥中华人民共和国史（1949～1966）》研究，苏联援建的 150 个工业项目吸收了"一五"时期工业总投资的一半左右，从苏联进口的成套设备等货物相当于总工业投资的 30%。

第3节 以"122 项协定"为平台，开展技术引进与合作

为了全面实施我国的科学远景发展规划，使中国科学技术迎头赶上世界先进水平，中苏两国政府于 1958 年 1 月 18 日签订了《中苏两国共同进行和苏联帮助中国进行重大科学技术研究协定》（简称"122 项协定"），其有效期为第二个五年计划执行期（1958～1962）。该协定以技术科学为主，涉及许多重要科技领域和部门，基本上与我国科技发展十二年远景规划相对应，涵盖 16 个领域，包括 122 个合同项目，下含 600 多个课题。中苏双方有 600 多个单位参与合作，其中中方 200 多个，苏方 400 多个。

这 16 个领域是：①中国自然资源的综合考察和开发（6 项）；②中国海洋和湖沼综合调查及研究工作的建立（3 项）；③重要矿物资源的分布规律及勘探、开采方法的研究（18 项）；④高温合金、稀有金属及我国重要金属矿物综合利用的研究（7 项）；⑤煤、天然气和石油的综合利用（3 项）；⑥电力设备及电力系统的研究（7 项）；⑦大型精密机械、仪器的设计及其工艺过程的研究（8 项）；⑧化学工业新技术的研究（21 项）；⑨水利技术及水利土壤改良的研究（3 项）；⑩运输设备技术的研究和综合发展运输问题（4 项）；⑪无线电电子学新技术研究（5 项）；⑫提高农作物单位面积产量，改进农业技术的研究（8 项）；⑬若干主要疾病的防治及新药的研究（3 项）；⑭各种计量基准的建立和研究（1 项）；⑮自然科学中若干重要理论、实验技术及空白、薄弱学科基础的建立和发展（24 项）；⑯科学技术情报的建立（1 项）。到 1960 年 7 月，计划项目均不同程度地得到了落实，有一部分已经完成或接近完成。例如，苏方先后帮助中国创建了核能、电子技术、自动化、半导体、无线电、电力、电工、精密机械、光学、动力等新兴技术或者重要技术的研究机构，并取得了初步的研究成果，为新中国科技的自主发展打下了一定的基础。1960 年后，随着中苏关系的恶化，"122 项协定"的执行受到严重影响。之后，中苏科技合作实质上中断。

需要指出的是，即使在中苏关系的"蜜月期"，苏方并非有求必应，对于尖端技术仍是十分保密的。例如，1958 年 10 月 16 日，中科院地球物理研究所所长赵九章率领高空大气物理代表团去苏联参观考察利用火箭和卫星探测高空的情况，苏方采取拖延、遮掩和伪装等措施，避免让我国代表团了解其核心机密技术。

第 4 节　以《中苏国防新技术协定》为桥梁，引进国防尖端技术

经过中国政府不断的努力以及中苏两党的政治博弈，以毛泽东出席"12 个社会主义国家共产党和工人党代表会议以及 64 个共产党和工人党代表会议"为条件，在经过 35 天谈判以后，1957 年 10 月 15 日，中苏两国代表团于莫斯科秘密签订《中苏国防新技术协定》。该协定规定，苏方将在航空、导弹和核武器等尖端技术方面援助中国，向中国提供原子弹的教学模型和技术图纸，派

遣专家。1957 年和 1958 年，苏方提供了几种导弹、飞机和其他军事装备的实物样品及相应的技术资料，派遣了技术专家，帮助中国建立了导弹部队，并培训中方技术人员。1959 年，苏联向中国提供了 SS－1 导弹、SS－2 导弹、液体燃料以及 R－11FM 弹道导弹的技术数据、设计、零件和生产设备。

此前，1955 年 4 月 27 日，中苏签订《关于苏维埃社会主义共和国联盟援助中华人民共和国发展原子能核物理研究事业以及为国民经济需要利用原子能的协定》，依据该协定，1955 年 10 月 19 日，钱三强等 13 位科学家赴苏联参与反应堆和粒子加速器设计的审查工作。同年 11 月 4 日，何泽慧等 26 名科技人员前往苏联学习核反应堆和加速器技术。1958 年 3 月 15 日，苏联专家协助安装完成 2 500 万电子伏的回旋加速器。1958 年 6 月 13 日，7 000 千瓦原子反应堆临界试验成功。1958 年 9 月 27 日，反应堆和加速器移交使用，中方在核能研究中也作出了自己的贡献。有 200 名中国专家学者先后在苏联杜布纳联合核研究所参加研究工作。该研究所拥有世界上最大的同步回旋加速器，其建设和日常费用的 26% 由中方承担。

到 1960 年秋，苏联已经在铀矿勘探与开采、铀矿冶工艺与研究、铀浓缩、核燃料元件、气体扩散、氚化锂－6 生产线、核武器研制基地和试验场等一系列核工程的设计和建设方面帮助中国做了许多工作，提供了主要设备和技术资料，派出 200 多名专家，训练了中方的核科技人才。当苏联专家撤走时，中国专家已经知道如何解决理论问题和一些技术问题，为自主研发打下了一定的基础。

但是，苏方在执行协定时仍是有保留的。他们一是对技术资料的提供比较有限；二是往往采取拖延的策略；三是对作用半径超过 3 000 千米的战略导弹技术严格封锁，无意协助中国建立或部署现代化进攻性导弹系统。

第 5 节　引进苏联专家，派遣留苏学生

人才既是科学技术的载体，也是科学活动的主体。新中国成立后，党和政府对引进苏联专家十分重视。从新中国成立伊始到 1965 年 7 月，苏联撤走全部专家，先后有数千名苏联科技专家来华工作，协助科学研究，开展科学教育。1951～1958 年，我国聘请的 1 200 多名专家中，理工方面的有 794 人。1958～1960 年聘请的 107 名苏联专家多从事尖端科学研究，如苏联专家萨宁

等人带领我国青年原子能科学家，完成了我国第一台大功率加速器和百道脉冲分析器的制造和调试工作。

　　派遣留学生已成为从清末以来历代政府发展科技事业的共同选择。新中国从 1950 年开始，向苏联等国选派大批留学生。到 1960 年，共向苏联、东欧社会主义阵营国家、朝鲜、古巴等 29 个国家派出留学生 10 678 人。其中，向苏联派遣留学生 8 310 人，约占派出留学生总数的 78%，另派遣考察专家 1 000 多人。留学生所学专业覆盖了数学、物理、化学、生物、地质、能源、农业、水利、采矿、冶金、建筑、交通、军事等众多领域。这些留学生中有些成为我国新兴学科领域的开创者和奠基人，绝大多数人都成为新中国科研、教育、国防、文化、外交及主要产业领域的技术骨干，成为各条战线科技攻关和科技管理的中坚力量。例如，"两弹一星"元勋王淦昌和周光召均在苏联杜布纳联合核研究所从事过研究工作，另一位"两弹一星"元勋孙家栋 1958 年毕业于苏联莫斯科茹科夫斯基空军工程学院，他在 5 年学习中年年全优，荣获金质奖章。

第 6 节　利用民间管道，多方寻求支持

　　在向苏联"一边倒"的同时，我国政府也支持科学家和科学社团，利用各自的人脉和机遇，争取世界各国友好人士的广泛支持。1949 年 4 月，著名物理学家钱三强随郭沫若参加在巴黎举行的世界和平大会，临行前周恩来总理从当时国库仅有的 30 万美元中拨出 5 万美元外汇，请他趁出国时设法购买核仪器设备。在其老师法国著名核物理学家费莱德里克·约里奥教授的帮助下，钱三强购买了一批器材和图书。伊莱娜·居里还将亲手制作的 10 克含微量镭盐的标准源送给即将回国的杨承宗教授，作为对中国人民开展核科学研究的支持。费莱德里克·约里奥对他说："你回国后，请转告毛泽东主席，你们要反对原子弹，就必须拥有原子弹。"物理学家赵忠尧从美国带回的 20 箱器材，为我国的原子能研究所安装了第一台静电加速器（张建伟，邓琼琼，1996）。

第5章 新中国成立初期
——科技规划、科技政策与科技体制

第1节 科技规划制定

由政府通过规划、计划或工程的方式，组织和动员全社会资源开展科学研究，在 20 世纪以来科学技术日益成为国家体制的时代潮流中，基本上成为通行的惯例，在实行计划经济体制的社会主义国家更是如此。中国共产党十分重视科学规划的制定，先后领导、组织编制了《1956～1967 年科学技术发展远景规划纲要》（简称《十二年科技规划》）和《1963～1972 年科学技术规划》（简称《十年科技规划》）。由于《十年科技规划》因反右、"大跃进"和"文化大革命"系列政治运动而中止，这里重点讨论《十二年科学规划》。

一、《十二年科技规划》制定的背景

（一）面对世界科技迅猛发展所带来的紧迫感

1956 年 1 月 14 日，周恩来在中共中央召开的会议上代表党中央作了著名的《关于知识分子问题的报告》，这个报告的第四部分在党的文献中首次反映出中国共产党领袖的国际科技视野、清醒的头脑和赶超的雄心。重温这个报告对研究我国科技发展史实有必要："现代科学技术正在一日千里地突飞猛进。生产过程正在逐步地实现全盘机械化、全盘自动化和远距离操纵，从而使劳动生产率提高到空前未有的水平。各种高温、高压、高速和超高速的机器正在被设计和生产出来。陆上、水上和空中的运输机器的航程和速率日益提高，高速飞机已经超过音速。技术上的这些进步，要求各种具备新的特殊性能的材料，因而各种新的金属和合金材料，以及用化学方法人工合成的材料已在不断地生

产出来，以满足这些新的需要。各个生产部门的生产技术和工艺流程，正在日新月异地变革，保证了生产过程的进一步加速和强化，资源的有用成分的最充分利用，原材料的最大节约和产品质量的不断提高。科学技术新发展中的最高峰是原子能的利用。原子能给人类提供了无比强大的新的动力源泉，给科学的各个部门开辟了革新的远大前途。同时，由于电子学和其他科学的进步而产生的电子自动控制机器，已经可以开始有条件地代替一部分特定的脑力劳动，就像其他机器代替体力劳动一样，从而大大提高了自动化技术的水平。这些最新的成就，使人类面临着一个新的科学技术革命和工业革命的前夕。这个革命，正如布尔加宁同志所说过的，'就它的意义来说，远远超过蒸汽和电的出现而产生的工业革命'。我们必须赶上这个世界先进科学水平。我们要记着，当我们向前走的时候，别人也在继续迅速地前进。因此，我们必须在这个方面付出最紧张的劳动。只有掌握了最先进的科学，我们才能有巩固的团结，才能有强大的、先进的经济力量，才能有充分的条件同苏联以及其他人民民主国家在一起，在和平的竞赛中或者在敌人所发动的侵略战争中，战胜帝国主义国家。"（裴维藩，2006）

周总理为了中华的崛起殚精竭虑，深谋远虑。他太了解当时党内干部的科学意识和科学素质的状况了，所以在党的会议上作了空前的科普讲座。他急迫地呼吁："我国的科学文化力量目前是比苏联和其他世界大国小得多，同时在质量上也要低得多，这同我们六亿人口的社会主义大国的需要是很不相称的。我们必须奋起直追，力求尽可能迅速地扩大和提高我国的科学文化力量，而在不太长的时间里赶上世界先进水平。这是我们党和全国知识界、全国人民的一个伟大的战斗任务。"他代表党中央，庄严地发出了"向现代科学进军"的动员令，提出"在三个月内制订从一九五六年到一九六七年科学发展的远景计划"。

（二）面对经济和国防建设的需求感

《中国共产党历史（第二卷）》在总结朝鲜战争时指出："这场战争也使得党和国家领导人深感加快国家工业化和国防现代化建设的紧迫性。"随着国民经济的恢复，生产资料私有制社会主义改造的完成和第一个五年计划的实施，对发展科学技术的需求也日益迫切。薄一波同志回忆说："新中国成立之初，我们主要是进行国民经济的恢复和各项社会改革，科学技术的发展问题，知识分子问题，还没有来得及摆到突出的位置上。到 1955 年年初，毛主席提醒要重视这方面的工作，他说：'过去几年，其他事情很多，还来不及抓这件事。这件事总是要抓的。现在到时候了，该抓了。'在这年3月召开的党的全国代表会议上，他进一步明确指出：'我们进入了这样一个时期，就是我们现在所从事的、所思考的、所钻研的，是钻社会主义工业化，钻社会主义改造，钻现代化的国防，并且开始要钻原子能这样的历史新时期。'随着第一个五年计划经济建设项目的全面铺开，大批新建扩建工厂的陆续投产，旧有企业的技术改造，生产建设中越来越多地采用现代科学技术，我们越来越感到建设人才的匮乏和科学技术水平的落后，越来越感到这方面的矛盾很突出。"

毛泽东在知识分子问题会议上也讲了话，提出要进行技术革命、文化革命；要搞科学，要革愚昧和无知的命。搞这样的革命，单靠大老粗，没有知识分子是不行的。他要求在比较短的时间内造就大批的高级知识分子，同时要有更多的普通知识分子。他号召全党努力学习科学知识，同党外知识分子团结一致，为迅速赶上世界科学先进水平而奋斗。

二、《十二年科技规划》的主要内容

（一）指导思想和工作方针

1956年1月14日，周恩来在《关于知识分子问题的报告》中提出，"在制订这个远景计划的时候，必须按照可能和需要，把世界科学的最先进的成就尽可能迅速地介绍到我国的科学部门、国防部门、生产部门和教育部门中来，把我国科学界所最短缺而又是国家建设最急需的门类尽可能迅速地补充起来，使十二年后，我国这些门类的科学和技术水平可以接近苏联和其他世界大国。"1956年11月25日，毛泽东在最高国务会议上说："我国人民应该有一个远大的规划，要在几十年内，努力改变我国在经济上和文化上的落后状况，迅速达到世界上的先进水平。"后来，他在听取规划委员会负责同志汇报时，又指示说：我们要尽量瞄准当代世界的新兴科学和技术，采用世界的先进技术，不失时机地迎头赶上去；当然，根据我国国力有限的实际情况，我们在选择和确定科研项目上要重点发展，以避免力量分散。制定十二年科学发展规划由此确立了"重点发展，迎头赶上"的工作方针。

（二）《十二年科技规划》的主要内容和实施

《十二年科技规划》由《1956～1967年科学技术发展远景规划纲要（草案）》及其附件《57项重要科学技术任务》《对十二年规划的一些评价》组

成，共计 600 余万字，确定了 13 个领域的 57 项任务、616 个中心研究课题，其中重要任务 12 项，包括：原子能的和平利用；电子学领域的半导体、超高频技术、电子计算机、遥控技术；喷气技术；生产自动化和精密机械、仪器仪表；石油等紧缺矿物资源勘探；立足我国资源的合金系统的建立及新冶炼技术开发；综合利用燃料发展重有机合成；新型动力机械和大型机械；黄河、长江的综合开发利用；农业机械化、电气化、化学化（化肥和农药）；危害人民健康的几种主要疾病的防治和消灭；自然科学中若干重要的基本理论问题。军工方面拟定了武器装备发展规划，纳入了《十二年科技规划》的框架之内。为填补我国在若干急需的尖端科学领域里的空白，还制定了 1956 年 4 项紧急措施，即优先发展计算机、半导体、自动化、无线电、核能利用和喷气技术；开展同位素应用研究建立科技情报系统；建立国家计量基准，开展计量研究工作。此外，还部署了原子能和导弹研发两个重大项目。

据薄一波同志回忆，对这些重点项目的前 10 项，参与制定规划的同志们意见一致。而对后两个项目，少数同志认识不一致。对重大疾病防治问题，聂帅解释说："有几种疾病，如血吸虫病，严重地危害着几千万人民的生命和健康，不是件小事，应该是科学研究的一个重点问题。如果我们的医学科学不把解除亿万人民的疾病列为重点，那么我们的科学规划怎么能谈得上是造福人民的规划呢？"关于自然科学的基本理论问题，周总理提出，"如果我们不及时地加强对于长远需要和理论工作的注意，我们就要犯很大的错误。没有一定的理论科学的研究作基础，技术就不可能有根本性质的进步和革新。"两位领导的意见，博得了大家的赞赏和同意。

在《十二年科技规划》指导下，全国科研机构和学术团体进行了调整和组建，相应的科技服务保障体系（如图书情报、计量标准、仪器仪表、计算中心等）也逐步建立，同时，大力加强了人才培养。全国科研机构（不含国防科研系统，下同）由 1956 年的 381 个增加到 1962 年的 1 296 个，各主要学科和技术领域几乎都设置了新的研究机构。新从事研究工作的科技人员，从 1956 年的 6.2 万多人增加到 1962 年的近 20 万人，其中大学毕业的有 5.5 万人，副研究员以上的高级研究人员达到 2 800 人。1963 年国家对规划执行情况全面检查结果显示，绝大多数科研项目报告已完成并应用于生产建设，解决了第二个和第三个五年计划期间国家经济建设和国防建设中的重大科技问题。用 7 年的时间完成了十几年的工作量，填补了一批新兴学科的空白，大大缩小了同世界先进科学技术水平的差距，使我国科学技术事业发生了根本性的变化，为后续发展打下了坚实的基础。《十二年科技规划》的制定和实施在我国历史上具有十分重大的战略意义，是我国发展现代科学技术的里程碑。

（三）《十二年科技规划》制定的特点

第一，中央的高度重视和强有力的组织领导。党中央确定周总理亲自挂帅领导规划制定工作，政治局和书记处多次开会研究，国务院成立了由中国科学院和各部委负责人组成的科学规划 10 人小组，处理具体组织工作。毛泽东、刘少奇、周恩来、陈云、彭真等同志在怀仁堂专门听取吴有训、竺可桢、严济慈同志关于我国科技工作现状及其与世界先进水平差距的报告。1956 年 2 月 24 日，中央政府局会议批准成立国务院科学规划委员会，决定陈毅同志任主任，李富春、郭沫若、李四光和薄一波任副主任，张劲夫任秘书长，科学规划 10 人小组成员均为副秘书长。国务院和规划委员会多次召开会议，广泛听取各方面科学家、专家和有关部门的意见，充分开展讨论，逐步对制定规划的方针、原则、重点等取得共识，统一思想。中央调集了全国各地各领域的 600 多名科学家和专家，并聘请了 100 名苏联专家参与实际工作。1956 年 11 月，因陈毅同志调外交战线工作，遂任命聂荣臻同志为国务院副总理兼科学规划委员会主任，由于他一直主管国防工业的科研工作，这样就更能实现军民一体，统筹兼顾。经过半年紧张艰苦的工作，于 1956 年 12 月下旬完成了规划纲要的修正草案。中央立即将草案连同陈毅、李富春、聂荣臻同志联名起草的关于编制科学规划的工作报告转发各地、各部门，听取各方面的意见和反映。可以说，《十二年科技规划》的制定，是在党中央直接领导下，举全党之力、集全国之智的心血结晶，也是科学决策、民主决策的典范。

第二，虚心向苏联学习，争取苏联的大力援助。如前所述，《十二年科技规划》在酝酿、制定和完成阶段，都全程争取苏联的援助，接受苏联专家的指导，征求他们的意见和建议，因此，《十二年科技规划》也是 20 世纪 50 年代中苏友谊的硕果。

第三，坚持实事求是，重点目标的原则。在规划制定过程中，始终坚持一切从世界科技发展趋势的实际出发，选准突破阵地；一切从我国科技基础和资源实际出发，凝练优势项目；一切从经济建设和国防建设以及民生重大需求的实际出发，组织科学攻关，整个科技规划的重大科技任务锁定 6 个方面的重点目标。一是填补新兴技术领域空白，追赶世界先进水平方面，如原子核物理、原子核工程及同位素应用等；二是对我国自然条件和资源进行摸底排查，做到心中有数，如中国的自然区划与经济区划、重要矿产分布规律及其勘察方法研究，全国地震情况等；三是配合国家工业建设的有关项目，如石油及天然气生成、聚集、勘探及开采技术和基本有机合成及其工艺研究等；四是服务农业建设的有关项目，如土地资源和空地开发研究等；五是医疗保健方面的科研项目，如中医中药的科学基础研究、抗生素的研究等；六是基本理论问题研究，如蛋白质结构及功能、天体演化、地球内部构成及地壳演化研究等。

第四，十分重视人才培养。经初步测算，在《十二年科技规划》执行期，全国共需要大学以上学历的各类研究人员近 18 万人，其中高新技术研究人员约 5 万人。因此，在规划贯彻实施中，党和政府把放手培养人才放在了十分突出的位置，采取了集中调配充实科研机构，调整扩大高校专业和课程设置，发展中等专业教育、扩大中初级人才规模、适应建设急需，争取国外科学家回国，加派留学生等，尤其是于 1958 年 9 月 20 日创办了中国科技大学。它是向现代科学进军，实施《十二年科技规划》的时代宠儿。同时，从 1956 年开始，全国范围内开展了轰轰烈烈的群众性科技活动的热潮，为加强全社会科普工作，周总理亲笔为新创办的《知识就是力量》杂志题写刊名。彼时科技潮涌神州，新中国迎来了第一个科学的春天，尽管它比较短暂，却在那个年代的亲历者中留下了终生难忘的美好印象。

第五，形成了"以任务带学科"为主的发展模式。在规划制定方法的路径取向上，当时有两种意见，一种是按任务来规划，另一种是按学科来规划。最后，从我国实际国情出发统一思想，确定"以任务为经，以学科为纬，以任务带学科"作为主要方法来制定规划。有些老科学家担心这会使基础科学理论研究受到忽视和削弱，这一意见引起周总理高度重视，并指示在规划中增加一项按照学科规划的"现代自然科学中若干基本理论问题的研究"，体现了党中央重视老科学家意见，尊重科学技术发展规律的民主和科学的精神。

第六，正确处理我国科学技术发展中的若干关系。综上所述，可见《十二年科技规划》制定中正确处理了党的领导和群众路线的关系，应用研究和基础研究的关系，长远目标和现实需求的关系，统筹大局和重点突破的关系，两大建设（经济和国防）和重视民生的关系，科技发展和人才培养的关系，学习苏联和立足国情的关系等。历史已经证明，并将继续证明，《十二年科技规划》在中国科技史和中华人民共和国历史上具有十分重要的地位和作用，其历史经验直到今天仍未过时。

第2节　科技方针政策

应当承认，刚从战争硝烟中一路血战过来的中国共产党，对于如何领导现代科学技术发展是十分缺乏经验的。但是，善于学习，善于依靠科学家，善于争取苏联援助的中国共产党很快就掌握了新的本领，通过制定正确的方针政策，使新中国成立初期的科技事业出现了蓬勃向上、欣欣向荣的大好局面。

一、确立科技工作的战略地位，充分发挥科学家的积极性

1954年3月8日，党中央批准了《中国科学院党组关于目前科学院工作的基本情况和今后工作任务给中央的报告》，并作了长篇批示。中共中央的这个批示，是在进入大规模经济建设时期，党制定的第一个系统地阐明发展我国科学研究工作政策的基本文件。该文件有5个要点。

（1）阐明科学工作在国家建设中的战略地位。中共中央在批示中明确指出：要把我国建设成为生产高度发达、文化高度繁荣的社会主义国家，一定要有自然科学和社会科学的发展。在国家有计划的经济建设已经开始的时候，必须大力发展自然科学，以促进生产技术不断进步，并帮助全面了解和更有效地利用自然资源。我国科学基础薄弱，而科学研究干部的成长和科学研究经验的积累，都需要相当长的时期，必须发奋努力，奋起直追。

（2）强调团结科学家是党在科学工作中的重要政策。中共中央在批示中对我国科学家队伍进行了分析，结论是：绝大多数科学家都愿意接受党的领导，在科学工作中作出一番成绩贡献给国家。他们是国家和社会的宝贵财富，必须重视和尊敬他们，争取和团结一切科学家为人民服务。

（3）指出首要的任务在于发挥科学家在科学研究上的积极性。中央要求关心与帮助科学家的研究工作，为他们的研究工作创造良好的条件。

（4）强调要尊重和爱护科学家。中央强调对科学家进行思想教育是一项长期耐心的工作，必须在尊重他们的科学工作，发扬他们科学研究的积极性和不损伤他们自尊心的前提下进行。

（5）在青年科学工作人员和老科学家中积极慎重地发展党员。中央要求

科研部门党的基层组织应在科技人员中积极慎重地发展党员，以逐渐改变科研单位中党组织力量薄弱的状况。

二、肯定知识分子属工人阶级，大力号召向现代科学进军

周恩来在 1956 年 1 月 14 日代表党中央所作的《关于知识分子问题的报告》中，从社会主义建设的本质及其与科学技术的关系切入，在分析知识分子队伍现状的基础上，一连用四个"已经"明确宣布知识分子属工人阶级一部分，大力号召"向现代科学进军"。这是在党的历史和新中国科技发展史上，关于知识分子（含科技人员）政策的一个十分重要的讲话。

周总理指出："我们之所以要建设社会主义经济，归根结底，是为了最大限度地满足整个社会不断增长的物质和文化的需要，而为了达到这个目的，就必须不断地发展社会生产力，不断地提高劳动生产率，就必须在高度技术的基础上，使社会主义生产不断地增长，不断地改善。因此，在社会主义时代，比以前任何时代都更加需要充分地提高生产技术，更加需要充分地发展科学和利用科学知识。因此，我们要又多、又快、又好、又省地发展社会主义建设，除了必须依靠工人阶级和广大农民的积极劳动以外，还必须依靠知识分子的积极劳动，也就是说，必须依靠体力劳动和脑力劳动的合作，依靠工人、农民、知识分子的兄弟联盟。我们现在所进行的各项建设，正在越来越多地需要知识分子参加。"

在回顾了自 1939 年以来党对知识分子采取"团结、教育、改造"方针所取得的成效后，周总理明确宣布，"他们（指知识分子——作者注）中间的绝大部分已经成为国家工作人员，已经为社会主义服务，已经是工人阶级的一部分。在团结、教育、改造旧知识分子的同时，党又用了很大的力量来培养大量的新的知识分子，其中已经有相当数量的劳动阶级出身的知识分子。由于这一切，我国知识界的面貌在过去六年来发生了根本的变化"。周总理这"四个已经"的判断是实事求是的，也是符合马克思主义阶级分析方法的，因此，大快人心。他的报告，被知识界称作"像春雷般起了惊蛰作用"，使广大知识分子深受感动，党同知识分子的关系有了进一步改善，知识分子投身社会主义建设的积极性被调动起来，他们热烈响应党的"向现代科学进军"的伟大号召，决心为祖国人民建功立业。例如，青年数学家谷超豪表示，一定不辜负党所赋予的艰巨使命，在苏步青教授的指导下，发挥集体的力量，开辟新课题的研究。

周总理严正地指出：目前在知识分子问题上的主要倾向是宗派主义，但是同时也存在着麻痹迁就的倾向。前一种倾向是：低估了知识界在政治上和业务上的巨大进步，低估了他们在我国社会主义事业中的重大作用，不认识他们是工人阶级的一部分，认为反正生产依靠工人，技术依靠苏联专家，因而不认真执行党的知识分子政策，不认真研究和解决有关知识分子方面的问题，对于怎样充分地动员和发挥知识分子的力量，怎样进一步改造知识分子，扩大知识分子的队伍，提高知识分子的业务能力等迫切问题漠不关心。后一种倾向是：只看到知识界的进步而看不到他们的缺点，对他们过高地估计，不加区别地盲目信任，甚至对坏分子也不加警惕，因而不去对他们进行教育和改造工作，或者虽然看到他们的缺点，但是由于存在着各种不应有的顾虑，因而不敢对他们进行教育和改造工作。周总理分析说："知识分子的思想状态同他们的政治和社会地位的变化并不是完全相适应的。许多进步分子也还有不同程度的资产阶级唯心主义和个人主义思想作风，更不要说中间分子了。此外，有不少单位的知识分子，特别是其中比较落后的部分的变化很慢，也反映我们在他们中间做的工作很少。"但是，他认为："许多知识分子在我国伟大的社会主义改造和社会主义建设的事业面前，不能不日益受到强烈的影响，并且从中国的新生中看到全民族和他们自己的互相关联的命运。"周总理实事求是，鞭辟入里的深刻分析，闪耀着马克思主义真理的光辉，为加强和改善党对知识分子的领导，推动知识分子的思想进步，起到了巨大的推动作用。

为了落实"向现代科学进军"的政策保障，充分动员和发挥知识分子的力量，周总理提出：①改善对于知识分子的使用和安排，纠正对待人才的官僚主义、宗派主义和本位主义的错误，改变用非所学、用非所长的状况，以便把专门人才用在最需要的地方；②充分了解知识分子，给他们以应得的信任和支持，使他们能够积极地进行工作。对于知识分子的历史要有一个正确的估计和了解，以免一部分人由于"历史复杂"而受到长时期的不应有的怀疑。对党外知识分子，应该让他们有职有权，应该尊重他们的意见，应该重视他们的业务研究和工作成果，应该提倡和发扬在社会主义建设中的学术讨论，应该使他们的创造和发明能够得到试验和推广的机会；③给知识分子以必要的工作条件和适当的待遇，必须坚决贯彻实现保证他们至少有 5/6 的工作日用在自己的业务上，为他们解决图书资料、工作设备及助手配备等问题；④政治上、生活上关心知识分子，积极吸收符合党员条件的知识分子入党，改善他们的生活条件，调整工资，修改制定合理的升级制度，以及学位学衔、荣誉称号、发明创造和优秀著作奖励等制度。这些思路和办法，不仅在当时起到了巨大的轰动效应，而且为后来我国科技政策体系的建立和完善奠定了很好的基础。

依据周总理的报告和毛主席的讲话，中央政治局于 1956 年 2 月 24 日举行会议，制定了《中共中央关于知识分子问题的指示》文件，向全国传达。由于全党的努力和重视，到 1960 年，全国科研经费支出比 1952 年增长了近 60 倍，全国全民所有制单位的科技人员达到 196.9 万人，比 1952 年增长了 3.6 倍，平均每万名人口中的科技人员增加到 30 名，比 1952 年增长了 3 倍。

时光悄然逝去半个多世纪，一批老干部关怀、爱护、支持和帮助知识分子（科技专家）的史实仍在民间传为美谈。2011 年 6 月 27 日，《北京日报》第 19 版刊载了魏潾所写以《既要承认两万五，也要承认十年寒窗苦》为题的文章，讲述陈赓大将在哈尔滨军事工程学院执行党的知识分子政策的感人事迹。

1950 年 6 月，党中央、中央军委调陈赓回国到哈尔滨筹建军事工程学院，并任首任院长。他对当时旧社会过来的知识分子礼诚相待，谦恭有加，很快就使哈尔滨军事工程学院汇聚了一大批国内一流的专家学者。从不请客吃饭的陈赓，却专请老教授。他经常要求哈尔滨军事工程学院各部门对知识分子以诚相待，不要把他们当外人。他自己从来都不以领导自居，和知识分子平等相处，推心置腹，亲如手足。1957 年反右时，陈赓提出，哈尔滨军事工程学院的专家教授在政治上是好的，是拥护党拥护社会主义的，由于思想认识跟不上而发表错误言论的，能不划右派就不划。

有些老干部对陈赓重用知识分子想不通，有抵触情绪。陈赓对老干部们说："你戴过八角帽，他戴过四角帽（指博士帽），我们既要承认两万五，也要承认十年寒窗苦；你是老资格，他在科学技术上奋斗了几十年，也是老资格。""老资格光荣，做好知识分子工作就更光荣。"陈赓坚定地说："要办好军事工程学院，首先要依靠老教师，不能光靠两万五。"家庭出身和社会关系是老干部们向知识分子发难的"重磅炮弹"。陈赓却轻描淡写地说："老教师们有海外关系是免不了的，不必大惊小怪。"他提出要看到老教师们追求进步，向共产党靠拢的一面。

正因为对知识分子以诚相待，充分尊重，陈赓赢得了知识分子的信任，为我国国防现代化培养了一大批优秀人才。

三、实行"双百"发展进步方针，促进科学学术思想解放

新中国成立后头几年，在政治上推行向苏联"一边倒"，科学技术上全面向苏联学习的情况下，也出现了将学术问题政治化、学术思想标签化的不良现象。这既有受苏联在学术批评中粗暴作风和教条主义的外因，也有对中国知识分子不信任的宗派主义内因。当时，较为典型的是"胡先骕事件"和"谈家桢事件"。

胡先骕，字步曾，中国植物分类学奠基人。1922 年，同我国生物学先驱秉志先生共同创办了中国首个生物学研究机构——中国科学社生物研究所，1928 年又同秉志一起创办了静生生物调查所，并从 1932～1949 年任该所所长。他是原中央研究院院士，曾以其名望，对呼吁傅作义和平接受改编、保全北平和平作出过重大贡献。这样一位学术泰斗、爱国进步的著名科学家，就因为与苏联李森科的学术观点不同，在当时受到批判，未能进入中国科学院学部。

谈家桢是我国著名的遗传学家。20 世纪 30 年代，他在美国著名的加州理工大学留学，是著名的遗传学泰斗摩尔根的得意门生。他关于遗传基因一系列具有前卫意义的发现——亚洲色斑变异遗传的镶嵌性现象，为创设现代综合进化理论作出了重大贡献，引起了国际遗传学界的巨大反响。1937 年回国后，他成为中国遗传学界细胞遗传学的开山宗师，被尊为"中国的摩尔根"，后当选为美国科学院院士、意大利国家科学院院士、第三世界科学院院士。1950 年年初，苏联科学院遗传学研究所副所长努日金来华宣扬"米丘林—李森科"关于生物体与其生活条件相统一和获得性可遗传的学说，这本无可厚非。但在来华后的 76 次演讲和 28 次座谈会中，他在总计约 10 万听众的面前贬抑摩尔根学派，并为其贴上"资产阶级唯心主义"的耸人标签。努日金到上海后，指名要与谈家桢讨论"新旧遗传学"问题，结果理屈词穷，因为恰恰是摩尔根发现了遗传的物质基础，是不折不扣的唯物主义。尽管如此，那些视苏联为主子，将学术等同于政治的"革命同志"，却断然取消了摩尔根学派在大学和研究机构的讲授和研究工作，谈家桢等摩尔根学派的专家一次次地接受批判，一次次地被责令检查，在学术界造成了极为恶劣的影响。这种非科学、非民主的做法连当时担任中共中央宣传部部长的陆定一都看不下去了。1956 年 2 月，他走进毛泽东的居所祈年堂，向毛泽东进言："有一位老同志，在苏联学了米

丘林的遗传学回国，在中国科学院负责遗传选种实验室工作。他跟我谈话，说摩尔根学派是唯心主义的，因为摩尔根学派主张到细胞里去找'基因'。不但如此，请他编中学的生物教科书，他不写'细胞'一课（后来补写了）。我对遗传学是外行，但已看出他的门户之见了。我问他，物理学、化学找到了物质的原子，后来又分裂了原子，寻找出更小的粒子，难道这也是唯心主义的吗？马克思的哲学认为，物质可以无限分割，摩尔根学派分析细胞，特别是染色体的内含物质，找出脱氧核糖核酸（DNA），这是很大的进步，是唯物主义，不是唯心主义。苏联认米丘林学派为学术权威，不允许摩尔根学派的存在和发展，我们不要这样做。应该让摩尔根学派存在和工作，让两派平起平坐，各自拿出成绩来，在竞争中证明究竟哪一派是正确的。这个同志很好，他照办了，因而我国的遗传学研究就有了成绩，超过了苏联。"❶

　　除了生物学界外，在医药卫生界，批评"中医是封建医"、"西医是资本主义医"的现象也甚嚣尘上，这显然不利于科学技术事业的健康发展。有鉴于此，1956 年 4 月 28 日，在中共中央政治局扩大会议上，毛泽东明确指出："百花齐放，百家争鸣，我看应该成为我们的方针。艺术问题上百花齐放，学术问题上百家争鸣。讲学术，这种学术可以，那种学术也可以。不要拿一种学术压倒一切，你如果是真理，信的人势必众多。"

　　1956 年 5 月 2 日，毛泽东在最高国务第七次会议上作了《十大关系报告》，正式宣布："艺术方面的百花齐放的方针，学术方面的百家争鸣的方针，是有必要的。"他在解释"双百"方针的内容时指出："百花齐放，百家争鸣"是促进艺术发展和科学进步的方针，是促进中国社会主义文化繁荣的方针。艺术上不同形式的风格可以自由发展，科学上不同学派可以自由争论。利用行政力量，强行推行一种风格、一种学派，禁止另一种风格、另一种学派，会有害于艺术和科学的发展。艺术和科学中的是非问题，应当通过艺术界、科学界自由讨论去解决，通过艺术和科学的实践去解决。

　　1956 年 8 月，在我国当代科学史上具有标志性意义的青岛遗传学会议随之召开。会前的一天下午，时任中国科学院副院长的竺可桢走进了北京石驸马大街 83 号，看望胡先骕先生，说："去年 10 月的批评有过火处，所以学部于今年 8 月 10 日至 25 日将在青岛讨论，望您参加。"胡先骕先生应邀赴会，并

---

❶　http：//baike. baidu. com/.

发言 11 次。谈家桢于 1957 年 4 月 11 日在《人民日报》发表文章《我对遗传学中进行百家争鸣的看法》，记述了当时会议的一些情况："青岛的遗传学会会议显然是本着这种精神（指'双百'精神——作者注）召开的，会议开始的时候，有些摩尔根学派的学者，由于对政策的转变不够了解，抱有顾虑，带着情绪，吞吞吐吐，不敢直谈。经过主持会议的党的领导同志一再说明'百家争鸣，百花齐放'的方针，强调学术问题与政治问题的不同性质，并批评过去对待摩尔根学派的粗暴方式，特别声明应该把过去放在他们头上的一大堆连锁反应式的帽子摘去。这样才鼓舞了大家争鸣的勇气，各人提出自己的见解和论证，打破了过去这门科学里的沉闷气氛。"

谈家桢被指定为会议七人领导小组成员之一，在会上就"遗传的物质基础"、"遗传与环境之间的关系"、"遗传物质的性状表现"和"关于物种形成与遗传机制"畅所欲言。会议结束前的一个聚会上，他开怀痛饮，酩酊大醉，自喻为"翻身后的喜悦"。有人又看不惯了，十分生气地跑到陆定一面前告了一状。陆定一看了一眼来人，对其"义愤"表示惊讶："你们骂了人家那么多年，还不许人家骂你们几句?"

毛泽东于 1957 年 3 月、1957 年夏天、1958 年年初和 1959 年 10 周年国庆时，四次接见谈家桢，鼓励他一定要把遗传学研究搞起来，要坚持真理，不要怕。在毛泽东的关怀和上海市委的支持下，谈家桢不仅在复旦大学重新开课，而且于 1959 年年底建立遗传研究室，1961 年年底又扩大为遗传研究所，所内设置了 3 个研究室。按照国家科学规划，在辐射遗传、医学遗传和分子病、微生物生化遗传方面开展了系统研究，到 1965 年仅 4 年时间，共发表科学论文50 余篇，出版专著、译著和学术讨论会文集 16 种。

在"双百"方针的指引下，在陆定一代表党中央所承诺的在科学研究工作中"有独立思考的自由，有辩论的自由，有创作和批评的自由，有发表自己的意见、坚持自己的意见和保留自己意见的自由"政策的感染下，我国科学事业空前活跃与繁荣，科学家们的心情也十分舒畅，全社会"向现代科学进军"的热情也分外高涨。只可惜好景不长，1957 年春夏开展的反右派斗争又使科学界甚至全社会噤若寒蝉。

四、制定《科学工作十四条》，为知识分子脱帽加冕

1957 年反右斗争扩大化，1958 年"大跃进"中的盲动，1960 年中苏关系

破裂，合作协作中止，苏联专家撤退，尤其是整个知识阶层被扣上"资产阶级知识分子"的帽子。接二连三的政治运动的冲击，使整个科技界人气低迷，士气不振，中国的科技事业陷入内外交困之中。这一切使当时主管科技工作的聂荣臻忧心如焚。这位青年时代即赴法国、比利时和苏联留学，同时学习马克思主义、科技和军事的无产阶级革命家，与周恩来、陈毅一样，一贯爱护知识分子，理解知识分子。他认为，已经到了系统调整科研政策和知识分子政策的时候了。此时，毛泽东也意识到问题的严重性，重新号召大兴调查研究之风，"搞一个实事求是年"。通过全国性的了解和深入调查，在广泛听取知识分子意见后，1961 年，聂荣臻向中央正式提出解决科技战线一系列问题的重要意见。这就是《关于自然科学研究机构当前工作十四条的意见草案》（简称《科学工作十四条》），当时被邓小平称为"科学工作的宪法"。

为了让今天的读者真正地了解当年的情景，笔者认为有必要转引《聂荣臻传》的有关内容。

1960 年冬天，聂荣臻组织了对科技战线的较大范围的调查研究，调查首先从导弹研究所开始。

这里的科技人员，反映了许多在今天看来可笑，而在那个年代确实存在的问题。导弹研究院就在国宾馆附近。于是，很多的迎宾任务就落到了科学家们的身上。这些从事 20 世纪尖端研究的导弹专家们，不得不打着小纸旗，站在北京的街头，去欢迎外宾。

在当时，各种运动很多，北京每年要进行机关整顿，一次就要学习几个星期，这已经成为惯例。科技人员用于专业研究工作的时间，还不到二分之一。知识分子对这些很有意见。（《聂荣臻传》编写组，2006）

《科学工作十四条》先后修改数十次，吸纳了广大科学工作者的意见和建议，其主要内容如下：一、研究机构的根本任务是"出成果，出人才"；二、从科研方向、任务、人员、设备、制度五个方面，保持科学研究工作的相对稳定；三、正确贯彻理论联系实际的原则；四、要从实际出发，制订和检查科学工作计划；五、科技人员在工作中要发扬敢想、敢说、敢干的精神，同时坚持科学工作的严肃性、严格性、严密性；六、保证科技人员每周有 5 天时间搞科研工作；七、采取措施，着重培养青年科技人员，对有突出成就的科学家和优秀科技人员，要重点支持，重点培养；八、科研部门要与生产单位、高等院校加强协作和交流，共同促进科技进步；九、勤俭办科学，力求最有效地使用人力、物力，产生更多、更好的科学成果；十、科学工作中提倡自由辩论，不戴帽子，允许保留意见，坚决贯彻"百花齐放，百家争鸣"的方针；十一、知识分子初步"红"的标准是，拥护中国共产党的领导，拥护社会主义，用自己的专门知识为社会主义服务，并强调"红"与"专"要统一；十二、要根据知识分子的特点进行细致的思想政治工作，各级政工和行政干部要强调为知识分子服务；十三、领导干部要大兴调查研究之风，逐步由外行变为内行；十四、科研单位要在党委领导下，贯彻由科技专家负责的技术责任制，基层党组织只起保证作用。

聂荣臻在讨论研究中反复强调，这十四条意见最主要的是：科研机构的任务；知识分子"红"的标准及"红"与"专"的关系；党如何领导科研工作。《科学工作十四条》上报中央前，他又请陆定一、郭沫若、张际春、周扬、徐冰、龚子荣等帮助修改。6月20日，聂荣臻向中共中央和毛泽东主席写了《关于当前自然科学工作中若干问题的请示报告》，后附国家科委党组、中国科学院党组《关于自然科学研究机构当前工作中的十四条意见（草案）》。

聂荣臻在《关于当前自然科学工作中若干问题的请示报告》中提出当前科研机构中存在的突出问题是：①对知识分子政治上的进步和他们在社会主义建设中的作用估计不足，执行党的知识分子政策和科学工作政策不够全面，有些政策界线划得不够清楚，影响了一部分人的积极性、主动性；②不少研究工作中有浮夸风，工作做得不够严格，不够踏实，加上研究时间没有得到切实保证，研究任务变动过多，真正拿到手的重要成果还不多，科技干部的成长也受到一定的影响；③有些研究机构中的党组织对行政工作和业务工作管得太多，发扬民主不够，有些工作没有适应科学研究的特点来进行，有瞎指挥的现象。

此外，他提出在七个重要问题上，许多人有糊涂认识，应该予以澄清和作出必要的政策规定。这七个问题是：①关于"红"与"专"的问题；②贯彻"百花齐放、百家争鸣"繁荣科学的方针问题；③理论联系实际的问题；④培养、使用科学人才的问题；⑤科学工作的保密问题；⑥保证科研时间的问题；⑦研究机构内党的领导方法问题。

1961年7月19日，中央将《关于自然科学中若干政策问题的请示报告》以中发〔61〕505号文件正式下发。在这个文件上中央作了批示，认为请示报告中提出的各项政策规定和具体措施是正确的，在自然科学工作中必须坚决贯彻执行，同时，这个文件的精神对一切有知识分子工作的部门和单位，也都是适当的。

《科学工作十四条》在调整党与知识分子的关系，科技工作和经济及国防建设的关系，政治与业务的关系中的积极作用是十分显著的，但它没有解开广大知识分子最根本的心结——阶级属性问题。

1962 年 2 月 16 日，经中共中央批准，由聂荣臻主持的全国科学技术工作会议在广州召开。会议开始的本意是借助《科学工作十四条》贯彻后的东风，制定一个新的科学规划，与会的全国各领域的代表共 453 名，科学家代表有 310 人，其中有近 200 名是中国科学院学部委员。参加会议的科学家在 7 000 人大会的精神鼓舞下，对几年来知识分子工作中若干"左"的偏向提出不少批评意见。中国科学院的一位科学家曾直言不讳地对知识分子头顶上还戴着"资产阶级"的帽子有了强烈的异议。有人反映："一提知识分子就是资产阶级的，叫做资产阶级知识分子，这顶帽子总使我们感到低人一头，连子女也因此受到歧视。从没有听人提谁是无产阶级知识分子。"还有人说："地主劳动三年，可以改变成分，为什么我们干了十几年，还不能改变，还叫我们资产阶级知识分子？"这些意见引起了强烈反响和共鸣。聂荣臻听了这些反映后认为，既然知识分子如此关心他们的阶级属性问题，看来还有许多心里话要说。他找韩光、范长江、张劲夫等商量，把会期适当延长一些，除了讨论新的科学规划以外，索性多听听科学家们的意见，进一步做好知识分子的思想工作。他的想法得到了大家的同意。所以，广州会议的会期比原计划延长了十多天，一共开了 25 天。

周总理在北京了解到会议所反映的情况。2 月下旬，他与中央政治局委员、国务院副总理陈毅专程到广州，同这两个会议（即国家科委召开的全国科学工作会议，文化部、全国剧协召开的全国话剧、歌剧和轻喜剧创作座谈会——作者注）的代表见面，进一步听取汇报。主持全国科学工作会议的聂荣臻向周恩来报告了他同一些科学家谈心的情况，科学家们对"资产阶级知识分子"的提法顾虑重重。周恩来当即明确肯定，知识分子当然是人民的知识分子。他召集陶铸、聂荣臻及有关方面负责人开会，着重研究知识分子的阶级属性问题。会上取得一致意见，认为不应再用"资产阶级知识分子"的提法。

3 月 2 日，周恩来对两个会议的代表发表《论知识分子问题》的讲话。他在讲话中回顾了中国现代知识分子的成长过程及党对知识分子历来的正确估计和认识，毅然从实质上恢复了 1956 年知识分子问题会议上党对我国知识分子阶级状况所作的基本估计。在如何团结知识分子的问题上，周恩来指出，要信任帮助他们，改善同他们的关系，承认过去在这方面有错误，并且要改正错误。他指出："不论是在解放前还是在解放后，我们历来都把知识分子放在革命联盟内，算在人民的队伍当中。"在社会主义制度下，一方面旧的知识分子得到了改造；另一方面又培养出了新的知识分子，两者结成社会主义的知识界。陈毅也对两个会议的代表讲话。他特别强调，经过几年的考验，尤其是这几年严重困难的考验，证明我国知识分子是爱国的，相信共产党的，跟党和人民同甘共苦的。8年、10年、12年，如果还不能鉴别一个人，那共产党也太没有眼光了。陈毅还指出："科学家是我们的国宝！真正有几个能替我们解决问题的人，一个抵几百个！共产党不尊重文化，共产党不尊重知识，共产党不尊重科学这类话，不晓得是马克思讲过，是恩格斯讲过，还是列宁讲过，毛主席讲过？谁也没有讲过这个话。"陈毅率直地表示：不能够经过12年改造、考验，还把资产阶级知识分子这顶帽子戴在所有知识分子头上。他宣布给广大知识分子"脱帽加冕"，即脱"资产阶级知识分子"之帽，加"劳动人民知识分子"之冕。陈毅的讲话事先与周恩来商量过，基本内容得到周恩来的同意。周恩来和陈毅的讲话在会议上产生强烈反响，许多人潸然泪下。有些老学者还动情地说，过去认为自己是资产阶级知识分子，觉得自己是被改造的，始终是做客的思想，积极性没有发挥出来；如今得到一个光荣的称号，是劳动人民了，对这一点特别高兴，只要有这些感觉，精神就活跃起来了。

3月27日，周恩来在第二届全国人民代表大会第三次会议上作政府工作报告，郑重地向全国人民重申："知识分子中的绝大多数，都是积极地为社会主义服务，接受中国共产党的领导，并且愿意继续进行自我改造的。毫无疑问，他们是属于劳动人民的知识分子。我们应该信任他们，关心他们，使他们很好地为社会主义服务。如果还把他们看作资产阶级知识分子，显然是不对的。"政府工作报告是经过中央政治局讨论同意的，又由全国人民代表大会通过，因而关于知识分子阶级属性的这一结论，是党和政府的正式意见。❶

1962年的春天，对广大知识分子来说是难忘的。自反右运动以来，他们还未曾有过这样振奋的精神状态。他们感到"帽子脱掉了，责任加重了"，从

---

❶ 中共中央研究室编. 中国共产党历史第二卷（1949~1978）[M]. 中共党史出版社，2001.

而以极大热情投身于社会主义建设事业。聂荣臻后来回忆说："当时普遍生活困难，但大家还是干劲十足，中国科学院、国防部五院、二机部九院等许多科研单位，晚上灯火通明，图书馆通宵开放，一片热气腾腾，我国真正出现了科学的春天。"在中共中央科学小组领导下，国家科委开始着手制定中国第二个科学技术发展远景规划，即《1963～1972 年科学技术发展规划》，直接参加制定这个规划的科学技术专家约有 1 万人。1963 年 12 月 2 日，中共中央、国务院正式批准这个规划。这个规划的总要求是：动员和组织全国科学技术力量，自力更生地解决中国社会主义建设中的关键科学技术问题，迅速壮大又红又专的科学技术队伍，在重要和急需方面，掌握 60 年代的科学技术，接近和赶上世界先进水平。

但是，党中央对知识分子问题上的"左"倾观点未能作出彻底清理。周恩来、陈毅在广州会议上关于知识分子问题的讲话，在党中央内部有少数人有不同意见甚至明确反对。这是后来党对知识分子以及对文化、教育政策再次出现大反复的一个原因。

植物细胞学家郑国锠院士时任兰州大学生物学教授、系主任，参加了广州会议。他回忆说："我将陈毅副总理的报告记得特别详细，准备回校后传达，让全校教师也高兴高兴。可是当会议即将闭幕时，却被通知不能将陈毅副总理讲话的内容回去传达。当时大家心里很纳闷，不知是什么原因。是年 9 月在中共八届十中全会上，毛主席号召'千万不要忘记阶级斗争'，断言在整个社会主义历史阶段资产阶级都将存在和企图复辟。1964 年我被选参加第三届全国人代会。《政府工作报告》中有一节'文化革命和知识分子问题'讲道：文化革命的重要方面是知识分子队伍的社会主义改造。由于他们的世界观没有改造或没有彻底改造，所以他们还不能全心全意为工农兵、为社会主义服务，一遇风浪就发生动摇。在文化革命的洪流中，所有的知识分子都不能放松自己的改造。了解到这些情况后才恍然大悟，为什么当时不要我们传达广州会议的精神了。"（裴维藩，2006）

薄一波在谈到新中国成立后，为什么我们党在对待知识分子政策问题上曾经发生多次摇摆时认为，一是新中国成立后的长时间内，党没有把解决好知识分子问题提高到"安邦治国"的高度来认识，对知识分子的重要地位和作用认识不足；二是在对知识分子使用的问题上思路太窄；三是过去的多次政治运动对知识分子的积极性挫伤太大（薄一波，1991）。

可以说，在对待脑力劳动是否也创造价值，甚至创造更大价值，即科技工作者代表潜在先进生产力这一历史唯物主义的基本问题上，当时未给予正确的回答；对于1956年美国白领工人首次超过蓝领工人（陈建新，赵玉林，关前，1994）、人类社会开始向知识经济社会前进的时代潮流未予关注；当时中共高层并不缺像周恩来、邓小平、陈毅、聂荣臻这样的明白人，但是某些领导人一意孤行，使中国的科技事业受到了很大的破坏和损失。仅就23位"两弹一星"元勋而言，在"文化大革命"中赵九章被"造反派"逼迫自杀，周总理闻讯泪流满面（张建伟，邓琮琮，1996）。姚桐斌惨死在暴徒的铁棍下，时年不到46岁，周总理得知后十分震惊，手中的茶杯掉在地上（宋健，2001）。若不是周总理针对这种情况及时采取有力措施保护科学家，后果更不堪设想。

第3节　科技管理体制

一、三足鼎立的国家科技管理体制

新中国成立后月余，中国科学院即于1949年11月1日正式成立。鉴于当时形势，在成立之初曾被赋予管理协调全国科研机构职能。1955年，全国科学研究机构已发展至840多个。

为适应科学技术事业大规模发展的形势，应制定《十二年科技规划》之需，1956年2月24日成立了国务院科学规划委员会，由陈毅任主任，薄一波、李富春、郭沫若、李四光任副主任，张劲夫任秘书长，范长江等12人任副秘书长；委员由35人组成，绝大部分为著名科学家，包括严济慈、茅以升、钱三强、童第周、钱学森等。1956年11月，陈毅调外交部工作后，聂荣臻继任。1956年9月，为适应工业技术改造和革新的要求，成立了国家技术委员会，由黄敬任主任，韩光、刘西尧、张有萱任副主任。

1958年11月23日，中央根据聂荣臻的建议，将科学规划委员会同国家技术委员会合并，组成了专门领导全国科学技术研究工作的政府职能机构——国家科学技术委员会，并任命聂荣臻为主任，韩光为常务副主任，刘西尧等4人为副主任。

鉴于国防科技工作的特殊性与保密性，为了整合力量，加强领导，统一协调，1958 年 10 月，根据聂荣臻的建议，将负责领导导弹航空科学研究工作的航空工业委员会和由航委和装备计划科研处（负责我军常规武器研制工作）组成的国防部五院，正式合并为国防部国防科学技术委员会，由聂荣臻兼任主任，陈赓等 4 人为副主任。

这样，就形成了目标和任务各有侧重，由国家科委、国防科工委和中国科学院组成的三足鼎立的国家科技管理体制。它们统一在党的领导之下，既有分工，也有合作。1958 年 6 月 10 日，中共中央通知，为了加强党的一元化领导，决定成立直属中央政治局的财经、政法、外事、科学、文教五个小组。聂荣臻任中央科学小组组长，组员有宋任穷、王鹤寿、韩光、张劲夫、于光远。

聂荣臻为新中国科技事业的发展作出了巨大的贡献。他参与领导制定《十二年科技规划》，主持"两弹"攻关，负责《科学工作十四条》的制定，主持和组织了广州会议等一批在新中国科技发展史上具有里程碑意义的工作。他关心和保护知识分子，是科学家心中的贴心人。弥留之际，他还殷殷寄语全国科技工作者"牢记科技兴国的重任，努力攀登世界高科技的崇山峻岭，为国争光，为人类进步作贡献！"

历史不会忘记，1962 年 5 月 21 日，"东风二号"导弹第一次发射试验失败时，主持研试工作的钱学森并不在现场。第二天，他紧急赶赴基地调查事故原因，作为五院的领导，钱学森感受到巨大压力，也受到了来自方方面面的怀疑、非议和指责。时任聂荣臻秘书的柳鸣回忆说，有人指责钱学森说，你单独搞这个东西，好像没有和工业部门结合在一起，这不对；有人写文章，批这是分散主义；有人还说这是从研究到设计，从图纸到资料，纸上谈兵；还有人说你这个有出息的科学家，应该到生产第一线去。钱学森怀着沉痛的心情回到北京，向聂荣臻汇报，并检讨说："聂老总，我们没干好，对不起啊，我们没干好。"聂老总站起来，走到钱学森的跟前，说："不要紧，这次没搞好，下次会搞好。真金不怕火炼，不要怕失败！"关键时刻，聂荣臻站到钱学森的前面，替他挡住了种种指责，树立了钱学森的威信。聂总给院里做工作，说："钱学森是科学家，他不是工程师，不是解决哪个技术问题。你要看他定的方向、趋势，不能拿他当一般的工程师去使用。"经历了"东风二号"首次发射的失败后，聂荣臻反而给了钱学森更多的信任、更多的保护，即使批判他走的是专家路线也毫不动摇。在聂荣臻的关怀下，钱学森放下思想包袱，全身心地投入"东风二号"研制中。为了让先进的理论真正指导具体实践，在"东风二号"试验的时候，聂荣臻规定，如果在发射上基地司令员与钱学森意见不一致时，以钱学森为主。1964 年 6 月，"东风二号"导弹准确击中了 1 000 千米之外的目标。正在发射现场的解放军副总参谋长张爱萍激动地和钱学森握手拥抱，高呼"科学万岁"、"科学家万岁"。现场的科技人员和解放军指战员热泪盈眶。钱学森一辈子牢记这件事，他说："老总（聂荣臻）真伟大！"（中央电视台，2010）

现代科技的发展史是由领导者、管理者、企业家、科学家与工程师及广大工农兵共同书写的。正如"两弹一星"周光召院士所言，在参与"两弹一星"研制和发射等全部工作的 10 万大军中，他只是 10 万分之一。这当然是谦虚，因为 10 万人的贡献权重是不一样的，但周光召院士所言却说明了很重要的一点，那就是，现代科学技术的发展固然要以科学家为主体，但领导者、管理者、企业家、工农兵一个都不能少！

二、两会合一的科学群团管理体制

随着形势的发展，1958 年 9 月，中华全国自然科学专门学会联合会与中华全国科学技术普及协会合并，组建了中华人民共和国科学技术协会（简称中国科协），属党中央宣传部领导，负责管理全国性的专业学会和群众性科学普及、技术革新工作，成为党和政府联系广大科技工作者的桥梁和纽带，被誉为"科技工作者之家"，是国家推动科技事业发展的重要力量。第一届全委会选举李四光为主席，梁希、侯德榜、竺可桢、吴有训、丁西林、茅以升、方毅、范长江、丁颖、黄家驷 10 人为副主席，选举严济慈、陈继祖、周培源、涂长望、夏康农、聂春荣为书记处书记。

三、上下对口的地方科技管理体制

随着中央科技管理机构的建立和完善，各省、直辖市、自治区以及其下属的地、市、县根据自身需要和条件，先后成立了省、直辖市、自治区级科委以及地市县科委。有些专业性厅局级单位还内设了科技处。各省、直辖市、自治区科委受同级政府委托，负责管理本辖区科学技术工作，对上接受国家科委业务指导。由此，在中华民族文明史以及中华民族政治史上开启了全新的篇章。新中国上下纵横科技管理体系的形成，标志着科学技术工作已成为经济建设和社会发展不可或缺的重要有机组成部分。

图 5-1 显示了新中国成立初期我国的科技管理体制。

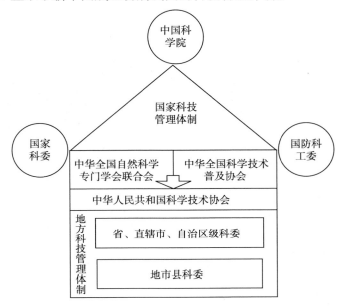

图 5-1　新中国成立初期我国的科技管理体制

第6章　新中国成立初期
——白手起家，成就斐然

1949~1965 年，我国在科学技术事业上取得了巨大成就。其中有代表性的成就如下。

第1节　新中国成立初期的主要成就

一、新中国成立早期基础科学研究的主要成就

1949 年，张文裕在美国普林斯顿大学工作期间，发现了带负电荷的慢 μ 介子，在与原子核作用时，会产生 μ 介子－原子，并产生电辐射。因此，μ 介子被命名为"张原子"，它的辐射线被命名为"张辐射"。

周培源在原有研究的基础上，开创了理论力学的研究。20 世纪 50 年代，他利用一个比较简单的轴对称涡旋模型作为湍流元的物理图像来说明均匀各向同性的湍流运动，又进一步用"准相似性"概念将衰变初期和后期的相似条件统一为一个确定解的物理条件，并为实验所证实，从而在国际上第一次由实验确定了从衰变初期到后期的湍流能量衰变规律和泰勒湍流微尺度扩散规律的理论结果。

吴仲华创立了叶轮机械三元流动理论。1954 年 8 月 1 日，吴仲华回国后在清华大学动力机械系开办了新中国第一个燃气轮机专业，为祖国培养了大批优秀人才。

黄昆是我国固体物理学先驱和半导体技术的奠基人。他于 1951 年创立了极化激光理论，提出黄昆方程，在国际上首次提出了光子与横光学声子相互耦合形成新的元激发——极化激元，并为实验所证实。他的名字是与多声子跃迁

理论、X 光漫散射理论、晶格振动长波唯象方程、半导体超晶格光学声子模型联系在一起的，是我国凝聚态物理的学科带头人，为国家培养了一大批物理学家和半导体技术专家。

二、新中国成立早期尖端技术研究的主要成就

1952 年 10 ~ 11 月，由王淦昌与肖健共同领导，在海拔 3 185 米处的云南落雪山筹建我国第一个高山宇宙线实验室，先后安装了赵忠尧从美国带回来的多板云室和自行设计建造的磁云室（1954 年建成），开创了我国观察宇宙线与物质相互作用的先河。

1952 年，华罗庚从清华大学电机系邀请闵乃大、夏培肃和王传英到其任所长的中国科学院数学所内建立了我国第一个电子计算机科研小组，并于 1956 年主持筹建中科院计算技术研究所。

1954 年 7 月 11 日，我国第一种自行制造的初级教练机"初教 – 5"试飞成功，其原型为苏联雅克 – 18 教练机。该机机身由合金钢管焊接成骨架，呈构架式机身骨架。发动机选用工作可靠、使用方便的 M – 11FP5 缸气冷式活塞发动机。纵列式密封座舱具有良好的视野。机上装有无线电收报机和机内通话设备。

第 2 节　实施《十二年科技规划》的主要成就

一、基础科学研究全面发展

（1）华罗庚的多元复变函数论。华罗庚是我国解析数论、典型群、矩阵几何学、自守函数论与多复变函数论等多方面研究的创始人，也是我国进入世界著名数学家行列的优秀代表。以复数作为自变量的函数被称为复变函数，华罗庚对多元复变函数的研究始于 20 世纪 40 年代。

（2）吴文俊的拓扑学。吴文俊从 20 世纪 40 年代起从事代数拓扑学研究，引入了吴示性论与吴示嵌类，建立了吴公式，并应用于实际，被数学界公认为在拓扑学研究中起到了承前启后的作用。在吴文俊团队的推动下，拓扑学成为数学科学的主流之一，为此他荣获 1956 年度国家自然科学一等奖。

（3）张钰哲的小行星光电测光研究。20 世纪 50 年代末，张钰哲主持的小

行星光电测光研究，在国际上首次发表了一些小行星的光变曲线图，其数据被国外研究者广泛引用，所发表的论文和学术著作成为天文学界的经典文献。他在紫金山天文台发现的一些轨道特殊的小行星有可能成为天然的空间站，这对人类走向太空具有重要的意义和作用。

（4）朱洗培育出平性生殖的蟾蜍。1951～1961年，朱洗创建了激素诱发两栖类体外排卵的试验体系，提出两栖类"受精三元论"，并培育出世界上第一批"没有外祖父的癫蛤蟆"。他领导的蓖麻蚕的驯化与培育工作解决了孵化、饲养、越冬保种等技术问题，在全国20多个省推广，为纺织工业增加了一种新原料。此成果获1954年国家发明奖和1989年中国科学院科技进步一等奖。

（5）冯康创立有限元方法。冯康在承担国家攻关任务刘家峡大坝设计计算问题时，敏锐地发现其与基础理论的关联，建立了有限元方法严格的数学理论基础，为其实际应用提供了可靠的理论保证。1965年，他发表的论文《基于变分原理的差分格式》，被认为是我国学者独立创立有限元方法的标志，是计算数学发展的一个重要里程碑，冯康也被公认为我国计算数学的奠基人和开拓者。

（6）"邹氏作图法"的建立。我国生物化学的奠基人之一邹承鲁于1962年建立的"蛋白质功能基团的修饰与其生物活力之间的定量关系公式"被称为"邹氏公式"，为国际同行广泛采用。他创建的确定必需基因数的作图方法被称为"邹氏作图法"，被纳入教科书。其有关蛋白质结构与功能关系的定量研究的成果获国家自然科学一等奖。

（7）人工合成牛胰岛素。这是世界上第一个人工合成的蛋白质，为人类揭开生命奥秘迈出了可喜的一大步。这项研究从1958年起步，于1965年9月17日完成。由中国科学院上海生物化学研究所、中国科学院上海有机化学研究所和北京大学生物系三个单位协作攻关，以钮经义为首，由龚岳亭、邹承鲁、杜雨花、季爱雪、邢其毅、汪猷、徐杰成等共同组成协作组。但由于种种原因，这项被世人认为可获诺贝尔奖的重大成果仅获1982年国家自然科学一等奖。

（8）李四光的地质力学和黄汲清的大地构造理论。1959年，地质学家李四光、黄汲清等人提出了"陆相生油"理论，打破了西方学者的"中国贫油论"。黄汲清是我国大地构造论的创始人与奠基人，他运用大地构造学，不仅为我国找到和指出了诸多地下宝藏，同时为生物、考古、自然、环境、农业等领域作出了巨大的贡献。在他们的指点下，大庆油田及之后的大港油田、胜利油田、任丘油田、长庆油田、四川盆地的天然气田陆续被发现。

（9）我国第一台红宝石激光器诞生。1961 年 9 月，我国第一台红宝石激光器在中国科学院长春光学精密机械研究所诞生，时间仅比国外晚一年，结构上独具特色。它由上海光机所所长王之江总体负责，并进行结构设计。工艺由王乃弘、杜继禄完成，并沿用至今。它标志着我国激光技术步入世界先进行列，被广泛应用于国防和工农业生产中。

（10）发现抗疟药青蒿素。1967 年，屠呦呦和她的团队发现青蒿素可以治疗疟疾，被誉为"拯救了千百万人的生命"而荣获 2011 年美国拉斯克临床医学研究奖。

二、自然资源考察成果丰硕

摸清资源家底是进行经济建设、开展科学研究的基础工作。根据《十二年科技规划》制定的任务，中国科学院于 1955 年 12 月成立了由副院长竺可桢兼任主任的综合考察委员会，统一领导和组织综合考察委员会，曾先后组织了 15 个综合考察队，包括黑龙江、新疆、青海和甘肃、西部地区南水北调、西藏、内蒙古和宁夏 6 个地区性综合考察队，以及黄河中游水土保持，云南、华南热带生物资源和治沙等专题性的综合参考队。在中国的东北、内蒙古、西北、西南、华南等边远地区进行了综合考察，考察面积约 570 万平方千米，每年参与考察的人员达千人以上，完成了 5 项综合考察任务：①青藏高原和康滇横断山区综合考察及开发方案的研究；②新疆、青海、甘肃、内蒙古地区的综合考察及开发方案的研究；③热带地区特种生物资源的研究和开发；④重要河流水利资源的综合考察；⑤中国自然区划与经济区划，为国家开发利用自然资源、制订国民经济发展计划和地区开发方案提供了大量的科学资料和依据。

例如，在 1952 年华南三叶胶宜林地调查的基础上，1957 年中国科学院综合考察委员会组织了华南热带生物资源综合考察队，分别对粤、桂、闽以及时属广东省的海南行政区进行了长达 10 年的考察、研究，明确了华南三省（自治区）发展我国紧缺的战略原料橡胶及其他热带作物的自然环境和经济条件，以及宜林地等级划分标准、面积和分布，为国家和地方开发橡胶等植物资源提供了科学依据。

尤其具有重大意义的是，我国地质科学家推翻了国外地质学家由"陆相贫油"推断出的"中国贫油"的结论。在 1956 年对松辽盆地进行大规模地质勘探，肯定其含油远景的基础上，1958 年中共中央作出石油勘探战略东移的重大决策。1960 年，石油部调集全系统 30 多个厂矿、院校人员 4 万多人，集中各种装备，开展了规模空前的石油会战，建成了大庆油田，基本实现了石油自给。

三、四大紧急措施初显成效

按照"重点发展，迎头赶上"的方针，中央要求中国科学院集中力量，对科技前沿，我国急需、尚处空白的四个领域（无线电电子学、自动化技术、半导体技术和电子计算技术）组织攻关，使其在短时间内接近国际水平，时称"四大紧急措施"，取得了明显成效。

（1）无线电电子学。1956 年 9 月开始筹建的中国科学院电子学研究所，到 1960 年 7 月正式成立时，已形成微波成像雷达及其应用技术、微波器件与技术、高功率气体激光技术、微传感技术与系统四个主导领域，学科设置几乎覆盖了当时无线电电子学的全部领域，包括信息、干扰、编码、网络、雷达信号和通信中信息论问题研究等。老一辈的科学家作出了卓越贡献。我国无线电电子学开拓者陈芳允 1964 年提出并参与完成的微波统一测控系统，成为支持我国卫星上天的主要设备，获 1985 年国家科技进步特等奖。孟昭英作为我国无线电电子学奠基人之一，执教 60 余年，在人才培养、实验室建设与教材编写上居功至伟，对推进微波电子学、波谱学、阴极电子学等领域的科学研究作出了重要贡献。

（2）自动化技术。经过几年的积极筹备，1960 年 2 月正式成立中国科学院自动化研究所，重点围绕生产过程自动化等中心任务，在自动化技术研发方面，取得了一系列可喜成就。例如，小型空对空导弹飞行试验的无线电遥测设备、适用于飞行员航空生物医学试验的无线电遥测设备，以及能够快速准确测量核试验时火球温度和冲击波压力的观测仪器，同时还承担了我国第一颗人造地球卫星的遥控遥测系统及卫星地面实验用综合空间环境模拟设备的研制任务。我国还在 20 世纪 60 年代研制出了我国第一代数控机床，初步形成了数控产业，培养了一批数控人才，也带动了机电控制与传动控制技术的发展。

（3）半导体技术。1956 年筹建中国科学院半导体研究所。当年 11 月，在半导体专家王守武、林兰英和武尔桢的主持下，我国第一支锗合金晶体管在北京华北无线电元件研究所诞生。1962 年，林兰英研制出我国第一根砷化镓单晶，达到国际最高水平。在科技研发的支撑下，从 20 世纪 60 年代起，半导体器件在我国逐步取代电子管，使电台、雷达、计算机、测试仪等军用电子装备向小型化快速发展，并向民用领域转移。1965 年年底，我国半导体收音机产量已达到 50 多万台，超过了电子收音机的产量。

（4）电子计算技术。为了在计算技术上取得突破，满足国防和经济建设的紧迫需要，中国科学院计算技术研究所在科研工作上确立了"先仿制后创新，以仿制促创新"的方针，在组织上先集中、后分散，先后派出两批科研技术人员赴苏联考察和实习，于 1958 年 8 月 1 日仿制成功我国第一台数字电子计算机（当时定名为 103 型通用数字电子计算机，简称 103 型机），改进后，将平均运算速度由每秒 30 次提高到每秒 1 800 次。1959 年 9 月，中国科学院计算所的科研人员根据苏联专家提供的技术资料，成功试制出我国第一台每秒运算 1 万次的大型通用数字电子计算机，称为 104 型机，解决了当时经济和国防建设中许多复杂的计算问题，如刘家峡水库应力分析及我国第一颗原子弹的研制计算任务等。1963 年，中国科学院计算所自行设计制造出我国第一台 109 型通用晶体管电子计算机，1964 年设计制造出 119 型大型通用数字电子管计算机，平均运算速度为每秒 5 万次，在该机上完成我国第一颗氢弹的研制计算任务。1965 年 6 月又研制成功 109 乙型机，运算速度每秒 10 万次。1965 年 11 月，华北计算技术研究所与北京有线电厂联合研制成功的 108 乙型晶体管计算机，运算速度每秒 6 万次，是当时质量最好、性能最高的中型机。到 20 世纪 60 年代中期，我国已有 5 种晶体管计算机试制成功并投入小批量生产。

四、工业技术进步成就辉煌

在科学技术的支撑下，在此期间我国工业制造和工程建设能力实现了大踏步发展，结束了旧中国工业技术能力极度贫弱的历史，取得了辉煌的成就，创造了中华民族历史上诸多第一。

（1）川青藏公路建成通车。1954 年 12 月 25 日，全长 4 360 千米的川藏（成都—拉萨）、青藏（西宁—拉萨）公路同时通车，完成了人类公路建设史上的伟大壮举。数万名建设者，在平均海拔 4 000 米的高原上，奋战 5 年，有 3 000 多名筑路人员英勇牺牲，1 万多名建设者立功受奖。两路建成通车，对西藏经济社会的跨越式发展具有十分重大的历史意义。

（2）我国第一架喷气式飞机——歼5首飞成功。1956年7月19日，由沈阳飞机制造公司制造的我国第一架喷气式歼5飞机中0101号成功首飞。9月8日通过了国家验收委员会验收签字，并命名该机为56式机，后按系列命名为歼5。其主要用于昼间截击和空战，也具有一定的攻击能力。改进型歼5甲，机头装有雷达，可用于夜间截击空战。歼5问世标志着中国不能制造喷气式歼击机已成为历史。

（3）我国第一款"解放牌"载重汽车在长春投产，我国第一台轿车出产。1956年10月15日，苏联援建的长春第一汽车制造厂正式建成，移交投产，年产载重汽车3万辆。该厂生产的"解放牌"汽车是在苏联吉斯150型汽车的基础上，根据中国国情改进部分机构而设计制造的；还可以根据需要改装成适合各种特殊用途的变型车。1958年5月5日，我国第一辆国产轿车——东风牌小轿车诞生。

（4）师昌绪主持研究铁基高温合金成功。中国科学院金属研究所师昌绪❶率领一批科技人员，从我国缺镍无铬又受到国外封锁的实际出发，提出大力发展铁基高温合金的战略方针，研制出我国第一个铁基高温合金GH135（808），代替了当时的镍基高温合金GH35作为航空发动机的涡轮盘材料，为我国建设独立自主的工业体系和国民经济体系作出了突出贡献。20世纪60年代前期，我国试制成功的新型金属材料、新型无机非金属材料、新型化工材料共12 800多项，在品种上可以满足导弹、原子弹、航空、舰艇、无线电方面科研和生产需要的90%以上。

（5）万里长江第一桥——武汉长江大桥建成通车。这座始由苏联援建、后由茅以升主持完成的武汉长江大桥，是中国万里长江上修建的第一座铁路、公路两用桥梁。它于1955年9月1日开工建设，1957年10月15日建成通车，使武汉三镇连为一体，也打通了被长江阻隔的京汉、粤汉两条铁路，形成完整的京广线，实现了"一桥飞架南北，天堑变通途"。该桥桥身为三联连续桥梁，每联三孔，共8墩9孔。每孔跨度为128米，终年巨轮航行无阻。

（6）第一条电气化铁路胜利建成。宝成铁路是新中国成立后修建的第一条工程艰巨的铁路，其中宝鸡至凤州段更是艰险，故铁道部决定在此段采用电

---

❶ 师昌绪：两院院士，国家最高科学技术奖获得者。

力机车牵引。这样，可使铁路限坡由 20% 提高到 30%，并缩短线路 18 千米，减少隧道 12 千米，还使工期缩短 1 年。宝凤段电气化铁路完全由我国自己设计和修建，一开始就选用了世界上最先进的电流制式，采用的上千种器材和设备均由国内生产。这条全长 91 千米的宝凤电气化铁路，经过两年艰苦奋战，于 1960 年 5 月胜利建成，并用国产韶山一型电力机车试运行，于 1961 年 8 月 15 日正式交付运营，揭开了我国电气化铁路大发展的序幕。

（7）12 000 吨水压机自主建造成功。1958 年 5 月，党的八届二次会议期间，时任煤炭工业部副部长的沈鸿，向毛泽东写信建议自力更生、独立自主设计、制造万吨水压机，以改变大锻件依靠进口的局面，得到毛泽东的支持。1959 年，江南造船厂成立了以沈鸿为总设计师的万吨水压机工作大队。他们采用"蚂蚁啃骨头"的方式，克服重重困难，经过 4 年攻关，于 1962 年 6 月 22 日将万吨水压机建成并投入生产，使我国成为继美国、英国、联邦德国、捷克斯洛伐克 4 个国家后，世界上第五个能生产万吨水压机的国家。这座机器可以把 150 吨的合金钢锭和 250 吨的普通钢锭锻压成各种部件，是重型机器制造工业的关键设备。

五、农业科技水平显著提升

农业是国民经济的基础。《十二年科技规划》要求必须研究提高单位面积产量和扩大面积的办法来发挥劳动力和土地的增产潜力，并向农业机械化进军。这期间主要的农业科技成就如下。

（1）完成全国耕地和农作物品种资源调查和规划。经过农业科技人员的辛勤努力，初步完成了全国耕地土壤和农作物品种普查，筛选出稻、麦、棉、玉米等 8 种作物的 169 个优良品种，基本掌握了 11 种作物主要病虫害的发生规律和防治对策。在家畜品种改良和疫病防治、渔业资源及鱼类洄游规律调查、林木速生丰产研究、橡胶北移种植、农业机具研发方面均取得了许多成果，并应用于农业生产建设，取得了很大的成绩。

（2）在世界上最早育成矮秆水稻。水稻是我国也是世界上主要的粮食作物，常因不耐肥而倒伏减产。中国农业科学院院长、水稻专家丁颖为我国水稻栽培学建立了完整的科学体系，选育了许多优良品种。在他的指导下，我国率先在世界上选育成功矮秆水稻，为水稻高产开辟了新的道路，在我国实现了水稻高秆改矮秆的大范围的技术革命，为粮食增产、农民增收作出了重大贡献。

（3）防治蝗灾取得了重大成功。由于蝗虫的暴发性和群体性，我国历史上"谈蝗色变"，常因蝗灾而束手无策。早年留学美国的我国农业昆虫学家邱式邦经过长期研究，于20世纪50年代在国内首次提出从查卵、查蛹、查成虫的蝗情侦察技术到用毒饵治蝗的灭虫技术整套防治方略，使新中国免除了蝗灾，邱式邦被誉为"中国治蝗第一人"。1954年，他被农业部授予爱国丰收奖。

（4）东方红拖拉机诞生。1958年，新中国第一台东方红大功率履带拖拉机在洛阳诞生，开启了我国农业机械化的新时代。

六、医疗保健科技长足进步

在执行《十二年科学规划》期间，我国医疗保健科技事业取得了长足进步，尤其在临床医学的若干领域已接近或达到世界先进水平，中医药学也获得了新生，作出了独特的贡献。主要代表性成就如下。

（1）断手再植首获成功。1963年1月2日，上海第六人民医院陈中伟在血管手术专家钱允庆的配合下，在世界上首次施行断手再植手术获得成功。被施救的青年工人王存柏完全断离的右手在手术后功能恢复正常。陈中伟由此成为全世界"断肢再植之父"和"显微外科的国际先驱者"。

（2）首次分离培养出沙眼衣原体。1955年，汤非凡在世界上第一次分离出沙眼病毒的工作基础上，又首次分离培养出沙眼衣原体，是迄今为止发现的重要衣原体，并成为开辟了一个研究领域的唯一的中国微生物学家。沙眼病原的确认，使沙眼病在全世界大为减少。1982年，国际沙眼防治组织为表彰他的卓越贡献，给他追授金质沙眼奖章。

（3）开拓肝胆外科手术。20世纪50年代，肝胆外科被世界视为"死亡禁区"。我国肝脏手术一片空白。上海某军医大学附属长海医院吴孟超最先提出中国人肝脏解剖"五叶四段"新见解，在20世纪60年代初，首创常温下间歇肝门阻断切肝法，并率先突破人体中肝叶手术禁区，成功施行世界上第一例完整的中肝叶切除手术，解决了世界肝脏外科史上的重大难题。他建立的肝脏外科手术体系日臻成熟，并已在全国普及。

七、国防科技体系迅速建立

党中央对发展国防尖端技术一贯十分重视。新中国成立初期，苏联政府曾给予了援助。1960 年中苏关系全面破裂，苏联专家撤走后，我国国防科技工作坚持独立自主、自力更生的方针，在国防科委的统一领导下，到 20 世纪 60 年代已经拥有 38 个单位，约 8 万人的规模，形成了一支尖端和常规武器装备研制队伍，初步建立了一个配套比较完备的国防科技体系，为海陆空三军现代化和二炮部队及航天事业的发展，提供了有力的科技支撑。

第 3 节 实施《十年科技规划》的主要成就

1960 年冬，在党中央"调整、巩固、充实、提高"八字方针指引下制定的《1963～1972 年科学技术发展规划》（简称《十年科技规划》），是在《十二年科学规划》基础上的延伸和发展。它要求遵循"自力更生，迎头赶上"的方针，力求经过艰苦奋斗，力争在不太长的历史时期内，把我国建设成为一个具有现代工业、现代农业、现代科学技术和现代国防的社会主义强国，强调"科技现代化是实现农业、工业、国防现代化的关键"。之后，由于一系列运动及"文化大革命"的影响，《十年科技规划》的实施受到很大冲击。但由于科技人员的爱国奉献和克难奋进的精神，也由于科学技术发展的积累性和周期性，一些重大成果在这个时期仍得以成熟。

一、以"两弹一星"为核心的国防尖端科技

1964 年 10 月 16 日，我国第一颗原子弹爆炸成功；1966 年 10 月 27 日，我国第一颗装有核弹头的地地导弹飞行爆炸成功；1967 年 6 月 17 日，我国第一颗氢弹空爆试验成功；1970 年 4 月 24 日，我国第一颗人造卫星发射成功。1999 年 9 月 18 日，江泽民指出："这是中国人民在攀登现代科技高峰的征途中创造的非凡的人间奇迹。""两弹一星"的伟大历史意义是不言而喻的，邓小平在 1988 年 10 月 24 日就明确地说："如果六十年代以来中国没有原子弹、氢弹，没有发射卫星，中国就不能叫有重要影响的大国，就没有现在这样的国际地位。这些东西反映了一个民族的能力，也是一个民族、一个国家兴旺发达的标志。"早在 1956 年 4 月，毛泽东在中央政治局扩大会议上说："我们现在已经比过去强，以后还要比现在强，不但要有更多的飞机和大炮，而且还要有原子弹。在今天的世界上，我们要不受人家欺负，就不能没有这个东西。"1957 年，我国开始研制发展包括导弹、原子弹在内的尖端武器。1958 年，我

国科学家赵九章提出研制人造卫星的建议后，毛泽东即在 5 月 17 日党的八大二次会议上提出，"我们也要搞一点卫星"。我国研制原子弹、导弹开始曾得到苏联的援助，当苏联撕毁合同后，在国民经济发生前所未有的困难时，面对国防尖端科技"上马"还是"下马"的意见分歧时，毛泽东明确指出，要下决心搞尖端技术，不能放松或下马。以"两弹一星"为核心的国防尖端科技的辉煌成就，不仅是我国国防现代化的伟大成就，也是我国现代科学技术事业发展的重要标志。它引领并推动了我国整个科技事业的发展，填补了许多学科的空白，培养了一大批人才，为我们实现技术的跨越式发展创造了宝贵的经验。这些经验是：①坚持党的统一领导，充分发挥我国社会主义制度的政治优势；②坚持自力更生，自主创新；③坚持有所为、有所不为，集中力量打"歼灭战"；④坚持尊重知识，尊重人才；⑤坚持科学管理，始终抓住质量和效益。

1999 年 9 月 18 日，中共中央、国务院、中央军委作出《关于表彰为研制"两弹一星"作出突出贡献的科技专家并授予"两弹一星"功勋奖章的决定》，高度评价了"两弹一星"研制成功的伟大成就，热情赞扬了"热爱祖国、无私奉献、自力更生、艰苦奋斗、大力协同、勇于登攀"的"两弹一星"精神，对为研制"两弹一星"作出突出贡献的 23 位科技专家予以表彰。

二、中国古气候研究震惊中外

我国近代地理学和气象学的奠基人竺可桢，1961 年撰写了《历史时代世界气候的波动》，1972 年又发表了《中国近五千年来气候变迁的初步研究》等学术论文，充分利用了我国古代典籍与方志的记载、考古的成果、物候观测和仪器记录资料，证明了 20 世纪气候正在逐步转暖；并指出太阳辐射强度的变化可能是引起气候波动的一个重要原因。这为历史气候的研究提供了新的论据，是他数十年深入研究历史气候的心血结晶，是一项震动国内外的重大学术成就。

三、九大设备设计制造镇神州

为了满足我国国防尖端工业发展的需求，1961~1969 年，由沈鸿主持九大设备的设计制造工作，包括 840 种 1 400 多台、总重量 45 000 吨的复杂、精密的重大机器设备：①30 000 吨模锻水压机；②12 500 吨卧式挤压水压机，这两套共有 298 种 460 台、总重量 24 750 吨的机器设备，主要用于飞机、导弹的翼梁、壁板、型材、鼻锥的锻造和挤压；③辊宽 2 800 毫米铝板热压板；④辊宽 2 800 毫米铝板冷轧机；这两套共有 221 种 303 台，总重 100 000 吨的机器设备，用于轧制飞机、导弹用的大铝板；⑤直径 2～80 毫米的钢管轧机；⑥直径 80～200 毫米的钢管轧机，这两套共有 189 种 318 台机械设备，总重 3 800 吨，用于轧制飞机、导弹及其他尖端技术用的薄壁耐高温钢管、不锈钢管等；⑦辊宽 230 毫米薄板冷轧机，共有 106 种 222 台机器设备，总重 6 220 吨；⑧辊宽 700 毫米 20 辊特薄板轧机，这两套用于轧制宽而薄及特薄的耐高温钢板和不锈钢板；⑨10 000 吨油压机，主机两种 2 台，总量 1 500 吨，用于轧制玻璃钢导弹鼻锥。在这些机器设备中，重百吨以上工件有 18 件，最大工件重约 160 吨。九大设备设计制造是我国机械制造设备领域具有里程碑意义的重大战役，涉及中央 10 个部委、上百家工厂、1 000 多名工程技术人员、1 万多名工人，进行了 100 多项试验研究。该战役原定 1966～1967 年完成交货，因"文化大革命"工期一再推迟。最后在聂荣臻元帅亲自检查督促下，才于 1969 年全部完成。当时，世界上拥有九大设备的只有两三个国家。这些设备运用安全可靠，造价低廉。对外开放以来，英、日、联邦德国专家参观之后，无不表示惊讶。目前，这九大设备仍是国家命脉，可称"镇国之宝"，在国家经济和国防建设中发挥着重要作用❶。

四、钒钛磁铁矿冶炼世界领先

早在 20 世纪 30 年代，我国地质学家常隆庆等就发现了攀枝花钒钛磁铁矿。1963 年，苏联科学院冶金研究所认为该矿在高炉冶炼时，渣铁不分，不能出铁。1964 年，冶金工业部成立了由周传典任组长的"攀枝花钒钛磁铁矿高炉冶炼试验组"，由东北工学院等 12 个高校及科研院所组成。从 1965～1967 年，从冶炼工艺到操作技术，攻克了重重技术难关，终于使高炉冶炼高钛型钒钛磁铁精矿获得成功，解决了世界上长期以来没有解决的技术难题，为攀钢的建设和顺利投产奠定了基础。该成果获 1979 年国家发明一等奖。在此基础上，攀枝花钢铁公司与中国科学院应用数学所合作，进行"攀钢提钒工艺参数的系统优化——完善提钒工艺技术"研究，在不增加设备和投资的条件下，使钒的回收率由 83% 提高到 90% 以上，居世界领先水平，荣获 1988 年

---

❶　http：//baike.baidu.com/.

国家科技进步一等奖。

五、成昆铁路创工程建设奇迹

成昆铁路自成都南站至昆明，全长 1 091 千米，1958 年开工。沿线山高谷深，地质复杂，工程十分艰巨。1960 年，成都至青龙场间铺轨通车。1964 年，为适应内地"三线"建设的需要，毛泽东发出了"成昆铁路要快修"的号召，铁道部组织了包括民工在内的 30 万筑路大军，全面开展施工，至 1966 年年底，累计完成各项主体工程超过 50%。因"文化大革命"的影响，原定 1968 年 7 月 1 日全线通车的计划落空。1969 年年底，中共中央发出"成昆铁路务必于 1970 年 9 月 1 日全线通车"的指示，并指令由新成立的铁道兵西南指挥部领导实施，最终如期完成。

成昆铁路工程之艰巨浩大，举世罕见。其土石方工程量近 1 亿立方米，隧道 427 座，延长 345 千米，最长隧道 66 千米；桥梁 991 座，延长 106 千米，最长桥梁 10 千米，桥隧总延长占线路长度的 41%。全线 122 个车站中，有 41 个因地形限制而设在桥梁上或隧道内，在铁路设计和施工方面取得了一系列重大的科技突破。成昆铁路的建成通车，对开发西南资源、加速国民经济建设、加强民族团结和巩固国防都具有重要的战略意义。"在复杂地质、险峻山区修建成昆铁路新技术"荣获 1988 年国家科技进步特等奖。

第4节　典型案例：红旗牌轿车的诞生

在新中国成立之前，我国国家领导人一直没有专属轿车。1949 年新中国成立时，毛主席乘坐从国民党军队手中缴获的美式军用吉普车检阅部队的照片被斯大林看到。斯大林立刻批示有关部门，将当时苏联制造的最先进的"吉斯－0"、"吉斯－5"等高级轿车赠送给中国领导人。此后的一段时间里，毛泽东、朱德、周恩来等国家领导人乘坐的都是苏联产的"吉斯"防弹保险轿车。赫鲁晓夫上台后，毛泽东等领导人乘坐的专车已经超过了服役期，但由于西方国家的封锁，我国无法从外国购车。1956 年 4 月 25 日，毛主席在政治局扩大会议上讲《论十大关系》时第一次吐露开发国产轿车的期望，"什么时候我们能坐上自己开发的小轿车来开会就好了。"根据毛主席的指示，当时担任第一机械部部长的黄敬同时启动了三项计划：解放车换型、为部队生产越野车和试制国产轿车。

1957 年 11 月，长春第一汽车制造厂开始轿车样车设计。在当时简陋的条件下，时任一汽制造厂厂长的饶斌提出了轿车试制"仿造为主，适当改造"的工作方针。但是除了少数技术人员外，其他工人从未见过小轿车，这使得仿造极具挑战性。在几乎没有任何技术经验的条件下，一汽全体员工竭尽全力，攻克了无数难题。没有专门的轿车生产场地，他们就在卡车总装配车间用玻璃隔出一块空间；没有零件，技术工程师就到进口的废钢中找汽车相关零件进行测绘与研究；没有造车身的模具，钣金工们硬是一锤锤地将车身敲打成形……各工种基本上都在最短时间之内把设计和制造任务完成。1958 年年初，不到半年时间，一汽就完成了第一台国产轿车东风的设计方案。东风轿车的车身底盘参考法国希姆卡维迪蒂（Simca Vedetee）车型，并进行了部分改进；发动机以德国"奔驰 – 190"型轿车发动机为样机制造；车身设计以及内饰同样参考法国希姆卡维迪蒂车型设计；变速箱则是一汽员工自己设计制造的三档机械变速器。

1958 年 2 月 13 日，毛主席到一汽参观视察，看到工人生产解放牌汽车热火朝天的干劲时，对陪同的一汽厂长饶斌说，"看到中国工人阶级能制造汽车很高兴"，并和蔼可亲地问道："什么时候能坐上我们自己制造的小汽车？"毛泽东的期望深深鼓舞了一汽员工的士气和干劲。

1958 年 4 月，一汽组建了制造轿车的突击队，开始了轿车整车组装的最后冲刺。在一汽员工夜以继日、全力以赴的努力下，1958 年 5 月 5 日，我国第一辆国产轿车——东风牌小轿车诞生。当时，为了响应"东风压倒西风"的政治口号，生产出来的小轿车被命名为"东风"牌。该车生产编号为 CA71（CA 为生产厂家的代码，7 为轿车的编码，1 表示第一辆）。其发动机为 4 缸顶置气门，最大功率 52 千瓦，百千米耗油 10 升，最高设计时速 128 千米/小时。虽然东风牌汽车在设计最初以仿造为主，但样车还是保留了很多民族风格。该车为流线型车身，上部银灰色，下部紫红色，6 座，装有冷热风，车灯是具有民族风格的宫灯。

1958 年 5 月 21 日，毛泽东和林伯渠来到车旁，同守候在那里的 5 位一汽职工一一握手，并进行了试坐。下车后，毛泽东说："终于坐上我们自己制造的小轿车了！"

东风牌小轿车一共制造了 30 辆。由于我国是第一次制造小汽车，技术非常不成熟，东风牌小轿车经常发生故障，最终没有进行批量生产。东风牌小轿车在我国整个轿车工业史上仅短暂地存在了一个月，但它却为后续轿车工业的发展谱写了值得骄傲的篇章，为人们后来制造"红旗"高级汽车提供了宝贵的经验。

1958年，一汽东风牌小轿车出厂后，受到了党和国家领导人的喜爱。一汽的广大职工受到很大的鼓舞，提出了"乘东风展红旗，造出轿车去见毛主席"的口号，决心拿出更大的干劲，加快试制"红旗"高级轿车。公司把"十一"国庆节出车的计划改为"八一"前完成试制。

试制红旗轿车时，既没有技术资料，也没有实际生产经验，更没有合作的单位。红旗在生产中的唯一依据就是一辆被使用过的美国克莱斯勒帝国牌轿车。共和国领袖们对红旗的试制大力相助：周总理把法国雷诺公司送给他的"雷诺"送给了一汽，朱德委员长送来了他的"斯达克"，副总理兼外交部长陈毅送来了自己乘坐的中南海最高级的豪华轿车"奔驰"。

在生产时间短、生产任务繁重的情况下，管理者打破常规，采用创新的方法，实行目标导向的"任务招贤制"，即各个单位依据自身的技术特长来主动申请相关工作任务。"红旗"轿车2 000多个零部件的生产任务很快被认领完毕。在申请到任务后，各单位纷纷组织突击队，夜以继日，刻苦钻研，攻克了一个又一个技术难关。为了在"八一"前完成试制，第一辆红旗轿车的制造没有按照科学的程序进行，也没有经过严格的试验，因此质量无从保证。8月1日，红旗牌高级轿车如期诞生，整个试制过程只用了一个月。1958年10月，一汽正式开始严格按科学程序进行设计工作。试制一共经过四轮试验，每辆车名都在后面加一个"E"字（Experimental），从1E、2E、3E、4E，一直到5E，该车定型。新车叫CA72（英文叫Limousine），在国际上处于前列，是当时的"华贵车"。红旗CA72型轿车的V8发动机位列世界的第三位。1959年9月，CA72型红旗轿车的试制正式完成，历时近11个月。"红旗"的车身设计以"东风"轿车为蓝本，也保留了很多民族特色，但整车较"东风"轿车提升了一个档次。"红旗"车身颀长，通体黑色，雍容华贵，庄重大方，极富中国民族特色。水箱格栅为扇面形状，尾灯是传统的宫灯形，仪表盘采用福建大漆"赤宝砂"，座椅及门护板面料采用杭州云纹织锦，车内富丽华贵。

9月中旬，一汽选出33辆新装的轿车和两辆敞篷车进京献礼。第一批"红旗"轿车进京肩负着三项任务：一是敞篷检阅车作为国庆检阅用车；二是

"红旗"轿车参加国庆10周年游行队伍，接受毛主席的检阅；三是让部分中央领导在节日中用上"红旗"轿车。这是红旗轿车第一次正式在社会上展示，引起全国人民的关注。

1960年，"红旗"参加了莱比锡国际博览会，后又参加了日内瓦展览，受到了国内外专家的一致好评。

1964年9月，40辆崭新的红旗牌轿车聚集在北京，敬候中央领导部门的拍板定夺：是使用国产的红旗轿车还是继续沿用苏联吉斯轿车来担当国庆15周年迎送外宾的任务？

有关部门提出让"红旗"与"吉斯"进行路面比试，再做定夺。比试路线是从机场到钓鱼台国宾馆，机场到建国门用正常速度，天安门到钓鱼台时速5～10千米。结果出人意料，40辆红旗轿车全部顺利抵达目的地，而一辆"吉斯"却到天安门的时候熄火。看到这一测试结果，国务院有关人士决定将"红旗"正式定为国家礼宾用车。周恩来总理说："中国有最高级的'红旗'轿车，可以接待最高级的客人。"在20世纪六七十年代，乘坐"红旗"轿车，成为外国贵宾来华访问的最高外交礼遇之一。1962年12月31日，斯里兰卡总理班达拉奈克夫人访华，成为第一位乘坐"红旗"车的外国首脑。"红旗"轿车在国际上具有很高的品牌知名度，先后出口到朝鲜、越南、利比亚等国。

第一批红旗轿车，车身的侧面有五面小红旗，分别代表了工、农、兵、学、商。"大跃进"期间，其侧标又被改成了三面红旗，代表总路线、人民公社和"大跃进"。后来在彭真同志的建议下，"红旗"轿车的侧标"三面红旗"被改为一面红旗，用以代表"毛泽东思想"这一面大旗。"文化大革命"期间，"一面红旗"的侧标被取消，又恢复成了原来的三面红旗。

1966年5月3日，中国第一批20辆新型"红旗"三排座高级轿车在长春第一汽车制造厂制成出厂。自此，周恩来、陈毅等国家领导人开始正式乘用"红旗"高级轿车。随后，三排座"红旗"实现了批量生产，朱德、邓小平、陈毅、贺龙、薄一波等国家领导人都坐上了这种轿车。红旗取代了苏联的吉斯115，成为中国国家领导人参加重要活动的用车。

1969年4月，第一辆红旗防弹车（编号为CA772）问世了。这是应1965年9月中南海警卫局提出的制造一批三排座防弹车给首长使用的要求而制造的。接到任务后，一汽成立了"772领导小组"，精选了一批政治表现好、业务能力强的同志专门从事这项工作。1969年9月，又制成了两辆。这三辆车被送到中南海，成了林彪、周恩来和朱德同志的专车。这种车不仅车速快，而且具有极高的安全系数。后来，一汽又接到毛泽东、周恩来的指示——"要造我们最长的车"。一汽于 1976 年制造出号称"亚洲第一车"的"加长型"红旗。这辆车不仅外观独特，车内冰箱、电视、空调、床铺等设施一应俱全，显示出 20 世纪 70 年代中国轿车制造业的最高水平。

第7章 新中国成立初期——
"两弹一星"元勋

著名的科学史之父 G·萨顿（萨顿，1980）在谈到研究科学史的观点多样性时说："科学史是一个十分复杂、规模惊人的领域，因此只有很愚蠢的人才会说：只有一种研究或教授的方法，别无其他。事实上，有许多方法，有许多观点，其中每一种都是可接受和利用的，没有一个是独一无二的。"他在讲到心理学观点时指出："另有一类历史学家对科学工作个人方面感兴趣，他们向自己提出如下问题：某一科学家怎样作出如此这般发现的？可以用理性或感情因素阐明吗？怎样从总的方面将他与其他科学家以及与他同时境的人作比较？工作、休息、娱乐，成功或失败，对他的性格有何影响？社会环境对他有何影响？他又怎样影响社会环境？他如何表白和显露自己？他的精神特征是什么？……不仅心理学家而且人文学家也尝试回答上述问题，这种回答往往可以动摇关于科学过程冰冷无情的流行神话，并帮助人们进一步充分评估科学家在世界上能起的或应当起的作用。"

第1节 "两弹一星"的时代背景和巨大意义

一、时代背景

20世纪50年代中期，以毛泽东同志为核心的第一代党中央领导集体，根据当时的国际形势，为了保卫国家安全、维护世界和平，高瞻远瞩，果断地作出了独立自主研制"两弹一星"的战略决策。大批优秀的科技工作者，包括许多在国外已经有杰出成就的科学家，怀着对新中国的满腔热爱，响应党和国家的召唤，义无反顾地投身到这一神圣而伟大的事业中来。在当时国家经济、技术基础薄弱，国外对我严密封锁、中断援助、国内经济困难、工作条件十分艰苦的情况下，这些科学家和广大干部、工人、解放军指战员，亲密团结，大力协同，发愤图强，自力更生，完全依靠自己的力量，用较少的投入和较短的时间，突破了原子弹、导弹和人造地球卫星等尖端技术，取得了举世瞩目的辉煌成就。

二、巨大意义

（1）有力地推动了国家经济建设，大大增强了国防实力，促进了我国科学技术的发展，使我国的原子能工业、航天工业从无到有，由小变大，并填补了一大批尖端高新技术领域的空白。经过几代人的不懈努力，20世纪末，我国已成为少数独立掌握核技术和空间技术的国家之一，并在某些关键技术领域走在世界前列。

（2）打破了超级大国的核讹诈和核垄断，奠定了我国在国际事务中的重要地位，振奋了国威、军威，极大地鼓舞了中国人民的志气，增强了中华民族的凝聚力。在新科技革命时代，用"两弹一星"，筑成了我国新的"长城"。

（3）培养和造就了一大批能吃苦、能攻关、能创新、能奉献的科技骨干队伍，为我国高新技术及相关产业的发展打下了坚实的基础。参与"两弹一星"研制工作的有全国26个部委、20多个省（自治区、直辖市）、1 000多家单位的数以万计的科技人员，他们在"两弹一星"研制中增长了才干，扩大了眼界，树立了信心。

（4）在"两弹一星"研制过程中积累的丰富经验和科学管理方法，已广泛应用于我国社会、经济和科技发展等各个领域。在这一过程中，中国科学家提出了"理论联系实际"、"技术民主"和"冷试验"的科研理论和方法，广泛运用系统工程、并行工程和矩阵式管理等现代管理理论与方法；设计、实验、工程部门之间紧密配合、创新攻关；领导干部身体力行，进行深入细致的思想政治工作。这些方法和实验，确保了"两弹一星"研制工作的顺利进行和圆满完成。

（5）在"两弹一星"研制者身上体现出来的"热爱祖国、无私奉献、自力更生、艰苦奋斗、大力协同、勇于登攀"精神，已经成为全国各族人民宝贵的精神财富和不竭的力量源泉。

第 2 节　"两弹一星"元勋在"两弹一星"
事业中的地位和作用

在原国务委员、国家科委主任宋健主编的，为当年研制"两弹一星"作出突出贡献，受到党中央、国务院、中央军委表彰并授予"两弹一星功勋奖章"的 23 位科技专家立传的著作❶中，这 23 位科技专家被尊称为"两弹一星"元勋。这充分说明了他们在"两弹一星"事业中不可或缺的地位和无法估量的作用。

党和国家称颂他们是中华人民共和国的功臣，是老一辈科技工作者的杰出代表，是新一代科技工作者的光辉榜样。他们是党中央战略决策的忠实执行者，是国防尖端科技的卓越开发者，是国家青年才俊的优秀培养者。在"两弹一星"研制的伟大事业中充分发挥了研制中坚、攻关先锋、领军导师、人格榜样的作用。

第 3 节　"两弹一星"元勋的人格分析

"人格"，主要在心理学和社会学范畴内，是指人在与社会互动过程中所表现出来的独特的、稳定的价值追求、心理范式、性格气质、能力素养、道德操守和文化品位相互联系的有机统一的精神形象或风貌。"两弹一星"元勋作为"三个代表"的模范典型，是当代中华民族的优秀儿女。研究"两弹一星"元勋的人格，就是要研究"两弹一星"元勋是如何炼成的，通过了解他们的心路历程，研究卓越科技人才的成长规律，卓越科技人才成才的内部因素和所需的外部环境，对于改革我国的教育体制和人才管理，实施科教兴国战略和人才强国战略，建设创新型国家显然具有十分重要的意义。

国外的研究中，多以单个科学家作为研究对象。如当代世界出版社 2009 年出版的美国约翰·西蒙斯（John Simmons）著《科学家 100 排行榜》是历史上最具影响力的科学家排行榜，是对每位科学家的生平传略及其人格分别描述的。又如长江文艺出版社 1996 年 7 月出版的《西方智哲人格丛书》也是以个

---

❶　宋健主编. 两弹一星·元勋传［M］. 清华大学出版社，2001.

体为对象的。它们是在几百年乃至上千年的历史长河中选取著名人物做对象，这些人物之间没有必然的关联。而这里研究的 23 位"两弹一星"元勋，是在同一个历史时期，为了同一个工作目标，在领导的统一指挥下，分工协作，共同完成了"两弹一星"。

美国著名心理学家 B. R. 赫根汉（赫根汉，1998）考察了关于人格的主要理论之后得到 5 点结论：①对于人格，还存在许多未知的理论；②对人格的最有效的理解不是来自任何单一的理论或规范，而是来自所有理论的集合；③儿童时期的经验对于成人人格的形成极为重要；④当心理问题产生时，最好能在众多的心理学家中进行挑选，找到对这个人的问题最适合的心理学家；⑤每一个人必须自己去判断哪些人格理论对他是适合的。赫根汉实际概括了人格研究的综合性和复杂性、相对性和选择性、特殊性和包容性等特点。他还实事求是地指出："在人格领域中，由于一个人不可能有严格的实验条件来检验哪一种理论有效，哪一种理论无效，那么他怎样在这些理论中进行取舍呢？"在这个问题上，似乎最好的回答是："……不要盲从传统，即使它已经在许多地方被信奉了许多时代。不要人云亦云，不要轻信过去的圣贤，不要轻信你的想象，不要轻信你的老师或教义的权威。通过检验之后，去相信你自己检验过的并且发现是合理的东西，然后付诸你的实践。"

下文将采取以四维度（时代背景、家庭背景、教育背景、成长路径）的生平研究为基础，以典型事例为载体的人格研究为目标，在集体人格研究中则提取其公因子，并注意集体人格中的个体差异性。由于这 23 位科学家均体现了"两弹一星"精神这一宏大的主旨，所以从某种意义上讲，其个体的人格差异性无损于我们阐述的他们共有的集体人格。

第4节 "两弹一星"元勋的生平研究

一、时代背景

23 位"两弹一星"元勋，最年长的是王淦昌（生于 1907 年 5 月 28 日）和赵九章（生于 1907 年），最年轻的是周光召（生于 1929 年 5 月 15 日）和孙家栋（生于 1929 年 4 月 8 日）。他们之间相差 22 年，约一代人的时间。1900～1910 年出生的有 3 人，1911～1920 年出生的有 13 人，1921～1930 年出生的有 7 人。他们在青少年时代体验到列强欺凌、山河破碎、内乱不止、国弱民贫的痛楚，作为"五四"一族，接受了科学和民主的思想，立下了科学救国的壮志。以 1926 年出生于河北宁河县的于敏为例，他的传记中这样描述他："于敏的少年时代，恰逢中国社会动荡不安，兵荒马乱，民穷国弱，黎民百姓处于水深火热的时期。""幼年的于敏，为了躲避呼啸而至的子弹，只好与比他大三岁的姐姐常钻到炕底下去。""1938 年于敏小学毕业以后，举家搬迁到天津，与父亲团聚。在天津他耳闻目睹日本鬼子实行烧光、抢光、杀光的'三光'政策，十分气愤。……他的一个表叔，富有正义感，后来参加了抗日游击队，被俘后惨遭日本鬼子杀害。少年时代的于敏对日本鬼子十分痛恨，也亲受过日本鬼子的欺侮，深知亡国的屈辱。"上中学时，于敏有一次险些命丧日本鬼子之手。于敏经历了军阀混战、抗日战争两个历史阶段，整个少年时代都是在战乱中度过的。这样的社会背景使他忧愤结于胸，产生了强烈的爱国情怀（宋健，2001）。

二、家庭背景

23 位"两弹一星"元勋的籍贯分布为：江苏 6 人，浙江 6 人，安徽 3 人，湖北 2 人，湖南 2 人，山东 1 人，辽宁 1 人，河北 1 人，云南 1 人；基本上都是临海和长江流域经济文化比较发达的地区。23 人中，出身于教师家庭的 6 人（其中大学教授 3 人，中小学教师 3 人），商人家庭 5 人，职员家庭 4 人，富裕农民家庭 2 人，官吏家庭 2 人，律师、中医家庭各 1 人，不详 2 人。总体来看，家境都较为殷实，重视子女教育。其中钱三强的父亲钱玄同先生，是我国著名的文字学家、国学大师。祖籍湖北麻城，出生于吉林长春的彭桓武，其父彭树棠"娴熟日语，精通法学"，在 1904 年日俄战争时奉调任延吉边公署参事官兼延吉开埠局坐办❶，掌管涉外事宜。据《湖北·剑门区志》所载：彭树棠自从调任延吉工作后尽职尽责，对延吉边界日、俄的屡次挑衅帷幄智御，消患于无形。因此，他深得边务总督吴禄贞的重用，后被升任延吉通判。延吉巡抚陈中丞认为彭树棠人才难得，又保升同知。1920 年，彭树棠得知提升须行贿时，毅然辞去官职，再不从政。父亲为理想而从政、为理想而弃官的精神给童年的彭桓武留下了深刻印象。直到七十七年后的 1997 年，彭桓武仍然能

---

❶　坐办：清制，非常设机构中负责日常事务，略次于总办和会办。

一字不漏地背诵他父亲当时写的《七律·咏雪》:"本来明月是前身,玉骨冰肌别有真。百尺寒光能彻地,一毫余热不因人。方圆自在都无相,潇洒风流总出尘。何事洛阳裘万丈,袁安原不厌清贫。"(宋健,2001)可见,彭桓武虽为"官二代",却不为俗尘所染。

又如王大珩的父亲王应伟于1907年留学日本,以优异的成绩毕业于东京物理学校,在校长的举荐下,进入日本中央气象台工作并深造,1915年回国后先后就职于北京中央观象台、青岛观象台,1956年又被顾颉刚先生推荐担纲为中国科学院编译、校注中国古历法和古天文学的重任。王应伟一生的报国热忱在晚年得以焕发,他以无职无薪之身,从79岁到85岁用了整整6年时间,对各史律历志中的历法部分进行校注,编译出《中国古历通解》。他于1964年1月5日病逝前,以其自号"更生老人"题写一幅自挽联:"人谁不死,唯晚岁虽成通解未作补遗,殊难瞑目。我赋日归,愿儿曹各业专门稳登岗位,饶有信心。"王应伟将少年王大珩带到北京建国门内的观象台,向他讲述八国联军不顾清王朝的乞求从这里掠夺了我国古代8件珍贵的天文仪器的历史,又指着残垣断壁说,"这是我们中国人的耻辱!"又告诫他,无论是个人还是国家,都只能靠自强(宋健,2001)。

1917年12月27日,钱骥出生在江苏省金坛县茅麓区石马乡一个叫做西下场的小村庄。钱骥家祖祖辈辈都是普通的种田人。父母年轻力壮,种有三四十亩山坡地,忙时雇用一个短工。一年下来,粮食可以自给,省吃俭用,略有节余。钱骥的父亲钱海涛虽是农民,但有机会读了四书五经,能写写算算,在农村算个文化人。钱骥在6岁时上了村里的私塾。望子成龙的钱海涛,在农闲时还要教钱骥背书,只许"规规矩矩",要求"奋发上进"。钱骥小时候接受了较扎实的文化教育,得益于此(宋健,2001)。

可见,不论他们出生在何种家庭,这些家庭都十分重视道德、重视教育、望子成龙。

三、教育背景

这23位元勋均受过良好的学校教育,以大学为例,毕业于清华大学的有7位,西南联大的有4位,上海交通大学的有3位,北京大学的有2位,中央大学的有2位,浙江大学的有1位,天津北洋大学的有1位,唐山交大的有1位,重庆兵工学校的有1位,直接到苏联留学的有1位。留学国外或有国外工作经历的有 21 位，其中留美的 10 位，留英的 6 位，留德 2 位，留苏 2 位，留法 1 位。他们绝大部分具有博士学位。

下面以未留学的于敏和钱骥为例，了解其受教育状况。

于敏 7 岁开始在芦台镇上小学，功课很好，学习成绩总是全班第一。在天津木斋中学念书，读高二时得了全校第一名，老师们对他赞赏有加。高三时进入天津当时最好的耀华中学（南开中学已内迁），除日语外，他数、理、文、史门门功课成绩均名列榜首。1945 年，进入北京大学理学院，每次公布成绩均名列第一，被公认为是"北大多年未见过的好学生"。后被称为"国产一号大专家"（宋健，2001）。

1929 年夏天，时年 12 岁的钱骥由乡村私塾考入金坛县立书院小学（现为朝阳小学）。这所小学颇有些名气，除钱骥外，数学家华罗庚、物理学家汤定元都出自该校。钱骥因入学考试成绩优秀，直接升入六年级住校学习。1932 年 8 月，钱骥进入金坛县立初级中学。在校期间，他闻鸡起舞，学习突飞猛进，还获得了奖学金。1935 年夏，钱骥以优异成绩被无锡师范学校录取。1938 年 1 月，他又以优异成绩被中央大学录取。由于家庭困难，钱骥的读书生活十分艰苦，颠沛流离，在学习过程中还兼做教师，补贴生活。他树立了"科学救国"的理想，曾说："我心目中崇拜的人物，只有牛顿、爱因斯坦等大物理学家，认为他们发现宇宙的奥妙，才真正伟大，对人类有益处，不像帝王将相，靠着牺牲了无数的生灵以成名成功。自己的努力方向，就是要以这些大物理学家为目标。"（宋健，2001）

四、成长路径

（一）成长内因

不得不承认，这 23 位元勋有超出常人的天赋，但更要看到他们个人的勤奋努力。在研读这 23 位元勋的生平后，我们发现他们具有以下共同特点。

第一，志存高远。

这 23 位元勋无一例外地从小就立下了"科学救国"的抱负，给予了自己克难奋进的无穷动力。于敏高中毕业时差一点儿失学，大学刚毕业时又几乎被病魔夺去了生命。当他在病床上听到毛主席在天安门城楼上宣布"中国人民站起来了"时，心中非常激动和高兴。他暗下决心，病好以后，一定要竭尽全力发展中国的科学事业，实现科学报国的愿望。后来，他在氢弹原理突破中解决了热核武器物理中一系列基础问题，提出了从原理到构形基本完整的设想，起到了关键作用。又如王希季在西南联合大学4年就学期间，有幸受教于诸多名家，受到学校内"笳吹弦诵"、"千秋耻终当雪"的环境和志气的熏陶。这使他爱国家、爱家乡、爱人民的情感进一步加深，树立了投身能源事业，为改变祖国落后面貌出力的意愿。在"两弹一星"的工作中，他创造性地把中国探空火箭技术和导弹技术结合起来，负责提出我国第一颗卫星运载火箭的技术方案，为我国火箭技术研究作出了重大贡献（宋健，2001）。

第二，勤学敏思。

20世纪的世界物理学泰斗玻恩（也译为玻尔）在与另一位泰斗爱因斯坦的通信集中数次向爱因斯坦提及他的得意门生彭桓武。玻恩写道："中国人彭桓武尤其聪明、能干。他总是懂得比别人多，懂得比别人快。""他似乎无所不懂，甚至反过来教我。""他永远朝气蓬勃，乐观向上。"彭恒武在获得英国哲学博士和科学博士学位后，应另一位物理学大师薛定谔之邀，赴都柏林高级研究院工作，与薛定谔的助手海特勒、哈密顿共同创立了名扬世界物理学界的HHP理论，是创立HHP理论的关键人物。1945年，彭桓武与N·玻恩共同获得英国爱丁堡皇家学会的麦克杜加耳—布列兹班奖，1948年被选为皇家爱尔兰科学院院士。他在领导并参加原子弹、氢弹的原理突破和战略核武器的理论研究、设计工作方面作出了突出贡献（宋健，2001）。

相似的优点在23位元勋身上，比比皆是。如程开甲在浙江嘉兴秀州中学读初中二年级时，在数学老师姚广钧的严格训练之下，能将圆周率轻松自如地背诵到小数点之后60位，能将1～100平方表倒背如流，能记住每一个数学公式和许许多多数学题的演算结果。他在高中三年级参加了浙江省四所中学的演讲比赛，获得了第一名。秀州中学培养出了10位院士及科学家。60多年后，他的校友还以《勤奋的人》为题写了一篇回忆录，真实地记录了程开甲在秀州中学勤奋、刻苦的学习精神，并肯定地说："他之所以有今天的成就，勤奋是主要的。"除了勤奋，程开甲还有一个与众不同的地方，用他的老师姚广钧的话说："他是一个肯用脑筋的人。"1944年，程开甲在浙江大学任助教时写出一篇题为《弱相互作用需要205个质子质量的介子》的论文，得到当时来访的英国学者李约瑟的欣赏，并推荐给物理学界权威狄拉克，可惜未引起狄拉克的重视。后来程开甲的这个研究成果被一个重要的实验所证实，实验测得的粒子质量与程开甲当年的计算值基本一致。这项成果于 1979 年获得了诺贝尔奖（宋健，2001）。

第三，名校名师。

23 位院士几乎都在中外名校接受了高水平的优质教育，接受名师的指点，甚至与名师合作共事。他们不仅掌握了高水平的显性知识，更参悟了不可及的隐性知识，在德、才、能、诀（即道德、才干、能力、诀窍）四个方面受到熏陶教化，加上自己不懈的努力，打下了成为大师、元勋的坚实基础。这进一步印证了"名校出名人，名师出高徒"的人才成长规律。这方面钱三强的经历是十分典型的。

据钱三强传记资料，钱三强 1936 年清华毕业时拒绝了南京国防部军工署高额收入和升迁当官的诱惑，毅然选择了去北平研究院物理研究所做研究工作。其论文导师吴有训赞赏他的选择，亲自向时任北平研究院物理研究所所长的严济慈写了推荐信。几个月后，在严济慈的鼓励和支持下，钱三强考取了由中法教育基金会资助的巴黎大学镭学研究所唯一的镭学名额，投身于诺贝尔奖获得者、居里夫人的长女伊莱娜·居里门下，为约里奥·居里当云雾室的助手。约里奥·居里称赞钱三强的动手能力，喜欢他不张扬的踏实作风。他告诉钱三强，他的博士论文由伊莱娜和他共同指导，两个实验室的仪器设备他都可以使用。1939 年 10 月，伊莱娜和钱三强合作的论文发表，第一次报道了物理学上支持裂变现象的成功实验。在两位恩师的支持下，钱三强和夫人何泽慧及另两名法国青年科学家组成的团队（以钱三强为首），在世界上首次发现铀核三分裂和四分裂现象。

钱三强、何泽慧离法回国前夕，约里奥·居里夫妇为他们饯行。约里奥把当时处于保密状况的一些重要数据告诉了钱三强，伊莱娜亲手把一些放射性材料和放射源交给钱三强。

1948 年 4 月 26 日，约里奥·居里夫妇共同签署了由伊莱娜亲笔书写的关于钱三强工作和品格的评议书。该评议书写道：

物理学家钱先生在我们分别领导的实验室——巴黎大学镭学研究所和法兰西学院核化学实验室从事研究工作，时近 10 年，现将我们对他的良好印象书写如下，以资佐证。

钱先生与我们共事期间，证实了他那些早已显露了的研究人员的特殊品格。他的著述目录已经很长，其中有些具有头等的重要性。他对科学满腔热忱，并且聪慧有创见。

我们可以毫不夸张地说，在那些到我们实验室并由我们指导工作的同一代科学家当中，他最为优异。在法兰西学院，我们两人曾多次委托他领导多名研究人员。这项艰巨的任务，他完成得很出色，从而赢得了他那些法国与外国学生们的尊敬与爱戴。

我们国家承认钱先生的才干，曾先后任命他担任国家科学研究中心研究员和研究导师的高职。他曾受到法兰西科学院的嘉奖。

钱先生还是一位优秀的组织工作者，在精神、科学与技术方面，他具备研究机构的领导者所应有的各种品德。

在 23 位元勋的身影后，我们都可以看到一串长长的人梯，在他们的幼年、小学、中学、大学、研究生、博士各个阶段关怀、呵护、指导他们成长。1985年 9 月 10 日首届教师节，钱三强应《中国教育报》之约撰写了回忆其在清华学习生活的文章。他深情地写道："也许有的教师不曾意识到，在所有经历过求学生涯的人中，他的最美好、最难忘的回忆里，有重要一席是属于老师的，而且这种感情不以时间的流逝而淡薄，不以环境的改变而改变……岁月流逝，时过境迁；几十年的许多往事都已印象模糊了，唯有老师的指点和教诲，记忆犹新，如在眼前……"（宋健，2001）。

第四，自尊自强。

23 位元勋都是响当当的中华民族的优秀儿女，具有极强的民族自尊心、自信心，并为祖国的强大不懈地努力。钱学森的经历颇具代表性。

1935 年 8 月，钱学森赴美国麻省理工学院航空系留学。有些美国人对中国人的傲慢态度使他的民族自尊心受到伤害，他十分生气。一次，一个美国学生当着他的面耻笑中国人抽鸦片、裹脚、愚昧无知时，钱学森立即回应道："中国作为一个国家，是比你们美国落后；但作为个人，你们谁敢和我比，到学期末看谁的成绩好！"果然，只经过一年时间，钱学森就拿下了航空硕士的学位，成绩名列榜首，超出包括美国学生在内的所有学生。1936 年 10 月，钱学森转学到加州理工学院，开始了与冯·卡门教授先是师生后是亲密合作者的情谊。有一次在学术讨论会上，钱学森与大权威冯·米赛斯（Von Mises）因观点不同而争论，得到冯·卡门的肯定和支持。而在另一次学术讨论中，钱学森却和他的老师冯·卡门发生了争论。他坚持自己的观点，毫不退让，令冯·卡门十分生气，他把钱学森的文稿扔在地上，拂袖而去。钱学森仍坚信自己的观点是正确的，毫不屈服。事后，这位世界级权威认识到钱学森是对的。于是第二天一上班，他亲自爬上三层楼位于旮旯的钱学森小小的办公室，敲开门后，向给钱学森行了个礼，说："钱，昨天的争论你是对的，我错了。"

元勋们的自尊自强不仅表现在学术上，更表现在政治上。1950 年 6 月，在麦卡锡主义横行的美国，钱学森因参加过当时加州理工学院的马列主义小组活动而被美国联邦调查局询问、迫害，当年 9 月 7 日遭美国司法部逮捕，虽经朋友保释出狱，仍无人身自由，遭软禁达 5 年之久，其间还多次接受联邦调查局的审讯。有一次，一位十分反共的检察官突然问钱学森忠于什么国家的政府，钱学森坦然回答说："我是中国人，当然忠于中国人民，所以我忠心于对中国人民有好处的政府，也就敌视对中国人民有害的任何政府。"检察官问："你说的'中国人民'是什么意思？"钱学森答："四亿五千万中国人。"检察官又问："你现在要求回中国大陆，那么你会用你的知识去帮助大陆的共产党政权吗？"钱学森坚定地回答说："知识是我个人的财产，我有权要给谁就给谁。"其凛然正气，直逼云天（宋健，2001）。经过多方面努力，他们全家终于在 1955 年 10 月胜利回国，并于 10 月 28 日到达北京。

第五，爱国爱党。

23 位元勋的才华学识举世公认，他们在海外留学时纷纷受到高薪聘请。但他们怀着高昂的爱国主义热情、义无反顾，先后回到贫穷落后的祖国，为振兴中华殚精竭虑。有 20 位元勋还加入了中国共产党，成为光荣的共产主义战士。

赵九章先生 1907 年生于浙江省吴兴县，1933 年毕业于清华大学物理系。1935 年赴德国攻读气象学专业，1938 年获得博士学位，同年回国。历任西南联合大学教授，中央研究院气象研究所所长。中华人民共和国成立后，任中国科学院地球物理所所长、卫星设计院院长、中国气象学会理事长和中国地球物理学会理事长。他是中国人造卫星事业的倡导者和奠基人之一，中国科学院人造地球卫星研制的主要负责人。他拥护党的领导，热爱社会主义祖国，1964 年 12 月 27 日，在全国人民代表大会期间，赵九章呈书周恩来总理，提出了发射我国人造卫星的建议，体现了一位爱国科学家的真知灼见，受到党和国家的高度重视。

在"文化大革命"中，他的脖子上被挂上"反动学术权威赵九章"的黑牌子，受到极大侮辱。在这样恶劣的条件下，他仍惦记着人造卫星，惦记卫星设计院技术总体负责人钱骥的命运，抓住难得机会用德文写字条联络钱骥。在赵九章挨批斗、钱骥"靠边站"的孤独日子里，钱骥竟分别使用英文、德文、法文摘录了5万张关于空间技术方面的珍贵文献卡片。他同样时时牵挂着赵九章，希望赵九章能平安地渡过劫难。

1968年10月10日，党和国家领导人国庆邀请赵九章登天安门城楼观礼的请柬被中国科学院"造反派"无理扣压后的第十三天，极度痛苦和失望的赵九章在被"造反派"勒令写完一份检查后，没有留下一句话、一个字就离开了这个世界（宋健，2001）。

1997年是赵九章诞辰90周年，为了缅怀他对我国科学事业所作出的巨大贡献，为纪念赵先生非凡的业绩和爱国主义精神，教育后人学习他治学严谨、不断开拓、无私奉献的崇高品德，激励后人以他为榜样走科教兴国的道路，钱伟长等44位科学家（其中42位是两院院士）签名倡议为赵九章竖立铜像。这一倡议得到了中央的批准。1997年12月17日，铜像落成。铜像的建造费用全部由赵九章的同事、好友、学生以及有关人士自愿捐款筹集，这充分反映了诸多科技专家对赵九章的钦佩与尊敬（宋健，2001）。

吴自良1917年12月25日生于浙江省浦江县前吴村一个书香门第的知识分子家庭。1948年，他在美国卡内基理工大学获得理学博士学位。1949年10月新中国成立的消息传到美国，吴自良激动万分，毅然放弃优越的物质条件和专业对口、很有发展前途的工作，突破种种阻挠，取道日本、香港地区，于1951年年初回到祖国。半个世纪以来，吴自良主要从事国家经济建设和国防建设急需的各种关键材料的研制和材料物理方面的基础研究工作，在金属材料、半导体材料工艺和氧化物高温超导材料等广泛领域都取得了丰硕的成果。20世纪50年代，他先是领导完成了中央军委下达的朝鲜前线急需的"特种电阻丝"的试制任务，随后又负责用国内富有元素锰、钼代替短缺的铬研制苏联汽车用钢的代用钢取得成功，为开创我国自己的合金钢系统起到了突破作用。他因此获得了1956年国家首次颁发的自然科学发明奖。20世纪60年代，他主持完成了分离铀同位素的关键部件"甲种分离膜"的研制和投产，为打破超级大国核垄断，发展我国的核工业和核武器作出了重要贡献，使中国成为世界上除美、英、苏以外第四个独立掌握浓缩铀生产技术的国家，荣获1984年国家创造发明一等奖和1985年国家科技进步特等奖的覆盖项目奖。1999年9月，他赴北京接受了江泽民主席亲自颁发的"两弹一星"功勋奖章后多次动情地表示，研制任务的完成靠的是党中央和上海市委的正确决定、强有力的领导和组织，院内院外、上海和全国的大力协同，全体攻关人员的共同努力。他说："我做的事主要是向科研第一线的同志学习，把复杂的技术问题从学科角度加以分解，把问题分解出来以后，提请有关的科研人员和专家来解决。"他坚持把所获国家发明一等奖的 2 万元奖金分配给所有参加会战的单位和个人，以体现甲种分离膜技术的完成是在党的统一组织领导下，发挥社会主义大协作精神，大家共同努力的结果（宋健，2001）。

综上所述，"志存高远，勤学敏思，名校名师，自尊自强，爱国爱党"是练就"两弹一星"元勋的共同内因。

（二）成长外因

在全面研究 23 位元勋的生平后，我们认为"循循善诱，民主自由，充分信任，全面关怀，包容爱护"是元勋们得以成就伟业的外部环境。

"循循善诱，民主自由"主要指求学环境。1948 年，钱三强回国后在清华大学所作的第一次演讲中指出："科学的研究要给以相当的自由，并不是政治上所谓的自由，而是思想与心理上的自由。"（宋健，2001）

"充分信任，全面关怀，包容爱护"是指事业环境。23 位元勋生在旧社会，长年留学海外，社会关系比较复杂。在当时总体"左倾"的知识分子政策环境中，共产党对这些"国宝级"人才十分尊重，给予充分信任，发展入党，委以重任。元勋们分别担任了组织和技术上不同层面的领导和管理工作，握有人、财、物、事的实权。如钱三强多次作为中国政府代表团成员赴苏考察。1955 年 5 月，为解决急需专门人才，钱三强代表中国科学院特别邀请胡济民、朱光亚、虞福春在物理研究所成立了一个正规培养原子能科学技术人才的机构——近代物理研究室。1952 年，经国务院批准，钱三强与蒋南翔共同负责在苏联和东欧的中国留学生中，挑选与原子能专业相近的 350 名学生，改学原子核科学和核工程技术专业，以应急需。1956 年 7 月 1 日，钱三强被任命为国家经委建筑技术局副局长（刘伟任局长），负责反应堆、加速器科研基地的选址筹建工作。1956 年 11 月 16 日，时任中国科学院副秘书长兼物理研究所所长的钱三强，又被任命为新设立的第三机械工业部副部长（部长为宋任穷），该部 1958 年 2 月起改称第二机械工业部。就这样，钱三强成为"双肩挑"的领导，在科学院与二机部的紧密合作中发挥了独一无二的纽带作用，为"两弹一星"事业提供了执行层面的组织领导保障。与此相映生辉的是，钱学森 1955 年回国后，历任中国科学院力学所所长，国防部第五研究院副院长、院长，七机部副部长、国防科委副主任、国防科工委科技委副主任等要职，得以充分发挥其智慧和才干。

关怀和爱护在工作遭到困难时尤其感人肺腑。三年困难时期，生活物资匮乏，邓稼先与他的团队靠酱油水解馋充饥，许多科技人员出现了水肿，肝功能也不正常，十分需要营养。周总理为此忧心忡忡，寝食难安。他再三叮嘱主管的负责同志，困难再大也要想方设法让科学家和工程技术人员吃饱，不能让他们饿着肚子研制原子弹。正在医院住院的聂荣臻元帅不顾自己的病痛，立即向海军求援，调来鱼，向北京军区、广州军区、新疆军区求援，调来肉；再向别的军区求援，调来黄豆、食油、海带、水果……陈毅元帅听说后，说："科学家是我们的宝贝，要爱护。我这个外交部部长腰杆子硬，也要靠他们。我们不吃，也要保障他们的生活。"但当四面八方的特供物资发放给科技人员时，他们互相之间你推我让，异口同声地说："国家有困难，我们能挺得过来。"这是何等令人感动、永志难忘的历史场景啊！

《孙子兵法》云："上下同欲者胜。"正是党的领导人与元勋们心连着心，为了同一个理想肝胆相照、众志成城，才取得了"两弹一星"的伟大胜利，也成就了领袖和元勋们共同的丰功伟绩。同时，他们之间也结下了战友和同志的深厚情谊，传出了许多令人动容的佳话。从这些生动的史实中，我们可以深刻体会到"充分信任，全面关怀，包容爱护"的外部环境，给了元勋们永不忘怀的感动和无穷无尽的力量。

第5节 "两弹一星"元勋的人格维度

由上述可见，"两弹一星"元勋们的生平具有高度的相似性，因而具有共同的人格特征，可称为"两弹一星"元勋们的集体人格。元勋们彼此之间在性格气质上有所不同，但元勋们在以下的人格特征上是完全一致的。

一、科学理想与爱国主义相结合的价值取向——奉献人格

23位"两弹一星"元勋大部分是从事基础科学研究工作的，在各自专业领域内均有建树。如果沿着他们自己热爱的理想方向走下去，他们的人生会有不容置疑的辉煌。但是，为了国家的利益，他们先是抛弃了国外优越的工作生活条件，继而又放下了自己钟爱的专业，义无反顾地投入了研制"两弹一星"

这个对于他们绝大多数人相当陌生的领域。一切从零开始，一切从头再来。这是何等高尚的爱国主义精神，又是何等伟大的无私奉献的人格魅力！

1907 年出生于江苏常熟的王淦昌，1934 年获得德国柏林大学博士学位，1936 年应竺可桢校长邀请，到浙江大学物理系任教授。在此期间，他一手培养了像李政道、胡济民、程开甲那样优秀的学生，还发表了具有很大影响的《关于探测中微子的建议》等十几篇科学论文。杨振宁评价他的文章："在确认中微子存在的物理工作中，道破了问题的关键。"1956 年，王淦昌来到苏联的杜布纳联合原子核研究所担任高级研究员，于 1959 年 3 月 9 日发现了一个反西格马负超子产生和衰变的事例，有关论文于 1960 年 3 月 24 日在国内《物理学报》发表。20 世纪 70 年代初，李政道和杨振宁来中国访问时，都评价说，这是杜布纳联合原子核研究所的高能加速器上最值得称道的工作。1992 年 5 月 31 日，在北京举行的"当代中国物理学家联谊会"上，李政道问时已 85 岁高龄的王淦昌："王老师，在您所从事的众多科研工作中，您认为哪项是您最为满意的？"王淦昌沉吟了一会儿，答复道："我对自己在 1964 年提出的激光引发氘核出中子的想法比较满意。因为这在当时是一个全新的概念，而且这种想法引出了后来成为惯性约束聚变的重要科研题目。受控核聚变一旦实现，将使人类彻底解决能源问题。"可见，他的成就、他的志趣，都在基本粒子领域，而且追求首创。但是，当领导决定将他由杜布纳联合原子核研究所调回国参加核武器的研制和组织领导工作时，他没有半点犹疑，而是坚定地回答："愿以身许国。"这事发生在 1961 年 4 月 3 日，王淦昌时年 54 岁，对二机部部长刘杰同志提出的因涉及国家安全，必须绝对保密，中断一切海外关系，要长期隐姓埋名，不得告诉任何人的要求，他回答："可以做到。"从此蜚声中外、大名鼎鼎的王淦昌变成了无人知晓的"王京"，来到核武器研究所担任副所长（所长是李觉将军），主管实验研究。在青海平均海拔 3 200 米以上，平均气温零下 0.4℃的金银滩试验场地，56 岁的王淦昌与大家同甘苦，共起居，毫不特殊、胜利地完成了试验任务（宋健，2001）。

1923 年出生于湖南省慈利县的陈能宽，1947 年赴美国耶鲁大学攻读物理冶金工程专业，师从哥廷根学派大师麦休孙，得到他很高的评价。1952 年 10 月，陈能宽在与庞德共同完成的论文《铝中滑移带的动态形成》中，在金属物理学领域首次报道了"金属晶体滑移线传播的微观电影显示方法和成果"，引起学术界的极大关注。学术上的成功，使陈能宽在美国有一份收入颇丰的工作，有车有房，生活舒适安定。当他决定回国效力时，朋友们纷纷表示不解。陈能宽向他们解释说："中国是我的祖国，我没有理由不爱她。这种诚挚的爱，就像是被爱神之箭射中了一样，是非爱不可的"，并引用鲁迅的"灵台无计逃神矢"自喻。经过我国政府的不懈努力，1955 年秋，中美两国在日内瓦达成《交换平民及留学生协议》，当年 12 月 16 日，陈能宽回到祖国怀抱。1956 年，他被分配到中国科学院应用物理研究所，后来又到中科院金属所任研究员。他说，"感到了为自己做事的幸福"。1960 年 6 月，陈能宽奉命调入二机部，当李觉将军告知他是参加"一件国家重要的机密工作"，"负责爆轰物理工作"时，陈能宽的第一反应是，"噢，是不是让我参加原子弹的研制工作？你们是不是调错人了？我是搞金属物理的，我搞过单晶体，可从来没有搞过原子弹。"陈能宽承认，改行时，他的思想多少有些想法。对于原子弹这种杀伤性武器，他最初也没有什么好感。但当他想起"落后就要挨打"的耻辱历史，在重庆上空肆无忌惮地进行轰炸的日军飞机曾是他"心中永远的痛"，听到周总理讲"我国研制核武器，最终是为了消灭核武器"时，陈能宽释然了。37 岁的陈能宽被派往 17 号工地，成为九所第二研究室（爆轰物理研究室）主任。试验的艰辛和危险，研究工作条件的困难和工具的匮乏，时时考验着陈能宽的智慧和忠诚。三年困难时期，这位享受过美国舒适生活的科学家，主动代表全体参试科研人员提出要求："为了与全国人民共渡难关，我们诚恳地希望降低粮食定量，减少工资收入，并保证不影响科技攻关步伐。"他带头勒紧裤腰带，天天喝稀面片汤。1963 年年底，爆轰试验取得成功。1964 年 6 月 6 日，在张爱萍将军的指挥下，代号为"2965"的全尺寸爆轰模拟试验再次成功，陈能宽在新的领域创造了新的辉煌。他的心情正像他自己所写的《七绝·书怀》诗里所描写的那样："不辞沉默铸坚甲，甘献年华逐紫烟。心事浩茫终不悔，春雷作伴国尊严。"（宋健，2001）

二、独立思考与密切协作相互馈的团队精神——团结人格

在一般人的心目中，大科学家才华超人、聪明绝顶，是骄气十足、孤芳自赏的人。被美国人约翰·西蒙斯排名世界第一的大科学家牛顿，在其笔下被描述为："牛顿的生活充满了一系列的冲突，这使他在现代人的眼中成为一个不被同情的科学家。他总爱暴怒，而且总与同时代的人如莱布尼茨和胡克做没必要的恶意争论。"（西蒙斯，2007）他对世界排名第二的爱因斯坦这样描写：

"很难刻画爱因斯坦的个性，尤其是他孤独的晚年生活。尽管他能非常好地表达自己对人类的深爱，但他却不喜欢向其他人清晰表达自己的感受。"（西蒙斯，2007）

23 位元勋个个是学界奇才，人中翘楚。他们在"两弹一星"事业中合作共事，不免有学术争论，但更多的是据理力争之后坦诚无隙的协作。科学家崇尚真理、精忠报国、团结协作的团队精神确保了元勋们合作的成功，显示出他们共有的团结人格。

1924 年出生于安徽怀宁县的邓稼先，1945 年毕业于西南联合大学物理系，后在北京大学任教。1948 年 10 月赴美国普渡大学留学，1950 年获物理学博士，同年回国，在中国科学院近代物理研究所工作。1958 年，邓稼先 34 岁时受命担任二机部九院理论部主任，成为中国原子弹理论设计的总负责人。比美国曼哈顿工程负责人奥本海默受命时还小 4 岁。曾经担任二机部副部长和我国第一颗原子弹塔爆试验副总指挥的刘西尧同志说过，理论部好比龙头的二次方，即是说，核武器的龙头在二机部，二机部的龙头又在核武器研究院（九院），研究院的龙头又在理论设计部（简称理论部），即邓稼先他们所在的单位。经过艰苦的思索，邓稼先选定了中子物理、流体力学和高温高压下的物质性质这三个主攻方向，作为原子弹理论设计的 3 个桥头堡。邓稼先带领 28 个新毕业的大学生奋力攻关，以完全平等的方式集中集体智慧，鼓励大家都说话，都来动脑筋，通过讨论一步一步地把科研推向深入。1961 年，我国 3 位著名资深物理学家王淦昌、彭桓武和郭永怀也调入理论部，邓稼先等称他们是三位大菩萨。依靠领导、依靠助手、依靠骨干、依靠群众，这是邓稼先的工作准则。一方面，九院领导人李觉、郭英会、吴际霖、朱光亚等同志大力支持他；另一方面，他充分发挥了理论部副主任周光召、于敏、黄祖洽、秦元勋、周毓麟、何桂莲、江泽培等同志的作用，同时还紧密依靠技术骨干和群众的力量，使理论部成为一个群星璀璨、团结协作、战斗力很强的集体，出色地完成了组织上交给他的一次又一次的艰巨任务。他的老同事杜祥琬在怀念他的诗中说："手挽左右成集体，尊上爱下好中坚。"杨振宁不止一次地盛赞中国选择邓稼先去研制原子弹是一个英明的决策，"我也很佩服钱三强先生推荐的是邓稼先这个人去做原子弹的工作。因为那时候中国的人很多呀，他为什么推荐邓稼先呢？我想他当初有这个眼光，指派了邓稼先做这件事情，现在看起来，当然是非常正确的，可以说做了一件很大的贡献。"（宋健，2001）

杨振宁与邓稼先是同学，在美国留学时又同居一室，对邓稼先十分了解。他后来将邓稼先与美国原子弹研制负责人奥本海默作了一番对比，这对我们研究"两弹一星"元勋人格很有启发，兹转录如下。

奥本海默和邓稼先分别是美国和中国原子弹设计的领导人，各是两国的功臣，可是他们的性格和为人截然不同——甚至可以说他们走向了两个相反的极端。

奥本海默是一个拔尖的人物，锋芒毕露。他二十几岁的时候在德国哥廷根镇做玻恩的研究生。玻恩在他晚年所写的自传中说研究生奥本海默常常在别人作学术报告时（包括玻恩作学术报告时）打断报告，走上讲台拿起粉笔说："还可以用底下的办法做得更好……"我认识奥本海默时，他已40岁了，已经是家喻户晓的人物了，打断别人的报告、使演讲者难堪的事仍不时出现，不过比以前要较少一些。

……奥本海默是一个复杂的人。佩服他、仰慕他的很多，不喜欢他的也不少。

邓稼先则是一个最不引人注目的人物。和他谈话几分钟就看出他是忠厚平实的人。他真诚坦白，没有小心眼儿，一生喜欢"纯"，这个字能代表其品格。在我所认识的知识分子中，包括中国人和外国人，他是最有中国农民朴实气质的人。

我想邓稼先的气质和品格是他之所以能成功地领导许许多多各阶层工作者为中华民族作出历史性贡献的原因，人们知道他没有私心，人们绝对相信他。

邓稼先是中国几千年传统文化孕育出来的有最高奉献精神的儿子。邓稼先是中国共产党的理想党员（张建伟，邓琮琮，1996）。

三、勇攀高峰与脚踏实地相一致的工作作风——求是人格

"顶天立地"，把勇攀高峰与脚踏实地结合起来是23位元勋"求是人格"的共同体现。在他们身上，这样的事例俯拾皆是。

1915年生于安徽宁国县的任新民1940年于重庆兵工学校大学部毕业，1945年赴美国密歇根大学研究院留学，获机械工程硕士和工程力学博士学位，1949年8月回国。1955年他在担任哈尔滨军事工程学院炮兵工程系副主任兼火箭武器教授室（教研室）主任时，与另外两位同事一起，最早提出《对研制火箭武器和发展火箭技术的建议》，参与起草十二年规划之《喷气和火箭技

术的建立》项目任务书。其勇攀世界高峰的勃勃雄心，可见一斑。他是早期仿制与自行研制液体弹道导弹的技术带头人之一，又是"长征一号"运载火箭的技术总负责人和发射我国第一颗人造卫星的功臣。他从几十年实践和磨炼中总结出了他的三条工作原则，认为作为一名技术领导，判断和处理问题：一要靠基础知识和专业技术知识，要不断地再学习和知识更新；二要不断深入实际，积累和总结实践经验，要不断地从广大科技人员、工人和科研生产第一线吸取和补充营养；三要真正做到实事求是，一切从实际出发。正因为这种求是的人格魅力，广大科技人员、工人都信任他，愿意跟他讲心里话和实情，使任新民在处理问题和作出决策时能做到符合实际。一位常与航天打交道的记者说："任老总有两个不像，一是爬起发射架来，健步如飞，不像年近8旬的老人；二是他的衣着和待人，不像个副部级的领导和留美大博士。"这个看上去朴实无华的"老师傅"，就是七机部副部长、全国人大常委会委员、中科院院士、国际宇航科学院院士、"两弹一星"元勋任新民。

　　比起其他元勋，1929年出生于辽宁省复县的孙家栋算是小字辈。1951年9月，他从部队中被选派前往苏联茹科夫斯基空军工程学院飞机设计专业学习。在5年的学习中，他年年全优，毕业时荣获斯大林金质奖章。回国后，他被钱学森慧眼相中，负责我国第一颗人造卫星的总体设计工作，当时他还不到30岁。1969年，他受钱学森之命，向周总理汇报卫星研制进展情况，在周总理实事求是、尊重科学的精神感召下，孙家栋放下思想包袱，把多日萦绕心头而无法解决的难题吐露出来。他说："总理，目前卫星的初样试验已经基本完成，可是卫星的许多仪器上都镶嵌有毛主席的金属像章，我们非常理解大家热爱毛主席的心情，但安装紧凑的卫星仪器会由于毛主席像章而导致局部发热，还会涉及重量分配使卫星在空中运行的姿态受到影响，另外也将使卫星的整星重量增加，使火箭的运载余量变小。"今天来看这是一个不可思议的笑话，但在当时，却是一个十分荒唐的现实。孙家栋对总理说这番话是冒着很大风险的，因为造反派曾因孙家栋的爷爷是富农而让他"靠边站"。在那个年代，稍有不慎便会被造反派上纲上线。周总理认真听完孙家栋逻辑严谨的汇报后，神情严肃地说："我们大家都是搞科学的，搞科学首先应当尊重科学。比如说，人民大会堂也不是到处都挂有毛主席的像嘛。突出政治首先要把实际工作做好，而不能把政治庸俗化。所以，卫星仪器上的毛主席像章应该从科学的角度出发，只要把道理给群众讲清楚，我想就不会有什么问题。"问题就这样被化解掉了，孙家栋的求是人格在险恶的政治风云中经受了考验（宋健，2001）。

四、坚信真理与任劳任怨相融汇的思想境界——包容人格

在古今中外的历史上没有一帆风顺的民族，也没有不经磨难的英雄。在攀登科学高峰时没有平坦的大道，在实现人生理想时难免九曲回环。翻看 23 位元勋的生平记录，他们无一不是"梅花香自苦寒来"。他们都具有包容人格，达到了坚信真理与任劳任怨相融汇的思想境界。

1916 年生于浙江台州的陈芳允，1938 年毕业于清华大学物理系，1945 年赴美国 Cossoy 无线电厂研究室工作，新中国成立前夕回国。1958 年反右余波中，他在中国科学院电子所召开的领导干部会议上就所里建设提出自己的看法："最近，咱们研究所接收军队复转士兵太多，我们四室一下子就进了八员武将。科学研究必须有真才实学，要认真坐下来研究技术问题，而不是一哄而上的群众运动。现在这样的人太多，反而影响了搞科研。以后所里进人要认真考虑这个问题。"没想到，在正常的会议上提出的正当意见，竟招来了严厉的批判和大字报的声讨。虽然顾德欢所长与蔡述礼处长出面保了他，他仍被错误地定为"未戴帽右派"。陈芳允认准了，中国的富强离不开科学技术的发达，他一心要用科学技术使中国富强起来。他没有被政治上的打击压倒，而是以更充沛的热情投入他所从事的科研工作。1961 年，他在国际上首创纳秒脉冲示波器。1964 年，他又应国防科委要求，与同事合作研制出我国第一台高性能机载抗干扰雷达。从此，美国从台湾入侵大陆的高空侦察飞机难逃我军打击，再也不敢轻举妄动了。毛泽东对此专门作了批示："这个技术很好，我很感兴趣。"陈芳允 60 岁参军，61 岁入党，62 岁当选为中国科学院学部委员（院士）、兼任技术科学部主任，70 岁与王大珩、王淦昌、杨嘉墀共同向邓小平倡议"863 计划"。其传记作者马京生写道："世间有这样一种人：逆境和挫折可以让他痛苦、迷茫，却无法改变他的精神。这种人做事，不做则已，做，就一定要做得漂亮精彩。陈芳允就是这样的人。"（宋健，2001）

1922 年出生于江苏省无锡市的姚桐斌是冶金学和航天材料专家。他于 1945 年毕业于上海交通大学。1947 年赴美国伯明翰大学工业冶金系留学，1951 年获博士学位，1954 年赴联邦德国亚亨工业大学冶金系铸造研究室任研究员兼教授助理。1957 年回国后，历任国防部第五研究院一分院材料研究室研究员、主任、材料研究所所长。姚桐斌曾自述道："1949 年一年间国内解放

运动的高潮，终于使自己渐渐地苏醒过来。我开始阅读国内的进步书报，并同留学同学中比较进步的人接触，参加在留英同学中成立的进步组织'中国科学工作者协会英国分会'，并于当年 7 月在该会召开的一次聚会中，被选为这一届的常务委员——总务，后来还担任过主席。在此后的一年中，同留学生中的积极分子经常接触，经常阅读进步书报，并一起系统地进行政治学习，先后学习了毛主席的《新民主主义论》《论联合政府》《中国革命与中国共产党》《中国社会各阶级分析》《实践论》《矛盾论》以及多种马列主义及毛泽东思想的著作。在政治学习中，我对马列主义理论和毛泽东思想有了初步的了解，从而坚定了我对共产主义的信仰和奠定了我将一生献给为实现共产主义而奋斗的决心。"1949 年 10 月 1 日，中华人民共和国成立之日，姚桐斌等向毛主席致电祝贺。由于其一系列爱国行动，姚桐斌被英国政府视为"赤色的危险分子"受到种种迫害，不得不转赴联邦德国。1956 年 9 月，姚桐斌加入中国共产党，成为年轻的"红色专家"。1957 年 3 月，他回国后在材料及工艺研究所担任所长，工作上取得了很大成绩。1964 年 7 月，一个刚到所才一年多的所领导在全所大会上公开提出所内存在着无产阶级和资产阶级科研路线的斗争，把矛头直指姚桐斌。面对种种无知、无理、无法、无情的非难，姚桐斌拿出课题资料，解释聂帅是怎么要求的，国防科委的文件是怎么规定的，钱学森是怎么讲的，旗帜鲜明地抵制"左倾"干扰。"文化大革命"中，姚桐斌是最早受到冲击的"资产阶级学术权威"。在所党委的布置和引导下，攻击姚桐斌的大字报铺天盖地。但姚桐斌仍全身心投入科研工作之中，置"政治斗争"于脑后。1968 年 6 月初，就在他被害前几天，他还亲自向全所人员传达聂帅关于国防科研规划的一个正式文件。他饱含激情地说："如果我们的尖端科研事业能够上去，就是死了也甘心。"全所人员在他的情绪感染下一时也忘却了派性，一致高呼"毛主席万岁！"1968 年 6 月 8 日，姚桐斌在谢绝好心同事让他暂离是非之地的劝告，连续三天抱病工作后，被一群暴徒用乱棍残忍地杀害，"罪名"是"反动学术权威"，时年不到 46 岁。周总理一面令公安部查明此案，派粟裕同志前往七机部一院地区视察；一面开列一张有贡献的科学家名单，加以保护，必要时用武力保护；要放哨，谁迫害这些科学家，就把他们抓起来。"姚桐斌后来被追认为烈士，受到海内外深切的缅怀。1996 年，姚桐斌的母校为他竖立塑像，塑像座上刻有宋任穷同志的'姚桐斌烈士'的题字。时任该校校长的胡政民称誉姚桐斌的高风亮节，他在航天事业上的创造性的成就，是唐山交大的荣誉、民族的光荣，国家的宝贵财富。1997 年，英国朋友贝克致函姚桐斌夫人彭洁清，说：'桐斌是一个文雅、友善、非常聪明的人。他悲惨的死，对中国、对世界，是多么大的损失啊！'2000 年 9 月 15 日，在材料及工艺研究所举行了姚桐斌铜像揭幕典礼。铜像底座上刻有久已搁笔的张爱萍将军的题字'我国航天材料工艺奠基者姚桐斌'。全国政协副主席、中国工程院院长宋健派代表与会。钱学森为姚桐斌铜像揭幕题词：'鞠躬尽瘁为航天，德照日月感后人。'正如姚桐斌夫人彭洁清在 1993 年为《人民日报》（海外版）所写《怀念姚桐斌》一文开头所引陈毅的诗句'大雪压青松，青松挺且直。要知松高洁，待到雪化时'所述，姚桐斌烈士的伟大人格，永与祖国山河同在。"（宋健，2001）

五、艰苦奋斗与淡泊名利交相辉的大师风范——朴实人格

对于"两弹一星"元勋们的艰苦奋斗精神，中共中央、国务院、中央军委早有肯定。23 位元勋个个都具有艰苦奋斗与淡泊名利交相辉映的大师风范，具有十分朴实的人格。这不仅不减他们的声望，反而倍增元勋的风采。

1916 年生于安徽芜湖市的黄纬禄，是火箭技术专家，中国科学院院士，国际宇航科学院院士。他 1947 年毕业于英国伦敦大学帝国学院，获硕士学位。回国后，历任"东风一号"副总设计师兼控制系统总设计师、"东风二号"副总设计师、"东风三号"副总设计师、潜地固体战略导弹及陆基机动固体战略导弹总设计师、航天部总工程师、航天总公司高级技术顾问。黄纬禄所在的总体设计部离他家 20 余千米，当时他的三个孩子都在边疆插队，家中只剩体弱多病的老伴和一位由他赡养的七十多岁的老表姐。他每天骑自行车上下班，有一次胳膊摔伤了，吃饭时连筷子都拿不住。没法骑自行车了，他就去挤公共汽车，每趟要倒三四次车，来回要三四个小时，但他从不迟到、早退。三年困难时期，他经常带着浮肿病艰苦奋斗在研制第一线。由于黄纬禄经常拖着疲惫多病之躯，长期奔波在工作现场，他的肾结石病发作，疼痛难忍，不得不做手术。对于黄纬禄而言，高温、严寒、屈辱、病痛，一切工作条件的艰苦和肉体的病痛，他都能忍受，就是忍受不了与导弹事业的分离。"文化大革命"中，作为七机部一院十二所所长的他被"靠边站"，但仍忍辱负重，设法多做工作，使我国的导弹与航天事业少受损失。他把匈牙利爱国诗人裴多菲的诗句抄录在笔记本上激励自己："纵使世界给我珍宝和荣誉，我也不愿离开我的祖

国，纵使我的祖国在耻辱中，我还是喜欢、热爱、祝福我的祖国。"

黄纬禄作为总设计师终于在 1982 年 10 月取得了潜艇水下发射固体战略导弹飞行试验的圆满成功，使我国成为世界上第四个自行研制、第五个能从潜艇上发射战略导弹的国家，对全党全军、全国人民是一个巨大的鼓舞，全世界为之震惊。西方舆论认为："中国制造潜艇发射的导弹将使中国拥有受到第一次核打击后进行第二次核反击的能力"，"这是任何潜在的袭击者都必须加以考虑的"。为此，中共中央、国务院、中央军委专门发出贺电。1989 年 8 月，他作为对共和国作出重大贡献的专家之一，接到通知准备接受中央领导接见。然而，8 月 28 日，党中央、国务院领导人在中南海同来自科教战线上部分有突出贡献的专家座谈时，73 岁的黄纬禄却出现在 40 多摄氏度高温的大戈壁滩火箭发射现场。

黄纬禄是一位堪称楷模的德高望重、淡泊名利的科学家，他经常用爱因斯坦在悼念居里夫人时说的一句话来勉励自己、教育青年："一个人对时代和历史进程的意义，在道德品质方面，也许比单纯的才智成就方面更为重要。"（宋健，2001）

1929 年出生于湖南长沙的周光召，1951 年毕业于清华大学物理系，1954 年毕业于北京大学研究生院。1957 年，他赴苏联杜布纳联合原子核研究所工作，1961 年回国，主要从事高能物理和核武器理论等方面的研究，为"两弹一星"事业作出了突出贡献。他是美国科学院、俄罗斯科学院、欧洲科学院等 11 个国家和地区的科学院院士，是中国担任外籍院士头衔最多的科学家。但就是这位满负盛名的"两弹一星"元勋，在原子弹爆炸后，说过一段十分朴实而感人的话："制造原子弹，好比写一篇惊心动魄的文章。这文章，是工人、解放军战士、工程和科学技术人员不下十万人谱写出来的！我不过是十万分之一。"（宋健，2001）

六、率先开拓和扶持后学相比翼的责任意识——恢弘人格

23 位"两弹一星"元勋都深深理解无论是发展科学还是振兴中华，都是长路漫漫的艰辛跋涉，必须一面率先开拓，一面扶持后学，使人才辈出，后继有人。为此，应当具有博大的胸怀，拥有气度恢弘、海纳百川的优秀人格。

也是"两弹一星"元勋、生前任九院院长的邓稼先，1985 年在病重期间特地为郭永怀撰写纪念文章《忆良师益友，再创新业》。他说："我国著名力

学专家郭永怀同志，在我院建院初期任副院长，对我们的事业作出了卓越的贡献。他为开创我院事业作出的贡献和他本人的学术成就，永远铭记在我们心中。直至今日，还深感他的早逝，对我们事业造成的巨大损失不可挽回，同时也使我失去了一位良师益友。何其惋惜！"其对郭永怀敬佩与哀思之情，溢于言表。

郭永怀，山东荣成市人，1909 年生，空气动力学家，应用数学家，中国科学院院士。1935 年在北京大学物理系毕业并留校攻读研究生，1940 年赴加拿大多伦多大学应用数学系留学并获硕士学位。1941 年在美国加利福尼亚州理工学院研究可压缩流体力学，1945 年获哲学博士学位后留校任研究员，1946 年起应冯·卡门的优秀学生西尔斯之邀，到美国康奈尔大学任副教授、教授，并参与主持该校航空研究院。1957 年回国后，历任中国科学院力学研究所副所长、中国力学学会副理事长、二机部第九研究院副院长等职，并兼任中国科技大学化学物理系主任、《力学学报》主编等职。郭永怀在中国原子弹、氢弹的研制工作中，领导和组织爆轰力学、高压物态方程、空气动力学、飞行力学、结构力学和武器环境实验科学等研究工作，解决了一系列重大问题，作出了突出贡献。1946 年，他与钱学森共同指出在跨声速流场中有实际意义的是来流的上临界马赫数，而不是以往被重视的下临界马赫数。这项研究成果对航空技术中突破声障具有重要意义。20 世纪 50 年代初，他在微波与边界层相互作用研究中获出色成果，得出远场超声速流动与近场边界层相互作用的速度场和压力场的表达式，并进一步发展了奇异摄动理论，即庞加莱—莱特希尔—郭永怀（PLK）方法。20 世纪 60 年代，他在钝锥绕流、爆轰力学等研究方面取得了重要成果，1985 年获国家科技进步特等奖。

郭永怀被公认为良师益友是因为他朴实正直、品德高尚、和蔼可亲、至诚待人。1957 年反右中，著名力学家钱伟长被打成右派。时任《力学学报》主编的郭永怀仍然请他担任编委，协助审稿。有一次钱伟长在审查一位名牌大学知名教授的论文时，发现其中竟有 51 个基本错误，故提出论文不宜发表。该教授向编委会提出"左派教授的文章不许右派教授审查"，郭永怀闻后不屑一顾，他说："我们相信钱伟长的意见是正确的，这和左、右无关。"

郭永怀深知，他们这一代科学家承担着培养青年人的历史责任。他经常把自己比做一颗石子，甘愿为青年人成长铺路搭桥。他说："我们回国主要是为了为国家培养人才，为国内的科学事业打基础，做铺路人。如果要考虑个人学术上出成果，条件肯定不如国外优越，那干脆就不回来了。现在我们的事业处于初创阶段，所以你们也要有铺路的思想准备，为后来者服务，创造好科研工作环境。或许要在一两代人以后才能真正在良好的条件下开展力学研究。"他也教育他的研究生说："我们这一代，你们以及以后的二三代要成为祖国力学事业的铺路石子。"他回国后即积极筹划力学所研究生培养工作。在第一批招生中，他一人就带了 5 名，1962 年以后又亲自带过 4 批，先后共十余人。由于郭永怀的严格要求和具体细致的指导，他们后来都成为国家的科研骨干。1957 年，他首创由中国科学院力学研究所和清华大学联合举办的力学研究班，以解决我国对力学人才之急需。该班举办了 3 期，毕业生达 200 多名，他们多成为学术领导人或骨干，多人成为中国科学院院士或中国工程院院士。

郭永怀要求年轻人首先要有宽广而坚实的基础知识，注重培养他们理论分析和实验研究两方面的能力，对他们采取启发式、循序渐进、强调掌握科研方法的教育，并让他们尽快在实践中锻炼成才。郭永怀主张，培养人才要"言教、身教、以身教为主"，在教学科研中身体力行亲自动手。他自己勤奋刻苦，同样也希望别人勤奋，一直到牺牲都不愧为人师表。1968 年 12 月 5 日，郭永怀从兰州乘机回京，因飞机失事，以身殉职。当人们检视遗骸时，发现他与警卫员紧紧抱在一起，怀里保护的档案资料完好无损。在生命的最后时刻，他想到的也是国家利益。他的高尚人格永远被人们怀念。1988 年 12 月 5 日，在他牺牲 20 周年之际，中国科学院力学研究所为他竖立了汉白玉半身雕像。中国空气动力研究与发展中心为他建立了"永怀亭"。1991 年，力学所以郭永怀的名字设立了奖学金，作为对品学兼优的研究生的最高奖励（宋健，2001）。

无论是率先开拓还是扶持后学都需要恢弘气度、博大胸怀。1917 年生于浙江湖州的屠守锷在"两弹一星"元勋中可算是一位老党员。1940 年，他毕业于西南联合大学，1941 年赴美国麻省理工学院航空工程系留学，获硕士学位。1945 年回国后，先后在西南联合大学和清华大学任副教授、教授。20 世纪 50 年代后期起，他成为我国导弹与航天事业开创者之一，作出了突出贡献。

在研制"长征二号"丙火箭初期，第二级发动机是否加大喷管，是争论的焦点之一。20 世纪 70 年代初的中国，由于财力有限，无法进行模拟高空环境的发动机试验，若采用大喷管将会因缺乏试验数据而增加研制风险。屠守锷果断决定，发动机暂不采用大喷管，但总设计上预留安装空间。这一决定当时被部分年轻科技人员误解，个别人甚至嘲讽地说："这是什么总师，连大喷管都不敢用，还搞什么洲际导弹！"听到这些话，屠总笑了。他能理解年轻人的心情，也坚持自己实事求是的决策。这是何等的气魄和胸怀！屠守锷十分重视通过一系列地面试验来摸索规律，以增加飞行试验成功的保险系数，并为国家节约财力。地面试验当然不免有失败。因此，有人说屠守锷是"常败将军"，但遍查他主持研制的所有型号的几十次飞行试验记录，却无一失败。

《屠守锷传记》作者沈辛荪、周德山、贺青评述道："只有那些胸怀博大的人，才会把前进中的曲折当做动力；也只有那些付出挚爱真情的人，才会把个人荣辱当做浮光掠影一般。也正因为有屠守锷这样的老师，才会培养出这样一支队伍，造就这样一批人才。在屠守锷总师的副总师队伍里，可以发现这样一些名字：梁思礼——曾任航天工业总公司技术委员会副主任；李绪鄂——曾任航天工业部部长、国家科委副主任；李伯勇——曾任中国运载火箭技术研究院院长、国家劳动部部长；王永志——曾任中国运载火箭技术研究院院长，现任'神舟'号飞船工程总设计师；王德臣——曾任'长征二号'E 捆绑火箭总设计师……那一连串如今在中国航天战线上功勋卓著的名字，原来他们都曾是屠守锷的助手。如今，他们在巨人的肩膀上，驰骋世界。"（宋健，2001）

在 20 世纪五六十年代的复杂国际环境下，"两弹一星"筑成了我国新的"长城"。"两弹一星"元勋是共和国的功臣，是老一辈科技工作者的杰出代表，是新一代科技工作者的光辉榜样。在他们这个英雄集体身上体现出奉献人格、团结人格、求是人格、包容人格、朴实人格、恢弘人格，这六大人格有机糅合，相互渗透，熔铸成"两弹一星"元勋的"长城"人格。它与"两弹一星"精神交相辉映，是我国科技工作者和中华民族的宝贵精神财富，给予我们攀登科技高峰的不竭动力。

第8章　新中国成立初期：
成就、差距与教训

综上所述，在 20 世纪中叶，尤其是新中国成立后，在中国共产党的领导下，神州大地才具备了现代意义上的科学技术体系，为中华民族迈向"四个现代化"的新长征增添了动力，取得了空前未有的辉煌成就；同时在探索建设有中国特色社会主义的科学技术发展规律方面，也积累了正反两方面的经验教训，为我国加强科技自主创新、建设创新型国家奠定了基础、提供了启示。

第1节　巨大的成就，发展的差距

一、第一个五年计划的主要成就

（一）为工业化和科学技术现代化奠定了技术资源基础

现代科学技术必须与现代工农业生产互动互馈才能发展。现代工业既是科技发展不可或缺的基础，更是科技发展永不枯竭的动力。"一五"期间，中国大地上涌动着近代以来引进规模最大、井喷效应最强的工业化浪潮。921 个限额以上的工矿建设项目构成了现代工业的骨架，到 1957 年新增固定资产492.18 亿元，相当于 1952 年年底全民所有制企业固定资产原值的 2.05 倍，而且建成后平均三年半收回投资。1957 年工业总产值 704 亿元，增长 128.6%，在工农业总产值1 241亿元中所占比重超过农业，由 1952 年的 43.1% 上升到56.7%。重工业产值在工业总产值中所占比重由 1952 年的 35.5% 上升到45%。1957 年同 1952 年相比，工人劳动生产率提高 52%，12 个工业部门的产品成本降低 29%。在工业总产值增加额中，由于提高劳动生产率增加的产值占 59.7%，比国民经济恢复时期高出 11 个百分点，是 1978 年以前最高的时期。同时，一大批旧中国没有的现代工业骨干部门，如飞机、汽车、发电设备、重型机器、新式机床、精密仪表、电解铝、无缝钢管、合金钢、塑料、无线电和有线电的制造工厂如雨后春笋般破土而出，它们对技术的供给和需求大大地推动了科学技术的进步。"一五"期间工业生产所取得的成就，远远超过旧中国的100年，增长速度在世界名列前茅。同20世纪50年代大多数新独立的、人均年增长率为2.5%的发展中国家相比，中国十分突出。

（二）为工业化和科学技术现代化奠定了人力资源基础

1957年，我国普通高校发展到229所，比1952年增长14%；在校学生44.1万人，比1952年增长1.3倍；中等专业学校在校学生77.8万人，比1952年增长22.3%；普通中学在校学生628.1万人，比1952年增长1.5倍；小学在校学生6 428.5万人，比1952年增长25.8%。整个"一五"计划期间，全国高等院校毕业生达27万，超过1912～1947年36年间21万毕业生总和的28.5%。1957年全国科研机构共有580多个，研究人员2.8万人，比1952年增长2倍多。到1957年，全国实现了县县有医院、乡乡有诊所，共有病床位29.5万张，比1952年增长84%，全国有中西医生共计54.7万人。

二、10年社会主义建设的主要成就

从1956年9月党的八大到1966年5月"文化大革命"前的10年，是在党对中国如何建设社会主义的探索中曲折发展的时期。

（1）初步建成具有相当规模和一定技术水平的工业体系，使发展科学技术有"用武之地"。1965年，社会总产值达2 659亿元，国民收入达1 387亿元。1958～1965年的8年中，基本建设投资额达1 627.98亿元，投产大中型项目936个。1965年同1957年相比，全民所有制企业固定资产按原值计算增长了1.76倍，新建扩建了一大批重要企业如十大钢铁厂、一批重要的有色金属冶炼厂、几十个煤炭企业和发电厂。到1964年，我国主要机械设备自给率已由1957年的60%提高到90%以上。电子、原子能、航天等新兴工业从无到有，从小到大，发展成为重要的产业部门。1965年，我国已能够生产雷达、广播电视发射设备、电视中心设备、无线电通信设备、原子射线仪、各种气象仪、水声设备、电子计算机、电视机等。从1957年到1965年，农业机械总动力由121万千瓦增加到1 099万千瓦，化肥施用量由37.3万吨增加到194.2万吨，农村用电量由1.4亿度增加到37.1亿度。1965年，国内需要的石油已全部自给。从 1958 年到 1965 年，全国新增铁路营运里程 7 900 多千米。1965 年铁路货运量比 1957 年增加 50.67%，客运量增加 31.93%，公路、水运、航空等事业也有较大发展。

（2）科学技术和教育事业有较大发展，使发展科学技术有"用武之兵"。至 1965 年年底，全国自然科学技术人员共有 245.8 万人，其中研究生毕业 1.6 万人，大学毕业生 113 万人。全国专门的科学研究机构达到 1 714 个，专门从事科学研究的人员达到了 12 万人。充满活力的年轻一代科学家正在快速成长。1957~1966 年，全国普通高等学校毕业生累计达到 139.2 万人，中等专业学校毕业生累计达到 211.1 万人，分别为 1950 年、1956 年的 4.9 倍和 2.4 倍。1957~1965 年，全国的医疗卫生机构由 122 954 个增加到 224 266 个，每千人拥有医院床位数由 0.46 张增加到 1.06 张，每千人拥有医生数由 0.85 人增加到 1.05 人。

（3）在艰难的国内外环境中锤炼出的英雄气概，使发展科学技术有"用武之志"。古语云："三军不可夺帅，匹夫不可夺志。"要在科技上赶超世界先进水平，没有志气是不行的。"多难兴邦"，在这十年中，中国遭遇到国内严重经济困难，国际上受到战争威胁，在西方国家的封锁禁运和苏联中断援助的两面夹击下，党领导人民坚持独立自主、自力更生、艰苦奋斗、顽强拼搏，铸就了"大庆精神"和"两弹一星"精神，成为全民族宝贵的精神财富。以钱学森、李四光、钱三强、茅以升等为代表的一批科学家忠于祖国、辛勤工作、任劳任怨、无私奉献，为祖国的科技事业和经济文化建设事业作出了重大贡献，成为科技战线光辉的旗帜，激励着一代又一代科技人员向他们学习、努力攀登世界科技高峰、报效祖国和人民。

三、发展的差距

新中国 17 年来的巨大成就，是在"一穷二白"的基础上取得的。相对于曾经称雄于世界的历史，只能称为"恢复性增长"。在"二战"后的黄金 20 年，世界各国都有不同程度的进步，连日本和联邦德国这样的战败国也在废墟上迅速崛起。与世界整体科技水平相比，我们仍存在相当大的差距。以科技投入和科学家与工程师人数为例，1964 年，美国 R&D 经费为 210.75 亿美元，人均 111 美元，科学家与工程师人数为 496 500 人；英国分别为 21.6 亿美元、40 美元、59 400 人；德国分别为 14.36 亿美元、25 美元、33 400 人；法国分别为

12.99亿美元、27美元、32 500人；日本分别为8.92亿美元、9美元、114
800人。企业已成为技术创新的主体，如1963~1964年，美国通用电气公司
R&D费用为3亿~4亿美元，占销售额的6%~8%；IBM公司分别为1.24亿
美元、6%；德国通用电力公司分别为2.5亿德国马克、6%~8%；西门子公
司分别为4亿德国马克、6.1%；法国公牛机器公司分别为5 800万法郎、
12.6%；荷兰飞利浦公司分别为4.79亿荷兰盾、6%；瑞典爱立信公司分别为
约7 400万瑞典克朗、约5%（布朗，1999）。按美元与人民币汇率1：8计算，
1964年美国一年的R&D经费即相当于我国1958~1965年8年的基本建设投资
额。中华崛起之路漫漫而修远兮！

第2节　历史的局限，"左倾"的政策

一、难以超越的历史局限

作为一个具有悠久历史的古国、人口众多的大国和积贫积弱的穷国，在
20世纪五六十年代特定的国内外环境下，建设什么样的社会主义，怎样建设
社会主义，我们党对这两个重大问题当时缺乏正确认识和实践经验。因此，在
经济建设和科技发展上不可能不受到一些局限。历史学家汤因比提出："历史
不是一连串的事实，历史著述也不是对这些事实的叙述。历史学家必须做到让
人能够理解事实。""历史应该维护每个事件的复杂性，同时应把它们建构成
一个具有某种连贯意义的安排。"（汤因比，2005）

新中国成立后的17年，科技发展存在以下8个方面的历史局限性：①教
条主义僵硬化。在"一切向苏联学习"的政治方针下，不认真调查世界形势，
不冷静分析苏联形势，不重视结合国内形势，采取教条主义的学习方式，科技
和教育体制均克隆苏联，不问青红皂白，囫囵吞枣。这种学习方式在党内存在
的"科技靠苏联专家，生产靠中国工人"的宗派主义倾向和对与苏联科技有
歧义的专家扣上"反苏"、"右派"政治帽子的做法的共同作用下，造成了一
些负面影响。②计划经济单一化。计划经济体制本是一种战时经济体制。在新
中国成立初期复杂的国内外环境下实施高度集中的计划经济是可以理解的，但
在单一计划经济下，中国长期以来只有工厂，没有企业，科学技术发展失去了
强大的市场动力与创新活力，形成产品几十年一贯制。③阶级斗争扩大化。突

出表现在 1957 年反右斗争扩大化上。《中国共产党历史第二卷（1949～1978）》说：许多同党有长期合作历史的朋友，许多有才能的知识分子，许多政治上热情而尚不成熟的青年，还有党内许多忠贞的同志，由于被错划为右派分子，经受了长期的冤屈和磨难，不能在社会主义建设中发挥应有的作用。这不但造成他们个人及家庭的悲剧，也给整个党和国家的事业造成巨大损失。当时全国 205 所高等学校，近 4 000 名教授、副教授、讲师及助教被划为右派分子。全国被戴上右派分子帽子的有 55 万人。更为荒谬的是，八大二次会议把"知识分子"列为剥削阶级，极大地抑制了广大科技人员的积极性、主动性和创造性。这个损失是难以估量的。④执政方式运动化。运动群众和群众运动成为全国执政的重要方式。法制和必要的规章制度被抛在一边，甚至宪法也形同虚设。违背自然规律和经济规律的"大跃进"和"人民公社化"运动使社会主义建设遭受严重的挫折，也使科学技术事业受到损害。如沈阳飞机制造厂在 1959～1960 年，由于受"大跃进"影响，不尊重科学技术规律，搞"快速试制"，致使试制的米格－19 飞机出现了严重的质量问题，造成 578 架飞机投产后，废品与返修损失高达 2 991 万元。由于飞机不能试飞出厂，飞机厂被讥为"养鸡（机）场（厂）"。1960 年，因成品过期、生锈损失达 569 万元。这就是沈飞历史上"一年生产、三年返修"的沉痛教训❶。⑤科技经济二元化。由于全盘复制苏联体制，新中国成立后经济体制与科技体制分立，形成积重难返的"两张皮"状况，在计划经济体制的框架中，成为强大的社会惯性和惰性，制约了我国科技的发展。⑥人才教育功利化。新中国成立初期大规模的院系调整，对于解决经济建设急需的实用人才起到了一定的积极作用。但文理分离、专业过细的体制设计，对于培养科学技术通才，尤其是培养战略科学家十分不利。爱因斯坦认为："仅仅用专业知识教育人是不够的。通过专业教育，他可以成为一种有用的机器，但是不能成为一个和谐发展的人。要使学生对价值有所理解并且产生热烈的感情……他必须获得对美和道德的善有鲜明的辨别力。否则，他——连同他的专业知识——就更像一只受过很好训练的狗一样。"长期以来，我国一般人才多，一流人才少，学科带头人和领军人物更少，这种过于功利化的教育体制不能不说是重要根源之一。⑦信息渠道封闭化。新中国成立以来，先是西方国家全面封锁，20 世纪 60 年代后苏联也加入了反华包围

---

❶ http://www.china.com/.

圈，使我国的科技基本在封闭环境下进行；加之政治与技术不分，科技人员即使有海外人脉也不敢联系，唯恐有"里通外国"之嫌，这使我国科技发展走了不少弯路。⑧ 党政体制人治化。《中国共产党历史第二卷（1949～1978）》第746页说："十年探索发生失误，党的主要领导人和中央领导集体固然有责任，但更重要的原因在于党和国家的领导体制存在着弊端。""从50年代后期开始，党和国家的政治生活逐渐不正常，个人决定重大问题、个人崇拜、个人凌驾于组织之上一类现象滋长起来，削弱以致破坏了党的民主和人民民主。"对社会主义的探索和建设，"实际上取决于领导人自身的状况"。这样，自然难以避免发生曲折了。

二、本可矫正的"左倾"政策

17年的"左倾"政策，聚焦于对知识分子阶级属性的认识上。周恩来代表党中央于1962年在广州会议上所作的《论知识分子问题》的讲话，同他1956年所作的《关于知识分子问题的报告》以及1951年所作的《关于知识分子的改造问题》的讲话一脉相承，是新中国成立以后，党对知识分子的正确政策的三篇历史文献（中共中央党史研究室，2001）❶。即使是毛泽东，在《关于正确处理人民内部矛盾》（1956）、《在全国宣传工作会议上的讲话》（1957年3月）中也讲过正确的话，因此中国共产党对知识分子的基本面是有正确了解的。但从反右扩大化以来，到八大二次会议，以至于后来的"文化大革命"，包括科技人员在内的知识分子所受到的"残酷斗争、无情打击"，对我国的科教文化事业所造成的显性和隐性的、一时和长远的、时代和历史的深远负面影响，是难以尽述的。但是，由于知识分子相信科学，尽管受到不公正对待，仍不失报国之志，不减爱国之情，仍尽一切可能投入科研事业之中，创造了可歌可泣的成绩。他们相信，中国是中国人民的中国，绝不是某个人的中国。著名建筑学家梁思成说："我情愿作为右派死在祖国的土地上，也不到外国去。"（韩福东，2011）❷ 正如刘少奇所言："好在历史是人民写的。"在今天的世界上，科学、民主的潮流是谁也阻挡不住的。

在新民主主义革命时期，中国共产党就有着与"剥削阶级"合作的长期

---

❶ 中共中央党史研究室. 中国共产党历史大事记（1921年7月~2011年6月）之一［N］. 人民日报，2011－07－21.

❷ 韩福东. 党是我的亲娘［N］. 南方都市报，2011－06－29.

历史，统一战线被认为是共产党的"三大法宝"。今天的共产党已经意识到，当时对于什么是社会主义和怎样建设社会主义等重大问题认识不清。既然如此，对张闻天、彭德怀以及一批有识之士的探索又"相煎何太急"呢？汤因比说："我们在分析文明衰落时发现可以把衰落的终极标准的基本原因描述为和谐的丧失，这导致一个社会失去了自决的力量。"他认为，"社会共同体比阶级重要，凝聚性是时代的基调"（韩福东，2011）。

第3节　宝贵的经验，深刻的教训

一、继承宝贵的经验

在 17 年的社会主义建设过程中，对社会主义制度巩固和带动整体科技发展最具历史意义、最有战略标志性的重大成果，非"两弹一星"莫属。江泽民于 1999 年 9 月 18 日在表彰为研制"两弹一星"作出突出贡献的科技专家的大会讲话中提出："我国在物质技术基础十分薄弱的条件下，成功地研制出'两弹一星'，为我们实现技术发展的跨越创造了宝贵的经验。同样具有重大的历史意义和普适性，应当永远传承。"（江泽民，2001）

这些经验主要是：①坚持党的统一领导，充分发挥我国社会主义制度的政治优势。对于具有战略意义的国家重大经济科技建设项目，必须加强党的统一领导。必须根据国家发展的现实要求和长远目标，结合我国物质技术的实际条件，科学论证，不失时机地作出决策，而目标和任务一经确定，又必须充分发挥我们的政治优势，一抓到底，务求必胜。②坚持自力更生，自主创新。唯有自己掌握核心技术，拥有自主知识产权，才能将祖国的发展与安全的命运牢牢掌握在我们手中。同时，要善于抓住一切可以抓住的机遇，有选择、有重点地引进国外关键技术，把自主创新与必要引进有机结合起来。③坚持有所为有所不为，集中力量打歼灭战。只有集中力量发展那些一旦突破就能对经济发展和国防建设产生重大带动作用的关键科学技术，才更有利于赢得时间，缩小同发达国家的差距，并且在一些重点领域力争尽快进入世界高新科技发展的前沿阵地。④坚持尊重知识，尊重人才。科学技术的竞争，关键是知识和人才的竞争，是开发和创新能力的竞争。要在科学技术的研究开发中取得重大突破，必须有一大批能够掌握和驾驭高新技术的高素质科技专家。有了人才优势，就能充分发挥社会主义制度的优势，就可以更快、更好地把我国科学技术搞上去。⑤坚持科学管理，始终抓住质量和效益。越是关系国民经济命脉和国防安全的重大科技与建设项目，越要实施严格的科学管理。始终注重质量管理；越是高科技越要加强管理，讲求质量和效益，这样才能取得成功。

二、审理深刻的教训

任何一个国家和民族在前进的道路上不可能一帆风顺，失误和挫折在所难免。关键是要正视历史，善于认识和总结教训，尤其要善于把教训转化为思想财富。正如邓小平所言："过去的成功是我们的财富，过去的错误也是我们的财富。我们根本否定'文化大革命'，但应该说'文化大革命'也有一功，它提供了反面教训。没有'文化大革命'的教训，就不可能制定十一届三中全会以来的思想、政治、组织路线和一系列政策。"（邓小平，1993）

新中国成立后 17 年的主要教训是：①要正确认识知识分子，采取正确的知识分子政策。社会主义制度下，工人、农民和知识分子都是劳动人民。科学技术是第一生产力，要充分发挥知识分子的作用，大力提高全民族的科学文化素质，大力加强工人、农民和知识分子的团结，在全社会树立社会主义的核心价值观，在党的领导下，为实现"四个现代化"，实现中华民族的伟大复兴共同奋斗。②要把科学技术从器物层面提升到文化价值层面，从"以物为本"提升到"以人为本"，弘扬全民族科学精神，彻底破除封建迷信，建设科学民主的创新型国家。吴梅红认为，20 世纪以来，中国虽然全面地移植了西方科学和科研体制，但科学所内含的"理想主义"文化精神——为求知而求知的自由探索精神——并没有在中国生根。如果说"实用理性"是中国现代科学功利主义形成的传统文化上的根源的话，那么以追求"以物为本"的现代化为基本价值取向的"革命的功利主义"科学观，则是中国现代科学功利主义形成和盛行的现实原因。所谓"革命的功利主义"科学观，就其根本特征而言，是将科学视为发展经济、稳定政治、加强军事、增强国力、教育人心的手段与工具，它看中的是科学的实际效益与社会作用，而非科学本身（吴梅江，2008）。美籍华人学者余英时在《从价值系统看中国文化的现代意义》一文中认为，由于中国有因实用需要而发展出来的技术传统，所以容易把科学和技术混为一谈。他说："'科技'这个含混名词，在我的了解中不是指科学和技术，而是指科学性的技术。"进而他断言："中国'五四'以来所向往的西方科学，如果细加分析，即可见其中'科学'的成分少而'科技'的成分多，一直到今天仍然如此，甚至变本加厉。中国大陆提出的'四个现代化'全都是'科技'方面的事，中国人到现在为止还没有认识到西方为'真理而真理'、'为知识而知识'的精神。我们所追求的仍是用'科技'来达到'富强'的目的。"（余英时，2004）这些观点，值得我们重视。③必须大力发展市场经济并与国际接轨。当代科技发展的实践已证明，市场是推动科技发展永不枯竭的动力源泉。如恩格斯所说：一旦有了社会需求，将比十所大学更能推动科学前进。④必须大力推动科技与经济的结合，促使企业成为技术开发的主体。⑤必须大力改革教育体制。把不断提高全民族科学文化素质，促进人的全面发展，放在十分重要的战略位置。大力发展全方位、多层次的教育体系，加强高水平综合性大学的建设。加强科技人员的继续教育和终身教育，加强职业教育，在全社会营造鼓励创新、创业、创造的文化氛围。加强国际学术交流与合作，加强留学生选派工作，尤其要加强对战略科学家和科学帅才的重点培养。

第二篇

"文化大革命"——科技的遭难
（1966～1976）

　　"文化大革命"时期，虽断断续续有一些科技成果出现（主要是在工程领域和军事领域），但对于科学技术来说，更多的是破坏和磨难。

第9章 刘家峡——中国首座
百万千瓦级水电站

第1节 矗立在黄河上的丰碑：工程概况

一、水电站概况

1969 年 3 月 29 日，刘家峡水电站第一台机组投产发电。1975 年 2 月 4 日，刘家峡水电站建成，从此中国的水电历史翻开新的一页。刘家峡水电站是 20 世纪 60 年代末我国自行设计、制造、安装、施工的第一座百万千瓦级以上的大型水电站，发电量相当于新中国成立初期全国发电量的总和，也是当时亚洲最大的水电站。[1] 在我国工业刚刚起步的时候，完成如此巨大的工程，不仅是我国人民艰苦奋斗的结晶，也堪称我国水电建设史上之最，铸就了我国治理黄河的一座历史丰碑。

刘家峡水电站位于甘肃省永靖县境内的黄河干流上，距黄河源头 2 019 千米，控制流域面积 172 000 平方千米，占黄河流域总面积的 23.3%，水库库容 57 亿立方米，库区流域面积 298 平方千米。

二、水电站设计与构成

刘家峡水电站主要由挡水建筑物、泄洪排沙建筑物和引水发电建筑物三部分组成。挡水建筑物包括河床混凝土重力坝（主坝），左、右岸混凝土副坝和

---

[1] 永靖县委宣传部. 刘家峡水电站，http：//www. gs. xinhuanet. com/dfpd/2007 - 04/27/content_9904190. html.

右岸坝肩接头黄土副坝，坝顶全长 840 米，坝顶海拔 1 739 米。主坝为整体式混凝土重力坝，最大坝高 147 米，主坝长 204 米，顶宽 16 米，底宽 117.5 米。泄洪排沙建筑物包括溢洪道、泄洪道、泄水道和排沙洞。四大汇水排沙建筑物在正常高水位汇洪能力可达 7 533 立方米/秒，在水位 1 738 米时可达 8 092 立方米/秒。

水电站厂房位于主坝下游，为坝后地下混合封闭式厂房，全长 169.8 米，共安装 5 台大型水轮发电机组，设计总装机容量 122.5 万千瓦，保证出力 40 万千瓦，设计年发电量 57 亿度。厂房共有 5 台升压变压器，1 台 220 千伏和 330 千伏从而形成一个东至关中平原，西达青海高原，南到陇南、陕南地区，北临腾格里大沙漠边缘方圆几千千米，以刘家峡水电站为中心的西北大电网，为电网调峰、调频、调压和事故备用等作出了重大贡献，有力地促进了西北地区工农业生产，特别是为甘肃、青海的有色金属冶炼、铁合金、电石、化工等高耗能工业和高扬程电力提灌工程的发展提供了强大动力。

刘家峡水电站设计正常高水位 1 735 米，相应库容 57 亿立方米，防洪标准按千年一遇洪水设计、万年一遇洪水校核，设计洪水位 1 735 米，校核洪水位 1 738 米，防洪限制水位 1 726 米。根据 2002 年西北勘测设计院编制的《龙羊峡刘家峡水库联合度汛方案》，刘家峡水电站汛限水位 1 727 米，设计洪水位（P = 0.1%）1 736.36 米，校核洪水位（P = 0.01%）1 737.31 米，可能最大洪水（PMF）的最高洪水位 1 738 米。

水电站通过 220 千伏、330 千伏的超高压输电线路，同甘肃兰州、天水，陕西关中和青海西宁四个电网相连接，使之连成一体，形成一个横跨陕、甘、青三省的大电网。过去，这三个省的电力工业虽然发展很快，但还不能满足工农业生产建设的需要。刘家峡水电站的五台机组陆续发电以后，陕、甘、青三省工农业的发展就获得了充足的动力。

第 2 节　汗水与智慧的结晶：工程建设背景

一、领导关怀与重视

1952 年，毛泽东亲自视察黄河，提出："要把黄河的事情办好。"1954 年，周恩来主持召开由 9 个部委 19 位有关领导人参加的黄河规划会议，会议提出了《黄河综合利用规划技术报告》，把建设刘家峡水电站列为国家开发水电的第一批工程。《黄河综合利用规划技术报告》在 1955 年第一届全国人民代表大会第二次会议上审议通过。

第一个五年计划期间，中央组织起一支由百余名工程技术人员和工人组成的水电勘测设计队伍，开赴刘家峡，随即展开工作量浩大、任务艰巨的勘探工作。

1958 年 9 月 27 日，根据第一届全国人民代表大会第二次会议决议，在充分和艰难的前期勘探后，兼防洪、灌溉、防凌、养殖、航运等综合效益的大型水利枢纽工程刘家峡水电站正式动工兴建。

这是新中国水利电力首屈一指的重大项目。建设初期，周恩来对电站开发和建设方案多次作出重要指示。1966 年 4 月，邓小平、李富春、薄一波等亲临刘家峡水电站建设工地视察工作。1967 年秋，刘家峡下闸蓄水，左岸导流隧洞出现泄漏。周恩来亲自主持国务院业务小组会议，研究解决堵漏工作，1968 年 10 月 15 日，重新下闸，蓄水取得成功。

1969 年 3 月 19 日，当时任党中央总书记的邓小平一行视察刘家峡水电站。邓小平说："没想到工程搞得这么快，搞得这么好！"

刘家峡水电站的建设和管理从一开始就受到党和国家领导人的悉心关怀和高度重视。胡耀邦、李鹏、朱镕基、李瑞环、温家宝等党和国家领导人也曾先后视察指导。

二、充分论证与勘探

刘家峡水电站的建设经过了大量反复的勘探和论证。1952 年秋至 1953 年春，北京水力发电建设总局和黄河水利委员会组成贵（德）宁（夏）联合查勘队进行了工作量浩大、任务艰巨的勘探工作。对龙羊峡至青铜峡河段进行查勘后，初步拟定在刘家峡筑坝。1954 年 3 月，由有关部门负责人和苏联专家共 120 余人组成的黄河查勘团，对黄河干支流进行了大规模的查勘，自下而上，直至刘家峡坝址。

在水电站的坝址选择上采用了分级淘汰制，即由大范围到小范围，从众多坝段选定一个坝段，最后从一个坝段多数坝址中选定一个坝址，同时选定后备坝址。勘探队对每一段河床进行细致的地质考察，完成了纵断面 266 千米、横断面 105 条的测量和地质勘探，最后从四个坝址中确定红柳河为刘家峡水利枢纽的最终坝址（李文，刘昭，1994），确定坝址后又重新对红柳河进行了一次系统的勘测。

1954年，黄河水利委员会编制的《黄河技术报告》确定刘家峡水电站工程为第一期开发重点工程之一。《黄河技术报告》拟定刘家峡水电站枢纽正常高水位1 728米（实际建成高程为1 735米）、总库容49亿立方米（实际建成为57亿立方米）、有效库容32亿立方米（实际建成为41.5亿平方米）、最高大坝高124米（实际建成147米）。电站装机10台（实际装机5台）、总装机100万千瓦（实际装机122.5万千瓦），建成前后指标对比如表9-1所示。

表9-1 刘家峡水电工程指标设计与实际建成数值对比

工 程 指 标	设 计 数 值	实际建成数值
正常高水位（米）	1 728	1 735
总库容（亿立方米）	49	57
有效库容（亿平方米）	32	41.5
最高大坝高（米）	124	147
电站装机（台）	10	5
总装机（万千瓦）	100	122.5

1955年7月，第一届全国人民代表大会第二次会议通过《关于根治黄河水害和开发黄河水利的综合规划的决议》，要求采取措施，完成刘家峡水电站工程的勘测、设计工作，保证工程及时施工。

经过权威地质专家的反复勘探鉴定，刘家峡枢纽初设阶段工程报告于1958年1月完成，刘家峡工程的设计任务由北京电力设计院完成，遵照周恩来总理的指示，水库最高水位控制在以不淹到炳灵寺石窟为标准。历时3年的刘家峡水电站地质勘探任务至此胜利完成。

三、建设者不畏艰难

1958年年初，水电部成立的刘家峡水力发电工程局（现为水电四局）承担刘家峡的施工任务。刘家峡水电站工程于1958年9月27日正式动工，1961年因国家经济调整缓建，1964年复工。当时，我们国家刚刚度过3年困难时期，那时候的建设方针是"先生产，后生活"，刘家峡水电站施工条件异常艰苦。

担负建设任务的水利电力部第四工程局的建设者与来自全国各地的工人及

当地人民一起，在没有现代化机械设备的情况下，为工程建设付出了极大的努力。

工作条件十分艰险，在建设中遇到了很多棘手问题。按原定计划施工，大坝基坑的开挖和底部浇筑只能在枯水季节进行，算下来一年要耽误 5 个多月的时间。为确保主体工程全年施工不间断，设计小组成员集思广益提出增开导流隧洞，加筑高拱围堰的方案，让高拱围堰挡住洪水，使之从导流隧洞流出，从而避免施工间断的问题，为工程夺回了至少一年的工期。

水电站在加速施工的同时，全国许多工厂也为其制造了先进的机器设备。按设计刘家峡水电站需要安装 5 台水轮发电机组，每台容量为 22.5 万千瓦。这样的机组在当时国内尚未制造过，是一个新的挑战，制造机组的任务落在哈尔滨电机厂身上。而此时，由于中苏关系破裂，苏联政府撕毁合同、撤走专家，中国技术开发与工业建设面临前所未有的困难。在这样的情况下，电机厂克服困难，攻克技术难关，不仅设计制造了 22.5 万千瓦的水轮发电机组，同时还改进水轮机转轮设计，改革发电机的冷却方式，制造了一台 30 万千瓦的水轮发电机组，再攀技术高峰。我国过去生产的水轮发电机组，一般都采用空气冷却，机组的体积比较大。哈尔滨电机厂的三结合设计小组决定不用这种冷却方式，而是采用我国工人创造的双水内冷新技术，这样就给制造上提出了新的课题。因为发电机整天旋转，埋设在定子和转子中间的通水导管要做到不堵、不漏、不渗，就必须把导管接头制作得十分严密牢固。焊接工人不畏艰难，把为社会主义祖国争光的决心倾注在新的机组上，最终圆满完成任务。

刘家峡工地摸索建成了自动化机械的作业线，从开采砂石料、拌和和输送混凝土直到浇筑大坝都采用机械化操作。加之施工方法的改进，整个工程建设得以高速度、高质量和低成本完成。电站原计划 1970 年年底筑好大坝开始蓄水，1972 年开始发电，最后大坝于 1968 年基本筑成并开始蓄水，1969 年 4 月 1 日第一台机组开始发电，缩短了两三年时间且各项质量指标均达到设计要求。1974 年年底，刘家峡水电站最后一台机组安装完毕，至此水电站建设工程胜利完工。工程总投资 6.38 亿元，总造价 5.11 亿元，单位千瓦投资 512 元，单位千瓦造价 417 元。

作为我国独立设计建造的第一座百万千瓦以上的大型水利发电站，刘家峡水电站在 1980 年 6 月的国家质量验收中被评为优秀设计和优秀工程，获全国优秀工程设计奖。在一穷二白的社会主义建设初期，刘家峡水电站的建成极大地鼓舞了全国人民的士气和干劲。

第3节　驯服河水，润泽西北：工程的综合效益

刘家峡水电站的建成带来了巨大的综合效益，除电量效益、容量效益外，兼有防洪防凌、灌溉、养殖等效益，如图9-1所示。

图9-1　刘家峡水电工程的综合效益

一、电量效益

甘肃省地处中国东中部地区与西部地区的结合部，是西部地区唯一具有承东启西、南拓北展区位优势的省份，电力能源以水电为主。刘家峡水电厂作为西北电网的骨干，对甘肃省经济发展与电力负荷增长需要发挥了重要作用。刘家峡水电厂在西北电网中主要承担发电、调峰、调频和调压任务，是西北电网的骨干电站，在西北电力系统中处于十分重要的地位（孙文星，徐波等，2008）。从建成到2010年1月约41年来，累计发电量超过1 855.95亿千瓦时，工业总产值132.87亿元。❶

二、容量效益

西北电网的峰谷差冬季常常超过100万千瓦，而刘家峡水电厂就承担了90

---

❶　刘家峡水电厂2010年发电量突破60亿千瓦，http://www.tianjinwe.com/rollnews/201101/t20110110_3124202.html.

万千瓦，即使汛期水电大发时，根据系统需要，还得担负约 40 万千瓦的峰谷差的调节任务。年调峰电量达 33 亿千瓦时，占多年平均实发电量的 68.75%。

西北电网正常负荷波动约 12 万千瓦，由于刘家峡水电厂单机容量大，一直担负着西北第一调频厂的任务，其日均调频容量达 12 万千瓦，充分利用水能资源，使火电机组在最佳经济区运行，节约了煤炭，保证了电网的电能质量。

刘家峡水电站还担负着西北电网的事故备用任务，其备用容量达该电站总装机容量的 20%，为减少系统事故损失起到了十分重要的作用。例如，1980年秦岭电厂 3 号机发生事故，甩负荷 20 万千瓦，当时立即启动刘家峡电站 4 号机，维持了电网出力平衡，减少了事故损失。

三、防洪防凌效益

刘家峡水库按千年一遇标准设计，万年一遇标准校核，水库投运提高了下游梯级电站及兰州市的防洪标准。刘家峡作为控制型水库，是黄河上游防洪体系的重要组成部分，通过其调蓄作用可减轻黄河中下游的防洪压力，同时还能使黄河下游水电站在枯水期能正常发电。

从兰州到包头，由于黄河流向由南向北，下游纬度高于上游纬度，气温低于上游，低纬度河段开河早，较高纬度包头河段开河晚，每年 3 月上游河道解冻，冰凌顺流而下，而下游河段仍封冻，流冰形成冰坝，使水位壅高，造成河堤溃决，形成凌灾。刘家峡水库运行后，每年 3 月 5 日至 20 日凌汛期间可控制下泄流量，有效防止了黄河下游宁夏、内蒙古 1 700 千米地段冰凌壅塞之灾。

四、灌溉效益

刘家峡水电站下游的宁夏、内蒙古地处黄土高原，大部分地区干旱少雨，引黄灌溉成为粮食增产的主要因素。电站建成之前的枯水季节，由于灌溉不足，灌区多数土地每年仅能浇水 1~2 次，粮食种植面积少，亩产量低，平均亩产量仅 100 千克。电站建成后，灌溉面积由新中国成立初期的 41.2 公顷增至 1987 年的 106.6 万公顷。刘家峡水库每年为下游灌溉渠补水 8 亿~12 亿立方米。5 月上中旬按时下泄进行灌溉补水，使灌区在枯水季节得到及时灌溉。由于灌区水量充沛，粮食种植面积增加，单产量大幅提高。水库建成运行，保证了甘肃、宁夏、内蒙古引黄灌区的用水，使下游农田灌溉率由 65% 提高到

85%。此外，还确保了包头钢铁基地的工业用水。

五、养殖效益

刘家峡水库的建成，促进了甘肃的渔业发展，可以说，没有刘家峡水库，就没有甘肃的渔业。1970 年成立渔场，1990 年渔场养鱼水面达 16 万亩，同时建立了养殖场，进行了鱼苗的孵化和鱼种的培养。刘家峡水库蓄水前，黄河自然生长的土种鱼类有黄河鲤鱼、北高雅罗鱼、鲫鱼等 11 种，其中黄河鲤鱼为淡水三大名贵鱼类之一。刘家峡水库建成蓄水后，为发展人工养鱼创造了有利条件，结束了甘肃内陆省份无渔业的历史，养鱼业已成为当地农民致富的重要途径之一。

六、其他效益

（1）航运。刘家峡水库建成前，沿黄河、洮河、大夏河两岸的村民只能用羊皮筏子和木筏子进行短途运输和摆渡，水上航运十分落后。刘家峡水库建成后，库区的水上运输及参观旅游一派繁荣景象，活跃了少数民族的经济。1974 年至今，各类旅游、运输公司相继成立，结束了皮筏、木筏摆渡的历史。

（2）城市供水。刘家峡水库建成后，能够对下游兰州、银川等城市的工业用水保证水量供应，其中为兰州市工业供水量每天约 70 万立方米，累计供水量 51.1 亿立方米。

第 4 节　历史将被铭记：工程突破

一、水电站创造的历史

刘家峡，这座新中国矗立在黄河之上的丰碑，它的碑体上铭刻着这样的碑文：中国第一座自行设计、制造、安装、施工的大型水电站；中国第一座百万千瓦级大型水电站；中国第一台 30 万千瓦双水内冷水轮发电机组……

从 1986 年起，刘家峡水电站在全国水电企业率先展开大规模的设备技术改造，使设备的可靠性发生了质的飞跃，自动化水平跃上了崭新的台阶。电站大量采用国内外先进的技术设备，引进美国莫迪康公司的微机监控系统，加拿大 GE 公司的发电机及励磁系统，法国奈尔皮克公司、俄罗斯彼得格勒金属厂的水轮机，奥地利伊林公司的变压器，挪威阿尔卡特公司的高压电缆以及瑞士的技术和设备。联合国内多家实力科研单位和企业，对出力不足、事故频发的主辅设备进行了全面改造。

与此同时，刘家峡水电站也获得 100 多项科技成果，特别是卓有成效地应用"异重流排沙技术"，效果十分显著。截至 2009 年 2 月底，排沙量达到 2.89 亿吨，平均排沙比为 80.5%，从而有效减少了电站水库的泥沙淤积，延长了电站的使用寿命。这项技术不仅荣获了甘肃省技术发明一等奖和全国科技进步奖，而且在联合国教科文组织的国际会议上荣获优秀奖（弋舟，2009）。部分技术及成果如表 9 - 2 所示。

表 9 - 2　刘家峡水电站建设中部分突出技术与成果

时　间	技术与成果
1994 年	率先在国内实施 225 兆瓦大容量机组增容改造获得成功
2001 年	GPS 水库测量管理系统开发成功并投入使用
2002 年	后方控制室远程监控的建立，荣获甘肃省电力公司推广一等奖
2002 年	5 台机组增容改造工程全部结束，发电出力由原来的 116 万千瓦提高到 135 万千瓦，净增 19 万千瓦，相当于又建了一座中型水电站，且投资仅为 5 亿元，是新装同等机组的 1/4
2006 年	一项高水平的 330 千伏开关站建设动工
2007 年	330 千伏开关站建设及 4 号变压器升压改造工作完成，并一次性启动并网成功。"双回线过载判据稳控切机技术的应用"被评审组认为技术先进、功能实用，整体已达国内先进水平
2008 年	5 号机变压器接入工程完成，这是甘肃省第一座 330 千伏 GIS 开关站，对进一步提高电站经济效益乃至优化甘肃电网结构将发挥重要的作用

二、涌现劳动模范

刘家峡水电站建成以前，甘肃仅有三个孤立的中小电网，电站建成后，不但将永昌、天水和兰州三个小电网连接起来，而且形成了以刘家峡为骨干的陕、甘、宁、青四省（自治区）西北电网构架，兼具防洪防凌、调峰调频任务。如今电站在灌溉、防汛、养殖、航运、旅游等方面发挥出越来越大的经济效益和社会效益，被列为国家重点工业旅游项目和甘肃省爱国主义教育基地。

这一工程建设过程也伴随着一系列技术革命，涌现出了一大批技术能手、专业带头人甚至优秀企业家。在刘家峡水电厂一提起郭永进，人们亲切地称他为"郭劳模"。他带领工作小组成员冒着严寒、日夜赶工，完成了2号机转子改造中工作量极其繁重的矽钢片清洗和棘手的转子堆叠等任务。

在良好的工作氛围下，叠转子的三个小组展开了激烈的劳动竞赛，大家你追我赶，日夜奋战，结果只用了8天时间，转子堆叠任务圆满、优质完成，创造了国内大型转子堆叠的奇迹，从清洗钢片到转子堆叠，共抢回工期39天，创造直接经济效益855万元，受到省局领导的表彰奖励。

1994年7月，电力部作出成果鉴定：改造后的2号机由原来的22.5万千瓦增至25.5万千瓦，净增3万千瓦出力，照此计算，每年可增加1.35亿千瓦时的电量。1971年入党的老共产党员郭永进也于这一年被评为甘肃省劳动模范。

三、接受前所未有的挑战

刘家峡水电站的设备技术改造大量引进了国外的新设备、新工艺、新材料、新技术，技术含量高、标准严、难度大，如果没有过硬的技术力量，对这些设备的消化利用就成为刘家峡水电站管理者忧心的难题。于是，大量、实在的培训在技改中同时展开，特别是对焊接技工的培训，使杨清林等学得一身过硬的本领，这本领后来使俄罗斯专家都折服了。

3号机组改造使用的水轮机是从俄罗斯彼得格勒金属加工厂订购的，由于俄罗斯寒冷的气候和我国西北气候有差异，受环境影响，转轮变形无法安装，机组改造工作被迫停工。在厂生技部的支持下，电焊班班长杨清林开始琢磨转轮变形原因，经过仔细分析研究，他大胆提出变形是由于俄方提供的转轮反变形的量有问题，俄方提供的下凹值是控制在2%，但机组改造要求下凹值只有0.99%。杨清林调来经验丰富的同志，用烤枪烤、焊条堆焊加热等办法，经过三个多小时的反变形处理，使变形的转轮完全符合了工艺设计要求，使得俄方专家激动地夸赞中国的焊工一流。

第5节　安全生产创辉煌：工程管理

一、安全管理

水电站大坝的安全问题是一个公共安全问题，不仅关系一个水电厂的安全生产，更关系大坝上下游人民的生命财产安全，关系国民经济的可持续发展。

刘家峡水电站作为一个拥有高坝、大库的水电站，其安全管理关系重大，对水电厂正常发电及整个西北电网的正常运行都有重要意义。

截至 2011 年 7 月 23 日，刘家峡水电厂连续安全生产实现 3 651 天，为有史以来最高安全纪录，同时从第一台机组投产发电到现在累计完成发电量 1 890.389 亿千瓦时❶。这与电厂在安全生产上的科学理念和管理是分不开的。

刘家峡水电站大坝由刘家峡水电厂具体负责管理，产权单位为甘肃省电力公司，其防汛责任单位自下而上分别为刘家峡水电厂、甘肃省电力公司、甘肃省人民政府。水库调度单位为黄河水利委员会上中游水量调度办公室，发电调度单位为西北电网公司调度通信中心。大坝安全管理以法律、法规为基础，由多部分管，水电厂下有生产技术部、安全监察部、水工分厂、经营管理部、财务资产部、物资部等。大坝的安全管理有一系列政策法规作法制保障。政府对电力行业管理随着机构与职能的变迁，从原水利电力部、原能源部、原电力工业部、原国家电力公司、原国家经济贸易委员会，到国家电力监管委员会，都对水电站大坝安全的法规建设和依法监管非常重视。刘家峡水电厂的管理模式形成于 20 世纪六七十年代，经过原能源部、电力工业部等开展的"安全文明双达标"、"三项制度"等改革，形成了较完善的管理规章、标准，主要分为管理标准、工作标准、技术规程三个方面。

刘家峡水电厂按照国家有关法律、法规和标准，根据该厂实际情况，建立了健全的大坝各项安全技术规程：水工观测规程、水工建筑物维护检修与水务管理规程、水工安全作业规程、水工机械检修规程、机械运行规程、水库观测规程、水工管理制度、防汛制度等规程制度，并编制了超标准洪水调度与抢险预案、预防水淹厂房预案等防汛预案。根据要求建立、健全大坝安全检查制度，如日常巡回检查制度、年度详查制度、定期检查制度、特殊检查制度等运行维护以及大坝安全管理等一系列规章制度，使大坝运行和安全管理做到制度化、规范化和标准化。

20 世纪 80 年代后，国外在大坝安全管理领域引入"风险"理念，采用风险管理的方式，对大坝安全进行管理。20 多年来大坝风险管理发展迅速，使得大坝安全管理进入一种现代管理模式。刘家峡水电站大坝安全管理以"风险管理"为主导理念，集中体现在如图 9-2 所示的四个方面。

---

❶　刘家峡水电站工作 10 周年无安全事故，http：//www.cn3gny.com/content.asp？ID=1124.

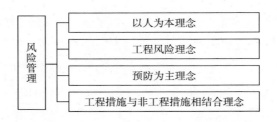

图9-2　刘家峡水电站大坝安全管理理念框架

（1）以人为本理念。"风险"的理念包含了两层含义，即事件发生的概率和事件发生导致的后果两个方面的乘积。所谓大坝风险，就是大坝发生溃决事件的概率与溃坝后果的乘积。在大坝风险管理中引入"以人为本"的理念，不但要求我们关注工程安全以求得效益，更要求关注水库大坝的存在给上下游的公共安全带来的影响。

（2）工程风险理念。要求大坝风险管理不仅要通过管理使得大坝工程是安全的，而且要通过管理使大坝不安全时，下游的损失是最小的。在这个理念中，还包含了两个重要概念：一是风险永远不会是零。无论多么坚固的大坝，在某种条件下，仍然可能出现破坏甚至溃决。为此大坝风险管理应考虑所有的破坏模式，包括各种极端情况；二是大坝需要承受适度风险。

（3）预防为主理念。从风险理念出发，风险管理必须是事先的和以预防为主的。预防体现在两个方面：一方面预防破坏事故的出现，为此必须对有缺陷的大坝进行针对性的处置，通过工程加固进行除险；另一方面是预防突发事件发生后群众不能及时撤离。为此需要进行应急预案的编制，事先做好可行的、有效的预案。

（4）工程措施与非工程措施相结合理念。降低风险的办法有两类：一类是采用工程措施对大坝的病险与隐患进行加固处置，降低大坝溃决的可能性；另一类是非工程措施，如加强安全管理、加强管理设施的建设、做好突发事件的预测预报预警，编制应急预案等。工程措施和非工程措施综合利用才能最有效地降低大坝下游的风险。

二、增容改造

刘家峡水电站自1969年4月1日投产发电以来，走过了40余个春秋。由于受当时国内水电机组制造安装技术和管理水平的限制，加之黄河泥沙的影响，机组过水设备磨蚀相当严重，各种缺陷和大小事故频发，机组运行的安全性、经济性和可靠性很不稳定，电站安全运行频受威胁。

针对先天不足的设备状况和严峻的安全形势，刘家峡水电站广大职工以对国家和人民事业高度负责的精神，在实践中不断总结经验，不断进行技术更新和设备改造，攻克诸多技术难关，保证设备安全运行。

从1986年开始，历经十几年，5台机组逐一得到了全面增容改造。1994年4月，2号机组完成全部增容改造工程。之后，连续对另4台机组进行全面改造。尤其是在1996~2002年短短的6年间，刘家峡水电站以平均一年半一台的速度，完成了所有机组的改造。作为整个改造工程重头戏的5号机组，从水轮机、发电机、变压器等主要部件到各类配套设备，全部采用当时世界先进设备和技术。先后和俄罗斯、加拿大、法国、瑞士、奥地利、挪威、美国等著名公司和国内一些专业厂家合作，用一流的设备、一流的技术、一流的工艺改造出了一流的工程，使5号机组单机容量由26万千瓦增容至32万千瓦。最终，5台机组出力由当初的116万千瓦增长到135万千瓦，净增容量19万千瓦，相当于又建了一座中型水电站。

技术改造不仅使发电机组的出力大幅度增加，而且设备的安全可靠性和抗磨蚀能力大幅度提高。在2005年的大发电期间，改造后的设备经受住了严峻的考验。10月26日，全厂发电出力达135万千瓦，10月29日发电量2 913万千瓦时，10月份发电量7.9亿千瓦时，这三项均创发电以来最高纪录。大发电期间135万千瓦的满负荷运行，机组各部分运行工况良好，充分验证了刘家峡水电站通过设备技术改造所取得的成果。

在机组增容改造完成后，随着甘肃电网的发展，出现了在机组满发电情况下电量不能完全送出的问题，使电站的社会效益和经济效益蒙受了损失。电站于2006年又进行了一次系统改造，经过一年多的艰苦奋战，建成了甘肃省首座330千伏GIS开关站，彻底解决了电力送出受限问题，打通了电力外送的大通道，电站的综合控制水平和设备自动化水平上了一个新台阶。输电站加大了计算机监控系统升级改造、水轮发电机组状态监测、主变在线监测等科技新成果应用力度，管理信息系统建成投入运行。

刘家峡水电站紧跟知识经济时代的步伐和科技进步的潮流，不仅在主设备改造上运用高科技，而且在各个方面大力推行和倡导科技创新，具体举措如表9-3所示。

表 9 - 3　刘家峡水电站科技创新举措

时　　间	具 体 措 施
1993 年	1 号机引进美国 Modicom 公司监控设备投入运行，电厂开始对机组实施微机监控
2001 年	GPS（全球卫星定位系统）水库测量管理系统在该厂开发成功并投入使用
2002 年	全厂办公自动化系统（OA）正式投入运行，"无纸化"办公开始运转。"大型发电机定子槽电位降低技术"、"水轮发电机转子绝缘技术"等一系列先进技术的应用，提高了设备的自动化水平，为机组实现"无人值班、少人值守"奠定了坚实的基础

　　刘家峡水电站是新中国成立初期在中国共产党的领导下，我国工人阶级发扬自力更生、艰苦创业的革命精神，自行设计、自行施工、自行安装的百万千瓦级的大型水电站，是中华民族不怕艰难、勇于向大自然进军的象征，1995年被甘肃省省委、省政府命名为全省爱国主义教育基地。随着永靖黄河三峡旅游业的发展，刘家峡水电站作为现代文明的重要标志，已成为黄河三峡风景名胜区内的一大主要旅游景点。

　　如果说 40 多年前刘家峡水电站的建成书写了一段伟大的历史，那么今天的刘家峡水电站则是在依靠科技进步和技术创新续写发展的新篇章。

第10章 葛洲坝——长江第一座大型水电站

第1节 首战即捷：葛洲坝一期工程开工

一、葛洲坝：万里长江第一坝

1956 年的 6 月，毛泽东同志写下了著名的《水调歌头·游泳》。其中"高峡出平湖"可谓一语道出中华民族几千年来的水利梦想。西江石壁，巫山云雨，长江的湍湍激流历经层峦叠嶂的三峡，在南津关骤然平坦，宣泄而下，奔向广阔的冲积平原。这独一无二的南津雄关，便是当今"万里长江第一坝——葛洲坝"的所在地。葛洲坝水利枢纽工程位于长江三峡的西陵峡出口——南津关以下 2 300 米处，距宜昌市镇江阁约 4 000 米。葛洲坝北抵江北镇镜山，南接江南狮子包，雄伟高大，气势非凡，控制流域面积 100 万平方千米，占长江流域总面积的 55%。

大坝于 1970 年开工，建成于 1988 年，共经历了 18 个春秋的"移山倒海"。葛洲坝水利枢纽工程是一项综合利用长江水利资源的工程，具有发电、航运、泄洪、灌溉等综合效益。其全长 2 606.5 米，坝顶高程 70 米，是一座低水头、大流量、径流式水电站。其主要由水工建筑物、通航建筑物、电站建筑物三大柱体组成。这项工程控制流域面积 100 万平方千米，总库容量 15.8 万立方米。电站装机 21 台、总容量 271.5 万千瓦。投产后通过扩建 1 台机组和实施 2 台机组改造增容，现装机容量为 277.7 万千瓦，年均发电 157 亿千瓦时。葛洲坝工程建船闸 3 座，可通过万吨级大型船队。27 孔泄水闸和 15 孔冲砂闸全部开启后的最大泄洪量为每秒 11 万立方米。截至 2009 年 9 月 30 日，葛洲坝电厂累计发电已达 3 887.88 亿千瓦时❶。

二、兴建决策：一波三折终成功

1958 年 3 月 30 日，毛泽东视察三峡，描绘出"更立西江石壁，截断巫山云雨，高峡出平湖"的宏伟蓝图。为了纪念毛泽东于 1958 年 3 月 30 日视察三峡，葛洲坝工程也被命名为"三三零"工程。然而，由于"文化大革命"、备战等制约因素，毛主席并未匆忙批准三峡工程的修建计划（原计划先修建三峡工程，再修建葛洲坝工程）。

1970 年 11 月，周恩来总理主持中央政治局会议，原则上批准了关于提前修建葛洲坝水利枢纽（三峡水利枢纽的组成部分之一）的报告。周恩来总理撰写了《关于兴建长江葛洲坝水利枢纽工程的报告》，并提交给毛泽东主席。

1970 年 12 月 26 日，毛泽东在其 77 岁生日这天，在这份报告上挥笔签下"赞成兴建此坝，现在文件设想是一回事，兴建过程中将要遇到一些现在想不到的困难问题，那又是一回事，那时，要准备修改设计"的批示（宋凤英，2010）。

1970 年 12 月 30 日，时任湖北省革委会副主任的张体学同志揭开了葛洲坝工程建设的序幕。当时的葛洲坝工程尚未设计，采取的是"三边方针"，即边施工、边勘测、边设计。但由于缺乏统一的规划、设计和科研，许多严重的问题在兴建伊始就逐步暴露。在这种情况下，周恩来总理于 1972 年 10 月下令，暂停施工，修改设计，并作出三项批示：葛洲坝工程设计由长江流域规划办公室负责，成立葛洲坝工程技术委员会，林一山任主任，对国务院全权负责；成立葛洲坝工程委员会，对施工及质量负责，下设工程局，负责日常施工；葛洲坝工程要严格按基本建设程序办事，初步设计期间，主体工程暂停施工（谢兴发，2009）。

1974 年下半年，初步设计修改稿提交，经技术委员会和有关部门审订并报国务院批准后，1974 年 10 月，停工 22 个月后的葛洲坝工程正式复工。

1981 年 1 月 4 日 19 时，历时 36 小时 23 分钟，葛洲坝工程顺利实现了大江截流。1981 年 5 月 23 日 17 时 26 分，27 孔泄水闸开始下闸实施分期蓄水。1981 年 6 月 27 日，葛洲坝三江船闸正式通航。1981 年 7 月 30 日，葛洲坝电

❶ 葛洲坝水电站，http://baike.baidu.com/view/106623.htm.

站首台水轮发电机组并网发电。1988 年 12 月 6 日，21 号水轮发电机并网发电，标志着工程主体全部完工。

第 2 节 刑天舞干戚：葛洲坝力克技术难题

晋代著名文学家、训诂学家郭璞在描述三峡地理文化的《江赋》一文中，描绘了长江三峡河段山势之雄奇怪异，江水之骇浪惊波。可见，三峡地区奇特的山川风物，丰富的自然资源自晋代以来就已经引人注目，但也正是这奇特的地理构造使得修建葛洲坝水利枢纽起步艰难，困难重重。

一、枢纽布置：一体两翼显实效

葛洲坝工程初步设计的首要任务在于确定坝体和枢纽布置。在 20 世纪 70 年代，泥沙问题、航运问题、大江截流技术、大型机电设备制造等是中国水利建设面临的众多高难度挑战之一。

葛洲坝河段水流状态、河势变化艰辛复杂，林一山主任运用河流辩证法，创造性地提出一体两翼的枢纽布置格局，即在葛洲坝拦河建筑物上游2 100 米宽的河面中，两侧利用防淤堤与河岸形成各 300 米宽的引航道，中间为 800 米宽的主泓河床。从南津关到泄水闸的长江主泓（一体），它两侧从引航道口门（也称运河口门）开始通向下游的航道为两翼。同时，在该主泓下端接近泄水闸的部位，两侧又各有一个侧向进水的电站引水渠道，称为第二个两翼。

一体两翼的科学布置，通过把所有过水建筑物连成一个整体（包括建筑物以下的河道在内），保证了工程的安全和正常运行，较好地解决了通航建筑物与发电、泄洪的关系，坝区泥沙淤积与通航水流条件两大难题，满足了分期施工、导流、截流和提前发挥通航、发电效益的要求。

二、泥沙淤积：静动结合化难题

保证航运畅通的首要问题是解决坝区引航道泥沙淤积的问题。根据1953～2009 年大通水文站水沙过程监测资料，三峡水库蓄水前（1953～2002）的多年平均径流量为 9 011 亿立方米、多年平均输沙量为 4.27 亿吨。根据颗粒分析：其中小于 0.1 毫米的冲泻质泥沙 4.64 亿吨；0.1 毫米以上的粗沙、砾石、卵石约57 万吨，全部推移。悬移质汛期占90%，推移质更集中在汛期，枯季只占1%~2%（包伟静，曹双，绺红，2009）。

为了解决水流条件与泥沙淤积的矛盾，参照我国多年来治河工程以及水库冲淤的经验，结合长江水量丰沛、含沙量不大的特点，考虑采用防淤堤把引航道与主流分开，并设置冲沙闸，形成有利于束水冲沙的人工航道，通过"静水通航，动水冲沙"的途径，解决引航道淤积问题。所谓静水通航，就是船队经引航道过船闸时，冲沙闸全部关闭，航道完全处于静水状态；动水冲沙，即在通航间隙，或临时性停航，全开冲沙闸，达到清理航道和排出粗沙、卵石的目的。

葛洲坝枢纽航运工程有"两线三闸"（大江航道建一座船闸，三江航道建两座船闸）。为解决船闸上、下游引航道的泥沙淤积问题，航道内布置了冲沙闸，采用"静水通航，动水冲沙"的运行方式。工程投入运行后，每年汛末，三江和大江航道各冲沙1~2次。三江航道在入库流量为24 000~25 000立方米/秒时，采用冲沙流量8 500~9 000立方米/秒，冲沙历时8~12小时；大江航道在入库流量为24 000~27 000立方米/秒时，采用冲沙流量一般为15 000立方米/秒，冲沙历时约50小时。冲沙后，配合机械挖除少量泥沙，航道泥沙淤积问题顺利解决，未因泥沙淤积引起碍航。

三、电站设备：水利机械技术高

我国设计制造大型水力机械设备的水平不断提高。葛洲坝二江电站1号、2号机组，是完全由我国自行设计、制造和安装的发电机组，转轮直径达11.3米，单机容量为170兆瓦，至今依然是世界上尺寸最大的轴流转桨式机组之一，被誉为世界卡普兰式水轮机的里程碑。其余19台为5叶片ZZ500型轴流转桨式水轮机，转轮直径10.2米，单机容量为125兆瓦。在当时世界上已投入运行的装有大型轴流转桨式水轮机的电站中，葛洲坝电站两种机型的转轮直径均居世界前列。这一项目实现了我国水电设备制造史上的重大突破，推动了装备制造业的发展，荣获1985年国家科技进步特等奖。

葛洲坝至上海直流输电工程，推动了我国超高压输电技术的发展。高压直流输电，一直被世界公认为大型电力系统中的一项重要输电方式。1990年，我国第一个超高压换流站在葛洲坝建成投产。同时，我国第一个超高压、大容量、远距离直流输电工程——500千伏葛洲坝至上海直流输电工程投入运行。葛洲坝的电能，穿越湖北、安徽、江苏、浙江四省一市35个县1 045千米直至上海。葛上直流输电工程的建成，使华中、华东两个大电网实现了强联网，开创了西电东送的新格局，拉开了跨大区联网的帷幕，为三峡工程电力外送和全国电力联网做了多方面的技术准备。

四、导流截流：施工建设精度高

大型船闸具有世界规模。葛洲坝工程船闸是我国在多沙河流上修建的第一座大型通航建筑物。船闸为单级，1、2 号两座船闸闸室有效长度为 280 米，净宽 34 米，与三峡船闸大小相同，一次可通过载重为 1.2 万～1.6 万吨的船队。3 号船闸闸室的有效长度为 120 米，净宽为 18 米，可通过 3 000 吨以下的客货轮。每次过闸时间约 40 分钟，其中充水或泄水 5～8 分钟。上、下闸工作门均采用人字门。其中 1、2 号船闸下闸首人字门，每扇宽 9.7 米、高 34 米、厚 27 米，质量约 600 吨。面积相当于两个篮球场，被誉为"天下第一门"。其安装标准要求正向和侧向允许误差只有 5 毫米，而实际安装误差均小于 2.5 毫米❶。

五、生态环境：人工增殖护环境

全人工繁殖成功解决中华鲟生态保护问题。中华鲟是我国特有的古老珍稀鱼类，是世界现存鱼类中最原始的种类之一，已在地球上繁衍生息了 1.4 亿年，被称为鱼类活化石和"水中熊猫"，属国家一级保护动物。它们生在长江，长在大海。每年夏秋季节，成年鱼要沿着长江逆流而上，到金沙江一带产卵繁殖。长江上修建葛洲坝后，中华鲟的洄游通道被大坝阻断。

为了使中华鲟更好地繁衍生息，经过反复实验、考察论证，1976 年首次提出了以人工繁殖放流作为保护中华鲟的主要方法。2009 年 10 月，世界上第一尾全人工繁殖的中华鲟（子二代）繁殖成功。截至 2010 年，中华鲟研究所共向长江、珠江放流多种规格的中华鲟近 450 万尾。经过大量的观测，中华鲟已经适应新的水坝环境，在葛洲坝大坝和宜昌市下游附近形成了三个自然产卵场。葛洲坝的建设成功地解决了中华鲟的生态问题。

---

❶ 从葛洲坝到三峡大坝，http://www.stdaily.com/kjrb/content/2009－08/07/content_107139.html.

第3节 三坝联合：铸就举世水利经典

葛洲坝工程是三峡水利枢纽工程的重要组成部分。最开始设计三峡工程方案时，并未考虑要兴建葛洲坝工程，但在后来讨论三峡大坝的选址问题中，经多方意见参考，形成了"三峡工程—葛洲坝工程方案"，决定首先兴建葛洲坝工程。

在长江干流梯级开发规划中，葛洲坝工程是三峡工程的航运反调节梯级。修建三峡工程需要修建葛洲坝工程的原因在于：从航运方面考虑，一则三峡水电站在枯水期担负电网调峰任务时，发电与不发电时的下泄流量变化较大，下游将产生不稳定流，一天24小时内的水位变幅也较大，对船舶航行和港口停泊条件不利，因此，必须利用葛洲坝水库进行反调节；二则三峡坝址三斗坪至南津关有38千米山区河道，如不加以渠化而让其仍处于天然状态，航道条件较差，难以通过万吨级船队，三峡工程的航运效益也难以发挥；从发电方面考虑，从三斗坪到葛洲坝之间，尚有27米水位落差可以用来发电，可发电150多亿千瓦时，效益十分可观。

三峡—葛洲坝是不可分割的梯级枢纽，两坝相距38千米，水力联系十分紧密，中间没有大的支流，三峡水库的出库流量即葛洲坝的入库流量。葛洲坝水利枢纽在设计上是三峡水利枢纽的航运梯级和反调节水库，在保证航运安全和通畅的条件下充分发挥发电效益。三峡、葛洲坝两个电站彼此相互影响、相互制约，为实现梯级枢纽经济与社会效益最大化，葛洲坝与三峡水利枢纽实行联合统一运行。三峡—葛洲坝水利枢纽联合运行主要包括两坝联合防洪、发电和航运。

三峡—葛洲坝梯级枢纽的联合统一运行由中国长江三峡集团公司负责。2002年为适应三峡水库下闸蓄水和首批机组投产发电的需要，三峡水利枢纽梯级调度通信中心（以下简称"梯调"）成立。作为三峡—葛洲坝水利枢纽的水库调度机构，梯调实施水电联合调度管理模式，发挥梯级枢纽综合效益。联合运行对葛洲坝电站的影响如下。

一、汛期弃水减少，水能资源利用率显著提高

葛洲坝电站属于低水头径流式电站，拦蓄和调节洪水能力有限，汛期受长江来水的自然规律影响明显，一旦长江自然来水超过电站机组最大引用流量，

就不得不开闸弃水，使宝贵的水能资源白白流掉。2003～2010 年，随着三峡工程蓄水，长江主汛期葛洲坝电站受三峡水库拦蓄洪峰和削峰填谷的影响，葛洲坝汛期弃水量减少、弃水期缩短。2003 年葛洲坝电站汛期弃水流量月均2 542 立方米/秒，有 6 个月曾出现弃水情况；2007 年汛期弃水流量月均2 266 立方米/秒，只有 4 个月出现弃水，2010 年汛期弃水流量月均 1 860 立方米/秒，达到历史最好水平。在长江年度自然来水基本均衡的情况下实现了葛洲坝弃水总量减少，水能资源利用率显著提高。

二、枯水期入库流量增加，机组年可用小时数增加

在三峡水库蓄水之前，三峡坝址 1 月份、2 月份、3 月份的多年平均径流量分别为 4 300 立方米/秒、3 950 立方米/秒、4 450 立方米/秒，在最枯的时候，日最小流量低至 2 770 立方米/秒；而三峡水库蓄水之后的 2004～2008 年，在长江流量最枯的 1 月份至 2 月份，三峡水库平均下泄流量达 4 710 立方米/秒，日均最小流量达 3 670 立方米/秒，均高于三峡蓄水前，葛洲坝枯水期来水和最小入库流量呈逐年增加趋势。长江枯水期（2011 年 12 月～2011 年 4 月）葛洲坝平均入库流量 5 472 立方米/秒，较 2003 年增加 1 046 立方米/秒；最小入库 4 920 立方米/秒，较 2003 年增加 2 020 立方米/秒。受此影响，枯水期电站机组运行方式也相应变化，机组检修期缩短、机组检修台数减少、枯水期开机台数增加。三峡蓄水前，葛洲坝电站一般从汛末开始逐步安排机组检修，来年春汛前完成机组检修并具备满发能力，检修期 6～7 个月。2003 年三峡开始蓄水，葛洲坝电站受三峡蓄水开始时间及进程的制约，机组检修时间缩短，检修台数减少；2006 年三峡进入运行初期，为避免库水位消落过程中出现弃水损失电量，三峡库水位一般从 5 月初开始持续消落，葛洲坝来水较上游自然来水增多，葛洲坝机组检修结束时间提前。2003 年 5 月葛洲坝平均入库流量8 930 立方米/秒，2007 年 5 月达到 9 240 立方米/秒，2010 年 5 月达到11 000 立方米/秒。为避免机组检修弃水损失，葛洲坝电站机组检修期逐步缩短为 5～6 个月，机组检修结束时间提前至 4 月。由于检修期缩短，葛洲坝机组年可用小时数增加，从 2003 年的 5 502.9 小时提高到 2007 年的 5 665.69 小时，2009 年达到 5 957.13 小时。

三、入库流量和发电量的变化缩小，机组运行效率提高

三峡蓄水前，葛洲坝受长江来水自然规律影响，入库流量差值大，导致发

电量变化大。受三峡工程拦蓄洪峰、汛后蓄水、枯弃水期补水的影响，葛洲坝全年入库和发电量的变差缩小。2010 年葛洲坝入库流量差值 35 980 立方米/秒，较 2003 年减少约 5 000 立方米/秒；2010 年葛洲坝电站月发电量差值 12.029 2 亿千瓦时，较 2003 年减少约 4.1 亿千瓦时。

发电机运行利用率反映了发电机组的实际运行状况（运行利用率 = 运行小时/可用的小时数 × 100%），2003 年葛洲坝机组运行利用率 74.97%，2007 年为 77.72%，2009 年为 79.11%，较 2003 年提高了 4.78%，葛洲坝机组利用率逐步提高，电站发电能力得到更加充分的利用。

三峡—葛洲坝水利枢纽联合运行 8 年来，葛洲坝电站年发电量逐年稳步提高：2003 年葛洲坝电站年累计发电量 149.4 亿千瓦时，2007 年年累计发电量 154.6 亿千瓦时，2010 年年累计发电量 162.4 亿千瓦时，并连续三年超过 161 亿千瓦时，实现了发电量的逐年稳步提高，葛洲坝发电效益显著。

三峡—葛洲坝的联合运行，提高了葛洲坝电站水资源利用率；缩小了电站水头波动和发电变差；提高了电能质量和发电效益；降低了电站运行成本；改善了长江通航条件；促进了社会经济的快速发展。

第 4 节　群峰为笔：鉴证中国水利腾飞

1981 年开始发电、1989 年全部建成的葛洲坝工程总装机 271.5 万千瓦，多年平均发电 157 亿千瓦时，保证机率 45 万千瓦，缓解了华中地区电力紧缺的局面。若葛洲坝 27 孔泄水闸和 15 孔冲沙闸全部开启，其最大泄洪量达每秒 11 万立方米，起到了很好的防洪作用。另外，葛洲坝工程显著地改善了三峡河段航道条件，至 2010 年，改善长江航道 200 多千米，淹没险滩 21 处。同时，葛洲坝工程还培养锻炼了一支具有高水平的巨型水利水电工程的科研、设计、施工、管理队伍，为建设三峡工程积累了宝贵的经验，为修建三峡工程做了实战准备。具体而言，葛洲坝的修建有以下五个方面的综合效益。

一、联网发电效益高

葛洲坝水利枢纽设计装机容量 271.5 万千瓦，多年平均发电量 157 亿千瓦时，实际运行结果，最大出力和多年平均发电量均超过设计值。其与火力发电相比较，每年可节约原煤约 1 020 万吨，大体上相当于 3 ~ 5 个荆门热电厂

（装机容量62.5 万千瓦）、一个平顶山煤矿（1979 年年产量1 047 万吨）、一条焦枝铁路（近期综合通过能力约1 100 万吨）近期的功能。对改变华中地区能源结构，减轻煤炭、石油供应压力，提高华中、华东电网安全运行保证都起了重要作用。

同时，葛洲坝能产生电力联网效益。1985 年10 月，±500 千伏葛洲坝至上海直流输电工程开工，是我国第一个超高压、大容量、远距离直流输电工程，首次实现了华中与华东电网的互联，拉开了跨大区联网的帷幕。葛洲坝水利枢纽500 千伏开关站、220 千伏开关站的建设促进了华中骨干电网的形成，增强了电网结构，提高了电网稳定水平，为华中电网的安全稳定运行奠定了坚实的基础。

二、改善航运交通利

（1）改善航道条件。葛洲坝工程建成后改善了川江200 千米三峡峡谷航道条件，使川江水位升高20 米，水深增大，航道增大，水流平缓，淹没了100 千米内的青滩、泄滩等急流滩21 处，崆岭等险滩9 处，取消单行航道和绞滩站各9 处，使这一航道的水面比降低，航道流速减小，"鬼门关"变成了静水湖。这为航运发展提供了有利条件，航运安全度增加，宜昌至巴东的航行时间缩短区间。但是，船舶（队）过坝的环节和时间也有所增长。三条船闸设计年通航时间320 天。每次过闸时间51 ~57 分钟（大船闸）和30 ~40 分钟（中船闸），三江航道汛期停航流量60 000 秒立方米（施工期45 000 秒立方米），实际运行结果，船闸和航道的设计指标，除下游航道在枯水季有时达不到设计航深外，可达到设计值并略有提高。

（2）提高航运能力。葛洲坝水库蓄水前，三峡河段弯窄水急，仅能通航1 000 吨级船舶和3 000 吨级船队，船舶平均装载率只有0.5 ~0.7，每马力仅拖带0.8 吨货物，平均下行航速为18 千米，上行才8 千米。蓄水后，三峡区间可通3 000 吨级驳船和12 000 吨级船队，装载率上升到0.9 吨，每马力可拖带3 吨以上。下行航速平均为13 千米，上行11 千米（包括过闸时间）。

（3）节省运输费用。由于三峡河道航行条件艰难，船舶营运长期处于"低效率和高运费"状态。据资料统计，川江航运成本为长江中下游的3 倍多。葛洲坝蓄水后，船舶运行状况同中下游一样，船队规模和船舶利用率不断提高，单位能耗得到大幅度减少，单位运输成本减少30% ~50%；单就巴东、秭归而言，其单位运输成本比天然河道分别降低了58.8% 和58.3%。

三、水利建设创新多

葛洲坝电厂投产24年，到2005年葛洲坝在20世纪70年代是我国兴建的最大的水利水电工程。其采用配套的、大容量的施工机械设备和现代化的施工技术，把我国水利水电建设推向新阶段，是我国水利水电建设史上的重要里程碑。其技术创新主要体现在以下三个方面。

（1）土石方开挖与填筑。葛洲坝工程土石方开挖量5 799万立方米，其中岩石开挖900万立方米，最大开挖深度54米。大江航道水下开挖量240万立方米，最大开挖水深30米。葛洲坝工程土石方填筑量3 088万立方米，工程土石方开挖及填筑工程量大、施工强度高，开挖面质量要求高，施工干扰大，水下开挖及填筑难度大。土石方开挖年最高强度达1 251万立方米，月最高强度达226万立方米；土石方填筑年最高强度达274万立方米，月最高强度达116万立方米，创造了当时国内水利水电工程土石方开挖及填筑优质高速的施工纪录。

（2）混凝土施工。葛洲坝工程主体建筑物混凝土总量为1 042万立方米。葛洲坝工程混凝土年最高强度达202.9万立方米，月最高强度达24.5万立方米，月平均强度16.9万立方米，日最高强度1.88万立方米，为当时国内水利水电工程混凝土浇筑最高水平。混凝土采用天然沙砾石骨料，其年开采能力达315万～350万立方米，配备8座混凝土拌和楼，月拌和混凝土总能力35.5万立方米。混凝土施工中采用50兆帕斯卡级冲毛机处理施工缝、柔性吸盘真空混凝土工艺、超声波和回弹仪无损检测等新技术。

（3）金属结构与水轮发电机组安装。葛洲坝工程各类闸门78种，共514扇；各类机械31种，共109台（套）；不同类型的金属结构52种，共369台（套）。金属结构及启闭设备安装总量达7.29万吨，金属结构单件重量大，安装难度高。人字闸门是一种特殊的门型，葛洲坝1号、2号船闸大型人字闸门是具有国际先进水平的船闸闸门。1号船闸下游人字门高34.05米、宽19.7米，单扇重592吨（承受上下游水位差27米、门轴推力达12 950吨），是世界上最大的闸门之一，分11节安装，仅用10个月就安装完毕，调试成功。葛洲坝工程金属结构安装创造年安装2.22万吨的纪录。

四、装备制造步步高

葛洲坝电站的建成和设备投产，标志着我国水电设备行业自主解决了大型水电站水电机电设计、各种巨型设备的研制与安装运行中的关键技术问题。东方电气自行设计制造的葛洲坝 17 万千瓦发电机组，至今依然是世界上尺寸最大的轴流转桨式机组，被誉为"世界卡普兰式水轮机的里程碑"。由葛洲坝电厂与南京自动化研究所联合研制成功的国内首套大型水电站计算机监控系统，是我国水电厂计算机实时监控技术从无到有发展的一个重要标志，使我国一举成为具有百万千瓦级水电厂计算机监控研制力量的国家。

葛洲坝电厂不断推进技术进步，自主研制生产出多微机励磁控制器及大功率整流装置、水轮发电机步进式电液调速器，发电机—变压器组单元保护装置、机组现地控制（LCU）装置等高新技术产品，广泛应用于水电厂机组设备上，取得了良好的经济效益和社会效益，并获得多项省部级科研成果。

2006 年，葛洲坝电站顺利完成了两台机组的改造增容工作，机组额定功率从 12.5 万千瓦增容至 14.6 万千瓦。为充分发挥三峡—葛洲坝梯级枢纽的综合效益、进一步提高葛洲坝电站的发电能力积累了经验，并对同类型机组进行改造增容提供了经验。

五、社会效益范围广

（1）带动地方经济发展。葛洲坝枢纽 70% 以上发电量用于湖北，对保障湖北能源需求的增长和地区经济的发展以及武钢等国家重点工程的运行起到了重要作用。葛洲坝的兴建，使宜昌成为一座水电明星城市，完成了自身发展的第一次大跨越。30 年的发展使宜昌这个城市人口只有 11.8 万的小城，一跃成为一个城区人口 159 万、城区面积 95.42 平方千米的大城市。随着三峡工程的建设投产，宜昌市更成为闻名世界的水电名城。

（2）人才培养与对外输送。葛电人坚持把"发电育人"作为办厂宗旨，造就了一大批水电管理、经营、运行人才。从 20 世纪 80 年代末期到 2000 年，葛洲坝电厂向四川、贵州、广东、海南、湖北等几十座电站输送了大批技术骨干和管理人才。除此之外，葛洲坝电厂每年承担外部大专院校实习教学、兄弟水电厂委培工作。仅 2003～2010 年，就接待全国大专院校实习教学 33 117 人次。

（3）发挥水电清洁能源优势，发挥净化环境效益。2011 年 7 月 30 日，电站累计发电 4 160 亿千瓦时，折合节约标准煤 1.6 亿吨，减少碳排放约 4 亿吨，减少二氧化硫排放约 380 万吨，减少氮氧化物约 170 万吨，为国民经济发展和社会进步提供了大量的清洁能源。

六、三峡工程借鉴多

作为三峡工程的实战准备，葛洲坝工程在"蓄清排浑"模式实验和泥沙淤积治理，深水围堰修筑，大流量、高水头截流技术，大规模机械化施工，大型船闸及大型水轮发电机组的设计、制造、安装和运行，洄游珍稀鱼类人工繁殖与资源保护等方面的探索与实践，为三峡工程的设计、建设和运行提供了大量科学依据，积累了宝贵经验，如图 10-1 所示。

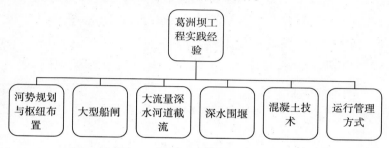

图 10-1　葛洲坝工程沿用至三峡工程的实践经验

（1）河势规划与枢纽布置的沿用。葛洲坝工程枢纽布置经过反复分析研究和一系列水工泥沙模型试验，确定采用"一体两翼"的布置方案，并确立了"静水通航，动水冲沙"的设计理念，从总体上解决了泄洪、排沙问题，又满足了通航的安全要求。这一理念在三峡的规划设计和枢纽布置方面得到了应用与发展。

（2）大型船闸的沿用。葛洲坝工程船闸是我国在多沙河流上修建的第一座大型通航建筑物，能通过万吨级船队。其中 1、2 号船闸下闸首人字门，面积相当于两个篮球场，被誉为"天下第一门"。葛洲坝船闸设计基本理论、研究方法和工程经验，在三峡工程船闸设计中发挥了重要作用。

（3）大流量深水河道截流的沿用。葛洲坝工程大江截流是长江干流上首次截流，创单戗堤立堵截流抛投强度 7.2 万立方米的纪录。其规模和主要技术指标在当时国内江河截流中前所未有，在国外水电工程中也属罕见。

三峡工程大江截流与葛洲坝工程大江截流相同，采用立堵截流方案。在大江截流合龙过程中，借鉴葛洲坝工程大江截流水下抛投护底结构的经验，创造了截流戗堤进占日抛投强度 19.4 万立方米的世界纪录，安全、优质、顺利地实现了大江截流龙口合龙。

（4）深水围堰的沿用。葛洲坝工程大江上、下游围堰采用两侧石渣块石堤及中部风化砂堰体、混凝土防渗墙上接土工合成材料防渗心墙结构。三峡工程二期上、下游围堰参照了这一成果。

（5）混凝土技术的沿用。葛洲坝工程混凝土总量 1 042 万立方米，年最高浇筑强度达 203 万立方米，月最高浇筑强度达 24.5 万立方米，居国内水利水电工程领先水平。大坝混凝土施工中实施全过程温控防裂技术，成功地解决了夏季大规模浇筑大坝基础约束区混凝土的难题。这一技术也应用到三峡工程建设中。

（6）运行管理方式的沿用。葛洲坝电厂成立后的 30 年间，科学地开展运行管理，值班模式得到了不断优化完善，成功地调度了 45 次流量大于 45 000 立方米/秒的洪水，组织完成了机组大（扩）修 86 台次、小（中）修 584 台次，有针对性地进行了大量的设备优化改造，积累了丰富的运行管理、设备维修和水库调度经验，为三峡水利枢纽的运行提供了丰富的经验。❶

葛洲坝作为万里长江第一坝，平稳运行 30 余年，见证了中国水利的腾飞，书写了中国水电的辉煌，铸就了中国水利事业的丰碑。

---

❶ 中国三峡集团：《水电明珠耀中华——葛洲坝水利枢纽 30 年综合效益综述》，http：//www.gzbjd.cn/news_show.asp？UidA＝6&UidB＝142&id＝2545.

第 11 章　核潜艇研发：中国成为世界上第五个拥有核潜艇的国家

第 1 节　研发的背景

大海向来是中华民族传播文明的重要渠道。但由于中国海防实力不足，从 19 世纪 40 年代到新中国成立，我国沿海地区被日、英、美、法等国军舰入侵 400 多次，其中以日本侵占的次数最多，达到总数的 40% 以上。

新中国成立后，中国海防薄弱的历史逐渐被改写。1949 年 8 月 29 日，毛泽东的题词"我们一定要建设一支海军，这支海军要能保卫我们的海防，有效地防御帝国主义可能的侵略"，激励着成立不久的华东军区海军不断发展壮大。

1950 年 5 月 18 日，时任中央人民政府主席的毛泽东致函斯大林，请求苏联政府为中国海军建造潜艇、驱逐舰等作出经济援助。1950 年 6 月 4 日，中苏政府签订《六四协定》，中国引进苏联舰艇生产技术及设备材料。1953 年，毛泽东在视察我国海军舰艇部队时，为"长江"、"洛阳"等 5 艘舰艇题词，继续提出"建立强大的海军"的号召。

1954 年 1 月 21 日，世界上第一艘核潜艇首次亮相。1955 年，当美国的第一艘"鹦鹉螺"号核潜艇投入使用时，新中国成立以来的第一艘拇指鱼雷快艇正式投入建造。1956 年，在陈毅元帅的陪同下，毛泽东视察了当时正在江南造船厂建造的 6603 中型鱼雷潜艇。

1958 年，党和国家领导人对中国的造船工业表现出极大的关心。朱德、周恩来、邓小平、李富春等人先后参观芜湖造船厂、广州造船厂和渤海造船厂。

　　1964 年 10 月 16 日，我国第一颗原子弹爆炸成功，成为我国核潜艇史上一件具有划时代意义的事情。随着我国核动力的开发，世界不禁要问："中国何时才能拥有自己的核潜艇？"对此，克里姆林宫的官员说："中国研制核潜艇的图纸不在北京，而是在莫斯科。"五角大楼的官员说："当美国的第一艘核潜艇下水的时候，中国的木质鱼雷快艇才刚刚锯开第一根圆木，中国拥有核潜艇是下世纪的事。"

第 2 节　研发的意义

　　从"冷战"时期开始，是否拥有核潜艇就是一国是否跻身世界大国行列的重要指针，而拥有战略核潜艇又是其中关键的评判标准。现代军事家称："如果发生战争，一个国家全部被摧毁，只要海洋深处有一艘未被打击的导弹核潜艇，它将携带的导弹从水下发射出来几乎可以摧毁敌对国家所有重要的军事、政治、经济目标！这是第二次核打击力量令人可怖的魔王！"从这句话中便可窥见核潜艇的巨大威力。

　　"二战"结束后，全球进入了和平发展阶段。曾给各国海军带来荣耀的旧式潜艇、舰艇纷纷退役。各国海军相继研制着属于各国的新式潜艇——核潜艇。20 世纪 50 年代，美国率先将鱼雷和导弹核潜艇"海狼"、"飞鱼"等投入使用；紧接着，为了能与美国制衡，苏联开始制造鱼雷核潜艇"十一月"。为了壮大海军实力，英国、法国也相继研发了核动力潜艇。

　　1958 年 6 月，美国"鹦鹉螺号"核潜艇投入使用。美国人认为，核潜艇拥有绝对的报复力，在军事方面能够有效保证国家的安全。我国国防部部长聂荣臻在阅读了关于其航行距离、耐攻击的外军情报汇总后，被"鹦鹉螺号"强大的作战能力及令人恐惧的隐蔽性和灵活性深深地震撼到了。几天后，聂荣臻元帅亲自草拟的《关于开展研制导弹原子潜艇的报告》和相关的资料便被送往中南海菊香书屋。

　　导弹核潜艇能够长期在水中潜伏活动，同时拥有核反应堆作动力源，作战性能和活动范围均大大提高。除了具备"第二次核打击力量"以外，核潜艇具备利用自身携带的多种武器完成反潜、对陆上目标进行攻击等优势。

第3节　研发的提出——"核潜艇，
一万年也要搞出来！"

1958 年 6 月，我国第一座试验型原子能反应堆开始运转。当时主管国防科研工作的聂荣臻元帅把握这个机会，将相关的领导找来，共同探讨了研制核动力潜艇的问题。与会者一致赞同抓住时机，并就核潜艇的研制流程、生产过程等作出讨论。6 月 27 日，聂荣臻元帅向党中央递交了关于研制核动力潜艇的报告，向组织详细说明了展开核潜艇研制工作的条件和基础，拟定了依靠现有力量、坚持自力更生、争取苏联帮助的方针，并列举了组织领导人员名单。

同年 6 月 28 日，周恩来总理批示："请小平同志审阅后提请中央常委批准，退聂办。"6 月 29 日，邓小平总书记批示："拟同意，并请主席、彭总阅后还聂。"毛泽东主席和彭德怀元帅也以最快的速度批复了这个报告。紧接着，由罗舜初任组长，刘杰、张连奎、王净组成的专门负责筹划和组织核潜艇研制的工作小组成立了。1959 年 11 月，中央军委对核潜艇研制进行了明确的分工，决定由第二机械工业部负责核动力，由第一机械工业部负责艇体和设备，海军总负责，使得整体工作的职责更明确，协作更方便。

1957 年 11 月，中国军事友好代表团访问苏联，苏联海军总司令戈尔科夫毫不客气地说：中国不需要建造原子导弹核潜艇。一年后，在经历 3 个多月的谈判交涉后，新中国与苏联签订了排除核潜艇制造特许权转让的海军技术协定。在中方造访期间，苏方对核潜艇及其有关技术资料均严密封锁。

1958 年初夏，毛泽东在中南海伏案审视一份与人民海军装备发展的重大战略部署相关的、标有绝密字样的文件——《关于开展研制导弹原子潜艇的报告》。这份报告是聂荣臻元帅以自己的名义亲笔起草的，其核心内容是："中国的原子反应堆已开始运转，在国防利用方面，也应早作安排。根据现有的力量，考虑国防的需要，本着自力更生的方针，拟首先自行设计和试制能够发射导弹的原子潜艇。"

此时，新中国的领导者已经逐渐领悟到，只有利用核潜艇这个强大的战略武器才能与霸权主义相抗衡。在仔细阅读了这份报告后，毛泽东毫不犹豫地批阅了"同意"的字样。中国人从此站在了研制核潜艇的起跑线上。

中国研制核潜艇的道路并不是一帆风顺的。1958 年，在核潜艇研制的想法被批准不久，就遇到了极其严峻的挑战。在 1959 年的核潜艇总体方案构思中，争取苏联援助是重要的方针之一，但这一方针却因苏联人对待中国人的傲慢态度而夭折。

1959 年国庆节，赫鲁晓夫率团访华。当毛泽东提出希望苏联帮助中国研制核潜艇时，赫鲁晓夫说："核潜艇技术复杂，价格昂贵，你们搞不了！你们也不用搞，苏联海军有这种武器，同样可以保卫你们。"当初苏联向中国提出建立"联合舰队"意图控制中国海军时，毛泽东就曾愤怒地对苏联驻华大使尤金说："连半个指头都不行！要是这样，你们把中国所有海岸线都拿去好了，我们总要有自己的舰队。"❶

不久，毛泽东一句名言便传遍了部队、院校和全国的相关科研单位——"核潜艇，一万年也要搞出来！"（张树德，2009）

第4节　设计开始到初次下水

1960 年 8 月，赫鲁晓夫彻底撕破"老大哥"面具，将绝大部分中苏协议变成废纸，撤走了全部在华专家，断绝了对中国的一切援助。苏联人的釜底抽薪，使与核潜艇研制有关系的大批项目都深陷泥潭。三年自然灾害，政策失误，使得国家经济困难和科研力量不足。1963 年 3 月，经中央军委批准，先集中主要的技术骨干力量，重点对核动力、艇总体等关键项目进行研究。

20 世纪 60 年代中期，国民经济有了明显好转，常规潜艇仿制和自行研制成功，核动力装置开始初步设计，核反应堆的主要设备和材料研制工作取得了进展，具备了开展型号研制的技术基础，中央军委遂于 1965 年 3 月 20 日批准核潜艇工程重新上马。

1965 年 3 月 20 日，周恩来亲自主持召开会议，宣布核潜艇研制重新上马。701 所所长陈佑铭奉国防部第七研究院（简称"七院"）院长于笑虹将军之命，从外地赶到北京报到，担任 09 工程（即核潜艇工程）办公室主任。但谁都没有想到，"文化大革命"开始了。

1967 年 1 月全国性的"夺权"风暴以后，船舶工业各工厂、科研单位普

---

❶　中国新闻网. 中国核潜艇研制历程：仅用数年造出核动力装置. http：//mil. news. sina. com. cn/2009 - 07 - 16/1206559089. html.

遍陷入瘫痪状态。核燃料工厂发生了武斗，核潜艇反应堆燃料棒的生产被迫中断。

1967年6月25日，有关核潜艇的秘密会议在北京民族饭店召开。9时多，聂荣臻在国防科委副主任刘华清的陪同下走进会场，掷地有声地说："核潜艇工程是关系着国家安危大计的重要工程。这一工程是毛主席亲自批准的，是党中央集体研究决定的。任何人都不准以任何理由冲击研究院、所、生产车间，不准以任何借口停工、停产！这项工程，不能等！不准停！必须保质保量地按时完成！"❶

聂荣臻会后又签发了一份《特别公函》，这是新中国成立以来中央军委发出的第一个"特别公函"，要求任何单位、个人不得以任何理由影响核潜艇研制工作。所有被迫停产的工厂、科研所都逐步恢复了工作。（张春，李志军，2011）

1966年，中国海军奉命开始秘密在内陆深处的滇池畔研制核潜艇。

在核潜艇被迫下马的两年间，主持核反应堆总体设计的核动力专家彭士禄与数十名设计人员，被秘密地集中到一个海岛，向核动力装置设计发起最后"冲刺"。反应堆试验终于如期达到预定要求，美国人折腾了十多年的船用核反应堆难题，中国人几年就拿下了。

中国有了船用核反应堆，但对如何将它变成潜艇的中枢仍一无所知。

首批核潜艇研制人员集结了各行各业专家共29名，他们手中仅有的资料是两张模糊不清的核潜艇照片以及一件从美国带回来的儿童航模玩具。

美国在核反应堆的基础上造核潜艇，用了10年（1955年第一艘核潜艇下水），经历了"常规动力水滴型—核动力常规型—核动力水滴型"三部曲。苏联更为坎坷，经历了迂回曲折的六部曲。而中国则要一步到位，直接制造水滴型核潜艇。❷

核潜艇总体所所长夏桐与总设计师黄旭华为此事一起商量了很久。一次，黄旭华说的一句话提醒了他，"听说国外有一种核潜艇玩具太逼真了，美国都不让卖了"。夏桐想：空想不如造一个"超级玩具"，然后再在实践中逐步修改完善。这一个奇想引出了做一个1:1的核潜艇模型的大工程。因此，一时间核潜艇研制部门中最为忙碌的是几个木匠，他们做的核潜艇模型完全是按1:1

---

❶ 人民政协报. 揭秘：我国首艘核潜艇诞生始末. http://www.lpswz.com/news/2009-07/16/content_59223.html.

❷ 佚名. 刘华清回忆中国核潜艇发展内幕［J］. 人才资源开发，2009（7）.

的比例用木头制作的，有着逼真的内部构造，甚至连里面的电话也是木头造的。后来的事实证明，这一做法是加快核潜艇研制步伐较为关键的转折。❶

　　1968 年，核潜艇开工建造。为实现中央军委批准的总进度，研究所组织了两次设计施工图纸大会战，在不太长的时间内，突击完成了 700 余份图纸资料，并有 50% 的科技人员先后下厂紧密配合，协同施工。核潜艇制造厂组织了艇体建造与设备安装两大"战役"，组织技术人员、工人、干部三结合，开展技术革新和设备改造，保证了潜艇按时下水。

　　1970 年 5 月 1 日，陆上模式堆开始试车。一、二、六机部，冶金部，海军以及七院等所属的 17 个厂、所的工程技术人员和工人团结协作，共同解决试车中出现的问题，保证了试车的顺利进行。试车结果表明，陆上模式堆的工程质量良好，具备了开堆试验的条件。陆上模式堆于 1970 年 7 月 16 日升温升压，次日凌晨 2 时开始提升功率试验。试验结果表明，潜艇核动力反应堆的设计、设备制造、安装调试的质量良好，在安全可控、自稳性、调节保护性能等方面也比较好，并有较大的潜力。为了进一步验证反应堆设计功率和主汽轮机设计马力、屏蔽结构的改进效果、动力装置的机动性能等，又进行了第二阶段提升功率试验。这次试验净运行 27 天。试验结果证明，中国第一座潜艇核动力堆的设计建造是成功的。

　　1970 年 7 月 18 日，核潜艇动力装置在"三线"某地进行了陆上模拟堆起堆试验。

　　1970 年 7 月 30 日，我国第一座潜艇核动力装置陆上模式堆达到满功率。

　　1970 年 12 月 26 日，完成了核动力装置的装艇工作。

　　陆上模式堆在 1970 年 7 月至 1979 年 12 月的 9 年运行中，进行了 530 项（次）试验，初步摸清了核动力装置的主要性能，取得了堆芯全寿命周期运行的完整数据。1970 年 12 月 26 日，是毛主席诞辰纪念日，中国第一艘核潜艇、新中国海军装备的宝贝——攻击型鱼雷核潜艇下水了。

　　1971 年 4 月，核潜艇开始进行系泊试验；7 月在核动力潜艇上以核能发电，进行了主机试车和动力装置联试的初步考核；8 月 15 日，中国第一艘核潜艇首次驶向试验海区，核潜艇建成并开始试航。

---

　　❶　中国新闻网. 核潜艇研发趣事：木匠曾是团队中最忙的人. http：//mil. news. sohu. com/20090
716/n265255397. shtml.

到 1972 年 4 月，共出海试验 20 余航次，累计航行几千海里，完成了绝大部分试验项目。1974 年 1～4 月进行了检验性航行试验，后于 8 月 1 日交付海军使用，命名为"长征一号"，北约代号为"汉"级，从而使我国成为世界上第五个拥有核潜艇的国家。

"长征一号"由中国渤海造船厂于 1967 年开始建造，1970 年下水，1974 年 8 月竣工。由于后来发生放射性污染以及反应堆故障，"长征一号"进行了大幅改装，因此实际服役日期大幅推后。20 世纪 80 年代末，"长征一号"才正式编入中国海军北海舰队，并进入战斗值班。汉级（091 型）核潜艇的艇体构造与日本、俄罗斯的潜艇颇为相似，采用的都是双壳体结构。其采用了适用于水下高速航行的水滴线型，水下航速高，操纵性能好。艇长 100 米，宽 11 米，吃水 8.5 米，水下最大排水量为 5 000 多吨。艇上装有一座核反应堆，驱动蒸汽轮机带动一个螺旋桨，水下最大航速为 26 节。艇上装备有六具 533 毫米鱼雷发射管，鱼雷 24 枚。

第 5 节　深潜及导弹技术研发

核潜艇装备部队后，进行了多次深潜、高速及长航试验。1985 年 12 月至 1986 年 2 月，中国海军核潜艇进行了最大自持力考核试验。潜艇在茫茫的大海里航行数十昼夜，其中最长一次是 25 个昼夜。这次试验，总航程相当于绕地球赤道一周，创造了中国潜艇史上航行时间最长、潜航时间最长、航程最长和水下平均航速最高等几项纪录，证明了中国自行研制的核动力潜艇工作可靠，完全具备了水下作战能力。

在反潜鱼雷核潜艇研制工作取得进展后，我国即开始了弹道导弹核潜艇的研制工作。

1967 年 6 月，海军提出了导弹核潜艇的作战使用要求也分两步实现的设想：第一步，在鱼雷核潜艇基础上研制导弹核潜艇，性能先不要求太高；第二步，在第一艘导弹核潜艇的基础上，再考虑研制性能更好的第二艘艇。据此，经总体方案论证审查，确定了第一艘导弹核潜艇研制工作的重点是突破潜地导弹武器系统及其应用于潜艇水下发射的技术关键。除潜地导弹武器系统和因排水量增大、艇员增多及影响安全使用必须重新研制的项目外，其他系统原则上均采用鱼雷核潜艇的配套设备。这样导弹核潜艇与鱼雷核潜艇的主要差别就在于艇体增加了一个导弹舱，导弹舱中设有多个导弹发射筒及三弹道导弹核潜艇配套的发射动力系统、水下开盖与舱外均压系统、空调保温系统、注流水系统以及导弹的检测、瞄准、发射控制等设备。这样新研制和需进一步改进的设备约占设备总数的 15%。

研制导弹核潜艇的技术关键是研制潜地导弹及其水下发射技术以及精确的水下导航定位技术。潜地导弹是潜艇在水下发射攻击地面固定目标的导弹，它与核潜艇配套组成导弹核潜艇武器系统，大大提高了战略导弹的生存能力。

一、方案论证与设计

根据中央军委的决定，1965 年 8 月，七机部四院组建了第四设计部（简称"四部"），开始了固体战略导弹总体设计的准备工作，固体导弹的研制工作是从设计近程、单级固体导弹开始的。1967 年 3 月，国防科委正式下达了中程潜地固体导弹的研制任务。跨越近程单级的阶段，直接研制两级中程固体导弹，面临起点高，技术难度大，既无资料、图纸，又无仿制样品，缺乏预先研究等许多困难。潜地导弹方案论证中遇到了一系列复杂的技术问题：潜艇空间有限，导弹外形尺寸有严格限制，弹头核装置、装弹仪器设备必须轻型化、小型化；水下发射方案及水下运动规律；在潜艇运动和海水浪、涌、流的作用下，导弹点火时的大姿态稳定，导弹水下严重受力引起的载荷、强度设计计算，导弹气密、水密性保证，油雾、烟雾、真菌等恶劣环境下的防护等。1967 年 3 月，国防科委明确了导弹核潜艇武器系统研制任务的分工，要求研制单位按期完成总体及各分系统的方案设计工作。同年 10 月，海军审订了潜艇和导弹的总体方案，确定了主要战术技术指标。1968 年，总体单位向各分系统提出了技术设计要求，导弹研制工作进入了技术攻关和分系统研制试验阶段。

二、技术攻关

1972 年，海军试验基地在辽南海域组织进行了模型导弹首次真实海情下的潜艇水下弹射试验。试验潜艇按预定时间驶向试验海区，在水下测试完毕后，发射装置的动力系统点火，经过冷却后的燃气、蒸汽混合气体充入发射筒底部。在强大气压作用下，模型导弹被推出发射筒，穿过海水，飞向天空。模型导弹首次水下发射试验成功，对研制潜地导弹有着十分重要的意义。弹头是导弹运载的有效载荷。潜地导弹的弹头装有能毁伤敌人战略目标的核装置，是导弹组成的一个重要独立系统。根据潜地固体导弹的特殊要求，在二机部核武器研究设计院的积极配合下，七机部一院十四所突破了外形选择、结构与防热设计及参数测量等方面的技术关，研制成功中国第一个轻小型弹头，在导弹弹头设计技术方面达到了新的水平（红旅，2004）。

1967 年，七机部四院开始研制时，连续多次试车失败。科技人员反复试验研究，确定了摇摆喷管球面的密封间隙量，改进了设计和加工工艺，终于在1979 年 9 月突破了这一技术难关。导弹弹体结构先后由二一一厂、三〇七厂负责研制，经过两年多的实践，达到了质量要求。潜地导弹的地面设备是由导弹运输、起吊、停放、装填、退弹、地面电源、氟利昂加注及供气等共 40 余种、160 多台设备组成的系统。1976 年，一院四部承担了潜地导弹地面设备的研制任务，并于 1980 年二季度及时提供了飞行试验用的全套地面设备。1983年年初，又根据使用部门的意见，进行了修改、补充设计，使全套地面设备系统更加合理和完善。

三、首次水下潜地导弹发射

首先是水下发射模型弹试验。试验从 1984 年 3 月 8 日开始，到 4 月 27 日结束，在渤海海域发射了 4 枚模型弹。

1985 年 5 月，国防科工委和海军遵照中共中央、国务院、中央军委的决定，向有关单位下达了导弹核潜艇实施潜地导弹水下发射试验的要求，建立了试验组织，明确了分工。9 月 28 日，导弹核潜艇首次实施了水下发射。导弹出水后飞行爬高，但不久便在空中翻滚自毁。随后，又进行了两枚导弹的发射试验，均未取得成功。

这次试验虽未获成功，但证明核潜艇总体和发射动力系统工作正常，获得了比较完整的数据和资料，对进一步研究导弹的水下力学环境具有极重要的价值。试验结束后，国防科工委、海军、航天工业部、中国船舶工业总公司、电子工业部等有关单位召开了一系列故障分析会和专题研讨会。

1986 年 4～7 月，导弹核潜艇瞄准精度试验在渤海海域进行。试验分 3 个阶段，即码头装调及方案检查阶段、码头系泊试验阶段和海上试验阶段。试验结束后，经过半年的努力，完成了大量的数据处理工作，提供了 16 份试验结果报告。接下来就开始进行潜地导弹定型试验。

第 6 节　导弹核潜艇的成功

1988 年，核潜艇进行了最后两个大的试验，算是总鉴定。第一个是深潜，反应堆全功率航行，水下大深度发射鱼雷。这个试验是在南海进行的，然后又到北海，做洲际导弹发射试验。

1988 年 9 月 15 日 9 时整，核潜艇起锚离港。12 点 30 分，核潜艇下潜，通信浮筏缓缓地在海面漂移。14 点整，导弹从发射筒腾起，穿过海水，冲出海面，带着橘红色的火焰直冲云霄。安全控制中心大厅内的电视屏幕上出现了导弹从海面跃出和飞行的图像。各显示板上显示出表示导弹飞行轨迹和姿态预示每时每刻的导弹落点和是否在安全控制范围内飞行的各种曲线。"跟踪正常"—"导弹飞行正常"—"二级关机"—"头体分离"—"发现目标"，在海上等候已久的远洋测量船"远望"1 号和"远望"2 号上的雷达操作手，同时向船队指挥所报告。霎时间，站在甲板上的人群只见一团火球钻出云层，弹头像流星一般急泻而下，准确地溅落在预定海域。试验获得圆满成功。9 月 27 日，第二次发射试验又获得成功。至此，中国首制导弹核潜艇潜地导弹定型试验全部结束。第一代导弹核潜艇试验走完了全过程。导弹核潜艇潜地导弹飞行试验获得圆满成功标志着中国完全掌握了导弹核潜艇水下发射技术，使中国成为世界上第五个拥有导弹核潜艇的国家。

1983 年，经过十几年的辛勤研制，中国的导弹核潜艇终于研制成功并交付海军部队。中国第一艘弹道导弹核潜艇北约代号为"夏"级，排水量8 000多吨，水下最大航速 25 节，携带 12 枚固体火箭中程弹道导弹，射程8 000 千米左右。

中国从 1958 年决定开展核潜艇的研究工作，首先研制出鱼雷核潜艇。1970 年 12 月 26 日，我国第一艘攻击型核潜艇下水，成为继美、苏、英、法后，世界上第五个拥有核潜艇的国家。1974 年 8 月 1 日，中央军委发布命令，将我国第一艘核潜艇命名为"长征一号"，正式编入海军战斗序列。

在研制鱼雷核潜艇的同时，也开始了导弹核潜艇的研制工作。1970 年 9 月导弹核潜艇开工建造，1981 年春节前夕下水，1983 年 8 月加入中国海军的战斗序列，再到 1988 年核潜艇水下发射潜地导弹飞行试验成功，历时 30 年。核潜艇的研制造就了一支科研、设计、试验、生产核潜艇的专业队伍，推动和促进了一大批高新技术项目的发展，形成了基本配套的核潜艇研究设计中心、试验基地、生产工厂和配套协作网，为研制新一代核潜艇打下了坚实的基础。

第7节　部分研发功臣风采

一、中国第一艘核潜艇总设计师——"彭拍板"彭士禄

彭士禄，革命先烈彭湃之子，1956 年毕业于苏联莫斯科化工机械学院，1958 年毕业于莫斯科动力学院核动力专业，回国后被分配到中国科学院原子能研究所，开始从事核动力研究工作。1963 年任七院（中国舰船研究设计院）核动力研究所副总工程师；1962 年，彭士禄开始主持潜艇核动力装置的论证和主要设备的前期开发工作。1965 年转并到核工业部二院二部任副总工程师。从 1967 年起，他组织建造了 1∶1 潜艇核动力陆上模式堆装里。核潜艇研制、生产中的许多重大技术问题，如惯性导航、水声、武备、造水装里等都由他拍板决定。别人都说，彭总这个人就是坚决果断地做事。他的这种果断使得核潜艇的建造紧张、快速、有序地进行（张勇，2009）。

"当时的各种争论实在太多了，公说公有理，婆说婆有理。我常常对研制人员说，不要吵。做实验，用实验结果来说话。最后，根据实验结果我来签字，来负责。时间很紧啊，总要有人拍板，不能无休无止地讨论呀！"

"我不怕承担责任，做事情我是敢于拍板的。当时，我有两个外号，一个叫彭大胆，一个叫彭拍板。"（杨阿卓，杨志平，2005）

在担任第一任核潜艇总设计师期间，彭士禄主持了核动力装置的扩大初步设计和施工设计，建立了核动力装置静态和动态主参数简易快速计算法，解决了核燃料元件结构型式和控制棒组合型式等重大技术关键。

"我还是要做工作的。我不怕别人批我，我不会离开我的工作岗位。我一生也离不开核事业！"

"文化大革命"中，他被当做"反动学术权威"挨批斗。他默默地承受着这一切，继续奋斗在建造核潜艇的一线，在向总理汇报工作时，依然只字未提自己家中的不幸。一次现场调试时，彭士禄突然病倒了，经医生诊断是急性胃穿孔，手术立即在工地现场进行，切除了 3/4 的胃。手术时，医生还发现一个

已经穿孔而自身愈合的疤痕。手术后，彭士禄被送回北京，一个月后就又开始了超负荷工作。

二、"中国核潜艇之父"——黄旭华

被誉为"中国核潜艇之父"的中国工程院院士黄旭华原籍广东省揭阳县，1926 年生于广东省海丰县。1945 年，保送中央大学航空系，又考入其理想专业——上海交通大学船舶制造专业。1949 年加入中共地下党组织，开始为党的事业作贡献。新中国成立后，黄旭华就开始负责苏联舰艇转让制造和仿制的技术工作。

1958 年，核潜艇研制工作进入准备状态，毕业于上海交大造船系有过仿制苏式常规潜艇经历的黄旭华被选中。当时，只有黄旭华等少数人搞过几年苏式仿制潜艇，对核潜艇依然一无所知。

从核潜艇工程立项开始，32 岁的黄旭华同一批科研人员便隐姓埋名，告别家人，来到一个名叫"葫芦岛"的孤岛上，研制中国第一代核潜艇。他们弄来了一个核潜艇玩具模型反复研究，但对核潜艇真实的内部结构还是无法了解。

黄旭华碰到的第一个难题就是潜艇的形状。随后，又展开了 15 个难题的科研攻坚。最后，这些难点又综合为 7 大技术关键，在 5 年内先后取得了成功，其中一些成果已经达到当时的国际先进水平。每次重大技术决策的时候，都会听到黄旭华说："出了问题，我当'总师'的负责。"由于研制工作的紧要，他因连续在外忙碌奔波、无暇顾家而被称为"飞翔着的人"。（赵楚，2002）

第12章 "文化大革命"前自然科学界三大冤案

共和国自然科学家的三大冤案指的是从 1957 年反右以至"文化大革命"期间三位著名自然科学家遭受严重政治迫害、影响巨大的冤案。他们被其所在单位的组织正式立案，在十一届三中全会后又正式平反，有别于在"文化大革命"期间含愤自杀的"两弹一星"元勋赵九章和被暴徒乱棍打死的"两弹一星"元勋姚桐斌，他们是黄万里、叶企孙、束星北三位著名自然科学家。

第1节 三大冤案

一、黄万里冤案

黄万里（1911~2001），著名水利专家。1911 年 8 月 20 日，辛亥革命前夜，黄万里出生在上海川沙县，父亲黄炎培是著名的爱国民主人士、实业家和教育家，曾于 1946 年在延安与毛泽东有一场著名的"窑洞对"。黄万里小学毕业进入无锡实业学校，以各门功课均高居榜首的优异成绩毕业。在父亲实业救国思想的影响下，1927 年黄万里进入唐山交通大学铁路建设桥梁工程专业学习，5 年后不到 22 岁的黄万里以优异的成绩毕业，他的毕业论文由著名桥梁专家茅以升亲自作序。离校后，黄万里在杭州铁路担任助理工程师，可以说是一帆风顺，志得意满。

1931 年长江流域发生特大洪灾，武汉三镇被洪水淹没百日，这触动了深爱祖国和人民的黄万里，他决定赴美学习水利。在曾任黄河水利委员长的许心武的点拨下，为了弥补中国缺少水文人才的缺陷，他决定改学水文。1934 年，黄万里通过了庚款赴美留学考试，先后获得了康奈尔大学硕士学位、伊利诺依大学工程博士学位，掌握了天文、气象、地理、地质、水文、数学等多门学科的知识，并实地考察了美国各大工程，在田纳西河流域治理现场实习了 4 个月，积累了第一手资料。他的博士论文《瞬时流率时线程学说》，首次提出了从暴雨推算洪流的方法，处于世界领先水平。

1937 年春，黄万里学成归国后谢绝了浙江大学、北洋大学、东北大学的盛情邀请，决心为祖国江河治理做些实际工作，于是选择了南京政府资源委员会。抗战期间，黄万里在四川先后步行六次勘察岷江、乌江、涪江、嘉陵江，行程达 300 千米，历经江河夺命的凶险和土匪冷枪的袭击，以生命和鲜血的代价，形成了治理江河的理念。1940 年年初，黄万里仅以 4 个月时间和 5 万元投资，在青神县岷江上修复了从唐朝延续至今的鸿化堰水利灌溉工程，节约预算 20 万元，灌溉农田 1.5 万亩。此后，又在四川省三台县柳林滩，主持修建了曲流河上第一座截弯取直的人工河道及船闸工程，改善了抗战大后方战略运输航道。这一工程被列为当时十大工程之一。

1947 年，黄万里在甘肃担任水利局局长。1949 年 3 月，曾受共产党驻港代表潘汉年委托对时任国民党西北驻军副司令兼甘肃省主席的郭寄桥进行策反，可见他拥护共产党的政治立场是十分鲜明的。

1949 年新中国成立后，黄万里先后担任东北水利局总顾问、唐山交大教授，1953 年调入清华大学水利系任教。1955 年，历时三年的《黄河规划》在苏联专家指导下完成。该规划提出在陕县三门峡修建大型防洪、发电、灌溉的综合性水利枢纽工程。在周总理支持的关于《黄河规划》的第一次讨论会上，黄万里力排众议，否定了苏联专家提出的规划。他当面对周总理说，你们说"圣人出，黄河清"，我说黄河不能清，黄河清不是功，而是罪，因为黄河的泥沙量虽冠全球，但其所造陆地也是最大的。1957 年 6 月 10 日至 24 日，由周恩来总理主持，水利部召集 70 名学者和工程师召开三门峡水利枢纽讨论会，给苏联专家的方案会诊。黄万里仍坚持反对拦沙放清，反对把下游水灾转移到上游，从而再次全面否定苏联专家的规划方案。此前，《黄河规划》已于 1955 年 7 月经全国人大决议通过。会上，全国人大报告将三门峡水库修建上升到政治高度，提出"黄河清，圣人出。圣人出而天下治"，使持反对意见的人噤若寒蝉，于是"一致通过"。在当时的政治氛围下，许多知识分子已不敢讲话了，而黄万里对家人说："我知道，我不去讲，我就是失职。我应该说，我要对我自己的国家负责任。我要不说，我就是不爱国。"在眼见黄河三门峡工程上马已成定局的情况下，黄万里最后提出，如一定要修，请别将河底的施工排水洞堵死，以便以后觉悟到需要冲刷泥沙时，也好重新在此开动。最后这一条与会者全部同意，也得到了国务院批准。然而在施工时，傲慢的苏联专家仍一意孤行，硬性将施工排水洞堵死。

在 1957 年 6 月召开三门峡水利枢纽讨论会前，1957 年春天，黄万里在清华大学校刊《新清华》上，分两次发表了 3 000 余字的短篇小说《花丛小语》，批评了北京的市政建设，批评了在三门峡方案论证中，一些专家无视科学规律，跟风吹捧"圣人出，黄河清"的现象，也批评了盲目照搬苏联高校教育模式的做法。于是，在三门峡水利枢纽讨论会议激烈争辩之际，《人民日报》发表了黄万里的这篇短篇小说，随后《人民日报》连续发表了批判黄万里的文章。在全国一片声讨声中，黄万里从会议上被召回清华大学接受批判，1958年 3 月被定为右派分子。从此，他的工资从二级教授降至四级教授，被剥夺了教书、科研、发表文章的权利，子女也受其牵连影响升学。1959 年，他被送到密云水库劳改。

三门峡大坝建成后一年半，陕西潼关河床被 15 亿吨泥沙淤高了 4.5 米，肥沃的关中平原大片土地出现盐碱化和沼泽化，不得不在 1966 年和 1969 年两次改建，付出了 40 座长江大桥的造价和 515 万人受灾的后果。三门峡工程的负面效应一一被黄万里言中，但黄万里并未因此而获平反。

1964 年黄万里在得知三门峡淤积后，在劳改中利用两个月时间撰写了三门峡改建方案，其爱国忧民之心苍天可鉴。在此前后，他还撰写了《论治理黄河的方略》《论连继介体最大能量消散率定律》等论文，不断地针对黄河问题向各个领导进言献策，真正达到了"衣带渐宽终不悔，为伊消得人憔悴"的境地。在 1964 年春节座谈会上，毛泽东对黄炎培说"你儿子的词写得很好"，此时如果黄万里写个检查，就可以"恩准"摘掉右派分子帽子，但黄万里没有这样做。他给领导写了一封信，说国家养士多年，对三门峡建坝这样一个水利学上的问题，在 1957 年 70 人参加的会上，居然只有我黄万里一个人站出来提不同意见，这是为什么？这些人有什么用呢？在这个时候，他想的依然是国家，而不是自己。

"四人帮"被粉碎后，1978 年 2 月黄万里被摘掉右派分子帽子。1980 年 2月，在被"专政"了近四分之一世纪、虚掷了人生最宝贵的时光、给自己和妻儿老小带来无尽的精神痛苦和命运摧残后，黄万里领到了一张没有文号、打印在白纸上的平反决定。

2001 年 8 月 8 日，历尽磨难的黄万里自感快要走到生命的尽头。他用颤抖的手给他的学生和同事沈英、赖敏儿夫妇写下遗书。在这份遗书中，没有对亲人的嘱咐，没有对家事的安排，只有对祖国江河最后的眷恋和深情的企盼……

2001 年 8 月 27 日 15 时 5 分，黄万里带着许多遗憾辞世。

2004 年，黄万里长女写了一篇评说其父的文章。文章最后说："2001 年 8 月 27 日，黄万里走完了他人生最后的路程，离开了他魂牵梦绕的祖国江河大地。他走过了辛亥革命后的整个 20 世纪，远非淡泊名利、不食人间烟火的完人。但是，他和他那一代中国所有的知识精英一样，背负着民族危难的沉重十字架。他们不会忘记战火中苦难的人民，也不会忘记洪水肆虐下苦难的人民。正如黄万里诗中所说：'临危献璞平生志'，临危献璞是他们的宿命。他们从西方学到了先进的科学技术，更学到了科学、理性的精神。他们懂得，科学的真理是独立于任何个人或集团的利益之外的。因此，他们绝不会因为权势或偏见而放弃科学的真理，这就是黄万里在任何打击和挫折下总是坦然无忌的原因。他只说真话，不说假话；他只会说真话，不会说假话。"

2000 年，武汉华中科技大学的张承甫、鲍慧荪两位年逾七旬的诗人夫妇了解黄万里的情况后，写了三首诗，其二为《遥寄黄万里》，全诗如下：

> 情系江河早献身，不求依附但求真。
> 审题拒绝一边倒，治学追求万里巡。
> 为有良知吞豹胆，全凭正气犯龙鳞。
> 谁知贬谪崎岖路，多少提头直谏人。

二、叶企孙冤案

叶企孙（1898 ~ 1977），上海人，我国杰出的物理学家、教育家。1918 年，他于清华学校毕业后赴美留学，先后获得芝加哥大学理学学士学位和哈佛大学哲学博士学位。1924 年回国后，长期担任清华大学教授、物理系系主任、理学院院长、校务委员会主席兼代理校长。抗战期间随校南迁，任西南联合大学物理系教授、清华大学特种研究委员会主席及校务委员，与潘光旦、陈寅恪、梅贻琦并称为清华四大哲人。1948 年被评为中央研究院院士。1952 年院系调整时调入北京大学。1955 年当选为中国科学院学部委员。作为无党派爱国民主人士、著名科学家，叶企孙曾出席第一届中国人民政治协商会议，并当选为第一、第二、第三届全国人民代表大会代表。

叶企孙在物理学领域曾取得过两项享誉世界的重要研究成果：一是用 X 射线精确地测定普朗克常数 h，得出当时用 X 射线测定 h 值的最高精确度；二是开创性地研究了流体静压力对铁磁性金属的磁导率的影响。

作为我国物理学界的一代宗师，叶企孙把更多的精力倾注于我国物理学教育和人才培养，甘愿做推动我国物理学发展的人梯和铺路石。他在 20 世纪 30 年代创建了位于全国前列的清华物理系和理学院，实行"理论与实验并重，重质而不重量"的办学方针，而且以高尚无私的人格魅力延聘名师。如 1928 年叶企孙请吴有训到物理系任教时，为表示尊重和诚意，将其工资定得比自己系主任还高。当他发现吴有训工作能力很强时，又于 1934 年推荐吴有训担任物理系系主任。1937 年叶企孙进一步主动让贤，辞去理学院院长之职，推荐吴有训接任，使吴脱颖而出，担任了中央大学校长，新中国成立后又成为中国科学院第一副院长。"两弹一星"元勋王大珩说："叶先生不仅教我学知识，更重要的，使我终身受益的是，我从这位老师身上学到的爱国、无私的人格。"

叶企孙对我国杰出人才培养所作出的贡献十分巨大。在我国 23 位"两弹一星"元勋中，有 9 位叶企孙的弟子（王淦昌、赵九章、彭桓武、钱三强、王大珩、陈芳允、屠守锷、邓稼先、朱光亚），有 4 位是叶企孙学生的学生（周光召、程开甲、钱骥、于敏）。因此，叶企孙被称为"两弹一星之祖"，是我国科学界德高望重的"伯乐"。只有初中学历的华罗庚经熊庆来慧眼识才，是叶企孙排众议，拍板决定将他调入清华任教，并送往英国剑桥大学深造。华裔物理学家、诺贝尔物理学奖获得者杨振宁、李政道当年出国留学，也得益于叶企孙先生"慧眼识珠"。1998 年，叶企孙百岁诞辰暨其母校上海市敬业中学 250 周年校庆时，李政道专程到会讲话。他说："叶师破格地推荐当时只是大学二年级学生的我去美国做博士生……所以没有叶师和吴教授，就没有我后来的科学成就。叶师不仅是我的启蒙老师，而且是影响我一生科学成就的恩师。"此外，在美国科学院和工程科学院二三十位华裔院士中，最早当选的两位院士为 1933 年毕业于清华物理系的林家翘和戴振铎。1948 年，美国编撰百年来科学大事记中入选的两位中国科学家彭桓武和王淦昌均为叶企孙的高足。

就是这样一位如周光召在《纪念叶企孙先生》一文中所评价的，"我国近代物理学的奠基人之一和我国物理学界最早的组织者之一，为我国物理学研究与理科教育、科学事业和教育事业的发展作出了突出的贡献"的叶企孙，在经过一系列政治运动审查"平安无事"后，居然在"文化大革命"中被打成了国民党 C. C. 特务。

1968 年，因为开国上将、铁道部部长、原张学良旧部吕正操被关押受审查的牵连，70 岁的叶企孙被中央军委专案组作为国民党 C. C. 特务逮捕关押，进行无休止的审讯，令其交代与其学生，据说也是 C. C. 特务的熊大缜的关系及本人所从事的特务活动。经中央军委专案组一年半的审查，认为"叶证据不足，不能定特务"。在周恩来批示下，1969 年年底，叶企孙被放出监狱，但仍由北大红卫兵组织继续对其实行"隔离审查"。叶企孙从此遭到红卫兵的残酷凌辱与折磨，健康每况愈下，腰弯成九十度，两腿肿胀，患有严重的幻听症和精神分裂症。昔日一代宗师，沦落为踯躅街头，踽踽前行，到处乞讨，惨不忍睹的似疯非疯的叫花子，令人欷歔哀叹！1977 年 1 月 13 日，叶企孙在贫病交加、孤独痛苦中告别了对他极不公正的世界。

明明是在国共合作背景下从事爱国抗日斗争，却被诬为 C. C. 特务活动；明明是德高望重被举荐为中央研究院总干事，却被诬为参与国民党朱家骅派系；明明是经过共产党历次政治运动审查证明历史清楚，却被"革命群众"实行残酷专政。叶企孙和其学生熊大缜的悲惨遭遇受到公众强烈的关注，许多有良知的忠义之士纷纷为平反他们所受的天下奇冤奔走请命。科学史家钱临照先生在"文化大革命"期间不惧压力，对出狱后仍被定为"不可接触的人"的叶企孙，多次前往探视，促膝谈心。"叶企孙到香港，谈及平津理科大学生在天津制造炸药，轰炸敌军通过之桥梁，有成效。第一笔经费，借用清华大学备用之公款万余元，已用罄，须别筹。拟往访宋庆龄先生，请作函介绍。当即写一致孙夫人函，由企孙携去。"❶ 钱临照先生抓住这个具有权威公信力的重大线索，命研究生胡升华循此对发生在 1938 年 11 月的史实深入调研，完成《叶企孙先生——一个爱国的、正直的教育家》，为中共河北省委为熊大缜平反提供了有力的依据。1986 年 8 月 20 日，中共河北省委作出为"叶企孙派到冀中地区的特务熊大缜"平反昭雪的决定。该决定写道："熊大缜同志是 1938

❶ 席宗泽. 科学史史论［M］. 复旦大学出版社，2008.

年 4 月经我党之关系人叶企孙、孙鲁同志介绍，通过我平、津、保秘密交通站负责人张珍和我党在北平之秘密工作人员黄浩同志，到冀中军区参加抗日工作的爱国进步知识分子。当时，他放弃出国留学机会，推迟结婚，为拯救民族危亡，毅然投笔从戎。到冀中后，……他研制成功了高级烈性黄色炸药，用制造出的手榴弹、地雷、子弹等，武装了部队，提高了我军战斗力，还多次炸毁敌人列车。同时，他还通过各种渠道，利用叶企孙教授之捐款，聘请和介绍各方面技术人才到冀中参加抗战，……对冀中之抗战作出了不可磨灭的贡献，定熊大缜同志为国民党 C. C. 特务而处决，是无证据的，纯属冤案。因此，省委决定为熊大缜同志彻底平反昭雪，恢复名誉，按因公牺牲对待。凡确因熊大缜特务案件受到株连的同志和子女亲属，由所在单位党组织认真进行复查，作出正确结论，并做好善后工作。"

至此，叶企孙先生的冤案，终于大白于天下。历史终于还了叶企孙先生一个公道，他在生命之火即将熄灭时以范晔所写的《狱中与甥侄书》首段示之："吾狂衅覆灭，岂复可言，汝等皆当以罪人弃之。然平生行已在怀，犹应可寻，至于能不，意中所解，汝等或不悉知"，似乎低估了自己巨大的感召力和影响力。1992 年 5 月，185 位他的学生和同事自发捐款数万元，建立"叶企孙奖"基金，以奖励品学兼优的学生。在首届授奖仪式中，基金会名誉主任、著名科学家、教育家钱伟长怀着对叶企孙先生无比崇敬和深切缅怀之情说："叶先生一辈子大公无私，从不为个人考虑。他终身不娶，视学生如儿女，对所有青年的关系都非常亲切。他不仅向学生传授知识，而且以身作则，以实际行动影响了大批科学工作者，团结大家，协力做好工作……我们怀念他，他的朋友和学生自愿捐款设立这个奖。我们都不是有钱的人，这笔资金很菲薄，但是，它代表一种心意，是一种很高尚的精神力量，可以鼓励青年学生奋发上进。我们要把叶先生那种伟大的人格、真正为国为民的品德继承下来。"

1995 年，叶企孙半身铜像在清华科学馆落成并举行了揭幕仪式。

三、束星北冤案

束星北（1907～1983），江苏南通人。我国著名理论物理学家，"中国雷达之父"，教育家，被誉为"天才"，是我国早期从事量子力学和相对论研究的物理学家之一，后转向气象科学研究，晚年为开创我国海洋物理研究作出了贡献。

束星北先生 1913 年在故乡私塾启蒙,1924 年中学毕业后以优异成绩考入杭州之江大学,次年转入济南齐鲁大学。1926 年 4 月自费赴美留学,入堪萨斯州拜克大学物理系三年级,1927 年 2 月转到旧金山加州大学学习。1927 年 7 月,因仰慕爱因斯坦,经日本、朝鲜去欧洲游历,在爱因斯坦任教的柏林大学威廉皇帝物理研究所当了一段时间研究助手。1928 年 10 月,入英国爱丁堡大学随世界著名理论物理学家惠特克和达尔文学习基础物理与数学。1930 年 1 月,他以《论数学物理的基础》获得爱丁堡大学硕士学位。1930 年 2 月,由惠特克和达尔文的引荐,他又到剑桥大学师从著名理论天体物理学家爱丁顿博士,参与了他对狄拉克方程全过程的推导。1930 年 9 月,他被推荐到美国麻省理工学院,师从著名数学家思特罗克教授,做研究生和数学助教。1931 年 5 月,他以《超复数系统及其在几何中应用的初步研究》论文获麻省理工学院理学硕士学位。此时,他不足 24 岁,却积累了常人难比的丰富学识和广博见闻,加上他超人的天赋,使他具备了过人的才华和自信,与各位世界大师的相处进一步熏陶了他对科学的执著和求真的率直。

1931 年 9 月回国后,束星北的学术生涯一直起伏跌宕,多次转移研究方向。但正如人们所言,"是金子总会闪光",他在每个工作单位都作出了骄人的业绩。

束星北钟情于理论物理研究,是我国早期从事量子力学和相对论研究的物理学家之一。20 世纪 30 年代初,束星北曾试图将爱因斯坦广义相对论的引力定律推广到地球对称的动力场,得到有质量辐射的近似解。1930 年前后,束星北也试图探索引力场与电磁场的统一理论。他在狄拉克方程方面的工作是创造性的。1942 年,他又开始探索任意参考系之间的相对性问题。他的研究探索虽因战乱等因素影响多次中断,未能深入下去,但其迸发的天才火花却得到了海内外的一致公认。他的学生、"两弹一星"功勋科学家程开甲院士评价他说:"那个时代,像束星北这样集才华、天赋、激情于一身的教育家、科学家,在中国科学界是罕见的,他的物理学修养和对其内涵理解的深度,国内也是少有的。"1937 年世界著名科学家玻尔访问浙江大学后,不断有学生向他请教如何出国深造。玻尔说,你们有束星北、王淦昌这么好的物理学家,为什么还要跑到外面学习物理呢?1965 年,束星北完成我国首部《狭义相对论》著作。

1952 年由于院系调整,束星北自觉服从国家需要,到山东大学物理系改行从事气象科学。凭借雄厚的物理基础，他很快在大气动力学研究方面取得一些堪称世界一流的科研成果。在空气绝热等熵运动研究中，束星北得出理论上比 S. 彼得逊和 B. 赫尔维茨更完善的结论，认为空气压力变化、水平辐合和冷暖平流切变三种因素决定温度直减率变化。在大气骚动和空气运动学方面，他导出的波速方程比 C. G. 罗思必在形式上更宽泛，理论上更严谨。束星北还为基培尔假设提供了理论依据，并导出预报方程，使其更加完善和简化。可惜，他的创造性研究活动因"肃反"运动而中止。

1978 年，在其古稀之年，束星北又抱病投身于我国海洋科学事业。1980 年，束星北与中国科学院声学研究所汪德昭所长共同倡导在我国近海开展海洋内波观察研究，并于 1981 年完成了由 12 个铂电阻探头构成，以平板机控制、取样、记录的测温链，在黄海进行了内波测量试验，接着又开始研究 16 个热敏电阻探头构成的微机控制、取样、记录的测温链。1983 年 10 月，束星北先生不幸病逝。

束星北先生不仅有超出常人的理论思维能力，而且有极强的动手能力。1945 年春，他研制成功中国首部雷达，荣膺"中国雷达之父"的美誉。1961 年年底，他在青岛医学院劳改期间，修复了医学院的一部因损坏闲置多日的从丹麦进口的脑电图机，引起了轰动。从此，他修遍了山东省所有地方和部队的大中型医院的 X 光机、心电图仪、脑电图仪、超声波、同位素扫描仪、冰箱、保温箱、电子兴奋器、电子生理麻醉仪、胃镜、比色计等设备，并解决了国内无人敢"揭榜"的两金属胶合剂破坏的问题。1979 年，我国第一枚洲际导弹实验需要计算弹头数据仓的接收和打捞最佳时限，有关方面为此拨款 100 万元。束星北接受任务后分文未要，一支笔、一摞纸，准确无误地完成了任务，确认在 3 分钟内可以立即打捞。当年他已 73 岁，此事在航天界传为美谈！

束星北先生把毕生的主要精力都贡献给了我国的教育事业。当年竺可桢时代的浙江大学群星璀璨，被李约瑟赞誉为"东方剑桥"，束星北则是被公认的最为杰出活跃的代表、智慧超群的天才人物。20 世纪 40 年代，浙江大学物理系学生、中国科学院自然科学史研究所研究员许良英回忆说："束先生讲课的最大特点是，以启发、引人深思的方式，着重、深入地讲透基本物理概念和基本原理，使学生能够融会贯通地理解整个理论框架。他由日常所见的自然现象出发，通过高度抽象概括，从各个不同侧面，对基本概念和原理进行透彻的分析，并不厌其烦地运用各种唾手可得的事例，深入浅出地反复论证，使学生能够一通百通地领会、掌握基本概念。他讲课，既不用讲义，也不指定参考书，黑板上也没有可供学生抄录的工整的提纲，而只是用质朴生动的语言，从大家所熟知的现象来阐明物理理论和思想。他举止随意，不修边幅，说话非常随便、直率，喜欢在教室里到处走动，还爱坐在课桌上高谈阔论。"

束星北以他卓越的天才学识和高尚的人格魅力赢得了学生们普遍的尊重和爱戴。他和他的学生，诺贝尔物理学奖获得者李政道之间上演了一场人世间感人肺腑的"恩恩相报"的传奇故事。李政道 1943 年在浙江大学一年级学习时，恰巧与束星北的侄子同班，常到束星北家中去玩。束星北慧眼识珠，认定李政道是个天才，便对他倍加关注。他帮助李政道由化工学院转入物理系读书，师生俩常促膝相谈至深夜。1944 年，当李政道因车祸受重伤时，又是束星北于难中相救，并介绍他去昆明转入西南联大吴大猷门下。李政道对束星北对他的启迪、关爱和期望念念不忘，铭记于心。1972 年 10 月 17 日，李政道回国时，周恩来总理希望李政道能为解决中国科学和教育人才的断层问题做些工作，如介绍海外的才学之士到中国来讲学。李政道直截了当地谈道，中国不缺解决"断层"的人才和教师，只是他们没有得到重用。他说，谋求国外的高水平人才或教师固然重要，更重要的是起用中国自己的人才和教师，如我的老师束星北就在国内。以后，在很多场合，李政道都提到束星北这个名字。在无法相见的情况下，李政道还给束星北写了一封信。从此，束星北的命运才有了新的转机。表面上看，这似是束、李二人惺惺相惜，实质上，这是两位世界级科学家对人类命运和科学发展的责任感使然。

不知李政道先生是否知道"此次回国，未能一晤"的"秘密"。束星北在 1955 年"肃反"运动中受到了停职审查，审查结论为没有反革命历史问题，公开宣布取消政治嫌疑。1957 年反右运动中，又因对"肃反"中的错误做法提出坦率批评并提出应遵守法制问题而受到批判，1958 年 10 月被戴上"极右分子"和"历史反革命分子"帽子，被开除公职，给予"管制劳动"三年的处分。1960 年转到青岛医学院任教员，继续管制劳动，1965 年撤销管制，但实际上仍处在严密的监控之中。

当李政道受到周恩来总理接见数天后，国务院有关官员到了青岛，专程了解束星北的情况并有意安排束星北、李政道师生见面。当时青岛医学院"革委会"核心领导小组感到了空前的政治压力，最后他们以"推掉"为上策，让李政道"深以为怅"，据当事人王仹健回忆说："说实话，上面来人，动静弄得这么大，我们都没想到。为了这事，核心小组专门开了几次会，可是研究来研究去，认为束星北不能进京，一是上面早有规定，右派、反革命分子或被严格管制的坏分子，是不能进京的，不但不能进京，就是本市也不能出，只能待在一定的监控范围内活动。尽管那时上面的调子有所缓和，但'革命和专政'的气氛并没有根本的改变，即使我们批准了，也没有用，到时候逐级向上汇报请示，恐怕哪一级也不会开绿灯。最好的办法是李政道来青岛会师。我们请示了上级有关部门，他们同意我们的意见。于是我们开始着手研究怎么接待李政道，以及怎样让他们师生会面。李政道来青岛看起来简单，可是一涉及细节就发现这条路也走不通。首先谁也不能保证束星北在同他见面时会说什么话，再就是李政道会不会去束星北的家，要是提出去束星北的家怎么办？我们专门到他家去考察过，那是我所见到的最赤贫破旧的家，你说它家徒四壁吧，破破烂烂的东西似乎又不少：缺了腿的桌子（晚上便铺上被子做床用），两个箱子（部队装子弹的箱子），几只自己打制的歪歪斜斜的板凳和一些堆得乱七八糟的书；地板虽是水泥的，可是到处都是裂缝，客厅中间还有一个大洞，大得能陷下腿去，上面盖着一张三合板，简直就是个陷阱。最不堪的是束星北的'卧室'，他的卧室不过是个两三尺宽的壁橱，束星北的个头这么大，常年'卡'在里面能舒服吗？'卧室'里只有一床被子，严格地说，那不是被子，只是一床破破烂烂的棉絮，如不是一些经经纬纬的黑色电工胶布粘连着，早就散了。以前，束星北曾申请补助，虽然是张书记的主张，可有人坚决反对，说他过去多有钱哪，一个人赚得比三四个市委书记还多。这么有钱的人还申请补助，是往共产党脸上抹黑。我虽然不同意他们的说法，可我觉得，尽管他在反右以后，每月只有二十元生活费了，可瘦死的骆驼比马大，怎么也不至于贫困到向组织伸手吧，看了他的家我才明白了，高级知识分子要是穷起来，可是连一般的平民家庭还不如。这样的家李政道看了会作何感想？那还不等于往国家和党的脸上抹黑吗？……最后核心小组决定以束星北身体不适为由，将这事推掉了。"

尤其令人痛心和扼腕的是，束星北先生最后的遗愿居然又成了"遗冤"。在逝世前的 1979 年 4 月，束星北曾对青岛医学院长期进行解剖学研究的沈福彭教授说："据临床观察，长期注射肾上腺素，必然对血压和心脏带来不利影响，可是我多年来，因患慢性气管炎和肺气肿，一直注射肾上腺素，血压心脏却一直很正常，这是什么原因？希望我死后你们将我的尸体解剖观察分析研究。"束星北在生命最后的时期，不时称自己的大脑异乎寻常得聪明好用，连他自己也感到奇怪的是，70 多岁的人了，脑袋却还跟二三十岁的时候一样饱满、清晰、活力无限，而且由于积累丰富了，各种各样的想法相互撞击，迸发出许多智慧的火花。他要求医院"你们一定要好好解剖一下，会有发现，也会有一定价值的"。这是一位科学家为发展祖国科学教育事业最后的献身。1983 年 10 月 30 日，束星北因患慢性气管炎、肺心病，病情恶化，医治无效逝世，终年 77 岁。当日，束星北先生的遗孀葛楚华及其子女专门写了束星北遗体捐献书和移交书，青岛医学院和国家海洋局第一海洋研究所也签订了有关文书。然而，令束星北及所有人万万没有想到的是，在当时青岛医学院领导班子"大换血"的繁忙中此事居然被遗忘。待半年后有人想起此事时，束星北的遗体已腐烂不堪，两个大学生为了省事，将束星北遗体草草地埋葬在学校篮球场旁的双杠下面。

一位生前和死后均遭到漠视的天才物理学家束星北，九泉之下能瞑目安息吗？

束星北先生逝世后，李政道于 1983 年 11 月 2 日给葛楚华发来唁电，曰"束师母：突闻束老师仙逝的恶（噩）讯无限悲痛，惜路途遥远，不能赶上十一月十四日的追悼会。束老师是中国物理界的老前辈，国际闻名，桃李天下。他的去世是世界物理界及全国教育界极重大的损失。"其挚友王淦昌所书挽联为"才华横溢，学识渊博，正在培育英才，为国多建奇勋；爱党爱国，热心为公，何期溘然长逝，令我热泪满襟。"数学家苏步青为好友束星北献挽诗"受屈蒙冤二十春，三中而后感恩身。方期为国挥余力，讵料因疴辞俗尘。学可济时何坎坷，言堪警世太天真。缅怀相对论中杰，泪洒秋风不自禁。"国家海洋局局长孙志辉高度评价束星北先生道："中国曾有过这样一位科学家，是中华民族的自豪。"

束星北先生故乡人民为了纪念这位头桥历史上的著名乡贤，在位于头桥镇红平村的头桥市民广场上，专门设立了"中国雷达之父——束星北"生平事迹宣传牌。束星北先生名垂青史，万古流芳。

第 2 节　对三大冤案的文化反思

共和国自然科学家三大冤案发生在 1957 年"反右运动"至"文化大革

命"期间，党的十一届三中全会以后，冤案已得到平反昭雪，但对它的文化思考一直没有停止。2004年，长江文艺出版社出版了赵诚先生所著《长河孤旅——黄万里九十年人生沧桑》（赵诚，1994）；2005年，作家出版社出版了刘海军先生所著《束星北档案：一个天才物理学家的命运》（刘海军，2005）；2010年，中华书局出版了岳南先生所著《从蔡元培到胡适：中科院那些人和事》，其中专节描述叶企孙冤案始末（岳南，2010）。此外，还有散见于如席泽宗院士所著《科学史十论》中有关记载及若干报刊上的报道（席泽宗，2008）❶。本专题试图从科学发展史的角度，对"三大冤案"进行文化反思，着眼于社会管理，主要从制度文化层面切入。

三位自然科学家的冤案，都发生在世界科技革命风起云涌、科技进步突飞猛进、国内和平建设时期。三位科学家均陷身于人为制造的阶级斗争政治风暴中。黄万里因言论犯上获罪，叶企孙因历史问题获罪，束星北则因历史问题和言论犯上获罪，他们长达20余年的悲惨遭遇，反映了从"反右运动"至"文化大革命"（1957～1976）那个特定历史时期，我国社会主义制度文化的缺失，为我们的国家和民族留下了极为深刻的沉痛教训。

一、依法治国文化缺失

不同国家的法律不尽相同，但它们都代表了统治阶级的意愿。不同的国家法律的制定形式和执法方式不尽相同，但通过法治实现社会公平、正义、有序、稳定都是一致的。作为依靠国家强制力量使社会全体成员共同遵守行为规范的法律，是社会进步的基石。法制的完善和法治的力行是社会文明的标志。我国作为一个幅员辽阔、人口众多的大国，从《唐律》始，历代统治者都以法律作为重要的统治工具，遵守法律是每个社会成员及社会集团立身处世的底线，否则，"不以规矩，不能成方圆"。

1949年2月22日，中国共产党中央委员会发布《关于废除国民党的全书与确定解放区的司法原则的指示》，1952年新中国开始了司法改革运动。1952年秋，党中央和毛泽东鉴于《共同纲领》在人民中及各民主党派中作为临时宪法已有足够的权威性，曾考虑在过渡时期暂不制定宪法，待中国进入社会主义社会后，再召开全国人民代表大会，制定出一部社会主义宪法。但在同年

---

❶ 席泽宗. 科学史十论 [M]. 复旦大学出版社，2008.

10 月刘少奇赴苏征求斯大林意见时，斯大林认为为了不让西方敌对势力钻空子，应尽早进行选举和制定宪法。此建议被中共中央采纳。

1953 年 1 月 13 日，中央人民政府委员会决定，成立以毛泽东为主席、朱德、宋庆龄等 32 人为委员的中华人民共和国宪法起草委员会；成立以周恩来为主席、由 23 名委员组成的中华人民共和国选举法起草委员会。担任两个委员会的委员既有共产党的领导人，也有各民主党派及其他方面人士，具有十分广泛的代表性。1953 年 2 月 11 日，《中华人民共和国全国人民代表大会及地方各级人民代表大会选举法》经中央人民政府委员会审议通过，并在同年 3 月 1 日颁布施行。

1954 年 9 月 15 日至 28 日，在中华人民共和国历史上具有重大里程碑意义的第一届全国人民代表大会第一次会议在北京隆重举行，大会的任务是制定宪法和几部重要法律，审议政府工作报告，选举新的国家领导工作人员。刘少奇作《关于中华人民共和国宪法草案的报告》。他指出，中华人民共和国宪法草案，是对于 100 多年来中国人民革命斗争的历史经验的总结，也是对于中国近代关于宪法问题的历史经验的总结，是我国人民利益和人民意志的产物。现在，这部宪法草案对我们国家的政治制度作出了更加完备的规定。他强调说，中国共产党是我们国家的领导核心，一切共产党员都要同各民主党派、党外的广大群众团结在一起，为宪法的实施而积极努力。

然而，在"文化大革命"中，身为国家主席的刘少奇在遭到红卫兵残酷批斗时，即使手举宪法也无法保护自己。他的悲惨遭遇是当时法治文化缺失的铁证。束星北先生在大门上贴着他用毛笔书写的告示：请勿进门，公民住宅不受侵犯——《中华人民共和国宪法》第 70 条。但这无济于事，其五子束义新回忆："1955 年 12 月 10 日的这一天，我永远不会忘记。那一天，是我们的噩梦，没人知道这究竟是怎么回事，到底发生了什么。那个清冷的凌晨，我们全家老小包括两个保姆全被赶到门外花园的角道，两个腰上别了手枪的警察一头一个把着，我们甚至连衣服也没有穿好，那时候已经很有些寒意了，我们一个个在寒冷潮湿的晨风里冻得直打哆嗦。大约有六七个人在房间里上上下下翻腾。乒乒乓乓动静弄得很大。就像电影里的镜头，我们的家眨眼间就狼藉一片了。客厅里仅有的一张沙发被用刀子割开来，父亲的房间、我们的房间包括阿姨的房间全都被翻了个底朝天。可显然他们没有找到所需的东西。于是，楼上楼下的地板就像搂地瓜一样，搂了个遍。当仍没有找到他们要的东西时，他们便开始想象东西可能藏在墙壁里或客厅的立柱里，于是楼上楼下的墙壁和客厅的立柱立刻被凿子凿得面目全非了。弟弟和妹妹好长时间才从梦里醒过来，惊吓得哭了起来，母亲一边护着我们，一边不住地问：为什么、为什么？可是没人跟她搭话。只有父亲是平静的，好像一切早有所知。他从房间被一个人'请'出来时，手里拿着一本书，后来才知道，他拿的那本书是 1954 年颁布的《中华人民共和国宪法》。他谁也不看，不停地摇动着那本书。天空开始发白了，他们才停了下来，他们得到的唯一东西是父亲自己安装的半导体收音机（他们大概是拿回去研究一下，看看是不是与电台有关系）。一辆警车停在大院门口，父亲在一些人的簇拥下，向那边走去。临上车了，好像才想起我们，他回过头来朝着我们看了一眼。我感觉他在努力地朝我们微笑。"

践踏法制，不要法治，大搞人治。1954 年，当全国上下热衷于搞群众运动，称赞"运动能很快解决问题"时，董必武正确地指出，运动也有副作用，应当以依法治国代替运动治国，逐步实现依法治国。过去是靠运动，现在是靠法律（辛向东，戴建华，2009）❶。

1957 年，毛泽东视察湖北时指出："发展钢铁生产一定要搞群众运动，什么工作都要搞群众运动，没有群众运动是不行的。"1958 年，董必武受到不指名批判。1958 年 8 月 24 日，毛泽东在北戴河司法公安会议上说："公安法院也在整风，法律这个东西，没有也不成。但我们有我们这一套……不能靠法律治多数人。""民法、刑法有那么多条？谁记得了？宪法是我参加制定的，我也记不得。我们基本上不靠那些，主要靠决议开会，一年搞十次，不能靠民法、刑法来维持秩序。我们每次的决议都是法，开一个会也是一个法。"后来，他更明确指出"要人治，不要法治"。"《人民日报》一篇社论，全国执行，何必要什么法律。"于是，新中国法制建设从此中断，董必武的法治思想从此湮没无闻。

1962 年，前民建领导人，全国政协委员章乃器在人大代表、政协委员座谈上发言说："潘汉年、胡风没有审判，凭什么把他们逮捕扣押几年，这不是违反宪法吗？关于右派处理办法，党中央和国务院联合发出指示，就是违反宪法。在反右时，人民日报在社论中指出某某是有罪的，因为他是头面人物，可以不加逮捕、不予论罪云云，这是司法机关的判词，人民日报有什么资格代替

---

❶ 辛向东，戴建华. 董必武与毛泽东［J］. 党史天地，2009（5）.

司法机关的职权？机关可以判处右派，判处劳动教养，而劳动教养是巧立名目的劳动改造，机关有什么权力代替司法机关的职权？可以说国家无法制，社会无信义，机关工厂无管理。"

当"以事实为根据，以法律为准绳"的法治箴言，在人治时代变为"以怀疑为根据，以领导印象为准绳"时，冤案的发生就带有必然性。

美国查尔斯·蒂利在《集体暴力的政治》英文版前言中说："人类生活就是一个错误接着一个错误，我们犯下错误，审视这些错误，纠正它们，然后继续犯更多错误与纠错充满了我们的生活。如果我们幸运、聪慧或者身边不乏有益的批评者，纠错甚至出错，这样，人类的能力与知识能够不断进步——至少保持一段时间的进步。"（蒂利，2006）

胡锦涛总书记在庆祝中国共和党成立 90 周年大会上的讲话中提出："我们形成了中国特色社会主义法律体系，我们党自觉在宪法和法律范围内活动，支持人大、政府、政协、司法机关等依照法律和各自章程独立负责、协调一致开展工作。""要全面落实依法治国基本方略，在全社会大力弘扬社会主义法治精神，不断推进科学立法、严格执法、公正司法、全民守法进程，实现国家各项工作法治化。"

二、科学求实文化缺失

黄万里、叶企孙、束星北三位自然科学家的冤案发生在我国社会主义建设的探索进程中，历史已经不容置辩地证明，在 20 世纪五六十年代那个特定的国内外环境下，党对什么是社会主义，对在中国这样一个经济文化落后的国家怎样建设社会主义等重大问题缺乏正确认识和集体研究，又不能科学客观地对待国内外不同的意见，甚至脱离了历史唯物主义关于生产力是社会发展的基础和人民群众是历史创造的主人等基本原理，把离开生产力发展抽象谈论社会主义的思想和做法当做"社会主义原则"加以固守；把社会主义条件下有利于生产力发展的一些认识和做法，当做"修正主义"或"资本主义"加以反对；把已经不属于阶级斗争的问题仍然看做阶级斗争，照搬大规模急风暴雨或群众性斗争的旧办法和旧经验，从而导致阶级斗争的严重扩大化。例如束星北先在抗日战争期间，受强烈的爱国心的驱使，毅然中断自己的前沿课题研究，专门研究军工武器，如无人驾驶飞机、无人驾驶舰艇和激光武器等，后被国民党军令部借调专门从事雷达研究，并成为"中国雷达之父"。应当说，在抗日民族统一战线的立场上，他是抗日有功之臣。抗战胜利后，国民党军令部为了留住束星北，许以高官厚禄均遭拒绝，他宁可不要资金也不加入国民党，因让学生拆掉雷达而遭国民党囚禁。应当说，他并未站在反共政治立场上。他的这些历史问题在镇反、"肃反"运动中均已审查，证明他不是历史反革命分子。因为束星北认宪法死理，在反右中对肃反中批斗他的做法提出意见，结果硬被扣上"历史反革命"、"极右分子"的帽子。

在工程技术这个与政治斗争不相同的范畴，照理应该多一些科学求实的态度，然而，在当时"极左"的政治氛围中，科学技术问题的争论也被渲染上浓厚的政治色彩。黄万里对三门峡工程的方案提出意见，指出黄河水浑非害为益，水清遗祸上游，触痛了热衷"圣人出，黄河清"的某些人的神经，从而以"花丛小语"为由，被曲线打成右派。尤其是黄万里之问："为什么七十人的会议，只有我一人提出反对意见？""国家养士有何用？"击中了当时社会存在的严重弊端——不说实话。这种不良风气流毒至今。关于三门峡工程的责任，1925 年从美国学成归来即开始接触治黄工作的土木工程专家，三门峡工程建设时期的水利部副部长张含英 1982 年说过："我对三门峡工程是应负一定责任的。"除了张老之外，几十年来，人们听不到别的官员和专家就三门峡工程说过检讨的话。何兆武先生认为，不是科学为无产阶级政治服务，而是无产阶级政治必须服从科学。政治往往是先有前提，而科学只能是后有结论。

原水电部副部长李锐评价黄万里说："中国过去有几十年时间不尊重科学、不尊重知识。黄万里的遭遇是最典型的。黄万里的命运是个人的悲剧，也是中国的悲剧。他是中国水利界一个非常伟大的马寅初、陈寅恪式的悲剧人物。"黄万里被称为 20 世纪中国知识分子的标本。今天，他热爱祖国、关切民生，在逆境下坚持独立人格、学术自由和民主科学精神的崇高风格，仍然令人十分崇敬。

总之，科学求实文化的培育生长和壮大弘扬离不开昌明的政治环境和健全的法制环境，而昌明的政治环境和健全的法制环境的构建，又必须以有正确的政治目标为前提。乌托邦的政治目标，主观唯心主义的思想路线，加之随心所欲的"残酷斗争，无情打击"，只能扼杀和湮灭科学求实的文化，使经济落后、国家倒退和民族沦落。20 世纪五六十年代正是世界新科技革命蓬勃发展，高科技产业迅速壮大的时期，正是需要大力弘扬科学求实文化的时代。黄万里、叶企孙、束星北三位自然科学家的冤案成为全民族悲剧的缩影。对这一刻骨铭心的历史教训，中华民族子孙后代应当永世不忘。正如中共党史所科学总结的：

在我国这样一个经济文化十分落后的国家里，发展经济，提高人民物质文化生活水平，是体现社会主义制度优越性的重要方面，是决定政权巩固至关重要的基础。在人民民主专政的国家政权建立以后，特别是在社会主义改造基本完成、剥削阶级作为阶级已经消灭以后，发展生产力，正确地领导经济建设，是党在社会主义建设时期的中心任务。社会主义社会中存在的种种矛盾，包括毛泽东希望消除的"阴暗面"，也只有在不断发展社会生产力的过程中方能得到逐步解决。作为执政党，必须正确处理社会主义条件下生产力与生产关系、经济基础与上层建筑这一社会的基本矛盾，集中力量发展社会生产力，而不能把主要精力放在阶级斗争上。没有经济的发展，没有在生产力发展基础上雄厚的物质基础，国家就不能实现繁荣富强，人民的物质文化生活就不能得到改善和提高，社会主义制度的优越性就不能充分显现出来。当然，由于国内的因素和国际的影响，阶级斗争还会在一定范围内长期存在，在某种条件下还可能激化，但是，这种阶级斗争的存在范围、表现形式以及斗争方法已同过去根本不同。打击各种敌对势力在各方面进行敌对活动，应在党的领导下，主要依靠国家法律来进行，而不能把这种斗争简单地等同于全国范围的阶级斗争，更不能将此引申为要进行一个阶级推翻一个阶级的全面的夺权斗争，搞大规模的政治运动。动摇或偏离了经济建设这个根本任务，以"阶级斗争为纲"和以群众运动的方法去搞上层建筑领域的"革命"，只能给党和国家带来灾难性的后果。

对于科学技术中的不同意见，应当采取"百家争鸣"的方针，鼓励不同学派、不同观点的交流、交锋和交融，在实践中检验真伪，在发扬学术民主中推动认识的深化和科技水平的提高。对于思想认识的分歧，应采取说服教育、以理服人的方法，允许保留不同意见。

三、尊重人才文化缺失

《国家中长期人才发展规划纲要（2010～2020 年)》给"人才"一词下的定义是："人才是指具有一定的专业知识或专门技能，进行创造性劳动并对社会作出贡献的人，是人力资源中能力和素质较高的劳动者。人才是我国经济社会发展的第一资源。"举世公认，历史证明，在人类社会发展进程中，人才是社会文明进步、人民富强幸福、国家繁荣昌盛的重要推动力量，在高层次科学技术人才身上，无一不是集成着历史的沉淀，国家、社会和家庭的巨大投入，以及超出常人的天赋。因此，他们是国家和民族的财富，是推动科技进步的主力。美国人对钱学森的评价是他一个人抵得上五个师。在世界著名物理学家玻尔眼里，束星北、王淦昌都是非常优秀的物理学家。黄万里从事水利科学研究的丰富经历在国内水利界也是少有的。像黄万里这样被赵朴初称为"禹公钦饱学，不只是诗才"的水利专家，以其务实求真、敢于直言而被誉为20世纪中国有良知的知识分子的典范。叶企孙、束星北、黄万里三位杰出的科学家本应当受到全社会的高度尊重，并让他们充分发挥其才干，为国家和民族作出更多的贡献，不料却被打入另册。这既是他们个人的不幸，更是民族的悲剧、历史的教训。

科技人才的本质在于具有创造才能，他们有着一般人难以具备的聪慧的天赋、丰富的学识、广阔的视野、超前的思维、质疑的勇气和求真的执著。他们往往能思人之所未思，见人之所未见，为人之所未为。他们也是具有主见和鲜明个性的人，绝不唯唯诺诺、人云亦云。强烈的社会责任感和为天下忧的使命感使他们不惧挑战权威。创造意味着突破传统乃至禁区，超越前人乃至权威，为此，他们必然追求"独立的人格，自由的思想"。这在缺乏科学、民主和法制的时空域中，难免使自己成为异类，招致棒杀。

束星北的命运尤为典型。在群星璀璨的浙江大学，他被誉为"天下第一才子"，他在浙江大学时唯一的一位研究生，后又跟随他在物理系当助教的程开甲，后成为"两弹一星"元勋，在与束星北长期的几乎是零距离的相处中，对其天赋和智慧评价极高。据《束星北档案》披露，程开甲认为"束星北的物理学天赋是无人能及的，有极多的思想或念头在他那智力超常的大脑里，而那些思想与念头，如果抓牢了，琢磨透了，就极有可能结出轰动世界的果实。如对量子电磁场约高次微扰的计算，就是一个足以说明问题的例子。因为量子电磁场的发散不能计算，因而人们无法得到原子能级的电磁场修正，可是束星北想到一个点子，'将发散上限切断（Cut – off），继续进行下去，就可以得到原子能级的电磁场修正'。这个想法实质上已经接近了 Bethe 计算 Lamb Retherforol 效应的观点（Lamb 效应到 1948 年才被发现），那时他要王谟显先生用手摇机计算，我用分析方法，对 Hc 的电子能级计算，并得到相同的修正。当时只能作为一个预测的计算，并没有想到以后真会有 Lamb 效应。这可明显看出束先生的深入远见。但束先生有一个弱点，工作做好就放下，不久就忘了，不然，这些工作以及他未继续下去的其他研究工作（如果能够继续下去）开花结果，那可以说是十分宏伟的"。程开甲认为，束星北的科学素养与天分是毋庸置疑的，他的思想与认识直到今天仍在发挥着作用，很多见解在今天的实践过程中被证明是正确的，"只是由于历史条件和机遇的原因，没能显示出来，这是十分令人惋惜的。"

这里程开甲所模糊笼统提到的"历史条件"，凡是过来人都心知肚明，"反右派斗争扩大化"即是影响束星北、黄万里命运的"一劫"，全国205所高等学校近4 000名教授、副教授、讲师及助教被划为右派分子，剥夺了从事教学和科研的权利，有53万人被戴上"右派分子"帽子，打入"另册"，轻则降职降薪、留用察看，重则送劳动教养，有些人还被开除公职、开除学籍；共产党员、共青团员还被开除党籍和团籍。《中共党史（第二卷）》写道："许多同党有长期合作历史的朋友，许多有才能的知识分子，许多政治上热情而尚不成熟的青年，还有党内许多党员的同志，由于被错划为右派分子，经受了长期的冤屈和磨难，不能在社会主义建设中发挥应有的作用。这不但造成他们个人及家庭的悲剧，也给整个党和国家的事业造成巨大的损失。"

1966年4月14日，毛泽东在1966年4月12日中共中央办公厅机要室编写的《文电摘要》上登载的《在京艺术院校试行半工（农）半读》一文中写下了700余字的批语。

那些大学教授和大学生们只会啃书本（这是一项比较容易的工作），他们一不会打仗，二不会革命，三不会做工，四不会耕田。他们的知识贫乏得很。讲起这些来，一窍不通。他们中的很多人确有一项学问，就是反共反人民，至今还是如此。他们也有"术"，就是反革命的方法，所以我常说，知识分子和工农分子比较起来是最没有学问的人。他们不自惭形秽，整天从书本到书本，从概念到概念。如此下去，除了干反革命，搞资产阶级复辟，培养修正主义分子以外，其他一样也不会，一些从事过一两次四清运动从工人农民那里取了经回来的人，他们自愧不如，有了革命干劲，这就好了。唐人诗云，"竹帛烟销帝业虚，关河空锁祖龙居。坑灰未烬山东乱，刘项原来不读书。"

批语的结论是："学校一律要搬到工厂和农村去，一律实行半工半读，当然要分步骤，要分期分批，但是一定要去，不去就解散这类学校，以免贻害无穷。"

对于科学家而言，最大的痛苦莫过于从事自己钟爱的科学研究的权利被剥夺。国家海洋局第一海洋研究所研究员、束星北的小女儿束美新回忆其父在1964 年10 月16 日我国第一颗原子弹爆炸成功后，因未能参与这一工作而伤心痛哭的情景："我想正是这个时候，我听到了父亲奇怪的叫声。最初我并没意识到是父亲的叫声，那叫声短促干硬，而且间隔时间很长，当奇怪的叫声再次响起的时候，我才意识到那声音是我父亲发出的。我不知道，父亲为什么会发出这么奇怪的叫声。以后无数次回忆这个声音时，我才意识到这是一种绝望的嗥叫，只有森林里遭受屠杀的野兽才会发出这样的嗥叫。再往后，嗥叫声被哽咽声代替了，我才明白，父亲哭了。"

所幸的是，类似束星北、黄万里、叶企孙先生这样令人痛心的悲剧再也不会在中国重演了。2010 年，中央颁布了《国家中长期人才发展规划纲要（2010～2020 年）》，这是新中国成立以来第一个中长期人才发展规划，是我国昂首迈进世界人才强国行列的行动纲领。人才兴则民族兴，人才强则国家强，科教兴国和人才强国已成为时代最强音。

四、民主包容文化缺失

人类与宇宙始终处于巨大的信息不对称状态之中，对于科学真理的追求永远没有终点。因此，自然科学家们必须具备不懈探求真理的精神。探求真理是以怀疑为先导，以争辩为助力的。马克思最为欣赏的格言是"怀疑一切"。由于无论什么人都难免有认识上的局限性和相对性，也就是说难免犯错误，所以民主包容文化是科学得以发展进步不可或缺的空气。人们不会忘记在古老的中世纪，布鲁诺因为坚持日心说而被专制的教会活活地烧死。对于中国这样一个有着长达两千多年封建社会历史的国家来说，封建文化的传统根深蒂固，进入20 世纪以后，虽经过辛亥革命和新文化运动、新民主主义革命和社会主义革命的冲击，"家长制、一言堂"、"个人崇拜"在1957～1976 年仍成为我国政治文化的主导，"万岁"之声不绝于耳，相当于"圣旨"的最高指示汇成了淹没神州的"红海洋"。毛泽东在1956 年提出的"百花齐放，百家争鸣"方针，并没有真正贯彻执行。他所倡导的"既有集中，又有民主，既有统一意志，又有个人心情舒畅的生动活泼的政治局面"并未实现。在以阶级斗争为纲、不断革命的折腾下，有独特个性、有自主创见的自然科学家很难在政治运动的漩涡中平安度过。

叶企孙先生因其德高望重备受各方人士尊重，新中国成立前夕，他本有机会去台湾地区或美国，但素不参与政治、甘为无党派人士的他质朴地认为"自信作孽无多，共产党也需要教书匠"，便留在北平迎接解放。他是一位温良恭俭让的学者，人谓"性温口讷，似不能言者"，但同时也具有强烈的独立人格和自由思想。在 1951 年秋季进行的"思想改造运动"和"胡适思想批判"运动中，时任清华大学一把手的叶企孙坚持"高校教育与科研要自由、民主"，"凡事要独立思考"，于是被指为"以资产阶级观点办清华"，遭到"狂风暴雨式的批评"，被赶下了台。

黄万里不惧巨大的政治压力，孤掌独鸣，坚持对三门峡工程提出自己的意见。在他的身上承载着中国知识分子奋不顾身的炽热的爱国主义传统和巨大的社会责任感。胡耀邦在回顾那个年代时说："为什么那么多人不得不举手（注：指彭德怀，刘少奇事件）呢？这当然是由于长期缺乏民主，容不得不同意见，加上'四人帮'实行顺我者昌、逆我者亡的高压手段，使党内普遍形成一种奴化的思想意识。我们党由于没有摆脱封建主义的影响，有相当一段时期，不能充分尊重不同意见，不能保护持不同意见的同志，甚至有的自然科学专家，因为反对修建黄河三门峡水库，持不同意见，而被划成了右派。"其实，科学技术的争论是有利于科学技术繁荣发展的大好事。众所周知，20 世纪 80 年代关于三峡工程的争论也很激烈，但遵循了双百方针，让反对者充分发表自己的意见，从而有利于三峡水利枢纽的圆满成功。中国工程院院士潘家铮说，对三峡工程贡献最大的就是反对三峡工程上马的人，这道出了科技发展的哲理。

第13章 "文化大革命"对中国科学技术的影响——从科学精神的视角

第1节 "文化大革命"的性质界定

所谓"文化大革命",是指从 1966 年 5 月 16 日中共中央政治局扩大会议通过《中国共产党中央委员会通知》(简称"五一六"通知)始至 1976 年 10 月在中国发生的内乱。《中国共产党历史第二卷（1949～1978）》指出"在党的历史上,'文化大革命'是'左'倾错误指导思想在党中央占主导地位持续时间最长的时期。这场'大革命'给党、国家和全国各族人民带来深重的灾难,留下了极其惨痛的教训"。郑惠于 1994 年 9 月在西安举行的"全国社会主义时期党史学术讨论会"上,介绍胡乔木同志对"文化大革命"几个问题的论述发言中谈道:"'文化大革命'是一场党的大灾难,民族的大灾难,它持续的时间很长,危害的范围甚广,造成的损失巨大,党和人民从中经受的锻炼和考验也异常严峻。这场内乱在中国历史甚至世界历史上都是千年不遇的。它以尖锐的形式相当充分地暴露出我们党和国家的工作、体制、传统等方面存在的缺陷。这场斗争以党和人民的胜利而告结束,也反映了我们在这些方面所固有的长处。这段历史提供了深刻的经验教训。物极必反,否极泰来,'左'倾错误和由此造成的灾难发展到极端,的确是创剧痛深,不能不迫使党和人民进行严肃的反思,获得新的空前的觉醒和进步,由此表现了历史辩证法的非凡力量。"

2011 年 2 月 23 日 16 点 2 分,人民网文史频道在《美国人看毛泽东发动"文化大革命"的真正原因》中说:"毛的激进试验也造成了不可弥补的损害。他的社会工程试验被纳入人类历史上代价最为高昂的社会试验的行列。"

美国前总统乔治·沃克·布什在《抉择时刻》❶ 中评论道:"我想起了法国和俄国革命,革命的轨迹一样,人民掌权,承诺实现某些理想。一旦他们巩固了权力,有些人就开始滥用权力,抛弃曾经的信念,摧残同胞。似乎人类有某种痼疾,这种病不断地使人类遭受痛苦。这种冷静的思考加深了我的信念,经济、政治和宗教的自由是管理社会唯一公平和有效的公式。"

一、"文化大革命"是对科技进步潮流的反动

20 世纪 40 年代以微电子技术为突破口的新技术革命发展到六七十年代已汇集成汹涌的大潮,推动着新一轮产业革命,促进生产力极大的解放。邓小平同志深刻指出:"世界形势日新月异,特别是现代科学技术发展很快。现在的一年抵得上过去古老社会几十年、上百年甚至更长的时间。不以新的思想、观念去继承、发展马克思主义,不是真的马克思主义者。"❷

20 世纪 60 年代,分子生物学家对遗传物质的生化过程逐渐有了深入的了解。到了 70 年代,找到了能够识别特定 DNA 片段的限制性内切酶,能够对特定的 DNA 片段进行切割。这昭示人类可以直接控制遗传密码的传递,通过转基因改进物种,生物技术革命登上了科技进步的前台。又如,在第二次世界大战后面世的"老三论":信息论、控制论和系统论,在大科学时代大显身手。1965 年,美国麦克霍尔编写出版了《系统工程手册》,完善了系统科学的理论体系,确保了 1969 年人类首次登月(美国阿波罗计划)的成功。"老三论"为通信技术、计算机和智能机器、公共工程、跨国公司经营、全球金融、生态数字地球控制、生命与认知行为的研究乃至现代经济和社会学研究等奠定了坚实的理论基础,推动了产业升级、经济发展和社会进步。

正当国外的科学家和工程师们努力进行研发活动时,中国的科学家和工程师们却被认为是没有改造好的资产阶级知识分子,被冠以"臭老九"的头衔,被"下放"到工厂、农村。《湖北省志科学技术(1979~2000 年)》载:"在'文化大革命'期间,湖北全省各级科委、科协被撤销,许多研究所不得不停止运转,大批科技人员被迫下放劳动改造。当时仅中国科学院武汉分院所属研究机构就下放近 300 人,占科研人员的 80%,科研工作基本停顿。"由此可见一斑。

---

❶ [美]乔治·沃克·布什. 抉择时刻 [M]. 北京:中信出版社,2001.
❷ 邓小平. 邓小平文选(第 3 卷)[M]. 北京:人民出版社,1993:291 - 292.

《中国共产党历史第二卷（1949～1978）》写道："'文化大革命'对我国科学文化事业和民族传统文化造成极大破坏，使文化事业出现严重的倒退。""许多有造诣的专家、学者受到人身侮辱，被关进'牛棚'或下放'改造'。一段时间里，学校关闭，学生停课，文化园地荒芜，科研机构被大量撤销。十年间，高等教育和中专学校少培养几百万专业人才，我国知识分子队伍建设出现了长期空白，科学技术水平同世界先进国家的距离拉得更大。据1982年人口普查统计，全国文盲和半文盲为2亿～3亿人，占当时全国人口总数的近1/4。这种状况严重影响了中华民族科学文化素质的提高和社会主义现代化事业的发展。"

邓小平同志在同"九十年代的中国与世界"国际学术讨论会与会者谈话的时候说："我们从一九五七年以后，耽误了二十年，而这二十年又是世界蓬勃发展的时期，这是非常可惜的。"[1] 在同捷克斯洛伐克胡萨克谈话的时候，他说："拿中国来说，五十年代在技术方面与日本差距也不是那么大。但是我们封闭了二十年，没有把国际市场竞争摆在议事日程上，而日本却在这个期间变成了经济大国。"[2] 1991年8月，他在同中央几位负责同志谈话的时候说："人们都在说'亚洲太平洋世纪'，我们站的是什么位置？过去我们比上不足，比下有余，现在比下也有问题了。东南有一些国家兴致很高，有可能走到我们前面。"[3]龚育之同志在《〈邓小平文选〉第三卷与党史研究》一文中讲道："在学习《邓小平文选》第三卷的一个研讨班上，我听到山东的同志介绍，拿山东同韩国比，50年代中期山东的国内生产总值比韩国高，几十年下来，韩国超过了山东好几倍。"

二、"文化大革命"是对中共八大路线的颠覆

1956年9月召开的中国共产党第八次全国人民代表大会，是中国共产党取得执政地位以后召开的第一次全国人民代表大会。党的八大《关于政治报告的决议》明确指出：由于社会主义改造已经取得决定性的胜利，我国无产阶级同资产阶级之间的矛盾已经基本上解决，几千年来的阶级剥削制度的历史已经基本上结束，社会主义制度已经基本上建立。尽管我国人民还必须为解放

---

[1] 邓小平. 邓小平文选（第3卷）[M]. 北京：人民出版社，1993：226.
[2] 邓小平. 邓小平文选（第3卷）[M]. 北京：人民出版社，1993：274.
[3] 邓小平. 邓小平文选（第3卷）[M]. 北京：人民出版社，1993：369.

台湾，为彻底完成社会主义改造最后消灭剥削制度，为继续肃清反革命残余势力而斗争，但是，我们国内的主要矛盾已经是人民对建立先进的工业国的要求同落后的农业国的现实之间的矛盾，已经是人民对于经济文化迅速发展的需要同当前经济文化不能满足人民需要的状况之间的矛盾。这一矛盾的实质，在我们社会主义制度已建立的情况下，也就是先进的社会主义制度同落后的社会生产力之间的矛盾。党和人民当前的主要任务就是要集中力量来解决这个矛盾，把我国尽快地从落后的农业国变成先进的工业国。"

这个提法，尽管在理论上不够完善，没有指出社会主义生产关系既和生产力发展相适应，又因其不完善而与生产力发展相矛盾，但它立足国情实际，突出了生产力落后这一主要矛盾，强调在生产资料私有制的社会主义改造已经基本完成的情况下，国家的主要任务是"保护和发展生产力"，全党要集中力量发展生产力。这是党心和人心所向，被历史实践证明是正确的。

但是，作为"文化大革命"指导思想的"无产阶级专政下继续革命"理论，认为在社会主义制度建立以后还存在着整个社会范围内的阶级对抗，并且把它看做社会中的主要矛盾。这就彻底背离了"八大"路线所确定的正确轨道。而且，在共产党执政的条件下，还要进行一个阶级推翻另一个阶级的革命。特别荒谬的是，这个应被推翻的"资产阶级"竟"在党内"。执政党不采取民主与法制的社会治理方式却要采取"文化大革命"，把斗争矛头始终对着"走资本主义道路的当权派"。这种错误理论产生的错误判断衍生出错误实践，导致了政治局面的混乱状态、经济发展的缓慢状态和人民生活的贫困状态。

邓小平在同匈牙利的卡达尔谈话时说："从一九五七年下半年开始，实际上违背了八大的路线，这一'左'，直到一九七六年，时间之长，差不多整整二十年。"❶ 在同南斯拉夫的科罗舍茨谈话时，他说："可以说，从一九五七年开始我们的主要错误是'左'，'文化大革命'是极左。中国社会从一九五八年到一九七八年二十年时间，实际上处于停滞和徘徊的状态，国家的经济和人民的生活没有得到多大的发展和提高。"❷

胡乔木同志多次指出，这种错误已经不是什么阶级斗争扩大化问题。❸

❶ 邓小平. 邓小平文选（第 3 卷）［M］. 北京：人民出版社，1993：253 - 254.
❷ 邓小平. 邓小平文选（第 3 卷）［M］. 北京：人民出版社，1993：273.
❸ 乔木同志 1980 年 12 月 22 日同《历史决议》起草组的谈话。

郑惠在《对"文化大革命"几个问题的认识》一文❶中解释胡乔木的观点时说:"因为说扩大化使人容易理解为这种阶级斗争的对象确实存在,只是在数量上把它扩大了。实际上当时说的这种斗争根本不是什么阶级斗争,把它说成政治斗争完全是无中生有。'文化大革命'从开始到最后,宣称要打倒的敌人一个也没找出来,没有一个叛徒,没有一个特务,没有一个所谓走资派。这怎么能称作阶级斗争扩大化呢?"❷ 为了使概念准确,还是应当把这种错误称作人为地制造阶级斗争。乔木同志在审订《中国共产党的七十年》一书时在一段话旁写道:"'文化大革命'不能称为阶级斗争扩大化,因为这种斗争本身是捏造出来的。"❸

三、"文化大革命"是现代封建迷信势力的复辟

"文化大革命"口口声声要反对资本主义复辟。从毛泽东在新中国成立前后关于中国社会性质的论述中,我们知道新中国成立前旧中国是一个半封建半殖民地的社会,新中国成立后经过新民主主义社会建设和生产资料所有制的社会主义改造,已基本确定了社会主义制度,但在"文化大革命"中,我们看到的是黯淡图景。

胡乔木同志认为:"文化大革命"运动不是经过法定程序发动的,是强加给党的。"五一六"通知的起草、定稿没有经过中央政治局。这个文件对党内国内形势作出那样一种严重的估计,在党中央不作充分民主的实事求是的讨论,是不能允许的。八届十一中全会时,凭空搞出一个资产阶级司令部、无产阶级司令部,搞出了一个中央文化大革命,使这个文化大革命小组凌驾于整个党中央之上,代替了政治局和书记处,这是党章所不允许的。然后,在全国范围停止了宪法和法律的作用,国家主席和其他国家领导人、党和政府的干部、普通公民的人身自由都没有了,随便抄家、抓人、打人、批斗人。党员停止组织生活,学校停止上课,工厂停止生产,在党和国家生活中出现了许多极端反常的情况,这都是一个社会主义国家完全不能容许的。❹ 在 1968 年 10 月举行

❶ "回首'文化大革命'——中国十年'文化大革命'分析与反思"(上卷). 中共党史出版社,2000:55.

❷ 胡乔木文集(第2卷)[M]. 北京:人民出版社,1993:141.

❸ 乔木同志修改《中国共产党的七十年》的清样,存中央党史研究室档案处。

❹ 乔木同志1980年7月23日同《历史决议》起草组的谈话:《胡乔木文集》第2卷,第137 – 138 页。

的中共八届十二中全会上，被打倒的中共中央副主席、中华人民共和国主席刘少奇，在被关押的情况下，头上除了已有的"党内第一号走资本主义道路当权派"、"最大的反革命修正主义分子"的帽子以外，又加了"叛徒"、"内奸"、"工贼"三顶莫须有的帽子，被永远开除出共产党。在会上除陈少敏一人不举手以外，其他人统统举手同意。"文化大革命"后，此案成了中华人民共和国第一大冤案。

"文化大革命"是一场史无前例的煽动现代迷信、个人崇拜的造神运动。毛泽东被称为"心中永远不落的红太阳"，他的每一段话都被称为"最高指示"，他的语录书被称为"红宝书"。湖南省档案馆原副馆长吉元曾在❶《〈毛主席语录〉编辑出版内幕》一文中真实描述了当时中国社会的"文化景观"："20世纪60年代中后期，中国大地，从城市到乡村，从街道到工厂，从机关到学校，从地方到部队，《毛主席语录》在人们手中摇动"，最高指示"在众人口里念诵，《语录》舞在男女老幼中跳起，《语录》歌在千百万人口里歌唱。无论大江南北、秦岭东西、建筑物上、田野里、用具上，到处都敬书了毛主席语录。全国几乎成了一个红色的海洋。在机关、在学校、在军营，甚至在一些家庭中，早晨起来，晚上就寝，都搞起了'早请示'、'晚汇报'。人们并排站在室内悬挂着的毛主席像前，将《毛主席语录》高擎于头顶，三呼'万寿无疆'。然后学上一段毛主席语录，早上便请示一天的工作，到了晚上就汇报一天的工作。稍有疏忽，就被认为是对毛泽东最大的不忠。弄不好，还会招来麻烦，甚至有杀身之祸。那时，全国除毛泽东本人外，上自'一人之下，万人之上'的副统帅林彪，下至每一个学龄儿童，几乎人人手里有一本《毛主席语录》，胸前佩戴一枚毛主席像章。公共场合，只要谁忘记带了，就会把你找来刨根问底，审问个半天。弄得人人自危。"

人们在工作和生活中，也要像对口令一样用《毛主席语录》里的话相互对应。上街买东西，要对售货员说一句："'节约闹革命'，请给我称一斤白菜。"然后，售货员回答："'为人民服务'，这是你买的菜。"打电话也是如此，那时不是现在这样的直拨电话，必须通过电话总机台的话务员接转。接通电话后，第一句必须说上一句《毛主席语录》里的话，否则电话总机台的话务员可以拒绝接转。

---

❶ 吉元.《毛主席语录》编辑出版内幕［J］. 炎黄春秋，2009（10）：46.

据有关档案资料介绍，仅"文化大革命"开始的几年之内，国内外就出版了用 50 多种文字印成的、总印数达 50 余亿册的《毛主席语录》。按当时全世界 30 多亿人口计算，男女老幼人均达到了 1.5 册。同时，把造飞机的铝材也拿出来造毛主席像章，总共造了 35 亿个，连毛泽东自己都呼吁"还我飞机"。

作为"文化大革命"发源地之一的北京红卫兵运动一开始也毫不隐讳地以封建血统论作为他们的思想武器。旅美学者、20 世纪 80 年代中期清华附中毕业生萧凌，在《清华附中的红卫兵运动》❶ 一文中说："（1966 年）7 月 29 日，北航附中的干部子女贴出标为'鬼见愁'的对联：'老子英雄儿好汉，老子反动儿混蛋。横批：基本如此'。北京工业大学学生、高干子弟谭力夫与他人联名贴出了《从对联谈起……》的大字报，提出要把该对联提出的血统论，当做'全面的、策略的党的阶级路线'来推行。谭力夫以血统高贵者的口吻发表了趾高气扬的讲话。清华大学红卫兵把《谭力夫讲话》大量印刷，全国散发。不久，血统论更大地掘开了全社会阶级敌我意识和暴力残杀的大堤。抄家、批斗、武斗蔓延中国。只有遇罗克等少数人敢以生命为代价站出来对血统论说不。"萧凌披露说："（1966 年）9 月 5 日，当时领导'文化大革命'的中央文革小组发出了一期《简报》，标题是《把旧世界打得落花流水——红卫兵半个月来战果累累》。其中说，到 8 月底北京已有上千人被打死。10 月 9 日到 28 日毛泽东主持的中共中央工作会议上发出的《参考材料之四》，题为《把旧世界打得落花流水》，列出了红卫兵打死 1 700 多人，没收私房 52 万间，作为红卫兵的功绩和'文化大革命'的成果。……可见红卫兵血腥暴力的迅速蔓延是有来自上面的煽动和纵容的。"

《中共中央党史第二卷（1949～1978）》指出："党内形成个人崇拜和个人专断的现象，有着复杂的社会历史原因。中国是一个封建历史很长的国家，我们党对封建主义特别是对封建土地制度和地主阶级进行了最坚决、最彻底的斗争。但是，长期封建专制主义在思想政治方面的遗毒不是很容易肃清的。我们党对肃清封建遗毒缺乏足够的重视，因此，这种遗毒在党内长期存在着，并从多方面腐蚀着党的肌体。同时，在国际共产主义运动中，由于没有正确解决领袖和党的关系问题而出现过的一些严重偏差，也对我们党产生了消极影响。由

---

❶ 萧凌. 清华附中的红卫兵运动 [J]. 炎黄春秋，2011（10）：52-56.

于种种历史原因,党和国家的民主集中制的领导体制、组织制度很不健全,使党的权力过分集中于个人。这样,在阶级斗争扩大化错误发展的过程中,党就很难抵制'文化大革命'的发生和持续。"

四、"文化大革命"是对科学精神的全面扼杀

"怀疑"是"迷信"的大敌,是理性的闪光,是科学思想得以产生、科学探索得以开展的原动力之一。然而,在"文化大革命"的高压之下,在专制思想严密控制和封锁的环境中,独立思考和自由思想被禁锢,对现实的怀疑会招来镇压,全民族的科学精神被全面扼杀。

在"文化大革命"中,"知识越多越反动"成了时尚的口号,考试交白卷居然被吹捧成英雄。人类几千年文明史中创造出来的辉煌文化瑰宝统统被指为"封资修",要扫进历史的垃圾堆。专家、学者、教授、文化名人被称为"牛鬼蛇神"。

五、"文化大革命"是中华民族严重的历史浩劫

《中国共产党历史第二卷(1949~1978)》指出:"'文化大革命'对我们党、国家和民族造成的危害是全面而严重的,在政治、思想、文化、经济、党的建设方面都产生了灾难性的后果。""文化大革命"这场内乱极大地损害了马克思列宁主义、社会主义和中国共产党的崇高声誉,玷污了人民民主专政,严重地影响了社会主义建设事业的进程,必须予以彻底否定。

按照叶剑英 1978 年 12 月 13 日在中共中央工作会议闭幕式上的讲话,文化大革命发生的 10 年期间,整了 1 亿人,死了 2 000 万人,浪费了 8 000 亿人民币。如果加上李先念 1977 年 12 月 20 日在全国计划会议上所说的国民收入损失 5 000 亿,则浪费和损失共计 13 000 亿人民币。

需要指出的是,正如胡绳同志所分析的,"文化大革命"中的诸多矛盾集中概括为"文化大革命"与"反文化大革命"的矛盾,由于老一辈革命家对这场内乱的抵制和抗争,由于各级干部和人民群众的自觉努力,我们党作为一个整体力量依然团结一致,保持着社会主义制度的巩固和领土主权的安全,实现了外交新局面的战略调整,并为彻底结束"文化大革命",开创改革开放新时代做了必要的准备。

第 2 节 科学精神

一、关于科学精神的诠释简述

一般认为，科学精神是人们在长期的科学实践活动中形成的共同信念、价值标准和行为规范的总称。自西方 16 世纪文艺复兴以来，近代科学从神学的桎梏中解放出来，科学技术有了迅速的发展，在产出大量物质成果的同时，也逐渐培育了科学精神，并从科学技术界向全社会扩散、渗透，融入文化的血脉，与人文精神相结合，铸就了现代文明。

关于科学精神的诠释，见仁见智，百家争鸣。《人民日报》载任仲平文章认为，科学精神包括探索求真的理性精神、实验取证的求实精神、开拓创新的进取精神、竞争协作的包容精神和执著敬业的献身精神。蔡德诚认为，科学精神具备 5 个要素：客观的依据、理性的怀疑、多元的思考、平权的争论、实践的检验。龚育之认为，科学精神就是尊重事实、尊重真理、反对迷信、反对盲从；就是不断创新、不断开拓、反对守旧、反对因循；就是实践的检验，批判的头脑，理性的思考、自由的讨论。❶ 他指出，如果用最简洁的语言来概括，用我们国家多数人熟悉的语言来概括，科学精神最根本的一条就是实事求是。

中国共产党历来重视科学精神的伟大力量。五四时期的新文化运动中，党的创始人之一陈独秀就在《敬告青年》中说："国人而欲脱蒙昧时代，羞为浅化之民也，则急起直追，当以科学与人权并重。"他在历数当时中国的各种迷信现象后，作出"凡此无常识之思，惟无理由之信仰，欲根治之，厥维科学"的判断。而科学之效，"将使人间之思想行为，一遵理性，而迷信斩焉，而无知妄作之风息焉"。毛泽东则在《湘江评论》上撰文呼应，称赞陈独秀是"思想界的明星"，指出国人"迷信神鬼、迷信物象、迷信命运、迷信强权。全然不认有个人，不认有自己，不认有真理。这是科学思想不发达的结果"。毛泽东在《新民主主义论》中说，"主张实事求是，主张客观真理，主张理论和实践一致"是对科学精神的诠释。邓小平倡导和支持的关于真理标准问题的大

---

❶　龚育之. 论科学精神［N］. 人民日报，2000 – 10 – 10.

讨论，强调"以实践作为检验真理的唯一标准"，主张实事求是的科学精神，要求用科学态度对待马克思主义。党中央两个关于精神文明建设的决议，都把重新确立解放思想、实事求是的思想路线，恢复和发扬马克思主义的科学精神和创造活力列为第一条。江泽民在十六大报告中说："制定科学和技术长远发展规划。加强科学基础设施建设。普及科学知识，弘扬科学精神。坚持社会科学和自然科学并重，充分发挥哲学社会科学在经济和社会发展中的重要作用。在全社会形成崇尚科学、鼓励创新、反对迷信和伪科学的良好氛围。"胡锦涛在 2008 年 3 月 4 日看望出席全国政协十届五次会议委员、参与小组讨论时说："科学精神是一个国家繁荣富强，一个民族进步兴盛必不可少的精神。""要在全社会广泛弘扬科学精神。"

进入现代社会以后，科学精神绝不仅是科技工作者的专利，而且是社会每个成员的共同追求。大而言之，它是一个民族的品格；小而言之，它反映一个人的素质。执政者和领导者是否具备科学精神，对国家的命运有着十分巨大的影响。科学精神不能离开人文精神孤立存在。科学精神在全社会的广泛弘扬要以生产力和科学技术事业的发达作为物质基础，同时需要健全的法制和民主作为保障。

二、科学精神是科学发展的升华

在人类历史的长河中，科学精神是科技物质文明发展中必然产生的理性升华。它是在人类文明进程中逐步发展形成的。2006 年，胡锦涛总书记在两院院士大会上指出："科学技术是第一生产力，是推动人类文明进步的革命性力量。"它深刻而全面地阐明了科学技术的价值特征，即不仅推动物质文明建设，也同样推动精神文明建设，而科学精神就是精神文明重要的、不可或缺的部分。科学精神源于近代科学的求知求真精神的理性与实践传统，随着科学实践的不断发展，关于科学精神的内涵亦日趋丰富，然而其理性质疑、勇于探索、尊重实践、倡导创新、崇尚真理的本质特征是不变的。

三、科学精神是社会文明的标志

科学精神意味着理性、成熟、进步和创造。科学精神的弘扬程度标志着一个社会的文明程度。根据《中国科学与人文论坛》的论述，在人类发展历史上，科学精神曾经引导人类摆脱愚昧、迷信和教条。倡导摆脱神权、迷信和专制的欧洲启蒙运动的主要思想来源于科学的理性精神。科学精神所倡导的崇尚理性、注重实证和唯物主义在推动欧洲国家由封建社会向宪政社会过渡发挥了重要作用。有专家认为，现代文化的中轴是以科学精神为代表的科学文化，或者说，以科学精神为代表的科学文化是现代文化的特色。我国科学家秉志先生早在20世纪初即认为："科学之精神，则人人皆所宜有。倘人人皆有科学之精神，其国家必日臻强盛，其民族如将被光荣焉。"他还说："以科学之精神，为立国之根基，陶铸人民，蔚成民气，国家才能无内忧外患，人民才能享自由之幸福，毫不受人欺凌。"

四、科学精神是人文精神的辉映

所谓人文，冯天瑜认为指人类文化的发展轨迹。一般认为，人文精神是一种普遍的人类自我关怀，表现为对人的尊严、价值、命运的维护、追求和关怀，对人类遗留下来的各种精神文化现象的高度珍视，对一种全面发展的理想人格的肯定和塑造。在欧洲，也是在文艺复兴时期，人文全面取代了神文，从而结束了中世纪黑暗蒙昧的专制时代，也开创了科学技术发展的新纪元。近现代以来人类的发展历程，从某种意义而言，即是科学精神与人文精神相互交融、共同发展的进程。而科学精神可以折射、辉映一个时代或一个社会的人文精神。《中国科学与人文论坛》认为，在科学技术的物质成就充分彰显的今天，科学精神更具有广泛的文化价值。注重创新已经成为最具时代特征的价值取向，崇尚理性已成为广泛认同的文化理念，追求社会和谐以及人与自然友好共处日益成为人类的共同追求。这些科学精神的理性之光充满了对当今人类命运的深切关怀，对人的尊严、价值实现和全面发展的亲切呵护，辉映出暖人肺腑的人文精神的光芒。

五、科学精神是历史前进的动力

付立先生认为科学对于人类事务施加影响的方式，包括物质和精神两个层面。❶ 而"科学精神方面的力量更为强大，它作用于人的心灵。这种精神力量能够发掘人类理性的潜质，带来认识论、方法论和世界观的变革，从而引领人类文明走向新的境界"。他说："许多封建的东西至今仍旧影响着中国社会的

---

❶ 付立. 科学精神的力量［N］. 学习时报，2011-09-23.

运行，例如唯书唯上，故步自封，不善于独立思考的习惯，弄虚作假和形式主义；各种封建迷信和现代迷信等。这都是一些阻碍我们前进的东西，会对我国的发展形成巨大的阻力，只有科学精神这种反对一切封建思想和迷信思想，主张实事求是，主张客观真理，主张理论和实践一致的力量，才能破解这种阻力。""科学精神的力量让我们能够拥有批判的头脑，能够进行理性的思考，能够展开自由的讨论，能够接受实践的检验。它让我们尊重事实、尊重真理，反对迷信，反对盲从，反对因循守旧，引导我们不断开拓、不断创新，让我们在当今机遇与挑战并存、成就与问题一体的时代，不断向前。"（付立，2011）

第 3 节　"文化大革命"的历史教训

邓小平同志多次从反面意义上，从物极必反、教训变财富、坏事变好事的意义上，讲"文化大革命"的"功劳"。他说："那件事，看起来是坏事，但归根到底也是好事，促使人们思考，促使人们认识我们的弊端在哪里。毛主席经常讲坏事转化为好事。善于总结'文化大革命'的经验，提出一些改革措施，从政治上、经济上改变我们的面貌，这样坏事就变成了好事。"❶

基于弘扬全民族科学精神的角度，"文化大革命"悲剧给中华民族留下哪些历史教训呢？

一、政治是科学精神之子

孙中山先生谓"政治是管理众人之事"。2011 年 4 月 25 日，何兆武在《瞭望东方周刊》上撰文认为，不是"科学为无产阶级政治服务"，而是"无产阶级政治必须服从科学"（何兆武，2011）。马克思主义是汇合了社会科学和自然科学的智慧结晶，充溢着博大精深、充满生命活力的科学精神。它绝不是僵硬的教条，而是与时俱进地在不同的时空地域不断开拓自己的前进道路。对待马克思主义也要具备科学精神和科学态度。2011 年 7 月 1 日，胡锦涛同志在庆祝中国共产党成立 90 周年大会上的讲话中指出："总结 90 年的发展历程，我们党保持和发展马克思主义政党先进性的根本点是：坚持解放思想、实事求是、与时俱进，以科学的态度对待马克思主义，用发展着的马克思主义指

---

❶　邓小平. 邓小平文选（第 3 卷）［M］. 北京：人民出版社，1993：172.

导新的实践，坚持真理、修正错误，坚定不移走自己的路，始终保持党开拓前进的精神动力；坚持为了人民、依靠人民、诚心诚意为人民谋利益，从人民群众中吸取智慧和力量，始终保持党同人民群众的血肉联系；坚持任人唯贤、广纳人才，以事业感召、培养、造就人才，不断增加新鲜血液，始终保持党的蓬勃活力；坚持党要管党、从严治党，正视并及时解决党内存在的突出问题，始终保持党的肌体健康。"胡锦涛同志的这段讲话，全面而深刻地阐释了政治是科学精神之子的本质。❶

二、人文是科学精神之母

科学精神与人文精神是人类文明这枚硬币的两面，共同组成人类文明的统一体。科学精神也包含了科学伦理的内容，在求真的同时亦提倡向善趋美，实现真善美的协调统一。但是就二者的"血缘"关系而言，科学精神是人文精神之子。从历史上来看，是欧洲文艺复兴运动将"神文"革新成"人文"，才涌现了一大批科学技术人才，推动了科学技术的迅速发展。这些科学家中，有不少人同时还是艺术家。从现实来看，只有在以人为本、尊重知识、尊重人才、尊重劳动、尊重创造的社会氛围中，人民的思考权、发现权、著作权受到保护，人的全面发展得到关注，才有助于在全社会培育和弘扬科学精神。改革开放 30 年来，中国发生了翻天覆地的变化。党中央继 1995 年制定"科教兴国"战略以来，又陆续提出了"人才强国"战略，发出了建设创新型国家的伟大号召，制定了一系列方针政策，营造了良好的人文环境，使我国科学技术的总体实力有了显著提升。"学科学、爱科学、用科学"已蔚然成风，民众的科学文化素质有了很大进步。今日之中国，科学精神受到了充分的尊重，正在不断发扬光大之中。

三、教育是科学精神之基

科学精神不会从天而降，它是以知识为背景，以受过良好教育的人群为载体的，与愚昧无知无缘。"文化大革命"期间，全国大中小学一律停课，使我国教育事业受到极大的摧残，影响了几代人的成长，遗祸无穷。改革开放以来，邓小平、江泽民、胡锦涛历届领导人对教育十分重视。邓小平复出后，拨

---

❶ 胡锦涛. 在庆祝中国共产党成立 90 周年大会上的讲话，2011 年 7 月 1 日.

乱反正，恢复了高等学校招生考试。以江泽民为核心的党中央在1995年确立了"科教兴国"战略，以胡锦涛为总书记的党中央在十七大作出了"优先发展教育，建设人力资源强国"的战略部署，制订了《国家中长期教育改革和发展规划纲要（2010～2020年）》，指出："百年大计，教育为本。教育是民族振兴、社会进步的基石，是提高国民素质，促进人的全面发展的根本途径，寄托着亿万家庭对美好生活的期盼。强国必先强教。优先发展教育，提高教育现代化水平，对实现全面建设小康社会奋斗目标、建设富强民主文明和谐的社会主义现代化国家具有决定性意义。"我国杰出科学技术人才的成长历程，无一不是接受了优良的教育。联合国教科文组织副总干事科林 N. 鲍尔在《教育的使命》一文❶中指出："如果没有综合的教育制度，已经成为过去几十年标志的科学和技术的进步就不可能得以实现。尽管一些才能超群的个人起着领导的作用，但由一些行为古怪的天才在阁楼中和地下室里创造科学进步的日子早已不复存在。在现代社会，科学和技术是迫切需要成千上万各种天才的宽广领域，因此就需要教育系统来培养明天的科学家和技术专家。"由于科学家和技术专家较之常人具有更强烈的科学精神，因此，我们可以毫不犹豫地断言：教育是科学精神之基。

四、生产是科学精神之源

这里所说的生产，主要指物质产品的生产。科学技术来源于社会生产和科学实验的实践，这已是不争的事实。一般而言，社会生产力的发达与否可以从某个角度反映该社会科学精神的昌明程度。"文化大革命"极大地阻滞了生产力的发展，中止了大部分的科学实验活动，从而使全社会科学精神进一步遭到窒息，严重地影响了青少年的健康成长。在我国这样一个经济文化十分落后的国家，发展经济、提高人民的物质文化生活水平，既是体现社会主义制度优越性，决定政权巩固至关重要的基础，也是推动科技进步、弘扬科学精神，提高人民群众科学文化素质的重要基础。只有在发展生产力的广阔空间里，人们的科学精神才能得以自由弘扬，不断成长，在探索大自然的奥妙中，既获得创造发明创新创业的成果收益，又享受到实现人生价值的尊严和快乐。在和平建设

---

❶ 赵中健编. 教育的使命——面向二十一世纪的教育宣言和行动纲领［M］. 教育科学出版社，1996：3.

时代，一个社会如果以诚实劳动、探索创新、成才创业为本位，其科学精神必然会大力弘扬。如果以权力争夺、升官晋爵、阶级斗争、路线斗争为主旋律，就会滋生出花样翻新的阴谋与权术、谎言和欺骗，科学精神必将气息奄奄，仅隐伏在有良知的人们的心灵中。

五、人民是科学精神之本

弘扬科学精神的根本是推动社会进步，改善人民福祉，提高人的尊严，促进人类的全面发展，优化人民生活质量，这正是历史先驱不惜为维护科学精神而奋不顾身的动力所在。在马克思主义中国化、时代化、大众化的科学精神指引下，胡锦涛深刻指出："90 年来党的发展历程告诉我们，来自人民、植根人民、服务人民，是我们党永远立于不败之地的根本。以人为本，执政为民是我们党的性质和全心全意为人民服务根本宗旨的集中体现，是指引、评价、检验我们党一切执政活动的最高标准。""每一个共产党员都要把人民放在心中最高位置，尊重人民主体地位，尊重人民首创精神，拜人民为师，把政治智慧的增长、执政本领的增强深深扎根于人民群众的创造性实践之中。"回想"左祸"猖獗之时，罔顾人权，践踏民生，戕杀民智，剥夺民乐，为"革命"而"革命"，为斗争而斗争，以专制手段运动群众，挑动民斗，岂有"为人民谋幸福"可言，更无弘扬科学精神一说。所以，只有始终把人民利益放在第一位，把实现好、维护好、发展好最广大人民根本利益作为一切工作的出发点和落脚点，做到权为民所用，情为民所系，利为民所谋，才能真心实意地把弘扬科学精神落到实处。

六、民主是科学精神之魂

"民主"在这里有三层含义：一是真正做到人民当家做主，每个人都成为掌握自我命运的主体，没有有形或无形的人身依附，具有独立之人格，自由之思想；二是真正做到政治民主；三是真正做到学术民主。民主是科学精神之魂，没有民主制度的呵护，科学精神寸步难行。在"文化大革命"期间，民主成了资产阶级思想的代名词，谁要是讲民主，就是大逆不道，当然就无从弘扬科学精神。胡锦涛指出："改革开放以来，我们党总结发展社会主义民主正反两方面的经验，明确提出没有民主就没有社会主义，就没有社会主义现代化。"在学术领域，要坚决贯彻"百花齐放，百家争鸣"的方针，消除论资排辈和宗派主义的封建意识，提倡在真理面前人人平等。要积极鼓励、支持青年人勇于创新创造，积极扶持、帮助在工农业生产第一线的工人、农民掌握现代科学技术，攻克技术难关，开展技术创新，开发各种专利。尽力营造"公开、公平、公正"的学术评价环境，使人人享有学术民主的权利，从而有利于推动科学精神在全社会的传播，加快创新型国家建设的步伐。

七、法治是科学精神之盾

法治是相对于人治而言的，指健全的法制、有效的执法和民主的监督三者的统一。具有科学精神的人，对于传统和现实的质疑和批判，超前于时代的观念和做法，异于常人的现象和行动，使他们容易成为既得利益集团或个人的"眼中钉"，也易被习惯于驯服的人们视为异类。虽然他们没有触碰法律的底线，其自由的言论也有《中华人民共和国宪法》的保护，但在非法治的时空环境里，他们往往成为"出头鸟"而被"人治"的黑枪击伤，甚至殒命。这在"文化大革命"以及"反右"等一系列运动中积案如山。《中国共产党历史第二卷（1949～1978）》写道："'文化大革命'期间，国家本来就比较薄弱的民主法制建设遭到空前的破坏。由于提倡'造反有理'，实行所谓'大民主'，全国出现了任意批判、揪斗、体罚、打砸的混乱现象，宪法和各项法律法令成了一纸空文，司法和执法机关被当做'黑机关'砸烂，各级党政领导干部甚至国家主席都遭到揪斗、关押和迫害，公民的基本权利和人身安全失去了保障。"据《湖北省志·科学技术》（1979～2000）记载，"在1978～1980年的三年里，全省共平反14 155名知识分子的冤、假、错案，改正错划右派或错误处理的5万余人"。所以，做不到法治，全民族的科学精神就难以树立。

八、人才是科学精神之根

科学精神在一个社会的散布是十分不均衡的，但又是十分有规律的。科学精神往往在"人才"身上表现得较为集中、强烈和前卫，这是因为人才的本质特征就是具有创造性。"创造"意味着对传统的变革和对空白的填补，在"变革"和"填补"的进程中通常会带来生产力的解放和生产关系的调整，从而促进经济的发展和社会的进步。人才是科学精神的根脉所系，没有人才就没有科学精神可言。弘扬科学精神的社会标志就是各种人才的大批涌现并延续不绝，人才辈出，社会昌明。《国家中长期人才发展规划纲要（2010～2020年）》

指出："在人类社会发展进程中，人才是社会文明进步、人民富裕幸福、国家繁荣昌盛的重要推动力量"，并制定了"服务发展、人才优先、以用为本、创新机制、高端引领、整体开发"的人才发展指导方针。一个社会必须尊重人才，做到人才为先，因为人才是民族的宝贵资源。但人才又不一定是全才，甚至是偏才，有的还是怪才，所以对人才不宜求全责备。做到以用为本，发挥所长，目的服务发展。对于思想观念十分超前的人才，只要在法律许可的范围之内，也要善待。这也是以科学精神和态度对待人才的要求。在 17 和 18 世纪，由于教会势力的阻挠和压制，哥白尼的《天体运行论》和达尔文的《物种进化论》都是在他们去世以后才出版的。现在人类社会已进入以知识经济为标志的 21 世纪，我们一定要更好地实施人才强国战略，这是弘扬科学精神的组织保证。

九、改革是科学精神之髓

推陈出新、革故鼎新、改革创新是科学精神的精髓，也可以说是科学精神的使命。科学精神就意味着探索和发现，创新和创造，这是符合人类历史发展规律的。古希腊学者赫拉克利特曾言："人不能两次踏入同一条河流。"我国古代典籍《大同书》中说道："苟日新，又日新，日日新。"恩格斯指出，社会主义社会是一个"经常变化和改革的社会"。党的十一届三中全会以来，正是不断地、有序地、科学地进行了经济体制、科技体制、教育体制、文化体制、社会管理体制和政治体制改革，才使我国人民的思想有了极大的解放，广大人民群众的积极性、主动性、创造性有了空前的迸发，社会主义制度的优越性有了充分的发挥，我国综合国力有了快速的增强，人民生活有了很大的改善。这一切都与上至党中央、下至老百姓科学精神的大弘扬有关；同时，这一系列成就又促进了科学精神的大发展。人们更加深刻地认识到，在社会主义社会的各个历史阶段，都需要根据经济社会发展的要求进行改革。如果不进行改革，就会窒息社会主义内在的生机和活力，就会严重妨碍社会主义优越性的发挥，更谈不上科学精神的培育和树立了。

十、开放是科学精神之魄

科学精神只有在开放的环境中才能健康成长。首先，科学技术是超国界的，探索自然奥秘是地球上所有人共同的责任，需要彼此交流、相互沟通。其次，人们的认识不可避免地有种种局限性，只有通过开放、交流，才能取长补短，集思广益，加快发展。在封闭的环境中做井底之蛙，会囿于一孔之见，很难逼近真理。最后，在科技进步日新月异的网络时代，全球经济一体化的互联时代，只有主动地开放，才能赢得发展的先机，抢占竞争的制高点。所以说，开放是科学精神之魄。魄者，魄力、气魄、胆识是也。当今，科学的发展进入大科学的科学共同体时代，科学的触角伸向太空、海洋和深地，研究的成本和难度大大增加，跨国、跨区域、跨部门、跨学科的合作，已成为科技进步的组织手段和有效的促进措施。开放性已成为当代科学精神不可或缺的时代特征和重要内涵。所以，要进一步解放思想，既扩大对外开放，也扩大对内开放；既引进来，又走出去，让科学精神在广阔的空间自由自在地流动、扩散，吸纳四面八方的营养，不断地发展壮大，同现代人文精神一起，支撑起和谐世界的大厦。

十一、宽容是科学精神之乳

科学精神具有流变性和相对性。一个人此时此事有科学精神，不等于彼时彼事有科学精神。不同的人或同一个人在不同时空，其科学精神亦有强弱高低程度之差。科学精神具有综合性和实践性。它必须与科学知识、科学方法、科学工具、科学实践以及科学团队结合才能充分展现，并且必须经受实践的检验。从这个角度来说，科学精神是分层次或分阶段递进发展的。它肇始于理性质疑，发展于科学批判、创新创造，成熟于实践检验。因此，历史上关于某人在某事上是否具备科学精神的评价是滞后的，甚至只能"盖棺定论"。这样就出现了一个鲁迅曾经提出的命题："如果这个孩子不是天才就不要让他（她）出生"，这显然不利于全社会科学精神的培育和发展。因此，针对科学精神发展的阶段特征和实践标准，我们必须对科学精神的原初形态——理性质疑，采取宽容的态度和政策，即在全社会建立包容和谐的文化和容错的机制。所以，我们说宽容是科学精神之乳——初乳，鼓励对传统和现实中存在的"不合理"的东西进行理性质疑和批判——在法制框架以内。英国哲学家伯特兰·罗素在其《西方的智慧——一部献给毛泽东的著作》❶ 的结束语中，说了这样一段话：

---

❶ ［英］伯特兰·罗素. 西方的智慧：一部献给毛泽东的著作［M］. 亚北，译. 北京：中国妇女出版社，2004.

最后的问题是，应该如何理解真理是一件善事这个伦理原则。显然，并不是每个人都具备从事科学探索的能力，但也不可能在任何情况下都犹疑不决，人必须思考，也必须行动。不过，有一件事是人人都能做到的，那就是允许别人自由决定是否对自己不愿意怀疑的问题作出判断。这也就顺便说明了公正的探索是与自由（可看做另一种善）相关的。在一个社会中，宽容是探索得以繁荣的一个先决条件。言论和思想的自由是自由社会的强大推动力，只有这样，探索者才有可能在真理的引领下漫游。从这个意义上说，每个人都能够对这一至关重要的善作出贡献。尽管这并不表示我们要对每一件事都持相同的看法，但它可以保证不会人为地封闭任何探索之路。对于人来说，未经审验的生活，确实是不值得过的。

关于科学精神的话题，十分复杂，难以十分明确地表达。但由于它是一个关系民族品格和命运的重要问题，以致在科学史研究中不容回避。实现中华民族的伟大复兴，有赖于全民族科学精神的弘扬。人的已知相对于未知，总是那么的渺小。正因为如此，更应该振奋精神、坚持不懈、持之以恒地动员每个人，来学习科学精神、研究科学精神、传播科学精神、弘扬科学精神。唯其如此，在世界未来发展的大格局中，中华民族才能自强于世界民族之林，为人类的文明进步作出较大的贡献！

第三篇

科学的春天，思想的转变
（1977～1985）

第 14 章　忽如一夜春风来——
十一届三中全会

第 1 节　解放思想，实事求是，团结一致向前看
——十一届三中全会的主题

1978 年 12 月 13 日，邓小平在中央工作会议闭幕会上提出了关于"解放思想，开动脑筋，实事求是，团结一致向前看"的重要命题，并围绕这一命题发表了若干主题讲话。在谈到对真理标准问题的认识时，小平同志指出，"一个党，一个国家，一个民族，如果一切从本本出发，思想僵化，迷信盛行，那它就不能前进，它的生机就停止了，就要亡党亡国"（郭奔胜，2011）。在一周后召开的具有划时代意义的十一届三中全会上，"解放思想，实事求是，团结一致向前看"成为这一会议报告的核心内容和关键词。就这一点而言，1978 年 12 月 13 日邓小平同志的闭幕发言成为十一届三中全会主题报告的"预演"。

据参与小平同志闭幕发言稿撰写的于光远同志回忆，12 月 2 日胡耀邦同志找到他商量为小平同志撰写会议讲话稿的事情，邓小平自己提供了一份涉及 8 个方面内容的讲话稿提纲，包括：对会议的评价；解放思想、开动机器；发扬民主、加强法制；向前看；克服官僚主义；允许一部分企业、地区、社员先好起来；加强责任制；新措施新问题。在初稿完成后，邓小平同志将以上 8 大问题归结为 4 个方面（表 14 - 1），并主张内容要尽可能简短，"不准备长稿子"。邓小平同志在布置起草讲话稿和改稿、定稿过程中，曾与胡耀邦、于光远同志多次谈话。

表 14 - 1　十一届三中全会的会议精神及其对科技发展的启示

会议精神	对科技发展的启示
解放思想、开动机器	科技创新观
发扬民主、加强法制	科技开放观
克服官僚主义、先好起来	科技绩效观
加强责任制	科技成果观

一、"解放思想、开动机器"与科技创新观

在谈到"解放思想、开动机器"时，邓小平指出，在发言稿中多点理论分析，对于论证"解放思想、开动机器"的重要性是有帮助的，关于真理标准问题的讨论很有必要，需要从政治问题的高度来看待。从讲话稿完成后的讨论中，邓小平同志再一次强调："开动机器，一个生产小队看到一块空地没有种树，有一块小水塘没有搞养殖，睡不着觉。开动脑筋可以增加多少财富？脑筋用在什么地方？四个现代化嘛！"（王明华，1988）。从这一点而言，小平同志主张的"解放思想、开动机器"在政治、经济、社会、科技等多个领域均显得很有必要。

邓小平提出"解放思想、开动机器"的时代背景在于，"文化大革命"的十多年里，林彪、"四人帮"制造的禁区、禁令和盲目推崇迷信，使得人们的思想禁锢于假马克思主义不切实际的条条框框里，不敢想、不能想、不会想，不敢越雷池半步。科技工作者的发散思维、逆向思维、创新思维几乎不复存在。这里的开动机器不仅要求人们开动大脑机器、发挥人类的聪明才智和主观能动性，而且对科技工作者提出了更高要求。科学技术是生产力，科技工作更是推动国民经济和社会发展工作的重中之重，科技工作者则是不可多得的生力军。因此，"解放思想、开动机器"特别要求科技人员不能思想僵化、不能随风倒、不要局限于条条框框，必须具有独立思考问题的能力，即便是"不合统一口径"，甚至可能会犯错误也是可以原谅和容易纠正的。"解放思想、开动机器"的提出浓缩着诸多对于党性问题和原则问题的思考，具有很强的政治色彩和社会因素，但对于科技工作而言，无疑是一剂定心丸和一把尚方宝剑。

历时 36 天的中央工作会议以及为期 5 天的十一届三中全会，为科技创新活动奠定了基础，诸多媒体、学者认为在纪念十一届三中全会的时候，不能不

同时纪念中央工作会议。在小平同志的讲话中，谈到"解放思想、开动机器"的重要性时，他的论述总是与四个现代化联系在一起。中国要在 20 世纪末实现工业现代化、农业现代化、国防现代化、科学技术现代化，都离不开科技工作的支撑和科技人员的参与，因此科技是实现四个现代化的必要条件，而"解放思想、开动机器"则是科技力量支撑和服务于四个现代化的必要条件。

二、"发扬民主、加强法制"与科技开放观

在谈到"发扬民主、加强法制"时，邓小平同志认为，"民主是解放思想的重要条件"，"必须重申'不抓辫子'、'不扣帽子'、'不打棍子'才能真正创造民主条件"。科技领域特别鼓励百花齐放、百家争鸣，鼓励仁者见仁、智者见智，只有有效的民主集中制，才能确保科技领域的学术争鸣，才能确保思想的火花在碰撞中不断涌现。"发展经济，要实行民主选举，民主管理，民主监督"，科技创新活动更需要建立在民主之上的志同道合、兴趣相投的科学共同体，建立在民主之上的头脑风暴会以及"小核心、大联合"，建立在民主之上的科技言论自由与科技创新活动（图 14 - 1）。在此次中央工作会议之初，会议主持人要求与会人员在本次会议上讲真话。这是一个发扬民主的良好开端，也是会议成功召开的关键，同时也为之后奠定我们国家政治、经济、科技工作新起点的若干思想创造了条件。

图 14 - 1　以民主集中为基础的科技创新观

邓小平主张加强民主的主要原因在于，"集中那么多年，民主严重不够，大家不敢讲，心有余悸……经济民主，重点不是政治，重点是经济民主"。如果科技人员不愿讲真话、实话，不能表达自己的真实意见，最终结果可能只是

墨守成规、一言堂，科技领域的创新活动也只能是一潭死水，毫无生气可言。反对空头政治，反对说空话，依靠价值法则和供求关系，才能推动科技领域欣欣向荣的繁荣景象，才能在集思广益中实现科技工作的群策群力与共同发展。发扬民主和加强法制并不矛盾，中国人做事情有些时候容易走捷径和极端。在发扬民主的同时，加强法制建设，确定什么可为、什么不可为、什么适可而止、什么不可不为、框定边界与准则，等等，对于有效发挥民主，并以法制作为保障具有积极的作用。邓小平同志对"发扬民主、加强法制"的深刻理解，推动了我国各行各业特别是科技领域一系列立法的产生。在十一届三中全会"预演"前期的讲话稿谈话中，小平同志特别讲到了从制度上创造敢想敢做条件的问题，"特别是学术研究、思想领域上更需要民主讨论嘛！武断可不行，要真正搞'双百'方针。越轨怎么办？这有个信任群众、信任干部的问题"。由此可以肯定，民主对促进科技发展的重要性和必要性。

三、"克服官僚主义"、"先好起来"与科技绩效观

在谈到"克服官僚主义"时，邓小平同志指出，"要学会管理，培养与选用人才，使用人才，改革规章制度。好的企业必须用先进的办法管理。党委领导好不好，看企业管得好不好，看利润，看工人收入。城市如此，农村也如此，各行各业也如此"。科技不同于政治，政治中的官僚主义让人深恶痛绝，科技领域中的官僚主义更让人痛心疾首。小平同志对于官僚主义的深刻批判，特别是强调各行各业均需要"学会管理"，"运用先进的管理办法"，在一定程度上可认为是在为科技工作营造一片不受污染的净土，同时也是对于科技绩效观的倡导和推崇。科技服务于政治，科技与政治不可分割，但科技研究本身具有其规律和准则，以官僚主义强加于科技领域的诸多活动，只能导致"是非功过不分，赏罚不明，干和不干一个样，甚至干得好的反而受打击，什么事不干的、四平八稳的，却成了'不倒翁'"（张树松，1998）。科技工作不能不讲政治，但过度讲政治，特别是当"党的领导"、"党的指示"、"党的纪律"过多地充斥于科技的字里行间时，就会使得科技偏离正常规律和既有轨道。在此背景条件下，提倡克服官僚主义，以严谨、求真、务实、创新的治学态度和科研精神从事科学研究工作，建立全面绩效理念，"不但应该使每个车间主任、生产队长对生产负责任、想办法，而且一定要使每个工作的农民都对生产负责任、想办法"。克服官僚主义、杜绝官僚主义，才能推动科技工作者

放开思想包袱，真正开动思想机器，迈开大步，甩开膀子，全身心投入科技事业。

邓小平同志提出的"允许一部分企业、地区、社员先好起来，是一个大政策"，"允许一部分先富起来，农村百分之五到百分之十再到百分之二十，城市百分之二十"，这样才有市场，本身就促进开辟新行业。要反对平均主义。干得好的，就影响左邻右舍"。由此来看，邓小平同志的"先好起来"观点对于科技绩效观的启示或者其所主张的科技绩效体现在 3 个方面。第一，科技绩效具有示范作用。鼓励一部分人先好起来，是希望一部分科技工作者能够发挥其智力资源优势，将科技转换为生产力和财富，有意通过贫富差距来刺激尚未觉悟和觉醒、尚未开动思想机器的科技工作者承认自身的不足，认识到自身绩效水平的差距，迎头赶上，最终有助于提高整体科技绩效。第二，科技绩效反对平均主义。受"文化大革命"若干思潮的影响，科技领域中主观或客观方面均存在不愿开动脑筋、不去想问题的惰性思维，"因循守旧、安于现状、不求发展、不愿接受新事物"的现象较为明显，由此导致平均主义不可避免地随之形成。不搞大锅饭、不搞平均主义，鼓励先发展、先富、先好起来，正是对平均主义的有力批判，同时也是对科技领域的极大触动。第三，科技绩效认可科技驱动的作用。在科技领域，要想让部分人先好起来、先富起来，必须发挥科力力量的驱动作用，在此基础上提高科技资源配置效率，强化科技价值转化能力，推动科技市场的形成，最终保证科技人员依托于科技体现其价值特别是物质财富方面的价值。

四、"加强责任制"与科技成果观

在谈到关于"加强责任制"的问题时，邓小平同志深刻批评了当时国内"无人负责"的现象后，提出可以搞几定，六七定都可以，包括定什么项目，从哪里引进，定在什么地方，定哪个人从谈判到管理等，"国内企业也需要定专人负责，专门机构也可以搞几定。"这一段话不能肯定能否作为 21 世纪科技专项管理的一个思想雏形（俞茂林，2001），但小平同志所提出的"几定"不失为科技项目管理、科技成果管理、科技计划管理的重要参考和依据，对科技管理具有重要的启示意义。科技领域如若缺乏必要的责任制，则可能会导致科技资源的无效或低效配置与使用，科技资源投入产出缺乏必要的约束条件和评价准则，本应考虑的科技项目上不了，而缺乏可行性的科技项目滥上，科技成果缺乏有效保护而流失，科技成果价值转换率低等各类情形。

建立在"几定"基础上的"责任制"管理思路，对科技管理的启示作用在于，责任制应该合理运用于科技管理的全过程中。在科技计划制订和实施时，需要定专人负责，确保计划具有前瞻性、可行性和时效性，实现科技计划能够在指定的时间节点、指定的资助领域、指定的项目群中执行到位；在科技项目的筛选过程中，需要定专人负责，确保科技项目从征集、立项、执行到结题均具有科学性，包括安排专人负责全程跟踪项目进展、解决项目进展过程中存在的困难、负责项目各方的衔接、指导项目计划调整，等等；在科技成果的保护与应用过程中，需要定专人负责，确保科技成果供给与需求的有效对接，包括杜绝重复建设和无效劳动、推动基础研究、应用研究和开发研究的衔接、促进产学研松散而又紧密的合作，等等。"加强责任制"不仅要减少或消除政治、社会领域事情人人都管却又都不负责的情形，而且要求科技管理部门、科研机构、科技工作者牢固树立责任观念，言必行、行必果，敢说、敢想、敢做，更需要对所说、所想、所做负起责任来，而不是纸上谈兵。

第2节 实践是检验真理的唯一标准
——科技界思想解放运动的蓬勃开展

一、一篇特约评论员文章引发的思考

林彪、江青两个反革命集团被粉碎之后，全国人民喜气洋洋、欢欣鼓舞，先前受到"十年动乱"阻碍的国民经济又重新恢复了生气，前景一片大好（李鑫，2011）。但与此同时，"文化大革命"期间所形成的盲目个人崇拜和迷信狂热所具有的惯性思维，导致社会各阶层甚至包括我党部分领导同志思想僵化、裹足不前。特别是当时主持中央工作的主要负责同志提出的"两个凡是"无疑是在延续"文化大革命"期间形成的一系列"左"的错误，甚至可以认为是完全脱离当时我国经济和社会发展的实际需要而提出的新"跃进"。面对这即将可能再次陷入僵局的场景，"文化大革命"后重返政坛、重新主持工作的诸多领导同志深感忧虑。无论是在十一届三中全会中的讲话或是与重新出来工作的老同志的谈话以及后来的中央工作会议上，邓小平同志始终坚持必须"完整地、准确地理解毛泽东思想"，"一个党，一个国家，一个民族，如果一

切从本本出发，思想僵化，迷信盛行，那它就不能前进，它的生机就停止了，亡党亡国"。这要求我们党的建设不能生搬硬套，不能照本宣科，理论应用和实践活动都必须依据实际情况做具体分析，国家的发展建设应该建立在对基本国情的认识和把握的基础之上。

当黑暗后的曙光如期而至，但又不十分清晰的时候，一位特约评论员的文章"一石激起千层浪"，引发了上至中央、下至地方全国上下的深刻思考。当时，南京大学从事哲学教育的胡福明同志写了一篇专讲实践是检验真理标准的文章，投稿至光明日报社。时任《光明日报》总编的杨西光同志认为该篇文章既有理论深度也颇具时代意义，给予了高度重视，并将文章转呈至中央党校的《理论动态》编辑部。在中央党校主持工作的胡耀邦同志见到此篇文章后，专门指示编辑部的同志对文章进行了修改和完善，最终定名为《实践是检验真理的唯一标准》，并于 1978 年 5 月 10 日首次刊登在《理论动态》（内刊），后又以特约评论员文章的名义公开发表在《光明日报》上，当天新华社对其进行了转发（金崇碧，2010）。1978 年 5 月 12 日，《人民日报》与《解放军报》同时转载《实践是检验真理的唯一标准》。

"实践是检验真理的唯一标准"的提出，无疑是思想上的一枚重磅炸弹。"真理标准只能从社会实践中得到检验，理论和实践的统一是马克思主义的几个基本原则"，在一定程度上是从根本理论角度对于"两个凡是"的否定和批评。《实践是检验真理的唯一标准》文章的刊登一时间在党内外和广大干部群众中产生了巨大的反响，同时也不可避免地遭到一部分人的非议、指责甚至刁难，真理标准问题再一次面临混淆不清的威胁。在此关键时刻，1978 年 6 月 2 日，邓小平在全军政治工作会议上的重要讲话中，结合当时具体的国内外形势再次精辟阐述和强调了毛泽东的"实事求是"、"一切从实际出发"、"理论与实践相结合"等马克思主义的根本观点和方法。这一讲话给真理标准问题的讨论提供了强有力的支撑。紧接着，6 月 24 日，《解放军报》发表特约评论员文章《马克思主义的一个最基本的原则》，从理论上系统地回答了对于坚持实践是检验真理的唯一标准所提出的种种疑问和责难，并得到了当时担任中央军委秘书长的罗瑞卿的帮助。国家相关领导和部门的支持对于推动真理标准的大讨论在全国轰轰烈烈地深入展开奠定了坚实有力的基础。

此后，在以邓小平同志为代表的中央领导的关心和支持下，按照中央的指示，中央党校哲学教研部与中国社科院哲学研究所共同牵头和组织，全国高等教育系统、社科院系统、党校系统和军队院校理论界的代表齐聚北京，围绕实践是检验真理的唯一标准相关问题展开了热火朝天的讨论。会议上，来自全国各界的诸多著名学者和重要部门的负责人均作了重要发言。与此同时，研讨工作由理论界向社会各界，由北京向全国各地广泛推广。1978 年 6 月至 11 月，中央党政军各部门，全国绝大多数省、直辖市、自治区和大军区的负责同志，纷纷发表文章和谈话，拥护实践是检验真理的唯一标准的论断，甚至部分省、直辖市认为自身讨论不够明晰和透彻的，在 1979 年进一步展开了深入研讨。这一全国范围内如火如荼的讨论，既是党内外人士关于思想是非问题的一次站队，也反映出社会各界对于真理标准的辩证理解和理性认识。在此基础上，全党和全国人民的思想得到了有效解放，我党重新恢复与确立了实事求是的思想路线与方针政策。

二、科技界的思想解放运动及其对科技进步的影响

《实践是检验真理的唯一标准》刊发之后，中国思想界关于真理标准问题的若干讨论大大解放了人们的思想，为中国现代史实现伟大的历史性转折奠定了思想基础。在科技界，让理论联系实践，让实践去检验理论的科学性、有效性和前瞻性，让实践成为真理的唯一判别准则，对于科技工作者树立科学研究的规范性，提高科学研究的严谨性，助推科学研究的务实性具有积极的作用。"实践是检验真理的唯一标准"的提出，打破了"两个凡是"的束缚，在全国范围展开关于真理检验标准研讨的同时，科技界的思想解放运动也随之蓬勃开展起来。

改革开放 30 多年来，在中国现代化的进程中闪现出了一系列丰硕的成果，在这个为世界所公认的巨大时代变迁中，不能说与思想解放运动没有关系。时隔多年，当再次解读"实践是检验真理的唯一标准"这一真谛时，必须承认，这一被马克思、列宁、邓小平等多位伟人提出并相继发展的论断对指导当前科技界的思想解放运动起到了不可估量的积极作用。

（一）关于理论与实践结合的认识

在当前的技术创新领域，产学研合作已经成为创新的重要模式之一。与此同时，我们还可看到科技部门鼓励企业与高校联合申报课题、企业博士后工作站与高校博士后流动站联合招收博士后、部分高校要求教师必须有企业实践工作经验、企业长期聘请高校专家作为顾问或员工成长导师、高校邀请企业专业

人士作为学生兼职导师，等等。以上现象表明企业、高校、政府均已经意识到理论与实践相结合的重要性，并且正在积极促进理论界与实践界的完美结合。离开理论作为支撑的科技创新只能是无本之木，缺乏实践作为印证的科技创新很可能是昙花一现。

列宁认为，真理包括相对真理和绝对真理。客观世界是不断发展的，理论也是不断变化发展的，这就要求实践对于真理的检验以及实践与理论的结合同样必须是动态发展的。正是因为如此，科技创新的直接需求与间接需求，短期需求与远期需求，基础研究、应用研究与开发研究需求等均必须满足要求。相应地，实践作为科技创新的检验标准和准则，亦必须从直接和间接、短期和长期、基础、应用和开发等多层次、多领域确保理论与实践相互验证的可行性。科技领域的新事物、新问题、新议题层出不穷、举不胜举，这就需要马克思主义能够在一般原理条件下提炼出与时俱进的新思路、新观点，同时也需要通过实践来加以检验。然而，科技领域的诸多创新成果所具有的价值难以在短期内体现出来，其通常具有掩蔽性、滞后性、期权性等特征，因此依托实践活动对其进行检验，必须建立在反复试验和循环反馈的基础之上（图14－2）。

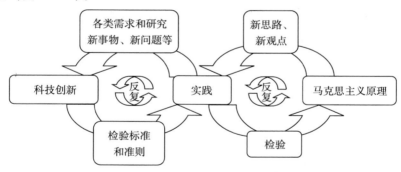

图14－2　理论与实践的关系机制

立足于实践是检验真理的唯一标准，越来越多的理论工作者走出了实验室，主动将成果与市场和实际接轨，甚至部分科研人员在创业政策的引导下走上了致力于科技成果市场化、商业化、产业化的创业之路。同时，科技管理部门以及社会各界对科技人员创新成果的评价机制正在发生变化，前者不仅仅看中后者的理论深度和前沿性，更看中能否解决实际问题以及具体可创造的各类价值，亦即实践对于科技成果的检验达到了前所未有的高度，同时也对科技活动提出了更高的要求。

（二）关于实践主体和方法的认识

实践是检验真理的唯一标准，但如何将理论付诸实践，最终的落脚点是实践主体的问题。当前，我国政府提出积极构建以企业为主体、产学研结合的技术创新体系，其目的正在于推动企业成为研究开发投入的主体、技术创新活动的主体和创新成果应用的主体，将研发与生产相统一，将科技转化为现实生产力。在科技创新体系建设中，虽然产、学、研，甚至包括官、中、金等均参与科技创新的实践活动，但只有切实保证企业成为创新的主体，才能推动实践对于若干有待验证的论断的检验。尽管官、产、学、研、中、金作为不同类型的创新主体，在推动科技创新体系建设以及参与科技创新活动中具有不同的功能、扮演着不同的角色，但企业作为科技创新的实践主体显得尤为重要。其一，企业作为实践主体，其科技创新成果更接近于市场需求，科技创新活动更具有针对性，可为高科院院所的基础研究成果提供重要的试验田，更能在与企业实际技术需求的对接中完成对于成果的检验；其二，企业成为实践主体，是政府部门以及科技管理部门对于企业实践主体进行引导的必然结果，符合"理论来源于实践，最终又回到实践中去指导实践"的要求。

由于"四人帮"的恶意破坏和肆意歪曲，关于检验真理的标准这一早已为无产阶级的革命导师所解决的问题，却遭到了质疑甚至扭曲。在"实践是检验真理的唯一标准"提出之前，对于真理的检验是以部分领导的个人意愿和主观臆断作为标准的，其盲目性、随意性和不科学性可见一斑（薛建明，2007）。科学的实践方法包括干中学、演绎归纳、反复试错等多种方法，脚踏实地、求真务实，立足于理论与实践的结合点，必须具有把人的思想和客观世界联系起来的特性，否则就无法检验。如同法律中原告的陈述是否属实，不能以其自身的说法作为标准一样，对真理的检验不能以思想或者理论自身作为依据。科学史上门捷列夫的元素周期律、哥白尼的太阳中心说等若干发现和论断，尽管也受到猜忌或非议，但正是在不断反复且以大量事实为依据的检验中，成为公认的真理并为各领域、各层次的人所接受。

第3节　以经济建设为中心——历史的转变

很多年之后，《实践是检验真理的唯一标准》的主要撰稿人胡福明同志在接受《深度对话》采访时，记者问道，"有人把改革开放以来三十多年的思想解放分为三个阶段：从 20 世纪 70 年代末到 80 年代末为第一阶段；邓小平南方谈话至 21 世纪初为第二阶段；从胡锦涛为总书记的党中央开始执政至今为第三阶段。您同意吗？"胡福明同志认同这一观点，并进一步指出："第一阶段的主要特征，是以党的十一届三中全会为标志，就是 1978 年年底到邓小平南方谈话这一时间段。先是'真理标准'大讨论，然后是党的十一届三中全会顺利召开。三中全会高度评价了'真理标准'讨论，批判了个人崇拜和教条主义，否定了'两个凡是'，作出了把全国全党工作重点转移到经济建设上来的重大决策，以经济建设为中心，否定了'以阶级斗争为纲'，从根本上拨乱反正。同时，三中全会又作出了实行改革开放的伟大战略决策，开辟了中国特色社会主义的新道路，开创了社会主义现代化建设的新时期，实现了新中国成立以来历史的伟大转折。"

坚持以经济建设为中心，这是由我国的社会主义初级阶段的国情和社会的主要矛盾决定的，是巩固和发展社会主义制度的需要，同时也是以邓小平同志为代表的国家领导人的英明决策与政策论断。"文化大革命"动荡的 10 年，西方国家经济建设取得了长远的发展，我国却相对落后了许多。十一届三中全会确立了将党和国家的工作重心转移到经济建设上来的主题，围绕这一主题，以邓小平理论作为指导，我们党和国家制定了一系列放开搞活科技政策、鼓励科技人员奔赴经济建设的主战场，充分调动广大科技人员的工作积极性、主观能动性以及潜在的聪明才智。"以经济建设为中心"的提出，让广大科技人员消除了疑虑和困惑，放开了思想包袱，轻装上阵，实现了科技与经济的完美结合。至此，我国科技领域的创新活动再一次恢复了生机与活力，科技创新成果层出不穷，部分领域甚至已开始赶超当时的世界发达国家。

一、从"以阶级斗争为纲"到"以经济建设为中心"

当西方国家正在大力发展市场经济，全面推动科技、经济、社会等快速发展的同时，我国政府却提出"无产阶级专政下继续革命"以及"以阶级斗争为纲"的指导思想和路线方针，使得我们党和国家的工作重心偏离了正确轨道。曾有学者评估，在"文化大革命"时期，虽然我国在各领域取得了一定的成绩，但就整体而言中国的经济建设基本停滞不前甚至处于瘫痪状态。亦有专家认为，"文化大革命"使得中国的经济倒退了 10～20 年。换言之，"文化大革命"使得我国的政治、经济、科技、社会基本处于百废待兴的局面，实现以经济建设为中心，突出经济的主导功能和引领作用已迫在眉睫。

十一届三中全会是"文化大革命"之后的一次重要会议，在此次会议上所确立的党和国家的工作重心实现了从"以阶级斗争为纲"到"以经济建设为中心"的重大转移（图14－3）。这一转变是邓小平、陈云、胡耀邦、李先念等一大批老一辈国家领导人拨乱反正、当机立断作出的英明决策。

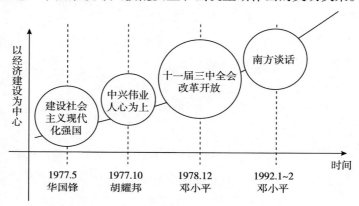

图14－3　向以经济建设为中心转型时间图

中共中央党校党史部陈述教授撰文回忆当时提出"以经济建设为中心"提出的背景。1977年10月12日，胡耀邦曾让人转告当时的华国锋主席和叶剑英副主席，说我们党的事业面临着中兴的大好时期，并明确地提出"中兴伟业，人心为上"。1977年5月，华国锋进一步强调指出，"把我们的国家从贫穷落后的半殖民地半封建的弱国，变成伟大的社会主义的现代化强国，这是二十世纪中国工人阶级和中国人民的历史使命"。此后，在1979年3月的全国科技大会上，邓小平同志指出："在二十世纪内，全面实现农业、工业、国防和科学技术的现代化，把我们的国家建设成为社会主义的现代化强国，是我国人民肩负的伟大历史使命。"此外，李先念等一批国家领导人在不同场合均从不同角度、通过不同的表述方式表达出必须以经济建设为中心的观念雏形。

与邓小平提出"以经济建设为中心"有重大关联性的事件是邓小平同志的"北方谈话"。当时，邓小平同志以中共中央副主席、国务院副总理的身份，率领中国党政代表团参加朝鲜民主主义共和国成立30周年庆祝活动，"北方谈话"发生在邓小平率团访问朝鲜及回国后到东北三省和天津市视察过程中。在整个"北方谈话"中，在辽宁省，邓小平同志提到了关于对外开放方面的一些重要意见；在黑龙江省，重点讲到了关于企业和体制改革、农业发展、教育科研、培养年轻干部和"揭批查"工作等方面的问题；在吉林省，主要就高举毛泽东思想旗帜、坚持实事求是原则等问题作了重要谈话。此后，邓小平同志又专门就解放思想、实事求是和开动脑筋，从实际出发，提出问题、解决问题等作了重要指示（蔡乾和，2005）。在天津，邓小平同志对对外贸易、企业管理制度、分配制度改革和解决文化大革命遗留问题等作了重要指示。由于特定的历史原因，当时对于北方谈话的认知受到了一定的制约，但作为邓小平理论形成的开篇之作，特别是对于"以经济建设为中心"的提出，起到了重要的前期铺垫作用。

在十一届三中全会召开之前的为期 36 天的中央工作会议，也称为十一届三中全会的准备会议或是预演会议上，最初确立的会议议题主要是研究经济问题。11 月 12 日，陈云同志在会上作了发言，讲了工作重点转移、加快经济发展首先要解决历史问题，他提出了几个需要讨论的重大历史遗留问题，这一下子就改变了这次会议既定的日程和会议的议题。陈云的发言得到了与会者的热烈响应，经过充分的讨论，这次会议在几个问题上达成了解决历史遗留问题等 4 个方面的共识。1978 年 12 月，中共中央副主席叶剑英也指出许多同志对"从经济基础到上层建筑的深刻革命"思想准备不足，说这些人"前怕狼后怕虎，墨守成规，因循守旧，思想就是不解放，不敢往前迈出一步"。他继续说："为什么不怕两千多年来遗留下来的手工业生产方式继续保存下去，不怕中国贫穷落后，不怕中国人民不答应这样的现状？"陈云也尖锐地指出当时的情况，他说："革命胜利三十年了，人民要求改善生活。有没有改善？有。但不少地方还有要饭的。这是一个大问题。"❶

可见，"以经济建设为中心"的提出既有其特定的国际背景，又有其特殊的国内形势，同时也与当时以邓小平同志为代表的党和国家领导人的不懈努力不可分割。以十一届三中全会为标志，我党的工作重心和全国人民的注意力开始转移到社会主义现代化建设上来，以经济建设为中心的基本路线开始形成并付诸实施。

从第五个五年计划的前三年执行情况来看，社会总产值、工农业总产值、

---

❶ 陈述. 从"以阶级斗争为纲"到"以经济建设为中心"［N］. 北京日报，2008－09－08.

国民收入、主要工农业产品的产量均有所恢复或者超过了历史最高水平，但仍然存在一定的急功冒进、对经济发展要求过急、对经济指标要求过高等误区。十一届三中全会中提出了"以经济建设为中心"，全党工作重点开始发生转移，在此特殊条件下，会议强调并主张必须按照客观经济规律办事，初步提出了调整、改革的任务和措施，预示着国民经济发展即将摆脱困境，进入新的不断探索发展道路的时期。特别是在1979年4月，中共中央工作会议正式提出"调整、改革、整顿、提高"的方针（新八字方针），并从这一年开始对国民经济进行调整。

在《邓小平文选》中有大量关于"以经济建设为中心"必要性和重要性的论述，比如"近三十年来，经过几次波折，始终没有把我们的工作重点转到社会主义建设这方面来，所以，社会主义优越性发挥得太少，社会生产力的发展不快、不稳、不协调，人民的生活没有得到多大的改善"；"其他许多事情都要搞好，但是主要是必须把经济建设搞好"；"现代化建设的任务是多方面的，各个方面需要综合平衡，不能单打一。但是说到最后，还是要把经济建设当做中心。离开了经济建设这个中心，就有丧失物质基础的危险。其他一切任务都要服从这个中心，围绕这个中心，绝不能干扰它，冲击它。过去二十多年，我们在这方面的教训太沉痛了"，"社会主义制度优于资本主义制度。这要表现在许多方面，但首先要表现在经济发展的速度和效果方面。没有这一条，再吹牛也没有用"，等等。邓小平反复强调要发展生产力，始终认为只有坚持以经济建设为中心，才是真正的坚持社会主义。"以经济建设为中心"固然与当时迫切需要肃清林彪、"四人帮"的流毒，进一步明确党和国家的工作重心有关系，但从客观层面而言，"坚持以经济建设为中心"是由社会初级阶段的主要矛盾和社会主义的本质所决定的，也是社会主义社会全面进步的基础。

坚持以经济建设为中心，坚持改革开放，是十一届三中全会以来党的历届代表大会反复提及、重申和强调的发展战略，已成为党和人民毋庸置疑的共识，在理论上已得到了充分的诠释，在实践上已有丰硕的成果作为证明。以经济建设为中心的发展战略，事关社会主义建设的成败，必须长期坚持且不可动摇。虽然有部分专家认为，简单地提"以经济建设为中心"无法完全解决中国面临的诸多社会现实问题，甚至有部分学者提出要以"经济发展"来代替"经济建设"，等等。此外，亦有部分学者就中国当前的主要任务是需要"分蛋糕"还是"做蛋糕"的问题展开了激烈的讨论。在《中共第十七届中央委员会第五次全体会议公报》中，"以经济建设为中心"并没有被写入，与此同时，"加强社会管理创新"在不同场合被反复提及，让部分学者和社会人士对"以经济建设为中心"的认识有所偏差。胡锦涛在"七一"重要讲话中指出，"在前进道路上，我们要继续牢牢扭住经济建设这个中心不动摇，坚定不移走科学发展道路"，"以经济建设为中心是兴国之要，是我们党、我们国家兴旺发达、长治久安的根本要求。"

二、"以经济建设为中心"所引发的科技活动热潮及成就

胡锦涛同志在"纪念十一届三中全会 30 周年大会"中指出："我们坚持以经济建设为中心，我国综合国力迈上新台阶。从 1978 年到 2007 年，我国国内生产总值由 3 645 亿元增长到 24.95 万亿元，年均实际增长 9.8%，是同期世界经济年均增长率的 3 倍多，我国经济总量上升为世界第四。我们依靠自己力量稳定解决了 13 亿人口吃饭问题。我国主要农产品和工业品产量已居世界第一，具有世界先进水平的重大科技创新成果不断涌现，高新技术产业蓬勃发展，水利、能源、交通、通信等基础设施建设取得突破性进展，生态文明建设不断推进，城乡面貌焕然一新。"可见，以经济建设为中心提出以后，我国所取得的成绩和推动的变革都是有目共睹的，是人民和历史都无法忘记的，将永载史册。

随着"以经济建设为中心"的思想逐步深入人心，并被社会各界所认可，科技面向和服务于经济建设，各行各业、各类群体的科技创新活动蓬勃开展。尽管历史的车轮已经滚过 30 多年，但在提出"以经济建设为中心"后，在我国老中青三代科技工作者中所形成的科技活动热潮及成就仍然让亲身经历过的人难以忘怀。比如在广大科技青年中广泛开展了日用工业品小发明竞赛，农村青年学科学、用科学活动，"新长征突击手"竞争活动，"五小"（小发明、小革新、小创新、小设计、小建议）智慧杯竞赛活动，等等。与此同时，无数复出的科技工作者也以无比激动的心情和奋发的斗志参与祖国的经济建设，积极推动着经济活动的开展。

1978 年是我国科技史上的一个重要里程碑和分水岭，从此我国的科技事业进入蓬勃发展的阶段，我国政府采取了制定《全国科学技术发展规划纲要》、出台《关于科技体制改革的决定》、提出"科教兴国"战略等一系列让

科技工作者欢欣鼓舞的政策和决策。正是在这一时期，我国科技工作者放下包袱，全力以赴，活跃在经济建设的第一线。也正是在这一时期，我国的科技创新活动达到了前所未有的热潮，科技创新氛围处于前所未有的和谐状态，科技创新成果取得了举世瞩目的成绩。

农业方面，"五五"期间我国农业科技进步贡献率仅为27%，我国政府提出要加强农业科学教育，制定发展农村牧业的区域规划，建立现代化农林牧渔业基地，积极发展农村社队工副业等重要问题，并决定采取相应的措施。以此政策为导向，涌现出了一批农业科技工作者，农业的技术研究、宣传普及与推广工作开始有序开展，农业科技成果的数量和质量均得到了大幅度提升。工业方面，虽然在1978年之前受到党内某些领导人盲目加快发展速度、在短期内"造大企业"的错误思想指导，但在正式提出"以经济建设为中心"之后，我国的工业进入良性发展阶段。至此，我国传统工业和军事工业的科技领域恢复了生气，一批年仅30多岁的优秀科学家和研究人员脱颖而出，他们活跃在科技的舞台上，尽情施展着才华。

为充分鼓励和支持科技人员活跃在经济建设的主战场，诸多科研院所根据十一届三中全会精神，整顿科研秩序，不失时机地把工作重点转移到以科研为中心的轨道，提拔了一批优秀的科技人员进入领导岗位。此外，国际国内各大学术年会或协会上均可见到科技工作者的身影，各种学术活动空前活跃。按照"全国主要科技力量要面向经济主战场，为经济建设服务"的指示，科研院所开始尝试承办责任制和有偿对外服务，鼓励"下楼出院"、"千斤重担众人挑，人人身上有指标"，我国科技工作者开始融入市场，并活跃在经济建设的各个领域。

三、"以经济建设为中心"对于科技进步的拉动及现实意义

发展经济是解决我国诸多问题的关键，"以经济建设为中心"的提出强调必须从我国所处的具体发展环境出发加快发展进程，提高经济发展质量，推动经济又好又快的发展。其对科技对于产业和经济的支撑作用提出了更高要求，表现为突出科技在经济建设中的主导和引领作用，提高产业的科技含量并催生新的产业形态；发挥科技的创新变革功能，降低和减少我国发展中不平衡、不协调、不可持续问题，推动经济转型和良性发展；以科技的快速发展来引导和创造各类需求，并将科技作为生产要素进行注入以改变要素结构，进而转变经济增长方式。

　　围绕以经济建设为中心，各地方政府相继提出的科学发展、转型发展与率先发展等均与科技发展不可分割。科学发展强调以经济建设为中心，推动经济持续快速协调健康发展，特别是国家可持续竞争力的建设以及国际竞争力的培育都离不开科技的支撑；转型发展强调科技作为重要的生产力进行投入，实现由粗放型向集约型、资本驱动型向科技驱动型的经济方式转变；率先发展强调科技在经济建设中的先导作用，通过科技领先带动各行各业科技竞争力的发展以及基于科技实力的经济发展。因此，"以经济建设为中心"无论是在十一届三中全会提出的特殊时代，抑或是当前 21 世纪已驶入经济发展快车道的今天，都有着重要的指导意义。

（一）对于科技创新能力建设的拉动

　　在总结我国科技发展的落后状态和相对不足产生的原因时，邓小平同志指出：一方面，"文化大革命"时期固然在科技发展方面取得了一定的成绩，但对于科技发展仍然具有严重的阻碍作用；另一方面，"世界正处于第二次科技革命蓬勃发展的时期，世界经济和科技的进步日新月异，而中国却处在与世隔绝的状态，丧失了发展机遇"。在我国明确以经济建设为中心后，科技进步在经济建设中的重要地位逐步得到认可和确认，"文化大革命"期间被终止的诸多科研机构和科技创新活动又重新恢复起来。但与此同时，"文化大革命"之后"百废待兴"的经济建设格局同科技创新资源储量不足、科技创新体制不活、科技创新体系不健全等存在明显矛盾，经济建设的迫切需求对于我国当时的科技创新能力建设提出了艰巨的任务。

　　在科技创新的重要性得到普遍认可、科技人员的地位得到普遍提高之后，以经济建设为中心，我国政府开始逐步加大科技创新投入，鼓励各行各业开展形式多样的技术创新活动，包括在技术含量较高的岗位中开展劳动竞赛或技术比武；适当鼓励科技人员从事具有一定市场化程度的技术服务；在企事业单位专门设置技术岗位以供技术人员从事科技创新活动；为激发科技人员的工作热情，在一定范围内已出现早期的科技奖励；在引进科技人才方面已开始着手制定具有吸引力的激励政策；各类科研机构或科技协会已开始兴起，学术会议层出不穷，科技人员的身影活跃在经济建设的各个舞台。

　　经济建设和科技创新能力相辅相成，不可分割。科技创新能力强、科技实力扎实的国家必然在经济建设的质量、速度和规模方面进步明显；经济建设效率高、效果好的国家必然会进一步反馈于科技创新能力，形成对于科技的依赖并推动科技进步。20 世纪 80 年代的中国，经济建设在动乱后开始重新起步，科技创新能力亦相对较弱，"以经济建设为中心"的提出，为我国科技人员以及科技事业的发展带来了春天，我国新时期的科技创新能力建设开始从这里起步，较为系统、科学的科技创新体系开始萌芽。伴随着以经济建设为中心这一党和国家的中心任务持续向前推进，我国的科技创新能力也得到了长足的发展。

（二）对于科技对外开放的拉动

唯物辩证法认为，事物的发展是由其内在和外在双重原因所决定的，事情应该一分为二地辩证对待。面对差距、承认不足、缩短差距、迎头赶上是十一届三中全会之后政府部门对于我国科技发展现状及态势作出的理性判断，其为我国在科技领域需要加强对外开放、注重对外合作交流、重视国外技术引进的外在动因。我国特殊的国情和政府部门的执政风格与方式要求在经济建设中自主掌握本国经济命脉，实现社会主义的经济独立，亦即必须在自力更生的基础上坚持对外开放，通过对外开放，可以吸收和借鉴世界各国的文明成果，促进生产力的发展和综合国力的提高，增强我国的自力更生能力。

以邓小平同志为代表的党和国家领导人关于独立自主、自力更生与扩大对外开放、深化改革之间关系的清晰界定和明确昭示，推动我国开始改变过去的封闭、半封闭状态，特别是在科技领域扩大技术引进，从我国的经济条件和技术条件水平的实际出发对先进技术加以消化和吸收，将引进和开发、创新结合起来，在提高自身科学技术水平、培育自主核心技术优势等方面，起到了积极的推动作用。围绕以经济建设为中心，在邓小平同志的大力支持和倡导下，我国的科技发展与对外开放着重体现在以下两方面。

一是科技人才的"引进来"和"走出去"。人才是科技发展的核心要素，20 世纪 80 年代我们国家所主张的科技对外开放与合作交流思想认为，比引进国外先进的科学技术更为重要和根本的工作是引智工作，即宝贵的人才智力资源。在具体实施科技人才的国际化战略时，邓小平同志提出既要接受华裔学者回国为祖国效力，也要考虑把我们的人才送出去深造，同时也可邀请国外著名学者来我国讲学和合作交流。即便在与国外客人的访谈中，邓小平也多次要求希望能够引进我们国家急需的各类技术人才和管理人才。事实上，80 年代开始出现的出国热和回国热以及由这批特殊群体所创造的先进成果是对我国科技人才国际化战略正确性的有力证明。

二是技术设备的合理"拿来主义"。经济建设离不开科技的支撑，而技术、设备等是科技资源的重要组成部分。经济建设的科技需求无论是在 20 世纪 80 年代或是当前时期均需要合理引进国外先进、成熟、有用的技术和设备。早在 1975 年，邓小平就指出，"要争取多出口一点东西，换点高、精、尖的技术和设备回来"，并且先后提出了通过增加出口、以货易货和银行贷款等方式来解决我国资金不足的问题。进入 20 世纪 80 年代中后期，在特区成立之后，邓小平同志又进一步主张以特区为窗口，鼓励国外企业通过独资、合资等方式进入中国市场进行投资，从而有助于中国企业学习好的管理经验和先进技术，掌握引进设备的操作方法，用于发展社会主义经济。

第15章 中国科技发展的"文艺复兴"

第1节 科学的春天

一、春天的呼唤

新中国成立后，党和国家领导人确定了尊重人才和知识的基调，大批科学家从国外归来，建设新中国。但是进入"文化大革命"后，知识分子被污蔑为"臭老九"，大批知识分子遭到迫害，大批科研机构遭到破坏。"文化大革命"期间，中科院在北京地区有180多位高级科研人员，其中80%受到批判，著名科学家赵九章、叶渚沛、张宗燧、邓叔群、胡先骕等多人被迫害致死。"文化大革命"10年，我国的科技事业遭到了一场前所未有的浩劫。

1975年邓小平同志二次复出后，随即着手进行科研工作的整顿工作，这段时期被科技界人士称为"破坏中的亮点"。后来因为"批林、批孔、批周公"运动，科技界的整顿恢复工作一再推迟，甚至一度搁置。

同年，邓小平接替病重的周恩来总理主持国务院工作，在科技界进行大刀阔斧的整顿和恢复工作，同时派胡耀邦、李昌到中科院主持整顿工作。1975年7月18日，胡耀邦受命来到中科院，11月19日在"批邓打招呼会"上被停止工作，前后只有120天。在这短短的120天里，胡耀邦同志雷厉风行地开展"拨乱反正"工作，召开座谈会、纠正"左"的错误、作了题为《实现四个现代化是新的长征》的报告、主持制定了《关于科技工作的若干问题》（即著名的"汇报提纲"），提出了一系列将科学工作引入正轨的政策和措施。

时任中国科学院政策研究室主任的吴明瑜回忆说："耀邦同志在中科院的120天，为粉碎'四人帮'之后振兴科技事业奠定了很好的思想基础，这也可以说是全国科学大会的前奏。"

粉碎"四人帮"后，1977 年 7 月邓小平第三次复出，并分管科教工作。1977 年 8 月 8 日组织召开了科技和教育工作座谈会，这次座谈会是科教战线上一次成功的拨乱反正的会议，它推翻了"两个估计"的谬论，打碎了桎梏在知识分子心头的精神枷锁。会议谈到了知识分子的阶级属性及其积极性的调动、科教体制和机构调整、教育改革、科研保障以及学风等问题。

科技和教育工作座谈会为全国科学大会的召开奠定了基础。吴明瑜说："如果说科学大会是科技的春天，那么这次会议就是春天之前的惊雷。"

二、科学工作者的"二次解放"

1978 年的春天，是科学的春天。国家召开"科学大会"，"向科学进军"成为新时期主旋律。邓小平同志在大会上提出的"科学技术是生产力"、"知识分子是工人阶级的一部分"等论断，一扫笼罩在知识分子心头多年的思想阴霾，恢复了知识分子的名誉，这对于在"文化大革命"期间被污蔑为"臭老九"、饱受迫害和折磨的广大科技人员来说，犹如一声春雷，开启了科学事业的新里程。这段历史被科学工作者称为"二次解放"，经历漫长严冬的科技工作者倍感春天的温暖。

大会有 6 000 人出席，与会代表年纪最大的有 90 岁，年纪最小的只有 22 岁，涵盖了老、中、青三代人，几乎包括了当时中国所有著名的科学家，如华罗庚、严济慈、钱三强、钱学森、王选、黄昆等。

这是一次团结奋进的大会，是一次拨乱反正、扬帆起航的大会，是一次成功的大会，是一次改变知识分子命运的大会。30 年过去了，与会代表中有的老科学家已经离我们而去，有的年轻科学家已经变成老人。每当他们回想起这段历史，激动之情溢于言表。

迟范民，我国著名的小麦专家，当时，作为全国知名的小麦高产研究专家参加了会议。"喜出望外啊！感觉就像到了天上，"迟老回忆说，"省花生所同去参会的一位代表，在大会快开始的时候就激动得昏了过去，太激动了。""印象最深刻的是小平同志的讲话"，迟范民说，全场掌声经久不息，很多参会的老先生都是热泪盈眶。

当他看到陈景润坐在会议主席台上，受到邓小平、聂荣臻等党和国家领导人的专门接见时，"当时大家一下子感觉到：知识分子要'翻身了'"。

那次大会后，知识分子的命运发生转变，国家开始采取多种措施落实知识分子政策。1982 年，邓小平提出选拔干部的"四化"标准：革命化、年轻化、知识化、专业化（表 15 – 1）。

表 15 – 1　"四化"标准分类表

标准名称	标准类别	内容要求
革命化	政治标准	政治坚定、勤政廉洁、讲党性、顾大局
年轻化	年龄标准	队伍形成梯形的年龄结构和正常的新老交替
知识化	文化标准	改变队伍知识结构、重视知识分子、德才兼备
专业化	业务标准	干部具有从事本行业工作必需的专业知识

迟老作为一名科技工作者的命运也开始发生转变，在全国科学大会上，迟老本人被授予"全国先进工作者"称号。1983 年，他被省委任命为省科委党组副书记、副主任，从此走上了领导岗位。

全国科学大会开启了科学的春天，为我国经济体制改革、政治体制改革、教育体制改革和对外开放打下了一个坚实的基础。

三、经济和教育体制改革对人才和生产力的释放

科学大会体现的拨乱反正、解放思想、尊重知识的主题，为我国进行经济和教育体制改革打响了前奏。1984 年，我国开始进行经济体制改革；1985 年，国家颁布了《中共中央关于教育体制改革的决定》，如表 15 – 2 所示。

表 15 – 2　经济体制改革和教育体制改革

改革时间	改革名称	改革内容
1984 年	《中共中央关于经济体制改革的决定》	尊重知识、尊重人才；提高知识分子的社会地位；培养一批经营管理人才等
1985 年	《中共中央关于教育体制改革的决定》	发展基础教育、调整中等教育结构、改革高校招生计划和毕业生分配制度等

1984 年《中共中央关于经济体制改革的决定》（以下简称《经改决定》）第 9 条明确规定："起用一代新人，造就一支社会主义经济管理干部的宏队伍。"《经改决定》规定"进行社会主义现代化建设必须尊重知识、尊重人才，同一切轻视科学技术、轻视智力开发、轻视知识分子的思想和行为作斗争，坚决纠正许多地方仍然存在的歧视知识分子的状况，采取有力措施提高知识分子

的社会地位,改善他们的工作条件和生活待遇"。将尊重知识分子纳入经济体制改革中,充分体现了党中央对知识分子的重视,并且将知识分子看做未来国家建设的中坚力量和后备干部源泉。

《经改决定》提出要培养一批"既有现代化的经济、技术知识,又有革新精神,勇于创造,能够开创新局面的经营管理人才",要求各级党委要摆脱老观念的束缚,深入发现和观察正在成长的优秀人才,不能压抑年轻干部的成长。

在进行经济体制改革的同时,中央着手进行教育体制改革。1985 年,颁布了《中共中央关于教育体制改革的决定》(以下简称《教改决定》)。十一届三中全会以后,虽然进行了拨乱反正,但是,在全国范围内仍然存在着"轻视教育、轻视知识、轻视人才"的错误思想。为了克服这种情况,使教育更好地服务于改革开放,服务于社会主义建设,国家决定启动改革教育体制,《教改决定》的颁布是重视知识分子的举措。《教改决定》的一系列措施从基础教育、职业教育到高等教育释放了人才,从此知识分子走上了社会主义建设的大舞台。

第 2 节 科学技术发展的重大理论是非问题

一、澄清对科学技术的地位与作用的认识

新中国成立后,毛泽东、周恩来和邓小平等党和国家领导人十分重视科学和生产力发展问题。早在 1956 年,周恩来在《关于知识分子问题的报告》中,就提出要重视科学技术和知识分子在社会主义建设中的作用,通过尊重知识分子、制定科技规划、积极发展科技来推动生产力发展,促进社会主义建设。1956 年 4 月,毛泽东在中央政治局扩大会议上提出了"百花齐放"、"百家争鸣"的方针,明确提出"科学上的不同学派可以自由争论,科学中的是非问题应当通过科学界的自由讨论和科学实践去解决,行政强制的办法有害科学技术的发展"。"双百"方针的提出为发展科学技术,推动生产力发展奠定了理论基础、指明了发展方向、营造了崇尚科学和发展科学的氛围,也为科学技术转化为生产力创造了条件。

在随后的几个历史时期,由于错误估计了国际形势以及领导方针失误,科

技事业发展步入一个长期的曲折发展阶段。虽然毛泽东同志在 1958 年提出了技术革命，但是在"大跃进"和人民公社化运动的背景下，科学技术发展受到"左"的干扰，瞎指挥、浮夸风和共产风等不良习气和做法蔓延到科技领域，严重阻碍了科学技术的发展，生产力发展也停滞不前。

随后，科技发展进入一个小高潮，科学实验作为一种科学方式逐渐被人们接受，然而好景不长，在学习毛泽东同志"两论"（《矛盾论》和《实践论》）的背景下，部分领导人和群众片面地理解"两论"的精神，误解发展科学技术事业的实质和真谛，在发展科学事业时，只讲"两论起家"，不讲科技起家。随着这种误解的发展和蔓延，人们包括知识分子对科技形成了不同的认识，造成思想上的混乱。"文化大革命"时期，这种误解达到了极端。

1975 年中国科学院草拟的《汇报提纲》中曾经提到，科学技术也是生产力；为了迅速发展我国的生产力，要大搞科学实验，开展技术革命等。针对《汇报提纲》，从 1976 年 2 月起，"四人帮"利用其控制的宣传机器，捏造事实，胡搅蛮缠，攻击"科学技术属于生产力"这一马克思主义的重要论点，实行反革命围剿，前前后后发表了几十篇文章，把本来很清楚的问题给搞得混乱不堪。

"四人帮"为了否定科学技术是生产力，曾经运用了种种卑劣手法，制造了许多歪理和谬论，并广为宣传，在人民群众间造成了极大的思想混乱"四人帮"的这些歪理谬论概括起来主要体现在以下四个方面。

（1）认为发展科学技术和发挥人的作用相矛盾。"四人帮"通过他们所控制的舆论工具说："劳动者才是最根本、最重要的因素"，说科学是生产力，就是否定"劳动群众的作用"，就是"篡改马克思主义关于人是生产力的决定因素的正确观点"。

（2）鼓吹承认科学技术是生产力，就是否定政治挂帅、阶级斗争。"四人帮"的写作班子康立、延风说："强调科学是生产力中的首要因素，目的是排斥阶级斗争这个纲，排斥党的基本路线，取消经济基础和上层建筑领域的革命"，就是"否认阶级斗争是历史的直接动力"，就是"技术至上"。

（3）资本主义发展生产靠科学，社会主义靠人的积极性。"四人帮"通过他们的舆论工具说，资本家增值资本，"只能主要地依靠采用先进的科学技术"，而我们的干部和群众要是采用先进的科学技术的话，"正是想把资本家的办法搬到社会主义中国来"。他们还说，马克思说的"社会的劳动生产力，首先是科学的力量"这个原理，只适用于"资本的流通过程"。资本家扩充生产力，"主要地依靠采用先进的科学技术"，社会主义则是"重视人们在生产中形成的相互关系的变革"，依靠人的积极性。

（4）"四人帮"认为，发展生产没有一般规律可循，马克思主义关于科学技术是生产力的原理，只适用于资本主义社会，不适用于社会主义社会。这实际上就是说，资本家增值资本的办法，不是依靠残酷地剥削工人所造成的剩余价值，而是靠采用先进的科学技术。社会主义靠调动工人的积极性，与发展科学技术是对立的、毫不相干的。社会主义发展生产只能拼体力，社会主义制度在发展和利用科学技术方面不如资本主义制度。

二、澄清认识，解放思想

肯定科学技术是生产力。为了彻底揭露"四人帮"反对马克思主义基本原理的罪行，肃清其流毒，解放思想，加快实现四个现代化的步伐，针对广大群众对生产力的认识问题上，邓小平同志指出"科学技术是生产力，这是马克思主义历来的观点"。邓小平同志非常重视和关注高新技术的研究，倡导扩大对外科学技术交流，提倡尊重知识，尊重人才，强调进行科技体制的改革。

三、知识分子"已经是工人阶级的一部分"

新中国成立后，知识分子的阶级属性问题一直没有得到有效解决；在将近 20 年的时间里，党在革命和经济建设过程中，对知识分子阶级属性的判别经历了一个曲折发展的历程，最终将知识分子作为工人阶级的一部分，并对其属性赋予了新的内涵。知识分子阶级属性问题的解决对调动知识分子的积极性，建设又红又专的科技队伍，发展科学技术，实现四个现代化具有重要的意义，知识分子阶级属性的地位为以后制定科技政策、发展科学事业指明了方向，扫清了道路。

（一）知识分子阶级属性认定问题的发展历史

对知识分子阶级属性的认识历程大致分为四个阶段：一是判定标准争议阶段（1949～1956 年），二是判定曲折发展阶段（1956～1966 年），三是"文化大革命"歪曲阶段（1966～1976 年），四是澄清问题阶段（1976 年至今）

（表 15 – 3）。在 20 多年的时间里，党和政府一直无法解决知识分子阶级属性
问题，直到全国科学大会召开，邓小平同志将此问题盖棺定论。

表 15 – 3　知识分子阶级属性定位发展历程表

时　间	阶段名称	内　容
1949～1956 年	判定标准争议阶段	"经济标准"和"世界观标准"的争议
1956～1966 年	判定曲折发展阶段	知识分子阶级属性的反复定位问题
1966～1976 年	"文化大革命"歪曲阶段	知识分子阶级属性的错误定位
1976 年至今	澄清问题阶段	赋予知识分子新的阶级内涵

1. 判定标准争议阶段

在相当长的时间内，关于知识分子阶级属性定位的标准一直存在争议，主
要是"经济标准"和"世界观标准"的争议。经济标准，就是依据知识分子
的经济地位的变化和实际经济情况来衡量其阶级属性，认为知识分子是工人阶
级的一部分，是社会主义建设的主力军。世界观标准就是以知识分子的政治立
场和政治思想等世界观为衡量标准，认为其是资产阶级的一部分，是社会主义
不能接受的，需要接受社会主义改造和教育。受客观形势变化和主要领导人认
识变化的影响，判别知识分子阶级属性的适用标准也在不断变化，有时一方占
据优势，有时另一方占据主导，反复无常，交织在一起。

经济标准是党最先用于判定知识分子阶级属性的标准，早在 1950 年 8 月
政务院就颁布了《中央人民政府政务院关于划分农村阶级成分的决定》，规
定："知识分子不应该看作是一种阶级成分。知识分子的阶级出身，依本人的
阶级成分，依本人取得的生活来源的方法决定。""凡受雇于国家的、合作社
的或私人的机关、企业、学校等，为其中办事人员，取得工资以为生活之全部
或主要来源的人，称为职员。职员为工人阶级中的一部分。"对于"取得高额
工资以为生活之全部或主要来源的人，例如工程师、教授、专家等，称为高级
职员，其阶级成分与一般职员同，但私人经济机构和企业中的资方代理人不得
称为职员"。可见，政务院在根据知识分子的经济地位和经济状况，将工程
师、教授和专家等知识分子判定为工人阶级的一部分。

世界观标准是党针对新中国成立后知识分子来源不一的实际情况而实行的
判定标准。新中国成立初期，知识分子的构成比较复杂，主要包括三种来源：
一是跟随党在革命斗争中锻炼和成长起来的知识分子。他们大多是党从旧社会

改造和吸收的知识分子，也有一部分是培养的工农出身的人才。二是从旧社会过来的各类学者、专家和职员。三是旧社会培养出来的学生。后两部分构成了当时知识分子的主体，由于这两部分知识分子多在新中国成立以前接受封建主义和资本主义教育，在思想上还存在着许多问题，不符合社会主义社会的需要，这部分人还需要接受社会主义教育和改造。

在这种情况下，党运用世界观标准将这两部分知识分子界定为资产阶级。1951 年 9 月，周恩来在《关于知识分子的改造问题》的报告中，提出"知识分子必须通过学习、工作和实践，自觉地改造自己，从民族的立场，进一步到人民的立场，到工人阶级的立场。这样，才能更好地为新中国服务"。此时"团结、教育、改造"是党对知识分子管理的基本方针。但是 1953 年后，对知识分子明显地偏重于"教育"和"改造"，越来越多的人用"世界观"标准划分知识分子阶级属性，将知识分子划入资产阶级的队伍中，把知识分子当做教育和改造的对象，夸大知识分子问题，不信任知识分子，这些极大地挫伤了知识分子的劳动积极性。

2. 判定曲折发展阶段

1956～1966 年是知识分子阶级属性判定曲折发展阶段，由于党和国家领导人对这阶段社会主要矛盾和阶级斗争问题的认识时常存在变化，知识分子的阶级属性忽而被定位为工人阶级，忽而被定位为资产阶级。当以经济建设为中心，致力于现代化建设时，党就能对知识分子的阶级属性作出正确的判断，提出知识分子是工人阶级的一部分，是社会主义建设依靠的基本力量，制定正确的知识分子政策；而以阶级斗争为中心时，知识分子就成了教育和改造的对象。1956 年 1 月，党中央召开了全国知识分子问题会议，周恩来代表党中央作了《关于知识分子问题的报告》。报告的主要内容是：第一，需要用科学技术提高劳动生产率，发展社会生产力，满足整个社会日益增长的物质、文化需要。因此，需要吸收知识分子，要善于充分利用旧社会遗留下来的知识分子，培养大批新知识分子，才能适应社会主义建设的需要。第二，知识分子的绝大多数已经成为国家工作人员，已经为社会主义服务，已经是工人阶级的一部分。第三，提出了党对知识分子的正确政策。改善对知识分子的使用安排，使他们能够发挥对于国家有益的专长；对于所使用的知识分子有充分的了解，给他们以应得的信任和支持，使他们能够积极地进行工作，给他们以必要的工作条件和适当的待遇。

1957 年 3 月，毛泽东在《中国共产党全国宣传工作会议上的讲话》中指出：我们现在的大多数知识分子，是从旧社会过来的，是从非劳动人民家庭出身的。有些人即使是出身于工人农民家庭，但是在新中国成立以前受的是资产阶级教育，世界观基本上是资产阶级的，他们还是属于资产阶级的知识分子。从 1957 年反"右"斗争后，又把知识分子看做资产阶级的一部分。

3. "文化大革命"歪曲阶段

在"文化大革命"时期，知识分子一直被当做"资产阶级的知识分子"。"四人帮"污蔑知识分子"统统是挖社会主义墙脚的"，"是走资派的社会基础"，污蔑科技人员是"戴着红帽子的，难办、危险"，把"臭老九"、"书蛀虫"等种种侮辱性称呼强加在知识分子的头上，使得科技人员不敢钻研科学技术，不敢研究基础理论，不敢学习外国的先进科学技术，甚至担心完成党组织交给的各种任务不但不是功，反而算作罪过。

4. 澄清问题，赋予知识分子新的阶级内涵

要彻底地解决我国知识分子阶级属性的问题，就要解决好如何理解知识分子从事的科技工作是劳动的问题，我国知识分子的世界观如何、应以什么标准去判断的问题和如何理解毛泽东对知识分子的有关论述这三个问题。针对以上三个问题，1978 年 3 月，邓小平同志在全国科学大会上，在澄清了科学技术是生产力的问题后指出，在社会主义历史时期中，只要还存在着阶级矛盾和阶级斗争，知识分子就需要注意解决是否坚持工人阶级立场的问题。但总的来说，他们中的绝大多数已经是工人阶级和劳动人民自己的知识分子，因此也可以说，已经是工人阶级自己的一部分。他们与体力劳动者的区别，只是社会分工的不同。从事体力劳动的，从事脑力劳动的，都是社会主义社会的劳动者。他还指出，"四人帮"把社会里的脑力劳动与体力劳动的分工歪曲成为阶级对立，是为了打击迫害知识分子，破坏工人、农民和知识分子的联盟，破坏社会生产力，破坏我们的社会主义革命和社会主义建设。

（二）知识分子翻身"大解放"

邓小平同志对知识分子阶级属性的定位，彻底清除了党在知识分子问题上"左"的影响，是对知识分子命运的一次大解放，从根本上纠正了过去对知识分子的偏见，解决了困扰中国共产党数十年来的理论是非问题，使知识分子的工人阶级属性问题得到了彻底解决，从此以后，知识分子的地位发生了翻天覆地的变化。1992 年和 1997 年，"知识分子是工人阶级中掌握科技文化知识较

多的一部分，是先进生产力的开拓者，在改革开放和现代化建设中有着特殊重要的作用"的论断被写进了党的十四大、十五大报告，这是党第一次从党代会的高度肯定了知识分子的阶级属性。2000 年以后，在江泽民同志"三个代表"的重要思想中，突出了知识分子在社会主义建设中不可替代的重要地位和作用，确认"知识分子是工人阶级的一部分"，标志着党的知识分子理论和政策在经过长时间的曲折和失误以后重新走上了马克思主义的科学轨道。随着改革开放和社会主义现代化建设的不断推进，知识分子获得了前所未有的施展自己才能的广阔舞台：投身经济建设，参与民主政治，为社会主义现代化建设作出了巨大贡献。

四、大批知识分子走上领导岗位

随着知识分子地位的改变，大批年轻的知识分子走上了领导岗位，知识分子的命运在不知不觉中发生了改变。

（一）知识分子的解放

邓小平同志关于知识分子的一系列精彩论断，奠定了"尊重知识、尊重人才"的氛围，知识分子受到了无比的尊敬和重视，知识分子地位的变化和社会环境的变化，为释放知识分子创造了良好的外部条件。

邓小平同志深刻指出："我们要实现现代化……必须有知识、有人才"；"随着知识经济时代的到来，脑力劳动者将成为主体力量"；"一定要在党内造成一种风气：尊重知识、尊重人才。要反对不尊重知识分子的错误思想。不论脑力劳动，体力劳动，都是劳动。从事脑力劳动的人也是劳动者。将来，脑力劳动和体力劳动更分不开"，这些论断为国家实施知识分子政策指明了方向，自此以后，"尊重知识，尊重人才"成了国家的基本国策，以后各代党和国家领导人紧紧围绕"尊重知识，尊重人才"的基本国策，实行"星火计划"、"科教兴国"等科技战略，促进我国科技事业蓬勃发展。

全国科学大会后，重视知识分子形成了一种风气，各行各业开始向科学进军。在这种风气下，一大批知识分子开始走上领导岗位，成为日后国家发展的中坚力量。

（二）行政改革推动知识分子释放

全国科学大会的召开，为十一届三中全会的召开打响了前奏，推动了我国改革开放的进程，1982 年我国首次进行行政体制改革，改革被定位为"简政放权", 实行党政分开、政社分开和政企分开, 在"精兵简政"的主题下, 根据邓小平提出的"四化"标准（革命化、年轻化、知识化、专业化）选拔干部, 新的体制打破了领导职务终身制, 新的干部选拔标准向年轻的知识分子倾斜, 知识化和专业化开启了领导干部的知识时代, 大批年轻知识分子走上了领导岗位。

五、实现四个现代化

（一）"文化大革命"前"四个现代化"的发展历程

"四个现代化"是指工业现代化、农业现代化、国防现代化和科学技术现代化。1954 年, 在第一届全国人民代表大会上, 毛泽东同志首次提出要把我国建设成为一个工业化的具有现代化程度的伟大国家；1960 年年初, 他又在建设工业现代化、农业现代化和科学技术现代化的基础上, 增加了国防现代化建设, 首次明确提出要实现"四个现代化"的任务；在 1964 年第三届全国人民代表大会上, 周恩来总理在政府工作报告中再一次强调四个现代化的意义, 并制定了初步发展战略, 即"在二十世纪内, 把中国建设成为具有现代农业、现代工业、现代国防和现代科学技术的社会主义强国"。周总理同时提出实现四个现代化目标的两步走设想, "第一步重点建设国家工业的发展, 计划用 15 年的时间, 建立一个独立的、比较完整的工业体系和国民经济体系；第二步, 在第一步的基础上, 力争在二十世纪末, 使中国工业走在世界前列, 全面实现农业、工业、国防和科学技术的现代化"。

毛泽东和周恩来等党和国家领导人提出, 建设"四个现代化"的任务是党在特定历史时期选择的强国富民的战略方针, 希望通过全面实现农业、工业、国防和科学技术的现代化, 把我国建设成为社会主义现代化强国。但是, 在这段时期, 由于受种种客观实际情况的制约和主观认识的局限, 党和国家领导人将实现"四个现代化"作为一种经济建设口号和社会主义的宣传标志；在实际操作中, 更多的是从加强国防力量的角度, 优先发展工业, 没有具体阐释实现"四个现代化"的必要性和相互关系, 在实现现代化的时间跨度上, 不幸陷入"大跃进"的怪圈, 最终酿成了"文化大革命"的悲剧。"文化大革命"时期, 由于林彪和"四人帮"反革命集团的恶意曲解, 我国国民经济发展遭到极大的破坏, "四个现代化"建设搁置了下来。

（二）要不要四个现代化

进入"文化大革命"阶段，由于实行"阶级斗争为纲"的方针，党和国家的工作重点在阶级斗争上，全国上下、各行各业忙于"阶级斗争"，同时林彪和"四人帮"反革命集团恶意曲解"四个现代化"的内涵，颠倒是非，误导广大人民群众，宣扬"四个现代化实现之日，就是资本主义复辟之时"，在人民群众中造成了极大的思想混乱，使得我国国民经济在几年内不仅没有增长，反而倒退，甚至一度濒于崩溃的边缘，我国科学技术与世界先进水平间的差距越来越大。围绕要不要"四个现代化"和实现"四个现代化"的意义问题，邓小平同志在全国科学大会上一针见血地指出，"四人帮"的所作所为是严重破坏社会主义的行为。他指出，"在无产阶级专政的条件下，不搞现代化，科学技术水平不提高，社会生产力不发达，国家的实力得不到加强，人民的物质文化生活得不到改善，那么，我们的社会主义政治制度和经济制度就不能充分巩固，我们国家的安全就没有可靠的保障。我们的农业、工业、国防和科学技术越是现代化，我们同破坏社会主义的势力作斗争就越有力量，我们的社会主义制度就越得到人民的拥护。把我们的国家建设成为社会主义的现代化强国，才能更有效地巩固社会主义制度，对付外国侵略者的侵略和颠覆，也才能比较有保证地逐步创造物质条件，向共产主义的伟大理想前进"。从这一精辟的论断，我们可以看出邓小平同志从"物质决定意识，经济基础决定上层建筑"的马克思辩证唯物主义观点出发，科学论证了实现"四个现代化"的必要性。

1. "四个现代化"是发展生产力的路径

邓小平同志曾经指出，虽然我们在1956年建立了社会主义制度，并取得了辉煌的成就；但在1957年，我们犯了"左"的错误；1958年，我们不切实际地搞"大跃进"运动，严重破坏了社会生产力，人民生活更加困难。之后遇到了三年自然灾害，人民生活举步维艰，之后虽然社会生产恢复了一些，但是思想认识没有彻底解决；1966年开始搞"文化大革命"，我国的生产力遭到严重破坏。"四个现代化是发展社会生产力的必由之路"这一论断是他根据新中国成立近20年的艰难发展历程总结摸索到的。

2. "四个现代化"是实现社会主义的基础

邓小平同志认为，实现"四个现代化"是巩固社会主义政治制度和经济制度的基础，是保障国家安全的基石。只有实现了"四个现代化"，我们才能创造出更多的物质条件和财富，我们才能有更多的力量同敌对势力作斗争，才能保卫人民的根本利益和人民民主专政的国家政权，进而实现最高理想。

（三）"四个现代化"的关系

在"四个现代化"提出的十几年里，时而强调工业现代化建设，时而强调农业现代化，对于"四个现代化"的关系问题，没有一个系统的阐释体系。邓小平同志在解决了"四个现代化要不要"的问题后，紧接着阐述了四个现代化的关系问题。国家现代化即工业、农业、国防和科学技术现代化。只有实现了四个现代化，才能实现国家现代化。因此，四个现代化是一个相互联系的整体，其中科学技术的现代化是关键，农业现代化是基础，工业现代化是主导，国防现代化是保证。

1. 科学技术现代化是关键

在"四个现代化"发展重点上，毛泽东进一步强调了科学技术的作用，指出"四个现代化，关键是科学技术的现代化，没有现代科学技术，也就不可能有国民经济的发展"。他认为没有科学技术的现代化，是不可能建设好农业、工业和国防现代化，由此可见科学技术现代化的重要性。1988年，他更进一步明确提出"科学技术是第一生产力"，将科学技术提升到促进社会经济发展的助推器地位。

2. 农业现代化是基础

农业是国民经济的基础，为工业等产业发展提供物质原料。在我国，约60%的人口从事农业生产。如果农业不能获得发展，必将影响工业的发展建设，同时国防和科学技术的发展也将受到影响和制约。新中国成立后，关于农业和工业的发展地位问题，一直没有得到有效解决。在新中国成立初期，毛泽东曾提出农业互助合作化问题。但是在社会主义改造时期，他又片面地强调优先发展重工业和国防工业，造成了在国民经济发展中存在着"重工业"、"轻农业"、"忽视科技教育"的问题。1988年，邓小平同志吸取了过去经济发展中的经验教训，"结合我国国情，提出新的战略重点，一是农业，二是能源和交通，三是教育和科学"。三个重点既抓住了国民经济的薄弱环节，又反映了我国经济发展过程中迫切需要解决的关键问题，从而构成了互动的发展链（周代柏，2008）。

3. 工业现代化是主导

工业实力是衡量一个国家国防实力的重要指标，在十一届三中全会之前，工业在国民经济建设中占据着主导地位，毛泽东始终把发展基础工业摆在重要位置。1956 年他在《论十大关系》中明确指出："重工业是我国建设的重点。"在中国共产党第八次全国代表大会上，他要求，"在大约三个五年计划时期或更多一点的时间，基本建成一套完整的工业体系，以基本上满足逐步实现国防现代化和人民生活水平不断提高的需要"。在这种思想指导下，全国掀起了建设工业的浪潮，但是同时也出现了"大炼钢铁"的现象，一味追求工业发展的规模，忽视了农业、科技的发展，由于没有了发展的基础，工业发展也受到了制约。因此，在实现国家现代化的过程中，要正确把握工业现代化的主导作用，尤其要处理好坚持以工业为主导和以农业为基础这一辩证关系，只有这样才能保证国民经济的正常发展，有力地促进国家现代化的实现。

4. 国防现代化是保证

国防现代化为实现其他三个现代化提供安全稳定的环境，是我国社会主义建设和实现农业、工业和科学技术现代化以及为整个国民经济的发展创造良好环境的重要保障。

邓小平同志关于"四个现代化"的系列精辟论断，为我国建设社会主义现代化指明了方向，以江泽民为核心的党中央第三代领导集体提出了实施"科教兴国"和"可持续发展"战略，全面建设小康社会，最终实现社会主义现代化的目标。

第 3 节　教育和科技的关系

新中国成立后，我国开始兴办面向民族的、科学的和大众的社会主义教育，开展扫盲和工农识字教育，优先录取工农子女入学，使新中国广大的劳动模范、工农干部和工人受到正规的中等和高等教育。到 1965 年，我国已经形成了比较完整的国民教育体系，奠定了教育持续发展的基础，为经济建设培养了一批人才。

1966 年，我国进入"文化大革命"时期，"以阶级斗争为纲"的口号响彻中华大地，到处都是大字报、红卫兵。这段时间对我国教育冲击影响很大，各地大中学校停课，教育秩序十分混乱。在"文化大革命"初期，中小学教育基本停滞不前，高校停止招生，知识青年掀起"上山下乡"运动；1970 年，高等院校恢复招生，但是招生对象仅限于工农兵，通过群众推荐、领导批准和学校复审的方式，这样的模式难以保证学生的基本素质，从而导致教学质量下降，"文化大革命"严重影响了我国教育事业的发展。

"文化大革命"结束后，教育界开始拨乱反正，邓小平同志在全国科学和教育工作座谈会和全国科学大会上提出"科学技术是生产力"，"知识分子是工业阶级的一部分"，澄清了长期以来对科学教育工作者的错误认识。同时他提出"科学技术是实现四个现代化的关键"，如果要实现四个现代化，就必须发展科学技术。如何才能快速发展科学技术呢？他指出"要在短短的二十多年中实现四个现代化，大力发展我们的生产力，当然就不能不大力发展科学研究事业和科学教育事业，大力发扬科学技术工作者和教育工作者的革命积极性"。

一、教育是科技队伍的来源

邓小平同志在全国科技教育座谈会上提出，"我国科学研究的希望，在于它的队伍有来源。科研是靠教育输送人才的，一定要把教育办好。我们要把从事教育工作的与从事科研工作的放到同等重要的地位，使他们受到同样的尊重，同样的重视"。他认为教育是科研人才的源泉，教育工作和科研工作同等重要，要发展科研事业，必须重视教育工作，只有教育工作办好了，科研事业才能有发展。

关于"科技队伍源泉"的论断为发展科技事业指明了方向，此后国家加大了对教育尤其是基础教育的建设力度。

（一）加大高等教育发展

1. 高等院校是未来发展方向

高等院校既是培养科研人才的摇篮，同时也是进行科研工作的重要场所。他认为"高等院校，特别是重点高等院校，应当是科研的一个重要方面"，这是因为高等院校一方面拥有一支稳定的高素质科研队伍，同时也拥有必备的科研条件，如实验设备等，高等院校承担了不少科研任务。虽然"文化大革命"期间，高等院校教学质量下降，但是随着高等院校整顿，学生质量必然普遍提高，学校的科研能力也会逐渐增强，有能力承担更多、更重的科研任务。他坚信"朝高等院校这个方向走，我们的科学事业的发展就可以快一些"。

邓小平同志关于科研事业发展朝向高等院校发展的方针，为我国以后高等教育改革和科学事业发展奠定了理论基础，此后在高等院校建设方面，我国先后实施了"985 工程"和"211 工程"，建设了一批有实力的重点高等院校，这些高校为我国科技战线输送了大批科技人才，同时承担了大量科研任务，为我国科技事业发展和经济建设作出了巨大的贡献；在 20 世纪 80 年代，还实行了"国家重点实验室"项目，在全国几十所重点高等院校建成了 100 多座国家重点实验室，这些实验室成功承担了像"863"、"973"等重大项目的科研任务；现在高等院校已经成为我国科研事业发展的主力军。

2. 各个领域都有要研究的问题

邓小平同志认为"各个领域都有要研究的问题，理科、工科、农科、医科都有。文科也要有理论研究，用马克思主义观点研究经济、历史、政法、哲学、文学，等等"。文理领域共同发展，避免出现"重理工，轻文史"的发展途径，工科院校投入力量发展文科理论研究，文科院校也投入力量研究理工科领域，各方领域共同发展。在 20 世纪 90 年代，我国建设了一批综合性大学，综合性大学的一大特征是学科建设面向各个领域全面发展，同时我国相继施行的"星火计划"、"科教兴国"战略等也是面向社会各个领域的。

3. 基础科学和应用科学都要搞

邓小平同志相信"从科研队伍的数量来说，若干年后，学校的科研机构也许同专业研究机构大致相等。生产部门的科研队伍恐怕是最大的"。在这种情况下，他认为"生产部门也会有搞基础科学的，但要着重搞应用科学；科学院和大学可以多搞一些基础科学，但也要搞应用科学，特别是工科院校"。今天的发展也验证了小平同志这一英明预测，现今高等院校的科研机构无论在人员、设备、规模还是影响力上已经远远超过专业的研究机构。高等院校加强基础科学研究的同时，也面向市场加大了应用科学的研究。

（二）抓好基础教育工作

1. 小学教育是源头

从人才的培养阶段看，科研人才来源于高等院校，而高等院校学生来源于中学，中学又来源于小学，因此小学是科研人才来源的源头。发展科技事业，应从源头抓起，做好基础教育工作。

2. 狠抓青少年的风气

在全国科学大会上，邓小平同志提出"我们培养、选拔人才，有广阔的源泉，有巨大的潜力。最近，高等学校招生制度改革之后，发现了一批勤奋努力的、有才华的优秀青少年"。他认为青少年是选拔和培养人才的潜力。在"文化大革命"期间，由于中小学教学基本陷入停顿状态，有些青少年染上了坏的习气，因此要从小学教育开始，狠抓青少年的风气问题，要把风气扭转过来，要求学校把青少年培养成拥有爱劳动、守纪律、求进步等好风气和好习惯的优秀青少年。

3. 提高教师水平

抓好基础教育，无论是风气问题，还是青少年的培养问题，教师都扮演着重要的角色，教师有责任和义务培养好学生，带动形成好的风气。小平同志认为"教师要成为学生的朋友，与学生的家庭联系，互相配合，共同做好教育学生的工作。要恢复对学生课外活动的指导，增长学生的知识和志气，推动学生的全面发展"，因此教师要不断提高自己的业务水平。

（三）教育制度改革

科学技术人才的培养，基础在教育，因此必须解决好教育体制改革问题。他认为教育体制改革要解决好学制问题、教材问题和高考招生问题。学制问题是要恢复中小学五年制；教材是关键问题，要符合我国实际情况并能反映出现代科学文化的先进水平；恢复高考是指恢复从高中毕业生中直接招考学生，不再实行群众推荐的模式。

邓小平关于教育制度改革的几点意见启发了我国基础教育和高等教育事业发展和改革的方向，在学制问题方面，此后我国实行了小学阶段的九年义务教育制度，初中三年教育和高中三年教育制度，形成了目前我国完整的基础教育体系。在教材问题上，根据我国实际发展情况的变化和世界科学文化发展的趋势，不断调整教材。高考自恢复之后，趋向稳定，成为选拔和培养人才的举国体制。

二、调动教育工作者的积极性

（一）调整认识，消除精神包袱

1. 恢复名誉，消除精神压力

"四人帮"诬蔑知识分子是"臭老九"，否定知识分子的身份地位，同时向广大人民群众鼓吹"知识反动"的歪理谬论，使人民群众对知识分子产生误解，广大科研和教育工作者名誉受到影响，思想混乱，精神压力很大。"文化大革命"之后的拨乱反正，首先就是要解决人们的认识问题，恢复知识分子名誉，消除高科技教育工作者的精神包袱。

小平同志指出，"科研工作、教育工作是脑力劳动，脑力劳动也是劳动"。"科学实验、自动化生产也是劳动，解决了这些问题才能提高教育工作者和科研工作者的积极性"和"尊重劳动、尊重人才"，这些观点恢复了知识分子的荣誉，消除了人民群众长期以来对科技教育工作者的误解，肯定了科技教育工作者的地位。

2. 适当引导，调整认识

"冰冻三尺，非一日之寒"，"文化大革命"对教育事业的巨大冲击和"四人帮"长期对知识分子的诬蔑，造成了大部分教育工作者的思想混乱，有些教育工作者甚至产生了错误的观点。如何纠正这些错误认识，使这部分人员认识到自己的错误，是提高教育工作者积极性的关键。小平同志提出"设立奖惩制度，重在鼓励，重点在奖"，"对于犯了错误的人，有的需要进行适当的惩处。但不要强调惩处，要强调帮助，满腔热情地帮助他们改正错误，帮助他们进步"。在当时特定的历史背景下，经过 10 年"文化大革命"的文化压制，广大教育工作者需要的是释放，要给教育工作者减压，而不是增压，通过柔性的、温和的手段逐步调整这部分人员的思想认识。"人无完人，金无足赤"，对于可能有缺点的人员，领导工作者要经常同他们谈心，不要求全责备，在思想上帮助他们进步。

（二）创造条件

要调动广大教育工作者的积极性，光是从精神层面疏导和减压还不够，必须创造一些必需的物质条件，为教育工作者提供良好的环境。将工作落到实处，帮助他们解决一些生活和工作中遇到的具体问题，如增加教育工作者的物质待遇等。

1. 按轻重缓急，逐步解决

当时国家百废待兴，各行各业的困难很多，国家财政资源有限，这么多困难不可能一时全部解决，如果解决不好，那么为教育工作者创造条件就成了一句空话，不仅不能提高教育工作者的积极性，反而会挫伤他们的积极性。针对这些情况，邓小平同志指出"对于这些困难，要分轻重缓急，逐步加以解决"。优先解决那些比较有成就的、国家急需的、有培养前途的人的困难。这部分人不局限于老人，那些有潜力的中青年人的困难也要优先解决。对于那些与爱人分居两地的业务骨干，要优先把他们的家搬来。对于其他相对次要的困难，可以适当向后放一放，待将来有了条件，再一一解决。

2. 增加教育经费

邓小平认为虽然当时国家财政有限，困难很多，但是教育经费应该增加，要在困难条件下尽力做好教育工作。原来条件比较好的，要充分利用现有的条件，尽快把工作搞上去；原来条件比较差的，要逐步改善。那些必须解决而且也能够解决的困难，要抓紧解决。在国家这么困难的情况下，他提议增加教育经费，再次体现了教育工作的重要性。随着中国经济的不断发展，以后历任政府都不断增加教育经费的投入，用于改善教育工作者的工作和生活条件，改善学校的设备等。1993 年，中共中央、国务院制定的《中国教育改革和发展纲要》中明确提出："逐步提高国家财政性教育经费支出占国民生产总值的比例，在本世纪末达到 4%。"

三、把教育放在优先发展的战略地位

邓小平说："一个十亿人口的大国，教育搞上去了，人才资源的巨大优势是任何国家比不了的。有了人才优势，再加上先进的社会主义制度，我们的目标就有把握达到。"发展科学技术，不抓教育不行，抓科技必须同时抓教育。百年大计，教育为本。教育是一项关系国家、民族前途命运的事业。邓小平同志关于教育和科技关系的论断成为日后国家制定教育和科技工作战略的基线。以江泽民为核心的党的第三代领导人和以胡锦涛为核心的党的第四代领导人都将教育放在优先发展的战略地位。

江泽民同志在中共十四大上提出："科技进步、经济繁荣和社会发展，从根本上说取决于提高劳动者的素质，培养大批人才。我们必须把教育摆在优先发展的战略地位，努力提高全民族的思想道德和科学文化水平，这是实现我国现代化的根本大计。"

2007 年，温家宝总理在十届全国人大五次会议上再次强调"坚持把教育放在优先发展的战略地位"。他说教育是国家发展的基石，教育公平是重要的社会公平。要坚持把教育放在优先发展的战略地位，加快各级各类教育发展。优先发展教育的总体布局是，普及和巩固义务教育，加快发展职业教育，着力提高高等教育质量。

第 4 节　保证科研人员至少有六分之五的时间搞科研

一、"文化大革命"对科研事业的影响

（一）蒙蔽科研人员思想

在"文化大革命"期间，"四人帮"肆意诬蔑知识分子，并给知识分子冠以"臭老九"的称号，鼓吹"知识越多越反动"、"科技系统知识分子中的特务像香蕉一样一串一串的"等歪理谬论。王洪文曾说："科技界有六多——知识分子多，统战对象多，进口货多，特务多，集团案件多，现行反革命多。"姚文元诬蔑搞自然科学的知识分子都是苏修叛徒集团分子，知识分子懂的都是资产阶级那一套假学问。张春桥声称，知识分子从小到大所学的知识"统统忘了还好些"，"全国都成了文盲也是一个胜利"。1971 年 8 月 13 日，《全国教育工作会议纲要》宣称，在 1966 年"文化大革命"开始以前的 17 年里，教育战线是资产阶级专了无产阶级的政，是"黑线专政"，大多数知识分子的世界观基本上是资产阶级的，是资产阶级知识分子，这就是所谓的"两个估计"。这些错误的思想给广大科研人员带来极大的思想压力，并在人民群众间造成了极大的思想混乱，人们对科研人员的错误认识迫使科研人员停止科研工作或者转行。

（二）抢占科研人员工作时间

"文化大革命"期间，"四人帮"把政治与业务、"红"与"专"对立起来，大搞形式主义，对科技和教育事业造成严重的干扰和破坏，科研队伍被解散，科研机构被关闭，广大科研人员时间被肆意侵占，没有时间或者只能利用业务时间搞科研。在当时的科研院所和学校存在政治活动占的时间多，正常科研和教学的时间少；科研人员参加劳动多，从事科学实验少的现象。2001 年度国家最高科学技术奖获得者黄昆院士，在"文化大革命"时期，是中科院学部委员和著名的半导体专家，被迫改行去车间搞生产，平时要参加车间的劳动，只能坚持业余时间搞科研，完全脱离了研究。这么一位专家学者也不能避免改行，更不用说广大的普通科研工作者了。

二、解放思想，肃清"文化大革命"流毒

"文化大革命"虽然结束了，但是任意占用科研人员业务时间的现象仍然

经常发生。广大科研人员的思想还未从"四人帮"的桎梏中解脱出来。肃清"四人帮"流毒对广大科研人员的影响，解放广大科研工作者的思想，澄清有关科研问题的认识变得紧迫起来。

（一）全面清算"两个估计"

"两个估计"全面否定了知识分子的身份，将科技和教育工作者诬蔑为"黑线专政"。1977年8月5日，在全国科学和教育工作座谈会上，邓小平同志指出"应当肯定，十七年中，绝大多数知识分子，不管是科学工作者还是教育工作者，在毛泽东思想的光辉照耀下，在党的正确领导下，辛勤劳动，努力工作，取得了很大成绩"。这一论断明确肯定了新中国成立后17年广大科技教育工作者的努力成果和地位，解除了长期以来广大科研工作者的困惑。会后，加大了对"两个估计"的全面清算，加速了冤假错案的平反。

（二）帮助科研人员澄清认识

"文化大革命"10年对科研人员思想造成了极大的混乱，"文化大革命"结束后，邓小平同志主张采取"奖惩结合，重在奖励"的办法，因势利导，逐渐使科研工作者认识到了问题实质，他在全国科学和教育工作座谈会上提出"对科技人员的工作，要有奖惩办法，但要以奖励为主，要用谈心的方法在政治思想上进行帮助，对在'文化大革命'中违心地讲了错话的科技人员要注意加以保护"。

（三）提出保证科研工作时间的要求

在解放思想的基础上，针对科研工作者无法保证科研时间的问题，邓小平同志在全国科学和教育工作座谈会上首次提出"必须保证科技人员一周至少有六分之五的时间用于业务工作"。1978年3月18日在全国科学大会开幕式上，他再次提出"科学技术人员应当把最大的精力放到科学技术工作上去。我们说至少必须保证六分之五的时间搞业务，也就是说这是最低的限度，能有更多的时间更好，如果为了科学上和生产上的需要，有人连续奋战七天七晚，那正是他们热爱社会主义事业的忘我精神的崇高表现，我们对于他们只能够学习、表扬和鼓励。无数的事实说明，只有把全副身心投入进去，专心致志，精益求精，不畏劳苦，百折不回，才有可能攀登科学高峰"。

三、做好后勤部长

在全国科学大会上，邓小平提出"做好后勤部长"的要求，并自告奋勇

"我愿意当大家的后勤部长"，诚恳地嘱咐在科研部门做党务工作的领导同志，除了要把科学研究工作搞上去，还必须做好后勤保障工作，为科学技术人员创造必要的工作条件。"后勤工作"是保证科研人员实事求是地贯彻六分之五时间搞科研的有力措施。在"四人帮"时期，科研工作责权不分，十分混乱，有些看似很容易解决的问题，却无人过问，有些事情不是科研人员管辖的范围，却要科研人员具体办理。例如，一些科研人员到处跑器材，这样既耽误了事情，又浪费了时间，对单位、对个人都是一种极大的损失。对于科研部门日常事物性工作，应该由专门的人员负责，避免科研人员参与；对于一些政治学习活动，应该精简，从而保证科研人员专心致志搞科研。"后勤部长"的角色就是定位于为科研和教育工作服务，为广大的科研工作者和教育工作者创造有利的条件，使得他们能专心从事科研、教育工作。后勤工作包括购置和供应器材、试验设备，建设中间工厂，提供资料，搞好图书馆，也包括办好食堂、托儿所等。它要求搞后勤的工作人员一定要有耐心、细心和爱心，能勤勤恳恳、默默无闻地热心为大家服务。邓小平同志认为，"搞后勤的要学会管家，学会少花钱多办事。这些人要甘当无名英雄，勤勤恳恳，热心为大家服务。后勤工作也是一门学问，也需要学习，也能出人才，不钻进去是搞不好的"。

"后勤部长"想法的提出保证了科研人员能全身心地投入科研工作，国内科研机构开始按照小平同志讲话精神，逐渐将科研人员从繁重的事务性工作中剥离，同时也启发和促使科研机构加快机构改革步伐。在此基础上，邓小平同志在全国科学大会上又提出了党委领导下的所长负责制，此后一段时间内，全国各地的科研部门开始了机构改革尝试。

四、科研机构认真落实"六分之五"

当时，国内一些科研机构开始自觉学习小平同志讲话精神，切实实行措施保证科研业务时间。例如 1977 年 12 月 15 日中国科学院发出通知，要求全院各所、各级机关、后勤部门，要像物理所那样，采取有力措施，促进科研大干快上。保证业务工作的"六分之五"不单是个时间问题，更是一个涉及科学技术现代化速度的大问题。各级领导必须充分认识保证"六分之五"时间的重要性，认真调查本单位贯彻执行情况，总结经验，提出改进办法，使科学研究和其他各项工作的正常秩序逐步建立起来。机关工作要为科学研究服务，要不断改进技术后勤和生活福利设施；要改进工作作风，面向基层；要精简会议；如果发生干扰

"六分之五"时间的现象，各单位要进行抵制，提出批评。中科院物理所规定：科研技术人员（包括刊物编辑人员）每周从事业务工作的时间不得少于五个工作日。

杭州制氧机研究所采取切实措施，保证科研人员业务工作时间：一是改变领导作风，领导走出办公室，深入科研班组，了解情况，改变过去办公室听汇报，大事小事开会，占用科研人员时间较多的情况；二是政治学习讲究实效，不占用业务时间搞政治活动；三是减轻科研人员的行政工作负担，使他们能集中时间和精力进行科研活动；四是合理安排科研人员劳动，劳逸结合，结合科学实验，参加与科研项目相关的劳动。

这一阶段国内的科研机构在学习和落实"六分之五"理论的做法大致可以归纳为以下两点。

（一）统一思想认识

首先，认识到"六分之五"理论面向对象的特定性和广泛性。特定性指的是"六分之五"理论面向的是从事业务的人员，将业务人员从事务性工作中剥离出来，从而保证业务人员的工作时间。广泛性是指"六分之五"理论不仅面向科研工作人员，也面向广大的教育工作者，也可以面向其他行业的专业人员。其次，认识到"六分之五"是个时间问题，它的目的就是保证专业人员的业务时间。最后，认识到"六分之五"不单纯是个时间问题，还是个政治问题，通过学习该理论，深刻批判"两个估计"，"政治可以代替一切"等谬论，提高了认识，统一了思想，清除了"四人帮"的流毒。

（二）采取积极措施

在统一思想认识的基础上，积极采取措施，落实"六分之五"计划。基本都采用精简会议、合理分工、减少科研工作者劳动时间和搞好后勤工作这几项措施。精简会议是指减少政治活动时间，取消一些没有必要的会议。合理分工指对于机构的不同工作安排专人负责，避免"眉毛胡子一把抓"的局面。减少科研工作者的劳动时间，就是减少科研人员从事生产劳动或者行政工作的时间，保证他们一心一意搞科研。搞好后勤工作指科研机构内的仪器购置、图书资料购买等事务性工作安排合适的人负责，减少科研人员的参与时间。

第 16 章　伟大的创举，体制的实验
——中国南海边的一个圈

第 1 节　经济特区成立的机遇与背景

一、春雷作响——对外开放政策的实行

党的十一届三中全会以后，党中央通过了邓小平同志倡导的"打破闭关自守，实行对外开放"的政策，这个伟大的决策，是关乎中国经济发展的一项重大决策。党的十一届三中全会之前，"四人帮"横行时期，邓小平同志就明确地表示过对他们奉行的闭关锁国政策不赞同，同时提出了对外开放的"大政策"，但未被接受。1978 年，邓小平重新出来主持工作后不久，再一次明确指出："任何一个民族、一个国家，都需要学习别的民族、别的国家的长处，学习人家的先进科学技术。不仅因为今天科学技术落后，需要努力向外国学习，即使科学技术赶上了世界先进水平，也还要学习人家的长处。"向国外学习不是一时兴起，而是一个长期的方针。国外许多发达国家的经济和科技的发展都远远超过我国，向国外学习，加强国与国之间的交流，引进国外先进技术，可以使我国迅速跨越几十年，由大国向强国进步。

封闭只会导致落后，党和国家领导人越来越意识到这个问题。"文化大革命"结束后，中共中央及时地对外交方针政策进行了调整，将闭关锁国政策变为对外开放政策，进行全方位外交。对外开放，中国领导人纷纷走出国门与世界接触，总结和学习国外的见闻及管理方式。到 1978 年年底，中国已与世界上 116 个国家建立了外交关系，为我国实行对外开放政策创造了一个有利的国际环境。

我国实行的对外开放是相对于之前的"闭关锁国"而言的，对外开放确切地说，就是打开国门，全面恢复和发展我国对外经济联系。它包括三个方面的具体内容：引进外资，即大力引进国外金融资本和产业资本；引进外国技术，即引进国外先进科学技术和管理经验，并力争进行吸收再创新，创造出新中国的科学技术新起点；发展对外贸易事业，对外贸易不仅指我国的产品进出口，还包括我国劳务以及技术的进出口（李罗力，1984）。

我国实行对外开放政策，是在总结现代科学技术发展的规律和国内外经济建设经验的基础上制定的，是有其客观依据的（松花，1985）。

（一）对外开放是社会化大生产和现代科学技术发展的客观要求

生产社会化带来了需求的社会化，社会交换需求也因此日益增多，随着社会化大生产的发展，交换范围由国内向国外扩大。国内的交换已满足不了增长的需求，因此交换向国际化的趋势发展，形成世界贸易市场。众所周知，当科学技术比较落后、社会生产力还不很发达的时候，人类的生产和交换活动受到许多自然条件的限制，只能在一个很狭小的范围内进行。18 世纪 60 年代，经过第一次工业革命之后，人类进入蒸汽时代，发明了蒸汽动力轮船和火车；19 世纪 70 年代的第二次工业革命，人类进入电力的广泛应用时代。这两次工业革命的发生，打破了各个民族的闭关自守和与世隔绝的状态，人类的生产和交换活动不再局限于一个国家，而是扩展到了世界的各个角落，整个地球变成了一个大的广阔的地域范围。正如马克思、恩格斯在《共产党宣言》中所说：过去那种地方的和民族的自给自足和闭关自守状态已经不复存在了，转而被各种民族之间各方面的交往及交换所取代，各民族之间不再是独立的，而是在各方面互相依存。第二次世界大战之后，国际经济关系发生了翻天覆地的变化，世界的经济发展速度空前。不仅商品贸易的发展迅速，科学技术转让导致国与国之间的联系也胜过从前，资金转移又加大了各国之间的经济联系。至此，国与国之间的经济联系规模得到了空前的发展。

（二）实行对外开放是经济和技术上落后的国家加速实现现代化的普遍经验

科学技术是人类共同创造的财富，是人类进步的阶梯，是人类文明的结晶。任何一项伟大的发明创造，都是在别人已有的成果基础上取得的，只有站在巨人的肩上才能看得更远。一国引进消化另一国的先进技术，不仅可以节省时间、人力、物力和财力，同时还可以站在现有的科技成果上快速提升科技水平，赶超世界先进水平，让世界的整个科技水平再上一个台阶。在历史上，一些经济落后的国家之所以能够在较短的时期内赶上和超过某些先进的国家，主要是因为他们能够通过对外开放，很好地利用国外的先进技术，将这些先进技术引进之后，应用于生产过程中，通过与本国的实际情况相结合，再在此基础上进行创新，创造适合本国发展的新技术。

二、草木知春——经济特区的成立

创办经济特区，对于社会主义的中国而言是一件以往没有的新生事物，它可以作为"中国特色道路"的一个标志，也是我国改革开放的一个重要标志。经济特区成立的始末如图 16 – 1 所示。

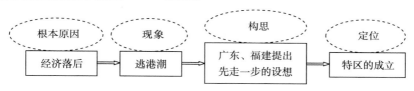

图 16 – 1　特区成立始末

（一）背景故事——宝山逃港潮事件

张伟基，是深圳市南岭村前村长。1977 年 11 月的一天，他去镇上卖掉了已经养不起的母猪。从镇上回来之后，他发现走时还熙熙攘攘的村子突然空了。他问孩子："妈妈呢？""跟着村里的人逃港了！"张伟基开着手扶拖拉机，"突突"地赶到深圳河边的国防公路上，站在拖拉机上向着黑压压的逃港人群扯开嗓门喊："南岭村的跟我回去！"但奔向界河那边的人群没有一个人回头，包括张伟基的妻子。

当时，复出不久的邓小平正在广东视察。陆续解密的文件显示，中央以及广东方面最初设立经济特区的念头，和当时宝山一带的集体逃港潮有关。宝山档案馆数据显示，从深圳解放到 20 世纪 70 年代末，参加外逃的有 119 274人次。

和香港仅有一河之隔的深圳渔民村老村长邓志标告诉记者，当时每到传统节日，偷渡到香港的深圳人不敢回来，家里人又拿不到证件赴港，于是双方约定日子，在沙头角桥两头隔着关口见面、喊叫。见得着，听得着，但无法接触，这就是当年沙头角著名的一景"界河会"。

在听取广东领导汇报逃港问题时，沉默了好久的邓小平突然插话说："这是我们的政策有问题。此事不是部队能管得了的。"这两句话让广东的同志百思不得其解：说政策有问题，难道不准外逃的政策有变？说部队管不了，那谁又管得了？邓小平当时并没有就政策具体什么地方"有问题"展开论述，10天后，他回到中南海。

两个月后的1978年1月，时任广东省省委书记的吴南生到深圳实地调查，发现深圳有个罗芳村，河对岸的新界也有个罗芳村。不过，深圳罗芳村的人均年收入是134元，而新界罗芳村是13 000元；更耐人寻味的是，新界原本没有什么罗芳村，居住在那里的人全都是从深圳的罗芳村逃过去的。

吴南生后来接受采访时说，眼前的事实使他恍然大悟，他这时才明白了邓小平的两句话：经济收入对比如此之悬殊，难怪人心向外了。

（二）根本原因——闭关锁国导致经济落后

宝山逃港潮的产生与我国的政策是分不开的。1977年，刚刚结束了"文化大革命"十年浩劫的中国百废待兴，经济处于"崩溃边缘"。由于"左"的路线和闭关锁国政策，我国与外国的一切往来都被封锁，使我国的经济建设和科技发展孤立于世界各国之外。外国的许多高科技都未被用于中国的科技发展，导致经济和科学技术等都处于较落后的状态，人们的收入水平低，生活质量差，必然出现人心的背离。

1977年7月23日，邓小平与有关部门负责同志谈话时指出，我们国家60年代和国际上差距还比较小，70年代就比较大了。邓小平还多次表示："我们太穷了、太落后了，老实说，对不起人民。"要学习外国的先进技术，只有学到手了才能站在较高的层次上发展我国的经济，才能赶超世界先进水平。首先要做的是引进来，然后再走出去。这就需要打开国门，对外开放。

（三）想法的提出——广东、福建要求先走一步

1978年4月5日至28日，中共中央在北京召开专门讨论经济建设问题的工作会议，参加会议的有中央党政军机关主要负责人和各省、直辖市、自治区第一书记和主管经济工作的书记，共计190人。广东省省委第一书记、省革委会主任习仲勋，广东省省委书记、省革委会副主任王全国参加了会议。会上习仲勋提出："广东邻近港澳，华侨众多，应充分利用这个有利条件，积极开展对外经济技术交流，这方面，希望中央给点权，让广东先走一步，放手干。"

广东、福建省委向中央要求中央对两省实行特殊政策，以吸引外资、扩大出口。这一想法引起了中央的重视。

（四）措施的落实——成立特区

1978 年 4 月 17 日，中共中央政治局召集中央工作会议各组召集人汇报会议，华国锋、邓小平等中央领导人出席了会议，听取了习仲勋等同志的汇报。邓小平听到习仲勋要求广东先走一步的想法后，高兴地说："就叫特区嘛。过去陕甘宁边区就是特区！"邓小平还说："中央没有钱，可以给些政策，你们自己去搞。""杀出一条血路来！"1978 年 12 月 18 日，党的十一届三中全会召开，把中国推向了改革开放的新时代。

（五）功能的定位——成立"经济特区"

1979 年 7 月 15 日，中共中央、国务院发出文件，明确指出，"出口特区"先在深圳、珠海两地进行试验，待取得成功的经验后，再考虑在汕头、厦门两地设置。1979 年 9 月 22 日，谷牧副总理在广州指出：深圳和珠海这两个城市的规划要抓紧搞……现在是一张白纸，好好画画。1980 年，第五届全国人大常委会批准深圳、珠海、汕头和厦门设立经济特区。1980 年 5 月，中共中央和国务院决定将深圳、珠海、汕头和厦门这四个"出口特区"改称为"经济特区"。因为在这些特区内，不仅要办工厂企业，还要搞楼宇住宅和其他经济事业，叫经济特区比叫出口特区更妥当一些。1980 年 10 月，国务院批准在湖里 2.5 平方千米范围内设立厦门经济特区，湖里成为厦门经济特区的发祥地。1981 年 10 月 15 日，随着破土动工的一声炮响，厦门经济特区在湖里拉开了序幕（钟坚，2010）。

经济特区，按照概念，是指在国内划定一定范围，在对外经济活动中采取较国内其他地区更加开放和灵活的特殊政策的特定地区；按其实质，是世界自由港区的主要形式之一。在经济特区内部，政府允许国外的企业或个人以及华侨、港澳同胞进行投资活动，并对区域内的企业实行特殊政策。特区采取的主要措施是减免关税、创造良好的投资环境。通过这些措施鼓励外商进行投资，不仅仅是资金的投资，而且还向特区引进先进技术和科学管理方法，促进特区所在国的经济技术发展（穆中魂，1985）。

第2节 经济特区的科技体制试验

一、特殊优势——经济特区成为科技体制试验田

（一）集中型科技体制弊端日显

20世纪80年代，从全球角度来看，新的科学技术革命正在兴起，高新技术竞争越来越激烈，许多科学研究都有突破性的进展。同时，我国的改革开放浪潮刚刚兴起，各地区都在加快改革开放的速度，许多新的政策和措施不断出台，尤其是经济特区，作为我国改革开放的窗口更要有生命力。为了增强其经济实力，必须依靠雄厚的科学技术力量。

在改革开放之前，我国的科技体制是按照"苏联科技体制模式"建立的，也是集中型科技体制，跟经济体制一样，实行中央计划管理，实施赶超发展战略，其战略目标是在较短时间内赶上和超过世界先进水平，进入世界科技大国的行列。这一科技体制在新中国成立初期取得了一定的研究成果，且建立了比较完整的科技组织体系和基础设施，培养了大批优秀人才，解决了一系列重大科技问题，使我国的科学技术从整体上大大缩短了与世界先进水平的差距。

由于"文化大革命"对集中型科技体制的严重破坏，我国在国民经济建设中遇到的许多建设性的科学技术问题一直处于停滞状态，新兴科学技术没有得到充分的发展和应用，相关的理论研究停滞不前，科技人员队伍也跟不上科技发展的要求，科研装备和实验手段都比较落后，从总体上看，中国科技事业面临着严峻的考验。

随着党的十一届三中全会改革开放路线的确立和贯彻，集中型科技体制深层结构中的弊端不断显现：①科技工作与经济建设相脱节，科学技术没有转化为生产力；②工业研发力量薄弱；③集中型体制没有知识产权的概念，缺乏科技成果有偿转让的机制，导致科技成果很难在其应用领域进行推广；④科研院所属于国家的直属机构，国家直接干预得较多，存在着"大锅饭"的现象，科研机构缺乏活力；⑤科技与教育脱节；⑥条块分割，缺乏协调。

图16-2揭示了经济特区科技体制改革的背景。

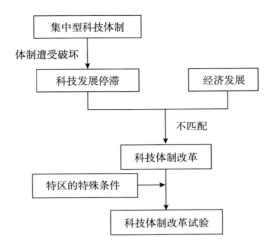

图 16 - 2　科技体制改革试验的背景

　　集中型科技体制的诸多弊端严重阻碍着我国科技、经济与社会的进一步发展，因此，现有的科技体制改革成了中国科技发展的一种迫切需要。

（二）特殊优势决定经济特区成为科技体制试验田

　　党的十一届三中全会以后，我国的发展战略逐步转变为有较强经济指向的结构赶超型战略，中央提出了"经济建设要依靠科学技术，科学技术要面向经济建设"的科技发展方针，社会与经济发展对科学技术提出了多层次、多元化的需求，而我国的集中型科技体制由于其自身的封闭性与计划性已经远远不能适应这种新的科技与社会经济发展的需要。科技体制改革势在必行，但是什么样的科技体制适合社会主义的中国还有待探讨。过早地进行盲目的、大范围的改革存在极大的风险，所以我国决定先以小范围的试验作为突破口，寻找适合社会主义中国的科技体制。经济特区作为一个特殊的区域，不仅是经济方面的试验田，在科技方面也具有试验性质。迎合了这种需求，经济特区凭借其具有的特殊优势，为科技体制试验提供了良好的空间条件。

　　以最具代表性的深圳为例，深圳具有六大特殊优势。

　　（1）深圳毗邻香港，是中国改革开放的"窗口"，是连接中国与世界的主要通道，可以快捷地、迅速地获得最新国际科技信息，了解最新的科技研发成果。

　　（2）深圳是我国最早进行市场经济体制探索的城市，市场经济比其他城市成熟和完备，较早地与国际水平接轨。

（3）深圳法制比较健全，市场经济的秩序比较完善。政府依法行政、廉洁高效地为区域内的企业服务，为其创造良好的高科技投资发展环境。

（4）深圳进行城市规划时，其设计起点就较高，且很重视绿化、美化，是一个适合人们居住的城市。

（5）深圳90%以上的人口都是近10年来从全国各地移民来的外来人口，基本都是优秀的年轻人才。高素质的年轻人才聚集在一个城市，使这个城市充满了生机和活力。

（6）深圳高度重视知识产权保护工作，并已经取得了明显成效。深圳知识产权保护方面的工作很出色，是中国市场秩序和保护知识产权工作做得最好的地区之一。

这些独特的优势促使经济特区成为我国科技体制试验的绝佳选择。因此，在改革开放政策指引下，经济特区利用我国由计划经济向社会主义市场经济转轨的机会，以及中央赋予特区先行先试的政策，大胆进行体制与机制上的创新。

1985年6月，邓小平指出："深圳经济特区是个试验，路子走得是否对，还要看一看。它是社会主义的新生事物。搞成功是我们的愿望，不成功是一个经验嘛。""这是个很大的试验，是书本上没有的。"经济特区扮演着试验的角色，探讨适合社会主义中国发展的科技体制模式。深圳变成一所大型试验地，检测哪些西方技术最适合中国。经济特区内，计划经济开始向市场经济过渡，国家统得过死的问题正在慢慢放松，集中型科技体制与经济体制一样，开始探索市场协调机制，新的科技体制应该是有利于经济发展的体制。

二、功能凸显——经济特区成为中华民族复兴的时代大门

中国特色社会主义道路的每一个发展阶段，经济特区都起着率先开辟、创出新的发展路径的重大作用。改革开放之初，经济特区利用劳动力和土地成本方面的比较优势，成功抓住国际产业转移的机遇，大力发展加工贸易企业，开始了跨越式工业化进程，创造了经济建设的"特区速度"。经济特区在自主创新上的巨大成就，展现了中国发展模式的新形象，为探索科学发展新路发挥了示范作用。经济特区率先摒弃片面追求速度的增长方式，把增强自主创新能力作为调整产业结构、转变经济发展方式的中心环节，大力推动"中国制造"向"中国创造"转变。

经济特区在中国经济和科技发展史上的作用不可小觑（图16-3）。

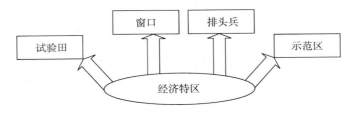

图 16－3　经济特区的功能

三、实验功能——经济特区是体制改革的"试验田"

深圳经济特区从诞生之日起，始终牢记中央创办特区的战略意图，敢闯敢试，敢为人先，努力为社会主义市场经济体制的改革创新"杀出一条血路"。深圳把社会主义基本经济制度与发展市场经济很好地结合起来，把公有制为主体与发展多种所有制经济很好地结合起来，把按劳分配为主体与按生产要素分配很好地结合起来，把推动经济基础变革同推动上层建筑改革结合起来，从单项改革突破到配套改革推进，从经济领域改革到其他领域改革，在全国率先建立起比较完善的社会主义市场经济体制和运行机制。例如，率先改革基建体制，实行招标投标和施工承包制度；率先改革劳动用工制度和工资制度，推行合同工制度和浮动工资制度；率先推行计划管理体制和物价改革，减少指令性计划和实物指标，放开价格；率先改革干部调配制度，通过招聘等方式选拔人才；率先推行企业产权和国有土地使用权有偿转让，加快生产要素商品化和市场化步伐；率先进行住房制度改革、失业和养老保险以及医疗保险的改革，建立比较完善的社会保障制度；率先进行国有企业股份制改革，不断完善现代企业制度等。深圳在市场经济体制改革方面的大胆探索和成功实践，极大地解放和发展了社会生产力，创造了令世人瞩目的"深圳速度"。

四、"窗口"作用——经济特区是对外开放的"窗口"

深圳经济特区始终坚持扩大对外开放和外向型经济发展战略，发挥毗邻港澳的区位优势，积极利用国内国际两个市场、两种资源，率先通过中外合资、中外合作、外商独资等形式，积极吸收和利用外商投资，引进先进的技术和管理经验，扩大出口，开展国际交流与合作，逐步建立起适应外向型经济发展的经济运行机制，为确立我国对外开放的格局和实施沿海地区发展外向型经济的战略，进行了有益的探索，成为我国对外开放、走向世界的重要窗口。深圳企业积极参与全球经济，积极实施"走出去"战略，涌现出一批走向国际的知名跨国企业。1984 年，邓小平在深圳、珠海、厦门经济特区视察后，指出"特区是个窗口，是技术的窗口，管理的窗口，知识的窗口，也是对外政策的窗口"❶。

五、试点城市——经济特区是自主创新中的"排头兵"

创新是经济特区发展的生命线和灵魂。深圳经济特区在积极推进经济体制等各方面改革创新的同时，积极推进科技自主创新，努力探索科技与经济紧密结合的新路子，抢占高新技术及其产业化的制高点，形成了新的经济、产业、技术优势，率先建立了以市场为导向、以产业化为目的、以企业为主体、官产学研资介紧密结合的比较完整的区域创新体系。通过坚持不懈地推进自主创新，深圳从过去一个以贸易、房地产和"三来一补"加工业为主导的城市发展成现在一个国内高新技术产品产值最高、出口最多的城市，成为我国重要的高新技术研究开发基地、成果转化基地、产品出口加工基地和成果交易中心。深圳以其在高新技术产业发展和自主创新实践中的良好业绩，成为国家自主创新的首个试点城市。深圳勇当国家实施自主创新战略的"排头兵"，在加快结构调整和产业优化升级、实现经济增长方式根本转变方面为全国创造了新鲜经验。

六、引领示范——经济特区是社会主义现代化建设中的"示范区"

深圳经济特区建立以来，大力推进社会主义现代化建设，迅速建成一座经济繁荣、环境优美、功能完善、法制健全的现代化大都市，创造了世界工业化、城市化和现代化史上罕见的奇迹，对全国的社会主义现代化建设起到了重要的引领示范作用。同时，深圳坚持服务全国发展大局，发挥资金、技术、人才、信息、管理等方面的优势，大力开展与周边地区和其他省、直辖市的区域经济合作，促进区域资源整合和优势互补，辐射和带动了其他地区的经济发展；认真落实"两个大局"的战略思想，为促进区域协调发展、实现共同富裕作出了重要贡献，为全国的社会主义现代化建设起到了重要的辐射带动作用。

---

❶ 邓小平. 邓小平文选（第 3 卷）[M]. 北京：人民出版社，1993.

第 3 节　经济特区的科技发展与
特区企业的科技进步

深圳在创立经济特区之前只是一个小渔村，根本没有高科技。当时科技人员只有 300 多人，其中只有两人具有中级职称，只有 3 个简陋的为农业生产服务的科研所。深圳从一开始成为经济特区时，就希望能够引进现代的科学技术、依赖外资进行经济和科技的发展。随着经济特区对外开放政策文件的下发，国外很多看好中国市场的企业纷纷在深圳建厂，并利用中国的廉价劳动力来降低产品成本，同时将其在国外使用的科学技术引入中国的加工厂，带动经济特区的科技进步。创办特区之后，深圳市委和市政府充分利用国内外以及深圳的有利条件，高起点高标准地发展现代高科技。

一、政策吸引——经济特区的优惠政策

我国办经济特区，除繁荣特区的经济和解决劳动就业，以及赚取外汇外，更重要的是通过特区这个"窗口"加大与国际间的交流，引进先进的科学技术和管理方法、资金、信息和人才，从而促进我国社会主义现代化建设的发展。

经济特区主要通过一些特殊政策来吸引外资，带动我国的科技发展，以逐步实现独立自主、自力更生。经济特区与一般的国内海关管制、外汇管制等管理方式不同，它的一个重要特点就是比内地更开放，同时国家的政策也更加特殊，对特区企业实行特殊的优惠政策，包括：对进出口货物豁免关税；减免企业所得税及产品流转税，加速折旧（一般为 5 ~ 10 年）；允许外商将资本、利润自由汇入、汇出；积极提供信贷支持；建立精干高效的管理体制机构，为开展各种业务活动提供一揽子服务；提供完备的基础设施，且收费低廉；提供低廉、充足的劳动力。

基于经济特区的特殊政策的吸引，许多外企入驻特区，与我国企业合资办厂，同时将国外先进科技引进特区，使特区的科学技术迅速发展。

二、改革尝试——经济特区的科技发展

1978 年召开的全国科学大会中，邓小平同志解放了人们的思想枷锁，提

出了一系列科技发展战略。经济特区不仅在地理位置上有利于科技发展，在国家政策上也有利于科技发展。

十一届三中全会以来，我国倡导将全部精力转移到经济建设上来，邓小平提出的四个"现代化"的目标，其中的关键是科学技术现代化。邓小平反复强调"不能关起门来搞建设"。1978年，他说，"现在世界上的先进技术、先进成果我们为什么不利用呢？我们要把世界上一切先进技术、先进成果作为我们发展的起点，我们要有这个雄心壮志"。1983年，他进一步强调："我们要向资本主义发达国家学习先进的科学、技术、经营管理方法以及其他一切对我们有益的知识和文化。"

为了遵循当代经济和科技发展规律，深圳市政府制定了一整套科技体制改革、科技发展的战略和政策，把发展科技摆在了首位。在强调引进、消化、吸引现代高新技术的同时，更注重在此基础上进行创新。在这一方针的指引下，到1985年初步建立起以企业为主体、以市场为导向、以全国高等院校和科研院所为依托的技术开发体系。

科技体制改革给深圳特区的科技发展带来了便利，深圳结合自身的优势和入驻外企的先进科学技术，不断发展着特区的科技，开发新产品、新工艺，促进特区的科技进步和加大现代化建设的进程。科技发展带动了特区企业的科技进步。改革开放初期，经济特区中以深圳特区的发展较为显著，走在改革的前沿，具有很强的代表性。

深圳特区成立的前五年，深圳从特区性质、任务出发，建立了一套全新的科技管理体制，进行了改革探索，开始了不少新的尝试，变化喜人，经济实现了高速发展。

深圳没有科委，而是科技发展中心。中心下设处（室）和直属研究所、科学馆，它有自办企业"科学技术开发公司"（图16-4）。1980～1982年年底，外商主要投资兴办房地产、旅游业；客商多来自香港，且资金多投向数额少、风险小、见效快、盈利多的项目。深圳逐渐建立以市场为导向、以企业为主体、以全国高等院校和科研院所为依托的技术开发体系，从而建构起科研与经济相结合的新体制，顺利实现了科技与市场的对接，大大提高了高科技产品的成功率与市场占有率。到1984年，它又以内联方式与内地有关单位联合举办了18个科技内联企业。

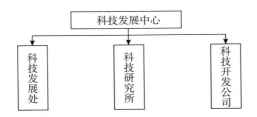

图 16 - 4　深圳科技发展中心结构图

市科协是一个团体性质的单位，由各种学术性人才集聚组成。1984 年深圳有各类学会 45 个，会员 5 500 多人。它与科技发展中心密切配合，共同开展国内外的各种科技交流活动，促使特区向国际化进军，成为国际科技交流的活动场所和技术商品市场。

深圳市有 11 个直属专业研究机构，如建筑科学研究中心、农业科学研究中心、新技术研究所、电子研究所等。在这些研究机构中，科技人员占总人数的 60%。1982 ~ 1984 年，深圳在科研基础设施和设备上的投资累计超过 1 000 万元。此外，深圳大学和特区企业也开始合作建立一些研究机构和产品开发部门。

从经济特区成立到 1984 年，全市完成各类科研项目约 50 个，其中较重要的科研成果有单色和双色两种"纸箱滚筒印刷机"，"三并蚝油"，"SDH - A 型汉字卡"，"汽车故障自动检测线"，"双歧杆菌酸牛奶"等。科研项目中有 9 项投产销售，有些甚至进入国际市场。市政府邀请国内一批专家、学者编制《深圳市电子计算机推广应用规划》，以及由中国科学院 30 多位专家拟定的《深圳科技工业园规划》（黄建树，1986）。

三、发展进步——特区企业的科技与创新

（一）深圳科技工业园的创立推动了特区企业的发展

1985 年 7 月，深圳科技工业园在中国科学院与深圳市的大力支持下创办，成为我国第一个高新技术产业开发区，得到中国科学院 120 多个研究所和其他单位的支持。深圳科技工业园是一个以引进国内外先进技术、资金，进而开拓特区的新技术产业，研发和生产高技术产品为目标，并以电子信息、新型材料、生物工程、光电子、精密机械等领域为重点的生产、科研和教育相结合的综合基地。深圳先后制定和实施了 50 多个有关鼓励自主创新的规范性文件，

成为深圳科技产业由"制造"走向"创造"的重要推手，使深圳创造出了许多令人骄傲的全球第一：赛百诺公司的"今又生"是世界上第一个批准上市的肿瘤基因治疗产品；华为的下一代互联网（NGN）软交换机出货量全球第一；大族激光公司的激光打标机全球销量第一，等等。

除此之外，深圳市还有许多成功的典范，如深圳市光明华侨畜牧场、深圳市罐头食品公司、蛇口环球电机公司、深圳华美电镀技术有限公司等。

（二）深圳特区成功企业的特点

1. 致力于提高具有市场竞争力的应用技术

国际市场竞争激烈，产品质量优胜劣汰，因此对产品技术含量要求很高。为了提高产品质量，适应国际市场需求，深圳一些企业利用特区的特殊政策，积极引进国外的先进技术和设备，结合各国不同的优势，进行综合利用，以使本企业的产品在国际市场上具有相当强的竞争力。

2. 尊重知识、尊重人才，充分发挥科技人员作用

深圳几项综合创新项目的完成，与重用、信任科技人员是分不开的。人才是科技发展的动力，人才在科技发展中的作用不可小觑。同时，重视与内地科研、高教、企业建立固定联系也是能够取得成绩的原因之一。

3. 重视引进技术的开发和创新

引进技术的目的不仅为了使用，更要重视开发和创新，这其中存在一个量变到质变的过程，只有对引进技术进行充分消化吸收，才能顺利完成量变到质变的飞跃。不仅要重视引进先进设备，加快企业技术改造，还要重视做好转移工作，把重点放在缩短技术差距上，坚持技、工、贸相结合，瞄准国外高科技产品，严格按国际质量标准，敢于创新，努力开发新产品，并将产品打入国际市场，增收创汇。

第4节　对外开放、引进技术及引进技术的消化吸收

随着党中央制定的对外开放方针的贯彻执行，我国技术引进工作取得了很大进展。引进项目的直接投产，加速了产品的更新换代，降低了物资消耗，提高了劳动生产率，取得了良好的经济效益。同时，这些项目也为国内其他单位所借鉴，为加快技术进步提供了有利的条件。但更重要的是通过引进技术，借鉴和学习国外的各种有益的东西，加强消化吸收工作，把这些先进技术转化为

自己的技术，并探索适合社会主义条件的方式，取其精华，去其糟粕，使引进技术发挥更大的威力，充分发挥社会主义的优越性，探索一条有中国特色的社会主义经济发展道路。

一、引进技术及其消化吸收意义重大

办经济特区最根本的目的是致力于增强新技术的消化吸收和自主开发能力。只有加强科技管理，将引进的技术充分消化吸收，国外的先进技术才能够真正地为我所用，只有科技强大，国家才能强大。我国应提高科技管理水平，不断增强我国的科技生产和自主开发能力，缩短同发达国家的差距。同时更好地利用外汇资金，结合国内已有的技术基础和消化吸收能力，综合考虑引进技术的先进性、适应性和经济性，不要盲目引进，导致成本过高而无法投入生产的现象发生。

引进技术进行消化吸收，可以迅速提高企业的技术水平，缩小与国外的差距，增强后劲；可以生产出高质量的产品，满足国内外的需要，节约资金，增加外汇；可以降低消耗，提高效率，获得可观的经济效益。因此，更广泛地开展引进技术的消化吸收工作，对增强我国自力更生的能力，促进经济的发展具有重要意义。

二、技术引进方式多样化

深圳经济特区的技术引进和外资引进是相伴而行的。据统计，在实际投入特区的外资中，外汇现金占 15%，其余 85% 都是机械设备等实物。随着引进外资的逐年增加，引进的技术水平也是逐年提高的，引进方式也越来越多样化，主要有以下六种方式。

（1）来料加工。来料加工是指客商提供原材料或零部件，必要时也提供有关的机器设备、工具，我国按外商要求的质量、规格、式样、包装和商标进行加工生产，生产出成品之后交由外商进行销售，我方只收加工费。这种形式，我方虽然在进料、销售方面没有自主权，但是在加工过程中，我方逐步掌握生产技术，同时也添置了设备，到机会成熟时，我方可以自己组织进料加工进行出口。这种形式主要是在我国资金不足、技术水平不高的情况下使用。

（2）补偿贸易。补偿贸易的特点是我方不动用外汇，而是在信贷基础上进行经济技术合作。它是由外商进行投资，先出资金或设备、厂房、原材料，我方经营生产，用产品偿还外商的投资。这种形式是我国接受外国的设备，然后以产成品的形式进行偿还，多是劳动密集型的，技术水平不高。但这种形式在我方缺乏资金的条件下，利用它可引进一些比较先进的技术设备，有利于老厂的技术改造，收效也比较快。

（3）合资经营。合资经营的特点是共同投资、共同经营、共享利益、共担风险。这种方式的技术引进、技术权多掌握在外商手里，其技术诀窍不会公开。不过这种形式的技术引进会让外商投入更大的精力在我国的业务上，也因此会引进先进的设备。

（4）合作经营。它和合资企业的主要区别在于它不一定用货币计算股权，也不一定按股权比例分配收益，而是按协议确立投资方式、双方责任和分配比例。因此也可以说，合资经营是股权式的合营，合作经营是契约式的合营。这种方式的优点是既有合资经营的益处，又避免了合资经营的某些不足。

（5）只引进设备，而没引进相应的技术。在投入特区的外资中，85%是引进机械设备。先进的技术，多数申报了专利，使用这些专利时就承担了法律责任，不能非法转移。很多单台的机械设备就属于这种情况。

（6）我方独资引进整个项目，既购置设备，又购置技术专利。这是比较彻底的引进，这种技术是可以向国内转移的。今后，应提倡这种形式，购置技术专利、技术诀窍，而不应盲目地全套引进。但是这种引进需要大量的资金作后盾。

三、经济特区技术引进历经两个阶段

特区在技术引进的初期，认为设备是技术的物化，因此认为进口设备就是技术引进，导致大量重复进口设备，效果不佳。从1983年和1984年的调查结果看，我国经济特区的技术引进工作水平低，引进的设备多，但是引进的技术少；已引进的主要设备大都是一般水平，先进水平的很少，个别设备还是落后产品。

总体来说，深圳经济特区成立的前五年，经济特区的技术引进工作可分为两个发展阶段，见表16-1（蔡敏真，林洁如，杨志琼等，1986）。

表 16 - 1　深圳特区成立前五年技术引进两阶段对比

两个阶段	与客商签协议数	协议投资额 （港币）	实际投资额 （港币）	引进设备 台数
1979 ~ 1983 年年底	2 512 项	132.2 亿	29.8 亿	25 000 多台
1984 ~ 1985 年	870 项	51 亿	17 亿	5 000 多台

（一）第一阶段：1979 年下半年 ~ 1983 年年底

此时期深圳市共与外商签订合同 2 512 项，协议投资总额 132.2 亿港元，实际投入使用外资 29.8 亿港元，占总投资额的 22.5%，引进的各种设备 25 000 多台（套）。

由于特区的创立史无前例，投资环境还未完善，外商对我国颁布的优惠政策还未充分了解，投资动力还不大。因此，此阶段的技术引进工作具有如下特点。

（1）在引进外资的方式中，以来料加工的项目居多；房地产投资占的比例较大。这些项目对于初期投资者来说，风险小，见效快且收益高。对于深圳来说，外商投资可以帮助特区培养人才，给特区增加就业机会、扩大生产，对城市建设等方面有重要意义。

（2）港商投资占绝大部分。据统计，从引进项目、协议投资数和实际投资数来看，设在香港的企业占 90% 以上。

（3）引进了一部分先进设备（表 16 - 2）。在单台 1 万元以上的 2 214 台设备中，具有 20 世纪 80 年代国际先进水平的有 147 台，占 7%；属国内先进水平的有 512 台，占 23%；一般水平的 868 台，占 40%；落后的 687 台，占 30%。通过吸引外资办企业，使特区工业迈出了一大步，也带来了特区经济的繁荣，为后续的引进工作打下了基础。

表 16 - 2　1979 ~ 1983 年深圳引进的单台 1 万元以上设备水平的分布

设备水平	国际先进水平	国内先进水平	一般水平	落后水平
设备台数	147	512	868	687
占　比	7%	23%	40%	30%

（二）第二阶段：1984 ~ 1985 年

经过前三年的试验，外商充分了解了特区的优惠政策，而且投资环境也得到了完善。接下来的一年时间里，外商对深圳的投资更加积极，共与深圳签订协议 870 项，协议投资 51 亿港元，比 1983 年增长 93%，已经投入使用资金 17 亿港元，比 1983 年增长 50%，引进的设备 5 000 多台（套）。这一时期，是深圳技术引进工作发展较快的一年。随着特区经济建设的不断发展壮大，越来越国际化，引起了世界各国人士的关注，与世界各国先进技术的交流和经济合作也越来越频繁，引进工作的规模与速度也达到了新的水平。此阶段的引进工作具有如下特点。

（1）工业生产项目引进速度加快，工业已成为特区最大的生产部门。1984 年，工业引进项目占全市引进项目的 82%，工业总产值达 18 亿元，比 1983 年增长 1.5 倍，工业产值在工农业生产总值中所占比重由 1980 年的 35.92% 上升到 92.31%，而且在产业结构中的比重首次上升到第一位，标志着以工业为主的特区经济体系已经基本形成。

（2）投资向大、中型项目发展，合资、合作项目比重显著上升。据统计，1984 年 1 ~ 10 月份客商实际投入使用近 11 亿港元，比 1983 年同期增长 1.38 倍，合资、合作项目比例由 1980 ~ 1983 年的 59.4%，上升至 90.3%，净增加 30.9%；来料加工装配及来料种养项目比例由 1980 ~ 1983 年的 21% 下降至 1.2%。1984 年独资、合作、合资企业（不含来料加工）的产值已经达到工业总产值的一半，比 1983 年增长近 19%。

（3）美、日、欧等外国财团和大型企业直接到特区投资增加。1984 年所签的项目中，协议投资额超过 1 000 万港元的达 54 个，其中，属欧美客商的投资占了很大比重。这些投资额较大的项目在国际上都有重要的影响。

（4）引进质量有很大提高。1984 年的工业引进，技术密集和知识密集型的项目所占比重明显增加，如印刷线路板生产线、硬质 PVC 塑料片材生产线、气流纺织技术等，不仅是国内先进，而且接近国际先进水平。

四、技术引进及其消化吸收成果丰富

引进外资、先进技术设备和企业管理经验，促进了深圳工业、农业等各种业务的迅速发展。

（一）技术引进方面

深圳特区发展最快的是电子工业。过去深圳只有一个能生产简单电子零件的电子厂，年产值只有 107 万元，1983 年发展到 60 多家电子企业，能生产和装配微型计算机、基础元器件、彩色电视机、收录机、仪表仪器 100 多种产品，产值近 3 亿元。

通信技术设备方面，蛇口工业区的美国微波中继—数字程控交换通信系统，达到 20 世纪 70 年代世界先进水平；电子方面，粤宝电子公司引进的技术密集型磁头生产技术设备；化工方面，从美国引进的电镀添加剂生产技术，达到世界上较先进的水平；轻纺方面有旭日印刷厂的印刷设备；建材方面有乌古石场引进的成套大型先进采石、碎石生产设备。

农业方面，以深圳市光明畜牧场的发展为例说明。该场创办于 1958 年，从创办到 1978 年 20 年中，每年亏损都在百万元以上。党的十一届三中全会以后，畜牧场党委解放思想，根据本场的地理优势，结合附近香港市场的行情，决定改变以粮食作物为主的单一经营，大力发展草食牲畜，兴办大型鸭场、猪场、鸽场和肉类加工厂，投资总额达 13 400 多万港币。同时又积极引进先进的设备和畜禽良种。从瑞典引进自动挤奶机；从比利时引进斯格猪，瘦肉占 65%，仔猪饲养 6 个月可达 100 公斤。鸭场的鸭来自澳大利亚，生长快，肉嫩味美，饲养 56 天可达到 6 斤以上。光明畜牧场已成为现代化的畜牧场，日产 30 吨维他鲜奶，占香港鲜奶销售总量的 70% 以上。

（二）引进技术的消化吸收方面

由于特区设立初期，特区内企业的技术力量不足，开展消化吸收工作需要有科研单位、大专院校、设计部门以及技术先进单位密切配合、协作攻关。这种多学科、多部门的协作攻关，不仅密切了科研单位与特区生产企业的关系，弥补企业技术力量的不足，加快了消化吸收引进技术的速度，而且也有助于特区科研单位了解和掌握国外技术发展的动向，迅速提高研究水平。

深圳特区成立初期，虽然消化吸收能力受到许多条件的限制，但是总体来说，还是有不少喜人的成果。

以电子工业为例。1983 年全市已有 60 多家电子企业，职工队伍 13 000 多人；已经建立了深圳市电子研究所、中国电子工程设计院，加上深圳大学，形成了一支拥有 800 多名工程师、助理工程师和十多名高级工程师的电子工程技术队伍。根据世界科学技术的发展和特区所担负的任务，深圳市于 1982 年明确提出，要大力引进资金、技术、知识密集型的先进工业。两年多的实践证明，深圳特区对某些资金、技术、知识密集型项目是有能力引进、消化、吸收、创新的。例如，爱华电子公司引进高级计算机生产线，生产出单板机计算机系列 11 种，还生产出用于办公室文件管理、数据处理以及用于工业交通运输方面的计算机系统。广深无线电厂制成工业控制微型计算机，填补了国内一项计算机产品空白。中国航空技术进出口公司深圳工贸中心所属电子企业生产的电子产品，已有20多种销往欧、美各国。以上事例，说明深圳已经具备了引进和吸收先进技术的能力（李干明，1985）。

五、引进技术的消化吸收存在的问题和建议

经济特区的科学技术的消化吸收工作虽然取得了一些成绩，但是从整体上看，这项工作仍处于起步阶段，还存在一些问题有待解决。

（一）存在的问题

从深圳特区全局来看，有些项目虽然是技术比较先进的工业项目，特区也是以引进设备居多，而对一些专有的科技知识引进较少；同时，引进后工序一次性加工生产线多，而引进基础材料、元器件生产项目较少。除此之外，引进技术的消化吸收工作还存在以下四个问题。

（1）很多企业对引进的技术和设备缺乏透彻的了解，对引进的技术和设备的工作原理没有深入地了解，对引进后的主体设备没有进行过细的解剖。

（2）必要的仿制工作未能抓紧进行。

（3）没有把引进的技术同我国有关的技术成果进行"嫁接"的工作摆到重要的议事日程。

（4）在引进的技术与设备的基础上进行研制、创新有很大的差距。

这些现象说明，深圳特区引进国外先进技术的工作，基本上处在"转移型"技术开发过程的起始阶段。为了建立特区自身雄厚的技术基础，尽快形成"外向型"工业，必须抓紧抓好引进技术的消化吸收工作。

（二）问题产生的原因

上述引进技术的消化吸收工作存在多种状况，原因是多方面的。

（1）特区本身基础薄弱。这一原因是影响先进技术引进的最主要因素。深圳过去是工业不发达的边陲小镇，基础设施缺乏，各种基础条件十分落后。特区建立之后，虽然政府投入建设的力度较大，努力改善深圳的投资环境，但是由于其自身的起点较低，吸引先进技术项目所需的工业基础、配套条件、科技人才等方面，比起国内的其他许多城市还有许多不足。

（2）特区内生产工人的技术素质较低。特区引进的大都是技术知识密集型的项目，要求专业的技术人员和管理人员，即使是一线的生产工人也需要相

当的技术水平。而深圳目前的工人文化水平普遍偏低，素质较差，没有受到专业的训练，而且特区现有的技术、管理人员的能力、技术工人的专业以及相关人员的数量不足，这些因素导致外商对高技术的投资缺乏信心。

（3）外商投资目的与特区发展目标不一致。我国设立特区的目的是利用外资，引进先进技术，为促进整个国家的现代化服务，着眼于国家的宏观经济目标，为自力更生做准备。而外商在特区投资，大都是投资于劳动密集型项目，目的是能够利用特区的廉价地租和劳动力，以及国内其他有用的资源，降低成本，获取较高利润。少数愿意投资于技术知识密集型项目的，大都是看中中国内地具有巨大潜力的市场。特区的政策要求引进先进技术，而特区生产的产品以外销为主，外商投资者不能利用特区的有利条件获取较高的利润，也不能开辟中国市场提高市场占有率，所以投资的积极性不高（李惠琴，1986）。

（三）对策及建议

针对上述存在的问题，对我国经济特区的技术引进及消化吸收工作提出以下建议。

（1）充分发挥政府导向作用。充分发挥政府导向作用，积极培育科技资源，将科技资源向企业倾斜，大力扶持企业的自主开发和对引进技术的消化、吸收、创新，推动科技资源与经济资源更紧密、更有效的结合。

（2）健全机构。健全外引内联的统一管理机构及研究机构，使外引工作能够有重点、有计划地朝着以引进工业项目和知识、技术密集型等项目为主的方向发展。做好经济技术等方面的可行性研究，对适于内联的项目，要及时做好组织吸收、消化和转移工作，使经济工作与科技工作相结合，提高外引内联的主动性、工作效率和经济效益，减少被动盲目及不必要的经济损失。

（3）加强技术队伍的建设。深圳原是一个工业基础十分薄弱的县城，人才也是寥寥无几，开放政策的实施导致对人才的需求量大大增加。因此，各级领导部门应着重加强人才的培养和建设，通过调聘和培训，尽快组织一支在德、识、才、学各方面都符合要求的管理和技术队伍，以适应特区发展的需要。

（4）重视消化、吸收、转移，开发新产品。吸引外资、引进先进技术设备的目的之一，是进一步加快我国四个现代化建设的步伐，因此，对引进来的先进或适用的技术设备，应及时组织进行解剖、研究，向内地转移，这样才能及时地吸收到世界新技术革命的成果，并有效地加以改造、发展，开发出我们自己的新产品。

（5）充分发挥科研院校的作用。积极推动企业加强与国内外大专院校、科研院所的合作。为进一步将企业的研究开发活动向内地延伸，应特别加强与内地的高校和科研院所合作。

经济特区是我国改革开放的产物，是科技发展挣脱枷锁的一个开端，是我国打开国门的一扇窗口。经济特区通过引进国外的先进技术和设备来提高我国的科技发展水平，为我国的经济建设提供服务，奠定基础，努力尽早实现四个现代化。经济特区由于具有一定的地理优势，所以在建立市场经济的改革中先行了一步，从而创立了体制和运行机制上的优势，探索了在市场经济体制下科技体制改革的路径，并学习和借鉴了国外的先进经验和管理模式。经济特区刚刚成立的前几年，由于没有现成的经验可以照搬，国外的先进经验与我国的国情又不同，只能摸着石头过河，在黑暗中行走，所以初期的技术引进和消化工作不是很乐观，但也取得了不少骄人的成绩。经济特区的成功为我国的经济建设提供了一个典范，对我国的科技发展起到了重要的作用。

第 17 章　科学的盛会，历史的丰碑
——八年规划纲要

第 1 节　孕育及发酵——八年科技发展规划的制定

一、全国科学大会思想的滥觞

　　党中央在粉碎了"四人帮"反党集团后，科研停滞、经济停顿、技术落后，满目疮痍，本来焕发蓬勃生机的科技百花园一片凋零，科技领域百废待兴、百事待举。而"文化大革命"是从学术文化界和知识分子开刀的，科教领域是损失最惨重、恢复最困难的"重灾区"。大批知识分子、科研人员下放"五七"干校或进行"牛棚"改造，如著名科学家童第周被指派打扫厕所，被人形象地称为"斯文扫地"。

　　全国科技工作处于混乱瘫痪状态。

　　1977 年邓小平同志重新恢复工作，抓科教是他恢复职务后做的第一件事。当年 8 月 4 日，吴文俊、邹承鲁、马大猷、王大珩、周培源、苏步青等科教界30 多位专家从全国各地赶到人民大会堂，参加由邓小平亲自提议召开并主持的全国科教工作座谈会。会场上，大家围坐一圈，畅所欲言，邓小平不时插话。与会者欣喜地发现，5 天会议，邓小平一次不落地出席了全部议程；他们更不曾想到，这个七嘴八舌的"情况收集会"成为半年之后召开的全国科学大会思想的滥觞。"如果说 1978 年的全国科学大会预示着科学春天的到来，那么这次会议就是春天前的惊雷。"（吴明瑜语）

二、"文化大革命"后"百事待兴"，订纲要"科技先行"

1977年7月，华国锋主席提出重要指示"全党动手，书记动手，向科技现代化进军"。此后，科技"春风"吹遍祖国大地，广大干部、科技人员和工农群众树雄心、立壮志，纷纷制定科技发展规划和奋斗目标。在"百花争鸣，百花齐放"的方针指导下，全国掀起了一股又一股的科技发展热潮。遗传学、地质力学、大地构造学、国防科委等科学人员以昂扬的斗志、满腔的热情全身心地投入到工作中，决心以优异的成绩迎接全国科技大会的召开。

同年8月，科学和教育工作座谈会上，邓小平同志又指出，我们要赶上世界先进水平，必须从科学和教育着手。科学和教育目前的状况不行，需要有一个机构，统一规划，统一协调，统一安排，统一指导协作。于是，各地方、各部门开始启动规划研究编制工作。这一系列科技发展规划和奋斗目标孕育了八年科技发展规划。1977年12月，全国科学技术规划会议在北京召开，会上动员了1 000多名专家、学者参加规划的研究制定。

1978年3月筹备历时9个月之久的全国科学大会，在人们殷切的期望中召开了。大会审议通过了《1978～1985年全国科学技术发展规划纲要（草案）》❶。

三、考察热，心头冷，省自身，决心定

与此同时，全国掀起了一股声势浩大的出国考察热潮。重要的考察团包括：以林乎加为团长的赴日经济代表团；以李一氓为团长，于光远、乔石为副团长的赴罗马尼亚、南斯拉夫代表团，以段云为组长的港澳经济贸易考察团和以国务院副总理谷牧为团长的赴西欧五国（法国、瑞士、比利时、丹麦、联邦德国）考察团。其中西欧五国团最引人注目。该团于1978年5月2日出发，6月6日回国，行程36天。访问期间，欧洲经济的自动化、现代化、高效率给考察团成员留下了深刻印象。当时联邦德国一个年产5 000万吨褐煤的露天煤矿只用2 000名工人，而中国生产相同数量的煤需要16万工人，相差80倍；

---

❶ 1978～1985年全国科学技术发展规划纲要（草案），http：//scitech. people. com. cn/GB/126054/ 139358/140048/8438932. html.

瑞士伯尔尼公司一个低水头水力发电站，装机容量 2.5 万千瓦，职工只有 12 人。我国江西江口水电站，当时装机 2.6 万千瓦，职工却有 298 人，多出 20 多倍；法国马赛索尔梅尔钢厂年产 350 万吨钢只需 7 000 名工人，而中国武钢年产钢 230 万吨，却需要 67 000 名工人，相差 14.5 倍。这次访问使党中央领导深刻体会到了中国与外界的差距。代表团成员王全国说，"那一个多月的考察，让我们大开眼界，思想豁然开朗，所见所闻震撼每一个人的心，可以说我们很受刺激！闭关自守，总以为自己是世界强国，动不动就支援第三世界，总认为资本主义腐朽没落，可走出国门一看，完全不是那么回事，中国属于世界落后的那三分之二！"在这次访问高峰中各层级出访者获得的共同感受是：没想到世界现代化发展程度如此之高，没想到中国与发达国家之间的发展差距如此之大，没想到西方发达国家老百姓的生活与中国相比高出如此之多！人们无不痛心疾首于这样的现实：中国太落后了，这些年耽误的时间太长了！我们再不调整政策，另寻出路，改革开放，奋起直追，真是愧对人民、愧对国家、愧对时代了！（宋晓明，刘蔚，1998）

此次科技访问，外界科技的进步和中国科技界的落后的鲜明反差使党中央深刻认识到发展科学技术的迫切性（宋晓明，刘蔚，1998）。显然，科技的发展不能只依靠党中央的认识，更需要把全国范围内可以利用的科技人员、知识分子的力量动员起来，因此科技发展需要一个正式的文件来指导、制定目标、作出规划，然后调动一切力量，大力协同，才能实现科技的大跨步发展。

四、《八年科技纲要》的颁布

1978 年 10 月，中共中央正式转发《1978～1985 年全国科学技术发展规划纲要》（简称《八年规划纲要》），此纲要的制定标志着八年规划的开始，也预示着中国的科学技术事业将由乱到治、由衰到兴。大会通过了《八年规划纲要》，这是我国第三个科技发展长远规划。《八年规划纲要》提出了我国科学技术工作的八年奋斗目标：部分重要的科学技术领域接近或达到 20 世纪 70 年代的世界先进水平；专业科学研究人员达到 80 万人；拥有一批现代化的科学实验基地；建成全国科学技术研究体系。《八年规划纲要》对自然资源、农业、工业、国防、交通运输、海洋、环境保护、医药、财贸、文教等 27 个领域和基础科学、技术科学两大门类的科学技术研究任务做了全面安排，从中确定了 108 个项目作为全国科学技术的研究重点。《八年规划纲要》要求把农业、能源、材料、电子计算机、激光、空间科学、高能物理、遗传工程 8 个影响全局的综合性科学技术领域、重大新兴技术领域和带头学科，放在突出地位，集中力量，作出显著成绩，以推动整个科学技术和整个国民经济的高速发展。《八年规划纲要》也提出了"全面安排，突出重点"的方针，提出了长期的奋斗愿景：实现建设现代化社会主义强国的宏伟蓝图，在 20 世纪，在城乡实现电气化，在工业生产主要部门实现生产过程的自动化，极大地提高劳动生产率，迅速发展社会生产力，使社会经济面貌全部改观，国防威力大大加强，保证无产阶级专政的国家永远立于不败之地。

规划实施期间，邓小平同志提出了"科学技术是生产力"，"四个现代化，关键是科学技术现代化"的战略思想，为发展国民经济和科学技术的基本方针和政策奠定了思想理论基础。

五、科技春风吹，神州百花开

1978 年 12 月，召开了在中国历史上具有重大意义的中国共产党十一届三中全会。从此，中国进入改革开放的历史新时期，也真正迎来了科学的春天。到 1978 年年底，全国自然科学技术人员累计达到 511 万人。县以上独立科学研究机构 6 200 所，拥有科研人员 268 000 人。全国取得重大科学技术研究成果六百多项。攀枝花、包头、金川三个大的多金属共生矿综合利用的科学试验，获得了全面进展，并且正在进行工业性试验的建设。通过广泛栽培试验，对杂交水稻的环境适应性有了新的认识，杂交组合和制种技术都有了新的发展，全国杂交水稻种植面积达 430 多万公顷，平均每公顷增产 700 多公斤。我国第一台每秒运算 500 万次的集成电路计算机已投入运行，还试制成功几种生产大规模集成电路的设备和检测仪器，研制成功高速随机存储器的大规模集成电路。成功研制铜钢复合板、合成云母、光学纤维面板、纯铁等多种新材料，以及石油炼制和石油化工方面的多种新催化剂。纺织工业部门研制和推广了处理中长化学纤维的纺纱设备和全松式连续印染、整理机组。结构化学、理论数学等方面的基础理论研究，也取得了重大成果（中国统计年鉴，1978）。

六、第一个科技规划——"六五"计划

（一）"六五"的提出和计划内容

1982 年，国家科委等部门组织各领域专家对《八年规划纲要》进行了调整，在此基础上将规划的主要内容调整为 38 个攻关项目和 108 个重点项目，以"六五"国家科技攻关计划的形式实施，这是我国第一个国家科技计划。重点确定：对国民经济起重大作用和有较大经济效益的项目；研究试制工作已有一定进展、能较快取得成果的项目；能显著提高产品质量、实现出口创汇的项目；具有综合性，需要跨部门、跨地区组织力量进行研究的项目。计划中的38 个项目涉及农业、消费品工业、能源开发及节能、地质和原材料、机械电子设备、交通运输、新兴技术、社会发展 8 个方面，包括 108 个子课题。1982年 11 月 30 日，五届全国人大五次会议讨论并通过了"六五"科技攻关计划。❶

"六五"计划的主要课题内容如表 17－1 所示。

表 17－1　"六五"计划的主要课题 ❷

序号	项　目　名　称
1	畜育种技术及繁育体系
2	农业区域增产综合技术
3	饲料开发技术
4	速丰生产树种选育和木材综合利用的研究
5	高效低残留的新农药开发
6	提高磷肥、钾肥在化肥构成中比例的研究
7	南水北调工程的研究
8	食品储藏、保鲜及加工技术
9	日用轻化工产品的开发研究
10	化纤纺纤工艺及设备的研究
11	织物印染和整理技术
12	煤炭开发技术

❶　http：//news. xinhuanet. com/misc/2005 – 10/07/content_3590244. html.

❷　http：//www. most. gov. cn/bstd/bstdbsfw/bstdfxzxk/bstdfxzkjgg/bstdfxzkjggwn/200604/t20060420_31513. html.

序号	项 目 名 称
13	长距离管道输煤技术开发
14	提高石油钻采效率及常温输送工艺的研究
15	大型水电站的技术开发
16	节能技术的开发
17	新能源的开发
18	煤成气的开发
19	煤的转化、燃烧技术
20	石油、天然气、钾盐等重要矿产资源的勘探方法
21	新型建筑材料研究
22	水泥窑外分解技术及装备
23	浮法玻璃的技术开发
24	三大共生矿和铅、锌、铜、钨、锡、铝、黄金及江西重稀土的开发和综合利用
25	石油化工深度加工及综合利用
26	新型材料开发研究
27	贫红铁矿选矿技术
28	机械工业基础技术
29	大型成套设备的研制
30	大规模集成电路工业化生产技术及电子元器件高可能性技术开发
31	计算机的开发
32	铁路重载列车成套技术研究；港口建设和港口装卸技术
33	新兴技术研究
34	计划生育药具与避孕方法的研究
35	病毒性肝炎、癌症的防治及新型中西药物的开发
36	大型成套设备的研制
37	环境保护和污染综合防治技术
38	华北地区水资源及综合评价利用的研究等

同年11月30日，五届全国人大五次会议讨论并通过了"六五"科技攻关计划。计划通过后，国家科委和国家经委分别会同各主管部门组织有关研究所、设计院、大专院校和生产建设单位对项目课题进行了充分的技术经济论证，并根据我国现有科技力量的状况和需要研究开发的类别进行课题分解，落

实了每一个课题的公关组织形式，与各主持研究单位签订了攻关专项合同。这些合同分别采取招标、有偿合同和无偿合同等多种形式，并明确了各个项目的指标及各主持研究单位应承担的责任。

（二）"六五"科技成就喜人❶

由于"六五"国家科技攻关计划的实施，科学水平有了新的提高，科技队伍继续扩大。从1982年到1985年，国家组织了大量科技力量实施"六五"科技攻关计划，随即对各个项目进行攻关。在3年的时间里，全国有5 000个单位和10万多名科技人员，直接参与了38个重大科技项目的攻关，签订科技攻关专项合同1 450个，科技攻关硕果累累、成就喜人。

（1）我国测绘部门在世界上第一次成功地完成了全国地面测量控制网整体平差工作，精确地计算出5万多个测绘点的地理坐标，建立了我国独立的、高精度的、新的大地坐标系统。这一重大成果标志着我国测绘工作进入世界先进行列。

（2）我国自行设计并制成了LT-1型的扫描式离子探针和质谱微分析仪，填补了我国质谱仪器上的一项空白，同时自行设计和制造出质子直线加速器。

（3）首次成功分离一株产肠霉素大肠菌，为治疗这类病菌引起的腹泻提供了条件，使我国对腹泻病原的诊断达到了世界卫生组织规定的先进水平。

（4）1982年12月22日，我国自行设计、制造的首台质子直线加速器在中科院高能物理所建成。

（5）1983年9月6日，乙型肝炎血源疫苗试制成功，预防乙型肝炎成效显著；1983年9月，北京制药工业研究所成功地从动物血中提取并合成了血卟啉衍生物（PH），质量标准已接近或达到国外同类产品的水平。临床上用它配合激光，可对肿瘤进行较准确的诊断和有效的治疗。

（6）1983年12月22日，我国第一台每秒钟运算1亿次以上的计算机——"银河"巨型机由国防科技大学计算机研究所在长沙研制成功。

（7）1984年7月1日，中国科学院南京地质古生物研究所侯先光研究员在云南澄江县帽天山首次发现了娜罗虫及其他化石，埋藏地下5.7亿年的"澄江动物化石群"出现在人类的视野。澄江动物化石群形成时间限于100万~300万年，在短时间内完整记录了动物群突发性进化过程，是揭示寒武纪"生

❶　http：//www.docin.com/p-56190872.html.

命大爆发"奥秘的金钥匙。

（8）1984 年 9 月 21 日，顺利启动"中国环流器 1 号"——我国目前最大的一座受控热核聚变研究实验装置。

（9）1985 年，北京大学王选教授领导的团队研制成功计算机激光汉字编排系统和全数字仿真计算机系统。

经过广大科技工作者的艰苦奋斗，"六五"科技攻关计划进展顺利。到 1985 年，38 个项目已基本完成，部分项目接近完成。

（三）"六五"期间科技带动工农业发展

"六五"计划在直接促进科技发展的同时，也间接促进了工农业的发展。如"农药种衣剂"的成功研制，通过处理棉花良种的方式，防止棉花的苗期病虫害；保证苗全苗壮，保护棉花正常发育，一般能增收皮棉 15% 左右，可带来明显的经济效益。通过科技的带动，工农业生产、交通运输、基本建设、技术改造、国内外贸易、教育科学文化、改善人民生活等方面的任务和指标，绝大部分都已提前完成或超额完成。

这 5 年中，工农业总产值平均每年增长 11%，其中工业总产值平均每年增长 12%（包括村办工业），农业总产值平均每年增长 8.1%（不包括村办工业），都大体相当于"一五"时期，高于其他几个五年计划时期。若干关系国计民生的重要产品的产量大幅度增长，"六五"时期同"五五"时期相比，粮食的年平均产量由 30 530 万吨增加到 37 062 万吨，棉花由 224 万吨增加到 432 万吨。农业的迅速发展，为整个经济的全面稳定、持续、协调发展创造了极为有利的条件。从 1980 年到 1985 年，原煤产量由 62 000 万吨增加到 85 000 万吨，原油由 10 600 万吨增加到 12 500 万吨，发电量由 3 000 亿度增加到 4 073 亿度，钢由 3 700 万吨增加到 4 666 万吨。中国总产量的世界排名也大都提前了，标志着总的经济实力有了显著的增强。"六五"期间，全民所有制单位固定资产投资总额达到 5 300 亿元，新增固定资产 3 880 亿元，建成投产大中型项目 496 个，其中能源、交通项目 103 个，为"七五"时期和 20 世纪 90 年代的经济发展创造了较好的物质基础。此外，财政收入由下降转为上升，1985 年实现了收支平衡；科技、教育、文化事业重新出现了繁荣兴旺的局面；对外经济贸易和技术交流也打开了新局面，人民生活得到了显著改善（图 17－1）。长期以来没有解决的一些问题，如农业发展缓慢、城乡市场商品供应紧张、农轻重和积累消费的比例关系失调等都得到了较好的解决（中国统计年鉴，1978～1985）。

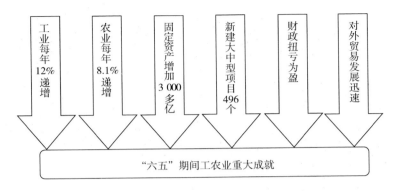

图 17 – 1　"六五"期间工农业重大成就

第 2 节　催化和放大——国家科技计划成为一种制度

一、标志之一——高考制度的恢复

科技发展必须有知识的依托，发展科技必先振兴教育。1977 年，邓小平提出了"尊重知识，尊重人才"的观点，"我们要实现现代化，关键是科学技术要能上去。"狠抓科学和教育正是基于对科学技术和教育重要性的认识。1977 年高考制度恢复，是国家科技计划演变成一种制度的标志之一，在全国范围内引起了强烈反响。许多下乡知青、知识分子摩拳擦掌、跃跃欲试准备在考试中一试身手。这一年的冬天尽管寒风刺骨，但仍挡不住 570 万激扬澎湃的优秀青年的前进脚步。有的家庭兄弟姐妹 4 人一同走进考场；还有的夫妻二人相互勉励踏进考场，最后又双双进入大学。

高考的恢复，招生效果显著、成绩斐然。1978 年，教育部召开了全国高等学校招生工作会议。会上总结了 1977 年招生工作的经验；研究讨论了 1978 年的招生办法；制定了《关于 1978 年高等学校和中等专业学校招生工作的意见》。同年 6 月，国务院批转这一文件。意见提出：1978 年起，高等学校主要招收 20 岁左右的青年，不再限定录取应届高中毕业生的比例；招收实行全国统一命题，省、直辖市、自治区组织考试、评卷考生。这一年有 610 万应届毕业生和知识青年报考，录取新生 40.2 万人，比 1977 年猛增了 13 万人，成为新中国成立以来高等学校招生人数的第三个高峰❶（图17–2）。

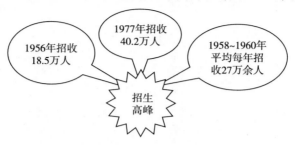

1956年招收
18.5万人

1977年招收
40.2万人

1958~1960年
平均每年招
收27万余人

招生
高峰

图 17–2　新中国成立后高等学校招生三大高峰

高考的恢复使高等教育取得了长足的进步，研究生教育和学位工作迅速发展起来。1978 年全国 210 所高等院校、162 所研究机构招收了 10 708 名研究生，标志着因为"文化大革命"而中断 12 年之久的研究生招生培养工作的正式恢复。这一系列教育政策带领全国迅速掀起了全国性的科技热潮，同时也为国家造就了一大批科技后备人才。

二、标志之二——科技战线的拨乱反正

（一）科技人员"用非所学"问题

"文化大革命"后的科技界一片废墟、一堆瓦砾，振兴科技迫在眉睫。"文化大革命"后的 1976 年，科研机构仅剩 64 个，科研力量严重短缺，大批科技人员被闲置一旁。例如，广东省全省未从事科技工作的科技人员中，当工人和售货员的占 1/3 以上。在这批科技人员中，有相当一部分是国家急需的专门人才，包括计算数学、生物学、动力学、土木建筑、原子能等，科技人员的学非所用造成了极大的浪费。据有关部门统计，新中国成立以来培养的大学生仅占全国人口的 2‰，其中 1/3 用非所学，仅北京市属单位中就有 8 000 多名专业科技人员用非所学。

（二）黄昆的"半导体所所长"

邓小平在早期的科教会上曾提出科研院所应该配备"三套马车"：一个党委书记，热心科学和教育，多半是外行，当然找内行更好；一个研究所所长，

---

❶　前两次高峰分别为 1956 年的 18.5 万人和 1958～1960 年的 26.5 万人、27.4 万人、32.3 万人（陈建新等，1994）。

能组织领导科研工作，是管业务的，这应当是内行；再一个是管后勤的，即后勤部部长。邓小平在科学大会讲话的第三部分重点阐明：科学技术部门的各个研究所怎样实现党委领导下的所长负责制，最后他认真地提出："如果我是科研的后勤部部长，那么黄昆应该是半导体所所长。"

黄昆是我国著名半导体物理学和固体物理学专家，"文化大革命"期间从北大物理系发配到电子仪器厂边教学边在半导体车间劳动。邓小平同志 1975 年第二次恢复工作时，得知此情况后严厉指出："这种用非所学的人是大量的……他是全国知名的人，就这么个遭遇。为什么不叫他搞本行？可以调到半导体所当所长。"

然而好景不长，邓小平再次被打倒。在"批邓"时，有人捉刀代笔，以黄昆的名义写了批判邓小平的文章。1977 年，邓小平第三次复出。他当然明白那篇署名黄昆的批判文章并非黄昆的真实态度，并在科教座谈会上又主动提到了黄昆的问题，说："我现在还认为黄昆应该当半导体所所长。"

几天后，年近花甲的黄昆在离开理论物理的研究岗位多年后，到半导体研究所上班。调到半导体所后，科学院配备了所党委书记和管后勤的副所长，组成了"三套马车"。

黄昆由此成为"文化大革命"后走上科研院所领导岗位的科学家之一。

（三）"陈景润效应"

1978 年 1 月，《人民文学》杂志发表了作家徐迟的报告文学《哥德巴赫猜想》，之后《人民日报》《光明日报》同时转载了这篇文章。《人民日报》用三大版的篇幅转载一篇文学作品，是新中国成立以来从未有过的事情。

陈景润，这个已过不惑之年、瘦弱多病的数学家，一时间成为全国青年男女的偶像。这个曾经被批判为只搞科研不关心政治、走"白专道路"的书呆子，证明了《哥德巴赫猜想》中的（1＋2），摘取了"数学皇冠上的明珠"，成为最接近猜想的第一人。

这一切，都是在中关村 88 号集体宿舍三楼一间 6 平方米的锅炉房里完成的。屋里除了一张床和一张小桌子之外，别无他物。但是，薄薄的门墙却无法替它的主人挡住外来的风暴：白痴、寄生虫、剥削者、修正主义苗子，无数的帽子扣向陈景润。于是他把所有的玻璃窗糊上纸，躲在里面偷偷摸摸搞科研。演算纸上面放着《毛泽东选集》，只要有人进来，他就拿起它盖上。在拳脚和辱骂声中，他用 7 年的时间简化完善了他原来的论证，使厚厚的几堆演算纸变成了薄薄的十几页。1973 年，论文在《中国科学》发表，国内外数学界为之震动。

陈景润的遭遇引起了邓小平的高度重视，这位科技界最大的"后勤部长"发话了："少数人秘密搞，像犯罪一样。陈景润是秘密搞的，这些人还有点成绩。陈景润究竟算红专还是白专？中国有一千人就了不得。"

几乎在陈景润取得成果的同时，1977 年 2 月 25 日，中国科学院数学研究所实习研究员杨乐和张广厚，在世界上第一次找到了函数值分布理论中的两个主要概念——亏值和奇异方向之间的有机联系，推动了函数理论的发展，轰动了国际数学界，被称为"杨张定理"。

1977 年，中央决定将陈景润从助理研究员提升为研究员，杨乐和张广厚从实习研究员提升为副研究员，职称评定制度从此得到恢复。陈景润和年仅 38 岁的杨乐成为当时青年心目中攀登科学高峰的偶像人物，在 1978 年的全国科学大会与老师华罗庚一起坐上了会议主席台，会后还受到了邓小平、聂荣臻的亲切接见。

大会期间，除了陈景润，还有一大批科技专家作了大会发言，如物理学家周培源、生物农学家金善宝、吉林大学教授唐敖庆、大庆总地质师闵豫、冶金工业部钢铁研究院物理室主任陈篪、成都工具研究所工程师黄潼年、第七机械工业部第五研究院孙家栋等。这次科学大会上，1 192 名先进科技工作者和 7 657 项优秀科研成果的完成单位和个人受到表彰。

一夜之间，科学家成为最美好的理想和最时髦的职业。孩子们在被问到"长大后做什么时"，都会铿锵有力地回答"长大要当科学家！"当时报纸说的完美男人都是科学家、工程师，一时间，城里的女孩子都在找科技人员当丈夫。陈景润曾收到从全国各地寄来的近千封情书。

一篇《哥德巴赫猜想》唤醒了一代人。

一次科学大会开创了一个科技发展的崭新时代。

（四）科技战线上的拨乱反正收奇效

科技战线"拨乱反正"，科技人员"重操旧业"。自 1978 年 3 月 28 日《人民日报》发表一篇关于"安徽省委解决科技人员用非所学的问题"的社论后，科技战线上的拨乱反正迎来高潮❶。1978 年、1979 年，成都市归队、调

---

❶ 安徽省委解决科技人员用非所学的问题［N］. 人民日报，1978.

整和从外地调进 760 多名科技人员，相当于 1978 年国家分配给成都市的大专毕业生的 10 倍多；杭州市从 1978 年至 1979 年年初，已有 1 800 多人重返科技岗位，相当于 1966 年国家分配给杭州市的大专毕业生的 7 倍；浙江 6 000 多名用非所学的科技人员归队，相当于 1978 年全省高校毕业生的 2.5 倍；截至 1979 年 6 月，福建省已有 3 305 名专业技术人员归队，占应归队人数的 91.1%。科技战线上的拨乱反正取得成功。

科技战线拨乱反正，科技发展欣欣向荣。科技战线的拨乱反正，解放了大批人才，解除了几十万人的精神痛苦，调动了广大群众对社会主义建设的积极性。这批饱受磨难的知识分子从精神痛苦中解脱出来后，焕发出青春，迸发出极大的创造力。他们在科技工作中刻苦钻研，很快作出了新的贡献。

经过全面整顿，科技战线出现了一片繁荣景象。随着科学研究秩序的恢复，科技领域取得了伟大的成果，1980 年重大科技成果达 2 600 余项，经国家批准的创造发明 107 项。至 1979 年，恢复、新建 50 多个，发展到 110 个，还有 4 所大学、9 个工厂成立了 12 个地方分院。全院科技人员 3 万多人。一些重大的科学实验工程（如高能加速器、天体物理实验基地等）也开始动工设计和建设，还建立了空间中心及栾城、桃源、海伦 3 个农业现代化科学实验基地。重建和新建科研机构，对于发展我国科学事业，建立科学技术研究体系具有重要作用，为缩小我国科学技术与世界先进水平的差距、增强我国科技实力打下了良好的基础。

第 3 节　引领和激励——国家、政府科技
计划对科技进步的作用

国家 38 个攻关项目和"六五"计划的实施，给科技发展指明了具体方向。政府通过颁布条例和规定，明确指出了科技的发展重点，使主要的科技力量用在科技攻关上，做到了有的放矢。

政府通过在科技发展行为上的转型，大力改革科技相关制度，筹办高等教育，引进国外的先进科学奖励体系等相关措施，极大地促进了科学技术的发展，为科学计划的实施奠定了坚实的基础，如图 17-3 所示。

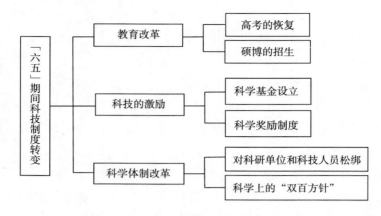

图 17 – 3　"六五"期间的科技制度转变

一、高瞻远瞩——科技发展中政府行为的转型

（一）政府主导，确定科技发展战略

"文化大革命"期间，我国基本处于动乱状态，政府职能混乱，科技规划停留在《1963～1972 年科学技术发展规划》的阶段上，科技体制为当时的计划经济体制服务。改革开放后，我国的经济体制由计划经济转变为市场经济，因此必须制定与时代相符合的科技体制。

1982 年，38 个攻关项目以及"六五"计划的实施，为我国的科技发展明确了方向。科技的发展必须依靠全社会的力量，而政府起着主导作用，引导全社会的力量去解决各行业的重大技术问题，促使科技快速地转化为生产力。

正是由于我国政府的高瞻远瞩，在这些科技计划中着重发展重点科技，使得我国的科技产业快速发展，成为我国经济发展的中流砥柱。

（二）政府投入，夯实科技计划发展的根基

1. 政策投入

"文化大革命"期间，国家的科技政策基本失效，冤假错案此起彼伏，因此发展科技的重中之重便是优化科技政策，为科技发展提供了政策上的温床。

（1）科技战线上的"双百方针"的复兴。"百花齐放、百家争鸣"的"双百方针"是 1956 年毛泽东在政治局扩大会议中首次提出的。"双百方针"是建设新中国科学文化事业的正确方针和根本方针。"双百方针"的政策对繁荣社会主义文艺、树立社会主义文化、发展社会主义科学起到了积极的作用。

1957 年，在内因和外因的影响下，"双百方针"被迫中断。"双百方针"执行过程中所发生的这种挫折，不仅没有湮没方针本身的正确性和必要性，反而证明了这种正确性和必要性，使其得到了历史的检验和证明。改革开放以后，党和国家重新贯彻"双百方针"，大大提升了文艺界和科学界的响应热情。科学战线上成功地复兴了"双百"之风，大大促进了科研人员投身科研创造的积极性。各个科研单位认真贯彻"双百方针"，争先进、树典型，不仅对我国文化和艺术的发展，更重要的是对我国的科学发展起到了巨大的推动作用。

（2）新八字方针政策的提出。"文化大革命"后，"洋冒进"加剧了国民经济的畸形发展，而且已经影响到诸多领域。1979 年，中共中央总结经验教训，提出了"调整、改革、整顿、提高"的新八字方针。在贯彻执行这一方针的过程中，人们逐渐从理想的空想中回到现实中来，认识到只有空口号没有具体的措施和实际行动，还不能实现我们的目标，只有踏踏实实一步一个脚印，才能逐渐向我们的目标逼近。次年国务院转发了《汇报提纲》，其中明确提出了新时期发展科学技术的具体方针和四个转移，如图 17－4 所示。

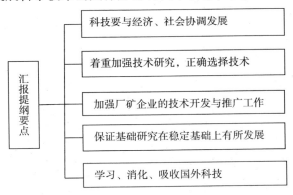

图 17－4　汇报提纲的具体方针

2. 教育投入

经济的持续发展必然以科技能力作后盾，而科技能力的竞争归根到底是人才的竞争。为了满足高科技产业发展的人才需求，"文化大革命"后，我国政府坚持发展和完善教育系统，积极培养人才，大量选派留学生。同时，还大量吸引、培养外来人才，积极为我国的四个现代化作贡献。

（1）高等教育系统的完善。"文化大革命"后，科技人才严重短缺，科技计划又势在必行，教育培养未来众多高科技人才的职责任重而道远。教育的发展是向科技输送人才，普及科学技术知识，提高劳动者的素质，是科技成果转化为现实生产的重要保证。自 1978 年恢复高考以来，电大、夜大、函大等多种形式的成人高等教育也迅速发展起来（刘一凡，1991）。

（2）大量选派留学生。"文化大革命"后，大量选派留学生是我们教育投入的又一项重大举措。1972～1978 年，我国派遣出国的留学生总数仅为1 200余人，仅 1978 年一年就派出 860 人。1978～1985 年的 8 年间，我国已向美、日、德、法、意、澳等 100 个国家派遣公费留学生 8 万余人，此外还有大批的自费留学生出国深造。其规模之大、增长速度之快，在全世界首屈一指。为了鼓励留学生回国，国家制定了有关政策，地方上也制定了优惠政策，有些省、直辖市特别是沿海省、直辖市还组织了留学生招聘团赴国外招聘。

3. 科技环境与科技发展相配套

市场经济为科技发展提供了宽松的政策环境。"文化大革命"前，科研人员作为国家的私有财产，其工作是为国家单独服务，不能从事其他盈利性的工作。而在市场经济体制下，各个院校与地方企业开展了大量合作研究与开发工作，科研人员可以以兼职、顾问的形式为地方企业服务。另外，也转变了计划经济体制下的科技新成果转化仅限于国家的公有企业或者军用企业的模式，各个企业自主建立开发公司，使大批应用性成果源源不断地通过公司的技术开发，形成了科研与生产相结合的道路。这种科学院治理和技术高度密集的优势互补，为我国传统产业的改造、地区经济的发展、新兴产业的开拓作出了贡献。

为科研单位和科技人员"松绑"。1984 年 5 月 23 日，《人民日报》发表了"关于对科研单位和科技人员松绑"的社论，在社会上引起了强烈的反响。❶社论从运行机制、组织结构、人事制度等方面为科技改革提供了思想上的支持。例如在运行机制方面，改变拨款制度，开拓技术市场，克服单纯依靠行政手段管理科技工作、国家包得过多、统得过死的弊病；在组织结构方面，建议技术与生产相联系；在人事制度方面，做到人尽其才，促进人才合理化流动。这些科技体制改革优化了科技发展的环境，有效提高了科技人员的自觉性，充

---

❶ 关于对科研单位和科技人员松绑 ［N］. 人民日报，1984.

分发挥了科学技术人员的作用；使科技成果广泛用于生产之中，大大提高了科技生产力，促进了经济和社会的发展。

二、教育引领——推动科技进步

国家高等教育改革为科学计划的实施输出了所需人才，而人才是科技进步的源泉。由于科技规划中大量科技人才的短缺，教育培养未来众多高科技人才的职责任重而道远。1980 年 2 月，中华人民共和国第五届全国人民代表大会常务委员会第十三次会议通过了《中华人民共和国学位条例》。此条例对鼓励人们的学术进取心，提高学术水平和教育质量，促进专业人员的成长，开展国际学术交流具有重要意义。1981 年 6 月，国务院学位委员会召开第二次会议，公布了《中华人民共和国学位条例暂行实施办法》，讨论并通过了学科评议组分组及成员名单。国务院按照授予单位的学科门类设哲学、经济学、法学、教育学、文学、历史学、理学、工学、农学、医学 10 个学科评议组。同年 7 月，国务院学位委员会学科评议组在北京召开第一个会议，经过无记名投票，通过了 805 个博士授予点，1 143 个研究生导师，2 957 个硕士点，从此我国开始有了自己培养的博士、硕士和学士。1985 年，在著名物理学家李政道的建议下，设立了博士后流动站。政府通过教育改革，为培养科技人才提供了一个平台，使得科技力量进一步增强，推动了科技进步。

三、激励措施——促使科学研究焕发生机

（一）设立国家科学基金

1981 年，中国科学院 89 名学部委员联名给中央写信，建议设立中国科学院科学基金。信中认为"设立中国科学院学部科学基金，是我国科学体制上的一项重大改革，必将对我国科学事业的发展，对四个现代化建设起到重大的作用"。此信得到中央和国务院的充分支持，并决定于 1982 年起拨专款设立这项基金。1981 年 11 月 14 日，中科院主席团第二次会议通过了《中国科学院科学基金试行条例》，规定基金的使用范围是全国自然科学方面的基础研究和应用研究中的基础性工作。1982 年 3 月 2 日，中国科学院基金委员会成立。委员会成员负责制定资助原则和管理办法、编制申请指南、审批限额项目等。1985 年 3 月 13 日发布的《中共中央关于科学技术体制改革的决定》中确定了"对基础研究和部分应用研究工作，逐步试行科学基金制的方针"，同时决定，

将中国科学院科学基金委员会改为国家自然科学基金委员会。科学基金的设立促进了我国基础研究的发展，促进了科技与运行新机制的形成。

（二）完善科学奖励制度

我国科技奖励制度经过近30年的发展，已经逐步走向标准化、规范化、制度化和科学化。

1978年全国科学大会上，奖励了自1966年以来的重大科技成果7 675项，先进集体862个，先进个人1 192个。随着科技体制改革的实施，科技奖励制度得到了进一步的发展和完善。1978年，我国陆续出台了以国家发明奖、国家自然科学奖、国家科技进步奖、国家星火奖、合理化建议五大奖为主体的国家科技奖励体系。同年12月28日，国务院根据1963年发布的《发明奖励条例》，修订发布了《国家发明奖励条例》。1979年11月21日，国务院根据1955年发布的《中国科学院奖金暂行条例》修订公布了《国家自然科学奖励条件》。次年，按照条例成立了自然科学奖励委员会，武衡任主任，钱三强、黄辛白任副主任。委员会负责各部门初审通过的科学研究功过报告或著作，评定奖励项目和奖励等级，然后由国家科委核准、授奖。该奖是国家为我国自然科学研究设立的最高奖项，旨在奖励对阐明自然现象、特性或规律方面有重大意义的科研成果。另外，1982年国务院还发布了《合理化建议和技术改进奖励条例》；1984年发布了《国家科技进步奖励条例》。

这些条例的颁布使我国科学技术进入了新的发展时代，逐步形成了中央和地方两级政府设立、政府和社会两种性质互为补充，多层次、多渠道、多种类、全方位的依法有序运作的科技奖励体系。

第4节 使命和导向——国家科技计划的利弊及发展方向

一、"文化大革命"前后科技体制的转变

科技体制是科学技术活动的组织体系和管理制度的总称，它包括组织结构、运行机制、管理原则等内容。科技管理与科研体制是为科技政策提供支撑的，而科技政策又是为国家的总体目标服务的。

1978年以前，中国采取的是苏联的计划式科技发展体系，实施赶超发展

战略，战略目标是在较短时间内赶上和超过世界先进水平，进入世界科技大国的行列。采用企业、科研院所、高校、国防科研相互独立的科技体系结构，以计划来推动科技项目和任务，带动技术的转移。在国际封锁、国内科技资源极度稀缺的情况下，在短短十几年间，建立了比较完整的科技组织体系和基础设施，培养了大批优秀人才，为中国的经济发展和国防建设解决了一系列重大科技问题，使中国的科学技术从整体上缩小了与世界先进水平的差距。

但从 20 世纪 80 年代开始，随着中国以经济建设为中心和由计划经济向市场经济的转变，原有科技体制深层结构中的固有弊端日益显现。中国的科技政策必须作出相应调整，中国科研体系也必须进行体制性改革。

（一）转变垂直结构体系

改革开放前，我国的科技体制是一个自我封闭的垂直结构体系，科技发展仅为国家的国有企业、军工企业服务，所以科技与经济存在着严重的"两张皮"现象。科学技术的改革创新不以经济为目标、科研成果企业无法应用、高科技因制度约束而不能为企业所用，这种情况时有发生。

改革开放后，我国政府积极扭转科技进步与经济发展各自为战的态势，发挥领导作用，切实加强体制建设，深化科技体制、经济体制改革，双管齐下，使科技进步与经济发展同步进行。

（二）重审知识产权概念，科技成果有偿转让

新中国成立以来，我国的知识产权制度绽开新芽，初步建立了专利法、商标权和著作权在内的知识产权制度。"文化大革命"十年使初步建立起来的知识产权制度遭到了严重的破坏。由于缺少科技成果有偿转让的机制，很多科技成果无法应用到企业，严重阻碍了技术的扩散。

改革开放后，由于知识产权概念的明确，科技成果的有偿使用使诸多技术成果迅速并成功地运用到生产中去，创造了可观的利润。

（三）废除科学"大锅饭"的现象

"文化大革命"期间，在科研院所内，国家用行政手段管理过多，平均主义的"大锅饭"现象严重阻碍了科研人员的主动性与积极性。

"文化大革命"后，国家废除了科技的"大锅饭"制度，建立了科技基金和科学奖励制度，基本实现了能者多得、劳者多得，充分提高了科研人员投身科技的热情。

二、以科技推动国民经济，增强综合国力

科技是第一生产力，是工业发展的龙头，是农业产业结构调整的动力，是国家的软实力，是国富民强的基础，是军事保障和国家安全的后盾，是综合国力的体现。

（一）科技推动工业

1977～1985 年，工业体制改革稳步前进，尽管走了一些弯路，犯了一些错误，但也取得了可喜的成就。国家科委 1980 年起草了《关于我国科学技术发展方针的汇报提纲》，明确提出了"加强厂矿等企业的技术开发与推广工作"的科技发展方针，自此，轻、重工业活力逐步增强；工业生产持续协调发展；工业总产值逐年递长。仅"六五"期间的科技攻关成果就有 3 100 项用于重点工业建设、工业技术改造和工业生产中。至 1985 年，轻工业总产值 4 089 亿元，重工业总产值达到 4 670 亿元。表 17 - 2、表17 - 3 是八年科技规划前后轻、重工业方面各产量的对比（《中国统计年鉴》，1978，1985）。

表 17 - 2　八年科技规划前后重工业各方面产量对比

项目/单位	1978 年	1985 年	增长（%）
钢/万吨	2 374	4 666	196.54
钢材/万吨	1 633	3 679	225.95
原煤/亿吨	5.5	8.5	154.54
原油/亿吨	9 364	12 500	33.49
发电量/亿度	2 234	4 073	182.31
木材/万立方米	4 967	6 310	127.04
水泥/万吨	5 565	14 246	255.00
硫酸/万吨	537.5	669	124.50
纯碱/万吨	107.7	200	185.70
化肥/万吨	723.8	1 335	184.44
发电设备/万千瓦	318.1	561	176.36
汽车/万辆	12.54	43.9	350.08

表 17 - 3　八年科技规划前后轻工业各方面产量对比

项　　目	1977 年	1985 年	增长（%）
纱	238	351	147. 47
布	101. 51	143	140. 87
糖	181. 6	445	245. 04
自行车	742. 7	3235	435. 57
缝纫机	424. 2	986	232. 43
表	1 104	4 173	377. 99

由表 17 - 2 和表 17 - 3 可以看出，科技进步有力地促进了我国工业发展。在八年科技规划内，科学技术的普及、应用和推广使得我国的轻、重工业取得了长足的进步，科技振兴工业之路越走越宽。

（二）以科技加速农业产业结构调整，推动农业发展

经过广大科学工作者的辛勤努力，"六五"攻关计划进展顺利，在农业方面也取得了骄人的业绩。农畜育种方面，育成小麦新品种 30 多个，区域试验面积达 270 万平方千米，占全国小麦播种面积的 10%，一般增产 5% ~ 10%；育成水稻新品种达 40 多个，推广 330 万平方千米，平均每亩增产 50 千克左右；育成蔬菜品种 46 个，并进行了大面积推广；马铃薯茎尖脱毒技术区域完善，推广了防止马铃薯因病毒侵入导致退化减产技术，平均亩产提高 50% ~ 100%，并基本解决了全国种薯繁育体系的技术问题；黄羽肉鸡选出优质型杂交组合 4 个，快速生长型杂交组合 5 个，比地方品种增重达 50%，同时饲料消耗降低 1/3。表 17 - 4 是八年科技规划前后种植作物及畜牧养殖等农业各方面产量的对比。

表 17 - 4　八年科技规划前后种植作物及畜牧养殖等各农业产量对比

单位：万吨/万头

项　　目	1977 年产量	1985 年产量
粮食	28 272	37 898
棉花	204. 9	415
油料	401. 5	1 578
甘蔗	1 775. 2	5 147
甜菜	245. 6	891
黄红麻	86. 1	340
烤烟	—	208

续表

项　　目	1977 年产量	1985 年产量
蚕茧	21.6	37
茶叶	25.2	44
猪牛羊肉产量	—	1 755
牛奶产量	—	250
绵羊毛产量	—	18
肉猪出栏头数	29 178	23 895
牲畜年末头数	9 389	11 382
猪年末头数	29 178	33 148
羊年末头数	16 994	15 616
水产品	470	697

　　由于科技水平的提高，种植方法趋于科学性，农作物种植业结构也有科学的调整，同时气象部门提高了预测预报水平，对局部地区灾害性天气作了比较及时、准确的预报，减轻了灾害造成的损失，间接提高了农作物的产量。畜牧养殖方面，由于对动物疫情、疾病有了科学的防治和治疗，所以在畜牧业生产方面也取得了新进展。

　　发展农业科技，发展农村经济，增加农民收入，是完成全面社会主义的根本使命。回顾过去，科技进步有力地促进了我国农业的发展。展望未来，我们有理由相信，随着科技的迅猛发展和对农业的渗透，科技进步将会给农业发展插上腾飞的翅膀，科技进步将为促进农业结构调整、农产品质量安全与标准化、提升农业竞争力提供强大的科技支撑。我国农业将会得到更快发展，农业的明天将会更加美好。

（三）以科技增强军事力量

　　中国作为一个崭露头角的超级大国，先进的科技力量和牢固的国防力量是立国之本。新中国成立以来，给人印象更为深刻的是以异乎寻常的速度发展的核技术。从原子弹到氢弹，中国核技术的发展速度带给世人的惊讶不亚于它们爆炸的威力。虽然中国的第一次核试验是在毛泽东时代，但毛泽东本人在赞扬"人民战争"的作用时曾经公开嘲笑核武器。相比之下，以邓小平为首的国家领导人则坚决要使中国尽快跻身现代化的军事国家之林。1980 年，中国试验了射程 7 000 海里的洲际弹道导弹。一年之后，中国掌握了多弹头火箭技术，中国的一枚火箭发射了 3 颗卫星。

一个国家的综合国力是经济实力、军事实力与科技实力的体现。综合国力的发展是个全面的过程，成为强国的根本在于国力资源的强劲，需要科技、人力资本这些高级生产要素的不断提升，仅靠人口优势是不可能成为实力强国的。综合国力的提高一方面需要国力系统中各要素的均衡发展，另一方面也需要抢占科技进步的制高点，发展在全球创新系统中的领先产业。谁掌握了科技，谁就将成为未来的实力强国。

三、科技发展中存在的问题

（一）科技发展方向正确，道路曲折

我国科技发展面临的基本国情是起点低，基础力量薄弱，难度大（游光荣，2001）。从新中国成立至新时期科学技术发展的历程来看，虽然国家也曾很重视科学技术，也曾强调科技工作与生产实际相结合，为经济建设服务，并采取"任务带学科"、"设计革命"等措施促进科技工作与生产实践的结合，但在实践中，科技工作为经济建设服务的指导思想却未能一以贯之，并时常发生偏差。在强调科学技术的重要性时，有忽略从生产实际出发的情况；在强调与生产实际结合时，又有把科学技术作为生产附属品的情况，造成科技工作与生产实际长期存在不同程度的脱离现象。特别是长时期内，党在指导思想上，坚持一切"以阶级斗争为纲"，把搞阶级斗争作为一切工作的中心，对科学技术的作用认识不够，因而不可能从根本上解决科技工作为经济建设服务的问题，不能牢固树立和坚持科技工作为经济建设服务的指导思想。在错误的思想下，科技工作同其他工作一样，不可避免地要围绕阶级斗争这个中心、服务于这个中心，常常受到政治运动的左右和冲击，导致我国科技的发展随政治风云的变化大起大落。"面向、依靠"方针建立在振兴经济、实现"四化"的基础上，把科技看成振兴经济的战略重点，这就从根本上把科技工作转移到围绕经济建设、服务于经济建设的方向。

（二）不能从自身情况出发，过高估计自己

八年科技规划中，曾提出"八年内建成 10 个钢铁基地、8 大煤炭基地、10 大油气田、30 个大电站、6 条铁路新干线、5 个重点港口"的宏伟目标。这样宏大的建设规模和增长速度，无论是从财力、物力、科学技术力量来讲，还是从资源、建设周期来说，都显得力不从心，超出了实际的可能。

另外，在重建和新建科研机构的过程中，某些地方也有不考虑客观情况、盲目上马的倾向，结果导致力量分散，使本来就很严重的科研力量短缺问题更加突出。例如，1979年全国县以上主管部门领导的独立专业科研机构有6 000多个，相当于1965年的3倍，而同期科研人员只增加了两倍。这使科研结构中的非科研人员比例较高，而真正需要的技术业务辅助人员又很少。比如某省搞林业科技工作的有200人，而林业科学研究所一口气上马40个，平均每个所不到5人（人民日报，1979）。有些研究所甚至连一个科技人员也没有，导致研究所形同虚设。所有这些，不能从自身出发，过高估计自己，盲目地追求发展，都给我国科学技术事业的发展造成了一定程度的危害。

（三）目标与投入不成正比

科技的发展能促进经济的发展，但科技的发展也同样离不开经济的支持。要实现宏伟的科技战略，就必须有充分的、足够的经济预算作为保障，即必须有足够的科技投入费用。科技投入总费用是衡量一个国家科技投入的直观性指标，但并不能很好地表达和诠释这个国家在科技投入上的力度。因此，衡量一个国家科技水平的主要指标是研究与发展经费的科技支出占国民生产总值（GNP）的比重。据有关资料统计，20世纪70～80年代，世界研究与发展经费的科技支出占GNP的比重为1.39%，发达国家平均高达2.28%。从不同国家来看，1986年美、日、德、英、法研究与发展经费的科技支出占GNP的比重在2.38%～2.8%，韩国比重为1.8%，新加坡为0.9%，印度为0.9%，远远高于我国的科技投入水平（表17-5）。由此可见，我国的科技投入水平太低。

表17-5 20世纪70~80年代各国科技投入占GDP比重❶

比例\国家	中国	美、日、德、英、法	韩国	新加坡	印度
科技投入占GDP比例	0.8%左右	2.38%~2.8%	1.8%	0.9%	0.9%

科技发展需要强大的科技资金投入，没有科技资金投入的研究就像无源之水、无本之木。而我国20世纪70~80年代，有的目标区域过高、过大，与科技投入不成比例，所以在有的攻关项目面前显得力不从心。

---

❶ http://www.sgst.cn/xwdt/shsd/200705/t20070518_116554.html.

在军事科技发展方面，军事科技起点低、投入资金也面临比例小的问题。从技术方面讲，研制出一种原型武器到大量生产、试验和测试，最后装备部队，这中间的时间拖得太长。从军事财政问题讲，中国的国防费用大约相当于超级大国国防开支的 1/8，军事经费问题成为发展军事科技和购买先进军事武器的瓶颈。要想发展成军事强国必须保证军事科技上的资金投入，军事科技发展同样任重而道远。

科技发展之路不是一帆风顺的，应正确对待发展中的这些问题，然后吸取经验和教训，避免重蹈覆辙（李安平，2000）。

四、科技体制的发展方向

改革开放以来，我国的科技工作按照"经济建设必须依靠科学技术，科学技术工作必须面向经济建设"的战略方针，围绕科技与经济相结合，加速科技经济一体化步伐，进行科技体制改革，取得了可喜的成就。但是，科技体制改革仍有不足之处，科技与经济的脱节问题没有得到根本解决，组织结构不尽合理，宏观管理体制尚未理顺，改革中创造的新的运行机制有待规范化和法律化。因此，建立适应社会主义市场经济体制和科技自身发展的新型科技体制，仍然是我国当前科技工作的首要任务。

（一）科技体制发展的方向

（1）建立结构优化、布局合理的组织结构，大力加强技术成果转化为生产能力的中间环节，提高企业的技术吸收与开发、创新能力，促进科研设计机构、高等院校、企业之间的协作和联合，促进人才的合理流动。

（2）建立市场经济与技术创新有机结合的运行机制，改革拨款制度，开拓技术市场，在对国家重点项目实行计划管理的同时，运用市场调节，提高科技机构的自我发展能力和为经济建设服务的活力。

（3）建立科技机构和科技型企业的现代组织制度，实行政事分离，明确产权关系，改革人事制度，充分发挥科技人员的创造才能和积极性。

（4）建立适应社会主义市场经济体制的宏观科学管理体制，转变各级管理部门的职能，加强宏观调控服务职能。我国的科技体制改革，在《中共中央关于科技体制改革的决定》精神和国务院一系列改革政策的推动下，已在全国范围内全面展开，不断深化，使科技工作的总体格局和运行机制发生了深刻变革。然而，科技体制改革是一项复杂的系统工程，不同行业和部门的情况千差万别，在改革进程中，既要锐意改革、勇于探索，又要兼顾全局、稳步前进。

（二）科技领域发展的导向

20 世纪 80 年代中国科技的发展处于不断探索的阶段，但发展科技的决心是绝不可动摇的。毋庸置疑，政府将继续增加对科技的资金投入，继续扩大研究领域，向先进国家的技术和工程靠近。总体的发展方向如下。

1. 高技术纵深发展

积极在生物、航天、信息、激光、自动化、能源、新材料、海洋、新型材料、生物技术、电子、技术机电一体化及新能源与节能技术等领域进行研究。提高我国的自主创新能力，坚持战略性、前沿性和前瞻性，以前沿技术研究发展为重点，统筹部署高技术的集成应用和产业化示范，充分发挥高技术引领未来发展的先导作用，以提升我国自主创新能力，提高国家综合实力，增强民族自信心，使中国在世界高科技领域占有一席之地。

2. 基础科技发展

积极对农业、能源、信息、资源环境、人口与健康、材料等领域的重大科学问题，开展多学科综合性研究，解决人民基本生活问题。重点在对经济和社会发展有重大影响的领域进行研究，瞄准科学前沿和重大科技问题，为解决当前中国经济和社会发展中的重大问题提供有力科技支撑。

任何一个国家科学技术的发展都不可能是一帆风顺的，也不可能是一蹴而就的。20 世纪 70 ~ 80 年代的中国，改革开放不久，正是万物蓬勃发展的新时期。尽管科学技术的发展道路上困难重重，但经过党和人民的共同努力，科学技术会不断发展前进，尽管前进中充满泥泞、坎坷，但开放的中国会以更加开放的姿态和视野开展下阶段的科技事业。

第 18 章 解放生产力
——经济体制改革与科技体制改革双管齐下

第 1 节 促进科技与经济结合的基本方向

为了让国内正视当时现实中普遍存在的科技与经济脱节现象，邓小平同志在《改革科技体制是为了解放生产力》的讲话中，对于科技体制与经济体制相互之间的关系进行了详细的论述与说明。他认为科技体制与经济体制不可分割，并非独立的两种体制，两者的最终目的均在于解放生产力，推动经济的快速、健康和有序发展。正如报告中所指出的，有效的科技体制，必然是能够推动经济发展的体制；合理的经济体制，必然是能够反哺科技发展的体制。立足于经济发展以及解放生产力的科技体制改革，在一定程度上能够缓解科技与经济脱节的问题（图 18－1）。

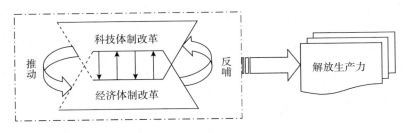

图 18－1 科技体制与经济体制改革间的相互作用

十一届三中全会以后，我们国家拨乱反正，主要工作逐步恢复到以经济建设为中心的主线上来，但对于在特定的历史时期和特殊的中国国情条件下，如何正确理解我国经济的发展以及如何可持续发展，仍然难免有失偏颇。回顾中国经济发展的历程，无论是在"大跃进"时期还是后来逐步恢复理性发展的时期，我们国家对于经济发展规模与速度的追求要明显高于其他指标，因而使得在一定时期出现了以环境换取 GDP 增长、过分依赖"拿来主义"、"贸"比"工"和"技"更为重要等一系列虽然目的很好，但认识和做法有待商榷的矛盾。其导致的结果必然是科技发展对于经济的指导意义和推动作用被遗忘或忽略。脱离科技的经济，在处理数量与质量、效率与效益、走出去与引进来等方面必然产生偏差。发生在多年之前，至今仍然为各界人士所耳熟能详的"柳倪之争"的焦点即在于联想应该走"技工贸"还是"贸工技"之路。尽管这一问题发生在联想，但它是当时中国如何看待技术创新，如何依托科技创新增强企业核心竞争力，如何快速、高效地开展技术创新活动等思想认识和实际选择是一种缩影和客观现实反映。

一、改革向科技延伸——科技与经济的初步结合

邓小平同志在《改革科技体制是为了解放生产力》的讲话中，对由胡耀邦、赵紫阳主持起草的《关于科学技术体制改革的决定》草案给予了充分肯定（张卓元，1998），认为"这个文件的方向，同整个经济体制改革的方向是一致的"。全国科技大会提出"科学技术是生产力"、"中国的知识分子已经成为工人阶级的一部分"之后，全国掀起了尊重科技、尊重知识、尊重人才的热潮，科技分子开始活跃在经济建设的各个领域。在此背景条件下，邓小平同志指出，为了进一步解决科技与经济结合的问题，需要在发现问题、认识问题、解决问题之后解决体制问题。

十一届三中全会之后，以安徽省凤阳县小岗生产队的联产承包责任制为代表的农村改革为起点，改革的浪潮在全国铺天盖地地掀起（师吉金，2002）。邓小平同志不失时机地提出，"改革要从农村转到城市。城市改革不仅包括工业、商业，还有科技、教育等"。这一讲话，点燃了改革开放的火苗，这股欣欣向荣之火越烧越旺，很快蔓延至国民经济和社会发展的各个领域，而科技领域是改革的重要方面。为了发展生产力，就必须对束缚生产力发展的旧的经济制度和政治制度进行改革。邓小平同志在 1992 年指出，"革命是解放生产力，改革也是解放生产力"，这是邓小平同志对十一届三中全会之后全国蓬勃开展的改革所作出的总结。无论在偏远的农村，还是在繁华的都市，无论是耄耋之年的老人，还是激情四射的青年，对于改革的认识已经深入人心，并被社会各界广泛实践。在社会主义制度确定之后，我国需要从根本上克服束缚生产力发

展的各种体制机制问题，通过一系列有生机、有活力、有实效的社会主义经济体制，推动生产力的发展。随着改革涉及多个领域，人们认识到科技领域的改革尤为重要，科技改革对于解放生产力，更好地发挥科技对于经济的服务功能具有直接作用。同时，邓小平同志在不同场合均表示，"改革也是一场革命，不是对人的革命，而是对体制的革命"。正是基于这一考虑，邓小平主张通过科技体制改革来解决科技与经济脱节的问题，至此改革在科技领域得到了全面延伸。

二、体制的重要性——科技改革的深层次思考

邓小平同志的两次讲话，将科技改革从方针问题、认识问题转移到体制问题，是对于科技改革问题的深层次思考。科技改革的方针问题、认识问题主要是从国家宏观战略构想、主体的主观愿望和意识形态等角度对科技改革的思路进行设计和描绘，奠定了科技体制改革的基础，推动科技改革迈出了重要的一步。科技体制改革则是从更为具体的制度设计角度搭建能使科技改革落到实处的组织框架、制度框架以及管理框架（图 18 - 2）。中国不缺乏饱含创新和创业热情的科技人员，不缺乏基础扎实、实力雄厚的科研机构，也不缺乏可供广泛集成的科技创新资源，而缺少恰到好处、必不可少的科技体制。曾有学者指出，"技术是根，管理是魂"，亦有学者认为，无论是中国已有的科技资源和科技能力，还是中国努力通过原始创新、集成创新、引进消化吸收再创新等所提高的自主创新能力，中国科学技术与国外的距离并不在于技术本身的差距，而在于缺乏有效的科技创新体制。在一定程度上，科技体制问题是我国追赶发达国家特别是科技领先型国家面临的最大约束。

图 18 - 2　科技改革思考层次

从所有与科技体制改革相关的文献报道中，均能够查阅到科技改革所涉及的体制问题是继科技改革的方针问题、认识问题之后，推动科技与经济结合的基本问题，究其原因，主要有如下三个方面。第一，从认识和方针等角度推动

科技与经济的有效结合，对于解决科技与经济脱节的问题只能治标不能治本，只有全面推进科技体制改革才能从根本上形成科技工作面向经济建设主战场的格局和态势。第二，认识问题、方针问题与体制问题对于推动科技与经济而言，三者的关系为，认识问题是根本前提，否则无法厘清科技与经济的关系以及科技对经济的作用；方针问题是关键纲领，否则无法把握科技发展的目标与任务及其对于经济的具体贡献；体制问题是有利保障，否则科技引领和服务经济将缺乏必要的制度框架和活动规则。第三，邓小平同志所提到的认识、方针以及体制等问题均属于国家宏观干预和调控并作用于科技，推动科技融入经济，但相比较而言，认识问题属于内因，方针和体制属于外因，两者交叉影响，共同作用于科技人员的价值取向、科技活动的核心宗旨、科技项目的创意诉求等，进而推动科技与经济的完美结合。

三、人才问题——科技体制改革的工作重点

在谈到科技体制改革与经济体制改革的重点时，邓小平同志认为，改革经济体制最重要的是人才问题，而改革科技体制最重要的仍是人才问题。邓小平同志还针对改革科技体制的人才问题特别指出，"第一，能不能每年给知识分子解决一点问题，要切切实实解决，要真见效。第二，要创造一种环境，使拔尖人才能够脱颖而出。"（高权德，2002）由此可见，进一步给科技松绑，推动科技与经济结合的最终落脚点又回到了人才问题。

给科技松绑与人才问题两者相辅相成，不可分割。解放生产力，释放科技活力，实现以科技引领经济，最终践行这一目标和理想的主体必然是科技工作者。因此，如何发挥科技人员的聪明才智与主观能动性，如何最大可能地发挥人才的潜质，是科技体制改革能否落到实处、能否取得预期成效的关键。当时知识分子的社会地位和重要性基本已得到普遍认可，但人才能否全身心投入经济建设的各项工作，其价值能否得到完全体现，从激励理论的角度而言，还需为其提供各种保健因素和激励因素。由于历史的原因和体制的束缚，部分科技人员的后顾之忧并没有得到很好的解决，包括科技人员的编制问题、配偶的两地分居或工作问题、子女读书问题、社保金续转问题、工作经历认可问题、学术成果的认定问题，等等。若将解决科技人才面临的各类困难看作保健因素，那么如何创造合适的环境与工作平台，确保科技人员中的拔尖人才脱颖而出，就属于重要的激励因素。对于科技人员而言，物质环境和条件固然重要，但其

更渴望从事具有挑战性的工作任务、能够拥有证明自身能力和才华的工作机会。因此，需要更好地做到知人善用、因人设岗，尽可能发挥科技人才的专业特长。

在改善工作环境方面，当前部分企业的成功做法得到了科技人员的广泛认可并具有重要的推广价值。比如，部分企业对科技人员实行灵活的工作制度，他们既不需要过多地参与会议或其他事务性工作，也不需要按照单位规定的时间上下班，甚至不需要局限在固定的办公场所工作，其完全可以根据研发任务的需要自由支配自己的工作时间和内容。部分研究机构甚至不给科技人员硬性安排固定的工作内容，而是由其根据公司长期发展战略的需要，结合科技人员自身的专业特长，进行科技项目立项和科技工作开展。部分科技部门对于科技人员的绩效评价也不以当期科技开发工作所能创造的价值为准，而是鼓励科技人员敢于冒险和大胆试错，允许科技人员在一定条件下犯错。部分单位人力资源管理部门给在技术领域专业特长突出但并不适合从事管理岗位工作的技术人员，量身定做了职业生涯通道，确保此类科技人员即便不担任领导职务也同样能够享受相当的福利待遇，拥有相同的职业发展前景。

第 2 节　科技体制改革的主要内容

一、关于运行机制

《关于科学技术体制改革的决定》中指出，在科技运行体制机制方面，要"改革拨款制度，开拓技术市场，克服单纯依靠行政手段管理科学技术工作，国家包得过多，统得过死的弊病；在对国家重点项目实行计划管理的同时，动用经济杠杆和市场调节，使科学技术机构具有自我发展的能力和自觉为经济建设服务的活动（陈红桂，2000）。"

拨款制度对于激发科技人员的工作热情、实现科技活动的经费保障以及推动科技经费的连锁投入等起到了积极的作用。在科技活动单位自身经济实力有限、科技经费投入不足，但又具有科研能力且饱含研发热情的条件下，科技经费拨款制度无疑是一剂定心丸。其具体作用体现在以下三个方面。第一，有助于推进稳定的科技创新活动。拨款制度从宏观政策和制度层面所形成的科技经费持续投入保障机制，对于推动科技活动持续开展具有积极影响。特别是在基础研究领域，企业及社会各界关注程度不是很高，但又意义重大，必须借助政府部门的拨款加以补偿。第二，有助于触发其他的科技经费投入。拨款制度在一定程度上可以坚定科研人员对于自身所从事领域的信心或者帮助科技人员根据拨款的政策导向性选择自身科研水平与政府所关注内容的结合点。此外，拨款制度对于民间投资者而言具有导向作用和触发作用，因为在投资者看来，政府愿意投资的必然是具有战略影响和后效经济价值的领域。第三，有助于体现特定的计划经济功能。在计划经济时代以及计划经济向市场经济转型的时期，拨款制度能否有效发挥计划经济的特殊功能，特别是在政府决定集中力量办大事的背景条件下，更能体现出拨款制度对于推进科技"举国体制"的支撑作用。以拨款制度为前提，国家可以将科技经费集中投入特定的领域，从而发挥科技人员和机构的合力，在该领域实现重大突破。

与此同时，可能存在的不足之处有：必须承认在我国诸多的科研院所中，"等、靠、要"现象较为突出，对于国家科技经费拨款依赖程度较高，甚至还可能出现科技资源闲置与浪费的情况。尽管我国科技经费投入逐年递增且保持了较好的增长势头，但国家能够用于科技投入的资金毕竟有限，科技经费的持续投入以及科技活动的持续开展，迫切需要科研机构自身具有造血功能。科技人员的绩效具有隐蔽性和后效性，科技活动的形式具有知识性和开放性，科研事业的发展具有衍生性和全局性，因此完全依靠行政手段对科技活动的形式进行干预难免会束缚科技发展，如：科技活动仅局限于特定的学科范围和领域，科技人员仅为了完成科研任务而从事科技活动，科研机构可能仅作为纯学术型的研究结构而存在，科技经费仅局限于有限的研究领域。鉴于此，科技体制改革很有必要突破国家包办和统管过于死板的局面。关于科技拨款制度，当前有部分城市开始尝试先活动后拨款的方式。即由科技活动各单位根据现实需要自主命题和自由探索立项，在项目开展技术，取得预期成功和收益之后，再由科技部门拨付相应的科技经费。这一方式增强了科技活动开展的自由度和灵活度，甚至可以作为对科技活动可能存在风险和损失的有效补偿。

市场经济条件下，科技发展更需要经济杠杆和市场调节的作用，更需要鼓励科技机构和科研人员敢于"走出去"，而不是过多地限制和束缚。授人以鱼，不如授人以渔，也不如授人以欲。同样，推动科技发展，依靠政府部门一厢情愿的输血、一味的资助和扶持是不行的，更需要科研机构和科研人员在科技创新活动中既能够发挥自身优势，又能够体现科技的经济价值，同时也能够与经济建设接轨并推动经济的快速发展。关于"科学技术机构具有自我发展的能力和自觉为经济建设服务的活动"无疑是将科研机构放开搞活的重要启示。从这一点而言，科技与经济结合并非鼓励将科技完全功利化和物质化，而是在逐步培育科研院所的市场经济意识、对外服务能力、主动参与意愿等前提条件下，推动科研院所自身的造血行动，即通过"走出去"赢得社会的认可，获取多种渠道的科技经费支持。通过科研人员的人尽其才，科研设备的物尽其用，科研技术的事尽其功，科研院所在不断锻炼自身科研能力的过程中，自觉或不自觉地开始为经济建设服务，这将是国家、科研院所以及社会多赢的大好局面。

二、关于组织机构

在组织结构方面，要"改变研究机构与企业分离，研究、设计、教育、生产脱节，军民分割、部门分割、地区分割的状况；大力加强企业的技术吸收与开发能力和技术成果转化为生产力的中间环节，促进研究机构、设计机构、高等学校、企业之间的协作和联合，并使各方面的科学技术力量形成合力的纵深配置。"

受当时科技体制的约束以及科研院所、科研人员自身意识形态封闭性的影响，研究机构不能、不愿甚至不会为企业或其他技术需求方提供服务，技术供给与技术需求难以实现有效对接。《关于科学技术体制改革的决定》中提出了对于研究机构的要求，禁止简单地、盲目地对研究机构与企业拉郎配，而是要有意识地推动产学研合作以及技术供给和需求的对接，这一决定的主要作用体现在以下四个方面。

第一，研究机构与企业的互利双赢。企业在生产经营活动中渴求技术力量的支撑，需要研究机构的辅助和参与。市场竞争与日俱增，技术升级换代日新月异，企业所拥有的核心技术及主打产品的生命周期越来越短，越来越多的企业开始与研究机构联姻，选择与研究机构同行，以弥补自身技术实力存在的不足，延长技术的生命力，增强企业的核心竞争力。对于研究机构而言，企业的技术难题为其提供了具体的研究领域和良好的选题，为科研人员的研究成果特别是基础研究成果提供了重要的试验基地、验证机会和反馈结果。离开企业及市场现实需求的技术只能是空中楼阁，相应的科学技术只能被认为是屠龙之技，看似高深莫测，实则属无稽之谈。事实上，科研人员同样需要在实践中锻炼，在问题中成长，在应用中提高。换言之，科研机构的生命在于浩瀚无边的科研前沿甚至未知领域，更在于市场中最直接的技术需求。因此，研究机构与企业的结合是双赢的过程。

第二，研究机构科研人员"下海"与大量企业创办技术中心。在《关于科学技术体制改革的决定》提出鼓励研究机构与企业一起经历一段磨合期之后，社会中涌现出研究机构的科研人员"下海"以及大量企业创办技术中心的繁荣景象。前者是指科研人员凭借手中的技术成果及创业热情，兴办企业，毅然走上独立创业或与企业合作创业之路，在经营企业的同时促进技术不断完善，并致力于推动技术成果的商品化、市场化和产业化。后者是指，企业充分意识到科学技术对于自身发展的重要性，开始成立各种形式的实验室、技术中心、研发机构等，安排专人从事科研活动，同时也包括与科研院所合作，为其科研人员在企业内提供工作场所。研究人员创业以及企业成立技术中心虽不能称为研究机构与企业最为深层次的结合，但确实是研究机构与企业结合的一种特殊形式，也能够起到"加强企业的技术吸收与开发能力和技术成果转化为生产力的中间环节"的作用。

第三，协同研发思想的基本形成。《关于科学技术体制改革的决定》中关于"改变研究、设计、教育、生产脱节，军民分割、部门分割、地区分割的状况"的论述，为我们国家协同研发，特别是产学研合作研发、军民融合式研发、远程异地协同研发、跨区域协同研发等提供了重要的思路和启示。建立在研究、设计、教育、生产等环节协调一致基础上的科研活动，必然能够保证科技活动有理可依、有据可查，可以让技术落到实处，同时也能在生产中对技术进行修正，在市场中对技术进行完善。军技民用、民技军用、军地融合式发展已成为不争的事实，军民协同科技创新将推动两用技术的快速发展。远程异地协同研发与跨区域协同研发能够解决区域分割对于协同研发的阻碍问题，甚至可以打破行政区划对于科技创新活动的约束和阻碍，能够有效实现跨区域的资源共享、要素互补与网络协同。

第四，产学研联盟开始初步形成。《关于科学技术体制改革的决定》中关于"促进研究机构、设计机构、高等学校、企业之间的协作和联合"的论述（朱耀斌，李高海，2001），虽然未能明确指出要积极构建产学研战略联盟，但在很大程度上已是推动产学研战略联盟的信号和征兆。从组织结构的视角来认识产学研战略联盟，其属于科技创新的动态组织，具有灵活性、松散性、联盟性等特征，能够弥补计划经济条件下的直线制或职能制科研组织、以科研项目为纽带的矩阵式科研组织结构等存在的缺陷和不足。研究机构、设计机构、高等学校、企业之间的协作和联合需要以各单位的差异化优势为依据并进行分解定位，以此体现协同研发组织的资源集成功能与优势整合功能。

三、关于人事制度

在人事制度方面，要"克服'左'的影响，扭转对科学技术人员限制过多、人才不能合理流动、智力劳动得不到应有尊重的局面。"

知识分子的地位得到认可之后，"尊重知识、尊重人才"得到了广泛、普遍的体现。但与此同时，却出现另外一个极端情况，即个别地区对于人才形成了地方保护主义，个别单位为了留住人才，硬性通过人事档案制度加以限制，美其名曰"留住人才"，但其实束缚了科学技术人员的发展。虽然诸多科学技术人员有机会找到更好的"金梧桐"，有机会获得更好的发展平台，但由于中国国情下特有的档案制度，不得不留在原单位，直到年华和才华随着岁月慢慢消磨掉。部分不顾档案而选择"跳槽"的辞职者，新单位却因为其没有档案而无法为其提供应有的待遇（如无法评职称等），使其发展受到影响。现实中，科学技术人员因为档案关系，身份和地位不被认可，职业生涯发展受到阻碍的情形屡见不鲜。除档案关系外，人事制度方面影响人才正常、合理流动的因素还包括社保缴纳问题。目前，人力资源和社会保障部正在考虑推行全国社保卡统一工作，居民身份证号将作为社保卡号终身不变，全国通行。这意味着，对于所有居民包括科学技术人员，无论其在哪里工作，社保基金缴纳均不再是难题。但在此之前，科学技术人员普遍担心"跳槽"到异地工作之后，社会保险金的缴纳难以衔接。虽然社保金的续转问题并没有成为人才流动的主要困扰，但一定程度上确实使得科技人才流动过程中的正常利益受到侵害。

人事制度中普遍存在的，甚至为绝大多数人所认可的"学而优则仕"、"技而优则仕"使部分知识分子、科技人才走向领导岗位，其能力和才华得到了极大的体现，个人价值也得到了完全的体现。但也有部分优秀的科技人员并不适合从事领导岗位的工作，管理层的职业生涯通道并不符合科技人员的长远发展要求，结果导致部分科技人员在进入领导岗位之后既不能有效胜任领导岗位的工作，也荒废了技术领域的专业特长。即便具有较强的领导才能或天赋，但管理岗位过多的会议、应酬或事务性工作，使得科技人员不再有足够的时间从事技术研发工作，亦不可能重新沉下心去做研究。H 型职业生涯通道向 H 型职业生涯通道的转变，虽然推动了科技人才在不同岗位之间的轮换和流动，有助于培育复合型人才，但也确实束缚了部分科技人员的可持续发展。

此外，人事制度中的职称评聘制度在一定程度上导致科技人员为了职称评定而从事科学研究工作，或者因为职称问题而影响科技人员的个人发展或工作热情。科技成果评价机制导致科技人员的劳动付出和价值创造难以得到正确的评价和判断，主要原因在于科技人员的智力劳动通常具有形态隐蔽性、效益潜在性、价值后效性等多种特征，在缺乏公平有效的评价机制的条件下，若干从事基础研究和特殊领域研究的科技人员所创造的价值往往难以被认识。特别是对于部分从事前瞻性科学研究但却以失败告终的科技人员，鲜有从期权视角进行理性评价的相关制度，显然部分科技人员将受到不公正待遇，其创新意识和冒险精神将因此而有所降低。

与以上不利于科技人才流动的人事制度相比，部分制度的创新与改革却合理有效地促进了人才的流动。部分单位已开始尝试企业与科研院所的人才联合培养与输出、企业为员工在科研院所中聘请成长导师、科研人员在企业挂职锻炼或在企业担任技术顾问、企业人士与科研院所共同组建研发团队或项目小组等。科研院所与企业之间的人才交流机制，为完善科技人才培养机制、合理实现人才流动，起到了积极的作用。

第 3 节　全面改革科技体制任重而道远

我国的科技体制改革在《关于科技体制改革的决定》颁布之后，开始在全国范围内全面展开并不断深化，我国科技工作的总体思路和运行机制、科技创新的全面绩效和价值创造等发生了较为深刻的变化。1985 年出台的《关于科技体制改革的决定》是我国科技体制改革的里程碑，同时也是重要的起步。其对于推动我们国家制定《技术合同法》《关于进一步推进科技体制改革的若干决定》《关于深化科技体制改革若干稳定的决定》《科技进步法》《关于加速科技进步的决定》《促进科技成果转化法》等一系列方针、政策与意见，使我国科技体制改革在 1985 年邓小平讲话精神的基础上取得长足的发展发挥着重要作用，甚至对于当今的科技发展仍然具有重要的启示。尽管如此，科技体制改革的贯彻落实与有效实施工作依然任重而道远，全面改革科技体制还有很长的路要走。

一、政府部门的有所为与有所不为

《关于科技体制改革的决定》中的一个重要思想在于必须克服"国家包得过多，统得过死的弊病"（何一成，2000），即推行科技体制改革，政府部门必须放宽搞活，留给科技人员、研究机构甚至包括部分管理部门足够的活动空间和发挥余地，鼓励其在政策允许范围内充分开展科技创新活动、构建科技创新体系。这一要求，简言之，可称为要求政府有所不为。与此同时，《关于科技体制改革的决定》中要求尽可能推动研究机构、企业、教育部门等之间的合作，鼓励构建产学研联盟。然而，由于产学研合作各方的信息不完全对称、产学研合作各方不愿意看到的知识转移与价值溢出、产学研合作可能存在的利益与风险分配不均等多种原因，尽管产学研合作绝对利大于弊，但真正成功的、高效的产学研战略联盟并不多见。在中国当前特定的国情条件下，推动产、学、研（也可能包括中、金、官等）合作需要由政府主导和推动，甚至可能需要政府部门有目的、有意识的牵线搭桥，依靠政府部门为产学研战略联盟创造各种机会、条件和平台。不难看出，除产学研战略联盟之外，科技体制改革所关注的内容对于政府部门而言，部分工作必须有所为，部分工作必须有所不为，部分工作必须适可而为。比如，在科学技术的尖端和前沿领域，可由政府部门组织和召集相关人员进行科学预测，组织相关部门、集中优势力量开展研究工作；在搭建技术开发的各类公共平台以及基础设施投入等方面需要政府积极支持和大力参与。因此，科技体制改革过程中如何处理政府部门对于科技工作介入的方式、程度和领域等问题，对于科技体制改革能否顺利实施具有直接影响。

比较而言，在指引方向、搭建平台、制定政策、规范机制、指导建议等方面，政府部门可以在科技体制改革中有所作为；在科技资源配置、科技能力培育、研发风险补偿等方面政府部门可以考虑适可而为，既需要政府行为的介入，同时也需要尽可能发挥市场的杠杆作用；在具体的科技创新活动中，科技人员尽情发挥其创意，科研机构自由组织其资源，在政府部门划定的合理政策框架范围内开展活动即可。特别是在科技成果产业化方面，既需要政府部门的培育和扶持，更需要市场化的运作机制来推动技术商品化和产业化发展（图 18-3）。

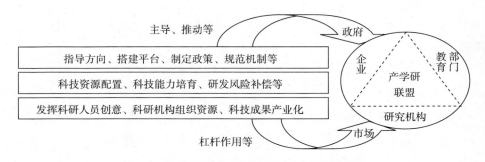

图 18－3　科技体制改革中政府部门要有所为

二、上有政策、下有对策

我们国家出台和制定的一系列推进科技体制改革的政策，很快在全国得到了推广实施，并取得了预期的成效，但由于受诸多历史遗留问题的影响，地方领导的思想未能完全转变以及既得利益者的观念冲突等多种原因，科技体制改革所涉的相关政策和规定在落实方面受到了一定阻碍，也打了一定折扣。尽管政府部门已决定打破管得过宽、限得过死的格局，在科技管理中提倡和推行市场经济的先进理念，然而在部分地方科研院所的科技体制和机制中，计划经济的色彩依然非常浓厚，即便到现在仍然保留着计划经济时代的种种模式与做法，或许这也是我们国家在《关于科技体制改革的决定》之后，连续出台相关制度进一步深化科技体制改革的原因之一。未能严格按照市场经济的做法实行科技管理，其必然结果是科技资源的低效或无效配置与浪费、科技创新活动的低效率或盲目开展、科技人员的工作积极性受到打击、科技人员的劳动付出和成果未得到应有的尊重和体现。价格信号和竞争机制是市场经济的核心，然而在科技体制改革中，或因为改革不彻底，或因为畏惧改革，竞争机制在部门科研机构和人才选拔中并没有得到充分的体现，"一言堂"的现象依然存在，真正的百花齐放、百家争鸣难以实现。

按照国家科技体制改革提出的相关要求，各地科研院所开始实施人员分流，激励科技人员走出科研院所，敢于创新创业，努力实现科研院所与企业的结合，推动科技与经济的融合。然而，这一政策最终产生了两种结果：其一为部分科研院所采用拖延观望的态度，并没有真正实现分流，科技人员不仅没有走出科研院所的大门，甚至增加了编制数量，科研院所深层次接触企业的通路被阻断；其二为部分响应国家政策，积极与市场接轨，参与经济建设的科技人员中，创新创业成功者不必担心生计问题，而创新创业失败者则不得不考虑退休之后的福利待遇问题。此外，受"上有政策、下有对策"的影响，在科技体制改革过程中，关于科研院所机构改革的相关政策在实际执行过程中亦产生了意料之外的偏差。

三、技术与市场还有差距

在《关于科技体制改革的决定》中，提到要"大力加强企业的技术吸收与开发能力和技术成果转化为生产力的中间环节"，即企业能够在科技创新活动以及知识学习活动中，提升自身的开发能力、学习能力，特别是能够将新技术、新工艺、新材料、新方法等结合企业实际进行有效运用，将技术转化为生产力。尽管如此，我国的技术与市场还存在较大差距，其原因包括三个方面。

其一，部分企业创办的技术中心和研究机构并没有从事真正意义上的研发活动，创新活动本身缺乏技术含量，不具备产业化推广价值，甚至部分研究机构（包括研究机构所属的研究机构和企业所属的研究机构），仅仅是为了申请国家科研经费支持而存在，只是为了完成任务而从事研发活动，无法通过市场化推广来体现技术的真正价值。此类技术与市场脱节的情形由研发机构自身的管理误区所致，属于人为可控的风险，可通过改进科研经费配置模式、完善科技成果评价体制等方式加以修正。

其二，部分中国企业在大量的技术引进和国际合作中，并没有投入必要的时间、精力和经费开展技术消化和学习。在"拿来主义"中并没有掌握合作方所拥有技术的精髓和要点，没有做到知其然并知其所以然，在合作中企业的技术创新能力和学习能力并没有提高。我国学术界和企业界普遍争议的"以技术换市场"关注的焦点亦在于是否真正吸收消化和掌握国外企业的先进技术，并有效运用于我国的生产实践。比较而言，韩国、日本等国家花费在技术学习中的费用要远高于我国，因此其拥有的技术与市场之间更容易拉近距离。

其三，我国企业的知识产权保护意识相对较弱，虽然当前有所改善，但我国每年所申请的若干专利和发明最终能够转化为产品，并进行市场化推广的并不多见。对于我国科技人员而言，特别是企业在职创新人员，对于职务发明的认识和理解不够深刻，选择了放弃或者不予重视，最终导致企业和潜在发明拥有者个人均遭受了损失。一部分原因在于专利本身的拥有者市场转化意识不强，或者专利本身市场化前景不明显，另一部分原因在于专利潜在的购买者对于专利的价值认识不清晰，双重因素最终导致技术成果与市场不能有效融合。

四、科学技术的合力难以形成

在特定的历史时期，我国科技领域的"举国体制"推动了技术的重大突破，"两弹一星"即是明证。科技资源共享、科技力量整合所能创造的奇迹往往会超乎人的想象，然而举国体制毕竟只适合特定的领域，不可能任何科技创新都采取这一方式进行，同时现实的情况是科学技术想要形成合力确实存在主观与客观的多重原因。以某些大型集团公司为例。其子公司、子公司的子公司、分公司等均成立与公司主营业务相关的技术中心，在技术领域选择、技术专业设置、技术经费投入等方面存在大量的重复建设甚至内部竞争。即使就某一地区而言，研究机构之间的科学技术力量都难以实现整合，甚至可能存在恶性竞争，在对外承接项目时均表示自身独立一方可完全承担委托的项目，自身并不擅长的项目为了盈利也极力承接，不同科研院所之间所从事的研究具有相似性却不整合资源开展共同研究，等等。科学技术难以形成合力，导致技术与市场之间的有效衔接存在困难。

第4节　发展民营经济

一、小平同志为"傻子瓜子"说话

邓小平同志在十一届三中全会的重要讲话，虽然并没有明确提出要发展民营经济，亦无涉及民营经济或非公经济的相关政策和法规。但"解放思想，实事求是，团结一致向前看"、"实践是检验真理的唯一标准"等一系列论断，却对全国人民产生了极大的触动。在大会结束时所指出的，让一部分人和一部分地区先富起来，是一个大政策，极大地为敢于创业和先行先试、勇于创新和创造财富的人民提供了绝好的契机。"我们分田到户每户户主签字盖章如此后能干每户保证完成每户全年上缴和公粮不在（再）向国家伸手要粮如不成我们干部作（坐）牢也干（甘）心大家社员也保证把我们的小孩养到 18 岁"，这份收藏在中国革命博物馆内，既不通顺还有错别字的合同书，是 1978 年安徽省凤阳县小岗生产队实施分地和包干到户并一举取得成功的见证。也正是以农业领域内的成功改革为标志，我国的民营经济开始在全国各地萌芽。由于各地政府并不敢完全放开，所谓的"民营企业"或"私营企业"基本上挂靠在各级政府或国有企业下面，称之为戴"红帽子"。在凤阳推行联产承包责任制和包干到户不久，1980 年 9 月 27 日，中共中央发出了《关于进一步加强和完善农业生产责任制的几个问题的通知》，至此包干到户、包产到户的合法地位才正式得到国家认可。同时，农村恢复个体经济，为我国在城区、工业等范围和领域发展非公经济奠定了基础。

1981 年 10 月 17 日，《中共中央、国务院关于广开门路，搞活经济，解决城镇就业问题的若干决定》对于个体经济提出了"引导、鼓励、促进、扶持"的八字方针，为城区发展民营经济提供了环境和土壤。数据显示，1981 年，全国个体户达到 261 万户，从业人员 320 万。然后，也就是在这个时候，发生了"傻子瓜子"事件。在粉碎"四人帮"之后党中央、国务院批准的第一个有关个体经济的报告中，提到"各地可以根据当地市场需要，在取得有关业务主管部门同意后，批准一些有正式户口的闲散劳动力从事修理、服务和手工业等个体劳动，但不准雇工。"然而，"傻子瓜子"的创业者却"违背要求"，雇用了远远超过当时世人所能接受的雇工人数，被人认为是在走资本主义的道路。邓小平同志在收到关于"傻子瓜子"的调查报告后，给予了高度重视，认为对于这一事情的处理办法将影响到民营企业和个体户对于国家政策取向的认识问题和对政府部门的信任问题。邓小平同志指出："还有些事情用不着急于解决，前些时候那个雇工问题呀，大家担心得不得了。我的意思是放两年再看。那个会影响到我们的大局吗？如果你一动，群众就说政策变了，人心就不安了。你解决一个'傻子瓜子'，就会变动人心，没有益处。让'傻子瓜子'经营一段时间，怕什么？伤害了社会主义吗？"一代伟人邓小平再一次以审时度势、高瞻远瞩的眼光为中国的民营经济发展指明了方向并保驾护航。

二、民营经济与科技的"活"与"死"

随着民营经济的地位逐步得到认可、巩固和强化，民营经济成为全国和各地区国民经济的重要组成部分，我国政府对于民营经济的体制机制逐步放宽搞活，民营经济相对于其他经济形态而言对于科技的驱动作用不言而喻，并表现出矛盾的对立统一。民营经济与科技的"活"与"死"体现在以下两个方面。

1. 体制的"活"与"死"

民营企业家是在拿自己的钱从事科技创新活动,科技对于经济的支撑作用更为明显,民营经济更在乎科技成果的价值转化作用。基于此,从民营经济本身而言,其体制"活"的一面体现为,民营企业从事科技活动的目的性、目标性、动机性和方向性非常明确,一旦民营企业家决定从事技术开发活动,其所能创造的成果和奇迹将难以想象和估量。换言之,民营经济对于科技的推动使得技术与市场的对接更为紧密,技术的应用性、针对性和价值转换性更为突出,技术的投入产出效率更高。民营企业的科技活动绝不会流于形式和表面功夫,其关注更多的是技术成果能够在多大程度上解决企业面临的实际问题,以及如何帮助企业获得技术优势。民营经济体制"死"的一面体现为,诸多中小民营企业特别是仍处于创业阶段的中小民营企业难以获得国家层面的科技项目或资金扶持。民营经济与科技的内部劣根性使得诸多民营企业难以获得持续的科技经费投入和扶持,民营企业自身资金实力有限,部分民营企业家目标较为短视,其做不大、做不长的原因亦在于其缺乏持续的科技创新热情和动力。

2. 动力的"活"与"死"

民营经济对于科技的敏感性要远远超出其他经济形态,民营科技当前已遍布各行业和领域。只要是能够市场化、商业化和产业化,能够创造价值和实现利润的技术,都可以被攻克和突破。民营经济虽然自身缺乏足够的科技创新资金扶持,但在市场经济导向和利益驱动的条件下,其宁可节衣缩食,也愿意通过有限的借贷、委托技术开发、技术合作等方式从事技术创新活动。然而,正是因为如此,民营科技活动绝大多数为纯商业化的技术开发活动,部分非商业化或者具有前瞻性的技术开发活动,原本非常需要民营企业参与,但因为缺乏利益驱动或者短期利益不明显,民营企业缺乏足够的动力参与该活动。国外的科技创新活动与此不同,类似于航天航空等具有公益性的科技创新活动,美国、苏联等国家均在积极吸引民间的各类创新主体参与创新活动,其最终结果是既推动了民营科技对于国家层面科技的支撑作用,同时又提高了民营科技的创新能力和意识,并使得民营企业能够从中获利。我国民营科技创新动力较为死板的一面体现在,对于前瞻性的技术储备工作做得不够,对于基础研究的投入相对较少,对于公益性的科技关注程度较低,从而使得民营科技的作用大打折扣。

第 19 章　春华秋实
——新技术和基础理论研究硕果累累

第 1 节　灼灼星光，启明应用研究

经历了"文化大革命"期间科学的漫漫长夜，我国科技事业终于迎来启明的星光。改革开放仿佛启明之星，预示着我国科技事业即将迎来由乱到治、由衰到兴的美好未来。在 1978 年召开的全国科学大会上，邓小平同志提出"科学技术是第一生产力"的主张，成为新中国科技发展史的风向标，为我国科技事业的发展指明了道路。随后，我国开始有步骤地实施一系列科技规划与计划，促进了我国科技事业有条不紊地前进。30 多年来，我国的科学技术事业取得了举世瞩目的成就，科技实力显著提升，与世界先进水平的差距在进一步缩小。科学技术成为我国经济社会发展的强大驱动力，为国家安全提供了强有力的支撑。一批重大创新成果的涌现（如载人航天、杂交水稻等），显示了我国原始创新能力进一步增强。此外，我国重大技术装备的自主研发能力也取得了重大突破，高科技产业规模日益壮大。总体而言，我国 30 多年来取得了一系列举世瞩目的科研成果，为我国的社会主义现代化和创新型国家建设注入了强大动力。

1978 年 3 月，全国科学技术大会在北京召开，这是新中国历史上召开的第一次科学盛会，是我国科技事业史上的里程碑。邓小平同志在开幕式上发表了重要讲话，阐明了马克思主义理论对科学技术在社会发展中的地位和作用，指出科学技术的现代化是四个现代化的关键所在，我国要实现科学技术的现代化，必须大力发展科技和教育事业，充分调动科技和教育工作者的积极性。他着重阐述了"科学技术是生产力"这一马克思主义观点，明确表态对于学术

上的不同见解应给予宽容的社会环境,必须坚持百家争鸣、百花齐放的方针。邓小平的讲话,是对科技事业中的一些重大原则问题的澄清,是对科学教育工作和知识分子问题上又一次重要的拨乱反正。邓小平的讲话,主要从理论与实践相结合的高度,精辟阐述了科学技术是生产力、科学技术现代化是实现四个现代化的关键等重要问题,为我国新时期制定科技发展的基本方针和各项政策奠定了思想理论基础(陈建新,赵玉林,关前,1994)。大会宣读了中国科学院院长郭沫若《科学的春天——全国科学大会闭幕式上的讲话》,通过了《1978~1985 年全国科学技术发展纲要(草案)》。

一、农业科技:选育良种,成就喜人

"六五"攻关计划完成后,我国在农畜育种方面,育成小麦新品种 30 多个,区域实验面积达 4 000 万亩,占全国小麦播种面积的 10%,一般增产 5%~10%;育成水稻新品种 40 个,推广 5 000 万亩,平均每亩增产 100 斤左右;育成蔬菜品种 46 个,并进行了大面积推广;棉花、玉米等主要农作物的良种选育,更是有效解决了当时中国十万人的衣食问题,为我国经济发展奠定了坚实的基础。

(一)"鲁棉一号"高产稳产

人类社会的进步,归根到底是靠科技。"鲁棉一号"——科学之母孕育出来的神奇种子,可以改变一个世界。1976 年山东省棉花研究所用辐射育种新技术培育出"鲁棉一号"良棉,经过全省大面积推广,使棉花获得大丰收。它彻底结束了美国岱字棉品种在我国黄河流域棉区长达 20 多年的主导地位,也结束了我国人民缺衣少穿、一年只有几尺布票的历史,一度使我国由棉花进口国变为出口国。

(二)杂交玉米品种改良

20 世纪 70 年代初以后,放射性同位素与射线新技术在农作物育种方面的应用,培养出水稻、小麦、棉花、玉米、谷子、大豆、油菜等几十个新品种,不仅使农作物产量提高、生长期缩短,而且使其具有抗病虫害等特点。从此,中国开始在改良品种、消除病虫害等方面领先世界,对东南亚以及全世界农业发展产生了举足轻重的影响。

被称为"中国杂交玉米之父"的李登海研制出的改良玉米品种是当时的典型代表。该玉米品种在 1975 年达到亩产 1 024 斤,比新中国成立初期提高

了两倍以上。与此同时，玉米、棉花、油料等其他农作物也都陆续发生了
"种子革命"，农作物的产量和品质不断得到提高和改良。以山东粮食产区为
例。20 世纪 70 年代中后期，新培育的小麦"山农辐 63"、"烟农 15 号"等良
种，单产较以前选育的"泰山 1 号"等良种增长 20% ~30%；玉米培育并推
广的"丹玉 6 号"、"鲁单 33 号"、"鲁单 36 号"、"烟单 14 号"、"掖单 2 号"
等良种，单产较以前选育的"烟三 6 号"、"群单 105 号"、"鲁三 9 号"等良
种增长 20% ~40%（国家统计局，2009）。

（三）农机新技术和新产品研发

20 世纪 70 年代至 80 年代初，垦区许多农场将牵引犁改成悬挂犁，并改
装一些深松部件安装在大犁或中耕机上，打破犁底层，五铧犁加燕尾板及犁铲
加长，大犁带合墒器，提高耕作后碎土能力，使翻、松、耙作业一次完成。这
些改装和机具对深松少耕法的建立和完善起到了很大作用。多年来，垦区广泛
应用植保新机具、新技术。

黑龙江垦区农机企业紧紧围绕大力发展农业机械化，面向垦区及国外市场
需求，努力拼搏，开拓进取，不断增强自主创新能力，研制开发农机新产品。
经过不懈努力，逐步发展并形成企业主导产品突出、配套产品系列化的垦区农
机制造业发展格局，推进了垦区农机化快速发展。20 世纪 70 年代，随着企业
技术设备的增加和技术力量的提高，农机制造产值逐步上升，使具有自主知识
产权研究开发的新产品崭露头角，并初步形成具有农垦特点、满足农场生产发
展需要的农机产品专业化分工、系列化发展的雏形。

（四）科学种田，粮食增产

20 世纪 70 年代，中国各地广泛开展了"科学种田"试验，试验成果喜
人。如湖南省、福建省等地区的农科所和社队进行的麦稻三熟种植试验，平
均年亩产达到 1 000 多千克。江苏省农业科学院研究员、农民科学家陈永
康，经过多年试验，在 1979 年成功种植稻麦两熟高产田，平均年亩产达到
1 160 千克。

改革开放以后，我国逐步改革统购统销的体制，提高粮食收购价格，减少
定购数量，使粮食生产实现高速增长。我国粮食产量从 1975 年的 2 841.5 万吨
开始一路震荡走高。根据国家统计局统计结果，从 1975 年到 1985 年，10 年间
全国粮食产量基本保持持续增长趋势，没有出现过大幅度减产、滑坡的状况
（仅在 1979 年与 1985 年出现了暂时性的粮食减产）。就 1977 年到 1984 年来

说，粮食产量由 33 211.5 万吨增至 40 730.5 万吨，7 年间增长了 22.6%，年均增长率为 3.2%，大大超过了改革开放以前的年均增长速度（国家统计局国民经济综合统计司，2010）。

粮食的历史性高产，主要原因在于 1978 年我国农村实行改革和提高粮食价格，极大地调动了农民的积极性。1978 年中国粮食产量首次突破 30 000 万吨，达到 30 477 万吨，增长了 7.8%。1979 年粮食产量又增长 8.9%，这主要是由于国家大幅度提高粮食收购价格，粮食统购价提高 20%，超购部分加价 50%，从而促进粮食产量快速增长。1978 年和 1979 年粮食产量年均增长率达到 8.38%（国家统计局国民经济综合统计司，2010）。

1982～1984 年这三年粮食总产量年均增长率为 7.83%。尤其是 1984 年，中国粮食产量历史性地达到了 40 732 万吨。这次粮食增长的主要原因在于家庭联产承包责任制在中国农村地区的有效推广，实现了土地所有权与土地使用权的分离，赋予了农民生产的自主权以及剩余产品的支配权，充分调动了广大农民群众的生产积极性。

虽然 1975～1985 这十年间农业形势较好，但在 1980 年和 1981 年出现了改革开放后的第一次粮食减产，年均粮食增长率为 1.05%。而导致 1985 年粮食减产的主要原因有两个：一是国家取消了部分鼓励粮食生产的优惠政策，粮食收购实行"倒三七"的比例价，实际降价幅度接近 10%；二是资金和物质投入的减少，使得农资价格上涨约 4.8%，挫伤了农民的种粮积极性。

二、工业科技：体系健全，经济腾飞

自 1978 年改革开放以来，工业经济进入腾飞期。1984 年中国工业总产值突破 7 000 亿元，达到 7 030 亿元，比上年增长 14%。1984 年中国净增的工业总产值达 865 亿元，增长数额之大，在新中国工业发展的历史上前所未有（国家统计局，2009）。从 1981 年到 1984 年的 4 年间，工业总产值每年平均递增 9%，远远超出"六五"计划规定平均每年保证增长 4%、争取增长 5% 的速度，提前完成"六五"计划指标的主要工业品增加了 15 种，总数已占"六五"计划考核的全部工业品的 66%。工业生产能力大幅提高。

在能源、冶金、化工、建材、机械设备、电子通信设备制造和交通运输设备制造及各种消费品等工业主要领域，我国已形成具有一定技术水平的、种类较为齐全的、生产较为独立的工业体系，工业主导地位显著增强，实现了由工业化初级阶段向工业化中级阶段跨越的历史进程。

（一）攀枝花钢铁基地建成

随着攀钢一期工程于 1974 年基本建成，攀枝花钢铁基地建设进入了一个新的发展时期。自 1980 年开始，攀钢在全国冶金企业首批实行了上缴利润定额包干的承包经营责任制，极大地调动了企业的积极性和创造力。1980 年攀钢实现工业总产值 7.9 亿元，比上年增长 10.4%；各项主要产品均达到了设计水平，主要技术经济指标也有较大提高，达到了投产以来的最好水平。

（二）葛洲坝水利枢纽建成

葛洲坝水利枢纽工程是我国万里长江上建设的第一个大坝，是长江三峡水利枢纽的重要组成部分，是世界上屈指可数的水利枢纽工程之一。其设计水平和施工技术都体现了我国当时水电建设的最新成就，是我国水电建设史上的里程碑。

1974 年 10 月，主体工程正式施工。整个工程分为两期，第一期工程于 1981 年完工，实现了大江截流、蓄水、通航和二江电站第一台机组发电；第二期工程 1982 年开始；1988 年底，葛洲坝水利枢纽工程建成。

葛洲坝水利枢纽工程在发电量与航运方面对中国影响深远。在发电量方面，葛洲坝年发电量达 157 亿千瓦时。相当于每年节约原煤 1 020 万吨，对改变华中地区能源结构，减轻煤炭、石油供应压力，提高华中、华东电网安全运行保证度都起了重要作用。在航运方面，葛洲坝水库回水 110～180 千米，由于提高了水位，淹没了三峡中的 21 处急流滩点、9 处险滩，因而取消了单行航道和绞滩站各 9 处，极大程度地改善了航道，增加了长江的客货运量。

（三）海上石油钻井平台"勘探 3 号"建成

"勘探三号"是我国自行设计建造的第一座半潜式海上石油钻井平台，它的建成标志着我国在造船工业方面达到了新的技术水平，在加速开发大陆架石油资源方面又取得了可喜的成就。1984 年 7 月，由 708 研究所、上海船厂、地质矿产部海洋地质调查局联合设计，上海船厂建造的中国第一座半潜式石油钻井平台"勘探 3 号"正式交付使用。这是迄今为止我国唯一一座自行设计、自行建造的海上半潜式石油钻井平台。

1984 年 12 月 6 日，"勘探 3 号"在我国东海海域"灵峰一井"首次实施钻井作业。至 2009 年 2 月，共钻井 79 口，总进尺 238 998.9 米。25 年来，"勘探 3 号"转战我国南北海域以及东南亚海域、俄罗斯萨哈林海域，为国内外勘探开发海上含油气构造和发现高产油气田立下了赫赫战功，作出了重大贡献（邓楠，2009）。

（四）青藏铁路一期工程建设完成投入运行

青藏铁路是实施西部大开发战略的标志性工程，是中国 21 世纪四大工程之一。在"世界屋脊"的青藏高原，有一条纵贯东西的钢铁大动脉——青藏铁路西宁至格尔木段，即青藏铁路一期工程。这条铁路长约 846 千米，于 1984 年建成通车。

青藏铁路一期工程东起高原古城西宁，穿崇山峻岭，越草原戈壁，过盐湖沼泽，西至昆仑山下的戈壁新城格尔木。1958 年分段开工建设，其中，西宁至格尔木段 814 千米已于 1979 年铺通，1984 年 5 月全段建成通车。铁路沿线海拔大部分在 3 000 米以上，是中国第一条高原铁路。17 年来，国家用于西藏发展的重点物资绝大部分是通过这条铁路转运至西藏的。

三、信息科技：紧跟时代，日新月异

在"六五"攻关计划的指导下，我国集中力量开展了计算机科学和有关学科的基础研究，如解决大规模集成电路的工业生产的科学技术问题，突破超大规模集成电路的技术关；研制成功每秒千万次大型计算机和亿次巨型计算机；形成计算机系列的生产能力，大力推广应用计算机和微型机；建立全国公用数据传输网络和若干计算机网络、数据库等。

（一）激光照排——中国印刷技术的再次革命

中国科学院院士、中国工程院院士、北京大学教授王选是汉字激光照排系统的创始人和技术负责人，他领导研制出的汉字激光照排系统被誉为"汉字印刷术的第二次发明"。

1974 年 8 月，中国制定了国家重点项目"汉字信息处理工程"（"748 工程"）。北京大学从 1975 年开始从事其子项目"汉字精密照排系统"的研究工作，王选作为技术负责人领导这一科研项目。1978 年 8 月，王选等研制成功"华光型计算机激光汉字编辑排版系统"。该系统是世界上第一个能用大屏幕整页编排组版中文日报的系统，实现了由热排到冷排、由铅印到胶印的转变。

该成果 1985 年被评为中国十大科技成就之一，获 1987 年国家科技进步一等奖。

（二）银河巨型计算机——中国的"争气机"

1977 年 4 月，我国第一台微型计算机 DJS - 050 机研制成功。同年，"银河"巨型计算机在长沙国防科技大学投入研制工作。1983 年 12 月，我国第一台命名为"银河"的巨型计算机在国防科技大学研制成功。中国成为继美国、日本之后，第三个能独立设计和制造巨型计算机的国家。

"银河"计算机的研制成功，提前两年实现了全国科学大会提出的到 1985 年"我国超高速巨型计算机将投入使用"的目标，使我国跨进了研制巨型机国家的行列，标志着我国计算机技术发展到了一个新阶段。

四、空间科技：一箭三星，震撼世界

太平洋一弹震全球，滚滚波涛撼世界。"一箭三星"的发射成功，使中国成为继苏联、美国和欧洲航天局之后，第四个能用一枚火箭发射多颗卫星的国家，在国际上引起了强烈的反响。

"一箭多星"技术即多弹头技术，指用一枚运载火箭同时或先后将数颗卫星送入地球轨道的发射技术。❶

1981 年 9 月 20 日，我国成功地发射了 1 组空间物理探测卫星，这是我国首次用 1 枚运载火箭发射 3 颗卫星。

"一箭三星"的成功，充分证明中国的电子计算机技术已经跟上世界先进水平的步伐。其重要意义如下：中国对"多弹头导弹"技术的掌握已实现了质的飞跃；3 颗卫星同时施放，精确入轨，此事再与 1980 年 5 月发射的南太平洋洲际导弹精准的命中率相结合，充分证明了中国的电子计算机技术已经步入世界领先国家的行列！（管懿，王艳梅，2009）

同时，一箭三星准确入轨也是我国不断加强卫星通信工程研究的缩影。1981～1985 年，国家重点抓卫星通信工程的研制和建设。中国历次卫星发射简况见表 19 - 1（陈建新，赵玉林，关前，1994）。

---

❶　http：//baike. baidu. com/view/2685054. htm.

表 19－1　中国历次卫星发射简况（1977～1985 年）

序号	名　称	发射时间	影　响
1	技术试验卫星	1978 年 1 月 25 日	返回式卫星，按预定计划 1 月 29 日返回
2	空间物理探测卫星	1981 年 9 月 20 日	我国首次一箭三星发射成功
3	空间物理探测卫星	1981 年 9 月 20 日	
4	空间物理探测卫星	1981 年 9 月 20 日	
5	科学试验卫星	1982 年 9 月 9 日	返回式卫星，按预定计划 9 月 14 日返回
6	科学试验卫星	1983 年 8 月 19 日	返回式卫星，按预定计划 8 月 24 日返回
7	科学试验卫星	1984 年 1 月 29 日	卫星工作正常
8	试验通信卫星	1984 年 4 月 8 日	我国第一颗地球静止轨道通信卫星，4 月 16 日定点于东经 125°赤道上空
9	科学试验卫星	1984 年 9 月 12 日	返回式卫星，按预定计划于 9 月 17 日返回地面
10	科学探测和技术试验卫星	1985 年 10 月 21 日	返回式卫星，按预定计划于 10 月 26 日返回地面

第 2 节　喷薄旭日，照耀基础研究

一、学科发展：立足理论，全面发展

（一）高能物理：北京正负电子成功对撞

高能物理研究与其他研究相比，有一个非常特殊的地位，它所使用的加速器与探测器覆盖非常广泛与复杂的技术，对国家的工业和高精尖技术具有较强的驱动作用，是一个国家工业和科学研究水平的标志。

中国的高能物理研究从 20 世纪 50 年代起步，与苏联联合研发，并取得了一批重要成果。后因中苏关系恶化，中国科学家被迫撤回，之前的研究也因此中断。直到 20 世纪 70 年代，我国的高能物理研究才再次正常运转。

1979 年 1 月 31 日，邓小平同志访美期间与美国政府签订了《科学技术合作协定》。接着，为促进在高能物理领域内的合作，由方毅同志代表国家科委与美国能源部部长施莱辛格在华盛顿签订了《中华人民共和国国家科学技术委员会和美利坚合众国能源部在高能物理领域进行合作的执行协议》，这是中美《科学技术合作协议》的第一个执行协议。

1982 年 12 月 17 日，我国第一台自行设计、制造的质子直线加速器首次引出能量为 10 兆电子伏的质子束流，脉冲流强达到 14 毫安。1984 年 10 月 7 日，北京正负电子对撞机工程破土动工，邓小平等党和国家领导人亲自为工程奠基。1985 年 8 月 12 日，35 兆电子伏质子直线加速器首次调试出束。1988 年 10 月 16 日，北京正负电子对撞机实现正负电子对撞，标志着我国的工业和科研水平达到了世界领先水平。

（二）数学研究：理论研究不断创新

20 世纪 60 年代后期，中国的数学研究基本停止，教育瘫痪、人员丧失、对外交流中断，后经多方努力状况略有改变。但即使是在如此艰难的科研环境下，我国的理论数学依然成就斐然。

除陈景润在哥德巴赫猜想方面的突破外，还有如下两个重要成就。

（1）不相交斯坦纳三元系大集的解决。1983 年中国数学家陆家羲在国际上发表了"关于不相交斯坦纳三元系大集"系列论文，解决了数学中的两大难题："斯坦纳系列问题"与"柯克曼女生问题"。该研究成果被认为是 20 多年来组合设计理论中最重要的成就之一。

（2）辛几何算法的提出。1984 年，冯康在北京国际微分几何和微分方程（双微会议）上首次提出基于辛几何原理计算哈密尔顿体系的新方法，即哈密尔顿体系的哈密尔顿算法，由此开创了哈密尔顿体系计算方法这一新方向。由于一切守恒的物理过程都能表现为哈氏形式，而其数学基础就是辛几何，因此这一新领域具有丰富的科学内涵和广阔的应用前景。自此以后，冯康院士领导中国科学院计算中心的一个研究小组，将纯理论的辛几何和现代的科学工程计算有机地结合起来，取得了重大的国际领先成果。

（三）化学研究：重新起步，蓬勃发展

自从确立改革开放政策以来，中国化学研究成果卓著，在物理化学分子反应、动力学、结构化学、内蕴反应理论和催化动力学机理等 12 个领域已经开始同一些世界知名化学家如福井谦一、李远哲等人进行合作研究，并取得了令人瞩目的成果。仅无机化学方面，我国已经能对 50 多种元素的化合物进行不同规模的生产，品种达 800 余种，产品总量近 500 万吨，而且远销国外；我国生产的不少高纯或超高纯物质在质量上已经达到世界先进水平。当前我国在多种晶体生长方法和技术、同位素标记、盐湖化学和蛋白质、核糖核酸合成方面已接近国际领先水平。

除了人工合成牛胰岛素研究方面取得的成果外，化学方面还有如下成就。

（1）配位场理论研究。配位场理论、分子轨道理论、价键理论构成了研究分子结构的理论基础。吉林大学唐敖庆教授等人从 20 世纪 60 年代开始深入研究，针对配位场理论的发展需要，克服了不少概念上和数学上的困难，使配位场理论系统化、标准化，更便于广泛地实际应用，对配位场理论研究做出了显著的贡献。该项研究于 1982 年获得我国自然科学一等奖。

（2）分子轨道图形理论方法及其应用。继配位场理论研究之后，唐敖庆教授与江元生教授从 1975 年开始系统研究分子轨道图形理论，提出和发展了一系列新的数学技巧和模型方法，使这一量子化学形式体系，不论就计算结果还是有关实验现象的解释上，均可表述为分子图形的推理形式，概括性高，含义直观，简单易行，深化了化学拓扑规律的认识。这一理论方法也于 1987 年获得我国自然科学一等奖。

（3）酵母丙氨酸转移核糖核酸的人工全合成。1981 年 11 月，中国科学院上海生物化学研究所王德宝及其协作者经过 13 年的不懈努力，制备了所有 11 种核苷酸（或核苷），包括 4 种普通核苷酸和 7 种稀有核苷酸、近 10 种核酸工具酶以及各种化学试剂，终于实现了酵母丙氨酸转移核糖核酸的人工全合成，这是世界上首次人工合成核糖核酸。这项研究还带动了核酸类试剂和工具酶的研究，带动了多种核酸类药物，包括抗肿瘤药物、抗病毒药物的研制和应用。该项研究成果获 1987 年国家自然科学一等奖。

二、地理研究：探索地球，揭秘自然

（一）建立南极长城站

1984 年 11 月 20 日，来自全国 60 多家单位，由两船、两队——国家海洋局"向阳红 10 号"远洋综合考察船、海军"J121 号"打捞救生船、南极洲考察队、南大洋考察队，共 591 人组成的中国首次南极考察编队，在上海的国家海洋局东海分局码头起航，奔赴南极，开启了新中国南极考察的伟大征程。

1984 年 12 月 31 日，经国家南极考察委员会批准，我国第一个南极科学考察站——中国南极长城站站址最终选定在了乔治王岛的菲尔德斯半岛上，方位是南纬 62 度 13 分、西经 58 度 55 分。这是个地势开阔、水源充足、资源丰富的宝地，素来有着"南极洲的绿洲"之称，可以说是一块研究南极洲生态系统及生物资源的理想之地。

经过近两个月的不懈努力，1985 年 2 月 20 日，中国南极长城站建成，鲜艳的五星红旗从此飘扬在南极洲上空。

自 1984 年我国第一个南极考察站长城站建站至今，国家测绘局先后进行了 27 次南极科学考察工作，为历次极地科考活动提供了强有力的测绘保障，并在极地测绘研究方面取得一系列重大科学成果，为维护和争取我国在和平利用南北极中的权益和我国极地科考事业的发展作出了卓越的贡献。

（二）开展青藏高原科学考察

自 1951 年以来，中国科学院曾组织过 6 次对青藏高原的多学科综合考察。1973～1980 年以"青藏高原的隆起及其对自然环境与人类活动的影响"为主题，对青藏高原主体的西藏自治区进行了全面、系统的综合科学考察。

这次考察，为科研人员了解青藏高原积累了丰富的第一手科学资料，编著了《青藏高原科学考察丛书》和《珠穆朗玛地区科学考察报告》共 46 部 56 本书，3 000 多万字。该成果全面阐述了青藏高原的形成、演化、自然地域分异、生物区系的演替、资源的开发利用等重大理论和实践问题，丰富和发展了中国地学、生物学理论，为高原地区经济建设提供了科学依据。这一成果获 1987 年国家自然科学一等奖。

这项综合研究在以下几方面取得开拓性进展：高原岩石圈结构和形成演化，晚新生代以来的隆起过程与环境变迁，高原自然环境及其地域分异，生物区系组成与演化及生物对高原环境的适应，自然资源的评价及其开发利用。这些成果和进展填补了青藏高原区域研究的空白，丰富和发展了地学、生物学以及资源与环境科学的基础理论和应用实践，于 1980 年在北京举行的"青藏高原国际科学讨论会"上，引起国际学术界的关注和重视，产生了广泛的影响，从而使我国对青藏高原的综合科学研究处于世界前列和领先地位。

三、考古研究：追根溯源，惊喜不断

（一）寒武纪生物大爆发研究

1984 年 7 月，我国青年古生物学家侯先光在云南澄江县帽天山首先发现了我国云南澄江动物群，它是世界上目前发现的最古老、保存最为完整的带壳后生动物群。澄江动物群在国际上被誉为"20世纪最惊人的发现之一"，为探索"寒武纪生命大爆发"的奥秘开启了一扇宝贵的科学之窗。

这一多门类动物化石群，动物类型众多，其成员包括水母状生物、三叶虫、具附肢的非三叶的节肢动物、金臂虫、蠕形动物、海绵动物、内肛动物、环节动物、无绞纲腕足动物、软舌螺类、开腔骨类以及藻类等，甚至还有低等脊索动物或半索动物（如著名的云南虫）等，且化石群还十分珍稀地保存了动物软体构造，首次栩栩如生地再现了远古海洋生命的壮丽景观和现生动物的原始特征，以丰富的生物学信息为"寒武纪大爆发"研究提供了直接证据。

云南澄江动物群在生物进化研究上意义非凡。

首先，该动物群的发现，再次证实了"生命大爆发"的存在，成为"寒武爆发"理论的重要支柱。同时，它还是联系前寒武纪晚期到寒武纪早期生命进化过程的重要环节。它建立了1910年在北美发现的距今约5.3亿年中寒武纪的"布尔吉斯动物群"与1947年在澳大利亚南部发现的距今6亿~6.8亿年的"埃迪卡拉动物群"之间的内在关系，为研究寒武纪早期生命进化过程提供了新的方向。

其次，澄江动物群的发现为"间断平衡"理论提供了新的事实依据，对达尔文的进化论再次造成冲击。"间断平衡"理论认为，生物的进化不像达尔文及新达尔文主义者所强调的那样是一个缓慢的连续渐变积累过程，而是长期的稳定（甚至不变）与短暂的剧变交替的过程，从而在地质记录中留下许多空缺。澄江动物群的发现说明了生物的进化并非总是渐进的，而是渐进与跃进并存的过程（邓楠，2009）。

（二）首次发现腊玛古猿头骨化石

1980年12月1日，我国在对云南省禄丰县石灰坝化石地区的发掘工作中，首次发现世界第一具800万年前的腊玛古猿头骨化石。

腊玛古猿化石最早是1934年在印度发现的，以后又陆续在其他国家发现。但过去40多年内发现的化石只限于上、下颌骨和牙齿。1956年，中国在云南省开远县小龙潭首次发现腊玛古猿化石。1975年，云南禄丰县石灰坝发现了一颗古猿牙齿化石。此后，古脊椎所即派人在石灰坝进行发掘。1980年10月下旬，由吴汝康教授带领的古脊椎所发掘队和云南省博物馆一起进一步联合发掘，发现了这具腊玛古猿头骨化石。它虽已破裂成数十块，颅底因受压而内陷，但大部分保存完整，颅骨内外保存有较完整的颅内膜和颅外膜，可进行头骨复原。

研究这具腊玛古猿头骨化石，可以了解其头骨的形态，为腊玛古猿的进化系统地位提供极为重要的直接证据，进而可以对人类起源的时间、地点提出进一步的论证。

第四篇

制度创新，全面发展

（1986～1995）

第 20 章　"星火计划"与我国农业科技进步

经历了"文化大革命"十年的动荡，中国的科学技术事业备受摧残，中国科技与世界科技的差距进一步拉大。"四人帮"的粉碎让中国的科技事业如同枯木逢春，新一轮科技发展的浪潮磅礴而至，中国进入了科学的春天。中国人民的主要任务不再是阶级斗争，发展科学技术不再是走错误的路线。在这段时间里，科学技术体制不断被改革和完善，新的科技政策不断被制定修正，随着拨乱反正和新科技政策的提出，中国的科学技术事业开始向经济建设这个主战场转移。

"科学技术是第一生产力"，这是邓小平同志对马克思主义生产学说的丰富和发展，是指导当代社会生产力发展的科学指南。秉持着这一理念，我国在1986～1995年期间先后制订了"863计划"、"星火计划"、国家重点攻关计划、国家科技成果重点推广计划等一系列科技发展计划，我国的科技领域出现了前所未有的繁荣景象，有效推动了国民经济的建设和发展。

农业作为国民经济的基础，在新时期科学技术发展中成为前沿阵地。制订和实施"星火计划"，走科技兴农道路，是20世纪八九十年代我国在经济建设这个主战场进行的一个重要战役，也是这个时期最典型的科技政策。"星火计划"是我国第一个指导性科技计划，是我国农村经济体制改革和科技体制改革互相作用、互相渗透的产物。它在探索科技工作与经济建设互相结合的运行机制等方面进行了科学的、大胆的实践。这种探索与实践，在社会主义有计划的商品经济条件下，为政府在指导性科技计划中如何实现组织创新和功能转换方面提供了一个范例，给科技界和经济界以深刻的启迪。同时，将科技植入农村经济发展的胚胎，将科技兴农、科学致富的意识注入农村，给中国社会，尤其是广大农村带来了经济社会双重效益，促进了"三农"的发展。

第 1 节　星星之火："星火计划"的含义和产生背景

中国有句谚语："星星之火，可以燎原。"毛泽东曾用这句话指导了中国革命斗争，最终取得了无产阶级革命斗争的全面胜利。经济建设、科学技术的发展同样是场艰难的战斗，同样具有蓬勃发展的良好势头。于是，"星火计划"这个响亮的名字便诞生了，意为科技的星星之火，必将燃遍中国农村大地。在科学技术发展的战场上，这句话也暗示着中国的科技发展要像当年的革命斗争一样，奋勇向前，用科学技术的星火点燃农业兴旺发展、农村经济振兴的火种，燎遍整个农村科学技术产业，最终取得经济建设这场战斗的全面胜利。

"星火计划"1985 年开始酝酿，党中央、国务院于 1986 年正式批准实施，是一项依靠科技进步振兴农村经济、普及科学技术、带动农民致富的指导性科技计划。这个计划面向农业和农村经济发展，是科技发展计划的有机组成部分，也是我国政府为振兴农村经济采取的一项战略措施。经过多年的实践和不断的探索，"星火计划"为发展中国家如何发展农村经济作出了有益的探索和尝试，同时也为依靠科技振兴农业和农村经济积累了一些有益的经验；有力地推动了农民依靠科技脱贫致富，为中国农业和农村经济走上依靠科技进步和提高劳动者素质的发展道路作出了突出贡献。

"星火计划"的实施有其深刻的社会和历史背景。20 世纪 80 年代，中国是一个发展中的农业大国，农村占国土面积的90%，农民占全国人口的80%。中国的耕地面积不足世界的 7%，人口多、人均资源匮乏，许多自然资源人均占有量都大大低于世界平均水平，同时，大量农村剩余劳动力拥挤在有限的土地上，农村一直是制约中国经济和社会发展的"瓶颈"。这是中国特有的基本国情，不管从现实还是从长远发展来看，农业是我国国民经济发展的基础。农业稳则国家稳，农民富则国家富。解决农业、农村和农民问题，是中国经济和社会发展的重要一环。

农村经济体制改革和科技体制改革为"星火计划"创造了良好的社会环境。20 世纪 70 年代末期，中国经济体制的改革率先在农村拉开了帷幕。农村生产关系发生重大变革和调整，广大农村开始实行以家庭联产承包为主，统分结合、双层经营的体制。农民获得了对土地的经营自主权，农村经济向专业化、商品化、社会化方向迅速发展，农村经济结构和产业结构开始向多种经营方向发展。这不仅提高了农村的生产力，也极大地调动了广大农民的生产积极性和劳动致富的热情，使中国农村生产关系发生了一次重大变革。尤其是进入80年代以后，乡镇工业发展迅猛，农业经济空前活跃，给农业和农村经济带来了新的机遇。农民越来越认识到科学技术的重要性，从而使其普遍产生了对科学的需求和渴望。

国家科委根据农村中小企业、乡镇企业的蓬勃兴起和农村经济对科学技术的迫切需要的新形势，研究分析了农村经济在国民经济整体发展以及在20世纪末实现小康生活水平战略目标中的重要地位，感到农村经济的振兴在国民经济发展中具有举足轻重的作用。如果占国土面积90%的农村不能跨入现代文明，占人口80%的8亿农民富不起来，中国就无法实现现代化。因此，为了使中国经济能顺利健康发展，将科学技术渗透到中小企业、乡镇企业和广大农村，让8亿农民从科学技术中受益，教会他们掌握科学，走上发展商品经济的富强之路成为了八九十年代的主旋律。

随着农村经济体制改革的不断深入，中国政府适时开始了科技体制改革。1985年3月，中国政府在全国实行科技体制改革，进一步明确了"经济建设必须依靠科学技术，科学技术工作必须面向经济建设"的科技发展方针，精辟地总结出"科学技术是第一生产力，农业和农村经济发展一靠政策、二靠科技、三靠投入"。为广大科研院所和科技工作者走出实验室，面向农村经济主战场、向农村推广科技成果、帮助农村发展经济提供了契机。

为顺应全国经济体制改革的形势和农村生产力发展的需要，1985年5月22日，国家科委向国务院提出了"关于抓一批短、平、快科技项目促进地方经济振兴"的请示，并在调查研究的基础上提出了把科学技术引入农村，制定了以科技为先导振兴农村经济的"星火计划"。每年拨给该计划人民币2亿~3亿元，外汇5 000万美元，国家科委负责组织各地方落实和实施。

这个计划受到了党中央国务院的重视，1986年1月，中共中央下发了关于农村经济发展的文件。文件指出：中央和国务院批准国家科委组织实施"星火计划"，并对"星火计划"给予了高度的评价。

1986年4月，国家科委制定并下发了《"星火计划"1986年至1987年实施纲要》。该纲要规定了"七五"期间，国家的"星火计划"支持和引导的目标及相关规划。为了保证"星火计划"的有效实施，国家科委于同年6月制定并下发了《关于实施"星火计划"的暂行规定》，对选定项目的原则、计划管理、资金管理、成果鉴定、验收和奖励都作了明确规定。从此，"星火计划"在全国开始普遍实行（韩德乾，1994）。

为了促进"星火计划"的顺利开展，1987 年 7 月 2 日，国家科委发布《国家星火奖励办法》，设立"星火奖"，用来奖励在实施"星火计划"中用科技为推动农村经济发展作出突出贡献的单位和个人。星火奖是从国家科技进步奖中增列的，分为国家级和省市级，分别设 5 个奖项和 5 个获奖等级。1987 年省级奖励开始评选，国家级奖励从 1988 年开始评选。1988 年国家级星火奖首次授奖 138 项，1989 年为 123 项，1991 年为 194 项。国家还建立了"星火计划"开发基金，成立了负责"星火计划"的项目管理与投资服务工作的中国星火总公司。

"星火计划"在全国受到了热烈欢迎，在各级政府和各地、各部门的共同努力下，一批批科技的火种在农村大地播下，取得了一批批令人振奋的重要成果，产生了巨大的经济和社会效益。

"星火计划"是经中国政府批准实施的第一个依靠科学技术促进农村经济发展的计划。它以加快农村工业化、现代化和城镇化建设进程，提高农民的生活质量，推动农村早日实现小康，建设更加富裕和文明的现代化农村为目标。强调把先进适用的技术引向农村，引导亿万农民依靠科技发展农村经济，引导乡镇企业的科技进步，以促进农村劳动者整体素质的提高，推动农业和农村经济持续、快速、健康发展。其宗旨在于：坚持面向农业、农村和农民；坚持依靠技术创新和体制创新促进农业和农村经济结构的战略性调整和农民增收致富；推动农业产业化、农村城镇化和农民知识化，加速农村小康建设和农业现代化进程（陈建新，赵玉林，关前，1994）。

科学技术是第一生产力。但我国在长期计划经济体制下形成的科技体制存在着严重的弊端，它束缚了科技人员的智慧和创造才能的发挥，对于科学技术支持经济建设和科学技术迅速转化为生产能力起到了阻碍作用。因此，这场科技体制改革正是一场解放第一生产力的广泛而深刻的革命。"星火计划"这项重大战略措施的出台，使科技人员的创造才能有了广阔的施展天地，长期被束缚、被压抑的第一生产力得到了充分的释放。

同时，"星火计划"自实施以来紧紧围绕解决"三农"问题不断进行开拓创新，始终恪守其创立的宗旨，为中国农村从贫困到温饱，从温饱走向小康的历史性转变作出了不可磨灭的贡献,有力地促进了中国农村科技、经济、社会和文化的建设与发展,为科技与农业、农村长期有效的结合积累了许多有益的经验。因此,从某些方面来讲,"星火计划"的社会效应已远超过它所带来的直接经济效益。

"星火计划"不仅为我国相关的改革事业提供了较新的经验,而且在国际社会中也得到了广泛的关注。世界银行评价,"'星火计划'是致力于乡村企业需要的最有意义、最系统的全国性计划",并认为"继续加强'星火计划'是明智的"。联合国亚太经济及社会理事会认为,"中国政府通过'星火计划'找到了一条创新的路子"。

第 2 节 蓄势而发:"星火计划"的主要任务和内容

"星火计划"是我国国民经济和科技发展计划的重要组成部分,是中国依靠科技振兴农村经济,促进农村科技经济一体化的重大示范工程。"星火计划"的主要任务是:以推动农村产业结构调整、增加农民收入,全面促进农村经济持续健康发展为目标,加强农村先进适用技术的推广,加速科技成果转化,大力普及科学知识,营造有利于农村科技发展的良好环境。围绕农副产品加工、农村资源综合利用和农村特色产业等领域,充分开发利用农村资源;集成配套并推广一批先进适用技术,建立一批科技先导型示范企业,培训一批农村技术人才、管理人才和农民企业家;推动农村社会化科技服务体系的建设;发展高产、优质、高效农业,大幅度提高我国农村生产力水平。❶

其主要内容是:支持一大批利用农村资源、投资少、见效快、先进适用的技术项目,建立一批科技先导型示范企业,引导乡镇企业健康发展,为农村产业和产品结构的调整作出示范;开发一批适用于农村、适用于乡镇企业的成套设备并组织批量生产;培养一批农村技术人才、管理人才和农民企业家;发展高产、优质、高效农业,推动农村社会化服务体系的建设和农村规模经济发展。"星火计划"中比较典型的两个项目是建设星火技术密集区和"星火计划"区域性支柱产业。星火技术密集区是"星火计划"扩大实施规模和效益,在单项开发的基础上,进行农村区域经济综合开发的示范区。星火区域性支柱

---

❶ http://baike.baidu.com/.

产业是开发具有区域资源优势的主导产品，使其形成规模并带动企业和相关产业发展，实行集约化、规模化、产业化经营，在区域经济中占有相当比重和作用的产业。❶

"星火计划"孕育、诞生于我国农村改革和科技体制改革浪潮。作为一项农村科技工作计划，它一开始就向传统的、自给自足的自然经济发起挑战。"星火计划"的宗旨在于开发和推广先进适用技术、以农民容易接受的方式向农民传授技术。秉持这一宗旨，"星火计划"适应了农民的发展需要，改变了农民"靠地吃饭"的传统劳动生产方式，使农村经济改头换面，使科技得以"上山下乡、进村入户"。"星火计划"的历史使命，决定了它是一项艰巨而光荣、需要长期奋斗又充满希望的事业。农业、农村和农民是"星火计划"的主要实施对象，也是"星火计划"发展壮大的社会支撑。在取得良好经济效益的同时，"星火计划"促进了社会进步，开始引导人们打破古老封闭的自给自足的自然经济，并向人们展示了社会主义商品经济新农村的美好前景。

第3节　燎原之火："星火计划"取得的主要成就

"星火计划"是中国改革开放的产物，在改革中不断发展和健全，是基于中国基本国情对三农问题进行的深刻探索，在探索中不断成熟和完善。"星火计划"自实施以来就努力将科技知识和科学意识带入农村的千家万户，给农村注入了新的活力，促进了农业科技的发展和农村科学技术的进步，为广大农村、农民带来了巨大的效益。"星火计划"的功绩不仅在于它所创造的直接经济效益，还在于它带来的具有改革精神的管理经验。更重要的是，"星火计划"的实施向广大农民展示了科学技术的巨大作用，为农村引进了"科学技术是第一生产力"的观念，引入了科技意识和商品经济观念，农民传统的靠天靠地的朴素观念迅速转变成自觉接受科学技术的科技意识和走向市场的商品经济意识。这对农村的持续发展、全面发展产生了不可估量的长远功效。

一、依靠科学技术带给农村经济、社会的双重效益

"星火计划"给因生产力长期束缚而发展缓慢、经济封闭停滞的农村带来

❶ http://baike.baidu.com/.

了新的福音，对于广大农村来说这一计划无疑是雪中送炭，因而自实施开始就受到了广大农村地区的热烈欢迎。

1986 年，全国"星火计划"共筹资 22.6 亿元，其中，中央财政拨款 7 341 万元，拨培训费 1 166 万元；中央信贷 3 亿元，地方集资 19 亿元。在计划实施的头一年就落实了国家计划项目 700 多个，省市计划项目约 1 000 个，地县计划项目约 2 300 个，总计约 4 000 个。

从 1988 年以来，"星火计划"在"提高水平、扩大规模、促进联合、建立实体"的十六字方针指引下，创建了一批科技先导型企业，注重把先进适用技术同生产、加工和流通环节结合起来。通过这些先导企业的辐射带动，又形成了一大批产值上千万元甚至上亿元的产业集团和区域性支柱产业，而这些产业又进一步带动和促进了一批星火产业集团和各种科技组织的出现。如安徽黄山可乐开发集团、青海牧业协会、黑龙江省尚志县的蜂业协会、湖北省公安县的鸭业集团、湖南的特早熟蜜柑技术服务中心、福建省的食用菌开发集团等。"星火计划"以其显著的经济效益令人信服，成为引导科技有效带动社会主义商品经济发展的一面旗帜。

1989 年，全国"星火计划"立项总数为 5 736 项。截止到 1989 年年底，国家和地方星火项目累计 20 363 项，总投资累计 125.15 亿元；播下的这两万多个科技火种，已有一万多个开花结果；累计新增产值 221.8 亿元，创利税 55.3 亿元，创汇节汇 23.54 亿美元；向农村推荐先进适用装备 207 项，约 10 万台套。科技项目的开展和生产设备的改进武装了农村生产力，促进了支柱产业的发展。1989 年，在兰州召开的第四次全国"星火计划"工作会议上，支柱产业的作用和发展方向已经成为众人关注的焦点。同时，"星火计划"的实施也为广大科技人员提供了一个实践和发展的平台。1989 年，全国共有 50 多万名科技人员下乡参与了"星火计划"的实施，他们为农村科技进步和经济发展注入了新的活力（中华人民共和国科学技术部，2006）。

"星火计划"开始实施五年后，这个复杂的新生系统逐渐由无序走向有序，并成熟起来。"星火计划"实施的五年与我国"七五"计划是同步的。它始终坚持依靠科技振兴农村经济的宗旨和科技体制改革的方向，积极地进行各种技术创新探索。"七五"期间，不论在富饶的沿海，还是在内陆腹地，甚至在青藏高原等祖国边陲，星火技术都已生根落地，科学技术的星星之火遍撒全国广大农村。到 1990 年，共实施星火项目 2.7 万项，完成 1.4 万项，开发新的技术装备 500 多种，累计新增产值 339 亿元，新增利税 81 亿元，投入产出比近 1:4。同时，建立了各类群众性科技机构数万个，培养了农村各类技术人才 650 多万人，一大批领办支柱性产业、创办科技先导型企业的开拓者涌现出来。1990 年，国务院总理李鹏同志为"七五"全国"星火计划"总结表彰大会题词，称"'星火计划'成果有目共睹、有口皆碑"。

到 1993 年，我国共组织实施各级星火项目近 5 万项，覆盖了全国 85% 以上的县，有 25 000 多项已经完成并取得显著的经济和社会效益；培训农村各类技术和管理人才 1 400 多万人，造就了一大批农民企业家；开发推广先进适用技术装备 400 多种；培育了数百个产值超亿元、利税过千万元的区域性支柱产业；形成了 100 多个星火技术密集区。

至 1995 年年底，全国共组织实施"星火计划"项目 66 736 项，覆盖了全国 85% 以上的县；已经完成的星火项目有 35 254 项，占立项总数的 52.9%；"星火计划"总投入为 937.6 亿元。1995 年全国"星火计划"实现产值 2 682.7 亿元，实现利税 473.9 亿元，创汇 88.9 亿美元。同时，"星火计划"项目以技术含量高、经济效益好的特点，赢得社会特别是金融部门的良好信誉，形成了一种以国家少量资金引导、银行贷款、企业自筹资金为主的市场融资机制。至 1995 年年底，用于"星火计划"的银行贷款总额为 321.9 亿元，占其投资总额的 34.3%（陈建新，赵玉林，关前，1994）。

1996 年 9 月，江泽民同志在"星火计划"实施 10 周年表彰大会上讲述我国农业发展问题时，提出了"必然要进行一次新的农业科技革命"的科学论断。在党的十五大报告中，江泽民同志又提出，要"大力推进科教兴农，发展高产、优质、高效农业和节水农业"。这对我国农业发展产生了深远影响。

同时，"星火计划"为我国科研人员到农村去，到中小企业、乡镇企业去施展才华开辟了途径。"星火计划"推动了科研人员走出"象牙塔"，面向经济主战场，激发了他们让自己的科研成果更快地转化成生产力从而造福人民的热情。以上海市为例，到 1990 年，已有 40 所高等院校、200 个研究院所、100 多个大中企业、3 000 多名科技人员参与实施"星火计划"。"星火计划"以"短平快"的先进适用技术起步，吸引了成千上万的科研单位和大批科技人员，把科技成果、人才和装备配套带到农村，是科技与农村经济有力结合的催化剂，为解决长期以来科技与经济"两张皮"的问题作出了典范。

二、用科学技术的发展带动农业技术的发展

"星火计划"将先进适用的科学技术带入了广大农村，有效地发展了农村生产力，有力地促进了农村科学技术的发展，并为其提供了良好的与生产结合的契机。它是将科学技术与农村发展紧密结合的科学计划。它的出现和发展使中国农民意识到农业、农村的发展"靠天靠地，不如靠科技"。

我国农业技术在 20 世纪七八十年代取得了巨大发展。"星火计划"的实施，使农村产业结构和发展商品生产紧密结合，并引导农业科技找准重心——重点研究解决具有重大经济效益的关键性科技问题。

"星火计划"实施之初，我国评选或鉴定出一批高产优质的水稻、玉米、小麦、大豆、棉花、油菜等新品种、新组合，建立了一批农产品的商品化生产配套技术和发育体系，研究出一批农产品高产技术和栽培技术。在此期间，农用稀土化合物的应用研究硕果累累，我国稀土农用技术也从此处于国际领先地位。中国科学院遗传研究所用水稻原生质体诱导生成二十株完整植株，为利用细胞融合、基因转移等技术来培育水稻新品种打开了突破口，我国成为继日本后第二个取得这一成果的国家。利用这一技术，该研究所培育出水稻、玉米等多种裸细胞再生植株，使我国在这一领域走入世界前列。

1986 年，农机化技术推广工作汇报会议决定把地膜覆盖机械化等十三项技术列为农机化技术重点推广项目，这些项目给我国农业技术的发展注入了新的活力，大大提高了农业生产的效率。

1987 年，我国在世界上首创植物细胞穿壁技术，利用远缘杂交创造新品种，最早使用这一技术成果的是四川烟草试验场利用菠菜和烟草两种植物细胞杂交出来的烟草。

1988 年，中国科学院植物研究所的陆文梁在控制植物形态发生的方面取得重要成果，控制外植体形成性器官首获成功，它使植物通过组织培养进行有性繁殖成为可能，为我国工厂化生产种子开辟了道路。同年，水稻人工种子在复旦大学问世，我国育成第一批人工种子培育的秧苗，这使我国在这一领域继续处于世界领先地位。

第4节 任重道远："星火计划"与"三农"

农业是国民经济的基础，其发展关系到我国国民经济持续、稳定、协调发展。我国有8亿多农民生活在农村，这一国情决定了中国的现代化不能重复发达国家的老路，所以在大力发展现代化工业的同时，必须唤起农民的科技意识，大力发展农业科技，依靠科技发展农村商品经济，在农村有效推进现代化和工业化。"星火计划"自实施开始就显示出强大的生命力和广阔的发展前景，是20世纪80年代中国科技界和广大农民依靠科技振兴农村经济的伟大创举。经过多年的有益探索和成功实践，"星火计划"走出了一条适合中国国情的科学技术与农村经济发展相结合的道路，越来越受到广大农民的欢迎和积极参与。它从形式上讲只是一项科技计划，但它对于中国三农问题的解决功不可没。"星火计划"之所以卓有成效，主要在于其将科技和经济融为一体，以科技来推动农业和农村经济发展并取得了实际的功效，其成效和贡献已远远超出自身。

一、科农互动，促进农村经济发展

"星火计划"把依靠科技振兴农村经济变成了全社会的共同行动。它通过示范和引导，为科技进入农村经济创造了良好的社会环境，使科技人员和广大农民共同参与到科技兴农中来，并取得了社会各界的大力支持和协作，在多方力量的共同推进下，形成了依靠科技振兴农村经济的和谐篇章。同时，"星火计划"坚持把先进适用的技术与农村资源优势相结合，大面积推广先进成熟技术，把科技广泛而深刻地植入农村，将农村的资源优势转化为了经济优势。它还使科研单位和科技人员成为农村的技术依托，既改变了农村科技人员不足的局面，又为科技成果推广创造了条件。

例如，山西运城地区实施"星火计划"是从1986年开始的，当年就承担国家级"星火计划"项目6项、省级13项、地区级16项、县级43项，共77项；总投资2 521.04万元，其中拨款369.92万元，贷款567.2万元，自筹1 583.92万元。一年下来，地区以上项目已完成产值3 084.935万元，利税1 031.45万元。据不完全统计，其在国、省、地三级项目上共创外汇104.5万元，初步显示了"星火计划"振兴地方经济的重大意义。

实践证明，"星火计划"是符合中国科技体制改革和农村经济体制改革需要的重大创举，它在中华大地上坚定地树立起依靠科技振兴农村经济的大旗，取得了巨大成就，产生了深远影响，其战略选择是正确的，实践是成功的，影响是深远的，发展前景是广阔的。

二、资源与科技结合，发展支柱产业，带动区域产业的发展

"星火计划"使科技这个"第一生产力"开始植入农村经济的胚胎，得到社会各界特别是广大农民的重视、支持和欢迎。在深化改革、提高农业水平、发展乡镇企业、建立科技服务体系、提高全民族的科技意识、培养新一代科技人才等方面，"星火计划"功效长远。它根据中国的实际国情和农村生产力发展水平，以推动科技进步和提升劳动者素质为核心任务，以提高经济效益为主要目标，在单项开发的基础上，不断增加集体积累，壮大经济实力，注重培育农村自我投资、自我开发、自我发展的能力。在开发过程中，将农村自然资源、劳动力和资金等生产要素进行优化组合，大力发展优势产业和主导产业，着力打造有利于吸引人才、技术和资金的社会环境，促使农村逐渐走上依靠科技发展自我的道路。一些地区和企业在这种循序渐进、滚动扩大的发展战略的引导下具备了一定的自我开发能力，许多地方从本地资源优势出发，发展自己独特的农产业，几年工夫就有一些分散的农户和小企业发展成以一个行业为龙头的企业集团。

"星火计划"使农村的资源和科技得到了有效的结合。它主张发展当地特色产品，使当地资源得到合理利用；推动了很多地方的农产品深加工及高附加值种养殖业开发形成规模经营；生产多品种、小型化、高质量成套装备，提高了乡镇企业的技术水平；发展农用工业和为大工业配套的产品，既改善了当地的生产条件，又补充了大工业的需要。同时，"星火计划"注重培育和发展以科技为依托的资源型产业，并以这些产业为核心带动相关产业发展，产生了强大的凝聚力，形成了带动地方经济腾飞的区域性支柱产业。

例如，吉林省集安市是我国人参的重要产区，栽培人参的历史悠久。过去一直沿用传统的生产方式，单产低，加工落后，虽然有着很好的发展基础但产业化的步伐缓慢。1985 年，人参开发被列入国家级"星火计划"后，相关部门组织科技人员开发和推广人参单透棚、点播、落叶覆盖、畦田浇水、施肥和综合防治病虫害等 11 项新技术，通过开发应用这些先进适用技术，全市人参

产量和产值大幅度增长。全市人参单产由 0. 73 千克/平方米提高到 1. 43 千克/平方米，增长了 84%，每平方米产值也比 1980 年提高 2. 68 倍，增长了 83 元。在栽培参产量提高的同时，当地政府通过"星火计划"组织深度开发，狠抓加工环节，对加工工艺、造型、包装、装潢、防潮技术进行了大力改进，从而使得开发出的新开河参在国际市场上有很强的竞争能力，质量超过了韩国的高丽参。同时，依靠星火科技实行种、养、加一条龙，开拓了市场，增加了收益，促进了全市人参业的大发展，带动了农村经济的发展。截至 1955 年年底，人参的种植面积达到了 1 300 万平方米，是 1980 年的 5 倍，人参收入占全市农业收入的 53. 5%，产值超过亿元。集安市人参产业的崛起过程中，星火科技起了举足轻重的引导和促进作用。

科学技术是产业发展的"生长点"。在我国农村的现有条件下，这个"生长点"就是先进适用的技术。产业发展的前途和生命力在很大程度上决定于发展过程中产业链条的延伸。而产业链条延伸的长度和速度主要看引导产业发展的技术开发和应用速度。吉林省集安市人参产业发展的事例是"星火计划"在产业化开发上取得的成功经验，它也代表着"以先进适用技术为先导，引导、推动区域性支柱产业发展"的基本策略。

三、提高乡镇企业的技术和管理水平，推动了城乡一体化进程

"星火计划"为农村工业化的发展作出了示范，有效地推动了乡镇企业的科技进步。"星火计划"80% 的开发项目面向乡镇企业，把为乡镇企业提供科技支持，提高乡镇企业技术和管理水平，引导乡镇企业健康发展作为农村经济的生长点。

"星火计划"在若干主要领域架起了科研单位、科技人员与乡镇企业联系的桥梁。针对乡镇企业开发能力弱、管理水平低和产品质量差等诸多问题，输送技术、提供装备、培训人才、配套支持，为乡镇企业解决了一大批关键性技术难题，在行业的技术改造、节能降耗、改善环境和提高劳动生产率等方面都发挥了重要作用。它不仅推动了整个行业的科技进步和管理水平，而且有些技术和产品已打入国际市场，为中国争得了荣誉和可观的外汇收入。同时，在计划中产生、发展的很多技术和产品填补了国内空白或达到了世界先进水平。

1986 ~ 1995 年，"星火计划"向全国推荐了 500 多项星火技术装备，培育了上百个产值超亿元、利税超千万的星火企业和产业集团，使农村面貌发生了

翻天覆地的变化。"星火计划"通过将科学技术植入农村经济，发展农村工业项目，引导和带动农村种养殖业、农副产品加工业向资源型产品和产业发展，促进了乡镇企业的技术更新和技术改造，促进了农村产业结构的优化，加速了传统农业向现代农业的转变。截至 1996 年，在全国共建立了 127 个国家级星火技术密集区和 217 个星火区域性支柱产业。

四、培养农业科技人才，增强农民科技意识，提高农村劳动者素质

增强农民科技意识和提高农民科学素质，是中国农村真正实现现代化的保障。"星火计划"把推广先进适用技术与提高农村劳动者素质相结合，把提高农民的科技水平和劳动技能作为一项重要任务。

"星火计划"一方面坚持"实际、实用、实效"的原则，多层次、多形式、因地制宜地开展星火培训工作，重点培训科技骨干和乡土人才，并通过他们带动周围的农民。1989 年年底，培训的星火技术骨干和经营管理人员达 512 万人，这些人大多数成为了农村经济发展的带头人。另一方面，"星火计划"坚持以科技为先导，引导乡镇企业和培训基地迅速发展。到 1995 年年末，全国建立了 40 个国家级星火培训基地，累计培训农村技术、管理人才 3 680 万人次。同时，一大批农民企业家、青年星火带头人和农村专门技术人才得以涌现，成为引领农民科技致富的中坚力量。除此之外，"星火计划"通过开发科技项目，推动农村进行专业化、规模化、现代化生产，为广大农民创造了良好的经济效益，使农民切身感受到科技就是财富，因而得到广大农民的拥护和支持。

"星火计划"在中国几乎家喻户晓、人人皆知，其卓越成就"有目共睹、有口皆碑"。"星火计划"的成效不仅在于它所创造的经济价值、它给农民带来的实际利益和对农村产业结构调整的影响，还在于它所带来的直接与间接的经济效益，更在于它所产生的深刻而长远的社会效益，这些对中国农村和中国社会的影响是不可估量的。

从"星火计划"的实践可以看出，它在我国农业现代化和农村走向社会主义商品经济的历史进程中有着无可替代的重要作用。"星火计划"在中国的成功实施受到了很多国家和国际组织的高度关注，许多发展中国家纷纷借鉴中国"星火计划"的成功经验，并积极进行合作和交流。1990 年 7 月，联合国亚洲太平洋地区经济社会理事会派团来江苏、福建作了专门考察，之后写出了

关于中国"星火计划"的专题报告,指出:20世纪60年代很多发展中国家开展了多种类似的计划,均未奏效,唯独中国找到了一条创新的路子,获得了成功。联合国一位副秘书长要求将这份报告转发给亚太地区所有发展中国家,希望与中国合作在第三世界推广"星火计划"。

"星火计划"利在当前,功在长远,它的社会效益广泛而深远,它以丰富的内涵吸引人们不断去探索与实践。在"星火计划"实施的这些年里,社会各界力量共同投身于依靠科技振兴农村经济的伟大事业中,不断丰富和完善已有的经验和做法,为科技与农村经济相结合创造了更加优化的社会环境,着力把这一造福广大农民的科技发展计划深入开展下去,让科学技术的星星之火,燎遍了整个中国大地。

当然,由于农村的封闭性、落后性和小生产的局限性,农民、农业和农村经济进入市场经济的过程充满了矛盾和曲折。"星火计划"作为特定历史条件下的一种政策,不可避免地存在着诸多局限性,主要表现在以下五个方面。

(1)政府占据绝对主导权,这虽然为"星火计划"的正常运行提供了保障,但过分强调政府行为,行政化教育色彩浓厚,容易使不同层次、不同类型、不同情况下的农村、农业和农民的个性发展被忽略,不适应市场的需要。比如行政命令仍是农技推广的主要形式之一,推广活动是带任务、带指标进行的,带有一定程度的强制性;农业技术推广项目由政府决定,然后逐级下达推广任务,这种由上到下的技术推广方式,无法对农民的技术需求进行充分考虑,容易忽略当地农民是否需要这些技术。

(2)由于特定的政治、经济、文化原因,一些地方农村建设、农业发展尚未真正与农业科技普及、农业科技人才培养相结合。部分地方领导不力,缺少沟通和实际考察,有些地方相关机构形同虚设,而且,保障体系和农业科技创新体制不够完善,这些都是影响农业科技创新的研究、开发和推广的因素。

(3)有的地方对农业资源的整合带有强烈的功利色彩,只着眼于为农村经济建设直接服务,忽视了全面发展和持续发展。

(4)农民科学文化素质较低。第一,农民的文化水平普遍落后,这直接影响着农业新技术的引进、推广和开发,也无法应对市场经济行情的不断变化。随着城市化发展,农村受教育程度较高的青壮年劳动力受市场、经济等各种因素的影响,其从业行为发生了很大的变化,真正留在农村种田的农民素质在进一步下降。第二,随着市场经济的发展,农民面临着传统农业走向现代农业的挑战,农业的科技含量越来越高,但农民原先掌握的农业科技知识较为落后,已无法应对农业市场化、集约化、科学化、产业化的快速发展,难以适应农业结构调整的需要。第三,农村的基础教育相对落后。这对未来农村劳动力文化素质的整体提高十分不利。

(5)农业技术推广作用不够强。有的地方投资严重不足,致使一些地方农技推广工作实际是应付上级检查的幌子。有限的推广项目经费常被截留,许多乡镇农技推广单位变成了完全自收自支的单位。同时,往往还存在人才断层、知识老化、人员结构不合理、非专业技术人员过多等问题,而新进的大学生人数减少及在职进修的人数比例过低,也导致了新一轮的农技推广队伍知识断层及知识老化现象。这些都使得最新技术无法有效地向农民推广。

中国经济腾飞、社会发展和现代化建设需要几代人的艰苦努力,其困难在农村,希望也在农村。"星火计划"是一项长期的工作,它以农业、农村和农民为主要实施对象,举起了依靠科技振兴农村经济的旗帜。"星火计划"是一个在不断成长的切实服务于"三农"的计划,在不断地发展和现实的磨砺中走向成熟和完善,造福于中国的农村大地。

第 21 章　技术市场与科技成果转化

第 1 节　观念破茧——技术商品化、产业化理念的确立

一、关于技术商品属性的认识问题

技术成为商品在国外已有 300 多年的历史，它在资本主义的发展过程中发挥了至关重要的作用，在知识经济时代的作用则更加凸显。在我国，很长一段时期内，由于长期实行单一的计划经济模式，技术的商品属性得不到承认，技术不能作为商品在市场上进行流通和交换。我国技术商品化长期被否认和禁锢的主要原因在于认识观念和运行体制。

认识观念方面的原因，一是由于"大锅饭"的分配制度和几千年来推行的小农自给经济，导致我国社会价值观念、竞争观念和市场观念不强。二是在我国知识分子中间，存在耻于言利的传统。在几千年的封建社会中，"重农抑商"政策的推行，使"士农工商"的排序根深蒂固，许多知识分子习惯于埋头科研，而把技术知识、技术成果作为商品拿到市场上去交易，许多科技人员在计划经济时代是难以理解的，甚至视其为对理想、抱负和爱国心的亵渎。三是在领导机关、群众团体的干部和工作人员中，也存在旧观念、旧框框的束缚，如认为科技人员的知识是来自国家人民的培养，又拿着国家的工资，研究成果另得报酬是不合理的，或者担心实行技术商品化会助长"向钱看"的思想等。四是我国长期以来，在"左"的影响下，曾经大批特批所谓"知识私有"，根本不承认知识产权，不承认价值规律。人们只有无偿地转让技术知识，才算是具有共产主义精神，反之，则被认为是有名利思想，是搞资本主义。五是社会上还存在各种不正之风和经济犯罪，对什么是科技人员的正当权益，什么是不正之风乃至经济犯罪，政策界限还不是完全清楚，有关的法律制

度也尚待制定或尚待完善，人们对于推进技术商品化难免心存种种疑虑。

运行体制方面的原因主要包括以下三点：第一，我国社会主义制度确立后，接受并推行的是苏联模式，一直不承认生产资料的商品属性，更否定技术的商品属性；第二，我国实行统一计划下的产品经济体制，科学技术只能作为产品被统一支配、使用，而不能实行商品交换。其中技术的研究开发要靠国家拨款，成果的推广应用，由国家有关部门通过行政手段和计划调拨，实行无偿转让，技术成果长期被当做"样品、礼品、展品"，被束之高阁；第三，我国长期以来把知识分子划为资产阶级、小资产阶级的范畴，科技人员连同所有科学劳动者被看做非生产人员，其劳动产值不计入 GDP。

随着经济体制改革的逐渐推进，市场经济在我国开始萌芽，人们的认识观念也发生了很大的变化，对技术的商品属性也有了新的认识，技术商品化理念逐步确立。技术商品化理念从无到有，其来源包括以下四个方面。

（1）科学社会主义理论的重大突破和发展，为科学技术商品化提供了理论根据（张仁元，刑明保，1985）。党的十一届三中全会以来，理论工作者逐步认识和确立了社会主义应是计划指导下的商品经济的观点，明确肯定了社会主义社会存在商品交换，且交换的商品包括知识劳动成果和科学技术。这就为我国的商品生产，特别是科学技术商品化确立了理论基础。

（2）技术成果本身具有的商品属性和技术的社会化为技术商品化准备了成熟的内外环境。技术作为科技劳动的成果，既具有使用价值，也具有价值，完全具有商品的特性。技术商品的价值是指凝结在科技成果中的一般人类劳动。其价值属性同其他商品一样，是技术商品的经济属性、社会属性的体现。技术商品也是人类的无差别抽象劳动的结晶，具有使用价值属性和价值属性。技术商品是供交换的知识、技能或由知识技能所创造的技术物质所形成的劳动产品，其中创造性的智力劳动是价值形成的质的因素。另一方面，评价科技成果时提到的学术价值、技术价值、经济效益、社会效益，就是对技术使用价值的承认。技术的使用价值直接表现为劳动生产率的提高和经济效益的创造，如对社会劳动的节约、产品数量的增多和质量的提高等。

与一般商品相比，技术商品具有特殊性，主要表现在：存在状态的多样性和复杂性、使用价值的间接性和共享性、交易的两权分离性和反复性、寿命构成的复杂性、价位评估的非精确性、技术商品所有权的垄断性、技术商品价值有时效性、技术商品开发和持有的风险性、技术商品具有公共物品属性（曾伟，2004）。

在我国，据国家经委提供的材料，目前"每年新增的工业产值中，约有60%是依靠技术进步和加强管理取得的"。这表明：技术已成为生产力发展中特殊而关键的因素。从社会发展的轨迹看，经济由粗放型发展向集约型发展的转化、由封闭型向开放型的转化，孕育着技术由"潜在的"生产力向"直接的"生产力转化的趋势，这就是由生产的社会化导致技术的社会化。

（3）技术商品化是社会分工和商品经济及其竞争机制的必然产物。技术商品化是指技术成为商品的过程、技术与生产相结合物化为直接生产力并促进商品生产发展的过程、技术贸易发展及市场形成并不断完善的过程。技术商品化从经济活动的角度看，是指技术作为商品生产和交换而形成的包括生产、流通、交换、消费的全过程；从技术转化为社会生产力的角度看，是指技术商品化、产业化、国际化的过程。技术商品化的表现形态主要是技术开发、技术转让、技术咨询、技术服务四类。

技术商品化是社会分工深化的结果。机器大工业的确立，促进了社会分工空前广泛而深入的发展。其中，体力劳动与脑力劳动的分工深入到物质生产过程并逐步地扩展到全社会范围。技术成果从物质生产过程中分离出来，成为独立形态的知识产品。这种发达的社会分工，要求通过商品交换使科技转化为直接的生产力，推动社会化大生产向前发展。技术商品化的前提是脑力劳动从直接生产过程中分离出来，成为一种独立的劳动；而科学技术对生产力发展的决定性作用，是技术商品化的基因；新技术的应用对增强经营活力与提高市场竞争力的保证作用奠定了技术商品化的基础。科学技术自身的加速发展与继承性，推进了技术商品化的进程。同时，商品经济的发展意味着竞争机制的存在。现代社会经济生活中企业之间的竞争主要体现于技术上的竞争。技术作为商品经济中内在的首要因素而成为各个企业共同追求的对象。技术竞争的发展必将加速技术商品化的进程，使技术以商品的身份参与交换从而进入流通领域。

（4）我国的相关政策确保了技术商品化的合理地位。国务院于1985年1月10日颁布了《关于技术转让的暂行规定》，把技术归类为一种商品，并对技术商品的产权界定和技术转让的价格、支付方式、转让形式（技术转让合同），特别是技术转让的税收优惠和技术转让的权益分配政策都作了制度安排。

1985年3月13日，《中共中央关于科学技术体制改革的决定》进一步肯定了"促进技术成果的商品化、开拓技术市场"。赵紫阳同志的《在全国科技工作会议上的讲话》把在社会主义阶段实行技术成果商品化的意义提得很高，并将其看成是整个科技体制改革的突破口。

二、技术商品化的发展成为科技进步和经济繁荣的助推器

技术商品化是计划经济条件下科技体制改革初级阶段的成果，1978 年全国科技大会的召开，是这个阶段开始的标志。在这次会议上，邓小平同志提出科学技术是第一生产力的观点，为技术商品化奠定了基础和前提条件。此后国内一些城市（如沈阳、武汉等地）陆续出现技术商品有偿转让的活动，并相继产生一批促进技术商品化的中介服务机构，如在沈阳成立了全国第一个组织协调技术商品化的沈阳科技服务公司，它在 1981 年建立常设技术市场，率先进行技术商品化的改革探索和实践。

1985 年 2 月 6～9 日，全国技术商品化学术讨论会在哈尔滨小天鹅饭店召开。这次会议是由黑龙江、湖南、山西、天津四省市科协和《潜科学》杂志社共同发起的。来自全国各地的专业技术人员、科研管理和理论研究工作者以及各级科协工作人员共 68 人出席了会议，向讨论会提交论文 46 篇。会上传达学习了中央关于科技体制改革的精神。代表们就开拓技术市场、加速技术成果商品化以及科技体制改革的一些理论和实际问题进行了认真热烈的讨论。

1985 年 11 月初，四川、天津等六省市科协和《潜科学》杂志社在成都召开了全国第二次技术商品化学术讨论会（李涛，1986）。出席这次会议的有来自全国 25 个省市、自治区各级科委科协及从事技术商品经营、科技管理、科学学和经济学理论研究的代表 90 多人，会议收到论文 47 篇。他们对技术商品化的若干理论问题，进行了广泛深入的讨论，取得了积极的成果。同时还对技术市场的形成和发展问题，买、卖、中介三方的地位、作用和各方的经营战略，技术商品价格的构成因素和定价原则，对买、卖、中介三方特别是对中介方的扶植政策的具体化和落实问题，技术市场的发展趋势，技术出口的必要性、可能性和现实性等进行了深入讨论和论证。

随着我国商品经济的发展，技术成果作为特殊的商品已引入流通领域和进入消费市场，通过有偿转让等多种形式流入消费者手中，这对加速科技成果物化为直接的社会生产力的进程，对推动科技进步、繁荣社会主义经济具有十分重要的意义，对我国现代化建设将产生巨大的影响。其作用主要包括以下四个方面。

（1）技术商品化是科技体制改革的两大关键性措施之一。技术商品化的作用一是能促进科技与经济的结合，有利于使科学技术研究自觉地面向经济、面向生产、面向社会；二是加速和缩短了科技成果转化为生产力（商品）的周期；三是会增强以应用开发研究为主的科研院所或综合性研究所的活力，调动多种所有制单位搞科技的积极性；四是会给广大科技人员增加一定的收入，有利于发挥科技人员的创造性、积极性和责任感，有利于形成尊重知识、尊重人才的风气，促进人才合理流动，使人员结构趋向合理。

（2）技术商品化有利于科技管理体制的改革（冯彬彬，1985）。实行技术商品化，必然要求改变拨款制度，从事开发研究的科研单位的责、权、利必须要统一，自主权必须扩大，科研选题权和人、财、物权必须尽量下放到所、室、组；必然要求尊重价值规律与市场调节作用，不合理的行政干预很难再行得通，政研势必要分开，条块分割会逐渐打破，横向协作的阻力会大大减小。技术商品化在克服妨碍改革的惰性与官僚主义，全面搞活科技工作方面，也会形成内在的动力、压力与活力。

（3）技术商品化有利于促进"区域经济"的协调发展。按"国内技术梯度"理论，我国有"沿海先进技术区、内地中间技术区、边远传统技术区"三大区域，长期以来，科技成果不具有有偿转让交换的价值，使技术成果流通受阻。技术商品化后，通过"有偿技术转让、服务"、"有偿技术贸易"、"技术入股合营"等多种形式的技贸结合，能够促进"区域经济"的协调发展，实现经济的全面腾飞。技术商品化是充分发展商品经济，实现经济现代化的条件。

（4）技术商品化有利于促进科技成果向创造性、先进性、适用性和"短、平、快"方向发展。

三、技术产业化的提出与发展

"新技术始于发明，成于研制，终于应用；而新的产业始于新技术的推广应用，成于生产设备和生产工艺的定型，终于批量的产品和效益的产出。"（万长松，曾国屏，2005）

技术产业化就是以盈利为价值取向，把技术成果转化成产业实践的过程，这是实现科学技术的生产力功能、创造社会财富的过程。

技术产业化的本质变化是由单纯的技术运作方式转向了技术与资本相结合

的运作方式。首先，通过资本市场提供的资金，把功能单一的技术研发部门变成新兴产业的孵化器；其次，通过市场营销把不能直接为人类所利用的技术转化为直接为人类服务的商品，并由此扩大企业的市场份额和提高企业的获利能力。技术产业化的关键是形成一个包括研发、扩散、生产、营销、售后服务诸环节在内的完整产业链。这一过程可分为技术的商品化和商品的社会化两个阶段（万长松，2007）。技术商品化需考虑技术转化为商品的经济性、使用的方便性和生产生活的适应性。技术的商品化使科学技术从一般生产力转化为现实生产力，为技术产业化奠定了物质基础。但在技术的商品化阶段，科技对生产力的推动作用还仅仅局限于物质层次和较小范围，并没有把追求转化的最大效益作为目标。商品社会化作为技术产业化的第二阶段，以追求产业经营效益最大化为目标，是技术商品生产和价值实现的批量化和社会化过程。

技术产业化是一个复杂的动态演化过程，是技术规模化的实现过程，也是技术经济价值、社会价值与生态价值实现的过程。对技术产业化的实现过程，从不同的视角有不同的认识，归纳起来有四种：①作为经济活动的产业化，指产业化与成果转化、产业化与风险投资、产业化与企业孵化器等；②作为观念物化活动的产业化，"是将技术作为一个展开的过程"来透视技术产业化；③作为知识整合过程的产业化，"就是在一定的知识空间限度内，不同来源、不同类型的知识之间匹配、契合，最终使内含于产品中的知识成为有机的统一体"；④作为社会建构过程的产业化，即从复杂的社会活动、政治、经济和文化等社会因素出发，产业化将是一个"多向度、多层面、多要素交互作用的过程。"

关于技术产业化的研究，多集中在经济学领域，且重点是关于高新技术产业化的研究。在经济学领域，高新技术产业化是指"在高新技术研究与开发的基础上，受技术推动和需求拉力的双重作用，在一定的系统环境促进下，通过技术创新、技术应用、技术扩散，直至与该项技术创新有关的高新技术产品达到一定市场容量，形成一定生产规模，最终形成一个产业或产业群的过程。"具体来说，它包括三个方面的含义：一是高新技术成型后的对外转让；二是高新技术物化为产品，进而成为产业；三是高新技术在传统产业中的应用，即传统产业的知识化、信息化和生态化。

高新技术产业化是一个复杂的动态发展过程。从横向来看，是指通过技术扩散，围绕高新技术而生成新兴的企业群，并运用高新技术对传统产业进行存量改造，使传统产业升级；从纵向来看，是指高新技术成果在技术开发和产品开发的基础上，逐步商品化、产业化和国际化的发展过程（冯晓静，2004）。

高新技术产业化也是一个高新技术的技术创新过程。它包括了从新设想产生、研究、开发、中试到小批生产、工程设计、生产、市场营销直至扩散的一个完整过程。它以高新科技成果为起点，以市场为终点，并主要经历高新技术的发明与研制、高技术产品开发与推广和技术产品的大规模生产和市场开发四个阶段。

"发展高科技、实现产业化"，这既是党和国家的号令，也是科技工作努力的目标和方向。国家科委在这方面承担的任务主要是组织实施"863 计划"（与国防科工委共同负责）、"火炬计划"和国家级高新技术产业开发区的建设（黄齐陶，1994）。这些举措取得了明显的经济效益和社会效益，大大促进了我国高新技术产业的发展。

第2节 市场繁荣——技术交易、技术市场的建立

一、技术交易的出现与发展

技术交易随着改革的进行而出现，随着改革的深入而不断发展。随着企业经济责任制的实行和市场机制作用的发挥，产品的市场竞争日趋激烈。而产品的竞争促进了技术的竞争，激发了企业积极承接先进科技成果的内在动力；同时，科技单位也实行了经济责任制，开展了经济核算，这要求科学技术研究获得更好的效益，于是科技单位开展了多种形式的技术交易活动，出现了技术交易市场。

技术交易是指技术供需双方通过市场化的办法对技术所有权、使用权和收益权进行转移的契约行为。

技术交易的实质是技术的转移和转化，其规律如下：①向技术梯度小的方向转移，这说明落后地区吸收高技术比较困难；②向吸引人的方向转移，技术交易买方的兴趣和能力是转移和转化的前提；③人才转移和转化最有效，技术交易中技术培训和引进人才具有非常重要的地位；④技术转移和转化以加速度发展，这要求进行技术交易时必须有超前意识，具有预测性；⑤技术不断向新应用领域转移和转化，因此必须有及时采集应用信息的网络体系；⑥技术转移

向复合产品方向发展，这是当代组合技术发展的反映，要适应组合技术要求则要发展配套技术工程（郭进明，马文君，1996）。

从经济学的角度分析技术交易的基本特征，包括信息的非对称性、交易的不确定性、商品的公共物品属性三个根本特征。由这三个根本特征又派生出三个特征：产权的易逝性、合约的不完全性、交易成本的高昂。此外，技术交易是使用权交易，一项技术可以同时转让给不同的买方，技术卖方并不丧失其所有权。技术商品交易还具有延伸性、复杂性和双边垄断性。与普通商品交易不同，技术交易双方的关系既是买卖关系也是合作关系。技术交易的结果也存在很大的不确定性。

一般来说，技术交易的流程分为四个阶段。第一阶段，信息搜集、匹配阶段。技术供需双方利用自身拥有的信息资源、关系网络或通过技术中介寻找适宜的交易伙伴。第二阶段，协商谈判阶段。协商谈判阶段是指技术交易双方就技术交易合同的条款、履约机制进行沟通和协调。具体内容包括：交易技术的界定、范围、排他性条款、支付方式、保证和仲裁条款的协商。第三阶段，技术的实际转移阶段。转移的内容通常包括技术使用权或所有权等产权的转移、显性知识和隐性知识的实际转移等。第四阶段，技术的吸收、应用和实施阶段。该阶段是技术购买方将所获得的技术投入生产和市场化的阶段。

我国首届全国技术成果交易会是由国家科委、国家经委、国防科工委与北京市人民政府联合举办的，于 1985 年 5 月 14 日至 6 月 7 日在北京展览馆进行交易活动（胡锦文，1985）。这次交易会的内容极其丰富，有技术转让、技术服务、技术咨询、技术难题招标、技术培训、技术合作开发、技术信息交流、工程设计和课题承包、引进项目的配套开发等。参加本次交易会的有来自全国各地的 77 个技术贸易团共 3 000 多个单位，有一个主场和五个分场，共展出技术成果 15 000 项。

1988 年 10 月 15～25 日，由外经贸部、国家科委、深圳市人民政府联合举办的第一届中国对外技术交易会在深圳举行。本次技术交易会的宗旨是：加强与世界各个国家和地区之间的技术交流与合作，促进世界特别是发展中国家的经济繁荣和技术进步。该技术交易会在深圳每年定期举办一次，是我国对外技术贸易的一个全国性固定窗口。

技术交易的进行和技术市场的兴起，从多方面显示出了重要作用。

（1）加快了先进科学技术由实验室向生产的转移、由军工向民用的转移、由沿海向内地的转移，促进了生产的发展，提高了经济效益。

（2）促进了科研事业的发展。技术交易的进行，一是促进了科研单位面向生产实际选题攻关，改变了过去那种从文献中选课题、成果停留在论文上的现象；二是获得了一定的收益，弥补了科研经费的不足，改善了科技人员的工作条件，也解决了其生活困难；三是通过按技术交易合同完成情况对科技人员进行考核和奖励，促进了科技责任制的建立和健全，调动了科技人员的积极性，提高了工作效率。

（3）技术交易的进行，加强了科学技术开发、应用和生产之间的联系，初步建立了一批科学技术经济联合体。

（4）技术交易的进行带动了各种形式的经济联合与协作，促进了地区之间经济结构的合理调整。掌握技术的单位把技术作为产品出售，与其他单位进行了大量物资、能源、资金等方面的交易，开展联合生产经营，使技术优势、生产优势、产品优势与市场优势更好地结合起来，提高了社会综合效益。

二、内部动因和外部需求催生我国技术市场

技术市场的出现和存在具有客观必然性，可以从内因外因两方面进行探讨。

（1）内因方面。首先，科学技术对生产发展的先导作用和促进作用。第二次世界大战后，科技使许多国家和地区经济起飞的事实，促使人们视技术商品为珍宝，技术市场从而获得了强大的生命力。这种先导作用和促进作用是技术市场出现的根本原因。其次，科技对增强经营活力和提高竞争活力的保证作用。最后，科学技术自身加速发展与继承性，也决定需要发展技术市场。

（2）外因方面。首先，我国现代化建设的艰巨任务，传统生产的技术落后状况，迫切要求政府通过开放技术市场来尽快满足生产对技术的需要。其次，世界性新技术革命和国际性生产竞争的出现与发展，迫使我国必须开放科学技术市场，从而调动全国科技大军投入这场革命，以保证我国从经济和技术上尽快跨入世界先进行列（张仁元，邢明保，1985b）。

综上所述，技术市场是商品经济发展的客观要求，是科学技术社会化的必然产物。它以技术商品化为前提，服从于商品经济的一般规律。

技术市场是技术成果进行交易的场所，是技术商品流通和交换的中间环节，是商品经济的一个特殊领域。技术市场是在我国经济发展脱离计划经济的

轨道之后，逐步建立市场经济体制的条件下，以技术是商品为前提，开始孕育、萌芽、形成和发展起来的生产要素市场，更是以推动技术商品的市场化为己任，继而与信息、资本、人才等生产要素市场有机结合与互动，促进技术转移和推进技术转化为现实生产力，实现科技成果产业化的社会主义生产要素市场。目前，我国出现的技术商品市场形式大概可分为固定型技术商品市场和集市型技术商品市场。

技术市场同物质商品市场相比，有许多共同点，但其又有不同于物质商品市场的一系列特点，如专有性、教育性、时效性、技术保密性、商品的技能性、交换的无损性、交易的有限性和非一次性商品交换的特点。

技术市场的开发和成长对我国具有重要作用，表现为以下 5 个方面。

（1）技术市场是促进科学技术转化为生产力的关键环节，也是促进科研方向面向生产、面向四化建设的有效形式。技术市场的发展有利于解放科技生产力、促进技术商品化、加速技术转移，有利于推动科技、经济、社会协调发展。

（2）技术市场的发展有利于打破条块分割，发展横向联合，有利于建立新的科技运行机制，增强了科研机构的自我发展能力。同时还能促进科研单位与生产单位之间以及科研单位之间的经济技术合作，有利于各方面科技力量合理纵深配置，促进科技与经济结合的有效组织形式的形成。

（3）技术市场为智力开发创造了良好的环境。在技术市场上，科技成果转移往往伴随着人才和知识的流动，这有利于智力的开发和科技人才的流动。

（4）发展技术市场，通过市场机制的作用能有效配置技术商品资源，通过市场主体的社会分工能提高技术商品交易的效益和效率。

（5）只有承认技术商品、开放技术市场，才能使我国经济向世界开放，保持政策上的协调一致，有利于世界先进技术的引进及市场制度的形成和规范。同时，技术市场的发展与完善为我国的技术面对国际科技市场和国际竞争提供了条件。

三、技术市场发展的政策支持与法律保障

1981 年 12 月 13 日通过的《经济合同法》曾把"科技合作合同"作为经济合同列入法律（第 26 条）。1984 年 11 月，赵紫阳在国务院常务会议上提出了技术是商品，要开放技术市场的问题。1984 年年底，由国家科委、国防科工委、国家经委邀请有关部门和地区的代表，讨论了开放技术市场的问题。国

家科委负责人就技术商品化、技术市场问题，发表了答记者问。1985 年 1 月，国务院颁布的《关于技术转让的暂行规定》使技术商品进入流通领域有章可循。该规定对技术商品的产权界定、技术转让的价格、支付方式、技术转让形式、技术转让的税收优惠和权益分配政策都作了制度安排。

1985 年 3 月，通过了《中共中央关于科学技术体制改革的决定》，指出"技术市场是我国社会主义商品市场的重要组成部分"，"应当通过开拓技术市场，疏通技术成果流向生产的渠道，改变单纯采用行政手段无偿转让成果的做法"（高理昌，1986）。该决定将开拓技术市场作为我国科技体制改革的重要突破口和先决条件，第一次从国家制度层面解释技术市场的内涵、地位和作用，并明确提出"开放技术市场，实行科技成果商品化"，实现了我国科技体制改革的重大突破。

1985 年 4 月，全国人大常委会颁布了我国第一部《专利法》。1985 年 5 月，《中华人民共和国技术引进合同管理条例》颁布实施。另外，《关于开发研究单位由事业费开支改为有偿合同制的改革试点意见》《科研单位实行经济核算制的若干规定》《关于推进科研设计单位进入大中型企业的规定》《关于扩大科学技术研究机构自主权的暂行规定》，以及《关于进一步推进科技体制改革的若干规定》等一系列法规相继颁布。这些政策法规在改革科研机构的体制、开发技术交易市场、将科研机构推向市场等方面起到了积极作用（程森成，2004）。

1985 年 9 月，国务院成立了包括国家科委等 14 个部门组成的技术市场协调领导小组。其主要任务为：建立和完善技术市场的法规制度，如技术市场管理办法、技术合同法、技术贸易的推行统计制度等；在价格、税收、信贷、分配等方面制定有力的扶植政策和措施；为了调动买、卖、中介三方面的积极性，保障它们的合法权益，在利润留成和分配上处理好国家、集体、个人三者关系；就技术市场的重大方针政策和法规问题，组织协调有关部委进行研究拟订，报国务院审批发布，并协调组织一些全国性的重大活动。

1987 年 10 月 1 日，颁布了《中华人民共和国技术合同法》（以下简称《技术合同法》），这是一部具有中国特色的技术成果商品化的法律，规定了技术市场的基本准则。《技术合同法》的实施，标志着我国技术市场的政策法制建设进入了一个新阶段。与《技术合同法》相配套，我国又先后颁布了《技术合同管理条例》《关于技术市场营销具体政策的说明》《技术合同认定登记管理办法》《技术合同认定规则（试行）》，以及《关于正确处理科技纠纷案件的若干问题的意见》等行政法规。1999 年 3 月 15 日，新颁布的《合同法》将技术合同制度列为专章（第 18 章）进行了专门的规定。

在财税方面，我国也配套颁布和实施了技术交易行为的优惠政策，并建立了技术合同纠纷的仲裁制度，从而使技术市场形成了从技术商品的产出、交易、管理到处理纠纷和实行优惠等方面的政策，形成了一个比较完整的政策法律体系，确保了技术市场交易活动的正常进行。

1996 年 5 月 15 日，第八届全国人民代表大会常务委员会通过并发布了《中华人民共和国促进科技成果转化法》，并于 1996 年 10 月 1 日起施行。该法的颁行，为深化科技体制改革、加速科技事业的发展提供了法律保障，开创了依法推动科技进步、依法管理科技工作、依法促进科技成果产业化的新局面。

1996 年 10 月，国家科委印发《"九五"全国技术市场发展纲要》，提出"放开、搞活、扶植、引导"的方针（王白石，1988）。其中，"放开"指在政策上放开。"搞活"指在党和国家有关开放技术市场的方针、政策指导下，把微观搞活。可以多层次、多渠道、多成分、多形式地开展技术贸易，使技术成果源源不断地流向生产领域。"扶植"指在政策上放宽，在组织上支持，在经济上帮助。"引导"指运用行政与经济办法，引导技术市场沿着有计划商品经济的轨道发展，把技术商品开发计划与经济发展计划有机地结合起来。既要放开、搞活，又要在宏观上加以引导、控制，达到活而不乱。

1996 年 12 月 13 日，国家科委在北京召开了全国技术市场工作会议。会议研究了如何使技术市场在实施"科教兴国"战略和贯彻"两个根本性转变"过程中进一步发挥作用。会议还对"九五"期间全国技术市场工作和建立社会主义技术市场体系作出了部署，并总结交流了技术市场工作经验。

总之，通过一系列法律、法规、规章和政策的建立，我国技术市场进入了法制化发展的轨道，得到了健康、稳步的发展。

四、中国技术市场的发展状况

我国技术市场的形成以 1978 年全国科技大会的召开为标志。在这次会议上，邓小平同志提出了科学技术是生产力的观点，为技术商品化、开放技术市场做了舆论上的准备。我国技术市场开始萌芽。

1978～1988 年为我国技术市场发展的第一阶段。在这个阶段中完成了技术市场的准备工作，完成了观念转变、规范尝试、法律制定、管理机制的转变、服务体系的建立、制度的构建等基础性工作。1980年，沈阳市成立全国第一个组织协调技术商品化的沈阳科技服务公司，1981年又建立常设技术市场，随后武汉市也建立了类似的机构。1981年，沈阳、武汉首次创办了"科技交易会"，沈阳市的交易会成交额近200万元，武汉市也有上万人参加交易会。1984年5月，天津市创办了全国第一家常设的科技贸易场所——天津科技市场，仅仅一年的时间就签订技术合同1 418项，成交额1 475万元。1985年5月，首届"全国技术成果交易会"在北京举行。1987年5月，全国技术市场协调指导小组在沈阳召开了全国技术市场管理工作座谈会。根据会上资料统计，1986年全国已有23个省、市、自治区成立了技术市场管理协调机构，5 000多个种类的技术开发、经营机构共签订技术贸易合同87 000多份，成交额达20.6亿元，技术市场至此已初具规模。1986年10月，我国发展了中国技术市场联合开发集团，这是我国特有的国家级的中央各部委的技术市场对口单位组成的多学科、跨行业、跨系统的横向联合体。此阶段中国的技术市场是一种非正规市场，市场经济还没有发育完全，科学技术体制还没有完成转型，技术市场的主体没有形成。

1988年之后为第二阶段。1988年，我国领导层认识到科学技术的经济、社会价值，并提出了"科学技术是第一生产力"理论。中国实施了一系列的科学技术战略，如"863计划"、"火炬计划"、"星火计划"等。1992年的邓小平同志南方谈话，不仅促进了全面改革，对技术市场的发展也起到重大推动作用。1992年，我国技术市场发展有了重大飞跃，全年共缔结技术合同23.55万项，技术合同总成交金额达到150.82亿元，分别比1991年增长13.18万项，增加了59.6%，其中合同金额净增56.32亿元。

技术市场自产生以来已有了长足的发展，形成了如下特点。①各类技术市场通过多种形式、多个方面开展技术贸易，充分展示各自的优势，各地常设技术市场相继开业，各地区协作网络相继建立。其中，技术市场形式多样化，既有固定市场，又有流动市场，还包括交易会形式、博览会形式、招标会形式、洽谈会形式（郭树言，1986），此外还出现了技术—金融市场、技术—人才市场、技术—生产资料市场。②技术贸易已经在经济领域各个方面全面开展。一是初步形成全民、集体、民办一起上的格局；二是技术贸易活动已由技术开发、技术转让、技术服务、技术咨询发展到建立技、工、贸一体化的服务实体。③技术贸易的区域和范围日益广泛，技术交易的内容日益丰富，技术合同成交额逐年递增，其中研究开发机构是技术商品的最大卖方，各类工业企业则是最大的买方和受益者。④以《技术合同法》为依据，制定了一批管理政策和规章制度。如针对技术合同登记、技术贸易税务管理、技术贸易机构审批等具体问题制定了相互配套的且较为明确的规定。技术市场管理法规建设逐步完善并走上法规化、制度化的轨道。⑤技术市场管理体系基本形成，技术市场管理工作日益加强，全国形成了以国家科委和各级地方科委归口管理的，经济、金融、工商、税务、财政等各部门协同管理的格局。

第22章 进一步给科技松绑
——关于深化科技体制改革若干问题的决定

第1节 深化科技体制改革的历史背景与时代需要

我国在1978年以前采用的是一种计划式的科技体系，实施赶超发展的战略，主要战略目标是在较短时间内赶上和超过世界先进水平，采用的科技体系是企业、科研院所、高校、国防科研相互独立、相互分离的结构，以计划来推动科技项目和任务发展，促进技术的转移与吸收。这一体系在国际封锁而且国内科技资源极度稀缺的情况下，将有限的资源向战略目标领域不断动员与集中，在短短十几年间，建立了比较完整的科技组织体系和基础设施建设，培养了大批优秀人才，为国家经济发展和国防建设解决了一系列重大科技问题，从而使我国的科学技术从整体上缩小了与世界先进水平的差距。

20世纪70年代末，计划式的科技体系由于自身的缺陷遇到了各种挑战。从国际发展上看，世界上各种新技术革命浪潮涌动，几乎各门学科领域都发生了比较深刻的变化，科技成果也迅速得到推广应用，带来了社会生产力的巨大变革，促进了全球的经济飞速增长和产业结构调整。国与国之间的竞争模式也发生了根本性改变，由单一的军事竞争、经济竞争转向以科技为核心的综合国力竞争。而在我国，在漫长的"文化大革命"时期，科技活动由于计划式的科技体系而受到了极大的压制，这使我国的科技竞争力与西方发达国家相比差距不断扩大。社会与经济的发展对科学技术提出了多层次、多元化的需求。

1985年3月，《中共中央关于科学技术体制改革的决定》明确提出，体制改革的根本目的是"使科学技术成果迅速地广泛地应用于生产，使科学技术人员的作用得到充分发挥，大大解放科学技术生产力，促进科技和社会的发展"，并提出全国主要科技力量要面向国民经济主战场，为国家经济建设服务。政府在推动科技体制改革的政策供给方面作出巨大的努力，依据改革目标与政策重点的相应调整，可大致分为两个阶段，如图 22 - 1 所示。

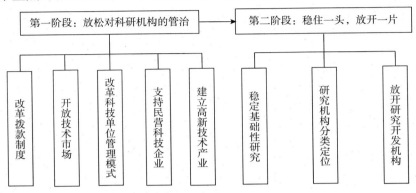

图 22 - 1　我国科技体制改革的两个阶段

（一）第一阶段（1985～1992 年）：放松对科研机构的管治

这一阶段，科技发展的指导思想是落实"面向"、"依靠"的方针，主要政策走向是"放活科研机构、放活科技人员"。依据改革目标的调整，政府的政策供给集中在拨款制度、技术市场、组织结构及人事制度三个方面。

（1）改革拨款制度。依据科技活动特点与分工的不同对全国各类科研机构的科研事业实行分类管理。例如，对主要从事技术开发类别的科研机构在五年内逐年削减事业费，直至完全或基本停拨；对主要从事基础研究类别的科研机构实行基金制，即国家只拨给一定额度的事业费；对从事社会公益性研究工作和农业科研工作类别的机构，国家仍拨给事业费，实行包干制度；对从事多种类型研究工作的科研机构，其经费来源视具体情况通过多种渠道解决。核减下来的事业费，大部分资金留给国务院主管部门用于行业技术工作和国家重大科技项目，少部分资金由国家科委用作面向全国的科技委托信贷资金和科技贷款的贴息资金。

政府对拨款制度进行改革主要有两个目的：第一，是从资金供应上改变科研机构对行政主管部门的依附关系，迫使科研机构通过主动为经济建设服务争取多渠道的经费来源；第二，是用商品经济规律调整科技力量的布局，扩大全社会的科技研发投入，加速科技成果商品化、市场化，此项改革进展较为顺利。到 1991 年，中央级科技开发机构实现了事业费减拨全部"到位"，地方到位率为 80%，在全国县以上政府部门所属的 5 074 个自然科学研究机构中，有 1 186 个无须再拨科学事业费。

（2）开放技术市场转化。在政策和法律上均承认技术成果也是商品，建立按照价值规律有偿转让的机制。政府颁布了《专利法》《技术合同法》及相应的实施条例，为技术开发、技术转让、技术咨询、技术服务等各种技术交易制定了基本规则。这一措施与政府拨款制度改革相辅相成，为科技机构的工作修桥铺路。目的是通过经济利益加强研究机构同各生产单位的联系，使生产对科技的要求迅速转变成为研究的课题，并将研究成果及时应用于生产。

（3）改革科技单位的管理方式。调整的原则与方向是：国务院各部门应实行政研职责分开，下放各科研机构，国家对科研机构的管理由直接控制为主转变为间接控制管理；扩大研究机构工作的自主权；鼓励研究、教育、设计机构与生产单位相互联合；强化企业的技术吸收与开发能力；并提出了技术开发型科技机构进入生产企业的五种发展方向。

（4）支持和鼓励民营科技企业自主发展。鼓励科技人员按照自筹资金、自愿组合、自主经营、自负盈亏的原则，设立从事技术开发、技术转让、技术咨询、技术服务和技工贸或技农贸一体化经营的民营科技企业，并把它们发展成为体制外发展高科技产业的一支生力军。

（5）建立高新技术产业开发试验区。1988 年 5 月，国务院批准建立了北京市新技术产业开发实验区，并给予当地开发区 18 项优惠政策；在 8 月开始实施火炬计划，至 1992 年年底，全国已建立了 52 个国家高新技术产业开发区。1993 年，各开发区内认定高技术企业共 9 687 家，全年总收入 563.63 亿元，利税 74.45 亿元。

（二）第二阶段（1992～1998 年）：稳住一头，放开一片

以 1992 年邓小平"南方谈话"为标志，中国经济体制改革开始进入社会主义市场经济的新阶段。在这一阶段，科技体制改革的主要方向调整为"面向"、"依靠"、"攀高峰"，主要政策走向是按照"稳住一头，放开一片"的要求，分流科研人才，调整经济结构，推进科技经济一体化的发展。

"稳住一头"包括两个方面的含义。一是国家稳定支持科研机构进行基础性研究，开展高技术研究和有关国家经济建设、社会发展和国防事业长远发展的重大研究开发，形成科研优势力量，力争技术重大突破，提高中国整体科技综合实力、科技水平和发展后劲，保持一支能在国际科技前沿进行拼搏的精干科研队伍。二是对研究机构进行分类定位，优化基础性科研机构的结构和布局，为准备"稳住"的科研院所提供现代化科研院所的组织体制的模式。为实现"稳住一头"的目标，1993 年 7 月，全国人大通过了我国第一部科学技术基本法——《中华人民共和国科技进步法》，并于 1993 年 10 月 1 日开始施行。该法明确规定："全国研究开发经费应当占国民生产总值适当的比例，并逐步提高，国家财政中用于科学技术的经费的增长幅度，高于国家财政经常性收入的增长幅度。""放开一片"是指放开各类直接为经济建设和社会发展服务的科学研究开发机构，开展科技成果商品化、产业化活动，并使之以市场为导向运行，为经济建设和社会发展作出贡献。

政府部门要促进科技成果商品化、产业化，并按照市场化机制来运行，需采用一些适当的政策措施：鼓励各类科技机构实行技工贸一体化经营，或与生产企业进行合作开发、生产和经营；鼓励各类科技机构实行企业化管理，参照企业财务的有关规定进行独立核算，逐步做到收支平衡、经济自立、自负盈亏；赋予有条件的科研机构国有资产自主经营权，支持其投资创办科技企业、兼并企业或在企业中投资入股（包括技术入股），并依法享有投资收益；支持有条件的科研机构以多种形式进入大中型企业或企业集团；鼓励并推动社会公益科技机构成为新型法人实体。这类科研机构主要依靠国家政策性投入、社会支持和自身的科技业务的创收来运行，参考外国非营利性机构的成功运行模式，建立自我积累、自我运作、自我发展的运作机制；实行社会化监督和管理。面向社会开展各种不以盈利为直接目的的服务和经营活动；国家对其免征所得税和增值税，其多余收益可用于支持本身事业的发展。

第 2 节　承包经营责任制

从 1988 年起，实行经费包干制的科研机构的事业费中，每年由财政按高于经常性收入增长比例增加的部分经费，仍用于包干制科研机构，但其中一半资金由省科委集中掌握，以便于统筹安排。经费包干科研单位在完成指令性任务的前提下，应积极面向社会，通过技术转让、技术服务等方式组织合理经费收入。要逐步实行经费包干与任务包干挂钩制，由主管部门与科研单位直接签订任务承包合同，完不成承包任务的，要酌情削减下年度的包干经费。有条件的经费包干单位，可采取逐年削减事业费的办法，积极试行技术合同制。省农科院要选择有条件的科研研究所进行技术合同制的试点。

党中央和国务院提出科技体制改革方案以后，科研单位都已程度不等、形式不一地参与国家经济建设，进行科研技术开发，转让科技成果，开展技术服务，提供科技、产品，培训高级科技人才。在经济补偿和为社会主义增加社会经济效益的同时，科研单位也得到有限的社会主义商品经济的推动，建立了科技与经济紧密结合的机制，农业科研单位的基本任务，除了开展基本的科研工作外，还要从事生产和科技经营活动，在出成果、出人才的同时，还要出经济效益，由单一科研型逐步转变为科研生产经营型，从体制上和运行机制上促使科研与经济结合，为提高农业劳动生产率，发展农村商品经济作出贡献，因而，政府部门建设现代服务科研单位的基本任务构成了承包经营责任制的主要内容。

科研机构实行科研经营承包责任制需注意三大特点。一是类别性。承包方一般是指具有法人地位、能独立组织科学基础研究、从事技术商品生产开发经营、经济上独立核算的科研研究所，由于各类研究所的性质、任务各有不同，其承包内容和指标也不尽相同。二是层次性。科研研究所是技术商品的生产者、经营者，以研究所为承包单位，其各项科研和科技经营方面的相应指标，必须逐级分解到各研究室、课题组和管理部门；而以更高一层次作为承包单位的科研单位，其指标也要分解到各研究所，最终落实到课题组。三是多样性。科研研究所内部应有科研、生产职能管理。后勤保障等子系统也因各部门任务不同出现多种形式的承包经营责任制。

要抓紧实行承包经营责任制，对职工按在岗不在岗、编内编外等不同情况给予不同的工资、奖励、福利待遇，以解决目前普遍存在的人员结构安排不合理、人浮于事、劳动效率低等问题。支持科研机构、大专院校、大中型企业等以集体名义独自领办、承包、租赁经营不好的中小型企业或乡镇企业；支持农业科研部门和县、乡的农技站、种子站、畜牧兽医站等技术推广部门合作，直接向农民开展不同形式的技术承包，实行有偿服务。承包、租赁全民所有制的企业，应与被承包、租赁企业的上级主管部门共同商定，签订承包合同，明确国家、企业、经营者三方的责、权、利，并报企业所在地政府部门批准。承包、租赁集体所有制企业，应与被承包、租赁单位的法人代表签订承包合同，并向上一级管理部门备案。承包、租赁中小企业或乡镇企业的合同，应取得当地银行认可，按合同分配获得的合法收入并受法律保护。承包、租赁的起步资金可向银行贷款，也可用入股和其他集资办法来解决。银行、税务、能源、交通等有关部门，对科研单位和科技人员承包、租赁的企业应与其他生产企业同等对待。企业要制定相应优惠政策，吸引科技人员到企业去。单位组织承包所得的技术性收入，大专院校、科研单位可免征所得税，但所得的非技术性收入，实行差额补助的大专院校、科研单位应抵事业费支出，企业和实行自收自支的事业单位应缴纳所得税。科技人员在承包、领办乡镇企业，或在从事为乡镇企业技术服务中，有创造发明，开发出国家级优质科技产品的，年新增税利提取费用可由受益单位税前提取支付。政府要保护民办科研机构的合法权益，对民办科研机构取得的成果应与普通科研机构的同等对待。

此外，实行承包经营责任制鼓励科研机构切实引入市场竞争机制，积极推行各种形式的承包经营责任制，实行科研机构所有权和经营管理权的分离。明确规定科研机构为经济、科技发展所必须达到的承包指标，从而使科研机构和科技人员的利益与对社会和经济发展的贡献挂起钩来。对于以技术开发为主的科研机构，确定承包指标有利于提高社会经济效益、科技水平和确保科研后续发展。要逐步推行在科研机构内部或面向社会公开招标，通过竞争来选择并确定最终经营管理者。对经营管理不好、效益比较差的科研机构，可以转向被兼并或撤销。对于科研机构的承包指标应逐级进行分解，并按责、权、利统一的原则，落实到各基层。要充分发扬民主作风，调动广大职工参与的积极性。综合性科研院所可以划分成若干独立核算单位实行承包。在实行承包经营责任制的过程中，科研机构要统筹兼顾各类任务的合理安排，搞好收益的合理分配。

第 3 节　放活科技机构和科技人员

为进一步放活科研机构，推动科技生产与经济建设紧密结合，可提倡和鼓励科研单位根据自身的不同特点大胆地改造和探索科研与生产结合的形式。在科技体制改革的实践中，许多科研单位在实现科研与生产结合的道路上创造出多种好的形式和做法，可以借鉴，同时还要促进这些形式的不断深化。国务院所颁布的《关于进一步推进科技体制改革的若干规定》的核心是，进一步放活科研机构，进一步放宽放活对科技人员的政策。因此，推动科技体制改革工作的深入发展需要打破对科研机构和科技人员的僵化控制。

一、放活科技机构的十种形式

放活科技机构和科技人员是科技体制改革工作认识和实践的一次飞跃，主要有以下十种形式，如图 22 - 2 所示。

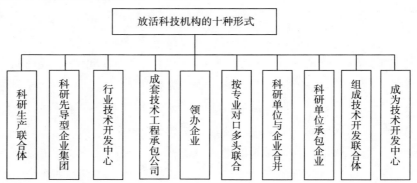

图 22 - 2　放活科技机构的十种形式

（1）科研生产联合体。科研生产联合体把长期脱离生产实际搞基础科研的科研单位与生产企业联结在一起，从而改变了科研与生产严重脱节现象，加快了生产企业产品更新换代的速度，缩短了科研成果的研制时间，它是实现科研与生产相互结合的一种好的形式。

（2）科研先导型企业集团。技术开发能力较强的科研机构应面向一批企业，以产品开发为先导，组成科研先导型科研生产集团，这个集团的支柱是科研单位而不是生产企业。科研单位不断将其开发出的新产品、新技术向企业输送，从而促进企业的发展，企业也向科研单位提供经费，二者相互依存，共同发展，企业依赖科研先导在市场中制胜，科研单位依靠企业求发展。

（3）行业技术开发中心。科研单位一旦成为行业技术开发的中心，一则科研单位在行业中所占地位不同，企业需另眼相视；二则可从有关部门获得固定的行业工作经费，并有进一步争取经费的希望。企业对向行业技术开发中心发展的科研单位要认真选择，并严加控制。首先考虑的是本行业大中型企业对其依赖程度强的，是技术开发能力好，能不断地向行业提供新技术、新产品的单位；其次是行业工作量大、涉及面广且是出口的单位。

（4）成套技术工程承包公司。能承担国家和地区重点成套技术攻关项目的科研机构，可与大中型骨干企业、设计单位联合，组成科研开发、设计安装、工资相结合的技术经济实体，承担项目开发设计、制造安装、调试服务直至投产服务全过程的技术工作。这种公司能在经营管理、技术开发、产品生产和销售服务各个方面实现一条龙，成为紧密型的高技术、经济性实体。

（5）领办企业。为解决一些中小企业和乡镇企业缺乏技术开发能力和管理不善的问题，科研机构可向企业输送人才、技术、信息和资金，并派人员领办企业，实施合作经营管理。

（6）按专业对口多头联合。规模大、专业多、学科广的科研机构，整体进入企业或企业集团，都有一定的困难。可按不同的专业与其对口的生产企业按实际情况实行多头联合。

（7）科研单位与企业合并，成立科研型企业。科研单位与企业合并常是科研单位的专业及技术开发为一个主要生产企业服务，而厂、所的实力和级别又旗鼓相当的合并，前提是消除顾虑，妥善解决合并后的领导班子问题。

（8）科研单位承包企业。有相当数量的中小企业亏损或濒临倒闭，不得不采取公开招聘、租赁承包的办法，科研单位可以集体受聘或承包，与领办企业的内容相似，只是形式不同。

（9）组成技术开发联合体。科研单位与大专院校之间可以组成技术开发联合体，为大中型企业的技术改造、新产品开发服务，或针对其关键技术、设备进行技术攻关，或与大型企业集团组成科研、设计、生产的群体。

（10）成为技术开发中心。对部分地方科研机构单位来说，尤其是中试能力较弱或者根本没有中试力量的，可借用地方小企业和乡镇企业，进行中试移植，有的企业可成为中试厂，有的可成为新产品开发生产厂。既可与其搞技术上的联合，成为这些企业的技术开发中心，也可形成科研、中试、生产、经销一条龙联合，成为以科研为前导的技术经济实体。

此外，放活科技机构还需注意以下五大问题。

（1）实行所有权与经营管理权分离和所长承包经营责任制，并鼓励企业面向社会公开招标。人事管理、经费使用等权限需要纳入经营承包合同中。科研机构的承包，实行保课题数量、成果数量及水平、成果推广应用率、社会经济效益、创收额以及科研后劲；技术开发科研机构承包指标同工资和奖金直接挂钩；事业费包干的科研机构承包指标同事业费和奖金直接挂钩。科研机构内部的室、组、车间，需要实行层层承包，并相应扩大自主经营权。对经营不善、效益差的科研机构，也可进行租赁。承包、承租者的合法权益应受法律保护。

（2）对科研机构实行税收减免照顾。科研机构通过技术转让、技术咨询、技术服务、技术培训、技术承包、技术出口等获得的收入暂免征收营业税。以上各项收入及技术入股所得，暂免征所得税。对于研制的新产品给予定期减免产品税、增值税的照顾。减免的税款需用于技术开发。对于试销新产品和中试产品，经税务部门批准，可在一定时限内给予减征所得税照顾。

（3）鼓励和支持科研机构以多种形式发展成新型的科研经营管理实体。大力发展多种形式、多种成分的横向技术经济体联合。一方面支持科研设计单位、大专院校与国营、集体、个体企业联营，另一方面支持科研设计单位、大专院校之间的联合，建立技术开发集团或公司，并逐步过渡到经济实体。科研单位可承包、租赁、购买企业，创办或联办多种所有制形式的分所、企业、企业集团等。允许农业科研机构经营管理自己的科技成果、兴办经济实体。

（4）鼓励技术开发研究机构在自愿互利的前提下进入企业或企业集团。科研机构进入企业、企业集团后，还是实行独立核算，法人地位和税收待遇可以不变；科研事业费由科研机构自己掌握使用，固定资产投资渠道及拨款办法可以不变。除承担上级下达及企业、企业集团的科研计划外，允许科研机构面向社会承担科研、设计和技术服务，取得的科研成果及企业、企业集团不采用的科研成果，科研机构可以对外转让。

（5）增强企业技术开发和吸收能力。把技术进步指标纳入企业承包责任制、厂长任期目标责任制和企业等级的考核指标体系，与经营者的经济利益直接挂钩。企业可以自办或联办技术开发机构，并从税后利润中提取一定资金作为科技研发投入。企业与其技术开发机构要通过经营承包制、技术合同制等多种形式确立双方的责、权、利。技术开发机构要以本企业的技术进步为中心，在完成本企业交付的科技任务的前提下，向社会公开提供服务，其收入主要用于技术开发单位自身的发展。厂办科研机构也需逐步建立科技发展基金、集体福利基金、奖励基金和后备基金。

国务院各部门需下放科研机构，实行政研职责真正分开，并通过横向联合的方式逐步实现多种形式的科研生产一体化。科研机构组织结构调整的重点在于协助大中型企业、企业集团实现技术改造，技术开发，引进技术的消化、吸收、创新并出口创汇，特别是注意强化综合技术开发、技术配套能力，并改善轻纺等行业科技力量的缺陷。大多数技术开发型科研机构，都要进入企业、企业集团，其研究开发经费来源需逐步依靠企业提供。而对行业发展影响较大，确实具有行业服务功能的技术开发、技术服务类机构，应由各主管部门在现有科研机构的基础上，慎重选择或调整各种组合。在今后一定时期内，国家仍将对这类科研机构给予必要的资金支持，以形成一支确实能带动行业技术进步的精干的科技力量。这类科研机构的经费来源应逐步依靠行业企业。从事社会公益事业的科研机构，应打破部门所有制的局限，逐步向社会化方向过渡，以建立合理的高效能的全国系统网络。这类科研机构仍实行经费包干制，但应在为社会服务的过程中努力创收，来逐步减少对国家拨款的依赖。为了推动科技工作面向经济建设发展，必须对传统的科研管理体制有所突破。为此，在政策上鼓励科研机构试行所有权与经营管理权的分离，并在改革过程中积极探索新的经营管理模式。科研机构的调整涉及面广、政策性强、难度很大，需采用经济、法律及必要的行政手段，积极而稳妥地进行。

二、放活科技人员的方式

科技是第一生产力，在生产力中，人是最积极最活跃的因素，能否调动科研机构职工的积极性、主动性和创造性是搞好科技研发工作的关键。打破僵化的科技人员管理制度，解放科技生产力，为人才的成长发展创造广泛的机遇与良好的社会环境是科技体制改革的重要任务。它促进了科技人员在机构内合理流动，便于其选择最适合自己发挥才智的岗位，调动了科技人员的工作积极性，提高了工作效率。这种方法对于待聘、试聘的同志促进也很大，一般都有很大的进步，有的还被评为机构的先进个人。放活科技人员主要有以下8个内容。

（1）鼓励和支持科研设计机构、高等院校、大中型企业、国家机关和人民团体的科研技术人员和管理干部到农村承包林果业、种植业、养殖业等技术指导工作，领办、承包小企业、乡镇企业，自办或联办技术开发服务组织、林果场、农场、养殖场和工业类生产企业。在城市，鼓励人才密集的高等院校、研究院所兴办多种不同所有制形式的新兴科技产业和高技术产业，允许科技人员创办集体、个体、合股等多种形式的公司、技术开发机构和企业，逐步形成技术密集园区。

鼓励、支持科技人员积极兴办集体、个体、私营等多类科研机构，并依法保护，任何部门不得歧视，以逐步形成国家、集体、个人共同兴办科技事业的新局面。兴办民办科技机构，可以由当地科委审批，其人事档案由所在县（区）人事部门代管。各级科技管理部门对从事上述活动取得的科研成果，评定科技技术奖励时要一视同仁，并择优委托他们承担科技攻关、新技术和新产品开发、"星火计划"等科技项目，给予其科研经费、贷款方面的政策支持。兴办农民技术协会、研究会以及村办、联户办、户办等多种形式的民间科技推广服务组织。鼓励农民通过集资、入股等方式兴办多种所有制的农业科技服务机构或经济实体。

（2）申请调动、辞职、停薪留职到农村和乡镇企业工作的科研技术人员和管理干部，所在单位均应批准放行，工资、奖金等生活待遇，由个人与聘用单位共同商定，鼓励他们继续缴纳社会保险。允许继续居住原房屋，并保留城市户口和粮食关系。科技人员辞职后，可以保留干部身份。到集体所有制单位和乡镇企业从事科技活动，承包、领办、创办、租赁企事业或被国家再度录用的科研人员，工龄连续计算。

（3）支持、帮助离休和退休科技人员、管理干部、科研技术工人到农村和中小企业、乡镇企业进行有偿技术服务。各级技术市场中介组织和技术服务机构要积极为他们牵线搭桥；也可由原单位推荐或者自荐。

（4）企事业单位允许本单位科技人员在完成本职工作、不侵犯本单位经济利益以及技术权益的原则下，采取"星期天工程师"等方式，利用工作之余从事技术服务活动，按合同收取的报酬全部归自己。

（5）分布在城市确有技术专长的科研人员和大学毕业生，可以自荐或由有关部门推荐到乡镇企业工作。其户口、粮食关系可以原地保留，工资福利待遇由双方协商确定。工作期满后要求回城市工作的，劳动人事部门优先向用人单位推荐。

（6）应聘或分配到农村和乡镇企业工作的应届大中专毕业生，干部待遇不变，但取消见习期，并定级标准工资记入档案，工资福利待遇由乡镇企业从优确定。以后回到国营或县属企事业单位工作时，按其新任工作确定工资待遇。

（7）调离、辞职到农村进行技术承包，领办、创办乡镇企业或技术经济实体的科研人员，工作一年后可评聘专业技术职务，并免试外语，主要考核其技术水平和相关工作实绩。组织选派和停薪留职到农村进行技术承包，领办、创办乡镇企业或技术服务机构，签订三年以上合同的，一年后同样可评聘专业技术职务，合同期满回原单位，或另行安排工作的，其技术职务应予以保留。对农村和乡镇企业自学成才者、能工巧匠等非国家科研技术人员，打破国家与民间、工人与干部、吃商品粮与农业粮的界限，参照国家专业技术职务名称评聘专业技术职务，并免试外语，主要考核技术水平和工作实绩。

（8）科技人员承包农业技术，承包、租赁、领办各类企事业单位和进行技术服务时，应同用人单位签订技术或经济类合同，并进行公证，双方保证兑现合同规定的各项奖罚条款。取得的收益受法律保护，并依法纳税。

科技人员所在单位要实行专业技术职务聘任制，完善岗位责任制，合理安排科技人员的工作任务，积极支持科技人员为经济建设服务。科技人员要求调动的，一般应予以批准，并及时办理相关手续，没有正当理由，不得阻拦和拖延。科技人员提交调离、辞职、停薪留职类书面申请后，所在单位和有关部门需在两个月内给予回复。有争议的，可由各级人事部门负责在接到申诉后一个月之内作出裁决。落实放活科技人员政策的工作，需由各级科技干部管理部门负责综合和管理。当然，不同地区要结合当地的实际，采用不同的实施办法。

放活科技人员政策的工作，涉及面大，而且政策性较强。政府部门只有把它当成重要的议事日程，切实加强领导、精心组织、狠抓落实、大胆探索、勇于改革，不断研究新情况，才能解决新问题、创造出新经验。这也需要各部门都采取积极的态度，加强领导、统筹安排、分工负责、通力协作，在各自的职责范围内，制定具体规定的办法，坚定不移地把这项工作搞好。对于农村和县以下城镇、乡镇企业和区街企业，特别是老少边贫地区，要采取适当的措施，尽可能地提供各种优惠条件，这样才可能吸引并稳定科技人员。

第 23 章　英明的论断
——科学技术是第一生产力

第 1 节　光芒的迸发与照耀——"科学技术是第一生产力"思想的形成与发展

一、"科学技术是第一生产力"的提出

（一）论断的正式提出

1988 年 9 月 5 日，邓小平提出"科学技术是第一生产力"的著名论断。从此，科教兴国成为中国发展的基本战略之一，发展高科技、应用新技术的一系列政策措施相继出台，一大批国家项目、重点工程先后上马，国家工业化、信息化获得长足进步❶。

这一重要论断与新中国成立以来的几大科技政策一起，极大地促进了中国科技的发展。经过几十年的奋斗，中国已经成为科学技术体系较为完备、科技人力资源世界第一、科技成果不断涌现的科学技术大国。中国科技事业在艰难中起步，在改革中前行，在创新中发展，为经济发展、社会进步、民生改善和国家安全提供了强有力的支撑。

中国几代科学家们在核物理、高空物理、人造卫星、生命科学、高温合金、特殊化学材料、爆炸力学、新型光学仪器等诸多领域取得的成绩，使中国科技实力和知识储备产生了质的飞跃。科学技术的高歌猛进，奠定了中华民族

---

❶　新中国档案：邓小平提出"科学技术是第一生产力"，http：//www. gov. cn/test/2009 – 10/10/content_1435113. html.

走向繁荣昌盛的不朽基石。

（二）从"科学技术是生产力"到"科学技术是第一生产力"

"科学技术是第一生产力"的前身，就是"科学技术是生产力"。马克思在《政治经济学批判》的手稿中，明确提出科学是生产力的观点。他说："同价值转化为资本时的情形一样，在资本的进一步发展中，我们看到：一方面，资本是以生产力的一定的现有发展为前提——在这些生产力中也包括科学。"

马克思在《资本论》、《政治经济学批判（1857～1858 年草稿）》等著作中提出，在任何社会，科学都是一般的社会生产力，而在大工业生产条件下，由于科学并入了生产，因而它也就成了"直接的生产力"，从而肯定了科学技术是属于生产力的范畴。列宁继承马克思的这一思想，提出：俄国的公有制加上西方国家先进的科技和管理，就等于共产主义。他高度重视科学技术在发展社会主义社会生产力中的作用。而把科学技术从生产力诸要素中突出出来、提到第一位的，是邓小平。邓小平继承了周恩来四个现代化的关键是科学技术现代化的思想，根据 20 世纪七八十年代科学技术革命的实际提出科学技术是第一生产力的新论断。到 90 年代，科学技术的新发展更加证明了邓小平论断的正确性。从"一般生产力"到"直接生产力"，再到"第一生产力"，人们对生产力内涵的认识随着实践的发展越来越深化。

邓小平于 1975 年提出马克思的"科学技术是生产力"的论点的目的是用它作为指导科技工作和经济工作整顿的一个理论根据。

1978 年，邓小平重申马克思的这个论点，是拨乱反正开始的一个重要内容，它成为指导全党全国工作重点向四个现代化建设实行战略转移的一个理论根据。

如果说，"科学技术是生产力"是邓小平引用的马克思主义的老论点，那么，"科学技术是第一生产力"就是邓小平作出的对马克思主义的新概括。

如果说，邓小平重申"科学技术是生产力"的时候，已经对进一步发展这个论点作了努力，提出了"科学技术正在成为越来越重要的生产力"的论点，那么，10 年之后的 1988 年，邓小平提出"科学技术是第一生产力"的新概括，则更进一步对马克思主义历来的论点作了重大的新发展。

邓小平"科学技术是第一生产力"的新论点，有深刻的含义。一是邓小平从科学技术是生产力，论证出科技人员是劳动者，是工人阶级的一部分，又从科学技术是第一生产力，论证出要把"文化大革命"时的"老九"提到"第一"。这个结论，不是限于科技工作和经济工作的结论，而是一个关于我国社会阶级结构和阶级力量配置、关于科技人员和知识分子这个日益壮大的人群的阶级地位和政治地位、关于我党同广大人群应该建立起怎样的关系这些有重大社会政治意义的问题所作的结论。

二是邓小平在1988年首次提出"科学技术是第一生产力"时，是把这个问题提高到社会主义的命运来观察的。他在会见捷克斯洛伐克总统古斯塔夫·胡萨克时说："世界在变化，我们的思想和行动也要随之而变。过去把自己封闭起来，自我孤立，这对社会主义有什么好处呢？历史在前进，我们却停滞不前，就落后了。"接着就说"马克思关于科学技术应是生产力的论点很对，但还不够，科学技术是第一生产力。"又说："我们的根本问题就是要坚持社会主义的信念和原则，发展生产力，改善人民生活，为此就必须开放。否则，不可能很好地坚持社会主义。拿中国来说，50年代在技术方面与日本差距也不是那么大。但是我们封闭了20年，没有把国际市场竞争摆在议事日程上，而日本却在这个期间变成了经济大国。"这寥寥数语凝结着沉重的反思和深刻的历史经验教训的总结（晁增寿，1995）。

（三）"科学技术是第一生产力"与我国科技事业的蓬勃发展

邓小平说："科学技术是生产力，而且是第一生产力。"在这个科技思想的影响下，我国制定和实施了一系列旨在发展科学技术的政策和计划，从高技术层次、推进基础研究和应用研究、科技工作为实现我国经济和社会发展的战略目标服务等三个层次上向纵深展开。科学技术第一生产力的巨大作用，科技进步的重要意义，逐步被各级领导所理解、所认识，全社会促进科技进步的新机制逐步形成和完善。

"七五"期间，国家科技攻关计划成果数量大、水平高。"七五"攻关计划共获得专题成果（包括子专题成果）10 462项，其中达到或接近20世纪80年代国际水平的有6 068项，占58%；与国内技术现状对比分析，属国内领先水平的有4 163项，占39.8%，属填补国内空白的有4 112项，占39.2%。"七五"期间攻关计划投入与产出情况❶如表23-1所示。

---

❶ "七五"国家科技攻关计划，http：//kjzc. jhgl. org/intro/qw. htm.

表 23 - 1　　"七五"期间攻关计划投入与产出情况

单位：万元

年份＼类别	专题投入		专题产出	投入产出比
	专题经费实际支出	应用专题成果而增加固定资产投资	专题成果的直接经济效益	
1986	40 069	—	—	—
1987	143 885	3 005	208 845	1 : 1.4
1988	156 976	8 002	328 045	1 : 2.0
1989	131 213	15 088	1 153 467	1 : 7.9
1990	119 861	121 846	2 377 134	1 : 19.9
总计	592 004	147 941	4 067 491	1 : 5.5

除三个层次、几大计划外，我国的国际科技合作与交流工作也空前活跃。官方、民间、双边、多边、多渠道、多层次、多形式的科技合作交流广泛展开。我国先后与 108 个国家和地区建立了合作关系，同 57 个国家缔结了政府间科技合作和经济技术合作协定，在联合国系统 30 多个科技机构中取得了合法席位，参加国际学术组织达 280 多个。

二、"科学技术是第一生产力" 思想的主要内容

科学技术思想是邓小平理论的重要组成部分。其内容丰富、体系完整，精辟地阐述了当代科学技术同经济和社会各个领域的密切联系及相互作用，以及科学技术对国家的繁荣、社会的进步、世界的发展所起的作用、所处的地位、所具有的意义。

邓小平关于科学技术是第一生产力的重要思想，对提高全民族的科学文化水平、大力发展科学技术、促进科技进步、推动我国改革开放和社会发展起到了十分重要的推动作用。

李瑞环同志说，小平同志关于科学技术的重要性特别是科学技术是第一生产力的思想，内容是很丰富的，其基本点可以概括为以下六个方面：第一，建设社会主义的根本任务是发展生产力；第二，中国要赶上世界先进水平，必须从科学和教育入手；第三，四个现代化的关键是科学技术现代化；第四，中国必须发展高科技，实现高科技产业化；第五，包括科技人员在内的知识分子是主要从事脑力劳动的劳动者，是工人阶级的一部分；第六，为了最大限度地解

放科技生产力，必须相应地改革经济体制和科技体制。邓小平同志的科学技术是第一生产力的思想所包含的这六个基本点，是建设有中国特色社会主义理论的重要组成部分，它丰富和发展了马克思主义关于科学技术和生产力的学说，揭示了科学技术对当代生产力发展和社会经济发展的第一位的变革作用，对于我国的社会主义现代化建设具有重大而深远的意义。

邓小平不但提出了"科学技术是第一生产力"以及"科技是关键，基础在教育"的思想，而且还把两者有机地联系起来，为中国的发展作出了重大贡献。在教育上的"三个面向"对人才的培养、科技的进步、社会的发展具有重要意义。他揭示了当代科学技术与教育的深刻联系，指出发展科学技术的根本在发展教育，邓小平曾非常明确地指出："我国科学研究的希望，在于它的队伍有来源。科研是靠教育输送人才的，一定要把教育办好。""要千方百计，在别的方面忍耐一些，甚至牺牲一点速度，把教育问题解决好。"

1983年9月8日，邓小平同志为北京景山学校题词："教育要面向现代化，面向世界，面向未来。"这体现了教育对中国的发展、对世界的进步以及对未来的发展都有举足轻重的作用，集中体现了教育的重要性。"三个面向"可以说是邓小平教育思想的核心内容，也为"科学技术是第一生产力"的实现作出了实践贡献，其中在"三个面向"中最为重要的是"教育优先"的教育理念的提出。教育是人类特有的社会实践活动，一切人类文明的继续、社会的进步、民族素质的提高都离不开教育。邓小平从全局出发，指出："我们国家要赶上世界先进水平，从何着手呢？我想，要从科学和教育着手。"社会主义建设是发展生产力，而人是生产力中最活跃、最积极、最重要的因素，教育的作用不仅在于培养大批的科学技术人才，而且在于提高广大劳动者的文化技术素质。

教育要面向现代化，强调的是教育与经济发展和社会进步的关系，要求教育主动适应和服务于我国社会与经济的发展，针对我国社会主义现代化建设的需要，培养和造就数量充足、质量合格、结构合理的各级各类人才，提高我国公民的科学、文化和思想道德素质。

邓小平指出："国家计委，教育部和各部门，要共同努力，使教育事业的计划成为国民经济计划的一个重要组成部分。"他在1977年就说过："我们要实现现代化，关键是科学技术要能上去。发展科学技术，不抓教育不行。靠空讲不能实现现代化，必须有知识、有人才。"又说："我们要掌握和发展现代科学文化知识和各行各业的新技术新工艺，要创造比资本主义更高的劳动生产率，把我国建设成为现代化的社会主义强国，并且在上层建筑领域最终战胜资产阶级的影响，就必须培养具有高度科学文化水平的劳动者，必须造就宏大的又红又专的工人阶级知识分子队伍。""不抓科学、教育，四个现代化就没有希望，就成为一句空话。"

　　这几句讲话简明扼要地阐明了现代化建设对教育的依靠关系，说明经济要高速发展，科学技术的现代化尤其关键，科学技术这种生产力正越来越显示出其巨大的作用。而实现科学技术的现代化，无疑要依靠高科技人才的培养，而人才的培养根本在于教育。

　　教育要面向世界，也就是说"教育改革与发展，不仅要着眼于中国，还要放眼世界"，这不仅要求教育要为我国的对外开放方针、政策服务；还要求教育自身的对外开放。现在是 21 世纪，是资讯发达的世纪。信息时代的高速发展，现代化的交通工具、通信技术、电子技术、互联网的发展和普及，使地球变成了"地球村"，不仅大大缩短了全球的空间距离，也促进了各国、各民族之间的交流和融合。在这样的国际大环境中从事社会主义现代化建设，不可能不看世界、关起门来自己搞建设。

　　中国通过 30 多年的改革开放，取得的巨大成就有目共睹。邓小平同志就此表述："现在的世界是开放的世界……三十几年的经验教训告诉我们，关起门来搞建设是不行的，发展不起来。""根据中国的经验，把自己孤立于世界之外是不利的。要得到发展，必须坚持对外开放……中国执行开放政策是正确的，得到了很大的好处。如果说有什么不足之外，就是开放得还不够。我们要继续开放，更加开放。"这一大环境就要求培养一批能够走向世界的"开放型人才"。

　　开放就意味着竞争，越是开放，竞争就越激烈、越残酷。这一严峻形势，要求教育培养能够参与和胜任国际竞争的人才。也只有培养出大批适应国际竞争的尖端人才和高素质的劳动大军，我国才能在国际事务中拥有主动权和发言权，才能为国争光，我们的民族才有希望，经济才能振兴，社会才能发展。

　　教育要面向未来，这是由教育的超前性所决定的，是从实现我国经济宏伟的发展目标的需要和未来科技与经济发展趋势提出的。在当今社会，随着科学技术的飞速发展，知识更新的周期越来越短，人们所获取的知识不断陈旧或过时，而新的知识不断涌现。这就要求人们要有未来意识和超前意识。要求教育面向未来，为未来社会培养人才，其核心就是教育要为未来的发展储备人才，使人才有充分能力适应未来科技与经济的高度发展、适应各方面的激烈竞争。

邓小平曾高瞻远瞩地指出："我们不但要看到近期的需要，而且必须预见到远期的需要；不但要依据生产建设发展的需求，而且必须充分估计到现代科学技术的发展趋势。""今天，由于现代科学技术的日新月异，生产设备的更新、生产工艺的变革，都非常迅速。许多产品，往往不要几年的时间就有新一代的产品来代替。劳动者只有具备较高的科学文化水平、丰富的生产经验、先进的劳动技能，才能在现代化的生产中发挥更大的作用。"这就要求教育首先必须为实现社会经济的可持续发展服务。也就是说，教育要为未来社会和经济的发展培养人才，不能只看现在，要根据未来社会对人的素质要求，以长远的、历史的、与时俱进的战略眼光办好当前的教育。其次，国家和社会必须以长远的、历史的战略眼光办好当前的教育，使教育自身走上可持续发展的道路。邓小平同志在论述"科学技术是第一生产力"时就提出："从长远看，要注意教育和科学技术。"今天，要优先发展教育，就是要加大教育投入、更新教学设备、改善教育环境；同时，使教育事业本身具有长远的发展后劲，使我国的教育在21世纪的激烈竞争中走在世界的前列，从而促进我国经济和科技的迅速发展，不断提高我国经济和科技的国际竞争力，为增强我国的综合国力和民族凝聚力奠定良好的基础。

总之，无论是发展科学技术，还是发展教育以及"三个面向"都是为了国家的发展，它们落脚在科学文化水平的提高上；落脚在全民族的文化水平的提高上；落脚在合格人才培养上。

正是在这一思想指导下，20世纪70年代末以来，我国教育事业一派繁荣，而且培养了大量的优秀人才。这批人才已成为我国科学技术各个领域的主要力量和领军人物，成为支持我国科学技术发展的中坚力量。原来令人十分担忧的人才不足问题也得到了较好的弥补。为了加快发展科学技术，广泛地吸收人才，邓小平还主张"接受华裔学者回国"、"请外国著名学者来我国讲学"、"派人出国留学"等措施。这些举措实行后，都产生了很好的效果。正是在邓小平"发展科学技术、不抓教育不行"思想指导下，政府把科学技术和教育发展统一起来，使我国改革开放以来，各领域、各行业人才辈出，科技成果显著，大大缩短了与先进发达资本主义国家的科技差距，甚至在个别领域还达到世界领先的地位。这完全体现了发展科学技术的根本目的就是促进经济和社会的发展。

在邓小平理论中关于"科学技术是第一生产力"还体现在国家要发展就要引进先进的科学技术的思想，因为它对我国的科技和经济发展也起到了巨大的促进作用。邓小平认为："科学技术是人类共同创造的财富。任何一个民族、一个国家，都需要学习别的民族、别的国家的长处，学习人家的先进科学技术。""我们不仅因为今天科学技术落后，需要努力向外国学习，即使我们的科学技术赶上了世界先进水平，也还要学习人家的长处。""任何一个国家要发展，孤立起来、闭关自守是不可能的，不加强国际交往，不引进发达国家的先进经验、先进科学技术和资金，是不可能的。"所以我国从 20 世纪 80 年代初，就大规模引进欧美发达国家的先进科技，一下子就把我国建设现代化、赶上世界先进水平的起点提高了，步子也加大了。为我国的经济发展、科技进步和社会进步奠定了良好的基础，也改变了旧中国的技术落后、设备陈旧、产品老化和劳动生产率低的状况。

三、我国科技投入的现状与存在的问题

佐治亚理工学院对全球 33 个高科技产品出口国的技术排名进行打分，结果中国的"高科技指数"在 2007 年的排名中拔得头筹。2007 年的排行榜显示中国科技地位得分为 82.8，美国为 76.1，德国为 66.8，日本为 66.0。1992 年以来，中国的得分一直持续上升（1996 年中国科技地位得分仅为 22.5）。在过去 19 年内，中国一直向全球科技领导地位迈进。负责收集及决定全球科技地位排名的评审委员们认为，中国的惊人上升已改变了世界的科技经济法则。

我国应充分重视科学技术对社会发展的巨大推动，继续加大科技投入，积极建设以政府投入为引导、企业投入为主体、社会投入为补充的互动式科技投入模式，带动科学技术投入产出的新发展。

第 2 节　改变世界的力量——"科学技术是第一生产力"的内在机理

一、如何理解科学技术是第一生产力

科学是人们在实践活动基础上形成的关于自然、社会和思维的知识体系，其本质是对客观世界的本质及其规律的反映。技术是人们在实践过程中积累起

来的经验、方法、工艺和能力的总称。科学与技术既有区别又有联系。科学是生产力，这是马克思在100多年前就揭示的科学观点。但是科学本身并不是直接的、现实的生产力，只有当它被人们运用于生产过程之中，渗透到生产力各实体性要素当中时，它才能转化为现实的生产力。科学转化为现实生产力的基本途径主要有：一是通过运用科学原理进行技术发明和技术创新物化为劳动工具；二是将科学运用于生产过程，提高劳动对象的质量，扩大劳动对象的范围；三是通过科学的学习和教育的途径，转化为劳动者的生产知识和劳动技能；四是将科学运用于生产的组织和管理，提高企业管理和经济管理的水平。

"科学技术是生产力"是马克思主义的基本原理。马克思曾指出："生产力中也包括科学"，并且说："固定资本的发展表明，一般社会知识，已经在多么大的程度上变成了直接的生产力。"马克思还深刻地指出："社会劳动生产力，首先是科学的力量"；"大工业把巨大的自然力和自然科学并入生产过程，必然大大提高劳动生产率。"

在当代，"科学技术是第一生产力"。科学技术已经成为生产力发展的决定性因素。科学技术的进步已成为经济和社会发展的重要推动力。正是根据科学技术在当代生产力中所发挥的决定性作用，邓小平进一步发展了马克思关于科学是生产力的重要思想，提出了"科学技术是第一生产力"的著名论断。❶

二、为什么说科学技术是第一生产力

马克思主义认为：人类改造自然的能力，叫生产力。生产力的主要内容包括劳动者、生产工具和劳动对象。劳动者和生产工具统称为生产资料。劳动者是生产工具的制造者和使用者，在改造自然的活动中，随着劳动者生产经验的积累、劳动技能的提高、科学技术的发明及应用，劳动者总要改进和创造新的生产工具，扩大劳动对象的范围，使生产力发展到一个新水平。因此劳动者在生产中起主导作用。生产工具是生产力发展水平的重要标志。劳动对象的扩展程度也反映了人类改造自然的能力。

---

❶ 读"2007年高科技指标"报告有感，http：//login. sina. com. cn/sso/login. php？returntype = META&service = supports_house&gateway = 1&useticket = 0&url = http%3A%2F%2Fbj. bbs. house. sina. cn%2Fthread－1012608－1. html.

生产力 = 精神要素 × 物质要素 = （科学技术 + 教育培训 + 经营管理）×
　　（劳动者 + 劳动工具 + 劳动对象）

其中，科学技术是先进生产力的集中体现和主要标志。

"先进生产力不断代替落后生产力的历史过程是先进生产力发展的核心规律。""生产力的发展是从需求开始的，需求的变化决定了产业结构的变化。所以说需求决定产业，科技进步首先是拓展新的产业，找好市场。""生产力是不断趋向社会化而变化发展的。""生产力的发展是可持续的发展，要正确处理好环境人口经济和社会的关系。"

科学技术是知识形态的生产力，它可以渗透到劳动者、劳动资料和劳动对象中并引起这些基本要素的变化，转化为直接的生产力。在现代，科学技术在生产力中的地位和作用越来越重要，在经济增长中所占的比重越来越大，已经成为现代生产力的生长点、突破口和决定因素，是先进生产力的集中体现和主要标志。

科学技术活动是人类改造自然、控制和调节社会的一种重要活动，科学技术是进步的革命的因素，其本质特征是：始终以客观事实和规律为依据，以实践为准绳；始终以继承为基础，以创新为灵魂。它是一项特殊的社会事业，具有特有的社会建制。科学技术的社会功能主要有认识功能、生产功能、经济功能、文化教育功能和社会政治功能。

科技与经济之间存在着相互推动和影响作用，这种作用是由人力资本投资以及经济本身所推动的，即"人力资本—科技—经济—社会"模型，如图 23 - 1 所示。

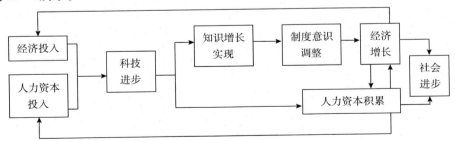

图 23 - 1　科技驱动模型

科学技术对经济增长的作用路径如下：在知识积累的过程中不断出现知识创新，即实现知识的增长。在知识增长实现的过程中，人们不断实现知识的活化与应用，一方面体现为科技进步，另一方面体现为制度创新；这样就在科技进步直接作为内生变量推动生产力的提高从而直接作用于经济增长的同时，不断推动制度和意识的调整，从而最终促进经济增长。值得重视的是，在现代经济生活中，知识的增长完全可以通过对科技的有效投入、主动促进而快速实现。

这个模型说明了在知识经济时代，人力资本投入促进了科技进步，而科技的进步实现了知识增长和制度意识调整，使得经济大幅度增长，最终促进社会的进步。在这一系列演进过程中，科技进步代表着生产力的变革，社会进步代表着生产关系的变革，因此，科技进步与社会进步之间的关系就像生产力与生产关系之间的关系一样：科技进步决定社会进步，社会进步又反过来促进科学技术的进步。

科学技术是推动经济发展和社会发展的伟大杠杆，是人类社会进步的重要标志。以微电子学和电子计算机为主要标志，包括生物工程、新材料、新能源在内的新的科学技术革命，对人类社会的生产方式、生活方式、思维方式产生了巨大而深刻的影响。

三、怎么理解科学技术是第一生产力

科学技术是第一生产力。这是由科学技术在现代生产力体系中的作用决定的。现代科学技术革命的发展，使科学技术以空前的规模和速度进入生产领域，使现代物质生产力成为一个复杂的体系。在这个复杂的体系中，科学技术不但自身体现为生产力，而且在生产力诸要素中成为最主要的推动力量，成为第一位的构成要素。正如邓小平所指出的，"当代的自然科学正以空前的规模和速度应用于生产，使社会物质生产的各个领域面貌一新。特别是由于电子计算机、控制论和自动化技术的发展，正在迅速提高生产自动化的程度。同样数量的劳动力，在同样的劳动时间，可以生产出比过去多几十倍、几百倍的产品。社会生产力有这样巨大的发展，劳动生产率有这样大幅度的提高，靠的是什么？最主要的是靠科学的力量、技术的力量"。邓小平强调科学技术在现代生产力体系中第一的地位，是对马克思主义关于"生产力中也包括科学"的观点结合时代特征进行的创新，是符合唯物史观的科学结论。

科技的地位是由科学技术对国民经济增长的贡献率决定的。现代科学已经广泛渗透到经济活动和社会生产的各个环节中，其对国民经济增长所起的作用

之大，已到了令人瞠目结舌的程度。科学技术不仅使经济在量（规模和速度）上迅速增长，同时也使经济发生质的飞跃，在经济结构、劳动结构、产业结构、经营方式等方面发生了深刻变革。据统计，第二次世界大战以后，发达国家国民经济增长中科技因素的贡献率迅速提高，最高已达 80% 左右，远远超过其他因素。邓小平对此有敏锐的察觉，他把 21 世纪称为"高科技发展的世纪"，在 1988 年就前瞻地提出"发展高科技，实现产业化"的时代警示，并且提出，中国必须发展自己的高科技，在世界高科技领域占有一席之地。

科技的地位是由知识创新和创造知识的劳动在现代社会生产中所起的作用决定的。科学研究是进行知识创新或创造知识的劳动，知识也属于生产力的要素。随着知识经济时代的到来，知识已经被认为是提高生产率和实现经济增长的驱动器。在知识经济中，作为经济驱动器的知识必须不断创新，而对从事知识创造新劳动的人就必须加倍重视。肯定科学技术是第一生产力，就是尊重知识、尊重人才，特别是进行知识创新、技术发明创造的人才，注意现代工人阶级状况和结构发生的深刻变化，不但肯定知识分子是工人阶级的一部分，而且随着知识在社会生产和社会生产力系统中作用的提高，知识分子的作用将越来越重要。

第 3 节　无形的精神引领——科学论断 为中国发展提供强大动力

当今世界，科学技术与经济发展的关系日益密切，其在当代生产中的地位与作用都至关重要。邓小平同志曾反复强调："没有现代科学技术，就不可能建设现代农业、现代工业、现代国防，没有科学技术的高速发展，也就不可能有国民经济的高速发展。"（邓小平，1983）

邓小平同志关于科学技术是第一生产力的思想，对于我们这样一个人口众多、生产力还比较落后的东方大国正确面对世界科学技术迅猛发展的形势，尽快把科技和经济搞上去，迎头赶上发达国家；对于提高全民族的科技意识，全面贯彻"经济建设必须依靠科学技术，科学技术工作必须面向经济建设"的方针，实现国民经济和社会发展的第二步战略目标；对于我国改革开放的进一步深入；对于建设好有中国特色的社会主义，起到了巨大的引领作用，为我国的发展提供了强大的内在动力。

一、科技增强国力

（一）第一代航天人的历史记忆

"自始至终我们都不知道要去哪，要去做什么，当时车子一路西行，我们还以为是去研究原子弹。"张积华说，到达基地后，等待分配过程中，他们还参与了附近水库的修建工作，每天挖土、搬运物料着实将他们累得不轻。张积华说，航天人的精神成为他受用一生的宝贵财富。

中国第一颗人造地球卫星"东方红一号"的"点火"指令由他下达，他还参加了我国第一颗返回式卫星的发射、第一颗远程战略运载火箭的发射……他先后完成 30 多次火箭、导弹、卫星的发射任务。

作为我国第一代航天人，几十年来，张积华亲身经历和亲眼见证了我国航天事业从导弹到卫星，从"两弹一星"到载人飞船的历史性跨越。

（二）当代毕昇：王选引发活字印刷术后中国印刷技术的第二次革命

王选主要致力于文字、图形、图像的计算机处理研究。他自 1975 年开始主持我国计算机汉字激光照排系统，针对汉字印刷的特点和难点，发明了高分辨率字形的高倍率信息压缩技术和高速复原方法，率先设计出相应的专用芯片，在世界上首次使用控制信息（参数）描述笔画特性的方法。这些成果的产业化和应用，取代了我国沿用上百年的铅字印刷，推动了我国报业和出版业的发展。同时，他又相继提出并领导研制了大屏幕中文报纸编排系统、彩色中文激光照排系统、远程传版技术和新闻采编流程管理系统等，这些技术在国内外迅速得到推广应用，使中国报业技术和应用水平处于世界最前列，创造了极大的经济效益和社会效益。王选主持研制的汉字激光照排系统，被公认为是毕昇发明活字印刷术后中国印刷技术的第二次革命，他也被誉为"当代毕昇"。王选作为北大方正集团的主要开创者和技术决策人，积极倡导技术与市场的结合，闯出了一条产学研一体化的成功道路。❶

（三）试管山羊之父：旭日干轰动了整个生物技术领域

运用试管育种技术新培育出来的白绒山羊既保留了阿尔巴斯白山羊绒质优良的品质，又吸收了辽宁盖县白绒山羊绒产量高和其他山羊的特点，成年母羊

---

❶ "当代毕昇"——王选，http：//www.copycheck.cn/Compare? purl = http：//view.news.qq.com/a/20090921/000029.html.

平均产绒高出土著山羊一倍以上，达到 527 克，高产型成年母羊个体产绒突破 1 000 克，绒细为 14.57 微米，产量和质量均达到了国内领先水平。

这一成果不仅丰富了生殖生物学、发育生物学的内容，而且为家畜细胞工程、胚胎工程的发展开辟了新的技术途径。这只被取名为"日中"的世界上第一胎试管山羊，轰动了整个生物技术领域，许多新闻媒体纷纷报道，"日中"的培育者旭日干因此赢得了"试管山羊之父"的美誉。此后，利用试管羊技术，他进行了多年高产优质绒山羊的育种研究，使"内蒙古优质高产型绒山羊新品系"培育取得了重大进展。继 1984 年培育出世界上第一胎试管山羊，1989 年，旭日干又接连培育出我国第一胎试管绵羊和第一头试管牛犊，其中试管牛犊科研成果已被列入国家"863 计划"。

现在，科学技术的进步已经成为当代经济的主导性因素。根据数据调查，科技进步在发达国家经济增长中所发挥的作用：20 世纪初为 5%，现在已经达到 60% 左右。目前我国的劳动生产率只有发达国家的 1/40。科学技术一旦转化为生产力将极大地提高生产效率，大大地推动社会经济的发展。例如，新中国成立以来，我国通过杂交等途径，已培育出高产、优质、抗病性强的农作物新品种 4 000 多个，主要农作物品种已实现了 4~5 次大更换，每次更新都使单产提高 10%~15%。水稻亩产从 1949 年的不到 200 千克提高到 1989 年的 700 多千克。杂交水稻专利已在 1980 年转让国外，在菲律宾、美国等 20 多个国家推广。

二、科技改变生活

(一) 互联网：中国首封邮件从发送到成功用了 6 天

1987 年 9 月，CANET（中国学术网）在北京计算机应用技术研究所内正式建成中国第一个国际互联网电子邮件节点，并于 9 月 14 日发出了中国第一封电子邮件 "Across the Great Wall we can reach every corner in the world"（越过长城，走向世界），揭开了中国人使用互联网的序幕。这封电子邮件是通过意大利公用分组网 ITAPAC 设在北京的 PAD 机，经由意大利 ITAPAC 和德国 DATEX - P 分组网，实现了和德国卡尔斯鲁厄大学的连接，通信速率最初为 300bps。

1987 年 9 月 14 日晚，在北京车道沟 10 号中国兵器工业计算机应用技术研究所的一栋小楼里，13 位中、德科学家围在一台西门子 7760 大型计算机旁进行电子邮件的试验发送。

维纳·措恩在接收邮件的地址里输入了包括自己在内的 10 位德国科学家的电子邮箱地址。邮件的内容是由英文和德文两种文字书写的，内容是李澄炯教授提议的"越过长城，走向世界"。维纳·措恩敲下了回车键开始发送。他坐在那里一动不动地等信号，可是怎么等，也没等到它回来。大家开始重新检查计算机软件系统和硬件设施，后来发现是一个数据交换协议有个小漏洞导致邮件未发出去。于是他们又用了一周的时间解决了这个问题，1987 年 9 月 20 日 20 点 55 分，回车键再次按下，过了一会儿，计算机屏幕出现"发送完成"字样，众人鼓掌庆贺。

德国卡尔斯鲁厄大学的服务器顺利收到这封邮件，并转发到国际互联网上，中国互联网在国际上的第一个声音就此发出。几天后这个邮箱收到了来自法国、美国等国家的祝贺邮件。第一个来信的是一位美国计算机教授，还有海外华人华侨、留学生发来的贺信。从此，中国开始与世界通过电子邮件进行沟通和交流了。

（二）VCD 之父：姜万勐只差一个专利完胜

1993 年，安徽省现代电视技术研究所工程师姜万勐成功研制了世界上第一台 VCD，系家电产品中唯一由中国自己创立的产品。

中国的老百姓在 1994 年年底逐渐认识了 VCD。在这一年，万燕生产了几万台 VCD 机。在最初成立不到一年的时间里，万燕开创了一个市场，确立了一个响当当的品牌，并形成了一整套成型的技术，独霸 VCD 市场。可以说，万燕的初创是成功的，也是辉煌的。万燕推出的第一批 1 000 台 VCD 机，几乎都被国内外各家电公司买去做了样机，成为解剖的对象。

不论是 DVD、HDVD、蓝光，甚至是 MP4，都不能忘了当年的 VCD，正是有了 VCD 的出现，之后的视频模式、标准才有出现的可能。

如果说，姜万勐开发出第一台 VCD 机时就立刻申请专利；如果说……中国乃至世界的 VCD 机发展史，也许应该是另外一种写法。

（三）空中加油：中国空中加油飞行难度高于国外

国外的加油机大都由大型运输机改装而来，载油量大，加油软管较长，对接时加、受油机的编队距离相对较远。而我国的加油机由于受平台的限制，加油吊舱较小、软管长度较短，对接时加、受油机的距离非常近，这给空中加油带来了更大的难度。

1991 年 12 月 23 日，中国首次实现了空中加油，完成这一壮举的是特等功臣、特级试飞员常庆贤。

空中加油工程是中国航空工业的"蒸汽机"，它的首飞成功是我国航空技术发展史上的一个里程碑，是中国航空科技的重大突破。在没有外国技术支持的情况下，中国人完全靠着自己的力量，在加油机投入试飞的第 14 个飞行日实现对接，紧接着用 4 个飞行日实现首次空中加油，创造了试飞史上的奇迹。这体现了中国人的力量，这是航空人的骄傲，也是中国人的骄傲。

（四）青藏铁路：终结西藏不通铁路的历史

1300 年前文成公主进藏的唐蕃古道，曾是内地进出西藏的主要通道。这是一条用生命和鲜血奠基的道路。古往今来，人们改善进藏交通的努力充满了悲怆。1953 年打通青藏公路时，平均每修 1 千米就有一个人倒下。为修建另一条进藏通道——川藏公路，2 000 多名解放军官兵献出了生命。

青藏铁路受到了党和国家领导人的高度重视。1983 年，邓小平同志听取西藏交通发展的汇报后说："看来还得修青藏铁路。"1984 年，青藏铁路西宁至格尔木段艰难建成。1994 年 7 月，党中央、国务院召开的第三次西藏工作座谈会再次提出修建进藏铁路。2000 年 11 月 10 日，江泽民同志在铁道部的报告上批示，要求下决心尽快开工修建青藏铁路。经历了半个多世纪的历程，进藏铁路终于在 2001 年 6 月 29 日全面开工建设，并于 2006 年 7 月 1 日通车。

青藏铁路穿越了 550 千米长的多年冻土地区，筑就世界冻土工程奇观。复杂的冻土环境，是制约青藏铁路建设的世界性难题。冻土随气温变化而发生的胀缩会导致路基破裂或塌陷。由于冻土环境限制，世界冻土区铁路列车时速一般只能达 50 千米。风火山隧道全部位于永久冻土层内，是世界上海拔最高、冻土区最长的高原永久冻土隧道。风火山下冰厚约 150 米，这样的地质环境一直是隧道施工的禁区。中铁二十局创造性地研制了两台大型隧道空调机组，全程控制隧道施工温度，有效防止了地下冰融化滑塌。他们和多家科研单位合作，相继攻克了 20 多项世界性高原冻土施工难题。青藏铁路堪称冻土工程的"博物馆"，长达 111 千米的"片石层通风路基"、总长 156.7 千米的"以桥代路"都称得上世界奇观。专家指出，青藏铁路未来大规模出现冻土工程危害的可能性较小，冻土地段行车速度可达每小时 100 千米以上。

科技的发展速度总在不经意间超越人们的想象，邓小平同志当年的高瞻远

瞩令人肃然起敬。❶

第4节 深刻的历史启示——论断提出的
重要意义与深远影响

"科学技术是第一生产力"这一论断揭示了科学技术在生产力和社会经济发展中产生的巨大变革和推动作用，丰富和发展了马克思主义，具有重大和深刻的理论与实践意义。

一、论断具有重大理论意义

（一）这一命题是对马克思主义关于生产力和科学技术学说的重大发展

100多年前，马克思和恩格斯根据资本主义近代工业的发展历史，阐述了科学技术对社会发展的巨大推动作用，提出"科学技术是生产力"的论断。在马克思主义的经典著作里，生产力是人们解决人类同自然矛盾的实际能力，是人类征服自然和改造自然使其适应社会需要的客观物质力量。生产力的基本构成要素是劳动对象、劳动资料和劳动者。而科学属于意识形态，应与宗教、艺术归为一类。如果对马克思主义进行教条式的理解，就会把马克思在当时时代条件下对生产力具体内容的界定当作生产力的永恒内容，而看不到生产力本质上是人类协调改变自身与自然界的物质关系使之有利于自身的能力。

随着现代科学技术的发展，科学与生产的关系越来越密切。邓小平解放思想、实事求是，根据科学技术在当代生产力中所发挥的决定性作用，进一步发展了马克思关于科学是生产力的重要思想，以深邃的战略目光、全新的视角洞察分析了20世纪尤其是第二次世界大战以来世界政治经济发展的规律和特点，以卓越的胆识对科学技术在当代生产力和社会经济发展中的变革作用作出科学判断，提出"科学技术是第一生产力"的论断，从而把马克思主义的生产力论发展到了一个新的高度。

（二）这一论断是对当代世界社会经济发展规律和趋势的崭新概括

20世纪以来，世界政治经济形势发生了巨大变化，当代科学技术的发

---

❶ 2006年青藏铁路通车：终结西藏不通铁路历史，http://view.news.qq.com/a/20090921/000035.htm.

展更是呈现出很多新的特点，科学技术日新月异的进步使其在社会经济发展中的地位空前提高，在社会生产力诸多要素中所起的决定性作用日益显著。

邓小平把握当代世界社会经济发展脉搏，提出这一论断，是对当代世界社会经济发展规律和趋势的崭新概括。在"生产力"前面加上"第一"这个修饰词，是因为现代科学技术处于一切生产力形式、过程和因素的首位，现代科学技术是生产力中相对独立的要素，是生产力诸因素中起决定性作用的主导因素。现代科学技术不仅渗透在传统生产力诸要素中，而且在社会生产力的发展中起着比劳动者自身、生产工具和劳动对象更为重要的作用。现代科学技术除了决定着生产力的发展水平和速度、生产的效率和质量，还决定着生产中的产业结构、组织结构、产品结构与劳动方式。它不但使生产力在量上增加，而且使生产力在质上发生飞跃，引导着未来的生产发展方向。所以现代科学技术在生产力系统中已上升到主导地位，在资本、劳动、科技三个因素对经济增长的作用中科技已经显得越来越重要。据统计，在发达国家，科学技术对国民经济总产值增长速度的贡献，20 世纪初期为 5% ~ 20%，中叶上升到 50%，到 80 年代上升到 60% ~ 80%。科技进步对经济增长的贡献已明显超过资本和劳动力的作用（王耀东，2005）。现在，向生产的深度和广度进军，不仅要靠劳动力和资本，更要靠科学技术。

科学技术已经成为现代生产力和社会经济发展的重要促进因素和支撑力量，是一个国家提高综合国力和国际地位的重要因素。

（三）这一论断是对我国改革开放和现代化建设实践的深刻总结

在很长时期内，我们对社会主义的根本任务是解放和发展生产力认识不清楚，对科学技术也是生产力这一马克思主义的基本观点也没有给予应有的重视，使得科学技术和整个经济的发展都受到严重束缚。进入新时期，社会经济发展步入正轨，进行现代化建设，依然要从科学技术和教育入手（王丽萍，2001）。在改革开放和现代化的实践中，科学技术的巨大力量越来越显现，因此邓小平说中国的发展离开科学不行，要把科学技术和教育放到战略高度去认识。

二、论断的伟大实践意义

（一）极大地推动了我国的经济发展

长期以来，我国实行的是粗放外延型增长方式，即在低技术组合的基础上靠资金、劳力的大量投入，靠能源、资源的高度消耗来实现经济的快速增长。我国在改革开放前的 26 年间，科技进步对经济增长的贡献极小，走的是一条投入大、产出少、效益低的外延式扩大再生产的道路。这不但造成了自然资源的枯竭，而且加重了对生态环境的压力。这种发展模式从长远来看是难以为继的，必须从根本上加以改变，走内涵型、质量型、效益型、开放性的集约化发展新路。

"科学技术是第一生产力"的思想，从哲学高度上解决了当代科技进步与经济发展的辩证关系，为我们指出了一条依靠科技进步加速发展生产力的正确道路，即把经济建设转移到依靠科技进步和提高劳动者素质的轨道上来。

在科学技术工作直接为经济建设服务方面，我国先后实施了重点科技攻关计划、"星火计划"、"丰收计划"、"燎原计划"以及重大科技成果推广等一批科技计划。重点科技攻关计划是为国民经济和科学技术中近期发展服务的计划，它是我国科技计划中规模最大、涉及领域最广的一项计划。实施以来，为工业、农业以及资源、医药卫生、生态环境等领域提供了大批新的先进技术、工艺、装备和产品，并培养了大批科技人才。1985 年开始实施的"星火计划"，是一项旨在把先进适用的科技成果大规模输入农村的计划。实施以来，起到了开拓、示范、引导和推动作用。

邓小平曾指出："社会生产力有这样巨大的发展，劳动生产率有这样大幅度的提高，靠的是什么？最主要的是靠科学的力量、技术的力量。"1992 年春，邓小平视察南方时，不仅又一次重申了"科学技术是第一生产力"的观点，而且作了精辟的说明。他说："经济发展得快一点，必须依靠科技和教育。我说科学技术是第一生产力。近一二十年来，世界科学技术发展得多快啊！高科技领域的一个突破，带动一批产业的发展。我们自己这几年，离开科学技术能增长得这么快吗，要提倡科学，靠科学才有希望。"20 世纪头 20 年，我国经济社会进入"黄金发展时期"，同时也是一个"矛盾凸显时期"。只有科技人才要素全面介入，才能形成一种低消耗、高产出的增长模式，完成我国在市场化、工业化、城镇化过程中经济体制与经济增长方式的双重转变。

（二）极大地促进了我国科学技术的发展

新中国建立伊始，科学技术极为落后。全国科学技术人员不超过 5 万人，其中专门从事科学研究工作的不超过 500 人，专门的科学研究机构只有 30 多个，较有基础的科学研究工作主要是结合自然条件和资源特点的地质科学和生物学的分类研究，现代科学技术几乎是空白。工业生产技术陈旧落后，农业生产主要依靠传统的耕作经验和工具。经过科技战线和全国人民的共同努力，到20 世纪 60 年代我国初步形成了科学技术体系的基本框架，并促进了一系列新兴工业部门和产业的诞生和壮大。但是过去由于"左"倾思想和小生产观念的束缚，在我们党内相当普遍、相当长期地存在着轻视教育科学文化和歧视知识分子的错误观念。这种错误观念在"文化大革命"期间登峰造极。科学在当时被认为是社会意识，具有阶级性，来自于西方的科学理论一再被扣上"资产阶级"的帽子而遭到批判，从事科学研究的知识分子也被贬为"臭老九"而划入另册。十年动乱期间，我国科学技术事业受到严重冲击和破坏，科学技术水平停滞不前。1978 年邓小平在全国科学大会上的讲话，有力地论述了"科学技术是生产力"，并以此为契机，恢复了知识分子作为工人阶级一部分的地位。尊重知识、尊重人才的观念才大道畅行。"科学技术是第一生产力"这一哲学命题的提出，更是思想解放的春雷，充分调动了科技人员的积极性，极大地促进了我国科学技术的发展。我们已经在全国范围内建立起门类齐全、独立完整的科技体系，形成了开发研究、高技术研究和基础研究三个层次的发展布局，培养和造就了一支宏大的科技队伍，科学技术呈现出蓬勃发展的崭新局面。

（三）揭示了科技在生产中的重要作用

这一论断向我们指明了第一生产力转化为社会产业部门的直接现实的生产力有一个复杂的过程。这一命题与我国的经济腾飞和民族振兴具有十分重要的战略意义。第一，必须制定切实依靠科技振兴民族的发展战略，使经济建设转移到依靠科技进步和提高劳动者素质的轨道上来。科学技术是第一生产力的理论及当今世界国际竞争的现实表明，一个国家的实力从根本上决定于该国的生产力水平，而一国的生产力水平在当代又越来越从根本上决定于科学技术的发展水平。现代综合国力已经发展成为全面渗透着科技的复杂体系，科技在综合国力中日益显示其决定性的作用。国与国之间的竞争，说到底是综合国力的竞争，关键是科技竞争。第二，必须坚持对外开放政策，加强同发达国家的经济技术合作，要把引进现代高新技术改造我国大型企业作为技术引进的战略重点。科学技术是第一生产力，而我国却是一个科学技术落后的国家，要发展我国的生产力必须首先发展科学技术。当今世界是一个开放的世界，各国之间的科学技术交流越来越密切，任何一个国家想要在封闭的状态下发展科学技术已经是完全不可能的了。早在 1983 年，邓小平同志就指出："要利用外国的智力，请一些外国人来参加我们的重点建设以及各方面的建设。"又说："要扩大对外开放，现在开放得不够，要抓住西欧国家经济困难的时机同它们搞技术合作，使我们的技术改造能够快一点搞上去。"在经济技术落后的条件下搞建设，尤其需要开放和引进。并且在制定引进战略时，要以引进反映现代科技发展水平的高新科技为重点，以便促进我国重点产业的发展。第三，必须加速科技体制的改革，促进科学技术的产业化。科学技术是第一生产力的论断，包含着科技是"初始"的生产力、有待于向社会产业部门生产力转化的含义，要使科技真正促进社会物质财富的增长，就必须使科技产业化。1991 年，邓小平为"863"高科技计划工作会议题词："发展高科技，实现产业化"，足见科技产业化的重要性（潘春葆，宋联江，1996）。科学技术的产业化是一个复杂的系统工程。而其中完善科技体制是促进科技产业化的一个重要方面。目前我国科技体制存在的问题主要是：一是科技成果的社会价值未与科研人员的利益直接挂钩，导致科研人员和单位面向生产进行研究的积极性不够高；二是从事基础研究、应用研究和开发研究的人员比例不合理。据统计，1980 年，美国企业中科研人员占全国企业总数的 68.5%，而同期我国企业中科研人员只占 17.5%，绝大多数科研人员都集中在与企业相分离的研究机关中。以上原因导致我国大量的科研成果无法转化为直接生产力，因此，我们应当加速科技体制的改革，以促进科研成果向现实生产力的转化。第四，必须增强对科研和教育的投入和管理，提高社会整体科研能力。科学技术这种第一生产力的形成及其向社会现实生产力的转化，都离不开大量从事科研活动的高素质人才，也离不开社会对科研的物质支持和宏观管理，而要做到这些就必须有社会对科研和教育的大量投入，必须努力提高社会整体科研能力。当然，由于我国经济基础不够发达，要想把科研和教育的投入提高到与经济发达国家相同的程度是不可能的。但是，国外的教育和科研经费占国民生产总值的比例远高于我国，值得我们深思。这种状况是与我国对科学技术是第一生产力的认识不相符合的。我们应努力提高对教育和科研的投入，并加强对教育和科研的管理以及社会各层次上的协调工作，使有限的投入发挥出最大的效益，最大限度地提高我国的社会整体科研能力。必须大力发展科学技术这个第一生产力，并加速这个第一生产力向现实生产力的转化，从而促进我国的经济腾飞和民族振兴（袁鹤平，2008）。

　　总之，邓小平同志提出的"科学技术是第一生产力"的思想是马克思主义关于科学技术是生产力的思想在当代的新发展，这一思想不仅正确地反映了现代科技与生产力之间的本质联系，而且对我国的经济建设具有重要指导意义。我们应当大力宣传"科学技术是第一生产力"的思想，提高全民族的科技意识，当我们整个民族都意识到科技对于强国的重要性，当我们真正把"科技是第一生产力"的思想贯穿到现实的经济工作中时，中华民族振兴的时候就到来了。

第 24 章　上天入海
——通信卫星与水下导弹的成功发射

　　1956 年 10 月 8 日，国防部第五研究院正式成立，这是中国第一个火箭导弹研究机构，从此中国人民迈开了向太空进军的步伐。1958 年，毛泽东主席提出："搞一点原子弹、氢弹、洲际导弹，我看有 10 年工夫完全可能。"几年后，我国从事导弹研制与航天事业的科学技术人员以实际行动实现了这一目标。我国的导弹与航天事业经过多年的发展，取得了巨大的发展，各类战略导弹和战术导弹、各类运载火箭和卫星相继研制成功，对国民经济建设和国防建设起到了重要服务作用，并且走出了一条自力更生、拼搏腾飞的发展之路。

　　进入 20 世纪 80 年代以来，我国的航天和导弹事业的发展突飞猛进：成功地向太平洋预定海域发射了远航液体火箭；从潜艇水下发射了固体火箭；发射了地球同步静止轨道通信广播卫星；发射了太阳同步轨道气象卫星。在战术导弹的研制方面，基本形成了配套的防空武器装备体系；飞航式海防导弹也已初步形成了有多种打击手段和多种装载方式的装备体系。特别是超音速海防导弹技术已进入世界先进水平的行列，火箭的技术水平有了新的提高（孔繁金，黄远模，1998）。

　　导弹与航天事业的发展给我国带来了巨大效益，在国防以及国民经济建设、科学技术和社会发展中发挥了重要作用。通过高清晰度、高分辨率的卫星国土照片，有效收集了关于我国地质与国土普查、铁路和航道建设、农村建设、海洋海岸与城市规划、水力开发、水土保持、环境保护、石油资源、地震预报、史地研究等方面的信息资料。通过掌握这些信息资料，我国在绘制地质图、地质普查、铁路和桥梁等重大建设项目等方面，都收到了巨大的经济效益和社会效益。通信广播卫星创造的经济社会效益更为显著。利用中国自己的卫星，我国的军事、石油、水电等部门能安全可靠地进行专业通信；气象卫星的成功发射让国家气象局和国家海洋局的有关数据处理得更加准确；我国的广播电视业也已由租用外国卫星转变为使用自己的通信广播卫星。

导弹与航天工业是知识和技术高度密集的工业，是现代科学技术综合运用的结晶。到 20 世纪 90 年代，我国已经建立了各类卫星、运载火箭、导弹、发射设备、测控设备等的设计、研究、试验、生产基地；建立了设备齐全，能发射各类卫星、运载火箭和导弹的发射场；建立了由国内各地面测量台站和远洋跟踪测量舰船组成的地面测控系统。这些设施充分奠定了我国导弹与航天事业进一步发展的基础。

中国取得的这些成就和发展，是中华民族智慧和能力的重要体现，增强了国家的综合国力，提高了中国的国际地位，成为国家兴旺发达的一个重要标志。

第 1 节　通信卫星的成功运行及其技术水平的发展

在国民经济、军事建设以及人们的日常生活中，信息作为重要的工具和资源，起着重要的作用。为此，世界各大强国都在积极建立自己的天地综合信息网。夺取制信息权已成为世界各国军队和国防建设的大趋势。作为天地综合信息网的重要组成部分和有力保障，航天测控通信系统的发展影响着天地综合信息网的建立和发展。

我国幅员辽阔，自然条件复杂，人口分布不均，这要求我国必须建立自己的卫星通信广播网，以求经济快速地解决国民经济各部门对通信、广播日益增长的需求，迅速改变我国通信落后的现状。同时，我国经济建设和国防科技的发展也急需自己的通信卫星发挥效益。

为建立我国的天地综合信息网，促进我国国民经济、科学技术和社会的发展，我国积极进行了相关技术的研究。自 1970 年我国第一颗人造卫星升空以来，我国在通信卫星的研制上硕果累累。我国自己生产的这些卫星被广泛地应用于科学技术研究、国民经济建设和国防建设的各个领域，取得了明显的社会经济效益，尤其是在气象预报、通信传输、国土普查、地质矿产调查、大地测量、环境监测等领域成效显著，同时也在提高我国的国际地位方面起到了不可估量的作用。

为了发射通信卫星，中国从20世纪70年代中期开始研制"长征三号"火箭。其第三级采用液氢液氧火箭发动机，于70年代末研制成功。这种发动机性能优异、技术先进，但低温技术难度很大。在成功地掌握这一高难技术，研制成液氢液氧发动机的国家中，中国排在第三位，居于美国、欧洲空间局之后；而在能实现这种发动机空中二次点火的国家中，中国仅次于美国，居第二位。这表明中国的低温推进剂火箭技术已处于世界前列。

1975年11月26日，中国第一颗返回式科学试验卫星由有效负荷2.5吨的"长征二号"运载火箭送上太空。卫星在正常运行后，按计划顺利返回地面。中国成为继苏、美、法、日之后第五个发射人造卫星，继苏、美之后第三个掌握了卫星回收技术的国家。

1980年5月18日，中国首次向南太平洋海域发射了一枚远程运载火箭。其弹道最高点达1 000千米，最大速度达7千米/秒，飞行距离超过9 000千米，在海上靶区中心激起了直径约80米、高数百米的巨大水柱。此次远程火箭准确地落于预定海域，标志着我国大型液体火箭技术已达到国际领先水平。

1981~1985年，国家着重抓卫星通信工程的研制和建设。

1981年9月20日，中国用一枚"风暴一号"运载火箭将三颗不同的物理探测卫星送入轨道，取得了大量空间物理数据，我国成为世界上少数几个掌握"一箭多星"技术的国家之一。

1984年4月8日，中国用"长征三号"运载火箭，成功发射了"东方红二号"试验通信卫星，在技术上取得较大突破。试验通信卫星的成功，证明了我国卫星测控技术具备了较高水平，标志着我国运载火箭研制技术进入了一个新的发展阶段，我国运载火箭技术已迈入世界前列。在此期间，我国积极开展航天技术的国际合作，我国派出技术人员到国外考察进修，先后与德国、意大利、英国、法国等签订了政府间合作协议，确定了一些项目的合作计划。这些都为我国航天技术走向国际市场奠定了基础。

自1985年10月25日中国宣布进入国际商业卫星发射市场以来，共将26颗外国卫星成功发射升空。

1986年2月1日，中国第一颗实用通信广播卫星发射成功。之后，我国在1986年、1988年、1990年发射了4颗实用通信卫星，分别定点在不同的东经赤道上空。这些卫星的性能经过几年运行检验证明已达到设计要求，已投入电视、广播、电话、数据传真等通信业务。

1987 年 9 月 9 日，中国成功发射一颗返回式遥感卫星。

为了改善天气预报，20 世纪 80 年代中国研制了太阳同步轨道的试验性气象卫星"风云一号"。1988 年 9 月 7 日和 1990 年 9 月 3 日，用"长征四号"运载火箭先后将两颗这种卫星送入同步轨道，卫星传送的云图和地物图像清晰，已在天气预报、灾害监测中发挥了作用。

随着我国航天技术的发展，我国与世界的交流合作日益增多。中国火箭技术在国际火箭高技术领域占有了一席之地，其先进性和市场的适应性得到了广泛好评。80 年代后期，中国的长征系列运载火箭开始承揽对外发射业务，成功地发射了"亚洲一号"国际商用通信卫星、巴基斯坦科学试验卫星、瑞典"弗利亚"科学试验卫星、澳赛特 B1 及澳赛特 B2 卫星等。

1988 年我国先后为法国、联邦德国微重力装置进行了卫星搭载服务。1988 年 12 月 22 日，中国邀请美国、法国、德国、澳大利亚、巴西、中国香港等 10 多个国家和地区的专家及公司代表赴西昌卫星发射中心观看中国第四颗通信卫星发射实况，这次成功的发射给国内外公众留下了深刻的印象，进一步扩大了中国航天界在世界的影响。

1990 年 4 月 7 日，中国"长征三号"运载火箭呼啸升空，把"亚洲一号"通信卫星准确地送入太空预定轨道。中国运载火箭首次发射美国制造的卫星成功，标志着中国以无可争辩的实力跻身于国际商务发射市场。

火箭的捆绑及分离是研制大型运载火箭必需的技术之一。中国的"长征二号"已应用了这种技术，1990 年 7 月 16 日"长征二号"捆绑式（长 ZE）运载火箭进行首次飞行试验。此次成功发射，为执行发射美制澳大利亚通信卫星的合同铺平了道路。尽管出现过 1992 年 3 月 22 日发射澳星的失利，但终于在 1992 年 8 月 13 日和 1994 年 8 月 28 日用新研制的"长征二号"捆绑式火箭，先后把两颗美制澳星发射入轨。这标志着我国运载火箭研制技术和发射技术已经达到世界先进水平。尽管在随后的两年中，中国卫星发射又经历了两次失利，但是，这些波折并未阻止中国航天走向世界的前进步伐。中国的长征系列火箭不断创造成功发射外星的纪录（耿海军，2000）。

1992 年 8 月 9 日，"长征二号丁（长 ZD）"运载火箭发射一颗返回式卫星。

到 1993 年年底,中国已先后成功地发射了高、中、低三种轨道的各类卫星 34 颗,研制了多种运载火箭。

1994 年 2 月 8 日,"长征三号甲(长 3A)"运载火箭发射两颗试验卫星。

1995 年 12 月 28 日,中国一枚长征二号捆绑式火箭发射美国艾科斯达 1 号通信卫星成功,显示了中国长征系列运载火箭在国际发射服务市场所拥有的竞争实力。我国通信卫星具体发展历程如图 24 - 1 所示。

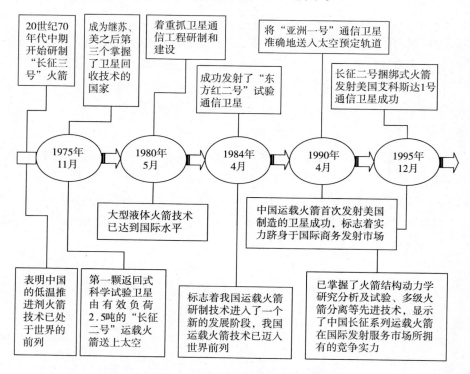

图 24 - 1 我国通信卫星发展历程

20 世纪 90 年代,我国在航天运载器的研制中,已掌握了火箭结构动力学研究分析及试验,多级火箭分离,远程、洲际火箭特殊弹道设计,超低温火箭推进剂共底贮箱结构及散热设计:大型卫星整流罩的设计及分离等先进技术。中国还建成了以西安卫星测控、通信中心为总枢纽,由遍布全国各地的数十个地面固定、活动测控站及两艘远洋测控船构成的卫星测控网;同时还建成了酒泉、太原、西昌 3 个卫星发射中心(表 24 - 1)。

表 24 - 1　中国发射并运行成功的自制航天器（1970～1999 年）

序　号	航天器名称	发射时间
1	东方红 - 1 卫星	1970 - 04 - 24
2	实践 - 1 卫星	1971 - 03 - 03
3	技术试验卫星	1975 - 07 - 26
4	返回式卫星	1975 - 11 - 26
5	技术试验卫星	1976 - 12 - 16
6	技术试验卫星	1976 - 08 - 30
7	返回式卫星	1976 - 12 - 07
8	返回式卫星	1978 - 01 - 26
9～11	试验 - 2、2A、2B 卫星	1981 - 09 - 20
12	返回式卫星	1982 - 09 - 09
13	返回式卫星	1983 - 08 - 19
14	东方红 - 2 试验通信卫星	1984 - 04 - 08
15	返回式卫星	1984 - 09 - 12
16	返回式卫星	1985 - 10 - 21
17	东方红 - 2 实用通信卫星	1986 - 02 - 01
18	返回式卫星	1986 - 10 - 06
19	返回式卫星	1987 - 08 - 05
20	返回式卫星	1987 - 09 - 09
21	东方红 - 2A 通信卫星	1988 - 03 - 07
22	返回式卫星	1988 - 08 - 05
23	风云 - 1A 极轨气象卫星	1988 - 09 - 07
24	东方红 - 2A 通信卫星	1988 - 12 - 22
25	东方红 - 2A 通信卫星	1990 - 02 - 04
26～28	风云 - 2B 极轨气象卫星，大气 - 1、2 卫星	1990 - 09 - 03
29	返回式卫星	1990 - 10 - 05
30	新型返回式卫星	1992 - 08 - 09
31	返回式卫星	1992 - 10 - 06
32	实践 - 4 卫星	1994 - 02 - 08
33	新型返回式卫星	1994 - 07 - 03
34	新型返回式卫星	1996 - 10 - 20
35	东方红 - 3 通信广播卫星	1997 - 05 - 12
36	风云 - 2A 静止气象卫星	1997 - 06 - 10
37、38	风云 - 1C 极轨气象卫星、实践 - 5 卫星	1999 - 05 - 10
39	资源 - 1 卫星的 01 卫星	1999 - 10 - 14
40	神舟 - 1 试验飞船	1999 - 11 - 20

发射人造卫星除了在科学技术上意义重大，在军事上、经济上也具有巨大的实用价值。这是人类征服地球引力、开发利用外层空间、扩大人类活动范围取得的巨大进步。我国于 20 世纪 70 年代开始研制通信卫星，经过多年的努力，其技术已接近国际先进水平，并且形成了自己的通信卫星系列。我国在这一高科技领域的成就，振奋了全国人民的精神，提高了国家的威望与国际地位。投入到应用中的国产通信卫星服务于我国人民的经济、生活、政治活动，对我国改革开放和经济建设起到了推进作用，在许多方面极大地改变了旧的生产方式和工作模式，极大地提高社会生产力。例如，利用卫星调度电力，可提高 3% 的电力供应；我国利用海洋卫星可以使渔业增产 13%；利用卫星调度资金，可使全国 500 亿在途资金周转加速一倍等。卫星应用于农业、林业、地质、交通、石油、通信、气象预报、国土规划、环境监测等方面，给我国带来巨大的社会效益和经济效益。

第 2 节　水下导弹的顺利发射及其技术问题的突破

第二次世界大战在两颗原子弹的投放中结束了，这极大地震撼了我国军事部门，随着各国军备竞赛的升级，我国加快了对导弹的研发步伐。

潜艇水下发射导弹武器系统是现代导弹武器系统中最具战略威慑能力的进攻性导弹武器系统之一，具有强突击能力、强隐蔽性、强生存能力。潜地弹道导弹武器系统研制难度大，其研制涉及多学科科学技术，如核潜艇、固体推进剂弹道导弹、导弹水下发射、航海、专用计算机等。20 世纪 50 年代，只有美苏两个超级大国进行了潜地弹道导弹武器系统的研制。考虑到潜地弹道导弹武器系统对国家长远安全的重大战略意义，为了保卫国家安全、维护世界和平，在 20 世纪 50 年代末，中国下决心研制潜艇水下发射的导弹武器系统。

1958 年，党中央作出了研制核潜艇的决策。当年 6 月，我国第一座试验型原子能反应堆开始运转后，聂荣臻副总理邀集海军和有关部、院的领导苏振华、罗舜初、张劲夫、张连奎、刘杰、钱学森、王诤和有关业务部门的同志，讨论海军等有关部门关于研制导弹核潜艇问题的报告。6 月 27 日，聂副总理向彭德怀同志和周总理写了关于研制导弹核潜艇的报告。周总理和邓小平总书记审阅后很快作出了批示，毛主席、彭德怀随即圈阅。从此，核潜艇的研制就在中国大地上秘密地拉开了序幕。

　　新中国的常规潜艇建造是在接收前苏联的 R 级常规攻击潜艇和 G 级常规弹道导弹潜艇的全套图纸基础上，从全面仿制起步的。前者是前苏联"二战"后根据缴获的纳粹德国的柴油潜艇及技术资料仿制改进的中型常规潜艇。20 世纪 60 年代初，由于中苏交恶，中国的常规潜艇不得不走上一条曲折缓慢的自主研制发展之路。

　　中国在 20 世纪 70 年代末已经具备从水下发射弹道导弹的能力，而水下潜射巡航导弹技术与此有相容性。中国具备一定的鱼雷设计制造技术和潜艇制造技术，同时完全掌握和自行发展了飞航导弹技术，两者结合是水下潜射导弹的技术基础。

　　我国研发舰艇导弹最早是从引进苏联的 544 和 542 导弹开始，而 544 导弹对中国影响最深远。我国从这两种导弹中获得飞航式导弹技术，引进数年后仿制 544 型导弹成功。对苏联产品的引进和仿制使中国得到了飞航导弹惯性制导技术、末端主动雷达自导技术以及飞行自动控制技术，更重要的是为中国培养了大批人才，为飞航导弹技术的发展研究提供了坚实的基础，中国很快从单纯的仿制走向深入研究。

　　1971 年，我国洲际导弹飞行试验基本成功。1974 年，中国建立了战略导弹作战指挥体系。1975 年 5 月 25 日，中央作出关于国防尖端技术发展问题的决定，抓紧东风 - 5 洲际导弹的研制，同时积极进行潜地导弹的研制。

　　1976 年年初，中国正式展开战术型巡航导弹的技术研究，项目工程代号为"鲲鹏"5 型地地战术巡航导弹于 1971 年试制成功，并于 1978 年定型。1976 年 6 月 5 日，海鹰 1 号舰舰导弹设计定型。

　　1977 年 12 月，国务院和中央军委下达《关于加速我军武器装备现代化的决定》，指出我国将以发展常规武器装备为主，有重点地发展导弹核武器。

　　1978 年 12 月 5 日，鹰击 6 号空舰导弹试验成功。1980 年 5 月 18 日上午 11 时 45 分，我国远程运载火箭全程飞行试验获得圆满成功。

　　1988 年 9 月 27 日，中国人民解放军首次从夏级潜艇上发射了巨浪 - 1 型弹道导弹，此枚导弹落在了半径为 65 千米的目标区内，其中心为北纬 123.53°，东经 28.13°。巨浪 - 1 导弹设计定型。

　　在我国导弹技术不断发展的同时，我国的潜艇研制也迅速发展，为发射水下导弹奠定了基础。到 20 世纪 70 年代末，中国基本完成了第一代潜艇的自行研制任务，潜艇制造已逐步形成了从科研设计到生产、从总体到材料设备、从试验到使用维修的完整体系和全国范围的配套协作网。

1971 年，我国自行设计研制的第一代常规潜艇下水；1974 年，第一艘国产攻击型核潜艇装备海军。

33G1 型潜艇是中国第一艘发射飞航式导弹的常规潜艇，也是唯一的一艘水面发射飞航式导弹的潜艇（舷号 351）。33G1 型潜艇于 1978 年完成改装设计，1980 年在武昌造船厂开工，1983 年 7 月交付海军，1985 年海上发射导弹试验成功。由于此型潜艇必须在水面发射导弹，不能适应现代实战的要求，因此未曾批量生产，但为中国发展潜艇水下发射飞航导弹设计技术积累了有益的经验。

20 世纪 80 年代初，中国海军装备有大量仿制的 033 型常规潜艇和少量自制的 035 型常规潜艇。但这两种潜艇技术落后，无法适应现代战争的需要。1982 年，刘华清接任海军司令员后，立即下令研制新一代常规潜艇，并将其列为海军二代舰艇建设的重点之一。当时，中国海军对新潜艇提出了技术战术要求：为获得较高水下航速和较小流体噪声，艇体设计为水滴线形；采用单轴七叶高弯角螺旋桨推进器，以减少航行噪声；配备性能先进的线导反潜鱼雷和新型鱼雷发射装置，以具备反潜和反舰双重作战能力；使用数字化声呐和显示设备，以提高情报处理能力，并实现指挥控制自动化；配备潜射反舰导弹和潜射反潜导弹，以适应现代海战的需要。同时，强调海军武器装备研制必须做到成套论证、成套设计、成套定型、成套生产、成套交付使用的原则，即"五个成套"，以吸取核潜艇配套武器研制严重拖后的教训。

1981 年初，夏级核动力弹道导弹潜艇下水。同年，中国开始"试验性"部署两个东风－5 陆基发射井。

1988 年 4 月至 5 月，汉级潜艇完成全部研制过程，在南海进行大深度潜水、水下全速航行和深水鱼雷的发射等试验。其实，早在 1968 年 10 月，首艘汉级核潜艇已在葫芦岛造船厂开工建造。1970 年 7 月，潜艇核反应炉启动，12 月潜艇下水，经过几年试航后，1974 年 8 月 1 日正式编入海军序列，被命名为"长征一号"。因为配套的鱼三型深水反潜鱼雷迟迟未能研制出来，该艇长时间无法形成战斗力。鱼三型鱼雷直到 1984 年才研制成功，故汉级潜艇直到 20 世纪 80 年代中后期才正式应用。汉级核潜艇在某些方面亦具有重大突破，如采用水滴型艇体的国际先进技术，汉级核潜艇为单壳结构，外形短粗，艇体没有很多明显的开孔，与仿制的苏联常规潜艇明显不同。潜艇水下排水量

5 500 吨，水面排水量 4 500 吨，配备一座 11 032 485W 轴马力压水式核反应炉，水下最高航速约 12.9 米/秒，水面最高航速约 6.2 米/秒，最大潜深 300 米。为保证潜艇能在远洋活动，特装备了当时中国最先进的电子与声呐系统，包括仿苏的平面搜索雷达、雷达报警器、作用距离达 1 万千米的超长波收信机以及大功率超快速短波发信机等。除此之外，20 世纪 80 年代中期，武昌造船厂开始全面研制的宋级潜艇首艇，1999 年 5 月正式交付海军使用，相配套武器的研制也进展顺利。潜射型鹰击一号反舰导弹在 20 世纪 80 年代后期已配备汉级核潜艇，鱼五型线导鱼雷则在 20 世纪 90 年代初研制成功，潜射型长缨一号反潜导弹也在 20 世纪 90 年代中期试射成功。所以，当宋级潜艇首艇在 1994 年下水时，主要配套武器也基本研制成功。它第一次配备线导反潜鱼雷、潜射反舰导弹和潜射反潜导弹；第一次使用单轴七叶高弯角螺旋桨推进器和装设了数字显示声呐、光电桅杆以及整合式的自动化指挥系统。从整体上看，宋级潜艇是中国常规潜艇发展的一大突破。❶

　　由于我国导弹和火箭研制技术的发展突飞猛进，在潜艇制造运用方面也已具备一定能力，因此，在中国太平洋远程火箭试验之后，自 1982 年起，中国在东海进行了一系列潜地弹道导弹水下发射试验，并取得成功。

　　1982 年 10 月 12 日，我国首次常规动力潜艇水下发射潜地导弹——巨浪 - 1 潜射弹道导弹成功。1983 年，第一艘国产弹道导弹核潜艇以及巨浪 - 1 潜射弹道导弹开始在海军服役。

　　1985 年 9 月 28 日，第一次潜射巡航导弹试验。

　　1988 年 9 月 15 日，中国又从自己研制的核潜艇上，在东海海域的水下成功地发射了潜地导弹。同年 9 月 27 日，连续发射成功。中国在潜地弹道导弹核潜艇的研制过程中，建成了比较完整的导弹—核潜艇科研、试验、生产体系；培养了一支致力于导弹核潜艇的科研、试验、生产的专业队伍；促进了一大批相关高新技术的发展和产业化的进程，为新的导弹核潜艇的研制和发展打下了坚实的基础，中国战略导弹研制实现了重大的突破。

　　1988 年 9 月 15 日，中国导弹核潜艇水下发射潜地导弹定型试验获得成功。

　　1988 年 9 月 27 日，我国导弹核潜艇水下发射运载火箭获得圆满成功！

　　水下导弹的顺利发射凝聚了我国众多科学家的心血与汗水。其中，出生于

---

❶ 中国核潜艇的发展与战力，论坛 - 春秋战国全国中文网，http://www.cqzg.cn/.

安徽省芜湖市的黄纬禄院士（1916～？），就是我国第一代潜艇水下发射的固体弹道导弹的研制者之一。他从 20 世纪 70 年代初开始领导和主持这一导弹的研制、试验工作，任这一导弹型号的总设计师。当时这一导弹所涉及的部分学科和技术领域，有些在我国尚处于空白或薄弱状态。他带领广大科技人员和工人，攻克了一系列的技术难关，创造性地研制成功了我国第一代潜艇水下发射的固体弹道导弹，填补了我国这一武器装备的空白。尔后，为了将这一导弹移植到陆基，他又主持研制成功了导弹运输、起竖、发射的三用机动车；解决了导弹冷发射技术等难题，研制成功了陆基固体弹道导弹武器系统，使我国的国防实力又一次得到实质性的增强。

水下导弹的研制和发射成功，是我国改革开放成果的最新体现。它是继中国成功地进行原子弹、氢弹、远程运载火箭试验和发射人造卫星后在尖端科学技术领域取得的又一巨大成就。这一新的成就，如惊雷响彻碧海蓝天，标志着我国的军备能力进入了一个新的阶段，军事科技又迈上了一个新的台阶。它使中国成为世界上第五个拥有独立研制和装备潜艇水下发射导弹能力的国家，使中国战略核导弹具有了前所未有的生产能力，大大地增强了中国的战略核威慑力量，将中国弹道导弹研制和部队装备建设带入了新的阶段。它显示了中国强大的国防和军事实力，有力地提升了中国的国际地位，表明了中国军事科技的巨大发展潜力。

第 3 节　IT 技术和军工技术的发展

导弹与航天工程技术的发展，给其他领域的技术发展带来了新的契机和推动力。我国在电子、化工、材料、机械、冶金等技术领域，尤其是在生产可靠与长寿的电子元器件、发展电子技术、计算机及其应用技术等方面都发展迅速。特别是经过导弹与航天工程研制、试验的实践，已经建立起一支专业门类齐全、学科配套、理论水平较高、实践经验丰富的科技队伍。

一、IT 技术的发展

在通信卫星和导弹技术的发展和带动下，我国 IT 技术发展迈入了一个新的阶段，取得了长足的进步。IT 技术的发展对于我国经济发展、国民进步和国防实力的增加起到了不可估量的作用。通信卫星和水下导弹的成功发射离不开 IT 技术的支持，而卫星和导弹技术飞速发展的同时又对与之相关的 IT 技术提出更高的要求，促使其不断吸收、改进技术，不断创新，快速发展。两者相辅相成、互相促进，把我国信息技术的发展带入了一个新的时代。

（一）计算机技术的发展

随着世界军备竞赛的不断发展，我国深深感受到了在现代战争中科技力量举足轻重的作用。计算机对于一个国家来说，是不可或缺的重要科研支柱。在许多科学运算方面，尤其是在通信卫星和水下导弹发射过程中，计算机都发挥了重要作用（计算机在我国最初主要是用来进行导弹计算的），同时，在卫星和导弹研发的牵引带动下，我国计算机领域有了较大的发展。

我国从新中国成立开始就着手筹备计算机技术的相关研发工作。在老一代科研人员的不懈努力下，我们仅仅用了 5 年时间就研发出了第一台模拟式电子计算机。

我国在 20 世纪 60 年代的电子管、晶体管计算机技术和世界顶尖水平相差不大，当时电子计算机是我国核计划的关键工具。1964 年 10 月 16 日，我国第一颗原子弹爆炸成功。苏联首批派出了 640 名科学家，在核武器及电子计算机开发方面提供技术支持。但在集成电路大发展的 70 年代，由于我国特定的历史原因，核心技术大大落后于世界。

我国第三代计算机的研制由于“文化大革命”的冲击而受阻。1964 年，IBM 公司推出 360 系列大型机，这标志着美国进入第三代计算机时代，而我国到 1970 年初期才陆续推出大、中、小型采用集成电路的计算机。1970 年，441B‑Ⅲ型机研制成功，它是第一台具有多道程序分时操作系统和标准汇编语言的全晶体管计算机。

1972 年，在复旦大学的支持下，大型集成电路通用数字电子计算机由上海华东计算技术研究所研制成功，该大型集成电路通用数字电子计算机每秒运算 11 万次。

1973 年，由北京大学、北京有线电厂和燃化部等有关单位共同研制的 150 机研制成功，它是中国第一台百万次集成电路电子计算机，字长 48 位，存储容量 13KB。同年 DJS‑100 机研制成功，借鉴美国通用数据机器公司的 16 位小型机的技术，硬件自行设计，软件兼容。

1974 年，由四机部、一机部、中国科学院、新华社、国家出版事业管理局联合提出研制汉字信息处理工程。

1976 年，台湾地区台中农学院毕业生朱邦复发明仓颉输入法。同年，DJS－183 机研制成功。

1977 年，中国研制成第一台 DJS－050 微机，它是中国第一台微型计算机。当时，中国根据国际动态和国内条件，在 1977 年 4 月的全国微型机专业会议上，确定了中国微机今后的发展方向为参照英特尔的 Intel 8008 的 DJS－050 系列五个机型，以及参照摩托罗拉的 Motorola 6800 的 DJS－060 系列 4 个机型。随后，确定微机开发的两个系列，一是 DJS－055 系列，包括 050、051、052、053、054 五个机型，二是 DJS－060 系列，包括 061、062、063、064 四个机型。同年，银河巨型计算机开始研制，由长沙国防科技大学承担研制工作。

当时我国研发和生产计算机的单位，全部是军工企业，研发出的计算机，仅有小批量生产，按照配给机制分配到各个科研院所使用。计算机的每一个元件、每一张设计图纸都被严格看管，具备极高的保密措施。因而对于 IT 市场来说，计算机的软硬件零售与贩卖是无从谈起的。这一时期，受国内外微电子业迅速发展的影响，加上集成电路的利润丰厚，国内出现了一股电子热潮，全国建设了四十多家集成电路工厂，为以后进行大规模集成电路的研究和生产提供了工业基础。

1979 年，成功仿制出 8080 微处理器和 6800 微处理器，微机 DJS－045 系列、DJS－060 系列及 DJS－140 系列问世。HDS－9 机问世，华东计算技术研究所研制成功了每秒运算 450 万次的集成电路计算机。王选教授用中国第一台激光照排机排出样书。

到了 20 世纪 80 年代，世界各发达国家的政府、企业等部门纷纷增加对电子、计算机等新兴产业研发经费的投入。而 20 世纪 70 年代末至 80 年代初的我国由于研发经费缩水，自主研制的计算机项目与集成电路和半导体研发一起，都以资金短缺为由停掉了。这些科研队伍解散后，科研人员有的下海经商、有的出国、有的回高校教书，有的被调去看机房。由于发展策略的失误，对研发设计过程忽视，资源经费短缺，我国的计算机技术发展步伐缓慢。从另一方面看，从"文化大革命"结束到 20 世纪 80 年代初的这段时期，我国科研队伍基本上继承了毛泽东时代的传统，在自力更生的同时，引进先进技术、进口成套件或关键件的组装，并积极开展引进技术本土化的工作，在计算机事业和大规模集成电路制造方面仍然有所成就。

到 1980 年前后，微机 DJS－055 系列和 DJS－060 系列的产品相继研制成功。之后，一些有特色的微机，如紫金 2、BCM、TP801、长城 052、东海 0520、浪潮 0520 等陆续开发成功。

随着 IBM 在 1981 年推出个人计算机（PC），计算机领域开始朝着巨型计算机与微型计算机两个方向发展。

1981 年，GB－2312 国家标准颁布实施《信息处理交换用汉字字符集（基本集）》。我国高速计算机，特别是向量计算机有了新的发展。

1982 年，DJS－153 机问世。紧接着，由上海电子计算器厂研制的 DJS－185 机和由华北计算技术研究所研制的 DJS－186 机问世。到 1982 年年底，中国已经有了 4 000 台计算机（不包括微型机），其中进口计算机 450 台，大概有 200 种机型，中国第一代计算机共生产了 45 台，第二代计算机生产了 200 台，其余都是 DJS－100 系列。

在 1983 年 2 月召开的全国计算机协调工作会议上，我国及时注意到了世界发展趋势，提出"照着 IBM 的 PC 做"，把生产 IBM 的 PC 兼容机定为发展方向。当时没有任何设计图纸可供参考，完全靠自己摸索。虽然此时已经可以仿造出 8080、6800 等微处理器芯片，但是我国没能及时将微处理器的研究独立出来专门培养，这为日后中国微机的发展埋下了隐患。

1983 年，中国科学院计算技术研究所研制出中国第一台每秒计算千万次的向量计算机系统 757 机。同年 12 月，由国防科技大学研制、20 多个单位协作攻关的中国第一台巨型机"银河－Ⅰ"通过了国家鉴定。该系统由主机、电源系统、海量存储器、用户计算机、维护诊断计算机、其他设备和系统软件构成，是 20 世纪 80 年代中国研制的运算速度最快（向量运算每秒 1 亿次以上）、存储容量最大（几百万字节）、功能最强的电子计算机系统。它的诞生使中国进入了少数能够研制巨型机的国家行列。巨型计算机是一种超大型电子计算机，具有很强的计算和处理数据的能力，主要特点是速度高和容量大，配有多种外部和外围设备及丰富的、高功能的软件系统。它的研制水平标志着一个国家的科学技术和工业发展的程度，体现着国家经济发展的实力。巨型计算机也在我国的各种科研、勘探、航天等领域起到了巨大的推动作用。

但是在对待技术引进和发展高端计算机方面，当时也存在着一些问题。以"银河－Ⅰ"巨型计算机为例，这项工程耗费 1 亿元人民币，但在研发过程中忽视了与国内相关部门的协调、促进和合作；片面追求国际最先进技术，硬件大量从国外购买，没有从实质上使我国的整体技术取得进步。当时由于没有足够的经费进行技术开发和设备改进，国内一些具有实力的集成电路科研和生产单位在计算机硬件生产上没有得到一展身手的机会。因而，国际上早在 1978 年就开始出现了超大规模集成电路，而我国却在迈向超大规模集成电路的路途上进展缓慢。

在计算机外部设备方面，1983 年，华北终端设备公司已能批量生产 D－2000 型汉字智能终端及 ZD－1110 型字符显示终端。中国磁记录设备公司已生产出 24 兆磁盘机、6 兆盒式磁盘机等产品。同年，26 键方案的"五笔字型"输入法诞生。这就是后来蜚声海内外的五笔字型输入法的第一个版本。它的发明人王永民也被称为当代的毕昇。同年，五笔字型汉字输入法通过鉴定。

1984 年，邓小平在上海提出："计算机普及要从娃娃抓起。"从此，生活在 20 世纪 80 年代的孩子开始全面接触计算机，计算机走向市场，真正走入学校和家庭。这段时期，有实力的院校都兴办了计算机房来普及计算机知识。许多学校聘请当时各大院校计算机系的大学生作为计算机老师。同时，IT 企业开始建立，各种走向市场的计算机被开发出来。1984 年，新技术发展公司宣布成立，它也是联想集团的前身。1985 年，华光 II 型汉字激光照排系统投产。同年，长城 286 计算机问世。1986 年，中华学习机开始投入市场。

1988 年，长城 386 计算机问世。同年，发现首例计算机病毒。

1989 年，EST/IS4260 智能工作站建立。

1992 年 10 月，中国第一台通用 10 亿次并行巨型机"银河－II"在国防科技大学计算机研究所问世。"银河－II"系统采用了共享主存紧招合四处理机系统结构，主频 50 兆赫，基本字长 64 位，主存容量 256MB，拥有 2 个独立的输入输出子系统，还可配置 1 台磁盘机和 188 台磁带机，能进行每秒 10 亿次以上的运算操作，综合处理能力 10 倍于"银河－I"机。"银河－II"软件系统丰富，它拥有中国自行研制的大型系统软件，能支持 13 道作业同时进入主机运行；有大型高效的具有向量化与并行化功能的编译器，还有中国第一个巨型机大型通用软件库等。国防科技大学和国家气象中心合作开发的中期数值天气预报软件系统经"银河－II"试算，获得了满意的结果。1993 年 10 月 14 日，"银河－II"在国家气象中心正式投入运行。作为中期数值天气预报新业务系统的核心技术装备，该系统使数值预报模式的分辨率大大提高，预报准确率和时效相应提高和延长；同时，还为台风、中尺度暴雨等复杂的灾害性天

气数值预报提供了必要的条件。❶

1993 年年初，联想集团率先推出了国内第一台 586 微机，它能与 386、486 微机完全兼容，功能比 486 提高了 3 倍左右。它的研制成功，表明中国微机技术已趋近世界前列。

1993 年年底，集成式印刷体汉字识别系统通过了国家鉴定并正式投入市场。该系统由国家智能计算机研究开发中心、北京信息工程学院、中科院沈阳自动化所和清华大学联合研制。使用该系统，可自动识别和录入报刊、书籍和各种印刷文件的汉字及符号，从而免除了录入员和校对人员的大量劳动。它的汉字误识率小于 1‰，成为世界上第一个可不必校对的自动文字输入系统。我国 IT 技术发展的历程图如图 24 - 2 所示。

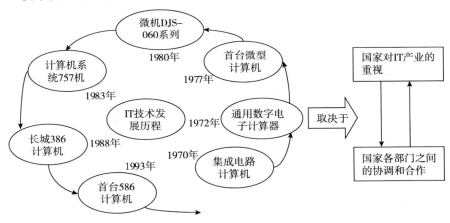

图 24 - 2　我国 IT 技术发展的历程

（二）中国 IT 产业的崛起

1995 年，"曙光 1000" 的诞生是个历史性的标志。它与英特尔在 1990 年的产品技术较为相近。从一个侧面说明了 20 世纪 90 年代中期，我国计算机与国际发达国家的差距为 5 年。

1997 年，国防科大研制成功银河 - Ⅲ 百亿次并行巨型计算机系统，系统综合技术达到 20 世纪 90 年代中期国际先进水平。

受到 IT 全球化的影响，20 世纪 90 年代是我国计算机应用高速普及的一个时期。在这个阶段，百姓最耳熟能详的就是 X86。此时，人们更多的是从繁多

---

❶　新中国成立六十年国内 IT 发展历程大盘点，http：//www. dgwblm. com/IT/2009/1005/87. html.

的媒体新闻中感受到科技发展的速度，而拥有电脑的家庭凤毛麟角。1990 年，中国大幅降低了关税，取消了计算机产品进出口批文，开放了国内微机市场。顷刻间，国外的 286、386 电脑如潮水般涌入，处理器不断更新。虽然此时国内的计算机企业只能从事低附加值的微机组装，但由于在民用和商务领域国内对于计算机的需求巨大，导致了北京新地标中关村的兴起。然而由于近十年国内微电子业技术停滞，这些高性能计算机没有实现完全国产化，技术上仍然受制于人，这成为我国计算机产业致命的弱点。"曙光一号"也是采用美国摩托罗拉公司 1989 年年底推出的 M88100 商业微处理器，操作系统移植了美国 IBM 公司的 AT&T UNIX。后来的国产计算机，也都没有一颗真正的"中国芯"。

1990 年 11 月 28 日，钱天白教授代表中国正式在 SRI - NIC（Stanford Research Institute's Network Information Center）注册登记了中国的顶级域名 CN，开通了使用中国顶级域名 CN 的国际电子邮件服务，从此中国的网络有了自己的身份标志。

1992 年 12 月底，中国第一个采用 TCP/IP 体系结构的校园网——清华大学校园网（TUNET）建成并投入使用。同年，国防科大研究成功"银河 - Ⅱ"通用并行巨型机，峰值速度达每秒 4 亿次浮点运算（相当于每秒 10 亿次基本运算操作），总体上达到 20 世纪 80 年代中后期国际先进水平。

1993 年 3 月 2 日，中国科学院高能物理研究所租用 AT&T 公司的国际卫星信道接入美国斯坦福线性加速器中心（SLAC）的 64K 专线正式开通。几百名科学家得以在国内使用电子邮件。同年，"银河Ⅱ型"计算机通过鉴定。

从 20 世纪 90 年代初开始，国际上采用主流的微处理机芯片研制高性能并行计算机已成为一种发展趋势。国家智能计算机研究开发中心于 1993 年研制成功"曙光一号"全对称共享存储多处理机。

1994 年 4 月 20 日，NCFC 工程通过美国 Sprint 公司连入 Internet 的 64K 国际专线开通，实现了与 Internet 的全功能连接，从此国际上正式承认中国是真正拥有全功能 Internet 的国家。1994 年 4 月，中关村地区教育与科研示范网络工程进入互联网。同年 5 月 21 日，中国科学院计算机网络信息中心完成了中国国家顶级域名（CN）服务器的设置，改变了中国的顶级域名服务器一直放在国外的历史。

1995 年，国家智能机中心又推出了国内第一台具有大规模并行处理机（MPP）结构的并行机"曙光 1000"（含 36 个处理机），迈上了运算速度高性能的台阶，该机峰值速度每秒 25 亿次浮点运算，实际运算速度达到每秒 10 亿次浮点运算。同年 3 月，中国科学院开始了将 Internet 向全国扩展的第一步，完成上海、武汉、南京、合肥四个分院的远程连接（使用 IP/X. 25 技术）。

1996 年 12 月，普通老百姓随着中国公众多媒体通信网（169 网）的全面启动也踏上了网络的征程。

1997 年，"银河－Ⅲ"百亿次并行巨型计算机系统由国防科大研制成功，采用可扩展分布共享存储并行处理体系结构，由 130 多个处理节点组成，峰值性能为每秒 130 亿次浮点运算，系统综合技术达到 20 世纪 90 年代中期国际先进水平。

1997 年至 1999 年，国家智能机中心与曙光公司先后在市场上推出具有机群结构的"曙光 1000A"、"曙光 2000－Ⅰ"、"曙光 2000－Ⅱ"超级服务器，峰值计算速度已突破每秒 1 000 亿次浮点运算，机器规模已超过 160 个处理机。每秒浮点运算速度 3 000 亿次的"曙光 3000"超级服务器于 2000 年推出。2004 年上半年，每秒浮点运算速度 1 万亿次的"曙光 4000"超级服务器也被推出。

1999 年，"银河－Ⅳ"计算机问世。同年 9 月，招商银行成为国内首先实现全国联通"网上银行"的商业银行。

二、军工技术的发展

军工技术是国防现代化的主要标志和根本保障，也是国家科技、经济水平的综合体现。通信卫星和水下导弹的成功发射和不断发展，为相关军工技术的发展提供了很好的机会，也让我国军工技术有了一个更进一步的平台。同时，军工技术的发展也给通信卫星和水下导弹等一系列科技成果的产生提供了保障。军工技术的发展标志着我国国防实力的增强，我国开始逐步迈入军事强国的行列。

1979 年至 20 世纪 90 年代后期是我国技术储备、战略调整形成升级跨代的实力的时期。

改革开放之初，我国的一些军工部门领导人走出国门，与西欧军工科研机构开展了交流，他们切身感受到了我国与西欧的差距以及形势的紧迫性。当时我国的有关部门曾设想过成批购买西欧的先进装备为部队实行换装，如陆军一度准备购买西德的"豹－2"坦克和反坦克炮，海军曾洽购英国的 42 型驱逐舰并想引进技术改造自己的 051 驱逐舰，空军则商议购买英国的"鹞"式和法国的"幻影"战斗机。不过西方军工买卖行业要价非常高，当时有人计算，如果购买西欧的装备为解放军全面换装需要数百亿美元，若是国内的军工体系再由仿苏式更换为欧美系列花费更要加倍，这对于当时经济比较落后的中国来说，是一笔无法承受的巨大开支。更重要的是，讲求实利的军工企业家只热衷于推销武器成品，不肯转让核心技术，这也让我国最初的购买设想流产。

20 世纪 80 年代以后，军队长期实行"忍耐"方针，国防费用一再压缩，1981 年中国的外汇储备不过 27 亿美元，并且要优先满足经济建设，在军工投入上可谓捉襟见肘。由于经济能力有限，中国军工已经无法按 20 世纪 50 年代的路子走，全面引进之路已行不通。而且中国这个"共产主义国家"在美国和西欧国家的眼中仍然是异类，它们对关键性技术控制很严，中国买来武器后在零配件和技术保障上又要受制于人。曾是中国国防工业奠基人的聂荣臻针对这一情况特别指出，像中国这样一个大国，不可能买来一个国防现代化。中国领导人通过对本国国情的分析和中国当时军工现状的把握，认为提高本国军队装备的出路还在于自研，对外交流的主要目的是学习引进技术❶。

虽然当时国内军工科研经费大幅压缩，但中国科研机构和科研工作者立足于自研为主，并积极引进国外先进技术，军工科技仍然有重大进步。国内军工企业走先引进后改造的路子，少量购买国外先进武器的样品，再努力研究其技术，并以引进的技术改造旧装备。例如，军工业引进国外航电技术改造了歼－7战斗机，用引进的火控技术改造了 59 式坦克，都使其战斗力有了跨代升级。

由于国防经费紧张，中国的国防企业对武器采取多研制、少生产的方式进行提升，如 1981 年中国用一枚运载火箭成功发射三颗卫星，这一技术运用到军事领域便可使一枚导弹分导出多弹头。1982 年，常规潜艇水下发射弹道导弹成功，1988 年，核潜艇在水下发射弹道导弹成功。这些成果都展示着我国战略武器水平又有了跨越性发展。中国自行研制的"东风"系列洲际导弹、中程导弹和 69－Ⅲ型主战坦克、装甲输送车、自行榴弹炮及歼－8 歼击机也都在 1984 年 35 周年国庆的天安门广场阅兵式上接受了检阅。在这段时期，虽然相当长时期内军队装备没有太大改善，但军事科技水平却有了不小的提升。虽然这些武器的技术标准与世界先进水平相比有着较大差距，但我国常规兵器研

---

❶ 中国评论新闻网，http：//www.chinareviewnews.com.

制长期相对停滞的局面被打破，并且取得了跨越性的发展。

这一时期，一方面中国大力引进国外先进军工技术，另一方面中国军工企业也走入了国外军售市场。中共中央十一届三中全会前后，邓小平便提出，不当军火商不行了。从此，中国将武器也作为外销商品推向国际军贸市场。以1979 年中国向埃及出售歼 - 6 战机为开端，中国的武器销售在 20 世纪 80 年代还取得了不小的销量。例如，当时引进西方航电设备并对歼 - 7 改造后，向十几个国家出口了上千架。这些出口创汇获得的收益不仅让军工企业的经费来源难题迎刃而解，同时又可以提供资金研制下一步的武器，进而形成了一种良性循环。

1989 年夏天以后，虽然西方国家联合对中国实行军品禁售，但由于苏联衰落和俄罗斯联邦初建时其军工企业为解决生存困境急需经费，中苏关系实现了正常化。中国从隔绝了 30 年的合作伙伴那里引进了具有国际 20 世纪 80 年代水平的战机、地对空导弹、潜艇。

20 世纪 90 年代初，虽然中国在俄国购买的军事装备数量并不太大，但是却能解决一些重点技术的引进问题，而我国自主开发能力也已经得到大幅度的提升，加上之前对西方装备的探索，中国对重点武器的开发有了不少新的发展和突破。一些装备吸收了新型俄罗斯装备的优点，大大加快了研发速度，有些还"青出于蓝而胜于蓝"。

随着海湾战争和科索沃战争的爆发，实践证明现代战争的样式已经大不相同，现代信息电子技术已经成为在战争中制胜的关键技术，"硅片较量"比"钢铁拼搏"更重要。因而，从 20 世纪 90 年代中后期起，中国军队将信息化作为军队建设的重点，装备信息化也成为武器发展的重要方向。加之国家"863 计划"的实行、国内电子和信息工业的发展，使得整个国家科技水平进一步提升，这不仅为向军品研制转化创造了重要的前提条件，也使军工生产和国防科研翻开了新的篇章。我国的军事作战平台与国际先进水平的差距已大幅缩小。同时，中国各军工企业也都按行业组成集团公司，以符合市场经济规律的运行方式推动武器的研制，使得我国主战装备在与世界接轨的标准下得到大的发展。进入 21 世纪后，由于国内科技水平跃升和国防投入增加，军工科研终于得到了新中国成立以来从未有过的良好物质保障，武器研制的发展突飞猛进。

20 世纪 50 年代至 60 年代前期是中国武器发展的第一个时期，这一时期中国军队武器的快速发展还是依靠全面模仿苏联；20 世纪 60 年代至 20 世纪末期是中国武器发展的第二个时期；中国军工企业积极引进国外技术，并走进国际军售市场；进入 21 世纪后，中国武器发展进入第三个时期，其发展特点是自主研发，对外购买少量武器只是作为补充。这样大大提高了自身的研发水平，具备了赶超世界水平的潜力和希望。

尤其是改革开放以来，中国的经济实力大大增强，对国防的投资也逐年增长。由于现代武器装备的研制不仅依赖于国家科技水平，同时也靠经济实力支撑。中国军事工业在迈进 21 世纪后终于结束了"忍耐"期，进入了高速发展的时代。

20 世纪 90 年代末以来，中国在航空、航天、军用电子、工程物理、兵器、船舶等高技术领域取得了一大批具有世界先进水平的成果。几乎每年都有一些重大的军工科研突破，弥补了过去基础研究的众多弱项。解放军陆军第三代坦克批量装备部队，先进的野战防空装备、远程火力突击装备也大量生产；国产第三代战机"歼－10"等列装航空兵后，形成了以第三代战机为骨干的空中武器装备体系；世界先进水平的防空反导装备研制成功，而先进的空空导弹、空地导弹，又使空军逐步具备攻防兼备的作战能力；国产新型导弹驱逐舰、导弹护卫舰使海军先进舰艇数量具备一定规模，加上各种先进舰载武器系统的配合，大大增强了防区外打击能力和编队防空能力；第二炮兵部队开始装备机动的战略核导弹，已具备核常兼备、慑战并举的作战能力；解放军信息支援能力日益提高，电子战水平也有了极大提高。中国军队建设带来的装备更新换代，已经逐步形成具有本国特色的机械化与信息化复合发展的武器体系，在某些领域里跻身于世界先进行列（许质武，1989）。

中国国防科研水平的跃升，改变了过去以低档廉价为主的外销方式，使国产武器在国际军贸市场上也走向高端。中国推向国际市场的 FC－1"枭龙"战斗机、国产"凯山"防空导弹、"江卫"级护卫舰等重型主战装备，都被认为不逊于西欧国家同类产品的水平，价格上又具有优势，因而受到众多发展中国家的欢迎。

新中国成立至今，中国发生了翻天覆地的变化，新中国一代代军工人员和广大指战员在武器装备的研制生产方面付出了艰辛的努力，创造了辉煌的业绩，人民军队的面貌由"小米加步枪"变成了今天的机械化加信息化。不过国人也应清醒地看到，由于国家的技术底子薄，我国虽然目前具有较大的产业规模，但是在总体上档次较低，在多数高端产业上与最发达国家相比仍有较大差距，这也使我国的武器装备总体水平仍落后于世界强国，要达到赶超的目标还需要走漫长的征程。

第 4 节　军地融合式发展

纵观各国国防科技与民用科技发展的历史，无论是在战争年代还是和平时期，一方面，在整个科技发展中，国防科技往往要先于民用科技发展，并引导和带动民用科技的发展；另一方面，民用科技又为国防科技的不断进步提供不可缺少的基本物质技术条件，它的发展又是国防科技发展的基础。而大部分科技成果既可用于军用又可用于民用，因此国防科技与民用科技之间存在着极为密切的关系。

军事工业是在国民经济体系中，为国防系统提供武器装备、军需物资和服务的工业部门。它有专门的技术基础、生产设备、管理组织和供销渠道，是独立的、特殊的工业体系，既有与一般民用工业相同和相联系之处，又有其自身的特点。它的设立，是与一定历史条件下国际局势以及国家的国防战略和经济、技术水平相关的。在国际局势新的变化趋势的指引下，在新时期社会主义建设的特定历史背景下，作为国民经济的重要组成部分的军事工业，它的使命是双重的：不仅要为社会主义现代化建设起保障作用，还要发挥其先导性的作用，促进社会技术进步，推动国民经济建设的发展（许质武，1989）。

新中国成立以后，基于我国对战争形势的基本判断，我国开始建立庞大的军事科研和工业体系，并以"早打、大打、打核战争"的思想作为指引。20世纪 60 年代后，中国进行了大规模的军工建设，这段时期军事工业积累了大量的设备、技术和人才，产生了较大的科研和生产能力，但此时建立起来的军工体制基本是封闭的"内向型"体制。与此同时，国家因对军事工业的巨额投入背上了沉重的包袱，国民经济发展也因此受到一定阻碍。于是，基于当时国家大力投资形成的高科技资源大部分集中在国防科技工业的情况，国家开始提倡"军转民"。不过，当时民用技术发展大大落后于军工技术，民用高技术产业的力量也很弱小。

随着我国经济体制改革的推进，为改变我国军事工业发展的不良状况，民用技术的开发和民品生产成为了军工企业和科研单位的突破点，并且有显著成效。我国的军事工业由封闭的"内向型"体制，逐步转变为"军民结合、平战结合、寓军于民"的军民结合体制，这对国民经济的发展意义重大。

随着"冷战"的结束及科学技术日新月异的发展，20 世纪 80 年代，中国军工企业面临着过剩和调整的局面。在中央军委"军民结合、平战结合、军品优先、以民养军"十六字方针的号召和指引下，中国军工企业迈入了向民用生产转移的新征途。尤其是改革开放以来，我国的军工科研生产能力转向为国民经济建设服务、军工技术转为民用成效显著。国防科技工业也开始生产各种民用产品。例如，1983 ~ 1985 年，军工系统转向民用的技术从 400 余项猛增到 20 000 多项。

在军事技术大量民用化的同时，民用科技作为军事科技的基础以及国家科技事业的重要组成部分，在军事装备的生产和研发上也越来越多地发挥着作用。两者相互促进、共同发展。

军事科技与民用科技相互促进的一个典型例子便是导弹与航天工程的发展与相关的民用工业的发展。由于导弹与航天工程的需求，在我国的电子、化工、材料、机械、冶金等技术领域，耐高温材料、高能燃料、精密冶金、高强度钢、稀有金属、半导体材料、复合材料、稀有气体、可靠与长寿的电子元器件、电子技术、计算机及其应用技术等方面研究都得到了较快的发展。在 20 世纪八九十年代，我国导弹与航天系统利用已有的设施、设备和技术力量，努力进行科技成果的二次开发和转移，生产的汽车、电冰箱、彩色电视机、洗衣机等上百种民用产品已进入国内市场，并有较强的竞争力，个别产品已进入国际市场。计算机技术和火箭、导弹、卫星的发射控制与测试技术，对煤矿、炼油、炼钢和电力部门实施技术改造发挥了很好的作用。导弹与航天技术是现代科学技术的前沿，它对技术进步和科学发展具有重要的先导作用。它们博采了当代科学技术众多领域的最新成就，是国家科学技术和工业能力的重要标志。导弹与航天技术的发展，需要各行各业先进技术的支撑。反过来，它们的发展又带动和促进了自动控制技术、微电子技术、计算机技术、推进技术、制导技术、精密机械技术、材料工艺技术等的发展。因此，可以说导弹与航天技术是世界新技术革命的重要策源地。它既为各有关行业提供先进的技术手段，又成为促进其他科学技术发展的强大推动力。由此可以看出，军事科技与民用科技是相辅相成、共同作用、相互融合的。

同时，推动军工技术向民用转移和组织军工力量为地区经济发展战略服务，对于国民经济发展和技术进步意义重大，对于改善并提升人民生活也有着十分重要的作用，因此推动军工技术向民用科技的转化是我国新时期国情现状的新要求。经过 20 世纪 80 年代军转民的大力改革，我国在军工转民用领域的成果巨大。我国各领域军工转民用代表企业主要有：民用航天事业、民用航空工业、民用船舶工业、民用核电事业、民用家电通信事业、民用保健品事业。

在军转民的过程中，一个比较典型的行业便是民用核电事业。长期以来，核工业作为国家国防科技工业部门之一，执行了"以军为主"的方针，这在当时特定的历史背景下是正确和必要的。但是实践表明，核工业建设只搞军用、不搞民用，不仅限制了核工业的继续发展，而且不能真正发挥其全部的价值，不能真正有效地服务于国民经济建设。

十一届三中全会以后，核工业开始实行"军民结合、保军转民"的方针。中国的核工业开始了历史性的战略转移。

1979 年 4 月，二机部（1982 年改为核工业部）召开工作会议，着重研究工作重点转移，提出了要积极发展核电和推广同位素与其他核技术的应用。

1981 年 3 月，在国务院及国防科委的领导下，二机部正式提出了"核工业应在保证军用的前提下，把重点转移到为国民经济利用上来"的发展方针。

核工业在贯彻实施"军民结合、保军转民"的方针时，其转变是深刻而艰巨的。第一，从铀地质、铀矿冶、核燃料循环到核武器研制，核工业具有专业性强、生产过程带有放射性等特点，所以原有的生产设施、设备，一般无法直接转为民用。第二，核工业转为民用主要是服务于国家核电的发展，但我国的核电建设还处于探索和起步阶段，体制和规划安排都不够完善，大量工作开展起来比较困难。第三，核工业的科研和生产单位，大多地理位置比较偏僻，交通不畅通，获取信息的速度和途径有限。因此，在选择转民的过程中，对于工作、产品方向的确定具有一定的难度。第四，核工业的企事业单位在经营管理上已长期形成了"科研生产型"状况，从经营思想、管理制度，到工作方法和作风，都难以适应"军转民"的要求。

中国核电发展的道路充满了曲折。早在 20 世纪 50 年代，为了打破两个超级大国的核垄断，中国的核能事业就已启动，不过当时并非出于民用发电目的，而是为增强国防力量服务的。直到 20 世纪 70 年代，周恩来总理在相关会议上才提出，要将核电用于民用，建商用核电站。而后来的"保军转民"一个极为重要的内容就是建设核电站。中国核电事业走过了一条从合作引进到模仿，再到自主创新、力图实现完全自主化设计建造的坎坷之路。

从 20 世纪 80 年代初，我国首次引进国外技术建设大亚湾核电站，几十年间，中国核电完成了从引进技术到创建品牌的历史跨越。在周总理提出建商用核电站后不久，秦山核电站作为中国第一个商用核电站开始筹建，并于 1991 年 12 月 15 日并网发电。这是我国自行设计、建造和运营管理的第一座 30 万千瓦压水堆核电站。中国大陆无核电的历史因为秦山核电站的建成发电而结束了，同时，秦山核电站也成为我国军转民、和平利用核能的典范。我国成为继美国、英国、法国、苏联、加拿大、瑞典之后世界上第七个能够自行设计、建造核电站的国家。核能成功转为民用的先进经验，对进一步推进军民结合、寓军于民具有示范性作用。

除此之外，还有民用船舶工业。随着军转民的推进，我国造船产业发展迅速，产量巨大，民用船舶产品出口到多个国家和地区。民用船舶工业研发和设计能力有较大提高，并在高技术船舶的承造方面取得新突破。

民用家电通信事业。长虹电子集团是该领域的佼佼者。长虹电子集团始创于 1958 年，公司前身是中国"一五"期间的 156 项重点工程之一，是当时国内唯一的机载火控雷达生产基地。长虹历经多年的发展，成为集电视、空调、冰箱、IT、通信、网络、数码、芯片、能源、商用电子、电子产品、生活家电及新型平板显示器等产业研发、生产、销售、服务为一体的多元化、综合型跨国企业集团，完成了由单一的军品生产向军民结合的战略转变，逐步成为全球具有竞争力和影响力的 3C 信息家电综合产品与服务提供商。

民用保健品事业。以广东一大国隆日用品有限公司为代表的民用保健品企业借民族复兴的东风，秉持"军工技术，为品质生活护航"的产品理念，以具有强大的科研技术实力和军工产业背景的南方医科大学（原第一军医大学）作为依托，以纯天然植物为原料，致力于军工技术转民用产品的开发与研制，其功效产品已填补了多项国内国际空白，为企业的发展建立了核心竞争力。目前，该公司已成功上市营养保健、日用化工、女性护理三大系列数十种军工技术转民用产品。

军事科技与民用技术两者相互作用，融合式发展，共同促进国民经济和人民生活水平的提升，推动了军事实力和国防实力的进步。一方面，军事科技为民用技术和民用行业的发展提供了先进的技术支持，带动了相关产业的发展。军工技术比传统产业科技含量高，能向民用大量辐射，这样对国家整个产业都起到带动作用。另一方面，民用技术的发展又为军事科技的发展提供了基础支持，成为促进军事科技进一步发展的强大推动力。值得注意的是，科学技术融合是军民融合的动力。科学技术是第一生产力，同时也是军民融合中最有力的黏合剂，尤其是在科技飞速发展且军民界限日益模糊的今天，努力促进军民产业科技上的融合，是实现军民融合的基础和重要环节。

第 5 节　中国军工体制与国外的比较

金融作为现代经济的核心，是引导经济资源配置的重要机制。党的十一届三中全会以来，中国军工投融资体制发生了历史性转变，它有力地推进了中国国防科技工业的创新和发展。

1997 年，我国胜利实现现代化第一个目标，社会主义市场经济体制框架也初步确立，党的十五大确立了科教兴国、可持续发展、科技强军等重大战略，国防科技工业被确立为国家战略性产业，以实现 21 世纪的跨越发展。在这一时期，国防建设与经济建设"两头兼顾、协调发展"成为我国军工全面贯彻的战略思想，我国开始着手建立适应社会主义市场经济体制要求和装备现代化建设需要的国防科技工业新体系、新体制和新机制。这为包括军工企业在内的国有企业的改革指明了方向。

更为重要的是，"十一五"规划和 2020 年远景规划提出要建立军品市场准入和退出制度，鼓励符合资质要求的多种所有制企业通过参加投标、参股、收购或者兼并现有军工单位等方式，进入军品生产领域。在行业内部实施跨行业的重组或者兼并，在保持国有股优势的前提下，实行投资主体多元化，引入各类国有或者非国有资本进行股份制改造。事实上，在国防科工委建立和完善四个机制（竞争、评价、监督、激励）总体框架里面，已经提出来要打破现有军工行业界限，鼓励非军工企业参与武器装备分系统、零部件的竞争，甚至提出允许三资企业参与武器装备分系统零部件的竞争，实施投资主体多元化。

将国防军工产业作为国家的战略性产业来发展是世界政治经济强国通用的做法。从国际上国防军工产业发展的格局来看，分为三个层次：第一个是以美国为代表的层次，几乎独霸全球，引导着当今世界国防军工产业发展的方向和潮流；第二层次以拥有较为完整的国防工业体系、较好的技术储备和良好的工业基础的俄罗斯、法国、德国、英国、日本、中国、以色列等国家为代表，但是这些国家在规模上都远远不能同美国相比；第三层次主要是新兴市场国家，以印度、巴西、乌克兰等国家为代表，它们本国经济快速发展，强烈要求在国防军工领域有所突破。

以下从国防产业结构、国防科研体系、运行机制、政府管理模式、企业组织形式等角度对这些国家进行对比研究。

（1）国防产业结构。对于政治经济强国而言，都希望本国在国际竞争舞台上拥有发言权，因而作为一个国家的战略性产业的国防产业备受重视。从国际上来看，一国的国防工业主要集中在核工业、兵器工业、航空航天工业、船舶制造业和部分电子工业领域内。而不同的国家会根据自身的实际需要，在综合考虑特定环境、国情的基础上，设立合理的发展目标，选择重点产业发展方向。

（2）国防科研体系。国防科研实力常常作为重要指标来衡量国家国防军工产业水平高低。国防科研体系为国防军工产业的发展提供了技术资本，是国防军工产业得以发展的基础。各军事强国对于科技在国防军工产业中的重要地位有清醒的认识，纷纷加大对军事科技的投入，并从体制上进行创新。

（3）运行机制。运行机制主要是指促进国防军工产业良性发展的各项制度、政策。在这方面，老牌发达国家的国防军工产业发展规模较大、发展历史较长，并且在发展过程中积累了大量的经验，形成了一整套的机制，有效地推动了产业的良性发展。而新兴的国家由于产业规模、国家体制、发展时间等条件限制，在这方面还没有探索到一整套值得借鉴的体制和政策。

（4）政府管理模式。国防军工产业事关国家安全，因而国家或政府必须对其实施管理调控。对国防军工产业的管理调控涉及发展战略、投资、军品采购、科研生产等多个方面，政府的管理调控在各国国防发展中起到了重要作用。它们采用的主要手段是政策、法规、规划、标准、监督等。但是由于各国的政治制度、经济体制、国防体制不同，以及国防军工产业发展所处的阶段不同，在宏观管理模式上，也各有不同。

（5）企业组织形式。国防产业主要依赖于政府采购，因此在发展初期，国家主导的模式成为了各国国防军工产业无一例外采用的模式，即便是美国、苏联、法国、德国等发达国家，在很长一段时期国防部下属的军工厂和国有企业也承担了政府采购绝大部分武器生产任务。随着国际战略环境的变化，各个国家都逐渐地将军工企业私有化，形成了其在政府监管下自由发展的格局。

第 25 章　邓小平同志南方谈话

第 1 节　寒冷的冬天——南方谈话的国际国内背景

邓小平视察南方时发表的谈话，是在国际和国内形势发生巨大变化的历史条件下进行的。

20 世纪 80 年代末 90 年代初，国际形势急剧变化，苏联以及东欧的各个社会主义国家的政治经济制度发生了根本性的改变。东欧、苏联纷纷放弃了"社会主义"道路，斯大林模式的社会主义制度最终演变为西方欧美资本主义制度。这种剧烈动荡最先在波兰出现，后来扩展到东德、匈牙利、捷克斯洛伐克、罗马尼亚、保加利亚等前华沙条约组织国家，最后以苏联解体告终。国际上发生的东欧剧变、苏联解体，打破了世界旧格局，也使世界社会主义、共产主义运动陷入低潮。新格局尚未形成，国际形势严峻。拥有占世界 1/5 人口的中国，是屈指可数的社会主义国家之一，中国面临着以下挑战：如何面对社会主义？如何把握防止和平演变和坚持改革开放？如何在国际舞台上继续争取一个有利于进行国内建设的国际环境？

同时，中国国内局势也发生了很大变化，中国的改革举步维艰。政治体制改革全部停滞下来，经济领域的改革更是徘徊不定，社会主义事业面临严峻的挑战。"左"倾思潮又逐渐滋长泛滥，党内和社会上的错误思潮依然存在。党内外有些人对坚持党的"一个中心、两个基本点"的基本路线发生了动摇，有些人把改革开放说成是引进和发展资本主义，认为多引进一分外资就是多一分资本主义。有些人认为和平演变的主要危险来自经济领域，"三资"企业是和平演变的温床。还有人说，个体经济、私营经济是资产阶级自由化发展的土壤，市场取向是"私有制潜行"。此外，怀疑和否定四项基本原则的思潮仍然存在。更有甚者，有些人逆时代潮流而动，认为"还是毛主席的那一套管用，还是要抓阶级斗争"。历时三年的治理整顿使中国经济发展速度一时降了下来。1989 年下半年后的两年多时间里，中国的改革更是笼罩着阴影，经济出现滑坡。中国面临着以下难题：如何纠正这些错误思潮？如何保持经济稳定发展并实现新的突破？

1992 年，中国又到了一个发展中的关键时间点。尽管从 1978 年以来经济增长是社会主义建设主要任务的观念已变得深入人心，社会层面和政治层面种种令人眼花缭乱的新现象却成为困扰人们的新问题。宏观经济一出现波动，"意识形态"的武器就习惯性地出现。此刻，对于中国的大政方针、基本走向，全国人民十分关心，国际舆论也猜测纷纭。其中议论的焦点是，改革开放的总方针会不会发生改变。

"在 1992 年年初以前的一段时间，整个中国无论在政治方面，还是经济方面，都处于一种缓慢爬坡的徘徊状态，笼罩着一种沉闷、疑虑、无所适从的气氛。"当时负责邓小平南行接待工作的陈开枝回忆说，"小平同志觉察到问题的严重性，在他宣布'告别政治'，最后一次接见外国代表团时就说，中国近 10 年来所执行的政策以及发展战略不会变。不会变就是不动摇，不能折腾，中国要发展。他这话是说给外国人听的，但更重要的是说给全党听的，是说给全国人民听的。"

邓小平早在 1990 年就通过《解放日报》表达了他对这个问题的看法：抨击"思想僵化"，提倡经济的强劲发展。两年后，对改革速度仍不满意的邓小平决定重新论述这个问题。就是在这样的背景下，邓小平迈出了南行的步伐，并在此期间发表了重要的谈话。

第 2 节　吹遍全国的春风——学习南方谈话的热潮

1992 年 1 月 17 日，88 岁高龄的邓小平踏上了南行的火车，这一举动启动了中国新一轮的改革开放和经济建设的加速发展。

第一站，武昌。

轻车简从，不事张扬，是邓小平外出视察的一条铁定的原则。邓小平这次南行，出发前没有向沿途各省打招呼，也不想惊动地方负责人出来迎送。但湖北省省委的同志还是获悉：邓小平途经武汉，专列要停靠 20 分钟。湖北省省委书记关广富、省长郭树言一直在车站等候，小平同志下车后，他们问候的话音刚落，邓小平就问道："你们的经济抓得怎么样啊？"专列停留时间短，时间有限，关广富简明扼要汇报了几句。

邓小平首先批评了当下的形式主义，建议抓一下这个问题。他还一针见血地批评了"左"的言论和表现，他说："右"可以葬送社会主义，"左"也可以葬送社会主义。中国要警惕"右"，但主要是要防止"左"。他还谆谆告诫省委、省政府负责人关广富、钱运录等：发展才是硬道理，能快就不要慢，不坚持社会主义，不改革开放，不发展经济，不改善人民生活，只能是死路一条。改革开放迈不开步子，不敢闯，说来说去就是怕资本主义的东西多了，走了资本主义道路。要害是姓"资"还是姓"社"的问题。判断的标准，应该主要看是否有利于发展社会主义社会的生产力，是否有利于增强社会主义国家的综合国力，是否有利于提高人民的生活水平。低速度就等于停步，甚至等于后退。同时，他也强调必须坚持四项基本原则，反对资产阶级自由化。要坚持两手抓，一手抓改革开放，一手抓打击各种犯罪活动。这两只手都要硬。他还对培养年轻干部提出了要求。

这时，孙勇走过来，告诉邓小平，时间到了，该上车了。邓小平再次和关广富、郭树言握了握手，他强调了一句：要多干实事，少讲空话。

第二站，长沙。

1 月 18 日下午 4 时，专列驶进长沙车站。按计划，专列要在此车站停留 10 分钟。

在长沙火车站时，湖南省省委书记熊清泉向邓小平汇报了湖南的工作。邓小平听了很满意。熊清泉见邓小平兴致很高，重视情况汇报，又把湖南改革开放的战略、思路、目标作了简单介绍。邓小平高兴地说："构想很好。实事求是，从湖南实际出发，就好嘛！""要抓住机遇，现在就是好机遇。"他又针对湖南前几年改革开放晚、步子慢的情况，严肃指出：改革开放的胆子要大一些，经济发展要快一些，总要力争隔几年上一个台阶。

第三站，深圳。

1 月 19 日上午 9 时，专列抵达深圳火车站。

在广东省省委书记谢非、深圳市市委书记李灏、深圳市市长郑良玉等人陪同下，邓小平乘车游览了市区。他一边观光市区，一边同省市负责人交谈，谈到了办经济特区的问题和广东的发展问题。

1月20日上午9时35分，在深圳国贸大厦53层的旋转餐厅，邓小平先看了一张深圳经济特区总体规划图，接着听取了李灏关于深圳的改革开放和经济建设的情况汇报。听后，邓小平充分肯定了深圳在改革开放和建设中所取得的成绩，并和省市负责人作了长达30分钟的谈话。

离开国贸大厦后，邓小平又乘车到深圳先科激光公司，参观了我国首家生产激光唱盘、视盘和光盘放送机的高科技企业。

22日下午3点10分，邓小平在迎宾馆接见了深圳市市委、市政府、市人大、市政协、市纪委的负责人，并同深圳五套班子的负责人合影。合影后，邓小平作了重要谈话。

在深圳视察四天之后，邓小平于1月23日登上了海关快艇前往珠海。离开深圳前，他乘车参观了蛇口工业区和赤湾港，然后来到蛇口港码头上船。登船前，他再次叮嘱深圳市负责人说："你们要搞得快一点！"

快艇行驶了一个多小时，邓小平也不停地与省市领导交谈了一个多小时。高科技企业，是珠海经济特区的主要产业之一。在珠海特区的7天里，邓小平连续考察了多个高科技企业。

1月24日上午9时40分，邓小平来到珠海经济特区生化制药工厂。在一个车间门口，他透过玻璃门，向里面起立鼓掌的科技人员亲切招手，并对陪同的省市领导和工厂负责人说：在高科技方面，中国人应有一席之地，你们这个厂的发展就是一席之地的一部分。中国应该每一年都有新东西，每一天都有新东西，这样才能占领阵地。

1月25日9时35分，邓小平到达珠海市高新技术企业亚洲仿真控制系统工程有限公司。

公司总经理游景玉向他详细介绍了公司的科研、生产和科技队伍等情况。当游景玉汇报到亚仿公司走的是一条科技、生产、效益相结合的道路时，邓小平说："科学技术是第一生产力。这个论断你认为站得住脚？"游景玉毫不犹豫地回答："我认为完全站得住脚。因为我们是用实践来回答这个问题的。"邓小平说："就是靠你们来回答这个问题。"游景玉接着回答："我们过去的实践、现在的实践和未来的实践都会说明这个问题。"邓小平说："我相信是正确的。"

随后，邓小平又亲切地问游景玉："你是留美学生吗？"游景玉说："我曾去美国接受培训，负责引进仿真技术。我们这里有一批人在美国学习过，他们每天工作10个小时，决心把祖国的高科技事业发展起来。"

邓小平沉思片刻，深情地说："你们带头，希望所有出国学习的人回来。不管他们过去的政治态度怎样，都可以回来；回来我们妥善安排，起码国内相信他们。告诉他们，要作贡献，还是回国好。"

参观中，游景玉汇报说："我们公司投产第一年，人均产值达到 20 多万元。"邓小平马上接着说："更重要的是水平。近一二十年来，世界科学技术发展多快啊！高科技领域的一个突破，带动了一批产业的发展。要提倡科学，靠科学才有希望。近十几年我国科技进步不小，希望在 90 年代，进步得更快。"

游景玉向邓小平介绍说，他们公司 105 人中 80% 以上是博士、硕士和高中级科技人员。邓小平听后看着机房内先进的技术设备和良好的工作条件，颇有感触地对科技人员说："你们现在的条件要比 50 年代好很多。大家要记住那个年代，钱学森、李四光、钱三强那一批老科学家，在那么困难的条件下，把'两弹一星'和好多高科技项目搞起来。应该说，现在的科学家更幸福，因此，对你们的要求也更多、更高了。"

当邓小平走到一台计算机旁时，停了下来，与一位正在操作的复旦大学毕业的年轻人交谈起来。他握着这位年轻人的手，高兴地说："要握一握年轻人的手，科技的希望在年轻人。当然老科学家也是很重要的。搞科技，越高越好，越高越新，我们也就越高兴。不只我们高兴，人民高兴，国家高兴。"

1 月 29 日下午，邓小平结束了在珠海的视察，乘汽车前往广州。中途在顺德县容奇开发区停留，视察了以"容声冰箱"闻名遐迩的广东珠江冰箱厂。29 日下午 5 时 40 分，汽车到达广州东站。邓小平在站台上会见了广东省和广州市的负责人。省委负责人向邓小平表示，一定要加快改革开放的步伐，加快经济发展的速度，争取二十年赶上亚洲"四小龙"。

1 月 30 日，邓小平乘坐的专列沿浙赣线从湖南进入江西境内，下午 3 时 40 分，火车驶进鹰潭车站。邓小平听取了江西省省委书记毛致用关于江西在治理整顿期间坚持深化改革、扩大开放的情形汇报，说："治理整顿这几年，改革开放做了不少事。没有改革开放，治理整顿就不会这么顺利。"

1 月 30 日，邓小平到达上海。上海之行，是邓小平南方视察的最后一站。

2 月 8 日，在上海市市委负责人吴邦国、黄菊的陪同下，夜游黄浦江，并专门就选拔、培养、使用年轻干部的问题发表了重要意见。

2 月 10 日，邓小平、杨尚昆一行来到位于漕河泾开发区的中外合资上海贝岭微电子制造有限公司视察。邓小平对高科技很感兴趣，听得特别仔细，对为提高上海贝尔的程控交换机国产化率而配上大规模集成电路和相关部件生产技术给予了充分肯定。他说："要发展高新技术，实现产业化。"

2月12日上午，邓小平一行驱车来到闵行开发区，视察了闵行开发区的建设情况。此时他又谈到姓"社"还是姓"资"的问题。他说："要用上百、上千的事实来回答，回答改革开放姓'社'不姓'资'。"

2月20日下午3时，邓小平从上海返回北京途中，在南京火车站停留。

1992年2月21日，邓小平回到北京，结束了他的南方之行。

不久，中央批准下达了大量刊载邓小平谈话的文件。2月28日，《关于传达与学习邓小平同志重要讲话的通知》被下发到全国各级党组织。中央党校向2 000多名学员和教职员分发了邓小平南方谈话的书面稿。官方文件传达后，社会舆论也迅速形成。3月26日，北京召开"两会"期间，一篇1.1万字的长篇通讯《东方风来满眼春——邓小平同志在深圳纪实》在《深圳特区报》刊发。第二天，全国各地报纸均在头版头条转发。这篇意义非凡的通讯在民间激起了巨大的波澜和轰动，几乎所有媒体都赞美这新一轮改革是"吹遍全国的一股春风，吹散了人们心头的犹豫、焦虑和疑问"。邓小平的"南方谈话"在保密了两个多月后，通过电视、报纸等媒体向全国、全世界播放。他的威望和思想引发了全党和全国民众学习"南方谈话"的热潮，亿万中国人的热情被激发起来，全世界都感到了震荡。学习了"讲话"的人深感形势逼人，"1992年是中国改革开放的最后一班车"，大家都主动地或被动地涌向改革大潮。

第3节 于无声处闻"惊雷"——南方谈话的影响力

南方谈话前，中国政治和经济都处于低谷，一直笼罩着沉闷、疑虑和彷徨的气氛。其中争论的焦点包括：社会主义基本路线的要点在哪里？市场经济是魔鬼还是天使？改革开放是姓"社"还是姓"资"？私营经济是否动摇了社会主义？家庭联产承包责任制是不是"单干风"？邓小平南方谈话不仅重申了他一贯的坚持四项基本原则、加速改革开放的思想，还对当时中国的许多敏感问题作出了回答。南方谈话犹如无声处的"惊雷"，打破了之前的沉闷、彷徨气氛，拨得云开见天日，指引了中国发展的道路，产生了巨大的影响力，且经久不衰，历史发展过程证明了其思想的先进性和正确性。

邓小平南方谈话的主旨是发展，发展是硬道理。

第一，邓小平指出，在发展过程中要坚持改革开放，"革命是解放生产力，改革也是解放生产力"；在发展道路上，要排除姓"社"姓"资"的干扰，"计划多一点还是市场多一点，不是社会主义和资本主义的本质区别"，要以三个"有利于"作为判断标准，即"改革开放的判断标准主要看是否有利于发展社会主义社会的生产力，是否有利于增强社会主义国家的综合国力，是否有利于提高人民的生活水平"；在发展步骤上，允许一部分人先富裕起来，由先富带动后富，最终实现共同富裕；在发展的手段上，充分利用技术和市场这两种经济手段；在发展的认识观念上，不争论，"允许看，但要大胆地试、大胆地闯"；在发展方向上，"要警惕'右'，但主要是防止'左'"。

第二，他指出，发展的关键在于发展经济，而且要提高经济的发展速度，"低速度就等于停步，甚至等于后退"。

第三，他指出发展的过程中"要坚持两手抓，一手抓改革开放，一手抓打击各种犯罪活动。这两只手都要硬"。

第四，邓小平指出发展的关键要靠高素质的人来保证，"正确的政治路线要靠正确的组织路线来保证"，"要注意培养人，要按照'革命化、年轻化、知识化、专业化'的标准，选拔德才兼备的人进班子"，这样才能保证社会主义事业得到不断的继承和发展，同时反对形式主义。

第五，在发展中要始终坚持马克思主义，"社会主义经历一个长过程发展后必然代替资本主义。这是社会历史发展不可逆转的总趋势，但道路是曲折的。"

对如何加快我国经济发展，邓小平在南方谈话中作出了明确指示。

第一，要解放思想，大胆发展。邓小平同志指出："对于我们这样发展中的大国来说，经济要发展得快一点，不可能总是那么平平静静、稳稳当当。要注意经济稳定、协调地发展，但稳定和协调也是相对的，不是绝对的。发展才是硬道理。这个问题要搞清楚。如果分析不当，造成误解，就会变得谨小慎微，不敢解放思想，不敢放开手脚，结果是丧失时机，犹如逆水行舟，不进则退。"

第二，要充分利用好计划和市场这两种经济手段。邓小平指出："计划多一点还是市场多一点，不是社会主义与资本主义的本质区别。计划经济不等于社会主义，资本主义也有计划；市场经济不等于资本主义，社会主义也有市场。计划和市场都是经济手段。"

第三，加快经济发展，必须依靠科技和教育。

尽管南方谈话的出发点和切入点是经济改革领域，但显然其对中国的推动是方方面面的，还包括政治、思想和科技领域。

图 25-1 显示了南方谈话的影响范围。

图 25-1　南方谈话的影响范围

（一）政治方面

邓小平南方谈话后，以"反对和平演变"为中心的新政治运动便偃旗息鼓。邓小平的南方谈话很快成为中央决策的主轴。当年春节过后，政府明显加大了改革的速度和力度。邓小平的南方谈话从此成为了中国改革和发展的精神动力、"伟大行动指南"、社会主义现代化的核心和"十四大"的主题（陆沪根，徐全勇，2002）。

（二）经济方面

邓小平南方谈话深刻影响了改革开放和经济发展。丁烈云说："1992年邓小平的南方谈话，再一次稳定了我国深化改革开放的局面，加快了我国由计划经济向市场经济转轨的步伐。"

南方谈话后，我国改革开放格局发生了变化。我国的对外开放从个别地区先行一步扩大到沿江沿边的全方位开放，芜湖、九江、武汉、岳阳、重庆这5个长江沿岸中心城市进一步开放；改革从单项改革到整体推进，从放权让利到制度创新，力度很大的财税、金融、外贸、投资体制和建立现代企业制度的改革全面展开。以经济建设为中心的新一轮改革开放重新启动，深圳和珠海等经济特区以及泉州和温州等民营经济繁荣地区重新呈现出蓬勃发展的态势。

南方谈话将徘徊不前的中国经济重新推上了发展的快车道，同时还勾勒了社会主义市场经济的轮廓，对不久后召开的中共十四大影响巨大。十四大以这个讲话为基调，号召建设"有中国特色的社会主义市场经济"。南方谈话后，市场经济体制被正式写入党章和宪法。中国经济体制改革研究会副会长杨启先介绍，十四大以前，我国商品的市场度，以价格放开不放开为标志，以商品的价值量计算，大概只到一半左右；十四大以后不长的时间里，消费品95%进了市场，生产资料85%左右进了市场，基本解决了商品市场化的问题。

邓小平南方谈话时说："低速度就等于停步，甚至等于后退。"从1992年第二季度起，中国经济明显升温。数字显示，1989～1991年，中国GDP每年的增幅只有5%左右，而在1992年当年，这个数字就增加到12.8%，居全球之冠。此后，中国保持了"世界上经济增长最快的国家"这一称号。农业连续三年丰收，农副产品稳定增长；1992年工业总产值比1991年增长27.5%，是改革开放以来增长最快的一年。主要产品都保持稳定增长，而一些能源、原材料则有大幅度增长。国内消费品市场销售平稳增长，消费品供应充足。根据统计材料，1991～1995年，我国国内生产总值从21 781亿元增加到60 794亿元，年均增长35.8%，人均GDP从1 893元增加到5 046元，年均增长33.3%；农业总产值从8 157亿元增加到20 340.9亿元，年均递增29.9%；工业总产值从22 088.68亿元增加到54 946.86亿元，年均增长29.8%；全社会固定资产投资从5 594.5亿元增加到20 019.26亿元，年均增长51.6%；社会消费品零售总额从9 415.6亿元增加到23 613.8亿元，年均增长30.2%；外贸出口总额从115.54亿美元增加到481.33亿美元，年均增长63.3%。

南方谈话过后，中国兴起了新一轮的经济建设热潮，下海经商之潮也随之风起云涌。一个个行政机构变为经济实体；一批批党政干部从体制内移身商海，这些人后来被归为"92派"；一批批知识分子下"海"经商；一家家公司商号注册登记。国务院修改和废止了400多份约束经商的文件，大批官员和知识分子投身私营工商界。据人事部统计，1992年，辞官下海者有12万人，没有辞官却投身商海的人超过1 000万人。

邓小平南方谈话指出：证券、股市，允许看，但要坚决地试。股市受此影响走出强势行情。同年5月21日，沪市股价全面放开，股价直线飙升，上证指数当日就从617点涨到最高点1 266点，此后更创出1 429点的历史新高。

邓小平南方谈话掀起的国内经济发展的新高潮，也吸引了大量的外资进入。当年外国直接投资（FDI）超过了100亿美元，比1991年增加了一倍以上。自1992年开始，中国进入了新一轮的外国资本投资高潮，开发区正是在这样的时代要求中进入了建设高峰期。"开发区"、"工业区"成为经济快速增长的某种象征和希望，在全国各地纷纷崛起。

（三）思想方面

邓小平南方谈话打破了之前笼罩在中国的沉闷、彷徨气氛，对诸如社会主义基本路线的要点、市场经济是魔鬼还是天使、改革开放是姓"社"还是姓"资"、私营经济是否动摇了社会主义、家庭联产承包责任制是不是"单干风"等许多敏感问题作出了回答。这极大地解放了人们的思想，也为政治改革、经济改革和科技发展奠定了坚实的思想基础。

（四）科技发展方面

全国科学大会以后，特别是科技体制改革以来，邓小平对科学技术的关键作用，讲的次数越来越多，分量越来越重。他反复强调"科学技术已经成为越来越重要的生产力，每一行都树立一个明确的战略目标，一定要打赢。高科技领域，中国也要在世界占有一席之地……知识分子是工人阶级的一部分。老科学家、中年科学家很重要，青年科学家也很重要。""希望所有出国学习的人回来。不管他们过去的政治态度怎么样，都可以回来，回来后妥善安排。这个政策不能变。告诉他们，要作出贡献，还是回国好。希望大家通力合作，为加快发展我国科技和教育事业多做实事。""搞科技，越高越好，越新越好，越高越新，我们也就越高兴。"

南方谈话中"科学技术是第一生产力"的论断，在 20 世纪 90 年代中后期直接催生了中国的知识经济，使学者、专家成为高收入者，彻底扭转了延安整风以来知识分子被打压的局面。

关于留学生"都可以回来"的表态，促使大批留学生回国创业，诞生一个拥有海外教育背景的知识精英阶层——"海归派"。2003 年福布斯中国富豪榜首富、门户网站网易的创始人丁磊在接受媒体采访时说："我考上研究生后，最后还是放弃了，一个重要的原因是当时处在邓小平南方谈话的背景下，我觉得机会很多，不如到社会上闯一闯。"

国家在邓小平发表南方谈话和十四大召开的背景下，以"科学技术是第一生产力"思想为指导，在"面向、依靠"基本方针的基础上，提出了"稳住一头、放开一片"的科技方针，以此指导新型科技体制的构建。从此我国科技进入高速发展阶段。

在科技领域，南方谈话促使一系列科技政策出台，还深刻影响了科技进步机制，如图 25-2 所示。

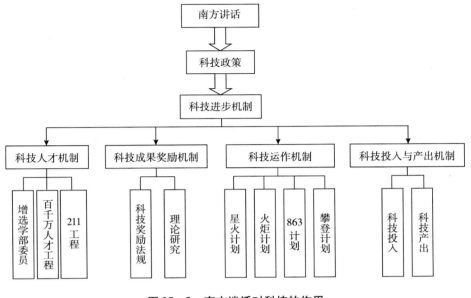

图 25 - 2　南方谈话对科技的作用

第 4 节　破冰之矢——南方谈话促使系列科技政策出台

科技政策是促进科学技术和经济社会发展的有效工具。在邓小平南方谈话的推动下，中共中央、国务院颁布了一系列科技政策。包括《国家中长期科学技术发展纲领》《1992 ~ 1993 年科技体制改革要点》《关于分流人才、调整结构、进一步深化科技体制改革的若干意见》《适应社会主义市场经济发展，深化科技体制改革实施要点》等。

一、《国家中长期科学技术发展纲领》

1992 年 3 月 8 日，国务院颁布《国家中长期科学技术发展纲领》。《国家中长期科学技术发展纲领》的颁布，是关系到中国经济、科技、社会发展的一件大事。制定这一文件的目的是阐明中国中长期自然科学技术发展的战略、方针、政策和发展的重点，指导 2000 ~ 2020 年中国科学技术与经济社会的协调发展。作为指导中国今后 10 ~ 30 年科技发展的纲领性文件，《国家中长期科学技术发展纲领》着重突出了邓小平"科学技术是第一生产力"的思想。

第一，《国家中长期科学技术发展纲领》分析了科技发展的形势，指出科学技术是第一生产力，是推动经济和社会发展的伟大革命力量。

第二，提出了科技发展的战略和方针。我国发展科学技术的基本战略是：增强全民族的科学技术意识，提高劳动者的素质，增加科学储备，在总体上缩短与世界先进水平的差距。基本方针是：贯彻科学技术是第一生产力的思想，塑造尊重知识、尊重人才的社会风尚；坚持改革开放；坚持自力更生、自主开发与引进技术相结合；坚持"百花齐放、百家争鸣"；坚持提高与普及相结合。

第三，明确了科技发展的重点，包括农业科学技术、工业科学技术、社会发展方面的科学技术、高新技术和高新技术产业、基础研究和应用基础研究、国防科学技术。

第四，《国家中长期科学技术发展纲领》提出了建立有利于经济发展和科技进步的新体制。科技体制改革的核心，是建立新的运行机制，把完善计划管理和加强市场调节有机地结合起来，充分发挥两者的协同优势。

第五，提出要坚持对外开放，积极推进国际科技合作与交流。

第六，规定了科技发展的政策与措施。具体为：加强全国最高领导机构对科技工作的领导；提高科技投资强度，改善科技经费管理；运用税收、价格、信贷、折旧等经济杠杆，引导行业和企业的科技进步、加强科技法制建设，使科技工作纳入法制轨道；推进决策科学化、民主化、制度化；开发人才资源，充分发挥科技人员的作用；为科技发展创造稳定的、充分民主和学术自由的环境；加强全社会对科技工作的支持。

二、《1992～1993 年科技体制改革要点》

1992 年 5 月，国家科委印发了《1992～1993 年科技体制改革要点》（以下简称《要点》），这大大促进了全国科技改革工作，也第一次提出了社会公益型技术机构改革的目标和任务。其主要内容分为以下五个方面。

第一，在深化科研机构改革，推进科技人才分流方面，提出要进一步深化运行机制改革，完善科研机构的分类管理；进一步落实和扩大科研机构自主权，健全科研机构内部管理；逐步实行科技人才分流，优化科技组织结构，合理配置科技资源；促进和引导以集体所有制为主体的民办科技实业的发展。

第二，在推进高新技术产业开发区综合改革方面，指出开发区综合改革的目标是建立适应高新技术产业发展要求和国际规范的体制、机制和环境条件，使开发区成为我国深化改革的试验区和示范区，以推动我国高新技术产业的形成和发展。具体措施为：改革企业产权关系；改革企业分配制度；搞好计划管理和市场调节的衔接工作、建立社会保障体系和社会化支撑服务体系；改革投资体制，建立多渠道、多形式的社会化融资体系。

第三，要建立健全企业科技进步体制。要大力推动企业特别是大中型企业的科技进步，建立企业依靠科技进步发展机制，鼓励和支持科研机构、高等院校的科技力量参与企业科技工作。具体包括：制定促进企业科技进步的政策措施；加强企业技术开发机构的建设；建立企业内部科技管理体系；加强经济部门和科技部门的宏观协调。

第四，建立健全农村科技进步体制。深化农村科技体制改革的中心任务是建立健全农村科技服务体系和科技管理体系，形成大科技支持大农业的格局。具体分为：发展农村科技全程服务体系，疏通和拓宽科技输入农村的渠道；健全农村科技管理体系；改革农村科技工作运行机制；促进乡镇企业科技进步；实行农科教统筹，加强对农村科技工作的宏观指导和协调；在全国开展县（市）科技达标活动。

第五，建立计划管理和市场调节相结合的新型机制。具体包括：改革计划管理制度；在计划管理中引入市场调节机制；强化市场调节机制；加强技术成果商品化的中间环节，提高技术创新和技术转移的速度和水平；加强技术合同仲裁机构的建设，完善争议解决机制，维护技术市场的秩序；加强计划与市场的衔接，加强对技术成果商品化的宏观调控和微观管理。

《要点》还指出要进一步健全知识产权保护体系、完善科技人员管理政策、坚持对外开放以积极推进国际合作与交流。

《要点》最后论述了如何改革科技投入机制，包括：建立以财政拨款、金融贷款和单位自筹为三大支柱的多渠道、多形式的全社会科技投入体系，提高科技投入的总体水平；合理配置科技经费投入；对科学研究和技术开发活动，继续采取倾斜的财税政策。

三、《关于分流人才、调整结构、进一步深化科技体制改革的若干意见》

为推进我国科技战线的改革、开放，开拓和解放科技第一生产力，1992年 8 月，国家科委、国家体改委印发了《关于分流人才、调整结构、进一步深化科技体制改革的若干意见》（以下简称《若干意见》）。该《若干意见》提出要对县以上独立科研院所，按照"稳定一头，放开一片"的要求，实行科技人才分流和组织结构调整。

《若干意见》要求全国科技战线坚持"经济建设必须依靠科学技术，科学技术工作必须面向经济建设"的基本方针，按照努力攀登科学技术高峰的战略要求，加快步伐，加大力度，推进科技系统的人才分流和结构调整。分流和调整的重点是全国县以上独立科研院所，包括各类基础研究机构、技术开发机构、社会公益机构和科技服务机构。高等院校和部分企事业单位也要进行相应的分流和调整。进行分流和调整的基本路子是"稳定一头，放开一片"。其基本点是：稳定支持基础性研究和基础性技术工作；放开放活技术开发机构、社会公益机构、科技服务机构；按照政策引导、市场牵引、典型示范、舆论推动的原则，并辅之以必要的行政措施，优化科技系统的组织结构，吸引和推动科技机构、高等院校分流出相当力量投入经济建设主战场，兴办科技企业，发展高新技术产业，开拓与科技进步有关的新兴第三产业。力争通过3～5年的不懈努力，基本完成科技系统的结构调整。推进人才分流和结构调整的具体措施为：推动科技战线全方位、多层次、大跨度对外开放，拓宽官方的、民间的、双边的、多边的科技合作渠道，建立沿海、沿江、沿边对外开放的窗口，发展地缘科技合作中心，建设面向东南亚地区的科技开发基地，让更多的科技人员参与国际合作与竞争。完善有关政策，鼓励和吸引在国外、境外学习和工作的科技人员回国工作，参加科技成果商品化、产业化、国际化的活动。通过中外科技合作渠道，有计划、有组织地派遣科技人员到国外、境外进行各种形式的合作研究和科技服务。简化手续，为科技人员国际往来创造便利条件。

《若干意见》对四类科技机构的工作和改革都作了具体的阐述。①对基础性研究工作、高技术研究工作、重大工程建设和重大项目的科技攻关提供充分保障和持续稳定的支持。具体措施为：从1992年起实施"攀登计划"，支持具有科学前沿性、应用重要性、能够发挥我国资源优势和人才优势的重大基础研究课题，力争取得突破；进一步推进高技术研究计划（"863计划"），完善新型研究机制，组织我国精锐科技力量争夺当代科技制高点，占领科技制高点。统筹规划和指导科技攻关计划的实施；从1993年起，选择3～5个专业领域的研究机构进行结构调整试点，选择5～10个机构进行优化内部结构和运行机制的试点；制定国家研究机构的有关法律和法规。②技术开发机构要面向经济，多渠分流，走创办科技企业、企业集团和发展高新技术产业的道路。在分流和调整中，要大胆探索和实践多种途径，加快技术开发型机构企业化、集团化、产业化进程，促进科技成果在更高层次、更大范围内更富有经济实效地转化为现实生产力，使数以千计的技术开发机构成为科技企业和高新技术产业的生产点。其工作重点在于加快工程技术中心建设、探索大院大所走企业化道路、发展行业和地区技术开发中心。③社会公益机构和科技服务机构要立足于经济、社会、科技发展的需要，逐步构筑成组织网络化、功能社会化和服务产业化的新兴第三产业。根据国民经济和社会发展现实和长远需要，统筹规划我国社会公益机构的总体结构和布局，在人才分流中，对现有机构进行必要的调整。除少数从事全社会基础技术工作的机构由国家稳定支持外，大多数要由事业型向经营型转变，实行企业化管理，建立起具有生机和活力的自我发展机制。对于一些机构设置分散、重复严重的领域，要有计划、有步骤地进行精简和重组，按照少而精的原则，集中力量办好一批具有较高水平和较大社会效益的机构。1992 年内选择几个领域进行试点，从 1993 年起，在其余领域逐步开展分流和调整，力争在"八五"末期，使社会公益机构形成比较科学的体系。④大力发展科技企业、企业集团和高新技术产业，实现科技成果与各类生产要素的优化组合，在推动科技进入经济、长入经济方面，创造新经验，形成大气候。具体包括：全面落实和扩大科技企业自主权；要坚持以公有制为主体、多种经济成分并存的格局发展科技企业；在分流和调整中，鼓励各类大院大所、高等院校和科技企业进入开发区，创办和联办高新技术企业，通过多种形式与企业实行技术经济协作。

《若干意见》还论述了科技人员分配制度的改革意见，改革范围包括从事基础性研究、高技术研究、重大工程建设和重点项目攻关的科技人员，从事技术开发、科技服务和社会公益研究的科技人员以及科技企业、企业集团和高新技术企业的科技人员。《若干意见》还指出要全面认真落实技术合同法、专利法的相关规定，进一步保护知识产权，保护科技人员的精神权利和经济权利。

四、《适应社会主义市场经济发展，深化科技体制改革实施要点》

中国科技体制在 1985 年之前照搬苏联的计划体制模式，卓有成效地解决了一些重大科技问题，如十二年规划提前 5 年完成、"两弹一星"的丰硕成就等，但也存在很多问题：科技与生产脱节、政府干预过大降低了科研单位和科研人员的积极性、科研成果公有抑制了科技工作者的主动性。这些都需要通过体制改革才能解决。1985 年，中央下发《中共中央关于科技体制改革的决定》，确定改革的目标是建立适应社会主义市场经济和科技自身发展规律的科技体制。1987 年，国务院颁布了《关于进一步推进科技体制改革的若干规定》；1988 年，国务院颁布《关于科技体制改革若干问题的决定》；1996 年，国务院又颁布《关于"九五"期间深化科技体制改革的决定》。这些使得我国科技体制改革取得了一些成果。这些改革在政策上明晰了改革拨款制度、技术成果转化制度、技术引进规程、科技人员管理制度和农村科技体制等内容，为更好地实现科技体制改革目标奠定了基础。

为全面推进作为经济体制改革配套工程的科技体制改革，国家科委和国家体改委根据中央《科学技术体制改革的决定》确定的科技体制改革目标，结合十多年科技体制改革的实践经验，于 1994 年 2 月 27 日联合制定了《适应社会主义市场经济发展，深化科技体制改革实施要点》（张振亚，1994）（以下简称《实施要点》），目的是在科技体制中更多地引入市场机制。《实施要点》提出，到 2000 年我国科技体制改革的总体目标是建立符合科技自身规律和市场经济运行规律、科技与经济密切结合的新型体制，实现科技、经济和社会协调发展。构筑新型科技体制的框架，要从四个方面做积极探索：一是在组织结构上，建立结构优化、布局合理、精干高效、纵深配置的研究开发体系；二是在运行机制上，建立开放、流动、竞争、协作的科研机制和富有活力的成果转化机制；三是在微观基础上，建立现代科研院所制度、科技企业制度和跨世纪的人才梯队；四是在宏观管理上，建立精简、统一、有效的科技行政管理体制，健全政策和法律体系。

《实施要点》指出今后几年深化改革的重点：按照"放开一片"的方针，大力推动大批研究开发机构以多种形式进入经济、长入经济，实行企业化管理，推行民营化经营方式，走社会化发展道路。《实施要点》认为要推进区域性综合改革和发展，一要推进股份制试点，二要加速高技术企业建立现代企业制度，三要深化人事制度、分配制度、社会保障制度的改革。

对如何培育、发展技术市场和信息市场，《实施要点》指出要加速技术市场和信息市场的现代化步伐，积极推进现代技术交易所、综合技术商社的试点；试建面向技术交易主体的中间试验、工业性试验基地和风险投资基金；建立公平、公开、公正的竞争秩序，制定技术市场管理条例和公正的技术交易规则；加强流通领域知识产权保护；加强各地技术市场管理机构和技术合同认定机构建设；加速技术和信息市场的统一性、开放性和国际性步伐；建立符合国际惯例的技术贸易制度。在大力发展民营科技型企业方面，提出要进一步解放思想、更新观念，动员社会力量创办、发展多种组织形式和经营方式的科技型企业；鼓励国有科技企业转换经营机制；重点扶植一批科技含量高、产业规模大、具有较强研究开发与市场开拓能力的大型民营科技型企业；加快民营科技型企业股份制改造。

《实施要点》还制定了推进科技系统调整结构和分流人才的措施，主要包括：提高科技经费投入的总体水平，制定保障在 21 世纪末全国研究开发经费占国民生产总值 1.5% 以上的实施步骤和监督机制；选择 5~10 个学科前沿的科研机构建立新型国家研究院试点；推动大批研究开发机构进入经济主战场，实行企业化管理，或将其改制转型为现代科技型企业等。

《实施要点》提出要进一步扩大科技工作的对外开放，在科技立法方面也作出明确部署：尽快制定《科技进步法》实施细则，力争在 3~5 年内完成科技成果转化法、科技投入法等立法工作，形成以《科技进步法》为核心的健全完善的科技法律体系。

第 5 节　蓬勃的夏天——南方谈话
对科技进步机制的影响

一、科技人才激励与培养机制

1992 年新春伊始，科技界迎来一件盛事：经国务院审查批准，210 位学风正派、成就卓著、热爱祖国的科技英才被增选为学部委员。他们给代表我国科技界最高学术水平和荣誉的科技队伍增加了新鲜血液和青春活力。

中国科学院学部委员现改称中国科学院院士，是国家在科学技术方面的最高学术称号，具有崇高的荣誉和学术上的权威性，代表着我国科技队伍的最高水平和声誉。

这次新当选的学部委员中，有数学物理学部 38 人、化学部 35 人、生物学部 34 人、技术科学部 68 人、地学部 35 人。他们分布于 30 个部、委、直属机构和 20 多个省、自治区、直辖市。其学科专业范围大致包括核动力、核工程、计算机、航天航空、采矿工程、地震工程、泥沙及河流动力学、建筑和城市规划、中医和中西医结合、科学史等广泛领域，他们成为了一些原来空白、薄弱的学科和一些新兴的科学技术领域的优秀的学术带头人。

中国科学院部委原有 305 名学部委员，增选后，当年学部委员总数已达到 515 位。其中，著名建筑学家戴念慈在增选后即去世，故学部委员实际总数为 514 位。这是中国科学院学部自 1955 年建立以来人数最多的时期。

增选学部委员，是我国科技界一件振奋人心的大喜事。此次距离上次学部委员的增选已经过去 11 年之久。这 11 年，既是我国科技事业在改革开放的大环境中蓬勃发展的黄金时期，也是我国科技人员在攀登科学技术高峰的征途中大显身手的重要时期。新科技革命的浪潮和我国国民经济发展"三部曲"的宏伟计划，为广大科技人员施展才干提供了良好的机遇和广阔的舞台；一系列科技改革的方针政策的制定和实施，又为创造丰硕的科技成果和造就卓越的科技人才提供了肥沃的土壤。在这样的环境条件下，一大批热爱祖国、无私奉献、积极进取、顽强拼搏的科技英才迅速涌现。这次新当选的学部委员，便是他们中间的杰出代表。

在全国范围内增选中国科学院学部委员的举动体现了党和国家重视科学、尊重人才的方针，有利于充分发挥广大科技人员的积极性、主动性和创造性，有利于促进我国科学技术事业的繁荣，对于社会主义经济的发展也具有重要意义。"科学技术是第一生产力"的思想日益深入人心，科技体制改革向纵深发展，科技与经济结合的道路逐渐开拓。

1995 年 11 月 30 日，为了进一步贯彻中共中央、国务院《关于加速科学技术进步的决定》和全国科技大会精神，使国务院办公厅转发的人事部、国家科委、国家教委、财政部《关于培养跨世纪学术和技术带头人的意见》（国办发〔1995〕28 号）落到实处，人事部、科技部、教育部、财政部、原国家计委、中国科协、国家自然科学基金委员会七个部门联合在全国范围内开始组织实施"百千万人才工程"。这个工程是根据国家科技发展规划和经济社会发展需要制定的，旨在加强中国对跨世纪优秀青年人才的培养。其宗旨是：到 20 世纪末，在国民经济和社会发展影响重大的自然科学和社会科学领域，造就一批不同层次的跨世纪学术和技术带头人及后备人选。其目标是到 2010 年，培养造就数百名具有世界科技前沿水平的杰出科学家、工程技术专家和理论家；数千名具有国内领先水平，在各学科、各技术领域有较高学术技术造诣的带头人；数万名在各学科领域里成绩显著、起骨干作用、具有发展潜能的优秀年轻人才。

1992 年以后，中国的人才市场进入培育和发展人才市场阶段。这期间，1993 年全国人才流动工作会议和全国人事厅（局）长会议召开，1994 年，中组部、人事部下发了《加快培育和发展我国人才市场的意见》（以下简称《意见》）。《意见》明确了培育和发展人才市场对建立社会主义市场经济体制的重要作用，指出培育和发展人才市场的总体目标是：实现个人自主择业，单位自主择人，市场调节供求，社会服务完善，社会保障健全，在国家宏观调控下，使市场在人才资源配置方面起基础性作用。其近期目标是：在近两三年内制定人才市场运行需要的基本政策法规，在大中城市普遍建立人才市场场所，建立和发展地区人才信息网络，扶持专业人才市场的发展，建立区域性人才市场。

《意见》还确立了人才与单位在人才市场中的主体地位，提出一方面要发挥市场调节手段的作用，另一方面也要加强对人才市场的宏观调控。此外，要健全社会化服务体系和社会保障制度，加强领导以积极推进人才市场的健康发展。

1993 年，国务院批准设立"211 工程"重点建设项目，即面向 21 世纪，重点建设 100 所左右高校和一批重点学科点，力争在 21 世纪初进入国际一流大学行列（田建国，1995）。"211 工程"建设的目标是将高校建成培养高层次人才和解决重大科技问题的基地。高校发展科技产业是实行产、学、研三者结合，在科研生产实践中培养全面发展的高层次人才，以更好地为经济建设服务的重要途径。这项工程在培养高等专门人才和解决重大科技问题方面，显示了相当的实力，成为我国社会科技能力中一个举足轻重的构成部分；在面向经济建设主战场、加强科技推广应用、发展校办科技产业、促进科技成果转化为现实生产力方面也进行了卓有成效的探索。

表 25-1 给出了我国科技人才的分布情况。由表 25-1 可知，我国科技活动人员数量逐年递增，但增长幅度不大，1991～1995 年科技活动人员年增长率平均值为 6.25%，科学家和工程师增长速度更低，平均值约为 4.2%。其中科学家和工程师在科技活动中的人数比重都在 60% 左右，这说明我国科技人员结构分布较为合理，科技人员具有较高的素质。

表 25 – 1 我国科技人才的分布

分布情况	1991 年	1992 年	1993 年	1994 年	1995 年
科技活动人员（万人）	228.6	227.0	245.2	257.6	262.5
科技活动人员年增长率（%）	—	8	5	2	10
科学家和工程师（万人）	132.1	137.2	137.2	153.9	155.4
科学家和工程师年增长率（%）	—	3.8	0	12	0.9
科技活动人员中科工比重（%）	57.8	60.4	56.0	59.7	59.2

二、科技成果奖励机制

改革开放以来，我国有关科技的法律不断朝着系统化、完善化、科学化方向发展，全国人大通过并颁布实施了《科技合同法》、《专利法》、《科技成果转化法》等一系列法律，保证了科技进步活动的法律地位，建立了对有贡献科技人员的奖励和激励制度，确定了 10～20 年内科技活动的轻重缓急和具体目标在于农业、工业、高技术和基础科学研究。

1993 年 7 月，中华人民共和国第八届全国人民代表大会常务委员会通过了《中华人民共和国科学技术进步法》，其中第八章是"科学技术奖励"。该章规定："国家建立科学技术奖励制度。对于在科学技术进步活动中作出重要贡献的公民、组织，给予奖励。"（辛晔，1996）同时它对国家科技奖励的奖项、内容等作了规范，肯定了科技奖励的作用和地位，推动了国家科技奖励制度的法制化。

根据科技进步法的规定，我国于 1994 年设立了中华人民共和国国际科学技术合作奖，授予对中国科学技术事业作出重要贡献的外国公民和组织。国际科技合作奖在 1995 年进行了首评，当年评选出李约瑟（英国）、原正市（日本）、豪依塞尔（德国）、李政道（美国）、陈省身（美国）、杨振宁（美国）六名外籍公民。

随着《中华人民共和国科学技术进步法》的颁布，社会力量参与设奖也逐渐活跃起来。据不完全统计，除展览会、博览会及其他个别具有随机性质的奖励外，全国较有影响的社会力量设立的科技奖已多达 100 余种，如"中国青年科学家奖"、"何梁何利科技成就奖和科技进步奖"、"中国青年科技奖"等。社会力量设奖丰富了我国的科技奖励体系，充分满足了众多科技人员对不同层次、不同渠道的科技奖励的需求，既促进了广大科技人员发挥其自身的创造性和积极性，也积极促进了科技创新。

这一时期，我国对科技奖励的理论研究也迅速起步。著名科学家钱学森于 1987 年提出"科技奖励是一项国家系统的科技工作"的论断，并建议创立"科技奖励学"。同时，各种研究论文、著作、译著也不断涌现。有《光明日报》《人民日报》《科研管理》《科技日报》《科技导报》《自然辩证法》等 100 余种报刊发表了有关科技奖励的报道和研究文章，与此相关的十余部专著也相继出版。国家、部委和省市地方都展开了有关科技奖励的课题研究，如国家科技奖励办公室与其他部门共同研究完成了两个软科学课题——"我国科技奖励体制改革实施方案的研究"和"国家科技进步奖有关理论、政策与方法的研究"。这些研究建立在实践的基础上，为科技奖励制度的发展和完善提供了坚实的理论依据。1993 年，我国唯一的集宣传、研究等为一体的科技奖励杂志《中国科技奖励》正式创刊。

1994 年 2 月 17 日，国家科委、国家体改委发出《适应社会主义市场经济发展，深化科技体制改革实施要点》的通知，其中第 28 条提出，"完善科技奖励制度，进一步激发和调动科技人员的积极性"，要在已有自然科学奖、技术发明奖、科技进步奖、国际科技合作奖的基础上，增设农村科技奖，完善国家科技奖励体系。鼓励国内外组织和个人设置科技奖励基金，奖励和资助作出重要成就的科技人员。同年，我国即对国家科技奖励进行了部分调整，并将国家自然科学奖、国家科技进步奖和国家技术发明奖的奖金提高到原来的两倍。

三、科技运作机制——重大科技项目的实施

为更好地推进科技发展，我国相继实施了一系列重大科技项目和计划。在经济建设主战场，实施了"星火计划"；在推进高新技术商品化、产业化、国际化发展方面，实施了"火炬计划"；在高技术领域，实施了著名的"863 计划"；在科学研究的基础研究领域，实施了"攀登计划"（崔禄春，2000）。建立了以"自然科学基金"和"社会科学基金"为主体的资助科研的基金体系。同时，还实施了大学教育的"211 工程"。

"火炬计划"是 1988 年问世的，其主旨在于促进高新技术的商品化、产业化、国际化。在邓小平"发展高科技，实现产业化"精神的指引下，"火炬计划"通过创造适合我国高新技术产业发展的政策环境，鼓励高校、科研院

所的科技人员和社会上科技型企业家"下海"领办、创办高新技术企业。1988 年国务院批准成立了北京高技术产业开发试验区，此后成燎原之势，先后建立了 50 多个国家级高新技术产业开发区。截止到 1994 年年底，"火炬计划"共组织实施了国家级计划项目 1 940 项、地方项目 4 750 项，累计实现新增工业产值 1 427 亿元、利税 244 亿元。"火炬计划"成为高新技术发展的一面旗帜，对调整产业结构、推动传统产业的技术改造、带动区域经济发展、增强国家竞争力等，发挥了重要作用。

邓小平在关于发展高科技的思想中，始终将发展高科技与生产力的发展紧密联系在一起，这是"科技是第一生产力"思想的进一步深化。他曾在不同的场合多次强调发展高科技的重要意义，并在 1992 年南方谈话中再次提出"高科技，越高越好，越新越好"。

20 世纪 80 年代中期，一批科学家向中央政府提出发展高科技及其产业的建议，受到邓小平和国务院的重视。邓小平非常注重高科技的产业化问题，重视通过高科技的发展带动一大批产业的发展。为了抓住时机发展高科技产业，邓小平审时度势、把握机遇，颇有远见地亲自批准实施了我国的《高科技研究发展计划纲要》，即著名的"863 计划"，并于 1991 年为"863 计划"工作会议作了"发展高科技，实现产业化"的重要题词。邓小平还提出：要坚定不移地落实发展高科技，实现产业化的战略部署；要在若干重要的高科技领域集中力量，积极跟进国际水平，缩短与国外的差距；要在少数有优势的领域以我为主、积极创新、迎头赶上，力争有重大突破；要采取强有力的措施，加速建设高新技术产业。

"863 计划"吹响了新中国第二次高科技战役的号角。该项高技术研究发展计划自 1986 年开始执行。计划确定了生物、航天、信息、激光、生产自动化、能源、新材料和海洋技术 8 个领域为科技研究的重点，由中央财政拨款支持，前后吸引了 10 万名科学家和工程师参与。计划开辟了高新技术领域的研究和发展，提高了我国的创新能力，培育了一大批新产业，培养了一代新的科技人才。

在邓小平发展高科技思想的指引下，"863 计划"取得了累累硕果。截至 1995 年年底，共取得研究成果 1 398 项，占全部选定课题的 59%，其中达到国际先进水平的有 550 项，进入应用领域的有 475 项。突破并掌握了一批关键技术，极大地带动了我国高技术及其产业的发展。近几年，"863 计划"还在解决国家重大关键问题方面，集中发展计算机技术、新材料技术、农业生物工程技术以及航天、海洋等技术，并取得了较大进展。

为了使研究成果迅速产业化，1988 年我国又开始执行一项旨在推进高技术产业发展和培育新产业的"火炬计划"，即"863 计划"的姊妹计划。其主旨在于高新技术的商品化、产业化、国际化。全国各大城市设立了 53 个国家级高新技术开发区，在各开发区共设立了 548 个孵化器，以帮助创业者起步。另外，各大学创办了 62 个科学园区，吸引了大量大学生、研究生和留学生到科技园区独立创业。南方谈话极大推进了"火炬计划"的执行和完成。截至 1994 年年底，该计划完成地方项目 4 750 项，累计实现新增工业产值 1 427 亿元、利税 244 亿元。

四、科技投入与产出机制

（一）科技投入

邓小平南方谈话后，我国科技投入开始出现增长。以下为我国科技投入的一些指标。

由表 25 - 2 和图 25 - 3 可知，我国科技经费筹集额和支出额逐年递增，但科技经费支出额总是低于筹集额，这说明我国未将科技资源发挥到极致，在某种程度上存在浪费现象。财政拨款也逐年增加，这说明国家对科技重要性的认识程度越来越高。但同时财政拨款占科技经费筹集额比例较高，约为 1/3，今后要进一步拓展科技经费来源渠道，保证多元化多渠道的科技经费供给。

表 25 - 2 全国科技经费筹集额、支出额与财政科技拨款

项　　目		1991 年	1992 年	1993 年	1994 年	1995 年
全国科技经费筹集额	总额（亿元）	427.3	557.7	675.9	790.0	962.5
	比上年实际增长（％）	—	20.9	5.8	-2.5	7.6
全国科技经费支出额	总额（亿元）	388.5	490.4	622.5	738.9	845.2
	比上年实际增长（％）	—	17.0	10.8	-0.1	4.0
国家财政科技拨款	总额（亿元）	160.7	189.3	225.6	268.3	302.4
	比上年实际增长（％）	8.2	9.2	4.1	-0.8	-0.4
	占国家财政总支出的比重（％）	4.7	5.1	4.9	4.6	4.4

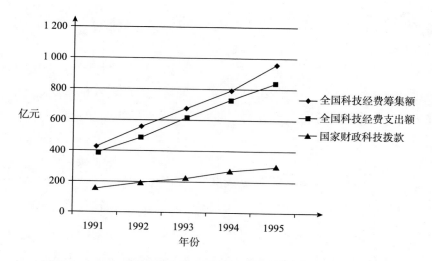

图 25 - 3　全国科技经费筹集额、支出额与财政科技拨款变化曲线

　　由表 25 - 3 和表 25 - 4 可知，我国在研发经费方面的投入也是逐年增加的，但相较其他国家而言，我国研发投入占 GDP 的比重过低，平均在 0.6% 左右，远小于美国、日本、德国等发达国家，也低于巴西这个发展中国家，如 1995 年我国 R&D 经费占国内生产总值比重仅为 0.6%，巴西则为 0.88%。

表 25 - 3　全国 R&D 经费

全国 R&D 经费	1991 年	1992 年	1993 年	1994 年	1995 年
总额（亿元）	150.8	209.8	256.2	309.8	349.1
比上年实际增长（%）	—	39.1	22.1	20.9	12.6
R&D/GDP（%）	0.7	0.8	0.7	0.7	0.6

表 25 - 4　部分国家 R&D 经费比较

R&D 经费比较	中国 1997 年	美国 1996 年	日本 1995 年	德国 1996 年	法国 1996 年	英国 1995 年	俄罗斯 1996 年	韩国 1995 年	巴西 1995 年
R&D 经费（10 亿本国货币单位）	48.2	184.7	14 408.2	80.7	182.2	14.3	19 393.9	9 440.6	5.96
R&D/GDP（%）	0.64	2.52	2.98	2.28	2.31	2.05	0.86	2.68	0.88

（二）科研产出

　　由表 25 - 5 和图 25 - 4 可知，我国科技产出无论是专利的申请量、授权量还是三大检索收录论文的数量，每年都以一定速度增长，科技产出取得了一定的成就。其中专利申请授权量在 1991～1993 年保持了较高的增长速度，1993 后有大幅度下降，后两年增长速度放缓。专利的申请量和三大检索收录论文的数量则保持了较为稳定的增长。

表 25-5　科技产出

科技产品	1991 年	1992 年	1993 年	1994 年	1995 年
专利申请受理量（件）	50 040	67 135	77 276	77 735	83 045
专利申请授权量（件）	24 616	31 475	62 127	43 297	45 064
三大检索收录的我国科技论文数（篇）	13 542	18 469	20 178	24 584	27 569

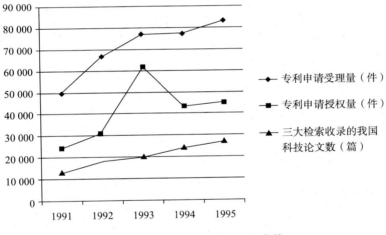

图 25-4　我国科技产出变化曲线

第26章　发展高科技，实现产业化

随着世界新技术革命浪潮磅礴而至，各国的科技竞争越来越激烈，为能在国际科技竞争中争取主动权，我国政府、科技界对此作出了积极反应。在这个时期，我国乘着世界新技术革命的浪潮，大力推进科技政策改革，制订科技发展计划，一大批鼓励研究创新、扶持高新技术、发展高科技产业的科技政策得以有效实施，我国高新技术产业蓬勃发展。其中，"863计划"和"火炬计划"是这个时期最有影响力的科技政策，它们的制定和实施对于发展高科技、实现高新技术的产业化有着深刻的影响。

第1节　"863计划"的出台

一、"863计划"的诞生

20世纪80年代以来，随着科学技术的新发展，高技术及高技术产业已成为国与国之间，特别是大国之间竞争的主要手段。以信息技术、生物技术、新材料等高技术为中心的新的技术革命浪潮有力地冲击着全球，引起了经济、社会、文化、政治、军事等各方面深刻的变革，人类创造力的发挥对生产力的发展产生了巨大的影响。在高科技日新月异的今天，谁掌握了高新技术，抢占到科技的"制高点"，谁就可以在政治上更加独立、经济上更加繁荣、战略上更加主动。因此，许多国家都把发展高技术列为国家发展战略的重要组成部分，不惜花费巨额投资，投入大量的人力与物力。世界各国纷纷提出着眼于21世纪的战略计划。这些计划的实施，对世界高技术大发展产生了一定的影响和震动。比如，1983年美国提出的"战略防御倡议"（即"星球大战计划"），欧洲随后提出的"尤里卡计划"，还有日本的"今后十年科学技术振兴政策"等。

　　而发展中的中国面临着如人口、粮食、能源、环境等许多经济和社会的重大问题，这些对高技术的突破和应用提出了迫切的要求。为了促进我国经济和社会的发展，特别是推动工农业现代化、企业技术升级等，我国必须要顺应世界高技术发展日新月异的新形势，积极赶超世界先进水平，缩小与发达国家的差距，适当集中力量在有限的高技术领域部署工作。

　　为了在世界新技术革命中占据主动地位，我国科学家们都积极地为中国的科技政策献计献策，在科学家们的大力推动和国家领导人的密切关注下，"863计划"应运而生。"863计划"是国家高技术研究发展计划，作为一项战略性计划，经过多年实施，有力地促进了我国高技术及其产业发展。"863计划"对于我国高技术发展具有强大的导向作用，已经成为我国科学技术发展的一面旗帜。

　　面对世界高技术蓬勃发展、国际竞争日趋激烈的严峻挑战，1986年3月，邓小平接到了我国著名科学家王大珩、王淦昌、杨嘉墀和陈芳允的联名上书。四位科学家在上书中提出了"关于跟踪研究外国战略性高技术发展的建议"。建议一经提出立刻得到了中共中央和国务院领导的高度重视，邓小平两天后就作了批示。他认为这个建议十分重要，并指示"找些专家和有关负责同志讨论，提出意见，以凭决策"，同时在建议上作出"此事宜速作决断，不可拖延"的重要批示。邓小平同志的这个批示，是一个具有深远意义的伟大决策，从此，中国的高技术研究发展进入了一个新阶段。

　　为了使这一计划切实可行，将风险减少到最低限度。根据邓小平的重要批示，中共中央有关部门立即邀请部分科学家进行座谈讨论。科学家们对高技术项目的选择方向进行了热烈的讨论。国务院科技领导小组组织数百名各方面的专家学者，开始着手制定中国高技术研究发展规划。这一计划的制订和实施受到了国家领导人的高度重视，他们认为这是关系到我国经济和科技持续发展的重要决策。国务院总理赵紫阳在六届人大五次会议的政府工作报告中谈到了这一计划，并接见了此计划的各专家委员会成员。

　　此后，中共中央、国务院组织了200多位专家，研究部署高技术发展的战略。专家们从我国国情出发，认为我国是一个发展中国家，在较长时期内，还没有条件投入大量人力、物力、财力，去全面大规模地发展高技术，不可能也没有必要在世界范围内同发达国家开展争夺高技术优势的全面竞争。因此，"863计划"必须从世界高技术发展趋势和中国的需要与实际可能出发，坚持

"有限目标，突出重点"的方针。经过反复考察和论证，各方面专家们根据世界科技发展的新趋势，结合我国的基本国情，最终提出了《高技术研究发展计划纲要》。《高技术研究发展计划纲要》选择对中国未来经济和社会发展有重大影响的生物技术、航天技术、信息技术、激光技术、自动化技术、新能源技术、新材料技术 7 个技术领域 15 个主题作为我国高技术研究与开发的重点（陈建新等，1994）。

生物技术领域：

优质、高产、抗逆的动植物新品种主题

基因工程药物、疫苗和基因治疗主题

蛋白质工程主题

糖生物工程主题

航天技术领域：

航天技术研究发展性能先进的大型运载火箭

信息技术领域：

智能计算机系统主题

光电子器件和光电子、微电子系统集成技术主题

信息获取与处理技术主题

通信技术主题

激光技术领域：

激光技术

自动化技术领域：

计算机集成制造系统主题

智能机器人主题

能源技术领域：

燃煤磁流体发电技术主题

先进核反应堆技术主题

新材料技术领域：

高技术新材料和现代科学技术主题

计划还提出，组织一部分精干的科技力量，希望通过 15 年的努力，力争达到下列目标：

（1）在几个最重要的高技术领域，跟踪国际水平，缩小同发达国家的差

距，并力争在我们有优势的领域有所突破，为 20 世纪末至 21 世纪初的经济发展和国防安全创造条件；

（2）培养新一代高水平的科技人才；

（3）通过伞形辐射带动相关方面的科学技术进步；

（4）为 21 世纪初的经济发展和国防建设奠定比较先进的技术基础，并为高技术本身的发展创造良好的条件；

（5）把阶段性研究成果同其他推广应用计划密切衔接，迅速转化为生产力，发挥经济效益。

在邓小平的支持和推动下，最终中共中央、国务院批准了《高技术研究发展计划纲要》。在充分论证的基础上，党中央、国务院果断决策，于 1986 年 11 月启动实施了高技术研究发展计划，并决定从 1987 年开始实施。由于这一计划于 1986 年 3 月作出决策，因而简称为"863 计划"。"863 计划"的实施，是"科教兴国"的重大战略部署，为中国在世界高科技领域占有一席之地奠定了坚实的基础。

"863 计划"于 1987 年 3 月正式开始组织实施，上万名科学家在各个不同领域各自攻关、协同合作，取得了丰硕的成果。在 1987 年 8 月，计划实施初期，制定了生物、能源、新材料 3 个领域的可行性报告和计划任务书，一批专题和课题承担单位也得到确认。随后，信息、自动化、航天和激光技术领域的计划也陆续出台。"七五"期间，"863 计划"着重在于制定战略目标，落实课题任务，组建队伍来攻克难关。

1991 年，邓小平又挥笔为"863 计划"工作会议写下了题词："发展高科技，实现产业化"，再次鼓励了为实现"863 计划"而攻关的科学家们，也为我国高科技的发展指明了方向。

我国的"863 计划"由政府实施，鼓励企业参与。作为发展中国家的高技术计划，主要围绕经济发展和提高人民生活水平进行部署，确定的领域和目标相当有限。我国在高技术基础比较落后的情况下，必须积极倡导国际高技术研究与发展的交流和合作，虚心学习国际上一切有效的经验和先进技术。"863 计划"贯彻了改革创新的精神，以"有限目标，突出重点"为方针，其主要目的在于跟随世界高新技术发展的步伐，以属于国际上高技术发展前沿的项目为目标，集中我国精干的科技力量，不断创新，向世界高新技术领域大步迈进，以缩小与世界科技水平的差距。同时，大力强化我国优势领域，力争有所突破与创新，通过辐射效应带动其他领域科学技术的发展，促进我国的人才培养，为我国经济和科技的进一步发展和腾飞奠定基础。

二、"863 计划"的成果

"863 计划"始终将眼光投在世界高技术发展的前沿，以提高我国自主创新能力为宗旨，按照有所为、有所不为的原则，坚持战略性、前沿性和前瞻性，将重心放在事关国家长远发展和国家安全的重要高技术领域，以前沿技术研究发展为重点，统筹部署高技术的集成应用和产业化示范，充分发挥高技术引领未来发展的先导作用。

"863 计划"经过多年的实施，为我国高技术的起步、发展和产业化奠定了坚实基础。1986 ~ 2005 年，国家累计在"863 计划"上投入 330 亿元，承担"863 计划"研究任务的科研人员超过 15 万名，有 500 余家研究机构、300 余所大专院校、近千家企业参与了"863 计划"的研究开发工作。据不完全统计，这段时期，"863 计划"发表论文 12 万多篇，获得国内外专利 8 000 多项，制定国家和行业标准 1 800 多项。

在持续的自主创新的推动下，"863 计划"取得了一大批达到或接近世界先进水平的创新性成果，特别是在高性能计算机、高速信息网络、第三代移动通信、天地观测系统、新一代核反应堆、深海机器人与工业机器人、海洋观测与探测、超级杂交水稻、抗虫棉、基因工程等方面已经在世界上占有一席之地。"863 计划"把高技术集成创新和培育战略性新兴产业放在重要位置，在生物工程药物、高性能计算机、通信设备、人工晶体、中文信息处理平台、光电子材料与器件等国际高技术竞争的热点领域，成功开发了一批具有自主知识产权的产品，形成了我国高技术产业的增长点。同时，围绕国防现代化建设需求，发展我国新的战略威慑手段和新概念装备，取得了突出的成绩。"863 计划"是我国科学技术发展，特别是高技术研究发展的一个标杆。它所取得的成就不仅有助于提升我国自主创新能力、提高国家综合实力，还在增强民族自信心等方面发挥了重要作用。

在"863 计划"的有力推动下，中国高新技术重点发展领域取得了巨大的突破，到 1995 年，许多重点项目都取得了丰硕成果。

（一）自动化技术

（1）CIMS 技术。计算机集成制造系统（CIMS）是一种先进的制造业系统技术。它能够及时准确完整地掌握企业所有资源，对企业的资源进行优化配置。它从降低产品成本、加快产品上市时间、保证产品质量和提供优质服务四个方面提高了企业的竞争力。中国成功地掌握了 CIMS 的信息集成技术，并在企业中获得了很好的应用效果。到 1995 年，"863 计划"在清华大学建成了国家 CIMS 工程研究中心，在机械、航空、电子、纺织等 11 个行业的 50 多家工厂推广应用 CIMS，并且带来了显著的经济和社会效益。成都飞机公司利用 CIMS 技术在国内成功地加工了代表着 20 世纪 90 年代飞机数控加工高技术的飞机整体框，比传统方法大大缩短了工时。北京第一机床厂通过实施 CIMS 工程，主导产品变形设计周期缩短 1/2，库存占用资金减少 10%，生产计划编制效率提高 40 ~ 60 倍。1994 年，美国制造工程师学会给中国国家 CIMS 工程研究中心颁发了"大学领先奖"。1995 年，北京第一机床厂的 CIMS 工程先后获得美国制造工程师学会的"工业领先奖"和联合国工业发展组织的"可持续工业发展奖"。

（2）6 000 米水下机器人。"863 计划"通过与俄罗斯的国际合作成功研制出了 6 000 米水下机器人，并于 1995 年 8 月完成了深海试验。该机器人能够在无人无缆情况下进行深海录像、摄影，特别是声呐探测、自动定位导航和记录数据，它可到达世界上除海沟之外的全部海域（占海洋面积的 98%）。这种机器人对我国军事民用领域的意义重大，它可用于海底地质地矿探测、水文测量、海底沉物探测定位及其他民用和军用领域。6 000 米水下机器人的研制成功，使中国成为少数几个拥有 6 000 米级水下机器人的国家。

（二）信息篇

（1）曙光系列。在"863 计划"的推动下，我国计算机研发收获颇多。我国开发了"曙光一号"全对称多处理机服务器系列。该系列产品具有高度的兼容性和可伸缩性，能支持多种操作系统，支持在线事务处理，可运行上万种应用软件，新型号可以做到与国际名牌产品 IBM RS/6000 二进制兼容。这种计算机可应用于工商企业、电信、交通、金融等各种行业，而其价格明显低于国外同类产品，在与国外厂商竞争中赢得了有利条件。同时，"曙光 1000"大规模并行计算机系统研制成功，它的峰值运算速度高达每秒 25 亿次，实际运算速度高达每秒 15.8 亿次浮点运算，成为当时我国性能价格比最高的国产高性能计算机，也是国产计算机中公开提供服务的速度最快、容量最大的计算机。它标志着我国已掌握 20 世纪 90 年代计算机的尖端技术，有力地推动了科研水平的提高。

（2）智能化应用系统。在这段时期，我国还研制成功一大批具有巨大社会效益的系统。如由国家地震局研制的"地震预报智能决策支持系统"，已在全国 20 多个省市推广使用，具有很高的命中率。多个有一定规模的战役级和战略级的模拟系统也在国防大学开发成功。这些系统用于中高级指挥员的战役、战略教学，对抗演习和科研实验，取得了良好的教学和科研效果。

（3）航空遥感实时传输系统。中国地域辽阔，地形复杂，灾害较为频繁，每年各种突发性自然灾害给国民经济建设和人民的生命财产造成了严重损失。为了及时了解灾情，服务于灾情评估和救灾决策，"863 计划"与国家"八五"科技攻关计划共同对航空遥感实时传输系统的研制给予了大力支持。该系统采用可穿透云层和雨雾的微波遥感技术和先进的通信技术，实现飞机—卫星—地面遥感图像实时传输及地面图像处理等工作。1995 年，鄱阳湖区和洞庭湖区遭遇洪水袭击，航空遥感飞机飞赴灾区，实时将清晰的遥感图像传至水利部地面控制中心，通过图像，可以将灾区水陆分界清楚辨别，洪水淹没的地区一目了然。相关部门通过已有的地理信息系统，很快对洪灾的损失情况作出了评估。航空遥感在抗洪救灾工作中发挥了作用。

（4）量子阱半导体光电子器件。量子阱半导体光电子器件是"863 计划"的 307 主题，出现于 20 世纪 80 年代初，是一种新型光电子器件，具有极强的市场竞争力和应用前景。在这个领域我国掌握了一系列难度很大的关键技术，研制出光纤通信用 1.3 μm 和 1.55μm 量子阱分布反馈激光器、泵浦光纤放大器用的 0.98μm 大功率量子阱激光器、808nln 大功率量子阱激光器及其泵浦的微型绿光固体激光器和 0.66μm 红光量子阱激光器。这项技术的突破结束了中国不能制造这类高难度、高性能新型光电子器件的历史，为中国光通信技术及一系列军用、民用系统的发展奠定了基础。

（5）星载合成孔径雷达技术。该技术是国际上 20 世纪 90 年代发展的星载对地观测的重要手段之一。在"863 计划"的 308 主题推进下，我国突破其关键技术，在"九五"前期完成了样机制造。与此同时研制成功的机载合成孔径雷达实时成像处理器在 1994 年两广地区和 1995 年江西鄱阳湖地区洪水监测与灾情评估中起了关键作用。

（6）自适应光学望远镜系统。最初只有美国和德法联合研制的高分辨率自适应光学望远镜装备投入使用。在"863 计划"的推动下，中国在这个领域取得成功，成为国际上第三个掌握这项技术的国家，并将其应用在东亚最大的北京天文台 2.16 米望远镜上，这一技术的掌控大大提高了我国在天文观测研究领域的国际声望。

（7）红外焦平面器件。红外焦平面技术的研究，使我国红外焦平面技术迈上了新台阶，我国成功研制了对再入目标进行动态跟踪的红外辐射测量仪，并有效地应用于靶场测量，这一技术为我国战略核武器的发展作出了贡献。

（8）高速光纤传输系统。该系统于 1996 年年底开通实验段。作为国家信息高速公路基础的 2.4Gb/s 同步数字系列（SDH）光纤传输系统，技术上取得了重大突破。2.4Gb 灯光终端设备已经连通，在一对光纤上系统通信容量达 30 140 条话路；具有较完善的网元管理、保护倒换和公务通信功能；其技术水平达到国际标准。中国成为世界上少数几个具有开发 2.4Gb/s 系统能力的国家之一。

（9）光纤分插复用系统。国内首创的 SDH 分插复用设备已在工程线路上安装并开通，正组织批量生产。该技术达到了 20 世纪 90 年代初国际先进水平。该设备使沿线本地电话能非常灵活方便地接入长途干线，大大提高了电信网运营效率和经济效益。

（10）通信智能网系统和 ISDN 交换机。这段时期内，中国通信智能网系统发展迅速，已经达到了实用化。智能平台也在电信局联网投入运营。能综合多种通信业务（ISDN）的交换机也已经实用化，并被应用于军事通信网中。

（11）码分多址通信技术。新一代移动通信系统——码分多址（CDMA）关键技术取得突破。该系统容量更大，成本更低。通信部门以此为基础，开发了自主创新的本土化产品。

（三）新材料篇

（1）镍氢电池。镍氢电池是替代现有的镍镉电池、无污染的新一代高性能可充电电池，被称为"绿色电池"。在"863 计划"的支持下，镍氢电池已进入产业化开发阶段，中国开发了自己的专利技术，组建了"国家高技术新型储能材料工程开发中心"。

（2）高性能低温烧结陶瓷电容器。由"863 计划"支持开发投入生产的高性能低温烧结陶瓷电容器（MLC）是另一项重大材料成果，在电子工业上有着广泛的应用。到 1995 年，我国具有中国特色的高介电常数 MLC 已年产 10 多亿支，创产值 1.5 亿元人民币，并已开始出口。

（3）光电子材料及制备技术。为支撑光电子信息产业研制成功的钒铝石榴石（YAG）单晶大炉设计新颖、达到国际先进水平；用于信息显示与记录的打印机、复印机有激光导鼓，无污染，清晰度和分辨率高，达到了国外先进产品的性能水平，并已小批量生产。

（4）双层辉光离子渗金属改性锯条。中国独创的双层辉光离子渗金属改性锯条切削性能高，可与价格昂贵的双金属片锯条媲美，在许多先进国家获得发明专利，并已批量生产。

"863 计划"不仅促进了这些高科技领域发生新的变化，而且在管理方面也进行了新的尝试。一方面，项目采用招标制或者择优委托制，计划的投资由国家统一控制，不向各地方和各部门分别拨款，国家将经费直接分配给承担任务的单位或专家。将竞争机制引入项目建设中，让有实力并且能承担研究项目的单位和专家能够充分利用国家的设备和资源进行研究创新，而且在政府的扶持下，借助政府间的多边关系和各种渠道，他们能有效利用对外开放的有利条件，采取多样化的国际合作与交流。另一方面，在"863 计划"实施过程中，建立了各领域专家委员会、专家组、专题和课题分级管理制度，明确了各负责人的职责范围和各项管理制度，使各项工作有章可循，保证了管理的规范和有序。为了保证真正地"择优支持"，专家委员会和专家组全面调查和研究了全国各有关单位项目研究过程的各方面情况，并通过项目的申报、评议、论证等一套严格的程序和手续，使项目的实施质量得到了充分的保证。管理方面的新尝试，以及监督保障措施的实施，有力地推动了"863 计划"的顺利实施，进而促进了我国高科技技术的发展。

"863 计划"是我国高技术得以飞速发展的催化剂和有力保障，自实施以来取得了一大批具有世界水平的研究成果，突破并掌握了一批关键技术，缩小了同世界先进水平的差距，培育了一批高技术产业生长点，极大地带动了我国高技术及其产业的发展，对我国科技事业的发展意义重大。

第 2 节 "火炬计划"

一、"火炬计划"的制订

"火炬计划"是于 1988 年 8 月经国务院批准，由科技部组织实施的一项发展中国高新技术产业的指导性计划，是国家科技政策引导计划体系中的重要组成部分。

1978 年 3 月 18 日，全国科学大会在北京召开。邓小平提出了"科学技术是生产力"、"知识分子是工人阶级的一部分"等重要论断，澄清了长期束缚我国科学技术发展的重大理论问题，打开了"文化大革命"以来禁锢知识分子的桎梏，迎来了科学的春天。

1980 年 10 月 23 日，中科院物理所一室主任、核物理学家、研究员陈春先在北京中关村创办我国第一家民营科技企业"北京等离子体学会先进技术发展服务部"，中关村电子一条街从此兴起。中关村位于北京西郊，被称为中国的"硅谷"，是中国最大的智力密集区。它的迅速发展对我国高新技术的商品化、产业化、国际化发展有重要作用。

1980 年，沈阳、武汉成立科技开发中心，并开始举办技术交易会。

1981 年 2 月，中共中央、国务院转发了国家科委党组《关于我国科学技术发展方针的汇报提纲》，明确提出："科学技术与经济、社会应当协调发展，并把促进经济发展作为首要任务。"

1982 年 10 月，国务院在北京召开全国科学技术奖励大会，强调"搞现代化、振兴经济、翻两番，一定要依靠科技进步"。"一要发挥科技人员的积极性，二要向科技战线出题目，三要为科技工作者创造条件，四要为科研成果用于生产实践开辟道路。"

1984 年 11 月，国务院领导在国务院第 51 次常务会上讨论《技术有偿转让条例》时，首次提出"技术市场"的概念，并提出把加速技术成果商品化、开放技术市场作为科技体制改革的突破口。

1985 年 1 月，国务院批准成立"全国技术市场协调小组"，由国家科委、国防科工委牵头，国家计委、中国科学院、教育部、全国总工会、全国科协、国家专利局、财政部、国家工商局、国家统计局、中国工商银行等单位组成。

1985 年 3 月，中共中央颁布《中共中央关于科学技术体制改革的决定》，提出我国应当按照经济建设必须依靠科学技术、科学技术工作必须面向经济建设的战略方针，尊重科学技术发展规律，从我国实际出发，对科学技术体制进行坚决的有步骤的改革。有关"促进技术成果商品化"、"开拓技术市场"、"选择若干智力密集区，采取特殊的政策，逐步形成具有不同特色的新兴技术产业开发区"等决定，为"火炬计划"的出台提供了政策基础。而中关村电子一条街的崛起和迅速发展，对于全国科技发展的影响越来越大，这引起了中共中央领导人的高度重视，也为"火炬计划"的实行提供了有效推动力。

1985 年 4 月，国家科委向中央财经领导小组上报了《关于支持发展新兴技术新兴产业的请示》，建议在北京等几个科技实力雄厚的城市试办新技术产业开发区，受到中央高度重视。国家科委在推出"星火计划"的同时，开始酝酿出台"火炬计划"。

1985 年 5 月，国家科委批准成立"中国技术市场开发中心"。

1985 年 7 月 30 日，由深圳市人民政府与中国科学院合办的"深圳科技工业园"举行奠基典礼，拉开了创办科技园区探索实践的帷幕。

1986 年，中共中央、国务院开始研究部署高技术发展战略，批准了《高技术研究发展计划纲要》。"863 计划"的实施，推动了"火炬计划"的出台。

1986 年 6 月，国家科委委托中国科学院等组成课题组，进行"全国高技术开发区研究"，对实施"火炬计划"以及建立高技术开发区的可能性进行研究探索。课题组经过一年的调查研究，提出了中关村地区发展战略设想，并出版《北京中关村建立高新技术开发区的调查与研究》，为以中关村电子一条街为基础建设北京新技术产业开发试验区提供了大量基础材料和有价值的建议。

1986 年 8 月，"中国技术市场开发中心"更名为"中国技术市场管理促进中心"，负责对全国技术市场的管理及促进工作。

1986 年 12 月，全国技术市场协调指导小组颁布《技术市场管理暂行办法》，明确提出对技术市场实行"放开、搞活、扶植、引导"的八字方针。

1987 年 6 月 8 日，我国第一个创业服务中心"武汉东湖新技术创业者中心"诞生，中国科技企业孵化器事业开始扬帆起航。

1987 年 6 月，全国人大六届第二十一次常委会批准颁布实施《中华人民共和国技术合同法》。

1987 年 12 月，由中共中央调研室、国家科委、全国科协、中科院等组成的中央联合调查组，对中关村电子一条街进行调研，并向中央呈报《关于中关村电子一条街调查报告》。报告认为，中关村"发展速度快，经济效益好，不占用国家财政拨款，却创造和积累了可观的财富"；报告充分肯定了中关村企业"自筹经费、自由组合、自主经营、自负盈亏"的"四自原则"，并建议在中关村地区建立科学工业园（或新技术开发区），给予优惠扶持政策。

1988 年 7 月，国务院批准了国家科委上报的《关于动员和组织科技力量为沿海地区经济发展战略服务的决定》，明确指出："为促进我国高技术、新技术科技成果的商品化，推动我国高技术、新技术产业的建立和发展……国家科委将从今年下半年开始实施火炬计划……"

1988 年 8 月 4 日，在中央政治局常务委员会第 37 次会议上，国务委员兼国家科委主任宋健、国家科委常务副主任李绪鄂向常委们汇报了"火炬计划"工作的准备情况和发展战略，得到了政治局常委会的肯定和批准。会后，中央办公厅发出的"通字〔1988〕103 号"文件强调：高技术研究发展计划（"863 计划"）、科技攻关计划和"火炬计划"，都是国家开发和应用高技术的计划。

1988 年 8 月 6 ~ 8 日，国家科委在北京召开第一次"火炬计划"工作会议。国务委员兼国家科委主任宋健出席会议；国家科委常务副主任李绪鄂宣布，"火炬计划"正式开始实施。

1988 年 8 月 28 日，国家税务局下发《关于对属于"火炬计划"开发范围内的高技术、新技术产品给予减征或免征产品税、增值税优惠的通知》。

1989 年 2 月 25 日，国家科委发文正式成立国家科委"火炬计划"办公室，由石定环负责。

1989 年 3 月，国家科委在广州举办首届高新技术创业服务中心主任国际培训班。

1989 年 4 月 29 日，国家科委召开"火炬计划"办公会，确定原拟设立的火炬基金会（筹）更名为国家科委火炬高技术产业开发中心。

1989 年 5 月 20 日，国家科委在北京举办第一届"火炬杯"展评会。

1989 年 10 月 14 日，国家科委正式下发《关于组建"国家科委火炬高技术产业开发中心"的通知》。

1989 年 10 月 20 日，国家科委、北京市人民政府向国务院提交《关于北京市新技术产业开发试验区进展情况的报告》。

2006 年，新的火炬中心由火炬中心、创新基金管理中心、技术市场中心合并组建成立。"火炬计划"与新产品计划、创新基金协同发展，成为推动高新技术产业化环境建设的重要力量。"火炬计划"的内涵也得到进一步丰富和发展。

"火炬计划"的宗旨在于，贯彻执行改革开放的总方针，实施"科教兴国"战略，以市场为导向，发挥我国科技力量的优势和潜力，促进高新技术成果商品化、高新技术商品产业化和高新技术产业国际化。其实施的主要内容是创造适合高新技术产业发展的环境、建设高新技术产业开发区和高新技术创业服务中心、引导实施"火炬计划"项目、进行人才培训、促进高新技术产业的国际化、设立科技型中小企业技术创新基金等。

其中，建设和发展高新技术产业开发区，加强国际合作，推动高新技术产业国际化，是"火炬计划"的重要内容之一。目前，全国已建立了53个国家高新技术产业开发区，这些开发区在国民经济和社会发展中越来越多地产生出强大推动力和影响力。而高新技术创业服务中心是高新技术成果转化为产业的重要环节，是高新技术产业发展支撑服务体系的重要组成部分。"火炬计划"项目则是"火炬计划"的另一重要组成部分，通过项目示范，引导实施"火炬计划"。它的重点发展领域是：电子与信息、生物技术、新材料、光机电一体化、新能源、高效节能与环保。

"火炬计划"重点支持高新技术产业化示范、国家高新技术产业开发区和高新技术产业化基地建设的创新活动、产业化组织和服务机构的能力建设、高新技术产业化人才培训和高新技术产业国际化。重点支持电子与信息、生物工程和新医药、新材料及应用、光机电一体化、新能源与高效节能、资源环境六大技术领域。重点支持基于六大技术领域的高技术服务业和高技术改造提升传统产业。通过组织重大、重点科技项目产业化示范，促进"技术创新引导工程"实施，提升产业化水平；通过支持服务于企业技术创新的组织及其行为、机制，推动区域创新体系布局，促进我国高新技术产业快速发展。

多年来，"火炬计划"在推进技术创新、优化产业结构、促进国民经济健康发展等方面贡献巨大，功不可没。它开创了以市场化推进我国高新技术产业化的新局面，成为我国发展高新技术产业的一面光辉旗帜。"火炬计划"的实施对于推动地方科技和经济的密切结合，创造良好的高新技术产业发展环境，促进高新技术成果的商品化、产业化、国际化有重要作用。

二、"火炬计划"的成果

"火炬计划"实施以来，有效地促进了我国高新技术的商品化、产业化和国际化。

在政策和资金扶持方面，国家出台了一系列优惠政策，如高新技术企业所得税减免、高新技术产品出口退税、研发费用加计扣除、新产品开发资助等。科技型中小企业技术创新基金得以设立，实现了政府对高新技术产业化的财政支持。一方面，为了将科技与金融紧密结合在一起，"火炬计划"引导金融机构对高新技术产业化提供信贷支持，启动培育多层次的资本市场。如发行金融债券支持高新区基本设施建设和高新技术企业发展、引导创业风险投资聚焦高新技术产业、促进创业板设立、实行非上市公司股权报价转让等，催生了一大批针对科技成果转化项目的贷款担保机构，为高新技术产业化提供了资本和信贷支撑。另一方面，通过政府和民间各种渠道，与世界各国和地区在平等互利的基础上建立广泛的合作关系，积极与国外的科技、企业、政府、金融、商业等各界开展多形式的交流与合作，推动我国高新技术产品进入国际市场和高新技术企业走向世界。

1988～1991 年，国家级"火炬计划"项目共立项 880 个，总投入人民币 46 亿元，美元 1.23 亿元。1989～1990 年，地方级"火炬计划"项目共立项 1 093 个，总投入 23.48 亿元。据统计，1990 年年底，"火炬计划"累计开发新产品 2 161 种，新增产值 75.30 亿元，利税 19.74 亿元，创汇 2 亿美元。1992 年年底，全国"火炬计划"项目形成的高技术产业已累计实现总产值 620.2 亿元，实现技工贸总收入 613.6 亿元，实现利税总额 120.7 亿元，实现出口创汇额 14.6 亿美元（国家科委"火炬计划"办公室，1992）。

从 1992 年开始，"火炬计划"开始真正地出效益，进入了高速发展阶段。目前，在我国现有的上市公司中，20% 以上的公司承担过"火炬计划"或科技型中小企业技术创新基金项目。高新技术产业化也开始得到社会投资的支持，涌现出 300 余家风险投资机构，资金总额近 500 亿元。

到 2008 年，在"火炬计划"的推动下，我国建立了 54 个国家高新区和 614 家科技企业孵化器，孵化器规模居世界之首。这些孵化器培育着全国 1/3 的科技型中小企业；先后建立了 1 425 个生产力促进中心、62 个国家大学科技园、181 个"火炬计划"特色产业基地、34 个"火炬计划"软件产业基地、38 个科技兴贸创新基地和 76 个国家技术转移示范机构。高新技术产业化发展创新体系在我国已逐步形成，高新技术产业逐步壮大，实现了对传统产业的改造升级。

"火炬计划"使得我国原有的科技成果与经济发展脱节的状况得到了真正的改变，架起了一座紧密连接科技与经济的桥梁，使技术变成巨大财富。2007 年国家高新区生产总值达 17 574.5 亿元，平均每平方公里土地工业增加值为 7 亿元，以约 3‰ 的国土面积产出了全国 7.1% 的 GDP，实现了土地的高效利用。

在"火炬计划"的引导下，国内高新技术企业不断强化技术创新能力。

2007 年，全国高新技术企业申请专利 127 387 项，授权发明专利 16 059 项，R&D 经费支出为 1 995.4 亿元，新产品销售收入达 29 392.9 亿元。华为技术有限公司年投入 R&D 经费达 30 多亿元，占其年销售额的比重高达 12%。中兴通讯每年将销售收入的 10% 投入研发，2006 年、2007 年共投入 R&D 经费 60 亿元。

在"火炬计划"的带动和培育下，我国高新技术产业发展已开始由产业集群转型为创新集群。生物医药、信息技术、新材料等新兴产业已初步在一些地区形成优势产业集群。例如，长春甲肝减毒疫苗占国内市场份额的 40% 以上，干扰素栓剂生产能力居全国第一位。郑州超硬材料产业国内市场占有率为 60% 以上。上海张江的集成电路产业占据全国半壁江山，网络游戏产业产值约占全国的 70%。中关村 IC 设计占全国的 1/3，"龙芯"、"星光"走向全球。长沙钴酸锂电池材料产量和销量居全国第一位、世界第三位，并成为全国最大、全球第十的动漫卡通生产基地，原创动漫制作产品占全国的 50% 以上。武汉光纤光缆的生产规模居全球第三，国内市场占有率达 50%，光电器件国内市场占有率为 40%，激光产品国内市场占有率达 50%。大连已具备从设计开发到测试维护整个过程的软件工程能力，拥有自主知识产权的软件产品已打入国际市场。陕西宝鸡全力打造中国钛谷产业集群，当时预计 2010 年国内钛材市场占有率将达 95%，全球市场占有率达 10% 以上。

"火炬计划"和高新区最大的意义在于紧随世界科技发展潮流，较早地关注现在人们所关注的高新技术产业发展问题，为我国高新技术产业的发展积累了有效的经验。比如，调整产业结构的关键在于发展高新技术产业和现代服务业，而这些恰恰是"火炬计划"和高新区 20 多年前就开始关注的。

"火炬计划"坚持科学发展观，积极探索科技含量高、经济效益好、资源消耗低、环境污染少、人力资源得到充分发挥的新型工业化发展道路。在它的推动下，我国大量新兴产业从无到有，原有产业技术含量从低走向高。"火炬计划"切实践行着科学发展观，推动产业结构调整和优化升级，有效提升了产业的整体技术水平，在促进国民经济又好又快发展方面起到了巨大作用。

事实表明，"火炬计划"是将科技与经济结合得最紧密的一项国家科技计划。"火炬计划"的历史功绩在于，将相关的体制机制进行了创新，使我国新型的高新技术产业化发展环境得以快速形成；围绕技术创新，培育了我国高新技术产业化的主体力量，催生了一大批不断成长壮大的科技企业；创新组织模式，推进了具有中国特色的高新技术产业化工作体系的形成；以科学发展观为指导，坚持走科学发展之路，为培育新的经济增长点和转变经济发展方式作出了重要贡献；大力培养科技产业化人才，打造浓厚的创新文化，奠定了我国高新技术产业化发展的社会基础。我国的"火炬计划"是顺利推进改革开放事业的一项伟大创举，是推动我国科技进步和经济发展的重大举措。

第3节　高新区、大学科技城与科技企业孵化器

一、高新技术开发区：高新技术产业的先锋阵地

高新技术产业开发区是一种面向国内外市场、发展我国高新技术产业的集中区域。它以智力密集和开放环境条件为依托，通过软硬环境的局部优化，依靠我国自己的科技和经济实力，最大限度地把科技成果转化为现实生产力而建立起来。高新技术的范围包括微电子科学和电子信息技术、材料科学和新材料技术、空间科学和航空航天技术、能源科学和新能源、光电子科学和光机电一体化技术、生命科学和生物工程技术、生态科学和环境保护技术、高效节能技术、基本物质科学和辐射技术、地球科学和海洋工程技术、医药科学和生物医学工程，其他在传统产业基础上应用的新工艺、新技术。

20 世纪 80 年代，中国紧跟世界科学技术与经济发展的潮流，为了迎接新技术革命的挑战，在制订高技术研究发展计划的同时，把兴建高新技术产业开发区作为开拓新产业、发展高技术的一项重要战略举措。

1985 年 3 月，《中共中央关于科学技术体制改革的决定》中提出要选取若干智力密集区来形成不同特色的新兴产业开发区，要加快新兴产业发展。同年 4 月，国家科委提出试办新技术开发区的报告，开始着手选取全国几个重点城市和项目进行考察，并对软科学课题进行研究，同时积极学习国外经验，初步探讨我国高新技术开发区的问题。

1985 年 7 月，中国科学院与深圳市政府联合创办了我国第一个新技术产业开发区——深圳工业科技园。

1988 年 5 月，国务院发布《关于深化科技体制改革若干问题的决定》，鼓励智力密集的大城市，制定扶植政策，试办新技术开发区。同时，国务院还制

定了有关试验区的 18 条政策，并批准建立我国第一个国家级高新技术开发区——北京市新技术产业开发试验区。到 1988 年年底，有 19 个新技术开发区或科技工业园区被批准建立。

1988 年 8 月，中国国家高新技术产业化发展计划——"火炬计划"开始实施，"火炬计划"明确将创办高新技术产业开发区和高新技术创业服务中心列为重要内容。

在"火炬计划"的推动下，各地纷纷结合当地特点和条件，积极创办高新技术产业开发区。各地的开发区在对当地已有的基础条件充分利用的基础上，重点开发新技术领域，按照统一的标准严格评审和认定申请进入开发区的企业和项目，同时，加强企业、高等院校、科研院所三者的互动合作。到 1989 年年底，仅北京就有 140 个科研院所、高等院校进入开发区创办高新技术企业，其中中国科学院在开发区内成立了 154 家高新技术企业。全国 14 个开发区统计和认定新技术企业达到 1 954 家，企业职工总数达到 47 518 人。同时，开发区大力扶植技术优势强、市场前景好、经济效益高的项目和产品，取得了明显的成效。截止 1989 年年底，共认定高新技术产品 1975 项，其中 97 项分别获得国际和国家奖，162 项获得部、市奖，259 项获得中国专利，其中 22 项列入国家"火炬计划"，占全市承担国家"火炬计划"项目的 59.5%；全国 14 个高新技术开发区销售总收入为 26.65 亿元，利税总额 3.03 亿元，产品销售收入 9.84 亿元，创汇 5 580 万美元，人均利税 0.64 万元。到 1991 年，全国 27 个国家级开发区销售总收入为 87.3 亿元。

1991 年以来，国务院先后共批准建立了 53 个国家高新技术产业开发区。建区以来，中国高新技术产业开发区得到了超常规的发展，探索出一条具有中国特色的发展高新技术产业的道路。

作为科技体制改革"实验区"和高新技术产业化重要基地的国家高新区，从 1991 年创办至今，技工贸总收入、工业总产值、上缴税金、出口创汇等主要经济指标保持每年近 30% 的高速增长。1991 年全国 27 个国家级开发区总产值 192.7 亿元，技工贸总收入 98.31 亿元，总利润 7.91 亿元；1992 年全国 52 个国家级开发区总产值 273.7 亿元，开发区内年产值过亿的高新技术企业有 59 家。

自 1995 年开始，科技部依托国家高新区，以加速我国软件产业的发展为出发点，着手组建国家"火炬计划"软件产业基地。先后认定东大软件园、齐鲁软件园、西部软件园、长沙软件园、北京软件园、天津华苑软件园、湖北软件基地、杭州高新软件园、福州软件园、金庐软件园、西安软件园、大连软件园、广州软件园、上海软件园、南京软件园、长春软件园、厦门软件园、合肥软件园和南方软件园等 19 个园区为国家"火炬计划"软件产业基地。

2000 年以来，北京、天津、上海、深圳、苏州、武汉等 20 家国家高新区被科技部和外经贸部联合认定为"国家高新技术产品出口基地"。

至 2005 年年底，53 家国家高新区形成了 41 990 家企业群体、521.2 万人的从业队伍，实现营业总收入 34 415.6 亿元，工业总产值 28 957.6 亿元，工业销售产值 27 872.4 亿元，工业增加值 6 820.6 亿元，净利润 1 603.2 亿元，实现上缴税额 1 615.8 亿元，出口创汇 1 116.5 亿美元。年营业收入超亿元的高新技术企业达到 3 389 家。从 1991 年到 2005 年的 15 年间，53 个国家高新区各项主要经济指标平均增长率达到或超过 50%。

2006 年是科技部实施"十一五"规划的起始年，也是国务院批准建立国家高新区 15 周年。这一年，53 个国家高新区按照"四位一体"的战略定位和"五个转变"的要求，高举火炬旗帜，坚持走内涵式发展道路，积极创新体制机制和推进产业组织创新，加快了以增强自主创新能力为核心的"二次创业"步伐，为我国高新技术产业发展提供了强有力的支撑。

截至 2010 年，我国的国家级高新技术开发区的数量达到了 69 个，其中有 13 个是在 2010 年由省级高新区升级为国家级高新区。

纵观国家高新区的发展历程，它经历了强调理念创新和环境建设的初创阶段、以制度创新和产业发展为标志的建设阶段，以及以提高自主创新能力为宗旨的二次创业阶段。高新区不断发展壮大，逐渐成为中国经济发展最快、效益最好的区域。它是我国聚集创新资源，技术创新最具活力和创新创业人才的富集地，是发展高新技术产业的重要基地和先锋阵地。

国家高新区经历了多年的迅猛发展，已经成为我国高新技术产业的摇篮，大部分国家级高新区形成了相当的规模，有的已经成为高新技术产业发展的重要基地（如北京的中关村科技园区、武汉的东湖高新区、深圳高新区等）。高新区的发展有效促进了科技成果商品化和产业化，在推动扩大就业、技术扩散等方面发挥着重要作用。目前高新区的基本分布情况是：以智力密集和良好工业基础依托的中心城市有 29 个；以较好对外开放条件为依托的沿海城市有 13 个；依托军工企业密集和老工业基础城市有 12 个。为实现由"中国制造"向

"中国创造"的转变，我国高新区继续坚持以"发展高科技、实现产业化"为宗旨，促进科技成果产业化，优化经济和产业结构，强化自主创新，将高新技术产业的发展推向新的高地。

国家高新区的正确定位是高新区在新形势下提高自主创新能力建设、创新环境建设和高新技术产业化的重要保障。国家高新区必须很好地给自己的发展进行定位，总结自己的发展经验，积极借鉴国外先进的经验，着力解决目前所遇到的发展瓶颈，使之能有效推进以提高自主创新能力为目标的二次创业进程，真正承担起高新技术产业化的任务，成为走新型工业化道路的示范区，成为创新型国家的先锋阵地。

总之，国家高新区经过 10 余年的建设和发展，在推进经济科技体制改革、改造提升传统产业、带动地方经济发展等方面功不可没，已经成为地方经济增长最快、创新能力最强、投资回报率最高、发展前景极大的高新技术产业发展基地。1996 年 11 月，江泽民主席在亚太经合组织非正式首脑会议上高度评价包括中国在内的世界科技工业园区对人类社会发展作出的重要贡献："20 世纪在科技产业化方面最重要的创举是兴办科技工业园区。这种产业发展与科技活动的结合，解决了科技与经济脱离的难题，使人类的发现或发明能够畅通地转移到产业领域，实现其经济与社会效益。"

二、大学科技园

国家大学科技园是为高等学校科技成果转化、高新技术企业孵化、创新创业人才培养、产学研结合提供支撑的平台和服务的机构，它依托于具有较强科研实力的大学，把大学的综合智力资源优势与其他社会优势资源进行整合。

20 世纪 80 年代，中国对教育科技体制进行了大的变革，传统的办学模式被打破，许多大学借鉴国外大学科技园的成功经验，积极探索科技同经济结合的新路子，结合学校的人、财、物及科技成果等条件，利用当地优势，创办了各具特色的大学科技园。

在整个 20 世纪 90 年代前期，以重点大学为依托，一批科技企业集团蓬勃发展，它们在市场经济发展过程中发挥着越来越重要的作用。于是，以这些企业集团为核心，一批大学科技园逐渐在一些大学校园及其周边形成。

1990 年，东北大学科学园率先在沈阳南湖诞生；1992 年，上海工业大学科技园、哈尔滨工业大学高新技术园、北京大学科学园诞生；1993 年，清华科技园、西南交通大学科技园、南京大学科技工业园、沈阳工业学院科学园、华中理工大学科技工业园等诞生。

1999 年 7 月，科技部、教育部在北京联合召开"大学科技园发展战略研讨会"。科技部、教育部两位副部长牵头成立了"全国大学科技园工作指导委员会"。同年 9 月，两部联合下发《关于组织开展大学科技园建设试点的通知》。这一举措得到各大学的积极响应和各地方政府的高度重视。

1999 年 12 月，国家科技部、教育部最终确定把清华大学科技园、北京大学科技园等 15 家大学科技园作为国家大学科技园建设试点单位。

2001 年 5 月，科技部、教育部联合发出《关于认定首批国家大学科技园的通知》，清华大学科技园等 22 个大学科技园被认定为首批"国家大学科技园"。据初步统计，这批大学科技园所依托的 67 所高校共投入资金 170.65 亿元，2000 年园内企业实现销售收入 257 亿元，比 1999 年的 134 亿元增长 92%。至此，国家大学科技园试点建设工作初见成效。

截止到 2006 年 12 月，中国已建成国家大学科技园 62 个，依托高等学校 122 所，总孵化面积达 1 000 万平方米，其中若干家科技园区在国际上也有了一定影响力。这些大学科技园累计吸引社会资本投资 300 亿元，设立各类研究开发机构 1 200 多家，入驻企业 5 600 家，在孵企业近 2 900 家，其中已上市的有 56 家，吸引留学回国创业人员 6 000 余人，园内在孵企业累计转化省级以上科技成果 2 660 项，累计被批准专利 3 923 项，累计开发新产品 5 116 种。在孵企业职工总人数 128 000 多人，创造了约 20 万个就业岗位。大学科技园已经成为促进社会进步、经济发展以及推动高新技术产业快速发展的生力军。

此外，这些大学科技园还与国家级高新技术产业开发区建立了上游、中游和下游的密切协作关系，实现了良好互动。62 个国家大学科技园中，有 30 个位于国家级高新区内，另有两家部分在国家级高新区内。

国家大学科技园事业在"十五"期间取得了阶段性成果，但依然存在一些问题，如有的地方管理部门和高校对国家大学科技园在国家创新体系中的地位及作用认识不足，导致相关政策的制定和落实不到位；国家大学科技园自身管理体制和运行机制不够完善、中小企业融资渠道有限等。

"十一五"是我国全面落实科学发展观，大力发展生产力，进一步推进产业结构调整和自主创新能力的提升，构建和谐社会，建设创新型国家的关键时期。在新的形势下，国家大学科技园如何完善自身体制机制、优化自主创新环境，圆满完成各项重要任务，大学科技园面临着新的考验和挑战。

三、科技企业孵化器：中国科技产业之母

科技企业孵化器是培育和扶植高新技术中小企业的服务机构。它通过提供物理空间、基础设施以及一系列服务支持新创办的科技型中小企业，为创业者降低创业风险和创业成本，促进科技成果转化，提高创业成功率，给科技型中小企业成长与发展提供帮助和支持，致力于培养成功的企业和企业家。科技企业孵化器可称为中国科技产业之母，它对完善国家和区域创新体系、推动高新技术产业发展、繁荣经济起着重要的作用，具有重大的社会经济意义。

中国科技企业孵化器起源于20世纪80年代中后期，1987年中国诞生了第一个科技企业孵化器——武汉东湖创业服务中心。经过多年的发展，科技企业孵化器的数量持续增长，孵化能力不断增强。

为促进孵化器优势互补，协同发展，企业孵化器的工作组织网络也应运而生。1993年，高新技术产业开发区协会建立了第一个全国性的科技企业孵化器网络——高新技术创业服务中心专业委员会。该委员会每年都举办研讨、交流活动并积极与国外同行建立联系，目前已拥有100多家正式会员。城市孵化器网络基本设立在科技资源比较丰富的中心城市，充分连接本城市各类型孵化器，促进孵化器的协同发展。目前北京、上海、武汉等地，以及中西部12个省市、华北、东北和华东地区先后建立了区域科技企业孵化器网络。此外，中国还积极参与了国际孵化器网络组织的有关活动。

据2003年年底的统计，全国已有包括创业服务中心、留学人员创业园和大学科技园在内的各类科技企业孵化器489家，详见表26-1。

表26-1　创业服务中心发展概况（1997~2003）

指　标	1997 年	1998 年	1999 年	2000 年	2001 年	2002 年	2003 年
创业服务中心数（个）	80	77	110	131	280	334	386
场地面积（万平方米）	77.4	88.4	188.8	272.1	509	541.2	1 125.4
在孵企业数（个）	2 670	4 138	5 293	7 693	12 821	18 658	24 309
当年新孵化企业（个）	807	1 244	1 711	2 389	5 048	6 750	7 840
在孵企业人数（人）	5 600	68 975	91 600	128 776	263 596	332 069	441 532
累计毕业企业数（个）	825	1 316	1 934	2 770	3 994	5 849	8 415

目前，中国的孵化器队伍数量居世界前茅，已经形成较大规模，居于发展

中国家之首。很多科技型中小企业经过孵化器这个"高新技术企业摇篮"的培育得到了很好的发展，涌现出了一大批成熟的企业，这些企业已经成为高新技术产业发展中的中坚力量，同时也为我国高新技术产业发展提供了源源不断的后备力量。科技企业孵化器已经成为我国高新技术产业发展的重要推动力。

　　孵化器一方面为初创企业提供了生产研发的空间以及基础设施服务，降低了企业创业成本，提高了创业效率；另一方面通过连接风险投资机构和初创企业，降低双方存在的信息不对称，为创业者提供了一种合理分摊创业成本和创业风险的工具。目前已有 50% 左右的孵化器以孵化基金、担保公司等多种形式对孵化企业提供投资、贴息及担保等多种方式的投融资服务。截至 2003 年年底，全国初步形成了一支创业投资管理专业队伍，各地已建立孵化基金33.3 亿元。许多孵化器将科技、金融、管理、贸易、财税、中介等机构引入中心，以确保政府给创业企业的优惠政策到位，同时也为创业企业搭建了一个全面服务的平台。

　　除政策性孵化器外，商业性孵化器的发展也呈现出良好态势。它们的管理体制已从事业型为主转变为企业型、事业单位企业化管理并重的模式。一批国有和民营大中型企业、风险投资机构和跨国公司已经在中国创建了企业孵化器。以孵化器数量最多的北京为例，在 2000 年统计的 25 家孵化器中，有 7 家是国企投资建立的，2 家是国外公司投资的，1 家是民营企业投资的，而大学投资建立的孵化器有 5 家，政府投资的有 7 家，其他组织投资的孵化器有3 家。

　　科技企业孵化器以推动高新技术产业的发展，孵化培育高新技术企业和企业家为主要目标。它一方面以科技孵化企业为载体，集聚科技、人才、资金、信息等各种创新要素，有力地推动了原始创新、集成创新，推进了引进、消化、吸收再创新，通过转化科技成果、开发各类新技术新产品，为产业技术水平的提升和经济的发展提供支撑。另一方面，科技企业孵化器依托于当地的优势资源，创建局部创新环境，对当地的资源进行了优化整合和配置，促进了科技成果的转化与产业化，成为区域科技创新体系的重要一环，有力推动着高新技术产业的发展。在科技企业孵化器培育出的高新技术企业和企业家不断发展和辐射下，产业结构调整和产业升级得到了有效推动。科技企业孵化器是当之无愧的"中国科技产业之母"。

第 27 章　成立中国工程院

第 1 节　全方位准备——中国工程院成立的历史

一、舆论准备

成立中国工程院的提议，并非一提出就被接受实施。为了中国工程院的成立，一些院士、老科学家们在各种刊物上发表文章，在一些工作会议上提议，积极地同国际组织保持关系，同国家领导人进行沟通。这些前期的宣传和沟通，为中国工程院的成立做好了广泛而必需的铺垫。

在改革开放之初的 1978 年，全国科学大会上"三士科学家"罗沛霖在小组会上深入分析国外发展及成功原因，总结出重视基础科学和应用科技的结论，随后又在各种会议和刊物上反复发表这一重要观点。

1981 年夏，中科院技术科学部在长春召开了学部大会，在中科院副院长兼技术科学部主任李薰的主持下，提出了成立"中国工程与技术科学院"的问题，并责成学部常委中的张光斗、吴仲华、罗沛霖和师昌绪对其成立的必要性和初步方案进行讨论。在持续几天的会议结束后，大家一致认为成立这一组织是必要的，并拟订了一份报告上报中央。1982 年 9 月 17 日，四人还联名在《光明日报》上刊登了一篇题为"实现四化必须发展工程科学技术"的文章。文章主题是"为何必须大力发展工程科学技术"和"在中国如何大力发展工程科学技术"。上书虽未达到目的，但人民来函、全国人大代表及全国政协委员们时有动议转送中国科学院，不是要求成立中国工程科学院，就是建议扩大中国科学院技术科学部学部委员的名额。1983 年，中国科学院技术科学部一分为二，不久，两个学部又合二为一，但学部委员增选配额仍按两个学部看待。

20 世纪 80 年代中，在第一技术科学部副主任刘翔声的支持下，由金属所组织力量先后编辑出版了两本国外工程院及工程与技术科学院的情况介绍，对日后中国工程院的成立起到了参考作用。

中国科学院技术科学部自改革开放以来一直与国际工程与技术科学院理事会（Council of Academies of Engineering and Technological Sciences，CAETS）保持密切联系，几乎每届年会都以技术科学部的名义派代表列席会议，其中张光斗教授参加的次数最多，张维、师昌绪、胡启恒、桂文庄等都作为代表参加过会议。为加入 CAETS，中国科学院技术科学部曾于 1991 年 6 月向该组织提出申请，在报告中详细阐述了学部性质、成员情况及经费来源等，最后因技术科学部不是一个独立组织，又具有官方色彩而没有被接纳。这一报告对 1997 年中国工程院正式加入 CAETS 起到了重要作用。

进入 20 世纪 90 年代，在第一次倡议成立中国工程与技术科学院 10 年之后，罗沛霖开始起草《关于早日建立中国工程与技术科学院的建议》。他征求了王大珩、张光斗、师昌绪、张维、侯祥麟几位老科学家的意见，1992 年春，这六位来自大学、科学院的学者及产业部门的学部委员共同在建议上署名，呈给中央领导同志。这个建议由中国科协报送中共中央办公厅，刊登于《综合与摘报》第 54 期（1992 年 5 月 8 日）。江泽民同志于 5 月 11 日批示温家宝："此事已提过不少次，看来要与各方面交换意见研究决策"。温家宝同志于次日批示"可否请中科院牵头商讨有关方面提出的意见"。党中央、国务院经过研究，最终批准了这一建议。❶

自此，前期的舆论准备工作终于取得了成效，在短时间内，不仅让大家了解到中国工程院这样一个组织是什么性质，具有什么样的作用，还了解到成立这样一个组织的重要性和必要性。这些工作，是完成中国工程技术界盛举的奠基石，同时对以后中国工程院的顺利成立和中国工程院的工作开展起到了重要作用。❷

二、从研究到筹备

中央批复了中国工程与技术科学院的建议后，周光召院长接受了这一任

---

❶ 科技日报. 院士缅怀"三士科学家"罗沛霖，http：//tech. gmw. cn/2011 – 04/29/content_1903201_2. html.

❷ 师昌绪. 纪念改革开放 30 年，话中国工程院成立始末，http：//www. cae. cn/cn/yuanshifeng-cai/qinligaigekaifang30nian/20090615/cae4643. html.

务，于 1992 年 6 月 19 日召开了中国科学院技术科学部第二次常委（扩大）会议。学部联合办公室主任张玉台同志通报了关于成立中国工程与技术科学院的筹备情况，并宣布组成以王大珩、张光斗为组长，六位倡议人及学部正副主任组成的研究小组，命名为"中国工程院研究小组"。同时，责成联合办公室主任张玉台、副主任葛能全，学部秘书室副主任李吉士，技术科学部办公室主任张厚英、副主任黄铁珊配合学部主任完成此项工作。

在与研究小组成员交换意见的基础上，1992 年 7 月 18 日，周光召院长向中央及国务院领导提出了组建"中国工程与技术科学院"的五条原则性意见。这个报告得到江泽民总书记、李鹏总理、温家宝、宋健及罗干同志的同意。这五条原则的主要内容可归纳为：

（1）应是在工程技术方面作出重大贡献的科学家和工程师组成的学术团体；

（2）方案的酝酿主要依靠科学家和技术专家；

（3）应是一虚体；

（4）中国工程与技术科学院和中国科学院应通过多种方式建立密不可分的有机联系；

（5）不单设办事机构，其职能由中国科学院学部的办事机构承担。

根据上述五项原则，研究小组经过多次讨论，于 1992 年 8 月形成第四稿"关于建立中国工程院的报告"，于 1992 年 9 月 22 日写出一个征求意见稿，分发技术科学部各位学部委员及数理学部、化学部、生物学部和地学部常委，最后返回的 200 余份意见，一致同意组建中国工程院。但有两点分歧值得提出：一个是有少数委员对"中国工程院"的称谓提出异议，认为不应省去"科学"二字，仍称为"中国工程科学院"；另一个意见是一个学部委员不应跨两院。由于这些属于少数人的意见，因此在对意见进行了一些文字修改以后，于 1992 年 11 月 10 日形成了一个"关于建立中国工程院有关问题的汇报提纲"，向国家科委领导进行了汇报。11 月 13 日，宋健主任、朱丽兰副主任、惠永正副主任、国务院徐志坚副秘书长、尹志良局长及罗迎难处长听取了汇报，对内容没有进行实质性改动。参加汇报的有张光斗、王大珩、师昌绪、高景德、罗沛霖、陈芳允、张玉台、葛能全。自此以后，一直到 12 月初又相继走访了国家自然科学基金委、冶金部、化工部、石化总公司、航空航天部、核总、机电部、农业部、中国科协、国家教委等十几个单位征求了意见。

　　根据 1992 年的进程，中国工程院的组建工作已接近尾声，但到 1993 年上半年，形势发生了变化。国务院领导指示，中国工程院的筹建工作改由国家科委为主，过去已同意的那些方案和五条原则需重新考虑。究其原因，可能与国务院发展研究中心 1992 年 12 月 14 日报送国务院的"调查研究报告"有关。报告中最后一段提及："专家们呼吁，应立即着手组织具体方案的制订和进行必要的筹备工作，建议由中央和国务院指定超脱的而又与学术界、产业界有广泛联系的适当机构牵头，联合有关方面组成中国工程科学院筹备组，进一步联络和团结产业界、工程界、科技界的专家学者共商此计。"在这种情况下，成立了以中国科学院学部联合办公室葛能全副主任及国家科委基础研究与高技术司冯思健副司长为正副主任的办公室，在"研究小组"已起草的组建方案的基础上，于 1993 年 8 月 3 日由国家科委和中国科学院共同提出"关于建立中国工程院有关问题的请示"报告，对中国工程院建立的必要性、组建原则到筹建工作安排与进度作了全面阐述。1994 年 2 月 25 日，国务院批转了这个报告，并批准由宋健为"中国工程院筹备领导小组"组长的 45 人筹备小组名单。至此，中国工程院的组建工作才算正式开始。

　　1993 年 8 月 3 日，国家科委和中国科学院的报告送到国务院后，六位发起人对一些问题不无担心，于是在 11 月 5 日又聚在一起进行了认真讨论，拟定了一个报告上报中央和国务院领导。报告强调了中国工程院院士的标准，并提出：中国工程院不要成为照顾安排离退休干部的机构；同时对工程院与科学院学部的关系问题表示担心，两院必须做到合作、互补、协调，千万不能形成争项目、抢领域的局面。在工程院成立后，可以考虑采取某些组织措施，如领导兼职、设立共同办公室等。为了密切两院关系，建议从中国科学院遴选 30 名学部委员作为中国工程院院士。

　　1994 年 1 月 11 日，中国工程院筹备领导小组组长宋健主持召开第一次办公会议，通报党中央、国务院会议精神，确定工程院建院原则，商议首批院士产生办法和工作进度。15 日，宋健主持召开中国工程院筹备领导小组第一次全体会议，通报第一次办公会议情况。会议讨论了首批中国工程院院士候选人提名、遴选、报批和聘任办法；划分学科遴选组、领导小组成员相应学科分组；确定筹备工作机构及其主要工作人员；商定办公地点和工作步骤。17 日，中国工程院筹备领导小组向国务院有关部委、直属机构和中国人民解放军总政治部以及筹备领导小组成员发出《关于提名中国工程院院士候选人的通知》，中国工程院首批院士的遴选工作正式启动。

1994年6月，中国工程与技术科学界终于迎来了一件盼望已久的盛事：中国工程院正式成立，我国工程科技事业迎来了新的发展。5月31日至6月1日，在京西宾馆举行中国工程院成立大会预备会议。6月3~8日，中国工程院成立大会和中国科学院第七次院士大会同时在北京召开。在中南海怀仁堂举行开幕式，大会讨论并通过《中国工程院章程》；选举产生第一届中国工程院领导班子：朱光亚院士当选为中国工程院院长，朱高峰、师昌绪、潘家铮、卢良恕等院士当选为中国工程院副院长；选举各学部常务委员会及其主任、副主任；正式组成中国工程院主席团，朱光亚任执行主席。6日，中共中央同意成立中国工程院党组，朱光亚同志任党组书记，朱高峰、师昌绪、潘家铮、卢良恕任中国工程院党组成员。同日，国务院任命朱光亚为中国工程院院长，朱高峰、师昌绪、潘家铮、卢良恕为中国工程院副院长。8日，朱光亚主持召开第一届主席团第一次会议，讨论并通过关于批准各学部常务委员会组成名单及其学部主任、副主任名单，以及聘请主席团顾问和任命秘书长的决定。葛能全同志被任命为秘书长。18日，朱光亚院长主持召开第一次院长办公会，听取葛能全秘书长对中国工程院成立后的工作汇报，就增选院士、咨询工作等进行讨论；原则同意关于工程院机构编制的指导思想；并将积极申请加入国际工程与技术科学院理事会。❶

1995年7月11~14日，中国工程院第二次全体院士大会在北京召开。3日，农业、轻纺与环境工程学部常委扩大会在北京举行。4日，化工、冶金与材料工程学部第八次常委扩大会议在北京召开。8日，信息与电子工程学部常委扩大会议在北京举行。10日，能源与矿业工程学部常委扩大会议在北京举行。16日，朱光亚院长、师昌绪副院长出席地矿部科技大会开幕活动。张宗祜和郑绵平院士分别作了学术报告，题目为"我国跨世纪的重大地学问题——环境地学发展前景"和"当代固体矿产资源勘查与研究的发展前景"。16~20日，朱高峰副院长出席在黑龙江召开的"全国高新技术产业化工作会议"。会议期间，朱副院长邀请部分黑龙江省的院士举行座谈会，林尚杨、扬士芨、刘永垣、谢礼立、沈荣显院士应邀出席。21日，机械与运载工程学部

---

❶ 中国工程院1994年大事记，http://www.cae.cn/cn/yuandashiji/20090615/cae1236.html.

常委扩大会议在北京举行。❶

　　成立一年后，中国工程院已经可以顺利地开展常务工作，并且积极地投入加入国际学术组织事务并参与到国内学术交流之中，对国内国际学术交流起到了促进作用。

三、多方推动

　　在做好了舆论准备，获准并开始筹备成立中国工程院的同时，国家及相关部门都为中国工程院的成立开展了配套工作，多方推动中国工程院的成立。党中央、国务院、国家科委、中国科学院、国家计委、卫生部、清华大学学术委员会、中国船舶工业总公司及国防科工委所属沪东造船厂等均为中国工程院的成立起到了促进、配合、协同作用。这不仅体现了中国工程院成立的重要影响，还体现了中国工程院在成立之初就受到各界的支持和广泛的合作，为中国工程院长久的学术研究和学术交流开启了一个比较理想的起点。

　　1994 年 1 月 6 日，江泽民同志主持中央政治局常务委员会十四届第 46 次会议，会议讨论并原则同意《国家科委、中国科学院关于建立中国工程院的请示报告》，决定请国家科委根据会议讨论的意见修改后，组织实施。2 月 25 日，党中央、国务院批准国家科委、中国科学院《关于建立中国工程院有关问题的请示》，并向各省、自治区、直辖市，国务院各部委、直属机构批转这一请示并要求配合实施。3 月 10 日，李鹏同志在八届全国人大第二次会议作政府工作报告时宣布：国务院决定建立中国工程院，筹备工作正在进行中。正是由于党中央、国务院对中国工程院成立的认可和支持，中国工程院的成立工作受到了多方的支持，这些支持使得中国工程院的成立意义重大，并且有了一个较好的起点。

　　5 月 10 日，国务院批复：同意以中国工程院的名义聘任 96 名首批中国工程院院士，在举行中国工程院成立大会时，公布名单并履行聘任手续。22 日，中国科学院学部委员钱学森致信祝贺中国工程院成立。24 日，江泽民同志为中国工程院成立题词："祝贺中国工程院成立。"5 月 26 日至 6 月 2 日，美国工程院院长 Robert M. White，瑞典皇家工程科学院主席 Stig Hagstrom、院长 Hans G. Forsberg，澳大利亚技术科学与工程院院长 Sir Rupert Myers 和日本工程

---

❶　中国工程院 1995 年大事记，http：//www. cae. cn/cn/yuandashiji/20090615/cae848. html.

院院长 Sogo Okamura 分别发来贺信，祝贺中国工程院成立。6 月 3 日，为祝贺中国工程院成立，中国集邮总公司发行特种纪念封。各方的庆贺使得中国工程院的成立成了中国工程技术界的一件盛事。

7 月 27 日，国务院批准中国工程院刻制"中国工程院"印章。27 日，国家人事部、铁道部、交通部和中国民用航空总局联合发出通知：中国科学院院士和中国工程院院士优先购买车、船、飞机票。经与解放军总政治部协商，中国工程院决定租用军事博物馆的办公楼，作为院机关的临时办公地点。8 月 31 日，研究讨论国家计委《关于 1995 年计划的轮廓设想》，将研究讨论意见报送国家计委。9 月 16 日，国务院批准由中央财政拨款，给中国工程院院士发放"中国工程院院士津贴"。机械与运载工程学部组织部分院士、专家对中国船舶工业总公司及国防科工委所属沪东造船厂等 5 个单位进行调研活动。国务院、人事部等多方对中国工程院的支持使得中国国家工程院的筹备和成立工作更加方便有效，形成了多方关注、多方支持的良好局面。

10 月 7 日，医药与卫生工程学部筹备组会议通过《中国工程院医药与卫生工程学部院士候选人的提名、遴选和审批办法》。11～20 日，应电力部邀请，师昌绪副院长率 8 位院士到电力部所属重点院所进行考察。17 日，中国工程院向卫生部、国家医药管理局、国家中医药管理局、解放军总政治部、总后勤部、中国科学院发出提名中国工程院医药与卫生工程学部院士候选人的通知。20 日，朱光亚院长向宋健国务委员汇报筹建医药与卫生工程学部有关情况。

11 月 8 日，工程院致函中国科学院、中国社会科学院、国家自然科学基金委员会、国家计委、国家经贸委、国家科委、国家教委、国防科工委和财政部，聘请中国科学院院长周光召、中国社会科学院院长胡绳、国家自然科学基金委员会主任张存浩、国家计委常务副主任甘子玉、国家经贸委副主任徐鹏航、国家科委常务副主任朱丽兰、国家教委主任朱开轩、国防科工委副主任沈荣骏、财政部副部长刘积斌几位领导同志担任中国工程院主席团顾问。11 日，朱高峰常务副院长到冶金部钢铁研究总院考察。

1995 年 9 月 5～16 日，中国工程院和中国科学院共 31 位院士应邀参加了电子工业部组织的参观考察活动，先后到北京、成都、重庆、宜昌和武汉参观。16～29 日，卢良恕副院长和农业、轻纺与环境工程学部院士以及有关部门专家，应甘肃省政府邀请，对甘肃河西地区的农业进行了实地考察和调研。

随后完成了考察报告，对河西地区农业综合开发提出建议。22 日，李明、丘竹贤、朱英浩和胡壮麒等院士应沈阳市市政府邀请出席 95 沈阳科普周活动。蒋新松院士在"全国科教兴市"大会的辽宁省科技大会上作学术报告，题目是"迎接'以知识为基础的产品'的新时代"。10 月 11 日，信息与电子工程学部与清华大学学术委员会联合举办学术报告会，汪成为院士作题为"为实现和谐的人机环境，开展灵境系统研究"学术讲演。14～16 日，李大东和时铭显院士应邀出席中国石油学会在山东省东营市石油大学（华东）召开的青年学术研讨会。20 日，朱光亚院长在上海参加在沪工程院院士证书颁发仪式和座谈会。11 月 27～28 日，朱光亚院长应天津市政府邀请赴天津考察，并作学术报告，题目是"当代工程技术发展态势。"各地的科研调查、学术汇报等活动，让中国工程院迅速在国内扩大了影响，展现出来在工程技术学界的顶级水平。这虽然只是中国工程院建立初期的一些学术交流活动，但却极好极快地提升了中国工程院在国内学界的地位，让这样一个备受瞩目的学术机构展现出不凡的学术基底，也为后来的许多工作奠定了一些前期的宣传、交流准备。

四、院士的甄选

新中国成立后，中国科学院酝酿建立学部制。1954 年，中科院开始筹备建立物理学数学化学部、生物学地学部、技术科学部和哲学社会科学部，其中自然科学方面共推选出 172 名科学家为学部委员。1955 年 6 月，中国科学院学部成立大会在京召开，正式宣布成立学部。

1993 年 10 月 19 日，国务院常务会议决定中国科学院学部委员改称为中国科学院院士。

1993 年，在王大珩、师昌绪等学部委员的倡议下，成立了中国工程院。自 1997 年起，中国科学院与中国工程院同步进行每两年一次的院士增选工作。

1998 年 7 月 1 日起，中国科学院、中国工程院实行"资深院士"制度，年满 80 周岁的两院院士将被授予"中国科学院资深院士"或"中国工程院资深院士"称号。

两院还同时实行外籍院士制度。

院士选举是中国工程院最重要的任务之一，因为院士的组成不但影响院的性质和水平，而且决定院章程中所规定的"对国家重大工程技术决策、发展规划、计划、方案及其实施提供咨询"任务能否很好地完成。

政府高官是否要被选为院士，早在 20 世纪 90 年代初就有此争论，有人提出"政府高官不能再入选学部委员"，于是原中国工程院副院长师昌绪在全学部大会上提出以下观点："学部委员是代表一个人的学术成就和学术水平，这是终生荣誉，政府官员是有任期的，因此，我们选举学部委员，不管他当官或不当官，不要因为他是大官我们就选他，也不要因为他是大官我们就不选他，完全看他的科技贡献和学术水平是否合乎学部委员的标准。"这次发言产生了积极的效果。

1994 年 1 月 17 日，中国工程院筹备领导小组向国务院有关部委、直属机构和中国人民解放军总政治部以及筹备领导小组成员发出《关于提名中国工程院院士候选人的通知》，中国工程院首批院士的遴选工作正式启动。

在国务院批转的"中国工程院组建方案"中规定："由筹备领导小组提出100 人左右的拟聘名单（其中含 30 名工程背景比较强的中国科学院学部委员），报请国务院批准后，以中国工程院名义聘任。"据此，中国科学院学部联合办公室将推荐到中国工程院的 30 名学部委员做了分配，分配给技术科学部共 21 名。接到分配名额后，1994 年 2 月 23 日，宋健主持召开中国工程院筹备领导小组第二次全体会议，讨论并通过《关于首批中国工程院院士候选人的提名、遴选、报批和聘任办法》和有效院士候选人的名单，技术科学部常委会确定遴选原则：

（1）中国工程院的发起人；

（2）有国外工程院院士称号的学部委员；

（3）对工程技术确实有重大贡献者；

（4）来自产业部门研究院所及大学的学部委员。

但是，在年龄分布上给了限定。60 岁以下的学部委员要在 1/3 左右，即使达不到这一比例，也应尽可能使年龄过高的比例不要太高。这几个原则商定以后，提出了一个符合规定的备选名单，然后在 25 日下午进行投票，最后由常委会投票选出了一个进入中国工程院的 21 人的建议名单。28 日，中国科学院主席团通过了全院 30 人的名单。在 30 名两院院士中，满足了 2/3 来自产业部门，但年龄未满 60（含 60）岁以下的人数占 1/3 的要求。进入正常选举以后，几位年长且德高望重的中国科学院院士加入了两院院士行列。因此，中国工程院在编的两院院士不止 30 人了。

3 月 1 ~ 5 日，宋健主持召开中国工程院筹备领导小组第三次全体会议，与会的 44 名筹备领导小组成员对 108 名有效候选人进行认真遴选，而后实行差额（20%）选举，从 84 名有效候选人中选出 64 名中国工程院首批院士；会议还认定并通过由中国科学院学部主席团推荐的 30 名中国科学院院士，一并作为中国工程院首批院士，拟报国务院审批。

24 日，宋健主持召开中国工程院筹备领导小组第四次全体会议，35 位领导小组成员出席。鉴于已选出的拟报院士人数（64 人）比应选人数（70 人）相差较多，与会领导小组成员又对第一次正式选举时列入差额名单内的尚未当选的 20 名正式候选人进行投票选举，结果有 2 人当选首批院士。会议决定：将两次选举和认定通过的共 96 名首批院士名单，报国务院审批。

9 月 8 日，朱光亚院长主持召开医药与卫生工程学部筹备工作会议。全国人大常委会副委员长吴阶平院士、卫生部部长陈敏章应邀出席，国家计生委、国家医药管理局、国家中医药管理局、解放军总后勤部有关负责人也出席了会议。会议议定了筹备组的组成原则及工作计划；院士的评选标准、条件、遴选办法和名额；明确筹备组办事机构及工作进度。同日，向国务院有关部委、直属机构，各省、自治区、直辖市人民政府，中国人民解放军三总部，中国科协，以及全体中国工程院院士发出提名 1995 年院士候选人的通知，第一次院士增选工作正式启动。23 日、27 日，中国工程院先后两次召开座谈会，征求国家各部委、直属机构有关负责人对院士增选工作的意见，研究解决提名、遴选工作中的具体问题。26 日，中国工程院在北京召开新闻发布会，发布增选院士消息，并回答有关问题。

10 月 7 日，医药与卫生工程学部筹备组会议通过《中国工程院医药与卫生工程学部院士候选人的提名、遴选和审批办法》。17 日，中国工程院向卫生部、国家医药管理局、国家中医药管理局、解放军总政治部、总后勤部、中国科学院发出提名中国工程院医药与卫生工程学部院士候选人的通知。

5 月 17 ~ 23 日，第一次增选院士第二轮评审会议在北京京西宾馆召开。共有 186 名候选人当选。

6 月，中国工程院首次公布增选院士名单，共有 186 名院士当选，包括机械运载工程学部 30 人，信息电子工程学部 36 人，化工冶金材料工程学部 31 人，能源与矿业工程学部 29 人，土木水利建筑工程学部 28 人，农业轻纺环境工程学部 32 人。同时公布的还有 1994 年年底选举出的医药卫生工程学部新当选院士 30 名。

院士的甄选与提名工作，在多部门多环节的工作下稳步进行。在这一工作上，中国工程院非常的慎重，可以看出，在中国工程院成立之初，工作上、院士选举上都是十分谨慎而且严格的，这一点同后面提到的关于院士制度以及学术道德的争议将形成对比。

第2节 起步发展——中国工程院的概况

中国工程院的组织结构设置吸取了我国人民代表大会制度的优秀经验，中国工程院最高权力机构为院士大会，常设主席团，在院士大会闭会期间负责领导工作。这样的组织制度给予了中国工程院比较好的民主氛围，也使得整个组织的学术性更加凸显，弱化了政府部门的色彩。初期组织结构如图 27 – 1 所示。

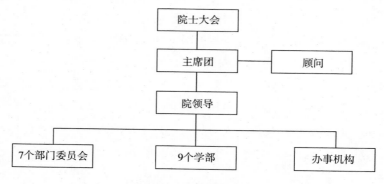

图 27 – 1　初期组织结构

（一）院士大会

院士大会是中国工程院的最高权力机构，由全体院士参加，每逢公历双年份 6 月第一周举行。院士大会的职能包括：①审议工程院的工作报告；②制定和修订中国工程院章程；③决定学部的设置；④选举院长、副院长及若干名主席团成员；⑤选举外籍院士；⑥开展学术活动，讨论重大工程科学技术问题；⑦讨论、审议院士大会常设领导机构提出的其他议题和议案。❶

---

❶　http：//baike. baidu. com/.

（二）主席团

院士大会闭会期间的常设领导机构是中国工程院主席团。主席团由院长、副院长、当然成员、各学部主任和若干名经院士大会直接选举的成员组成。院长为主席团执行主席，主持主席团会议。主席团会议原则上每季度举行一次。

经院士大会直接选举的主席团成员，任期 4 年，可连选连任一次，每次期满至少应更换其中 1/2 的人员。

聘请有关部门的负责人为主席团顾问。顾问列席主席团会议。

（三）各学部常委会

共有 9 个学部常委会：①机械与运载工程学部；②信息与电子工程学部；③化工、冶金与材料工程学部；④能源与矿业工程学部；⑤土木、水利与建筑工程学部；⑥环境与轻纺工程学部；⑦农业学部；⑧医药卫生学部；⑨工程管理学部。

（四）办事机构

中国工程院的办事机构为院机关，内设办公厅；学部工作局；国际合作局；政策研究室；中国工程院下设咨询服务中心和 7 个专门委员会。

中国工程院组织结构明显，职能分配齐全，能发挥院士群体多学科、跨部门、跨行业的综合优势，参与国家和地区经济发展和社会进步中重大决策、重大工程建设和高技术产业发展战略的研究、咨询和评估，为国家和地方政府提出优先发展的领域和重点投资的方向和建议；组织对重大工程科学技术方向性、前沿性问题的研究，提高工程技术创新的能力和管理科学与工程的水平；广泛开展不同层次、多种形式的国际国内学术交流与合作，为全国工程科技界特别是在一线工作的优秀中青年专家的成长创造开放的学术环境；大力开展科学普及和科技出版工作，为提高我国工程科学技术水平、各级干部与全社会的科学文化素质作贡献；维护科学道德，弘扬科学精神，积极推进社会主义精神文明建设；完成国务院交办的各项工作。

1994 年，中国工程院成立之初 7 个学部的院士名单中包括机械与运载工程学部 19 人，信息与电子工程学部 23 人，化工、冶金与材料工程学部 17 人，能源与矿业工程学部 13 人，土木、水利与建筑工程学部 14 人，农业、轻纺与环境工程学部 11 人，医药卫生工程学部 30 人（图 27 - 2）。

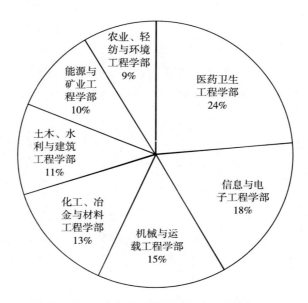

图 27 - 2　中国工程院初期各学部人员数量比例

（五）加入国际工程与技术科学院理事会及学界影响

1949 年 11 月，中华人民共和国成立后仅一个月，中国科学院在北京成立。其前身是"中华民国"政府建立的中央研究院以及北平研究院，中央研究院随"中华民国"政府迁往台北市。中国科学院历史悠久，同时又是"国家科学技术方面最高学术机构和全国自然科学与高新技术综合研究发展中心"，那为何又要建立中国工程院呢？

中科院院士所代表的高级科学人才，是在科学技术领域作出系统、创造性成就的学者；而工程院院士代表的高级技术人才，是在工程技术方面作出重大、创造性成就和贡献的专家。实际上，中国科学院倾向于理论性的研究，而中国工程院则侧重于技术与实践方面的工作。

加入 CAETS 是中国工程院成立推进者们上书中央领导早日成立工程院的最主要理由之一。加入 CAETS 能够促进中国工程院同国际学术界的交流，能够提高中国工程院在世界学术界的水平及其在中国工程学术界的地位。在中国工程院成立的消息传出后，国内外知名科学家、相关组织均第一时间发来贺电。此后，中国工程院积极地走访其他国家，开展学术交流活动，扩大学界影响。后来又设立了光华工程科技奖，在社会各界特别是工程科技界引起了广泛关注。

中国工程院成立后，1994 年 10 月 11 日至 11 月 4 日，朱高峰常务副院长率代表团参加瑞典皇家工程科学院的院庆活动，并访问法国、芬兰、丹麦。11 月 25～30 日，张维院士代表中国工程院赴瑞典访问。12 月 20 日，中国工程院举行新年招待会。各部委、有关国家驻华使节代表出席，会议由朱高峰常务副院长主持，朱光亚院长致辞。

1995 年 6 月 18～22 日，朱高峰副院长和张光斗院士等出席在瑞典召开的 CAETS 理事会以及"财务与环境——工程师及工程院的作用"学术研讨会。9 月 30 日，师昌绪副院长率团参加美国美洲中国工程师学会年会活动。

中国科学院技术科学部曾于 1991 年向 CAETS 提出过申请，但遭到拒绝。因此 1995 年 9 月葛能全、刘效北、师昌绪三人访美之际，把访问 CAETS 副主席兼秘书长 S. N. Anastasion 列入主要议程。在 S. N. Anastasion 设家宴招待三人时，详细谈了我国加入理事会的条件和决心，得到 S. N. Anastasion 的支持和承诺，并为此出谋划策。次年 CAETS 主席 Hans G. Forsberg、下届主席 Sir. D. Davies 及 S. N. Anastasion 三人来京考察，他们听了师昌绪等人的介绍并审阅提交的材料以后，表示满意。但是中国工程院成立不到 5 年，不符合 CAETS 的规定，于是便以书面形式说明中国工程院可以视为中国科学院技术科学部的延续，因为二者性质相近，且部分成员身兼两院，等等。S. N. Anastasion 三人当即表态中国工程院可以被接纳为理事会的成员。后来在 1997 年英国召开的年会上，由朱高峰副院长和张光斗院士等参会，顺利通过了中国工程院加入 CAETS 的议案。2001 年，在中国工程院的主持下，召开了 CAETS 年会。

中国工程院成立之后，设立了光华工程科技奖。该奖由中国工程院管理、承办，其设立宗旨是对在工程科学技术及管理领域取得突出成绩和重要贡献的中国工程师、科学家给予奖励，激励其从事工程科技研究、发展、应用的积极性和创造性，促进其工作顺利开展并取得成果。光华工程科技奖由台湾实业家尹衍樑、陈由豪、杜俊元和全国政协前副主席朱光亚共同捐资，经国家奖励办公室批准设立的。光华工程科技奖面向工程科技界，充分发挥了社会力量设奖的作用，于 1996 年首届颁奖，已经在社会各界特别是工程科技界引起广泛关注。

第3节 双刃剑的另一面——中国工程院的争议

一、院士制度的争议

"院士"一词来自英文"Academician",实际是指"Academy 的成员",或"从事学术或艺术工作的人"。在英文的语境下,任何一个学术团体,比如评选奥斯卡奖的美国电影艺术与科学学会、西点军校,甚至美国的很多私立高中,都可以称自己为"Academy",而这个词汇本身并不带有"最高地位"或"很高地位"的含义。但在汉语中,历史学家傅斯年最早将"学院"与东方传统中"士"的概念衔接起来,创造性地"发明"了"院士"这样的翻译以对应"Academician"。顾海兵教授认为,"院士"的说法遗留了古代"士大夫"、"内阁学士"的官本位思想在其中,"更重要的,在汉语中'院'代表一个实体,比如学院、研究院,中国工程院没有研究机构,院士都在各自的单位工作,但设有办公厅、学部工作局、国际合作局、政策研究室等机构。中国工程院是一个典型的虚体,它跟中科院不同,没有一个研究所和研究机构,应当是一个典型的'学会',""根本就不是院,何来院士?"

在中国工程院成立初期,院士制度的设置以及运作并没有出现较大问题,而随着时间的推移,院士制度所给予的终身荣誉带来了一些争议。这一"终身荣誉"所带来的"终身福利",对一些企业家、政府官员产生巨大的诱惑。1994~2001 年,短短 7 年间,中国工程院院士人数增长了 540%。在一片"高官、高管俱乐部"、"中国工程院还是中国工程队"的非议声中,对中国工程院院士制度的争议也越来越大。

1980 年,中国恢复学部委员制度时,新增 283 名学部委员,全国共有学部委员 400 名。1991 年,中国科学院增选 210 名学部委员。1993 年 10 月 19 日,国务院决定将中国科学院学部委员改称中国科学院院士,同时宣布成立中国工程院。中国工程院在 1994 年产生第一批 96 名院士,其中 30 人为中科院院士。

根据《中国工程院章程》,工程院是"中国工程科学技术界的最高荣誉性、咨询性学术机构",而工程院院士是"国家设立的工程科学技术方面的最高学术称号,为终身荣誉"。

中国工程院自 1994 年成立后，经过 17 年发展，现有 739 名院士，其中兼有企业界或政界身份的院士并不少见。现任中国工程院院长周济，1999 年 12 月当选工程院院士时是华中理工大学校长兼华中软件公司董事长。

从工程院成立之初就大量存在官员和企业领导成为院士的现象，这一"传统"可以追溯到历史更为悠久的中国科学院。

1995 年，时任上海市市长的徐匡迪当选了中国工程院院士。2007 年，时任建设部副部长的黄卫当选中国工程院院士。随后不久，黄卫当选北京市副市长，被人们称作"院士副市长"。两年后，黄卫赴新疆维吾尔自治区任常务副主席。❶

尽管院士人数大增，但在地方上，他们仍然是相当稀缺的资源。公开资料显示，各地为了招徕院士，均开出了相当优厚的条件。

二、学术道德的争议

中国工程院在众多学者、政府组织及相关部门的努力下，将中国工程院的组织、院士选举制度等建立起来，完善了一系列的规章制度，初步完成了中国工程院的设立。

1990 年 11 月 16 日，国务院在中科院和国家科委关于增选学部委员的请示上批示，"中国科学院学部委员（院士），是国家在科学技术方面的最高学术称号，具有较高的荣誉和学术上的权威性，代表我国科技队伍的水平和声誉"。❷ 在中国工程院成立前期的学部增选批示中，对院士进行了如此高的定位，这也表现出院士群体应当在学术领域起到引领和示范作用。院士群体应当对世界科技前沿具有高度敏感性，对我国科技发展方向具有足够判断力，对本领域重大专业问题具有较大发言权，对后学晚辈具有思想与言行上的双重榜样作用。❸

在成立初期，学术道德问题并没有被人们所关注，但随着时间的推移，一些关于中国工程院院士的学术道德问题渐渐出现。

---

❶　张哲. 中国工程院是什么院［N］. 南方周末，2011 - 06 - 02，http：//www. infzm. com/content/59918.

❷　院士工作局. 五十五年风雨历程科学思想铸就辉煌，http：//www. cas. cn/zt/sszt/zkyxbclwswzn/xblc/.

❸　科学时报. 院士群体在自主创新中具引领示范作用，http：//news. sciencenet. cn/sbhtmlnews/2010/6/232955. html？ id = 232955.

2003 年 6 月 13 日，《科学时报》第 1 版刊登了一篇关于"21 封投诉信涉及 18 位院士"的文章。文章指出，自中国工程院新一届科学道德建设委员会成立以来，共受理对院士的投诉信 21 件，涉及院士 18 人。中国工程院副院长、科学道德建设委员会主任杜祥琬近日在京公布了对院士投诉信件的审查结果。

据介绍，这 21 封投诉信按内容可分为 7 类，情况如下：关于研究成果归属提出异议，涉及 7 位院士，均为署名投诉，审查结果为 5 个投诉不属实，2 个投诉部分属实；关于学术作风不民主，涉及院士 3 人，结果为其中一个投诉不属实，一位院士存在一定的学术作风问题，但不存在违纪问题；反映院士宣传伪科学，涉及院士 2 人，审查结果为情况均不属实，纯系媒体不恰当宣传引起；反映 1 位院士通过不正当手段当选院士的问题，审查结果为情况不实；关于 2 位院士的经济、生活作风、医疗事故问题等，不属于科学道德范畴，转有关单位处理；反映 1 位院士作为导师，其博士生发表的论文有剽窃行为，情况属实；反映 2 位院士参与做广告，已开展处理工作。❶

目前，关于中国工程院院士学术道德的争议较之院士制度的争议，虽然关注度较弱，但这些问题从何而来，是什么引起的，以及如何在未来的发展中减少甚至杜绝这些问题，则值得我们继续思考。

---

❶ 教育部科技发展中心，中国工程院公布投诉信审查结果，2003 - 06 - 13，http：//www. cutech. edu. cn/cn/qslt/sgwz/2003/06/1180054677563869. html.

第 28 章　三峡工程的科技成就与争议

第 1 节　漫长的决策：三峡工程的上马

早在 1919 年，孙中山在《建国方略》中就提出"自宜昌以上，入峡行"的这一段"当以水闸堰其水，使舟得溯流以行，而又可资其水利"。20 世纪 40 年代中期，国民政府还同美国签约，经过考察研究后写出《扬子江三峡计划初步报告》。孙中山先生的这一设想终由后人将其付诸实践。三峡工程是几代中国领导人所关注的工程，也是水利水电领域学者至今都争论不休的话题。

1953 年初，毛泽东在视察三峡时提到："三峡水利枢纽是需要修建而且可能修建的"，"但最后下决心确定修建及何时开始修建，要待各个重要方面的准备工作基本完成之后，才能作出决定"，又留有"更立西江石壁，截断巫山云雨，高峡出平湖"（《水调歌头·游三峡水电站泄洪图泳》）的词句表达其对三峡工程的设想。后来，周恩来主持开展了三峡工程的理论探索工作，并邀请了苏联专家参与。当时水利领域中出现了支持和反对两派学者，对其可行及必要性的争论十分激烈。国内学者争论不一，又考虑到国情和国际形势，毛泽东最终决定暂缓三峡工程，先修建葛洲坝水电站，作为三峡水电站的实验工程。

在接近半个世纪的岁月中，国家领导人对筹备建设这样一个大型的水利水电工程项目表示出了极大的兴趣。这样一个大型的水利水电工程，能够给国家、给人民带来多大的利益是无可估量的，但同时负面的影响以及能否成功的要素也不得不考虑。

1984 年，国务院批准了水利电力部提交的工程可行性研究报告，但是在 1985 年的中国人民政治协商会议上，以周培源、李锐等为首的许多政协委员表示强烈反对。于是，1986～1988 年，国务院又召集张光斗、陆佑楣等 400 余位专业人士重新进行全面论证，结论认为"建比不建好，早建比晚建更为有利"。不过这之后各方反对的声浪更大，国务院领导人将工程议案提交给第七届全国人民代表大会第五次会议审议，这是中华人民共和国历史上第二件提交全国人民代表大会审议的工程建设议案。

三峡工程从还未开始就争议不断，这么大的一个工程，它的影响自然是方方面面的，在看到其带来的巨大利益的同时，还应当看到其带来的负面影响，不仅考虑现在，还应考虑到未来。

1992 年 4 月 3 日该议案获得通过，标志着三峡工程正式进入建设期。

1993 年，国务院设立三峡工程建设委员会作为工程的最高决策机构，国务院总理兼任委员会主任。此后，工程项目法人中国长江三峡工程开发总公司成立，实行国家计划单列，由国务院三峡工程建设委员会直接管理。1994 年 12 月 14 日，三峡工程正式开工。

三峡工程的总体建设方案是"一级开发，一次建成，分期蓄水，连续移民"。工程共分三期进行，总工期约 17 年。一期工程从 1993 年年初开始，围堰修渠并修建临时船闸。1997 年，导流明渠正式通航，同年 11 月 8 日实现大江截流，标志着一期工程达到预定目标。二期工程从大江截流后的 1998 年开始，到 2003 年 11 月，首批 4 台机组全部并网发电，标志着三峡二期工程结束。三期工程在二期工程的导流明渠截流后就开始了。2006 年 5 月 20 日，三峡大坝主体部分完工，2009 年年底全部完工。

从 1919 年孙中山的想法到 1992 年正式启动，三峡工程可以称得上是 20 世纪中国考虑得最久的工程项目，是中国有史以来建设的最大型工程项目，也是世界上规模最大的水电站。

第 2 节　工程技术创新：三峡工程的科技成就

在三峡工程建设中，科研设计及施工人员通过开发和推广许多先进技术将这一浩大的工程实现。本节从围堰发电机施工技术、低温混凝土技术、船闸高边坡锚固技术以及爆破技术四个方面的技术创新来介绍三峡工程中的科技成就。

一、围堰发电和高围堰施工技术

围堰发电就是利用施工期中的围堰挡水提前发电，这样的做法在当时而言前无古人。在中外都无参考案例的前提下，考虑到三峡工程规模大、投资大、工期长，但投资积压多、贷款利息负担重，相关工作者从 20 世纪 50 年代开始就把围堰发电技术列为最重要的攻关课题之一。其涉及的重大技术问题是深水高围堰施工和水轮发电机的创新安装。

经过几十年研究，设计人员最后选定双排混凝土防渗墙方案。由于当地砂卵石料很少，故选用当地的风化开挖弃料，用振冲器加密。同时两排防渗墙中心水上部分采用土工薄膜防渗。三峡二期土石围堰工程量与 20 世纪 70 年代的巴西伊泰普工程相当，但三峡二期围堰施工只用了一个枯水期就完成了工作。

高围堰施工技术和围堰发电技术的研发和使用，使得三峡工程在一定程度上减少了规模大、投资大、工期长所带来的困难，在施工项目得以实现的同时，还提前让这一巨型工程产生效益。

二、低温混凝土生产技术

三峡工程位于峡谷区，施工场地狭窄，且其低温混凝土生产规模巨大，必须进一步优化升级在葛洲坝建设中的技术。在一期混凝土生产系统中做中间试验，二次风冷新工艺具有工艺简单、温度调幅大、冷量利用率高、占地面积少、施工期短、便于安装拆除、运行操作简便，以及节省设备和土建费用等特点，此技术在三峡二期工程中被推广使用。

三峡工程二期 5 个混凝土系统全部采用二次风冷加片冰拌和工艺。2000年和 2001 年的夏季共生产低温混凝土 500 多万立方米，合格率 87%（要求85%），2004 年三期工程温控合格率更提高到 97.6%。与伊泰普工程相比，三峡工程减少制冷容量 1/4，占地面积只有伊泰普工程的 1/6，运行成本低 30%，节省投资近 1 亿元。

虽然同是巨型水利水电工程项目，相较巴西伊泰普工程，三峡工程除了工程更大更困难外，其施工的条件限制也更大。二次风冷新工艺让三峡工程在更小、更省、更高效的情况下生产出了大量高质量的混凝土，满足了工程需求。

三、三峡船闸高边坡锚固技术

三峡双线五级船闸长 1 600 米，是在左岸山体中挖出来的深槽中建闸，最大挖深 170 米。在初步设计中采用锚索、锚杆支护，在岩体中采用排水减少渗水压力来加固稳定边坡的新技术，并在国家"七五"科技攻关（三峡工程技术）项目中加列了船闸高边坡技术专题，子题有：高边坡地质研究；地应力研究；稳定及应力应变分析锚固设计；防水排水系统研究；开挖锚固排水施工程序和施工技术等。

这些技术的实现让三峡双线五级船闸能够在特殊的环境及工程要求下成功建设及使用，并保障了其使用的可靠性。

四、改良爆破技术

1971 年葛洲坝工程坝基开挖时因采用了大直径炮孔和大药量爆破使得地质情况发生变化，导致工作量增大、工期延长。为此，长江委施工设计处和爆破研究所在现场开展试验，研究先进的爆破技术，探索既能快速开挖缩短工期，又能保护地基不受损坏的爆破技术。

三峡工程施工时，大量应用水平预裂和光面爆破法快速开挖保护层，施工单位还在此基础上加以改进，采用水平预裂辅以小梯段爆破方法，在二期大坝开挖时大量应用，效果也很好。该方法对梯段爆破技术进行了大幅度改良，使其既可加大每梯段装药量，又不致增加破坏深度。实际工程应用表明，这加快了开挖进度，又保证了地基质量。

第3节 工程管理创新：三峡工程的管理经验

工程建设初期，国务院就确定了采用工程项目业主负责制和国家宏观调控有机结合的建设管理体制，这样一种新的工程建设管理体制明确了政企分开的原则，国家在工程建设过程中起宏观调控和监督作用，工程实行项目法人责任制为中心的招标承包制、工程监理制和合同管理制的运行机制。

为保证三峡工程的顺利实施，国务院于 1993 年 1 月 3 日成立了国务院三峡工程建设委员会，作为实施三峡工程建设的最高决策机构，直接领导三峡工程建设，国务院总理担任委员会主任。委员会下设办公室，具体负责三峡建委的有关日常工作；还设有三峡工程移民开发局，负责三峡工程移民工作规划、计划的制订和移民工程实施的监督；还设有监察局、质量专家组、稽查组等机构。1993 年 9 月 27 日，国务院批准成立中国长江三峡工程开发总公司，作为三峡工程项目的业主（项目法人），它是一个独立核算、自负盈亏、自主经营、具有法人地位的经济实体，全面负责三峡枢纽工程的组织实施和所需资金的筹集、使用、偿还以及工程建成后的经营管理。随着工程建设的进展，国务院还确定国家电力公司（现国家电网公司）负责三峡输变电工程的建设。❶

三峡工程建设委员会直接组织初步设计审查，审定三峡工程建设规模、建设方案、总工期、静态总投资，并且决策工程建设资金的筹措方案。在国家注入资本金的同时，逐步向国内资金市场直接融资和国际资金市场间接融资。其在建设过程中，审定项目法人建设投资计划和价差，对工程动态投资进行宏观控制；协调国家综合部门、行业、省地等有关各方解决项目法人运作中的重大难题，包括计划资金、重大装备采购、移民、运行及工程以外的重大问题，制定方针政策。同时，三峡工程建设委员会还对工程质量和资金使用每年实施监督检查。

中国三峡总公司为三峡工程项目法人，按照项目企业法人的职责，全面承担三峡工程项目的筹划、筹资、建设、经营、还贷、资产保值和增值工作。其根据国家批准的三峡工程建设方案、工程概算、工期目标，全面负责三峡工程建设；负责组织技术设计、招标设计和施工详图设计，审定具体实施方案；对建设项目，主持决定年度计划与立项、分年投资与筹措的实施方案，对工程施工和设备招标采购、质量与进度及安全、工程造价、投运等目标进行全面控制；通过招标承包制、工程监理制、合同管理制和运用项目管理，组织和协调施工、监理、设计、运行等全过程的工作。

在"公开招标、公平竞争、公正评标、诚实信用"的原则指导下，三峡工程按照招标程序运作，通过市场竞争机制优选国内的建筑安装施工承包人、国内外的设备制造商、工程监理单位建立承包合同关系；建立三峡工程的市场竞争环境，提高实现建设管理目标的可靠性，也促进施工企业、工厂改进管理机制和不断提高自身管理水平，克服了时间长、工程量大等问题。

---

❶ 国务院办公厅. 三峡工程建设的管理体制，http：//www. gov. cn/ztzl/2006 − 01/02/content_145306. html.

中国三峡总公司成立招标委员会，统一负责组织项目招标工作，招标文件编制由项目责任部门负责，招标委托中介机构代理，评标由专家组独立进行；同时实行了专家评标定性分析、定量评分、综合评议、择优推荐，最终由中国三峡总公司领导集体决策的承发包制度，杜绝行政干预、关系干扰和凭印象办事，避免决标失误。

在工程监理方面，项目法人建立了从材料到设备加工制造、运输、仓储、现场施工等全面的质量控制体系，监理单位代表项目法人对工程项目招标发包、施工过程、完工验收和移交的全过程工作进行监理。

中国三峡总公司建设管理运行框架概括为"三个层次，两个结合"，通过一系列内控制度对管理过程进行制度和规范，逐层确立相应的职责，保证有效运行。

一、三个管理层次

（1）决策层：决策层由中国三峡总公司领导班子组成，重要事项均由决策层集体作出决定；工程项目实施过程中质量、进度、安全等问题通过每周建设管理例会作出决定；技术、经济、管理等方面的主要事项通过主管副总经理作出决定，并在合适时授权"三总师"和有关部门作出决策。

（2）管理层：为工程管理的综合部门，主要有计划、财务、工程建设管理，科技管理，物资、设备管理等部门，主要负责：①工程建设计划和实施计划编制、进度监控、统计；②投资控制；③工程项目招标和合同综合管理；④合同结算支付和工程成本分析；⑤科研和应用技术的综合管理；⑥工程主要物资和设备的供应与市场调节管理。

（3）执行层：为工程项目管理部门，是项目法人现场代表。主要负责：①执行中国三峡总公司决策指令和管理方案；②组织协调合同项目承包人、监理、设计和其他有关服务人员履行合同责任；③在工程项目实施过程中负责落实"三控制"目标。

二、两个结合

中国三峡总公司的工作以工程建设管理为重点，与建立以经营管理为中心的现代企业制度相结合，使工程建设既要达到质量、进度、安全控制目标，又要符合成本效益的原则。综合部门归口管理与项目管理部门直接管理相结合。

综合部门为实施工程项目提供协调和服务，进行总体控制和监督；工程项目管理部门按权限职责进行落实，及时反馈实施信息和问题，提请综合部门指导和协调。

在工程实施的项目管理中，三峡工程对每个项目及其施工单位进行了权限划分、考核机制的确定等一系列管理。根据三峡工程不同阶段的目标任务、技术复杂程度，适时调整，灵活挑选和调配各方面技术专家与管理人才来加强项目管理，以保证工程建设的需要。进入二期工程阶段，三峡工程实施的项目管理包括授予工程建设部作为业主在施工现场代表的权限；建立分项目管理的组织形式和责任考核机制；签订中国三峡总公司、工程建设部和项目部三级责任书；项目部对其管理范围的工程目标协商确定；项目承包人按"施工项目管理"方式调整自身组织以完成项目目标；监理单位按项目配置资源，审查设计及施工过程；外聘混凝土、灌浆、金属结构、焊接、机电、安全等专业的专家进行独立审查监督及培训。

三峡工程每个项目规模巨大，从材料供应、设备制造到现场建安涉及多个合同工程，在不同工程项目部位、合同之间，有大量施工环节问题、技术问题、进度与质量问题、技术标准问题等影响工程质量与进度的专项问题需要及时处理和决定。

投资控制是项目法人的重要职责，为控制三峡工程建设过程中巨大的投资，中国三峡总公司探索并采用了一套新的投资管理模式，即静态控制、动态管理。经过几年实践，投资控制管理已逐步形成机制，建立了从国家批准的初设概算—业主执行概算—分项目实施控制价的项目法人投资控制的 3 道基准线，取得初步成效。

资金使用预算管理方面，三峡工程进入高峰施工阶段，不仅技术复杂，施工项目、供货项目、供应项目多达数千个，持续周期长，不仅需要有正式的投资计划，还需要有可靠的资金使用预算，才能使各项目部门和管理部门据以经济地执行和清楚地控制各项工作。中国三峡总公司对工程所有项目和工作实行全面预算，来完整反映所有工程资金收入与支出的情况，并与工作职责考核结合起来。预算按立项审批制度执行，严格控制，避免发生预算外项目。

风险投资与管理方面，三峡工程中许多富有挑战性的高强度快速施工和重大技术难题已超出世界现有水平，现有施工企业的装备能力和财务状况要在很短时间内满足三峡工程高度机械化施工和现代化管理要求，有潜在风险，这些风险对施工进度、质量、安全、投资都带来全局性影响，有些风险决定工程的成败。对这些风险的认识和措施使得三峡工程的实施与成功有了更大的保障。

合同管理方面，三峡工程项目合同管理主要是由中国三峡总公司工程建设部及各项目部负责项目合同管理工作，依靠和通过监理单位对合同进行管理。在合同实施施工前，做好总体策划管理，避免施工条件的制约，减少项目间的干扰，降低资源浪费，设计好实施中的管理运行机制能为合同的制订与实施提供更好的运作环境。项目法人对质量、进度、造价、安全等管理责任通过合同来联系，合同起着关键作用。中国三峡总公司根据不同阶段建设的特点、建设施工的艰巨性和技术的复杂性，分别研究编制了各项合同。对影响投资变化较大的建筑和安装工程，由中国三峡总公司编制合同项目实施控制价，作为项目部对合同项目实施价格控制的最高限额，落实项目管理在投资方面的责任。

在合同执行方面，变更与索赔是合同执行中控制的重点，建立快速处理和决策机制，加强对变更和索赔的预测能力；对变更、索赔事件，由监理单位按合同规定时间审查、取证；项目部依据事实和原始记录与签证，对照合同，审查分析进度工期额外费用是否影响，分清责任，双方协商尽早解决的方案；项目部门定期报告将变更总状况提供到综合管理部门；重大变更、索赔由项目部提交认定的有关资料，经工程建设部审核后，报主管副经理或总经理办公室批准。

在工程建设质量和安全管理方面，三峡工程作为"千年大计，国运所系"，其对工程建设实施了全过程质量管理与控制。二期工程高峰施工阶段，中国三峡总公司领导向全工地提出了"双零"质量安全管理目标：零质量事故，零安全事故。

在建立安全体系方面，中国三峡总公司组织参建各方的主要成员组成"三峡工程质量管理委员会"；规定参建各方按 ISO 9000 标准，建立自身的质量保证体系和质量保证措施，并在招标中作为资格审查的条件；由三峡工程质量管理委员会制定"三峡工程质量管理办法"；以合同为依据，对原材料、制造、储运等全过程，制定了 140 余个质量控制标准和规定；建立了中国三峡总公司现场试验中心、测量中心、金属结构检测中心、安全监测中心、水文水情气象中心 5 个中心。

在质量管理与控制措施方面，中国三峡总公司向国内外供应厂商派出驻厂监造，参与工厂产品测试过程；实施了单元施工（仓面或工作面）工艺设计，强化施工过程承包人自己"三控制"和监理人员旁站监督、按作业程序即时跟班到位、实时记录、发现问题当场处理等一系列控制措施。明确施工承包人应有自己的试验室和符合标准的检测设备；外聘专家实行巡回检查、监督，提供作业方法和技术指导；举办质量问题警示、现场教育会等，提高全员质量意识；杜绝制造缺陷及质量问题的出现；对原材料、运输、储存、制造、加工、施工进行抽样检查，或委托专业机构测试。

事故处理程序方面，按规定时间内报告事故；参建方到现场对事故经过记录；项目部门即时组织有关各方和专家研究，提出临时处理措施，避免事故扩大；按权限进行事故调查，并将结果报国务院三峡建委三峡工程质量检查专家组；按处理方案在监理单位直接监督下进行处理；判定事故方，并提出经济处罚。

质量奖罚方面，依合同规定和《三峡工程质量奖罚办法》决定奖罚；合同支付中按规定扣留质量保留金；中国三峡总公司拿出了 2.5 亿元资金设立三峡工程质量特别奖。

第 4 节　留待后人评说：三峡工程的争议

自工程计划被提出到 1994 开工再至现在三峡大坝完工这十几年，三峡工程的争议一直存在。回溯三峡工程本身，早期的不同意见多偏重于经济和技术因素，普遍认为在经济、技术以及移民管理等问题上的难度太大，当时的国情条件不适合开展如此巨大的工程。20 世纪 80 年代后，随着改革开放的持续及三峡工程议案的再度提出，国内关于三峡工程的争论更加广泛，涵盖了政治、经济、移民、环境、文物、旅游等各个方面。

在政治和军事层面，1992 年国务院向全国人民代表大会提交三峡工程建设议案，曾被质疑是李鹏等领导人刻意要将三峡工程议案办成的举动。同时有声音质疑，人大代表中大多数的非专业性人士对这一个工程议案的判断不能达到科学决策的要求。

此外，也有人大代表提出，国务院关于三峡工程议案中双方面论证的不对称不利于人大代表进行判断和投票。对于这一问题，原三峡工程总指挥，中国大坝委员会主席，清华大学、河海大学教授陆佑楣在接受《东方早报》的采访时说："任何一个重大决策，最后总是由政治家来决断，但是为什么要干这个工程，科学家、工程师、经济学家应该把这个问题讲清楚，三峡工程是我国

唯一一个通过立法程序，即全国人大来决策的工程，而一般的工程并没有通过全国人大表决。"❶

1992年4月7日，三峡工程议案进入表决程序，2 633名人大代表中赞成1 767票，反对177票，弃权664票，未表决的25票。表决虽然获得通过，但赞成票只占总票数的2/3左右（67%），是迄今为止中国全国人大所通过的得票率最低的议案。❷

从国防安全角度考虑，有人曾质疑，三峡工程如此巨大，耗费了如此多的财力、物力、人力，同时牵连的人群及范围甚广，一旦发生战争或者恐怖袭击，三峡大坝将成为受袭的目标。另一种观点则认为轰炸这种关系数亿人民生计的民用目标是严重违反国际法的行为，在现代战争中应当不会出现，所以建设这样的公共工程是不必担心这些的。同时，一般恐怖组织所使用的手段难以对如此庞大的大坝工程造成整体性损毁，如果攻击较薄弱的船闸，由于有五级船闸，也不会轻易造成溃坝。

环境影响争议中，上游的地质、下游的干旱以及河道淤积生态系统变化等问题是讨论最多也是争议最大的问题。

由于建设过程中进行了大规模的开山破土，三峡地区的生态环境发生了巨大的改变，同时造成库区周围的建筑裂缝，山体滑坡加剧。地质稳定性的恶化使得新建县城的地址不得不又进行改变，湖北的黄土坡和奉节的宝塔坪都因为严重滑坡造成巨大的经济损失。另外三峡工程诱使库区周边的地震多发，据统计，2008年三峡水库175米水位试验性蓄水期间，奉节发生地震14次，最大震级2.9级，其中五次为有明显震感的地震。❸ 重庆山下库区近一半的地区存在水土流失、石漠化严重等问题。三峡库区重庆境内有超过一万处隐患点。截至2010年，已发生地质灾害（险情）252处。❹ 截至2010年5月，自三峡工程175米试验性蓄水以来，新生突发地质灾害增多。库区共发生形变或地质灾害灾（险）情132起，塌岸97段长约3.3千米，紧急转移群众近2 000人。在二、三

---

❶ 原三峡工程总指挥谈三峡工程争议［N］. 东方早报, http：//news. sina. com. cn/c/2011 – 05 – 31/085222560583. shtml.

❷ http：//www. wikipedia. org/.

❸ 杨传敏. 三峡库区险境［N］. 南方都市报, http：//gcontent. oeeee. com/4/65/465636eb4a7ff 4b2/Blog/060/5921bb. html.

❹ 官员承认三峡工程存在重大问题［N］. BBC, http：//www. bbc. co. uk/zhongwen/simp/china/ 2010/03/100306_threegorges. shtml.

期地质灾害防治规划范围外已发生新生突发性灾（险）情 30 多处。❶

　　与此同时，库区泥沙淤积问题、鱼类洄游问题、血吸虫病等问题都成为质疑三峡大坝对环境的巨大破坏的焦点。至 2011 年 5 月的南方大旱，鄱阳湖湖底能够开车的"笑话"又将三峡大坝对环境的影响问题推到了公众的目光中。有报道称，在三峡大坝建设期间，下游的许多湖泊在枯水期同期水位达到了历史最低，在减少水域空间的同时，降低了水域系统的自洁能力，还对依靠水产养殖为生的渔民生计造成了影响。但有些气象专家认为，2011 年的南方大旱更多地与赤道附近的气候异常情况有关，暖湿气流无法到达中国南部，导致降雨量小，江河湖泊水位自然相比同期要低。

　　水利水电工程移民问题，一直是一个难点。在三峡工程影响的库区中，移民数量超过 120 万人，涉及湖北、重庆的 20 个县、区（市），移民安置经费达到工程总投资的 45%。由于移民方案和后续未预料到的地址问题，三峡库区的移民工作一直无法圆满解决。移民新区的失业率高，对立情绪严重，政府承诺未兑现等报道也多出现。由于生态环境问题（包括三峡水库蓄水后引起的大量滑坡和岩崩），三峡大坝附近地区还将有 400 万居民在未来（2007 年起）10～15 年移居别处。❷

　　2005 年曾有人提出三峡工程的"十个没想到"❸：①没想到三峡大坝会出现这么大的裂缝；②没想到三峡水库的防洪库容没那么大；③没想到移民还不得不外迁；④没想到移民经费越来越不够用；⑤没想到移民工作如此之难；⑥没想到三峡库区的污染愈来愈严重；⑦没想到清库的工作如此艰巨；⑧没想到文物宝贝越挖越多；⑨没想到地质灾害接连不断；⑩没想到碍航断航的时间这么长。这"十个没想到"从多个方面对三峡工程的成果提出了疑问，但我们也需要辩证认识到，三峡工程的建设及完成，确实在抵御特大洪水、提供洁净能源等各方面带来了巨大的社会利益。对于三峡工程的诸多争议还需要时间的考验，无论是其工程的质量、作用，还是其对环境、社会的影响，现在断言还为时过早。结果如何，留待后人评说。

---

　　❶　三峡 175 米试验性蓄水以来库区共塌岸 97 段［N］. 新京报，http：//news. 163. com/10/0523/01/67B72N050001124J. html.

　　❷　官员承认三峡工程存在重大问题［N］. BBC，http：//www. bbc. co. uk/zhongwen/simp/china/2010/03/100306_threegorges. shtml.

　　❸　燕南. 三峡工程十年真相：十个没想到，http：//www. chinaelections. org/NewsInfo. asp？NewsID =2746.

第五篇

面向未来，持续发展
（1996～2005）

　　改革开放后，中国经济保持了连年高速增长，但主要是依靠扩大投资、大量消耗资源的外延型、粗放型的增长模式来促进经济发展。按照这种模式，国民经济的增长已达到峰值，难以长久持续下去。依靠科技进步寻求国家强盛是历史留给我们的唯一选择。科技兴国是近百年世界许多国家的共同经历，比如强调科技为本的美国，20世纪成为经济超级大国；日本科技立国创造了东洋奇迹；韩国技术立国创造了一个新兴工业国家。历史进入20世纪90年代，世界科技革命正在形成新的高潮，又一个科技和经济大发展的时代正在来临。

第 29 章 "科教兴国"战略的提出与实施

进入 20 世纪 90 年代，发达国家抓住知识经济时代来临这一时机，大力发展科技与教育，注重利用知识资源参与国际竞争，竞相抢占高科技这一制高点，为在 21 世纪争得优势战略地位展开了激烈的竞争。面对知识经济的挑战，许多发展中国家也纷纷加大科技与教育事业的发展力度，在促进本国经济发展的同时，努力缩小与发达国家的差距。

1995 年，以江泽民同志为核心的党和国家第三代领导集体，继承和发展了邓小平的思想。中共十五大进一步牢固树立"科教兴国"的国家战略，提出了发展国民经济要实现两个根本转变，即把经济增长方式由粗放型转变为集约型，依靠科技进步和提高劳动者素质建设国民经济，明确把加速科技进步放在经济、社会发展的关键地位（赵常伟，2004）。

第 1 节 "科教兴国"战略的提出

"科教兴国"是党中央、国务院按照邓小平理论和党的基本路线，科学分析和总结世界近代以来特别是当代经济、社会、科技发展趋势和经验，并充分估计未来科学技术特别是高技术发展对综合国力、社会经济结构、人民生活和现代化进程的巨大影响，根据我国国情，为实现社会主义现代化建设三步走的宏伟目标而提出的发展战略。

一、"科教兴国"战略提出的背景

"科教兴国"思想的理论基础是邓小平同志关于科学技术是第一生产力的思想。邓小平同志从 20 世纪 70 年代后期到 90 年代初期形成和发展起来的依靠科学和教育进行现代化建设的科学论断，为提出和实施"科教兴国"发展战略奠定了坚实的理论基础。根据邓小平同志的这个战略思想，党中央在 1985 年先后发布了科技体制改革的决定和教育体制改革的决定，分别确立了"经济建设必须依靠科学技术、科学技术工作必须面向经济建设"和"教育必须为社会主义建设服务，社会主义建设必须依靠教育"的战略方针。

1992 年，党的十四大依据建设有中国特色社会主义理论，确定了 20 世纪 90 年代我国改革和建设的主要任务，江泽民同志在会上深刻指出"必须把经济建设转移到依靠科技进步和提高劳动者素质的轨道上来。"1993 年，党中央、国务院发布了《中国教育改革与发展纲要》，在关于建设有中国特色社会主义教育体系的主要原则中明确提出："教育是社会主义现代化建设的基础，必须坚持把教育摆在优先发展的战略地位"，并且提出了落实教育战略地位的重大举措。1994 年，党中央和国务院召开全国教育工作会议，贯彻党的十四大和十四届三中全会的精神，进一步落实教育优先发展的战略，动员全党全社会认真实施《中国教育改革和发展纲要》。

1995 年，党中央、国务院发布了《中共中央、国务院关于加强科学技术进步的决定》，召开全国科技大会，首次正式提出实施科教兴国发展战略。江泽民同志在全国科技大会上阐明："科教兴国，是指全面落实科学技术是第一生产力的思想，坚持教育为本，把科技和教育摆在经济、社会发展的重要位置，增强国家的科技实力及向现实生产力转化的能力，提高全民族的科技文化素质"，重申"把经济建设转移到依靠科技进步和提高劳动者素质的轨道上来，加速实现国家的繁荣强盛"。同年，党的十四届五中全会在国民经济和社会发展"九五"计划与 2010 年远景目标的建议中把实施科教兴国战略列为今后 15 年直至整个 21 世纪加速我国社会主义现代化建设的重要方针之一。1996 年，全国人大八届四次会议正式通过了国民经济和社会发展"九五"计划和 2010 年远景目标，科教兴国成为我国的基本国策（高峻，2002）。

二、"科教兴国"战略的具体内涵

"科教兴国"是指全面落实"科学技术是第一生产力"的思想，坚持教育为本，把科技和教育摆在经济、社会发展的重要位置，增强国家的科技实力及向现实生产力转化的能力，提高全民族的科技文化素质，把经济建设转移到依靠科技进步和提高劳动者素质的轨道上来，加速实现国家的繁荣强盛。

"科教兴国"战略总的目标是"加速实现国家的繁荣强盛"。《中共中央、国务院关于加速科技进步的决定》对科教兴国的目标作了明确规定，到 2000 年的目标是：初步建立适应社会主义市场经济体制和科技自身发展规律的科技体制；在工农业科学研究与技术开发、基础性研究、高技术研究等方面取得重大进展；科技进步对经济发展的贡献率有显著提高；经济建设、社会发展基本转向依靠科技进步和提高劳动者素质的轨道。到 2010 年：使基本建立的新型科技体制更加巩固和完善，实现科技与经济的有机结合；繁荣科技事业，培养、造就一支高水平的科学技术队伍；全民族科技文化素质有显著提高。重大学科和高技术领域的科技实力接近或达到国际先进水平；大幅度提高自主创新能力，掌握重要产业的关键技术和系统设计技术；主要领域的生产技术接近或达到发达国家 21 世纪初的水平，一些新兴产业的生产技术达到国际先进水平，为建成社会主义现代化强国奠定坚实的基础（江泽民，2001）。

《中国国民经济和社会发展"九五"计划和 2010 年远景目标纲要》对科技与教育发展的总体目标再次作了明晰的阐述："统筹规划科技发展和经济建设。一是适应市场需求，强化技术开发和产品开发，加速科技成果商品化、产业化进程。集中力量解决经济社会发展中的重大和关键技术。坚持自主研究开发和引进技术相结合的方针，采用先进制造技术，加快重大装备的国产化步伐，加快现有设备的更新改造。坚持执行知识产权保护政策，依法保护专利发明。二是积极发展高技术及其产业。把握世界高技术发展的趋势，重点开发电子信息、生物、新材料、新能源、航空、航天、海洋等方面的高技术，在一些重要领域接近或达到国际先进水平。积极应用高技术改造传统产业。三是加强基础性科学研究，瞄准世界科学前沿，重点攻关，力争在我国具有优势的领域中有重大突破。"关于教育，"重点普及义务教育，积极发展职业教育和成人教育，适度发展高等教育，优化教育结构。到 2000 年，全国基本普及九年义务教育，基本扫除青壮年文盲。小学学龄儿童入学率达到 99% 以上，初中入学率达到 85% 左右，青壮年文盲降到 5% 左右，各级政府要依法治教，增加教育投入。"

国民经济发展的总体目标是：在提高质量、优化结构、增进效益的基础上，保持国民生产总值以平均每年 8% 左右的速度增长。

要实施"科教兴国"战略的总体目标，就要全面落实"科学技术是第一生产力"的思想，把科技和教育摆在经济、社会发展的首要位置，努力形成与社会主义市场经济体制相适应的科技、教育、经济密切结合并相互促进的新机制，大力推进科技进步，增强科技综合实力，加速科技成果转化，努力提高全民的科学文化素质，切实把经济社会发展转移到依靠科技进步和提高劳动者素质的轨道上来，促进国民经济持续、快速、健康发展和社会全面进步。

"科教兴国"的定义虽然只有区区几行字，但是它的内涵却是相当丰富的，具体而言，"科教兴国"战略的内涵包括以下五个内容。

（一）要把"科技是第一生产力"的思想全面落到实处

"科技是第一生产力"的思想提出十多年来，已被越来越多的人所理解和接受，人们都深刻认识到单靠丰富的自然资源只能富裕一时，不可能有持久的强盛和繁荣，只有依靠科技进步求中国之富强，才是最好的出路。全国一些省、市、县、乡、村以及各行各业都提出了科教兴省、科教兴市、科教兴县、科教兴各行各业的发展战略，从理论到实践都取得了不少成绩。但面对当前要实现两个根本性转变的形势，尤其是面对世界知识经济兴起的挑战，经济与科技"两张皮"的现象还没有在全国范围内完全摆脱，两者时而结合，时而脱节。各地区发展也不平衡，有些地区在观念上、战略上、体制上、投入上等各方面都没有到位，落实的力度还很不够，往往是说起来重要，做起来次要，忙起来就不要；总是雷声大，雨点小。因此，"科教兴国"战略的提出，是又一次号召全党全国人民把"科技是第一生产力"思想落到实处。

把"科技是第一生产力"的思想落到实处的关键是确立一把手抓第一生产力的观念，要像落实省长抓米袋子、市长抓菜篮子一样，要真正认识到落实"科技是第一生产力"思想与我国实现跨世纪宏伟目标的重要战略思想是一致的，与学习和高举邓小平理论旗帜是一致的。当然，一把手抓第一生产力，并不是要求领导同志都亲自去搞数理化、天地生，去搞高新技术的研究、开发，而是要求领导首先增强科技意识，真正意识到今后评价一个国家、地区、部门的竞争力，主要是看领导的科学民主决策能力、办事工作效率及经济效益，知识更新的快慢，各种人才的合理使用程度，特别是软件人才的多少，联网程度高低以及现代化管理水平的高低等。第二，领导要亲自组织制定推动科技进步的重大举措，并强调发挥产业界的主力军作用。第三，亲自协调科技与经济结合的重大问题，突出技术创新，提倡和鼓励科技人员技术创新。第四，真正从措施上保证把教育—科技—经济—社会发展纳入良性循环机制中运行。第五，制定出本地区、本部门增加科技投入的量化指标和保证措施。第六，带头倡导尊重知识、尊重人才的社会风尚。

（二）科教兴国，首先要兴科技和教育

这是人类社会进步的总结，也是当今世界科技革命发展趋势的必然抉择。通过考察世界科技发展史和世界经济发展史，我们可以发现这些现象和规律：社会进步的过程与科学技术不断突破、科技成果不断向现实生产力转化的过程基本是一致的。因为随着科技不断发展，生产工具不断得到变革，人类社会经历了从农业社会、工业社会向信息社会发展的进程，许多实例已说明社会进步与科技发展是相辅相成、互相促进的。

在世界经济的形成和发展过程中，人们往往可以发现随着世界科技中心的转移，世界经济中心也会随之转移。例如，在科技发展史上，科技中心曾逐渐由意大利向英国、法国、德国和美国转移，而世界经济中心也由意大利先后转移到了英国、法国、德国和美国。

科学的发现、技术的发明，常常会给一个国家和地区带来极好的机遇。尤其在科技革命中，凡抓住机遇、瞄准目标、有所突破并迅速形成产业化的即可后来者居上。这个结论是从对德国、美国、日本、亚洲"四小龙"等国家和地区发展历程的研究中得出的，因此兴科技和教育是抓住机遇的重要基础。

要兴科技和教育，就要加强对科技和教育的投入，这就要求人们树立起对科技的投入是生产性投入、对教育的投入是战略性投入的观念，改变过去那种认为对科技和教育的投入是软投入，可多可少，可任意挪用的不正确观念。实践表明，各国经济发展与科技投入之间是成同步增长的，而且衡量一个国家在科技投入上是否合理，其重要指标是看其研究和开发费用占国内生产总值的相对比例的高低，如美国和日本等发达国家这方面比例已达 2.5% ~ 2.8%（徐世刚、肖小月，1999）；我们现在只有 0.7% 左右，相对来说是比较低的，尤其在科技成果转化为现实生产力方面差距很大。因此，要引导全社会多渠道、多层次地增加对科技和教育的投入，而且要有战略眼光，利用有限的资金用于最关键的技术创新，防止出现科技与产业的断层现象。

（三）坚持教育为本，把教育摆在优先发展的战略地位

这一点不但揭示了科技、教育与经济三者之间的内在本质联系，而且要求通过"科教兴国"战略的实施，力图把科技、教育和经济纳入一个良性循环机制中运行。过去人们总认为只要抓住经济，科技、教育就好办了，这在资本原始积累阶段而科技还不很发达时是正确的。可在科学技术成为第一生产力且已走到生产前面起主导作用，科技进步成为经济增长的主要动力，而推进科技

进步又有赖于科技人才培养和教育的今天，我们必须坚持以教育为本。正像一位领导同志所说："在当今高度竞争的全球经济一体化时代，信息是神经传递的信号，金融资本是全身流动的血液，交通和通信是连接各部门的管道，但真正的动力却是具有知识与技能的人，以知识和能力取胜的人。"这说明人本身的能力素质如何，必然直接制约和影响着经济活动的效益和社会发展状况。因此，从这个意义上说，人才，特别是具有创新能力的科技人才的培养和教育是至关重要的。"科教兴国"战略明确提出坚持教育为本，把教育摆在优先发展的战略位置，实际上也是迎接知识经济挑战的重要对策。因为在工业社会里，钢铁、汽车等传统工业是资本密集型的产业，其战略资源是能源、资源等物质资本，而在今天，知识资本、智慧资本等无形资本已显得越来越重要，如果教育和人才跟不上形势发展，那么在新一轮竞争中就有落伍的危险。

在当前世界经济竞争中，竞争的胜负主要也取决于物化在商品中的高科技含量，即知识的含量，而物化过程都需要人才，需要有一批精通科技前沿的科学家、发明家，还要有一大批思想开阔、决策科学、经营有方、管理有素的决策家、经营家、管理家、金融家以及具有方方面面知识的人才大军。因此，科技是关键，教育是基础，人才是希望，特别是现代化创新人才是最主要的资本，已成为国际竞争活动中新的价值观念。"科教兴国"战略紧紧抓住了以知识和人才为中心这个根本，把人才的培养和教育放在战略地位，这实际上是对人们常说的科技立国、科技兴国内涵的深化，具有深远的战略意义（江泽民，2001）。

（四）依靠科技进步，提高劳动者素质，转变经济增长方式是实施"科教兴国"的核心内容

长期以来，我国的经济增长主要依靠外延式扩大再生产，以拉长战线，增加生产要素如能源、资源投入而维持经济增长。这是典型的高投入、低产出、低效益的粗放型经济生产方式，实际上是一种"面多了加水，水多了加面"的方法，在原有的水平上，把战线拉得更长，造成资源、原材料的大量消耗和浪费，产品大量库存积压，劳动生产率却没有根本的提高，因此也就谈不上实现经济持续、快速、健康的发展。实施"科教兴国"战略是进一步号召全国人民把经济建设转移到依靠科技进步和提高劳动者素质的轨道上来。

新中国成立50多年来，我国农业的发展历程表明，只有依靠科技进步，才能有效促进农业的发展。"科技兴农"是我国农业发展的基本指导方针。

"六五"期间，我国农业科技进步贡献率只有27%，"九五"期间（1997年）农业科技进步贡献率已提高到42%。农业科技的发展极大地促进了农业、农村经济的发展。1964年，我国开始进行杂交水稻研究；1973年实现三系配套；1976年大面积推广应用；截至1998年，国内累计应用面积2.5亿公顷，增产粮食达3亿多吨；1981年，"杂交水稻"获国家特等发明奖。育种技术的应用为我国粮食生产持续发展作出了重大贡献。

（五）提高全民族的科学文化素质是实施"科教兴国"战略的重要内容

随着"科教兴国"战略的提出和实施，全社会掀起一个更有效地普及科技知识，宣传科学思想、科学精神、科学方法的热潮，并由此促进全社会逐步形成"学科学、爱科学、讲科学、用科学"的良好风尚，这对提高全民族的科学文化素质具有现实意义。

一个国家的发达程度与一个民族的科学文化水平有直接关系，如果一个民族的国民不会用科学的思想观察问题、分析思考问题，不会用科学的方法处理和解决问题，不会用科学的手段进行生产和生活等实践活动，这样的民族是难以自立于世界民族之林的。从这个意义上说，一个民族具有良好的科学文化素质就等于拥有了取之不尽的智力资源和精神财富，这是事业永远强大的根本。事实上，目前我国国民素质与实现现代化建设需要的差距很大。资料显示，在我国农村劳动力中，具有小学和初中文化的占80%，文盲占14%，接受过短期培训的只占20%，接受过初级职业技术教育或培训的只占3.4%，接受过中等职业教育的仅占0.13%，没有接受过技术培训的高达76.4%。我国企业中工人技术等级达7~8级的人数太少；我国九年制义务教育还未能全面普及；青少年学生的自学和创新精神也是不够的。我国要实现现代化，就必须改善以上状况。实施"科教兴国"战略就是要通过各种渠道，向全国人民灌输科学思想、科学精神，普及科技知识，强化农村科技进步，提高全民族的科技意识、奋发向上意识、法律意识、保护生态环境意识和可持续发展意识等。只有全民族的科学文化素质提高了，才能引导全民族自觉地面向世界、面向现代化、面向未来，使其学会站在世界科技革命的高度上来观察和思考问题，引导全国人民齐心协力为顺利地迈向21世纪而努力奋斗。

三、"科教兴国"战略提出的动因

历史已经表明，科学技术是推动人类社会前进的最高意义上的革命力量，自工业革命以来，科学技术的巨大威力强烈震撼着人类社会生活的每个角落。科学技术给人类创造的巨大财富和给社会带来的飞跃发展，既使人类对科学技术的关注达到了前所未有的程度，又为人类关注科学技术创造了良好的物质基础。20世纪70年代以来，世界上又兴起了一个以发展高技术及其工业为中心的新技术革命，并以锐不可当之势冲击着整个人类社会的各个领域。科学技术如此之重要，以至于20世纪初，劳动生产率的提高只有5%～20%是靠采用新科学技术取得的，到了七八十年代这个比例上升到了60%～80%。这说明，科学技术是第一生产力，是一个国家综合国力的主要因素，也是一个国家发达与否的重要标志。谁能在发展科学技术特别是在高科技方面取得优势，谁就能掌握未来生存与发展的主动权。

新中国成立以来，我国的科技教育事业取得了巨大的发展和突出的历史成就。我国现在具有一支1 800多万人的科技队伍。科技工作门类齐全，体系完整，几乎覆盖了当今世界的所有科技领域。科技成果逐年增加，质量不断提高。仅1990～1994年，就完成国家级重大科技成果项目累计12.5万个，平均每年3万多个。在导弹、核技术、航天技术等领域取得了举世瞩目的伟大成就。在扫盲、普及九年义务制教育、职业教育，以及培养各级各类高、精、尖人才方面做了大量工作，这些为我们大力发展科技教育、实施"科教兴国"战略提供了良好的条件。

但是，我们还应清醒地看到，这些年来取得的成就和发展，主要是靠粗放型经济增长方式即扩张生产规模、大量投入资金来实现的。目前我国的国民经济整体素质依然很低，浪费依然严重，效益不高。国民生产总值虽然高，但人均国民生产总值却很低。

比如农业，我国一个农民平均只能养活三四个人，发达国家平均每个农民可养活五六十人。我国农业落后的面貌之所以得不到根本的改变，主要是因为农业发展得益于科技进步的比例太低，农民的文化程度太低。有关资料表明，现代农业劳动生产率的提高中60%～80%是靠应用科学技术得来的，而我国到20世纪80年代才仅有27%。

再比如说工业，虽然我国从新中国成立以来一直致力于工业的现代化，但是，我们的工业却远远落后于国际先进水平，劳动生产率很低，大多数产业只相当于世界先进水平的5%，甚至低于俄罗斯、印度、巴西等一些世界上劳动生产率较低的国家，单位能源消耗所生产的国内生产总值甚至低于低收入国家的平均水平，仅相当于发达国家的 15%，每创造 1 000 美元的物质财富所耗能源比美国高 3 倍，比日本高 7 倍，比印度高 2 倍，生产的增长是以消耗大量资源换取的。以 1991 年为例，我国物质生产部门的总产值中，物质消耗的比重达 63.2%，其中工业为 72.1%。粗放型的经济增长方式已经严重阻碍了国民经济的发展。

发达国家的经验表明，发展经济必须依靠科技进步，要保持国民经济持续、快速、健康发展，更离不开科技进步（李侃敏，2005）。要让科学技术真正成为第一生产力，必须注意两个问题，一是科学技术由潜在的生产力转化为现实生产力的问题。一方面我国目前每年有几万项国家级重大科技成果，另一方面这些成果又有 80% 没有在生产中发挥作用，大量成果停留在样品、展品、实验品阶段，即使科技成果得到应用，其推广面也很小，工业一般在 20% 以下，农业低于 10%。因此我们应该特别强化技术开发和推广，使科技成果转化为现实的生产力。二是要优先发展教育的问题，教育不仅是经济、科技发展的基础，也是社会发展的基础。"百年大计、教育为本。"科学技术的载体是人，科学技术的整个活动（发现、发明、传播、利用）都是靠人来进行的，因此教育一要培养大批高、精、尖的跨世纪的优秀科技人才，为我国科技事业的发展提供人才保障；二要致力于提高全民族的科学文化素质，把科学技术物化到每一位劳动者身上去，发挥其第一生产力的作用。

第 2 节 科教兴省、科教兴市、科技兴县

为全面落实"科教兴国"战略，农业、工业、国防、财贸等行业和部门都提出了依靠科技振兴行业的发展战略。各省、市、自治区及各地（市）、县（市）也制定了科教兴省、科教兴市、科教兴县的发展战略和发展方针。1988年，江苏省率先提出实施"科教兴省"战略，决定转换经济增长方式，从过去主要依靠廉价资源和廉价劳动力逐步转变到主要依靠科技水平和劳动者素质上来。"科教兴国"作为一项全国性的战略提出后加速了地方科技事业和经济的发展。1996 年，国家科技领导小组成立，各地方随即成立了科技领导小组或科教兴省（区、市）领导小组。截至 1997 年 6 月，全国共有 26 个省（市、区）和计划单列市成立了科技领导小组。到 1997 年年底，全国已有 20 多个省、200 多个城市制订了以科技促进经济发展的计划。

1998 年 4 月，在中国科协主办的"科技进步与产业发展专家论坛"第三次大会上，我国学者宣布，从 1981 年到 1997 年的 10 多年里，我国科技进步对经济发展贡献率达到 31.65%。同年 5 月，为了严格执行《教育法》《科技进步法》，落实《中国教育改革和发展纲要》《中共中央、国务院关于加速科学技术进步的决定》中有关教育、科技投入的规定，国务院办公厅转发了财政部《关于进一步做好教育科技经费预算安排和确保教师工资按时发放的通知》，要求各级政府财政部门保证预算内教育和科技经费拨款的增长幅度高于财政经常性收入增长；第一次明确了对财政预算执行中的超收部分，也要相应增加教育和科技的拨款，以确保全年预算执行结果和实现法律规定的增长幅度。

1998 年，经中央批准，国家科技教育领导小组成立，并于 6 月 9 日举行第一次会议。会上朱镕基总理指出要深入贯彻江泽民同志关于知识经济和建立创新体系的重要批示精神，国家要在财力上支持知识创新工程的试点，要加大对科技和教育的投入。

一、科教兴省的主力军——以江苏省高等教育改革发展为例

新中国成立 50 年来，特别是改革开放 20 年来，江苏省教育事业的改革和发展取得了令人瞩目的成就。江苏省坚持将基础教育的发展作为教育工作的"重中之重"来抓，在全国率先实现了基本扫除青壮年文盲、基本普及九年义务教育的目标，在这个基础上，江苏省逐步建立健全现代教育制度，形成了基础教育、高等教育、职业技术教育、成人教育等组成的比较完整、与全省社会经济相适应的现代教育体系。

新中国成立以来，经过长期的努力，江苏高等教育事业得到了长足的发展。特别是改革开放 20 年来，江苏省根据社会经济发展和现代化建设的要求，确定了积极稳步发展高等教育的方针，使全省高等教育改革和发展步入快车道，为江苏省社会经济发展和现代化建设提供了强大的人力资源支持和知识贡献，真正成为实施"科教兴省"战略的主力军（陈万年，1999）。

从新中国成立初期到"文化大革命"的前 17 年，江苏省高等教育事业尽管有失误和挫折，但仍然得到了较大发展。事业规模扩大，教学质量提高，科学研究工作取得了一定的成绩，缩小了与国内和国际先进水平的差距。"文化大革命"给全省高等教育事业带来了深重的灾难，全省高等教育事业发展一

度陷入困境。党的十一届三中全会之后，在邓小平理论的指引下，江苏省高等教育迎来蓬勃发展的春天。从新时期之初坚持"在发展中调整，在改革中前进"方针，"八五"时期积极实施"科教兴省"战略，到"九五"时期大力推进教育现代化，江苏省高等教育得到了空前的发展。同时，江苏省坚持以改革促发展，通过加大布局调整和体制改革力度，进一步优化了高等教育资源配置，提高了办学水平和效益，通过加强教师队伍建设和深化教育教学改革，提高了教育质量。新中国成立之初，全省有普通高校 15 所，在校生 0.72 万人；1978 年，有普通高校 35 所，在校生 6.05 万人，到 1999 年，发展到有普通高校 71 所，在校生 36 万人；从 1978 年恢复招收研究生，1981 年实施学位制度以来，全省高校已有博士学位授予单位 21 个，授权点 238 个；硕士授予单位 28 个，授权点 656 个，全省先后招收研究生 5 万多人，毕业研究生 3.5 万人，目前在校研究生规模为 1.58 万人。江苏省已经初步形成了一个比较完整的、科类较全的、多层次多形式的高等教育体系（陈万年，1999）。

普通高等教育在改革中办学规模和效益有较大提高，在科学研究和技术创新领域取得了丰硕的成果。全省高校现有中科院院士 28 名，工程院院士 9 名；有国家级重点学科 42 个，重点实验室 18 个，省级重点学科 95 个，重点实验室 18 个；有国家级工程（技术）研究中心 3 个，省级工程（技术）研究中心 7 个，全省普通高校的整体教学科研实力在全国名列前茅。至 1998 年，江苏省高校有科技活动人员 5.72 万人，研究与发展人员 2 万多人。仅 1998 年，全省普通高校的科技经费就有 8.64 亿元，完成课题 13 543 项，发表论文 23 180 篇，获科研奖励 741 项，转让科技成果 718 项。江苏省高校科技力量成为推动全省科技进步的重要力量，对江苏省社会经济的发展发挥着日益重要的作用。

积极稳步发展高等教育是江苏省社会经济跨世纪发展和现代化建设的需要，也是基本实现教育现代化目标的需要。"九五"期间，全省努力培育高等教育新的增长点，积极探索多渠道、多模式发展高等教育的新路。通过普通高等教育、高等职业教育和开放式高等教育等多种模式，形成教学科研型、以本科教育为主型、包括高等职业教育等在内的合理的高校类型结构，构建适应社会主义市场经济体制、知识经济时代要求和现代化建设需要的江苏省高等教育体系。江苏省的具体做法如下。

一是进一步加快普通高等教育的改革和发展。江苏省结合实际制定了《江苏省高等教育管理体制改革及布局调整初步规划》和五年实施方案，通过深化管理体制改革和布局调整，促进全省高校实现规模、结构、质量、效益协调发展，逐步形成综合性院校、多科性院校和单科性院校较为合理的布局。其中，师范院校在 20 世纪末实现由三级向两级过渡，在 21 世纪初实现向一级师范过渡。与此同时，江苏省还努力拓展高等教育资源，积极培育高等教育新的增长点，试行"公有民办"机制，在有条件的普通高校进行"公有民办"二级学院试点，大力发展民办高等教育。

二是大力发展高等职业教育。江苏省充分利用现有的教育资源，将职业大学、独立设置的成人高校、大部分高等专科学校和有条件的部省级以上重点中专校，通过"三改一补"，组建若干所职业技术学院或社区学院，民办高校逐步转为主要举办高等职业教育，并在本科院校试办职业技术学院，努力构建具有江苏省特色的地方高等职业教育网络。

三是依托电大、民办高校、自学考试机构、社区学院、网络学校和其他远程教育机构构建开放式高等教育体系。开放式高等教育实行宽进严出、教考分离和学分制，凡具有高中毕业证及同等学力者，均可免试报名参加学习，学完规定课程、修满规定的学分，经严格考核后，发给毕业证书。其学历可得到国家承认，享受同层次高校毕业生同等待遇。

四是为适应农业现代化建设和农村经济结构调整需要，大力发展农村高等教育自学考试。江苏在全国率先提出并实施"建立面向农村自学考试实验区方案"，针对农村、农民、农业的实际需求及人才类型规格要求设置专业和课程，重点开设种植、养殖、加工、机电工程和管理五大专业类 28 个专业方向。仅仅在去年，全省自学考试报考人数就已经超过了 85 万人。

二、用数据说话——以湖北省"科教兴鄂"为例

（一）湖北省"科教兴鄂"实施情况

一是全社会科技经费投入总量再创新高。继 2002 年湖北省全社会科技经费投入总量达到历史最高水平后，2003 年，湖北省科技活动经费支出又创新高，达到 114.73 亿元，比上年增长 11.5%。其中企业支出 73.45 亿元，比上年增长 12%，所占比重为 64%；科研院所支出 23.9 亿元，与上年基本持平，所占比重为 20.9%；高等院校支出 14.48 亿元，比上年增长 29.5%，所占比重为 10.9%。R&D 经费总支出 54.82 亿元，比上年增长 14.5%，是近几年来增长幅度最大的一年，占地区生产总值的比重为 1.01%，比上年提高 0.05 个

百分点（郭朝江，1993）。

二是政府财政对科技和教育的资金扶持力度继续加大。2003 年，全省财政支出的科技三项费达到 6.17 亿元，比上年增长 3.2%。其中省级以下地方财政科技三项费支出为 5.02 亿元，比上年增长 31.4%，占地方财政支出的比重为 1.3%，比上年提高 0.2 个百分点，科技事业费 2.18 亿元，比上年增长 17.6%。全省财政支付的教育事业费 89.07 亿元，比上年增长 6.9%，占本年度财政支出的比重达到 16.4%，比上年提升 0.1 个百分点。

三是科技活动人员下降的趋势得以逆转。湖北省科技活动人员在经历了上年的下降后，2005 年出现小幅增长。2003 年，全省从事科技活动的人员总量为 192 724 人，比上年增长近 1%。科技活动人员中，企业人员有 99 526 人，增长 1.7%，所占比重为 51.6%，比上年提高 0.3 个百分点；高等院校科技活动人员 58 659 人，增长 2.3%，所占比重为 30.4%，比上年提高 0.4 个百分点。

四是科技研究硕果累累。2003 年取得省部级以上重大科技成果 673 项，其中达到国际领先水平的科技成果有 26 项，占总计的 3.9%。国内领先成果有 349 项，占总计的 51.9%。

分技术领域来看，湖北省取得的重大科技成果中，居首位的是生物、新医药与医疗器械领域，有 326 项；其次为农业技术领域，有 94 项；电子与信息技术领域有 84 项；软件技术领域有 56 项；新材料领域有 54 项；环境保护领域有 47 项。

全省专利受理量 6 635 项，比上年增长 33.8%。专利批准数 2 862 项，比上年增长 29.6%。其中发明专利 417 项，增长 1.2 倍；使用新型专利 1 854 项，增长 25.7%；外观设计专利 591 项，增长 9%。发表科技论文 56 167 篇，比上年增加 8.6%。

五是技术市场交易活跃。全省共签订技术合同 9 124 项，合同成交金额达 41.25 亿元，比上年增长 18.3%。其中技术开发合同金额 20.91 亿元，比上年增长 5.6%；技术转让合同金额 11.6 亿元，比上年增长 68.1%；技术服务合同金额 7.74 亿元，比上年增长 6.2%。在技术市场交易活动中，企业成为最大买主，共购买技术合同 5 440 项，占全省技术合同交易量的 59.6%（张志新，1995），比重比上年提高近 9 个百分点，显示企业对新技术的引进意识有很大提高。大专院校为最大的技术卖主，共出售技术成果 3 278 项，比上年增

长 4.9%，占全省技术合同出售量的 35.80%，所占比重较上年提高 4 个百
分点。

（二）科技促进经济社会发展

一是高新技术产业发展回升，对全省经济的推动力加大。2003 年，湖北
省按照全省的统一安排与部署，围绕 4 个重点领域、六大科技专项，以项目、
企业、基地建设 3 个环节为重点，加大了项目引进与结构调整力度，加大了特
色基地建设力度。克服了重点开发区、重点行业滑坡对湖北省高新产业带来的
不利影响，推动了湖北省高新技术产业的回升，全年共完成高新产业增加值
376.73 亿元，比上年增长 18.9%。高新技术产业增加值占规模以上工业增加
值的比重达到 27.6%，比上年提高 0.6 个百分点。高新技术产业经济效益小幅
增长，全年共实现利税 134.46 亿元，比上年增长 9.7%（郭朝江，1994）。

分技术领域来看，电子信息领域产业结构调整见成效。武汉 NEC、随州波
导等企业的迅速崛起壮大推动了全省电子信息产业的复苏，全年共完成增加值
57.8 亿元，增长 31.9%；新材料产业在下半年逐步升温的投资热的驱动下，
继续呈现高速增长势头，共完成增加值 62.9 亿元，增长 37.7%；生物技术与
新医药产业也出现了近年来少有的较大幅度增长，共完成增加值 42.85 亿元，
增长 20.9%；光机电产业的扩张势头有所减弱，共完成增加值 111.32 亿元，
比上年增长 17.6%。

四大支柱产业的主体地位更加突出。电子信息、生物技术与新医药、新材
料、光机电产业增加值占全省高新产业增加值的比重分别达到 15.3%、
11.40%、23% 和 29.5%，四大支柱产业所占比重共计达到 79.2%，比上年提
高 4 个百分点（纪伟，1995）。

高新技术产品出口形势进一步好转。海关统计资料显示，湖北省高新技术
产品出口额达到 3.29 亿美元，比上年增长 79.4%，是近几年来增幅最大的一
年。高新技术产品出口额占全省出口额的比重达到 12.4%，比上年提高 3.7 个
百分点。据测算，高新技术产业拉动湖北省经济增长 1.2 个百分点。

二是农业科技成果推广应用加快，增效增收明显。紧紧围绕湖北省优势农
产品产业带建设和特色农产品发展规划，以提高品质、降低成本、增加效益为
核心，选择优质稻、优质三元猪、双低油菜、柑橘等 8 种优势农产品，魔芋、
板栗、茶叶、中药材等 9 种特色农产品，对关键技术开展科技攻关，取得了一
批创新成果。2003 年新育成品种（组合）21 个，制定标准 25 项，申请专利

35 个，开发新产品 30 个。农业科技示范与成果转化步伐加快，成效明显。优质稻推广示范种植 8 万多单位，带动了全省超过 6 670 平方千米优质稻生产基地的建设。双低油菜产业化项目的实施，开发出 6 种深加工产品，在全省建立了 28 平方千米核心示范区和 40 平方千米示范带，全省双低油菜夏收总产 171.95 万吨，产区农民收入增加明显。瘦肉猪方面，在 16 家规模化猪场和 5 个示范县市开展了产业化示范，试验示范规模达到 43.5 万头，推广示范规模达到 323 万头，共获直接效益 7 800 万元，社会效益 3.3 亿元。

三是科技成果的运用推动了经济运行质量的提高，科技成果在工农业生产领域的广泛推广运用，直接导致了人、财、物力使用效率的提高，改善了经济运行的质量（邓绍英，1995）。2003 年，湖北省全社会劳动生产率为 15 614 元/人，比上年实际增长了 11.6%；工业经济效益综合指数为 126.2，比上年提高 5.6 个百分点。耕地产出率为 24.18 元/平方千米，比上年提高 11.5%。

四是科技进步促进了社会事业发展。在环境保护领域，科技攻关和产业发展成效显著。武汉科技学院完成的"苎麻清洁生产工艺及设备"，以脱胶废水治理为基础，对苎麻种植、采收、加工、纺织整个产业链条进行技术创新，实现了资源优化利用和环保双重目标。青山区国家环保基地的建设和发展步伐加快，环保科技园的基础设施建设进一步完善，黄姜皂素清洁生产新工艺完成了小试研究，中试研究也取得了较为满意的结果，为全面解决长期困扰黄姜产区的污染问题奠定了基础。全省工业废水排放达标率达到 83.8%，工业粉尘去除率达到 88.3%，工业固体废物综合利用率 72.5%，工业三废综合利用产品价值达到 37.52 亿元，比上年增加 12.1%。

邮电通信方面，随着光通信技术、移动通信技术及网络技术的广泛应用，湖北省邮电通信业务量猛增，对湖北省经济发展与社会进步起到了十分重要的推动作用。2003 年，全省通信光缆长度达到 64.4 万千米，增长 44.7%；每百人固定电话拥有量 29.5 部，增长 30.5%；每百人移动电话拥有量 14.9 部，增长 44.7%；每万人网络用户 299.9 户，增长 16.8%；邮电业务总量 204.3 亿元，增长 22.7%。

公共卫生事业方面，湖北省以生物技术与新医药产业化、中药现代化为重点，集中力量对常见病、多发病及高死亡疾病的防治与预防关键技术进行重点攻关，推动了湖北省卫生事业的发展。2003 年，全省共获得新药证书 50 项，新药临床研究批件 44 个。目前，已有一批一、二类新药正陆续进入产业化阶段。这些市场前景广阔的高科技产品进入市场后，将进一步提升湖北省医药产业的技术档次和总体效益。道地药材规范化种植示范项目的辐射和推广力度不断加大，全年新增推广面积近 100 平方千米，吸引山东省医药总公司等一批企业在湖北省新建药材基地 8 处，涉及药材品种 6 个，面积超过 42.7 平方千米。

三、科教兴市的五种模式

科教兴市作为科教兴国发展战略的重要组成部分，是保证城市经济社会持续、快速、健康发展的根本措施，是实现我国城市现代化的必由之路。

自 1988 年全国首届科技兴市战略研讨会在柳州市召开以来，以"依靠科技进步，振兴以城市为中心的区域经济和社会发展"为主要内容的科技兴市战略，被我国的一些中等城市率先制定和实施，并迅速得到全国许多城市的广泛响应。到 1995 年，全国已有 27 个省（直辖市，自治区）和 60% 以上的地（市）、县（市）实施了科技（教）兴省、兴市、兴县的战略，成为促进各地区域经济和社会发展的主旋律。20 世纪 80 年代末 90 年代初波澜壮阔、日益强劲的科技（教）兴市热潮，为后来科教兴国战略的正式出台和全面实施打下了坚实的基础。科教兴市的模式，就每个城市的个性和特色而言，可以说是"一市一式"，有多少个城市，就有多少种科教兴市的模式；但就其共性即必须遵循的共同规律而言，又可以分为若干基本模式。按照科教兴市的主攻方向和着力点，大致可将科教兴市归纳为"东、西、南、北、中"五种基本模式，如图 29 - 1 所示。

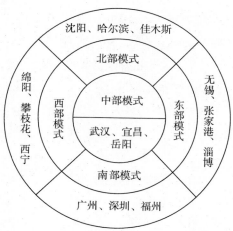

图 29 - 1　科教兴市的五种模式及代表城市

一是东部模式，以江苏省无锡市、张家港市和山东省淄博市为代表。其主要特点是：主攻构建科技与经济有机结合，并适应市场经济发展规律的"科教兴市新机制"，大力推进产学研、科工贸一体化，加速科技成果向现实生产力转化，大力开发、引进、消化新技术，大力开拓新产品和新兴产业。

二是西部模式，以四川省绵阳市、攀枝花市和青海省西宁市为代表。其主要特点是：主攻"军转民科教兴市"和城市发展述评"开创资源型城市发展新路"，紧紧抓住国家经济发展重心向中西部转移的大好机遇，在经济、科技、教育、社会发展各个领域，大力实施有利于西部发展的战略工程（如"新兴产业工程"、"人才工程"、"普及高中教育工程"、"城市建设工程"等），加速实现"两个根本转变"。

三是南部模式，以广东省广州市、深圳市和福建省福州市为代表。其主要特点是：主攻科技招商引资，大力开展对外经济、科技贸易，通过提供良好的政策环境和企业服务吸聚国内外科技资源，大力推进"民营科技企业（特别是高新技术企业）的规模化、集团化"和"高新技术产业化、国际化"。

四是北部模式，以沈阳市和黑龙江省哈尔滨市、佳木斯市为代表。其主要特点是：主攻"科技兴企"和"科技与金融结合"，加大科技投入，"运用科技增量盘活企业资产存量"，"建设科技大市场，发展科技大产业，加速培育新一代高新技术支柱产业，促进传统产业改造，推动经济振兴"。

五是中部模式，以湖北省武汉市、宜昌市和湖南省岳阳市为代表。其主要特点是：主攻"高新技术产业化和支柱产业高新技术化"，以人为本，大力实施"技术创新工程"，包括体制创新，结构创新，观念创新，技术创新，产品创新，管理创新，市场创新，环境创新，以及人的工作思路、内容和方法的创新。

这五种基本模式，都是从各区域的实际出发逐步形成的，它们带有本区域的鲜明特色，体现了本区域的优势和科教兴市的主攻方向，是全国科教兴市历史和现状的缩影，是全国科教兴市基本经验和做法的集中反映，每一种基本模式所代表的丰富内涵和意义是不言而喻的。

四、科教兴县（市）的成功实践：以广西为例

1992 年，国家科委在全国开展了"创建全国科技工作先进县（市）"的

活动，并制定了具体的考核评价指标。广西共有玉林、南丹、宾阳、钟山、贵港、桂平、博白、象州8个县（市）进入了全国科技工作先进县（市）的行列。实践证明，开展创建科技工作先进县（市）活动，是实施科教兴县（市、区）发展战略的成功实践（杨德荣，1990）。

（一）有效地促进了县（市）经济、科技和社会的协调发展

从已经获得"全国科技工作先进县（市）"称号的玉林等8个县（市）的总体情况来看，创建全国科技工作先进县（市）活动的深入开展，有效地促进了县（市）经济、科技和社会的全面协调发展（杨木成，2000）。8个县（市）开展创建全国科技工作先进县（市）活动以来，经济持续、健康、稳定发展，年经济增长速度均在10%以上，高于广西的平均发展水平；从创建前后的效果对比看，8个县（市）创建后GNP的平均增长速度高于全国平均增长率，农民人均纯收入也有了较大的增长；科技工作成效显著，各县（市）都制订了由县人大或政府批准的经济、科技和社会协调发展的规划、计划及科技发展的长远规划和近期计划；科技工作已从过去的科技管理部门的行为上升为党委和政府的行为，从过去的软任务变成了定性与定量相结合的具体考核指标；科技工作的活力和显示度明显提高，科技进步因素在经济增长中的贡献份额较创建前平均提高5%～10%。

（二）基本形成了党政一把手抓第一生产力的新局面

通过开展"创建"活动，各级领导的科技意识和决策科学化、民主化的意识及水平明显增强，普遍确立了把科技放在经济发展战略的首要位置的思想，提高了各级领导依靠科技进步振兴经济的紧迫感和责任感；并将科技工作列入了各级领导班子任期目标考核范围，实现了党政领导科技认识到位、科学决策到位、科技进步政策措施到位、科技投入到位、部门配合到位、科技成果推广应用到位、科技收益到位的"七个到位"。党政领导亲自抓科技、抓人才，给科技工作出题目、下任务的局面基本形成。

（三）科技投入明显增加，科技工作的手段和实力大为增强

在开展"创建"工作中，各县（市）政府都把增加对科技的投入作为重要的考核指标和工作重点，尤其是增加对科技三项经费（新产品试制、中间试验和重大科研项目的补助经费）和科技发展基金的投入。据对玉林等8个县（市）的考核验收，在通过国家科委考核验收的当年，当地财政投入的科技三项经费均达到或超过了当地财政预算支出的1%以上，而且都建立了不低于

50 万元的科技发展基金。近两年来，各县的科技三项经费都在逐年增加，最高的达县级财政预算支出的 3.2%。科技投入的增加，增强了科技工作的实力和手段，一大批科技项目得到了实施，科技工作的显示性得以充分体现。

（四）全社会的科技意识明显提高，"科教兴县（市）"战略的实施更加深入

创建活动的有效开展，促进了县（市）科技工作由软任务变成硬指标。据不完全统计，广西已有 80% 以上的县（市、区）开展了"科教兴县（市、区）"活动，制订了"科教兴县（市、区）"的规划和实施计划，1 000 多个乡镇开展了"科教兴乡镇"，近万个村开展了"科教兴村"活动，绝大部分地、市、县、乡镇、村配备了科技副职，85% 以上的乡镇建立了科技管理机构，县（市、区）基层科技服务、科技培训、科技管理体系得到了进一步的健全和完善，一批"公司＋农户＋基地"的新型农村社会化科技服务体系蓬勃兴起，科学技术的恩惠进一步撒向了广大农村和农民。已获得"全国科技工作先进县（市、区）"的地方，农业先进适用技术的覆盖面达 80% 以上，农作物优良品种覆盖面达 90% 以上，主要农产品单产均居广西先进行列，每年都有 90% 以上的农村基层干部和 80% 以上的农村劳动力接受普及性科技培训，10% 以上的青壮年劳动力接受了乡镇培训中心以上的系统培训，其中 5% 以上达到了农民技术员水平；企业职工的年培训面达到了 90% 以上，科技干部的继续培训面达 30% 以上，县（市）办工业企业和骨干乡镇企业的技术开发基金占销售收入的 1% 以上，工农业总产值和国民收入增长高于广西平均增长幅度。

第 3 节　"科教兴国"战略实施尚需与时俱进

一、"科教兴国"战略实施中存在的一些不足

"科技兴国"战略实施以来，我国科技事业硕果累累，取得了举世瞩目的成就："神舟六号"载人飞行圆满成功；全国造船完工量达 1 200 万载重吨，占世界造船市场份额的 18%；首座商用重水堆核电站——秦山三期核电站竣工投产；新品种杂交水稻产量大幅度提高等，一大批具有世界水平的科技成果在国民经济中获得应用，有效地推动了国民经济的发展。

　　但是，作为一个发展中的大国，我国科技水平与发达国家仍有很大差距，自主创新能力薄弱、核心技术缺乏已成不争的事实。我们应该清醒地认识到：一方面，以传统制造业转移和出口为特征的国民经济持续 10 余年高速增长，可谓空前绝后；另一方面，我国 GDP 的高速增长是以高投入、高能耗、高污染、低效益和廉价劳动力为代价换取的。掌握产品核心技术的发达国家，仅需一纸合同和几张光盘，就可以把合资企业 50% 以上的利润拿走。长此以往，我国整个制造业将丧失竞争力，国民经济的发展最终将依附于跨国企业，给子孙后代留下一堆烂摊子，这是不可持续的发展道路，必须改弦易辙，加快建设节约型、创新型社会。

　　遗憾的是，在经济全球化和制造业大举向中国转移的背景下，一些地区和部门的领导仍在片面地强调引进外资多少、合资企业多少，热衷于搞招商引资、提供各种优惠政策，不惜牺牲环境，很少关心中国企业是否得到了核心技术，是否在合作过程中培育了自己的创新能力。很多人甚至认为，依靠合资和兼并外国企业带来的技术溢出可以更加有效地提升我国的技术创新能力。事实表明，"以市场换技术"是一厢情愿，是宿命论和投降主义的思维方法，是放弃责任的意识形态的表现（李廉水，2001）。

　　要完成"科教兴国"战略的使命，达到振兴中华民族的伟大目标，必须众智所为，众力所举，大力推进自主创新。自主创新说来容易，但达成共识和企业经营战略并不容易。技术创新需要强大的科学实力、技术基础和长期不懈的努力才能为市场接受，从而产生巨大的经济效益。我国当前普遍存在的急功近利和浮躁心态，以及热衷于追求立竿见影的思维方式，都是与自主创新背道而驰的。我们应当清醒地认识到，真正的核心技术是引进不来的，涉及军工制造的关键设备也是买不来的；没有自主开发能力，将永远受制于人。

　　实践告诉我们，自主创新虽然最初成本较高，但却避免了引进技术时要支付的高昂代价，避免了投产后需将大部分利润让给外方的局面。从长远看，对企业核心竞争力的形成和持续发展意义更为深远。企业只有通过研发投入和自主创新，才能真正掌握自身发展的命运。由于体制和观念等种种原因，我国大多数企业不愿在产品研发和创新上投入资金。中央和地方各类研究机构纷纷改制的结果，大大削弱了我国的产品开发和研究能力，沦为仅仅追求利润的公司。高等院校的科研往往脱离企业的需要，低水平重复，缺乏创新思想；剽窃他人成果的案例频频出现，甚至不择手段地造假来骗取科研经费也成为单位和个人"创收"的渠道。

再看10年来的教育改革。尽管国家加大了教育和科研经费投入，许多地方建起了规模惊人的大学城，大专院校的数量明显增加，但实际上，我国教育的现状不容乐观，距离"兴国"的愿景和长远目标征途漫漫。例如，在农村推行九年义务教育面临经费和师资的制约，困难重重；职业教育的落后已经导致熟练工人和知识型工人严重不足，劳动生产率低下；城市中小学普通教育以升学为导向，扼杀了学生的好奇心和创新性，只会"算"题，不会"问"题、"解"题；高等院校盲目扩大招生、无序合并、戴帽升级，有大学、无名师，有文凭、无能力，导致教育质量明显下降，已引起用人单位的普遍不满，毕业生面临就业困难。更为严重的是，"教育产业化"使各级各类学校把赚钱放到首要地位，学校乱收费问题已成顽疾。教育费用支出已经成为老百姓的三大重负之首，尤其是优质教育资源收费高昂，几乎被富有人群垄断，出现了社会不公平现象，丧失了教育的公益性。

总之，回顾我国实施"科教兴国"战略的10年，尽管取得了举世瞩目的成就，但由于实施中行动一般化，措施不得力，落实见效少，前进道路坎坷，总体情况不尽如人意，没有像预期的那样，从战略上和根本上提升国民经济发展水平，大幅度提高工农业劳动生产率，大大缩短与发达国家的差距。

二、与时俱进——创新驱动实施"科教兴国"战略

全面落实国家中长期科技、教育、人才规划纲要，大力提高科技创新能力，加快教育改革发展，发挥人才资源优势，推进创新型国家建没（徐冠华，2005）。

（一）增强科技创新能力

坚持自主创新、重点跨越、支撑发展、引领未来的方针，加快建设国家创新体系，着力提高企业创新能力，促进科技成果向现实生产力转化，推动经济发展更多依靠科技创新驱动。

第一，推进重大科学技术突破。把握科技发展趋势，超前部署基础研究和前沿技术研究，推动重大科学发现和新学科产生，在物质科学、生命科学、空间科学、地球科学、纳米科技等领域抢占未来科技竞争的制高点。促进科技进步与产业升级、民生改善紧密结合，面向经济社会发展的重大需求，在现代农业、装备制造、生态环保、能源资源、信息网络、新型材料、公共安全和健康

等领域取得新突破。加快实施国家重大科技专项，增强共性、核心技术的突破能力（哈斯塔娜，2003）。

第二，加快建立以企业为主体的技术创新体系。深化科技体制改革，促进全社会科技资源的高效配置和综合集成。重点引导和支持创新要素向企业集聚，加大政府科技资源对企业的支持力度，加快建立以企业为主体、市场为导向、产学研相结合的技术创新体系，使企业真正成为研究开发投入、技术创新活动、创新成果应用的主体。增强科研院所和高校的创新动力，鼓励大型企业加大研发投入，激发中小企业创新活力，推动建立企业、科研院所和高校共同参与的创新战略联盟，发挥企业家和科技领军人才在科技创新中的重要作用。加强军民科技资源集成融合，鼓励发展科技中介服务，提高服务企业能力。发挥国家创新型城市、自主创新示范区、高新区的集聚辐射带动作用，加快形成若干区域创新中心，把北京中关村逐步建设成为具有全球影响力的科技创新中心。

第三，加强科技基础设施建设。围绕增强原始创新、集成创新和引进消化吸收再创新能力，强化基础性、前沿性技术和共性技术研究平台建设，建设和完善国家重大科技基础设施，加强相互配套、开放共享和高效利用。在重点学科和战略高技术领域新建若干国家科学中心、国家（重点）实验室，构建国家科技基础条件平台。在关键产业技术领域建设一批国家工程实验室，优化国家工程中心建设布局。加强企业技术中心建设，支持面向企业的技术开发平台和技术创新服务平台建设。深入实施全民科学素质行动计划，加强科普基础设施建设，强化面向公众的科学普及。

第四，强化科技创新支持政策。强化支持企业创新和科研成果产业化的财税金融政策。保持财政科技经费投入稳定增长，加大政府对基础研究的投入，深化科研经费管理制度改革。全面落实企业研发费用加计扣除等促进技术进步的税收激励政策。实施知识产权质押等鼓励创新的金融政策。建立健全知识产权交易市场。实施知识产权战略，完善知识产权法律制度，加强知识产权的创造、运用、保护和管理，加大知识产权执法力度。鼓励采用和推广具有自主知识产权的技术标准。完善科技成果评价奖励制度，加强科研诚信建设。

（二）加快教育改革发展

全面贯彻党的教育方针，保障公民依法享有受教育的权利，办好人民满意的教育。按照优先发展、育人为本、改革创新、促进公平、提高质量的要求，推动教育事业科学发展，提高教育现代化水平。

第一，统筹发展各级各类教育。积极发展学前教育，学前一年毛入园率提高到 85%。巩固九年义务教育普及成果，全面提高其质量和水平。基本普及高中阶段教育，推动普通高中多样化发展。大力发展职业教育，加快发展面向农村的职业教育。全面提高高等教育质量，加快世界一流大学、高水平大学和重点学科建设，扩大应用型、复合型、技能型人才培养规模。重视和支持民族教育发展，推进"双语教学"。关心和支持特殊教育。加快发展继续教育，建设全民学习、终身学习的学习型社会。

第二，大力促进教育公平。合理配置公共教育资源，重点向农村、边远、贫困、民族地区倾斜，加快缩小教育差距。促进义务教育均衡发展，统筹规划学校布局，推进义务教育学校标准化建设。实行县（市）域内城乡中小学教师编制和工资待遇同一标准，以及教师和校长交流制度。取消义务教育阶段重点校和重点班。新增高校招生计划向中西部倾斜，扩大东部高校在中西部地区的招生规模，创新东西部高校校际合作机制。改善特殊教育学校办学条件，逐步实行残疾学生高中阶段免费教育制度。健全国家资助制度，扶助经济困难家庭学生完成学业。

第三，全面实施素质教育。遵循教育规律和学生身心发展规律，坚持德育为先、能力为重，改革教学内容、方法和评价制度，促进学生德智体美全面发展。建立国家义务教育质量基本标准和监测制度，切实减轻中小学生课业负担。全面实施高中学业水平考试和综合素质评价，克服应试教育倾向。实行工学结合、校企合作、顶岗实习的职业教育培养模式，提高学生就业的技能和本领。全面实施高校本科教学质量和教学改革工程，健全教学质量保障体系。完善研究生培养机制。严格教师资质，加强师德师风建设，提高校长和教师专业化水平，鼓励优秀人才终身从教。

第四，深化教育体制改革。改进考试招生办法，逐步形成分类考试、综合评价、多元录取的制度。加快建设现代学校制度，推进政校分开、管办分离。落实和扩大学校办学自主权。进一步明确中央和地方责任，加强省级政府教育统筹。鼓励引导社会力量兴办教育，落实民办学校与公办学校平等的法律地位，规范办学秩序。扩大教育开放，加强国际交流合作和引进优质教育资源。健全以政府投入为主、多渠道筹集教育经费的体制。

（三）造就宏大的高素质人才队伍

大力实施人才强国战略，坚持服务发展、人才优先、以用为本、创新机制、高端引领、整体开发的指导方针，加强现代化建设需要的各类人才队伍建设，为加快转变经济发展方式、实现科学发展提供人才保证。

第一，突出培养造就创新型科技人才。提高科技创新能力、建设创新型国家，以高层次创新型科技人才为重点，造就一批世界水平的科学家、科技领军人才、工程师和高水平创新团队。创新教育方式，突出培养学生科学精神、创造性思维和创新能力。加强实践培养，依托国家重大科研项目和重大工程、重点学科和重点科研基地、国际学术交流合作项目，建设高层次创新型科技人才培养基地。注重培养一线创新人才和青年科技人才，积极引进和用好海外高层次创新创业人才。

第二，促进各类人才队伍协调发展。大力培养装备制造、生物技术、新材料、航空航天、国际商务、能源资源、农业科技等经济领域和教育、文化、政法、医药卫生等社会领域紧缺专门人才，统筹推进党政、企业经营管理、专业技术、高技能、农村实用、社会工作等各类人才队伍建设，实现人才数量充足、结构合理、整体素质和创新能力显著提升，满足经济社会发展对人才的多样化需求。

第三，营造优秀人才脱颖而出的环境。坚持党管人才原则。建立健全政府宏观管理、市场有效配置、单位自主用人、人才自主择业的体系机制。建立健全人才工作目标责任制。推动人才管理部门职能转变，规范行政行为，扩大和落实单位用人自主权。深化国有企业和事业单位人事制度改革。创新人才管理体制和人才培养开发、评价发现、选拔任用、流动配置和激励保障机制，营造尊重人才、有利于优秀人才脱颖而出和充分发挥作用的社会环境。改进人才服务和管理方式，落实国家重大人才政策，抓好重大人才工程，推动人才事业全面发展。

第 30 章　启动"973 计划"

　　21 世纪是以知识为基础的知识经济时代。经济和社会快速发展需要更多的基础研究服务于国家目标。世界主要发达国家和发展中国家面对现代科学和新形势下的发展特征，认识到基础研究具有重要的战略意义，积极引导服务于国家目标的基础研究，旨在实施加强和开发国际竞争力的基础研究战略和计划。国际科学竞争从应用开发，扩大到基础研究，基础研究已经成为国家整体发展战略的重要组成部分（叶叔华，1999）。为此，作为一个发展中国家，中国必须遵循"有所为，有所不为"的原则，根据世界科学发展的规律和我国目前的情况，选择有限目标的趋势，着眼于优势，重点突破，以加强解决我国深层次科学问题的能力，为在国际市场占有一席之地而努力。

　　1996 年 5 月，江泽民同志在中国科协第五次全国代表大会上指出，基础研究是科学之本、技术之源，它的发展水平是一个民族智慧、能力和国家科学技术进步的基本标志之一。从事基础研究工作的科研人员，要把为国民经济和社会发展提供动力作为中心任务，不断探索自然的规律，追求新的发展和创立新的学说，丰富人们认知世界、改造世界的理论和方法。要瞄准世界科技前沿，统筹规划，大力协同，集中力量，重点突破，为我国在世界高技术领域占有一席之地作出更大的贡献（胡赓熙，1998）。

　　1997 年 6 月，李鹏同志主持召开国家科技领导小组第三次会议，认真听取了时任国家科委主任朱丽兰同志的《关于加强我国重点基础研究及发展高技术产业的汇报》。会议认为，目前我国经济和社会的发展对基础研究提出了越来越高的要求，按照我国科技工作的总体部署，制定国家重点基础研究发展规划，将有利于促进我国基础研究工作的开展，从而提高我国科学技术的整体发展水平。会议同意国家科委《关于加强我国重点基础研究及发展高技术产业的汇报提纲》，提出要按照我国科技工作的总体目标，制定和实施"国家重点基础研究发展规划"，在此后 12 年内，选择对国家经济、社会发展有重大影响的农业、能源、信息、资源、环境、人口与健康、材料等领域的重大科学问题和若干重要的科学前沿，组织实施重点基础研究项目，支持和培养一批优秀的科学研究小组，优化基地建设，加强基础性工作，积极开展国际合作，为基础研究创造良好的发展环境，促进我国基础科学的发展，增强科技储备，提高我国知识创新的能力和水平。

1997 年 7 月，江泽民同志就此次会议的纪要作了重要批示，指出基础研究很重要，必须从社会和经济的长远发展需要出发，统观全局，突出重点，实行"有所为，有所不为"的方针，继续加强基础科学研究。

第 1 节 "双力驱动" 的基础研究资助
体系——"973 计划"

一、"973 计划" 的诞生

为了制定好国家重点基础研究发展规划，1997 年 3 月至 1998 年 4 月，国家科委成立了专门的规划工作小组，会同国家教委、中国科学院、国家自然科学基金委员会及有关部委进行了多次讨论，通过组织各种战略研讨会、香山科学会议、两院院士座谈会等形式，多方面、多渠道听取专家的意见和建议，研究如何按照十五大精神和江泽民指示、国家科技领导小组第三次会议纪要精神，从世界科技、经济的发展趋势和我国的国情出发，集中研讨我国经济和社会发展的重大、长远战略需求，探讨其中的重大科学问题。1998 年 7 月，受科技部的委托，由 19 位对基础研究工作和国家科学需求有深入了解、能充分反映科技界意见的科学家组成国家重点基础研究发展规划专家顾问组，对国家重点基础研究的发展战略、政策计划和规划以及重大规划项目立项、审评及组织实施中的重大决策性问题进行咨询、顾问、监督、评议，以保证重点规划项目立项和管理的科学性和民主性。

国家重点基础研究发展计划（"973 计划"）的主要任务是：从国家战略需求出发，继续加强对农业、能源、信息、资源环境、人口与健康、材料等重要领域的重大基础研究，针对具有战略性、前瞻性、基础性的生命科学、纳米科学、信息科学、地球科学等重大科学前沿领域，加强科学研究和创新，力争取得突破性进展。加强交叉综合研究和集成创新，不断形成新思想、新概念、新发现、新理论，为社会生产力的跨越式发展奠定基础；稳定一支高水平的基础研究队伍，培养一批创新人才，大力开展国际交流与合作，鼓励和扶持一批有突出成绩、有组织能力、有国际影响力的科学家和研究骨干走向世界，提高我国的国际科技地位与影响；改进和完善有利于创新的科学评价体系与管理体系，克服追求短期绩效、急功近利等浮躁现象，鼓励科学家大胆探索新的研究领域，引导他们在国家需求和科学前沿的结合点上积极开展创新性研究。

"973 计划"于 1998 年 12 月开始正式实施。科技部组织专家对 207 项申请项目进行了预审、初评和综合评审。按照"择需、择重、择优"的原则，从国家利益出发，本着"公平、公正、公开"的精神，遴选出 15 项正式项目和 10 项培植项目。首批项目遴选完成以后，科技部又组织有关方面对规划文本进一步进行了修改、完善，并组织了 6 个领域和一个科学前沿的战略研讨工作，力图通过需求和前沿分析，提出各领域支持的重点，为以后的项目遴选作出系统策划和安排。

"973 计划"在国家科技计划中率先实行课题制管理，积极探索基础研究重大项目的组织实施模式；设立高水平专家顾问组对国家重点基础研究发展规划（"973 计划"）进行咨询和评议；加强预决算管理，实行全成本核算；实行首席科学家领导下的专家组负责制，首席科学家对项目的实施全面负责；实行中期评估制度，根据项目的工作状态和研究前景进行动态调整；结题验收在全面考核项目计划任务完成情况的基础上，重点评价研究成果的创新性对解决国家重大需求问题的贡献和人才培养情况。

二、"973 计划"组织实施的成效

"973 计划"从 1998 年开始实施以来，战略部署包括农业、能源、信息、资源环境、人口与健康、材料、综合交叉与重要科学前沿等领域，2006 年又落实《国家中长期科学和技术发展规划纲要》的部署，启动了蛋白质研究、量子调控研究、纳米研究、发育与生殖研究 4 个重大科学研究计划（苏开源，2005）。"973 计划"的实施，实现了国家需求导向的基础研究的部署，建立了自由探索和国家需求导向"双力驱动"的基础研究资助体系，完善了基础研究布局。

截至 2008 年年底，在承担"973 计划"的 1.8 万人队伍中，有两院院士

502 位、国家杰出青年科学基金获得者 637 位、中国科学院"百人计划"入选者 140 位、教育部"长江学者奖励计划"特聘教授 242 位。"973 计划"注重发挥中青年科研人员的作用,研究队伍中 45 岁以下的占 3/4,项目首席科学家中 45 岁以下的占 45%,课题负责人中 45 岁以下的占 63%。"973 计划"项目实行首席科学家领导下的项目专家组负责制,首席科学家对项目的执行全面负责。"973 计划"项目资助分为 3 类,A 类为 3 000 万元以上,B 类为 1 500 万 ~ 3 000 万元,C 类为 1 500 万元以下。项目执行期一般为 5 年,人均全时资助强度要求在 10 万元/年以上。截至 2008 年年底,"973 计划"立项 382 项,重大科学研究计划立项 82 项,国家财政投入 82 亿元(汤亚非,2008)。

"973 计划"是具有明确国家目标、对国家的发展和科学技术的进步具有全局性和带动性的基础研究发展计划,旨在解决国家战略需求中的重大科学问题,以及对人类认识世界将会起到重要作用的科学前沿问题,提升我国基础研究自主创新能力,为国民经济和社会可持续发展提供科学基础,为未来高新技术的形成提供源头创新。

"973 计划"始终坚持面向国家重大需求,立足国际科学发展前沿,解决中国经济社会发展和科技自身发展中的重大科学问题,显著提升了中国基础研究的创新能力和研究水平。"973 计划"的实施,实现了国家需求导向的基础研究的部署,建立了自由探索和国家需求导向"双力驱动"的基础研究资助体系,完善了基础研究布局。

"973 计划"的实施充分振奋了我国科技界的创新精神,真正激发了科学家服务于国家目标的主动意识,增强了科技界的凝聚力和攀登科学高峰的信心,源源不断地推动着我国基础研究的发展,一大批阶段性研究成果显露出在国民经济与社会发展中的重要作用,并有一批创新成果在国际学术界产生了重要影响:①在科学前沿领域取得一批原创性成果,产生了重要的国际影响;②大大促进了基础研究与国家目标的结合;③凝聚优秀队伍,促进人才培养,为将帅人才成长搭建了舞台;④促进了科技计划之间的衔接,充分体现了源头创新作用。

当然,总结经验,在制定中长期基础研究发展规划过程中,针对反映出来的问题,有三个方面值得重点关注。

(1)实施基础研究的超前投入战略。作为我国对基础科学研究加大投入力度的重要阶段,今后 10 ~ 15 年,要努力争取让中央财政科技拨款中对基础研究的投入比例尽快达到 OECD 国家同类投入水平的下限。同时，在以政府投入为主体的基础上，积极引导和鼓励多渠道、多方式加大对基础研究的支持。特别是要鼓励公司、企业和个人设立各类支持基础研究的基金，并积极利用国际资金。要通过体制、机制改革和管理创新，大力提高资金利用效率，使基础研究能够持续、稳定地发展（谷超豪，1998）。

（2）"以人为本"，实施基础研究人才超前培养战略。着力推进教育与基础研究更为紧密的结合，必须从现在起加强各层次青年人才的培养。要在国家层面上进一步整合各类优秀人才培养和选拔计划，加强创新群体和优秀团队的建设，使基础研究学术带头人的质量有显著提高，数量有显著增加（彭以祺，2000）。要进一步营造良好的用人环境，强化学术氛围，大力吸引和凝聚海内外优秀学者，以各种方式为我国基础研究的发展服务。坚持"以人为本、人尽其才"，促进人才的有序流动，为我国基础研究的稳定发展奠定坚实的人才基础。

（3）实施新的科技评价办法，努力营造良好的创新文化和创新环境。2003 年，科技部、教育部、中国科学院、中国工程院、国家自然科学基金委员会五部门联合发布了《关于改进科学技术评价工作的决定》，随后科技部又颁发了《科学技术评价办法》，得到了科技界的普遍赞同和积极响应。今后，实施新的科技评价办法这项工作还要继续开展下去。一方面，继续深入学习和落实有关文件精神，改革当前科技评价工作中存在的弊端（应向伟，2006）；另一方面，制定完善的配套实施细则和政策法规，在引导和激励创新方面使新的科技评价办法取得明显成效。

第 2 节　基础研究——知识创新工程的战略重点

放眼全世界，科学技术飞速发展，国家间的竞争愈加激烈。竞争的实质，集中表现为综合国力的较量，其核心是科学技术和人才的竞争。20 世纪末，世界大国都在分析、研究和制定适合本国在 21 世纪的发展战略，力争使本国在知识经济时代处于有利的经济形势和政治地缘地位。怀揣民族复兴大志的中国，同样在研究和制定实现国家现代化的蓝图（王扬宗，2009）。

历经 50 年的发展，中国科学院形成了一支在解决国家经济建设、国家安全和社会可持续发展相关战略性、基础性和前瞻性科学技术问题等众多重要领域代表着中国科技发展最高水平的多学科与高技术研究队伍，并且在解决关键技术、啃"硬骨头"方面具有综合优势和攻关能力。这支队伍在我国社会主义建设、社会进步和科技发展等方面取得了举世瞩目的成绩，从 1956 年至 2001 年，中国科学院单独或与其他部门联合完成的基础研究科研成果包括：在世界上首次人工合成牛胰岛素，完成人类基因组百分之一的测序研究工作；发现反西格马负超子，证实了反粒子存在的理论；在数学领域创立多复变函数的调和分析，有限元方法和辛几何算法，示性类及示嵌类的研究和数学机械化与证明理论，关于哥德巴赫猜想研究的突破；钇钡铜氧高温超导材料组成的首次公布，标志着我国超导研究进入世界先进行列。这些成果有 290 项获得国家自然科学奖，占国家自然科学奖授奖总项数的 41.5%。其中 16 项成果获一等奖，占一等奖总项数（27）的 59.3%。涌现出一大批杰出的科学家，中国科学院的吴文俊院士和黄昆院士先后荣获了 2000 年和 2001 年国家最高科学技术奖。

中国科学院对世界科学发展作出了巨大贡献，体现出其在国家基础研究和国家知识创新体系中不可替代的战略方面军地位。面对知识经济的国际浪潮，中国科学院作为国家一支重要的科技方面军，在实现中华民族伟大复兴的宏伟事业中，承担着重要责任，肩负着崇高的历史使命。

一、国家知识创新工程的诞生

1998 春节期间，中国科学院将《迎接知识经济时代，建设国家创新体系》的研究报告呈报中共中央和江泽民总书记。

1998 年 2 月 4 日，江泽民总书记在报告上批示："知识经济、创新意识对于我们 21 世纪的发展至关重要。东南亚的金融风波使传统产业的发展有所减慢，但为产业结构的调整则提供了机遇，科学院提了一些设想，又有一支队伍，我认为可以支持他们搞些试点，先走一步，真正搞出我们自己的创新体系。"

在中央和国务院的关怀下，中国科学院结合自身实际和国际科技的发展趋势，很快又向国务院提交了《关于实施知识创新汇报提纲》，向国家建议组织实施"知识创新工程"，在国家宏观层面为形成国家创新体系完整的总体战略布局打下基础。1998 年 6 月 9 日，朱镕基总理主持召开国家科教领导小组会议审议，并原则通过了中国科学院《关于"知识创新工程"试点的汇报提纲》。8 月 2 日，国务院正式批准由中国科学院实施知识创新工程试点（姜力，2004），要求中国科学院在国家创新体系中的基本任务是：形成和保持强大的国家知识创新能力；加速最新科技知识的传播；全面推进知识和技术转移；为国家宏观决策提供科技咨询；建设和保持一支具有国际水平的科技队伍；不断加强国家知识创新基地建设。

面对新的形势，党中央目光远大、高瞻远瞩，作出实施"科教兴国"和可持续发展战略、建设国家创新体系、开展知识创新工程试点工作的英明决策。此举是以江泽民同志为核心的党中央作出的一项应对 21 世纪经济全球化和新经济时代挑战、加快我国经济社会发展的重大战略决策。党中央和国务院的战略决策，使中国科学院进入了新的历史发展时期。本着"明确方向，深化改革，建设基地，造就人才，开拓创新，加快发展"的基本工作思路，中国科学院在实施知识创新工程试点工作过程中，确立了新时期的发展战略目标：瞄准国家战略目标和国际科技前沿，把中国科学院建设成为国际知名的和具有强大持续创新能力的国家自然科学和高技术的知识创新中心，成为具有国际先进水平的科学研究基地、培养造就高级科技人才的基地和促进我国高技术产业发展的基地，成为国际公认的中国国家科技知识库、科学思想库和科技人才库，努力为国家民族作出基础性、战略性和前瞻性贡献。

二、知识创新工程结硕果

中国科学院率先进行国家知识创新工程试点以来（战略性科技创新，从我国社会、经济发展战略需求出发，以科技创新成果的战略意义为主要价值取向，不单纯以问题的复杂性、创新难度，以及学术、技术水平为评价标准），中国科学院创新能力显著提高，高质量科技创新成果不断涌现（一工，2004）。

中国科学院科技创新硕果累累：完成了中国水稻基因组"工作框架图"和数据库工作，对国民经济持续发展和国家粮食战略安全有重要的意义；在世界上首次发现大鼠附睾中的一种抗菌肽基因，并研究和发现了其重要的生物功能作用，这对提高人类健康水平具有重要意义；开展了青藏高原水资源、江河源地区生态环境、新疆干旱区生物多样性、黄土高原退耕还林草等调查，对我国农作物优质高产技术取得突破和西部大开发具有重要意义；完成了关于肿瘤抑制蛋白 P53 识别的两个序列（Waf1 和 A – tract 序列）DNA 微环弹性性质的国际合作研究以及关于单链 DNA 分子统计弹性力学的研究；成功克隆了遗传性乳光牙本质 I 型基因；在国际上首次发现了一种插入变种 LenRs – A 能够识别亮氨酸 tRNA 的两种等受体；在有机分子簇集和自由基化学研究方面，提出了溶剂促簇能力等若干重要创新概念；探索生命起源与演化的古生物研究取得一系列重大发现；首次在实验上实现了高能超热电子的定向发射；首次合成超重区新核素 259Db；成功制备出超长、定向生长的碳纳米管阵列，合成出世界上最细的碳纳米管，发现了碳纳米管在室温下具有优异的储氢性能，在世界上率先制备出高纯、高密度、在室温下具有超塑延展性能的纳米铜；在国际上首次从生产源头上解决了铬盐行业重金属污染的难题等。上述研究成果为我国社会主义现代化建设作出了重要的创新性贡献（邓心安，2003）。

同时，中国科学院知识创新工程还取得了一批对我国经济发展和国家安全具有战略意义的高技术应用创新成果，为国家的经济建设和社会可持续发展作出了积极的贡献（一工，2005）。例如，石家庄农业现代化研究所的高优"503"小麦，累计推广 20 000 平方千米；遗传与发育生物学研究所往年已审定的 12 个农作物品种年推广面积 4 335 平方千米以上；武汉病毒研究所承担的"863"项目重组棉铃虫病毒杀虫剂中试研究，在重组病毒的中试化生产及其安全性方面走在世界前列；计算技术研究所研制的 Godson（龙芯）CPU 设计与验证系统是国内首次自主研制的通用 CPU，在通用 CPU 体系结构设计技术方面达到国内领先水平和国际先进水平；山西煤炭化学研究所研究开发的灰熔聚流化床粉煤气化工业试验装置的运行，煤间接液化合成油技术取得突破性进展，标志着我国自主研发的先进煤气化技术产业化实现了突破，为我国中小化肥行业技术改造寻找到了新的途径；高性能机器人研制与工程应用中一系列关键技术难题的解决；空间科学与应用研究中心承担和完成四次"神舟"载人飞船应用系统工作等。

在这些令人瞩目的科技成果中，水稻基因组"精细图"的绘制完成，标志着我国在基因组领域取得领先地位，是我国在攀登科学高峰的征途中进行原始性创新和高新技术集成的综合体现。水稻基因组"精细图"的绘制完成和构成它的 DNA 序列均达到了国际公认的基因组精细图标准。它是目前世界上唯一基于"全基因组鸟枪法"构建的大型植物基因组高精度基因图。水稻基因组"精细图"的巨大科学意义和潜在应用价值，将在未来科学研究和生产实践中显现出来。2002 年 3 月 25 日，我国成功发射了"神舟三号"飞船。这是一艘正样无人飞船，除航天员没有上之外，飞船技术状态与载人状态完全一致。它标志着我国载人航天工程取得了新的重要进展，为把中国航天员送上太空打下了科技基础。2003 年 10 月 15 日，"神舟五号"载着中国首位航天员杨利伟成功进入太空并返回，标志着中国成为继俄罗斯和美国之后第三个能够独立开展载人航天活动的国家。

三、知识创新工程的历史地位

在 2003 年度中国科学院工作会议上，全国人大常委会副委员长、中国科学院院长路甬祥院士（柏万良，2003），将中国科学院实施国家知识创新工程试点工作的经验概括如下。第一，坚持按客观规律办事。不断推进理论创新，不断分析世界科技发展态势，不断深化对科技创新规律的认识，并以之指导实践。第二，坚持以科技创新为中心。面向国家战略需求，面向世界科学前沿，不断优化科技布局，不断凝练和提升科技目标，聚精会神谋发展，一心一意抓创新，为我国经济建设、国家安全和社会可持续发展不断作出前瞻性、基础性、战略性贡献。第三，坚持解放思想，实事求是，与时俱进，开拓创新。通过试点引导，积极推进体制、机制改革和管理创新，自觉进行结构调整。第四，坚持发展是硬道理。发展快，先支持，发展好，多支持，鼓励一部分单位先发展，从而带动整体发展，在发展中不断解决新的问题和矛盾。第五，坚持以人为本。以创新队伍建设为核心，注重领导班子建设，尊重人的创造、尊严和价值，充分调动各类人员的积极性。第六，坚持扩大开放。在国内广泛开展与大学、企业、地方和社会各界的合作与联合，吸纳和整合社会科技创新资源；积极开展国际科技交流与合作，有重点地与国际高水平研究机构和优秀科学家建立科技合作的战略伙伴关系。

在实施知识创新工程中，中国科学院提出知识创新的概念，这是理论上的突破；知识创新试点的实施和全面推进，是"科教兴国"战略的体现。中国科学院实施知识创新工程的实践和硕果，推动和改变了全社会对知识创新概念的认识，是中国科学院对全国现代化建设所作的重要贡献。看待和总结中国科学院实施知识创新工程的探索与实践时，目光不要仅仅局限在科学院身上。只有将中国科学院实施知识创新工程认识提升到建设国家创新体系、提高国家科技竞争力的高度，才能正确理解和把握创新工程的意义和作用；只有将创新工程放到全球科技发展的大背景下，社会各界才能根据自身特点定位和设计未来创新发展的目标和策略（路甬祥，2008）。

中国科学院知识创新工程是国家创新体系的子系统。知识创新系统是知识的生产、扩散和转移相关的机构和组织构成的网络系统。知识创新系统的核心是国立科研机构的观念创新、管理创新、创新队伍、园区建设等，政府行为起主导作用。中国科学院知识创新工程试点，是中国在世纪之交的重大举措，在中华民族复兴的道路上具有重要的历史意义（艾琳，1999）。作为重要的战略方面军，中国科学院实施知识创新工程试点，科技创新能力得到持续的提升，在建立我国国家创新体系中已取得了举世瞩目的成就。

第3节　国家科技基础条件平台建设

中国的科技基础条件工作经过长期努力，具备了较好的物质基础，特别是改革开放以来，中国的科技基础条件工作取得了一定的进展，积累了一些重点领域的科学数据和文献，建立了部分区域性的观测与监测网络，收集整理了一定数量的种源和标本，拥有了一批科技基础设施等。"九五"以来，在资源整合方面，也进行了积极的探索，推动了大型科学仪器和科技图书文献资源的共建共享工作，设立了"科技基础性工作专项资金"（袁伟，2006）。

但是在科技竞争日益激烈的今天，中国的科技基础条件还是远远不能满足科技发展的需求，仍然存在着亟待解决的突出问题：一是缺乏国家层面的整体规划，盲目重复，资源浪费，建设薄弱，布局不合理；二是财政投入分散，总量不足，配置不当；三是管理体制与方式不适应科技创新的要求，条块分割，部门封闭，单位所有，利用率低，共享机制缺乏，相应政策法规不完善；四是评价和激励机制不健全，人才队伍不稳，专业素质下降等。

中国科技基础条件建设的滞后与薄弱，已经导致战略性研究经常受制于人，国家关键技术的突破难以实现，重大原创性科技成果难以形成，全社会的科技创新和创业活动得不到及时有效支持。这种局面必须尽快从根本上加以扭转。2003年科技界迎战SARS，进一步暴露了科技基础条件建设薄弱问题的严重性。有关部门已开始重视对科技基础条件的投入，但如不及早统筹规划加以指导，新的资源浪费与重复建设将不可避免。

一、为什么要建科技大平台

（一）科学思想转变为成果的基础

科技条件主要包括科研实（试）验基地，科研仪器、设备、设施，科技信息网络，科技普及场馆，科技文献库、科学数据库、实验材料库、种质资源库等。它具有基础性、公益性、战略性的特点。一流的研究手段和良好的研究环境是科学家思想实现的必要条件之一，是一个国家科学技术发展所必须具备的物质基础，是实现科技进步的基本保障，也是抢占战略制高点、提高国家科技竞争力的关键因素之一。

20 世纪以来，诺贝尔自然科学奖颁发给研制仪器设备及其相关技术的科学成果占 1/3 之多，科研仪器、设备、设施的重大发明引发了科学技术的一系列突破，带动了经济社会的重大变革。1999 年出版的美国总统科学技术政策办公室致国会的报告《改变 21 世纪的科学与技术》中指出：正如奥林匹克水平的运动员需要最好的设备和训练来获得比赛的胜利，科学家、工程师和他们的学生同样需要最现代的研究仪器和最佳能力、最远距离和最高准确性与分辨率的设施。当我们超越现有知识的前沿时，必须要发展科研设施、仪器以及服务于社会的科学的庞大数据库，以支持更复杂的研究。

依靠科研仪器、设备、设施促进科技成果的产生，比较典型的例子是同步辐射光源公用实验平台，目前全世界正在运行的同步辐射光源逾 50 台，2002年仅美国能源部四个同步辐射光源上的用户即达到 7 300 个左右。同步辐射光源对美国的大型科学研究计划起到了巨大的支撑作用。最近，美国依托同步辐射光源建立了三个纳米科学技术中心。根据美国能源部 1997 年的调查，早期建成的两个同步辐射光源 NSLS 和 SSRL，从 1990 年到 1996 年，用户共发表文章 5 284 篇，其中在 PRL、Science 和 Nature 发表 433 篇。欧洲同步辐射光源 ESRF 在建成后的第 4 年，即 2001 年一年，就在上述三种杂志上发表文章 81篇。上述情况强劲地推动了光源技术的发展和新装置的建设。近年来，继第三代同步辐射光源之后更高性能的第四代光源——自由电子激光迅速发展，将对未来科学技术的突破带来深刻的影响。

即使美国的科技基础条件已经十分雄厚，但美国政府依然认为"随着我们迈向 21 世纪，在一些重要的科学前沿领域，美国的设施已经落后了，或现有的工具已不再合适。……保持在广泛的知识前沿的领先地位，需要继续投资以维护和更新我们的科研基础设施。""我们必须保证通过分阶段地兑现我们的设施投资的战略规划,来不断更新我们的基础设施,以获取最大的科研生产力。"由此可见,美国政府对加强科技基础条件建设的重视。

(二)中国科技发展的"瓶颈"

我国科技资源和科研手段建设工作经过长期努力,取得了一定进展。目前,已建成和在建的大型科学设施有 20 多项;正在运行中的 160 多个国家重点实验室和一批大型仪器中心、分析测试中心都拥有一批比较先进的仪器设备,在基础研究、战略高技术研究和公益研究领域都取得了一批重要成果;产业技术研发及工程化体系建设取得了一定成效,企业技术创新条件和手段不断增强;初步掌握了自然科技资源的种类、分布和丰度等基本情况;科技文献和数据等信息资源共享、开发与利用保障体系初步形成;计量与检测条件手段形成了比较完整的国家计量基标准和检测体系(李诚,2004)。

但是,在科技竞争日益激烈的今天,作为国家创新体系的基础性支撑的科技基础条件资源仍然存在着薄弱和分散等亟待解决的突出问题,我国的科技基础条件已远远不能满足科技发展的需求,尤其是一些前沿、交叉和新兴学科领域的科技条件与国际水平相比还有较大差距,已成为科技、经济发展中的重要"瓶颈",导致国家关键技术的突破难以实现,重大原创性科技成果难以形成。科技部部长徐冠华曾说:"正是由于我国科研基础条件的相对薄弱,许多科技人员在与国际同行的竞争中往往输在了起跑线上。"

科学研究的水平取决于科学思想,在某种程度上也取决于仪器设备是否精良、科研手段是否先进。我国在科技资源建设与利用方面存在的问题和差距导致我国的战略性研究经常受制于人,国家关键技术的突破难以实现,重大原创性科技成果难以形成,全社会的科技创新和创业活动得不到及时有效的支持。

二、大平台建设纲要的提出

为突破这些瓶颈问题,2002 年国务院委托科技部、发改委、财政部、教育部联合开展对科技基础条件平台建设的研究。

2002 年年初,科技部成立了以主管副部长为组长的领导小组,设立了总体研究组和 7 个专题研究组,启动了国家科技基础条件平台建设的研究工作。在初步研究的基础上,科技部于 2002 年 5 月和 9 月两次向国务院提交了关于加强国家科技基础条件平台建设的建议和报告,得到了国务院领导同志的充分重视（洪结银，2004）。2002 年 10 月，李岚清副总理对国家科技基础条件平台建设作了重要批示，充分肯定这一工作的重要性，"此件事十分重要，对科技资源共享，集中力量突破重大课题，避免分散重复，更有效合理地建设国家创新体系都是有利的"，要求有关部门予以支持。陈至立指出，国家科技基础条件平台的设想具有全局性、基础性和战略性，是政府职能转变的体现，有利于国家整体科研水平的提高。2003 年 1 月 7 日，朱镕基总理主持召开国家科教领导小组会议，讨论并原则同意科技部关于国家科技基础条件平台建设的汇报。

科技部在 2003 年成立了《国家科技基础条件平台建设纲要》编制工作小组。参与编制工作的既有科技部相关司局的负责同志，也有来自研究机构、高等院校的专家（柯新，2004）。

2003 年 7 月，正式成立了由科技部、发改委、教育部、国防科工、财政部、国土资源部、农业部、水利部、卫生部、国家质量监督检验检疫总局、国家林业局、中国科学院、中国工程院、中国地震局、中国气象局、国家自然科学基金委员会 16 个国务院有关部门的部级领导参加的国家科技基础条件平台建设部际联席会。各部门达成共识，创建了各部门大协同的工作机制，整合资源，调动相关经费，共同推进平台建设。同时，成立了以周光召院士为组长，由 23 位知名专家组成的国家科技基础条件平台建设专家顾问组，为政府有关决策提供咨询。

2004 年 7 月，在征求了数百位中国科学院和中国工程院两院院士、几十个相关部委和地方意见的基础上，国务院办公厅转发了科技部、国家发改委、教育部、财政部联合制定的《2004～2010 年国家科技基础条件平台建设纲要》（柯新，2004）。

2003 年，"科技条件平台和基础设施"作为重要专题之一，被纳入了国家科学和技术中长期发展规划战略研究，设立了与平台建设提出的各领域相对应的研究小组，紧密结合国家科技、经济、社会发展的迫切需求，对平台建设各领域的中长期发展做了深入研究，并将科技基础条件平台建设重要内容纳入了 2006 年公布的《中长期科学和技术发展规划纲要》。

为贯彻落实国务院办公厅转发的《2004～2010 年国家科技基础条件平台建设纲要》精神，加强国家科技基础条件平台建设，科技部联合财政部、国家发改委、教育部于 2005 年 7 月发布了《"十一五"国家科技基础条件平台建设实施意见》。《"十一五"国家科技基础条件平台建设实施意见》进一步凝练出了"六大平台"24个方面的重点建设任务,并在平台建设组织领导、经费投入、监督管理、共享服务等重要环节提出了若干重要措施。筹建国家科技基础条件平台建设领导小组,负责平台建设整体规划和相关政策法规的制定工作,对平台建设重大问题进行协商和协调,联合审定平台重大建设任务,组织跨部门、跨行业、跨地区科技基础条件资源的整合与共享工作。

搭建科技基础条件平台,创造一个有利于科学家从事科技创新的环境是中国的必然选择,对转变政府职能、促进我国科技资源配置方式的改革、提升科技创新能力意义重大。平台建设从理念提出到科技部开始试点实施再到全面展开,由于其涉及范围非常广泛,任务艰巨,影响巨大,被中国科技界称为"科技界的三峡工程"。

三、搭建科技基础条件大平台

(一) 平台的构成

国家科技基础条件平台主要由大型科学仪器设备和研究实验基地、自然科技资源保存和利用体系、科学数据和文献资源共享服务网络、科技成果转化公共服务平台、网络科技环境等物质与信息保障系统,以及以共享为核心的制度体系和专业化技术人才队伍三方面组成,重在充分运用信息、网络等现代技术,对科技基础条件资源进行战略重组和系统优化,促进全社会科技资源高效配置和综合利用。

(二) 宏伟的蓝图

到2010年,建成国际一流的国家科技基础条件平台,实现科技基础条件工作的可持续发展,基本满足我国的科研、经济建设和国家安全的需求。

国家科技基础条件平台一旦建成,任何一个科研工作者,都能从电脑的桌面上得到他所需的各种研究数据和信息资源,也可以得到他从事科学研究所需的各种科研手段的信息索引,包括仪器设备、设施、标本、实验动物等的信息,并通过网络发布自己的需求指令,来共享使用这些物质资源,使得每一个科学家,只要有思想,想创新,就可以便捷地获得研究基础条件的保障(李新男,2005)。

从政府的层面来说,要在一定的时间内,建成能够支撑科学研究取得突破和保障技术创新顺利展开的科技物质与信息保障系统。根据国家的长远发展战略和世界科技发展趋势，以为经济与社会发展提供技术源头为目的，在科学技术前沿的基础性、公益性、战略性领域，制定科学、合理、统一的技术标准和规范，研究开发相关技术，对现有的科技基础条件和科研基础设施资源进行整合、重组和优化，充分利用国际资源，加快实现资源的信息化、网络化，建立适当集中与适度分布相结合的资源配置格局。

四、一项长期的科技工作

建设国家科技基础平台，把国家科技创新的着力点转移到创造良好的制度环境、政策环境和科技基础条件上来，不仅是政府职能的重要转变，也是未来我国科技经济目标实现的重要前提。

对科技界而言，平台是思想种子成长的沃土、是展示才能的舞台，也是科学家和科技资源之间的一座桥梁。平台建设就是建设一种环境，也是为科学思想的实现提供土壤，使得我们的科研工作者只要有思想种子，就能在这里生根发芽，并茁壮成长结出硕果。平台建设也是为科技工作者搭建一个发挥聪明才智的舞台，使得我们的科学家只要有聪明才智就可以在这里酣畅淋漓地表现。平台建设也是一个连接科技资源和科技人员的桥梁，使我们的科技工作者可以顺利地使用各种手段和资源，再也不用为缺少手段而苦恼。

平台建设将在全社会形成科技资源共建共享的良好氛围，对科技界具有重要的影响。可以说，平台建设在我国科技发展中是一项具有战略意义的、复杂的系统工程，平台建设将遵循"整合、共享、完善、提高"的建设方针，实现国家整体目标与局部目标相结合、政府引导与市场机制相结合、资源建设与资源整合相结合。平台建设具有其自身特点和建设规律，它不是仅建设一个环节，而是要建设一个大系统；不是实施一段时间的计划，而是一项长期的科技工作；不是一个部门单独推进，而是多部门协同作战；不是静态封闭的，而是开放的、变化的、流动的；它不可能一开始就十全十美，而需要在改革与发展中不断完善。

当前，平台思想已经开始广泛传播，各地也纷纷行动起来。社会各界已经广泛接受了平台的思想。各地方也结合地方经济发展的需求和区域科技基础条件资源的特色，按照平台建设资源高效共享的思想，制定地方平台建设规划，开展了有区域特色、为地方经济发展提供支撑服务的技术转移平台的建设工作（王士武，2005）。据不完全统计，全国共有 46 个地级以上城市制定了地方平台建设规划，并且一些科技发达的省市已经开始实施。如上海市实施了"一网两库"（"科学仪器设施共享及专业服务协作网"、"科技基础数据库"和"科技文献资源库"）建设工程；北京市建设了"三库四平台"，积极推进了富有首都特色的软件产业基地、医药创新平台及网络化制造试验平台等科技条件平台建设；重庆市加强了研究与开发平台、资源共享平台以及成果转化平台的建设；广东也投巨资进行创业平台建设（王玉坤，2006）。总之，从中央到地方正在形成一个优化整合加共享、万马奔腾建平台的局面。

第 31 章　国家技术创新工程

　　在当前经济全球化和知识经济兴起的新形势下，以科技为主导的市场竞争日益激烈，这必然要求大幅度提高企业的技术创新能力，依靠加速科技进步带动产业技术升级和结构优化，实现上述目标的关键是建立以企业为主体的技术创新体系。根据我国国情，一方面需要不断增强企业的技术创新能力，另一方面要鼓励一批科研机构进入企业或与企业实现多种形式的结合，同时需要大批科研机构整体转变成科技型企业，特别是高技术企业，使其逐步成为我国高技术产业发展的主力军。这批具有较强研究开发能力的科研机构，一旦转变成科技型产业，在不久的将来，有望形成一批高技术大企业集团，带来我国高技术产业大发展的新局面（邵立新，1997）。还有一批科研机构将转变成为大量中小企业服务的技术中介机构，带动众多中小企业的技术进步。这一改革措施有助于以企业为主体的技术创新体系的形成，对我国工业整体的技术升级和结构优化，对工业创新能力和竞争力的提高有着积极的促进作用。

　　按照《中共中央、国务院关于加速科学技术进步的决定》和全国科学技术大会的精神，国家经贸委决定在组织实施的国家重点工业性实验项目计划和国家重点新技术推广项目计划的基础上，于 1996 年正式实施国家技术创新工程。

　　国家技术创新工程在"九五"期间的目标是：初步形成以企业为主体，政府宏观指导、社会服务组织积极参与以及各方面协同配合的技术创新体系及运行机制，以显著提高企业的创新能力、市场竞争能力、经济效益。紧密围绕1 000 户重点国有企业，抓好 2 个城市、20 户企业试点，300 家企业建立技术中心。根据市场的需求，组织实施 500 个重大技术创新项目，开发 6 000 项重点新产品，形成一批具有自主知识产权的主导产品、名牌产品和较长远的技术储备，使企业的产品市场占有率和高附加值产品比重有较大提高，重点行业初步具备关键引进技术的消化吸收能力，开发和掌握一批对国民经济有重要影响的主导产品、关键技术和共性技术（黄玉杰，2004）。

国家经贸委会同国家计委、国家科委、国家教委、中国科学院、财税、金融等多方力量共同推动技术创新工作，组织编制了"国家技术创新重点项目计划"，发布《"九五"全国技术创新纲要》，制定了《"九五"国家重点技术开发指南》，分别就能源、交通运输和邮电通信、原材料、电子、机械制造、轻工纺织、建筑、医药等18个行业、166项关键技术发布指南，对全国的技术开发做宏观指导。同时，发布期限淘汰落后技术和产品目录，部署制定和完善企业技术创新的统计指标体系和评价办法，研究和制定扶持企业进行新产品开发、重大新技术推广应用和企业化以及成套技术装备研制的政策措施（陈云卿，1997）。

2005年12月，科学技术部、国务院国资委、中华全国总工会三个部门联合实施技术创新引导工程。技术创新引导工程实施4年来，取得显著成效。2009年6月，为全面贯彻党的十七大和全国科技大会精神，根据国务院《关于发挥科技支撑作用促进经济平稳较快发展的意见》（国发〔2009〕9号）的要求，科技部、财政部、教育部、国务院国资委、中华全国总工会、国家开发银行共同组织实施"技术创新工程"并出台了总体实施方案。国家技术创新工程是在现有工作基础上，进一步创新管理，集成相关科技计划（专项）资源，引导和支持创新要素向企业集聚，加快以企业为主体、以市场为导向、产学研相结合的技术创新体系建设的系统工程。实施国家技术创新工程是促进经济平稳较快发展的迫切要求，是加快国家创新体系建设的重大举措，是建设创新型国家的重要任务。

在中央的高度重视和领导下，各有关部门和各地方共同推动，国家技术创新工程实施进展顺利，已见成效。一批充满活力的创新型企业正在健康成长，一批具有示范性的产业技术创新战略联盟正在加紧构建，一批具有发展潜力的战略性新兴产业正在孕育和发展，一大批创新型人才正活跃在技术创新的第一线。浙江、安徽、江苏、山东、广东、四川、辽宁、上海和青岛九省市相继开展国家技术创新工程试点工作，取得了积极的成效。实践证明，国家技术创新工程的实施，不仅在应对国际金融危机、扩内需、保增长中发挥了重要作用，而且成为调结构、转方式的重要支撑；不仅促进了企业创新能力和产业竞争力的提升，而且加快了技术创新体系建设（孙枫林，1997）。

第 1 节　产业技术创新战略联盟的构建

产业技术创新战略联盟（以下简称联盟）是指由企业、大学、科研机构或其他组织机构，以企业的发展需求和各方的共同利益为基础，以提升产业技术创新能力为目标，以具有法律约束力的契约为保障，形成的联合开发、优势互补、利益共享、风险共担的技术创新合作组织。它是实施国家技术创新工程的重要载体。推动联盟的构建和发展，是整合产业技术创新资源、引导创新要素向企业集聚的迫切要求，是促进产业技术集成创新、提高产业技术创新能力、提升产业核心竞争力的有效途径。

一、联盟的构建原则

联盟的构建，要以国家重点产业和区域支柱产业的技术创新需求为导向，以形成产业核心竞争力为目标，以企业为主体，围绕产业技术创新链，运用市场机制集聚创新资源，实现企业、大学和科研机构等在战略层面的有效结合，共同突破产业发展的技术瓶颈。基本原则如下。

（1）遵循市场经济规则。要立足于企业创新发展的内在要求和合作各方的共同利益，通过平等协商，在一定时期内，建立有法律效力的联盟契约，对联盟成员形成有效的行为约束和利益保护。

（2）体现国家战略目标。要符合《规划纲要》确定的重点领域，符合国家产业政策和节能减排等政策导向，符合提升国家核心竞争力的迫切要求。

（3）满足产业发展需求。要有利于掌握核心技术和自主知识产权，有利于引导创新要素向企业集聚，有利于形成产业技术创新链，有利于促进区域支柱产业的发展。

（4）发挥政府引导作用。要创新政府管理方式，发挥协调引导作用，营造有利的政策和法制环境，围绕经济社会发展的迫切要求推动重点领域联盟的构建。

二、从试点起步，联盟作用日益显现

联盟作为实施国家技术创新工程的一项重要载体，从试点起步，在探索中不断成长，在创新中不断发展，其重要作用日益显现。

一是增强了企业在技术创新中的主体地位。以往我国的技术创新活动多以高校和科研机构为主，企业的主体作用不突出，市场需求导向不强，创新活动分散，难以形成产业技术创新链。以企业为主体、产学研相结合的产业技术创新联盟，强化了技术创新的市场导向，围绕企业发展和产业竞争力的提升加强产学研合作，使企业在技术创新中的主导作用得以发挥，创新动力显著增强，研发投入大幅增加（向刚，1997）。

二是促进了产业核心竞争力的提升。联盟围绕产业技术创新链开展集成创新，突破产业发展的核心关键环节，推动了产业技术进步，促进了战略性新兴产业的培育和发展（孟浩，2001）。如钢铁可循环流程创新联盟突破6大核心关键技术，按产业链集成创新220项技术，形成了采用"新一代钢铁可循环流程工艺"的示范工程；新一代煤化工创新联盟打破国外垄断，开发出"流化床甲醇制丙烯工业技术"，取得了煤化工产业技术关键环节的重大突破；半导体照明创新联盟坚持集成创新，让我国国产 LED 照明产品装上了"中国芯"；第三代移动通信（TD）创新联盟不仅推动了 TD－SCDMA 技术标准，实现了商业化应用，而且在第四代移动通信技术开发上取得了处于世界领先水平的成果；无线局域网基础架构创新联盟突破 WAPI 关键核心技术，制定出我国在基础性信息安全领域的第一个国际标准；抗生素创新联盟在新药研制中取得了重大突破等。

三是推动了产学研在战略层面的紧密合作。联盟的试点探索，创新了产学研合作的组织模式和运行机制。联盟围绕产业链解决了产业共性技术难题，探索了在重点产业和关键领域通过产学研用相结合实现重大技术创新的有效途径。联盟通过签订具有法律约束力的契约，建立技术创新合作中的信用机制和利益保障机制，使产学研各方形成了共同投入、成果共享、风险共担的长期稳定合作关系。

四是促进了创新要素的合理流动和优化配置。联盟成员单位围绕产业技术创新链进行分工合作，有效衔接，实现了优势互补和强强联合。联盟内部建立信用机制和合作创新机制，强化了市场在资源配置中的基础性作用，保障了创新要素在联盟单位之间的合理流动，显著提高了资源的使用效率。依托联盟整合资源建立的行业共性技术平台，对提升产业竞争力发挥了重要作用，如半导体照明创新联盟建立联合实验室，钢铁可循环流程创新联盟建立了信息共享平台，农业装备创新联盟建立了为行业服务的研发平台等。同时，联盟作为产业技术创新活动的组织载体，也对政府优化资源配置、改进管理方式产生了积极影响。

三、深入推动联盟发展，大幅提升产业核心竞争力

国务院发布的《关于加快培育和发展战略性新兴产业的决定》明确提出要"结合技术创新工程的实施，发展一批由企业主导，科研机构、高校积极参与的产业技术创新联盟"。在推动联盟发展中，要围绕支撑经济结构战略性调整、提升产业核心竞争力的目标，抓好以下重点工作。

（1）把提升产业核心竞争力、发展战略性新兴产业作为联盟构建的主要方向。要围绕战略性新兴产业的发展方向和产业优化升级的重大需求，结合技术创新工程"十二五"规划的制定，进一步完善构建联盟的工作布局，突出重点，明确目标。既要注重发挥部门和行业协会在构建联盟中的引导作用，又要充分运用市场机制调动产学研各方的积极性，加强联盟构建，促其健康发展。

（2）把构建产业技术创新链作为联盟发展的重点任务。从一般意义上讲，产业技术创新链中最薄弱的环节是产业共性关键技术的供给和科技成果的转化（李果，1997）。针对这两方面问题，联盟的发展：一是要按照产业技术创新链来开展集成创新，突破共性关键技术，实现联盟成员的优势互补和创新要素的系统集成；二是要加强共性技术研发平台建设，通过体制机制创新实现资源的共享和开放；三是要依托联盟贯通科技成果转化的渠道，加速科技成果转化为现实生产力；四是通过构建产业技术创新链，支撑企业占领价值链的高端，赢得产业发展的主动权。

（3）把体制机制创新作为联盟发展的主要突破口。产业技术创新联盟有利于把活跃的企业技术创新需求和高校、科研机构丰富的科技资源、人才资源有机结合起来。在联盟的发展中，要进一步探索产学研用紧密结合的体制机制，既立足当前，又着眼中长期发展，发挥大企业的龙头带动作用，发挥转制院所在行业技术创新中的骨干和引领作用，发挥高校和科研机构作为技术创新的源头作用，把联盟打造成产业技术转化应用的重要载体和平台，使中小企业不断受益。

联盟是在技术创新实践中涌现出的新型组织形式，要注意加强自身的组织建设和运行机制建设。会议交流材料中反映了这方面很多好的经验，值得认真借鉴。

在联盟构建中要处理好加强政府引导和发挥市场机制作用之间的关系。一方面，政府要发挥协调引导和支持作用，营造有利于联盟发展的政策环境、法制环境和人文环境。要尊重产学研合作单位的自主选择，不搞行政干预和"拉郎配"，防止以谋取政府支持为主要目的的表面联合和简单拼凑。另一方面，要更加注重遵循市场规律，立足于企业创新发展的内在要求和合作各方的共同利益，通过平等协商，建立有法律效力的联盟契约，对联盟成员形成有效的行为约束和利益保障。

第2节　推进创新型企业建设

为贯彻落实党的十六届五中全会和全国科技大会精神，增强企业自主创新能力，加快以企业为主体的技术创新体系建设，科学技术部、国务院国资委和中华全国总工会联合启动了创新型企业试点工作，首批确定了百家试点企业（吴寿仁，2010）。

一、夯实创新型国家的企业基础

创新型企业是指拥有自主知识产权和自主品牌，依靠技术创新获取市场竞争优势和持续发展的企业，代表了一种可持续的企业发展模式。

改革开放以来，中国经济成功融入全球经济和产业分工体系，发展成为全球制造业中心，为中国经济的未来发展奠定了坚实的基础。但是，自主创新能力较弱始终是制约中国经济持续发展的瓶颈，许多重要产业的关键技术仍然受制于人，这直接影响到国家核心竞争力的提升。为此，科技部、国资委、中华全国总工会于2006年联合启动创新型企业建设工作。目的有三：一是引导企业树立创新发展战略，以市场为导向，把创新作为赢得市场竞争的根本途径；二是支持企业加强创新能力建设，增加研发投入，加强研发机构建设，凝聚创新人才队伍；三是促进企业创新管理，创造自主创新品牌。三部门提出，争取在3~5年内，培育打造一批拥有自主知识产权、持续创新能力和较强经济实力的创新型企业，形成中国创新型企业500强，促使一批中国优秀企业跻身世界一流企业的行列，并示范带动更多的企业走上创新驱动发展的道路，为创新型国家建设奠定坚实的企业基础。

创新型企业建设分别在中央和地方两个层面共同推进。科技部、国资委、中华全国总工会三部门首先在全国各地选择一批符合条件的企业进行试点，然后按照相应的评价指标体系和评价办法，对试点企业进行评价，认定符合条件的企业为创新型企业。迄今为止，三部门先后选择确定了三批 469 家试点企业，占全国规模以上工业企业总数的不到 0.2%。在试点基础上，三部门评价命名了两批 202 家创新型企业。

在三部门创新型企业建设工作的示范带动下，全国各地纷纷组织开展本地区创新型企业建设。广东省明确提出要重点支持打造 50 家国家级和 10 家世界领先的创新型龙头企业；北京市政府与科技部和中国科学院在中关村科技园区联合推动百家创新型企业试点工作。目前，全国省级创新型试点企业达到近 3 000 家。

为加大对创新型（试点）企业的扶持力度，有关部门通过集成资源，引导和支持创新要素向企业集聚：在政策支持方面，重点促进企业研发费用的税前抵扣政策、自主创新技术和产品的政府采购政策、激励企业创新的金融支持等政策的落实。首批认定的 243 项国家自主创新产品中，就有 1/3 以上来自创新型（试点）企业。全国已有近一半的省区市执行了企业研发费用加计扣除政策。2008 年，创新型（试点）企业共主持和参与政府科技计划项目 8 960 项，政府投入经费 161.6 亿元。首批 36 个建在企业的国家重点实验室有 30 个落户创新型（试点）企业。国家开发银行通过政策性融资支持创新型（试点）企业。面向创新型企业的创新政策培训、知识产权管理咨询等服务效果显著。这些包括政策、人才、技术、资金、管理和公共服务等在内的创新要素向企业集聚，为企业发展创造了良好的创新条件和创新环境，有力地推动了创新型企业做大做强（张赤东，2010）。

二、试点企业支持措施——地方典型：深圳

对三部门联合确定的试点企业，政府根据企业的实际需要有选择地给予支持；各地方参照部委相关措施并结合本地区实际制定相应的支持措施，对本地区的试点企业给予支持。三部门对地方试点工作择优给予支持，推动试点工作扎实开展（莎薇，2008）。

2006 年 7 月，深圳市改革科研资金管理机制，加大对"企业研发资助"等 11 个创新领域科研资金的投入力度。对经认定的高新技术龙头企业提供一定比例的无偿资助，资助总额最高可达 600 万元。其中，参与"创新型企业成

长路线图计划"的有关企业，最高可获 310 万元资助。

根据此次改革的思路，深圳市公务员逐步退出政府科技资源的分配环节，彻底改变过去公务员主导的项目评审制。政府部门将逐步转变为资源配置规则的制定者、配置过程的监督者和配置绩效的评估者，强化宏观管理职能。

深圳此次研发资金管理改革通过一系列的资金计划来实现，包括企业研发资助计划、非共识技术创新计划、创新型企业成长路线图计划等共计 11 个，基本覆盖了自主创新的各领域、各环节。这次改革在评审方式、审批流程、资助范围等方面都有突破。改革在 3 个方面起到了作用：一是促进效能政府的建设；二是促使企业成为创新主体，企业先掏钱创新，政府事后报销，这样就促进企业对研发有更多的投入；三是促进科技信用体系的建设，这种诚信体系涵盖官员、专家、企业、中介机构。

三、自主创新能力持续提升

创新型（试点）企业已经成为实施自主创新型国家战略最活跃的企业群体，成为中国企业提升自主创新能力的典范。

在国家战略和政策的引导和扶持下，创新型（试点）企业无论在制定创新战略和规划，完善创新体制和机制，改善创新基础设施条件，还是在加大研发经费支出、专利、新产品等创新产出以及开展创新活动等方面，都发挥着积极示范作用。

研发投入的多少不仅体现企业对技术创新的重视程度，更是衡量企业技术创新能力的重要尺子。据对 465 家国家创新型（试点）企业的不完全统计，2008 年企业研发经费支出总额达到 2 099 亿元，占当年全国研发经费支出总额的 45.9%。创新型（试点）企业坚持原始创新、集成创新和引进消化吸收再创新，自主创新能力逐步提高，创新成果不断涌现（汪永飞，2007）。截至 2008 年年底，465 家创新型（试点）企业拥有的发明专利总量达29 541件，占国内有效发明专利的 23.1%。许多创新型（试点）企业已经成为行业自主知识产权技术的领先者，如宝钢集团申请专利数量约达到重点钢铁企业申请专利总数的 40%。

许多创新型（试点）企业积极承担或参与技术标准制定，实现自主知识产权的价值最大化。据不完全统计，截至 2008 年年底，465 家创新型（试点）

企业主持制定过的国家技术标准有 4 799 件，主持制定过的行业技术标准有
3 963件。大唐电信的 TD – SCDMA 被国际电信联盟确定为 3G 的三大标准之
一，已正式成为国家技术标准并进入大规模商用阶段，对未来的市场拉动有望
达到 3 000 亿元。

产学研结合是国家创新体系建设的重要内容，也是我国企业弥补自身科研
实力相对薄弱的重要手段。近年来，逾九成的创新型（试点）企业都与国内
外科研院校建立了形式多样的合作，2008 年合作项目总数达到 10 184 项，产
学研合作机制正在形成和深化。如奇瑞公司先后与国内数十家高校、科研机构
建立合作关系，加速了科技成果转化。2005 年与浙江大学合作嵌入式软件平
台新型经济型轿车关键电子控制系统的开发，打破了国外企业的垄断，突破了
我国自主发展汽车电子控制系统的瓶颈。

四、国民经济发展的中坚力量

创新型（试点）企业对国民经济、区域发展和行业科技进步的贡献日益
增强，示范带动作用更加明显。

近年来，创新型（试点）企业的自主创新能力持续提高，开始进入依靠
创新提升竞争力、实现持续发展的阶段。这些企业有的通过原始创新成果的产
业化占领国际市场；有的坚持在吸收国外先进技术的基础上自主开发，打造自
主品牌，提高市场竞争力，成为国民经济发展的中坚力量。2008 年，465 家创
新型（试点）企业实现增加值 29 847 亿元，对当年全国 GDP 的贡献为 9.5%；
利润总额达 7 660 亿元，上缴税费总额达 9 956 亿元，约占当年全国税收（不
包括关税、耕地占用税和契税）的 17%（张妍，2010）。

在 2009 年《财富》500 强榜单上，中国内地入围企业达到了创纪录的 34
家，显示中国企业在世界经济中扮演着日益重要的角色。而在中国内地企业入
选的 34 家企业中，有 22 家已经加入建设创新型企业的行列，其中 14 家被命
名为创新型企业。如果剔除中国内地入选企业中的 7 家金融保险类企业，创新
型（试点）企业占余下 27 家中国内地入选企业的 81.5%。这表明，创新型
（试点）企业已经成为中国企业率先参与国际竞争、跻身世界一流企业行列的
先行群体。尽管创新型（试点）企业数量有限，但已成为国民经济发展中的
重要力量，对国民经济的贡献份额越来越大。

第3节　建立和完善技术创新服务平台

技术创新服务平台是我国近年来在推动"以企业为主体，市场为导向，产学研结合的技术创新体系"建设过程中的有益尝试，受到国家的高度重视。

从我国技术创新服务平台的发展历程看，对实施国家技术创新工程的三大载体之一"技术创新服务平台建设"，国家和地方都进行了不同形式的探索。2004年后，我国许多省市区陆续启动了形式各异和功能多样的地方技术创新服务平台（地方平台）建设。

一、技术创新服务平台的内涵

技术创新服务平台是技术创新资源系统化集成和共享的支撑体系，通过汇聚人才、技术、设备、信息等资源，围绕企业特别是中小企业技术创新的薄弱环节提供多层次、多品种的服务：既有共性技术的研发服务，也有技术转移和扩散服务，还有检测、设计、标准、信息、知识产权、人才培训等公共服务。技术创新服务平台由覆盖基础研究、应用研究、试验发展、工程化、扩散以及产业化等产业技术创新环节的若干机构或组织（如重点实验室、工程技术研究中心、生产力促进中心、技术检测服务机构、转制科研院所、企业控股的独立研究院等）单独承建或联合共建。我国技术创新服务平台是从国家和地方这两个基本层面开展建设工作的。

二、地方技术创新服务平台——区域特色

按行政划分的技术创新服务平台，即主要由地方科技主管部门投资建设、管理考核，省市所辖行政区内的组织或机构负责承建的平台。我国地方技术创新服务平台的建设工作起步较早。2004年《国家科技基础条件平台建设纲要（2004～2010）》颁布以来，各省市在推进社会科技基础条件资源战略重组和系统优化的基础上积极拓展平台的内涵，结合地方经济社会发展需要和科技创新需求，投资构建了一批地方技术创新服务平台。比如，浙江省在建设本省公共科技基础条件平台的同时，延伸和补充了22个行业专业创新平台和5个地方创新平台，初步形成"政府扶持平台，平台服务企业，企业自主创新"的良好运行机制（徐俊，2010）；广东围绕本省支柱产业、优势产业和基础性产

业，组建了广东电子工业研究院、华南精密制造研究院、华南家电研究院等一批科技创新平台，并通过专业技术创新服务平台建设有效支撑了镇一级经济的发展和壮大；江苏省构建了以产业共性技术平台、公益研究与资源共享服务平台和科技中介服务平台为主体的公共科技服务平台体系；上海依托信息和网络技术，搭建了上海研发公共服务平台；北京通过科学合理的市场化制度安排，以少量的政府财政投入推动首都 12 家大院大所的科技资源整体面向社会开放共享。需要指出的是，地方平台的行政属性使其在开展技术创新服务时通常表现出较强的区域特色。比如，多数地方平台的服务对象集中在行政区域内部，服务内容也依据行政区域内中小企业的个性化需求进行设计。

总体而言，地方技术创新服务平台的建设对本地企业技术创新起到较好的支撑作用，但也存在一些问题。

（1）缺乏顶层设计，重复建设较为普遍。受传统计划经济体制的影响，我国科技管理体系长期以来条块分割、部门分割、行业分割的现象严重。在地方技术创新服务平台建设过程中，各省市各自为战，导致在全国范围内面向同一产业甚至产业链环节往往存在多个平台，造成一定程度的资源浪费。

（2）地方平台间的联合机制尚未建立。首先，优质资源基本在本地或本区域发挥作用，跨地方的资源开放和共享服务程度低。其次，创新资源分散，难以形成创新合力。各地方平台以省市为界独立申报产业关键共性技术研发项目，既不利于集中攻关力量，也常常导致类似的项目在一个地区处于立项阶段而在另一地区早已实现产业化。

因此，仅仅从地方层面开展平台建设无法有效解决创新要素重复投入、资源分散、共享渠道不畅、中央和地方缺乏统筹等主要问题，在这样的背景下，国家层面的技术创新服务平台建设就显得尤为重要。

三、国家技术创新服务平台

2008 年以来，我国技术创新服务平台建设工作的重心开始从地方层次转到国家层次。2008 年年底，国家科技部和财政部启动了纺织产业和集成电路产业的国家技术创新服务平台试点。2009 年至今，传统产业振兴和战略性新兴产业培育成为后危机时代我国产业结构调整、经济增长方式转变的战略举措。科技部和财政部正积极建设一批面向传统产业和战略性新兴产业的国家技术创新服务平台。

国家技术创新服务平台以产业为切入点，在已有"地方平台"或"地方性技术创新服务机构"的基础之上构建，以中央财政为主，地方财政配套，通过必要的增量资源投入，有效串联并盘活分散在各地方的存量资源，实现跨地方或跨区域的资源整合和共享服务。但总体来说，目前国家平台的建设工作仍处于实践探索阶段，缺乏可操作的具体政策。包括国家平台对地方平台的指导和协调机制，从地方平台到国家平台的整合方式尚处于探索阶段。

四、国家平台对地方平台的战略引领

从国外经验看，多层次、跨地方的平台在促进科技资源统筹规划、合理配置和高效利用的过程中特别注重发挥大平台的战略引领作用。

欧洲制造技术平台和荷兰创新平台都采取了"大平台战略协调、小平台具体落实"的分工模式：在跨国层次或国家层次，更注重甚至只有战略发展方向上的研讨，致力于科技创新与经济和社会发展的一致性，以战略指导和政策协调推动地方平台的建设；各地方平台则组织实施具体的创新项目来促进技术研发、扩散和推广应用。我国的技术创新服务平台建设也是按国家和地方两个主要层次进行的，不同点在于增加了从地方平台到国家平台的构建过程。借鉴国际经验，国家技术创新服务平台不应仅仅关注自下而上的资源整合效应，更应充分发挥自上而下的战略引领作用。通过战略规划引导地方平台的资源配置方向，为解决我国科技资源分散、重复投入、布局失衡等问题发挥根本性作用。

第4节　引导企业充分利用国际国内科技资源

进入新世纪后，科技问题越发复杂，很多都是全球性问题，其范围、规模、成本和复杂性远远超出一个国家的能力，开展国际合作成为研究开发的内在要求。同时，我国经济、社会、科学技术高速发展，综合国力空前提高，科技创新能力也大大提高。中国不仅成为吸引世界各国投资者的重要国度，而且也成了世界上科技创新关注的重点地区与国家。国际和国内环境的变化为我国的国际化科技合作带来新的机遇与挑战。在此背景下，我国的国际科技合作进入全面深入开展的阶段。

2008 年由美国次贷危机引发的国际金融危机席卷全球，造成经济衰退，给各国政府带来了沉重的压力。历史经验表明，全球性经济危机往往催生重大科技创新突破和科技革命。因此，自金融危机爆发后，各国均提高了创新的战略地位，希望能够通过创新创造新的经济增长点和就业岗位，把创新作为走出经济危机、促进产业结构调整、提升国家竞争力的重中之重。为此，各国的研发投入不减反增，不断加强科研基础设施建设，并给予多项优惠政策，使创新的战略性地位得到切实的提升。

在 20 年前，创新一般都是由一家企业或机构的实验室独立完成；如今，很多创新都是通过与包括自己的竞争对手、合作伙伴、供应商和顾客在内的对象开展合作，满足各方面的创新需求。是跨国合作已成为势不可当的潮流，即便是科技实力强大的美国，也没有在创新的道路上单打独斗，而是广泛地开展国际合作，寻求共赢之道。

目前，合作创新无论从数量上还是质量上都已进入了新的发展阶段，国际科技合作分工体系正在形成，影响着不同国家和企业创新的速度、规模、方向和效率（郑士贵，1997）。

国家技术创新工程除了三大载体外，主要任务如下。

一是面向企业开放高等学校和科研院所科技资源。引导高等学校和科研院所的科研基础设施和大型科学仪器设备、自然科技资源、科学数据、科技文献等公共科技资源进一步面向企业开放；推动高等学校、应用开发类科研院所向企业转移技术成果，促进人才向企业流动；鼓励社会公益类科研院所为企业提供检测、测试、标准等服务；加大国家重点实验室、国家工程技术研究中心、大型科学仪器中心、分析检测中心等向企业开放的力度。

二是促进企业技术创新人才队伍建设。鼓励高等学校和企业联合建立研究生工作站，吸引研究生到企业进行技术创新实践。引导博士后和研究生工作站在产学研合作中发挥积极作用。鼓励企业和高等学校联合建立大学生实训基地；协助企业引进海外高层次人才。以实施"千人计划"为重点，采取特殊措施，引导和支持企业吸引海外高层次技术创新人才回国（来华）创新创业。

三是引导企业充分利用国际科技资源。发挥国际科技合作计划的作用，引导和支持大企业与国外企业开展联合研发，引进关键技术、知识产权和关键零部件，开展消化吸收再创新和集成创新；鼓励企业与国外科研机构、企业联合建立研发机构，形成一批国际科技合作示范基地；引导企业"走出去"，开展合作研发，建立海外研发基地和产业化基地；鼓励和引导企业通过多种方式充分利用国外企业和研发机构的技术、人才、品牌等资源，加强自主品牌建设。

一、支持企业加强产学研合作

企业作为技术创新的主体，在促进科技成果转化和产业化、以创新带动就业、建设创新型国家中发挥着重要作用。长期以来，党中央、国务院十分重视各类企业的发展，各部门、各地方采取多种措施支持企业发展。但是，我国企业的创新发展仍然面临着融资渠道不畅、创新人才缺乏、支撑创新的公共服务不足，政策环境有待完善以及自身管理水平不高等问题。因此，需要进一步集中各方力量，汇集创新资源，优化创新环境，激发创新活力，拓展发展空间，带动企业走创新发展道路，为经济结构的战略性调整提供重要支撑。支持内容包括以下四点。

（1）推动企业开展产学研合作。支持高等学校、科研院所与企业共建研发机构、联合开发项目、共同培养人才。在产业技术创新战略联盟构建中根据产业链需要，大力吸纳企业参与。继续开展科技人员服务企业行动。通过科技特派员、创业导师等方式组织科技人员帮助科技型企业解决技术难题。

（2）推进中介机构服务企业。继续实施生产力促进中心服务产业集群、服务基层科技专项行动。加快建设技术转移示范机构、科技企业孵化器、创新驿站和技术产权交易市场。继续推进技术转移等专业化联盟建设。支持高等学校、科研院所建立专门的成果转化机构。推进各类技术转移机构专业化、社会化和网络化发展，鼓励中介机构开展面向企业的服务。

（3）支持企业应用高新技术和先进适用技术。鼓励高等学校、科研院所以及各类财政性资金支持形成的科技成果向企业转移。结合创新人才推进计划，鼓励拥有科技成果的科技人员自主创业，领办创办科技型企业。围绕节能减排、低碳发展等重大任务，通过固定资产加速折旧等方式鼓励企业吸纳和应用高新技术和先进适用技术，实现技术升级。

（4）鼓励高等学校、科研院所面向企业开放科技资源。引导高等学校、科研院所的科研基础设施和设备、自然科技资源、科学数据、科技文献等科技资源进一步向企业开放。支持社会公益类科研院所为企业提供检测、标准等服务。引导和支持各类基础条件平台为企业提供服务（张国安，2002）。推动国家重点实验室、国家工程（技术）研究中心、大型科学仪器中心、分析测试中心等进一步向企业开放。鼓励有条件的大型企业向科技型中小企业开放研究实验条件。

二、提高企业技术创新人才拥有量，探索人才使用新措施

科技创新，人才为本。人才资源已成为最重要的战略资源，提高企业核心竞争力，必须充分发挥人才在企业技术创新中的作用。

（1）大力接收各类普通高等学校毕业生加入企业技术创新人才队伍。对接收的硕士、博士毕业生以及到艰苦边远地区企业工作的本科以上毕业生，企业可提供一定数额的安家补贴。双方有约定的，应按约定履行。

（2）鼓励企业加快引进海内外高层次紧缺人才。支持和鼓励企业通过多种形式，从国内外高校、科研院所和企业引进高层次和企业急需的各类人才。对愿意到企业工作的硕士、博士、留学回国人员和其他高层次急需人才，企业应按其意愿协助解决户口、子女上学、家属就业等问题。对从事技术创新项目工作的人才，企业应给予相应的科研或工作经费。对以项目合作形式引进的人才，应按协议提供项目经费和其他工作条件。对引进的外国专家，企业可向省或国家外国专家管理部门申请经费补贴。

（3）采取多种方式吸引、使用企业外部人才。企业可以通过产学研联合，以项目合作、共建企业技术中心或研究开发机构等形式，吸引国内外高校、科研院所的科技人员参与企业技术创新活动。可设立常年的"特聘工程师"、"特聘研究员"、"特聘技师"等岗位，也可以项目为载体，特聘国内外高层次和急需的技术创新人才为企业服务。对特聘人员应按约定或协议给予相应的报酬。

（4）对从事技术创新活动的应届高校毕业生、各类引进人才、特聘人员，企业可将其工资（报酬）等计入技术创新项目费用，并据实计入企业成本。

三、充分利用国际资源解决重点问题

"十五"期间，国际科技合作计划紧密围绕国家目标，努力提升政府间国际科技合作的层次和实数，共立项 677 项，通过集成、整合投入国际科技合作研发经费 84.39 亿元，约 1.5 万研究开发人员参与了国际科技合作计划，促进了国家科技发展总体目标和科技外交目标的实现。

首先，这些国际科技合作项目有助于解决一系列制约我国科技、经济发展的重大战略需求和关键技术瓶颈。例如中德在高速磁悬浮列车、大功率激光制

造技术上的合作，微系统芯片设计院联合吉林沱牌农产品开发公司与丹麦瑞索国家实验室在玉米秸秆发酵制酒精技术上的合作，中国科学院生态环境研究中心与日本通产省工业技术综合研究院在环境微生物与膜技术相结合的废水资源化的合作，中国与亚太经社理事会在中国西部干旱区水土资源管理系统的合作等，通过国际合作，更好地引进、吸收国外先进技术，促进了中国科技自主创新能力的提高，实现了重点跨越。

其次，为优化中国经济结构、转变增长方式提供技术支撑。如 CO_2 减排技术与其产物资源化及低 NO_x 燃烧和 SO_x 控制与多污染源脱除一体化技术的研究，引进吸收国外最新的燃煤多污染物控制技术，开发出国际一流水平的洁净煤综合利用技术，为中国燃煤发电的可持续发展提供了有力的技术支撑。中加关于氢能电动汽车动力系统的合作项目，共同完成了 48kW 燃料电池测试装置的技术方案，该测试装置代表了国际先进水平，对于我国纯电动轿车整车的技术与应用项目，以及清华大学牵头承担的国家"863"电动汽车重大专项的实施具有十分重要的促进和推动作用。通过广泛的国内外合作，利用微机电系统技术成功研制出医用无线电智能胶囊消化道内窥镜系统，提升了我国医用记忆合金系列介入产品及其医用高分子配套放送装置的整体水平。

最后，促进企业技术创新，引领和带动新兴产业发展。新疆特变电工股份有限公司通过成功引进和消化吸收国外技术，全面掌握了输变电装备领域的众多高端技术，拥有了 750 千伏架空导线等输变电前沿产品的自主知识产权，为实现特高压交直流变压器、电抗器等重大装备的国产化提供了重要保障。通过与美国开展合作，开发出具有自主知识产权的棒材热轧生产过程组织性能预报软件系统，有效推动了中国长型材生产技术的发展，增强了我国钢铁企业的核心竞争力。与国外合作开展的大型建设项目安全与环境风险管理技术项目和北京奥运会国际天气预报示范计划支持技术研究项目，分别提高了奥运场馆建设项目的安全与环境管理水平和灾害性天气短时临近预报预警业务水平，为2008 年北京奥运会的成功举办提供了技术支持，中外合作的牛奶安全优质生产与加工重大关键技术研究项目，建立了优质原料奶标准化生产与加工重大关键技术研究项目，建立了优质原料奶标准化生产和加工质量评价的技术体系，成功开发出共轭亚油酸系列牛奶产品并制订了产品标准，解决了原料奶抗生素快速检测、液态奶加工质量评价和基因芯片分析等关键技术瓶颈，提高了人民生活质量。

第32章　建设世界一流大学

在现代世界，一个国家和社会是否够得上发达和文明的标准，是否具备持续发展的实力和潜力，一个最重要的标志就是看它是否具有一个合理而高质量的大学体系，有无世界一流的研究型大学。近年来，建设世界一流大学已经成为教育界、学术界乃至社会各界广泛关注的重要话题。江泽民同志高瞻远瞩，站在民族复兴的高度，在即将进入21世纪的关键时刻，在北京大学百年校庆大会上提出"为了实现现代化，我国需要若干所具有世界先进水平的一流大学"。中国要建设世界一流大学，体现了党中央、国务院对优先发展教育事业的高度重视。尤其是《面向21世纪教育振兴行动计划》明确提出在中国创建若干所具有世界先进水平的一流大学和一批一流学科后，创建世界一流大学由此掀起高潮（张武升，2001）。

第1节　"211工程"与"985工程"

大学是我国培养高层次创新人才的重要基地，是我国基础研究和高技术领域原始创新的主力军之一，是解决国民经济重大科技问题，实现技术转移、成果转化的主力军。加快建设一批高水平大学，特别是一批世界知名的高水平研究型大学，是我国加速科技创新、建设国家创新体系的需要（刘志强，2006）。是否拥有世界先进水平的一流大学，是一个国家高等教育发展水平的标志，是一国综合国力的集中体现，更是一个国家经济、科技和社会发展到一定阶段以后的必然要求。建设世界一流大学的核心是建设世界一流的学科和培养高素质的、具有创新能力的人才，世界一流大学必须有世界一流水平的学科，也只有具备世界一流水平的学科，才能成为世界一流的大学。

另一方面，中国是一个发展中国家，是一个高等教育的大国，但还不是高等教育的强国。要想在短时间内，由大变强，缩小与发达国家高等教育的差距，只能走"重点建设、带动整体发展"之路。也就是说，在国家统筹规划下，选择一些基础较好及对行业和区域发展有重要作用的高等学校和重要学科，通过重点建设，在教育质量、人才培养、科学研究、管理水平和办学效益等方面有较大提高，使它们率先进入国际先进行列，成为科教兴国的主力军，同时带动整个高等教育的发展。

新中国成立以后，中共中央、国务院一直非常重视在高等教育领域进行重点建设。1954～1960 年，共确定 44 所全国重点大学。截至 1981 年，共确定 96 所全国重点高校。1984 年 4 月，国务院将 10 所高校列入国家重点项目，国家"七五"期间投入专项资金 5 亿元。1985 年《中共中央关于教育体制改革的决定》中提出："教育必须为社会主义现代化建设服务，社会主义现代化建设必须依靠教育"；"为了增强科学研究能力，培养高质量的专门人才，要改进和完善研究生培养制度"；"要根据同行评议、择优扶植的原则，有计划地建设一批重点学科。"

1991 年 4 月，全国人大七届四次会议《中华人民共和国国民经济十年规划和第八个五年计划纲要》明确提出："有重点地办好一批大学。加强一批重点学科点的建设，使其在科学技术水平上达到或接近发达国家同类学科的水平。"1993 年 2 月，中共中央、国务院正式发布《中国教育改革和发展纲要》，指出："要集中中央和地方等各方面的力量办好 100 所左右重点大学学科、专业。"

为加快我国高水平大学建设，中共中央、国务院根据国家经济建设、社会发展和高等教育发展的实际，先后实施了"211 工程"和"985 工程"，有力地推动了我国高等教育水平和高等教育质量的提高，是实施"科教兴国"和"人才强国"战略的重大举措。

一、"211 工程"

"211 工程"指我国政府在 21 世纪重点建设 100 所左右的高等学校和一批重点学科的建设工程。1995 年，经国务院批准，国家计委、国家教委、财政部发布《"211 工程"总体建设规划》，"211 工程"正式启动建设。2002 年，"211 工程"被纳入国民经济和社会发展第十个五年计划。

"211 工程"总体建设目标是：通过重点建设，使 100 所左右的高等学校以及一批重点学科在教育质量、科学研究、管理水平和办学效益等方面有较大提高，在高等教育改革特别是管理体制改革方面有明显进展，成为培养高层次人才、解决国家或区域经济建设和社会发展重大问题的基地。其中，一部分重点高等学校和一部分重点学科，接近或达到同类学校和学科的先进水平，大部分学校的办学条件得到明显改善，在人才培养、科学研究上取得较大成绩，适应地区和行业发展，总体处于国内先进水平，起到骨干和示范作用。

"211 工程"的建设内容主要包括重点学科、公共服务体系和学校整体条件建设三部分。其中重点学科建设是"211 工程"建设的核心。重点的学科建设，要加大学科结构调整力度，支持发展新兴和交叉学科，力争使其中部分学科接近或达到世界先进水平，建成布局和结构比较合理的高等教育重点学科体系。公共服务体系建设，要加快高等教育信息化步伐，增强中国教育和科研计算机网络、高等教育文献信息保障体系及图书数字化资源的服务能力，构建高等学校仪器设备等资源共享体系，使高等教育公共服务体系的运行环境得到较大幅度的改善，建立起辐射中国高等学校的整体信息服务平台。学校整体建设，要围绕对重点学科和公共服务体系安排建设，推进和深化教育改革，进一步发挥"211 工程"学校对我国高等教育发展的示范带动作用。

"九五"期间，"211 工程"在 99 所高校中实施建设，主要安排了 602 个重点学科和两个全国高等教育公共服务体系建设项目。"九五"期间"211 工程"的建设资金为 186.3 亿元，其中中央安排专项资金 27.55 亿元、部门和地方配套 103.2 亿元、学校自筹 55.6 亿元。用于重点学科建设 64.7 亿元、学校和全国的公共服务体系建设 36.1 亿元、基础设施建设等 85.5 亿元。

"十五"期间，"211 工程"在 107 所大学中实施建设，主要安排了 821 个重点学科和 3 个全国高等教育公共服务体系建设项目，并加强了师资队伍建设。"十五"期间"211 工程"的建设资金为 187.5 亿元，其中中央安排专项资金 60 亿元，部门和地方配套 59.7 亿元，学校自筹 67.8 亿元。用于重点学科建设 97.9 亿元、公共服务体系建设 37.1 亿元、师资队伍建设 22.2 亿元、基础设施建设等 30.4 亿元。

2008 年 1 月 16 日，国务院总理温家宝主持召开国务院常务会议，听取高等教育"211 工程"建设工作汇报。会议指出，面向 21 世纪、重点建设 100 所左右高等学校和一批重点学科的"211 工程"实施以来，经过十多年的努力，"211 工程"学校人才培养质量不断提高，学科建设取得明显成效，创新能力得到提升，一些学科接近国际先进水平，产生了一大批有影响的成果，我国高等教育整体实力显著增强。会议同意进行"211 工程"三期建设，要求认真总结经验，明确目标，统筹兼顾，加快高水平大学和重点学科建设，带动我国高等教育整体发展：一要继续瞄准学科前沿和国家重大需求，加强重点学科建设，使更多的重点学科进入国际先进行列；二要突出创新人才和队伍建设，进一步提高教师队伍水平，着力提高人才培养质量，努力造就一批学术领军人物；三要加强高校公共服务体系建设，推进优质教育资源的社会共享；四要推进机制体制创新，创造有利于发挥人才创造性、多出重大成果的条件；五要认真做好建设规划，加强项目论证和评审，强化稽查和审计，切实提高资金使用效益。

二、"985 工程"

1998 年 5 月 4 日，江泽民同志在庆祝北京大学建校 100 周年大会上向全社会宣告："为了实现现代化，我国要有若干所具有世界先进水平的一流大学。"为贯彻落实中共中央的"科教兴国"战略和江泽民同志的号召，1999 年，国务院批转教育部《面向 21 世纪教育振兴行动计划》，决定实施重点支持北京大学、清华大学等部分高等学校创建世界一流大学和国际知名的高水平研究型大学的建设工程，简称"985 工程"。

"985 工程"建设任务主要包括机制创新、队伍建设、平台和基地建设、条件支撑、国际交流与合作 5 个部分。机制创新是要坚持改革和创新，深化高等学校内部管理体制和运行机制改革，以适应世界一流大学建设的需要。队伍建设是要造就和引进一批具有世界一流水平的学术带头人和创新团队，加快建设一支具有世界一流大学水平的教师队伍、管理队伍和技术支撑队伍。平台和基地建设是要紧密结合国家创新体系的建设，以国家目标为导向，瞄准世界先进水平和国家重大需求，重点建设一批创新平台和创新基地，促进一批世界一流学科的形成，使之成为攀登世界科技高峰、解决重大理论和实践问题、带动相应学科领域发展的重要基地，使高等学校成为国家创新体系的重要力量，增进国家核心竞争力。条件支撑是要建设公共资源与仪器设备共享平台，建设配置合理、设施完备的教学科研用房，继续改善所建高校的教学科研基础设施。国际交流与合作是要加强与世界一流大学或学术机构开展实质性合作，推动中国高等教育国际化进程（刘念才，2003）。

"985 工程"实施过程中，学科建设被置于突出的地位。学校利用全国高教管理体制改革和布局结构调整的有利契机，通过共建、调整、合作、合并的途径，促进学科优势互补，增强学科的综合性。2000 年 4 月，北京大学和北京医科大学成功合并，促进了医学与其他学科的交叉，学科结构更为优化。随后，北京大学以发挥综合性所长、加快学科调整整合为突破点，借鉴世界一流大学的先进经验，在稳步提高基础学科水平的同时，着重发展了一批国家和社会急需的应用性学科，组建和新成立了一批学院和一批跨学科教学科研中心，在 2001 年国家重点学科评审中，北京大学共有 81 个学科入选，较原来增长了 52.8%，居全国之首。医学部由原来的 11 个重点学科增加到 20 个，其中 3 个是与校本部相关专业联合申请的。强强联合使北京大学尝到了学科整合的甜头。清华大学在"985 工程"的支持下，进一步发展工科优势，加速理科和管理学科的发展，完善人文、社科、艺术、医学等学科布局，已经形成了涵盖理、工、文、法、管理、艺术和医学等学科的综合性学科布局，为建设"综合性、研究型、开放式"的世界一流大学打下了坚实的学科基础。实现四校合并后的浙江大学，学科的综合性和整体作战优势明显增强。如该校将科学仪器、生物医学工程、电子工程、集成电路、软件、工业设计造型等学科的教授联合在一起，设计出以内存条代替磁带的便携式心电仪，显示出学科整合建设的成效。复旦大学与上海医科大学合并后，强大的医学学科的加入，使复旦的学科门类更加齐全，综合实力进一步提高，2001 年年底的全国高校重点学科评审中，有 40 个学科入选，名列全国第三。

清华大学实施"985 工程"后，取得了一批有重要影响的应用研究成果：目前被世界公认为安全性最好、发电效率最高的高温气冷堆已于 2000 年建成并投入临界运行；"航天清华 1 号"微小卫星于 2000 年 6 月发射成功，标志着清华大学以多学科集成优势切入航天高科技领域；生物芯片技术方面的多项自主知识产权技术，使我国在该方向的研发和产业化方面达到世界先进水平；2001 年研制成功并实现产业化的高亮度蓝光发光二极管，标志着我国全部依赖进口这一产品的历史结束；紧凑型高压输电技术，每 1 000 千米可以减少土地占用 4 000 平方千米；高温超导带型线材的研制达到国际先进水平；在新疆石门子高寒、软基、多震地区建成的世界最高的碾压混凝土薄拱坝，其理论计算、工艺设计等达到国际领先水平，为西部地区扩大灌溉面积 11 300 平方千米，改善 24 000 平方千米。

以"985 工程"为支撑，各高校推出了快速凝聚海内外高层次人才和提高师资队伍素质的举措（卢铁城，2006）。从2001年起，清华大学先后聘请了美国工程院院士何毓琦、Salvendy、黄熙涛等一批著名学者担任首席教授，Salvendy教授还成为该校新成立的工业工程系系主任。2001年，清华大学聘请Salvendy教授担当其新成立的工业工程系的掌门人。此举向社会昭示一流大学重在汇聚一流学术大师，也昭示着在"985工程"推动下，21世纪的中国对知识和人才更为尊重。南京大学"学科特区"建立后，美国著名研究机构研究员高翔卖掉了其在美国的住房，到其分子医学研究所落户。复旦大学专门设立人才引进专项经费，通过"成组引进"、"柔性流动"等模式，3年中引进各类优秀人才111人，促进了优势学科的建立和发展。北京大学固体地球物理学专业由于"985工程"的支持，引进了数位"长江学者计划"特聘教授，更新了实验设备，调整了研究方向，学科面貌焕然一新，2001年被评为全国重点学科。

三、"211工程"与"985工程"建设的关系

"211工程"与"985工程"是国家在高等教育领域实施的重大举措，二者既有区别，又有着紧密的联系。"211工程"二期的任务是："继续重点建设'211工程'院校，使其中大多数学校整体教学、科研水平达到国内领先地位"；"加强重点学科建设……力争使其中部分学科接近或达到世界先进水平"；而"985工程"二期建设把建设目标提升到这样一个高度："巩固一期建设成果，为创建世界一流大学和一批国际知名的高水平研究型大学进一步奠定坚实基础，使一批学科达到或接近国际一流学科水平，经过更长时间的努力，建成若干所世界一流大学。"可见"211工程"主要是为了普遍提升国内大学的科研教学水平，而"985工程"是在此基础上，有重点地建设一批具有世界一流水平的研究型大学。二者是我国高等教育重大举措的两个层面，都是高校创新体系建设的助推器，对我国高等教育的格局和发展具有深远的意义，因此特别要求同时参与"211工程"与"985工程"的高校要注意处理好二者的关系：要针对各自特色有所侧重，避免重复建设，合理使用建设资金，使投入的资金最大限度地发挥其使用效益，推动高校创新体系建设向良性方向发展。各高等院校应充分利用"985工程"建设，成为创新型国家建设的重要支撑和国家创新体系建设的重要力量，完成国家长期战略的历史使命和时代责任，也是实现跨越发展的重大战略机遇。

中华民族的伟大复兴，迫切需要同时也必然促进中国高等教育整体水平的提升，其中包括建设若干所世界一流大学。中国是一个发展中国家，要想在较短时间内，缩小与发达国家高等教育的差距，只能走"重点建设、带动整体发展"之路。"211 工程"和"985 工程"的实施，对提高高等学校的科技创新能力和国际竞争能力，走有中国特色的建设世界一流大学之路，增强我国综合国力和国际竞争能力，实现高层次人才培养基本立足于国内，具有极为重要的意义（张程花，2003）。

"211 工程"和"985 工程"的实施，为我国建设若干所世界一流大学和一批世界一流学科发挥了重要作用，有力地推动了我国高等教育的发展和高等教育质量的提高。通过这些重点建设项目的实施，我国高水平大学建设成效显著：学校整体实力得到较大提高；学科建设取得重大成效，少数学科接近国际先进水平；提升了高等学校的创新能力；高水平大学在不断提升其办学水平的同时，对其他高校的发展也起到巨大的辐射带动作用，促进了我国高等教育总体水平的提高；提高了我国高等教育的国际影响力（李辉生，2006）。

（1）学校整体实力得到较大提高。经过十年建设，我国高水平大学的人才培养、科学研究、社会服务能力都有了很大提高，其中研究生培养能力提高了 5 倍，科研经费增长了 7 倍，SCI 论文发表数增长了近 7 倍，具有博士学位的教师增加了近 5 倍，仪器设备总值增长了 4 倍。一批高水平大学与世界一流大学的差距明显缩小。成功探索了发展中国家如何从国情出发，集中力量、突出重点建设高水平大学之路。

（2）学科建设取得重大成效，少数学科接近国际先进水平。紧扣国家经济社会发展重点领域，在国家统筹规划下，创新学科建设模式，重点建设了一批基础学科、应用学科和哲学社会科学学科，使高水平大学的学科水平得到较大提高，一批重点学科实力明显增强，成为解决国家重大科技问题和培养高层次人才的基地。按国际可比指标 SCI 论文发表数统计，有 40 多个学科已接近国际先进水平。2005 年，清华大学材料科学学科 SCI 论文发表数排在世界大学第 2 位，SCI 论文被引用次数列世界大学第 14 位；北京大学化学学科 SCI 论文发表数及论文被引用次数也进入了世界前列。

（3）提升了高等学校的创新能力。随着高水平大学学科水平的显著提升，学校的创新能力和社会服务能力也明显增强，产生了一大批标志性成果，为国家经济社会发展作出了重要贡献。以"211 工程"学校为例，"211 工程"学校承担了全国 1/2 的国家自然科学基金项目和"973 项目"，1/3 的"863 项目"。十年来，获得国家科技三大奖一、二等奖的数量占全国的 1/3。为各级政府部门提供了一大批有重要价值的决策咨询报告。积极主动地以各种方式服务于经济建设、社会发展和国家安全，为各行各业的发展提供了有力的技术支撑和智力支持。

（4）带动了高等教育水平的总体提高。高水平大学在不断提升其办学水平的同时，对其他高等学校的发展起到了巨大的带动辐射作用，从而促进了我国高等教育总体水平的提高。在"211 工程"和"985 工程"建设中，立足国情，从实现资源共享，带动高等教育整体发展的思路出发，通过十年建设，从无到有，初步构建了中国独有的高等教育公共服务体系，为及时了解世界学术信息，共享学术资源，促进高等教育提高水平提供了有力的支撑，同时也推动了高等学校转变资源建设观念。

（5）提高了中国高等教育的国际影响力。随着学科水平的不断提高，越来越多发达国家的高校和研究机构纷纷与我国高水平大学建立联合科研机构，加强学术和技术合作，提升合作交流的深度和层次，极大地提高了我国高等教育的国际地位和影响力。目前，已有英国、法国、德国等 27 个国家和地区与我国签署了相互承认学历和学位的政府间协议。

第 2 节　高校扩招

针对我国现代化建设对教育需求激增以及高等教育整体规模较小的现状，1998 年年底教育部制订公布了《面向 21 世纪教育振兴行动计划》，表示要切实落实"科教兴国"战略，促进教育改革和发展。计划中谈到，为了使更多高中毕业生有接受高等教育的机会，根据各地的需求和经费投入以及师资条件，在采用新机制和模式的前提下，2000 年的高等教育本专科在校生人数按照计划应该达到 660 万左右，入学率达到 11%。

该计划制订公布后，立即引来了社会各界的广泛关注，教育界用尽全力落实此目标。得益于该计划的激励和刺激，从 1999 年到 2009 年，我国大学教育取得了跨越式发展，全国普通高校招生人数大幅上升，大学教育规模先后超过俄罗斯、印度、美国成为世界第一。原本计划用 11 年完成世纪性目标，实际只用了 3 年时间，战果可谓辉煌。

　　然而，这种几年便形成的里程碑式辉煌太过浮躁，目前教育的发展水平、规模与经济形势并不十分投合，导致出现了诸多问题。包括：扩大规模的辅助性政策和措施跟不上，学校教学和生活条件的约束成为高校稳定问题的新因素；一些学校由于扩招造成学校升格或教学条件下降而导致教学质量的滑坡；高校毕业生的就业困境等（别敦荣，2003）。

一、危机之中的精英教育

　　首先，教育部直属重点大学不仅学生的绝对数量急剧上升，而且扩招的速度也远远超过了全国普通高校的平均增长速度。例如，全国普通高校的平均学生规模由 1998 年的 3 532.29 人／校提高到 2003 年的 7 562.44 人／校，增长了1.14 倍，平均年递增率为 16.45%。教育部直属重点大学全日制学生平均规模由 1998 年的 11 025.30 人／校，上升到 2003 年的 24 303.74 人／校，增长了1.20 倍，平均年递增率为 17.13%。

　　正是由于教育部直属重点大学扩招的速度过快，使这些重点大学师资短缺现象比全国一般普通高校更为严重。2004 年 2 月，教育部颁布的《普通高等学校基本办学条件指标（试行）》规定，综合、民族、工、农、林、语言、财经、政法等院校生师比不超过 18，医学院校生师比不超过 16，艺术、体育院校生师比不超过 11，方为合格。然而，2003 年 73 所教育部直属重点大学的生师比平均为 19.65，既高于全国普通高校 18.6 的平均水平，也高于《普通高等学校基本办学条件指标（试行）》规定的合格底数。由于不同类型大学生师比的合格底数不同，实际上有 52 所高校的生师比未能达到合格要求。

　　其次，从办学类型和层次看，精英教育机构普遍举办了大量低层次、大众型的高等教育，如成人高等学历教育、网络教育、短期培训及民办二级学院等，从而使教育目标和教育资源过于分散，冲淡了精英教育的主题。教育部批准举办网络教育的大学共 68 所，其中 57 所是教育部直属重点大学或"985 工程"大学。根据 2004 年年底各大学公布的学生统计资料，对 21 所"985 工程"大学的学生结构进行了分析，80.95% 的学校的成人教育和网络教育的学生规模超过 10 000 人，其中有 6 所大学（占总数的 28.57%）的成人教育、网络教育学生多于传统意义精英教育学生（含本科、研究生、留学生），甚至有的学校的成人教育、网络教育学生规模超过 10 万人。此外，这些"985 工程"学校还举办了名目繁多的培训班，使本来紧张的教师资源和教学资源更加匮乏。

最后，许多水平不高的地方院校盲目升格，一味追求硕士点和博士点的增加，使研究生教育大众化。研究生教育，尤其是博士生教育本应该是典型的精英教育。即使已经进入高等教育普及化阶段的美国，具有博士学位授予权的高等教育机构也很少。2000 年美国卡耐基教学促进基金会公布的数字表明，美国博士授予单位只有 261 个，占高等教育机构总数的 6.6%，仍然是一种典型的精英教育。而 2002 年我国具有博士学位授予权的高校 245 所（当年高等学校的总数为 2 003 所），占高等学校总数的 12.23%，远远高于美国。近年来，我国博士学位授予单位的重心正在明显下移，越来越多的地方院校增设博士点，博士生质量开始受到质疑。正如克拉克·克尔指出："如果精英教育的组成部分被安排在大众化的院校，精英的标准也可能衰败，如美国博士学位训练计划在入学标准不高的院校推行。"

二、精英教育尴尬之因

精英教育思想的由来，可以追溯到柏拉图的《理想国》。他在《理想国》中提出：教育的目的是维持一个以稳定为主要特征的公正社会。在这个社会中，人是存在个体差异的，教育应该培养聪明的人，使之具有哲学家的理性和智慧，进而来治理国家。按照柏拉图的理论，聪明的人应该接受教育。他的这些主张是"精英教育"的理论渊源，影响久远。

中国传统的高等教育模式一直是以精英教育为主（王建华，2008）。在 1999 年高校扩招以前，中国高校的毛入学率只有 8% 左右，特别是在 20 世纪 80 年代，毛入学率仅有 4% ~5%，那时的大学生可以说是名副其实的天之骄子。但是在高校扩招之后，短短的接近十年的时间内，高校的毛入学率已超过 20%，中国的高等教育已经步入大众化教育的轨道。而在此时竟然有名牌高校的毕业生的工资接近于民工，大学生面临的就业压力之大可想而知。

精英教育为何会出现这种尴尬？

首先，高校没有对自身进行明确的定位，办学思想观念没有转变，扩招后教育质量出现下滑。不少高校仍然遵循传统的精英教育观念，即极少数人享受的教育权利，这就导致高校在对扩大招生、促进大众化教育作出贡献后，没有及时调整好教学的策略，使得水平参差不齐的学生仍然按照以前的教育模式培养，这样就使一些学生对所学的知识"吃不够"，而一些学生"吃不了"，从而严重影响毕业生的质量，使他们之中不少人难以符合社会发展的需要。

其次，高校在人才培养和自身发展之间左右为难。当今高校为了提升自身的实力和名望，通常都对外宣传其拥有的不同职称的教师数量、一定级别的科研项目和成果、每年发表的论文著作和科研成果等，这就使高校要求其教师尤其是教授、博士生导师每年必须发表一定数量的科研著作和成果。高校教师为了保住资格和晋升职称，纷纷在科研上下工夫，从而弱化了教学，影响了教育质量。另一方面，在教育部三令五申要求高校教师必须走上讲台的压力下，教师不得不分心搞教学，这又使得教师在科研上没有足够的精力和时间，高校在二者之间处在一个尴尬的境地。

最后，当今社会对精英的误解。那些拥有较多社会资源配置权的人就是社会精英吗？那些享有一定政治权力、经济基础、社会地位的人属于精英吗？那些在优越的社会岗位上、拿着丰厚的薪资的人是精英吗？在普通百姓眼里，答案是肯定的。这就导致了社会对精英的追求，每一个普通老百姓都希望把自己的子女培养成所谓的社会精英，但是我们要培养的是这样的精英吗？环顾四周，我们社会上一些所谓的精英都在做啥？当"精英们"都不干精英应该做的事之后，大学还敢培养讨人厌的所谓"精英"吗？答案是否定的。真正的精英应该包含各行各业的普通劳动者，他们有自己远大的理想抱负，能够在自己的岗位上埋头苦干并作出较高的成就。"三百六十行，行行出状元"，社会的精英不能简单地以物质基础为衡量标准。

三、大众化教育平台下的精英教育

在经济全球化的大背景下，中国迈向 21 世纪后在政治、经济、文化等各项事业上都需要许许多多有较高素质的劳动者，这就要求我们的高等教育必须面向大众，以适应社会发展的需要，同时也有利于在整体上提升国民的素质。另一方面，在严峻的就业形势和社会压力下，一些高校逐渐转变其办学方针和政策，走上职业化、技术化的道路，为社会培养其需要的普通劳动者。以东北师范大学为例，作为教育部直属的全国重点大学，学校坚持"为基础教育服务"的原则，对学生实行"厚基础、精专业、宽口径、多出路"的人才培养方针，为社会输送了大批优秀的人民教师，学校毕业生的就业率一直保持在较高水平上，被教育部评为就业先进单位。随着社会经济的发展，人民生活水平的提高，百姓对自身及子女的教育问题逐渐重视起来。国家教育投入的增加、政策的转变和科学技术的发展又为普通百姓接受高等教育提供了条件，百姓接受高等教育的机会大大增加，同时教育形式也变得多种多样，大众化高等教育成为时代发展的必然趋势（杨珺，2005）。

高等教育大众化阶段的精英教育是经济、社会发展和高等教育自身的需要。从经济、社会发展的角度看，精英人才无论在经济、科技、教育、军事、外交和文化等各个领域，还是在政府、行业等不同的管理部门，都起着引领社会发展潮流、推动社会进步的中流砥柱作用。新时期国家在各方面都采取了"以人为本"的原则来制定和实施路线纲领方针政策，这是符合当前社会发展规律的一条原则，我国的高等教育也理应如此。高等教育大众化阶段的精英教育恰恰是这一原则的体现，它不仅促进了教育的不断发展，而且也满足了各个层次学生受教育的需求。

第3节　兴建新校区、兴建大学城

2006 年中国青年报社会调查中心与某网站合作实施的一项调查显示，83.9% 的人认为，现在不少大学的建设存在"面子工程"和"过度消费"问题。

用前任复旦大学校长、现任英国诺丁汉大学校长杨福家教授的话说："我国高校在经历了合并、调整后，现在又进入了另一个高潮——兴建新校区、兴建大学城……中国高等院校盖大楼的速度是高校发展史上的'世界第一'。"

一、从观光电梯看大学与"世界一流"的距离

成为世界一流大学是中国许多大学的梦想。然而，他们圆梦的选择却显得匪夷所思：大都在"突飞猛进"地搞基础设施建设。

一个典型的例子是：人民大学一个仅有 3 层的食堂，现在已经装上了两部观光电梯，其理由是教工餐厅设在 3 层，"安装电梯主要是为了老年人和身体行动不方便的教师"。如果真的为了这一点，把教工餐厅挪到 1 层岂不更加方便？

由于资金大都浪费在了基础设施建设方面，用于教学与科研的资金就显得捉襟见肘。在这种情况下，教学质量怎么可能提高？如果以校园面积与豪华程度来算，中国有许多大学已步入世界一流大学之列。可惜的是，世界一流大学

拼的是"软件"而非"硬件"！

　　媒体曾报道这样一件事，英国诺丁汉大学曾意外地得到了 1 000 万英镑的奖金。学校讨论这笔钱的用途，一致决定以 5 万英镑的年薪，从世界各地引进 200 名优秀人才。在接下来的几年里，诺丁汉大学实力大增，在不少领域的排名纷纷上升。一位中国大学校长听说后非常感慨："这笔钱如果到了中国高校手里，第一个用途很可能就是拿来盖楼。"

　　由于资金大都用于建设方面，教学质量的下降是必然的。北京大学公布了 2006 年教育研究成果，在研究生教育现状调查中，有 56.9% 的硕士生导师和 47.8% 的博士生导师认为研究生质量在下降。而在此之前，中科大常务副校长侯建国曾说："目前，国内大学教育高中化、研究生教育本科化的趋势已经出现。"

　　但是，教学与科研显然仍在为许多大学所忽略，大学校长们做得最多的还是向国家要钱，然后继续大兴土木，并且，很多时候都是打着创建世界一流大学的旗号来实施的。北大校长许智宏说："创世界一流大学是个爬坡过程，不能走走停停，国家应该继续加大投入。"而 20 世纪初，芝加哥大学只用了 20 多年及稍微多于 5 000 万美金的资金就办成了世界一流大学（威廉·墨菲，2007）！

　　向国家要来钱的搞扩建，要不来钱的就贷款。2005 年 12 月 21 日，中国社会科学院发布了一份名为《2006 年：中国社会形势分析与预测》的社会蓝皮书，称部分公办高校向银行大量举债，热衷于圈地和参与大学城建设，有的高校贷款已高达 10 亿～20 亿元，目前高校向银行贷款总量在 1 500 亿～2 000 亿元。高校贷款有可能成为继钢材、水泥、电解铝之后的又一个高风险贷款项目。

　　北京市审计局的审计结果显示：一些高校贷款修建大学生公寓和教学楼，由于没有正常的还贷资金来源，一些还贷资金在教育事业费列支，挤占了有其他用途的财政资金。

　　当打着创建世界一流大学旗号的盲目扩建成为大多数高校的选择，有关部门就应该出面干涉，对高校资金的使用进行严格监督和审计，让有限的资金用到刀刃上，而不是被白白地糟蹋。社会需要的是优秀的人才和高质量的科研成果，而不是用钢筋水泥累积起来的石头城！

二、高等教育发展需要这样的"精神另类"

什么是大学？培养人才的地方叫大学，而不是有大楼的地方就叫大学！什么叫著名大学？具有培养造就优秀人才的学术氛围和良性机制的地方叫著名大学，而不是靠"某某排行榜"堆砌而成的"荣誉噱头"就敢称著名！在大学面前，学生发展、未来潜能、人格造就才是最重要的，其他教育之"物"，比如教育排行榜位次，比如学校各种急功近利和沽名钓誉，都是边缘化产物，而不能成为教育核心。在这种混沌教育竞争中，中国科技大学能用一种朴素、宁静、与世无争的学术性心态参与高教改革和发展，取得值得认可的教育成就。这才是真正的大学之"大"，更是社会眼中的"教育大气象"。

之所以这是"教育大气象"，是因为我们的高教发展已呈现了很多让人微词的"教育小气象"。

"形象崇拜论"促成了大学精神的"小"。大学应具有不为世俗所惑的精神独立之高尚，在社会诸多乌烟瘴气面前，洁身自好的教育信仰和正直正气的教育追求应是高校的远景教育目标，可在当今，这种教育性格几乎成为稀缺。很多学校将社会性竞争搬到了学校，用行政性排行榜为大学排队，用办学规模、经济效益、学生数量当做高校形象评定的关键要素。很多大学为了得到形象认可，不得不在办学思想和行为上倾向于这种"六个指头挠痒的行政干预"，结果生源数量无限膨胀，教育质量不敢恭维。

"经济比阔斗富"造就大学精神的"小"。教育要想让学生信服，首先应有一颗公正的教育良心，有坚定不移的学术追求，可现在很多学校已经没有这个心思了。不少高校为了得到发展机会，拼命扩大校舍，用大广场、大楼房和耀眼招牌打造辉煌竞争力，形成一场你争我抢的"奢侈建设风"。哈佛大学、普林斯顿大学两所学校才占地275平方千米，而中国动辄334平方千米的"广场大学"屡见不鲜；本来楼房能用就行了，偏偏追求顶尖豪华，成了耀武扬威的"面子工程"。高等教育发展越来越陷入奢侈旋涡。哪所学校要是校舍不够气派和风光，竟然会被认定为"实力不济"、"没有前景"。这种错误的社会认知更助长了奢侈风气的变本加厉。

有限的教育经费被大楼占据了，分配到教育一线的非常少。灶台建成金的，却无米下锅，作出来的饭能好到什么地步就可想而知了。

中科大抛弃了这种"经济比阔斗富"，"高中校长们经常抱怨，嫌我们的校园太小，不如北大、清华气派"。"实践是检验教育水平的唯一标准"，经过时间验证，这种"经济倾斜"终于见到了成效。人才本位、学生需要本位、教学需要本位最终强于"大楼需要本位"和"高校大开发本位"，这是一种远见卓识，更是世人皆醉我独醒的大学精神。

第 4 节　高等教育的兴旺之道：松绑

世界第一流的高校和科学家都不是"政府工程"造就的，更非靠合并大学、合并专业就能产生。高教界的浮夸风兴起于若干年前的各类"部属工程"，而今则愈演愈烈，以致发展成合并大学之风。笔者对眼下的浮夸风深感忧虑，因为我国高等教育在为此付出沉重代价。

我国乃是民办学校的鼻祖，有社会和家庭大力投资教育的深厚传统。但中国最具特色的传统——社会办教育——已经快要被"主管"和"统管"没了。教育部与高校间的"直属"关系已经发展到了荒唐的地步：办几所大学，在哪儿开，大学分几等，什么课程可以教，设多少个专业，设哪些个专业，评几个教授，学校有无资格授予某级学位，哪个学术项目值得做，哪位教授学术水平高，乃至批准教授护照申请，参加国际学术交流等，都归教育部统管，由部里的官员定夺。教育部甚至一道命令就能把几所大学合为一个，"航空母舰"一拍脑瓜就建起来了。"一大二公"的浮夸风由中央政府来刮，损失当然比地方政府决策要大得多。"统管"和"主管"正严重地制约着我国高等教育的发展，而且导致腐败现象在高教领域扩散。

哪个真正尊重知识的国家会认为教育部官员有资格"主管"刚刚教导和培养了自己的老师们，并"审批"和"评比"其学术成果，"审批"自己的老师能否得到护照以及出国参加学术交流？在尊重知识的国家里，政府绝不敢声言"主管"大学，更不要说"统管"了。教育部对大学的责任是向大学转交人民缴纳的部分税收，使尽可能多的人民接受高等教育。美国的教育部从未敢声称"主管"大学，联邦政府也不拥有任何一所大学。"公立"大学均为州立、市立或社区自立，美国私立大学的优秀和独立性更是举世闻名。结果是，美国的大学不仅为本国学子提供充分的教育机会，而且给全世界的学子提供了教育机会。虽然德国的大学全部由政府拨款，但也只管拨款。如同美国的公立和私立大学一样，德国的大学实行完全自治（王英杰，2008）。大学自治的原理非常明显。官员是大学教授们培养出来的，若官员连大学教授们管理大学的能力都不相信，他们为什么还要到大学来接受教育？刚毕业的学生，一旦成为教育部"官员"就可以名正言顺地"主管"教授，这能称为"尊重知识"？如此"官本位"的体制怎敢奢言兴大学，兴科教，兴国家？

我国高等教育兴旺发达的有效途径是恢复和发扬社会办教育的优秀民族传统，从上做起，逐渐放弃"计划经济体制"，改掉"主管"的心态和"统管"的做法，给高等院校"松绑"。

第33章 "有所为、有所不为"的科技工作方针

改革开放30年来，国家陆续出台了30多个科技计划，形成了具有多方面功能、多个层次的国家科技计划体系，有力地促进了科技与经济的结合，体现了"面向、依靠、攀高峰"的科技指导方针，为经济的高速发展和社会进步提供了科技动力和成果储备，充分体现了我国科技布局和发展的特色。

坚持有所为、有所不为，集中力量办大事，是我国科技发展的重要成功经验。要根据国家发展的重大战略需求，充分发挥科技对经济社会发展的支撑作用，着力提升重点领域的自主创新能力。

第1节 "3＋2"新型科技计划管理体系

一、国家科技计划体系的酝酿和产生

1978年，党的十一届三中全会确定了将国家工作重点转移到社会主义现代化建设上来，提出了四个现代化的国家战略目标。为使科学技术真正成为国民经济建设的重点，充分发挥科学技术在现代化建设中的作用，国家科技管理部门开始有意识地在经济建设中发掘科技问题，并运用政府的政策资源、资金资源和行政手段组织高水平的科技队伍及企业进行攻关。

"六五"攻关计划的出台，标志着我国科技计划已从科技发展规划中分离出来，具备了相对独立的形式，成为我国第一个具有高度综合性和可操作性的科技计划，国家科技计划体系也由此开始酝酿和产生。

二、国家科技计划的总体部署

"七五"期间，随着国家科技计划逐渐充实扩展，初步形成了一个具有多方面功能（研究开发、中间实验、技术成果推广应用）的、在三个层次部署的较完整的科技计划体系，如图33-1所示。

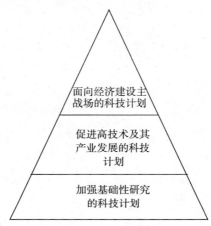

图33-1　科技计划体系的三个层次

第一层次：面向经济建设主战场的科技计划。包括：国家科技攻关计划、重大技术装备研制计划、国家重点工业性试验项目计划、国家技术开发计划、国家重点新技术推广项目计划、"星火计划"、科技扶贫工作、军转民科技开发计划、国家重点新产品计划、国家科技成果重点推广计划。

第二层次：促进高技术及其产业发展的科技计划。包括："863计划"、"火炬计划"。

第三层次：加强基础性研究的科技计划。包括：国家自然科学基金、国家重大科学工程、国家重点实验室计划。

国家软科学研究计划则是为国家发展提供宏观咨询服务的科技计划。

三、国家科技计划体系的完善、补充和调整

"八五"期间，经济体制改革和政治体制改革进入了新阶段，我国按照"一个中心，两个基本点"的基本路线，全面实行改革开放。科技体制改革在全社会确立了技术成果商品化的地位，科技工作形成了纵深部署、有机联系的

格局，初步形成了计划管理与市场调节相结合的新型科技计划体制，进入完善、补充、调整时期。加强技术的工程化与集成配套能力、推动基础研究发展、推进重大科技成果产业化的科技计划相继出台。

"九五"时期是我国向社会主义市场经济过渡的重要 5 年。国家制定了"九五"计划和 2010 年长期规划，部署 20 世纪最后 5 年乃至 21 世纪前 10 年的国民经济和社会发展工作。国家科技计划在深度和广度上得到进一步拓展和延伸，对繁荣科学事业，促进经济发展和社会进步产生了重要作用。1998 年，随着政府机构改革和部门职能调整，国家科技计划也进行了相应的调整，将由原国家计委分管的部分攻关计划和国家重点实验室建设计划改由科技部主管等。在此期间，科技部研究提出了"3 + 2"的科技计划体系（李丽亚，2008）。

四、形成具有我国特色的科技计划体系

2001 年 5 月，原国家计委和科技部联合发布了《国民经济和社会发展第十个五年计划科技教育专项计划》，提出了"有所为、有所不为，总体跟进、重点突破，发展高科技、实现产业化，提高科技持续创新能力、实现技术跨越式发展"的科技发展指导方针。

自 1982 年出台第一个国家科技计划以来，到 2007 年年底，已经有 30 多个科技计划从不同角度支撑着国民经济和社会发展以及科技自身发展的科技需求，这些计划相互补充，形成了一个有机整体。同时在计划的组织管理上，形成了由中央、省（市）、地方以及部门组成的多层次组织管理体系。在《"十五"科技发展规划》的指导下，科技部依照"创新、产业化"的科技发展指导方针，在促进产业技术升级和提高科技持续创新能力两个层面进行了部署，对国家科技计划不断进行调整和完善，形成了具有中国特色的科技计划体系，即"3 + 2"体系。这一计划体系的建立使科技计划不再是单纯的项目计划，而是实现科技资源的合理配置，使国家科技计划的组织实施成为一个将项目、人才、基地能力建设与体制环境建设紧密结合的政策系统。

"3 + 2"体系由 3 个主体计划和 2 个环境建设计划组成：

3 个主体计划：国家高技术研究发展计划、国家科技攻关计划、国家重点基础研究发展计划。

研究开发条件建设计划：国家重点实验室建设计划、国家工程技术研究中

心、国家科技基础条件平台建设计划、中央级科研院所科技基础性工作专项、科研院所社会公益研究专项、国际科技合作重点项目计划、国家软科学研究计划、科学技术普及工作等。

科技产业化环境建设计划："星火计划"、"火炬计划"、国家科技成果重点推广计划、国家重点新产品计划、科技型中小企业技术创新基金、农业科技成果转化资金、科技兴贸行动计划、生产力促进中心、国家大学科技园、国家农业科技园区、科研院所技术开发研究专项资金等。此外，还有三峡移民科技开发专项、西部开发科技专项行动、奥运科技（2008）行动计划等科技专项和工作。

第 2 节　启动 12 个重大科技专项，着力解决共性瓶颈问题

重大专项是为了实现国家目标，通过核心技术突破和资源集成，在一定时限内完成的重大战略产品、关键共性技术和重大工程。

为了加快实现我国科技发展战略从以跟踪模仿为主，向以自主创新和实现技术跨越发展为主的转变，2001 年 12 月，经国家科教领导小组第 10 次会议批准，科技部决定在"十五"期间组织实施 12 个国家重大科技专项。目的在于紧紧抓住加入世界贸易组织后的过渡时期，对一些关系国民经济和社会发展的关键技术和产业化领域，以提升核心产品和新兴产业的竞争力为中心，集中国家、地方、企业、高校、科研所等方面的力量进行重点研发，迅速抢占一批21 世纪科技制高点，力争取得重大技术突破和实现产业化，提高我国在重点领域的国际竞争力，有效应对入世后技术壁垒的挑战。

科技部按照"有所为、有所不为"的指导思想和"突出重点"的基本原则实施重大科技专项，集成多方优势，大力促进中央各部门之间的联合、中央和地方的结合以及国家各重大科技计划之间的衔接和集成，并在事实上采用政府引导和市场推动相结合，推动以企业为主体的创新和投入模式，建立竞争和滚动调整机制。

这 12 个重大科技专项大多属于当前国民经济和社会发展急需解决的，以及关系到国计民生和人民健康的重大科技问题。如针对农业结构调整、农民致富等"十五"期间国民经济的重大问题，部署了主要农产品深加工、奶业发

展和节水农业等项目；在提升整个产业结构的升级改造方面，主要从国民经济信息化入手，部署了电子政务、电子金融等方面的课题；在关系人民生活急需解决的问题方面，部署了水污染治理和食品安全等项目。通过这些专项的实施，集中攻克了一批制约我国国民经济和社会可持续发展的关键"瓶颈"技术问题，以促进农业、工业以及社会发展方面的一些重大问题的解决，对国民经济的战略性调整作出贡献。另外是一些对国家建设和发展具有战略影响，必须在国家层面上给予支持和推动的科技问题。如重要技术指标研究等项目是为了更好地应对我国加入世界贸易组织，促进我国民族产业的发展，维护国家利益，构建国家技术标准体系；信息安全等专项是从国家安全考虑，在软件方面攻克核心技术和研制国产操作系统。

12 个重大专项强调机制建设和创新，强化成果产业化，并制定相应的措施，鼓励企业参与，突出了企业的创新主体地位，带动企业的投入。与产业化相关的专项课题都明确了由产业化条件好的企业牵头承担，联合有关科研单位，共同推进专项任务，并将扶持和培养一批企业，尤其是龙头企业作为专项的实施目标之一。由企业牵头实施的项目，充分发挥了科研院所、高等院校的技术支撑作用，建立起以"企业为主体，科研院所和高校为技术支撑"的组织形式，使科研攻关与产业化开发两个实质性内容有机地结合起来，如农产品深加工专项 14 个课题专门面向企业招标，由企业牵头联合有关科研院所和高校参加投标，共同承担专项的任务，推进企业的技术创新以及相关产业的形成；电动汽车专项通过组建产权清晰的股份制公司承担专项的研究开发任务，实现多企业联合享有知识产权，调动企业参与的积极性；功能基因组和生物芯片专项明确提出要培育 3 个以上、年销售额超过 5 000 万元的生物芯片龙头企业。

科技部制定专门政策，要求所有国家科技计划工作都要向重大专项倾斜，加强集成，加大投入，优先支持专项的实施。在 12 个重大专项已落实的中央财政经费投入中，"863 计划"投入 47.4 亿元，"攻关计划"投入 14.8 亿元，分别占这两个计划"十五"总投入的 32% 和 27%。

在专项的组织实施过程中，加强了与相关部门、地方、企业、科研机构、专家的沟通、交流和合作。鼓励部门、地方牵头组织专项的实施，并投入专项配套资金。12 个重大专项的实施共涉及 19 个部门和 22 个地方，带动配套投入近 40 亿元，形成了上下合力、共同推进的新局面。总投入的近 200 亿元中，中央财政投入 60 亿元, 部门和地方投入 40 亿元, 企业投入 100 亿元。

"十五"期间启动实施的 12 个重大科技专项收到良好效果, 在各个领域都取得了一批突破性成果, 为解决国家重大科技问题和实施高新技术成果产业化奠定了雄厚基础。如中央处理器 (CPU) 和数字信号处理器 (DSU) 设计由技术突破向重点推广纵深发展, 具有完全自主知识产权和自主指令集的用于计算机网络的"众志"CPU, 已完成设计、芯片和规模化生产, 可望近期推出低价格、高性能、采用国产 Linux 操作系统、具有完全自主知识产权的新一代网络计算机; 永中公司推出了跨平台的集成办公套件; 在电子政务方面, 首次提出了我国电子政务内网统一标准与总体框架; 国家信息安全应用示范在上海取得关键性技术突破。

功能基因组合生物芯片专项的实施, 使我国在国际上率先完成水稻 (籼稻亚种 9311) 基因组测序工作; 初步建立起活体采卵, 攻克 XY 精子分离、利用分离的 X 精子体外生产胚胎等关键技术; 创建了作物全生育期抗旱性鉴定及辅助指标评价技术与指标体系; 基本建立了具有国际先进水平的蛋白质组学研究技术平台和生物信息学技术体系; 成功研究了针对重大疾病并具有自主知识产权的创新药物品种, 如全球第一个正式上市的基因治疗药物重组人 P53 腺病毒注射液。

农产品深加工技术与装备研究取得重大进展, 开发出 243 种新产品, 建成年产 4 万吨脱水燃料酒精、年产 3 000 吨湿法变性淀粉、年处理 20 万吨小麦、每小时 50 吨处理能力的苹果浓缩汁等 105 条示范生产线, 建立了相应的原料生产基地超过 13 000 平方千米。食品安全专项抓住"把关、溯源、设限、布控"4 道防线, 开展食品安全标准和控制技术、关键检测等研究, 建立了我国第一个苹果汁等全程质量控制体系; 太湖水污染控制与水体修复关键技术取得突破性进展, 基本形成了太湖梅梁湾水源地水质改善的应用技术系统。

高速磁悬浮交通技术研究论证了高速磁悬浮在我国的适用性, 基本搞清了高速磁悬浮交通系统的关键技术, 磁悬浮列车轨道国产化技术取得突破, 上海磁悬浮列车示范投入试运行。电动汽车专项采用; 整车牵头的系统开发布局, 30 千瓦和 50 千瓦新一代燃料电池发动机、动力电池、驱动电池及控制、整车设计开发等都取得了重大进展。成功研发出具有我国自主知识产权的实用化样车, 按照国家标准完成了道理实验和可靠性工况实验等。

至 2005 年, 12 个重大科技专项共获得专利授权 1 875 项, 其中发明专利

1 179项；颁布各类标准 8 704 项，其中国际标准 126 项，国家标准 2 321 项。这一切都充分表明，加强原始创新的各项措施已初见成效。

此外，各地方科技管理部门结合本地实际，也制定了若干地方重大科技专项，如上海实施中药现代化、纳米科技、光科技、集成电路 4 个重大专项，各投资 1 亿元，实施以来已带动 10 倍以上社会投资。广东省实施若干影响面广、产业带动强的重大专项，并以专项带动为主线，加强科技计划的建设。新疆自治区积极实施节水农业专项，开发与示范推广喷、灌、微灌等高效节水技术，其中喷灌面积达到 65 450 平方千米，滴灌面积达到 119 060 平方千米，软管灌溉面积达到 106 720 平方千米。沈阳市实施装备制造企业信息化等 12 个重大专项，给予 3 260 万元资金支持。内蒙古自治区在生物技术等领域选择 17 个重大项目，总投资 2 亿元。

第3节　人才、专利、技术标准三大战略：应对入世后的机遇与挑战

为贯彻落实国家的科教兴国战略和人才强国战略，主动应对我国加入世界贸易组织后来自国外的人才、专利、技术标准竞争的机遇和挑战，2001 年 12 月，经国家科教领导小组第 10 次会议批准，科技部在"十五"期间组织实施人才、专利、技术标准三大战略。

一、人才战略

有关资料显示，我国出国留学人员回归率约为 33%，而且相当一部分国外回来的人才进了外企工作。国内的人才竞争同样十分激烈，发达国家有针对性地采取新的措施，争夺我国的优秀人才。

实施人才战略，就是切实把"以人为本"落到实处。对于国内人才，要创造好的科研条件，加大对研究基地的经费支持，如中科院的知识创新工程试点、"211 工程"等；要通过深化收入分配制度改革，制定技术、管理等生产要素参与分配的政策，以充分体现科技人才的创造性劳动价值；要以人为本，全面推动课题制的实施；要改善创新创业的环境，完善专利制度，依法加强知识产权保护；要改进科技激励和评价制度，并鼓励和支持我国科学家更多地走向世界科技舞台；既要充分发挥老一辈科学家的智慧才能，又要善于发现和大

胆起用优秀的年轻科技人才，形成老、中、青相结合的人才梯队。对于留学人员，关键是制定相关政策，采取国民待遇和帮助他们解决特殊困难。吸取海外优秀人才回国创新、创业，特别要在重点发展领域有针对性地引进尖子人才。

二、专利战略

科技竞争力的重要标志是企业对核心技术的拥有情况，在很大程度上反映为发明专利、自主知识产权等。随着我国加入世贸组织和贸易有关的知识产权协议的实施，我国在知识产权保护方面面临严峻的挑战。当前，发达国家在世界范围内进一步将其技术独占优势转化为市场垄断优势。在国内，外国企业，特别是大的跨国公司和企业集团也在高技术领域大量地申请发明专利作为抢占中国市场的前导。截至 2008 年 12 月，国家知识产权局受理的发明申请总量为 1 623 248 件，其中国外申请为 711 728 件，占 43.8%，这使我国产业发展在很大程度上受到发达国家的专利制约。实施专利战略，就要有效地运用有关知识产权的法律法规，努力提高原始性创新能力，更多地掌握具有自主知识产权的核心技术和关键技术，迅速地提高我国发明专利的数量和质量，从而增强我国的科技、经济竞争力。

我国不仅要提高保护知识产权的意识，更重要的是要提高知识产权的创造和运用能力。目前，我国有关知识产权归属和利益分配的激励机制仍有待加强和完善。实施专利战略，一是要建立运用知识产权制度促进科技创新的利益激励机制，全面贯彻落实《专利法》中关于"职务发明创造申请专利的权利属于该单位，专利被批准后，单位为该专利权人"的规定，强化国家科技计划项目承担单位保护和管理自主知识产权的责任，并研究对发明者的奖励政策；二是要发挥知识产权在科技管理中的导向作用，建立并强化科技评价体系中的知识产权比重，国家科技计划项目立项前都要进行国内外知识产权状况分析，"863"、"攻关"等重大计划项目应以发明专利的获得作为立项目标和验收指标；三是要在科技计划项目管理经费中设立专门经费，用于支持其申请国内外发明专利，并对专利维持费用给予适当补助；四是要积极配合国家知识产权局，对重大科技计划项目中的创造发明申请加快专利审批速度，促进其尽快形成市场竞争力。这些问题在"十五"科技计划实施中给予了充分的考虑。

三、技术标准战略

为了增强我国国际竞争力，必须使我国由贸易大国向贸易强国转变，提高我国出口产品的档次和水平，改变我国外贸结构。近年来，我国在外贸出口中受国外技术壁垒的限制日益严重，由于我国技术标准大多引用国际标准，对进口产品几乎无技术壁垒可言，据有关调查，我国有60%的出口企业遇到过国外技术壁垒，技术壁垒对我国出口的影响每年超过450亿美元。技术壁垒建立在技术创新能力的基础上，其实质是国家之间技术实力的较量，这种较量在很多领域里体现为技术标准的竞争。在经济全球化，国际竞争日益激烈的今天，技术标准是技术创新链条中的重要一环，是技术成果的规范化、标准化，是产业竞争的制高点。在一定程度上说，技术标准甚至比技术本身更为重要。

为了争夺技术壁垒优势，发达国家利用其科技优势，最大限度地控制国际标准化组织（ISO）和国际电工委员会（IEC）的技术领导权，尽可能将本国的技术法规、标准及检测技术纳入国际标准。目前，技术标准是我国的薄弱环节，表现为整体水平低，并与研究脱节，环保和安全领域对技术标准的要求十分迫切；标准的国际化水平低，运用标准作为竞争手段的能力更低。

实施技术标准战略，推动我国向贸易强国发展，一是要加强国际标准化总体发展动态和我国标准化发展战略研究，尽快研究建立既符合世贸规则又能保护本国利益的国家技术标准体系。二是要调整现有科研机构设置，支持有关部门建设国家标准技术研究机构及相应的人才队伍。体制改革中受到影响的，要改革思路，用新机制解决好这个问题。三是要增加技术标准研究投入，并把建立技术标准作为国家科技项目的重要内容和考核目标，重点支持包括信息、生物、电动汽车等战略性高新技术产业的标准研究，加强中药、中文信息处理等我国有相对优势领域的标准和计量检测手段研究。有关专项和项目也要将标准作为重要内容。四是要积极参与国际标准制定及相关活动，争取在国际标准化领域获得更多的发言权。

第4节 科技部专项管理办法的转变

在总结"十五"期间科技部实施的12个重大专项管理运行经验，以及对国外科技专项计划管理体制及运行机制进行广泛分析的基础上，科技部对重大专项的组织实施采取了新的机制和体制：在组织领导上，强调从国家高层统筹协调，设立相应的协调管理机构；在目标确立上，充分体现国家意志，统筹考虑技术目标与国家政治、军事、经济和社会发展战略目标；在资源保障上，在保障政府专项资金投入的同时，形成政府引导、企业等全社会共同投入的多渠道投入机制；在政策协调上，必须建立科技和经济协调一致的政策，同时还要做好与国家科技基本计划的衔接和协调。

一、国家科技重大专项的由来

重大专项是为了实现国家目标，通过核心技术突破和资源集成，在一定时限内完成的重大战略产品、关键共性技术和重大工程。

科技重大专项是《国家中长期科学和技术发展规划纲要（2006～2020年）》（以下简称《规划纲要》）的重中之重，对增强我国综合国力起着极其关键的作用，具有战略意义。2006年5月29日，温家宝总理主持召开国家科技教育领导小组第四次会议，审议并原则通过了《关于〈国家中长期科学和技术发展规划纲要〉的实施意见》，对抓紧组织实施《规划纲要》确定的16个重大专项提出了明确要求，并明确了16个重大专项领导小组的组成。6月13日，国务院办公厅印发的《关于组织实施科技重大专项任务分工的通知》（国办发〔2006〕46号）明确规定："重大专项的组织实施，由国务院统一领导，国家科技教育领导小组加强统筹、协调和指导。科技部作为国家主管科技的部门，会同发展改革委、财政部等部门，做好重大专项实施中的方案论证、综合平衡、评估验收和研究制定配套政策等工作。"

《规划纲要》确定了16个重大专项，是我国到2020年科技发展的重中之重。重大专项是《规划纲要》中建立创新型国家的核心任务，也是推进国家创新体系建设的重要载体；对提升我国综合国力、增强国际竞争力、实现创新型国家宏伟目标将发挥重要作用。

16个重大专项包括：核心电子器件、高端通用芯片及基础软件；极大规模集成电路制造技术及成套工艺；新一代宽带无线移动通信；高档数控机床与基础制造技术；大型油气田及煤层气开发；大型先进压水堆及高温气冷堆核电站；水体污染控制与治理；转基因生物新品种培育；重大新药创制；艾滋病和病毒性肝炎等重大传染病防治；大型飞机；高分辨率对地观测系统；载人航天与探月工程等，其中11个是民口专项。这16个国家科技重大专项已基本完成方案的编制、论证，并取得了重要阶段性成果，中央财政已安排预算328亿元加以支持。

据国家科技部国际合作司副司长叶东柏介绍，为了抢占科技和产业发展新的制高点，结合"十二五"规划制定，我国还将在清洁能源、深海探测、深地勘探等方面选择有望实现突破的重大任务，调整充实重大科技专项。

二、《国家科技重大专项管理暂行规定》的出台

2008年8月11日，科技部、国家发展改革委、财政部共同研究并联合印发了《国家科技重大专项管理暂行规定》（以下简称《暂行规定》）。《暂行规定》包括总则，组织管理与职能，实施方案与实施计划，组织实施与过程管理，总结与验收，资金管理，成果，知识产权和资产管理，信息、档案和保密管理，国际合作，附则等部分，共十章六十条。

2007年年底以来，各重大专项实施方案陆续通过国务院常务会议审议，正在抓紧组织实施。为指导各重大专项做好相关工作，2008年3月，科技部、发改委、财政部联合印发了《关于抓紧做好科技重大专项启动实施有关工作的通知》。《暂行规定》的出台，进一步明确了重大专项的组织管理和工作流程，将为重大专项组织实施工作的顺利推进发挥重要作用。

三、重大专项实施采取的组织管理形式

《暂行规定》进一步重申，重大专项的组织实施由国务院统一领导，国家科技教育领导小组统筹、协调和指导。科技部作为国家主管科技工作的部门，会同发改委、财政部等有关部门，做好重大专项实施中的方案论证、综合平衡、评估验收和研究制定配套政策工作。这是一个专家管理与行政管理相协调配合的管理机制。

建设创新型国家是我国明确的发展目标，16个重大专项也都有明确的产业化发展目标。因此，推进自主创新不仅是科技界的工作，也不仅是某个行业部门的技术进步，而是全社会参与、各个部门全面推进的系统工程。

重大专项的组织结构大体如下。

（一）行政管理——重大专项办公室的成立与职责

由科技部会同发改委、财政部建立三部门工作机制，研究解决重大专项组织实施中的重大问题。

科技部成立重大专项办公室牵头推动重大专项工作，就是要统筹部署，做好重大专项实施方案的综合论证，在实施过程中综合平衡，并发挥评估监督职能。在实施过程中，对有关的重大政策问题组织相关部门制定政策，并根据未

来发展变化对技术路线进行调整和咨询论证。重大专项办公室不仅是部门普通的下属司局，更主要的职责还在于要实现对外联络沟通协调和共同部署，为重大专项整体推进解决政策、人才、资金、资源等问题。根据科技部党组的要求，办公室主要进行以下四个方面的工作：一是抓好重大专项实施中国家有关自主创新政策的落实，推动科技体制改革和体制机制创新，推动以企业为主体、市场为导向、产学研结合的技术创新体系建设；二是做好管理和服务工作，通过服务了解情况，提升管理和服务水平；三是落实科学发展观，以人为本、创造环境吸引和聚集全球最优秀人才参与重大专项的实施；四是当好参谋，加强专项的监督评估。重大专项办公室的设立，就是为了能在国家层面上进一步举全国之力、统筹科技资源和任务，利用国家多年来的科技积累，再上一个新台阶。

科技部在中间的角色突出在协调重大专项与科技计划的衔接上，制定重大专项实施的相关科技配套政策也是其重要职责之一。2007 年 6 月，中央机构编制委员会办公室批准成立的重大专项办公室，承担着日常组织协调和联络沟通工作，所有专项实施的信息汇总也是这个只有 5 人的机构的重要任务。2008年 7 月，根据国务院"三定"方案，科技部重大专项办公室成为独立的司局级编制。有着多年科技计划管理经验的许倞出任了专项办公室的主任。他与他的小团队在 2008 年 11 月 21～26 日，赴卫生部、科技生物中心、工业与信息化部、环保部开展了密集调研，并多次表示专项办要为各专项做好沟通协调和支撑服务工作。

发改委的主要精力将放在相关产业的配套政策上，也要协调好重大专项与国家重大工程的衔接。

财政部当然是要为重大专项制定相关的财税配套政策，更要为重大专项的经费预算编制负责，经费预算的审批、专项资金的使用监管、预算的调整等都将是一个全新的探索。

（二）专项领导小组

这是由国务院统一安排的，各专业部门组织落实的组织机构。例如，涉及医药卫生领域的由卫生部组织实施，水污染控制由环境保护部实施，新一代宽带无线移动通信则由工业和信息化部负责牵头，等等。重大专项领导小组通常由多个部门组成，对专项组织实施负有领导责任。

以"水体污染控制与治理"为例，水专项由环保总局和建设部牵头组织实施，领导小组组长单位为环保总局，副组长单位为建设部，成员单位有科技部、发展改革委、财政部、水利部、农业部、教育部、中科院和工程院。环保总局局长周生贤为水专项的领导小组。

（三）重大专项牵头组织

重大专项牵头组织是具体实施的组织，是保证重大专项顺利组织实施并完成预期目标的责任主体，牵头组织要组织成立重大专项实施管理办公室，具体负责专项实施的各项工作。

以"核心电子器件、高端通用芯片、基础软件"专项为例。科技部是该重大专项的领导小组组长单位；工业和信息化部是牵头组织单位，是实施专项的责任主体。

专家管理体现在各重大专项都要组建专项总体组上，总体组是专项实施的技术责任主体。总体组设有技术总师和副总师，配合专项实施管理办公室进行具体工作。

重大专项的承担实行的是法人负责制。审视专项的组织实施结构，重大专项实施管理办公室和总体组将成为行政管理和专家管理最具体的交叉点，也是整个重大专项顺利实施的关键点所在，它们也将是和最终承担专项的各种机构打交道最多的两个部门，法人与技术总师也随之成为焦点人物。

我们可以这样简单描述一下一个重大专项的实施过程，重大专项经过多方论证，形成报告，经过国家审核通过之后，交到最后的重大专项实施管理办公室，再由它来选择承担者，具体承担的单位也会对应设有一个重大专项办公室，重大专项的执行就由这个办公室负责去做。

目前启动的重大专项大多为这种相对分散的执行方式。大飞机专项显然是另外一种实施模式，它是集中执行的。国家以资本注入的方式结合社会其他资本成立一个项目公司，然后选择哪家企业去做，是委托、择优委托还是招标，就由这个项目公司去办。

第 34 章　新经济的兴起
——中国投身信息技术革命

　　信息革命是指人类在认识世界的过程中，感知、反映、接收、传递、交流、综合分析和加工处理信息的工具与手段的革命性变革。人类文明的发展始终伴随着对信息获取、存储和运用能力的进步。20 世纪中期以来，信息革命开始在全球蓬勃发展。信息革命是继工业化动力革命之后的人类新智能革命，它使人类社会面貌正在发生深刻的变化。在信息革命有力的推动下，世界进入了全球化迅猛发展、民族国家间联系密切、相互依存程度不断提高的新时代。

　　20 世纪下半叶，信息革命在全球范围内兴起。1946 年，电子计算机的问世揭开了信息革命的序幕，至今其影响已深入各个方面，使人类的社会面貌发生了翻天覆地的变化。在短短几十年的时间里，信息技术日新月异，成为领导现代技术发展方向的主导技术；信息产业迅猛发展，成为发达国家第一大产业部门；一种新的经济形态——信息经济或知识经济也初步形成。信息革命与新的经济形态的形成使社会技术体系的构成发生了新的革命性变化。信息技术革命主要沿着计算机技术、微电子技术和通信技术这三个方面展开：计算机技术使人类处理信息的能力发生了革命性提高，而对信息的处理正是人类从事一切活动的前提和基础；微电子技术使集成电路的集成度已由最初的只能集成 4 个晶体管，发展到现在的 880 万个，这使人类信息处理能力飞速提高；通信技术可以将作为独立信息单元的计算机联成网络，实现信息的社会化，这恰恰是人类走向信息化社会的必备前提。从发展实际来看，信息技术革命的兴起推动整个信息技术突飞猛进，全面发展，使信息技术彻底改变以往从属或伴随于其他技术发展的历史，一跃成为现代技术体系中的基础和主导技术。

第 1 节　世界经济发展与新技术革命

20 世纪 90 年代以来，以信息技术为代表的新技术革命在全球范围内掀起了一股势不可当的狂潮，影响了包括信息技术、生物技术、新材料技术、新能源技术、空间技术、海洋开发技术和航天技术等在内的新兴技术群，引领生产力和生产方式发生着深刻而重大的变革。同时，世界经济格局和国际关系也随之发生着显著而又微妙的变化。

一、世界发展进程中几次重大的技术革命

18 世纪后半叶，在英国发生了第一次技术革命，以蒸汽机的发明为标志，纺织工业、机械工业、冶金工业、造船工业为主的产业革命是这次技术革命的产物。到 19 世纪 30 年代末，机器大工业在英国占了绝对优势，使其成为第一个工业强国。随后，法国、德国、美国等在 19 世纪 30～40 年代相继完成了产业革命。

最早进行技术革命的英国，是当时真正实现结构性转变的国家。凭借新技术革命和产业革命，英国迅速崛起，成为世界头号经济强国，开始掌握霸主地位。从工业和农业这两个物质生产的主要部门所占比重看：1831 年英国工业化比重超过了 60%，1871 年更是达到了 73%，而同期法国工业化的比重还停留在 55% 左右；从人口结构看，1851 年，英国城市人口占总人口的 52%，大大高于其他欧洲国家。18 世纪前，英国还落后于法国等不少欧洲国家，但到 1860 年，这个当时人口仅占世界 2% 的岛国，生产的工业品已占世界总量的 45%，还拥有世界出口总额的 1/4 和进口总额的 1/3，英国也从世界古典文明的边缘地带，一跃而成为世界近代文明的中心和当时唯一的工业化中心。

1870～1940 年，世界兴起了以电力技术革命为代表的第二次技术革命。电力技术革命起源于德国，完成在美国。电报、电话、电灯，这三大发明照亮了人类实现电气化的道路。

第二次现代化的物质技术基础是电与钢铁。随着以电气工业和钢铁工业为主的一系列新兴产业的兴起，到 19 世纪末，重工业在世界开始占据重要地位。美国和德国抓住第二次技术革命和产业革命的契机，大力发展新兴技术和产业，在铁路、煤炭、钢材和舰艇制造等方面展现出勃勃生机。英国霸主地位的

丧失，美国、德国的崛起，是这次技术革命的一个重要特征。

19 世纪 60 年代，德国兴起了以电力应用为标志的第二次技术革命。在 20 世纪初，德国就跻身于世界强国之列，实现了历史性的大转折，掀开德国历史上重要的一页。正是由于德国科学技术人员的积极进取和创新精神，再加上德国比英法更重视自然科学与工业生产的结合，尤其重视应用科学的研究，使得德国在 19 世纪中期以后，在科学技术发展方面迅速赶上并超过英法，取得了极其显著的成就。据统计，1851 ~ 1900 年，德国取得的重大科学技术成就共有 202 项，而同一时期，英国只有 106 项，法国只有 75 项。

另一后起之秀美国，在 1869 年以前还处于南北分裂的经济落后状态，但是 1870 ~ 1890 年的短短 20 年间，通过工业技术革命，美国的产值上升了 9 倍。1890 年，美国工业产值跃居世界第一位。1900 年，其人均收入超过欧洲。1913 年，美国成为世界经济的霸主。

第三次技术革命发生在第二次世界大战时期，以原子能的开发和电子计算机的发明为标志。这次革命从真空管、半导体到现在的集成电路都出自于美国，并很快波及日本、德国等资本主义国家，使这些国家经济飞速增长，跨入发达国家行列。例如，日本战前年均经济增长率为 4% ~ 5%，而战后年均经济增长率高达 10% 以上，是同期美国的 4 倍，人均产值增长率是美国的 9 倍，由明治维新时代的人均收入 290 美元到如今人均产值超过 2 万多美元，成为世界上最富的国家之一。

回首世界经济发展的历史，每一次科学技术革命不仅提高了劳动生产率，而且促进了全球化进程。世界经济的潮落潮起，经济霸主的更迭沉浮，都与技术革命有着密切的联系。谁能够引领技术革命，将技术革命的成果与产业发展和升级紧密结合起来，谁就能走在世界经济发展的最前沿，实现经济的跨越式发展。

二、当代：经济发展，科技领航

随着第三次技术革命的不断发展和深入，到 20 世纪七八十年代以后，世界进入了新技术革命阶段，出现了科学技术的巨大突破和革命性发展。这次新技术革命最初从美国开始，以后逐步扩展到西欧、日本和苏联，不仅在个别科学理论和技术领域里出现新的突破，而且几乎在各个学科和技术领域里都发生了深刻的变化。在 80 年代后半期，世界形成了微电子、信息、生物工程、航天、新材料、计算机和网络等技术，继而形成新技术群，并出现一批含有高科技成分的产业群。

新技术革命推动社会生产力迅速发展。1980 年世界 GDP 比 1950 年增长 1 倍多，其中美国增长 1.7 倍，德国增长 3.5 倍，日本增长 9.2 倍；按现价计算，1997 年比 1980 年又增长 1 倍多，其中美国增长 1.8 倍，日本增长 2.9 倍。到 20 世纪末，世界 GDP 达 30 万亿美元，其中美国占 26.6%，人均 3 万美元。随着生产力的快速发展，社会财富也剧烈膨胀，到 20 世纪末世界财富约达 50 万亿美元（马钢，2001）。

日本经济在 20 世纪七八十年代曾经历过一段高速发展期，经济实力一度超过美国，雄霸世界第一的宝座。然而，进入 90 年代后，日本没有抓住以 IT 业为核心的新一轮技术革命，加之国内经济长期以来的痼疾，矛盾重重，日本经济开始萎靡不振，长期在低谷徘徊，鲜有起色。与此同时，凭借 IT 业的异军突起，美国经济经历着自大萧条以来最长时间的繁荣（长达 108 个月），经济良性循环，实现了"一高两低"（高增长、低失业、低通胀），美国的产业结构也成功地转型，出现了一大批实力雄厚的新兴跨国公司，在世界经济舞台上扮演着举足轻重的角色。

新技术革命中重要领域的突破大多始于美国，随后波及世界各国，并在其他科技力量强大的国家不断得到新的发展。在这一方面，美国从一开始就走在了世界的前列，抓住新技术革命的机遇，在许多领域取得优势，不断巩固其世界经济霸主的地位。新兴高技术产业尤其是信息技术及相关产业成为新的经济增长点，比如，20 世纪 70 年代末，美国迅速发展的 10 个工业部门中，有 9 个是高技术部门；到 80 年代初，高技术产业已占美国出口工业产品的 75%。所以，高科技的发展和维系支持了美国经济的长期持续增长。

三、未来：科技强国，时不我待

历史和现实以无可辩驳的声音告诉我们：科技掌握着一个国家的经济和军事命脉，举起了科技的大旗，就能握住自己的命运和未来，使领先者的优势更加明显，也能使暂时处于劣势者后发而先至，实现跨越式发展。

技术革命的发生不仅对全人类的发展作出了贡献，也为落后国家的发展和赶超提供了新的机遇。这是因为，新的技术取代旧的技术，使得落后国家不必重走发达国家走过的道路，而是可以在较新的技术基础上发展，较迅速地缩短与发达国家的差距；从长期看，知识和技术所能产生的"外溢效应"，可以使我们更多地利用"后发优势"，取得更大的竞争力。

当前，综合国力的竞争已成为国际关系的主旋律。综合国力包括经济实力、军事实力、科技实力等，其中最关键的是科技实力。科学技术，尤其是高科技领域的竞争已成为综合国力竞争的核心。科技优势的决定因素是科技人才，国与国之间的竞争实质是高技术人才的竞争，我国要在科技竞争中占据领先地位，必须重视对高科技人才的培养，建立健全良好的吸引人才的机制，防止智力流失（brain drain），否则，难免落入"为他人作嫁衣裳"的尴尬境地。

科技的基础是教育。德国在19世纪末期成为近代第二次技术革命的发源地，和其教育事业的发达有着密切的关系。美国长期引领着科技潮流，更是与其无与伦比的雄厚教育实力密不可分。同样，为争夺科技优势，我们必须重视改革和振兴教育，增加教育投资，提高教育质量，以培养更多更优秀的科技人才（刘海萍，2003）。

每一次技术革命都推动了现代化的浪潮，每一次技术革命总是给了一批国家走向现代化的机遇。谁抓住了这个机遇，谁就能跻身于现代化国家的行列；谁错失了这个机遇，谁就会成为时代的落伍者。日本在20世纪七八十年代的强势崛起与90年代以来长期低迷的鲜明对照，从正反两方面给出了最好的例证。面对以信息革命为核心的新一轮技术革命的强大冲击，我们是以开创之势积极进取，还是消极被动因循守旧？历史的经验和教训告诉我们，只有顺应历史潮流，以科学的态度审时度势，把握机遇，才会有光明的前途。我们应该深入研究信息技术革命的发展趋势，认识信息时代经济和社会发展的新特点，形成新的观念，制定新的战略，不断创新。我们要顺应新技术革命带来的全球化浪潮的趋势，抓住机遇，正视挑战，沿着有中国特色的社会主义道路不断前进。

第2节　中国的电子革命

2009年奥巴马就职以后，在他和工商领袖的圆桌会议上，他提出了"智慧地球"的概念。"智慧地球"被美国人认为是振兴美国经济、确立全球优势地位的关键战略；2011年8月7日，温家宝总理视察中科院无锡微纳传感网工程技术研发中心时，也提出尽快建立中国的传感信息中心，并形象地称之为

"感知中国"中心。"智慧地球"和"感知中国"战略就是信息革命的产物。

一、信息革命

（一）信息与信息产业

信息是物质、能量、资金、人员和环境的结构、状态、特征的具体描绘和映像。信息是无形的，它必须通过一定的物质载体，如纸、声、光、磁带等，被人们收集、加工、传递、储存和处理。任何决策、计划、活动都必须以信息为其前提条件。信息在生产力形成和运行过程中发挥着日益重要的运筹功能，是人们从事生产、经营管理和决策的重要依据。以信息为主体，形成了信息产业。信息产业主要包括从事信息设备制造以及信息的生产、加工、存储、流通和服务等产业部门。从门类上分，它主要包括：计算机及其制造业、软件业、信息传播业和信息服务业。信息产业也被称为第四产业。

（二）信息革命——信息经济时代的到来

1993 年年初，美国新任总统克林顿上台后不久提出"信息高速公路"计划，标志着信息革命的开始及信息经济时代的到来。信息高速公路是一种高速多媒体传输系统，能在全球甚至更大的范围内传输声像图文并茂的多媒体信息。由它形成的信息经济是以信息技术为基础的由知识要素驱动的通过互联网运作的经济。信息革命将人类带入了信息经济时代，信息和知识是互为表里、相互渗透的，知识是信息的源泉，信息是知识的载体；知识本身就是信息，信息本身也是知识，信息是知识的开发利用的过程，知识的有用性就在于它成为了信息，信息的价值在于知识的含量，所以信息经济又称为知识经济。

蒸汽时代与电力时代的资源经济经历了极限的增长，最后只能面临增长的极限。人类经济向知识经济转型是经济社会发展的必然趋势。美国克林顿政府用科教"重建美国"，日本则用《科学技术白皮书》吹响了向知识经济进军的号角。中国经济也不例外，科教兴国、人才强国战略的提出并实施就是中国的举措。

二、信息革命对中国经济的影响

（一）信息革命对中国企业的影响

企业是一个国家经济的细胞，是一个国家经济的基本组成单元。要探究信息革命对中国经济的影响，首先需了解信息革命对中国企业的影响——中国企业转型，资源重新分配。

中国企业转型首先要做的是企业结构升级与现代化推进。信息经济中的企业发展依赖的是信息的整合、知识的进展、技术的创新以及将信息转化为经济优势的能力。企业内部须配套地完善信息收集与整合部门，更新信息传输设备，构建信息化管理，加大在信息方向上的投入，不断提高企业对市场信息、技术的了解度，并以最快的速度将它们转化为经济优势。企业的投资方向也应该根据市场现状适时地向新兴的高端信息产业转变，这是企业不断发展的方向。海尔集团由生产家电产品进而涉足计算机、移动电话等行业就是例证（陈宝国，2010）。

市场资源在信息革命的影响下需要重新分配。信息产业的发展，使得信息技术企业以及市场资源在信息革命的影响下需要重新分配。信息产业的发展，使得信息技术企业以及与信息技术配套的产业迅速发展起来，相关企业如雨后春笋般出现，长城、联想、神州、华唐、中国移动等电子信息及相关服务企业的发展就是信息革命的结果。更多的资本转向了信息产业。21 世纪开始的几年合资、独资或本国的相关信息企业茁壮成长，规模不断扩大，发展迅速。它们的发展也使得劳动力向新兴的信息产业转移。

（二）信息革命对我国劳动力市场的影响

信息革命首先导致了我国产业结构的变化，从而导致更多的劳动力倾向于第三产业，并向信息产业倾斜。一般而言，信息技术通过对产业结构的影响来影响就业结构，信息技术带来产业结构的变动，促进新型产业的发展，从而导致传统产业相对衰弱。于是，从事传统产业的工人失业了，而信息产业需要的高科技人才却无法得到补充，所以信息产业消灭了一大批传统岗位，而失去岗位的劳动力往往无法胜任现在的岗位，需要长时间的培训磨合才能上岗，也就是说劳动力就业结构明显滞后于信息革命导致的产业结构变动（杨秀平，2003）。

（三）信息产业对我国 GDP 的影响

电子信息产业已经成为中国经济不可或缺的一部分，2007 年电子信息产业的产值占我国国民生产总值的 23.81%，撑起了我国经济 1/4 的天空。自改革开放以来，我国电子信息产业作为国民经济发展的重要推动力量，一直保持 2~3 倍于 GDP 的增长速度，电子信息产业逐渐成为我国国民经济的基础，标志着我国正逐步进入信息经济时代。

（四）信息经济下的中国应何去何从

信息革命产生的知识经济时代，最大的特点就是强调创新，经济的竞争归根结底是人才的竞争。中国要在信息革命后世界财富重新分配的潮流中取得世界性的成就，首先要坚持"科教兴国"、"人才强国"的战略，积极培养创新型人才；其次，中国要不断完善教育与市场经济制度，刺激市场竞争，从而促进我国企业向品牌化、高端化转型；最后，中国要加强与发达国家的交流、合作。信息经济中的竞争是异常激烈的，企业应向着网络化、高速化、创新化的方向发展，才能在信息经济的激烈竞争中保持地位。我国信息产业的战略目标是提高信息产业经济效益，优化内部结构，提供信息产品和服务，实现工业化、信息化的结合，形成全方位发展的信息产业。信息产业要求中国进一步树立全民族的大信息观念，重点扶植信息产业中的优势产业，此外我国应加强信息人员的技能培训，调整信息产业结构，在进一步巩固信息优势产业的基础上，重点发展信息技术产业和信息服务产业，使我国的信息产业结构进一步合理化，信息产业产值也才有可能保持 10% 的增长速度。信息产业结构是产业结构中的一个子系统，信息本身的渗透性，决定了信息产业的交融性。因此，我们需要进一步丰富信息产业结构要素，完善信息产业运作机制。继续坚持开办电子政府，发展电子商务，促进我国信息产业的发展。

第 3 节　信息技术产业在中国的发展机遇与挑战

"十一五"期间，尽管遭受了金融危机的巨大冲击，我国信息技术产业总体上仍保持了快速增长势头。规模以上电子信息产业销售收入从 2004 年的 2.65 万亿元增长到 2009 年的 6.08 万亿元；工业增加值从 2004 年的 592.98 亿元增长到 2009 年的 12 012.52 亿元；电子信息产品出口额从 2004 年的 2 075 亿美元增长到 2009 年 4 752 亿美元。产业结构不断优化，创新能力稳步增强，应用日趋深入，对国民经济增长的贡献率不断提高，国际竞争力明显提升，初步奠定了建设信息技术产业强国的坚实基础。全球信息技术对经济贡献度平均水平是 71%，我国是 38%，可见我国信息技术的发展空间还是非常大的。胡锦涛总书记在 2010 年 6 月 7 日两院院士大会上指出，要抓住新一代信息网络技术发展的机遇，创新信息产业技术，以信息化带动工业化。"十二五"规划建议中进一步明确，要积极有序发展新一代信息技术等产业，加快形成先导性、支柱性产业，切实提高核心竞争力和经济效益。国务院下发了关于加快发展战略性新兴产业的决定，指出重点发展的七大行业包括新一代信息技术产业，加快加强网络建设（三网融合、物联网）、基础产业（集成电路、高端软件）、信息化改造、信息技术对文化产业的促进。新一代信息技术将聚焦在下一代通信网络、物联网、三网融合、新型平板显示等范畴，涉及3G、地球空间信息产业、三网融合与物联网等板块。从电子行业角度看，投资热点主要出现在物联网、云计算、触摸屏和地理信息产业（张秀菊，2010）。

一、信息技术产业的界定

起源于20世纪60年代，由信息技术引起的工业革命，至今方兴未艾，手机、电视机乃至各种通信工具的发展，无不是信息技术革命带来的重大成果，而工业革命推动经济社会进步的动力是信息技术产业。所谓信息技术产业，就是运用信息手段和技术，收集、整理、储存、传递信息情报、提供信息服务，并提供相应信息手段、信息技术等服务的产业。

信息技术产业的界定，国际上存在一条主线。首先是科学，科学是信息技术产业产生所必需的理论基础。其次是信息技术，包括感测技术、通信技术、计算机技术和控制技术，这四大技术在信息系统中虽然各司其职，但从技术要素层次上看，它们又是相互包含、相互交叉、相互融合的。再次是信息工程，它是信息技术逐步系统化的结果。然后是信息工程向产业化发展，为大面积的商用做好准备。最后是许多信息企事业单位的出现，它们为社会提供信息商品、信息产品或信息服务。通常我们把有形的东西称为商品，无形的东西称为服务。跟实物一样，我们把有形的信息产品称为信息商品。

技术包括感测技术、通信技术、计算机技术和控制技术。感测、通信、计算机都离不开控制；感测、计算机、控制也都离不开通信；感测、通信、控制更是离不开计算机。

信息技术产业在当前和今后一段时间内国民经济社会发展中的地位是举足轻重的。信息技术产业的发展是促进科技发展的重要力量。信息技术产业是信息革命带来的一个新兴产业，它建立在现代科学技术理论的基础上。国家发改委和科技部正在加紧对新一代互联网的研究，因为信息技术是无孔不入的。

二、中国信息产业的现状

中国的发展正处在工业化的中后期、城市化的加速期、市场化的完善期、信息化的推广期和国际化的提高期。电子信息和通信技术对于未来中国的发展和在世界市场上的地位至关重要。中国有世界上最大的通信市场，而且其电子信息技术产业已成为国家经济增长的"发动机"。但是中国现有的软硬件设施不齐全，如公开使用政府信息、数据保护及隐私等领域内的法律与结构调整方面的改革是急需的，同时电信基础设施刻板，城乡差距明显。此外，中国的软件开发能力相当不足，电子信息和通信技术发展需要更多的改革，以便于它能够提升价值链并超出低端产品和应用软件的生产。有资料显示，在中国仅有16%的老师能给学生上信息和通信技术课，可见我国现有的信息产业无法满足我国高速发展的经济需要。

三、信息基础网络更新换代对信息技术产业发展的影响

信息基础网络更新换代对信息技术产业发展的影响主要是两化融合和三网融合。所谓两化融合就是工业化和信息化融合，是技术、工程和产业三个层面的融合。在党的十六大提出"以信息化带动工业化、以工业化促进信息化"的基础上，党的十七大首次提出了信息化与工业化融合发展的崭新命题。"两化融合"是国家对信息产业提出的全新要求，是全行业未来长期发展的重大战略任务。它要求发挥信息技术的创新作用与倍增效应，促进信息技术与制造业产业链各环节的融合，大力推进工业化的进程。同时，"两化融合"也为中国信息产业的发展提供了巨大的内需市场和发展机遇。

由于我国工业化基础比较薄弱，农业更为落后，用信息化改造工业，进而来促进工业化发展和产业升级的任务非常繁重。信息技术离开其他工业技术，就会成为无源之水、无本之木，如电视屏幕如果离开电厂发电，各种产品离开卫星，就没法使用。工业化和信息化融合既是生产力发展的必然，是我们国家现阶段发展的必然，也是国际大趋势发展的必然。

四、"两化融合"形势下的机遇与挑战

一方面，"两化融合"扩大了信息技术产业的市场，比如 PC 市场"两化融合"后，信息技术进入工业领域，带来了新的技术净增加值。"两化融合"就是物联网四大技术的组成部分之一，物联网理念把 IT 技术融合到控制系统中，实现"高效、节能、环保"的"管、控、管"一体化（程靖尧，2010）。实际上，我国在信息技术方面的新产品研发可促进工业信息化，提高企业效

率，增加工业产品的市场优势，比如量子编码现在就处于和美国同等水平的地位。

同时，工业化的发展带动信息技术产业的发展，"两化融合"主要是将信息技术植入工业产品中，提高产品性能质量和附加值，如数控机床、汽车电子、信息家电等。市场化的发展对产品质量要求的提升带动信息产业的发展。

另一方面，在"两化融合"的形势下，信息技术产业也面临着挑战。

首先是目前我国的信息技术产业缺乏自主创新，过多依赖从外国引进先进的技术。我国的工业化水平与发达国家相比还有很大差距，同时在新的历史机遇下，工业化向信息化转型也为世界格局带来新的挑战。我国应抓住这一历史机遇，发展我国信息技术，拥有本国创新的核心技术，推进工业化进程。如果在信息化领域受制于发达国家无疑会阻碍我国工业化进程，加大与发达国家的差距。

其次是"两化融合"带来了新的信息安全问题。从国家信息安全角度看，信息化程度越高，国家安全、社会安全面临的风险越大。信息、技术在技术、业务、产业结构上改造着传统工业的同时，信息安全也直接关系到各行各业的安全，如果过多依赖于外国技术、产品和服务，不从战略上重视信息、安全，将埋下重大隐患。随着互联网的迅速发展，互联网的应用广泛深入生活、生产的各个领域，需要进一步加强对互联网安全的管理，随着"两化融合"的不断深入，面向行业信息化的公共需求不断更新，需要进一步加强网络信息安全建设。

五、三网融合

三网融合是指电信网、广播电视网、互联网三个网络在技术上趋向一致，在网络层面实现资源共享和互联互通，在业务层面各有侧重并互相渗透和交叉，在产业层面面向信息服务大行业，打破各自界限进行逐步融合，在监管层面明确各方关系与职责，构建新型的信息服务监管体系。从内涵上看，三网融合包括技术层面的网络融合与业务融合，管理层面的机构融合与法律融合，以及市场层面的产业融合和企业融合。三网融合不仅是国家应对金融危机的重大举措，也是培育战略型新兴产业的重要任务。实行三网融合，有利于节省资源，减少不必要的投入，提高国家的信息化水平，推动信息技术的创新和应用，也有利于我国更好地参与全球信息技术的竞争。

（一）国外三网融合的历程

20 年前，西方发达国家就实现了三网融合。欧盟的组织机构融合较早，法律体系也最为先进。欧盟各国中，英国是执行监管最彻底的国家。这与其法律先行的理念有直接的关联。对其而言，网络融合遇到的首要问题是如何改造老的电话网。它们大都是二三十年前建造的，大量使用铜线，还应用了许多技术标准不同的设备。2003 年，英国成立新的通信业管理机构，融合了原有电信、电视、广播、无线通信等多个管理机构的职能，在固定与移动网络间进行无缝切换，使英国民众尽享数字融合带来的便利，极大地促进了网络融合的产业发展。

美国组织机构融合最早，但由于联邦政府体制的原因，本地州政府存在特许制度，电信运营商要提供视频业务仍需获得州政府的特许经营许可证，因此其三网融合的发展速度也因为地方政府对广电行业的保护而进展缓慢。对于电信业和广电业的混业经营，美国政府的态度经历了从禁止到支持的变化。初期，为了保护新生的有线电视业，避免处于垄断地位的电信公司采用不公平竞争手段排挤有线电视公司，联邦电信委员会禁止电信公司混业经营有线电视业务。

经过 20 年的发展，美国政府认为市场已经发展成熟，便废除了禁止令。美国《1996 年电信法》是一份基石性文件，它为其国内三网融合扫清了法律障碍。

多数东亚国家，受到历史文化和意识形态的影响，三网融合的步伐较慢，政策措施也相对谨慎。

（二）中国"三网"政策的发展阶段

我国从 1997 年 4 月在全国信息化工作会议上提出"三网"的概念以来，政策的发展经历了四个阶段。

（1）隔离阶段：（1997～2001 年）。政府出于监管的需要，严格要求双方不能混业经营。1999 年，国务院办公厅明确要求电信部门不得从事广电业务、广电部门不得从事电信业务，双方必须坚决贯彻执行。

（2）转变阶段：（2001～2006 年）。随着入世、市场化的推进，政府逐步放开对双方的管制。2004 年年底，国家发改委提出，在条件成熟时，推动电信和广播电视市场相互开放、业务交叉竞争。

（3）推动阶段：（2006～2009 年）。广电和电信行业及其监管部门都开始希望进入对方的业务领域:"十一五"规划中再次强调积极推进三网融合,在技术和整合基础设施资源方面,对推进三网融合作了明确的要求。2008 年,国务院、广电总局和电信部分别推出了自己的三网融合政策。其中广电要求各省区市在 2010 年年底完成省级网改造,准备发展三网融合业务,但是许多省区市的省级网整合并未完成。这期间,电信运营商的光纤双建设也提上了议事日程。双方都具备或即将具备发展三网融合的技术、网络基础,所以双方都积极推动甚至在局部试点三网融合业务。

(4) 落实阶段。2010 年 1 月 13 日,国务院常务会议决定加快推进电信网、广播电视网和互联网三网融合,确定 2015 年全面实现三网融合。

在三网融合上我国会遇到很多挑战和机遇,其中安全问题是核心。三网融合使用过程中,解决安全问题是任何一个国家的当务之急。三网融合涉及技术融合、业务融合、行业融合、终端融合及网络融合,但本质是业务的双向进入。目前中国网民数量已突破 4 亿大关,三网融合后,原有的广电用户也可以很方便地接入互联网,网民数量将迅速攀升,如此大规模的用户将给监管工作带来重大挑战。

(三) 未来三网融合的监管模式

在组织管理方面,目前对于未来三网融合的监管模式有如下三种构想(王瑞玲,2010)。

(1) 实行分业务监管,这种模式最为可能。推进三网融合总体方案的"主要任务"中"加强市场监管"里提到:"广电部门按照广播电视管理政策法规要求,加强对广播电视业务部门的业务规划、业务准入、运营监管、内容安全、节目播放、安全播出、服务质量、公共服务、设备入网、互联互通等管理;电信部门按照电信监管政策法规要求,加强对经营电信业务企业的网络互通互联、服务质量、普遍服务、设备入网,网络信息安全等管理。"这个思路还可以从"加强技术监控系统建设"的描述中可见一斑。方案提出:"适应三网融合要求,统筹规划建设相应的网络信息安全和文化安全监控系统,充分发挥现有国家网络信息、安全监控技术平台、广电信息网络视听节目监管系统的作用,加快技术改造和技术进步,不断提高监控能力,为保障网络信息安全、文化安全提供技术支持。"

(2) 延续多头管理,这种模式最为现实。三网中信息安全问题最大的是互联网,相比广电网、电信网,互联网内容安全管理最为难办。目前我国互联网的管理是"九龙治水"模式。电信部门是互联网行业的主管部门，宣传、公安、安全、广电等部门是互联网的重要内容管理部门，外宣部门是网络文化的主管部门，其他部门是网络文化的重要管理部门。推进三网融合的"基本原则"中也提出："切实加强三网融合条件下宣传媒体的建设和管理，坚持党管媒体的原则，坚持正确的宣传舆论导向，坚持经济效益和社会效益的统一，注重社会效益，改进和完善信息内容监督方式，把新技术运用和对新技术的管理统一起来，提高监管能力，加强部门协同，保障网络信息安全和文化安全。"

（3）成立统一管理机构，这种模式最为有效，但最不容易实现。从国外经验来看，融合监管更具优势。例如，美国和英国都采取统一的监管机构进行融合监管，极大地促进了网络融合产业的发展。反观我国现状，成立统一的管理机构或许最为有效，但最不容易实现。为加快推进三网融合试点工作，深圳市将成立由市委副书记任组长的三网融合工作领导小组，加大领导和协调力度，领导小组设在市科工贸信委。同时，在领导小组办公室下设安全专责小组，专门负责三网融合信息安全工作。

第 35 章　科技国际化——"科技兴贸"战略

"科技兴贸"战略是按照党中央、国务院的要求，从 1999 年开始由原外经贸部会同科技部、国家发展改革委、信息产业部、财政部、海关总署、税务总局、质检总局八部门共同组织实施的。"科技兴贸"战略的核心就是大力促进高新技术产品出口和利用高新技术改造传统产业，优化出口商品结构，提高出口商品的质量、档次和附加值，增强国际竞争力（马颂德，2000）。

为了更好地实施"科技兴贸"战略，1999 年年初建立了外经贸部、科技部科技兴贸联合工作机制；2000 年扩大到信息产业部，下半年扩大到国家经贸委；2002 年 9 月又将财政部、税务总局、海关总署、质检总局吸收进来，联合工作机制由 4 部委扩大到了 8 部门，成立了科技兴贸领导小组，办公室设在外经贸部科技司；2003 年 3 月国务院机构调整后，商务部取代了原外经贸部，国家发展改革委取代了原外经贸委，继续由八部委共同实施"科技兴贸"战略。科技兴贸联合工作机制克服了计划经济条件下形成的对外贸易、科技、产业相互脱节的管理体制障碍，以贸易为龙头、科技为动力、产业为主体，使对外贸易得到科技和产业提供的动力支持，保持发展的后劲，同时充分发挥对外贸易对科技、产业发展的引导、促进和带动作用。

2003 年 11 月 12 日，国务院办公厅转发了商务部会同科技部、国家发展改革委、信息产业部、财政部、海关总署、国家税务总局、国家质检总局 8 部门联合起草的《关于进一步实施科技兴贸战略的若干意见》（国办发〔2003〕92 号）。

第 1 节　"科技兴贸"行动计划

自提出"科技兴贸"战略以来，外经贸部（现商务部，下同）与科技部在深入调研的基础上，于 1999 年共同制订《科技兴贸行动计划》，并于同年 6 月 3 日下发各省外经贸委和科委落实执行。

《科技兴贸行动计划》是实施"科技兴贸"战略的第一个指导性计划，确定了科技兴贸的基本思路、计划宗旨与目标、计划主体内容、支撑条件和措施。该计划的宗旨是贯彻落实"科教兴国"战略，发挥科技及产业优势，扩大我国高新技术产品出口，促进我国从外贸大国向外贸强国转变，促进外贸出口持续、稳定、快速增长。基本目标是在我国优势技术领域培育一批国际竞争力强、附加值高、出口规模较大的高技术出口产品和企业（吴远彬，2002）。

一、组织领导体系初步确立

《科技兴贸行动计划》明确规定了"科技兴贸"战略由外经贸部和科技部共同实施，建立外经贸部、科技部推动高技术产品出口的联席会议制度，定期召开会议，确定高技术产品出口发展战略、工作方针和任务。在外经贸部、科技部内分别成立由有关司局参加的科技兴贸小组，使科技兴贸有了明确的组织领导，初步形成了"科技兴贸"战略的组织领导体系。

二、出口促进体系初步形成

《科技兴贸行动计划》提出了"确定和培育高技术出口产品"、"培育和建立高技术出口基地"、"确定一批高技术产品出口重点城市"，为"科技兴贸"战略出口体系的形成提出了具体的实施目标。

三、初步建立高技术产品出口服务体系

在实施"科技兴贸"战略的过程中，最主要的工作之一就是要解决信息服务的问题，这是关系到"科技兴贸"战略能否取得成功的关键，因此，必须建立适应高技术产品出口特点的市场服务体系。在《科技兴贸行动计划》中，提出了"培育和建立国际技术贸易信息中心"、"发展出口市场信息网络"、"发挥我国经贸、科技驻外机构的作用，通过各种形式，向国内外提供国际技术贸易需求信息"等要求，这就为建立高技术产品出口信息服务体系指出了方向。

四、建立高技术产品宣传、展示体系

为推动高技术产业的发展、促进高技术产品出口、加强国际间的技术贸易

和高技术成果的宣传和交流，科技兴贸联合机制决定从 1999 年起，每年秋季在深圳举办中国国际高新技术成果交易会、在北京举办高新技术产业国际周等，并要求外经贸部、科技部和有关部门结合目标市场的开拓工作，组织企业和科研院所到国外举办大型或专业性的中国高技术产品展销会。

通过各方面的共同努力，科技兴贸工作取得了明显成效。据海关统计，1999 年我国高新技术产品出口额为 247 亿美元，到 2004 年前 10 个月高新技术产品出口额达到 845 亿美元，是实施"科技兴贸"战略前 1998 年的 4.9 倍，年均增长 37.6%，占外贸出口额的比重将从 1998 年的 11% 上升至目前的24.2%，高新技术产品已成为我国外贸出口新的增长点，并已成为拉动全国外贸出口增长的重要力量（余赤思，2002）。

"科技兴贸"是我国外经贸工作的基本战略。在知识经济迅猛发展、世界经济一体化、亚洲金融危机影响加深、国际经济技术竞争更加激烈的大环境下，制订"科技兴贸"行动计划，重点促进高技术产品出口，对加快科技成果转化，提高出口商品竞争力，保证出口持续稳定增长，建立我国 21 世纪的国际竞争优势具有深远的战略意义。

第2节　对外贸易增长的新动力——促进高新技术产品出口

经过多年的改革开放和经济建设，我国的对外贸易得到迅速发展，但外贸出口主要依靠初级产品和轻纺产品，不仅附加值低，而且国际市场供过于求，增长空间逐步缩小，受国际市场波动较大。高新技术产品出口占总出口的比重不到 10%，大大低于发达国家平均 40% 的水平。

1986 年，国家科委在第四次全国科技外事会议上，提出科技外事工作要把推进中国科技产品和技术出口当作一项重要任务。各部门、各地区都十分重视这项工作，在开展国际科技合作交流的同时，注意科技合作促进经济合作，推动对外科技经济一体化。1994 年 6 月，国务院批转了《关于加快科技成果转化、优化外贸出口商品的若干意见》，明确指出促进贸工技结合，加快科技成果商品化、产业化，是优化我国出口商品结构，提高出口商品技术含量和技术附加值的重要举措，这对我国外贸出口在国际竞争中不断发展具有重要意义（黄伟，2004）。这些政策允许国家级高新技术产业开发区成立有外贸权的公司。

此外，1993 年国家科委、对外经济贸易部联合发布了《赋予科研院所科技产品进出口权暂行办法》，并赋予首批 100 家科研院所外贸经营权，这对于扩大科研院所自主权、促进技贸合作和国际交流起到了积极的引导和推动作用。1997 年 12 月，两部委又联合发布了《关于加快赋予科研院所和高新技术企业自营进出口权的特急通知》，进一步放宽申请自营进出口经营权的条件，以支持科技产品出口和国际技术贸易活动。

为了应对亚洲金融危机对我国外贸出口的影响，适应知识经济和新科技革命以及国家经济与贸易竞争对我国外贸出口商品结构进行调整的要求，1999年外经贸部和科技部共同提出了"科技兴贸"战略。具体内容包括：促进高新技术产品出口，利用高新技术手段开展对外贸易。

为了推进实施"科贸兴国"战略，外经贸部和科技部对国内外高新技术发展、需求和出口等情况进行了广泛的调研。1999 年 3 月和 4 月，两部门在深圳和北京分两次召开了以"科贸兴国"为主题的 15 个城市促进高新技术产品出口工作座谈会，确定了 15 个城市为科技兴贸试点城市。两部门又在上海浦东联合召开了全国高新技术产品出口工作座谈会，随后共同制订了《科技兴贸行动计划纲要》，计划的重点是：促进高新技术产品出口体制创新，发展重点产业和技术领域的产业出口，加强对出口产品的高新技术支持，构筑科技兴贸服务体系。

1999 年我国实施"科技兴贸"战略以来，高新技术产品出口增势强劲，成为拉动对外贸易增长的新动力。2006 年，我国高新技术产品出口总额达到2814.5 亿美元，比重达到 29.0%。高新技术产品出口的快速增长，对于促进我国外贸增长、优化出口商品结构、转变外贸增长方式和实现外贸的可持续发展起到重要作用。

第 3 节 "科技兴贸"战略向"创新强贸"战略的转变

"科技兴贸"战略实施取得显著成效：形成了科技兴贸 10 部门联合工作机制，建立了科技兴贸政策体系，培育了高新技术产品出口体系；高新技术产品出口由 1998 年的 202 亿美元增长到 2004 年的 1 655 亿美元，6 年翻三番，年均增长 42%，占外贸出口比重从 1998 年的 11% 跃至 2004 年的 27.9%；6 年累计引进技术合同金额近 900 亿美元，一批有自主知识产权的知名品牌和著名企业迅速崛起。不仅优化了贸易结构，为提高出口商品质量和效益发挥了积极作用，也有效促进了技术进步、产业升级和国民经济快速持续健康发展（申茂向，2004）。

21世纪的前20年，是我国坚持走工业化道路，全面建设小康社会，加速推进现代化建设的战略机遇期，也是我国实施"科技兴贸"战略，实现外贸出口的第三次历史性跨越的战略机遇期。当前，国际经济形势正在发生着深刻而复杂的变化，国民经济发展也进入全面建设小康社会的新阶段。总体来看，我国实施"科技兴贸"战略既有新的机遇，也有新的挑战。

一、"科技兴贸"的机遇与挑战

从国际形势看，世界经济和贸易将保持增长，为战略进一步实施提供了空间。

当时全球产出和出口增长已达较高水平。据世界银行预测：未来三年世界经济和贸易增速仍将保持在3%以上，特别是美、欧和亚洲新兴国家将保持较快增长态势，我国外部经济环境依然向好。

跨国直接投资继续回升。伴随世界经济稳步增长和经济全球化的深入，高新技术产业和现代服务业转移步伐进一步加快，我国仍是跨国公司产业转移和投资的主要选择地之一。

从国内形势看，我国已进入人均GDP 1 000～3 000美元阶段，产业结构加速变化，高新技术产业和对外贸易将在经济发展中发挥决定性作用。此时我国参与国际分工的能力将进一步增强，我国企业在更大范围、更高层次、更广领域进行国际经济技术的合作与竞争，对外开放进入一个新阶段。

但应当看到的是，国民经济和外贸增长存在制约因素：粗放型经济增长方式未从根本上转变、资源和环境约束日趋紧张、企业核心竞争力不强等问题将严重制约我国经济及外贸增长的质量和效率，需尽快转变贸易增长方式，实现国民经济与对外贸易可持续发展。

从世界高新技术产业及其贸易看，将进入新一轮发展周期。从中长期看，以我国为代表的新兴国家信息产业仍将快速增长，世界范围内的生物技术和生命科学将进入大规模产业化阶段，新材料、新能源等新兴产业将迅速崛起，全球贸易结构中高新技术产品比重将显著增加。世界高新技术产业发展将面临重大技术转型和突破，科技领域的创新将引发新的产业革命，从根本上推动高新技术产业实现跨越式发展。高新技术产业全球转移也将出现新特点：发达国家不仅将高新技术产业生产环节向外转移，也会逐步将研发和营销环节向外转移，同时相关服务业也将向外转移；新兴国家在争取产业转移过程中，将从单纯依靠劳动力、土地等优势转向智力资源、市场空间等更大范围的竞争。

二、"强贸"亟待解决的问题

一是自主创新能力不足。我国通过大量引进先进适用技术，促进了产业结构升级，但国内企业创新能力没能同步提高，关键技术自给率低，对外技术依存度在 50% 以上，科技创新能力在主要国家中仍处于中等偏下水平；二是企业出口效益较低。我国高新技术产业尚处于世界高新技术产业链中低端，因此自主品牌产品所占比重偏低，部分国内企业虽开始自主品牌产品出口，但由于缺乏自主知识产权，品牌附加值仍偏低，出口效益未得到实质性提高；三是出口结构性矛盾突出。IT 产品出口占高新技术产品出口总额偏高，对欧、美主要国家的市场集中度接近七成，外资企业出口占八成多，国内各地区出口差距日益扩大（赖艳丽，2011）。

深入实施"科技兴贸"战略，关系到我们能否抓住国际产业调整重组机遇，提高企业自主创新能力，增强我国出口商品国际竞争力；关系到我们能否成功应对入世后的复杂形势，解决贸易摩擦加剧等突出矛盾，跨越国外各种贸易壁垒；关系到我们能否处理好外贸发展速度与结构、质量与效益的关系，加快转变外贸增长方式，提高出口质量和效益，实现对外贸易全面、协调和可持续发展。

三、新时期的原则与目标

在新时期新阶段，"科技兴贸"战略需要与时俱进，重心是从"外延式扩大"转为"内涵式提高"，进一步强化"科技兴贸"战略作为国家战略性贸易政策的地位。

第一，战略内涵应更加丰富。促进具有自主知识产权和自主品牌的高新技术产品出口；加快运用高新技术改造传统出口产业，全面提升传统出口商品技术含量和附加值；大力引进先进技术和关键设备，加强引进技术的消化吸收与创新；支持企业进行自主研发，切实保护知识产权；大力发展以软件外包为代表的服务贸易。

第二，战略的工作原则应更加科学。首先是"科技兴贸"战略与以质取胜战略相结合，提高出口商品附加值和技术水平，优先支持具有自主知识产权和自主品牌的高新技术产品出口。其次是引进国外先进技术与对其的消化、吸收与创新相结合，大力引进先进技术和关键设备，促进国内高新技术产业发展与传统出口产业改造，提升企业研发能力和自主创新能力。再次是整体推进与重点扶持相结合，加大对科技兴贸重点城市、重点企业、高新技术产品出口基地、国家软件出口基地和医药出口基地的支持力度，促进东部地区更快、更好地发展，继续对中部崛起、西部大开发和振兴东北老工业基地给予政策倾斜，促进全国高新技术产品出口的区域协调发展。最后是全过程支持与重点环节支持相结合，将政府支持转向营造良好贸易环境。

第三，战略目标应更加实际。应突出结构和质量、效益的指标；既要有预期性、导向性指标，也要提出一些有约束力、能检查、可评估的指标。首先要继续扩大高新技术产品贸易规模，拉动外贸出口增长。2010 年高新技术产品出口占全国外贸出口 35% 左右，年均增长 20% 左右；2020 年占 45% 左右，年均增长 10% 左右。其次要推进高新技术产品贸易结构优化，实现高附加值环节和高附加值产品出口的突破。在该类产品技术含量不断向产业前移的背景下，调整以整机出口为主的格局，推进产业链前端高附加值产品的出口，2010 年力争具有自主知识产权和自主品牌产品出口达到高新技术产品出口总额的 25% 左右。再次是鼓励企业国际化经营，着力培育具有较强国际竞争力的企业。2010 年培育 10 家左右高新技术产品年出口额在 50 亿美元以上的大型出口企业和跨国公司，其中国企和民企达到 3 家；培育 100 家左右年出口额 10 亿美元以上的骨干企业，其中国企和民企达到 30 家。继续扩大高新技术产品加工贸易，积极发展一般贸易。加工贸易仍将是我国今后一个时期高新技术产品对外贸易的主要贸易方式。在继续推动加工贸易转型升级的同时发展一般贸易。到 2010 年一般贸易比重占高新技术产品对外贸易的 20%；建立以国企和民企为主体的高新产品在全球的投资、研发、生产和营销的网络。最后是努力扩大技术引进，强化引进技术的消化吸收与创新。到 2010 年专有技术和专利技术许可合同额占技术引进合同总额比重提高到 50% 左右，引进技术的消化吸收配套资金比例有所提高，形成市场导向、政府推动、企业为主的技术进步促进体系。

第36章　发展中的中国汽车工业
——由"中国制造"向"中国创造"

改革开放 30 年，中国制造给世界作出了巨大贡献，中国的制造企业面临着更加激烈的竞争和挑战，也面临着前所未有的发展机遇。制造型企业转型的根本目的，在于用更低的成本、更高的质量、更便利的方式满足消费者不断变化的需求。全球化市场上，消费者和企业客户成为主导，他们可以从各种销售渠道寻找价格最低、最优、最方便的产品和服务，竞争已经不仅是在地区间展开，更是在全世界范围内进行，竞争越来越激烈。我们不能满足保持中国制造的现状，不进则退，我们要成为"中国创造"！

第 1 节　中国汽车业——屋檐下的伪幸福生活

入世之前，中国汽车业曾被一些专家判断为最有可能遭受重大冲击的行业，但是，入世两年来的发展却彻底打碎了这种预测。中国的汽车制造业，尤其是其龙头轿车制造业，不但没有被挤垮，反而以前所未有的速度蓬勃发展起来。

当然，这个业绩并非中国人独立创造。在 2003 年度轿车销售排行榜中，除了第 8 名奇瑞和第 9 名吉利是民众公认的中国品牌，其他 8 家全部是合资企业，其中德国大众在中国的两个合资公司上海大众和一汽大众，一共销售了69.4 万辆轿车，几乎占了前 10 名销售总额的一半。

如果我们把这种状况形容为中国汽车业的幸福生活，那么，毫不客气地说，这样的生活很大程度上是靠外国汽车公司从技术到经营管理等全方位的支持，是在跨国公司的羽翼庇护下获得的，这样的幸福生活是一种屋檐下的伪幸福生活。

一、中国汽车产业：从零基础到产销第一

现代汽车工业在中国的发展，最早可以上溯到 20 世纪 50 年代，当时的技术来源于苏联提供的援助。中苏关系破裂后，随着苏联专家的撤走，中国的汽车产业发展与国际水平越拉越远。这种局面一直延续到 80 年代，对外直接投资进入中国，合资轿车培养了一批汽车技术、生产、经营管理上的人才，中国的现代汽车工业实现了跨越式发展。

尽管以市场换技术未必能获得最核心的前沿技术，但通过外国直接投资所产生的技术溢出效应，还是能让中国合资企业通过模仿和应用产品的设计、生产、销售等，获得国外先进企业的成熟技术，缩小差距，告别了"闭门造车"的无奈。据国际汽车制造协会公布的数据显示，2010 年，中国汽车产量为 1 826 万辆，占全球当年汽车总产量的 25%，连续第二年保持第一汽车制造大国的地位。类似的案例曾出现在日本，20 世纪 50 年代中期，日产汽车（Nissan）等日本制造商开始从事外国汽车的生产，比如英国的奥斯汀（Austin）A40 系列。10 年后，这样的合作关系成为过去，日本在汽车产量上超过了英国。

二、产业政策加市场优势让中国跑赢拉美印尼

外资的引进对于国内产业发展的作用有多大，目前学界仍然存在争议。20 世纪 90 年代，以阿根廷、巴西等为代表的拉美国家，曾依靠廉价的劳动力和开放国内市场等优势，吸引大量外资取得了阶段性的快速发展。尽管拉美汽车工业体系的建立迅速提高了国产化的水平，但由于市场狭小、生产分散化的成本太高，加上对本国经济资源的控制权丧失，外资逐渐本地化，拉美国家逐步沦为跨国企业的代工厂和附庸（文其，1999）。

相较之下，中国主管汽车产业的部门对外资准入、控股比例等方面都作出了相关的规定。2004 年颁布的《汽车产业发展政策》明确规定："中外合资生产企业的中方股份比例不得低于 50%。"在同样具有低廉劳动力的前提下，中国更具有全球最大的汽车市场。从全世界范围看，千人汽车保有量为 128 辆，而目前中国千人汽车保有量只有 52 辆，不到世界平均水平的一半，伴随 GDP 和人均收入的持续增长，中国汽车保有量上升的空间还很大。2009 年，中国的汽车销量为 1 364 万，已经超过美国跃居世界第一。

三、自主品牌举步维艰

经过 20 多年的发展，中国汽车工业已有了很大的进步，尤其自中国加入世贸组织以来，也遵循了当时的承诺，开放了中国的汽车市场，在汽车领域里取得了很好的成绩。2006 年中国汽车工业协会发布的产销统计表明，中国全年汽车产销量分别达到 727.97 万辆和 721.60 万辆，同比增长 27.32% 和 25.13%，经过几年的跳跃式发展，中国已稳居全球第二大汽车市场和第一大汽车制造国。其中，我国自主品牌汽车的发展在近几年也是非常迅速的。在 2004 年，我国汽车自主品牌市场份额还不到 20%，而在 2007 年，这一数据就提高到了 30%。由此可以看出，我国自主品牌的发展已经逐渐走向成熟，国内市场占有率也有所增长，发展规模逐渐扩大。但是，由于种种原因，我国汽车自主品牌的发展过程中还存在着不少的问题，缺乏自主研发的核心技术能力，质量、创新及出口方面的问题阻碍了我国自主品牌汽车的快速发展，因此，要发展汽车这一支柱性产业，提高国民经济的发展速度，使我国成为真正的汽车产业大国，解决我国汽车自主品牌中存在的问题已是迫在眉睫（陈炳辉，2005）。

（一）核心技术存在瓶颈

"没有自己的核心技术，是中国汽车产业打造自主品牌面临的最大困难！"湖南省汽车工程学会理事长、湖南省汽车行业协会副理事长兼秘书长罗辞源，一语道破了中国汽车自主品牌裹足不前的一大病根。

众所周知，汽车由发动机、底盘、车身三大系统构成，这三大系统的研发技术就是汽车核心技术。遗憾的是，虽然中国汽车产业已发展了数十年，目前产量也已跻身世界前列，但却少有厂家能完全依靠自己的研发力量造出一款上档次的、拥有自主品牌的汽车（主要是指乘用车）。即便是打着自主品牌旗号的也脱离不了这个怪圈，如：吉利豪情系列在动力系统等方面借鉴了丰田的技术；哈飞赛马则与日本的 Dingo 一脉相承；中华的设计思路虽然"流畅"一点，但亦不过是花钱请人从头到脚设计一番，身上带着鲜明的"外国血统"。难怪有业内人士笑言："中国汽车自主品牌是'唐装'虽然穿在身，我心却依然是'外国心'。"

（二）利益驱动无奈选择

时下对国内汽车厂家有这样一种质疑："两弹一星"和神舟飞船我国都能自主设计、研制出来，为什么技术含量低得多的汽车却不能自主开发、研制出来？对于这种质疑，原机械工业部部长、至今仍在关注中国汽车产业的老专家何光远认为：两者不能这样简单类比，当年研制"两弹一星"是外国封锁中国，我们关着门搞，没有竞争问题，投资也很大。但汽车是个开放的产品，有对外开放的大政策摆在这里，世界汽车巨头已经进来了，市场竞争这么激烈，我们如果不能尽快地搞出来，人家就把市场占领了。

"从生产产品的角度而言，汽车厂家与其他产品的生产厂家同样面临着市场竞争的问题（竞争甚至更激烈），如果我们花大价钱、下大力气去走打造自主品牌的道路，竞争对手肯定会笑得合不拢嘴。为什么？现在通过 CKD 方式造车投资小、利润高，而所产车型又很受欢迎，真的是花小钱办大事赚大头，而且可以迅速抢占市场份额。一方面是费力难讨好，另一方面是轻松赚大钱，厂家应该不难作出选择吧？"一位在某汽车生产技术部门任职多年的研发人员这样阐述了中国汽车自主品牌的"难言之隐"。

（三）投资分散难成气候

"中国汽车自主品牌举步维艰一个很重要的原因在于投资过于分散！"专营美国通用系列品牌进口车的德宝汽车销售公司总经理曾锡坚这样为中国汽车产业"把脉"。

事实上，中国汽车产业确实存在这个难以解决的问题。从国际情况看，美国不外乎通用、福特等几个屈指可数的汽车生产集团，日本也只有丰田、本田、三菱等几个扬名世界的汽车"株式会社"；但中国呢，如果不是资深业内人士，绝对数不全全国几十乃至上百家汽车生产企业的名号。

第 2 节 中国汽车以市场换技术：
20 年合资道路失去什么

一、"市场换技术"的前世今生

20 世纪 80 年代的中国，到处充满了生机。几乎所有的重化工业，包括钢铁、汽车、农业机械、化工化肥、石油水电等，都已经在中国各地开花。当时的市场还不过刚刚撕开一个口，但在如何从境外引进技术上，中国高层已经形成统一的认识。它体现在 1979 年颁布的《中华人民共和国中外合资经营企业法》（简称《合资企业法》）中，"外国合营者作为投资的技术和设备，必须确实是适合我国需要的先进技术和设备。"

1992 年，中国修改《合资企业法》，允许外方控股并出任董事长。这意味着，中国最终明确提出"以市场换技术"——允许外商进入中国市场，但要带来先进技术。它随之带来的变化在于，将引进先进技术作为吸引外资的核心，转向以吸引技术和知识密集型的大公司投资为主；对需要引进的技术，进一步明确为"先进外国资本、先进技术以及国际先进管理经验"。

二、市场换技术真相

中国汽车业起步之初底子薄、实力弱，于是从 1994 年起，选择了一条高度垄断与引进外资并举的政策。高度垄断的主要目的是培植有实力的大企业，在具体的引资策略上实行所谓的"以市场换技术"。

然而这 11 年走下来，情况却离当初的设想越来越远。市场是实实在在让出去了，在中国汽车市场上，居主流地位的品牌都是来自德国、日本和美国的品牌。以德国大众为例，该公司 2003 年的每股盈利中，有 80% 来自中国市场。而大众在中国市场的汽车销量，仅占其全球总销量的不足 1/7（程斌，2010）。除终端的维修服务业，在整条汽车产业链上，我们几乎一无所获。中国本土的品牌几乎没有，仅有的几家也都集中在中低档领域。而在这个领域，品牌的附加值非常有限。

"'以市场换技术'本身是一个博弈过程，跨国公司逐利性的本质，决定其只会根据自身利益需要向我国转让有关技术，双方实力的不对称决定了'以市场换技术'战略不会取得明显的效果。"北京大学政府管理学院教授路风在接受媒体采访时说，"当兴奋和期待转变成困惑、失望和不满，就会产生思考和反弹，自主创新抬头便毫不奇怪。"

那么，开放市场吸引外资，能给企业的技术进步带来什么样的影响呢？经济学家黄亚生为此做过很多研究，他认为，中国的汽车工业大概是"市场换技术"无法达到预期效果最典型的例子了。中国靠外资引进的技术，虽然花费不少，但技术转移的效应并不高。北京大学教授路风的"中国汽车行业研究报告"表明，"1984～2000 年，我们给予了桑塔纳汽车市场的半壁江山，换回的是欧洲共同体在 1978 年就淘汰的技术。"

三、技术不仅需要引进，更需要消化

外国直接投资固然能产生技术溢出效应，但一方面，合资企业普遍存在严

格的技术限制条款，外国企业掌握的核心技术不会轻易流出；另一方面，中国目前对引进的技术消化程度太低。改革开放以来，中国引进技术项目和总成本比日本和韩国的总和还要多，但用于消化和吸收的费用只占了引进费用的7%。相比之下，日韩两国在消化技术上花的费用是引进费用的5~8倍，比中国高出近百倍。对引进技术的低效利用，在提高技术成本的同时更加剧了对外资的技术依赖。

外资的引入对于经济增长和技术进步会产生什么影响，经济学界目前并没有定论。江浙两地相比，浙江引入外资少，但本土企业创新能力却超过江苏。日本、韩国不依赖外资却取得经济发展和技术进步，墨西哥和巴西都是外资依赖型的国家，却成为技术进步的反面例子。

招商引资并不是技术进步的原动力，争取市场，才是技术追求进步的根源。面对企业盈利和竞争，技术是最重要的砝码，只有在面临丢失市场的危险时，企业才会发展新的技术。至于什么样的技术，则看市场的具体要求。如果高技术能占领市场，就应该发展高技术；如果低技术能占领市场，就不应该放弃低技术；技术本身永远不应该是目的。而垄断企业由于不存在市场压力，技术创新常会出现动力不足，美国政府前些年试图打破微软公司的垄断就是基于这一原则。

四、竞争不足无法激励创新

中国汽车工业在很长的一段时间里只对外资开放，而不对内资私营企业开放。包括在法律层面，很多法律只适用于外国公司，在公司注册、公司管理、合同和税收等问题上也中外有别。在过去20多年里，"中国汽车行业的技术和市场基本是脱节的"，最有活力的私营企业得不到足够的空间，而与此同时，国有企业则成了汽车产业的大本营，"国有企业效率低，私营企业效率高"。这一经济学领域的主流论调，至少在汽车产业上并没有用武之地。

第3节　中韩汽车业发展模式的差距

当中国汽车工业还在为冲破自主品牌核心技术困局百般努力时，与中国汽车业几乎同时起步的韩国汽车制造商们却早已在成熟的欧美市场上乘风破浪。2011年6月22日，韩国三星经济研究所在"2020年中国市场、技术、产业展望与韩国的应对方案"研讨会上发布报告表示，到2020年，汽车产业等中国资本密集型产业的发展水平会提升至与韩国相当的水平。也就是说，中韩汽车工业技术差距至少十年。

十年的差距还是基于中国将在"十二五"期间加快推进城市化建设，加大对研发的投入等积极因素叠加作用之上的预估。

中韩汽车产业为何会走出如此截然不同的发展路径？

一、韩系车异军突起

金融危机后美国人的消费观有所转变，经济型省油耐用的车受到青睐，而日系车因为受丰田"召回"事件及日本大地震打击，品牌形象受损，韩国车的代表——现代汽车趁机上位。

根据欧洲汽车制造商协会（ACEA）针对欧盟（EU）和欧洲自由贸易联盟（EFTA）共28个国家汽车销售统计，2011年5月份，现代起亚共销售58 585辆（现代汽车34 508辆；起亚汽车24 077辆），市场份额实现4.7%，综合销量排名位居第九，销量超越丰田，稳占欧洲市场所有亚洲品牌的第一位。

2010年，现代汽车在全球范围内共售出574万辆，截至2010年，现代汽车全球累计销量已达4 027万辆，而这仅仅是韩国汽车产业中一家企业的销售数字。相比之下，中国销量排名第一的上汽集团，2010年总销量为355.84万辆，但自主品牌乘用车销量仅16万辆，其余销量全部由几家合资企业贡献。

在生产自主品牌汽车企业中，民营企业销量整体高于国有汽车集团。2010年销量最高的当属奇瑞汽车，为67.48万辆；其次是比亚迪汽车，全年卖出51.98万辆新车。其余将近20家同样生产自主品牌乘用车的中国汽车企业，销量从几万至几十万辆不等。

在进军国际市场方面，由于本国市场规模有限，韩国汽车企业积极拓展海外市场。据韩国汽车工业协会发布的数据，韩国整车企业2010年在国内的销量达146.543万辆，比上年增长5.1%，而出口总量则达277.148 2万辆，增幅高达29%。业内人士认为，出口销量激增与韩国汽车企业在欧美市场销量快速增长有直接关系。反观中国市场，据中国汽车工业协会对汽车整车企业出口的统计，2010年汽车出口54.49万辆，与2008年相比，出口量下降了11.83%。即便是金融危机爆发前的2008年，中国汽车出口量也仅为60.9万辆。

二、中韩汽车业发展模式的差别

与中国汽车工业发展思路类似，韩国汽车工业也采取先引进技术后自主开发的模式，但无论是政策导向、产业链上下游的发展思路，均与中国截然不同。

为了扶持国内企业，韩国政府对汽车实行了长期的限制进口政策，直到1985年韩国汽车工业基本具备国际竞争力后才开始逐步降低进口关税。1975年，韩国政府提出了以出口为导向的外向型汽车发展战略，这一政策为韩国汽车全球扩张奠定了基础。数据显示，1976年韩国汽车开始出口，2004年出口突破200万辆。反观中国，加入WTO前制定了高达80%的进口汽车关税并限制进口汽车配额，保护国内市场，外资只能以合资合作的形式进入中国市场。而在加入WTO后，随着进口税率的逐步降低，国内几大汽车生产企业面临巨大挑战，但此时我国并没有适时出台扶持国内汽车企业自主创新的相关政策，而是走了另一条"市场换资本，市场换技术"的发展之路，但结果证明未达预期。

从零部件产业上，两国产业重心各有不同。韩国在零部件生产上采取了引进—消化外部技术的模式，培养产业的自主能力。而由于过于依赖外资，到目前为止，中国汽车零部件企业大多没有掌握核心的研发生产技术能力，大多数关键零部件仍然依赖进口。截至2006年年底，投向零部件生产的项目比重仅占外资在汽车领域所投总体项目的38.6%，这一数据从另一个侧面反映出外资并没有在中国投资零部件项目的动力和热情。

在整车制造领域，自从1991年现代公司制造出了国产化率100%的国产车Accent，韩国便成为有能力生产自主车型的国家。此后，韩国各汽车公司一直把产品开发置于最重要的地位，而中国大部分汽车企业集团并不注重国产化。

在汽车售后市场，两国也走了不同的路径。韩国本土知名的大型汽车集团在汽车服务业领域占据一席之地，从销售到售后，汽车维修、保养、汽车零配件、汽车检验等都有各自的品牌。而国内企业则大多是小作坊，没有形成规范、完善的价格体系和服务标准，市场处于发展初期的鱼龙混杂状态。反而是近年来世界著名的汽车服务品牌德尔福、博世、黄帽子、AC德科等纷纷涌入中国汽车售后市场。

三、深层原因

韩国汽车从最初起步到如今的势如破竹，也并非一帆风顺。韩国汽车工业始于 20 世纪 60 年代，以组装进口零部件生产整车的方式起步。此后的十多年，汽车产业发展缓慢。至 1970 年，汽车年产量仅 2.8 万辆。不过，韩国汽车工业仅用了大约 40 年的时间，就走过了美欧等西方汽车工业发达国家百年发展的道路，一举成为世界汽车工业后起之秀。

韩国汽车产业的发展属于产业主导型发展模式，以自主开发、自主建设、自主生产、自主销售为指导思想；而中国汽车产业采用产业依附型发展模式，缺乏自主权，而且主要依附发达国家的资本和技术等。

克服对外来技术的依赖，形成自己独立的技术研发能力，是韩国汽车后来居上的秘诀之一。虽然贻误了崛起的大好时机，但好在中国汽车业已经意识到问题所在，"由大变强"的发展思路最近被频繁提及。

第 4 节　汽车自主研发之路

2007 年 8 月 22 日，随着奇瑞公司第 100 万辆汽车在安徽芜湖奇瑞汽车第三总装厂的正式下线，奇瑞公司正式跻身于继上海大众、一汽大众、上海通用等企业之后的又一家中国"百万辆俱乐部"的一员。

然而，此时此刻的中国汽车市场，虽然新款车型不断推出，但令人遗憾的是，我国汽车行业的表面繁荣是建立在让出我国汽车市场基础之上的，自主研发能力仍显得非常薄弱。

我国汽车自主研发之路究竟离世界先进水平还有多远？

一、汽车行业发展现状——养活品牌还是被品牌养活

目前，中国的汽车年产量已经突破了 800 万辆大关，已经跻身于国际汽车生产大国的行列，但是随之而来的"技术真空化"问题却昭示，中国距离国际汽车强国的称号还有很长一段路要走。

在 20 世纪 90 年代，中国汽车企业的产品如果没有自主创新的成分，不能在国家有关部门立项，便不能批准生产。这一规定让国内汽车厂商在合资合作引进国外车型的同时，也十分重视自主研发和创新。

然而进入新世纪，随着相关规定的解除，特别是受 GDP、产量和利润的驱使，国内的大型汽车生产企业忙于追逐短期效益，未能成为自主创新的主角，有些企业甚至丢掉了原有的自主创新优势。一些国内汽车制造业和学者认为，"当今全球化时代已经不存在当年自主创新的条件，中国汽车工业现在走巴西的路不行，走日本韩国的路也不行，外资在中国的汽车工业，就是中国的汽车工业。"

与此针锋相对的另一种观点认为，中国汽车工业无论什么时候都不能放弃自主研发和创新，否则只能永远落后于国外的汽车企业，合资合作也不可能在真正平等的前提下进行，况且自主研发并非排斥国外的先进技术，二者之间并不矛盾。

目前我国汽车行业市场的普遍状况是重引进、无消化、轻创新、让出了市场，甚至让出了所有权，但却并没有换来更强的创新能力，企业在技术引进上舍得花大钱，却对消化吸收吝啬投入。同时，我国汽车产业严重依赖技术引进，难以打破中外汽车企业联姻的模式，并有愈演愈烈的趋势。汽车是一个高科技含量的产品，国内企业出于技术和资金的匮乏，加上自主研发周期长、风险大等种种考虑，特别是合资是赚钱的捷径，而国外汽车厂商也不约而同地看好中国市场的巨大消费潜力，所以才出现了近年来让人眼花缭乱的合资厂商和汽车品牌。

合资成风带来的一个负面效应就是"技术空心化"。众多国内汽车厂家忙于从合资合作中追逐利润、占领市场，忽视和弱化了自主研发能力的培育，导致在合资中几乎毫无例外地处于被动地位。换句话说，国外汽车企业需要的只是国内汽车厂商这个壳，并非出于对国内企业技术优势的考虑而进行合作，因此众多国内企业变相成为国外汽车品牌的生产车间。

对创新而言，公认有三种形式：原始创新，集成创新，引进、消化、吸收、再创新。目前看，国内汽车厂商在创新方面的捷径就是第三种创新形式，然而我们的汽车企业只做到了引进却多数不能完成创新这个最终结果。

中国一些汽车厂商推出的所谓"拥有完全自主知识产权"、"自主品牌"的汽车产品，其实都是花钱从国外买来的产权和品牌。这种汽车产品"远看值30万，近看值20万，坐到里面开一开只值10万"，由于不具备研发甚至改造的能力，所以无法对产品的缺陷进行根本性的弥补，这种所谓的"知识产权"实际上是没有知识的"产权"，企业的自主研发能力并未得到本质的提升。

目前，虽然一些汽车生产厂商正在努力进行一些自主研发设计并且在某些环节取得了一些成绩，但汽车核心部件如发动机、变速箱的关键技术仍然没有达到与国际汽车业巨头相抗衡的技术优势，要解决汽车的"技术真空化"，我们还有很长一段路要走。

二、自主研发：中国汽车工业发展"木桶"上的"短板"

拥有自主知识产权的轿车，是中国汽车人多年的梦想。从改革开放前完全独立自主开发的"红旗"、"上海"轿车，到20多年来"以市场换技术"的合资合作，中国汽车企业做过很多尝试。

2001年，奇瑞的小型车QQ面世，以其低廉的价格、时尚的外观和极低的油耗迅速占领了国内家用车市场很大的份额。然而，没过多久，通用公司就对奇瑞公司提起了诉讼，原因是通用公司认为QQ的外形设计抄袭了属于他们旗下的韩国大宇的MATIZ。一时之间，这起官司在国内闹得沸沸扬扬，最终法院以通用公司不能提供足够的证据来证明他们的指控，而宣布奇瑞公司胜诉。奇瑞公司在国内取得了飞速发展的同时，又把目光投向了国外，出口量不断增长，在伊朗、马来西亚、黎巴嫩等中东和东南亚国家进行了CKD形式的小批量生产，甚至把更长远的目标锁定在通用的老家——美国。当奇瑞在北美兴建4S店，把奇瑞的产品引入美国市场时，通用再也坐不住了。他们以通用大宇的名义几乎在同一时间向中国和奇瑞公司的出口目的地国的法院提起了知识产权诉讼，状告QQ的外形设计侵权；并向梦幻汽车公司发出律师函，以奇瑞的英文商标"Chery"与通用公司下属的雪弗兰的英文商标的缩写"Chevy"极为相似，容易对消费者进行误导为由，反对奇瑞用"Chery"在美国进行注册、销售、代理以及所有商业活动。然而到11月底，却传出了通用和奇瑞达成和解的消息。尽管这份和解协议的背后有什么故事，我们无从得知，但在这起官司的背后，却是自主研发和知识产权这样一个中国汽车行业不得不正视的问题。

目前，虽然我国汽车企业在项目管理、生产组织、营销网络和对市场的把握等环节，取得了长足进步。尤其是合资企业的整车装配水平，已经迈入跨国公司全球最佳行列，但是技术开发这块"短板"却始终没能从根本上突破。

由于轿车自主研发投资大、周期长，研发一个新车型，动辄需要数亿甚至十几亿美元。巨大的投资风险和政策不配套，使得国内多数汽车企业不敢"吃螃蟹"。但如果没有自主设计研发的品牌，整个汽车工业的发展方向就不能由我们自己掌握。一位汽车业内人士告诉记者："自主研发的核心，是掌握知识产权，从而掌握企业的领导权。不搞自主研发，即使合资的外方没有控股，领导权也掌握在外方的手上；而且难以消化引进的技术，不能取得国际竞争力，不能避免人才流失。因此，汽车行业的自主研发是一把金钥匙，可以解开我国经济、科技工作中多年存在的难题。"

三、自主研发需要迈过几道坎

首先，由于汽车产业对于国民经济的重要性，它一直以来都被各国及各大汽车巨头视为核心机密。除了汽车的传统强国，不管是世界排名第二的日本，还是近两年的后起之秀韩国，汽车产业刚起步的时候都是一穷二白的，但在经过技术引进后的消化吸收，其自主创新能力已经大大提高，甚至在全球处于领先地位。

我国汽车企业要想通过自主研发在激烈的国际汽车业立足，首先要建立较新的企业机制。一些国有大厂不乏资金、技术优势，自主研发搞得却不好，一方面是满足于既得利益的现状，在自主研发上没有投入更大的人力、物力，另一方面是因为相关机制决定企业领导人只顾眼前利益，缺乏长远战略。而中小企业和民营企业之所以在资金、技术处于劣势的情况下，却在自主研发方面取得了很大成绩，就是因为企业不自主创新就无法生存，也就是说不同的企业机制决定了两种截然不同的结果。

其次，中国汽车企业走自主创新之路要结合自身特点坚持走产、学、研结合的道路。目前多数国内汽车厂商财力、人力、物力不足，这就要求企业有所为、有所不为，要发挥自身优势，走生产、学习和研发相结合的道路。奇瑞、吉利的成功经验证明，只要能够做到产、学、研相结合并持之以恒，最终一定会在激烈的市场中占有一席之地。

再次，加强对技术、对人才的重视也是自主创新之路上一个很重要的因素。目前国内汽车企业获取研发人才的途径有四种：从国外请专家、本土本厂培养、对口学校联合培养、在合资合作中学习。一些汽车厂家虽然生产了多年汽车，却没有真正建立自己的研发机构，没有储备技术过硬的研发人员，导致在日趋激烈的国际、国内市场中沦为配角，并面临着被淘汰的危险。因此，国内汽车厂商一定要树立技术、人才至上的观念，并不断加大对相关工作的投入力度。

最后，国家政策的支持与否也决定着汽车产业自主研发的未来走向。从汽车企业角度讲，重视自主研发工作，致力于自主创新技术和产品，即便目前尚不成熟也要坚持下去；从汽车行业角度讲，要协调和调动一切积极因素，为企业自主研发创造一个良好的环境；从国家政府角度讲，通过政策法规引导和规范自主研发体系这个系统工程；新闻媒体和社会舆论也要鼓励、支持汽车工业的自主研发。只有通过社会方方面面的共同努力，我国的汽车工业才能最终拥有自己的核心技术和国际品牌，才能在竞争激烈的国际汽车市场中占有一席之地。

第5节　中国创造：中国制造业的未来之路

世界各地"中国制造"的产品无处不在，中国是世界上的"制造大国"，中国制造也确实在一段时期带动了中国的经济发展。2008年美国次贷危机引起的全球经济大萧条，中国制造业依靠出口赚取产业链中最低端利润的机会都失去了，使得大量工厂倒闭，以及更多的企业面临更多的挑战，中国制造业的未来之路在哪里？

由于中国仍处于城市化、工业化初期，可以预见未来10～20年，制造业仍是中国经济的立国之本。中国制造业过去30年发展所形成的低端制造、低成本竞争、低价出口的模式难以为继，"中国制造"迫切需要向"中国创造"转型，向全球制造业产业链高端转移，否则中国经济就无法获得新的驱动能量，也必将失去业已确立的全球制造业中心的地位。

从全球制造业经历的历次转移轨迹可以看出，每次大转移都是通过技术创新和技术革命得以实现，每次大转移都伴随着作为跨时代标志的重大发明和重大创造。自20世纪80年代，中国积极顺应全球化的发展趋势，国际分工体系的调整，特别是全球产业转移，逐渐发展成为全球制造中心。但在庞大规模的背后，"中国制造"缺乏核心技术的有力支撑，至今仍存的遗憾是所有关心中国制造的人们心中挥之不去的隐痛（李晓丁，2000）。

金融危机发生以来，中国政府出台了一系列优化产业结构、促进产业升级的政策。无疑，作为中国经济脊梁的制造业企业理当响应国家号召，不断用科技创新提高产品竞争力，把握好全球制造业格局变迁中的战略机会。特别需要指出的是，如同世界近现代以来历次危机的历史规律所揭示的：当今世界正处于新的科技革命的前夜，正面临新一轮全球竞争的全面展开。但与以往不同的是，包括中国在内的发展中国家，特别是新兴经济体，有可能与先发国家站在同一条起跑线上。这正是中国制造从赶超走向跨越的一个新的历史起点。可以说以核心科技武装的"中国创造"既是"中国制造"在新一轮国际竞争中赢得主动、赢得优势、赢得胜利的必然选择，也是中国从制造业大国变身为制造业强国的必由之路。

第 37 章　"杂交水稻之父"袁隆平

在中国，但凡以大米为主食的地区，几乎都吃过杂交水稻；全世界吃大米的人占总人口的 60%，而中国的水稻种植面积占全世界的 50%。这其中，杂交水稻种植面积占全国水稻总面积的一半，产量占水稻总产的 60%，每年因此而增产的粮食超过 200 亿千克。

这一切，都和袁隆平有着千丝万缕的联系。他以"杂交水稻之父"的美誉名扬天下，无形资产评估超过 1 000 亿，可当他面对共和国总理时，却直言不讳地申请 2 000 万的科研经费；作为"中国最著名的农民"，他精通田间地头的每一样活计，一身泥土气息，却是地地道道的城里知识分子出身；他是位逢开会就请假的全国政协常委，生活中却是个率性而为，排球、游泳、下棋、打牌、小提琴样样精通的"老顽童"。

袁隆平是憨厚质朴的农民兄弟心目中的"米菩萨"、"神农"，是外国同行眼里的学术权威。他身价千亿，"财富"超过比尔·盖茨，国际小行星协会专门为他命名"袁隆平星"，他以"袁氏精神"感动中国……他每到一处，人们都如追星般蜂拥追逐，他已超越了一个科学家的范畴，成为一把高高耸立的道德标尺（左一兵，2006）。

已近耄耋之年的袁隆平依然奋战在他的试验田里，"我种的水稻要像高粱一样高，米粒要像花生米一样大，而我和我的伙伴们要在禾阴下乘凉"。这是袁隆平永远也做不完的"禾下乘凉梦"。

第 1 节　"超级稻"——世界育种专家的梦想

袁隆平，男，1930 年 9 月出生于北京，1953 年毕业于西南农学院农学系。毕业后，一直从事农业教育及杂交水稻研究。

1980～1981年，赴美任国际水稻研究所技术指导。1982年，任全国杂交水稻专家顾问组副组长。1991年，受聘联合国粮农组织国际首席顾问。1995年，被选为中国工程院院士。1971年至今，任湖南农业科学院研究员，并任湖南省政协副主席、全国政协常委、国家杂交水稻工程技术研究中心主任。袁隆平院士是世界著名的杂交水稻专家，是我国杂交水稻研究领域的开创者和带头人，为我国粮食生产和农业科学的发展作出了杰出贡献。他的主要成就表现在杂交水稻的研究、应用与推广方面。

一、首创"水稻雄性不孕"理论

袁隆平，这个代表人类挑战饥饿、战胜饥饿的名字，已经享誉世界。是他，在国内率先开展水稻杂种优势利用研究。他在我国顶尖学术刊物《科学通报》上发表的论文《水稻的雄性不孕性》中提出，"要想利用水稻杂种优势，首推利用雄性不孕性"。袁隆平的理论与研究实践，否定了"水稻等自花授粉作物没有杂种优势"的传统观点，极大地丰富了作物遗传育种的理论和技术。

然而，任何学说要变成现实并不容易，杂交稻研究更是如此。由于具有不育特性的"母水稻"（不育系）自己没有花粉，如果随便使用别的品种的花粉给它授粉，产生的杂种往往保持不了它的不育特性，因此杂种优势只能停留在第一代上。而袁隆平搞杂交稻研究的目的，是为解决人类的饥饿问题，需要生产出大批一代又一代的杂交稻种子。

为此，袁隆平进一步丰富了自己创立的学说，提出进行"三系配套"来解决这个难题。首先要给不育系"母水稻"找一个具有特殊本领的"丈夫"，也就是雄性不育保持系的品种。它除了本身雌雄蕊正常，使自己能繁殖后代外，还能给"母水稻"授粉，使之结出的杂种仍然保持不育的特性。在此基础上，再给"母水稻"找另一个雄性不育恢复系的"丈夫"，这个恢复系除能自繁外，还能用亲和的血缘"医治"不育系不育的"创伤"，使它们双方的"爱情结晶"（即杂种）迅速圆满地恢复生育能力，并且高产优质。

二、"三系"杂交稻比常规稻增产20%

要育成"三系"杂交稻，必须突破"三系配套"、强优组合选配、高产制种三道难关。袁隆平和他的学生李必湖、尹华奇用6年时间，找到了1 000多个品种 3 000 多个组合，却没有找到一个不育株率和不育度都达到 100％ 的不育系。

在困难面前，袁隆平没有屈服，仍然坚持走自己的路。1970 年秋，袁隆平总结了 6 年的研究经验，认定自己通过"三系"途径培育杂交稻是符合科学的，但为什么第一步总是难以迈出呢？难道是试验材料有局限？在多番思索和推敲中，他想到了国外通过南非高粱和北非高粱的远缘杂交获得成功的范例，一下子悟出了问题的症结所在：这些年来用的试验材料，都是国内各地的水稻品种，杂交的双方还是太亲了（学华，2008）。

于是，袁隆平决定调整技术策略，提出了"用野生稻与栽培稻进行远缘杂交"的新思路，并立即起程赴海南采集材料。1970 年 11 月 23 日，他的"得意门生"李必湖等人在海南的大片野生稻群中，发现了一株花粉败育的野生稻。这一重大发现，为"三系配套"研究成功打开了突破口。袁隆平及时将这株称为"野败"的材料分送给全国 18 个科研单位，通过大协作，终于在 1973 年实现了"三系配套"。

从 1976 年开始，"三系"杂交稻在全国大面积推广，比常规稻平均增产 20％ 左右，为解决我国粮食问题作出了历史性的贡献。

三、赢得全球一流水稻专家的喝彩

1979 年 4 月，袁隆平出席国际水稻研究所举行的学术大会，当他用流利的英语宣读论文《中国杂交水稻育种》之后，引起轰动。一家世界著名农业科学杂志刊登了袁隆平的大幅照片，称其为来自中国的"杂交水稻之父"。世界著名企业家、列宁的朋友、美国西方石油公司董事长哈默博士专门邀请袁隆平访美，赞扬他为解决世界饥饿问题作出了重要贡献，并让其下属种子公司在美国试种杂交稻。杂交稻的优势轰动了美国。

1982 年，袁隆平再次来到国际水稻所参加学术研讨会，一进会场，全球水稻研究界的一流专家们全都站起来，用经久不息的掌声为他在杂交稻研究方面取得的成就喝彩。

"三系"杂交稻的成功举世瞩目，但袁隆平很冷静。他说："我是一个喜爱跳高运动的人，搞科研像跳高一样，跳过一个高度，又有新的高度在等着你，要是不继续跳，早晚要落在别人后面。"袁隆平就是这样总是站在学科前沿，不断开展新的攻关，他提出了杂交稻由"三系"向"两系"发展，再向

"一系"进军的思路,相继取得了一系列重大成果。其中,"三系"和"两系"杂交稻已累计推广 3 亿多平方千米,共增产稻谷 5 000 多亿千克。

四、让超级稻研究目标不断变成现实

1998 年,超级杂交稻研究被列为国家"863 计划"重点项目,袁隆平出任首席责任专家。他成功地设计出了以高冠层、矮穗层、高度抗倒为特征的超高产株型模式培育方法。这项研究受到党中央、国务院的高度重视,国务院拨出 1 000 万元总理基金予以支持。

2001 年,第一期超级杂交稻研究种植目标顺利通过了国家农业部组织的验收,它比一般杂交稻增产 20%。国家科委原主任宋健院士赞扬说:"这一成果对保障 21 世纪我国粮食安全具有重要意义。"随后,袁隆平又提前实现了第二期超级杂交稻研究种植目标(李浩鸣,2009)。

第 2 节 21 世纪谁来养活中国人
——开创一条水稻高产之路

20 世纪 80 年代,杂交稻的成功震惊了西方,被誉为"东方魔稻"。国际上甚至把杂交稻当做中国继四大发明之后的第五大发明,誉为"第二次绿色革命",袁隆平更是被国际同行尊称为"杂交水稻之父"。因为袁隆平的成果不仅在很大程度上解决了中国人的吃饭问题(杂交稻推广种植 20 年,我国已通过杂交稻增产 3 500 亿千克,每年增产的稻谷可以多养活 6 000 万人),而且也被认为是解决 21 世纪世界性饥饿问题的法宝(李晏军,2004)。

事实证明,杂交稻不仅解决了中国人的温饱,而且给世界人民带来了福音。受国家委派,袁隆平在继续主持超级杂交稻的研究外,也着力向世界各地推广这一先进技术。在非洲等地,我们外援的杂交水稻产量能比当地产量翻两三番。在几内亚,本地品种产量 0.1~0.2 千克/平方米,我们的杂交水稻随便就能产 0.6~0.7 千克/平方米。

曾经是亚洲稻米进口大国的越南,1993 年引种中国杂交水稻 4 万公顷,在不增加投入的情况下,当年增收水稻 1 亿千克。目前,越南杂交水稻种植面积已达到 65 万公顷,单产增产 40%,成为亚洲仅次于泰国的第二大稻米出口国。此外,印度借鉴中国技术培育出适应当地条件的杂交水稻组合;菲律宾在

袁隆平委派的专家援助下，杂交稻单产提高了 2~3 倍，开始脱离粮食进口国阵营……

正如国际水稻研究所所长、印度前农业部部长斯瓦米纳森博士高度评价说："我们把袁隆平先生称为'杂交水稻之父'，因为他的成就不仅是中国的骄傲，也是世界的骄傲，他的成就给人类带来了福音。"

第 3 节　让杂交水稻造福全人类

袁隆平开创的杂交水稻研究事业是一个崭新的产业，这个产业造就了一大批具有杂交水稻专业知识，包括育种、繁殖、制种、栽培和基础理论研究方面的高级专业人才，同时也造就了一批为推广杂交稻而产生的全国各级种子公司及行政管理机构和科研机构中的高级管理人才。现在仅湖南杂交水稻研究中心，就拥有高、中级科技人员 81 名，其中院士 1 名，研究员 8 名，副研究员 34 名，助理研究员 38 名，客座研究员、教授 9 名。袁隆平还亲自带出了一批博士生和硕士生。以袁隆平所在单位国家杂交水稻工程技术研究中心为主持单位的全国协作网所拥有的高级技术骨干就更多了。从"两系"杂交稻突破阶段列入"863 计划"以来，全国共有 23 个协作单位，荟萃了全国农业科研单位的技术精华，它们协同攻关，既成就了杂交水稻事业的一次又一次的突破，也造就了成千上万的高级育种、繁殖、制种、栽培、基础理论研究乃至分子生物学和基因工程等高科技领域的专家团队。

袁隆平作为一个成功的登攀者，我们看到了留在他身后的一串串闪光的脚印，我们也看到了从那峰峦上升腾起来的璀璨群星。罗孝和、尹华奇、李必湖、邓华凤等，在袁隆平的带动下，也成为嵌镶在太空中的一颗颗耀眼的星星。

第 4 节　袁隆平当不上中国科学院院士是谁的悲哀

袁隆平 1994 年以前曾经三次申报中国科学院学部委员均落选，1994 年中国工程院成立后，湖南省第四次推荐申报中国工程院院士，1995 年最终当选。至今不是中国科学院院士的袁隆平，却获得了拥有 200 多位诺贝尔奖得主的美国科学院外籍院士的称号。

一、当选美国科学院外籍院士

2006年"五一"前夕，一个特别的国际快递从太平洋彼岸抵达国家杂交水稻工程技术研究中心。世界杂交水稻之父、中国工程院院士袁隆平先生于4月29日在美国首都华盛顿正式就任美国科学院外籍院士，并出席了有世界数百名顶级科学家参加的美国科学院院士年会。据悉，袁隆平院士是中国工程院院士中的唯一当选者。

美国科学院有着140多年的悠久历史，是世界顶级的科学院。每年美国科学院在世界各国评选出在世界某个科学领域最杰出的代表、为人类科学事业作出了巨大贡献的科学家为科学院外籍院士。世界著名科学家、诺贝尔化学奖获得者、美国科学院院长西瑟罗纳先生在新当选院士就职典礼上介绍袁隆平院士的当选理由时说：袁隆平先生发明的杂交水稻技术，为世界粮食安全作出了杰出贡献，增产的粮食每年为世界解决了7 000万人的吃饭问题。袁隆平创造了人类奇迹，是真正的英雄。

二、为什么没有当选中国科学院院士

袁隆平没有当选中国科学院院士，却获得了筛选条件更为严格的美国科学院外籍院士的称号，这是为什么？对此，中国科学院院长路甬祥表示，袁隆平完全有资格当选科学院院士，这"只不过是一个历史上的误会"。

世界上各个国家包括美国、日本等发达国家都对他有极高的评价，认为他是对人类有贡献的杰出科学家：他的贡献是重大的，而且他的成就也是系统性的。美国科学院基于他对人类作出的贡献，给予他外籍院士的荣誉称号。2005年，袁隆平先生获得中国科技大奖，获得奖金500万元。

中国科学院院长路甬祥先生说：袁隆平之所以没有能当选，是因为那时候科技界，包括院士群体当中，对于一个人成就的评价，有一定的局限和偏颇。科技界、院士们比较强调在生命科学的前沿领域是否创造了新方法、新手段或者新思想，虽然后来进入中国科学院院士行列的也不尽如此。

其实，这并不是什么"历史上的误会"，而是科技界、院士群体设置的陈旧框框把袁隆平先生挡在了门外，说到底是一个僵化体制和人才评价标准的问题。这种僵化的评价标准和体制连袁隆平都挡在了门外，其他有突出贡献的科学工作者就更不用说了，特别是年轻的科学家们。因此，应与时俱进地改革、改变僵化的评价标准和体制。否则，今天挡住了袁隆平，明天可能挡住的是"张隆平"、"李隆平"。

三、袁隆平现象之反思

亲人才，远庸人，是美国之所以强大的重要原因。从美国的发展经验中，人们还应该看到，重视人才与保护知识产权同等重要。美国人对知识产权保护一贯高度重视。美国的微软公司不但自身强大而且还为美国赚取大量的外汇。西方国家为了不让中国十三亿人同他们竞争，不断用知识产权卡我们的脖子，从中国竞争力的角度，我们一定要保护好自己的知识产权。

杂交水稻是我国的一张"经济外交王牌"，目前湖南省农科院承担了中国政府援建马达加斯加"杂交水稻开发示范中心"项目，金额达 998 万美元，并正在申请商务部支持在埃塞俄比亚承接实施农业技术示范中心项目，在进一步加强与广大亚非拉国家互利合作过程中发挥了独特作用。目前，外交部已列出部分发展中国家名单作为先行试点，并表示愿意牵头实施杂交水稻外交工作。

我们有理由相信，在建设创新型国家的大背景下，随着国家对科技领域体制不断创新，以及相关政策的不断落实，像袁隆平这样的科学家会不断涌现。当中国人不再感觉被美国人评为院士是件光荣的事情之时，也正是中国科学技术发展在更高层次找回自己灵魂之日，对此，我们期待着。

第38章 科技走向天空
——中国航空航天技术的新发展

新中国成立伊始，国家就将发展科技事业摆到重要位置，并制定了科学技术发展远景规划纲要。1964 年，一朵从中国西北大漠深处腾空而起的蘑菇云，震惊了世界：中国第一颗原子弹爆炸成功。3 年后，中国第一颗氢弹空爆成功。1970 年，中国第一颗人造地球卫星——东方红一号被成功送入太空。"两弹一星"，不仅增强了中国的科技实力和国防实力，奠定了中国在国际舞台上的重要地位，也为中国进一步的太空探索准备了技术、人才等条件。

1978 年，中国实施改革开放政策。也是从那时起，中国确立了"科学技术是第一生产力"的战略思想，开始积极组织实施一批科技攻关工程。现在，中国迎来了科技成果的高产期，每年涌现的科技成果约有两万项，涉及基础研究、能源、农业、生态环境保护等众多领域。科技对社会经济发展的支撑作用越来越明显，对人民生活的影响越来越大（汪玉明，2004）。

载人航天工程从 20 世纪 90 年代初正式启动，这是继"两弹一星"后中国尖端科技领域的又一重大工程。经过多年的积累，载人航天工程从一开始就具备了雄厚技术储备。在开展首次载人航天飞行任务之前，中国依靠自己的力量，已研制并发射了 15 种类型、50 多颗人造地球卫星；此外，中国还自主研制了十多种不同型号的"长征"系列运载火箭，将 70 多颗国内外卫星送入太空。

因此，中国的载人航天工程以令人惊异的速度发展着：2003 年 10 月首次进行载人航天飞行，航天员杨利伟成功地在太空中遨游了 21 小时 22 分钟 45 秒。2005 年，中国再次实施载人航天飞行，两名航天员在太空中经历 5 天飞行后凯旋。2008 年 9 月，3 名航天员搭乘神舟七号载人飞船在太空飞行近 3 天。飞行期间，航天员翟志刚进行了中国人的第一次太空行走。与此同时，中国人的目光还投向了离地球更远的月球。2007 年 10 月，中国首颗月球探测卫星嫦娥一号发射升空。

第1节　神5、神6载人飞船成功飞上太空

从 1992 年到 2005 年，艰难起飞的中国载人航天工程创造了一个又一个的辉煌：现代化的航天发射场，拥有大量先进设施的航天城，高技术集成的飞行控制中心，与国际接轨的陆海基航天测控网，独具特色的航天医学工程体系，越来越多的空间科学实验……

一、梦想，不会永远被尘封——中华民族的千年执著

1992 年 9 月 21 日，中央政治局常委在中南海勤政殿听取原国防科工委、航空航天部的汇报，决定启动中国的载人航天工程。1992 年，当载人航天工程正式启动的时候，尽管我国已经掌握大推力火箭和返回式卫星技术，但载人航天却几乎一切从零开始。从零起步的中国航天人，要在设计和制造水平相对落后的条件下，作出一艘跨越国外 40 年发展历程的性能先进的飞船。

千年梦想，千年激情。中国航天人，就在一张白纸前一步步开始了把梦想变成现实的努力。没有像前苏联和美国在研制载人飞船时经历的体积由小到大、乘员从单人到多人、结构由单舱到多舱的发展历程，神舟飞船的研制成功，使中国的载人飞船技术一步达到国际第三代载人飞船的水平。

正如中国载人航天工程副总指挥胡世祥所说，载人航天这样的高技术，是花多少钱也买不来的。只在报纸上见过火箭逃逸塔发动机模样的设计者们，用了整整 3 年研制出的初样发动机，点火试车时，发动机喷管不到 1 秒钟就被烧穿了；历经 3 年半制造出来的飞船整流罩，结果超重 900 千克，于是一切又重新开始……困难重重的登天路上，中国航天人以特有的战斗精神，攻克了一道又一道系统级关键技术难题，突破了一大批具有自主知识产权的核心技术和生产性关键技术。

二、六年时间，六艘飞船，六次突破

1999 年 11 月 20～21 日，我国第一艘试验飞船神舟一号太空飞行取得圆满成功。

2001 年 1 月 10 日，神舟二号飞船再次载着中国航天人的希望飞上太空。这一次，飞船运行时间从神舟一号的 1 天增加到了 7 天。神舟二号是我国第一艘正样无人飞船，技术状态和载人飞船基本一致。

2002 年 3 月 25 日，神舟三号升空。与前两艘飞船相比，神舟三号对一些直接涉及航天员安全的系统进行了改进和提高。神舟三号仍是无人飞船，但船上却有人的身影——"模拟人"。

2002 年 12 月 30 日至 2003 年 1 月 5 日，神舟四号无人飞船在零下 20 多度的严寒中成功发射，并在飞行 7 天后平安返回。这是我国实施首次载人航天飞行前的最后一次无人飞行试验，飞船的技术状态与载人飞行时完全一致，载人航天涉及的各系统包括应急救生区全面启动，甚至连航天员的换洗衣服都给装上了。前 3 次无人飞行试验中发现的有害气体超标问题，在神舟四号上得到了彻底解决。

一步一步，中华民族终于走到了梦圆太空的时刻。2003 年 10 月 15 日，中国首位航天员杨利伟乘坐神舟五号飞船成功进入太空，并在飞行 21 小时后安全返回地面。中国，成为世界上第三个独立掌握载人航天技术的国家。

两年后的金秋时节，神舟六号载着中国航天员费俊龙、聂海胜再升太空，在为期 5 天的飞行中，他们脱下航天服，从返回舱首次进入轨道舱进行了空间科学实验和日常生活活动。

从 1999 年到 2005 年，六年时间，六艘飞船，六次飞跃，我国载人航天的速度和效率，令世界称奇，令亿万中国人民备受鼓舞、倍感自豪。

三、载人航天促进我国科技进步和高新技术产业的发展

载人航天是高技术密集的综合性尖端科学技术，它集中了现代科学技术众多领域的最新成果，载人航天的发展水平全面地反映了一个国家的整体科学和高技术产业的水平，特别是自动控制、计算机、推进、通信、遥感、测试、新材料、新工艺、激光、微电子、光电子等技术以及近代力学、天文学、地球科学、航天医学及空间科学的水平，而载人航天的发展，同时又对现代科学技术的各个领域提出了新的发展需求，从而进一步推动我国科学技术的进步和高技术产业的发展（孔利，1992）。

科学界普遍认为，20 世纪中叶，电子计算机技术的迅猛发展，在很大程

度上是由于载人航天技术的需求和牵引。载人航天工程还有力地推动了系统工程理论和实践的发展。不仅如此，我国开展载人航天工程，还将培养和锻炼一大批优秀青年科技人才，大大加快航天科技队伍的建设，为中国航天的快速发展奠定雄厚的人力资源基础。

四、载人航天对经济建设的重要推动作用

目前，虽然载人航天的直接经济效益还不明显，但是，载人航天活动开发的许多新技术、新产品，已经在带动传统产业技术改造、提高经济效益、促进经济建设等方面，发挥了重要作用。同时，人到太空中，可以利用太空环境进行一系列的试验，这些试验将为地面生产提供技术和手段。例如：全世界的人大多吃土豆，而我国是世界土豆种植大国，可中国土豆的质量差，"肯德基"制作土豆泥时只用美国土豆，不用中国土豆，其在中国的连锁店每年消费的土豆泥、薯条，金额达数亿元。据了解，我国科研人员早就繁育出了这种专用品种的土豆，但种薯繁育至少需要五六年的时间，产量低、成本高，农民买不起。正当我们科技人员束手无策的时候，美国人用载人航天中的空间环境控制技术解决了这些问题。如果我国早进行载人航天，如果我们的科研人员早掌握这种航天环境控制技术，或许我们这个土豆生产大国就不会出现这种尴尬的局面。

从目前研究成果来看，未来利用太空奇特的环境，建立材料加工厂、制药厂和太空育种基地等，具有巨大的经济潜力和应用效果，可以获得极大的经济效益。

五、载人航天是衡量国家综合国力的重要标志

在当今世界上，或许没有什么比载人航天更能充分展示一个国家的综合国力。载人航天是一项庞大的系统工程，它包括载人飞船、运载火箭、航天员、测控通信网、发射场、着陆场及有效载荷七大系统。实现载人航天，将飞船连同人员送入太空预定轨道，并安全地返回，如果没有高度发达的科学技术和科研能力，如果一个国家没有雄厚的经济基础和强劲的经济能力，是不可能实施载人航天工程的。因此，载人航天可以充分显示我国的综合国力，提高我国的国际地位和国际威望，增强民族自豪感和凝聚力（张杰，1994）。

第2节 从渐改方式到全新设计重型歼击机

歼-10战斗机是我国第一架完全独立拥有自主知识产权的战斗机，2005年正式装备部队并在很短的时间内成建制、系统地形成了战斗力，西方将歼-10划为典型的第三代战斗机，认为它是中国第一种装备部队的国产第三代战机、第一种真正兼有对空及对地双重作战能力的国产战机，歼-10的后继改进型正在逐步推出，在机身的一些局部细节上都作了改进，使得飞机的性能也大大提高，目前改进型暂定为歼-10B。韩国国防部长官金宽镇2011年7月16日参观访问中国空军沧州飞行试验训练基地，这是歼-10基地首次对外公开。

一、歼-10 研制背景

歼-10研制于20世纪80年代，当时正值冷战时期，因此其身上不避免地带有当时的痕迹。"冷战"期间，中国空中防御最大的威胁是超音速轰炸机，随着航空技术的进步，现代超音速轰炸机M"逆火"拥有较大的航程和作战半径，并且可凭借其完善的航空电子设备，在夜晚及恶劣气候条件下在低空以复杂地形为掩护，进行高速突防，在深入上千公里纵深后用空地武器攻击我方重要目标，考虑到空地武器精度越来越高，威力越来越大，射程越来越远，可能少量轰炸机就可能造成较大的损失，因此防御此类目标最好的办法就是御敌于国门之外，在其边境或者我方近纵深地区就将其拦截，因此这就决定了我国空军歼击机应该具备良好的超音速性能，以便能够快速起飞，迅速抵达战区拦截目标。

20世纪80年代初，我国研制了歼-8Ⅱ型歼击机，该机主要用来拦截高空高速入侵目标，其最大时速可达2马赫，在我国首次配备了采用数据链的半自动化截击引导系统，大大提高了该机截击高速入侵目标的能力。

不过当时前苏联第四代歼击机苏-27已经装备部队，与以前的前苏制前线歼击机相比，该机航程远、机动性能好、火力强、机载设备较为先进，可以为轰炸机提供较长距离的护航任务，也就是说，苏-27可以在预警机的支援下，在轰炸机前形成一道拦击线来阻挡我国空军歼击机对其轰炸机的拦截，而以歼-8B的各项性能来看，要想打破其拦击线非常困难，因此我国空军需要一种这样的歼击机；既具备良好的拦截性能，又要具备良好的机动性能，以便能够突破苏－27 的防御，拦截入侵的轰炸机。

这意味着，这种歼击机与歼－8Ⅱ相比，要有代的提升，包括气动布局、航空电子、机载武器都有质的提高。因此新型歼击机不但对于我国空军并且对于我国航空工业以至整个国防工业都有着重要的意义。

二、歼－10 研制历程

歼－10 的项目验证研究从 20 世纪 80 年代开始，当时由成都飞机公司和第 611 飞机设计所基于流产的歼－9 型战斗机进行设计。原歼－9 项目是为设计一种速度达到 2.5 马赫带鸭翼的三角翼空防型战斗机，其作战目标是原苏联的米格－29 和苏－27。最初的计划要求，在后来发生了重大变化，于是 1988 年重新将这款新型战斗机的设计定位在一种采用新技术的中型多用途战斗机上，以替换中国空军庞大的歼－6、歼－7 和强－5 机队，并有效应对当时同类型的西方战斗机。歼－10 的飞行测试于 2003 年 12 月全面完成，并获得了生产许可证。

中国航空工业创建 50 多年了，迄今为止，唯一可以称得上成果的只有歼－10。因为这是一种全新设计的歼击机，也是几代成飞人努力的结果。想当初，一批被排挤的人背井离乡来到天府之国，从歼－7 起家，用不屈的努力，实现了建立中国航空体系的目标。

三、从航天大国到航天强国还有多远？

在当今世界 9 个能够自己设计和生产飞机的国家中，中国属于航空技术弱小的国家，歼击机的研制方式，采用的是在基础型号上逐渐改进的方式，这种方法在船业初期比较可行，不论大国还是小国，途径基本如此。

在苏联早期歼击机中，最成功的是米格－15。为了突破音障，米格设计局采用增大发动机推力、加大机翼后掠角的方式，即米格－19，实现了超音速飞行。美国与苏联类似，也是在设计成功的 F－86 上改进，用相同的办法得到 F－100。

中国第一次开发设计的军用飞机强五，就采用改机头进气为两侧进气的方式。后来形成第一步是单发改双发，第二步是机头进气改两侧进气的渐进改进之路。采用这一方法，中国从米格－21 开始，开发出歼－8、歼－8Ⅱ。

其他与此类似的国家有法国、瑞典，甚至苏联。达索公司从幻影Ⅲ改进为幻影4000。苏霍伊从苏－9开始，放大成为苏－11，然后是苏－15，和中国歼－8走的是一样的道路。

区分航空大国与小国、强国与弱国，要看其是否具备独立研发飞机和发动机的能力。其中包括三个方面：第一是大型发动机研制能力，第二是研制大型运输机的能力，第三是研制双发重型战斗机的能力。具备这三方面的一定是航空强国，具备其一的是弱国；具备三种能力，但是都是小型产品的，是小国，只具备其一的小型产品，是弱小国家。

按照此标准，现在的航空大国和强国有美国、俄罗斯、欧洲联合。

首先，大推力航空发动机只有美国（通用电器GE、PW）、俄罗斯、法国（SNECMA）、英国（RR）、乌克兰（伊夫琴科"进步"）有能力开发。中国通过涡扇－10台航发动机正在跻身这个行列。其次，"二战"后研制大型飞机的国家原来有三个：美国、苏联、英国。英国由于其国力在战后日渐衰微，已经丧失此能力。法国等欧洲国家虽然各自不具备相应的国力，但是欧洲国家联合起来，依靠技术优势，就成为第三个航空大"国"。另外一个例外是乌克兰，由于乌克兰继承了苏联的安东诺夫设计局，也具备一定的大飞机能力，可称为"准航空大国"。最后，双发重型战斗机只有美国和苏联具备，欧洲联合（英、德、意、西）也具备此能力，法国单独研制"阵风"战斗机，可以认为具备准能力。比较成功的型号有美国的F－4鬼怪Ⅱ、F－14雄猫、F－15鹰、F－22，苏联的米格－25/31、苏－27/30，欧洲的"狂风"、"台风"和法国的"阵风"。

因此全世界只有四家航空大国：美国第一，其技术全面，各方面均领先；俄罗斯仅次于美国列第二，其技术全面，但部分技术落后欧美；欧洲联合第三，其技术先进，但是不全面；法国第四，其技术先进但不全面，落后美国，经济技术实力在西欧领先，但弱于欧洲联合。乌克兰因为国力弱小，技术相对落后，迟早也会像英国一样，丧失其航空技术的开发创新能力，沦为二流的航空小国。

中国、瑞典、日本、印度、加拿大、巴西可以研制小型飞机，其装备的作战飞机不仅可以自行生产，还可以独立研制单发轻型战斗机，都是二流的航空小国。其余的三流国家只能仿制生产、修理小飞机或借助大国技术帮助设计小型飞机，其作战飞机要依赖进口。如以色列（流产的"狮"式战斗机）、韩国

（F/A－50）、中国台湾地区（IDF）、南非（阿特拉斯飞机公司研制"石荼隼"CSH－2 攻击直升机）、捷克（教练机）、波兰、阿根廷、巴基斯坦等。

中国目前是二流国家中的强国，技术水平低于瑞典，但是个别项目超过瑞典。和其他国家相比，技术水平不如日本、制造水平不如乌克兰。发展航空工业，有几点教训应该牢记。

一是英国工党政府时期的错误决策——放弃本国研制的超音速攻击机，转而购买美国的 F－4 战斗机。

二是本国的几次教训：航空大跃进，浪费了本来就缺少的人力物力；下马关键项目（涡扇－6 发动机），把发动机作为飞机的配套设备；放弃运－10，这和英国的教训如出一辙！

中国航空工业规模居世界前茅，业绩居世界"后"茅。其真正原因是官僚行政体制束缚了技术独创性、经营灵活性、管理务实性。典型事例是沈飞几十年"奋斗"结果，除了引进仿制，就是改良研制，根本没有自己独创的勇气和魄力。再加上国内人才流动机制受户口迁移难、教育落后等因素限制，堪称臃肿的泥足巨人。

第 3 节　中国大飞机梦想

中国的大飞机梦想，从运－10 到干线，从干线到 AE100，从 AE100 到 ARJ21，再到现在的 C919，算是走了一个半径不小的螺旋式上升的过程。这几个项目，有着几代工程师的辛劳甚至血汗，更有着他们当年梦想的生成、破灭、重生、再破灭和再重生。

一、不考虑经济性的领导人专机——运－10

运－10 飞机项目于 1970 年启动，1973 年 6 月国务院、中央军委正式批准在上海研制大型客机，1980 年 9 月 26 日首飞成功，1986 年研制计划终止，共飞行了 130 多个起落、170 多个飞行小时。运－10 是中国第一个独立自主研制的大型飞机，除发动机以外，其主要部件都是国内自主研制，其整体设计更是完全由国内技术力量独立完成，其国产化程度远远高于现在的 ARJ21 和 C919 客机，也高于当时仿制苏联产品的运－8 和轰－6 飞机。以国产化程度而论，运－10 无疑是非常成功的，但是在其高国产化比例的背后，我们又付出了什么样的代价呢?

运 – 10 飞机从一开始就是作为领导人专机研制的,其研制要求一共有三项:航程超过一万公里;能直飞阿尔巴尼亚首都地拉那;不考虑经济性。之所以如此要求,是因为 20 世纪 70 年代初中国同时与华约和北约集团敌对,在国际社会上缺乏友好国家,只有同样被华约集团排斥的"欧洲社会主义的明灯"阿尔巴尼亚支持我们。为了让领导人能直飞地拉那,同时展示中国的技术实力,因此就有了运 – 10 的航程要求;不考虑经济性这一条则是因为运 – 10 从一开始就作为领导人专机设计,类似现代的豪华奢侈品,当然不会考虑经济性。而且如果只是考虑这三条要求还好办,可以从美国或者苏联订购民航机回来改装,但运 – 10 同时还担负着"展示实力、炫耀国威"的任务,又要求必须是"自主研制"。因此运 – 10 在研制中采取了很多临时性、实验性的措施,这导致它根本不可能进行批量生产,更不可能投入商业运营。

重新审视运 – 10 的研制历史,我们不得不承认,以当时中国的工业实力,以运 – 10 飞机的研制思路和性能指标,基本没有成功的可能。在运 – 10 之前,中国航空工业制造过的最大飞机——轰 – 6 只有 75 吨,比运 – 10 小了近一半;且轰 – 6 完全是按照苏联的设计和工艺制造的,中国并不能设计这样大型的飞机,更不要说比它们还大的运 – 10。可以说,中国在当时根本不具备研制大飞机的能力,第一个此类项目就搞自主研制,注定了运 – 10 只能是试验性质的技术验证机(刘映国,1998)。

二、MD – 90 项目的失败

经过运 – 10 项目的教训,中国航空系统认识到,凭借自己的技术能力,想要一步登天地研制出满足民航要求的大型飞机是不可能的,唯一可行的道路就是引进仿制,在生产中熟悉、掌握大飞机的结构特点,掌握飞机的生产工艺,为以后的研制打下基础。在这一思想指导下,航空系统对大飞机发起了第二次冲锋。

1987 年 1 月 3 日,航空工业部和民航总局向波音、麦道、空客、通用电气、普惠、罗罗国外六家主要干线飞机和发动机制造公司发出《征求合作研制干线飞机建议书》,目标是合作研制和生产 150 架 150 座级干线飞机,此后中航技总公司与民航总局联合与上述 6 家外国公司进行了历时 5 年的商务与技术谈判。在谈判过程中,空客公司第一个被淘汰,随后波音公司也出局,于是只能与麦道公司合作并确定引进 MD－90 客机技术。

在当时，国内提出了一个口号，叫做"牢牢掌握设计主动权"。但有些负责人却把修改部分设计作为体现这一口号的方式而特别重视。当时修改设计的重点是把起落架从两轮改为四轮，这样可以降低飞机降落时施加在跑道上的压强，使飞机能适用于一些跑道尚未改造的机场。可是起落架改为四轮就会使飞机本身的重量增加一吨，必须减少两个座位，对飞机性能是一种倒退，是不合理的。

进行这样的设计更改不但要耗费很多资金，而且将使干线飞机的试制周期至少延长两年。合理的做法应该是改造跑道，增加其可承受的压强。事实上不久以后像南昌、长沙等地的机场都先后进行了改造，完全可以适应较高的压强。有些负责人之所以热衷于改起落架，更多的是为了可以对外宣称中国干线飞机为"中外联合设计"。

1993 年 2 月 3 日，中国民航总局发文报国务院明确提出鉴于机场已改造好，使用 MD－82T 四轮飞机不便于使用与维护，国内航空公司现已不需要MD－82T，故要求干线飞机机型全部改为二轮型，这等于此前要求被完全推翻。于是又与麦道修改合同，把在中国生产 40 架 MD90－30 客机改为生产 20架、从美国采购 20 架，才使得合同进行下去。随后麦道公司与波音公司合并，国内客机项目随之下马，前期投入全部打了水漂。

三、对国产大飞机的第三次冲击

（一）ARJ21 大量引进国外成熟设备

在"完全自力更生"和"以市场换技术"这两条大飞机发展道路的探索均告失败后，国内大型飞机研制暂停了十几年。2000 年 2 月 15 日，国务院召开专门会议，决定集中力量自主研制具备世界水平的新型涡扇支线客机，开始了对国产大飞机的第三次冲击。2001 年 8 月，新型涡扇支线客机被列入"十五"期间 12 项重点科技攻关项目。2002 年 4 月 30 日，国务院批准新型涡扇支线客机项目正式立项。2002 年 10 月 25 日，中国一航商用飞机有限公司正式注册成立，全面负责 ARJ21 飞机的研制发展和市场销售。

ARJ21 飞机项目吸取了运－10 和 MD－90 项目盲目追求"自主研制"的教训，在一开始就确定了飞机总体设计和机体生产以我为主进行，发动机和机载设备则面向国际招标选购的思路；而且在飞机总体设计上，西飞所也依托

MD－90 客机相关技术资料提出方案，最大限度地确保可行性。为了保证飞机机载设备技术的先进性，设备选型采取了国际通行的招标方式，选用了罗克韦尔－柯林斯公司的航空电子系统，霍尼韦尔和派克哈尼芬公司的飞行控制系统，派克哈尼芬公司的燃油和液压系统，等等。大量引进国外成熟设备，使得一飞院可以将精力集中于飞机总体设计上，极大降低了 ARJ21 项目的风险，加快了项目总体进度。

2007 年 12 月 21 日，ARJ21－700 在上海飞机制造厂总装下线。2008 年 11 月 28 日，ARJ21－700 首飞成功。2010 年 10 月 27 日，ARJ21－700 更是实现了 4 架试验机同时试飞的目标。短短数年时间，ARJ21－700 的进展就达到了当年运－10 十几年发展的进度，尽管这其中有科技发展的差距，但 ARJ21－700 的项目管理措施体制的确体现出了优越性。

（二）C919：2014 年将首飞的中国大飞机

就在 ARJ21 飞机取得突破性进展的同时，2008 年中国商用飞机有限责任公司（2008 年 5 月 1 日成立，专门承担中国民用大型客机的研制）正式启动了更大型客机的项目论证工作，最终形成了大型客机的初步总体技术方案。此后这一比 ARJ21－700 更为大型的飞机被正式命名为 C919。C 是 China 的第一个字母，也很容易与 A（空客）和 B（波音）相区别。C919 定位于单通道 150 座级，19 代表其最大载客量为 190 座。

得益于 ARJ21 项目的成功经验，C919 采用了主制造商—供应商研制模式。中国商飞作为大飞机主制造商，定位于设计集成、管理体系、总装制造、市场营销等方面，将发动机、机载设备、材料等主要外包，因而项目风险同样大大降低，项目进度也大大加快。

2009 年 9 月 8 日，C919 外形样机在香港举行的亚洲国际航空展上正式亮相。2009 年 12 月 21 日，中国商飞与法国 CFM 公司签约，选定 LEAP－X1C 型飞机发动机作为 C919 的动力，并将在国内设总装生产线。2009 年 12 月 26 日，C919 机头工程样机在上海商飞正式交付。相比 ARJ21－700，C919 在进展上似乎更为迅速。据了解，C919 预计 2014 年首飞，2016 年实现首架交付。

第 4 节　向载人空间站时代迈进

从无人实验飞船到模拟载人飞行，从多人多天飞行到圆梦太空行走，短短

10 多年间，中国航天实现了一个又一个历史性跨越，而随着长征二号 F 运载火箭再次冲天而起，把"天宫一号"送入太空，中国航天向载人空间站时代迈进了一大步。

2011 年 7 月末，中国航天集结号在甘肃酒泉卫星发射中心的酷暑中再次吹响，23 日，长征二号 F 运载火箭顺利运抵，与先期抵达的"天宫一号"会合，执行本次飞行任务的各大系统参试人员陆续就位。火热的 8 月里，全球华人和世界各国民众把目光投向中国，期待见证中国载人航天新的里程碑。

一、交会对接　力求天衣无缝

"空间交会对接"，简称"交会对接"，是建立空间站最基本最关键的技术，其原理是通过轨道参数的协调，让两个或两个以上的航天器在同一时间到达太空同一位置，然后再通过专门的对接机构将其连为一个整体。

交会对接根据航天员介入的程度和智能控制水平可分为手控、遥控和自主 3 种方式。具体的方法一般是先将目标飞行器发射入轨并精确测定其运行轨道，当其飞经待发飞行器发射场上空时，通过择机发射使后者与前者运行在相同的轨道上，并且将距离控制在一定范围内，随后再依靠飞行器本身的机动能力让两者逐渐连为一体。

"天宫一号"发射无疑是中国载人航天事业的重要步骤，中国载人航天工程分为三步走：一是航天员上天；二是多人多天飞行、航天员出舱，实现飞船与空间舱的交会对接，并发射短期有人照料的空间实验室；三是建立永久性空间站。此次发射就是在完成第二步的后续任务，并为完成第三步战略目标打下基础。

即将发射的"天宫一号"是中国首个空间实验室雏形，重 8 吨，设计使用周期为两年。"天宫一号"之后，将发射"神八"、"神九"、"神十"与之对接。关于对接类型，张建启说，"神八"肯定是无人对接，有人对接是"神九"还是"神十"，主要看"神八"交会对接是否顺利，只有 3 次对接成功，第二步战略目标才能全部达到。

"交会对接"的成功无疑是达成战略目标的关键，而这是举世公认的航天技术瓶颈，在国外载人航天活动早期，航天器在空间交会对接过程中就曾失败。比如，俄罗斯"进步 M3 - 4"飞船与"和平"号空间站在对接过程中曾"相撞"。

二、发射准备　确保万无一失

中国载人航天事业的每一个进步都意味着必须完成大量技术突破，比如，从"神五"首次实现载人太空飞行到"神七"宇航员太空漫步，飞船进行了200 多项改进。此次"天宫一号"发射也是如此。酒泉卫星发射中心已对载人航天发射场设施设备进行了全面检修检测和质量评审，完成的指挥监测系统升级改造等就达 66 项。执行此次发射任务的长征二号 F 运载火箭由中国运载火箭技术研究院主研制，为满足交会对接的任务要求，相关专家对其一共进行了近 170 项技术状态更改。

为了让"天宫一号"顺利经受长途跋涉的考验，安全如期抵达发射场，中国空间技术研究院研制团队在细节上可谓做足了功课。由于"天宫一号"块头超大，中国空间技术研究院使用了迄今为止该院使用的最大包装箱，并且设计了优良的内部减震系统、先进的温控系统。在安全抵达后，科研人员又开始对其各个功能部件进行最严格仔细的测试工作。

三、国际合作 做到开放共赢

"我觉得中国建立空间站是件很棒的事，正是有了像中国这样越来越多国家的加入，人类探索太空的力量才更强大，相信我们之间能进行良好的合作，建立最深厚的国际友情。"身在"阿特兰蒂斯号"航天飞机谢幕之旅的美国宇航员雷克斯·瓦尔海姆在接受地面记者采访时这样说。他的朴素言语表达了对中国航天事业即将迈出重要一步的欢迎之情。的确，在这个全球化时代，各国应该携起手来共同探索浩瀚无际的宇宙新天地。

"阿特兰蒂斯号"才告别苍穹，俄罗斯就放出了 2020 年结束使用期限的国际空间站将被投入大海的消息。对人类的太空之梦搁浅的担忧使人们对此次中国空间站的建设和开放情况格外关注。2020 年中国将建立自己的空间站，中国空间站将是一个开放的平台工程，让外国的科学家和宇航员上去和中国合作进行科学实验。

第六篇

提高核心竞争力，建设创新型国家
（2006 ~ 2011）

　　党的十六大以来，以胡锦涛同志为总书记的党中央综合分析国内外发展大势，立足国情，面向未来，提出自主创新能力、建设创新型国家的重大战略思想。2006 年，中共中央、国务院召开全国科学技术大会，作出《关于实施科技规划纲要，增强自主创新能力的决定》，发布了《国家中长期科学和技术发展规划纲要（2006 ~ 2020）》，明确提出了"自主创新，重点跨越，支撑发展，引领未来"的新时期科技工作方针，对未来 15 年我国科技改革发展作出全面部署。

　　党的十七大高度重视科技进步和自主创新。十七大报告把"自主创新能力的显著提高，科技进步对经济增长的贡献大幅度上升，进入创新型国家行列"作为实现全面建设小康社会奋斗目标的新要求。同时，把"提高自主创新能力，建设创新型国家"摆在促进国民经济又好又快发展的突出位置。这是中共中央审时度势、高瞻远瞩作出的重大战略决策和部署。

第 39 章　国家创新体系的构建

国家创新体系是社会经济与可持续发展的引擎和基础，是培养高素质人才，实现人的全面发展、社会进步的摇篮，是综合国力竞争的灵魂和焦点，其主要功能是知识创新、技术创新、知识传播和知识运用。

"十五"计划纲要首次提出："建设国家创新体系"；"建立国家知识创新体系，促进知识创新工程"；实施"跨越式发展"的宏伟战略。1949 年 10 月，中华人民共和国宣告成立，同年 11 月，中国科学院成立。随后，政府部门的科研机构、企业的科研机构、大学的科研机构、地方科研机构都相继建立。可以说，中国国家的创新发展是和新中国的成长同步的。特别是改革开放以来，中国的创新系统在不断发展演化着。从总体上看，在中国的现代化建设中，我国的国家创新体系在不断完善和加强。

第1节　我国国家创新战略的演化

我国国家创新战略的演化大体上可以分为四个阶段（盛四辈，2011）（图 39 – 1）。

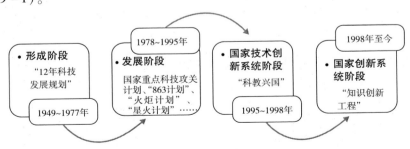

图 39 – 1　国家创新战略演化的四个阶段

一、形成阶段（1949～1977 年）

这一阶段的主要特征是建立各类科研机构，制定国家科技发展计划，逐步形成国家创新体系。这个时期的科技计划主要有"12 年科技发展规划"等。这一阶段主要是为了国防安全的需要，中国的高新技术发展倾向于军事方面，在高能物理、化学物理、近地空间海洋科学等方面进行了不懈努力，"两弹一星"的研制成功是其重要的标志。这些科技的成就，不但大大提高了中国的国际威望，而且促进了此后中国高新技术的建立和发展。此时的国家创新模式主要是"政府主导"型，由政府直接控制，相应的组织系统按照功能和行政隶属关系严格分工；创新动机来源于政府认为的国家经济的社会发展和国防安全需要等；创新各级政府制定；政府是资源的投入主体，资源严格按计划配置，创新的执行者或组织者进行创新是为了完成政府任务，其利益不直接取决于它们的现实成果，同时也不承担创新失败的风险和责任。

二、发展阶段（1978～1995 年）

这一阶段的主要表现是探索国家创新系统的发展模式和创新政策，出台了改革政策和措施。在这一时期，创新模式主要是计划主导模式，即设立国家科技计划，在国家科技计划中引入竞争机制。这种模式的形成是伴随着中国改革开放的进程而出现的，随着国有企业自主权的不断扩大，市场对企业的调节作用不断增强。通过改革拨款制度、培育和发展技术市场等措施，科研机构服务于经济建设的活力不断增强，科研成果商品化、产业化的进程不断加快，这一切都加速了我国国家创新体系的发展。在这一时期，国家科研经费大多以国家科技计划的形式出现，政府工作人员管理着科研经费的配置。国家先后出台了一系列的计划：国家重点科技攻关计划、高技术发展计划（"863 计划"）、"火炬计划"、"星火计划"、重大成果推广计划、国家自然科学基金、"攀登计划"等。与此同时，为迎接世界高新技术革命浪潮，中国也像许多国家一样兴办了许多科技园区。自 1985 年 7 月中国第一个高科技园区"深圳科学工业区"成立以来，中国已建立起国家级高新技术园区 52 个，总面积达 676.16 平方千米。此外，还有省、市级高新技术园区或经济开发区 70 多个。

三、国家技术创新系统阶段（1995～1998 年）

在这一时期，突出了企业的技术创新模式，这一阶段的显著特点是确立了市场经济的目标，从企业做起，进行企业制度和产权制度的改革，强化企业的创新功能。宏观管理体制也发生了重大变化，政府制订重大科技计划逐步由科技和经济主管部门联合制定，出现了新的参加对象，如国家工程中心（含国家工程研究中心、国家工程技术研究中心等），生产力促进中心等，加快了科技成果的商品化、市场化。1995 年，国家启动了"科教兴国"战略。1996 年，国家决定启动"技术创新工程"，重点是提高企业的技术创新能力。

四、国家创新系统阶段（1998 年至今）

1997 年 12 月，中国科学院提交了《迎接知识经济时代，建设国家创新体系》的报告。该报告提出了面向知识经济时代的国家创新体系，具体包括知识创新系统、技术创新系统、知识传播系统和知识应用系统。报告受到了国家领导人的高度重视。1998 年 6 月，国务院通过了中国科学院关于开展知识创新工程试点工作的汇报提纲，决定由中国科学院先行启动"知识创新工程"，作为国家创新体系试点。

我国国家创新战略在经历了改革开放以来持续不断完善和深化的各项战略部署之后，已经从确立宏观科技战略的基础，明确科技改革和发展的战略方向，上升到完善建构科学、完整、合理的科技战略体系，更为纵深地推进科技事业与经济建设、社会发展相结合，更加直接、高效地发挥科学技术是第一生产力的战略作用。在国家战略的高度通过科技发展来应对日益复杂的经济、社会挑战，掌握进一步发展改革的战略主动权，建设创新型国家战略、深化"科教兴国"战略、可持续发展战略所确立的以技术创新为核心的战略结构，将技术创新内核提升转变为更完整的创新系统的核心结构，从着重创新要素投入的初期模式转变为以创新能力培养为目标的更高阶段（胡亚清，2001）。

第 2 节　从科技创新的角度看政府职能的转变

综合国力竞争实际上就是科学技术实力的竞争，是各国科技创新能力的竞争。由于科学技术在现代世界经济发展中的巨大作用，各国经济竞争的焦点已经从产品竞争深入到生产要素的竞争，发展到科学技术的竞争，特别是国家科技创新能力的竞争。

国家科技创新体系是现代经济发展的产物，一国的历史传统与社会文化等对于国家科技创新系统的形成与发展有着极为重要的影响。由于国际竞争性质和形式发生了巨大的变化，自20世纪80年代以来，西方国家政府已经全面介入科学技术知识的产生、扩散和应用过程之中。从科技创新的角度看，综合国力竞争使政府的职能发生了两方面的变化：一方面，由于综合国力竞争的主体是国家，其实质是国家总体实力的较量，竞争的层次由科研机构和企业一级上升到国家一级，因而是一种更为综合、更为激烈的竞争。在这种情况下，科技创新的主体虽然仍是科研机构和企业，但是，科技创新已不再仅仅是科研机构和企业自身的事情，而是政府和科研机构及企业共同的事业。政府应当从总体上对科学技术知识的生产、扩散及其应用进行规划和引导，直接参与科技创新的全过程（周文磊，1999）。另一方面，在国际经济关系这个层次上，由于科学技术已经成为最重要的战略资源，所以各国政府在技术的民族主义与技术的全球主义之间求得某种平衡，既要控制科学技术的输出，以免使其产生飞镖效应，同时又要最大限度地鼓励科学技术的输入，以免使自身孤立于世界科学技术发展的潮流之外。在这种情况下，传统上由科技界和企业自行决定的科学技术的国际交流等问题现在被政府以国家利益的名义加以严格控制。当今世界的政治同科技的关系日益密切，一个国家科技发展的快慢，首先决定于政策的保障程度及这个国家精神风貌对群体创新意识的影响。当代科学技术已经从生产力体系中的直接因素变为主导因素，而资源、生态环境同科技的制约和互动关系则主要表现在科技既能够促进生态系统的有效管理，同时又能够极大地改变资源的利用方式和提高资源的利用效率，进而推动和促进经济的健康发展，保障可持续发展综合国力的提升（柳卸林，2009）。

进入21世纪，科技创新已成为国际竞争中成败的主导因素，科技竞争力将决定一个国家或地区在未来世界竞争格局中的命运和前途，成为维护国家安全、增进民族凝聚力的关键所在。建设国家创新体系，促进科技创新，成为世界各国关心的重要问题（冯林，2004）。早在1990年《美国新闻与世界报道》就在一篇文章中指出："90年代的竞争将集中在下述战场进行：用于研究和投资的资金，科技、人力和基础设施，以及国外市场的竞争力"；"至关重要的竞争将是发展科技，创造高附加价值的产品和高薪职位"。美国总统克林顿在

1993 年公布了一项技术支持计划，计划中指出"投资于技术就是投资于美国的前途"（李志超，2002）。1996 年 7 月，日本政府通过了一项计划，决定在其后的 5 年内向科技领域投入 1 550 亿美元的研究开发经费，以资助"争夺地盘的战斗"。显然，科技发展领域的竞争已经演变成为国际竞争的焦点，国家科技创新体系建设也恰恰因此而成为必然。

根据综合国力竞争的国际发展态势和中国自身的发展需要，中国适时地提出了建立中国科技创新体系的计划，并迅速地采取了一系列积极有效的实施步骤和保障措施，取得了极具实际价值的成效，推动和促进了中国经济的健康发展，保障了中国可持续发展综合国力的不断提升。构建中国国家创新体系，核心是要构造有利于提高我国科技创新能力，促进科技与经济紧密结合的体系。我们既要着眼近期中国科技的发展，又要考虑中长期科技发展；既要立足国内现有的基础和条件，又要考虑尽快构建适合科技创新自身规律和国际竞争的需要，特别是我国加入 WTO 后科技创新的国际竞争将更加剧烈；既要在制度、体制、机制方面进行改革创新，又要注重创造有利于科技创新思想产生的环境和条件，注重创新文化的建设和发展。目前，我国正处于经济的转型阶段，初步建立了社会主义市场经济体制，但仍不完善。只有从整体上推进，才能使我国在现有体制和基础上，构建起功能齐全、符合国民经济发展需求和国际竞争需要的创新体系。在进行整体推进的过程中，我们也要注意突出重点，抓住关键。更重要的是，在建设和发展国家创新体系的过程中，我们要站在 21 世纪发展的战略高度，从提升国家的可持续发展综合国力出发，根据国际形势的不断变化，结合我国的国情和特点，不断调整创新体系建设战略，把创新战略研究作为国家创新体系的构成要素纳入创新体系之中。虽然我们在科技创新体系的建设中取得了很好的成绩，并且已经建立起了具有较好基础的国家科技创新体系，但应当看到，与世界上的发达国家相比我们还有一定的差距。所以，中国应当在可持续发展战略的宏观框架下，在目前已经建立起来的比较好的国家科技创新体系的基础上，进一步从国家的层面上对国家科技创新体系进行组织、管理和调控，进一步从资金、体制、机制、政策等各方面强化国家科技创新体系建设，推进中国国家科技创新体系的建设和快速发展，促进中国可持续发展综合国力的不断增强和迅速提升，保障中国在国际竞争中具有坚实的基础和有力的地位，为世界的和平、发展与进步作出更大的贡献。

第3节 国家"十一五"科学技术发展规划

进入21世纪，经济全球化进程明显加快，世界新科技革命发展的势头更加迅猛，一系列新的重大科学发现和技术发明，正在以更快的速度转化为现实生产力，深刻改变着经济社会的面貌。科学技术推动经济发展、促进社会进步和维护国家安全的主导作用更加凸显，以科技创新为基础的国际竞争更加激烈。世界主要国家都把科技创新作为重要的国家战略，把科技投入作为战略性投入，把发展战略技术及产业作为实现跨越的重要突破口。面对世界科技发展的新形势和日趋激烈的国际竞争，未来5年我国必须切实将科学技术置于国家发展的优先地位，大力推进自主创新，努力建设创新型国家，赢得发展的主动权（张晓波，2011）。

回顾过去，我国"十五"期间确定的科技发展目标、战略部署和各项任务基本完成，初步形成了具有中国特色的科技发展总体格局，全社会科技水平显著提高，综合国力和国际竞争力显著增强，科技进步与创新为经济社会发展和改善人民生活提供了有力的支撑。

未来5年是战略机遇与矛盾凸显并存的关键时期，是立足科学发展，着力自主创新，完善体制机制，促进社会和谐的关键时期。从国民经济和社会发展的战略全局看，我国比以往任何时候都更加迫切地需要坚实的科学基础和有力的技术支撑。保持国民经济平稳较快的增长，建设资源节约型、环境友好型社会，必须依靠科技进步加快经济增长方式转变；参与日趋激烈的产业国际竞争，提高以自主知识产权为核心的竞争能力，必须依靠先进技术加快产业结构优化升级；培育新兴产业，催生新的增长点，引领未来发展，必须依靠科技在一些新兴领域和前沿领域实现重点突破；促进城乡区域协调发展，建设社会主义新农村，提高人民生活质量，必须依靠社会公益技术进步大幅度提高公共科技的供给能力；保障国家安全和维护社会安定，必须依靠技术创新显著提高保障国防和公共安全的能力（钟掘，2011）。

目前，我国科技的总体水平同世界先进水平相比仍有较大差距，同我国经济社会发展的要求还有许多不相适应的地方，主要表现为科学研究实力不强，优秀拔尖人才比较缺乏，科技投入不足，科学技术发展还存在着一些体制、机制性障碍，特别是自主创新能力不足已成为制约国家经济社会持续发展的重要因素。

21 世纪头 20 年是我国科技发展的重要战略机遇期，"十一五"时期尤为关键。建设创新型国家必须突出创新主线，深化体制改革，营造良好环境，切实把提高自主创新能力摆在全国科技工作的首要位置，加快调整科学技术的发展思路和工作部署，推进我国经济增长方式从资源依赖型向创新驱动型转变，推动经济社会发展转入科学的发展轨道。

为落实自主创新战略，科技部组织制定了《国家"十一五"科学技术发展规划》（以下简称《"十一五"科技规划》）。《"十一五"科技规划》与《国民经济和社会发展第十一个五年规划》的总体部署相衔接，明确 2006～2010 年科学技术事业发展的总指导方针、发展目标、主要任务和重大措施。

《"十一五"科技规划》具有 6 个方面的特点：一是突出自主创新的主线；二是突出和谐发展、科学发展的要求；三是突出对基础研究的稳定支持；四是突出以企业为主体；五是突出科技管理改革和体制创新；六是突出自主创新能力建设与环境建设。

根据"十一五"科技和经济社会发展的要求，未来 5 年中国科技发展将重点着眼于提升 5 个方面的自主创新能力：面向国民经济重大需求，加强能源、资源、环境领域的关键技术创新，提升解决瓶颈制约的突破能力；以获取自主知识产权为重点，显著加强产业技术创新，显著提升农业、工业、服务业等重点产业的核心竞争能力；加强多种技术的综合集成，提升人口健康、公共安全和城镇化与城市发展等社会公益领域的科技服务能力；适应国防现代化和应对非传统安全的新要求，提高国家安全保障能力；超前部署基础研究和前沿技术研究，提升科技持续创新能力。

为实现"进入创新型国家行列"的宏伟目标，"十一五"期间中国还将致力于奠定 3 个方面的基础：进一步完善中国特色国家创新体系，为建设创新型国家奠定科技体制基础；初步建成满足科技创新需求的科技基础设施与条件平台，为建设创新型国家奠定科技条件基础；造就一支规模大、素质高的创新人才队伍，为建设创新型国家奠定科技人才基础。

"十一五"期间，中国科技工作在两个层面进行了重点部署：一是集中力量组织实施一批重大专项，加强关键技术攻关，超前部署前沿技术，稳定支持基础研究，支持和引领经济社会持续发展；二是加强科技创新的基础能力建设，进一步深化科技体制改革，完善自主创新的体制机制，为科技持续发展提供制度保障和良好环境。

围绕这一部署，具体提出 8 项任务：瞄准战略目标，实施重大专项；面向紧迫需求，攻克关键技术；把握未来发展，超前部署前沿技术和基础研究；强化共享机制，建设科技基础设施与条件平台；实施人才战略，加强科技队伍建设；营造有利于自主创新的良好环境，加强科学普及和创新文化建设；突出企业主体，全面推进中国特色国家创新体系建设；加强科技创新，维护国防安全。

《"十一五"科技规划》中"突出企业主体，全面推进中国特色国家创新体系建设"的阶段目标包括：（1）建设以企业为主体的技术创新体系；（2）建设科学研究与高等教育有机结合的知识创新体系；（3）建设军民结合、寓军于民的国防科技创新体系；（4）建设各具特色和优势的区域创新体系；（5）建设社会化、网络化的科技中介服务体系。培育一批具有自主知识产权、自主品牌和持续创新能力的创新型企业；在主要产业部门和大中型企业建立一批工程中心和国家工程实验室；支持形成一批产学研战略联盟。紧密结合国家区域发展战略，构建各具特色、优势互补的区域科技创新体系，带动形成一批具有区域优势和地方特色的产业集群。进一步扩大建立和完善现代科研院所制度。初步形成适应市场经济体制和科技发展规律且有效互动的国家创新体系基本框架。

为保障各项任务的落实，《"十一五"科技规划》制定了 8 项措施：加强组织领导和统筹协调；大幅度增加科技投入；落实促进自主创新的各项激励政策；深入实施知识产权和技术标准战略；形成新型对外科技合作机制；完善科技法律法规体系；推进科技计划管理改革；建立有效的规划实施机制。

第 40 章 中华民族新长征的国家转型
——创新型国家

第 1 节 《国家中长期科学和技术发展
规划纲要（2006~2020）》

制定国家中长期科技发展规划，是党的十六大提出的一项重要任务，也是建设创新型国家的重要举措。2003 年 3 月，在新一届国务院组成后举行的第一次全体会议上，决定着手研究制定国家中长期科学和技术发展规划。这一关乎国家、民族长远利益的重大战略决策正式列入新一届政府的工作日程。

2003 年 6 月，国务院成立了由 23 个部门组成的国家中长期科技发展规划领导小组，负责规划制定过程中重大问题的决策。规划的战略研究阶段会聚了我国各界的大批骨干研究人员，总数超过 1 000 人。在规划战略研究的基础上，来自国家有关部门、中国科学院、中国工程院以及部分大学、科研机构、企业的 2 000 多名专家参与规划的起草工作，经历了前期准备、框架设计、任务凝练与政策树立、草案形成和征求意见 5 个阶段，先后十二易其稿，并经国务院常务会议审议通过，终于在 2005 年 12 月 30 日由国务院正式发布《国家中长期科学和技术发展规划纲要（2006~2020）》（以下简称《规划纲要》）。

一、建设世界科技强国的宏伟蓝图

我国向全世界发布雄心勃勃的《规划纲要》，为尽快成为世界科技强国勾画出宏伟的路线图。这个由 2 000 多名顶尖科学家和科技政策专家历时一年多制定的纲要，是我国市场经济体制基本建立及加入世贸组织后的首个国家科技规划，为在 21 世纪中叶成为世界科技强国奠定基础。

中共中央、国务院同时发布施行这一《规划纲要》，全文分为十大部分，部署了 11 个国民经济和社会发展的重点领域以及 68 项优先主题，16 个具有战略意义的重大专项，8 个重点技术领域的 27 项前沿技术，18 个基础科学问题，4 个重大科学研究计划。它们涵盖能源、资源、农业、制造业领域，载人航天和探月、转基因生物新品种培育等战略工程，生物、信息、制造等领域的前沿技术，以及蛋白质、纳米等科学研究。这些都是"迫切需要科技支撑的战略性问题和重大瓶颈问题以及实现技术跨越式发展的重点领域"，科技部部长徐冠华如是说。

《规划纲要》提出，到 2020 年，全社会科技研发经费年投入总量占国内生产总值（GDP）的比重将提高到 2.5%，将超过 9 000 亿元，投入水平位居世界前列，企业将成为科技创新主体。这部 45 000 字的纲要突出强调"企业成为自主创新的主体"的目标，提出要推动企业特别是大企业建立研发机构，同时在财税政策和建立研发平台上给予企业大力支持。

科技政策专家们设计了中国各类企业凭借技术创新和市场竞争增强竞争力的实现路径，提出到 2020 年左右，以大量专业化中小企业为基础，在各产业中造就一批效益突出、创新业绩出众、成长迅速、实力强大的中国企业，并使其中的佼佼者跻身世界 500 强，形成"航母级"企业。

二、《规划纲要》对经济增长将产生积极影响

《规划纲要》的实施，对我国经济增长的长期保障作用主要体现在 3 个方面。

一是它能够有效解决目前我国经济增长中已经遇到的各种资源瓶颈问题。2005 年，中共中央五中全会通过的《关于制定"十一五"规划的建议》已经指出，"我国土地、淡水、能源、矿产资源和环境状况对经济发展已构成严重制约"，如果不加以解决，增长的可持续性将受到影响，这一点已经有国际经验可借鉴。如日本的资源利用效率是很高的，但在其经济高速增长的 1955～1973 年的近 20 年间，经济增长速度也因石油资源的约束而受到影响。在《规划纲要》的 11 个重点领域中，第一个领域就是能源的节约技术、推进能源结构多元化，增加能源供应的技术等；第二个便是水和矿产资源的节约技术、开

发技术、勘察技术、高效开采和综合利用技术等。这些相关技术的重要突破，将能够有效解决未来经济增长可能遭遇的资源约束，为经济在长时期内保持较高的增长速度提供基础的支持。

二是它为经济的增长提供了新的、然而却是更加重要的因素（赵凌云，2006）。根据 20 世纪 80 年代以来在经济增长理论上占据优势的新经济增长理论，推动经济增长的因素主要有两类，一是资本和劳力的投入；二是效率的提高，而效率的提高主要靠自主创新带来的技术进步。新经济增长理论认为，技术进步不是外生的，而是内生的，是由这个国家的制度、政策、环境所决定的。《规划纲要》不但提出了中长期内我国科学技术发展的重点领域，而且提出了全面推进中国特色国家创新体系建设的一整套强有力措施，创造了技术进步的良好环境，这将带动生产力质的飞跃，经济的增长也将进入一种全新的模式。

三是它能够解决我国长期经济增长中遇到的技术瓶颈。大量的研究表明，当一个经济体在现有能够得到的科学技术条件下仍有很大的增长潜力时，经济增长的制约因素是资本的可得性。但是，当经济体的发展已经充分利用了现有能够得到的科学技术时，制约因素将是经济体的知识、技术储备。我们认为，中国经济的增长正逐步接近后一种情形。《规划纲要》中确定的一系列重点领域、重大专项、前沿技术、基础研究等将从不同层次上分别为不同阶段的经济发展做好技术储备。

三、《规划纲要》高举建设中国特色国家创新体系的大旗

《规划纲要》指出，国家创新体系是以政府为主导、充分发挥市场配置资源的基础性作用、各类科技创新主体紧密联系和有效互动的社会系统，现阶段，中国特色国家创新体系建设的重点：一是建设以企业为主体、产学研结合的技术创新体系，并将其作为全面推进国家创新体系建设的突破口。只有以企业为主体，才能坚持技术创新的市场导向，有效整合产学研的力量，切实增强国家竞争力。只有产学研结合，才能更有效配置科技资源，激发科研机构的创新活力，并使企业获得持续创新的能力。必须在大幅度提高企业自身技术创新能力的同时，建立科研院所与高等院校积极围绕企业技术创新需求服务、产学研多种形式结合的新机制。二是建设科学研究与高等教育有机结合的知识创新体系。以建立开放、流动、竞争、协作的运行机制为中心，促进科研院所之

间、科研院所与高等学校之间的结合和资源集成。加强社会公益体系建设，发展研究型大学。努力形成一批高水平的、资源共享的基础科学和前沿技术研究基地。三是建设军民结合、寓军于民的国防科技创新体系。从宏观管理、发展战略和计划、研究开发活动、科技产业化等多个方面，促进军民科技的紧密结合，加强军民两用技术的开发，形成全国优秀科技力量服务国防科技创新、国防科技成果迅速向民用转化的良好格局。四是建设各具特色和优势的区域创新体系，充分结合区域经济和社会发展的特色和优势，统筹规划区域创新体系和创新建设。深化地方科技体制改革，促进中央与地方科技力量的有机结合。发挥高等院校、科研院所和国家高新技术产业开发区在区域创新体系中的重要作用，增强科技创新对区域经济社会发展的支撑力度。加快中、西部区域科技发展能力建设，切实加强县（市）等基层科技体系建设。五是建设社会化、网络化的科技中介服务体系。针对科技中介服务行业规模小、功能单一、服务能力薄弱等突出问题，大力培育和发展各类科技中介服务机构。充分发挥高等院校、科研院所和各类社团在科技中介服务中的重要作用，引导科技中介服务机构向专业化、规模化和规范化方向发展。

《规划纲要》是进入21世纪以来，我国社会主义市场经济体制基本建立及加入世贸组织后的首个国家科技规划，分析了我国科技发展面临的形势，以增强自主创新能力为主线，以建设创新型国家为奋斗目标，对我国未来15年科学和技术的发展作出全面规划和部署，提出了科技发展的任务和重点领域，制定了科技体制改革、国家创新型体系建设和科技保障等方面的政策措施，是指导我国未来科学发展的纲领性文件（李学勇，2009）。

第 2 节　迈向创新型国家的战略纲领
——《规划纲要》八大亮点

4万多字的《规划纲要》，站在历史的新高度，以增强自主创新能力为主线，以建设创新型国家为奋斗目标，对我国未来15年科学和技术的发展作出了全面规划和部署（图 40 - 1），是未来 15 年指导我国科技发展的纲领性文件。2006 年 2 月 9 日，新华网以《中长期科技发展规划纲要八大亮点解读》为题进行了专题报道。

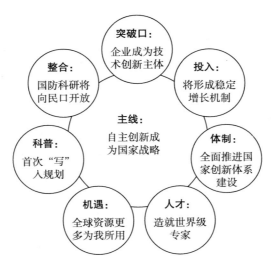

图 40 - 1 《中长期科技发展规划纲要》八大亮点

一、主线：自主创新成为国家战略

必须把提高自主创新能力作为国家战略，贯彻到现代化建设的各个方面，贯彻到各个产业、行业和地区，大幅度提高国家竞争力。

《规划纲要》最大的特点就是突出自主创新，并以此为主线贯通全篇。自主创新包括原始性创新、集成创新、引进消化吸收再创新。自主创新从来不反对引进技术，但要反对引进、落后，再引进、再落后。自主创新是新的历史条件下我国科技发展的指导思想，对于我国未来科技和经济社会发展具有极其重要的战略意义。

二、突破口：企业成为技术创新主体

以建立企业为主体、产学研结合的技术创新体系为突破口，全面推进中国特色国家创新体系建设，大幅度提高国家自主创新能力。

三、投入：将形成稳定增长机制

到 2020 年，全社会研究开发投入占国内生产总值的比重提高到 2.5% 以上，力争科技进步贡献率达到 60% 以上，对外技术依存度降低到 30% 以下，本国人发明专利年度授权量和国际科学论文被引用数均进入世界前 5 位。

建设创新型国家，除了利用国际资源、制度创新和技术创新外，科技投入必须有较大幅度的增加。应确立政府引导、社会投入的新方略，并在政府直接投入部分体现加大力度、适当超前、重点支持的方针。要进一步发展和完善市场经济下的多元化科技投入体系，政府、企业、金融机构在市场资源配置基础上应实现合理分工和协调配合。此外还应激励个人、非营利性机构、公益性社会团体增加科技投入，提高民间资本投资研发活动的回报率。

四、体制：全面推进国家创新体系建设

改革开放以来，我国科技体制改革取得重大成就，但仍存在若干阻碍创新的障碍，表现在宏观决策与管理体制不顺、调控不力；创新主体能力不强，特别是企业自身人才集聚和研发能力薄弱；创新环境和条件存在很多制约因素；人才资源尚未得到充分发挥；创新文化还不适应发展需要。

将国家创新体系建设列入中长期规划，是我国首次系统地思考整个国家的创新活动，回答科技和经济结合的问题。国家创新体系建设，必须从体制改革、机制完善、能力建设、环境优化等方面采取一系列配套措施。如何引导？一个是靠政府有形的手，另一个是靠市场无形的手，这两只手配合得最好的时候，也就是国家创新体系运作得最好的时候。

五、人才：造就世界级专家

目前我国科技人力资源总量已达3 200万人，研发人员总数达105万人，分别居世界第一位和第二位。但我国科技人才的创新能力和人才质量仍有待提升，特别是我国尚缺乏世界级的科学家。在158个国际一级科学组织及其所属的1 566个主要二级组织中，我国参与领导层的科学家仅占总数的2.26%。

我国人才队伍基本素质有了很大提高，思想比较活跃，特别是40岁左右担纲的骨干人员视野比较开阔，但是科学大家很少，急需高水平技术人才。科技要跨越，人才必须跨越。要进一步优化氛围，鼓励创新。要人尽其才，杜绝人才浪费。有些科学家稍有成就就担任管理职务，过早离开了实验台，就是浪费。科研机构要使人才国际化，也要有国际化人才（王茹玉，2004）。

六、机遇：全球资源更多为我所用

随着科技全球化加快，科技竞争日益成为国家间竞争的焦点。与此同时，

全球化环境、现代信息技术的广泛应用和国际大科学工程的深入开展，有利于我国在更大范围内、更深层次上学习先进科技成就，分享研究开发资源和管理经验。更广泛参与国际科技合作和竞争是大势所趋。过去在对外科技交流合作上，国家缺少导向性扶持政策，比较侧重于基础研究，在与经济发展关联较大的很多学科领域做得不够。要更深层次参与国际科技合作，一方面，要侧重三五年之内可能投入应用的，对产业发展有巨大推动力的领域；另一方面，要有超前意识，关注几十年之后国际科技发展的最前沿。

七、科普：首次"写"入规划

科技长远发展离不开国民科学素质的提高。加强科技自主创新不仅依赖社会的物质保障，也需要较高的国民科学素质基础和能够激发创新的文化环境。我国科技产出率不高、重大创新成果匮乏、原始性创新难以涌现的现状，除了受制于投入、条件和人才上的硬约束外，也缺乏创新文化的有效支撑。

这是国家首次把科学普及和创新文化建设作为重要内容写入中长期科技发展规划。提高全民科学文化素质，应遵循政府推动、全民参与、提升素质、促进发展的方针。要鼓励保障公益性科普事业。要制定优惠政策，支持营利性的科普文化产业。

八、整合：国防科研将向民口开放

改革军民分离的科技管理体制，建立军民结合的新的科技管理体制。鼓励军口科研机构承担民用科技任务；国防研究开发工作向民口科研机构和企业开放。

目前我国军口和民口的研发体系相互割裂，技术研发一半以上重复。每年政府科技投入首先切成军口、民口两块，造成科技投入不足和资金使用浪费低效并存。而发达国家军民技术有 85％ 的通用率，85％ 的专家直接或间接为国防服务。

世界上先进国家军事实力的强大也是充分利用了社会资源，过去我国在这方面比较封闭，军工体系完全靠自己的人才、技术，资源有限。军民科研体系更紧密结合，能使科技资源配置更有效，也有利于充分利用整个社会资源来保障国防安全。

第 3 节　向世界级科技强国进军——未来
15 年力争实现 8 个目标

《规划纲要》指出，21 世纪头 20 年，是我国经济社会发展的重要战略机遇期，也是科学技术发展的重要战略机遇期。今后 15 年，科技工作的指导方针是：自主创新，重点跨越，支撑发展，引领未来。要经过 15 年的努力，在我国科技若干重要方面实现以下 8 个目标：

（1）掌握一批事关国家竞争力的装备制造业和信息产业核心技术，使制造业和信息产业技术水平进入世界先进行列。

（2）农业科技整体实力进入世界前列，促进农业综合生产能力的提高，有效保障国家食物安全。

（3）能源开发、节能技术和清洁能源技术取得突破，促进能源结构优化，主要工业产品单位能耗指标达到或接近世界先进水平。

（4）在重点行业和重点城市建立循环经济的技术发展模式，为建设资源节约型和环境友好型社会提供科技支持。

（5）重大疾病防治水平显著提高，艾滋病、肝炎等重大疾病得到遏制，新药创制和关键医疗器械研制取得突破，具备产业发展的技术能力。

（6）国防科技基本满足现代武器装备自主研制和信息化建设的需要，为维护国家安全提供保障。

（7）涌现出一批具有世界水平的科学家和研究团队，在科学发展的主流方向上取得一批具有重大影响的创新成果，信息、生物、材料和航天等领域的前沿技术达到世界先进水平。

（8）建成若干世界一流的科研院所和大学以及具有国际竞争力的企业研究开发机构，形成比较完善的中国特色国家创新体系。

第 4 节　运筹当代，决胜未来——胡锦涛主席
在全国科学技术大会上的讲话

2006 年 1 月在北京召开的全国科学技术大会，成为全面贯彻落实科学发展观，部署实施《规划纲要》，加强自主创新、建设创新型国家的动员大会。

全国科学技术大会是全面建设小康社会的伟大事业进入关键发展阶段的一次重要会议，是我国科学技术发展的新里程碑。中共中央总书记、国家主席、中央军委主席胡锦涛发表了题为《坚持走中国特色自主创新道路，为建设创新型国家而努力奋斗》的重要讲话。他强调，21 世纪头 20 年，是我国经济社会发展的重要战略机遇期，也是我国科技事业发展的重要战略机遇期。我们必须认清形势、坚定信心、抢抓机遇、奋起直追，围绕建设创新型国家的奋斗目标，进一步深化科技改革，大力推进科技进步和创新，大力提高自主创新能力，推动我国经济社会发展切实转入科学发展的轨道。胡锦涛主席的讲话，站在我国未来科学技术发展的战略高度，精辟论述了科学技术与促进经济社会发展的关系，深刻阐明了制定并实施 21 世纪第一个国家中长期科学和技术发展规划纲要以及建设创新型国家的重大意义。

这次大会的中心议题就是大力提高自主创新能力，为经济和社会的发展提供强有力的科学支撑。会议分析形势，统一思想，总结经验，明确任务，部署实施《规划纲要》，动员全党全社会坚持走中国特色自主创新道路，为建设创新型国家而努力奋斗，进一步开创全面小康社会、加快推进社会主义现代化的新局面。

这次大会标志着全党全社会对科技进步和创新的重视到了一个新高度，标志着中国实施科教兴国战略跃升到一个新起点。走中国特色自主创新道路、建设创新型国家，是中国经济社会发展战略的重大调整。把自主创新确立为国家战略，明确到 2020 年进入创新型国家行列，标志着中国经济社会发展战略的重大调整。在中国现代化建设的新进程中，自主创新是贯穿于经济社会发展中的战略主线，成为推进经济结构调整和转变经济增长方式的根本动力。走中国特色自主创新道路、建设创新型国家，引发广泛而深刻的社会变革。科学技术作为第一生产力的作用将得到充分的发挥，知识的生产和应用将成为创造国民财富和推动社会发展的基本手段。走中国特色自主创新道路、建设创新型国家，推动中国科学技术进入繁荣发展的时期。

为号召社会认真贯彻落实《规划纲要》，中共中央、国务院作出了《关于实施科技规划纲要，增强自主创新能力的决定》（以下简称《决定》），推动《规划纲要》的贯彻落实。《决定》强调，实施《规划纲要》，建设创新型国家，是全面落实科学发展观、开创社会主义现代化建设新局面的重大战略举措，是全党全社会的共同事业。指出实施《规划纲要》，体制机制是关键。建立以企业为主体、市场为向导、产学研相结合的技术创新体系。为确保《规划纲要》顺利实施，必须从财税、金融、政府采购、知识产权保护、人才队伍建设等方面制定一系列政策措施，加强经济政策和科技政策的相互协调，形成激励自主创新的政策体系。《决定》强调，增强自主创新能力，建设创新型国家，是我们党在新的历史条件下提高执政能力的必然要求，要求各级领导干部务必站在时代的前列，解放思想、实事求是、与时俱进、全面落实科学发展观，深化改革、扩大开放，大力实施科教兴国战略和人才强国战略，出色地完成建设创新型国家的各项任务。

以《规划纲要》及其配套政策及实施细则的相继颁布实施为标志，建设创新型国家战略从战略思想、战略决策到指导方针、政策部署均已形成相对完整的战略体系，同时，也标志着我国科技发展战略体系基本建成。

第5节　抢占制高点，继续实施重大专项

"十一五"期间，我国科技创新取得重大进展，但也面临着机遇和挑战。

"十二五"期间，我国将加快组织实施科技重大专项，前瞻部署基础科学和前沿技术发展，积极培育和发展战略性新兴产业，提升科技改善民生的能力等。

"十二五"时期我国将加快组织实施科技重大专项，将其作为推动自主创新的重要任务和深化体制改革的突破口，优化配置资源，突出系统创新，力争取得重大进展。同时，在清洁能源、深海探测、深地勘探等方面进行重点部署。我国还将前瞻部署基础科学和前沿技术发展，实施蛋白质、量子调控、纳米、发育与生殖、干细胞以及全球气候变化等重大科学计划，在蛋白质技术、纳米技术、全光通信网等战略方向，突破核心关键技术，整合构建一批国家重大创新基地和创新服务平台。

实施科技重大专项作为推进自主创新的重要任务，培育战略性新兴产业的重要抓手，完善市场经济条件下新型举国体制，优化资源配置，突出系统推进，力争取得重大进展。着眼于抢占科技和产业发展新的制高点，在清洁能源、深海探测、深地勘探等方面，选择有望实现突破的重大任务，调整充实科技重大专项。

第41章 科技创新引导基金
——科技产业的催化剂

长期以来政府对结构调整的手段都是有限的，而引导基金在地方经济结构调整上也确实起到了重要作用。政府对经济的引导一般是通过补贴、补助、科技资助的办法，而引导基金与一般的政策性资金相比有三个优势，即市场化、高效率以及放大效应，这有效地克服了在财政性资金当中只注重过程不注重结果或有多少钱办多少事的劣势。假设引导基金能够放大5倍左右，它的优势就非常明显了，"比如，我们在组建地方商业银行的过程中，专门成立一个科技分行，然后成为有政府引导资金支持的创投企业，加上地方银行的科技银行，再加上国有资本为支撑的担保公司，再加上我们对科技型、创新型企业的政策扶持，就形成了一个四位一体的运作机制"。清科集团CEO倪正东认为，引导基金在各地的蓬勃发展，正是基于它的杠杆作用、放大效应。

淄博市高新区管委会主任庄鸣提出，政府引导基金是个创举，是中小企业发展、高新技术发展一个很好的平台。此外，在社会效应方面也发挥了重要作用，创造了更多的就业机会。他透露，淄博市高新区和深圳创新投合作的淄博基金，除了投入科技型企业以外，也注重对高科技和上下游企业的投入和帮助，"比如，在北川投资的公司，有40多个专利，我们更看重的是它在抗震救灾、环保节能方面的潜力和发展。我们和深创投共同运作，这个企业现在发展非常健康，也得到了北川政府的高度重视，作为震后北川政府最早立项的项目，该项目很快会在全国多震、多灾甚至其他位置推广，社会效益也是巨大的"。

第1节　支持创新，鼓励创业——科技创新引导基金

1998 年 5 月，海外有关人士向国务院领导提出建议，鉴于东南亚金融危机的发生和硅谷的蓬勃发展，国家应关注和支持科学技术型中小企业的创新活动。朱镕基同志当即提请科技部的领导研究和落实这项建议。经过近一年的探索、研究、酝酿、协商，科技部和财政部于 1999 年 5 月联合出台了《关于科技型中小企业技术创新基金的暂行规定》。

一、政府对科技型中小企业技术创新的资助——创新基金

科技型中小企业的技术创新基金（以下简称创新基金）是经国务院批准设立，用于支持科技型中小企业技术创新的政府专项基金。通过拨款资助、贷款贴息和资金投入等方式扶持和引导科技型中小企业的技术创新活动，促进科技成果的转化，培育一批具有中国特色的科技型中小企业，加快高新技术产业化进程，对我国产业和产品结构整体优化，扩大内需，创造新的就业机会，带动和促进国民经济健康、稳定、快速的发展起到了积极的作用。

改革开放以来，一大批按"自筹资金、自愿结合、自主经营、自负盈亏"原则兴起的科技型中小企业蓬勃发展，其各项主要经济指标平均每年以 30%～50% 的速度增长。据初步统计，1997 年，科技型中小企业已达 6.5 万多家，职工总数 315 万人，全年总产值约 5 000 亿元，上缴税金 265 亿元。比较典型的如北大方正、华为、联想、远大、四通等科技产业集团均是近 10 年来，以技术创新起步，逐渐发展壮大的。科技型中小企业已成为我国技术创新和发展高新技术产业的生力军，成为国民经济发展新的增长点（石定环，1999）。

我国的科技型中小企业虽然呈现出良好的发展势头，但也遇到了很多困难，如技术创新的政策环境不完善，社会化服务体系不健全，在获得商业资本和政府计划支持方面较大中型企业困难得多。一方面，创业初期的中小企业缺少启动资金，使许多发展潜力巨大的科技成果难以转化；另一方面，由于缺少可供抵押的有形资产，中小企业在发展过程中，很难获得银行贷款，其成长空间受到很大制约。据了解，全国科技型中小企业每年仅有 5%～8% 能获得银行贷款，如不能尽快解决资金短缺问题，势必将抑制中小企业的进一步发展。

　　因此，国家在 1998 年设立了"科技型中小企业技术创新基金"，旨在解决中小企业所面临的发展资金短缺问题，扶持其快速发展。1999 年 6 月，创新基金正式启动运行，并由科技部发布了《基金项目指南》。

　　创新基金根据国家经济、科技发展战略和方针的需要，对年度项目指南的支持重点进行针对性调整，在坚持"市场导向、支持创新、鼓励创业、突出重点、规范管理、竞争择优"原则的基础上，努力延伸创新基金的运行方式和支持方式，发挥创新基金的最大功效，为我国"科教兴国"战略的实施、推进高技术产业化、促进经济增长作出贡献。

　　"十五"期间，创新基金共立项 6 001 项，其中无偿资助 4 668 项，贷款贴息 1 333 项，共投入资金 561.5 亿元。据对已完成验收的 3 295 个创新基金资助项目的统计，这些企业实现销售收入 934.75 亿元，上缴税金 111.01 亿元。出口额 13.59 亿美元，新增就业人数 15.39 万人。创新基金有效地支持、培育了一批创新型的中小企业，扩大了生产规模，增加了出口，促进了高新技术产业和区域经济发展。创新基金也大大加快了科技成果转化的进程。经过创新基金的扶持，原处于研发阶段的项目有 24.6% 进入了中试或批量生产阶段，原处于中试阶段的项目有 40% 进入了批量生产阶段，实现销售、进入市场的比例也由 46.9% 提高到 86.8%。

　　创新基金还运用市场筛选手段，对技术创新水平高、市场前景好，但尚处于种子期的项目给予资金支持，从而引领了一大批中小企业的技术创新活动，有效地提高了企业自主创新的能力和水平，加快了高新技术产业化的进程。如获得 2004 年中关村"十大软件品牌"的产品中，有 7 家企业的 8 个产品在种子期获得过创新基金的资助。创新基金重视对新型企业家队伍的培养。据对已验收的 3 295 个创新资金资助企业的统计，由具有硕士以上学位的科技人员创办的企业占 29.7%，其中由博士创办的企业 250 家，留学人员创办的企业达到239 家。创新基金重点扶持了一批种子期的科技企业。在基金资助的项目中，30% 的企业为成立不足 18 个月的初创企业，54.3% 的企业资助前没有收入。科技型中小企业的快速发展，推动了地方创新基金的建设。截至 2005 年年底，全国共有创新基金推荐单位 149 家，其中 131 家设立了地方创新基金，资金总额达到 16.6 亿元，是原有模式下创新基金中央财政配套资金的 7 倍；已建成地方服务机构 337 家，创业项目依托机构 40 家，监理单位 163 家，筛选地方专家 21 354 人，全国性创新基金工作体系初步形成（杨福慧，2007）。

二、强化创新基金引导作用

科技型中小企业技术创新基金作为中央政府的专项基金，按照市场经济的客观规律进行运作，扶持各种所有制类型的科技型中小企业，同时吸引地方政府、企业、风险投资机构和金融机构对科技型中小企业进行投资，逐步推动建立起符合市场经济规律的高新技术产业化投资机制，从而进一步优化科技投资资源，营造有利于科技型中小企业创新和发展的良好环境。

创新基金作为政府对科技型中小企业技术创新的资助手段，以贷款贴息、无偿资助和资本投入等方式，通过支持成果转化和技术创新，培育和扶持科技型中小企业。创新基金重点支持产业化初期（种子期和初创期）、技术含量高、市场前景好、风险较大、商业性资金进入尚不具备条件、最需要由政府支持的科技型中小企业项目，并为其进入产业化扩张和商业性资本的介入起到铺垫和引导的作用。因此，创新基金将以创新和产业化为宗旨，以市场为导向，上联"863"、"攻关"等国家指令性研究发展计划和科技人员的创新成果，下接"火炬"等高技术产业化指导性计划和商业性创业投资者，在促进科技成果产业化，培育和扶持科技型中小企业的同时，推动建立起符合市场经济客观规律、支持科技型中小企业技术创新的新型投资机制。

三、助力中小企业渡难关，促进战略性新兴产业发展

在国际金融危机冲击下，新一轮技术突破与产业更替即将来临，我国经济转型升级也处于关键时期。最具创新活力和能力的科技型中小企业，是我国发展战略性新兴产业，加快结构调整，引领新一轮经济繁荣的开路先锋。

在我国，作为第一个用于支持科技型中小企业技术创新的政府专项基金，它以资助初创期和成长初期企业的技术创新产品开发为切入点，帮助中小企业迈过创新发展的初创期，有效缓解了科技型中小企业融资难问题，催生了新兴产业和高新技术产业的快速成长，为调整产业结构、转变经济发展方式，实现经济社会又好又快发展作出了重要贡献。实践证明，我国政府设立创新基金，支持科技型中小企业技术创新活动，是非常及时和正确的。

创新基金培育和壮大了我国科技型中小企业群体，推动了我国产业结构的调整和优化。10 年来，由创新基金支持的无锡尚德、"龙芯" CPU、浙大中控、陕西航天动力、开米股份、中航（保定）惠腾风电、点击科技等一大批

拥有自主知识产权的科技型中小企业快速成长壮大，科技型中小企业群体从2万家增长到15万家。同时，创新基金始终坚持明确的产业扶持导向，重点围绕电子信息、生物医药、新能源与高效节能、新材料、光机电一体化、资源环境、高技术服务业以及利用高新技术改造传统产业领域，重点扶持，有力地推动了我国产业结构调整，培育了战略性新兴产业。

创新基金为国家发现了一批新技术，促进了企业自主创新能力的提高。许多中小型科技企业得到了创新基金的支持，坚定了自主研发的信心，部分技术创新成果达到了国际先进水平，获得了国家重大科技奖励，在国家重大工程和标准制订中发挥了重要作用，带动了大批相关行业兴起。如大连路明科技集团蓄能发光材料，是国际首创发明，攻克了世界难题，带动世界自发光产业发展，使我国处于该行业国际领先水平。佳讯飞鸿、科通电子、曙光天演、科诺伟业等企业参与了"神舟"飞船、"嫦娥探月"、奥运建设和青藏铁路工程等的技术研发，为国家重大工程建设作出了贡献。

创新基金鼓励高端人才技术创业，缓解了我国科技人才就业压力。创新基金以鲜明的态度扶持、鼓励科技人才到技术创新第一线，主办或领办科技型中小企业，同时鼓励海外留学人员回国进行科技创业，开创了我国科技人才新的职业发展新路径和高端人才创业就业新方向。10年来，创新基金支持的企业提供了超过45万个新增就业岗位，一批具有丰富管理经验和技术特长的科技企业家、新兴产业的科技领军人才、创新能力强的技术专家纷纷成长起来。

创新基金探索出具有中国特色的政府有效扶持中小企业技术创新的模式和机制。这种模式和机制，强调从科技企业成长规律出发，重视在社会主义市场经济条件下发挥政府与市场、中央与地方各自优势，把扶持科技型中小企业技术创新与带动中小企业成长结合起来，促进育成科技型中小企业与推动新兴产业和高技术产业发展全面链接，在支持科技型中小企业技术创新中实践国家意志和国家战略，不断创新支持方式，探索构建全方位支持系统。

四、完善创新基金管理体系，促进中小企业健康发展

当前，国际金融危机带来了全球经济战略重组机遇，与此同时，我国也迫切需要在抵御危机保增长的同时加快产业结构调整和经济发展方式转变。而科技型中小企业主要分布在高新技术产业以及传统产业中技术含量较高的产业链环节，是高效创新、高端就业和产业结构调整的引擎和载体，是推动战略性新

兴产业快速崛起和发展的主体力量，同时也是抵御危机，抓住经济变动时期发展机遇，推动我国经济社会可持续发展的主要载体。因此，创新基金要进一步探索创新管理体制和运行机制，使之成为引领科技型中小企业创新发展的旗帜，肩负起建设创新型国家的重任。

一是要更加突出体现国家战略和国家意志，落实《科技进步法》，加大稳定支持力度。创新基金要继续以支持科技型中小企业技术创新为核心，在壮大科技型中小企业群体，发挥其引擎和载体作用，加速培育战略性新兴产业，加速经济转型升级等多个方面体现着国家战略和国家意志。修订后的《科技进步法》明确规定，国家设立科技型中小企业技术创新基金，资助中小企业开展技术创新，为创新基金的未来发展奠定了重要的法律基础。今后创新基金将根据科技型中小企业的发展需求，积极扩大创新基金支持规模，适当增加资助强度。

二是完善创新基金支持中小企业技术创新的服务系统，创新基金要从技术创新全链条和科技企业成长全过程出发，完善政策着眼点，支持建设有利于企业技术创新的服务系统，优化中小企业技术创新的环境。同时，创新基金还要探索对大学生参与技术创新和创业就业的支持以及其他服务企业技术创新的间接支持方式；要建立稳定的、与其他国家科技计划相衔接的机制等（代宝，2003）。

三是创新政府投入方式，加强科技与金融的结合，调动更多社会资源投入，强化创新基金的引导和示范力度。创新基金要进一步探索更加符合科技企业特点的投融资新方法，不断创新投入方式，积极引导社会投入，继续做好创业投资引导基金探索，开展银行科技贷款风险补偿探索等，形成政府引导社会创新资源加大技术创新投入的新局面。

四是尽快完善促进科技型中小企业创新创业的工作推进体系。促进创新基金地方工作体系建设，遵循国家发展战略导向，结合区域发展重点，形成国家和地方基金分工明确、互动合作的新局面，是创新基金近期极为重要的一项任务。

在党中央、国务院的正确领导下，科技部将进一步加强与各部门的合作与协同，充分发挥地方积极性，不断完善创新基金管理体系，充分调动科技型中小企业技术创新的活力，培育与发展战略性新兴产业，为加快我国结构调整和经济增长方式转变，为提升自主创新能力，建设创新型国家，实现全面小康社会作出新的更大的贡献（高亚平，2008）。

第2节 为中小企业融资添新路——创业板市场

2009 年 10 月底，首批 28 家企业在创业板成功上市，标志着我国创业板市场正式起航。创业板市场弥补了我国当前资本市场体系中间层次的缺失，形成了由我国主板市场、中小板市场、创业板市场以及场外市场组成的多层次资本市场体系，这对完善资本市场功能有着积极的意义。作为资本市场融资功能的新渠道，创业板市场给我国地方经济的发展带来了历史性机遇，同时也带来了一些挑战。

一、创业板市场带来的机遇

创业板市场的推出不仅丰富完善了我国现有的资本市场体系，也在拓宽中小企业融资渠道、促进新兴企业成长、激发民间资本投资等方面带来了新的机遇（张童，2002）。

一是创业板市场拓宽了中小企业的融资渠道。近年来，作为我国自主创新主力军的中小企业迅速发展，并已成为国民经济中的重要力量。然而，由于长期以来国内传统的银行信贷体系重视规模效应，加上中小企业在抵押条件和信贷资质上的缺陷，中小企业融资难问题一直未能有效解决，成为制约其发展的瓶颈。创业板上市门槛低于中小板，它的推出为中小企业特别是发展中的科技型、创新型中小企业搭建了新的资本支持平台，改变了中小企业以往单一银行贷款的融资模式，有助于高成长性、发展潜力大的中小企业通过创业板上市，实现资本市场的直接融资。这种融资模式的改变，也必将降低中小企业的融资成本，为其发展提供坚实的资金保障。

二是创业板市场促进了新兴企业的健康成长。创业板市场的基本要素是"两高六新"，即成长性高、科技含量高，以及新经济、新服务、新农业、新材料、新能源和新商业模式。创业板市场鼓励以"高科技、高成长、新模式"为标志的新兴产业企业上市。相比于庞大的中小企业数量，在创业板市场资源有限的情况下，有利于建立以市场为导向的技术创新体系，带动新兴企业健康成长。同时，在公司治理方面，创业板的上市机制强化了对控股股东和实际控制人的监管，制定了灵活有效的约束激励机制，有利于规范企业运作管理、提升企业品牌形象、提高团队凝聚力和核心竞争力，客观上促进了创业板上市企业的健康成长（郭洪业，2009）。

二、创业板市场带来的挑战

在创业板市场为地方经济以及中小企业带来发展机遇的同时，我们也应看到，创业板市场作为我国资本市场的新生事物，它的出现也对我们提出了一些挑战。

一是企业上市后面临提高持续发展能力的挑战。与主板相比，创业板市场的退市制度更加市场化，创业板公司终止上市后可能直接退市，不再像主板一样要求必须进入代办股份转让系统。因此，企业上市并不是最终目标，我们应更加注重提高企业上市后的持续发展能力。

二是企业上市后面临风险投资择高退出的挑战。为保持上市企业股权经营稳定与股东退出需求之间的平衡，创业板对上市企业控股股东的股权锁定期为3年，其他股东为1~2年。风险投资有追求高收益的逐利本性，不可避免地会出现择高退出的情况。如果这种情况集中出现，必然会使上市企业受到来自资本市场波动所引发的连锁冲击，影响未来企业的稳定发展。

三是企业上市后面临人才结构升级的挑战。人力资本作为一种重要的生产要素，对上市企业的未来发展至关重要。企业人才构成大致分为生产技术型人才、企业管理型人才以及资本运作型人才等。能在创业板上市的中小企业，往往前两类人才具有较好积累，而后一类人才则严重缺乏。企业正式上市前有严格辅导环节，但上市后则要独立面对资本市场的各种风险，从而要直面人才结构升级的挑战。

三、积极应对创业板市场的挑战

创业板企业大多处于成长期，规模小、经营稳定性差，缺乏足够的抗风险能力。从某种意义上说，企业上市后面临的挑战大于上市之前。因此，政府应运用政策手段，引导上市企业尽早采取措施，积极应对创业板上市后可能遇到的一些问题（贺军，2011）。

第3节　创业板：从十年怀胎到造富机器

2009年，中国资本市场的重头戏无疑是创业板的推出。

但创业板上市后，超高的发行市盈率，动辄几亿，甚至几十亿的超募融资，暴露出创业板目前存在的畸形发展态势，如此发展下去，必然打击实体创业、催生包装上市，错配资金资源。长久以后，随着问题的逐渐暴露，内地的创业板是否会像香港等地一样，成为鸡肋？

"青云得路少年时，却是平生遗憾事"。经过 10 年的准备，创业板浓重的不应该是"造富机器色彩"。

一、磨砺十年——创业板正式开启

2009 年 3 月 31 日，证监会发布《首次公开发行股票并在创业板上市管理暂行办法》，创业板正式开启。7 月 26 日，证监会开始受理创业板上市申请。2009 年 10 月 30 日，特锐德（300001.SZ）等 7 家公司，正式挂票交易，创业板正式诞生。

创业板的正式酝酿应该是在 1998 年。当年 1 月，国务院总理李鹏主持召开国家科技领导小组第四次会议，会议决定由国家科委组织有关部门研究建立高新技术企业的风险投资机制总体方案，进行试点。2 月，国务院副总理朱镕基批示，由国家科委牵头，国家计委、财政部、中国人民银行、中国证监会等组成的部际协调小组成立。8 月，中国证监会主席周正庆视察深圳证券交易所，提出要充分发挥证券市场功能，支持科技成果转化为生产力，促进高科技企业发展，在证券市场形成高科技板块。对真正有成长性、有潜力的高科技企业，证监会将在上市额度等方面给予优先支持。

此后，各方对如何建立创业板，进行了广泛的讨论和积极的准备。

1999 年 1 月，深交所向中国证监会正式呈送《深圳证券交易所关于进行成长板市场的方案研究的立项报告》，并附送实施方案。3 月，中国证监会第一次明确提出"可以考虑在沪深证券交易所内设立科技企业板块"。

但随后，美国纳斯达克的波折令中国的创业板设立进程受到冲击。科技网络股泡沫破灭，国际市场哀鸿遍野，中国创业板的呼声在大环境的严寒下渐趋衰微，专业人士认为，在中国设立创业板市场应慎之又慎，在中国设立创业板，不仅条件尚未成熟，而且风险极大，不符合政治决策中"稳定压倒一切"的原则（黎海波，2005）。

2004 年 5 月 17 日，经国务院批准，中国证监会正式批复深交所设立中小企业板市场。其时，市场内外对中小板能否发展好，均怀有疑虑。但中小板运行的结果提高了人们重提创业板的信心。至 2007 年，3 年多时间里，中小板发行上市企业就接近 300 家，成为我国多层次资本市场体系的重要组成部分。我国资本市场改革关键时期的关键人物、中国证监会主席尚福林指出：中小企业板作为分步实施创业板市场的第一步，在监管创新、诚信建设、规范运作、信息披露等各个方面积累许多经验，为创业板市场建设打下良好基础。推动以创业板市场为重点的多层次资本市场体系建设的条件已经比较成熟。

随着中小板的探索与发展，进一步降低门槛，扶持科技进步的中小企业快速发展，逐渐成为各方共识。

2007 年 8 月，国务院批复以创业板市场为重点的多层次资本市场体系建设方案。尘封近 7 年的创业板市场建设又浮出水面（窦尔翔，2009）。

对于发行条件，《暂行办法》对上市条件作出明确规定：最近两年连续盈利，最近两年净利润累计不少于 1 000 万元，且持续增长；最近一年盈利，且净利润不少于 500 万元，最近一年营业收入不少于 5 000 万元，最近两年营业收入增长率均不低于 30%。

相对宽泛的盈利指标降低了一些科技创新企业上市的门槛。一批以两高六新型中小企业为主的上市大军随即排队等待审核。❶

二、创业发展还是造福投机

2011 年，创业板已有 158 家上市公司，平均发行市盈率在 60 倍以上，融资额逾千亿，更催生了 500 多位亿万富豪，造富效应十分惊人。如果扣除非交易日，2011 年，创业板大约平均每天就"生产"出两位亿万富翁。

10 年前，股票上市配额制。上市成为国企脱困的重要手段。

10 年后，一批企业家通过登录迅速攀登富豪榜，白银绕宅。

做实业 100 年创造的财富，可能还不如一夜之间在创业板发行上市而增值的财富。市场上的投资者们或许会想：这批首发限售股解禁后，这些当初艰苦创业的人们，还会继续辛苦去"创业"吗？钱来得如此轻易，他们还会去认真经营他们的企业吗？

在形成纸面财富之后，市场担心的套现行为果然发生。迄今已有 50 余名管理人员辞职，涉及 30 多家创业板公司。辞职的理由多数是"个人原因"，

---

❶ 两高：高成长、高科技含量。六新：新经济、新服务、新农业、新材料、新能源、新商业模式。

或是"夫妻两地分居"，或是"身体健康堪忧"，"参加董事会不方便"等（根据创业板规则，上市公司高管持有的股票在离职 6 个月后，自动解锁，可以售出）。

创业板设立的目的，就是为高科技发展服务的。创业板公司之所以能够高速成长，正是凭借其拥有一定的技术优势和人才优势。如果公司在资金募集到位后，其原来稳定的团队成员各奔东西，那么公司今后的发展、公司募集资金时所做的承诺、公司与战略投资者签订的协议以及公司对广大投资者的利益的保护都将成为一纸空文，这些必然会成为创业板上市公司未来的风险爆发点。从这个角度上说，创业板目前的制度，缺陷非常之大。

另外，创业板上市，一定程度上浪费了资金资源。

据统计，创业板公司几乎全部超募，前 135 家创业板公司预计募集资金 321.5 亿元，实际募集资金 992.4 亿元。即使按募资净额计算，募集资金也达 928.6 亿元，超募额达 607.1 亿元，为计划募集资金的两倍。

"企业本来对于自己的募投项目，是做了系统性考量的，现在你突然给它 3 倍的钱，它却只有原来的项目，剩下的钱只能是为了花掉而花掉。"上海一位券商投行老总说道，"但是，也不能说，把募集资金推掉吧，退给谁呢？"

导致创业板上市公司普遍超募资金的原因很多，主要有：一是上市公司往往强烈地追求高发行市盈率；二是相对于充裕的资金来说，创业板股票的规模较小；三是保荐机构承销收入与超募资金挂钩。

三、造假包装上市是个案

值得注意的是，在不长的一年多时间里已经有两个已过会公司，被迫取消挂牌。他们是拟上创业板的苏州恒久和拟上中小板的胜景山河。

2010 年 12 月 17 日，本该挂牌交易的胜景山河突然被取消，前日晚间发出公告：鉴于本公司尚有相关事项需进一步落实，经本公司申请，暂缓上市。深交所也发布公告指出，同意其暂缓上市。

胜景山河已成功发行 1 700 万股，圈得 5.8 亿元。但有媒体调研质疑，销售量大幅注水，收入利润虚增，高端产品勾兑，虚构行业地位等。市场最后得出的结论是：一个号称优质黄酒公司的企业，仅有 35 名生产人员，产能竟达到约 1.6 万吨，即人均产能 457.1 吨/年，这一数字比古越龙山高出 358%，比金枫酒业高出 92%。滑稽的是，在全国各大超市，难觅其产品的踪影。

创业板有无类似的案例？胜景山河的取消上市不能不说其有偶然因素，若没有市场质疑，5.8 亿元的融资将交由这样一个虚夸的企业。

另一个案例是苏州恒久。其号称有 5 项现有专利技术，3 项发明专利申请，1 项实用新型专利申请以及 10 项国际领先、国内首创或国内领先非专利技术。这一切似乎足以成就苏州恒久科技龙头企业之威名。但令人大跌眼镜的是，通过国家知识产权局网站专利检索发现，科技研发实力如此雄厚的苏州恒久，到目前为止居然连一项国家授权专利技术都没有。2010 年 6 月 11 日，苏州恒久再次上会被否。但问题是，胜景山河、苏州恒久为何顺利通过了第一次发审会，而保荐券商在企业上市的过程中，又是否存在"虚假陈述"。重大问题发生的背后是法律建设的不健全（张令凯，2010）。

10 年来，中国经济高速发展、日新月异。在漫长的等待中，一批曾经充满激情的创投企业因为资金不足而倒下；在等待中，一批快速成长的优秀企业只能远赴海外上市；在等待中，一批曾经踌躇满志的创业人才创新激情渐失。但我们创业板推出后，是否会有一批垃圾企业经过包装，堂而皇之地圈走宝贵的资金资源，最终令投资者血本无归？

第 4 节　创业板为何会"走形"

从深圳创业板推出至今已有将近一年的时间，在最初的兴奋与激动过后，创业板似乎正在背离它的初衷。

目前，创业板已有超过 100 家的公司上市。仔细分析这些公司会发现这样一个现象：这些公司绝大多数已经进入成熟、稳定的运营周期，绝大多数公司拥有连续 3 年的盈利记录，而且连续 3 年累积的利润总额已经达到几千万元人民币。大多数企业的财务记录，即使放在主板，也绰绰有余（主板的上市要求是最近 3 个会计年度净利润均为正数且累超 3 000 万元人民币）。

之前为了鼓励创新、创业，为高科技企业或者创新型公司设计的创业板，现在正在沦为主板的附庸，并且由于更高的市盈率而成为上市企业、投资机构圈钱、获取高额回报的最佳选择。

创业板为何会"走形"？目前来看，审核部门的偏好起到了不小的影响。

虽然创业板对上市公司的要求是最近两年连续盈利，且净利润累计不少于1 000 万元人民币，并持续增长；或者最近一年盈利，且净利润不少于 500 万元人民币，最近一年的营业收入不少于5 000万元人民币，最近两年营业收入增长率均不低于30%。但从目前在创业板上市的公司看，能够通过审核在创业板成功上市的公司无论是营收或利润，均远高于这个标准，甚至超过了主板的要求，所谓"低标准，高门槛"。

审核部门的这种偏好，偏离了创业板的初衷。从目前来看，创业板的设立并没有起到解决创业及创新的高科技、高成长公司融资难的问题。相反，这种偏好，反而制约了创投公司投资早期项目的积极性，让高科技公司进行早期项目融资更加艰难（徐进前，2010）。

根据深圳证交所综合研究所的数据，截至2007年6月19日，在创业板上市的86家公司中，有57家获得过VC（风险投资）或PE（私募资本）的投资。但是，这些公司获得投资的平均时间仅为2年3个月，并且有86%的投资案例和82%的投资金额都是在2007年之后投资的。

更有意思的一组数据是，在创业板，VC投资公司的平均投资时间为2年4个月，而PE为2年5个月（另外券商直投为9个月，故所有平均为2年3个月）。在国外，一般认为更倾向于进行早中期投资的VC，在投资创业板的上市公司时，其平均投资时间竟然比更偏好投资晚后期项目的PE还少1个月。而另一个数据显示，在57家获得投资的企业中，只有两家接受过VC或PE的第二轮融资。种种数据都在表明，无论出身是VC还是PE，在做投资时，基本上都是Pre－IPO的阶段，追求的都是短平快，这让投资创业板上市公司更像是在"投机"。

创投公司的行为可以理解，因为他们进行的是简单经济活动（逐利），希望能够用最短的时间、最小的投资获取最高的回报。与美元基金长达10年的有效期相比，目前在国内募集的人民币基金有效期一般在5～7年。这就意味着，如果这只基金去做早期投资，并准备在创业板上市，从被投资公司有连续3年的获利记录，再到申请、过会、挂牌、退出，至少需要5～7年或更长时间，这个时间甚至超出了基金的有效时间。从先天来看，无论是VC还是PE，只要是人民币基金投内资项目，因受到两头夹击（较短的基金效期与较长的项目上市要求），就不具备进行早期投资的能力。

从创业板的行业偏好看，截至2007年6月19日，在创业板上市的86家公司中，行业分布最多的是工业制造，有19家上市公司来自这个行业。虽然创业板在最初的设计时，声称自己的行业覆盖强调"两高"（高科技及高成长性)与"六新"(新经济、新服务、新农业、新能源、新材料、新商业模式)。但是从目前创业板上市企业的行业分布看,大多数企业有传统的制造业背景,并没有看到明显鼓励创新的迹象,没有太多轻资产的新经济项目,而是向传统行业倾斜。

中国的创业板是为创业者提供更低成本融资渠道的平台?至少从目前来看,答案是否定的(曹元,2011)。

有这样一个例子。江西赛维从创办到纽交所上市,只用了22个月的时间。高科技、高成长企业与传统企业不同,他们在创办初期的收入较少或尚无收入,而且大部分仍在亏损阶段。但是其增长速度较快,且有发展前景,于是各国纷纷通过设立创业板的方式,为这些企业在创业初期提供筹资平台,也解决投资机构与创业者的退出问题,推动高科技创新产业的发展。

如果深圳创业板还过分强调过往的营运记录,过度偏好传统行业,那中国的创业板就不会成为一个鼓励创新、创业的平台,而只能是沦为主板的附庸或"A股的小小板"。过去,中国的资本市场已经失去了百度、盛大、腾讯、阿里巴巴这样的本土创新公司。如果创业板还按照这样的思路和偏好运行下去,那么这种情况还会发生,这也就意味着,在中国自己的资本市场将难以培育出微软、英特尔、谷歌这样的创新公司。

第42章 "奥运科技行动"：
全面实现绿色奥运、人文奥运

2001年7月13日，当"北京"从国际奥委会主席萨马兰奇口中读出时，举国为之沸腾。

时任科技部部长的徐冠华主动给刚刚凯旋的刘淇打电话表示：科技部要向北京奥运会献上一份丰厚贺礼。他说，要组织全国最优秀的科技力量，为办好北京奥运会服务，"十五"科技发展计划要向北京奥运会重点倾斜，加大与北京奥运会相关的科研经费投放力度，同时与北京市的奥运会建设资金有效集成，让2008年北京奥运会成为展示中国最新科技成果的窗口和舞台。

刘淇对此衷心感谢，表示要加强与科技部的合作，共同办好奥运会。两位领导商定，要举全国科技之力，开展具体行动落实"科技奥运"的理念。

7月15日，科技部计划司、高新司、农社司等有关部门的负责人放弃休息，会聚科技部大楼讨论。实际上，刘淇此前就曾对"科技奥运"作出过表述："在场馆和奥运村建设以及通信、交通和日常使用的设备方面，我们要运用当代的高新技术，如数字技术、网络宽带技术、环境技术、节能节水技术等。"与会者认为，北京奥运会的三大主题——绿色奥运、人文奥运、科技奥运，都与科技密不可分。绿色奥运要靠科技支撑，即使是人文奥运，也有着丰富的科技内涵，如普及科技知识、提高公众素质和弘扬科学等（刘淇，2003）。

科技，在每一个主题上都能大有作为。大家建议立即制订一个针对北京奥运会的科技专项行动计划，现有的"863"等科技计划，都要对相关项目进行增补和强化，重点加强信息化、交通、环境、安全、场馆设施和体育科研等方面的科技工作。这就是后来世人所熟知的"奥运科技（2008）行动计划"（简称"行动计划"）。

第 1 节　举全国之力——实施
"奥运科技（2008）行动计划"

2001 年 7 月 27 日下午，在科技部 201 会议室，"行动计划"领导小组成立暨第一次会议召开。徐冠华宣布，由科技部、北京市政府、教育部、原国防科工委、国家体育总局、中国科学院、中国工程院、中国科协、国家自然科学基金委员会九部门，共同实施"奥运科技（2008）行动计划"，并正式成立"行动计划"领导小组，由徐冠华担任组长（王章明，2002）。

该"行动计划"针对奥运申办过程的焦点问题和 2008 年北京奥运对科技提出的需求，重点在北京的环保、交通、数字奥运、运动科研和科普方面开展技术示范和科技攻关，具体包括在首都圈防沙治沙、污水治理与节水、城市固体废弃物综合治理、清洁能源技术、清洁汽车、智能交通、食品工程等方面建设一批先进技术的试点示范工程；围绕数字奥运，在数字新闻信息系统、智能化比赛管理系统、信息安全等方面建设标志性工程；围绕运动科研，开展医疗保健和运动器材、兴奋剂检测等关键技术的研究工作，应用先进科技手段，提高运动成绩；积极开展科普宣传工作，提高全民的奥运意识和科技素质；加强中关村高技术园区建设，大力发展高技术产业。

时任科技部计划司司长的齐让出席了这次会议。之后，国家质量监督检验检疫总局、原信息产业部、中国气象局也加入到"行动计划"。2002 年 6 月 7 日，以"奥运科技（2008）行动计划"12 个成员单位为主，与北京奥组委一起，共同成立了"第二十九届奥林匹克运动会科学技术委员会（简称奥科委）"。由北京市林文漪副市长担任奥科委主席，时任科技部副部长的邓楠担任副主席，教育部等其他 9 部委的部级领导担任委员。奥科委的成立为推动科技奥运的进程注入了强大活力。在不到半个月的时间里，9 个部委先后召开数次会议，每次都是副部级以上领导亲自牵头。科技界以空前的高度将"科技奥运"逐渐由一个申办理念落实为具体的行动计划，效率之高，令人赞叹。

在"十五"国家重大科技专项和"十一五"国家科技计划中，根据科技奥运的需求，"行动计划"组织实施了"北京智能交通规划及实施研究"、"电动汽车运行示范、研究开发及产业化项目"等 10 个重大项目，涉及建筑、交通、生态保护、安全、信息及体育科技等多个领域（表 42 - 1）。

表 42-1 "行动计划"成员部门科技奥运项目投入情况

有关部门	项目（课题）总数（项）	中央专项资金（亿元）
科技部	353	6.50
国家体育总局	362	0.70
国家自然科学基金委	355	1.16
中国科学院	12	0.13
国防科技工业局	6	0.30
中国气象局	29	0.04
北京市科委	117	1.88
总　计	1 234	10.71

在"科技奥运"建设中，"行动计划"的成员单位根据本单位的特点和实际情况创造性地开展了工作。其中，国家体育总局、原国防科工委、中国科学院、中国气象局等部门在体育科技、大型活动、场馆建设、节能环保、奥运气象服务等领域开展了大量科研攻关，为奥运提供了有力的技术支撑；国家自然科学基金委等部门围绕环境污染控制及处理、兴奋剂检测、运动医学、大跨度场馆建设等方面开展了大量的基础研究与交流研讨；中国科协等部门利用科技场馆开展多种形式的迎奥运科普宣传活动，为普及奥运科学知识，提高广大公众科学素养作出了积极贡献；中国工程院等部门在奥运场馆建设、奥运安保、数字奥运、大气污染等领域开展了大量的咨询研究，为有关部门的科学决策提供了重要依据（徐冠华，2005）。

第 2 节　科技之光照亮北京奥运

2005 年 10 月 25 日，科教奥运专项——绿色奥运关键技术研究科技成果鉴定会在京举行。其中《科教奥运专项——绿色奥运关键技术研究》中《系列运动健身食品的开发及市场拓展》的研究课题就是受北京市科学技术委员会委托，由北京康比特公司和中国食品发酵工业研究院共同承担的。针对运动饮料配方的进一步创新，如何更好地减轻机体运动后的疲劳感、加速身体恢复，保持机体良好的运动、竞技状态，北京康比特公司针对普通人群和专业运动员研制了威能运动饮料和加速运动饮料。

2005 年 6 月，中国科学院向国家体育总局赠送了由中科院计算技术研究所研制的"运动训练视频反馈与分析软件系统",供多个运动项目的国家队备战 2008 年奥运会使用。

一、共同推进科技奥运建设

"科技奥运"的主要目的是通过奥林匹克精神与科学技术的融合,使奥运会成为传播科学知识、体验先进技术、提高公众科学素质、促进科技进步与经济社会发展并惠及人民大众的平台。它用科学思想统领奥运战略,有效集成满足奥运需求的科技资源,为奥运会的成功提供各种技术保障。

作为"人文奥运"、"绿色奥运"实现的技术保障,科技奥运责无旁贷。

从 2001 年开始,"奥运科技(2008)行动计划"与奥科委、科技界和社会各界着眼 2008 年奥运会所需要的方方面面的技术保障,在运动技术、数字信息、安全保卫、交通、环境保护、场馆、能源等 10 个方面对科技奥运建设进行战略规划。与奥组委相关部门保持紧密联系与工作配合,通过建立科技奥运专家(组)库,集中一批科学家以咨询、参与工程招投标等不同方式参与到奥运建设之中。广泛的国际合作同时被展开,科技奥运合作扩大到包括欧盟、美国、德国、澳大利亚、法国等。经过不断的探索和实践,一个中央与地方全面合作,集中全国科技资源,多层次、多领域开展交流合作,共同办好科技奥运的良好格局已经形成。

二、科技奥运从理念变成现实

集中了科技界、奥组委等各方面的意见,60 个科技奥运项目在 2001 年被提出,目前不少已经变为现实。

在科技部牵头,各成员单位配合下,奥运科技 10 个重大项目的实施方案先后编制完成,这 10 个重大项目先后启动数百个项目和子课题。除了政府引导性投入资金之外,还带动大量的社会资金向科技奥运投入(杜占元,2005)。

以奥运对科技的需求为出发点,围绕 2008 年北京奥运的三大主题,发掘、筛选、优化科技项目;针对奥运成功举办的若干"瓶颈"和焦点问题,重点安排一批重大项目和课题,建设一批科技奥运的标志性工程,并以此带动其他项目发展。现在,先期启动的项目已经取得重要成果,包括"无线移动 IPv6 接入示范网络技术奥运信息系统"、"建设奥运虚拟博物馆"、"奥运会气象保障科学技术试验与研究"等一批科技奥运重点项目。科技界专家指出,实施好这批项目，不但能够保障科技奥运理念的实现，而且可以以科技奥运为契机，提高我国科技解决经济、社会实际问题的能力，促进我国在某些重大技术领域的跨越式发展。

三、科技奥运的重点之一：运动技术

从解决运动训练实践中的难点和关键点出发，应用现代科技理念、手段、集成先进、科学的训练方法，全面提高我国运动员的科学训练水平和运动竞技水平，是奥运科技行动计划的重点任务之一。

开展科学训练、机能评定、伤病防治、运动营养与恢复等方面的研究，开发研制先进的体育器材和设备，开展科学训练基地建设示范，建立竞技运动的科学训练体系和高水平的医疗康复等配套服务体系是研究的重点。

"奥运科技行动计划"和奥科委为实现科技奥运人财物的集约工作以及满足组织、管理、使用的需求，有组织、有规模地推进各项工作。国家体育总局提出自己在运动技术方面的需求，调动各方面的科技力量和社会资金为 2008 年争金夺银服务。这样的社会效益和经济效益都是不可低估的。2008 年奥运会是一个发展契机，体育界、科技界及社会各界共同为科技奥运的实现所作出的努力，已经取得巨大的成果。国家体育总局大力支持并感谢社会各界为我国体育科技运动技术水平的提高，为科技奥运会的实现所作出的努力。

四、奥运科技攻关成果

（1）奥运会射击用运动枪、弹研究，主要研究内容包括 5.6 毫米小口径自选步枪和运动步枪、5.6 毫米标准手枪和慢射手枪、5.6 毫米运动长弹和运动短弹、12 号猎枪弹。该项目将研制出主要性能指标基本达到或超过世界最高水平的枪弹，改变我国比赛用运动枪、弹 90% 依赖进口的现状。

（2）绿色奥运关键技术研究。由于专业运动员和普通健身人群的运动负荷、身体机能状态、运动消耗量不同，康比特公司的研发人员研制了两款不同配方特色的运动饮料，以满足他们的不同需求。加速运动饮料是为运动员设计的专业运动饮料，威能运动饮料是为一般健身人群设计的运动饮料。

（3）视频反馈系统。运动训练视频反馈与分析软件系统是中国科学院计算技术研究所在国家科技部、中国科学院及北京市科委"科技奥运"专项项

目资助下，经过 3 年的努力研制成功的。该系统是数字视频技术与运动训练领域相结合的产物，将数字视频在体育运动训练与教学应用中的潜能发挥到最大。在训练中，它是方便快捷的视觉反馈手段，是运动员与教练员进行技术沟通与交流的有效平台；在训练后，它是深入分析与比较技术动作完成情况的有效工具。中科院计算所自主研制的"运动训练视频反馈与分析软件系统"因其功能强大、操作简单、适合中国运动员与教练员使用、拥有自主知识产权而被国家体育总局选中，装备各个运动项目的国家队。

第3节 科技创新成果惠及社会

北京奥运会是 2008 年中国的一大盛事，伴随着开幕式这顿"张氏饕餮大餐"的如期而至，伴随着各项赛事如火如荼地展开、一枚枚奖牌被各国代表团收入囊中，一届传播"绿色、科技、人文"理念的奥运会让全世界的目光聚焦在东方这个古老的国度。"以科技助奥运、以信息化助奥运"是北京奥运会的一大特色，不管是开闭幕式期间运用的科技含量和信息技术，还是比赛赛场上高端科技和信息技术的融合，都展示了"中国创造"的魄力。2008 年北京奥运会重在"全民参与"，正是每一个中国人的积极参与，才取得如此巨大的成功。

北京奥运会的举办对促进我国经济社会发展具有重大作用，尤其是科技奥运理念的规划与实施对促进我国科技产业化、国际化发展，提升国家自主创新能力，推动创新型国家建设，提高经济效益和社会效益具有重要意义。

一、科技成果产业化前景无限

奥运科技不只是在奥运会上的闪现，更是新技术产业化的开端，是大规模商业运用的开端。这些科技成果，在应用到奥运场馆之前，都经过了大量的科学试验，通过了各种严格的认证。性能、安全、耐久性和可靠性方面，都已经通过了国家测试，同时也经过了大量的示范运行。可以说，此次科技奥运的成果在奥运之后都加速推广开来。

新能源汽车是我们国家应对汽车迅速发展所造成大气污染的一个重要措施，也是保证国家能源安全的一个重要科技项目。从 2001 年开始启动以来的 7 年当中，我们致力于"零排放"的纯电动汽车和燃料电池汽车的研发，同时也致力于混合动力汽车的大规模产业化应用和研究。我国的燃料电池汽车研发也取得了很大的进步，在最近几次国际大赛当中都取得了很好的成绩。北京奥运会上有通过产学研结合研发成功的 50 辆锂离子动力大客车进行载货运行，有 5 辆燃料电池大客车进行示范运行，有 20 辆燃料电池轿车为奥运官员和媒体记者提供服务，还有 300 多辆各种各样的场地车、游览车、清洁车。同时，奥运场馆周边几百辆混合动力大客车，北京市几千辆燃烧天然气的汽车，这次也将参与整个科技奥运清洁汽车的运行。这些新能源汽车的示范应用，将进一步促进产业化的发展。奥运会结束后，这些车辆将在更多的城市示范和推广应用，特别是混合动力汽车已经成熟，得到了国家的认证和产品公告。

LED 照明技术具有亮度高、使用寿命长、节能、绿色环保等显著优势，是人类照明史上继白炽灯、荧光灯之后新的照明革命，此次将 LED 照明和显示技术应用于奥运会场馆、奥运村及城市建设的景观照明和全色显示领域。通过开发生产出高亮景观照明灯具和高端 LED 全色大屏幕显示屏，体现出科技奥运和绿色奥运的内涵；开发出与太阳能技术联合使用的奥运场馆及相关设施照明系统，提高奥运工程中相关太阳能应用的技术含量；开发半导体白光照明，应用于室内，这在人类的照明史上具有划时代的意义。这些技术将在北京形成半导体照明的高新技术产业链和参与国际半导体照明竞争的产业群，形成有我国自主知识产权的 GaN 基半导体材料、器件、封装技术，抢占新一代照明技术先机；引领 LED 技术和产业的长期发展，使之成为取代白炽灯和日光灯的新型光源，发挥其巨大的能源和环保效应（尹文，2009）。❶

"科技奥运"的一个重点内容是采用了我国自主研制并成为国际标准的 TD－SCDMA。这一新技术已在北京、上海、深圳、广州等 10 个城市实现了全面覆盖，网络容量超过一千万，成为当前全球最大的单一 3G 网络。工业和信息化部提出"按照服务奥运的要求，做好网络优化、奥运特色业务提供、2G/3G 互操作等工作，解决试商用中间出现的问题，确保初战必胜。"北京奥运会期间，这项自主创新技术不但得到充分应用，也为这项技术的大规模商用提供了范本。在此次奥运中运用的是我国自主研发的 CMMB 数字移动多媒体广播电视技术，采用卫星和地面网络相结合的方式，实现全国范围信号的无缝覆盖。具有传输节目套数多、图像质量高、画面清晰流畅、接收终端种类多、

---

❶ 尹文. 用科技之光点亮精彩"光影奥运"［N］. 科技日报，2009.

经济实用等特点，可以满足移动人群随时随地收听收看广播电视的需求，给广播电视的传播方式和接收方式带来了变革。各种小屏幕便携终端（如手机、PDA、MP4、车载电视、导航仪、笔记本电脑、数码相机等）只要内置了 CM-MB 接收芯片，就可以接收广播电视节目和多种信息。在奥运开始的 CMMB 试播阶段，先行覆盖播出的城市，用户可免费接收到 7~8 套电视节目和 3~4 套广播节目。对中国企业的新产品新技术来说，奥运会是最好的商机，这将为中国自主创新提供不可估量的动力（武士俊，2009）。

能够保证科技奥运成果产业化和商业化的最重要原因在于，此次奥运会上采用的技术都是通过产学研集合、以企业为主体进行研发的。承担这些奥运新技术研发、新产品生产的厂家，有一个共同的目的，就是使新技术取得商业利益和市场成功。正是企业的这种内生动力，推动科技奥运成果全面进入市场。

科技奥运建设已经明显推动了中国交通、建筑、气象等传统产业的整体提升，同时也促进了新能源汽车、能源环保和信息等新兴产业的跨越式发展。这些科技创新成果的推广应用和产业化发展，有力地提高了中国的科技水平和自主创新能力。

二、科技福祉最终让百姓共享

科技奥运的成果在提供先进可靠的技术保障的同时，也会留下丰富的科技成果，从而造福社会，造福百姓。奥运科技和其所涉及的绝大多数科学技术都具有很大的适用范围，这些创新成果在奥运会后都会成为举办国的宝贵财富。我们的邻国日本和韩国都有过成功的经验。日本为举办 1964 年东京奥运会修建了举世闻名的新干线，有力地带动了日本沿线城市的发展乃至整个国家的经济增长。韩国的一些电子企业也借助 1988 年汉城奥运会走向了国际市场，成为国际知名的公司（邓元珍，1996）。

就北京奥运会来说，用于奥运会的新技术新产品，如环境保护、清洁能源、信息通信、智能交通等，在奥运会这个国际平台展示以后，会很快进入普通百姓的生活，并可能形成新的消费时尚。同时，通过服务奥运会，不少科研机构和企业刻苦攻关，极大地提高了自身的创新能力，有效促进了生产方式的转变和经济社会的持续发展，从而惠及百姓和社会。

防沙治沙、污水治理与节水、城市固体废弃物综合治理、清洁能源技术、清洁汽车和环保新技术、新工艺和新产品的广泛应用，使北京的天更蓝，水更绿，空气更清新，在打造绿色奥运的同时，人们的生活环境也越来越"绿"了。经过治理，到 2007 年年底，北京市林木绿化率已达到 51.6%，比 2001 年年末提高 7 个多百分点。2007 年市区空气质量二级及好于二级的天数比重达到 67.4%，比 2002 年提高了 11.8 个百分点。2011 年第一季度，北京空气质量达标的蓝天天数占总天数的 73.6%，创下近 9 年来历史同期的最高水平，比 2001 年提高 15.3 个百分点。北京环保部门表示，目前，二氧化硫、二氧化氮和一氧化碳三项污染物已实现全年达标。

信息通信、智能交通和安全保障等先进技术成果的大量运用，使人们的生活更便利、更安全，也更多彩多姿，如地铁列车产品在技术含量、环保指标和乘坐舒适性上实现了新突破，先进的自动防护系统、监控系统和自动驾驶系统以及无线通话、实时的电视直播等，使得百姓的出行更便捷，旅途也更加有声有色。北京地铁 5 号线、地铁 10 号线、快速奥运支线、机场线、北京三环内无线上网、天气预报越来越细致准确、信息网络系统监控食品安全等，已不仅是奥运科技，更是新时期的民生科技。

值得称赞的是，将奥运科技成果产业化并惠及民众已经成为有关部门的工作目标之一。科技部正在研究制订方案，以推广、应用"科技奥运"的成果，使其惠及全国、惠及民众。具体包括通过产业化、商品化，组织国家高新技术开发区、特色产业基地和生产力中心等，充分使用、发挥"科技奥运"形成的科技成果，使社会大众能够更快更好地分享到科技奥运的福祉。奥运科技必将推动我国科技及产业化的发展，从而提高自主创新能力和促进生产方式的转变，成为经济、社会可持续发展和人民生活水平提高的动力和源泉（吴菲菲，2011）。

科技奥运的理念和行动已经并将继续促进公众科学素质的提高。自 2001 年申奥成功，"科技奥运"以及以此为支撑的绿色奥运、人文奥运的理念便开始逐渐植根于广大民众的心里。崇尚科学、热爱科技、保护环境、保护资源等可持续发展理念越来越深入人心，追求绿色健康的生活方式和消费方式越来越成为社会时尚。少开一天车、空调调高一度、用环保袋代替塑料袋……节能减排日益成为民众的自觉行动。

随着科技奥运理念的日益深入人心，人们对科技的兴趣也越来越高。在 2009 年的全国科技活动周中，全国各地以科技奥运为主题的展览及活动吸引了大量的人员参加。他们触摸"水立方"，近距离地观看祥云火炬的燃烧，亲自体验射击冠军使用过的射击设备……以了解"科技奥运"所取得的重大成效，体验和感受科技奥运的理念和内涵。

科技助奥运、奥运促发展。进入 21 世纪，现代奥运越来越离不开现代科技的有力支撑。"科技奥运"的理念与实践，一定会为百年奥运作出中国人的历史性贡献！

第43章 科技与振兴失之交臂
——"后危机时期"

自 2008 年开始，由美国次贷危机引致的金融危机在全球蔓延，从而造成了自 20 世纪大萧条以来最为严重的国际金融危机。面对突如其来的金融风暴，各国政府采取了空前的救市措施。在各国政府和货币当局的经济刺激下，目前，无论是发达国家还是新兴市场的经济指标都逐步企稳，趋于好转。美国失业率从 2009 年 11 月开始回落；欧、美、日的主要经济指标也开始缓慢回升；我国在中央和地方政府刺激经济政策的有效带动下，最先企稳回升，出口跌幅收窄，经济已经增速，2009 年"保八"成功，经济增长率达到了 8.7%。尽管理论界对全球经济衰退是否见底尚有争议，但大都认为，世界经济已经表现出越来越多的向好势头，危机最困难最黑暗的时期已经过去，全球经济已经步入"后危机时期"。后危机时期，世界经济必将呈现出新的格局，各国竞争也会随之展开。如何在经济竞争中占据有利地位，是中国当前面临的重大课题。

第1节 应对金融危机——美日救助
汽车业对中国的启示

金融危机对美国实体经济的影响已经到了相当严重的地步。曾经，美国汽车业三巨头联名上书政府求救，并打出"汽车业已到了濒临崩溃边缘"的旗号"要挟"，这已经是他们第二次联名求救了。但美国参议院否决了白宫对汽车业的救助方案，就连一些曾支持救助金融业的官员和学者也对救助汽车业提出异议。最后，还是总统出面"强行"通过了紧急贷款决定，才使得摇摇欲坠的汽车巨头们得以短暂的喘息。

美国汽车及相关产业不仅关乎近 400 万人的就业，更重要的是还关乎美国实体经济的最主要拉动力，如果汽车业破产，美国经济将陷入全面危机。那为什么国会议员们和某些经济学家依然反对对其救助呢？

在找出合理解释之前，我们不妨先将目光转向日本。日本政府并没有明确的救助汽车产业的政策或意向，反倒是几大汽车公司纷纷采取了自救行动：一是减产裁员，适当降薪，如丰田和三菱；二是减少低效率投资，最典型的就是几家日本汽车公司纷纷退出世界汽车拉力锦标赛以及 F1 大奖赛，其目的也很明确，用富士重工首席执行官森郁夫的话说，就是要优化企业内部的资源配置。

现在还不能说日本的做法一定能见效，但我们几乎可以肯定地讲，日本汽车公司的自救行动是充分吸取了历史教训后理性反思的结果。20 年前，当日本陷入经济危机时，日本政府也像今天的美国政府一样，扮演起"救世财神"的角色，哪里有危机就往哪里注资（尤其是金融业）。结果呢？日本经济经历了 10 年的煎熬。究其原因，还是忽略了经济体价值与经济效益之间的关系。诺贝尔经济学奖得主莫迪利亚尼和米勒早就告诉我们，经济体的价值取决于其未来投资效率的高低，而与资金的来源、大小及成本无关（常生林，1998）。这其实是一道很简单的算术题，但日本人用了 50 年的时间外加一次惨痛的教训才明白过来。

日本汽车业今天的自救可以看作对 MM 理论的理解和消化，首先，他们没有伸手向政府要钱，也许因为他们已经明白"防止下滑的关键不是资金问题"的道理。其次，他们采取的方式也比较合理：减产裁员提供了提升效率的基础（坦率地讲，企业的价值与其主营产品的产销量没有绝对的相关性，这一点很多人都没有意识到），优化内部资源配置是企业提高效率的必然途径（像汽车赛这样的烧钱运动只有在经济上升期才能发挥其广告效应，而在经济危机期，这些效应的价值是很低的）。因此，从理论推演看，日本汽车公司的自救行为应该能够重获市场认可（戴启秀，2008）。

金融危机对中国实体经济的影响其实一点儿都不比美、日晚，2008 年年初，沿海地区的一些中小企业就已进入寒冬。在如何处理这些中小企业的问题上，地方政府的态度是"积极的"——坚决救助，并借此倒逼中央，最终形成了中央在政策和资金上的"妥协"。这种妥协的最终结果是什么现在很难预测，但其作用一定是抑制了资源配置的优化，抑制了优质基因对资源的占有，从而也抑制了中国经济的产业升级和价值提升。

学术界对中国中小企业的寿命有过界定，一般认为在 5~10 年，这就意味着中小企业发展到一定阶段只能有两种结局，要么符合市场规律，"晋升"为实力较强的大型企业；要么不适应未来经济需求，寿终正寝，让位于新生者。因此，中小企业只能是一种动态的业态，不分优劣地一味呵护并不符合宏观利益。顺便说一句，企图通过并购方式将中小企业做大做强只能是徒劳的，这也同样是日本经济危机时的教训。

日本人正通过提高效率来应对危机，美国人正通过外部资金"勇渡"难关。中国的选择自然要考虑中国实情，但我们不应忘记的是，飞机之所以要有翅膀，是因为空气动力学对于每一个造飞机的人都是一样的（赵长茂，2008）。

第2节 经济增长不能仅靠烧钱
——10 万亿元刺激计划的功与过

面对全球金融危机日益演化为全球经济衰退，国际金融危机向实体经济蔓延，我国两万亿元铁路投资拉开了全面扩大内需的序幕。随后，国务院常务会议于 2008 年 11 月 5 日确定了当前进一步扩大内需、促进经济增长的十项措施，强力启动了高达 4 万亿元的经济刺激方案。十项措施包括：加快建设保障性安居工程；加快农村基础设施建设；加快铁路、公路和机场等重大基础设施建设；加快医疗卫生、文化教育事业发展；加强生态环境建设；加快自主创新和结构调整；加快地震灾区灾后重建各项工作；提高城乡居民收入；全面实施增值税转型改革；加大金融对经济增长的支持力度。从以上国务院十项措施看，扩大投资仍是其主要手段，同时兼顾刺激国内消费。一年前开始的宏观紧缩政策出现了大逆转，货币政策由从紧转为适度宽松，财政政策从稳健转为积极（张莹军，2009）。

一、宽松货币政策致泡沫

2008 年政府"4 万亿"猛药，"保增长"效果显著，"调结构"却不尽如人意。对此年中国经济的表现，业内专家评价："内需强劲增长，经济明显复苏，结构调整缓慢，通胀预期增大。"

中国经济以政府投资为龙头，带动内需强劲增长，迅速企稳回升；但工业占比高、投资份额大等结构难题仍未解决，依靠物质投入独撑经济大局的尴尬局面没有改变；同时过于宽松的货币政策，导致资产泡沫膨胀过快，并有发生恶性通胀的危险。

"保增长"与"调结构"是 2009 年中国经济的两个主线。香港一国两制研究中心最近发布的报告称，在"4 万亿"政策下 2009 年中国经济"调结构"的目标非但没有实现，反而问题更突出。投资与消费的矛盾更加凸显，过快的投资增长加剧产能过剩矛盾，以政府为主导的投资也引发对投资效率的担忧。

二、产能过剩问题加重

产能过剩问题，不仅传统的钢铁、水泥、氧化铝、平板玻璃等行业产能过剩加剧，一些新兴产业和高端产业，如太阳能板、风力发电设备的生产也出现严重过剩，"一放就乱"问题再度显现。

"中国中断了长期以来将经济增长由投资和出口转变为居民消费主导的努力，尽管同时将'保增长'和'调结构'列为政策目标，但在过去一年中，中国实际不惜牺牲后者实现前者。"亚洲开发银行在其最新的一份报告中如此评价中国救市后遗症。

有经济观察家表示，2010 年是中国解决救市后遗症的一年。作为"十一五"规划的最后一年，中国经济结构和发展方式的调整与转变亦到了不得不加速的关键时刻。而中国若保持当前经济结构和发展方式不转变，未来在世界将无立足之地。因此，2010 年是中国经济从"量变"向"质变"转化、奠定未来可持续发展模式的关键一年。

观察家认为，2010 年政府宏观调控将在保持经济平稳增长的基础上，更加注重增长质量和效益，更加注重就业和民生的改善，加大改革和调整在需求结构、产业结构等的失衡，培育经济增长的内生动力。

三、警示：经济增长不能仅靠钱堆上去

我国的经济增长是靠钱堆上去的增长，这是假增长，是没有效率的增长。而且更麻烦的是，这种缺乏效率的增长已经形成了固定的模式，撤不下来了。两年前为应对全球金融危机推出的"4 万亿"计划，大部分投资给了国有企业。当时看着还不错，很见效。但现在看来，摊子铺开了，2010 年新增信贷指标 7.5 万亿元已经是历史上第二高了，但企业和地方还在喊不够，还要更多的贷款。现在的情形实际是市场在倒逼，没有投资、没有贷款，这个经济增长

就又没有保证了。

（1）巨量货币投放导致资产价格上涨与通胀风险显现。2009 年，货币投放达 9.6 万亿元；2010 年，虽然信贷指标是 7.5 万亿元，但加上表外业务如银行信托合作理财产品，也可能会超过 9 万亿元。两年货币投放加起来接近 20 万亿元，这是史无前例的。巨量货币投放是配合刺激计划所采取的"适度宽松"货币政策的体现，由此带来的资产价格上涨与通货膨胀风险都已显现。

（2）房价居高不下，调控成效甚微。面对危机，房地产政策也做了较大调整，无论是房地产企业资本金比例的下调，还是首付比率以及房贷利率的优惠等，都一路开绿灯。房地产的景气，拉动了经济增长，但也带来了相关问题，如房价的居高不下。

（3）地方融资平台。由于地方配套资金问题，导致地方融资平台发展迅速，从而导致融资平台风险。这可以看作一揽子刺激计划的副产品。据银监会调查结果显示，截至 2010 年 6 月底，地方融资平台贷款余额为 7.66 万亿元，其中发现有问题的地方融资平台贷款 2 万余笔，涉及贷款金额约 2 万亿元。风险隐患主要集中于地方财政的代偿性风险。显然，在地方财政资金不足但又要对 4 万亿计划进行资金配套的时候，地方融资平台风险的产生不可避免。

（4）政府主导的一揽子刺激计划不能忽视的问题。一揽子刺激计划主要是由政府主导。政府驱动能够在短期内取得明显成效，在经济快速下滑时期发挥了不可替代的作用。但必须注意到，政府驱动型的刺激方案也存在不少问题（包心鉴，2009）。

第一，它不利于发挥市场在配置资源中的基础性作用。

第二，对国有经济或地方政府的依赖尽管直接效果明显，但会带来财政风险。因为无论是国有企业，还是地方政府的负债风险，最终都由中央财政承担。

第三，政府主导与行政性调控还会使经济结构进一步扭曲，出现效率不足和腐败问题等。

第四，直接的行政性调控，如中央银行直接指挥商业银行的数量行为和价格行为，房地产业的限购令，由于缺少市场反馈链条的平滑作用，容易加大经济起降的幅度。

第 3 节　金融危机催发新海归
——"千人计划"迎接人才回流

金融危机的波及催发了新一轮的海归潮，而由中央人才工作协调小组出台的海外人才千人计划无疑为这些优秀的海外人才提供了一次新的历史机遇。可以预见的是，在新的社会经济形势下，将会迎来一个全新的海归时代。而拥有更开阔国际视野和更丰富人生经验的海归们，毫无疑问将获得面向时代和未来的优势。

21 世纪什么最"贵"？人才！这不是一句戏言，这是现实的写照。高端人才的大幅震荡，加剧了新一轮人才的国际争夺战。

一、百年"输出国"

金融风暴加剧了中国留学生的回流数字，中国将迎来第三次海归潮。

1997 年香港回归，之后连续两三年，大概有几千名内地留学生从欧美到香港就业。这被认为是"海归潮"的前锋，而真正的"登陆"始于新世纪。

2000 年，互联网泡沫破裂；2001 年，美国发生"9·11"事件，这都让海外的就业机会越来越少。也就在这个时候，第六届世界华商大会召开，时任中国总理的朱镕基对留学生们说："请你们回来吧。"

世界所有的目光都投向中国，"海归潮"真正兴起。2000 年，美国移民局的一项调查证实，由美国回流的中国留学生达 1.5 万人。

这年年底，美国《纽约时报》发表文章写道："一个新的人才回流时代已开始，这将是中国在 21 世纪第一个十年的主要现象。"

2002 年，成为"海归潮"的第一个高峰年。

从 2002 年春天到 2003 年秋天这 18 个月里，有 16 510 个留学生来到中关村访问，其中有 3 800 人留了下来，比过去 20 年的"海归"加在一起还要多。

中国向海外派遣留学生虽有百年历史，但在世界科技人才竞争格局中，一直扮演着"人才输出国"的角色。

据调查，1996～2007 年，中国留学人员平均回归率仅 29.5%，而这些留学人员，有不少是在美国以及其他发达国家。

应该说，改革开放之后，中国在国际人才竞争中一直在努力。

1992 年，政府明确提出了"支持留学，鼓励回国，来去自由"的政策措施。进入 21 世纪后，国家又提出"人才强国"战略，留学人才的回归开始真正得到国家重视，政府出台了各类留学人才回归计划和文件，并提出了"不求所在，但求所用"的新看法。2004 年，中国还正式出台了长期留住外籍人才的"绿卡制度"。

在一系列的引才政策演变中，我们可以看到中国取得了巨大的突破和进步，但是从横向来看，中国引进人才的制度和政策相比欧美还有很多缺陷。长期以来，我们只是在被动地防守——推动人才回归，避免中国培养人才"为他人作嫁衣"；而没有想过主动出击——走出去吸纳自身需要的外国顶尖人才化为"中国人才"。

美国在这方面的做法是成功的。它不仅培养了全世界 1/3 的诺贝尔奖得主，还聘用了全世界 70% 的诺贝尔奖得主，引进了占本国总量 1/3 的海外科学家与工程师。这是因为美国政府意识到：如果你不能留住并让这些全球最顶尖的人才成为"本国人才"，他们就会在海外成为竞争对手。

二、华尔街上的期盼

在华尔街，随着雷曼兄弟和美林证券的倒掉，这里不再有昔日的繁华，就连往日订座都困难的金融区的酒吧和餐厅，现在也只有不到一半的上座率了。

在美国第四大投资银行雷曼兄弟工作了多年的李先生无奈地步入办公大楼，来到自己的座位收拾东西。"我失去了一份非常好的工作，这对于我的家庭来说是一个非常严重的打击。"李先生说，他难过极了。

在华尔街，像李先生这样遭遇的雷曼兄弟雇员大概有 2.5 万多人，他们不知道何时能拿到下一个月的工资。"每个人都在收拾自己的东西，交换联系方式，互相承诺在未来找工作时互相帮助。"但在如此恶劣的市场环境下，要找到新的工作谈何容易？华尔街在次贷风暴与破产的双重冲击之下，进行了历史上最大规模的裁员。在华尔街，找工作的履历表满天飞，华尔街失业者四处奔波，都在找新工作。

在雷曼兄弟供职的华裔精英约有 2 000 人之众，虽然华裔能够做到公司高层的人并不多，也不会像那些手中握有大把公司股票的高层，资产一夜间化为乌有。但是华尔街一贯的高薪收入，使得华裔员工有能力买车、买房，经历这场金融海啸后，一般员工最保守估计损失可能达 6 万至 50 万美元不等。现在，大批专业人员应声落马，一些金融专家和投资高手被迫出局，纷纷转行或自立门户，一些华人也萌生了回国发展的意向（王卓玉，2009）。❶

越来越多的华尔街华人希望回国找发展机会。一年前，希望"海归"的高级金融人才比例还很小，但金融危机爆发后，拥有海外金融工作经历准备海归的海外华人明显增多。

三、恰逢其时的"千人计划"

俗话说，风起云涌时，鸾凤还巢日。

从2008~2009年，金融危机"风暴眼"的英、美等国失业率早已刷新了历史纪录，本国失业大军源源不断，留给留学生的空间自然被急剧压缩。

那些在美国的高层次人才尤其是拥有或正在攻读硕士、博士学位的外国留学人员很多将离美国而去。据2009年3月8日华盛顿邮报报道：2005年时，美国杜克大学工程管理硕士毕业的留学生，毕业后几乎都说在美国至少待上几年。但在2009年，80名工程管理硕士毕业的留学生，几乎都买了回国的单程机票。哈佛等其他名校的情况也基本如此。

高端人才的大幅震动也加剧了新一轮的人才争夺战。在这样的情况下，"抄底人才"成为了一个国家的战略。2008年12月，中央办公厅转发了《中央人才工作协调小组关于实施海外高层次人才引进计划的意见》，要求各地各部门抓住机遇，大力引进海外高层次人才。2009年3月下旬，中央人才工作协调小组公布了出台的引进海外人才千人计划的详细内容。

从千人计划的内容来看，既要求由用人单位来提出申请，又对各领域的申请者有详细的规定，还要求必须全职回来工作，保证引进的是符合国家需要的真正的高端人才。同时，对于人才发挥作用也有足够的支持，不但提供充足的经费和待遇，给以特别重视，设立专人解决海外高端人才历来担心的社会保障、子女教育、国籍与签证等配套服务问题，引进对象也不拘一格，从华裔人才到外籍人才都可以。

中组部部长李源潮曾痛感高层次、高技能人才的不足。他表示，在这个阶段，对人才尤其是高层次人才的需求更为迫切，特别急需处在世界科技前沿和产业高端、熟悉国际市场和国际规则的优秀人才。

---

❶ 王卓玉. 提高四种能力应对金融危机［N］. 中华合作时报，2009.

　　一组来自对近千名已报名参加今年第八届北美留交会的海外中国留学人员统计分析数据彰显了当下高端人才的流向意愿。数据显示，希望回国找工作的留学人员报名者占 90%，回国注重职场商机与事业发展前景的报名者占 92%；拥有博士学位的留学人员报名者占 52%；美国排名前 30 的大学本科、硕士、博士毕业的留学人员占 56%。

　　欧美同学会中国留学人员联谊会副会长、中国欧美同学会商会会长王辉耀接受《小康》杂志采访时表示，人才是否回国发展是多方面综合的结果。"政府的政策与效率，人才选拔、评估、激励的制度，适合的硬件基础与平台，社会人文环境的开放与尊重，国籍与出入境的规定，甚至子女教育问题都可能影响人才回归。"而"千人计划"针对这些可能产生的"顾虑"作出了细致的安排。

　　"可以说，这次人才引进计划的力度与深度是前所未有的，"作为中央人才工作协调小组国际人才战略专家研究组组长的王辉耀参加过一些相关工作，他认为，"这次高层次人才引进工作未来将会取得重大成就"。

第44章　打造新时期新的万里长城
——科技强军

　　当21世纪来临时，中国海上军事所面临的局势更加复杂与尖锐（顾淑龙，2000）。❶ 在中国南海特别是南沙群岛，周边国家不断进占多处岛礁，掠夺该海域丰富的石油、渔业资源。在东海方向，日本和韩国也在钓鱼岛、春晓油田等海域与中国存有争端，并且加紧海军力量的建设，以达到武力对抗的目的。当然在各个对手背后，还有美国海军对中国各种形式的战略打压。

　　同时，在这一时期中国经济实力也恰好经过近30年的高速增长，而西方世界横亘着的坚冰又随着全球经济一体化的浪潮而逐渐消融，"世界工厂"慢慢在珠三角、长三角形成。由于制造业的兴起，需要进口的大量能源及原材料以及大规模的商品出口，其最方便最廉价的运输方式就是海运。近年来中国的国民生产与对外进出口贸易对海洋运输依赖日益加大，必须拥有一支强大的能够在远洋执行任务的海上武装力量来保障其畅通（刘景权，1998）。

　　另外，中国资本日益融入世界金融体系，投资国外的各类商业项目也是近期的热点，随着投资规模的不断加大，越来越多的海外利益也呼唤着强大的远洋海上武装力量为其保驾护航。

　　以上种种需求表明，新时期的中国海上军事必将走向远洋，而要有效地执行远洋作战，是否具有完善的防空能力便是决定性的因素。从各海军强国的经验来看，如果要拥有全球性海军力量，那么必须拥有一支包括强大的航母战斗群在内的进攻型远洋舰队。只有这样一支舰队才能负担海军原有的保卫国家海洋领土安全的任务，才能真正担负起保障战略导弹核潜艇顺利执行战略核反击任务，才能更有效地支持海监、海巡、渔政、海警等海洋执法力量维护中国海

---

　　❶　顾淑龙. 坚持科技强军［N］. 甘肃日报，2000.

洋能源和经济利益的任务。

上述多元化任务，正强烈地呼唤着海军建立强大的以航母为核心的进攻型远洋舰队。2008 年，胡锦涛主席在三亚检阅南海舰队时提出：“海军要大转型，要成为战略军种和国际军种。”中国海军大发展的时期由此拉开了序幕，首当其冲的是航空母舰的建造。

第 1 节　中国新型深水机器人海上试验取得成功

1997 年 6 月 18 日，我国 6 000 米无缆水下机器人试验应用成功，这标志着我国水下机器人技术已达到世界先进水平。我国成为世界上少数具有深海探测能力的国家之一，为我国新世纪开发海洋资源赢得了主动权。

“人们将其视为成功发射了一颗返回式的‘海洋卫星’。”清华大学计算机科学与技术系教授，第四、第五届国家“863”智能机器人主题专家组组长贾培发说。

这样的评价并不为过。在约 6 000 米的深海中，大拇指指甲盖大的面积要承受将近 1 吨的压力；受海水和海流的影响，水下机器人要比空中更难指挥和定位；由于电磁波在水中信号衰减严重，只能用声呐联络；为了对抗海水对材料的腐蚀，必须采用抗腐的特殊材料；空中卫星能采用太阳能电池供电，而水下机器人只能自带“干粮”……

20 世纪七八十年代，中国科学院沈阳自动化所蒋新松提出“结合中国国情，把特殊环境下工作的机器人作为中国机器人技术发展的突破口”的设想。有一次，他在南海舰队调研时了解到，因海上救捞或开采石油的需要，潜水员在水下工作时，20 米以下很难看清目标，50 米以下深水作业时只能靠手摸，对人体伤害极大，潜水员有时水下呼吸一分钟所需费用相当于 1 克黄金。这坚定了蒋新松研究水下机器人的决心。在几位德高望重的科学家鼎力支持下，蒋新松得到中国科学院 100 多万元的科研经费，开始了“海人一号”100 米水下机器人的研制，该机器人于 1985 年、1986 年先后首航和深潜试验成功。“七五”期间，国家将“海洋和水下机器人技术开发”列为科技攻关重点项目之一。

然而，“在国家‘863 计划’实施之前，我国研制的都是有缆遥控水下机器人，工作深度仅为 300 米”，贾培发说。

1986 年年底，中共中央 24 号文件把智能机器人列为国家"863 计划"自动化领域两大主题之一，代号为 512，其主要目标是"跟踪世界先进水平，研发水下机器人等极限环境下作业的特种机器人。"

在国家"863 计划"精心组织下，1994 年"探索者"号研制成功，它工作深度达到 1 000 米，甩掉了与母船间联系的电缆，实现了从有缆向无缆的飞跃。从 1992 年 6 月起，又与俄罗斯科学院海洋技术研究所合作，以我方为主，先后研制开发出了"CR－01、CR－02"6 000 米无缆自治水下机器人，为我国深海资源的调查开发提供了先进装备。

2008 年，水下机器人首次用于我国第 3 次北极科考冰下试验，获取了海冰厚度、冰底形态等大量第一手科研资料。

"过去我们在国外考察时，深水作业机器人连参观都不让，20 世纪 90 年代他们出费用请我们过去，我们想看啥看啥，他们是想跟我们合作。"今非昔比的变化让贾培发无比自豪。

2008 年 3 月 20 日，中国研制的"CR－02"6 000 米自治水下机器人在南海海域成功进行深海试验，同时，中国已建造了两艘作业水深 6 000 米的无人深潜器，7 000 米载人深潜器建造进展顺利。

中国科协副主席白春礼院士介绍说，"CR－02"6 000 米自治水下机器人在成功完成实验室调试、湖上试验和工程化改造工作后，在南海海域成功进行深海试验，并通过了大洋协会组织的海上试验验收。他表示，该试验获圆满成功，标志着中国在自治水下机器人技术和应用方面实现了新的跨越，达到世界先进水平。

第 2 节　扼住海峡两端——东海舰队横穿日本海峡

东海舰队，中国人民解放军海军三大舰队之一，成立于 1949 年 4 月 23 日，最初以上海作为基地。东海舰队负责台湾海峡南端（广东南澳岛至台湾猫鼻头连线）以北、连云港以南的东海和黄海海域的防务。1949 年 4 月 23 日，解放军的第一支海军——东海舰队的前身"华东军区海军"在江苏省泰州白马庙成立，张爱萍将军任首任司令员兼政治委员。

在我军的三大舰队中，东海舰队的舰艇实力历来排在北海舰队之后列第二位。近年由于南海情势紧张，南海舰队的实力有所提升，与东海舰队基本齐平。

东海舰队现有各类作战保障舰艇 500 多艘，是三大舰队中舰艇数量最多的。其中导弹驱逐舰 6 艘，导弹护卫舰 19 艘，常规潜艇 26 艘，核潜艇两艘；此外还拥有登陆舰艇、导弹快艇、鱼雷快艇、猎潜艇、扫雷舰艇、侦察舰艇等战斗舰艇 300 多艘，以及东运 615（丰仓号）、东救 302（崇明岛号）补给船、救捞船等大中小型保障运输舰艇 170 多艘。

军委已经决定将来美国航母战斗群由台湾岛北部或西北部介入我军战役时，由东海舰队所在的南京战区担负阻吓，北海舰队和济南军区空军配合。东海舰队任重而道远。

第 3 节　"蛟龙号"二次潜水试验
成功突破 5 000 米深水大关

2011 年 7 月 21 日凌晨 3 时，海试现场指挥部刘峰总指挥下达了下潜指令，崔维成、叶聪、杨波三名潜航员驾驭着"蛟龙号"载人潜水器开始了下潜任务。4 时，下潜深度达到 1 777.7m，5 时 26 分达到 4 027 米，潜水器抛弃压载铁后开始上浮，7 时 48 分浮出水面，8 时回收至甲板。整个下潜试验历时 5 小时，潜航员对潜水器水下各项功能进行了试验，工作正常。此次下潜试验的成功，为随后的 5 000 米下潜任务奠定了坚实的基础。

2011 年 7 月 26 日 6 时 17 分，东太平洋蔚蓝海域，"蛟龙号"载人潜水器成功下潜至 5 057 米。这个下潜深度意味着"蛟龙号"可达到全球超过 70% 的海底。2012 年，"蛟龙号"将向其设计最大深度 7 000 米发起冲击。

"可上九天揽月，可下五洋捉鳖，谈笑凯歌还。"毛泽东主席当年在井冈山的畅想，如今得以实现。继"嫦娥一号"开启了中国人探月之门之后，"蛟龙号"让中国人的身影出现在了漆黑极寒的深海海底。

一、探海首先为了能源

为何要进行深海探测？能源是最重要的答案之一。海洋蕴藏了全球超过 70% 的油气资源，全球深水区潜在石油储量高达 1 000 亿桶，深水是世界油气的重要接替区。近 10 年来，人们新发现的探明储量在 1 亿吨以上的油气田 70% 都在海上，其中一半以上又在深海。

目前，海洋能源已成为全球主流能源体系的重要组成部分。中国工程院院士、中海油总公司副总工程师曾恒一介绍，海洋能源开发瞄准四大战略领域：①海洋石油的深水领域，全球海洋石油资源量44%在深水；②LNG（液化天然气）领域，进入21世纪，世界油气12项重大发现中有8项在海洋，其中7项是天然气；③天然气水合物，这是一种新兴能源，是天然气中的甲烷，在低温高压下以固体状态存在海底。全球天然气水合物资源量相当于煤、天然气、石油三者资源总量的5倍；④海洋能，这是取之不尽的低碳能源，开发潜力巨大。

1991年，中国向国际海底管理局申请登记为"先驱投资者"，获得了位于太平洋上15万平方千米开辟区内大洋多金属结核资源的勘探权，经过考察，最终圈定了7.5万平方千米的结核相对富矿区，并与国际海底管理局签订了《勘探合同》，从法律上明确中国对这一矿区拥有专属勘探权和优先商业开采权。这一区域相当于中国渤海的面积，约储有4.2亿吨多金属干结核，可以满足20年的开采需要。

在全世界，利用水下机器人和载人深潜器，许多发达国家也在不断积累对深海海底的资源认知度。海洋深处极端环境下，生存的生物其基因资源，有着巨大的科研和经济价值，是全球海洋科学家研究的热点（姚有志，1998）。

二、中国将成"深潜俱乐部"老大

海底的丰富资源对各国具有战略意义，能不能获得这些资源取决于各国的深海探测技术。深海科考是十分尖端的科研项目，乘坐过深潜器的人甚至比上过太空的人还少。目前，全球仅有6艘深海载人潜水器，分别由美国、法国、俄罗斯、日本和中国研制。

中国"蛟龙号"的深潜也引起了日美的高度关注。日本媒体称，"蛟龙号"深潜若取得成功，将把中国提升到深海潜水器俱乐部的头把交椅上，超过日、俄、法、美。美国《华尔街日报》指出，"蛟龙号"下潜5 000米的计划将成为中国在高风险科技领域与美国竞争的标志性事件。

三、中国"蛟龙号"出海，踏上寻宝之路

深海潜水器是海洋技术开发的前沿与制高点之一，体现着一个国家的综合技术力量。"蛟龙号"是中国第一台自行设计、自主集成研制的载人潜水器。在"蛟龙号"诞生之前，世界上只有美国、日本、法国、俄罗斯四个国家拥有载人深潜器。目前，"蛟龙号"是世界上下潜能力最深的载人潜水

器，最大下潜深度 7 000 米，可在占世界海洋面积 99.8% 的广阔海域自由行动。

太空与深海，是人类长久以来一直梦想征服的秘境。据统计，地表资源中约 70% 都蕴藏于海底。但和太空一样，人类对深海还知之甚少。小说《海底两万里》中的"鹦鹉螺号"激发了人们对海底世界的无限想象，然而要将想象变成现实，却并非易事。

正像进入太空离不开航天器一样，开发利用深海则离不开深海装载装备。拥有大深度载人潜水器和具备精细的深海作业能力，是一个国家深海技术竞争力的综合体现。

2002 年，深海潜水器研发计划"7 000 米载人潜水器项目"——作为"863 计划"重大专项得到正式批复，"蛟龙号"的研制开始启动。历时七载的联合攻关，"蛟龙号"实现了生命保障、远程水声通信、系统控制等关键技术的突破。"蛟龙号"的最大工作设计深度为 7 000 米，具备深海探矿、海底高精度地形测量、可疑物探测与捕获、深海生物考察等功能，理论上它的工作范围可覆盖全球 99.8% 的海洋区域。

根据国际惯例，深潜器不会立即潜至设计深度极限，而是按照 20% 的递增幅度慢慢下潜，"蛟龙号"也是按此惯例在不断下潜，不断调试。

2009 年，"蛟龙号"在南海成功进行了 20 次下潜，最大下潜深度达 1 109 米。

2010 年 8 月 26 日，"蛟龙号"在南海创下 3 759 米下潜纪录，使中国成为继美国、法国、俄罗斯、日本之后第五个掌握 3 500 米以上载人深潜技术的国家。

2011 年 7 月 1 日，"蛟龙号"伴随向阳红 9 号试验母船从江阴苏南国际码头起航，奔赴东太平洋执行此次 5 000 米级海上深潜试验任务。2011 年 7 月 21 日 8 时许，"蛟龙号"成功下潜到 4 027 米的深度，突破了之前 3 759 米的纪录。

按试验计划，将开展海底照相、摄像、海底地形地貌测量、海洋环境参数测量、海底定点取样等作业试验与应用，全面考核其在 5 000 米水深的设计功能和性能，为下一步 7 000 米下潜实验奠定坚实的基础，进一步锻炼和培养中国载人深潜技术能力。

四、地道"中国龙"

作为中国自行设计、拥有自主知识产权的第一台深海载人潜水器，"蛟龙号"从方案设计、初步设计到详细设计，全部由中国工程技术人员自主完成，总装联调和海上试验也是由我国独立完成。可以说，"蛟龙号"是一条地地道道的"中国龙"。

"蛟龙号"的总设计师徐芑南介绍说："整整7年时间，载人潜水器上的几个关键核心技术，像耐压结构、生命保障、远程水声通信、系统控制等，都是我们自己突破的。"

相比国际上现有的大深度载人潜水器，"蛟龙号"在技术上有三个独特之处：首先，"蛟龙号"具有先进的近底自动航行功能和悬停定位功能，便于目标搜索和定位；其次，"蛟龙号"具有高速水声通信功能，可以将潜水器在水下的语音、图像、文字等各种信息实时传输到母船上，母船的指令也可以实时地传给潜水器；最后，我国自行开发研制的充油银锌蓄电池与国外同类潜水器相比，容量是最大的，从而保证了水下作业时间。

未来"蛟龙号"的使命包括运载科学家和工程技术人员进入深海，在海山、洋脊、盆地和热液喷口等复杂海底有效执行各种科学考察，开展深海探矿、海底高精度地形测量、可疑物探测和捕获等工作，并将执行水下设备定点布放、海底电缆和管道检测以及其他深海探寻及打捞等各种复杂作业。

第4节 "瓦良格号"出海航行试验

2009年以来，我国与周边邻国海洋权益争端集中凸显，周边的许多国家和我国的摩擦与争执骤然升级，越南、菲律宾、马来西亚、文莱、印度尼西亚等国纷纷宣称对我国南沙拥有领土主权，制造争端。

不少民众认为，中国周边国土面积较小的国家在我国南海的行为肆无忌惮，也是因为我国没有一支以航母为首的海军舰队。但自从"瓦良格号"被普遍关注以来，我国政府极力避免刺激邻国，以免造成中国将施展"海上霸权"的错觉。

航空母舰是一个重要的国家战略工程项目，牵涉到国防工业的各个方面。虽然中国有关方面早就在20世纪80年代开始了这方面的筹划。在时任军委秘书长刘华清将军的主持下，海军装备论证中心已就要与不要、先造直升机/护航型还是一开始就直接上常规攻击型等议题做了周密而细致的论证工作，并且得出了相应的论证成果——航空母舰问世以来的80多年间，几经波折，最终发展成为今天舰机结合、攻守兼备、机动灵活、坚固难损和高技术密集的多球形攻防体系。它不仅是一个强有力的战术武器单元，是海上作战斗体系的核心，也是一个能抛投核弹的战略威慑力量（刘华清，2008）。❶

中国是一个濒海大国，有300多万平方千米的海洋国土。随着海洋开发事业和海上斗争形势的发展，我们面临的海上威胁和过去大不相同，需要对付具有远战能力的弹道导弹核潜艇和舰载航空兵。面对这种情况，中国海军的实力显得有些捉襟见肘。中国的海疆辽阔，却只有中小型舰艇和短程岸基航空兵，一旦发生战事，就只能望洋兴叹。❷

从这段描述中我们可以清楚地看到，航空母舰是一定要造的，而且一开始就要上常规攻击型航空母舰。有关方面早已在一些重要的领域内进行相关工作：不但先从澳大利亚收购了"墨尔本号"航母，而且后期又以民间名义，从乌克兰购来半成品的前苏联海军"瓦良格号"航母，并在2009年开始了紧锣密鼓的改装。同时，又通过一些渠道从乌克兰购买到SU－33舰载战斗机的原型机T－10。为有关方面参考、借鉴提供了坚实的物质保障。同时，在广州海军飞行学院开设了"飞行员舰长班"，在人员培养方面作出了重要的储备。

一、首次出航

2011年8月10日，"瓦良格号"航空母舰进行出海航行试验。

按照试验计划，首次出海试验时间不会太长，返回后将继续在船厂进行改装和测试工作。据了解，"瓦良格号"航空母舰于8月10日凌晨开始离开码头的。此次出海航行试验，"瓦良格号"航母没有依靠自身的动力，而是被拖船拖出码头。

由于官方发布"8月10日0时至14日18时，大连港OC3000－2#船出海进行航海试验，其他航船禁止驶入黄海北部辽宁湾特定海域"的通告，有人据此猜测，航母首次试航时间为5天。8月14日，中国首艘航母平台早上10

---

❶ 刘华清. 科技强军，理论先行［N］. 人民日报，2008.
❷ 刘华清. 刘华清回忆录［M］. 解放军出版社，2007：477～478.

时许从海试海域回到大连，停靠原码头，海军"88"舰也随后返港。至此，我航母平台首次出海航行试验顺利结束。改造完成的"瓦良格号"将成为大连舰艇学院第三艘训练舰（83 舰），已担任大连舰艇学院副院长的柏耀平将主抓 83 舰的日常训练工作。

二、使用思路

（一）训练思路

正在进行改造的"瓦良格号"的定位是中国首艘航母训练舰，并不是一条真正意义上的作战航母。"瓦良格号"的任务是训练未来"航母目标舰"的舰长、舰员；试验与磨合相关武器装备；探索中国航母编队的组成与作战体系构建。因此，"瓦良格号"航母在实际运行过程中，更有可能采用的是"一岗多人，轮训轮换"的训练思路，不固定舰员，甚至不固定舰长。据透露，这艘改装后的航母训练舰的人员编制约 2 000 人，航母军官与舰员的大范围选拔与培养工作几年前就已经全面展开。武汉航母工程模拟平台、葫芦岛舰载机训练平台，以及航母舰员训练综合保障舰（88 舰）相继建成使用。即将开始的海军院校体制调整，也将充分体现出中国特色航母舰长、舰员的人才培养路径。

（二）远洋作战问题

"你打你的，我打我的"，这一战略思想是毛泽东对我军战略战术的科学总结。中国的航母战略同样暗合此道，不与别国较劲竞赛，更不是为了威胁谁，而是立足本国的战略需求和军事现代化建设的发展步骤。与美国海军"尼米兹"级核动力航母和法国海军"戴高乐号"航母相比，中型航母的综合作战能力仍有一定的差距，但在积极防御的军事战略指导下，装备"瓦良格号"航母仍具有重大战略意义。目前，中国海军航空兵已装备有多型国产轰炸机和战斗机，并拥有了自行研发的空中加油机和预警机，海上作战范围正逐步扩大。不过，与岸基战机相比，航母的优势更为明显。

曾在中国空军部队服役的军事专家对《世界新闻报》记者说："陆基战斗机、轰炸机的作战半径和攻击范围是固定的，对手很清楚，而航母是一个移动平台，攻防面积大得多。"此外，中国海军已装备有着"中华神盾"美誉的新式驱逐舰、新式隐形护卫舰和大型登陆舰，如果航母能及时加盟，在舰载机的掩护下，未来中国海军的远洋作战能力必将大幅提升。他也强调，"航母是远洋作战的最基本平台"。由此可知，在中国海军走向"深蓝"的大背景下，确实需要航母随行。

更重要的是，中国目前的国际地位和总体发展战略也需要航母这样的装备与之匹配。军事专家认为："中国有着广阔的海洋利益，GDP 已经占据世界第二，如果中国一直没有航母，或是以后也不准备发展航母的话，那是与中国的经济实力和国际地位极不相称的。"中国军事科学院研究员姜连举也对《世界新闻报》记者说："无论从中国的战略发展格局，还是从军队建设的发展上看，中国都需要（航母这种装备），提升国际地位、和平崛起，也有这种需要。"

三、与西方差距

随着"瓦良格号"的未来走向逐步明晰，其作战能力也成为外界关注的焦点。以同级别的"库兹涅佐夫号"航母为参考，"瓦良格号"长约 302 米，宽近 70.5 米，满载排水量约为 6.7 万吨，舰载战斗机、反潜直升机和预警直升机的总数量应该不会超过 50 架。

与美国的"尼米兹"级航母以及法国的"戴高乐号"航母大型平直甲板的设计不同，"瓦良格号"仍保留着采用一定仰角的滑越式甲板。据美国"战略之页"网站等媒体此前猜测，未来中国自行研发的舰载教练机和歼－15 舰载机以及购自俄罗斯的卡－31 预警直升机可能会先后装备"瓦良格号"。

虽然装备"瓦良格号"可大幅提升海军作战能力，但与欧美海军装备的核动力航母相比，中型常规动力航母仍有不小的差距。中国社科院军控与防扩散中心秘书长洪源在接受《世界新闻报》记者采访时指出，就"瓦良格号"的初始设计和先进程度而言，与西方先进航母仍有很大差距，未来很可能会充当航母训练舰。一位曾在中国空军部队服役的军事专家对《世界新闻报》记者表示，"核动力航母可多年不用补充燃料，能长时间在海上作战，而常规动力中型航母需要时常补充油料，续航时间较短。"在舰载机出勤频率和舰载机载弹量方面，采用滑越甲板的"瓦良格号"也弱于装备弹射器的美欧大型航母。由此可知，即使中国海军装备改造一新的"瓦良格号"，也只是解决了航母的有无问题，短时间内还无法达到"航母强国"的水平。

据各个方面情况的判断，中国海军航空母舰战斗群正式形成战斗力还有一段时间。航空母舰本身只是其战斗群中的核心部分，还需要包括舰载战斗与勤务航空力量的建设；水下也需要攻击型核潜艇前出以清扫航路的"水下障碍"；当然也更离不开拥有强大防空与反潜功能的驱护舰编队，以承担航母战斗群周围 200 千米半径内防空反导任务及内层驱潜、反潜任务。必要时还要能与多用途攻击型核潜艇配合，利用舰载垂直导弹发射装置向敌对势力倾泻对陆攻击巡航导弹。现在这两种装备，一个已经进入工程建造阶段，另一个也存在了多年并正在逐渐完善中。

拥有航母，是中国人数十年的梦想。中国现在拥有的航母实体"瓦良格号"十几年的改造、试航到最终服役的历程，见证了中国航母梦从梦想逐步变为现实，也见证了中国军事实力的逐步发展壮大，中国海上国防从此开启了新的篇章。

第45章 交通运输工程技术领域的新突破

第1节 青藏铁路全线建成通车

建设青藏铁路是几代中国人梦寐以求的愿望。2006年7月1日，青藏铁路全线建成通车。青藏铁路的建成通车和安全运营，是中国铁路建设史上的伟大壮举，也是世界铁路建设史上的一大奇迹，标志着我国高原铁路技术达到了世界一流水平。青藏铁路架起了"世界屋脊"通向世界的"金桥"，给青藏各族人民送来了团结进步、共同繁荣的福音。

青藏铁路东起西宁市，南至拉萨市，全长1 956千米。其中格尔木至拉萨段全长1 142千米，位于海拔4 000米以上的地段有960千米，是世界上海拔最高、线路最长的高原冻土铁路，面临着多年冻土、高寒缺氧、生态脆弱三大世界性工程难题，建设施工和运营管理难度之大、设备可靠性和安全性要求之高，在世界铁路史上前所未有。

为攻克多年冻土冬天冻胀夏天融沉的工程难题，建设者们广泛借鉴和吸收国内外冻土工程理论研究和工程实践的成功经验，通过不断的科学实验，掌握了铁路沿线多年冻土分布特征和变化规律，确立了"主动降温、冷却地基、保护冻土"的设计思想，创新了片石气冷路基、碎石（片石）护坡护道路基、通风管路基、热棒路基等一整套主动降温工程措施，有效保护了冻土。

为保障建设者以及旅客、职工的生命安全和身体健康，在工程建设中建立了覆盖全线、较为完备的卫生保障体系，采取了科学有效的高原病、鼠疫病防治措施，配置高压氧舱，实行科学用氧，创造性地开展了隧道施工机械供氧，形成了一整套人员健康监控保障制度。

为保护好铁路沿线极为脆弱的生态环境，青藏铁路在中国铁路工程建设史上首次建立了环境监理制度，首次为野生动物修建了迁徙通道，首次在青藏高原进行了植被恢复与再造科学实验并在工程中实施；保证列车在高原运行污物零排放，并在格尔木、拉萨站配置卸污和垃圾、污水集中处理设施设备；格拉段各站区的生活、取暖均采用电能、太阳能等清洁能源，减少对大气污染物的排放，对铁路沿线生活垃圾实行日常集中存放，定期收集转运市政垃圾处理场，使高原生态环境得到了有效保护。

第2节　中国公路桥梁技术自主创新之路

科学发展观指导下的中国桥梁建设，既具有"科学合理，安全耐久，节约资源"的内在品质，又体现了对"系统"的整合、"精细"的落实、"创新"的突破三个方面的不懈追求。面对"超大跨径、跨海长桥、深水基础、特高墩塔"工程的挑战，努力实现"协作体系、组合结构、复合材料"的新技术突破，确保我国成为技术领先的桥梁强国（蔡文沁，2003）。

这15年（2006~2020年）为全面建设小康社会提供交通保障，公路网建设要实现新建公路110多万千米（其中高速公路4.5万千米）的目标。与此同时，将新建大中小桥梁约20万座，总长度预计会超过1万千米，其中跨径超过400米的特大跨径桥梁也将超过百座。

桥梁建设者将在"三条战线"上排兵布阵：继续修建东中部江河上的通道工程；挥师"西进"，建设深沟峡谷、雪域高原、黄土高坡、大漠戈壁地区特殊环境下的桥梁工程；挺进"沿海"，建设跨越琼州海峡、珠江口（连接港珠澳）、杭州湾、渤海湾、台湾海峡等通道工程。同时，"中国桥梁"作为一个品牌正在大踏步地"走出去"，参与国际桥梁工程建设。

一、杭州湾大桥

杭州湾大桥以630孔桥梁跨越36千米海面，按照"大型化、预制化、机械化"的技术政策，采用"整孔工场预制、大型机具运架、墩顶现浇混凝土变简支为连续"的工法，开发了张拉新工艺，有效保证了混凝土结构的耐久性。研制出1 600吨步履式架桥机成套设备和起重能力3 000吨的海上运架一体船，分别实现了50米箱梁整体梁上运架和70米箱梁的水上整孔架设工艺。杭州湾大桥建设的过程是一个不断创新的过程，先后开展了138项专题研究，获得了250多项技术革新成果，以九大系列核心技术为代表的自主创新成果作为支撑，建设起一座体现我国跨海桥梁最新技术成果的标志性工程，也是我国成功建设的具有世界先进水平的特大型桥梁工程，提升了我国在国际土木工程领域的地位。

二、上海卢浦大桥

以刚劲有力的箱形肋拱承托起 550 米跨度的上海卢浦大桥，是目前世界上跨度最大的钢结构拱桥，也是世界首座箱型拱肋结构的大型拱桥，还是世界首座除合龙接口端采用栓接外，完全采用焊接工艺连接的大型拱桥。该桥集斜拉桥、拱桥、悬索桥三种类型桥梁的工艺于一身，还创下了单体构件吊装重量和河中跨拱肋吊装重量两项世界纪录，并获得美国国际桥梁大会 2004 年度"尤金·菲戈金奖"和 2008 年度国际桥协（IABSE）大奖。

三、润扬长江大桥

由悬索桥和斜拉桥两座特大型桥梁结构托起的润扬长江大桥在 2005 年的劳动节前夕正式开通，让扬州、镇江两座千年古城"天堑变通途"的同时，也在扬子江上留下了一份"当惊世界殊"的杰作。大桥南汊悬索桥 1 490 米的主跨径使中国桥梁最大跨径在世界排位由第四位（江阴大桥保持）跃升到了第三位。悬索桥的南北矩形锚碇深基础施工采用冻结排桩法和地下连续墙工法。在深达 35 米和 52 米的基坑开挖中采取严密的监控措施，数以千计的预设监测元件实时传递结构和周围土体的位移、变形和受力情况的变化数据，确保安全生产，实现了信息化施工。大桥经过四年半的建设，"工程质量零缺欠，安全生产零事故，造价控制零突破"，代表了中国桥梁建设管理的新水平。

四、南京长江三桥

拥有中国第一钢桥塔的南京长江三桥以主孔跨径 648 米的钢箱梁斜拉桥跨越大江，215 米高的顶天立地"人"字形桥塔耸立江中。桥面以上的 180 米全曲线钢结构桥塔由工厂加工制作成 21 节段在现场吊装架设。精度符合国际现行标准，设计、制造、安装技术达到世界一流水平，实现了我国桥梁大型高精度复杂钢结构技术的跨越式进步。此外，该桥仅用了 26 个月的时间就建设完成，创造了中国大桥建设速度的新纪录，被誉为"在技术与材料创新、美学价值、环境和谐等方面有着突出贡献的桥梁建造工程"，并获得了 2007 年度美国国际桥梁会议"古斯塔夫斯—林德恩斯奖"。

五、苏通长江公路大桥

连接南通与苏州两市总长 8 千米的苏通长江公路大桥以"千米跨越"成为世界斜拉桥发展史新的里程碑，是我国建设标准最高、技术最复杂、科技含量最高的超大型桥梁工程。

这座目前全球跨度最大的斜拉桥如同蛟龙横卧在万里长江入海口，113 座桥墩支撑起钢筋铁骨的庞大身躯，两座主塔高 300.4 米，与法国埃菲尔铁塔相当，比之前世界排名第一的日本多多罗斜拉桥 224 米的主塔高出了 76 米多。支撑主塔的两座桥墩，屹立在长江深水中，每座面积有一个足球场大，131 根桩基深达 120 米，这是世界上最大、最深的群桩基础。主跨跨径在世界斜拉桥中第一次突破 1 000 米，达到了 1 088 米。比多多罗大桥原来保持的世界纪录长出了近 200 米，比之前位列中国第一的南京长江三桥的 648 米多出 440 米。在苏通大桥总共 272 根斜拉索中，56 根的长度打破了世界纪录，其中最长的为 577 米，重达 59 吨。苏通长江公路大桥工程依靠科技创新，成功创造了超大深水群桩基础、超高索塔、超长斜拉索和超大悬臂四个"世界之最"，实现了向世界斜拉桥技术领先水平的攀登。

苏通大桥的建成，提升了我国桥梁技术在世界工程领域的地位，代表了当前中国桥梁建设的最高水平。大桥荣获 2008 年度美国国际桥梁会议"乔治·理查德森奖"。

除此之外，世界上首座分离式双箱断面钢箱梁悬索桥——舟山连岛工程西堠门大桥（钢箱梁长 2 220.8 米为世界之最，主跨 1 650 米为"中国第一、世界第二"）和 730 米主跨的分离式钢箱梁斜拉桥——上海长江大桥均已成功合龙，大桥建设胜券在握。世界上首座多塔连跨千米级悬索桥——泰州长江大桥（2 × 1 080 米双主跨径）也正在施工中。中国桥梁百花园中，真可谓"百花争艳，美不胜收"。

在收获众多高品质桥梁工程的同时，我国桥梁工程的标准规范、计算理论、结构分析、模型试验、材料科学、施工工艺、施工设备、施工控制、检测技术、专用设备等方面的综合技术都取得了长足的进步，一大批科技创新成果、新的成套技术、新的工法、新的大型专用机具设备应运而生。覆盖桥梁工程专项技术研究的一批国家级重点实验室在关键技术的攻关中不断成长，科技研发实力达到国际先进水平。最可贵的是，通过工程实践锤炼出了一支能打硬仗，具备国际竞争力的建设队伍，培养出具有国际知名度的工程院士、设计大师和一批活跃在生产一线的中青年技术领军人才和高级技术能手，实现了"建设一批国际一流的桥梁工程，取得一批国际先进的科研成果，培养一支有国际竞争力的人才队伍"的目标。

中国桥梁建设者充满信心，将为中国和世界桥梁技术的发展书写出更加光辉灿烂的篇章。

第 3 节　世界航运崛起"中国力量"

21 世纪前 10 年，中国航运以开放的政策、崛起的企业、多赢的理念成就"中国因素"，与日益强大的祖国一起扬帆起锚，以自主创新和放眼全球的胸襟，成为全球瞩目的"中国力量"。

将时间倒回到 10 年前的 2000 年，魏家福还在苦苦思索中远集团的发展之路；李克麟在中海集团正大刀阔斧、壮志雄心；中外运集团和长航集团还未"牵手"……彼时中国航运界正处于即将入世的焦灼与期待之中。

21 世纪毕竟还是来了。在经历了两个五年规划、爆炸增长的 10 年后，我们发现，21 世纪的前 10 年绝对无愧于"航运大时代"的称谓。

一、入世拉开新时代序幕

2001 年 12 月 11 日，中国正式加入世界贸易组织（WTO），成为其第 143 个成员。对于 21 世纪的中国航运业而言，影响深远。

当时担任交通部副部长的张春贤表示，加入 WTO 后，中国航运业对外开放将坚持"一个承诺，两个程度"。"一个承诺"即凡是国家在 WTO 谈判中承诺的所有事项，交通部都无条件履行。"两个程度"：一是广度上扩大范围，二是深度上强化，逐步放开。加入 WTO，为中国航运业开创了广阔的国际竞争空间，"全球经济一体化"的新名词横空出世，航运业这一"外向型经济"以超前的意识，敏锐地捕捉到这一点，在"引进来"、"走出去"的互动中，积极地融入世界经济当中。

10 年间，按照市场经济的要求和运作规则，中国航运业积极推进航运投资和经营主体一体化，建立公平准入和竞争秩序。

2001 年 5 月 1 日，中国水路客货运价全面放开，实行市场调节价。2005

年 8 月，放开港口内贸货物装卸作业价格。此外，在国际国内水路运输、船舶代理、客货代理、船舶管理、理货等服务领域也按照 WTO 规则引入竞争机制，加强水路运输市场准入资质管理。2003 年，中国港口开始进行管理体制改革，实行政企分开。民营航运企业也迅速发展壮大，2010 年 10 月 6 日，发轫于山东青岛的海丰国际控股有限公司在香港上市，开始了崭新的发展历程。

10 年间，中国认真履行国际公约，全面加强船舶、港口设施保安工作；加快制订并完善水路运输应急预案，有力地保障"迎峰度夏"和特殊时期的煤炭、原油等重点物资运输；形成全方位覆盖、全天候运行、快速反应的水上险情应急机制和海空立体救助体系；以"四区一线"为重点水域，以"四客一危"为重点船舶，以"四季三节"为重点时段，全面加强水运安全管理，强化安全生产隐患排查和督促检查，积极推进航运安全长效机制建设。

10 年间，与台湾、香港与澳门地区的航运联系更为紧密，共生共荣，共同发展。2004 年 1 月 1 日，内地与香港、澳门签署的《建立更紧密经贸关系安排》（CEPA）全面实施。CEPA 包括了多项海运服务内容，实施后，香港航运、物流、码头企业进入内地市场的机遇更多，内地与香港航运业的交流与合作更加紧密，香港作为国际航运中心的地位得到加强，进一步促进了香港经济的发展，两地的航运业都得到了实惠。

2001 年 1 月 1 日，福建与台湾金门、马祖、澎湖海上客货运直航的"小三通"开通；2008 年 11 月，《海峡两岸海运协议》在台北签署，实现了两岸同胞渴望已久的两岸海上直航。2008 年 12 月 15 日，海峡两岸港口举行海上直航首航仪式，标志着两岸间海运进入了全面、双向、直航的发展阶段。2010年 6 月 29 日，《海峡两岸经济合作框架协议》在重庆签署，两岸从经贸文化交流到航运港口之间的合作，都日益频密。

二、开放潮流涌动九州

2001 年 12 月 11 日中国加入 WTO 当天，国务院发布第 335 号令，颁布《中华人民共和国国际海运条例》，自 2002 年 1 月 1 日起施行。中国加入 WTO的所有有关海运服务的对外承诺都在条例中以法律条文的形式予以载明，体现了 WTO 公开、透明的原则，外国航商在华合法权益受法律保护。

中国的国际海运业对外开放已取得积极成果，成为基本与国际接轨、充分竞争的行业，开放水平高于其他发展中国家，与发达国家基本相当。中国航运市场的开放为境内外航商提供了更大的市场空间和商业机遇，同时也为国际贸易提供了便利的运输服务。

2001 年年底中国加入 WTO 时，在中国 2 800 多个近洋航班和 669 个远洋航班中，境外航运公司分别占有 47.5% 和 70% 的份额。外国籍船舶在中国港口使用各种港口服务，包括码头设施的利用、装卸费用、燃油及淡水供应等方面，完全享受国民待遇。

中国加入 WTO 后，外商进入中国航运市场的规模继续扩大。根据承诺，中国对班轮运输的管理体制进行了改革，从 2002 年起取消班轮资格审批，改为登记制，新开航线备案即可，大大方便了班轮公司在中国开展业务。到 2009 年年底，外国航运公司在中国设立了 40 家独资船务公司以及 185 家分公司；外商在中国设立了独资集装箱运输服务公司 7 家，分公司 73 家。2009 年 12 月，地中海航运在上海设立独资公司。

而在沿海运输这个一般由本国承运人和本国旗船队经营的领域，中国也作出了开放的姿态。2004 年 3 月 24 日，交通部向国内外从事化工品运输的公司发布了"设立中外合资船舶运输公司从事中国国内港口之间化工品运输"项目招标公告，7 月 8 日，招标完成，共有 5 家中外合资企业进入中国国内化工品运输市场。这是中国政府在海运业管理中的一次改革和创新（路成章，2005）。

同时，伴随着中国码头经营的开放，跨国航运公司近年来纷纷参与沿海集装箱码头的开发和经营，由北到南，中国沿海主要港口都留下了外资航运公司的身影。2006 年 12 月 10 日，洋山港二期竣工启用，全球最大的航运公司马士基集团一举拿下其中 32% 的股权。

中国航运发展的突飞猛进使得外资船东获利丰厚。很多公司看好中国市场的长期发展，纷纷在中国设立地区总部。韩进海运（中国）有限公司董事长金煌中曾在接受采访时表示："中国经济强劲的发展趋势将持续 10～15 年，为了保证给客户提供更好的服务和更好地完善销售网络，韩进海运在中国本部的所在地——上海购买了新的办公室。"

三、沟通世界服务全球

"中国因素"自 2004 年被首次提出以来，如持续的狂潮席卷全球海运业。中国航运界认为，未来若干年，"中国因素"将以其对市场的重要影响吸引着全球航运业的目光，国际航运业只有加强合作，才能实现与"中国因素"的共同成长及共赢。

2010 年 11 月，魏家福表示，"中国因素"仍将为全球经济发展提供持续动力。他说，从 2000～2009 年，中国经济增量对世界贡献率达到了 15%，成为拉动世界经济增长贡献最大的国家，相信"中国因素"会继续在推动国际海运的发展中发挥重要作用。"中国因素"内涵变化将为全球经济注入新的活力，中国的进口增长明显加快，并大力发展节能环保低碳经济，这将为国际绿色经济的发展起到重要推动作用。

中国航运业在经历了被世界影响和改变的过程后，正在影响和改变着世界。这一点，在全球航运业者的认知中，毫无疑义。

中国加入 WTO 之后，为中国航运业进入国际航运市场提供了自由的空间，这无疑对国内航运企业的国际化发展颇有裨益。随着国内市场更加开放，对外贸易的国际环境进一步得到改善，中国参与世界经济的分工交换，经济对外依存度提高，大大促进了中国具有比较优势的产业发展，国际贸易运输量也得到了较大的提高，从而促进了中国航运业的发展。随着中国经济贸易向国际化、多元化、一体化的方向发展，航运企业也加快以港口为枢纽，以现代综合物流为主轴，形成向内向外两个扇面的综合性国际运输网络。

10 年来，中国航运企业参与第三国运输逐渐增多，开始大胆走出去，开辟了更多的航运市场，建立了更为广泛的市场网络，通过联合、联盟等形式扩大了在国际市场中的影响力。同时，外商大量进入中国市场，其在中国的利益上升，从而增加了中国在国际海运谈判中的主动权。

中国航运相关机构积极参与 WTO、国际海事组织等多边活动，在国际事务中发挥了越来越重要的作用，树立了良好的海运大国形象。中国船级社（CCS）参与了《油轮和散货船共同结构规范》的制定，并于 2006 年 5 月开始，作为国际船级社协会的主席单位，以"和谐理念"在国际海事界刮起"中国旋风"，确立了 CCS 乃至中国海运业在国际海事组织中的地位。

中国入世以后，中美两国于 2003 年 12 月 8 日签署了新《中美海运协定》，新协定于 2004 年 4 月 21 日生效。根据协定，美商独资船务公司在华经营范围进一步扩大，包括自船自代、集装箱多式联运和物流服务等，而且设立分支机构没有数量和地域的限制。与此同时，美国承诺给予中国国有航运企业"受控承运人"豁免，享有在美国的所有外贸航线上制定和实施运价方面与其他承运人相同的待遇，为中国公司提供了稳定、可预见的经营环境。

截至 2010 年年底，中国已与世界主要海运国家和地区签订了海运协定，连续 12 届当选为国际海事组织 A 类理事国，在国际事务中发挥了重要作用，较好地完成了履约国的义务，维护了中国良好的海运大国形象，在世界海运界的地位显著提升。

第 4 节　"科技创新"战略推进交通运输发展

"十一五"以来，交通运输行业不断强化创新能力建设，推进产学研相结合，加大科技投入，组织开展科技攻关，交通运输科技创新水平显著提升。

科技攻关提升发展质量和效益，交通运输行业紧紧抓住交通基础设施建设与维护、安全保障、节能环保等重点领域急需的共性和核心技术，组织调动行业和社会力量开展科技攻关，取得了一系列重大科技成果。

长江桥隧建设技术水平跻身世界先进行列，科技支撑完成了一批世界级高难度桥梁建设工程，推动我国由桥梁大国向桥梁强国迈进，公路隧道建设技术水平跨入世界前列；特殊地形地质条件下公路建设技术取得新突破，形成了沙漠、冻土、膨胀土、岩溶、黄土、盐渍土六类特殊地质筑路成套技术，使我国特殊地质地区筑路技术整体水平处于国际领先地位；航道整治和港口建设技术不断发展，形成了我国独创、世界领先的一整套大型河口航道治理的先进技术，港口建设重点突破关键技术及重大装备技术，推动了我国港口建设从沿岸近岸水域向离岸深水水域的发展；信息通信等高新技术的集成应用得到加强，电子政务、公众出行信息服务、道路运政信息化、高速公路不停车收费、港口物流管理、集装箱电子标签、国家空中交通管理系统、邮件自动化处理等方面的应用管理技术研究取得明显进展，智能交通和物流信息化实现由研究试验向集成应用转变；安全保障与节能减排技术取得重要进展，交通运输部与科技部、公安部联合实施了道路交通安全科技专项行动，构建公路交通安全技术体系框架，实现了应用技术、管理技术、标准规范、长效管理手段的创新，水上安全、救助打捞、船舶检验等监管手段和装备技术不断创新，广泛应用新技术、新材料、新能源。

一、有效保障可持续发展

"十一五"期间，交通运输部以加强交通科研基地、交通科技信息资源共享平台、科技人才队伍建设为抓手，强化创新能力建设，交通运输科技创新实力不断提升（齐然，2005）。

完善行业重点实验室布局，行业重点实验室达到43个，覆盖了公路水路交通科技发展的主要领域，在开展高水平研发活动、培养优秀科技人才、进行高层次学术交流等方面发挥了重要作用。积极推进国家重点实验室和国家级工程中心培育工作，取得了阶段性进展。交通科技信息资源共享平台建设顺利推进，促进了交通科技信息资源的共建共享和有效利用，提升了交通科技管理信息化水平。促进交通运输安全保障能力建设，科研水平不断提高，实施的一批国家级科技攻关项目有效提高了溢油、救助等应急能力建设。

积极探索以企业为主体的技术创新和研发组织模式，交通企业在重大科技研发、成果推广应用等方面加大投入，在技术创新中的主体作用进一步发挥，涌现出一批自主创新能力强的交通企业。各级交通运输主管部门注重加强科研条件平台建设，推进创新体系建设，为全行业科技持续创新提供了有力支撑。

交通运输行业通过科研基地建设、重点项目研发、专项培训计划等方式，培养、锻炼和会聚了一批交通科技人才，科技人才梯队逐步形成，人才队伍结构显著改善，交通科技可持续发展能力不断增强。

二、营造有利创新环境

交通运输部不断建立健全交通科技管理制度，完善交通科技创新政策，营造了有利于交通科技创新的良好环境，加强管理创新，提高了交通科技管理水平。

加强交通科技发展规划、管理制度和政策问题研究，完善了科技计划管理体系，设立了交通科技成果推广项目计划和企业创新项目计划，制定修订了科技项目、行业重点实验室建设、知识产权保护等管理办法。

交通运输部还与科技部建立了部际会商机制，与地方交通运输主管部门加强了科技合作与信息交流。民航局与国家自然科学基金委设立了民航联合研究基金。加快完善交通技术标准体系，国际标准化工作取得突破。交通运输部还积极搭建科技创新的国际平台，进一步提升了交通科技国际合作水平。采取科技示范工程、专项行动计划等多种方式，促进科技成果转化应用（李玲，2009）。❶

---

❶ 李玲. 交通运输部增设道路运输司和安监司［N］. 商用汽车新闻，2009.

　　强化决策支持研究工作，为交通运输行政管理、决策提供依据。针对交通运输改革发展的重大战略和政策、管理等问题，组织开展了建设创新型交通行业、发展现代交通运输业、推进资源节约环境友好交通发展等一系列重大政策研究，取得了一批重大研究成果，为部党组提出"三个服务"、"四个创新"、"三个转变"、"一条主线、五个努力"等交通运输科学发展的新理念、新思路、新举措提供了理论支撑。各地交通运输部门注重加强决策支持研究，取得了一批有理论、有实践的研究成果，有力地支撑了科学决策，促进了交通运输科学发展。

　　各地交通运输部门、交通科研机构、交通企业等组织制定和有效实施了"十一五"交通科技发展规划，建立健全了具有各自特点的交通科技管理制度，采取多种措施加大科技投入，积极探索成果推广应用的工作机制和途径，构建了较为完善的科技管理体系，推进了交通科技创新体系建设，在有效促进科技成果转化方面进行了有益探索，取得了明显成效。

　　据统计，"十一五"全行业科研投入超过 100 亿元，比"十五"增长 60% 以上，取得了一大批科技创新成果，获得国家级科技奖励 30 多项，部分成果达到国际领先水平，自主创新能力明显提高，为发展现代交通运输业奠定了坚实基础。

第46章　关于科技奖励制度的思考

为了奖励在科技进步活动中作出了突出贡献的公民、组织，国务院分别设立了五项国家科学技术奖，包括国家最高科学技术奖、国家自然科学奖、国家技术发明奖、国家科学技术进步奖和中华人民共和国国际科学技术合作奖。

国家最高科学技术奖每年授予人数不超过两名，获奖者必须在当代科学技术前沿取得重大突破或者在科学技术发展中有卓越建树；在科学技术创新、科学技术成果转化和高技术产业化中，创造巨大经济效益或者社会效益，获奖者的奖金为 500 万元人民币。国家自然科学奖授予在基础研究和应用基础研究中阐明自然现象、特征和规律，作出重大科学发现的公民。国家技术发明奖授予运用科学技术知识作出产品、工艺、材料及其系统等重大技术发明的公民。国家科学技术进步奖授予在应用推广先进科学技术成果，完成重大科学技术工程、计划、项目等方面，作出突出贡献的公民、组织。中华人民共和国国际科学技术合作奖授予对中国科学技术事业作出重要贡献的外国人或者外国组织（郭鸽，2010）。

这些奖项每年评审一次。其中，国家最高科学技术奖报请国家主席签署并颁发证书和奖金，中华人民共和国国际科学技术合作奖由国务院颁发证书，这两个奖项不分等级。其他 3 个奖项由国务院颁发证书和奖金，分为一等奖、二等奖两个等级；对作出特别重大科学发现或者技术发明的公民，对完成具有特别重大意义的科学技术工程、计划、项目等作出突出贡献的公民、组织，可以授予特等奖（李程程，2009）。

第1节　尊重知识、尊重人才
——国家科技奖励体系"成形"

科学技术奖励制度是我国科技政策的重要组成部分，是党尊重知识、尊重人才方针的具体体现。1950 年 8 月至 1955 年 8 月，国家先后颁布了 3 个科技奖励条例。但在 10 年动乱期间，刚起步的国家科技奖励事业被迫中断。

1978 年 3 月 18 日，全国科学大会在北京召开，我国再次迎来了科学的春天。会上对 7 657 项科技成果进行了隆重表彰，标志着我国科技奖励制度的恢复。此后 5 年间，我国科技奖励制度开始了重建的步伐。

1984 年，国家科学技术进步奖设立。1987 年，国家科技进步奖中增列"国家星火奖"（后于 1999 年停止），奖励在发展农村经济和乡镇企业中作出创造性贡献的科技成果。

1994 年，中华人民共和国国际科学技术合作奖设立，奖励对中国科技事业作出重要贡献的外国公民和组织。

1999 年，国务院对国家科技奖励制度进行了一次全面的改革，发布了《国家科学技术奖励条例》（后于 2003 年修订），国务院设立国家科学技术奖，包括国家最高科学技术奖、国家自然科学奖、国家技术发明奖、国家科学技术进步奖以及中华人民共和国国际科学技术合作奖（杨淑培，1999）。

1999 年，科技部发布实施《国家科学技术奖励条例实施细则》（后于 2004 年、2008 年两次修订）。

2003 年，科技部又发布实施了《关于受理香港、澳门特别行政区推荐国家科学技术奖的规定》。

至此，一个相对完整、层次鲜明、管理规范、导向明确的国家科技奖励体系基本形成，我国科技奖励基本形成了一个"国家科技奖'少而精'、省部级奖和社会力量设奖健康有序发展"的新局面。

第 2 节　中国科技界的最高荣誉
——国家最高科学技术奖

每年不超过两名的国家最高科技奖，是中国科技界的最高荣誉，但要摘取这项桂冠，需经过重重筛选。国家科技奖励工作办公室有关负责人给出了国家最高科技奖诞生"流程表"：省级政府、国务院有关部门推荐或最高奖获得者个人推荐——院士、专家对推荐人选进行咨询、打分——国家最高科技奖励评审委员会评选——国家科技奖励委员会审定——科技部核准——报国务院批准——国家主席签署证书，颁发奖金。根据《国家科学技术奖励条例》的规定，国家科技奖励委员会负责对国家科学技术奖励进行宏观管理和指导。国家科技奖励委员会聘请有关方面的专家、学者组成评审委员会，负责评审工作并向国家科技奖励委员会提出评审建议。

国家科技奖励委员会主任委员由科技部部长担任，科技、教育等有关部门的领导同志和著名科学家及有关专家 15～20 人为委员，以保障评选工作的科学性、公正性和权威性。组成人员人选，由科技部提出，报国务院批准。为确保最高科技奖的公正，国家最高科技奖励评审委员会实施的是记名投票方式，每一位评审委员都必须对自己的一票负责。到会委员必须有 2/3 多数通过才算有效。

2011 年 1 月 14 日上午，国家科学技术奖励大会在北京人民大会堂举行，刘延东宣读奖励决定。大会颁发了 2010 年度国家最高科学技术奖，获奖者为师昌绪、王振义两位院士。

国家最高科技奖每年授予人数不超过两名，获奖者必须在当代科学技术前沿取得重大突破或者在科学技术发展中有卓越建树；在科学技术创新、科学技术成果转化和高技术产业化中，创造巨大经济效益或者社会效益。获奖者的奖金为 500 万元人民币。

1999 年，我国对科技奖励制度进行了重大改革。取消了部门设奖，加大了国家科技奖的奖励力度，并且增设国家最高科学技术奖。该奖自 2000 年设立以来，已有 16 位科学家荣膺这一奖项，他们是吴文俊、袁隆平、王选、黄昆、金怡濂、刘东生、王永志、吴孟超、叶笃正、李振声、闵恩泽、吴征镒、王忠诚、徐光宪、孙家栋、谷超豪。

第 47 章　提升产业核心竞争力
——把战略性新兴产业培育成为先导支柱产业

我国正处于经济社会发展的战略转型期和全面建设小康社会的关键时期，工业化城镇化加速发展，面临着日趋紧迫的人口、资源、环境压力，现有发展方式的局限性、经济结构状况以及资源环境矛盾也越来越突出。2009 年，我国生产粗钢 5.68 亿吨，水泥 16.5 亿吨，分别约占世界总产量的 43% 和 52%，绝大部分由我国自己消费掉了；一次能源消耗达 31 亿吨标准煤，是世界能源消费总量的 17.5%。而同期我国的 GDP 只有 34 万亿元，约合 4.7 万亿美元，占世界 GDP 54 万亿美元的比重仅 8.7%，这种依靠大量消耗资源支撑发展的方式是难以为继的。目前，我国以世界 9% 的耕地养活了 20% 的人口，这是了不起的成绩，但到 2030 年，我国人口接近 15 亿，人均耕地面积要在目前 1.38 亩的水平上减少 10% 以上，保障粮食安全的压力不断增大。尽管我国近年来对节能环保高度重视，也取得了巨大成绩，但 2009 年全国七大水系劣五质类水质断面比例仍达 18.4%，我国二氧化硫排放量、二氧化碳排放量均居世界前列，大气污染、垃圾围城、工业点源污染、农业面源污染问题仍很严重。因此，到 2020 年要全面建成小康社会，到 21 世纪中叶基本实现现代化的宏伟目标，要保持经济社会可持续发展，必须深入贯彻落实科学发展观，缓解资源环境瓶颈制约，促进产业结构升级和经济发展方式转变、增强国际竞争优势，必须把握世界新科技革命和产业革命的历史机遇，加快培育发展物质资源消耗少、环境友好的战略性新兴产业（成特，2010）。❶

国际金融危机不仅加深了认识发展战略性新兴产业的重大意义，同时也强化了我国加快培育发展战略性新兴产业的紧迫性。当前，主要发达国家为振兴

---

❶　成特. 重庆：着重培育新兴产业［N］. 国际商报，2010.

经济、获取发展新优势，纷纷制定新的国家发展战略，加大投入支持，加速重大科技成果转化，培育危机后引领全球经济的新能源、新材料、生物技术、宽带网络、节能环保等新兴产业，努力抢占新一轮科技经济竞争制高点。因此，加快培育发展战略性新兴产业，不仅能够有效缓解全球日趋严峻的能源、资源、粮食、环境、气候、健康等问题，也将决定一个国家在经济全球化过程中的作用和地位。

第1节　战略性新兴产业的提出

中国的经济社会发展在经过 30 年的改革开放之后站在了新的十字路口，在"产业立国"的新历史阶段，中国的工业化之路也面临新的选择，且从已有发达国家的发展历程来看，从一个经济大国到一个经济强国，中国必须要给出新的产业方向定位，并作出切实有效的落实和实施（吕明元，2005）。

一、刺激经济新方案：总理与专家共商七大新兴产业

2009 年 9 月 22 日至 23 日，温家宝总理主持召开了三次新兴战略性产业发展座谈会，约请 47 名中科院院士和工程院院士，大学和科研院所教授、专家，企业和行业协会负责人，就新能源、节能环保、电动汽车、新材料、新医药、生物育种和信息产业七个产业的发展提出意见和建议，在随后公布的会议公告中，该七大产业被表述为"战略性新兴产业"。

在 11 月 23 日召开的首都科技界大会上，温家宝总理发表了题为《让科技引领中国可持续发展》的讲话，再次对上述七大产业作出更为具体的解释，同时对海洋、空间和地球深部资源的利用问题也提出了独到深刻的见解。这些领域共同构成了未来我国新兴战略性产业发展的科技攻关路线图（彭森，2011）。

目前，国家发改委制定的《战略性新兴产业发展规划》将成为我国在本轮国际金融危机背景下继 4 万亿元投资和十大产业振兴规划之后的新一轮刺激经济的方案。

国务院总理温家宝在座谈会上称，"发展战略性新兴产业，是中国立足当前渡难关、着眼长远上水平的重大战略选择"（彭森，2011）。

当然，这样一轮主要以创新性为目标的产业规划，如何给这个区域发展本

来就失衡的国家带来均衡发展的机遇，如何保证每年都在增加的就业需求，将是不得不考虑的问题。此外，这些产业的健康高效发展，需要同时具备"战略决策储备、科技创新储备、领军人才储备、产业化储备"等。这样一个被中国新兴产业崛起和经济发展转型寄予更多厚望的战略选择势必会道阻且长。不过，与危机之下的被动改革不同，在看到新的机遇并主动推进改革的思路情境之下，相应的制度变革的空间有理由被期待。

什么样的产业才能入选为"战略性新兴产业"？温总理有明确而科学的答案：一是产品要有稳定并有发展前景的市场需求；二是要有良好的经济技术效益；三是能带动一批产业的兴起。

考虑到包括海外资本在内的众多社会资本对这些新兴产业的投资热情，伴随战略性新兴产业发展规划，一个个新的财富故事也将诞生。如此诱人，也如此丰富多彩，而国家能否通过相应的制度安排将这些民营资本的投资热情与产业规划进行良好的对接，从而使得这些资金成为战略性新兴产业发展的动力，值得关注（李彬，2009）。❶

二、历史性抉择：不能再与科技革命失之交臂

中国作出如此战略性选择，具有国内发展转型和参与全球经济竞争的双重背景。

当今世界，一些主要国家为应对这场危机，都把争夺经济、科技制高点作为战略重点，把科技创新投资作为最重要的战略投资。这预示着全球科技将进入一个前所未有的创新密集时代，重大发现和发明将改变人类社会的生产方式和生活方式，新兴产业将成为推动世界经济发展的主导力量（程晖，2011）。❷

如果放入更为开阔的历史进程中来看，全球新一轮的科技革命似乎已经等待了中国 60 多年。

2009 年 11 月 23 日的首都科技界大会上，温家宝总理在报告中对中国在近200 年以来与全球的工业化革命和科技发展擦肩而过的历史表达了遗憾。温家宝说："由于众所周知的原因，近代中国屡次错失科技革命的机遇，逐步从世界经济科技强国的地位上沦落了。"

---

❶ 李彬. 新兴产业：中国经济新引擎［N］. 人民政协报，2009.
❷ 程晖，张婧. 新兴产业不是另起炉灶［N］. 中国经济导报，2011.

温总理特别指出，回顾一下近代以来的历史，中国曾经有过四次科技机遇，但四次均错失了。

第一次是当欧洲工业革命迅速发展的时候，中国正处于所谓"康乾盛世"。当时的清王朝沉湎于"天朝上国"的盲目自满，对外，将国外的科技发明称为"奇技淫巧"，不予理睬；对内，满足于传统农业生产方式，对科技革命和工业革命麻木不仁，错失良机。

第二次是1840年鸦片战争以后，在西方列强的坚船利炮下被迫打开国门的清朝，洋务派发动"师夷长技以自强"的洋务运动，但因落后的封建制度和对近代科学技术认识的肤浅终告失败，使中国又一次丧失了科技革命的机遇。

第三次是20世纪上半叶，由于军阀混战及外敌入侵，使中国失去了科学救国和实业救国的机遇。

第四次是"文化大革命"时期，新中国建立的宝贵科学技术基础受到很大的破坏，我们又失去了世界新技术革命的机遇，使我国与世界先进科技水平已经有所缩小的差距再次拉大。

温总理说，"前事不忘，后事之师"，"中国再不能与新科技革命失之交臂，必须密切关注和紧跟世界经济科技发展的大趋势，在新的科技革命中赢得主动、有所作为。"

第2节　新兴产业"七剑下天山"，潜伏新一代信息技术

国务院的《决定》提出，战略性新兴产业是以重大技术突破和重大发展需求为基础，对经济社会全局和长远发展具有重大引领带动作用，知识技术密集、物质资源消耗少、成长潜力大、综合效益好的产业。战略性新兴产业的发展既代表科技创新的方向，也代表产业发展的方向，体现新兴科技和新兴产业的深度融合，是推动社会生产和生活方式发生深刻变革的重要力量。

基于以上考虑，根据我国国情和科技、产业基础，围绕国家经济社会发展的重大需求，现阶段战略性新兴产业发展的重点包括节能环保产业、新一代信息技术产业、生物产业、高端装备制造产业、新能源产业、新材料产业和新能源汽车产业七个产业领域。通过加快发展，努力满足经济社会发展四个方面的重大需求，一是着力发展节能环保和新能源产业，有效地缓解经济社会发展的

资源、环境瓶颈制约；二是着力发展新一代信息技术产业，加快推进经济社会信息化，促进信息化与工业化深度融合；三是着力发展生物产业，提高人民健康水平，促进现代农业发展；四是着力发展高端装备制造、新材料和新能源汽车产业，提高制造业核心竞争力，促进产业结构的优化升级（房汉廷，2010）。❶

"十二五"规划中明确了战略新兴产业是国家未来重点扶持的对象，七大战略新兴产业犹如推动"十二五"中国经济发展的七把利剑，其中新一代信息技术又是重中之重。"十二五"时期，我国将把握信息技术发展的脉搏，加强前瞻性研究。以国家培育战略性新兴产业为契机，在建立完善体系的基础上加快汽车电子、医疗电子、物联网、平板显示、半导体照明等重点领域和重大工程的标准研究和制定工作，力争取得突破。

同时，以产业化应用为目标，促使自主创新、知识产权标准和产业发展形成良性互动。大力支持自主、可控、核心技术成果向标准化工作的转移，研究创新工作与应用的模式，把技术优势通过标准工具转化为市场优势。

信息产业是国际上发展最快的产业，也是国际化程度最高的产业。"十二五"时期我国电子信息标准化工作将更加主动、积极、全方位和深层次地参与到国际标准化活动中，在与各国业界精英交流切磋中，不断增加话语权，争得主动。

一、云计算将完全改变现有信息产业格局

云计算技术与应用，对中国构建自主信息技术体系是一个非常重要的挑战和机遇。

云计算的发展会彻底颠覆现有 IT 产业的格局。实现云计算后，一方面，个人计算机不再需要操作系统，连接网络的浏览器将能实现现有计算机的所有功能。另一方面，云计算通过规模效应，实现廉价但高效的计算能力，这就使得芯片个体性能的意义大为减弱。中国现有和潜在的巨大网络用户数量是云计算的规模基础，现有数量庞大的 IT 中小企业，将会是云计算的产业基础。云计算领域的特性，将在很大程度上发挥中国 IT 产业的"规模"优势，是中国科技振兴的王牌产业。

---

❶ 房汉廷. 发展战略性新兴产业要过七道坎［N］. 中国高新技术产业导报，2010.

传统的计算机产品和数据中心将不复存在，多媒体终端将大量普及，即插即用的服务模式将改变现有软件产业的竞争格局。跨国公司寡头垄断加剧形成，全球信息产业将进行重大调整，这些对我国信息产业将形成重大冲击，很可能使我们刚刚构筑的信息产业体系整体成为国外标准体系下的低附加值代工产业。

目前云计算产业还处于战国纷争的状态，互联网、软件、硬件、服务的各类巨头，都想成为未来云计算的提供商，直接掌握庞大的用户资源。一个产业真正做到成熟，必须有一个很好的价值链，有一个比较明确的分工。云计算技术与应用，对中国构建自主信息技术体系是一个非常重要的挑战和机遇。

二、物联网技术将带来重大变革

物联网与互联网全面无缝整合，能为各行各业带来变革性的重要影响，驱动全球信息产业的新一轮繁荣。

物联网是继计算机、互联网与移动通信之后的又一次信息产业浪潮。世界上的万事万物，小到手表、钥匙，大到汽车、楼房，只要嵌入一个微型感应芯片，把它变得智能化，这个物体就可以"自动开口说话"，再借助无线网络技术，人们就可以和物体"对话"，物体和物体之间也能"交流"，这就是物联网。以"物联网"为代表的信息获取技术，被很多国家称为信息技术革命的第三次浪潮。我们和世界保持着同步的研发水平，这将改变我们在前两次信息革命浪潮中的落后局面。

当前，包括中国、美国、欧洲、日本、韩国在内的国家和地区都在加紧制订相应计划，希望抓住物联网这个战略机遇，刺激经济发展，掌握竞争优势。目前我国已经把"物联网"明确列入《国家中长期科学技术发展规划（2006～2020)》，并纳入 2050 年国家产业路线图。

物联网涉及目前已有的信息技术和相关产业的各个领域，内容非常庞杂，包括传感器件、无线通信、信息安全、海量数据分析、嵌入式系统和云计算等，而物联网与互联网全面无缝的整合，能为各行各业带来变革性的重要影响，能够成为业务优化和创新的平台，能够驱动新一轮全球信息产业的繁荣，促进包括新能源在内的一大批新产业的发展和成熟。

物联网使得产品和市场将不再主导经济所有权，超区域的垄断不断加剧，价值链金字塔效应更加明显，全球财富将会迅速集聚到少数垄断核心技术和标准的产业巨头手中，我国经济长期增长的态势将面临前所未有的挑战。

三、下一代网络技术成为综合国力的重要因素

加快发展下一代互联网，不仅能够带动网络及其相关产业发展，更为重要的是能够不断拓展新的应用。

随着技术的进步，互联网取得飞速扩展，现已深入到生活的方方面面，甚至成为很多人生活中必不可少的一部分。但目前的互联网已不能继续支持信息业的再一次飞跃，于是下一代互联网的研究和建设已迫在眉睫。下一代互联网除了增加骨干网带宽，提升接入速率，提供视频类新业务之外，还应弥补当前互联网存在的种种缺陷。此外，下一代互联网的发展还需要解决总体策略这个关键性问题。下一代互联网应如何继续坚持传统互联网的端到端应用、业务免费及其主要用于科研教育的模式以及如何在此基础上增加电信理念，在网络平台上开展电信运营业务等，都是值得研究的问题。

下一代互联网是战略性新兴产业。我国下一代互联网市场潜力巨大，目前，我国互联网网民数位居世界第一，但 25% 左右的普及率与发达国家 50%～70% 平均水平相比还有较大差距。我国正处于工业化、城市化加速推进和国际化、市场化、信息化水平提高阶段，网络需求上升迅猛，市场潜力巨大，未来 5 年，网络建设投资需求将至少达数千亿元。电脑购置将创造总额为 1.2 万亿～1.5 万亿元的销售市场。路由器、交换机、系统软件、网管软件等设备和软件每年也会创造数千亿元的销售额。内容服务市场和智能家居、远程工作、智能交通等创新服务与应用所需软、硬件则更以数万亿元计算。

下一代互联网将带来生产生活方式的显著改善。加快发展下一代互联网，不仅能够带动网络及其相关产业发展，更为重要的是能够不断拓展新的应用。政府投资新一代的智慧型基础设施，能够显著改善人民生活、促进产业升级并提高生产力。有测算表明，主要基于 IPv6 技术的绿色 IT 能提高建筑能源利用率 20%～30%，每年可节约能源近 4 亿吨标准煤，经济价值超过 3 000 亿元，并能推动能源管理、电子社区、绿色居家、环境监控等领域效率的提高。

下一代网络将成为衡量一个国家科技发展水平的标志，将引发国际信息产业重新洗牌，推动经济和社会长期发展和繁荣。无论是为了保障中国国防和信息安全，还是在未来巨大的网络空间中争取话语权，我国都需要极大地对下一代网络技术、产业和标准进行投入和支持。

四、我国应加快构建自主信息技术体系

把握新一轮信息技术的发展态势和重点，对国家安全决策具有重要的参考价值。

新一轮的信息技术革命，加快了全球一体化的进程，信息技术的发展，使得国家安全面临严峻的挑战，美国极力利用 IT 巨头打造基于美国管控的重要信息基础设施，推行信息技术和其带来的全球互联网是当今权力运用的核心战略，国家安全的中心正在由基于国土的传统安全逐步向基于网络的非传统安全过渡。

把握新一轮信息技术革命浪潮的发展态势和重点，研究发达国家利用信息技术垄断世界的趋势，认清信息技术革命为我国社会和经济发展带来的机遇，研判在新形势下我国国家安全面临的形势等，对我国经济发展、社会稳定、军事外交等国家安全决策，具有重要的参考价值。新一轮信息技术革命必将改变 IT 格局，颠覆现有的垄断局面，将促进信息产业重新洗牌，对我国构建自主信息技术体系是一个非常重要的机遇。

第3节　多舛铁道部——高铁纳入
优先发展战略新兴产业

高速铁路之所以受到广泛青睐，在于其本身具有显著优点：缩短了旅客旅行时间，产生了巨大的社会效益；对沿线地区经济发展起到了推进和均衡作用；促进了沿线城市经济发展和国土开发；沿线企业数量增加使国税和地税相应增加；节约能源和减少环境污染（九州，2010）。

随着京津城际铁路、武广高速铁路、郑西高速铁路、沪宁城际高速铁路等相继开通运营，中国高铁正在引领世界高铁发展（张焯，2011）。❶ 中国高速铁路引起了国内外众多学者的深入思考。中国为什么必须建设高速铁路？短短几年中国为什么能够建成世界瞩目的高铁？高铁时代到底给中国带来了什么？

高速列车是高速铁路的核心技术之一，也是世界各国在高速铁路当中竞争的制高点。正式投入武广高铁运营的首批 22 列和谐号 CRH2 型武广动车组，

---

❶　张焯. 高铁时代会影响什么［N］. 中国邮政报，2011.

占全部动车组的 50% 以上，都来自中国著名的"南车"。最为值得一提的是，如同武广动车组"心脏"的牵引电传动系统和"神经系统"的网络控制装置等关键技术和核心部件，均由中国南车自主研制（谢开华，2010）。

一、引进先进核心技术自主集成的成功之路

近年，动车和高铁开始越来越多地进入民众视野，中国铁路开始进入高铁时代。发展迅速的背后是因为中国高铁对各国技术兼容并蓄，让整体水平实现了大跨步。

按照政策规定，国外企业进入中国铁路市场，必须与中国企业组成联合体，中国企业与外方的谈判也要由铁道部出面统一协调组织。为此国务院特意设立了技术车辆专业委员会，铁道部也成立了动车组项目联合办公室，在铁道部的统一协调下，国内重点机车制造企业分别受让了世界各国的先进技术。现在回过头来审视这段历史，可以说正是由于引进了各国的先进核心技术，才让中国高铁水平实现了大跨步；正是因为对各国技术的兼容并蓄，才让中国高铁企业具备了较强的系统集成、适应修改、综合解决并完成本土化创新的能力。

如果铁道部在当时因为期待中华之星能够逐步发展成熟而拒绝了国外技术引进，也许我们能等到中华之星发展成熟的那一天，但是这要等多久却是无法预料的，国民经济的发展在此期间受到的制约又如何计算呢？而且国际环境变幻莫测，如果我们不是在高铁尚未引起重视的 2004 年进行引进，而是等到各国纷纷上马高速铁路的现在才开始谈判，那么付出的代价必定要大很多，甚至可能根本无法得到核心技术。以航空工业为例，在 1996 年引进苏 -27 战斗机的时候没有配套引进 AL-31 发动机，而是期待自己的太行发动机能够很快成熟，可是结果怎么样呢？从那时到现在，我们不得不从俄罗斯采购了 500 多台 AL-31 发动机，而被寄予厚望的太行发动机质量问题不断，直到最近才可以大批量生产，结果国内航空发动机厂长期缺乏订单，俄罗斯厂家用出口挣的钱搞出了下一代发动机，又回过头来向我们推销。

高铁的成功，就在于铁道部在实际推进时不搞"自主研制"的噱头，踏踏实实地承认自己的不足，对引进的外国技术彻底吃透，然后形成自己的技术体系。这种做法恰恰是之前航空系统所缺乏的，盲目追求"自主研制"是导致中国大飞机项目两度失败的根本原因（张璐晶，2011）。

二、高速铁路驶入快速发展轨道

2010 年 12 月 7 日，国务院副总理张德江在第七届世界高速铁路大会上表示，政府已将高速铁路作为优先发展的战略性新兴产业，今后将在财政投入、建设用地、技术创新、经营环境等方面加大支持力度。

中国是世界高速铁路发展最快的国家，目前投运里程和在建里程全球最长。截至 2011 年 11 月底已投运里程达 7 531 千米，在建里程 10 000 千米以上。计划到 2012 年中国将建成 42 条高速铁路客运专线，高铁总里程将超过 1.3 万千米；到 2020 年将达到 1.6 万千米以上。据测算，未来三年中国将投资 9 000 亿元，建成 9 200 千米高铁。中国高铁的高速发展也吸引了全球 180 多家高铁生产商（张璐晶，2011）。

在当日会议现场，阿尔斯通和中国铁道部签署了一份长期战略合作协议。阿尔斯通与铁道部将在既有动车组和电力机车的合作基础上，拓展新合作，包括城际车辆、高速列车、机车等车辆以及城际列车、高铁信号系统的合作。届时，阿尔斯通将联手中国北车集团研发适合中国市场以及国际市场需求的铁路设备及解决方案。

三、拥有自主知识产权，非盗版日本新干线

中国高铁知识产权掌握在中国人手里，技术水平已超越日本新干线。

近日有日本媒体对中国高铁知识产权表示质疑，认为中国高铁是"盗版日本新干线"。事实到底如何？

2004 年，中国南车按照国家"引进先进技术、联合设计生产、打造中国品牌"的要求，和日本川崎重工合作，引进了时速 200 千米动车组列车。经过了 7 年的时间，通过联合设计研究性实验和国产化实施，掌握了时速 200～250 千米动车组列车的设计、制造和验证的技术，并自主建立了时速 350 千米动车组的设计、制造和验证体系。

中国南车集团四方股份有限公司副总经理马云双表示，中国南车走出了一条引进、消化、吸收、再创新的创新之路。中国国情决定了企业不可能照搬国外技术。"研发时速 350 千米的动车组充分考虑了我国高速铁路的特点。中国高铁桥梁比例比较高，采用了无砟轨道，因此转向架结构的参数就要调整优化；中国高铁隧道多，因此企业又强化了动车组车体气密强度等。"车头是高

速动车自主创新的重要标志。中国南车研发新一代"和谐号"CRH380A 高速动车组头型时，通过 20 个头型概念设计、10 个头型仿真分析、5 个头型风洞试验和 1 个 1：1 头型实物模型验证，全新研制了低阻力流线型头型。"CRH380A 动车组头型，无论是美工设计还是技术设计都是我们自己完成的。"铁道部新闻发言人王勇平说。

实际上，目前中国高铁的技术水平已经超越了日本新干线。数据显示，中国创新制造的 CRH380A 型车与过去从日本川崎重工引进技术、合作生产的 CRH2 型车相比，功率由原来的 4 800 千瓦增加到 9 600 千瓦，持续时速由原来的 200～250 千米提高到 380 千米；头车气动阻力降低 15.4%，气动噪声降低了 7%；转向架轮对实现了"踏面接触应力"比欧洲标准降低 10%～12%；车体的气密强度从 4 000Pa 提升至 6 000Pa，保证了列车在时速 350 千米隧道内交会的结构安全可靠性。

除此之外，京津、武广、郑西、沪宁、沪杭、京沪等高铁的线路最小曲线半径、最大坡度、线间距、隧道净空断面等主要技术标准都是目前世界高铁中最高的。

"我认为，打'嘴上官司'毫无意义，一切靠事实说话，靠数据说话。中国高铁的自主知识产权毫无疑问已完全掌握在自己手里。"王勇平透露，也有不少日本媒体从业者对京沪高铁表示了赞许。日本东京广播公司记者真下淳在京沪高铁做体验采访时说："京沪高铁科技水平很高，日本的新干线是没有的。""日本新干线经常弯曲前行，很难像中国高铁那样保持高速运行。"

（一）研发跨越三个台阶

高铁研发实行"举国体制"，会聚了一大批研发机构和人才，6 年跨越了三个台阶。中国高铁研发坚持政府主导，构建了"产学研"相结合的再创新平台，在不到 6 年的时间内，跨越了三个台阶（侯雪静，2010）。

第一个台阶，通过引进消化吸收再创新，掌握了时速 200～250 千米高速列车制造技术，标志着中国高速列车技术跻身世界先进行列。第二个台阶，在掌握时速 200～250 千米高速列车技术的基础上，自主研制生产了时速 350 千米高速列车，标志着中国高速列车技术达到世界领先水平。第三个台阶，中国铁路以时速 350 千米高速列车技术平台为基础，成功研制生产出新一代高速列车 CRH380 型高速动车组，标志着世界高速列车技术发展到新水平。

据铁道部总工程师何华武介绍，中国高铁研发实行"举国体制"。参加研发生产的有国内一流重点高校 25 所，一流科研院所 11 所，国家级实验室和工程研究中心 51 家，63 名院士、500 余名教授、200 余名研究员和上万名工程技术人员。

"目前，中国高速铁路在工程建设、高速列车、列车控制、客站建设、系统集成、运营维护和环保标准等方面形成了自己一套完整的技术标准体系。"何华武说，以列车运行控制系统为例，作为高铁核心技术之一，列车运行控制系统是指挥列车安全、高效、有序运行的"大脑"。中国列车运行控制系统结合我国铁路运输特点和既有信号设备制式，不可能照搬照抄。

（二）海外申请专利合情合法

日本《朝日新闻》7 月 5 日报道称，川崎重工总裁大桥忠晴表示："如果中国高铁海外申请专利的内容与中国和川崎重工关于新干线技术出口的契约相抵触，将不得不对中国提起诉讼。"

目前我国已经制定了 100 余项高速铁路建设标准规范，覆盖了工务工程、牵引供电、通信信号、系统设备、运营调度、客运服务六大系统，形成了具有世界先进水平的中国高铁技术标准体系和成套工程技术。据初步统计，目前我国高铁已经申请专利 1 900 多项，还有 481 项正在受理，从未与外国公司发生过知识产权方面的纠纷。

2009 年，美国通用电气公司和中国南车就合资合作进行了广泛的讨论，其中包括技术方面的讨论。通用公司的法律团队经过大量研究，认为在美国市场应用中国南车的技术不存在任何障碍。双方于 2009 年 12 月签署协议，中国南车将向其与通用公司在美国组建的合资公司转让国产动车组技术，这些技术已通过美国知识产权局的审查，不存在知识产权方面的问题。

今天，中国把世界高铁技术等级从时速 250 千米级提升到 350 千米级，正如当年日本借鉴欧洲技术，把列车时速从 100 多千米提升到 200 千米以上，都是世界铁路发展的重大进步。这两个进步，都遵守了国际法关于知识产权约定的宗旨，一方面要减少国际贸易中的扭曲和障碍，促进对知识产权充分、有效的保护；另一方面，要保证知识产权的执法措施与程序不至于变成合法的障碍。

中国的高铁技术相对于德国、日本等有三个优势："一是从工务工程、通信信号、牵引供电到客车制造等方面，中国可以一揽子出口，而这在其他国家难以做到。二是中国高铁技术层次丰富，既可以进行 250 千米时速的既有线改造，也可以新建 350 千米时速的新线路。三是中国高铁的建造成本较低，比其他国家低 20% 左右"（张梦，2010）。

高铁让中国铁路扬眉吐气地站在了世界铁路发展前列。

（三）"动车追尾"事件致中国高铁全面"减速"

2008 年 8 月 1 日，中国第一条高速铁路——京津城际铁路通车运营，使中国成功跻身"高铁国家"之列。截至目前，中国投入运营的高铁里程已达 8 358 千米（在建里程达 1.7 万千米）。

从无到有，中国的高铁只用了不到 10 年时间。"中国速度"的神话，仿佛是整个中国经济的缩影，一度如此振奋人心。

但在 2011 年 7 月，一系列高铁事故和惨痛的教训却让中国人陷入深思：这样的神话，究竟是被如何制造出来的？

"京沪高铁的安全质量需要用时间去检验。"7 月 13 日，中国科学院院士、中国铁道学会学术委员会副主任委员、光通信领域著名科学家、北京交通大学光波技术研究所所长简水生教授在接受《华夏时报》记者采访时曾如此说。10 天以后，甬温线就发生了"7·23"特大事故。

"7·23"动车追尾事故发生后，高铁产业链条相关上市公司股票纷纷陷入"泥潭"。A 股高铁指数在事故后的首个交易日大跌 5.81%，随后一路下行。在事故发生后的十余个交易日里，中国南车 A 股的股价缩水逾 20%，其定向增发的融资计划也出现变数。

（四）吸取"7·23"事故教训，继续完善发展高铁

甬温线"7·23"列车追尾事故发生后，对中国高铁方方面面的质疑之声四起，这些质疑之声里有公众心声的理性表达，但也夹杂着一些情绪化的非理性宣泄。

尽管造成事故发生的最终原因目前还未披露，但我国高铁的某些方面存在问题是不容置疑的。但这些问题绝不是不能解决的，脱离理性去对这些问题过度渲染，不仅会让公众对中国高铁产生某种程度的恐惧，还会干扰中国高铁自我修复、自我完善、继续前行的步伐（徐恒杰，2011）。

一件新生事物总是在不断解决矛盾中发展壮大的。当前，全世界范围内公共安全事故频发，尚处在起步前行的中国高铁还很年轻，只有短短 3 年的时间。在今天中国高铁面临最艰难的时刻，广大民众应当能够作出严厉问责和鼓励前进之间的理性区分，在严厉批评的同时也应看到，铁路的快速发展对国民经济发展的有力促进，高速铁路的快速发展让公众出行更加方便快捷。

作为铁路部门，面对公众的问责，应该始终保持一种积极的心态，既不回避问题，也绝不能气馁，应当痛定思痛，认真查找事故原因，深刻吸取事故教训，不断完善高铁技术和高铁管理，努力打造更加安全、更加快捷的高速铁路，以更加出色的成绩回报广大民众的宽容和支持（张依，2011）。

第 4 节　新能源汽车：中国汽车追赶世界的机会

2010 年 4 月，亚新科公司总裁杰克潘考夫斯基的一段话引起了广泛关注，他说："当我们从现在回望 20 年，2009 年可以被视作全球汽车业的令旗从美国交接到中国的一年。"他之所以如此说，就在于中国新能源汽车的迅猛发展，以及中国政府推进新能源汽车发展的积极态度。

为了能够在未来新一轮汽车竞赛中占据领先地位，新能源汽车自第一天登陆中国开始就集万千宠爱于一身。从多年前被炒得火热的燃料汽车到现在的纯电动汽车，中国在新能源汽车的道路上不断调整着靶心。作为高科技产品，新能源汽车似乎还未能走出实验室（乔振祺，2010）。

依靠政府扶持走好迈向市场的第一步，这是各国所公认的。但是目前仍没有哪个国家能够将新能源汽车完全推向市场，包括中国。那么中国的新能源汽车该如何克服自身短板实现成功登陆？新能源汽车的智能化是否是可行的？

一、遍地开花的新能源汽车联盟

作为中国经济改革重要的推动者之一，李荣融 7 年的国资委主任生涯成绩斐然。虽然"做大做强国企"的目标后来饱受争议，但是没有人能够否认，他所领导的国资委是中国少见的高效政府机构。李荣融上任 7 年，国资委通过一系列国资规范和管控措施，将所掌管的国有资产从 7 万亿元增长到 21 万亿元，年上缴利润超过万亿元。本来可以轻松功成身退，但李荣融却在卸任前最后一周留下悬念。

2010 年 8 月 18 日，由国资委牵头组织的"中央企业电动车产业联盟"正式宣布成立。这是他作为国资委主任最后一次出现在公众面前，6 天后即正式卸任。央企联盟被看作李荣融在国资委的最后一次重大布局。与国企改革的成效不同，外界对于央企联盟几乎是一边倒的负面评价。

新能源汽车已经被列入中国"加快培育和发展"的 7 个战略性新兴产业，《节能与新能源汽车产业发展规划（2011～2020 年）》即将出台，未来 10 年政府将在这个领域投入"超过 1 000 亿元人民币"的扶持资金。央企联盟甫一面世即被外界质疑为"垄断资源"的平台。

实际上，在这个最高级别的联盟成立前，新能源已经让中国汽车行业走入"全民联盟"时代。从 2009 年 3 月全国首个新能源汽车产业联盟在北京诞生，一年多时间中国已经涌现出十几个此类联盟，几乎所有汽车制造商都在一夜之间加入了一个甚至几个联盟。而且，在这个最高级别联盟的刺激下，新能源汽车产业结盟再次提速。此后两个月中又有多个产业联盟相继挂牌。

二、推广试点——新能源汽车"大跃进"

无论是国企改革试点，还是医疗改革试点，甚至现在的三网融合试点，先试再推一直被严格遵守着，可是到了新能源汽车试点，规则被打破。2009 年，《关于开展节能与新能源汽车示范推广工作试点工作的通知》公布，北京、上海等 13 座城市成为试点城市；并被鼓励率先在公交、出租、公务、环卫和邮政等公共服务领域推广使用节能与新能源汽车。等待的耐心经不住市场的考验，2009 年，中国新能源汽车市场乱象丛生，试点示范与市场推广同时进行，整车生产厂商、零部件生产厂商、众多厂家为求短期利益一哄而上，造成资源浪费和产能过剩。郎咸平称之为第二次大跃进（陈柳钦，2010）。

最近，比亚迪在深圳先后投放 100 辆 E6 纯电动出租车，华南理工大学汽车机械学院石柏君评价道："这样做是对的，先在局部进行试验，比如，出租车和公交车，成功了，再考虑推广的事情。德国就是这么做的。但问题是，100 辆出租车的试运结果还没出来就进行大规模普及，这样做是非常危险的。"

工信部产业政策司司长辛国斌曾对媒体说："目前，新能源汽车生产呈现一哄而上，遍地开花之势，有条件的地区和企业在上，一些不具备基本条件的地区和企业盲目创造条件也在上。"也许是受了汽车远景规划的提振，目前，我国握有"准生证"的新能源汽车整车制造商 40 多家，重要零部件生产商也有几十家，中石油、中海油、中石化、国家电网和南方电网等巨头已对新能源汽车充电站市场虎视眈眈。一场血雨腥风在所难免，恶性竞争的结果是财富和资源的巨大浪费。

三、补出的虚火

新能源汽车是一场全球竞赛，汽车大国政府无不希望通过政策扶持占领其制高点。如果把新能源汽车上的第一轮政策较量简单地理解为烧钱，中国甚至已经落后（武德俊，2009）。2010年6月，奥巴马政府通过为电动车发展再提供60亿美元津贴的提议，美国政府之前已经拨款250亿美元用于支持插入式电动车的发展，后续又再拨款24亿美元用于支持车用电池的发展。

2010年6月1日，国家四部委联合下发了《关于开展私人购买新能源汽车补贴试点的通知》（以下简称《通知》），政府再次利用看得见的手，助推新能源汽车登陆中国市场。

《通知》规定，纯电动乘用车每辆最高补贴6万元，插电式混合动力乘用车每辆最高补贴5万元。试点之一的深圳更是加大力度，对插电式混合动力汽车和纯电动汽车分别追加补贴3万元和6万元。也就是说，在深圳购得一台比亚迪E6纯电动车将获得12万元补贴，是其预估价30万元的40%。如此利好的消息，消费者应该欢呼声一片。然而，三个月以来，市场的反应却极其冷淡，原因是"没有电动汽车可卖"，"目前还没上市"等，至于补贴事宜更是无从谈起。颇受国人关注的比亚迪F3DM原定2010年4月份在全国正式上市，但终因技术问题而被无限期地搁置。一方面是诱人的购车补贴，另一方面却是尴尬的无车可补，《通知》成为了一纸空文（孙超，2011）。

如此昂贵的补贴引来众多质疑，"插电式混合动力轿车和纯电动汽车还没造出来，为什么就急着推补贴政策呢？"国家相关部委保持沉默，一些业界人士尝试追踪其意图并作出如下解释，"政策的颁布对汽车企业加大纯电动汽车的自主研发起重要的引导作用，能促进国内企业加大在这方面的研发投入。"然而，要拥有自主技术，国内企业必须具备足够的资金支撑庞大的研发支出，包括人力成本和时间成本。遍观国内汽车企业，无一家有此实力。拥有世界顶尖的电池电机电控技术的美国、德国和日本目前也处于新能源汽车的研发进行时，除了大公司自己出资搞研发，欧美和日本等国政府也为国内科研机构和院校的汽车基础理论研究和实际应用研究提供资金支持，这也成为发达国家汽车市场创新和赢收源源不断的动力。

上汽集团某负责人曾对媒体表示，有关"中国的新能源车技术站在全球同一起跑线上"的说法是不合实际的。中国在最核心的电池、电机、电控等技术领域里，与国外还有 10 年的差距。

纯电动汽车被公认为未来最理想的汽车产品。而在纯电动汽车时代，得电池者得天下。电池之于纯电动汽车好比发动机之于传统汽车，是电动汽车的动力来源。而目前，高性能动力源技术未能得到有效解决。现有产品面临着续航能力差、使用寿命低、装载不便携、电池不安全以及价格昂贵的问题。世界主要的电池核心技术集中在美国、德国和日本。中国目前尚不具备自主研发电池的能力（车神，2009）。

所以，要想在新一轮竞争中占得主动，中国必须拥有自己的技术。而在产业规划前期，必须进一步加大对研发的投入力度。光靠政府的补贴推动显然不是办法，车企才是新能源汽车的主角。

四、他山之石——厚积薄发

2009 年，国家提出了电动车未来规划：到 2011 年电动汽车达到 50 万辆（程广宇，2011）。《汽车与新能源汽车产业发展规划》草案提出到 2020 年，新能源汽车产业化和市场规模达到世界第一，新能源汽车保有量达到 500 万辆。以混合动力汽车为代表的节能汽车销量达到世界第一，年产销量达到 1 500 万辆以上。过分注重结果而忽视过程的积累应该是盲目进入、一哄而上的根本原因。

1998 年，丰田推出第一款混合动力车，到今天该车在全球的累计销量已达上百万辆。其中，丰田普锐斯的销量占其全部销量的 72%，成为目前世界上最成功的混合动力车型。凯迪拉克凯雷德和本田思域油电混合车型是世界顶级新能源汽车，却仍在研发当中，并没有投入大规模生产。郎咸平教授说："以德国为例，他们会从改进现有的发动机技术出发，按部就班，一步一个脚印地去做。他们发现做新能源汽车是有阶段性的。"审慎理智，脚踏实地，步步为营，这才是新能源汽车发展的正确途径。

似乎我们跟美国站在了一条起跑线上，美国在 2009 年提出规划，到 2015 年有 100 万辆充电式混合动力车上路。购买新能源汽车可获税收减免；同时，政府投入 4 亿美元支持充电站等基础设施建设。然而，一个被忽略的事实是，美国之前是经历了坚实的铺垫和积累才走到今天这一步的，正所谓厚积薄发。美国 1993 年计划在 2003 年降低美国汽车油耗的 1/3。2007 年，要求美国汽车行业在 2020 年前，提高汽车燃油率 40%。2009 年，设立 20 亿美元，扶持新一代电动汽车所需的电池组及其部件的研发。以降低油耗，减少环境污染为目标的战略部署一步步走起来厚重而又坚实，也才有合理布局产业的可能。

近邻日本也是这样，2009年，日本实施"绿色税制"，购得符合规定的新能源汽车就可免除多种税赋。而在这之前，日本做了大量的基础性工作：从1965年开始，就启动了电动车的研制计划；1971年，研发新能源汽车，提供100%资金支持公众关注的新技术研发。1993年，实施"世界能源网络"计划，深入研究氢及其基础设施技术。同时计划建立2 000个燃料供应站。2006年，出台《2030年的能源战略规划》，提出使日本对石油的依赖降低到40%等。这是一个由研发带动起来的一系列战略部署，它涉及产学研商各个方面，建立了从零部件生产到配套设施的设立，从标准的制定到政策的扶持一整套产业链布局和规划。这样的路走起来比较厚重和安全，而以汽车数量和产能数字为目标只会刺激人们产生做事一步登天的浮躁心理。计划经济时代的大跃进思想已被证明，这种做法具有较强的号召力但不符合客观经济规律。

目前，我国未来的汽车能源战略尚不明晰，电动车的产业化部署还不清楚，电力供应、充电基础设施等保障性设施还未提出成熟的解决办法。业内人士指出："新能源汽车竞争的核心是技术的突破。政府和企业关注的重点必须聚焦于掌握核心技术，建立自主知识产权，并在此基础上推进产业化。绝不应急于抢先从国外买进关键零部件拼出几辆汽车造势，制造'虚热'。"

五、智能通道——汽车智能技术

当前与新能源汽车同样火热的，是智能汽车。其实两者是相通的。汽车智能化的一个重要目标就是低碳节能降耗。新能源汽车采用智能化技术，也同样有利于其节约能源。例如电动车，如果采用智能技术节约能耗，就能提高电池的使用时间和使用寿命，对于受制于电池技术的电动车来说，是很好的选项。

新能源汽车与智能汽车虽然是两个独立的发展方向，但是作为汽车的两大趋势，其发展必然会是同步的。两者都不可或缺，因此，将来这两大技术必然会整合到一起。而谁能尽早开始这一进程，谁就能在未来的市场竞争中获得优势（李东卫，2011）。

对于当前的智能汽车应用技术来讲，并不复杂，当前智能汽车的功能还停留在车载导航及信息娱乐系统等，这些很容易成为汽车的标配。新能源汽车虽然以"新能源"为主打概念，但是融入这些智能技术，也是增加汽车附加值、吸引消费者的好办法。

也许有一天我们能开着无人驾驶的氢燃料车，来往于世界各地，不用担心燃料用尽，不用担心环境污染，也不用担心驾驶疲劳，我们可以在车上办公、娱乐，还能静静地坐在车上观赏沿途的风光。这就是"新能源智能汽车"的应用前景，这一天终会到来。

第48章　全球经济一体化的必然选择
——国际科技合作

经济全球化对我国经济发展的影响是一把双刃剑。一方面，经济全球化给我国带来机遇，加速了我国对外开放的步伐，有助于我国在改革攻坚阶段棘手问题的解决，促进了我国经济增长方式的转变，同时加速了我国社会主义市场经济体制的建立；另一方面，经济全球化又给我国经济带来挑战，它给我国国民产业的发展和生态环境带来了威胁，同时对我国经济管理职能和我国政治稳定提出了挑战。面对这种挑战和机遇，我国也必须在推进国民经济和社会信息化进程、加强对外开放力度、提高民族创新能力和加速推进经济法制改革等方面采取相应的措施，这样才能使我国经济又快又好地发展（薛澜，2000）。

"科技的灵魂在于开放。"中国国家科学技术部部长徐冠华在国务院新闻办于2003年2月20日举行的新闻发布会上，向中外记者介绍中国国际科技合作新进展时如是说。

科学技术是在人类的共同努力、相互交流中发展起来的。在经济全球化趋势下，科技国际化已成为当今世界的主要发展趋势。同中国经济的日益开放一致，中国科技也在逐渐走向国际化（王春法，2001）。

在"平等互利、成果共享、保护知识产权、遵从国际惯例"的原则下，中国国际科技合作20年来得到了快速发展。"请进来，走出去"的双向渠道越来越通畅，中外科技合作与交流日益蓬勃发展。具体表现在合作领域不断拓宽，合作规模日益扩大，合作渠道日趋增多，合作方式也日益灵活。

改革开放初期，中国的国际科技合作更多地局限于人员的一般往来，如今进入开展合作研究项目、中外联合在华或在外合办科研机构的新阶段。合作内容在最初比较单一的科学研究、技术引进的基础上，开始了更广泛的产业研究开发等。中国科技在新世纪呈现了更加开放的崭新形象。

第 1 节　政府间科技合作

1978 年以前，中国与外国政府间的科技合作与交流，主要是与第三世界和一些东欧国家进行的。

1978 年后，中国大力开展了与包括西方发达国家在内的政府间合作与交流。迄今为止，中国已先后与世界上 152 个国家和地区建立了科技合作与交流关系，并同其中的 96 个国家签订了政府间科技合作协定或经贸与科技合作协定。

在政府间科技合作协定的框架下，各专业部门也与外国的相应部门签订了部门间科技合作协定。

例如，农业部已与 100 多个国家的农业部门和联合国粮农组织及其他国际农业组织建立了科技合作与交流关系，与其中 20 多个国家签订了农业科技合作协议；卫生部与 52 个国家签署了卫生合作协议或备忘录；国家环保局已与 27 个国家签订了 30 多个双边环境保护协议或备忘录；国家质量技术监督局参加了 24 个国际组织，并与 50 多个国家的相应部门建立了合作与交流关系；核工业集团公司与 16 个国家签订了政府间和平利用核能合作协定，与 40 多个国家建立了合作与交流关系。

中国的多边科技合作同样非常活跃。世界上约有 6 000 个双边、区域性或全球性科技合作计划，以及数百个双边或多边科技合作基金。仅 1999 年一年，中国就新参加国际科技组织 34 个（其中政府组织 5 个，非政府组织 29 个）。到目前为止，中国已经加入了 1 000 多个国际科技合作组织（安冈，1999）。

1995 年 10 月，在北京召开的首届 APEC 科技部长会议，为亚太地区全方位的科技合作奠定了基础；1999 年 10 月，由中国主办的首届亚欧科技部长会议，则启动了亚欧两大洲之间的科技合作（钱三妹，1999）。

中国政府还通过合作基金形式促进国际科技合作的开展。目前，已经建立了中国—以色列科技合作基金、中国—澳大利亚科技合作特别基金、中国—亚太经合组织科技产业合作基金。

派驻科技外交官也是中国政府推动和加强与国外科技合作与交流的重要举措。改革开放前，中国曾向 18 个国家的驻外使馆派出 40 多名科技外交官，现在已经在 47 个国家和地区的驻外机构中配备了 128 位科技外交官。

第2节　半官方及民间科技合作

在政府间科技合作的推动、示范和鼓励下，中国的半官方及民间科技合作交流也取得了相当大的发展。科研机构之间、高等学校之间、科技学术组织之间、企业之间、城市之间以及科学家个人之间的交流都很活跃。

截至 2003 年年底，中国国家自然科学基金会与 38 个国家和地区的科学基金及科研机构签署了 58 个合作协议，积极支持国际科技合作。国际合作交流项目经费约占其总经费的 4.6%，主要用于国际（地区）合作研究项目、出国（境）参加国际学术会议项目、在华召开国际学术会议、资助留学人员短期回国工作讲学专项基金、国家重点实验室国际合作交流专项基金、国家自然科学基金会—香港联合资助局联合科研基金、重大国际（地区）合作交流项目基金。中国国家自然科学基金项目中用于国际合作的经费可占项目总经费的 10%～20%。自 1987 年以来，中国国家自然科学基金用于国际合作的经费呈快速上升趋势。2002 年度，自然科学基金会共资助国际合作项目 1 934 个，批准资助经费 8 104 万元，而在 1991 年，这个数字仅为 500 万元。

中国科学院已同 60 多个国家和地区建立了科技合作关系，签署了院级合作协议 80 多个，所级合作协议近千个，每年出访和来访合计 1.5 万人次，每年召开 100 个左右的国际和双边会议，近 400 位科学家在 400 多个国际科学组织和机构中担任不同层次的职务。同时，中国科学院与国外著名机构建立了一批联合实验室、青年科学家小组和伙伴小组、跨学科研究中心等。

根据教育部对 16 所高校进行的统计，这些高校已同 100 多个国家近 2 500 个院所、科研机构、国际组织、企业建立了合作与交流关系，签订了 1 500 多个科研项目合作协议。例如，北京大学已与遍及世界 49 个国家和地区的 200 余所大学和研究机构建立了校际交流关系，目前每年到访北大的外国专家超过 2 万人次。1998 年以来，已有数十位诺贝尔奖得主和 21 位国家元首访问北大并发表演讲。同时，北京大学每年出访交流的教员和学生超过 5 000 人次（姚聚川，2000）。

开展民间国际科技交流活动，在相互尊重和平等互利的基础上发展同国外科学技术团体和科技工作者之间的友好关系，是中国科协的重要任务之一。

中国科协与 30 多个国家和地区的民间科技团体、组织建立了交流与合作关系，并签署了 52 个双边交流与合作协议。中国科协作为中国科技界的代表，是国际科学理事会（ICSU）和世界工程组织联合会（WFEO）等国际科技组织的国家会员。截至 2000 年年底，中国科协及所属全国性学会参加的民间国际科技组织达 252 个，并有一大批中国著名科学家被选入这些组织的各级领导机构。

中国积极鼓励外国研发机构在华建立中外合作研发机构或独办研发机构。自 1990 年美国惠普公司在中国设立第一个研发机构以来，跨国公司纷纷加快了在中国设立研发机构的步伐。到 2002 年，跨国公司在中国设立的研发机构已经超过 100 家。

第 3 节　多种科技合作模式齐头并进

一、技术贸易

技术引进是中国改革开放以来产业技术水平迅速提升的重要手段。据商务部统计，2003 年，中国共登记技术进口合同 7 130 份，合同金额 134.5 亿美元，其中技术费 95.1 亿美元，占合同总金额的 70.7%。

中国技术进口的主要方式是专有技术、技术咨询、技术服务，特别是伴随成套设备的技术引进。主要领域则集中于电子及通信设备制造业，电力、蒸汽、热水的生产和供应业，化学原料及化学制品制造业等领域（连燕华，1999）。

目前，中国技术引进的来源地日趋多样化，但日本、美国、欧盟仍然是中国技术进口的主要来源地。2003 年，中国技术进口来源国家和地区共 62 个，其中亚洲 18 个、非洲 2 个、欧洲 28 个、拉丁美洲 8 个、北美洲 3 个、大洋洲 3 个。日本首次超过美国和欧盟，成为中国最大的技术进口来源国，其合同金额为全部技术进口的 26%。

中国的技术出口尽管还非常薄弱，但也已经开始。例如，中国向肯尼亚提供 Bt 生物杀虫剂技术示范项目，目前发展到在肯尼亚建厂生产。同时，在中国对东南亚、中东、南亚、中亚等国家和地区提供的大中型火电站、水电站、输变电站的交钥匙工程或提供电站成套设备中，也伴随着一定的技术出口。

中国高新技术产品的出口日趋活跃。2001 年，中国高新技术产品的出口额已经达到 464 亿美元，同期进口额为 641 亿美元。

二、国际学术会议

参加国际学术会议是中国参与国际科技交流的重要方式之一。国家自然科学基金会、中国科学院、高等院校（如北京大学、哈尔滨工业大学等）都对参加国际会议给予积极资助。

以国家自然科学基金会为例，2002 年度资助 1 016 位科学家出国参加各类国际学术会议，资助经费 1 048 万元。

积极争取举办国际会议也是中国科学技术界寻求合作的另一重要途径。

中国科协及其所属全国性学会 2002 年在中国国内举办国际学术会议 236 次，参加人数 5.2 万人次，境外参加人员 18 960 人次，交流论文 27 060 篇。

2002 年度，国家自然科学基金会资助在中国召开的国际学术会议达 271 项，经费 1 324 万元。其中，部分会议资助规模大、有重要国际影响，如国际数学家大会、国际水稻大会、国际高分子大会、第十三届太平洋核能大会、第二届国际可持续农业大会等。

三、开展合作研究

中国大量派出人员参与国际合作伙伴的研究，也在中国设立联合研究实验室等方式开展合作研究；同时，积极参与国际大科学计划，并逐步对外开放中国科技计划项目。

中国"十五"科技发展规划首次提出了"国家重大国际科技合作计划"，并单列了"国际科技合作重点项目计划"，即由科学技术部设置国际科技合作资金，支持该项目计划的实施。此计划于 2001 年起正式启动（魏群，2001）。

国家重大国际科技合作计划支持中国科学家参与空间技术、高能物理、极地考察与开发、生命科学、生物技术、生物多样性、资源、环境和人类健康等大型国际研究计划；支持在信息科学技术、生命科学技术、新材料科学技术、能源科学技术、农业高新技术、先进制造技术与自动化技术、海洋技术和环境科学技术等领域中与发达国家及科技强国开展重大合作研究项目；同时，在发展中国家建立中国技术示范基地，帮助和鼓励中国高新技术企业参与援外项目，倡导平等参与，成果共享。

2002 年，中国科学技术部部长徐冠华在全国科技工作会议上宣布，中国将逐步对外开放中国高技术发展计划、重大基础研究计划等科技计划，以扩大科研领域的对外开放与合作，提高国际科技合作水平。

目前，欧盟第六框架计划已经全部对中国开放，已经有一批项目在支持过程中，而中国的高技术发展计划（"863 计划"）、重点基础研究发展计划（"973 计划"）也已经对欧盟开放。

2002 年，欧盟成员国的两名德国科学家、一名荷兰科学家以及中国科学院、吉林大学的科学家共同成功申请国家重点基础研究发展计划项目——"分子聚集体的化学"。外国科学家参与中国重大科技计划，这在中国还是第一次。

根据美国科技信息研究所发行的科学引文索引数据库（SCI）提供的数据分析，中国科学家的国际合著论文数呈显著上升趋势。

2002 年，中国发表的 SCI 论文中，国际合作产生的论文有 7 807 篇，占中国发表论文总数的 21.4%。中国作者为第一作者的国际合著论文有 3 497 篇，合作伙伴涉及 62 个国家（地区）；中国作者参与工作的国际合著论文有 4 310 篇，合作伙伴涉及 58 个国家（地区）。在所有合著论文的合作国别中，排在前五位的国家是美国、日本、德国、英国和澳大利亚。从合作学科来看，物理、化学、生物、材料科学名列前茅。

四、人员互访与交流

"走出去，请进来"是中国派出人员和引进智力的两条道路。

中国科学家与国外同行开展了越来越频繁的交流。仅以中国科学院为例，过去 20 年间，上万名科技人员赴美交流学习。中科院及下属研究所的领导和业务骨干中，大多数有在国外工作、学习的经历。

同时，中国也注重智力引进，希望通过引进国外人才，加速中国科技、经济和社会的发展。中国成立了国家外国专家局，同时，各地方也相继成立了相应机构，开展智力引进的工作（贾海龙，2007）。

为吸引海外华人专业人才回国创业，特别制定了一系列政策。北京市人民政府于 2000 年 4 月公布了《北京市鼓励留学人员来京创业工作的若干规定》，规定留学生们来去自由、子女入学等都能享受市民待遇，甚至在国内获得的收入都可以兑换并寄出国外。

中国科学院在 1999 年推出的知识创新工程中，计划以各种形式从海外招聘 300 名学科带头人，每人配套相当数量的资金开展学术研究。香港著名企业家李嘉诚资助教育部推出了"长江学者计划",高薪高待遇向海外聘请优秀教师。一些有实力的企业也纷纷以高薪聘请外国高级人才。

五、建立国际科技合作基地

近年来,中国同合作伙伴一道,积极建立国际科技合作基地,如从事合作研究的中外联合实验室、中外联合研究开发机构,以引进外国新技术(品种)为主的示范基地和孵化器,直接引进技术的科技园和产业化基地,以及合作建设技术示范工程等(傅建球,2005)。

由中国和法国政府共同资助,1997年在中国科学院自动化研究所设立了中法信息、自动化与应用数学联合实验室。中法科学家联合开展的"基于卫星遥感图像实现洪灾监测在中国的应用"项目在欧盟众多申请项目的激烈竞争中获胜。

中国国家自然科学基金委员会与德意志研究联合会共同创立了北京中德科学基金研究交流中心,并资助成立了有关分支研究机构,旨在促进中德两国间的科技合作。2001年,在兰州大学成立了"中德干旱环境联合研究中心",相应的实验室组合成"中德干旱环境联合实验室",作为兰州大学西部环境教育部重点实验室的重要组成部分。

贝尔实验室基础科学研究院(中国)先后与北京大学、清华大学、复旦大学及中国科学院建立了联合实验室。

中国与国外建立的合作研究机构所涉及的领域并不局限于基础研究。越来越多的国外著名企业在中国设立联合实验室。

2004年4月,由信息产业部与微软公司合作共建的Windows/. NET平台软件实验室和嵌入式软件实验室在北京正式挂牌,成为国家软件与集成电路产业公共服务平台的重要组成部分。

2004年5月,中国家电制造业领军者之一四川长虹电器股份有限公司与美国德州仪器公司签署合作协议,共同建立联合实验室,开发新一代数字消费产品。美国德州仪器公司将为联合实验室捐赠工具、设备与软件,长虹将负责管理,以充分发挥双方技术与市场优势,共同开拓中国及全球的新一代信息产品市场。

2004年1月,在中国北京,中美两国合作建成"中美节能示范大楼"。这是中美两国政府在1998年达成协议后历经五年合作建设的结晶。大楼总建筑面积约 1.3 万平方米，其设计能耗不超过中国现有办公室建筑能耗的 40%。

同时，中国也在海外设立了科技创业园，以期为企业发展提供市场化和国际化服务。目前，已经建设了"中美科技企业孵化器"——中美马里兰科技园、"中俄科技园区"（莫斯科）、"中国火炬高技术创业中心"（新加坡）、"中英科技创业园"（英国剑桥大学圣约翰创新中心）、"中英科技园"（武汉、曼彻斯特）。

通过这种全方位、多渠道、多形式、多层次的国际科技合作，中国的经济和社会发展、科技进步都收到了明显的效果。同时，中国也为世界科学技术的发展作出了贡献。

在 20 世纪开始的时候，对于绝大多数中国人来说，村庄就是他们的整个世界。在 20 世纪结束的时候，整个世界已经变成了一个村庄。

在一个新的世纪，新的千年，科学精神将彻底融入中华民族的气质和血液，中国将作为一个活跃的家庭，生活在这个更加理性的村庄里。

第49章　港澳台科技发展概况

第1节　香港的科技发展——回归带来新机遇

一、香港科技政策的演变：科技政策制定的争论

（一）"积极不干预"下放任自由的科技政策

1949 年至 50 年代中期，港府经济实行"不干预主义"——"成功者享受繁荣，失败者亦无政府辅助支持"（董新保，2000）。20 世纪 60 年代后，本地制造业蓬勃发展，开始由以转口贸易为主的自由港转变成为以港产品出口为主的自由港。港英政府奉行"积极不干预政策"，"不干预主义"逐渐演变成为"积极不干预政策"："市场力量、企业自由，尽量支援基础建设，把政府的管理和干预减至最低"（信息所，1997）。

由于英殖民政府采取自由放任的态度，使得长期以来香港的政府架构中没有设立科技发展的主管部门和机构，没有长远规划，只有少数几个官方和半官方的部门从事促进工业科技发展、资助学术研究的工作（龚建文，2008），科技政策几乎是一片空白。

（二）有限"积极不干预"科技政策

20 世纪 70 年代中后期，世界经济由于能源危机引发了衰退，西方主要国家国际贸易保护主义随之盛行，香港产品因为各种关税和非关税壁垒、进口限制及进出口配额等措施的设置遭遇出口障碍，加上香港土地价格与劳工成本迅速攀升，香港经济陷入严重危机。

为了应对经济发展新的困境，1977 年，港督任命财政司与行政局、立法局部分议员和工商界代表组成"经济多元化咨询委员会"。根据委员会的建

议，1980 年香港成立工业发展委员会，主要负责对香港工业和科技的调查研究以及为工业界提供技术资料并对有关的科技问题提供咨询；1988 年设立由15 位官员、学者和企业界代表组成的科技咨询机构——科学与技术委员会，负责向政府提供有价值的科技政策并研究香港科技发展新路向（李春景，2006）。

1993 年，港英政府成立了应用研究基金，是政府拥有的创业资本基金，该基金的资本额达 7.5 亿元，旨在推动香港的高增值经济发展。该基金的管制和管理工作，由政府全资拥有的应用研究局负责（注：应用研究基金的投资期已于 2005 年 3 月底期满，该基金已停止新的投资）。

时任香港理工大学商学院教授的 Howard Davies 指出，"香港的技术政策如果去参照亚洲其他'三小龙'角色模式实际上是一种误导"。他特别强调，"新加坡虽然始终努力通过技术升级和创新来推动经济发展，并被很多人标榜为比港英政府更具远见，但经过 20 年的政策干预过程新加坡的技术绩效和生产力仍无明显提高"。因此，他将香港的成功归纳于"高 IQ 和低技术"（李春景，2006）。因此，Michael 认为，"香港企业并不创造新技术，而是去搜罗世界现有的技术，并将之结合到新产品中以便获利"（Michael，1997）。

（三）政府有限干预科技政策——香港回归后的变化

香港成功归因于"高 IQ 和低技术"的论点在 1997 年亚洲金融危机爆发后开始遭受强烈批判。1997 年 7 月 1 日，中国政府从香港"殖民政府"手中收回主权之后，香港特别行政区政府政策制定者开始意识到，在技术研发与创新方面香港与亚洲"四小龙"其他三个国家和地区存在着较大差距而力倡产业转型，由此相继出台一系列旨在推动研发和创新的计划和文件，以较为灵活务实的态度力图重构其经济和科技发展政策从而提升香港的国际竞争力。

香港特别行政区行政长官董建华在 1997 年 10 月的《施政报告》中指出，"把香港发展成为亚太地区创新中心，通过大力发展香港的创新科技，提高香港的长远竞争力，协助香港成功转型为知识经济"。❶ 特别行政区政府针对科学技术的发展表示，"不论任何时候，新的发明、新科技的应用、新兴行业的发展，对香港都十分重要"。同时强调政府的作用主要是担任协作者的角色，如通过基础建设和拨款资助，推动研发活动。"政府已经设立了工业支援基金

---

❶ 香港特别行政区政府行政长官 1997 年施政报告：共创香港新纪. http://sc. info. gov. hk/gb/www. policyaddress. gov. hk/pa97/chinese/pa97_c. htm，2005 – 01.

和应用研究基金，以鼓励创新和支持发展新兴工业"，逐渐加大对科技发展的扶持力度。

1998 年，董建华在第二份施政报告中指出，"创新与科技是促进经济增长的主要动力"❶。根据创新委员会的建议，董建华在首任期间，大大增加了科技研究和发展的投入，主要举措有 1997 年下半年拨款 33 亿元兴建科学园第一期工程，从 1998 年起 10 年内投资 20 亿元，成立专注"中游"研究的应用科技研究院。

1999 年 3 月 3 日，时任香港特别行政区行政长官的董建华发表施政报告指出，"香港需要发展资讯科技以配合一日千里的高科技发展，以及应付本地企业对资讯科技的需求"。董建华提出要使香港成为"在发展及资讯科技方面的全球首要城市，尤其在电子商业和软件发展上处于领导地位"。

（四）香港科技政策的目标

1998 年 3 月，香港成立了行政长官特设创新科技委员会，1998 年 9 月和 1999 年 6 月创新科技委员会的报告提出了香港新科技政策的基本目标"是要令香港在 21 世纪成为创新及科技中心"❷，提出了香港发展的两个新路向：一是培育由知识带动及科技密集的经济活动；二是通过创新及科技应用，促进传统产业（包括制造业和服务业）升级。报告特别强调了政府在推动创新和科技方面所担当的角色，指出"在自由市场的体制及原则下，政府应为香港的产业在创新及科技发展方面，提供最大支援"。

针对知识密集型服务业没有得到较快发展这种状况，香港新科技政策的目标，是"要发挥香港人富于创新精神的优势，以促进香港科技行业的发展，并鼓励产业从事由知识带动及高价值的经济活动"，"并使香港发展成为知识带动及科技密集的经济体系"，最终"通过创新及科技应用，促进传统产业（包括制造业和服务业）升级"。

创新科技委员会对"高科技"一词进行澄清："不少人把香港的新理想说成是发展'高科技'"，"其实，高科技一词不能反映全部事实……事实上，我们提倡的是使香港成为知识型经济体系，并主要由高价值及科技密集型经济

---

❶ 董建华. 群策群力 转危为机：1998 年政府施政报告. 香港：香港特别行政区政府，1998：19~37.

❷ 行政长官特设创新科技委员会第一份报告. http：//www. info. gov. hk/Lib/chinese/roles/first/in-dex. htm，1998 - 09.

活动带动经济增长。香港不应纯粹为追求高科技而提倡高科技，亦不应致力于和香港竞争优势不符的尖端科技。香港应该强调在各行各业鼓励创新及产业升级，这包括改善技术和方法、打进新的市场层面及从事较高档的活动"。❶

创新委员会报告正是从这一角度着手，通过设立面向企业的创新及科技基金、应用研究基金和面向中游应用研究的应用科技研究院来鼓励和促进香港企业进行创新和技术研发。

针对香港科技企业家匮乏的现象，创新科技委员会指出，"在知识型经济体系中，知识人才资本与资金同样是重要的生产要素，甚至比资金更为重要"，"香港要发展成为由知识带动及科技密集的经济体系，最关键的单项因素是拥有足够的人力资本"。❷ 报告建议，关于累积人力资本的方式，可以通过教育培训以及吸引优秀人才赴港两种途径。

（五）香港应用科技研究院

2000 年，香港应用科技研究院（以下简称应科院）成立，其肩负的使命是通过应用研究协助发展以科技为基础的产业，借此提升香港的竞争力。应科院专门开展"中游"研究，并促进科技成果的商业化。创新委员会的报告强调应科院的研究发展项目必须以市场为导向，应集中于一些选定范畴，以配合本港的优势和回应产业需求，并同产业和学术界紧密结合。应科院具有一些重要职能：①进行中游研究发展项目，集中开发和引进改造尚未进入竞争阶段的通用技术，并向产业提供研究成果；②提供途径，让有志从事研究开发的科学家或工程师的大学毕业生，获得工业研究方面的训练；③作为吸引海外研究发展专才来港工作的中心点；④为香港科学园提供科技开发能力和人力资源，以收相辅相成的效果。创新及科技基金和应科院的设立是香港发展成为由知识带动及科技密集的经济体系的重要举措。

2006 年 4 月，应科院获创新科技署委托承办"香港资讯及通信技术研发中心"，旨在进行高素质研发，把科技成果转移给业界，培育优秀科技人才，整合业界和学术界的研发资源。香港研发中心计划是香港特别行政区政府创新科技署推行的重要措施，旨在把握香港的应用科研能力、知识产权保护、有利

---

❶ 行政长官特设创新科技委员会第二份报告（最终报告）. http：//www. info. gov. hk/Lib/chinese/roles/second/index. htm. 1998 – 09.

❷ 同上。

经商的环境及临近珠江三角洲生产基地的优势，成为地区内的科技服务中心。根据有关计划，当局会成立 6 所研发中心。其中，香港赛马会中药研究院于2001 年成立，使命是领导香港的中药研发工作，将之发展成为高增值行业。香港政府于 2006 年 4 月 20 日正式成立 5 所研发中心，负责就珠三角需求渐旺的技术，进行业界主导的研究工作。5 所研发中心的 5 个重点技术领域为：汽车零部件、资讯及通信技术、物流及供应链应用技术、纳米科技及先进材料和纺织及成衣。❶

（六）创新科技署与督导委员会成立

2000 年 7 月 1 日，特别行政区政府在前工商局（现工商及科技局）之下设立创新科技署，具体负责香港科技政策的制定，以引领香港成为以知识为基础的世界级经济体系为使命。创新科技署协助发展世界级的基础设施，2001年 5 月成立了香港科技园公司。

2004 年 1 月，成立创新及科技督导委员会，由工商及科技局局长担任主席，成员包括科技基础设施机构、大学及业界代表。委员会旨在统筹制定和推行创新及科技政策的工作，更有效发挥创新科技计划不同元素的协作效应。

2004 年 6 月，创新科技署发布《创新及科技发展新策略》咨询文件，这是香港特别行政区政府继行政长官特设创新科技委员会两份报告之后的有关香港创新与科技发展的重要政策文献。《创新及科技发展新策略》咨询文件概述了目前香港在创新及科技方面的发展、在推动科技创新方面遇到的问题和挑战，以及政府就解决这些问题和挑战而提出的新方向和措施。《创新及科技发展新策略》指出，推动创新及科技发展新策略包括多方面，其中政府需要确立一些重点科技范畴，并在选定的重点范畴设立研究与发展中心（研发中心）。新策略的目标是使应用研究和发展的工作能更符合业界的需要，并加强创新及科技计划内各元素的协调。

《创新及科技发展新策略》共确立 13 个使香港具备竞争优势及符合产业和市场需要的重点科技范畴，其中包括先进制造技术、汽车配件、中药、通信技术、电子消费品、数码娱乐、显示技术、集成电路设计、物流（供应链管理应用技术）、医疗诊断及器材、纳米科技及先进材料、光电子、纺织及成衣，并在重点科技范畴下设立相应的研发中心。这 13 个科技重点领域以工业

---

❶ 香港研发中心今日正式成立［N］. 香港新闻公报，2006 – 04 – 20.

为主，部分则是与特定技术和应用有关。❶

香港积极推动资讯科技的发展，"数码 21"资讯科技策略是香港资讯及通讯科技发展的蓝图。2004 年 7 月 1 日，成立政府资讯科技总监办公室，负责统领政府内外推行资讯及通信科技。

（七）六大优势产业的定位——香港科技迎来新机遇

2009 年，香港特别行政区行政长官曾荫权针对抵抗全球经济危机发表以《群策创新天》为主题的施政报告："政府力倡发展创新科技产业。企业在研发方面的开支，在 2001 年占香港总研发开支不足三成，至 2007 年已稳步上升至五成。为带动企业的科研文化，鼓励企业与科研机构长期合作，加强香港的科研能力和企业的竞争力，创造更多商机和职位，政府将拨款约 2 亿元推出投资研发现金回赠计划。该计划让参与创新及科技基金或香港科研机构进行应用科研项目的企业，享有其投资额 10% 的现金回赠。我们会在计划实施 3 年后检讨成效。"❷

曾荫权重点提出发展香港六大优质产业。当局的策略是"拆墙松绑"，移除对产业发展的障碍和协助开拓新市场，但政府会紧守"大市场、小政府"的原则。其中包括创新科技，以进一步发展知识型经济，加速经济转型。自此，应科院的应用科技研究和科研人才培育等工作，愈来愈受到香港各界重视。

二、香港与内地的科技合作——香港科技创新发展之路

从 2003 年的 CEPA 到 2009 年的《纲要》，唐英年是主要的参与者与执行者。他在 2009 年接受采访时回忆，在 2003 年 6 月 28 日，温总理到香港见证 CEPA 签署，之后开了一个小座谈会，当时唐英年是工商及科技局局长，主持了座谈会。温总理提道："CEPA 并非中央送给香港的'大礼'，因为香港在改革开放的整个过程中扮演了一个很重要的角色，这个角色在'引进来'，即引进外资过程中的作用非常关键，这里的'外资'除了融资、集资之外，也有技术、管理、开拓市场等方面的引进。"直至 2008 年，香港所扮演的这个角色仍是举足轻重的。在 2009 年，通过香港引进内地的外资有 410 亿美元，占了

---

❶ 创新科技署. 创新及科技发展新策略：咨询文件. http：//www. info. gov. hk/itdchi/itconsulta-tion/consultation_paper_c. pdf. 2004 - 06.

❷ 曾荫权. 2009 年施政报告：香港迈向经济复苏之路. 人民网 - 港澳频道，2009 - 10 - 14.

内地整体引资的 44%。❶

现任特首曾荫权鼓励香港与内地展开各种形式的科技合作。曾荫权在
2008～2009 年的施政报告中就强调通过深港合作促进科研发展，他说："我们
会继续提供财务及基础设施支援，推动科技发展，亦会加强香港的中介角色，
促进内地与世界其他地方的科技合作。2008 年 5 月，我们与深圳合作，成功
争取杜邦公司在香港科学园成立全球光伏电薄膜业务及研发中心，并于深圳建
立生产设施。我们会与深圳当局致力利用这个合作模式，令深港创新圈发挥最
大作用。为了培育更多本地人才，我们在创新及科技基金之下设立实习研究员
计划，吸引有潜质的大学及工程系毕业生参与由基金资助的研发项目，为他们
未来投身工商界从事研发工作做好准备。"❷

（一）"内地与香港科技合作委员会协议"——科技合作里程碑

香港特别行政区政府把香港与内地的科技合作作为一项重要的任务，为推
动内地与香港实质性的科技合作与交流，2003 年 6 月 29 日在香港签署《内地
与香港关于建立更紧密经贸关系的安排》（Closer Economic Partnership Arrange-
ment，CEPA），内容主要涵盖货物贸易、服务贸易和贸易便利化三个方面。
2004 年 5 月，中国国家科技部与香港工商及科技局签署了《内地与香港科技
合作委员会协议》，根据该协议成立了内地与香港科技合作委员会。这是内地
与香港科技合作的重要里程碑，它标志着香港与内地实质性的、全面科技合作
的开始（陈建，2007）。

（二）CEPA 补充协议推动香港资讯业发展

CEPA《补充协议二》允许香港服务提供者按照内地有关法规、规章的规
定参加计算机信息系统集成资质认证。内地于 2004 年修订全新的全国计算机
技术与软件专业技术资格考试，以提高资讯科技业的专业水平。在 CEPA《补
充协议二》下，香港居民可以参加计算机技术及软件方面的专业技术人员资
格考试，通过考试的香港资讯科技专业人员，可以在内地提供与系统集成有关
的服务。

经人事部以及工业和信息化部批准，有关当局已在香港设立全国计算机技
术及软件专业技术考试中心。非营利的香港京港学术交流中心负责办理内地专

---

❶ http://www.360doc.com/content/11/0405/06/19088_107263637.shtml.

❷ 曾荫权. 香港特区行政长官 2008～2009 年施政报告. 人民网 - 港澳频道，2008 - 10 - 15.

业资格考试的报名事宜，以及向考生提供考试咨询服务。

大型 IT 项目的高层次项目管理通常需要系统集成服务，而取得所需资格的香港 IT 专业人士可参与这些项目。此外，持有计算机信息系统集成资质认证的香港服务提供者获准为中国内地公司计划、设计以及发展电脑应用系统。简言之，CEPA 下的内地市场开放措施可令香港 IT 公司和专业人士受惠。

按照 CEPA《补充协议四》，香港服务提供者可以在内地设立独资企业，提供软件实施及数据处理服务。根据《补充协议五》粤港两地开始展开电子签名证书互认试点工作。

截至 2011 年 1 月 31 日为止，共有 16 家香港 IT 服务供应商根据 CEPA 获发香港服务提供者证明书。

（三）深化粤港信息产业及信息化合作

为加强粤港信息产业及信息化合作，于 2005 年 9 月 28 日在香港举行的粤港合作联席会议第八次会议同意将信息化纳入主要合作领域，并成立相关专责小组。为继续务实推动粤港信息化合作，香港资讯科技总监办公室与广东省信息产业厅于 2007 年 8 月 2 日在香港举行粤港合作联席会议第十次会议后，在双方行政首长的共同见证下，签署了《关于加强粤港信息化合作的安排》。最新的粤港信息化合作专责小组合作项目是根据《粤港合作框架协议》拟定的，重点包括：电子签名证书互认试点应用，支持粤港两地企业开展电子签名证书互认试点；支持双方企业共建电子商务系统，鼓励业界建设数据共享、业务协同的电子贸易服务平台，加强对企业的清关服务；加强行业标准的交流与合作，提升现代服务业发展水平，形成行业规范；鼓励物流业界逐步统一无线射频识别（RFID）等标准，加快信息技术在物流业应用；加强信息技术应用的普及渗透，推进粤港信息技术基础设施公共支持平台资源合作与共享。❶

（四）《粤港合作框架协议》推动香港科技创新

香港政务司司长唐英年 2009 年 1 月 21 日在广州出席粤港第十二次工作会议后会见传媒时说道："在创新及科技方面，我们会进一步加强粤港科技合作资助计划，引入更多弹性，会有更多有利粤港两地科技发展的研发项目；同时加强两地在共享信息和研发资源方面的合作，继续推动深港创新圈的发展。配

---

❶ 粤港签署协议加强信息化合作. http://www.gdei.gov.cn/zwgk/jgzn/lddt/zs/200912/t20091218_90650.html.

合《珠江三角洲地区改革发展规划纲要》支持港澳名牌高校在珠三角合办高等教育机构，特别行政区政府也会与深圳具体落实在落马洲河套合作建立国际先进水平的大学和研究机构。长远而言，我们会鼓励及加强两地产学研界别合作，利用香港在保护知识产权及国际网络的优势，发展香港成为科技服务中心，协助珠三角产业将创新意念和科技成果商品化，打入国际市场。"（唐英年，2009）

紧接着，在2010年4月7日于北京签署了《粤港合作框架协议》（中华人民共和国政府网站，2010）。其中有关"科技创新"的协议如下：

（1）联合推动科技创新，突破共性技术，着眼信息、新能源、新材料、生物医药、节能环保、海洋等战略性新兴产业发展，实施关键领域重点项目联合资助行动，粤港共同投入资金，培育新的经济增长点。

（2）支持香港的汽车零部件、资讯及通信、物流及供应链管理、纳米科技及先进材料、纺织及成衣等研发中心与广东科研机构和适用企业对接合作。支持香港应用科技研究院及科学园与广东科研机构和高新园区合作。支持广东大型企业在港设立科研中心。

（3）推动香港科研资源与广东高新园区、专业镇、平台基地等建立协作机制，合作在广东设立孵化基地，实现香港研发成果在广东产业化。推动粤港科技合作项目经费跨境流动，降低科技服务项目交易成本，粤港双方联合在广东省设立的研发中心进口研发设备、实验器材符合有关政策规定的，可依法享受进口税收优惠。

（4）规划建设"深港创新圈"，联合承接国际先进制造业、高新技术企业研发转移，开展技术研发，推进珠江三角洲地区区域科技合作和国际合作，支持广州、深圳建设国家创新型城市，扩展建成"香港—深圳—广州"为主轴的区域创新格局。

（五）香港应科院与内地的合作

2010年8月，应科院行政总裁张念坤博士表示："应科院一向以把技术应用于有利民生的商品为研发目标，与国家数字家庭应用示范产业基地的深度合作，让我们有机会把研发成果贡献给内地民众，我感到非常欣慰。""我深信双方携手促进深港两地科研资源与信息共享，必能对深圳、香港以至大中华地区的科技、经济和社会发展有所贡献。"（高慧英，2011）

应科院自成立以来，一直与内地大学、科研机构以及政府机关保持着密切联系，不断寻求合作机会，经常开展交流互访、举办专题论坛以及合作研发等；而内地产业界也对应科院的科研成果兴趣大增，签订了不少专利授权协议。2007 年，应科院与清华大学合作开设多媒体广播与通信联合实验室，促进中国数字电视的科技发展和产业化；2010 年，上海世博会采用应科院与无线集成电路商创毅视讯合作研发的全球首个 TD－LTE 数据卡，建设了 TD－LTE 试验网络、提供全新及优质的移动宽频服务，则成为香港联合内地高校、企业开展研发的两个成功典范。

为进一步服务内地市场，应科院于 2008 年在深圳设立了全资附属公司"应科院科技研究（深圳）有限公司"。应科院与广东省的机构和企业保持着紧密的合作关系，由 2007 年年中至 2010 年年底，双方共签署了约 110 份重大谅解备忘录、保密协议或意向书，达成了约 65 项商业合作或建立联合实验室的协议。此外，双方还举行了共逾 100 次的主要会议、展会、论坛、研讨会及交流互访。❶

三、香港科技的摇篮——主要研发机构体系及科技基地

香港的科研机构体系主要由三部分组成：公立的研究机构、香港高等院校的研究机构以及企业依据自身需要成立的研究机构。

（一）科研机构体系

（1）公立的研究机构。公立的研究机构主要包括香港应用科技研究院有限公司（应科院）、香港赛马会中药研究院有限公司（中药研究院）、香港生物科技研究院有限公司、香港塑胶科技中心有限公司、香港生产力促进局所属的研究机构、香港研发中心等。

香港生产力促进局是 1967 年成立的，它拥有多元化的专业技术知识。目标是提高香港的生产力，并鼓励香港工商界采用更有效率的生产方式。香港生产力促进局下设 28 个卓越中心、10 个实验室。其研究和服务的领域包括生产科技、管理系统、资讯科技及环境科技等。

香港应用科技研究院（应科院）由香港特别行政区政府于 2000 年 1 月成立，2001 年 9 月开始运作。其目的是加强香港研发能力、促进香港科技发展，

---

❶ 唐英年. 粤港第十二次工作会议后会见传媒发言全文，http：//www. pprd. org. cn/hongkong/hk-gaocengguandian/200906/t20090625_61503. htm.

通过卓越的应用研究来奠定香港未来发展所需要的稳固产业科技基础。应科院是香港的应用科技研发中心，它担当香港高科技企业促进者的角色，为香港工业界提供创新科技，带领香港迈向新的知识经济时代。应科院由香港特别行政区政府全面资助，董事局成员由工业界、学术界及政府代表出任，专门负责监管应科院的运作。应科院目前的研发项目主要集中于 4 个互相关联的技术领域，包括集成电路设计、通信技术、企业与消费电子和材料与封装技术。应科院将研发成果通过授权协议、合资发展及公司分拆的渠道转移至工业界。

香港赛马会中药研究院有限公司于 2001 年 5 月成立。其目的是通过推动和统筹与中药发展相关的活动，为以科学及临床验证为本的中药研发项目提供策略性支援，将中药业发展成为香港的高增值行业。中药研究院现时的主要研究发展领域为内分泌和神经科学。香港赛马会慈善信托基金为中药研究院的研发提供大量资金支持。

香港设计中心是于 2001 年由业界支持下成立的非营利机构，并获政府拨款营运。香港政府致力推广设计和创新，从而提升各行业对设计及创意的认识，务求令设计融入主要业务流程之中。该中心是一所综合设计中心，旨在提高设计水平及与设计有关的教育，令香港成为创新和创意的中心。

香港政府于 2006 年 4 月 20 日正式成立的 5 所研发中心也是主要的研究机构。这 5 所新的研发中心专门针对珠三角需求渐旺的技术进行研发工作。5 所研发中心的 5 个重点技术领域为：汽车零部件、资讯及通信技术、物流及供应链应用技术、纳米科技及先进材料、纺织及成衣。

（2）香港高等院校的研究机构。香港研究活动比较集中、研究能力比较强的大学包括香港大学、香港科技大学、香港理工大学、香港中文大学、香港城市大学、香港浸会大学等。

香港科技大学的研究机构有香港科技大学高等研究院、香港科技大学霍英东研究院、香港科技大学深圳研究院等。香港科技大学自 1991 年 10 月创校以来，迅速成为国际知名学府，并牵头带动香港转型为知识型社会。创办香港科技大学的倡导者钟士元爵士，他极力倡导成立校董会，尊重教授治校的原则和校长负责制，并明确地定位了两者的关系："学术范围内的政策必须由教研人员讨论后决定，不允许校董会的干涉。"（张红艳，2006）钟士元和他领导下的校董们都非常尊重学者和学术自主。因而，科大的学者在科学、工程、商管、人文和社会科学领域开辟新天地，成功把知识的作用推向更高峰。

香港大学亚洲研究中心成立于 1967 年，成立目的是促进香港大学在亚洲题目作学术研究和在世界上为亚洲研究学者担当重要的焦点。

（二）香港科技基地

（1）香港科技园公司。香港科技园公司是香港特别行政区设立的法定机构，管理自行兴建的香港科技园以及香港科技中心和三个工业园。香港科技园是由香港投资建设的科技基础设施的重点项目，于 2001 年 5 月 7 日正式开始运营。自成立以来，一直致力透过先进基建设施及支援服务，以促进重点科技领域的创新及科研发展，并协助企业将科研成果变成商品，从而推动香港发展成为知识型经济社会，同时肩负巩固香港作为地区创新科技枢纽的地位。在重点科技领域（电子、生物科技、精密工程以及信息科技和电信）上，香港科技园正引领香港转变为亚洲的创新科技中心。该公司因应业界在不同发展阶段的需要，提供广泛的服务，包括透过培育计划培育新成立的科技公司，在科学园内为应用研究发展工作提供各种设备和服务等。

成立以来，科技园公司不但协助本港推动创新及科技的发展。到 2010 年，已吸引了逾 340 家本港及国际的科技公司进驻，受聘员工近 8 000 人，其中 67% 属于科研人员及工程师。科技园公司核心物业——香港科学园除了为科技公司提供先进实验室及测试中心，还特设一支专业工程师团队，为伙伴公司提供电子、资讯科技及电信、精密工程、生物科技及绿色科技五大科技范畴的研发支援。多家世界知名的跨国企业，包括杜邦太阳能有限公司及飞利浦电子香港有限公司等，都已把其研发部门设于香港科学园内。

10 年间，基于培育计划，科技园公司已先后培育超过 270 家科技创新公司，其中接近八成仍在营运中。2010 年，有 21 家培育公司及毕业公司先后在多个著名国际及地区性的奖项中获得殊荣，展示及确立科学园作为创新及科研基地的重要角色，并肯定其于本地推广创新科技的使命。其中 17 家公司凭借卓越的创新及研究，于"2011 香港资讯及通信科技奖"上荣获 23 个奖项。而两家培育公司 BizCONLINE Ltd. 及科韵动力有限公司分别获得优异证书并于"最佳协同合作奖"组别获得铜奖。另一方面，由 Intuitive Automata 研发的"减肥教练机械人"，凭其高度互动性及市场价值，击败近 300 项来自亚洲的参赛作品，赢得由《华尔街日报》主办的"2010 年亚洲创新奖"的"科技企业奖"。

（2）香港数码港。特别行政区政府大力推动资讯业的发展，同时有力地推动资讯基建的发展。在盈科主席李泽楷先生提议下，香港特别行政区政府作为推动资讯业策略的重要举措之一是参与兴建数码港的工作。数码港是一项大型科技基础设施项目，提供先进的信息科技、电信及数码媒体设施，目的是建立信息科技的策略组群，以支持和促进开发新科技、技术、服务和内容。兴建数码港的目的，主要是为了解决资讯业发展中所遇到的租金高昂问题，它以较低的租金和良好的交通通信等环境，吸引国际上顶尖的资讯科技公司来港发展，通过"群聚效应"提高香港资讯业在世界上的地位。在1999年9月，特别行政区政府正式拨款9.6亿港元，参与数码港的第一期基础工程建设。

香港的数码港是一个由政府及私营机构共同发展的高科技多媒体中心，造价130亿港元，可容纳约30家大中型公司和约100家较小型公司，专门为各行各业开发种种服务及多媒体内容。数码港成立的"数码媒体中心"向从事计算机特技和动画及电影和游戏制作的公司提供软硬件、技术及市场拓展支持。创作多媒体内容的公司可利用中心的设施（只需按使用设施的时间支付费用），无须在运作初期投资添置昂贵的器材。数码港亦提供多方面支援，包括培训、筹办商业配对活动，以及为中小企业提供财务支援，提升香港公司的竞争力。

四、香港资讯业——全球最前列

香港资讯科技（IT）业居于全球最先进之列。据世界经济论坛的"2009/2010年度网络准备程度指数"显示，在IT发展准备程度及裨益方面，香港在亚洲排名第二，并跻身全球十大经济体系。香港IT业发达的主要原因，是本地拥有一流的电信基建。在国际电话通话时间，以及电话线、移动电话及传真机的普及率等方面，均在亚洲区内居于领先地位。香港设有亚洲最大的商用卫星地面收发站。

香港政府在"数码21"资讯科技策略中阐明，要将香港发展成为世界级数码城市。香港本着这个目标，继续提供全球价格最相宜的互联网及移动电话服务。基建方面，数码港和香港科技园已发展为策略枢纽，汇集全球各地的IT企业和专才。

资讯科技业的发展，在巩固香港作为全球商业中心的地位方面发挥了举足轻重的作用，亦为多个行业提供创新科技，如公共交通方面的八达通卡、机场管理系统、货柜码头采用的现代港口管理系统、金融业的网上及无线理财系统，以及政府部门使用的智能身份系统等。另一方面，香港这个全球商业中心又拥有适当的环境培育本地 IT 业务蓬勃发展。

基建方面，香港的数码港是一个由政府及私营机构共同发展的高科技多媒体中心，造价 130 亿港元，可容纳约 30 家大中型公司和约 100 家较小型公司，专门为各行各业开发种种服务及多媒体内容。数码港亦提供多方面支援，包括培训、筹办商业配对活动，以及为中小企业提供财务支援，提升香港公司的竞争力。于 2008 年开幕的供应链创科中心，旨在推动不同行业如制造业、物流业及零售业使用电子产品代码（EPC）及无线射频识别技术（RFID），提升营运效率以及增强香港在全球市场的竞争力。

金融方面，于 1999 年 11 月成立的创业板市场，是香港 IT 业相关公司集资的场所。截至 2011 年 1 月底，于创业板挂牌的公司达 168 家，总市值超过 1290 亿港元。由于创业板也是创业投资者撤出投资的平台，因此有助于提高创业投资公司向本地新办软件公司提供资金的积极性。

香港政府成立的创新科技基金，为 IT 业提供另一个资金来源。截至 2011 年 1 月底，基金审批了 494 宗来自 IT 业的资助申请，涉及金额合计 17 亿港元。

第 2 节　澳门的科技发展——多元化经济

一、漫漫征程——科技发展从无到有

（一）回归前，澳门科技发展回顾

近几个世纪以来，葡萄牙经济发展缓慢，没有先进的工业产品和现代科学技术，在葡萄牙殖民统治下的澳门经济落后，现代科学技术更是一片空白。澳门人口密度为世界之最，所以澳门今天的科学技术，首先是为市政建设、环境保护和居民日常生活的现代化服务。澳门的垃圾焚烧厂，是世界范围内同行业中拥有最先进技术的企业之一。

到 20 世纪七八十年代，随着亚洲经济的起飞和中国改革开放的大潮，澳门出现了"贺田工业有限公司"、"胜生制衣厂"等一批科技含量较高的企业（2005）。1989 年，澳门东亚大学设立了科技学院，开始培养本地高科技人才。1992 年，通过葡萄牙的协助，澳门成立了亚洲唯一的欧洲资讯中心。同年，与欧洲共同体签订了《贸易及合作协定》，双方同意在包括工业、投资、科学

及技术、能源、资讯、培训等多个领域里进行合作。

从 20 世纪 90 年代起，一些水平较高的科研机构相继在澳门诞生。为提高澳门的生产力，加强从其他国家和邻近地区吸引新科技产业和投资，促进澳门本地工业发展，20 世纪 90 年代先后成立了澳门贸易投资促进局和澳门生产力暨科技转移中心。

20 世纪 90 年代后期，欧盟把对中国开放科技的"尤里卡计划"置于澳门，并且相继在此地建立了"欧洲资讯中心"、"欧洲文化中心"等机构。1997 年，欧盟同意在 1999 年后继续 1992 年所签订的协议，并确定在澳门建立多个文化中心、旅游培训中心、欧亚企业革新中心等。

（二）回归后，澳门政府引领科技起步

经过协商，1998 年澳门回归前政府设立"科学技术暨革新委员会"，使科技事业进入了有组织、有领导、有社会各界支持和参与的新阶段。1999 年 12 月 20 日，我国恢复对澳门行使主权，因此《澳门基本法》专门对科学技术作了详细的政策性规定。

2000 年 7 月 6 日，澳门立法会通过了《科学技术纲要法》，制定澳门特别行政区科学技术的政策纲要。科学技术政策的主要目标是：提升澳门特别行政区的科学技术水准及其转移能力；提升生产力，增强竞争力，促进社会及经济持续发展；促进资讯科技的应用和发展等。

2001 年，澳门获准进入欧盟的"亚洲投资计划"。欧盟事实上在有意识地将澳门作为与中国联系的纽带。这是澳门参与粤港澳科技合作、促进科技发展的潜在资源。

2001 年 8 月 17 日，澳门特区政府行政长官何厚铧对未来成立的"科技委员会"的目的及权限进行了规定：科技委员会为一咨询组织，其宗旨是在制定科技发展及现代化政策方面向政府提供顾问性质的辅助。2002 年 8 月 1 日，澳门特区政府行政长官何厚铧委任唐志坚、廖泽云、杨俊文、吴亦新等十四人为澳门科技委员会委员，任期两年，并委任李政道、朱丽兰、路甬祥及惠永正等九人为委员会顾问。

根据澳门特别行政区第 14/2004 号行政法规，2004 年设立"科学技术发展基金"，旨在配合澳门特别行政区的科技政策的目标，对相关的教育、研究及项目的发展提供资助。该基金于 2004 年 7 月中旬开始生效，并于 2004 年年底开始正式公开接受资助申请，启动资金为澳门币 2 亿元。2004 年 11 月 15

日，核准科学技术发展基金的《资助批给规章》，规章中制定了"科学技术发展基金"资助制度。

（三）经济多元化发展下的高科技产业

在澳门，博彩业是个特殊的符号，澳门经济的繁荣离不开博彩业的发展，特别行政区政府财政账户中，每十元里就有七八元来自博彩业收益。目前，澳门博彩总收益已超过美国的拉斯维加斯，成为全球最大的博彩业市场。产业结构过于单一的问题相当突出，博彩业"一业独大"的格局迄今并未改变，比重反而越来越大。

经济和财政对博彩业的过分依赖，在客观上加重了社会对博彩业的亢奋心态，削弱了发展非博彩业的动力，使一些与博彩业关系不大的产业发展所需的资源与空间不足。巨额外资的迅猛注入，也为经济安全带来隐患。

中央政府针对澳门经济过分依赖博彩业、经济结构过于单一的现状，多次指出澳门经济应该适度多元化，在国家"十一五"规划中，对澳门未来的经济发展提了两条：一是支持澳门发展旅游等服务业，二是促进澳门经济适度多元发展。在《珠三角地区改革发展规划纲要》中提出："支持粤港澳合作发展服务业，巩固香港作为国际金融、贸易、航运、物流、高增值服务中心和澳门作为世界旅游休闲中心的地位"。为了澳门社会经济长久健康的发展，澳门特别行政区政府痛下决心。澳门行政长官何厚铧在 2007 年施政报告中重点指出，"博彩业不能无限度膨胀"。然而，澳门是一个微型海岛经济体，在博彩一业独大的情况下，适度多元发展可谓"说起来容易做起来难"。

2008 年，澳门特别行政区行政长官何厚铧在 2009 年财政年度施政报告中说道："要促进技术含量和附加值相对较高的工业发展，协助传统产业的转型升级。鼓励企业充分利用 CEPA 的优惠政策，创立自有品牌，增强产品的竞争力。有效推进珠澳跨境工业区发展规划，继续引进有利于澳门工业升级和经济多元化的项目。"

2009 年 12 月 20 日，在庆祝澳门回归祖国十周年大会暨澳门特别行政区第三届政府就职典礼上，澳门特首崔世安发表"我们站在新的起点上"的就职致辞，指出，"在未来的五年，我们将积极推动澳门经济适度多元化发展，依托国家珠江三角洲改革发展规划纲要的实施，在加强博彩业监管的同时，重点扶持会展物流业、文化创意产业和传统产业的升级与转型，为新兴产业的发展

创造条件。"❶

2011 年 3 月 18 日，在"江苏澳门周"上，澳门贸易投资促进局执行委员刘关华说："长期以来，博彩业一枝独秀与经济均衡可持续的矛盾影响了澳门经济的健康发展。现在，当地各界人士已认识到了发展中存在的问题，广大民众也渴望与内地加快合作交流，促进澳门和谐发展。新的一年，澳门的发展空间将越来越大，发展追求也逐渐向品牌化和国际化迈进。现在，澳门对内地市场充满期待，今后将在会展业、服务业、文化创意产业、中医药产业等方面开展更多更广泛的互动。"❷

（四）重视科普与教育

澳门科技大学校长许敖敖说，"澳门高等教育要把澳门的科学普及，提高居民的文化素质放在大学的肩上。青少年是未来，也要把他们的科学普及教育放在重要地位，这样也可以抵消赌场的负面影响。因为现在赌场对青少年产生了很多负面影响。""我们学校马上就要成立澳门青少年科普中心，把培养青少年的教育放在我们的肩上。另外，我们重点发展成人教育，成人教育在教育界做得最大，还要更加做强，做大。"❸

2009 年 12 月 19 日，在澳门科学馆开馆典礼上，澳门特首何厚铧讲话指出，"科学普及教育是科技发展的重要基础，向青少年开展科普教育，有利于启迪青少年开拓创新等创造精神，并树立正确的科学观、价值观和人生观"。❶

二、澳门科技的摇篮——主要机构及体系

（一）政府机构及基金会

（1）科技委员会。科技委员会的职权包括就科技发展及现代化政策方面的事宜发表意见及提出建议，设立与其宗旨有关的专责委员会。

科技委员会为咨询组织，其宗旨是在制定科技发展及现代化政策方面向政府提供顾问性质的辅助。

科技委员会委员包括：行政长官，并由其任主席；运输工务司司长，并由

❶ 澳门特首崔世安就职致辞"我们站在新的起点上"，http：//news. cnwest. com/content/2009 – 12/20/content_2660740. htm.

❷ 澳门经济多元化发展为工商界提供新机遇，http：//news. sohu. com/20110318/n279892173. shtml.

❸ 许敖敖：澳门科技大学崛起是回归 10 年最大亮点，http：//news. sina. com. cn/c/sd/2009 – 12 – 18/084819287605. shtml.

❶ http：//hm. people. com. cn/GB/10614109. html，2009 – 12 – 19.

其在主席不在、缺席或因故不能视事时代任主席；经济财政司司长及社会文化司司长，并可指定他人为其代表；澳门基金会行政委员会主席，并可指定该委员会一名全职成员为其代表；科学技术发展基金行政委员会主席，并可指定该委员会一名全职成员为其代表；澳门大学校长；澳门理工学院院长；澳门科技大学校长；澳门生产力暨科技转移中心理事长；联合国大学国际软件技术研究所所长；澳门计算机与系统工程研究所所长。科技委员会下设四个小组即科技发展基金暨项目评审工作组、科普工作组、科技中介服务工作组与科技策略与发展工作组。❶

澳门生产力暨科技转移中心是由澳门政府及民间合办的非营利性机构。该中心成立的宗旨是协助澳门工商企业有效地利用思维、理念、资讯和资源来增加产品和服务的附加值，最终提升企业的产值及市场竞争力。中心的目标是改善现有企业的竞争能力、长远发展及所得利润；鼓励支持发展新兴工业；联系本地及外地投资者组成策略联盟；加速工业多元化发展。

（2）澳门贸易投资促进局。澳门贸易投资促进局是负责促进澳门贸易和投资活动的官方机构。宗旨是促进本地对外贸易及引进外资，促进澳门与世界各地之间经贸关系的发展，加强相互了解，发展友好合作。

（3）澳门基金会。1984年7月，澳门政府决定成立澳门基金会并从当年总督基金银行专户中拨出50万澳门币作为基本经费。澳门基金会从成立伊始便是一个非官方的面向发展教育活动和社会团结的机构。1988年，澳门基金会进行全面重组，将澳门基金会推至从事科学研究和教育的战略地。目前的澳门基金会为澳门的半官方法人机构，于2001年由原澳门基金会和澳门发展与合作基金会合并而成，旨在促进、发展或研究澳门的自身文化、社会、经济、教育、科学、学术及慈善等活动，且包括推广澳门的活动，由澳门特别行政区行政长官负责监督。国家自然科学基金委员会一直与澳门基金会保持密切的联系，1990年8月16日国家自然科学基金会与澳门基金会签订了合作协议，1993年11月25日续签了合作协议。双方确定，在平等互利的原则下，在科学技术领域内进行合作。

（4）科学技术发展基金。科学技术发展基金根据澳门特别行政区第14/2004号行政法规而设立，受澳门特别行政区行政长官监督。科学技术发展基

---

❶ 澳门特别行政区政府科技委员会网站，http://www.cct.org.mo/CCT/gb/law.aspx.

金旨在配合澳门特别行政区的科技政策的目标，对相关的教育、研究及项目的发展提供资助。为配合其宗旨，特别资助下列项目：有助普及和深化科技知识的项目，有助企业提高生产力和加强竞争力的项目，有助产业发展的创新项目，有助形成有利于科技创新和发展的文化及环境的项目，推动对社会经济发展属优先的科技转移项目及专利申请。

（5）澳门创新科技中心（Manetic）自 2001 年成立，是一所带领、引进及推动创新科技理念的机构。锐意推动本地的创意科技产业，积极地担当着科学技术孵化、将新知识引入的桥梁角色，透过多元的渠道寻求与国际性的科技企业建立合作关系，务求引进更多世界领先知识及拥有丰富经验的群体到澳门，以促进澳门的科技发展。

（二）研究机构

澳门重要的研究机构"联合国大学国际软件技术研究所"（UNU/IIST），是由联合国大学于 1991 年 3 月建立的。由葡萄牙政府、中华人民共和国政府和当时的澳门政府共同筹集资金 3 000 万美元，维持其运作。该研究所是非营利性机构，主要任务有：复杂软件的应用研究、技术管理软件研究、开发和推广先进软件产品、更新大学软件科学的课程、参与国际软件技术研究（2005）。

澳门的研究机构还有：澳门自来水有限公司化验研究中心、地球物理研究所暨气象台、澳门卫生司实验室、澳门土木工程实验室和澳门电脑与系统工程研究所。

（三）大学研究中心

（1）澳门大学。1991 年创校，前身东亚大学于 1981 年成立。澳门大学研究委员会自 1993 年成立后，一直致力于发展科研。研究成果先后发表于百份国际学术期刊上，各个科技领域更达国际水平，杰出论文屡获佳绩。澳门大学积极与海内外的著名科研机构合作，包括：澳门科学技术发展基金会、澳门基金会、葡萄牙科技基金会、欧盟、哈佛大学、剑桥大学等。

澳门大学在研究领域取得了多项卓越的成绩，微电子研究历史性获得首个美国专利；中药研究成果获国家发明专利；在澳门特别行政区政府及澳门科学技术发展基金的支持下，澳门大学于 2010 年 11 月成功通过国家科技部的审查，批准建立两个国家重点实验室——中药质量研究国家重点实验室及模拟与混合信号超大规模集成电路国家重点实验室；由澳门大学校长赵伟及多位教授领军的前沿科研项目"物联网基础理论及设计方法研究"获国家重点基础研究发展专案（973 专案）确认立项，为澳门大学在物联网的研究和改革上迈出了举足轻重的一步；一项有关芯片设计的论文刷新有奥林匹克之称的世界级研讨会——国际固态电路研讨会（ISSCC）的新纪录，并获得大会的"丝绸之路"奖，并使澳门大学在该项领域名列世界前十五位。

澳门研究中心原名澳门大学澳门研究中心，前身是东亚大学澳门研究所，1987 年 6 月 1 日成立。1989 年，澳门政府收购这所大学后改名。其宗旨是"立足澳门，研究社会，为澳门社会的发展服务"。

（2）澳门科技大学。第一任特首何厚铧先生在候任的时候，已经在酝酿要成立这所大学。特区政府较早批示的政府文件就是成立澳门科技大学。澳门科技大学成立于 2000 年 3 月，澳门特别行政区政府行政长官何厚铧颁布《第 19/2000 号行政命令》授权精英教育发展股份有限公司（Elite – Sociedade de Desenvolvimento Educacional，S. A.）开办澳门科技大学。2006 年 3 月 25 日，澳门科大医院与澳门药物及健康应用研究所成立。同年，精英教育发展股份有限公司将澳门科技大学的拥有权转予澳门科技大学基金会。❶

澳门科技大学总投资 6 亿澳门币，是澳门回归祖国后成立的第一所私立大学。在学术研究方面主要有 4 个研究所：澳门科技大学可持续发展研究所、澳门药物及健康应用研究所、澳门科技大学太空科学研究所与社会和文化研究所。

澳门科技大学可持续发展研究所、澳门药物及健康应用研究所是澳门科技大学基金会下属一个重点应用科研机构，所致力于推动澳门中医药现代化和国际化，并协助澳门科技大学中医药学院和科大医院进行临床及各类相关中医药科研与实验项目，为澳门的生物科技产业化、现代化和国际化的中药提供一个平台。

澳门科技大学太空科学研究所，是在国际、国内大力发展航天技术及空间科学的背景下，在澳门科技大学现有研究力量的基础上成立的一个研究所。以月球及行星科学为研究重点，开展创新性的学术研究，并为科学普及作出贡献。

社会和文化研究所于 2010 年 12 月正式成立，研究所以服务社会，推动人文及社会科学领域的研究为宗旨。研究所将善用校内优秀人才，并结合国内外

---

❶ http：//www.qqywf.com/view/b_10243.html.

专家学者的力量，建立各研究项目的核心团队。

澳门在中西文化交流中的历史地位、嫦娥卫星月球数据分析处理，以及有关博彩旅游管理学等重大课题的研究中获得高水平的学术成果。

其他高等教育机构还有澳门理工学院（成立于 1991 年）等。

（四）高科技企业

贺田工业公司、宝法德电子公司、胜生制衣厂、宇宙卫星地面服务公司等一批科技含量较高的企业崭露头角，对澳门整体科技水平的提高也起了一定的作用。

澳门在电子计算机、电力供应和环境保护等方面有所突破，在激光加工模具、新型建筑材料、微电子集成电路设计、数学偏微分方程研究等方面也有建树。

三、澳门与内地的科技合作

澳门地域狭小的特点决定其与内地合作是必然之路。2003 年签署的 CEPA 具有划时代的意义。2009 年 4 月 11 日，在谈到澳门经济发展时温家宝说："澳门经济具有特殊性，以博彩业为主。要在推进澳门博彩业的同时，从实际出发推进经济适度多元化。澳门区域狭小，发展受到一定局限。中央正在研究珠三角长期发展规划，加强广东和澳门之间的经济合作，采取措施支持澳门的发展。"❶ 2009 年发布的《珠江三角洲地区改革发展规划纲要》把与港澳紧密合作的相关内容纳入规划，从推进重要基础设施对接、加强产业合作、共建优质生活圈和创新合作方式 4 个方面提出了具体的措施。

（一）科技合作协议

澳门与内地的合作，主要是在 2003 年签订的《内地与澳门关于建立更紧密经贸关系的安排》（CEPA）的框架之下进行的，在 CEPA 与粤澳会议框架下，珠澳合作有更新突破。

由于拥有独特的地缘优势及深远的历史文化渊源，珠澳两地历来在各方面保持着密切的合作关系，而 2004 年 5 月粤澳签订的科技合作协议则成为构建这一平台的基础，试图在珠澳科技发展优势互补的基础上，打造两地科技交流

---

❶ 温家宝向港澳记者介绍国内经济形势并回答有关提问，http：//news. xinhuanet. com/news-center/2009 - 04/12/content_11170824. html.

合作的平台，共同实现科技创新，提高双方的科技竞争力。2008年12月，在珠海举行的年度粤澳会议上双方签署《粤澳关于成立珠澳合作专责小组的备忘录》，珠澳合作正式有了官方机制保障。次年，珠澳领导提出"同城化"。

（二）内地与澳门科技的主要合作成果

20世纪80年代初期，浙江大学应澳门贺田工业公司之邀，为其引进的计算机辅助设计（CAD）和计算机辅助制造（CAM）系统进行开发研究，开创了内地与澳门进行科研合作的先河。

由澳门的企业与内地科研机构合作的一批"尤里卡"项目，如："用于维护工业装置的腐蚀失效分析方法"、"电力分送网络管理及其操作培训系统"、"混合采用人工智能和传统模型的城市空气污染管理系统"、"分布式电子商业网络"等，都取得了良好的成效。

2005年，澳门首次组织及举办全国"科技活动周"，活动周的主题是"热爱科学、敢问求答"，期望通过科普展览、亲子科技活动、科普讲座和科普短片等，培养澳门青少年对科技的兴趣。

澳门科技发展基金于2010年共资助62个科研项目，资助金额逾35 006万澳门元。此外，针对获科技部批准在澳设立的"中药质量研究国家重点实验室"及"仿真与混合信号超大规模集成电路国家重点实验室"，基金各拨1200万澳门元作为首年建设经费。

根据科技部社发司与澳门环保局2010年7月签署的"内地与澳门节能及环境保护科技合作意向书"，双方同意首先开展"澳门机动车排放污染综合示范"和"澳门电子废物管理与污染控制示范"两项研究，委托清华大学与澳门大学具体实施。

四、澳门科技的挑战

"澳门在未来发展中面临着三个大的挑战：澳门的企业规模一般较小，经济实力薄弱；科技教育基础薄弱，人才缺乏，制约着产业中对科技成果的应用；澳门政府的产业政策还不够明确，对发展何种支柱产业以及在支柱产业中如何推广应用高新技术缺乏明确的政策指导。"（罗珊，2009）

2011年9月8日，澳门科委会科技策略与发展工作组召集人姚伟彬在全体会议中报告了"澳门科技发展现况调查研究"数据，显示澳门2010年的公共及私人领域总研发金额仅占整体GDP的0.04%，远较新加坡的2.2%、台湾的 2.3% 为低，与 2009 年香港的 0.8% 也相差甚远。科学技术发展基金行政委员会主席唐志坚指出："澳门投入科技研发的经费比新加坡、台湾及香港低，未来需加大政策力度，增加科技研发及科技人才。澳门人口少，科技发展尚在起步，近五六年进展才较快，现时澳门最重点支持的是信息科技，接着是中医药。"❶

第 3 节　台湾的科技发展——经济腾飞的推进器

一、台湾科技发展轨迹：从起步到领先

从 1953 年到现在的 50 多年来，台湾经济经过进口替代、出口扩张、结构调整与自由化改革的发展历程，得到了较快的发展。伴随这一发展轨迹，台湾的科技实力和产业竞争力也经历了长足发展并日益提高。20 世纪 80 年代以前，台湾的整体科技水平发展较缓慢，80 年代以后尤其是进入 21 世纪之后，发展较为迅速。

台湾科技发展主要分为萌芽阶段与快速发展阶段。

（一）科技发展萌芽阶段

台湾科技发展萌芽阶段可以分为科技"自然"成长阶段（1953～1959年）、科技"有目的"发展阶段（1960～1969年）以及科技"主动、大力"发展阶段（1970～1979年）三个不同发展时期。

（1）科技"自然"成长阶段（1953～1959年）是第一次进口替代时期，这一时期的科技政策以技术引进和传统技术改造为主，经济发展的主要目标在引进资金、恢复和发展工农业生产以求得"安定"。因而严格地说，这个时期台湾尚没有明确的科技发展目标和政策，更不要说科技实力如何。科技技术的运用与经济发展的关系并不密切，基本处于"自然"成长阶段（韩清海，1995）。

（2）科技"有目的"发展阶段（1960～1969年）是出口导向战略时期，这一时期的科技政策以技术引进为主。所谓出口导向战略是指以国际市场为导

---

❶ 澳门科研投入占 GDP 的 0.04% 需加大政策力度，http：//finance. sina. com. cn/china/dfjj/2011 0909/102210459609. shtml.

向，主要生产出口产品参与国际市场竞争的外向型经济发展战略。发展外向型经济，参与国际市场竞争首先遇到的就是科学技术问题，这就使得台湾认识到发展科技的重要性和紧迫性。

1957 年 4 月，台湾"中研院"第二次院士会议曾提出长期发展科学的建议，但由于资金问题没有得到当局的支持。1959 年 1 月，"行政院"通过了此建议，颁布实施《"国家"长期发展计划纲要》（田雅云，1996），首次成立科技发展的专责机构"长期科学发展委员会"。纲要的主要内容如下：

①下拨"国家"发展科学专款，制订长期发展计划。

②长期科学发展专款分 5 年筹齐，第一年款项为台币 2 000 万元、美金 20 万元。

③由"教育部"与"中研院"评议会共同组织主持此项发展科学研究工作的机构。由此机构负责专款使用计划，分配经费，经核定后由"教育部"负责实施。

④长期发展科学专款用途，主要在于：充实各研究机构及大学的科研设备、设置"国立"研究讲座教授、设置"国家"客座教授、设立研究补助经费、逐年建造返台学人住宅、增订各大学及研究机构的学术刊物。

⑤长期发展科学专款协助范围，暂以自然科学、基础科学、工程基本科学、人文与社会科学为主，用于自然科学、基础科学及工程基本科学的费用不得少于总额的 80%。

⑥中等学校及大学一、二年级充实所需仪器设备，由"教育部"另定详细计划，自筹经费，配合本纲要，分年实施。

⑦凡专习自然科学、基础医学或工程基本科学研究生，毕业后需继续深造者，经核准后准其续学。

从纲要的主要内容来看，台湾当局已经开始重视科技发展的重要性，并采取了具体措施。虽然这份纲要主要是针对发展基础科学和教育而言，科技实力积累尚比较弱小，但对台湾的科技发展却起了奠基作用。

（3）科技"主动、大力"发展阶段（1970～1979 年）是第二次进口替代时期，这一时期的科技政策是技术研发与引进并重。经济目标是发展重工业，尤其是交通、核能、石油化工、钢铁、造船等资本、技术密集型工业，以自行生产的机械设备、化纤、塑胶、钢材等原材料取代进口，致力于建立上、中、下游产业相结合的工业体系。这一发展阶段有以下科技政策：①制订和实施

《十二年"国家"科学发展计划》；②协助成立财团法人研究机构，提升自我研发能力；③设立科技专案预算计划；④加强高等工业技术人才教育；⑤召开第一次"全国"科技会议；⑥修改奖励投资条例，增列免征专供研发仪器设备进口税及研发新产品、发明专利等税收优惠。

（二）科技快速发展阶段

台湾自进入 20 世纪 80 年代以来，经济实力大幅提升，这主要依赖于快速增长的科技实力水平。80 年代以来，由于台湾内外经济环境的变化，新台币兑美元汇率大幅升值，工资也大幅上涨，劳动力短缺，劳动密集型加工出口工业逐渐丧失比较利益和比较优势，导致民间投资意愿低落，经济发展陷入困境。台湾行政顾问、著名经济学家蒋硕杰在 20 世纪 80 年代分析道："台湾是一个资源贫瘠的海岛，我们必须将人民生产的一半以上输出世界，以换取岛内所缺乏的原料、食品以及设备等。按照台湾资源禀赋的演变来看，台湾在短期内最有利的出口产品既不是劳动密集的商品，也不是资本密集或技术密集的产品，而应是仍旧相当劳动密集、但同时有需要相当高度的科技和精密的资本设备的产品。只有在此类商品上，台湾才有希望一面摆脱低工资国家和地区的竞争，而又对资本雄厚而科技远较台湾发达的国家与地区仍占有成本之优势。"为此，台湾当局于 1986 年提出了实行自由化、国际化、制度化的经济转型（陈舒，2009），进一步健全和完善市场经济机制，并以产业升级和拓展美国以外的贸易市场作为重大调整内容，确定以通信、信息、消费电子、半导体、精密机械与自动化、航天、高级材料、特用化学及制药、医疗保健及污染防治十大新兴产业为支柱产业。

二、台湾科技发展政策的特点——科技与经济互促发展

自 1980 年以来，台湾科技发展政策具有鲜明的特点。科技与经济发展能够紧密结合，台湾当局适时调整科技发展政策，使之更好地为经济服务。

（一）科技与经济发展紧密结合，适时调整科技发展政策

经济的发展很大程度上依靠科技的进步，这就要求科技政策的制定与经济发展紧密结合起来，这也是台湾科技政策得以贯彻并取得成效的显著特征。随着 20 世纪 80 年代经济全球化、自由化的发展，以及十年经济建设计划的推出，台湾先后召开第二次、第三次"全国"科技会议，实行基础研究与应用研究并重，技术引进与自主创新并重的策略等，大力推动"科技岛"建设，

以高科技产业推动经济转型升级。基于科技与经济紧密结合，台湾及时跟踪世界科技发展，参照国际重要产业技术领域适时选定调整重点扶持的产业技术领域。比如，在 21 世纪初，选定信息技术、电子技术、生物技术和航天技术作为四大重点发展的高新尖技术，引领台湾高科技的发展，加快经济国际化、自由化步伐（蔡荣海，2007）。

（二）积极推动传统产业科技化，加速推进高新技术产业化进程

1995 年在制定传统产业 21 世纪发展目标时，台湾"工业局"对传统产业进行筛选，选出 34 项具有潜力的传统产业技术，对其加大资金和技术投入，为此出台了一系列推动产业升级的科技政策，并成立专门机构经由科研单位协助和辅导，一同克服技术升级的瓶颈（陈恩，2002）。同时在"经济部"成立"传统产业辅导中心"（2000 年 8 月）和"振兴传统产业专案小组"（2002 年 6 月）等辅导机构，有效推动了传统产业的转型升级。在推动高新技术产业化方面：紧跟世界高科技发展步伐，选定重点扶持项目推进高科技发展，根据当今世界最具发展潜力的科技和岛内科技现状，在十大产业中筛选出信息、电子、生物技术和航天技术 4 个尖端技术作为跨世纪的重点目标（刘志高，2002）；为及时掌握全球科技最新动态，台湾当局利用多种渠道、采取多种方式加强与岛外的高科技合作，如以官方形式直接在外国设立常驻机构、签订双边科技协定、鼓励有研究机构的企业与海外科技机构合作、直接参加某些国家或地区的高科技研究计划等；把建立科技园区作为发展高科技产业的重要载体，1980 年 9 月在新竹县创设了岛内第一个科技园区，1997 年园区产值突破了 4 000 亿元新台币。目前园区已经拥有 400 多家大小高科技公司，其中 80%以上是台湾本地企业。园区孕育了众多知名企业，包括联电、鸿海、大众、联发科技、友讯科技、茂硅电子、华邦电子、联华电子、扬智科技、凌阳科技、神达电脑、联友光电、连基科技、盛群半导体、瑞昱半导体、普邦科技等，如今台湾 10 大企业中有 7 家就来自新竹。2004 年园区营业收入首次破 1 万亿元新台币，相当于全岛产值的约 10%。园区产品众多，如网络卡、影像扫描器、终端机、桌上电脑等的产值在世界市场名列前茅。园区拥有全球 80%的电脑主板、全球 80%的图形芯片、全球 70%的笔记本电脑、全球 65%的微芯片、全球 95%的扫描仪，已成为全球资讯电子产品的生产制造重镇。1997 年建设的第二个科学园区——台南科学园区，是为了发挥科学园区对经济增长的带动作用，避免南电北送、南油北送，均衡资源分配。2003 年 8 月设立的中部科学园区成为全球 12 英寸晶圆生产重镇（王建民，2006）。

（三）重视中小企业在科技发展中的作用

为调整中小企业的产业结构，促进所属机构的研发方向及成果能与产业紧密结合，推动产业升级，台湾"经济部"特别制订了"经济部所属事业协助中小企业推动研究发展计划"；同时，积极促进中小企业在技术开发、创业投资、经营管理等方面的合作，协助他们进行新产品开发活动，使中小企业进行联合行销、联合投资、联合研发，实现资源共享，台湾中小企业也因此成为台湾发展高新科技产业的主力（刘志高，2002）。

（四）不断整合科技发展资源，推动产学研结合

从 1996 年开始，台湾"经济部"中小企业处即协助在大学校园和科研机构内成立"育成中心"，使原来产、学、研泾渭分明的状况变为产、学、研紧密结合，并使高等学校成为科技产业的一支生力军。"育成中心"建立了一种机制，既鼓励学校老师创业，又能够使他们继续在学校教书、做研究，二者相辅相成，因此，它可以"使企业在校园里就开始培育人才，经过长时间合作，学生毕业后进入公司工作，经验和技术会更好"。它还鼓励大学成立"产业与大学合作研究中心"，吸引企业主以会员赞助方式加入，提供产业与大学直接合作的机制（郭国庆，2001）。

（五）不断增加科技投入，确保科技对经济发展的支撑

科技研发经费的投入和科技基础设施建设是促进科技进步与科技产业发展的基础条件。20 世纪 80 年代中期以来，为适应岛内经济和科技发展的需要，不断增加科技投入力度，使科研整体实力明显提高。台湾科技投入主体包括政府部门、科研机构、公营企业和民营企业等。1988 年以前，政府经费在科技开发总经费中占半数以上，自 1989 年以后，除个别年份外，民间部门所投入的科技发展经费均超过政府部门的投入，且绝对量呈稳定增长趋势。在经费运用方面，台湾一贯重应用科技，轻基础研究；重工业企业，轻大专院校；重工业科技，轻农、理、医。据 1996 年的统计数据，基础研究经费在总研经费中的比例只占 7.4%，应用研究经费比例高达 92.6%。近年来，台湾当局的科技投入主要用于科技基础设施和重大项目建设，如兴建高速电脑中心、同步辐射中心、生物科技中心、作物种原中心、科技园区基础设施建设等。

（六）注重科技人才的培育、引进与开发利用

当今世界竞争的核心是科技竞争，而科技竞争的核心则是人才竞争，如果

说主导综合实力的关键在科技发展，那么主导科技发展的关键则在于人才的培养。据统计，1995 年台湾地区拥有科学家、工程师的数量只及韩国的一半，全岛科技人才不仅数量少，而且质量也不高，不能满足岛内科技发展的需要。所以，台湾当局一方面加强岛内人才的培养教育，在加强中小学基础教育的同时，重点发展高等教育，使大学（不含大专）在数量上由 20 世纪 90 年代的 80 余所扩增到 2000 年的 100 所，在质量上对大学生实行"毕业从严"的政策（郭国庆，2001），提高人才素质；另一方面，制定优惠政策，吸引海外人才回归。

三、科技实力倍增——升级研发能力

随着科学技术的不断发展，世界各国和各地区愈来愈重视科技研发的投入和产出。台湾地区 20 世纪 80 年代以前的经济发展主要靠代工和技术引进，科技研发能力比较弱。80 年代以后，台湾当局通过一系列的措施升级科技水平，发展高新技术产业，使得台湾地区的科技实力倍增。

（一）科技产业发展的三级跳之路

在科技产业方面，台湾科技产业的发展历程可分为三个时期：第一个时期（1973～1983 年）是确立台湾科技产业发展方向的时期。劳动与资本密集型产业仍是台湾经济的主导产业，但是台湾当局确立了科技产业发展的大方向，从发展战略、科研机构、产业基地建设等各个方面为科技产业发展打下基础。1978 年和 1982 年台湾地区分别召开了第一次与第二次"全台科技会议"，以"技术层次高、附加价值大、耗用能源少"为标准，共选取 8 大科技（能源、材料、资讯、自动化、生物、光电、食品、肝炎防治）为发展重点，开始积极推动科技产业发展；第二个时期（1984～1995 年）是台湾科技产业蓬勃发展的时期。计算机通信业与电子零部件产业的快速成长是这一时期台湾科技产业蓬勃发展的主要动力，并迅速成为台湾出口导向经济的主要支柱，最终发展形成台湾独特的科技产业发展模式——代工模式。正是因为跨国公司产品严格精密的质量标准，促进台湾科技产业部门提高技术更新设备，使得台湾的科技产业突飞猛进，台湾迅速成为国际电子资讯产品最重要的制造基地之一。1995 年，台湾科技产业总产值突破新台币 3 兆元，占制造业比重超过 50%；第三个时期（1996 年至今）是台湾科技产业力图转型的时期。这个时期一方面台湾的半导体产业迅速成长起来，成为全球的"晶圆代工"重镇，半导体产业与 21 世纪以后发展起来的光电产业一起，接替电脑及周边设备产业成为台湾的支柱产业。另一方面"代工"模式的弊端逐渐显露，电脑及周边设备产业的迅速外移与衰退就是最典型的例子，台湾科技产业由此走上了从生产端向设计、研发及营销端转型的探索道路。2005 年，台湾光电产业产值也突破新台币 1 兆元，标志台湾"两兆双星"的科技产业发展策略已见成效，"两兆"产业作为台湾经济的主导产业已基本形成。

（二）台湾主要的科技产业以高科技制胜

台湾主要的科技产业包括半导体产业、光电产业、数位内容（电子资源）产业与通信产业。早先台湾当局选定主导产业时的准确研判很大程度上源于其对产业界意见的充分听取。台湾地区在全球高科技产业中的地位，可以用 2005 年《商业周刊》的封面故事"台湾为什么很重要"（Why Taiwan Matters）中的话佐证："没有台湾，全球经济无法运作，台湾之于世界 IT 产业，有如中东原油。"

半导体是各种电子产品必须使用的关键零部件，作为半导体产品重心的 IC，占了半导体产品近 90% 的比重，广泛应用于资讯、通信、消费性和其他各式电子产品中。半导体产业技术的发展被视为现代化指标之一，各国和地区纷纷将之列为重要产业，积极投入资金，加强政策扶持。台湾半导体产业的代表性企业包括台积电、联电、日月光等。光电技术是一门结合光学、物理学、材料科学和电子学等多学科的高新尖端技术，广泛应用于通信、资讯、生化、医疗、工业、能源和消费等领域。各国或地区的政府和产业界一致看好光电产业的发展潜力，积极推动光电产业的发展。经过 20 多年的发展，其已经与半导体产业并驾齐驱，成为台湾的支柱产业之一（李非，2009）。

生物技术的应用范围很广，从药品、医疗保健、机电资讯、材料化工到环保、食品、农业等各领域，都可能得到特色发展并创造巨大的经济价值。台湾当局重视发掘岛内生物科技及产业发展潜力，为作为"明星产业"的生物科技产业提供政策支持。台湾生物科技产业以医药产业为主，还有保健食品、农畜药物肥料及美容与化妆品。代表性企业包括五鼎、美吾华、台湾微脂体、国光生技等（胡石青，2005）。

数位内容产业包括数位游戏、电脑动画、数位学习、数位影音、行动应用服务、网络服务、内容软件、数位出版和典藏八大领域。数位内容产业是台湾"两兆双星"产业中被认定具有发展潜力的明星产业。但与半导体和光电产业相比，差距还相当大。代表性企业包括智冠集团、讯连科技、旭联科技等。

台湾"经济部"通信产业发展推动小组将通信产业分为通信工业与通信服务两大领域，前者包括通信设备、通信软件、检测和验证，后者主要包括第一类电信服务（语音业务）与第二类电信服务（数据业务）。在全球电信产业自由化的影响下，台湾的电信服务产业自 1997 年迈入自由化，移动电话等无线通信业务进入高成长阶段。2001 年台湾移动电话的用户数已超过市话的用户规模，通信设备产业（含有限宽频网络设备、无线通信设备）也随之快速茁壮成长。近年来，在成本压力下，台湾大多数通信设备厂商已将生产外移到成本低廉的地区，其中大陆地区目前是台商最重要的生产基地。台湾通信产业的代表性企业包括中华电信、远传电信、台湾大哥大等。

台湾科技产业从传统代工型逐步向研发型转变，追求"微笑曲线"两端高附加值性，台湾高科技产业研发经费占营业收入比例逐年攀升，2000 年为 2.37%，2003 年上升到 3.29%。在研发经费占 GDP 比重、研究人员占就业人员的比例等方面，台湾在世界上排名靠前。

从重视"制造"到重"研发"的另一迹象就是近年来，跨国公司在台湾设立研发机构的数量不断增加，目前已有惠普、索尼、戴尔、IBM、Auxtrib、Beeker、Perieom 等一批著名公司在台设立近 20 家研发机构。

（三）台湾农业科技成就

农业科技是台湾科技的重要组成部分，近半个世纪以来，台湾在农业科技的发展上取得了令人瞩目的成就，对农业发展产生深远的影响。其主要成果为品种改良、动植物病虫害防治、生产及管理技术的改进、农业生物技术研究的开发与应用等。

台湾农业科技研发机构主要由行政职能部门主管，如隶属"总统府"的"中央研究院"及其下属动物、植物、农业生物研究所等，"国家科学委员会"下属的研究中心，"行政院农委会"及其下属的各级农业科研机构。研究所多数由大学主管，试验所和改良场的主管部门主要是"行政院农委会"。此外，财团法人、公司等单位也设有少量研究机构。台湾农业机构分工明确："中央研究院"主要从事学术及基础方面的研究工作；大专院校则以教学及训练人才为主，研究工作为其业务的一部分；公营事业机构研究所及财团法人或类似组织的研究所从事专业性特定项目的研究工作；而原台湾省属的试验研究机构为从事台湾地区全面性试验研究工作的骨干，主要从事地区性品种及技术的改良等，县以下基本不再设研究、推广机构。从总体上看，台湾农业科技研究机构相对较为集中，研究与推广层次清晰、任务明确。还设立了加强农业科技研究发展的政策制定、计划执行、项目管理与运作的机构：农业科技研究发展委员会、农业科技审议委员会及农业科技绩效评估委员会（陈舒，2009）。

台湾农业科技发展经费主要来自"农委会"、"国科会"、各种财团及基金会，但以政府部门投入居多，来自"农委会"的经费最多，侧重支持应用研究和短期性研究，"国科会"经费则侧重支持基础研究和长期性研究。从整体上看，台湾地区农业科研经费投入常年维持在较高的水平。

台湾"农委会"以生物技术等高科技为导向，重视农业持续创新与研发成果的转化应用，通过加强农业科技发展中的政府导向作用、建设农业科技园区，营造农业科技产业群聚效应、推行农业科研产官学结合等策略以提升经营效率与农产品品质，保持和扶植竞争优势（陈舒，2009）。

（四）两岸科技交流

海峡两岸的科技合作发展迅速，合作项目和人员往来不断增多，两岸科技界在电子、生物、地震、气象、环保等多领域开展广泛的交流合作。1985年5月，"两岸科技成果交流研讨会"在台湾地区举行，两岸学术交流活动也广泛开展。两岸在科技发展上各有所长，大陆在部分高科技和基础领域中取得明显成就，但市场观念薄弱，机制不够灵活，研究经费少；台湾地区在吸收外来技术、科技与产业和市场结合上走出了自己的路，但基础研究较薄弱，双方优势互补，急需加强合作交流。大批台湾企业投资大陆，大陆企业也着眼于台湾市场（韩清海，1995）。

两岸科技交流的重要内容是科技人才的交流合作，发展也较快。由于台商对大陆投资的增加，对科技研究与技术人员的需求也相应增加，因此台商从岛内与海外引进许多科技人才到大陆工作。入世后，随着台商对大陆投资结构的变化及科技产业投资的增加，许多台湾科技与管理人员来到大陆工作与发展。早在1991年，台湾地区就试图吸引大陆和海外的高科技人才来台，但受当时环境与政策的限制，台湾引进的大陆科技人才有限。到1993年年底，只有18位大陆优秀科技人士受邀或延聘到台参与研究（田夫，1994）；1993～1995年有33位大陆优秀科技人才接受台湾邀请到台从事研究。台湾地区在两岸科技人才交流与合作的重点是：延揽大陆优秀科技人士到台从事研究，特别是优先延揽台湾急需的大陆科技人士；补助大专院校或研究机构，邀请大陆特殊领域重要科技人才来台短期讲学。20 世纪 90 年代末以来，台湾地区对吸引大陆科技人才政策有所调整：在基础及应用科技领域或在专业技术上有优势成就者，或获博士学位具有研究发展潜力者；大陆科技机构中具备科技相关专业造诣，且在两岸科技关系之互动具有助益或重要地位的科学技术管理人员，均可应邀访台。

1998 年 5 月，我国科技部部长朱丽兰率团参加了在台湾地区举行的"两岸科技成果交流研讨会"。高层人士参与访问与交流体现了合作层次的提升。李国鼎说："台湾对未来进一步开展两岸的（科技）交流十分有兴趣。"黄镇台亦表示："两岸实质性的合作较少，还有进一步发展的空间，未来在互补的原则下，可以选择重点加强合作关系。"（赵玉榕，1998）

台湾研究机构、大专院校与企业对引进大陆科技人士更为积极。2000 年，在台从事长期研究的大陆科技人士在"中央研究院"有 73 位，在台湾大学有 47 位，台湾企业也通过"中华两岸科技交流促进会"引进大陆科技人才。2005 年 7 月两岸举行"信息产业技术标准论坛"，两岸同意充分合作，进行 TD – SCDMA 所需芯片的研发和手机制造，这对两岸在其他的高科技产品和行业中推动建立合作机制，也很有促进作用。

虽然民进党执政时对两岸的交流合作设立了许多障碍，使得目前两岸高科技产业的交流与合作还不够深入，实质性的科技合作研究与开发不多，不能满足两岸科技产业共同发展的实际需求。两岸科技界的交流与合作的形式主要有科技交流互访、科技学术交流活动、举办科技合作展示会或交易洽谈会、成立科技交流合作机构以及知识产权领域交流等。

参考文献

［1］［美］查尔斯·蒂利. 集体暴力的政治［M］. 谢岳，译. 上海：上海世纪出版集团，2006.

［2］［美］乔治·沃克·布什. 抉择时刻［M］. 北京：中信出版社，2001.

［3］［美］威廉·墨菲，D. J. R. 布鲁克纳编. 芝加哥大学的理念［M］. 彭阳辉译. 上海：世纪出版集团—上海人民出版社，2007.

［4］［英］贝尔纳. 科学的社会功能［M］. 桂林：广西师范大学出版社，2003.

［5］［英］伯特兰·罗素. 西方的智慧：一部献给毛泽东的著作［M］. 亚北，译. 北京：中国妇女出版社，2004.

［6］《邓小平年谱（1975～1977）》（上）［M］. 北京：中央文献出版社，2004.

［7］《科技兴贸"十五"计划纲要》发布［J］. 科技成果纵横，2001（5）：8.

［8］2004～2010 年国家科技基础条件平台建设纲要［J］. 科技资讯，2004（17）：114～116.

［9］B. R. 赫根汉. 现代人格心理学历史导引［M］. 石家庄：河北人民出版社，1998.

［10］G. 萨顿. 科学的历史［M］. 科学与哲学，1980.

［11］Michael·J. Enright，Edith E. Scott，David Dodwell. The HongKong Advantage［M］. London：Oxford University Press，1997.

［12］M. 戈德史密斯. 科学的科学：技术时代的社会［M］. 北京：科学出版社，1985.

［13］艾琳. 中科院知识创新工程引进优秀杰出人才座谈会在京举行［J］. 中国科学院院刊，1999（1）.

［14］安冈. 活跃的国际科技合作［J］. 天津科技，1999（2）：7.

［15］澳门科技发展概况［J］. 广东科技，2005（6）：100.

［16］柏万良. 与时俱进天地宽志存高远民族兴——写在中国科学院知识创新工程试点启动 5 周年［J］. 科学中国人，2003（7）：20～23.

［17］包伟静，曹双，绪红. 三峡水库蓄水前后大通水文站泥沙变化过程分析［J］. 2010（3）：21～23.

［18］包心鉴. 应对世界金融危机中的政府与市场［J］. 理论视野，2009（7）：43～45.

［19］别敦荣，朱晓刚. 我国高等教育大众化道路上的公平问题研究［J］. 北京大学教育评论，2003．1（3）：54～59.

［20］薄一波. 若干重大决策与事件的回顾（上卷）［M］. 北京：中共中央党校出版社，1991.

［21］蔡敏真，林洁如，杨志琼，等. 特区技术引进十点建议［J］. 科技管理研究，1986（2）：14～16.

［22］蔡乾和. 从实践论的观点看科技异化问题［D］. 武汉：华中师范大学，2005.

［23］蔡荣海. 台湾科技管理体系与措施［J］. 海峡科技与产业，2007（4）：30～33.

［24］蔡伟，李青. 一寸山河一寸血. 三联生活周刊［J］. 2005（11）：23.

［25］蔡文沁. 我国智能交通系统发展的战略构想［J］. 交通运输系统工程与信息，2003（1）：16～22.

［26］曹元. 创业板成长的矛盾［J］. 中国民营科技与经济，2011（4）：69～73.

［27］常生林. 政府干预的适度性［J］. 中国改革，1998（7）：17.

［28］晁增寿. 邓小平科学技术是第一生产力的思想［J］. 山西师大学报（社会科学版），1994，21（4）：47～50.

［29］车神. 新能源汽车是新主角［J］. 现代班组，2009（7）：28～29.

［30］陈宝国. 新一轮信息技术革命浪潮对我国的影响［J］. 科学决策，2010（11）：1～25.

［31］陈炳辉. 开放市场，到底能换来多少技术——对轿车工业以市场换技术政策的反思［J］. 江西广播电视大学学报，2005（2）：34～37.

［32］陈恩. 台湾科技产业发展策略管窥［J］. 科技进步与对策，2002（2）：65～67.

［33］陈冠任. 国殇［M］. 北京：团结出版社，2010.

［34］陈红桂. 十一届三中全会对社会主义民主建设的伟大贡献［J］. 湖南省政法管理干部学院学报，2000，70（4）：82～85.

［35］陈建，王博. 论CEPA实施后的香港经济［J］. 教学与研究，2007（1）：63～69.

［36］陈建新，赵玉林，关前. 当代中国科学技术发展史［M］. 湖北：湖北教育出版社，1994.

［37］陈柳钦. 政府主导之下新能源汽车路线图［J］. 汽车与配件，2010（24）：14～15.

［38］陈舒. 台湾科技发展体制与机制［M］. 厦门：厦门大学出版社，2009.

［39］陈万年. 担当"科教兴省"的主力军——江苏高等教育改革发展回顾与前瞻［J］. 群众，1999（10）：16～17.

［40］陈云，谢科范. 对我国以企业为主体的技术创新体系的基本判断［J］. 中国科技论坛，2012（3）：24～28.

［41］陈云卿. 企业技术创新能力的模糊综合评判［J］. 管理科学文摘，1997（8）：18.

［42］程斌. 跨国汽车公司在华投资战略演变与中国轿车工业发展研究［J］. 特区经济，

2010（2）：98～99.

[43] 程广宇，孙锋. 新能源汽车产业 2010 年回顾与 2011 年展望 [J]. 中国科技投资，2011（2）：41～43.

[44] 程靖尧. 物联网的基本概念及对电信运营商的影响 [J]. 科技信息，2010（24）.

[45] 程森成. 技术市场的政策研究 [J]. 江汉论坛，2004（1）：47.

[46] 崔禄春. 建国以来中国共产党的科技政策研究 [D]. 北京：中共中央党校中共党史系，2000.

[47] 代宝. 我国科技型中小企业技术创新的风险防范 [J]. 科技与管理，2003（6）：122～124.

[48] 戴煌. 有感于孙中山不让喊"万岁" [J]. 炎黄春秋，2009（1）：71～72.

[49] 戴启秀. 自由经济与政府干预——对全球金融危机下经济模式的反思 [J]. 德国研究，2008（4）：1.

[50] 单玉丽. 台湾科技发展的前鉴与近览 [J]. 亚太经济，1990（5）：55～56.

[51] 邓力群. 毛泽东的文化思想 [M]. 北京：人民出版社，2000.

[52] 邓力群. 毛泽东与科学教育 [M]. 北京：中央民族大学出版社，2004.

[53] 邓楠. 新中国科学技术发展历程 1949～2009 中国科技史 [M]. 北京：中国科学技术出版社，2009.

[54] 邓楠. 新中国科学技术发展历程 [M]. 北京：中国科学技术出版社，2009.

[55] 邓绍英. 科教立省质量兴鄂 [J]. 江汉论坛，1995（9）：5～6.

[56] 邓寿鹏，毕井泉，马维野等. 实施科技兴贸计划推动高科技产品出口 [J]. 中国科技论坛，2000（1）：3～9.

[57] 邓小平. 邓小平文选（一九七五——一九八二）[M]. 北京：人民出版社，1983.

[58] 邓小平. 邓小平文选（第 3 卷）[M]. 北京：人民出版社，1993.

[59] 邓心安，廖方宇. 关于科研项目管理中几个关系的研究——以中科院知识创新工程试点科研项目为例 [J]. 科技进步与对策，2003（13）：66～68.

[60] 邓元珍. 促进科技成果产业化 [J]. 重庆社会科学，1996（6）：15～18.

[61] 丁一倪. 台湾地区科技发展现况与展望 [J]. 科技导报，2004（9）：52.

[62] 董新保. 高科技与香港经济 [M]. 香港：三联书店（香港）有限公司，2000.

[63] 窦尔翔，吕文斌. 创业板即将开启再造"NASDAQ"奇迹 [J]. 资本市场，2009（9）：90～95.

[64] 杜强. 台湾科技政策形成机制、效应与启示 [J]. 海峡科技与产业，2011（2）：54.

[65] 杜占元. 将科技奥运理念转变为行动 [J]. 中国人口·资源与环境，2005（1）：2.

[66] 冯彬彬. 技术商品化和科协工作的改革 [J]. 学会，1985（3）：3～4.

[67] 冯林. 论科技创新的推动作用 [J]. 技术与创新管理，2004（6）：19～20.

[68] 冯晓静. 高新技术产业化及其运行机制问题研究 [D]. 重庆：西南师范大学，2004.

［69］傅建球. 国际科技合作新趋势与中国的科技发展［J］. 宁波职业技术学院学报，2005（1）：19～22.

［70］高慧英. 香港应用科技研究院：开启与广东省官产学研合作的新篇章［J］. 广东科技，2011（7）：26～29.

［71］高峻. 党的三代领导人的科技战略思想［J］. 当代中国史研究，2002（3）：4～12.

［72］高理昌. 技术的商品化与高校科研工作的转移［J］. 龙岩师专学报，1986（3）：33～34.

［73］高权德. 实践中的理论再创新：从"生产力标准"到"三个代表"标准［J］. 山西高等学校社会科学学报，2002，14（11）：5～7.

［74］高亚平，王蓓蓓，周密. 浅析创业投资引导基金的支持方式［J］. 江苏科技信息，2008（7）：8～11.

［75］耿海军. 壮志凌云神箭飞——中国航天之路［J］. 科技潮，2000（8）.

［76］龚建文. 粤港科技政策的差异性及对粤港科技合作的思考［J］. 科技管理研究，2008（5）：32～34.

［77］龚育之. 毛泽东的读书生活［J］. 社区，2006（01）：4～5.

［78］谷超豪. 关于基础研究的几点思考［J］. 中国科学院院刊，1998（1）：54～56.

［79］顾海兵. 吸取发达国家经验教训改革我国院士制度（上）［J］. 民主与科学，2003（5）：12～17.

［80］顾海兵. 吸取发达国家经验教训改革我国院士制度（下）［J］. 民主与科学，2003（6）：5～8.

［81］管懿，王艳梅. 龙啸九天：中国酒泉卫星发射中心航天发射纪实［M］. 北京：中国宇航出版社，2009.

［82］郭奔胜. 忽如一夜春风来：党的十一届三中全会和全面拨乱反正［J］. 源流，2011（13）：18～19.

［83］郭朝江. 关于落实科技兴鄂战略的思考［J］. 科技进步与对策，1994.12（3）：39～41.

［84］郭朝江. 科教兴鄂：振兴湖北的战略抉择——科教兴鄂工作会议综述［J］. 科技进步与对策，1993（6）：34～36.

［85］郭鸽. 完善我国科技奖励制度的探讨［J］. 经营管理者，2010（17）：167～168.

［86］郭国庆. 试论台湾发展科技产业的政策与策略［J］. 国家高级教育行政学院学报，2001（3）：49.

［87］郭洪业，何杰，张明，等. 创业板时代的资本市场与中国经济［J］. 董事会，2009（7）：24～25.

［88］郭进明，马文君. 培育发展中国技术市场系统［J］. 山西科技，1996（4）：35.

［89］郭树言. 关于我国技术市场的发展［J］. 科学学研究，1986（3）：2.

［90］国家科委"火炬计划"办公室. "火炬计划"的回顾与展望［J］. 中国科技产业，1992（4）.

［91］国家科学技术委员会. 关于分流人才、调整结构、进一步深化科技体制改革的若干意见［J］. 科技进步与对策，1992（6）：7～10.

［92］国家科学技术委员会. 技术与国家利益［M］. 北京：科学技术文献出版社，1999.

［93］国家科学技术委员会. 一九九二——九九三年科技体制改革要点［J］. 科技与法律，1992（3）：1～8.

［94］国家统计局. 新中国60年统计资料汇编1949～2008［M］. 北京：中国统计出版社，2009.

［95］国家中长期人才发展规划纲要（2010～2020年）. 北京：人民出版社，2010.

［96］哈尔·赫尔曼. 真实地带：十大科学争论［M］. 上海：世纪出版集团，2005.

［97］哈斯塔娜. 对实施科教兴国战略的思考［J］. 内蒙古师范大学学报（哲学社会科学版），2003（4）：66～68.

［98］韩德乾. 中国"星火计划"［J］. 中国科技论坛，1994（4）：1～5.

［99］韩国强. 关于放活科技人员的思考［J］. 科学管理研究，1987（6）：31～35.

［100］韩清海. 台湾科技发展与两岸科技优势互补比较［J］. 华侨大学学报，1995（4）：20～26.

［101］韩孝成. 现代科技的人文反思：科学面临危机［M］. 北京：中国社会出版社，2005.

［102］何一成. 关于十一届三中全会前经济体制改革的反思［J］. 湖南师范大学社会科学学报，2000，29（4）：72～79.

［103］何兆武. 中国为什么会出现一场"文化大革命"［J］. 瞭望东方周刊，2011－04－25.

［104］贺军. 不能因几筐烂苹果就否定创业板市场的价值［J］. 中国商人，2011（7）：30.

［105］赫伯特·马尔库塞. 单向度的人［M］. 上海：上海译文出版社，1989.

［106］红旅. 人民海军的海基核威慑：中国核潜艇研制纪实［J］. 舰载武器，2004（1）：28～34.

［107］洪结银，刘志迎. 对建设安徽省科技基础条件平台的思考［J］. 安徽科技，2004（12）：10～12.

［108］侯雪静，齐中熙. 高铁改变中国经济版图［J］. 检察风云，2010（18）：16～18.

［109］胡赓熙. 我理解的基础研究［J］. 中国科学院院刊，1998（1）.

［110］胡锦涛. 在庆祝中国共产党成立90周年大会上的讲话［M］. 北京：人民出版社，2011.

［111］胡锦涛：用15年时间使我国成为创新型国家［J］. 苏南科技开发，2006（1）：6.

[112] 胡锦涛 2006 年在两院院士大会上的讲话. 北京：人民出版社，2006.

[113] 胡锦文. 首届全国技术成果交易会 [J]. 科技通报，1985（4）：35.

[114] 胡乔木. 胡乔木文集（第 2 卷）[M]. 北京：人民出版社，1993.

[115] 胡石青. 浅析台湾生物科技产业的发展现状及发展趋势 [J]. 台湾研究，2005（6）：36～42.

[116] 胡亚清，朱永华. 科技创新必须要实现观念转变 [J]. 华东科技，2001（2）：10～11.

[117] 胡治安. 章乃器：政治运动中不失君子本色 [J]. 炎黄春秋，2011（4）：32～42.

[118] 华觉明. 中华科技五千年 [M]. 济南：山东教育出版社，1996.

[119] 黄汲清. 翁文灏选集 [M]. 北京：冶金工业出版社，1989.

[120] 黄建树. 深圳经济特区的科技工作 [J]. 中国科技论坛，1986（5）：56～58.

[121] 黄齐陶. 高新技术产业化的问题与探讨 [J]. 中国科技产业，1994（5）：5.

[122] 黄伟. 领导、专家谈科技兴贸——要从新的视野认识实施科技兴贸战略的紧迫性和重要性 [J]. 科技成果纵横，2000（4）：16～20.

[123] 黄玉杰，李忱，田杨苗. 基于集成创新的企业竞争优势分析 [J]. 北京工业大学学报（社会科学版），2004（1）：13～17.

[124] 吉元.《毛主席语录》编辑出版内幕 [J]. 炎黄春秋，2009（10）：46～49.

[125] 纪伟. 抢抓机遇促进湖北经济发展 [J]. 湖北社会科学，1995（12）：14～17.

[126] 贾海龙，吕星. 论江泽民的国际科技交流与合作思想 [J]. 内蒙古农业大学学报（社会科学版），2007（2）：4～6.

[127] 江泽民. 论科学技术 [M]. 北京：中央文献出版社，2001.

[128] 江泽民. 在庆祝北京大学建校一百周年大会上的讲话 [A] //中华人民共和国教育部编. 科教兴国动员令. 北京：北京大学出版社，1998.

[129] 姜力. 知识创新工程试点工作正式启动 [J]. 中国科技奖励，1998（3）：3.

[130] 姜振寰. 科学技术史 [M]. 济南：山东教育出版社，2010.

[131] 教育部，财政部. 关于继续实施"985 工程"建设项目的意见 [J]. 中国现代教育装备，2004（10）：71～73.

[132] 金崇碧. 实践视阈的马克思主义真理的本质和属性观 [J]. 前沿，2010，277（23）：51～56.

[133] 九州. 中国经济版图跨入"高铁时代"[J]. 黄金时代，2010（12）：39～40.

[134] 柯新. 科技部解读国家科技基础条件平台建设纲要 [J]. 科技资讯，2004（22）：154～159.

[135] 科技基础条件平台建设省外调研考察汇报会在省科技厅召开 [J]. 甘肃科技，2008，24（16）.

[136] 克里斯托弗·弗里德里克·冯·布朗. 创新之战 [M]. 北京：机械工业出版

社，1999.

[137] 孔繁金，黄远模. 中国国防科技与国防工业 [J]. 世界军事年鉴，1998：78～79.

[138] 孔利，王志学. 略论国防科技在国防建设中的地位和作用 [J]. 继续教育，1992（3）：43～45.

[139] 赖艳丽. 关于科技兴贸战略的思考与对策 [J]. 黑龙江科技信息，2011（17）.

[140] 雷颐. 走向革命：细说晚清七十年 [M]. 太原：山西人民出版社，2011.

[141] 黎海波. 欧美科技型中小企业发展的特点 [J]. 建设机械技术与管理，2005（3）：69～70.

[142] 李安平. 百年科技之光 [M]. 北京：中国经济出版社，2000：187～202.

[143] 李诚. 加快科技基础条件平台建设 [J]. 河南科技，2004（11）：9～10.

[144] 李程程. 我国科技奖励体制发展的路径选择 [J]. 科技进步与对策，2009（9）：40～43.

[145] 李春景，曾国屏，杜祖基. 1997年以来香港科技政策转向及其特征分析 [J]. 科学学与科学技术管理，2006（5）：24～29.

[146] 李春景，曾国屏. 香港科技政策的演进：一种批列性回顾 [C]. 第二届中国科技政策与管理学术研讨会暨科学学与科学计量学国际学术论坛. 会议论文，2006：129～138.

[147] 李东卫. 我国新能源汽车产业的挑战及对策 [J]. 广东经济，2011（2）：37～41.

[148] 李非，熊俊莉. 台湾科技产业发展的有效机制 [J]. 亚太经济，2009（1）：108～112.

[149] 李干明. 经济特区技术引进的步骤问题 [J]. 学术研究，1985（3）：84～86.

[150] 李果. 技术创新在各个产业间差异明显的原因 [J]. 经济研究参考，1997（25）：38.

[151] 李浩鸣，向鹏，陈雅忱. 袁隆平与中国杂交水稻工程 [J]. 工程研究：跨学科视野中的工程，2009（3）：292～303.

[152] 李辉生，高校创新体系及其建设 [J]. 中国高教研究，2006（10）：89～90.

[153] 李惠琴. 经济特区技术引进工作何以进展不大 [J]. 探索与争鸣，1986（2）：34～35.

[154] 李济. 北京人的发现与研究之经过 [J]. 大陆杂志，1952.

[155] 李侃敏. 科技进步与创新：为落实科学发展观提供有力支撑 [J]. 理论探讨，2005（3）：23～24.

[156] 李丽亚，李莹. 国家科技计划体系及其管理的演变 [J]. 中国科技论坛，2008（8）：6～11.

[157] 李廉水. 科教兴国战略实施的障碍与对策 [J]. 中国科技论坛，2001（4）：9～13.

[158] 李罗力. 略论我国对外开放的理论涵义 [J]. 天津社会科学，1984（6）：12～13.

［159］李涛. 关于技术商品化的若干理论问题：全国第二次技术商品化学术讨论会评述［J］. 科学学与科学技术管理，1986（3）：35～36.

［160］李陶亚，林伟华. 日本创新型国家建设模式与借鉴［J］. 宏观经济管理，2011（3）：73～74.

［161］李文，刘昭. 黄河上第一座大型水电站：记刘家峡水电站诞生记［J］. 党史文汇，1999（5）：20.

［162］李晓丁，牛千. 我国轿车工业面临的困难和应采取的对策［J］. 经济视角，2000（10）：41～43.

［163］李新男. 关于我国科技基础条件平台建设的战略思考［J］. 安徽科技，2005（8）：4～6.

［164］李鑫. 论规律是检验真理的唯一标准：兼论实践是检验真理的唯一手段［J］. 广州社会主义学院学报，2011，35（4）：85～92.

［165］李学勇. 2020 年我国将进入创新型国家行列［J］. 创新科技，2009（10）：6～7.

［166］李晏军. 袁隆平成功之路回眸［D］. 南宁：广西大学，2004.

［167］李志超. 美国完善国家创新体系的若干措施［J］. 全球科技经济瞭望，2002（10）：36～38.

［168］连燕华. 企业国际科技合作问题研究（上）［J］. 河南大学学报（社会科学版），1999（1）：107～109.

［169］连燕华. 企业国际科技合作问题研究（续）［J］. 河南大学学报（社会科学版），1999（2）：109～112.

［170］刘大椿，何立松. 现代科技导论［M］. 北京：中国人民大学出版社，1998.

［171］刘海军. 束星北档案：一个天才物理学家的命运［M］. 北京：作家出版社，2005.

［172］刘海萍，魏红. 论信息化的推进与公民素质的转变［J］. 社科纵横，2003（1）：32～33.

［173］刘景权，张金春. 浅议科技强军的实现条件［J］. 军队政工理论研究，1998（2）：18～21.

［174］刘珺珺. 科学社会学［M］. 上海：上海科技教育出版社，2009.

［175］刘念才，刘莉，程莹，万腾腾. 实施"985 工程"，追赶世界一流大学［J］. 中国高等教育，2003（17）：22～24.

［176］刘念才，周玲. 面向创新型国家的研究型大学建设研究［M］. 北京：中国人民大学出版社，2007.

［177］刘淇. 科技奥运［J］. 高科技与产业化，2003（7）：27.

［178］刘胜俊. 科学之战［M］. 北京：中国青年出版社，1987.

［179］刘卫平. 延安自然科学院对边区经济建设的贡献. 延安：延安革命纪念馆，2005.

［180］刘一凡. 中国当代高等教育史略［M］. 湖北：华中理工大学出版社，1991：101～102.

［181］刘映国. 试论确定国防科技发展战略目标的几个原则［J］. 中国国防科技信息，1998（2）.

［182］刘志高. 台湾科技产业发展战略与策略措施［J］. 情报杂志，2002（9）：110～112.

［183］刘志强. 高校要为建设创新型国家作出重大贡献［N］. 科技日报，2006-3-31.

［184］柳卸林. 变化中的北欧国家创新体系［J］. 华东科技，2009（1）：77.

［185］卢铁城. 为建设创新型国家培养造就拔尖创新人才［J］. 中国高教研究，2006（10）：10～11.

［186］陆沪根，徐全勇. 改革开放与浦东开发：重温邓小平"南方谈话"［J］. 党政论坛，2002（5）：11～12.

［187］路成章. 交通与当今世界［J］. 交通世界（运输·车辆），2005（10）：6.

［188］路甬祥. 百年科技话创新［M］. 北京：科学出版社，2000.

［189］路甬祥. 百年科技话创新［M］. 武汉：湖北教育出版社，2001.

［190］路甬祥. 牢记历史使命锐意改革创新——中国科学院实施知识创新工程十周年［J］. 中国科学院院刊，2008（4）：289～291.

［191］吕斌，黄旭华. 中国核潜艇事业的开创者［J］. 发明与创新，2009（8）：17～18.

［192］吕明元. 产业选择理论在中国的发展脉络：1978～2004［J］. 产业经济研究，2005（3）：64～71.

［193］罗珊. 关于加强珠澳科技合作的若干思考［J］. 广东科技，2009（2）：43～47.

［194］马刚. 美国的新经济与信息技术革命［J］. 经济论坛，2001（10）：30.

［195］马克思，恩格斯，列宁. 马克思恩格斯选集（第1卷）［M］. 北京：人民出版社，1972.

［196］马颂德. 围绕经济结构调整把科技兴贸推向深入［J］. 中国科技论坛，2000（5）：7～9.

［197］毛泽东. 毛泽东文集（第6卷）［M］. 北京：人民出版社，1999.

［198］毛泽东. 毛泽东选集［M］. 北京：人民出版社，1966.

［199］毛泽东. 毛泽东文集（第5卷）［M］. 北京：人民出版社，1997.

［200］毛泽东. 毛泽东文集（第6卷）［M］. 北京：人民出版社，1999.

［201］毛泽东. 毛泽东选集（第2卷）［M］. 北京：人民出版社，1991.

［202］毛泽东. 毛泽东选集（第3卷）［M］. 北京：人民出版社，1991.

［203］美国信息技术产业的复苏可能需要两年时间［J］. 世界科技研究与发展，2001（6）：94～94.

［204］孟浩. 创新集成——知识经济时代的呼唤［J］. 经济与管理，2001（9）：6～7.

［205］闵春发. 一流大学应该是特色大学［J］. 求是，2002（1）：49～50.

［206］穆中魂. 从深圳经济特区看我国对外开放政策［J］. 吉林大学社会科学学报，1985（1）：1～8.

［207］内蒙古经贸委科技处课题组. 深化产学研联合促进企业形成技术创新机制［J］. 科学管理研究，1997（3）：38.

［208］聂荣臻传编写组. 聂荣臻传［M］. 北京：当代中国出版社，2006.

［209］潘春葆，宋联江. 邓小平科学技术是第一生产力的现实意义［J］. 江西社会科学，1996（11）：8～12.

［210］彭森. 认识形势、把握特点推动战略性新兴产业加快发展［J］. 中国科技投资，2011（1）：4～6.

［211］彭以祺. 关于我国基础研究若干问题的思考［J］. 中国基础科学，2000（8）：38～42.

［212］齐然. 交通运输部来的年轻人［J］. 交通建设与管理，2009（11）：64.

［213］钱理群. 心灵的探寻［M］. 北京：北京大学出版社，1999.

［214］钱三妹. 国际科技要闻［J］. 中国青年科技，1999（9）：43.

［215］乔振祺. 新能源汽车如何驶进百姓家［J］. 中国报道，2010（8）：80～82.

［216］乔治·萨顿. 科学史和新人文主义［M］. 上海：上海交通大学出版社，2007.

［217］裴维藩. 资深院士回忆录（第2卷）［M］. 上海：上海科技教育出版社，2006.

［218］让科技创新成为经济发展的引擎——写在国家创新体系和《知识创新工程》启动之际［J］. 中国民营科技与经济，1998（8）：40～42.

［219］莎薇，王亚萍，黄科星，庄斯聪. 浅谈我省创新型企业考核评价指标体系［J］. 广东科技，2008（19）：100～102.

［220］邵立新. 坚持产学研联合增强企业技术创新能力［J］. 工业技术进步，1997（6）：19～21.

［221］申茂向. 纵深实施科技兴贸计划加快企业"走出去"步伐［J］. 中国科技论坛，2004（3）：8～12.

［222］盛四辈，宋伟. 我国国家创新体系构建及演进研究［J］. 科学学与科学技术管理，2011（1）：73～77.

［223］师吉金. 中国共产党与中国社会先进生产力［J］. 黑龙江社会科学，2002，74（5）：5～8.

［224］石定环. 大力促进科技型中小企业的发展［J］. 机电产品开发与创新，1999（6）：1～3.

［225］斯诺. 两种文化［M］. 北京：生活·读书·新知三联书店，1994.

[226] 松花. 实行对外开放是现代科学技术发展的客观要求 [J]. 内蒙古大学学报（哲学社会科学版），1985（2）：90~95.

[227] 宋凤英. 周恩来："葛洲坝是我的一块心病啊！" [J]. 觉悟，2010（4）：20~37.

[228] 宋海刚，钱万强. "973计划"管理规范化探讨 [J]. 中国基础科学，2010（1）：46~49.

[229] 宋健. 两弹一星元勋 [M]. 北京：清华大学出版社，2001.

[230] 宋晓明，刘蔚. 追寻1978：中国改革开放纪元访谈录 [M]. 福建：福建出版社，1998.

[231] 苏开源. 我国基础研究亟待亡羊补牢 [J]. 世界科学，2005（7）：45~46.

[232] 孙超. 新能源私家车量产尚需时日——专访福田汽车党委副书记赵景光 [J]. 产品可靠性报告，2011（6）：28~30.

[233] 孙道荣. 被金融危机撞了一下腰 [J]. 杂文月刊（原创版），2009（3）：46.

[234] 孙枫林. 技术创新与出口竞争力的研究 [J]. 管理工程学报，1997（A06）：35~38.

[235] 孙骏毅. 民国火柴大王刘鸿生 [J]. 文史天地，2009（11）：19~23.

[236] 孙文星，徐波，刘洋，等. 浅析刘家峡水电站对区域经济及社会的影响 [J]. 水电能科学，2008，26（5）：146~149.

[237] 汤佩松. 资深院士回忆录（第1卷）[M]. 上海：上海科技教育出版社，2003.

[238] 汤亚非，邹纲明. "973计划"项目立项分布与产出情况分析 [J]. 科技管理研究，2008（8）：63~65.

[239] 汤因比. 历史研究 [M]. 上海：上海人民出版社，2005.

[240] 田建国. "211工程"：跨世纪的奠基性工程 [J]. 临沂师专学报，1995（1）：11.

[241] 田雅云. 台湾的科技发展 [J]. 海峡科技与产业，1996（3）：1.

[242] 万长松，曾国屏. "四元论"与产业哲学 [J]. 自然辩证法研究，2005，21（10）：45.

[243] 万长松. 对科学技术化和技术产业化的哲学思考 [J]. 东北大学学报（社会科学版），2007，9（4）：291.

[244] 汪永飞，陈留平，陈爱民. 创新型企业的评价指标体系及其评价模型 [J]. 统计与决策，2007（9）：81~82.

[245] 汪玉明. 论江泽民国防科技发展观 [J]. 湖北社会科学，2004（9）：13~15.

[246] 王白石. 关于技术市场管理的几个问题 [J]. 天津财经学院学报，1988（2）：60.

[247] 王春法. 浅论科技全球化对中国的影响 [J]. 科学学与科学技术管理，2001（3）：5~10.

[248] 王建华. 从中国式大学到大学的中国模式 [J]. 现代大学教育，2008（1）：

21 ~ 27.

[249] 王建民. 台湾三大科学园区发展概况 [J]. 海峡科技与产业, 2006 (3): 32 ~ 37.

[250] 王丽萍. 简论邓小平科技思想 [J]. 安徽教育学院学报, 2001, 19 (2): 36 ~ 37.

[251] 王明华. 十一届三中全会与党的思想路线的重新确立 [J]. 江海纵横, 1998 (5): 3 ~ 4.

[252] 王鹏. 台湾科技发展的总体水平与主要问题 [J]. 海峡科技与产业, 2006 (4): 35 ~ 36.

[253] 王茹玉, 王爱蓉. 科技创新的根本是人才 [J]. 中国西部科技, 2004 (6): 45.

[254] 王瑞玲. 物联网技术及其对产业和社会的影响 [J]. 科技广场, 2010 (8): 202 ~ 204.

[255] 王士武. 对安徽省科技基础条件平台建设的思考与建议 [J]. 安徽科技, 2005 (4): 36 ~ 38.

[256] 王卫星. 国防设计委员会活动评述 [J]. 学海, 1994 (5): 79 ~ 83.

[257] 王扬宗. 风雨兼程六十年 [J]. 科学文化评论, 2009 (6): 43 ~ 44.

[258] 王耀东. 邓小平"科学技术是第一生产力"思想及其发展 [J]. 山西高等学校社会科学学报, 2005, 17 (4): 5 ~ 7.

[259] 王英杰, 刘宝存. 世界一流大学的形成与发展 [M]. 太原: 山西教育出版社, 2008.

[260] 王玉坤, 郏一丁. 浙江省公共科技条件平台建设工作会议要求推进平台建设增强自主创新能力 [J]. 今日科技, 2006 (8): 1 ~ 2.

[261] 王章明. 读《科技奥运》偶感 [J]. 体育文化导刊, 2002 (3): 91.

[262] 魏群, 李云龙. 我国今年将启动国家重大国际科技合作计划 [J]. 中国高校科技与产业化, 2001 (1): 12.

[263] 文其. 世界轿车工业兴衰并存 [J]. 机电产品市场, 1996 (2): 12.

[264] 吴纯光. 中国空军实录 [M]. 沈阳: 春风文艺出版社, 1997.

[265] 吴菲菲, 赵志华, 黄鲁成, 安然. 奥运科技成果应用及转化分析 [J]. 技术经济, 2011 (2): 36 ~ 41.

[266] 吴梅江. 文化视野中的科学 [M]. 上海: 复旦大学出版社, 2008.

[267] 吴寿仁. 国家技术创新工程系列解读之三——创新型企业 [J]. 华东科技, 2010 (10): 14 ~ 16.

[268] 吴远彬. 进一步推动科技兴贸工作向纵深发展 [J]. 科技成果纵横, 2002 (6): 4 ~ 5.

[269] 武德俊. 拉动经济增长新能源汽车发动引擎 [J]. 节能与环保, 2009 (5): 11 ~ 13.

［270］武士俊. 科技成果转化模式研究［J］. 太原科技，2009（5）：15～18.

［271］席泽宗. 科学史十论［M］. 上海：复旦大学出版社，2008.

［272］香港政府统计处. 历年香港统计月刊.

［273］向刚. 企业技术创新过程的效益定量评价：思路、方法及其应用［J］. 经济问题探索，1997（9）：14～16.

［274］萧凌. 清华附中与红卫兵运动［J］. 炎黄春秋，2011（10）：52～56.

［275］写给新世纪的报告——1999 年科技兴贸工作回眸［J］. 科技成果纵横，2000（1）：17～22.

［276］谢开华. 全球瞩目中国高铁［J］. 决策与信息，2010（4）：41～42.

［277］谢兴发. 周恩来对葛洲坝工程的两次慎重决策［J］. 湖北水力发电，2009（5）：13～16.

［278］辛向东，戴建华. 董必武与毛泽东［J］. 党史天地，2009（5）.

［279］辛晔. 更好地发挥科技奖励的激励作用［J］. 中国科技奖励，1996（2）：23.

［280］信息所. 回归前的香港科技概况［J］. 中国人民警官大学学报（自然科学版），1997（3）：3～6.

［281］徐冠华. 科技奥运正在变为美好现实［J］. 中国人口·资源与环境，2005（1）：1.

［282］徐冠华. 新时期我国科技发展战略与对策［J］. 中国软科学，2005（10）：1～7.

［283］徐进前. 我国创业板市场发展的优势与不足［J］. 中国金融，2010（8）：81～82.

［284］徐俊，金华：积极培育创新型企业加快创新工程实施［J］. 今日科技，2010（9）：32～33.

［285］徐世刚，肖小月. 浅析日本的科技立国战略［J］. 当代亚太，1999（11）：38～42.

［286］徐晓日. 金融危机背景下的政府职能问题研究［J］. 福州党校学报，2011（1）：26～29.

［287］许质武. 中国军事工业发展模式新探［J］. 经济管理. 1989（6）：21～24.

［288］薛建明. 中国共产党科技思想及其实践研究［D］. 南京：南京农业大学，2007.

［289］薛澜. 科技全球化及中国的机遇、挑战与对策［J］. 科学学与科学技术管理，2000（9）：4～8.

［290］学华. 用专注战胜浮躁［J］. 铁路采购与物流，2008（7）：47～48.

［291］严双伍，高小升. 中国与国际金融危机：冲击、应对和影响［J］. 长江论坛，2011（1）：60～65.

［292］杨阿卓，杨志平. 别人叫我"彭拍板"：中国第一艘核潜艇总设计师彭士禄访谈录［J］. 中国核工业，2005（1）：28～29.

［293］杨德荣. 新时期科技工作的发展［J］. 研究与发展管理，1990，2（1）：3～39.

［294］杨福慧. 创新管理政策出台"输血"于中小企业——解读"科技型中小企业创业投

资引导基金管理暂行办法"［J］. 中国新技术新产品，2007（9）：24～31.

［295］杨珺. 高等教育大众化中机会公平问题现状分析［J］. 北京科技大学学报（社会科学版），2005，21（增刊）：11～14.

［296］杨木成，何新华，韦保平. 提高科学技术水平推动民族地区可持续发展［J］. 科技进步与对策，2000（7）：27～29.

［297］杨淑培. 我国科技奖励制度实行重大改革［J］. 生物技术通报，1999（5）：50.

［298］杨秀平. 信息技术对社会的影响［J］. 社科纵横，2003（6）：80～80.

［299］姚聚川. 努力开创国际科技合作与交流工作新局面［J］. 河南科技，2000（4）：4～5.

［300］姚有志，高鹏. 踏着时代的节拍奏响新世纪国防和军队建设的强音［J］. 南京政治学院学报，1998（1）：3～6.

［301］叶叔华. 关于基础研究的一些看法［J］. 中国科学院院刊，1999，14（3）：217～217.

［302］叶耀淞. 诺贝尔科学奖获得者的科学精神对我国高等教育改革的启示［D］. 郑州：郑州大学，2010.

［303］一工. 改革创新发展——中国科学院知识创新工程试点进展（三）［J］. 中国科学院院刊，2005（2）：89～98.

［304］一工. 改革创新发展——中国科学院知识创新工程试点进展（一）［J］. 中国科学院院刊，2004（6）：401～407.

［305］以色列创新型企业制成可携带显示屏幕［J］. 中国科技信息，2006（10）：18.

［306］弋舟. 矗立在水中的丰碑：刘家峡水电站［J］. 陇原春秋，2009（10）：41～44.

［307］应向伟. 基础研究地方不能缺席［J］. 今日科技，2006（5）：1～2.

［308］余赤思. 做好科技兴贸，促进贸兴科技［J］. 广东科技，2002（10）：38～39.

［309］余英时. 中国思想传统的现代诠释［M］. 南京：江苏人民出版社，2003.

［310］俞茂林. 我党历史上的两次伟大转折：遵义会议和十一届三中全会的若干启示［J］. 江海纵横，2001（3）：10～11.

［311］袁鹤平. 论科学技术是第一生产力［J］. 跨世纪，2008，16（6）：26～27.

［312］袁隆平：我对这土地爱得深沉［J］. 建筑与文化，2011（3）：73～73.

［313］袁伟. 国家科技基础条件平台建设基本情况论述［J］. 太原科技，2006（6）：4～5.

［314］袁振国. 中国当代教育家文存·杨福家［M］. 上海：华东师范大学出版社，2006.

［315］约翰·西蒙斯. 科学家100人：历史上最具影响力的科学家排行榜［M］. 北京：当代世界出版社，2007.

［316］约瑟夫·熊彼特. 经济发展理论［M］. 北京：商务印书馆，1990.

[317] 约瑟夫・熊彼特. 资本主义、社会主义和民主主义 [M]. 北京：商务印书馆，1979.

[318] 岳南. 从蔡元培到胡适：中科院那些人和事 [M]. 北京：中华书局，2010.

[319] 岳南. 叶企孙冤案始末：从蔡元培到胡适：中研院那些人和事 [M]. 北京：中华书局，2010.

[320] 曾伟. 中国技术商品化若干问题研究 [D]. 武汉：华中科技大学，2004.

[321] 占毅. 关于科技创新体系建构中的若干问题及对策探讨 [D]. 武汉理工大学科学技术哲学系，2004.

[322] 张柏春，姚芳，张久春，等. 苏联技术向中国的转移（1949～1966）[M]. 济南：山东教育出版社，2004.

[323] 张程花，高等教育与科技创新同行 [J]. 文教资料，2006（32）：10～11.

[324] 张赤东. 推进创新型企业建设的目标与举措 [J]. 科技创新与生产力，2010（8）：13～16.

[325] 张春，李志军. 聂荣臻与中国第一艘核潜艇 [J]. 今日科苑，2011（12）：66～67.

[326] 张国安. 论大学科技园中创新型企业的集群化 [J]. 科技进步与对策，2002（12）：111～112.

[327] 张红艳. 香港科技大学创校发展的启示 [J]. 经营管理者，2011（4）：340.

[328] 张化，苏采青. 回首"文化大革命"：中国十年"文化大革命"分析与反思 [M]. 北京：中共党史出版社，2007.

[329] 张建伟，邓琮琮. 中国院士 [M]. 杭州：浙江文艺出版社，1996.

[330] 张杰. 浅谈国防科技与国防现代化 [J]. 河北师范大学学报（哲学社会科学版），1994（增刊）：54～55.

[331] 张令凯，崔蛟. 我国创业板市场的风险因素及监管路径 [J]. 投资研究，2010（1）：61～63.

[332] 张鲁，张湛昀. 卢作孚 [M]. 南京：江苏人民出版社，2010.

[333] 张璐晶，曹昌. 全球高铁盛宴的中国机会 [J]. 大陆桥视野，2011（2）：48～49.

[334] 张璐晶. 高铁成长记 [J]. 法制与社会，2011（14）：24～26.

[335] 张梦. 中国高铁远征海外市场 [J]. 中国外资，2010（8）：46～48.

[336] 张敏. 浅析台湾科技创新与全球竞争力的表现 [J]. 海峡科技与产业，2011（3）：49～52.

[337] 张仁元，刑明保. 科学技术商品化的历史渊源及其发展趋势 [J]. 经济问题，1985（4）：20.

[338] 张树德. 毛泽东与共和国重大决策纪实 [M]. 武汉：湖北人民出版社，2009.

[339] 张树松. 伟大的转折：邓小平论十一届三中全会 [J]. 探索者学刊，1998（3）：

2～6.

[340] 张童. 创业板给市场带来什么 [J]. 科技创业, 2002 (5)：38～39.

[341] 张武升. 教育创新论 [M]. 上海：上海教育出版社, 2001.

[342] 张晓波. 国家创新体系相关问题研究 [D]. 北京：中共中央党校国民经济学系, 2011.

[343] 张晓加. 上海、台湾科技实力定量比较研究 [J]. 台湾研究集刊, 1999 (2)：55～60.

[344] 张秀菊. 云计算及其对企业信息化的影响 [J]. 北京石油管理干部学院学报, 2010 (1)：74～77.

[345] 张妍. 辽宁扶持创新型企业发展的现状、问题及对策分析 [J]. 科技成果纵横, 2010 (5)：23～24.

[346] 张莹军. 试论金融危机对中国经济的影响 [J]. 学理论, 2009 (31)：66～67.

[347] 张勇. 中国核潜艇事业的开拓者：记核动力专家、彭湃之子彭士禄院士 [J]. 世纪桥, 2009 (10)：37～41.

[348] 张振亚. 国家科委、国家体改委：关于适应社会主义市场经济发展、深化科技体制改革实施要点（摘要）[J]. 建设机械技术与管理, 1994 (5)：7～8.

[349] 张志新, 胡怀奇. 民营科技企业是科教兴鄂的重要力量——湖北民营科技企业发展的调查 [J]. 中国民营科技与经济, 1995 (11)：35～38.

[350] 张卓元. 中国经济体制改革的总体回顾与展望 [J]. 经济研究, 1998 (3)：15～22.

[351] 章鸿钊. 农商部地质研究所一览 [M]. 北京：京华印书局, 1916.

[352] 赵长茂. 把握世界金融危机对我国经济影响的两面性 [J]. 理论视野, 2008 (12)：30～31.

[353] 赵常伟. 新科技革命与当代中国的科教兴国战略 [M]. 北京：中国社会科学出版社, 2005.

[354] 赵诚. 长河孤旅：黄万里九十年人生沧桑 [M]. 武汉：长江文艺出版社, 1994.

[355] 赵诚. 长河孤旅：黄万里九十年人生沧桑 [M]. 武汉：长江文艺出版社, 2004.

[356] 赵楚. 揭开共和国军备发展史上最神秘一页：与中国核潜艇之父面对面 [J]. 国际展望, 2002 (15)：18～19.

[357] 赵凌云. 创新型国家的形成规律及其对中国的启示 [J]. 学习月刊, 2006 (5)：9～10.

[358] 赵玉榕. 世纪之交的台湾科技发展 [J]. 台湾农业探索, 1998 (4)：14～16.

[359] 赵中健. 教育的使命：面向二十一世纪的教育宣言和行动纲领 [M]. 北京：教育科学出版社, 1996.

［360］郑士贵. 组合技术创新的理论模式与实证研究 ［J］. 管理科学文摘，1997（9）：29～35.

［361］职业训练局. 2008 年资讯科技业人力调查报告书，2009.

［362］中共中央党史研究室. 中国共产党历史第二卷（1949～1978）［M］. 北京：中共党史出版社，2001.

［363］中共中央书记处. 六大以来党内秘密文件 ［M］. 北京：人民出版社，1981.

［364］中华人民共和国教育部. 2003～2007 年教育振兴行动计划 ［R］. 2004－02－10.

［365］中华人民共和国教育部. 面向 21 世纪教育振兴行动计划 ［R］. 1998－12－24.

［366］中华人民共和国科学技术部. "星火计划"二十年探索与实践 ［M］. 北京：中国农业科学技术出版社，2006.

［367］中华人民共和国科学技术部. 中国科技发展 60 年 ［M］. 北京：科学技术文献出版社，2001.

［368］中央文献研究室. 建国以来毛泽东文稿（第十二册）［M］. 北京：中央文献出版社，1998.

［369］钟坚. 大试验：中国经济特区创办始末 ［M］. 北京：商务印书馆，2010：3.

［370］钟掘. 开拓创新为建设创新型国家作出更大贡献 ［J］. 中国高校科技与产业化，2011（1）：4～6.

［371］周代柏. 从"四个现代化"到"全面建设小康社会"发展之路 ［J］. 传承，2008（7）：12～13.

［372］周恩来. 周恩来选集（下卷）［M］. 北京：人民出版社，1984.

［373］周光召. "973 计划"十年 ［J］. 前沿科学，2007（3）：4～9.

［374］周济，汪继祥，陈宏愚. 科技创新院士谈（下）［M］. 北京：科学出版社，2001.

［375］周绍森，陈东有. 科教兴国论 ［M］. 济南：山东人民出版社，1999.

［376］周文磊. 建设国家创新体系的思考 ［J］. 科学对社会的影响，1999（4）：10～11.

［377］朱军文，刘念才. 我国研究型大学科研产出的计量学分析 ［J］. 高等教育研究，2009（2）：30～31.

［378］朱耀斌，李高海. 十一届三中全会前后经济体制改革的比较研究 ［J］. 娄底师专学报，2001，65（2）：5～9.

［379］走近袁隆平 ［J］. 中国发明与专利，2006（10）：18.

［380］左一兵，辛业芸. 袁隆平院士寻根记 ［J］. 中国发明与专利，2006（10）：19～23.

附录 大事记

1949 年 7 月 13 日 中华全国自然科学工作者代表会议正式筹备会议召开。

1949 年 10 月 4 日 中国物理学会理事会第 83 次会议在京举行，由理事长严济慈主持。

1949 年 11 月 1 日 中国科学院成立，郭沫若任院长。

1949 年 11 月 11 日 北京中央防疫实验处制成我国首批鼠疫菌苗。

1950 年 4 月 5 日 农业部为加强防治病虫害、达到增产目的，并使科学技术为广大群众所掌握，决定在全国各地设置病虫害防治站。

1950 年 5 月 11 日 全国统一学术名词委员会成立，郭沫若任委员会主任。

1950 年 5 月 16 日 《科学通报》创刊。

1950 年 8 月 31 日 《中国科学》创刊。

1951 年 2 月 3 日 中国科学院图书馆成立。

1951 年 6 月 中国科学院工学实验馆经过一年时间 83 次试制，终于研制成功球墨铸铁。

1951 年 8 月 25 日 我国第一台 100 马力移动式高速柴油机和空气压缩机由天津机器厂制成。

1951 年 9 月 1 日至 6 日 中国昆虫学会首届全国代表大会在北京举行。

1951 年 11 月 5 日至 7 日 中华全国科学技术普及协会第一次全国工作会议在北京举行。

1952 年 7 月 4 日 教育部在北京召开全国农学院院长会议。

1952 年 9 月 30 日 东北科学研究所大连分所（工业化学研究所）试制甲苯成功。

1952 年 10 月 31 日 中国科学院主办的《中国科学》（外文版）创刊。

1952 年 12 月 18 日 中国微生物学会在北京召开首次全国代表大会。

1953 年 1 月 8 日　政务院命令发布《中央人民政府关于充实统计机构加强统计工作的决定》。

1953 年 1 月 23 日　中国科学院植物生理研究所在上海正式成立。

1953 年 3 月 3 日　东北 0170 发电站建成并开始送电。

1953 年 3 月 11 日　我国第一个自动化的最大的炼铁炉——国营鞍山钢铁公司第 8 号炼铁炉出第一炉铁水。

1953 年 9 月 29 日　由国营上海锅炉厂制造的中国第一部 100 吨桥梁式行车试制成功，试车结果良好。

1953 年 10 月 3 日　中匈科学与技术合作协定在北京签订。

1953 年 11 月 21 日　我国第一座现代化纺织机械制造厂——国营经纬纺织机械制造厂全面建成投产。

1954 年 3 月 15 日　东北区 22 万伏超高压送电线路竣工典礼在抚顺市举行。

1954 年 4 月 8 日　中国科学院正式成立了院本部学术领导的工作机构——秘书处，并筹备设立 4 个学部委员会。

1954 年 5 月 15 日　我国第一所研究皮肤病性病的中央皮肤病性病研究所在北京正式成立。

1954 年 8 月 1 日　科学出版社在北京成立。

1954 年 12 月 15 日　青藏公路全线修通，第一批车辆开到拉萨。

1955 年 1 月 10 日　中国畜牧兽医学会在北京举行第一次全国代表大会。

1955 年 6 月 1 至 10 日　中国科学院学部成立大会在京举行。

1955 年 7 月 15 日　《人民日报》发表社论："干部一定要学习自然科学"。

1955 年 9 月 1 日　国务院命令发布"中国科学院科学奖金暂行条例"和"中国科学院研究生暂行条例"。

1955 年 12 月 19 日　中医研究院在北京举行成立典礼。

1956 年 1 月 14 至 20 日　中共中央在北京召开关于知识分子问题会议。

1956 年 5 月 19 日　中国科学院编译出版委员会在北京成立。

1956 年 6 月 17 日　中国第一次派遣观察员出席在维也纳举行的第 5 届世界动力会议。

1956 年 7 月 9 日　中国科学院中国自然科学史研究委员会在北京召开中国自然科学史第一次科学讨论会。

1956 年 10 月 党中央、国务院批准了《1956～1967 年科学技术发展远景规划纲要（草案）》。

1957 年 9 月 29 日 我国第一座天文馆——北京天文馆正式开馆。

1957 年 11 月 中国科学院紫金山天文台发现一颗靠近太阳的小行星——紫金 6 号。

1958 年 1 月 10 日 中国政府和苏联政府关于共同进行和苏联帮助中国进行重大科学技术研究的议定书在莫斯科签字。

1958 年 5 月 12 日 国产的第一部"东风"牌轿车在第一汽车制造厂诞生。

1958 年 6 月 18 日 中苏科学技术合作委员会第 7 届会议在莫斯科举行。

1958 年 10 月 1 日 我国第一座研究性反应堆生产出 33 种同位素。

1959 年 2 月 19 日 中国测绘学会在武汉市正式成立。

1959 年 3 月 中国科学技术协会在杭州举行了第一次全国科技工作会议。

1959 年 5 月 14 日 我国第一套 72 500 千瓦水力发电设备全部制造成功。

1959 年 9 月 14 日 中国科学院计算机技术研究所试制成功我国第一台大型电子计算机——104 机。

1960 年 2 月 3 日 中国科学院代表团访苏。

1960 年 4 月 15 日 我国自行设计建造的第一艘万吨级远洋货轮"东风"号，在江南造船厂下水。

1960 年 7 月 22 日 中国科学院在山东济南召开全国运筹学现场会。

1960 年 11 月 5 日 我国仿制的"P—2"导弹首次发射试验获得成功。

1961 年 4 月 16 日 首都科技界 1 000 多人集会纪念詹天佑诞生 100 周年。

1961 年 5 月 22 日 中国科学院上海实验生物研究所研究成功用人工单性生殖方法获得母蟾蜍。

1961 年 10 月 11 日 中共中央中南局在广州市召开了中南地区高级知识分子座谈会。

1962 年 2 月 我国第一次海洋学术会议在青岛举行。

1962 年 9 月 中国动物学会和中国植物学会在北京联合召开第一次细胞学学术讨论会。

1962 年 10 月 12 日 《人民日报》发表题为"加强农业科学技术研究"的社论。

1962 年 12 月 17 至 27 日　中国林学会在北京举行首次学术年会。

1963 年 6 月 29 日　全国科学技术出版工作会议在京召开。

1963 年 10 月 16 至 26 日　中国植物生理学会在北京成立并举行第一届年会。

1963 年 12 月 10 日　中国水产学会在北京正式成立。

1964 年 1 月 1 日　北京科学会堂正式开放。

1964 年 2 月 26 日　农业科学技术广播工作小组在北京成立。

1964 年 5 月　中国科协在北京召开了农村群众性的科学活动经验交流会。

1964 年 7 月 18 日　我国成功地发射了第一枚生物试验火箭。

1964 年 10 月 16 日　我国在西部地区成功地爆炸第一颗原子弹。

1965 年 3 月　国务院在北京召开了全国农业科学实验工作会议。

1965 年 5 月 14 日　我国在西部地区爆炸第二颗原子弹。

1965 年 5 月 19 日　中国科学院和加纳科学院在阿克拉签订一项科学合作协议。

1965 年 6 月 12 日　上海长海医院蔡用之教授等人为一个心脏病患者装置第一个我国自制的人造心脏瓣膜。

1965 年 10 月　我国第一个电弧等离子体射流喷枪由中国科学院上海硅酸盐化学与工业研究所试制成功。

1966 年 1 月 9 日　我国自行设计的第一艘 2 580 吨综合性海洋科学考察船"东方红"号由上海沪东造船厂建造成功。

1966 年 7 月 23 日　北京科学讨论会 1966 年暑期物理讨论会在北京举行。

1966 年 10 月 27 日　我国在本国土地上成功地进行导弹核武器试验。

1967 年 3 月 17 日　中央决定对国防工业各部（包括第七机械工业部）实行军事管制，以减少"文化大革命"的干扰，稳定国防工业的发展。

1967 年 10 月 7 至 17 日　中国—波兰科学技术合作常务委员会第 14 届会议在北京举行，并签订会议议定书。

1968 年 1 月 20 日　国防部空间技术研究院成立，钱学森兼任院长。

1968 年 2 月 26 日　中国与阿尔巴尼亚两国科学技术合作联合委员会第 12 届会议议定书在北京签订。

1968 年 9 月 22 日　在我国新疆地区发生日全食现象。

1968 年 12 月 1 日　我国自行设计、制造的第一台具有世界先进水平的深井石油钻机制造成功。

1968 年 12 月 29 日 我国自行设计和建造的南京长江大桥全面建成通车。

1969 年 1 月 5 日 我国自行设计、施工、安装的富春江水电站胜利建成发电。

1969 年 4 月 2 日 我国第一艘 15 000 吨级油轮"大庆 27 号"顺利下水。

1969 年 9 月 23 日 我国成功地进行了首次地下核试验（第 9 次核试验），取得了组织这种试验的初步经验。

1969 年 9 月 29 日 我国在西部地区上空成功地进行第一次氢弹爆炸。

1969 年 12 月 26 日 我国第一艘自行设计、建造的 3 200 吨级破冰船"海冰 101"号在上海下水。

1970 年 1 月 30 日 中远程火箭"长征 1 号"飞行试验首次成功。

1970 年 4 月 24 日 由"长征 1 号"火箭运载的"东方红 1 号"人造卫星发射成功。

1970 年 6 月 22 日 中共中央决定撤销国家科学技术委员会。

1970 年 10 月 20 日 中国和罗马尼亚两国科技合作委员会第 13 届会议议定书在布加勒斯特签署。

1971 年 3 月 3 日 我国成功地发射了一颗科学实验人造卫星"实践一号"。

1971 年 6 月 27 日 上海江南造船厂设计、制造的我国第一艘两万吨级货轮"长风"号胜利下水。

1971 年 9 月 10 日 中国洲际火箭首次飞行试验基本成功。

1971 年 10 月 10 日 中国和阿尔巴尼亚科技合作联合委员会第 14 届会议议定书在北京签订。

1972 年 3 月 14 日 中国和罗马尼亚科技协作委员会第 14 届会议议定书在北京签订。

1972 年 5 月 大连衡器厂研制成功我国第一台高精度轨道衡。

1972 年 8 月 10 日 全国科学技术工作会议在北京召开。

1972 年 12 月 23 日 中国和越南科技合作执行机构关于 1972 年科技合作计划的议定书在河内签订。

1973 年 1 月 10 日 国务院批准《全国科学技术工作会议纪要（草案）》。

1973 年 2 月 12 日 中国科学院遗传研究所应用组织培养技术，使小麦、水稻由花粉长出了植株，为作物育种提供了一种新方法。

1973年8月26日　我国第一台每秒钟运算100万次的集成电路电子计算机，由北京大学、北京有线电厂和燃化部等有关单位共同设计试制成功。

1974年3月20日　我国第一艘2.5万吨级的浮船坞"黄山号"建成投产。

1974年6月17日　我国在西部地区上空成功地进行第16次核试验。

1974年8月7日　瑞士工业技术展览会在北京举行。

1974年9月20日　中国科学院上海生物化学研究所首次人工合成八核苷酸成功。

1974年12月　北京天文台等单位研制的对太阳进行高分辨率观测的射电望远镜——450兆赫射电复合干涉仪完成调试工作，观察结果表明仪器性能良好。

1975年1月1日　中国科学院感光化学研究所在北京正式成立。

1975年3月19日　中国科学院环境化学研究所在北京正式成立。

1975年7月1日　宝成（宝鸡—成都）铁路电气化工程全部建成通车。

1975年9月20日　中国科学院上海天文台等单位合作研制成功"氢原子钟"。

1975年12月6日　厦门大学研制成功中国第一台电化学综合测试仪。

1976年4月21日　京沪杭中同轴电缆1800路载波通信干线建成投产。

1976年8月11日　上海先锋电机厂自行设计试制成功我国第一台低能耗大功率电子加速器。

1976年8月30日　我国成功地发射了一颗技术试验卫星。

1976年11月17日　我国成功地进行了一次新的氢弹试验（第21次核试验）。

1977年1月3日　藏北综合科学考察获得宝贵资料。

1977年2月　中国科学院数学研究所研究人员杨乐、张广厚在函数值分布理论研究中取得重要成果，找到该理论中两个重要概念"亏值"和"奇异方向"之间的联系。

1977年3月　中国科学院上海光学精密机械研究所观察到氟原子激光光斑中有与氦氖激光（波长为6328埃）相似的浅红色谱线。这是我国首次发现的激光谱线。

1977 年 5 月 24 日　邓小平在《尊重知识尊重人才》一文中指出："我们要实现现代化，关键是科学技术要能上去。"

1977 年 6 月　吉林大学化学系唐敖庆教授经过多年研究，把分子轨道对称守衡原理从定性阶段提高到半定量阶段，并与江元生等人一起建立了分子轨道图形理论。

1977 年 7 月 19 日　我国第一台 80 万倍电子显微镜在上海试制成功。

1977 年 9 月 18 日　中共中央决定恢复国家科学技术委员会，并任命方毅为主任，同时发出《关于召开全国科学大会的通知》。

1977 年 10 月 3 日　新华社报道了中国科学院数学研究所助理研究员陈景润在"哥德巴赫猜想"问题研究中取得重要成就，达到了世界领先水平。

1977 年 11 月 8 日　我国自行设计、制造的第一座数字制卫星通信地面站建成。

1978 年 1 月 13 日　我国勘查长江源头得出新结论。

1978 年 3 月 15 日　中国科学技术大学本学期为破格录取的 20 名少年专门开设了一个少年班。少年班同学大都十四五岁，最小的 11 岁，最大的 16 岁。

1978 年 3 月 18 日　全国科学大会召开。

1978 年 5 月 2 日　谷超豪研究混合型偏微分方程取得重要成果。

1978 年 6 月 6 日　国务院、中央军委决定成立国防科技大学。

1978 年 9 月 8 日　一只人工授精繁殖的大熊猫，在北京动物园出生。这项创举对于保护和繁衍这种稀有动物具有重要意义。

1978 年 10 月 19 日　我国建成第一台 6 000 千伏户外式冲击电压发生器。

1978 年 11 月 18 日　上海制成我国急需的大规模集成电路。

1978 年 12 月 6 日　引进 1.7 米轧机工程在武钢基本建成。

1979 年 1 月 5 日　我国天花粉晶体结构与固氮酶化学模型的研究进入国际先进行列。

1979 年 2 月 23 日　我国首次发现 12 亿年前的真核生物化石。

1979 年 3 月 31 日　我国建立马铃薯无病毒良种繁育体系成绩显著。

1979 年 6 月 15 日　邓小平明确指出我国知识分子是工人阶级的一部分。

1979 年 7 月 27 日　我国研制成功计算机激光汉字编辑排版系统主体工程。

1979 年 8 月 20 日　《1978～1985 年全国基础科学发展规划纲要》编成。

1979 年 11 月 21 日　国务院发布《中华人民共和国自然科学奖励条例》。

1979 年 12 月 26 日　我国研制成功 4 000 位大规模集成电路。

1979 年 12 月 27 日　我国人工合成核糖核酸研究取得重大突破。

1980 年 1 月 1 日　我国自行设计研制成功中大型计算机 DJS200 系列。

1980 年 2 月 21 日　我国第一台超声显微镜诞生。

1980 年 4 月 8 日　体内爆破治疗结石症在西安应用成功。

1980 年 5 月 18 日　我国第一枚运载火箭发射成功。

1980 年 8 月 7 日　我国人造血液研究获得成功。

1980 年 12 月 14 日　国务院设立学位委员会。

1981 年 2 月 10 日　我国自行设计制造的第一座大型高通量原子反应堆，在西南反应堆工程研究设计院建成，并成功地进行了高功率运行。

1981 年 4 月 25 日　我国首次城区大规模控制爆破在北京国际饭店工地取得成功。

1981 年 5 月 9 至 22 日　在南海的一个钻井平台上，我国首次进行了 302 米氦氧饱和潜水模拟科学实验，并获得圆满成功，使我国深潜技术进入了世界先进行列。

1981 年 5 月 20 日　国务院批准了国务院学位委员会关于学位委员会第一次（扩大）会议的报告，批准了《中华人民共和国学位条例实施暂行办法》。

1981 年 5 月 24 日　国务院批准成立"国家南极科学考察委员会"。

1981 年 6 月 6 日　袁隆平等获我国第一个特等发明奖。

1981 年 7 月 1 日　我国自行研制的专用短波授时系统 BPM 标准时间、标准频率发播台正式投入使用。

1981 年 9 月 20 日　我国成功地发射了一组空间物理探测卫星。

1981 年 11 月 20 日　我国人工合成酵母丙氨酸转移核糖核酸在上海获得成功。

1981 年 11 月 26 日　我国首批博士和硕士学位授予单位名单经国务院批准，由国务院学位委员会下达。

1981 年 12 月 18 日　上海市第六人民医院骨科副主任于仲嘉和何鹤皋为一名失去双手的女工，将脚趾移植成为手指，恢复了双手的功能。该手术在手外科领域属创举。

1982 年 3 月 15 日　为提高科学技术人员的水平，促进科技知识的交流和转化，使科学技术更好地为经济建设服务，国务院科技干部局制定《聘请科学技术人员兼职暂行办法》和《实行科学技术人员交流暂行办法》。

1982 年 5 月 10 日 我国科技发展的第一部通史性著作《中国科学技术史稿》，由科学出版社出版。

1982 年 8 月 23 日 五届人大常务委员会第 24 次会议决定：将国务院国防工业办公室与中国人民解放军国防科学技术委员会、中央军委科学技术装备委员会办公室合并，设立国防科学技术工业委员会。

1982 年 9 月 9 日 我国又成功地发射了一颗科学试验卫星。

1982 年 10 月 11 日 我国已建立起高空科学技术系统，成功地把空间科学观测平台送上了 30 公里以上的高空，为空间科学研究提供了重要的技术手段。

1982 年 11 月 1 日 我国第一次在国内进行卫星通信和电视转播试验获得成功。

1982 年 11 月 15 日 国家科委党组召开扩大会议，决定编制 1986~2000 年全国科技发展长远规划。

1983 年 1 月 28 日 党中央和国务院决定成立"国务院科技领导小组"。

1983 年 3 月 13 日 上海市科委决定在 6 个地方科研单位进行改革试点，取得经验后再逐步推广。

1983 年 5 月 30 日 我国研制的第一台大型 X 线断层颅脑扫描装置，今日由国家医药管理局主持，在上海通过鉴定。X 线断层颅脑扫描装置是当代的一项重大科技成就，目前只有美国、日本少数国家生产。

1983 年 9 月 12 日 为了充分发挥现有专业技术骨干的作用，促进教育、卫生、科学技术事业的发展，并考虑到脑力劳动的特点，国务院发出《关于延长部分骨干教师、医生、科技人员退休年龄的通知》。

1983 年 11 月 29 日 国家科学技术委员会决定，授予英国学者李约瑟博士以中华人民共和国自然科学一等奖，以表彰他写作《中国科学技术史》一书的贡献。

1983 年 12 月 22 日 国务院电子计算机与大规模集成电路研制领导小组宣布：我国自行设计的第一个每秒向量运算 1 亿次的巨型计算机系统已经研制成功，并通过了国家鉴定。

1984 年 2 月 27 日 国家科委颁布《关于科学技术研究成果管理的规定》。

1984 年 3 月 12 日 中华人民共和国第六届全国人民代表大会常务委员会第四次会议审议通过《中华人民共和国专利法》。

1984 年 4 月 30 日　著名中国数学家华罗庚教授在华盛顿正式接受美国全国科学院授予的外籍院士称号。

1984 年 9 月 12 日　国务院发布《中华人民共和国科学技术进步奖励条例》。

1984 年 10 月 6 日　国家科委统计，全国有 506 个研究院所实行有偿合同制试点，占地市以上独立研究所的 11%；有 188 个研究所实现了经济自立。

1984 年 11 月 20 日　我国首次赴南大洋、南极洲考察队从上海起航出征。

1985 年 1 月 10 日　国务院颁发关于技术转让的暂行规定。

1985 年 3 月 13 日　中共中央以中发〔1985〕6 号文发布《中共中央关于科学技术体制改革的决定》。

1985 年 4 月 1 日　中国专利局局长黄坤益宣布：开始受理专利申请。

1985 年 4 月 20 日　国务院批准《国家科委、国家经委、国防科工委关于开放技术市场几点意见的报告》。

1985 年 4 月 24 至 26 日　全国自然科学名词审定委员会在北京举行成立大会。

1985 年 5 月 15 至 6 月 10 日　来自全国 29 个省、直辖市、自治区和 49 个部委及国防军工、解放军所属军兵种共 78 个交易团、3 000 多个单位，参加了首届全国技术成果交易会。

1985 年 7 月 13 日　国务院批准同意国家科委、教育部和中国科学院的报告，决定在我国试行博士后研究制度，并拨出专款用于建立博士后科研流动站。

1985 年 10 月 16 日　中国发明协会成立大会在人民大会堂举行。

1985 年 10 月 23 日　北京正负电子对撞机注入器的样机，能量为 90 兆电子伏特的电子直线加速器正式通过中科院院级鉴定。

1985 年 10 月 26 日　航天部部长李绪鄂正式宣布，我国自行研制的"长征二号"、"长征三号"火箭投入国际市场，承揽国内外用户发射卫星业务。

1985 年 12 月 7 日　国家科委向国务院提出《关于实施"星火计划"的请示》。

1985 年 12 月 23 日　我国自行研制的第一台水下机器人在大连海城成功地进行了 3 次水中操作实验。这台机器人重 2 吨，潜水深度可达 200 米。

1985 年 12 月 28 日　中国专利局在人民大会堂举行大会，颁发首批中华人民共和国专利转让书，对 143 项专利申请授予专利权。

1986 年 1 月 4 日　全国职称改革工作会议在北京召开。

1986 年 1 月 11 日　在国务院领导同志倡导和支持下，我国第一家专营新技术风险投资的全国性金融企业——中国新技术创业投资公司在北京成立。

1986 年 3 月 15 日　全国技术市场工作会议在北京开幕。

1986 年 3 月 24 日　国家科委发出《关于对科研单位进行分类工作的通知》。

1986 年 5 月 14 日　我国最大的 25 米射电望远镜在中国科学院上海天文台佘山工作站举行观测室主体工程奠基仪式。

1986 年 7 月 8 日　我国国内卫星通信网正式宣告建成。

1986 年 8 月 6 日　我国自行研制成功的一台口径为 1.56 米的大型天文光学望远镜，在上海天文台佘山观察站开始安装。

1986 年 8 月 7 日　长城 0520C–H 高级中文微型计算机，在北京通过设计生产定型鉴定。

1986 年 12 月 18 日　我国第一台海洋机器人"海人一号"，在南海下潜到 199 米，创造了我国自行研制的"无人遥控潜水器"深潜纪录。

1987 年 1 月 20 日　国务院发出《国务院关于进一步推进科技体制改革的若干规定》的文件。

1987 年 3 月 27 日至 4 月 2 日　全国首届专利技术交易会暨许可证贸易研讨会在上海举行。

1987 年 4 月 2 日　中共中央、国务院批准的我国高技术研究发展计划纲要开始实施。

1987 年 7 月 27 日　光纤通信系统所用的尖端机、光中继器，最近已由武汉邮电科学研究院研制成功，并通过鉴定。

1987 年 10 月 28 日　袁隆平获得 1986～1987 年度联合国教科文组织颁发的科学奖。

1987 年 11 月 1 日　为保障技术合同当事人的合法权益，维护技术市场秩序，我国制定了《中华人民共和国技术合同法》。

1987 年 11 月 13 日　我国目前最大口径的天文观测设备——口径为 1.56 米的天体测量望远镜和 25 米的射电望远镜在上海制成，在上海天文台佘山观测站举行揭幕仪式。

1987 年 12 月 18 日　由北京钢铁学院制成的冶钢 1 号机器人，在北京通过部级鉴定。这是我国第一部完全国产化的机器人，各项功能技术指标均达到 20 世纪 80 年代世界同类产品水平，它填补了我国工业机器人控制系统方面的技术空白。

1988 年 1 月 13 日　由我国中年发明家王永民研究的"五笔字型"电脑汉字输入技术，经英国专利局批准，在英国获得了发明专利权。

1988 年 5 月 3 日　国务院发布《关于深化科技体制改革若干问题的决定》。

1988 年 5 月 14 日　中国科学院物理所科技人员在对含稀土新型准晶体材料的研究中，首次在国际上获得了铁磁性准晶体铝铁铈合金。

1988 年 5 月 20 日　北京市决定以中关村地区为中心，在海淀区划出 100 平方公里左右的区域，建立外向型、开放型的新技术产业开发试验区。试验区的暂行条例，已经国务院批准。

1988 年 5 月 31 日　一项世界性基因工程研究的前沿课题——人类干扰素基因在植物中的表达，首先在我国取得突破。

1988 年 6 月 7 日　我国大陆首例异体试管婴儿诞生。我国首例异体试管婴儿在湖南医科大学附属第二医院呱呱坠地。他是我国大陆第一例男性试管婴儿。

1988 年 8 月 5 至 8 日　全国第一次"火炬计划"工作会议在北京召开。会上，国家科委副主任李绪鄂宣布，全国"火炬计划"正式开始实施。

1988 年 9 月 7 日　我国成功发射"风云一号"气象卫星。

1988 年 9 月 14 至 27 日　我国从 9 月 14 日开始的向预定海域发射运载火箭试验，已全部结束。

1988 年 10 月 16 日　我国第一座高能加速器——北京正负电子对撞机首次对撞成功。这是我国在高科技领域又一重大突破性成就。

1988 年 11 月 9 日　国家科委、财政部联合作出规定，我国将在科研单位全面推行经济核算制。实行这样的制度，在我国还是第一次。

1988 年 9 月 12 日　我国最大的重离子加速器在兰州建成，并引出碳离子束。

1988 年 3 月 7 日　中科院化学所青年科学家白春礼等人研制的原子力显微镜（AFM）得到了石墨表面的图像和二氧化钛晶体的表面结构，这台仪器已达到原子级（10~10m）的分辨率，成为我国第一台原子力显微镜。

1988 年 3 月 10 日　我国第一胎"试管绵羊"在内蒙古大学实验动物研究中心诞生。

1988 年 5 月 10 日　国家科委宣布，我国超导体研究水平仍处于世界前列。

1988 年 6 月 2 日　中国科学院南沙科学考察队结束了为期 35 天的生物资源和岛礁考察，完成了考察 11 个岛礁的性质、地貌、卫星定位及测量、资源调查等，获取了大量珍贵资料。

1988 年 10 月 16 日　我国自己设计、建造的西南最大的高压氧舱，在成都军区昆明总医院建成并投入临床使用，总面积为 2 000 平方米，一次可同时治疗 31 个病人。工作人员在操纵台上通过彩色闭路电视，即可从各个角度观察到舱内病人接受治疗的情况。

1988 年 12 月 7 日　我国动物基因工程研究获得重大进展，首批转基因兔培养成功。

1990 年 1 月 15 日　中国科技大学研制成功世界上第一台万兆瓦可调谐新型钕玻璃激光装置，并通过中科院组织的鉴定，标志着我国在激光技术领域的研究取得重大突破。

1990 年 2 月 2 日　我国自行研制的 4 种型号 9 台机器人首次在汽车生产线上顶班上岗，任务完成出色。

1990 年 2 月 21 日　国家科委决定正式出台"国家重点科技成果推广项目"。

1990 年 2 月 24 日　北京市首次将环境保护工作计划作为 1990 年国民经济和社会发展计划下达实施。

1990 年 3 月 2 日　国务院决定对各省市高新技术开发区中的企业加强支持，进而鼓励大院大所、高等院校、大中型企业创办高新技术企业，实行人才分流，加强市场开发工作。

1990 年 4 月 3 日　"向阳红号"科学考察船于 3 月 15 日至 4 月 3 日对南沙群岛及南海北部海域进行了一次综合科学考察。

1990 年 4 月 6 日　我国第一头完全体外化胚胎试管牛犊在广西农学院出生，表明我国在这一领域的研究处于国际领先地位。

1990 年 4 月 7 日　我国独立研制的长征三号运载火箭将"亚洲一号"通信卫星成功地送入转移轨道。这是我国运载火箭首次将外国卫星送入太空。

1990 年 6 月 22 日　中国科学院化学所白春礼研制成功我国第一台原子力显微镜，目前只有极少数国家拥有这种表面分析仪器。

1990 年 6 月 27 日　我国首例"试管奶山羊"在西北农业大学诞生。

1990 年 7 月 6 日　国家科委发布《技术合同认定登记管理办法》，自 1990 年 8 月 1 日起实行。

1990 年 11 月 24 日　根据国务院《关于推进国营企业技术进步若干政策的暂行规定》，国家计委决定，设立"国家级企业技术进步奖"，并发布奖励办法。

1990 年 12 月 3 日　我国第一个专门审理知识产权纠纷案件的审判合议庭——北京市中级法院知识产权合议庭在北京成立。

1990 年 12 月 28 日　我国第一本关于中国科技活动信息的综合分析报告——《中国科学技术指标（1988）》问世并通过技术鉴定。

1991 年 1 月 8 日　国家自然科学基金会为适应基础性研究工作的特点和学科发展的需要，确定国家自然科学基金重点项目。

1991 年 1 月 29 日　中共中央关于制定国民经济和社会发展十年规划和"八五"计划的建议，其中第三部分发展科技教育文化事业的任务和政策，内容包括科学技术的发展要继续贯彻"经济建设必须依靠科学与技术、科学技术工作必须面向经济建设"的基本方针。

1991 年 2 月 27 日　我国科学家新一代量子阱激光器研制成功标志着我国光电子技术已跻身世界先进行列。

1991 年 2 月 18 日　国务院批准 26 家国家高新技术产业开发区。

1991 年 4 月 25 日　在"863 计划"工作会议和全国高新技术产业开发区工作会议期间，邓小平同志为发展我国高科技做了重要题词：发展高科技　实现产业化。

1991 年 4 月 26~29 日　全国高新技术产业开发区工作会议在北京召开。国家科委发布《国家高新技术产业开发区高新技术企业认定条件和办法》和《国家高新技术产业开发区若干政策暂行规定》。

1991 年 6 月 12 日　国务院颁布《计算机软件保护条例》，从 10 月 1 日起施行。

1991 年 10 月 6 日　国家科委、国家体改委联合发出《关于深化高新技术产业开发区改革，推进高新技术产业发展的决定》的通知。

1991 年 11 月 20 日　北京农业大学农业生物技术国家重点实验室，成功地运用动物转基因技术，生产出转基因猪、兔、羊等后代。

1991 年 12 月 6 日　国务院举行第 94 次常务会议，审议并原则通过国家科委组织制定的《国家中长期科学技术发展纲领》、《国家中长期科学技术发展纲要》以及《中华人民共和国科学技术发展十年规划和"八五"计划纲要》。

1991 年 11 月 7 日　由解放军信息工程学院和中国邮电工业总公司合作研制的 HJD04 新型程控交换机取得成功，达到国际 20 世纪 80 年代末先进水平，从而使我国大中容量程控交换技术跃居世界先进行列。

1991 年 11 月 17 日　我国控爆技术达到世界先进水平，在国内首次采用控制爆破方法，成功拆除 11 层框架式高层建筑，同时首次实现同步水幕防尘和精确控制偏转角。

1992 年 1 月 14 日　我国自行研制开发的人 α1 型、人 α2a 型基因工程干扰素完成中试，即将进行试生产，标志着我国已成为国际上具有生物高技术产品研究开发能力的国家。

1992 年 1 月 17 日　中美知识产权谈判达成协议。

1992 年 1 月 10 日　我国大地上已拥有 700 多个卫星定位点，我国已成为世界上卫星定位点最多的国家之一，卫星定位技术达到国际先进水平。

1992 年 3 月 8 日　国务院下达《国家中长期科学技术发展纲领》。

1992 年 3 月 11 日　国家科委推出"攀登计划"，对国家基础性研究重大项目将设专家委员会，实行首席科学家负责制。

1992 年 5 月 2 日　珠海市重奖科技人员，国家科委转发该市奖励科技人员的办法。

1992 年 5 月 11 日　国务院生产办公室、国家教委和中国科学院联合发出通知，从 1992 年起在全国组织实施"产学研联合开发工程"。

1992 年 5 月 25 日　我国汉字处理技术取得新突破，汉字系统已从汉字阶段进入芯片时代，这是由联想集团完成的重大技术突破。

1992 年 6 月 26 日　由中科院计算所等单位承担的"863 计划"重点项目——国际上第一个智能型英汉机器翻译系统 IMT/EC－863 研制成功，通过国家科委组织的鉴定。这是我国在语言信息处理技术上取得的一项突破性重大成就。

1992 年 7 月 17 日　解放军 302 医院在国际上首次发现艾滋病病毒包含体，

最大的包含体含有约 4 万个病毒颗粒。

1992 年 7 月 22 日　国家科委在北京召开"攀登计划"誓师大会，宣布攀登计划开始实施。宋健在会上做了《加强基础性研究，攀登科学技术高峰》的报告。

1992 年 8 月 27 日　国家科委、国家体改委发布《关于分流人才、调整结构、进一步深化科技体制改革的若干意见》，对科技人员的分配制度将进行重大改革。

1992 年 9 月 26 日　吉林大学物理系近日在钠原子中第一次观察到了无粒子数反转条件下的光放大讯号，为世界首例。它将为激光的产生开辟一条新途径。

1992 年 9 月 26 日　我国首台无人驾驶汽车研制成功。这是由国防科技大学研制成功的汽车计算机自动驾驶系统。

1992 年 2 月 1 日　大亚湾核电站进入调试阶段。

1992 年 11 月 10 日　国家科委和国家体改委正式决定，选择沈阳、南京等八个城市作为首批试点城市，进行科技体制和经济体制综合配套改革试点工作。

1992 年 11 月 19 日　国家"七五"计划重点科研攻关项目——银河 - Ⅱ型 10 亿次巨型计算机研制成功，江泽民、李鹏、朱镕基、刘华清等领导同志向研制人员祝贺。

1992 年 12 月 7 日　国家体改委和国家科委发布《关于在国家高新技术产业开发区创办高新技术股份有限公司若干问题的暂行规定》。

1992 年 12 月 19 日　中国科学院重奖联想集团董事长倪光南教授，奖励倪光南一套住房和 50 万元人民币。倪光南当即宣布捐献奖金。

1993 年 3 月 3 日　我国开始实施一项跨世纪的高等教育基础工程——"211 工程"。

1993 年 5 月 5 日　我国首套 GPS（全球定位系统）无线自动跟踪服务系统启用。

1993 年 5 月 8 日　国家科委发布《中华人民共和国自然科学奖励条例实施细则》。

1993 年 5 月 18 日　我国第一台伽马射线工业断层扫描成像设备（CT）在重庆大学诞生。

1993 年 6 月 24 日　国家科委、国家体改委发布《关于大力发展民营科技型企业若干问题的决定》。

1993 年 8 月 2 日　中国长城工业总公司宣布：中国长征二号丙运载火箭将从 1996 到 2002 年为美国发射 6 颗"铱星"。

1993 年 8 月 30 日　一个为海外留学生提供创业报国园地的新型高科技园区——中华留学生创业科技园在天津塘沽海洋高科技园区内挂牌。

1993 年 9 月 22 日　对海远程无线电导航系统建成。

1993 年 10 月 14 日　我国首台银河二号巨型计算机正式投入中期数值天气预报新业务系统的实际运行，使我国成为能够发布 5~7 天天气预报的少数国家之一。

1993 年 11 月 4 日　联想集团推出我国第一台 586 微机。这些高档微机的研制成功，标志着我国已成为世界微机技术领先的国家。

1993 年 12 月 30 日　我国第一家国家级常设技术交易市场——上海技术交易所建成。

1994 年 1 月 21 日　国务院决定中国科学院学部委员改称中国科学院院士。

1994 年 2 月 22 日　我国科学家首次人工合成记忆增强肽。这是我国神经生物学研究方面的一项重大成果。研究人员对合成肽的作用机理的阐述及研究已达到世界领先水平。

1994 年 3 月 12 日　国务院发出通知决定建立中国工程院并设立院士制度。

1994 年 4 月 2 日　国家科委、国家体改委发布《深化科技体制改革实施要点》。

1994 年 4 月 5 日　我国首次攻克电网稳定技术难题。

1994 年 4 月 20 日　亚洲首例人体腹腔整块多器官原位移植术获成功。

1994 年 6 月 10 日　国家科委、国家体改委印发《关于进一步培育和发展技术市场的若干意见》的通知。

1994 年 10 月 6 日　我国建成世界第一个完整大基因组 BAC 库。

1994 年 11 月 5 日　银河仿真 II 型机投入使用运行，我国仿真技术达到世界先进水平。

1994 年 12 月 13 日　《中共中央、国务院关于加强科学技术普及工作的若干意见》公布。

1994 年 12 月 15 日　长江三峡工程开工典礼在宜昌三斗坪举行。

1995 年 2 月 10 日　我国首次颁布《科学技术保密规定》。

1995 年 7 月 8 日　国家科委颁布《关于推动我国科学咨询业发展的若干意见》。

1995 年 12 月 13 日　国家教委推出"燎原计划百千万工程"在全国农村推广百项实用技术。

1996 年 1 月 28 日　我国观测人员在新疆甚长基线站连续观测到 9 颗脉冲星。

1996 年 3 月 28 日　江泽民总书记在纪念上海交通大学建校 100 周年座谈会上发表重要讲话。

1996 年 4 月 23 日　我国正式加入北极科学考察委员会，成为第 16 个成员国。

1996 年 10 月 7 日　第四十七届国际宇航联合大会在北京召开。

1997 年 1 月 13 日　中华龙鸟和原始祖鸟相继被发现。

1997 年 2 月 4 日　我国成功开发出"纳米 SiO_2"。

1997 年 5 月 20 日　国家科委发布《科研条件发展"九五"计划和 2010 年远景目标纲要》。

1997 年 8 月 15 日　全国人大常委会对《科学技术进步法》执行检查。

1998 年 1 月 7 日　国家科技领导小组会议原则通过《全国科技发展"九五"计划和 2010 年远景目标纲要（草案）》等。

1998 年 2 月 17 日　国家科委组织召开基础研究工作座谈会。

1998 年 4 月 2 日　为纪念全国科学大会召开二十周年举行一系列活动。

1998 年 12 月 15 日　我国首座采用压缩空气制冷的新型空气低温跨声速原理型风洞，属国际首创。

1999 年 3 月 15 日　第九届全国人民代表大会第二次会议通过《中华人民共和国合同法》。

1999 年 5 月 21 日　国务院办公厅转发科学技术部、财政部《关于科技型中小企业技术创新基金的暂行规定》。

1999 年 6 月 26 日　科技型中小企业技术创新基金正式启动。

1999 年 11 月 16 日　科学技术部印发《国家高新技术产业开发区高新技术产品出口基地认定暂行办法》。

2000 年 4 月 12 日　科学技术部印发《关于加快高新技术创业服务中心建

设与发展的若干意见》。

2000 年 5 月 9 日　科学技术部、对外经济贸易合作部、国家经济贸易委员会、信息产业部联合召开全国科技兴贸工作会议，并授予首批 16 个国家高新技术产业开发区为高新技术产品出口基地。

2000 年 8 月 3 日　科学技术部印发《国家火炬计划软件产业基地认定条件和办法》。

2001 年 2 月 19 日　中国科技金融促进会风险投资专业委员会成立。

2001 年 4 月 26 日　科学技术部印发《国家火炬计划软件产业基地骨干企业认定条件和办法》。

2001 年 11 月 14 日　国家计委、科技部印发《当前优先发展的高技术产业化重点领域指南（2001 年度）》。

2003 年 4 月 7 日　科学技术部印发《关于进一步提高科技企业孵化器运行质量的若干意见》。

2003 年 8 月 1 日　科学技术部印发《国家级示范生产力促进中心绩效评价工作细则（试行）》。

2003 年 9 月 24 日　科学技术部印发《中国海外科技创业园试点工作指导意见》。

2003 年 12 月 15 日　科学技术部印发修订后的《生产力促进中心管理办法》。

2004 年 1 月 15 日　科技部在沈阳召开了"振兴东北老工业基地座谈会"，进一步研究发挥科技在振兴东北老工业基地中的作用。

2004 年 5 月 24 日　"中国软件欧美出口工程（COSEP）"试点启动暨欧美软件出口咨询培训发布会在天津召开，标志由科学技术部组织的中国软件欧美出口工程进入正式实施阶段。

2004 年 9 月 3 日　科学技术部印发《关于进一步加快生产力促进中心发展的意见》。

2005 年 1 月 13 日　科学技术部印发《高新技术创业服务中心管理办法》。

2005 年 1 月 17 日　科学技术部印发《国家高新技术产业开发区技术创新纲要》。

2005 年 8 月 25 至 26 日　科学技术部在北京召开国家高新技术产业开发区工作会议。

2005 年 11 月 22 至 23 日　科学技术部在北京召开全国技术市场工作会议，对为我国技术市场发展作出突出贡献的 224 个先进集体和 197 名先进个人予以表彰。

2006 年 2 月 22 日　科技部、教育部在复旦大学主持了由复旦大学、上海市农业科学院、浙江省农业科学院和中国农科院兰州兽医研究所合作完成的猪口蹄疫 O 型基因工程疫苗成果鉴定会。

2006 年 4 月 13 日　我国建成了世界上最大的"畜禽遗传资源体细胞库"。

2006 年 11 月 21 日　参加国际热核聚变实验堆（ITER）计划的欧盟、美国、中国等 7 方代表在法国总统府共同签署了 ITER 计划联合实施协定及相关文件的正式协议。

2007 年 1 月 8 日　经国务院批准，宁波国家高新技术产业开发区正式成立。

2007 年 1 月 15 日　全国软件科技创新工作会议在北京召开。

2007 年 7 月 6 日　《科技型中小企业创业投资引导基金管理暂行办法》颁布实施。

2007 年 12 月 21 日　中国技术创业协会正式成立。

2007 年 12 月 29 日　全国人大常委会通过修订的《中华人民共和国科学技术进步法》，首次明确"国家设立科技型中小企业创新基金，资助中小企业开展技术创新。"

2008 年 7 月 22 日　北京正负电子对撞机重大改造工程（BEPC Ⅱ）取得重要进展——加速器与北京谱仪联合调试对撞成功，并观察到了正负电子对撞产生的物理事例。

2008 年 8 月 1 日　北京至天津城际高速铁路正式开通运营，列车最高运营速度达到每小时 350 公里，北京到天津直达运行时间在 30 分钟以内。

2008 年 9 月 25 日　翟志刚、刘伯明、景海鹏搭乘神舟七号载人飞船，从酒泉卫星发射中心发射升空。

2008 年 10 月 16 日　国家重大科学工程——大天区面积光纤光谱天文望远镜（LAMOST）在国家天文台兴隆观测基地落成。

2009 年 1 月 1 日　3G 牌照发放——中国通信正式进入了"第三代"。

2009 年 4 月 29 日　一座"鹦鹉螺"状建筑——"上海光源"在沪竣工，系我国迄今为止最大的大科学装置和大科学平台。

2009 年 10 月 23 日　创业板市场正式启动。

2009 年 10 月 29 日　我国首台千万亿次超级计算机——"天河一号"在湖南长沙亮相。

2009 年 10 月 31 日　中国航天之父钱学森以 98 岁高龄逝世。

2010 年 7 月 21 日　由中核集团中国原子能科学研究院自主研发的我国第一座快中子反应堆——中国实验快堆（CEFR）首次临界。

2010 年 10 月 18 日　《国务院关于加快培育和发展战略性新兴产业的决定》正式出台。

2010 年 12 月 3 日　由中国南车青岛四方机车车辆公司研制的"和谐号"CRH380A 新一代高速动车组在京沪高铁创世界铁路运营时速最高纪录——时速 486.1 千米。

2010 年 12 月 6 日　中国农作物基因资源与基因改良重大科学工程通过国家发改委组织的国家验收。

后　记

　　本书是团队合作的一项研究成果，作者有的从事科技管理实践工作，有的在科技管理类刊物从事编辑工作，有的在大学从事科技管理的教学与研究工作。多年以前，大家有一个共同的想法，即写一本别具一格的中国科技发展史方面的著作。从 2010 年 7 月开始，这一想法开始付诸实施。写作伊始，才发现这是一项艰苦的工作，仅仅在图书馆浩如烟海的文献中查阅资料就耗去了 4 个人近半年的时间；我们在图书馆用照相机把有用的资料拍摄下来，整理成图片文件。其后，又花去整整三个多月遴选和整理这些资料，进行索引编目，并梳理大小节点事件。

　　其实，有关中国科技史的著作已有一些，所以，这本著作如何凸显特色就成为我们努力的方向，以至于本书的名称和大纲经过了多次变动。功夫不负有心人，本书终于得以完成，并形成了以下特色：（1）不是单纯的史实铺陈，而是注重史论结合；（2）将港澳台科技发展纳入研究范畴；（3）对新中国成立前的中国科技发展进行了铺陈；（4）本书的分篇基本上按照时间分段，有些事件会跨时间段，此时采用重心原则进行内容配置，即，对于跨时间区段的内容，归入到时间重心所在的篇。

　　本书由杨新年、陈宏愚等同志共同拟定提纲，各执笔人分头撰写；杨新年、彭华涛、董丹红等同志参加统稿工作。参加各篇、节撰写的人员有：杨新年、陈宏愚、王君华、董丹红、熊伟、晏文胜、彭华涛、刘介明、马颖、纪超、黄娟娟、李金龙、郑智佳、陈龙、覃蕾、马圆圆、赵娟。各章节详细分工如下：

第 1~5 章撰写人员：陈宏愚

第 6 章撰写人员：陈宏愚，马圆圆

第 7~8 章撰写人员：陈宏愚

第 9 章撰写人员：覃蕾

第 10 章撰写人员：赵娟

第 11 章撰写人员：陈龙

第 12 章撰写人员：陈宏愚

第 14 章撰写人员：彭华涛

第 15 章撰写人员：纪超

第 16~17 章撰写人员：马颖

第 18 章撰写人员：彭华涛

第 19 章撰写人员：赵娟

第 20 章撰写人员：黄娟娟

第 21 章撰写人员：刘介明，马圆圆

第 22 章撰写人员：熊伟，李金龙

第 23 章撰写人员：覃蕾

第 24 章撰写人员：黄娟娟

第 25 章撰写人员：马圆圆

第 26 章撰写人员：黄娟娟

第 27~28 章撰写人员：陈龙

第 29 章撰写人员：杨新年，赵娟，王君华

第 30 章撰写人员：杨新年，王君华

第 31 章撰写人员：杨新年

第 32 章撰写人员：杨新年，王君华

第 33 章撰写人员：杨新年

第 34 章撰写人员：王君华

第 35~36 章撰写人员：杨新年

第 37 章撰写人员：杨新年，王君华

第 38 章撰写人员：王君华

第 39 章撰写人员：杨新年

第 40 章撰写人员：杨新年，董丹红

第 41~42 章撰写人员：杨新年

第 43 章撰写人员：王君华

第 44 章撰写人员：董丹红

第 45 章撰写人员：杨新年

第 46 章撰写人员：王君华

第 47 章撰写人员：王君华，杨新年，董丹红

第 48 章撰写人员：杨新年

第 49 章撰写人员：晏文胜

附录撰写人员：郑智佳

本书属于历史研究，书中引用了大量的史实、文献，作者对这些史实与文献的作者表示感谢，他们的研究成果是本书的主要参照。

最后，感谢硅谷天堂对本书撰写及出版的鼎力支持，感谢武汉大学图书馆为本书的文献搜集所提供的方便，感谢知识产权出版社对本书出版的大力支持。

作　者

2013 年 8 月于武汉